RERC RERC 교재개발 시리즈 5

능동초고주파 회로설계입문

개정판

Introduction to Active Microwave Circuit Design

염경환 지음

홍릉과학출판사

머리말

PREFACE ooo

능동초고주파 공학은 전파를 사용한 통신시스템을 구축하는데 핵심이 되는 학문이라고 볼 수 있다. 이것은 최근에 급격히 확대되는 위성 및 이동통신시스템에서 반도체 집적회로 설계 및 부품의 설계 또는 시스템설계 등에 활용되며, 군용 시스템에 있어서 레이더 등 무기체계 설계의 핵심이 되며 필수적인 교육 분야라고 볼 수 있다. 이 교과과정은 대부분 대학에서 대학원과정으로 교육되고 있으며, 학부과정에서도 일부 교육되고 있으나 소개 정도에 그치고 있다.

또한 설계환경은 관련 소프트웨어의 발전과 함께 크게 변하여 이를 반영한 교육이 절실해지고 있다. 따라서 과거 설계를 위하여 직접 프로그램을 작성하거나, 수작업에 의해 설계하던 환경과는 크게 달라져, S/W tool을 사용한 실무적인 교육이 강조되어야 할 필요성이 있다. 이러한 환경과 수요에 맞게 선택할 만한 교과서는 찾아보기 힘들며, 강사의 경우 여러 가지 책을 조합하여 교육에 활용하여야 할 처지에 있다.

능동초고주파 공학에서 핵심적으로 다루어야 할 내용으로는 수동소자, 전송선 기본 이론, 고주파 측정 및 능동소자의 소개, 증폭기, 발진기, 혼합기 등이 될 것이다. 이외에도 다수의 여러 가지 부품설계나 시스템 설계가 필요하지만, 이 경우는 이러한 기본적인 내용을 기본으로 어느 정도 처리가 가능하며, 수요가 상기 언급한 것들에 비해 적어서, 필요시 배운 내용의 확대 적용이 가능할 것이다. 대부분 시스템도 이러한 기본적인 것을 바탕으로 설계되며, 이 분야의 입문으로는 충분할 것으로 사료된다.

본서는 이러한 취지를 반영하여 기본적인 내용을 충분하게 소화하려고 하였으며, S/W tool로서는 Agilent사의 ADS™를 기본으로 하여 구성하였다. 설명 시 복잡한 계산은 S/W에 의존하였다. 또한 계산보다는 이들의 물리적인 개념 및 계산 결과의 이해에 치중하였다. 교과과정은 약 두 학기 분량으로 구성하였으며, 이 교재를 집필하는 데는 학부 과정에서 회로이론, 전자회로, 전송선이론, 통신이론 및 전자기학을 선수과목으로 수강하였다는 가정 하에서 설명을 전개하였다. 물론 가능한 이들 선수과목의 비중을 줄이려고 저자는 노력한 바 있으나, 이에 대한 고려가 충분하지 않을 경우 이러한 기본과목을 되돌아보기를 바란다.

본서의 2판은 1판에서 부족한 바를 선정하여 이들을 보강하였고, 특히 ADS를 사용한 예제들을 대폭 보강하였다. 또한 설계사례를 가능한 충실하게 하여, 본서를 좇아 직접 설계가 가능하도록 하였다. 기본이론에서는 예제들을 보강하여 직접 자습이 가능하도록 하였고, 증폭기 발진기의 설계에는 설계과정 뿐만 아니라, 제작의 결과를 첨부하여 설계결과가 제작결과에 근접함을 보였다. 또한 혼합기에는 트랜지스터를 사용한 혼합기의 동작을 추가하여 대부분의 혼합기를 이해할 수 있도록 역점을 두었다.

끝으로 머리말을 빌어 이러한 기회를 제공해준 전파교육센터의 여러분들에게 감사드리며, 교재의 많은 그림과 내용 검수에 고생한 연구실 학생들 특히 양승식, 오현석, 김현미 학생에게 감사드린다.

저자 염 경 환 씀

차 례

CONTENTS

제 1 장 마이크로파 집적회로

1.1 마이크로파 회로의 집적방식 11
1.2 통신시스템 구성에서의 마이크로파 회로 15
1.3 요 약 17

제 2 장 수동소자

2.1 임피던스(Impedance) 특성 21
2.2 제작에 따른 수동소자 분류 22
2.3 칩-형태 수동소자 및 등가회로 26
2.4 칩-형태 수동소자의 주파수 특성 측정 33

제 3 장 전송선로(Transmission line)

3.1 개 요 43
3.2 전송선의 파라미터(parameter) 44
3.3 동축선(Coaxial Line) 및 마이크로스트립선로 57
3.4 전송선의 정현파응답 및 다중반사 64
3.5 전송선로의 회로에의 응용 78
3.6 전송선로의 불연속(Discontinuity) 95

제 4 장 S-파라미터와 잡음 파라미터

4.1 S-파라미터(S-parameter) 105
4.2 잡음 파라미터(Noise Parameter) 130
4.3 파일 형식(File format) 161

제 5 장 마이크로파 능동소자 소개

5.1 GaAs MESFET 171
5.2 BJT(Bipolar Junction Transistor) 183
5.3 DC 바이어스 회로 194
5.4 FET의 소신호 등가회로 204

제 6 장 임피던스 정합

6.1 최대전력 전달정리(Maximum Power Transfer Theorem) 225
6.2 정합회로설계 229
6.3 전송선을 이용한 정합회로 246

제 7 장 시뮬레이션 및 PCB Layout

7.1 ADS에서의 자료처리 방법 255
7.2 회로 시뮬레이션(Circuit Simulation) 257
7.3 Layout 277
7.4 Momentum 292

제 8 장 저잡음증폭기 설계

8.1 여러 가지 이득(Gain) 315
8.2 안정도(Stability) 및 복소정합(Conjugate Matching) 327
8.3 이득 및 잡음원 궤적(Gain and Noise Circles) 343
8.4 요약 349
8.5 저잡음증폭기 설계사례 352

제 9 장 마이크로파 발진기 설계이론

9.1 발진조건(Oscillation condition) 및 발진평형조건 396
9.2 발진기 기본회로 440
9.3 소신호 설계방법 452
9.4 대신호 설계방법 499

9.5 위상잡음(Phase noise) 506

제 10 장 위상잠금회로(Phase Locked Loop)

10.1 PLL의 구성 및 동작 526
10.2 PLL 구성품 534
10.3 차지펌프 PFD를 사용한 PLL의 설계 559

제 11 장 다이오드 혼합기의 해석

11.1 혼합기(Mixer)의 사양 574
11.2 Schottky 다이오드 587
11.3 혼합기 회로의 정성적 해석 600
11.4 SEM의 정량적인 해석 650

부록

A 단위 675
B Cascade 구조 678
C Mathcad™을 이용한 반파정류회로 계산 686
D 부성저항의 수학적 해석 689
E 마이크로스트립에 결합된 유전체공진기 698

찾아보기 ········ 702

제 1 장

마이크로파 집적회로

1.1 마이크로파 회로의 직접방식
1.2 통신시스템 구성에서의 마이크로파 회로
1.3 요 약

1.1 마이크로파 회로의 집적방식

능동 마이크로파 회로(active microwave circuits)는 마이크로파 능동소자와 수동소자인 저항, 커패시터(capacitor) 및 인덕터(inductor)를 결합시킨 것으로서, 이들의 결선에는 전송선로(transmission line)를 사용하게 된다. 전송선로는 극히 낮은 주파수 영역에서는 단순히 회로적 연결이지만, 마이크로파에서는 이들은 복잡한 전송선로로 작용하게 된다. 이러한 이유로 결선에 사용된 전송선로를 구현하는 방법에 따라 집적 방식은 구분되게 된다.

마이크로파에서 이러한 전송선로의 구현은 대단히 다양하다. 동축선, 도파관(waveguide), 마이크로스트립(microstrip) 선로 등이 그러한 것이 될 것이다. 그림 1-1에는 이러한 전송선로를 보였다. 그러나 동축선 및 도파관의 경우 특수한 마이크로파 회로를 집적하는 데 사용되기는 하나, 여기서 다루는 내용은 주로 평판형으로 구성되는 전송선로로 제한한다. 평판형 전송선로로는 그림 1-2와 같이 마이크로스트립선로, 슬롯(slot) 선로, CPW (CoPlanar Waveguide) 같은 것이 있다.

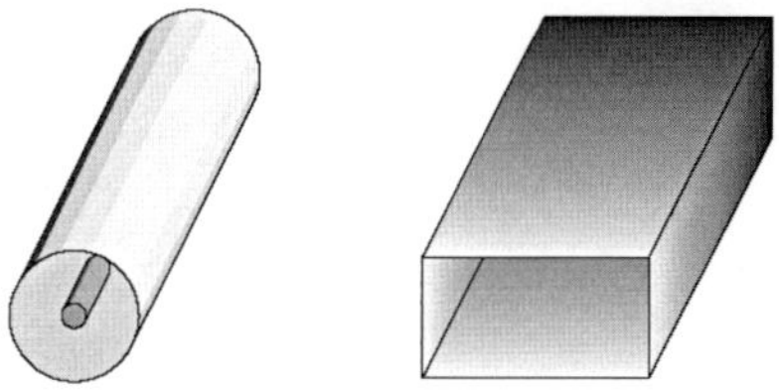

(a) (b) (c)

[그림 1-1] 전송선로의 예: (a) 동축선로, (b) 도파관, (c) 마이크로스트립선로

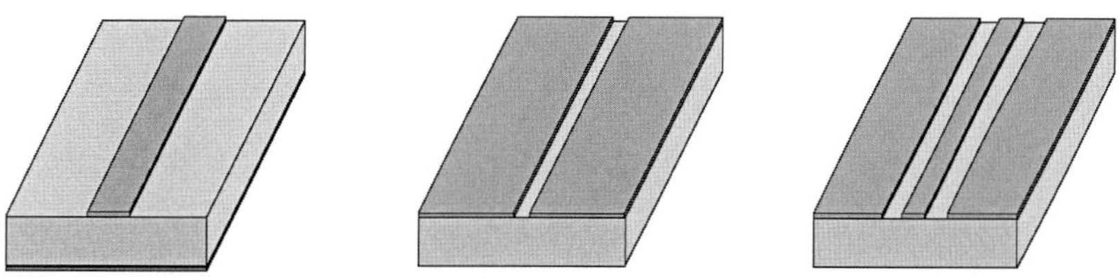

(a) (b) (c)

[그림 1-2] 평판형 전송선로: (a) 마이크로스트립선로, (b) 슬롯 선로, (c) CPW 선로

이들은 대량생산을 요하는 많은 마이크로파 회로를 구성하는 데 자주 사용되며, 특수한 용도를 제외하고는 대부분 이를 사용하기에, 본서에서는 이러한 평판형 전송선로와 소자들(능동 혹은 수동)을 집적하는 방식에 대해서 알아보기로 한다.

이러한 평판형 전송선로를 기반으로 한 집적방식의 구분은 크게 모놀리식(monolithic) 및 혼성(hybrid)집적방식의 두 가지로 나누어진다. 모놀리식 집적방식은 단어 뜻 그대로 하나의 덩어리로 집적한다는 뜻으로, 능동소자, 수동소자, 전송선로 등을 모두 한 평판형 기판(substrate) 위에 설계제작하게 되며, 주로 이러한 기판 역할을 하는 것은 반도체 기판으로서 보통 웨이퍼(wafer)라고 불린다. 그림 1-3은 모놀리식 집적방식의 그림을 보여주며, 그림 1-3(a)와 같이 웨이퍼 위에 그림 1-3(b)와 같은 회로가 반복적으로 제작되게 되며, 이 회로 안에는 능동소자, 수동소자 및 전송선로가 모두 포함되어 있게 된다. 장점으로는 대량생산이 용이하며, 대량생산 시 가격절하를 기할 수 있으나, 단점으로는 개발기간이 오래 걸리고, 소량생산 시 가격이 상승하는 단점이 있게 된다.

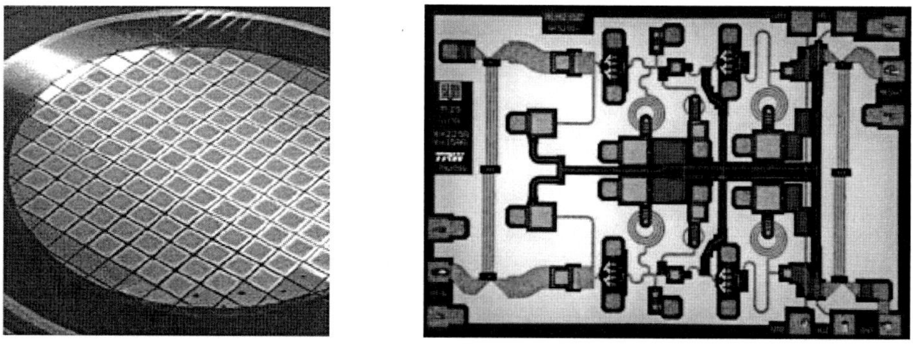

(a) (b)

[그림 1-3] 모놀리식 집적 방법: (a) 웨이퍼, (b) 개별회로(TRW사)

혼성 집적방식은 전송선로를 별도의 기판에 인쇄 또는 식각(etching)의 방법에 의해 구성하고, 능동소자 및 수동소자를 제작된 기판에 납땜(soldering), 와이어본딩(wire bonding) 등의 조립방법을 사용, 조립하는 방식이다. 이와 같이 별도의 기판에 전송선로를 구현할 경우, 기판의 재질 그리고 전송선을 형성하는 금속체의 재질 모두 고려되어야 하며, 이들은 전송선로의 특성에 영향을 미치게 된다. 따라서 혼성 집적방식은 크게 평판 전송선로의 구현방법에 따라 세 가지로 나누어지며, 세 가지는 PCB(Printed Circuit Board), 후막(thick film)기판, 박막(thin film)기판 등이다.

PCB 집적방식에 사용되는 연결 선로들이 형성된 기판은 그림 1-4에 보였다. 이는 절연체 재질에 압착되어 있는 동박(copper clad)을 형상에 알맞게 식각하여 얻게 된다. PCB 기판 재질로는 epoxy-fiber-glass(FR4), teflon, duroid 등이 있으며, FR4 기판은 낮은 주파수에서부터 약 4 GHz까지 사용가능하며, 나머지 teflon이나 duroid 등은 형성방법에 따라 밀리미터파까지 사용가능하게 된다. 이들의 일반적인 회로 집적방법은 납땜이며, 와이어본딩도 가능하기는 하나, 널리 사용되지는 않는다. 또한 이것의 제작은 다른 집적방식을 사용하는 기판보다 값싸게 제작할 수 있으며, 제작이 단순하여 짧은 개발기간 안에 제작하는 것이 가능하다. 또한 일반 소량개발 시 정밀한 조립기계 없이 조립이 가능하며, 수정이 용이하고 대량 생산성도 뛰어나 널리 사용되고 있다.

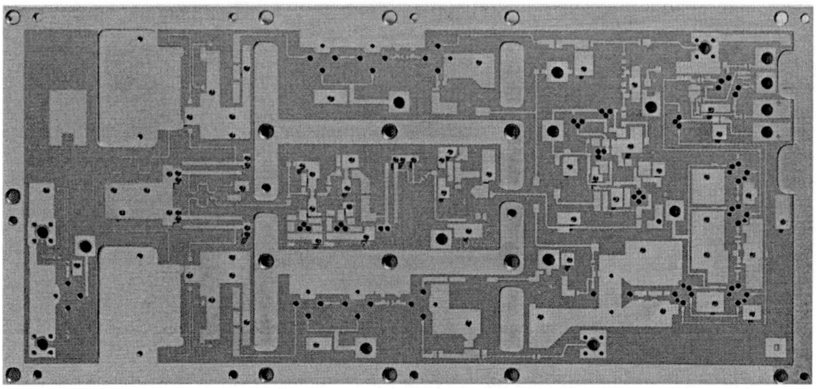

[그림 1-4] PCB 회로기판 사진

후막(thick film)공정에 의한 집적방식은 세라믹(ceramic)기판 위에 도체 또는 절연체를 screen 인쇄기법에 의해 제작한다. 후막이라고 명명되는 이유는 인쇄에 의해 형성되는 도체 두께가 박막에 비해 두껍기 때문에, 이와 같이 불린다. 인쇄기법을 사용하기 때문에, 여러 번 인쇄가 가능하며, 절연체의 인쇄를 통해 일부 커패시터도 제작 가능하다. 내열성이 좋은 세라믹 기판을 사용하기 때문에 칩(chip) 형태의 능동부품도 용이하게 조립할 수 있게 된다. 반면 일반적으로 선로 및 형상(pattern)의 정확도는 박막(thin film)공정에 비해 떨어진다. 개발기간과 값에 있어서는, 경우에 따라 다르기는 하나, PCB와 박막공정의 중간이라고 볼 수 있다.

[그림 1-5] 후막공정에 의한 집적회로 사진

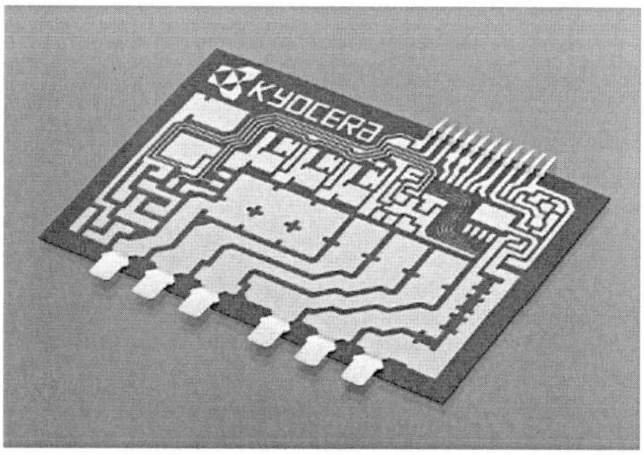

[그림 1-6] 박막공정에 의하여 제작된 기판 사진 (Kyocera사)

박막공정에 의한 집적방식은 군수 또는 통신용 장비의 마이크로파 회로 구성에 널리 사용되어 왔다. 박막공정의 경우 후막기판에서와 같이 동일한 재질의 세라믹 기판을 사용하며, 후막공정에 사용되는 기판보다 표면이 섬세하게 가공된 기판을 사용한다. 가장 널리 사용되는 세라믹 기판으로는 99% 알루미나(alumina)이다. 기판위의 도체형상(pattern) 형성방법으로는 준 반도체 공정을 사용하며, 선로형상이 정밀하다. 후막과 마찬가지로 반도체 칩을 직접 조립하는 것이 가능하며 주로 와이어본딩 등의 조립방법으로 조립된다. 따라서 PCB나 후막공정에 비해서 가격이 비싸며 정밀한 형상 제작을 위하여 mask 제작이 동반되어, 일반적으로 개발기간이 길게 된다. 그리고 수동소자인 저항, air-bridge 커패시터 등이 가능하다. 또한 집적회로를 구성하기 위한 조립에 있어서도 와이어 본더(wire bonder), micro welding 등 특수 장비들이 필요하게 된다. 모놀리식 공정에 비하여 가격적인 면에서는 싼 편이지만, 회로설계적인 측면에서는 조립으로 인한 기생소자 발생이 많아 모놀리식 집적회로보다는 많은 기생소자를 동반하게 된다.

집적방식의 선정은 응용과 상황에 따라 다르며, 앞서서 언급한 여러 가지 요인을 고려하여 선정하게 된다. 즉 집적회로가 동작해야 하는 주파수, 반도체 부품의 형태(chip 또는 package), 수동소자의 형태, 대량생산 시 단가, 조립방식 등 여러 가지가 고려되어야 하며 상황에 따른 최적의 집적방식을 선택해야 할 것이다.

1.2 통신시스템 구성에서의 마이크로파 회로

앞서서 집적방식에 대하여 알아보았다. 집적방식은 마이크로파 능동소자와 수동소자를 결선하기 위한 평판형 전송선로의 구현방법에 따라 분류될 수 있음을 알 수 있었다. 다음 문제로는 이러한 집적회로의 종류는 대단히 다양하며, 어떠한 것의 설계방법을 언급하는가의 문제이다. 이러한 예로는 저잡음증폭기(LNA; Low Noise Amplifier), 전력증폭기(PA; Power Amplifier), 발진기(oscillator), 혼합기(mixer), 방향성결합기(directional coupler), 스위치(switch), 감쇄기(attenuator), 여파기(filter) 등 많은 마이크로파 집적회로들이 있을 것이다. 그 중 방향성결합기, 스위치, 감쇄기, 여파기 등은 본서가 아니더라도 수동 마이크로파 회로에서 널리 취급되고 있으며, 본서의 범위에는 벗어난다고 볼 수 있다. 또한 반도체소자를 사용한 스위치, 가변감쇠기, 위상천이기(phase shifter) 등의 제어회로들은 그 응용성에서 중요하기는 하지만, 무선시스템 구축 시 널리 사용되는 기본소자로 보기에는 무리가 있다. 따라서 본서에서는 무선통신시스템 구축 시 가장 널리 사용되는 증폭기, 발진기, 혼합기의 기본이론과 이에 관련된 소자와 측정문제에 대해서 다루려고 한다.

그림 1-7에는 아날로그 휴대전화기의 블록도를 보였다. 이는 아날로그 신호(보통의 경우 음성)를 송수신하기 위한 블록도이다. 안테나에서 받아들여진 미약한 RF 신호는 우선 diplexer라고 불리는 여파기를 통해 수신대역의 주파수 성분만 걸러지게 되며, 걸러진 신호는 신호처리하기에 너무 약하기 때문에, 보통 저잡음증폭기라고 불리는 증폭기를 통하여 증폭되게 된다. 다음 이것의 주파수는 너무 높고, 이 신호 안에는 여러 개의 신호가 공존하기 때문에, 그림 1-7과 같이 혼합기를

통하여 낮은 주파수 영역으로 신호의 주파수를 이동시키며, 이때 혼합기 출력 중 공존하는 여러 개의 신호에서 원하는 신호(보통 channel이라고 불린다)를 걸러내기 위하여, 또한 혼합기에서 발생된 불요파(spurious)를 제거하기 위해, 대역 여파기를 통과시키게 된다. 이때 혼합기에는 입력된 신호를 원하는 낮은 주파수로 이동시키기 위해 국부발진기(LO; Local Oscillator) 출력이 입력되게 된다. 이 LO의 주파수는 마이크로파 발진기를 PLL(Phase Locked Loop)에 의해 원하는 주파수로 합성하며, 이와 같은 입력들을 받아 혼합기는 원하는 중간주파수를 발생시키게 된다. 이렇게 하여 얻어진 중간주파수 신호는 복조기(demodulator)를 통하여 원하는 신호로 복조되게 된다.

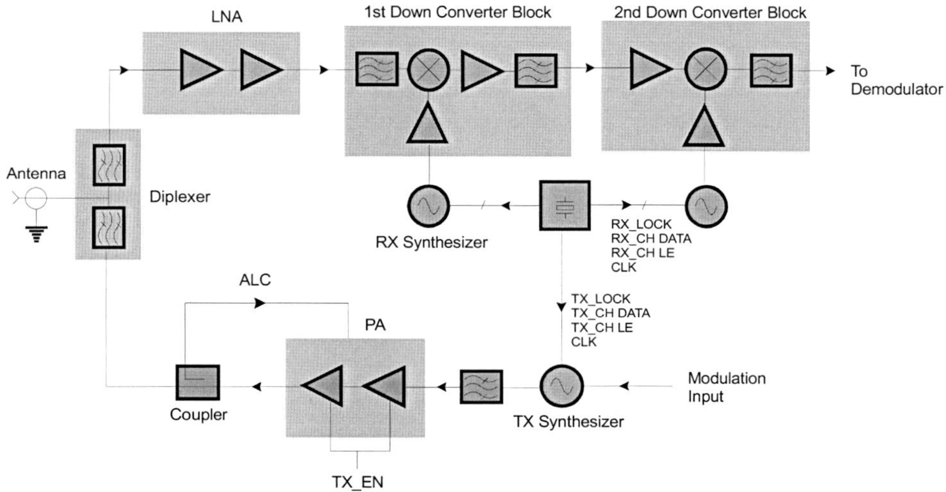

[그림 1-7] 아날로그 휴대전화기 단말기 블록도

반면 전송하기 위하여 입력된 신호(modulation input)는 송신발진기의 변조 입력단에 입력되며, 이것은 원하는 반송파(carrier)의 중심주파수를 갖도록 역시 PLL 기법을 통하여 원하는 반송파 주파수로 합성되게 된다. 이와 같이 FM(Frequency Modulation) 변조된 신호의 출력의 세기는 보통의 경우 충분하지 않으며, 따라서 원하는 RF 출력 값을 얻기 위하여 전력증폭기를 거쳐, diplexer를 통해 수신부에 영향을 주지 않고 안테나를 통하여 방사되게 된다.

이와 같이 통신시스템 구축 시 가장 필요하게 되는 것은 저잡음증폭기, 전력증폭기, 발진기, 혼합기라고 볼 수 있다. 따라서 본서에서는 이들의 설계 및 평가방법에 대한 소개과정을 다루게 되며, 이들의 핵심적인 내용을 다루려고 한다.

1.3 요약

능동초고주파 회로 중 많이 사용되는 것은 증폭기, 발진기, 혼합기이며, 이들의 집적 방식은 크게 모놀리식 집적방식과 혼성 집적방식이 있게 된다. 혼성 집적방식은 결합에 사용하는 전송선로를 별도의 기판으로 구현하고, 이 위에 능동 및 수동부품을 결합 조립하는 것으로서 기판의 제작방법에 따라 PCB, 후막, 박막 등의 공정으로 분류될 수 있다. 이들 공정의 선택은 어느 것이 우수하다고 할 수 없으며, 응용과 상황에 따라 다르며, 여러 가지 요인을 고려하여 선정하게 된다.

참고문헌

[1] G. Gonzalez, *Microwave transistor amplifiers analysis and design*, 2nd edition, Prentice Hall, 1997.

[2] T. S. Lavergetta, *Microwave materials and fabrication techniques,* Artech house, 1984.

[3] K. C. Gupta, *Microstrip lines and slot lines,* 2nd edition Artech House 1996.

제 2 장

수동소자

2.1 임피던스(Impedance) 특성
2.2 제작에 따른 수동소자 분류
2.3 칩-형태 수동소자 및 등가회로
2.4 칩-형태 수동소자의 주파수 특성 측정

2.1 임피던스(Impedance) 특성

수동소자로는 저항, 커패시터, 인덕터 등이 있다. 이들을 회로에 이용할 때 가장 기본이 되는 것은 이들의 임피던스이며, 저항, 커패시터 및 인덕터의 임피던스는 각각 아래와 같이 표시된다.

$$Z_R = R \tag{2-1}$$

$$Z_C = \frac{1}{j\omega C} \tag{2-2}$$

$$Z_L = j\omega L \tag{2-3}$$

위 식에서 임피던스의 크기를 log-log로 그릴 경우 그림 2-1과 같이 나타나게 된다.

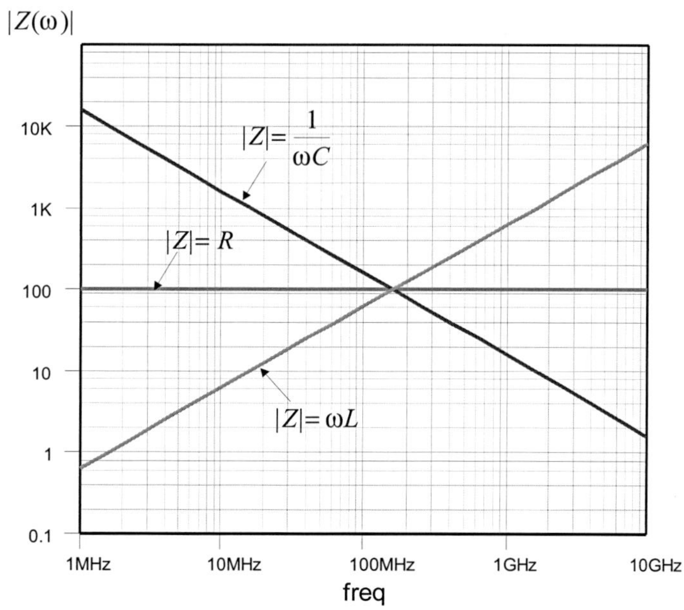

[그림 2-1] 저항, 커패시터, 인덕터의 임피던스 특성

즉 저항의 경우 주파수에 관계없이 일정한 임피던스를 보여주며, 커패시터의

경우 그림 2-1에서 직선으로 감쇠하는 것, 그리고 인덕터의 경우 주파수에 따라 직선적으로 증가하는 특성을 보여주게 된다.

그러나 이것을 구현한 부품들은 같은 특성을 주더라도, 구현방법은 여러 가지가 있어, 이에 따른 특성의 변화를 살펴볼 필요가 있으며, 이들을 평가하는 방법을 알아보도록 한다. 또한 상용화된 저항, 커패시터, 인덕터들은 주파수에 따라 위와 같이 이상적인 특성을 보이지 않아, 회로설계 시에는 이들의 특성을 사전에 조사할 필요가 있다. 이들 상용화된 저항, 커패시터, 인덕터들은 일반적으로 낮은 주파수에서는 그림 2-1과 같은 임피던스 특성을 보이나, 주파수가 높아질 경우 실제적으로는 더욱 복잡한 등가회로로 표시되며, 이들은 고주파 회로설계 시 복잡성을 더하게 된다. 이와 같은 상황에서 이들은 사용주파수 대역에서 이를 적절하게 반영하는 등가회로를 회로설계에 사용하여야 할 것이며, 이 때 기본이 되는 것은 자료가 주어졌을 때 등가회로 구성방법과, 일반적인 등가회로를 알아보는 것이다. 따라서 이 장에서는 이것에 대한 자세한 자료 분석 기술과 자료부재 시 측정하는 방법에 대하여 알아보도록 한다.

2.2 제작에 따른 수동소자 분류

수동소자의 경우 제작방식에 따라 분류한다면, 크게 리드 형태(lead-type) 부품과 칩 형태(chip-type) 부품 그리고 pattern으로 형성된 수동소자들로 구분될 수 있을 것이다. 리드 형태 및 칩 형태 부품의 경우 상용화되어 널리 공급되며 이것들의 사진은 그림 2-2 및 2-3에 각각 보였다.

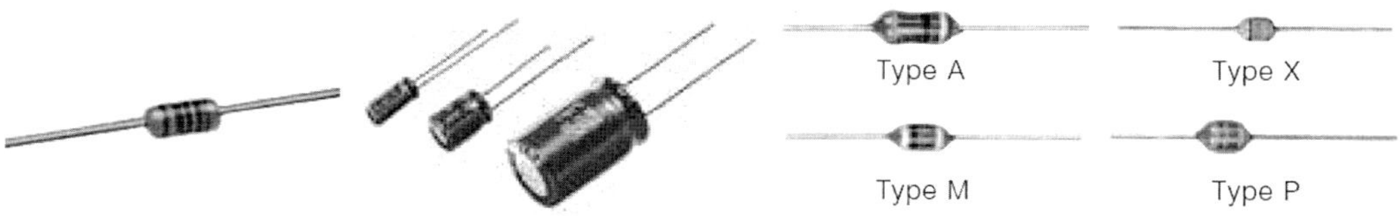

(a) (b) (c)

[그림 2-2] 리드-형태 부품: (a) 저항, (b) 커패시터, (c) 인덕터

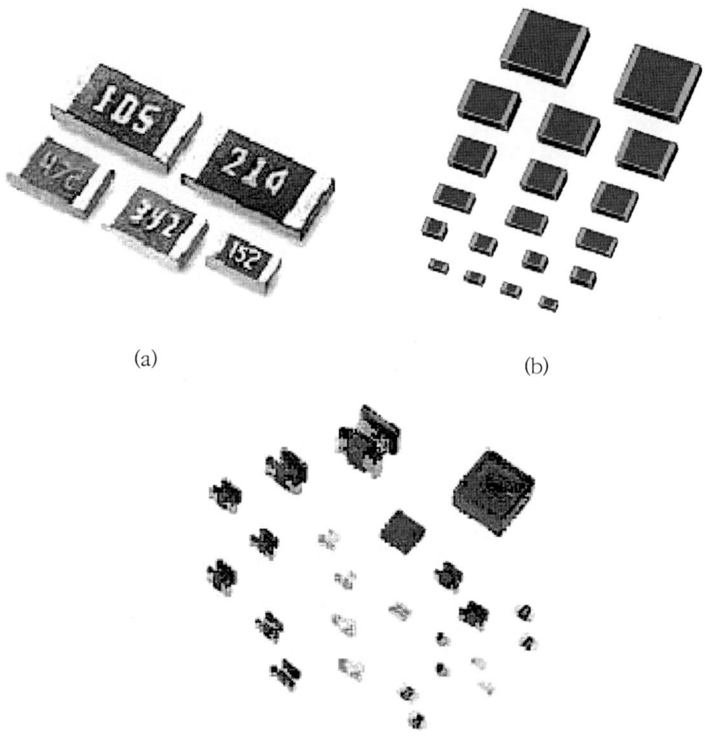

(a) (b) (c)

[그림 2-3] 칩 형태 부품: (a) 저항, (b) 커패시터, (c) 인덕터

리드 형태 및 칩 형태 부품은 조립방법에서 차이가 있는데, 리드 형태 부품은 삽입방식에 의하여 조립되며, 칩 형태 부품은 표면실장(surface mount)방식에 의하여 조립된다. 즉 리드 형태 부품은 기판에 제작된 hole을 통해 결선되게 되는데, 이 hole에 리드(lead) 단자를 삽입하고 리드 단자를 적당히 자른 뒤, hole 주변에 형성된 원형 도체 형상에 납땜하여 결선하는 것이다. 칩 형태 부품은 기판 평면 위에 형성된 land-pattern에 부품을 실장한 뒤 이것을 land-pattern에 납땜함으로써 회로결선을 완성하는 것이다. 그러나 리드 형태 부품의 리드 단자는 도선으로서 연결을 위해 필요한 것일 뿐, 이것의 추가는 고주파에서 원하는 수동소자 값 이외에 불필요한 기생소자들 예를 들면, 인덕턴스(inductance)를 발생시키게 된다. 이것은 칩 형태 부품이 상용화되기 이전 과거에 주로 사용되었던 소자들로서, 장착 시 리드 단자 길이 변동 및 불균일로 인해, 고주파에서의 사용은 문제시되었다. 주파수가 높지 않을 경우 저가이기 때문에 현재까지도 사용되고 있다. 또한 크기 면에

서도 칩 형태 부품보다 크다는 단점이 있다.

칩 형태 부품은 리드 형태 부품에 비해 리드 단자에 의한 기생소자 발생이 비교적 적어, 고주파에서 응용이 유리하게 된다. 그러나 이들 소자들의 범용화는 고주파에서의 응용보다는 소형화에 따른 이유로 널리 사용되었으며, 대량생산을 위한 표면실장기의 상용화와 더불어 널리 사용되게 되었다.

Pattern에 의하여 제작되는 수동소자는 기판 위에 공정을 통하여 제작되는 수동소자들로서 주로 MMIC(Monolithic Microwave Integrated Circuit)나 박막공정 시 응용이 가능하게 된다. 이것은 회로 설계자가 직접 pattern으로서 수동소자를 설계하는 것으로 값의 범위는 칩 형태나 리드 형태에 비해 제한적인 단점이 있다.

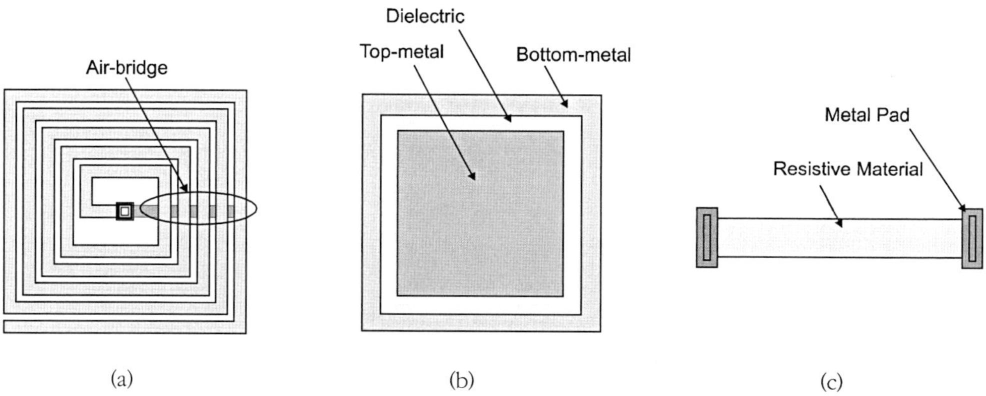

[그림 2-4] Pattern으로 형성된 수동소자: (a) 인덕터, (b) 커패시터, (c) 저항

저항의 경우 그림 2-4(c)와 같이 저항재질을 갖는 박막(보통 NiCr 또는 TaN) 형상을 형성하고, 이 위에 연결을 위한 도체 형상을 형성하는 기법으로 제작되며, 저항 값은 폭(W)에 반비례하고 반면 길이(L)에 비례하므로 단위면적당 저항(sheet resistivity)을 R_s로 정의한다면, 다음과 같이 나타나게 된다.

$$R = R_s \frac{L}{W} \tag{2-4}$$

커패시터의 경우 밑판 도체 위에 절연체를 일정한 두께로 형성한 뒤, 다시 이 위에 도체를 형성하여 MIM(Metal-Insulator-Metal)의 구조로서 커패시터를 형성하게 된다. 이때 도포되는 절연체의 두께는 일반적으로 공정에 의하여 결정되고 일정하여, 단위면적당 커패시턴스(C_s ; sheet capacitance)를 정의한다면, 커패시터는 면적(A)에 비례하므로 다음과 같이 결정될 수 있다.

$$C = C_s A \tag{2-5}$$

물론 이들도 주파수가 올라갈 경우, 이들에 포함되어 있는 기생소자가 나타나게 되며, 이것들 또한 사용주파수 대역에서 적절하게 모델(model)될 필요가 있다.

인덕터의 경우는 보통의 경우 그림과 같이 권선(spiral) 형태로 구현하게 되며, 이들의 설계는 커패시터나 인덕터와 같이 단순하지는 않다. 보통 공정을 제공하는 곳에서 정해진 몇 개의 인덕터 형상에 대한 측정결과나 자료를 제공하며, 이것이 없을 경우 EM(Electro-Magnetic) 시뮬레이션을 통해서 설계하게 된다. 또한 이들의 평가도 중요하나 방법적으로 볼 때는 칩 형태나 리드 형태의 등가회로 모델 기술과 같아서, 여기에서 별도의 언급은 생략하도록 한다.

예제 2-1

(1) 단위면적당 저항 값 R_s가 50 ohm/square일 때 아래 소자의 저항을 계산하시오.

(2) 또한 MIM 커패시터의 유전율은 7.2 그리고 두께가 0.4 μm일 때 단위면적당 커패시턴스 pF/mm^{2}를 구하고 50 μm square인 커패시터의 커패시턴스를 계산하시오.

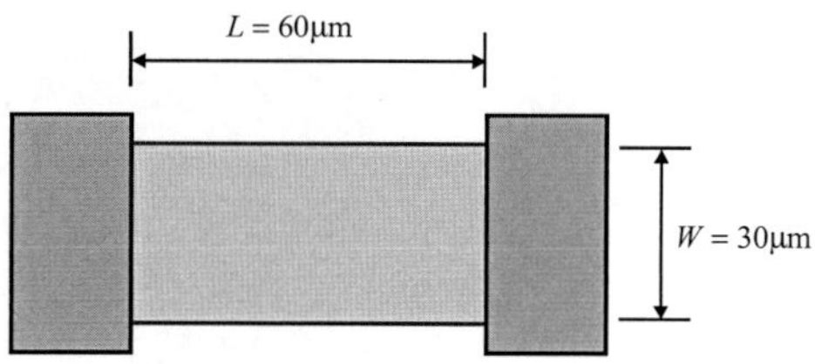

[그림 2E-1] 저항

해

(1) 저항의 경우 단위면적당 저항 값 R_s가 50 ohm/square이므로

$$R = R_s \frac{L}{W} = 50 \times \frac{60}{30} = 100\ \Omega$$

(2) 커패시터의 경우 단위면적이 mm^{2}일 때 커패시턴스는

$$C_s = \varepsilon_r \varepsilon_o \frac{A}{t} = 8.854\ \text{pF/m} \times 7.2 \times \frac{1\ \text{mm}^2}{0.4\ \ \text{m}}$$

$$= 8.854\ \text{pF/m} \times 7.2 \times \frac{1\ \text{m}}{0.4} = 159\ \text{pF}$$

따라서 $C_s = 159$ pF/mm^{2}이고 50 μm × 50 μm의 면적을 갖는 커패시터의 커패시턴스는

$$C = C_s \times 0.05^2 = 159 \times 0.05^2\,\text{pF} = 0.398\ \text{pF}$$

이다.

2.3 칩-형태 수동소자 및 등가회로

앞에서 살펴보았듯이 고주파에서 응용 가능성이 높은 것은 실제로 박막이나 MMIC 공정을 이용하지 않을 경우 칩 형태가 가장 광범위하게 사용될 수 있음을 알 수 있었다. 따라서 본 장에서는 소자별로 제작방법이나 평가하는 방법에 대하여 설명하려고 한다. 또한 이들의 등가회로를 주어진 자료로부터 추출하는 방법에 대하여 알아보도록 하겠다.

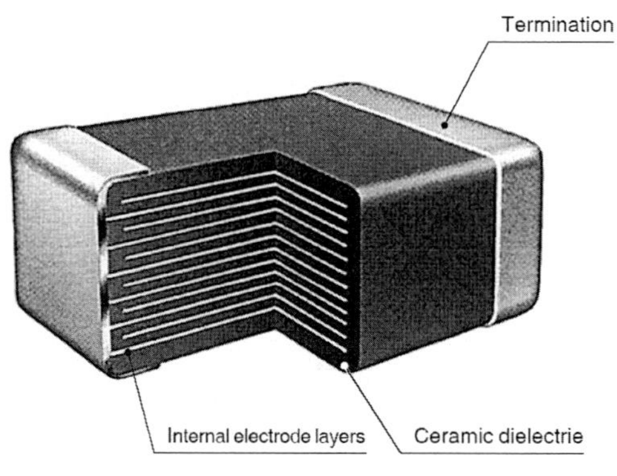

[그림 2-5] 칩 커패시터의 구조

2.3.1 칩-형 커패시터

보통의 칩 커패시터는 그림 2-5와 같이 다층구조(multi-layer)를 이용하여 구성되게 된다. 그림 2-5에서 납땜이 되는 두 단자(terminal)에는 그림과 같이 많은 수의 도체판이 평행하게 연결되어 있으며, 양쪽 단자에는 이 도체판 사이에 형성된 커패시턴스의 합이 나타나게 된다. 여기에 도체판과 도체판 사이에 채워진 절연체

의 유전율은 더욱 두 단자 사이의 커패시턴스를 증가시키게 된다.

이들을 분류하는 방법으로는 그림 2-6과 같이 단자와 단자 사이의 길이 L 과 단자의 폭 W 에 따라 분류되며, mm 단위를 기준으로 길이가 1.0 mm 그리고 폭이 0.5 mm인 것을 1005 형(type)이라고 하고, 같은 정의를 이용하면 1608 형의 경우 길이가 1.6 mm, 그리고 폭이 0.8 mm인 커패시터를 나타낸다. 이것은 커패시터뿐만 아니라 저항이나 인덕터의 구분방법도 동일하며, 저항 1608 형이라는 것은 역시 길이 1.6 mm 폭 0.8 mm의 크기를 갖는 칩 저항임을 나타낸다.

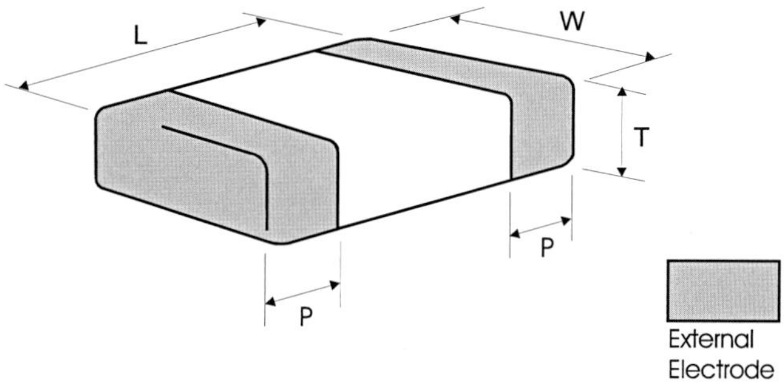

[그림 2-6] 칩-형 부품 외형 및 치수

이러한 커패시터의 주파수에 따른 일반적 등가회로는 그림 2-7과 같다. 여기서 C 는 커패시터의 커패시턴스를 나타내며, L은 다층구조로 인해 나타나는 인덕턴스(inductance)를 그리고 R은 사용된 도체 재료의 손실을 나타낸다. 따라서 구조적 관점에서 볼 때 인덕턴스는 커패시터 형태, 즉 크기에 관여되며 크기가 작을수록 일반적으로 인덕턴스 또한 작게 되며, 일반적으로 이 인덕턴스는 커패시턴스 값과는 무관하게 일정한 경향이 있다.

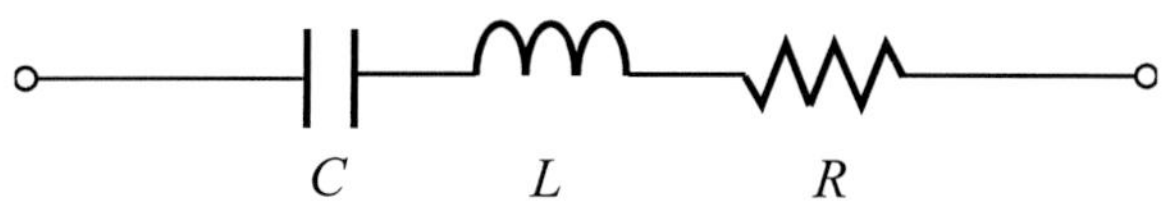

[그림 2-7] 칩 커패시터의 등가회로

C ; 커패시터의 커패시턴스

L ; 기생 인덕턴스(parasitic inductance)(0.7 nH ~ 1 nH)

R ; 도체판의 손실을 나타낸다.

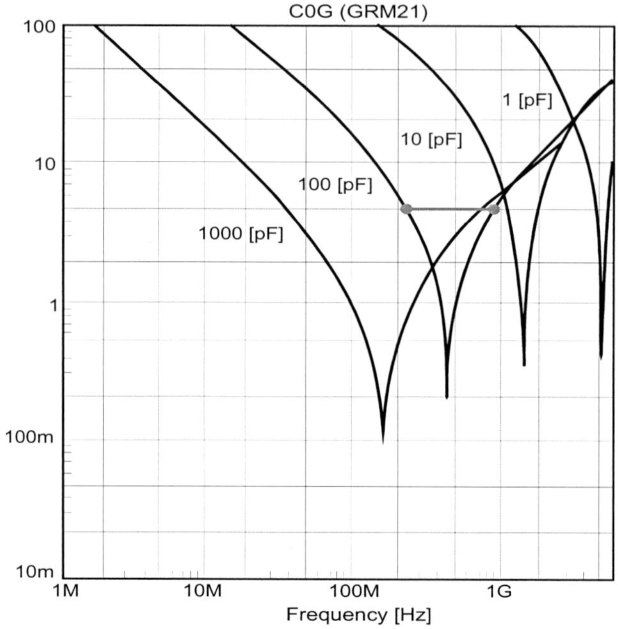

[그림 2-8] 칩 커패시터의 주파수 특성(Murata사 GRM 21 type 칩 커패시터)

그림 2-8에는 이러한 칩 커패시터의 주파수 특성을 보였다. 그림 2-8에서 100 pF의 곡선을 살펴보면, 주파수가 100 MHz 이전에는 그림 2-1과 같이 임피던스가 주파수에 따라서 직선적으로 감소하는 것을 알 수 있다. 이것은 주파수가 낮을 때는 커패시터로 동작하기 때문이며 이때 값은 70 MHz에서 약 20 ohm의 임피던스 값을 나타내므로

$$C=\frac{1}{2\pi f X_C}\cong\frac{1}{2\pi\times 70\times 10^6\times 20}=\frac{1000}{2\pi\times 1.4}\ \text{pF}\cong 113\ \text{pF}$$

임을 알 수 있다. 여기서 눈금을 개략적으로 읽었기 때문에, 계산된 커패시턴스 값이 오차가 나타난 것이다. 또한 주파수가 높아질 경우 임피던스는 최소점을 보인 후 다시 증가하게 되는데, 이는 그림 2-7의 등가회로에서 커패시터의 임피던스는 작아지고 반면에 인덕터의 임피던스는 주파수에 따라 커지게 되는 것을 알 수 있다. 따라서 주파수가 아주 높아질 경우 커패시터는 인덕터같이 행동하며, 그림과 같이 임피던스가 커지는 것을 알 수 있다. 또한 그림 2-8의 최소 점으로부터 그림 2-7의 등가회로 저항 값은 100 pF의 경우 약 $R=0.2$ ohm의 직렬 저항 값

을 가짐을 알 수 있다. 그리고 인덕터의 값은 이 자료만 가지고는 부정확하지만, 주파수 1 GHz에서는 인덕터가 주된 것이라고 가정하면, 이때 임피던스 값이 약 6 ohm이므로

$$L = \frac{X_L}{2\pi f} \cong \frac{6}{2\pi \times 1 \times 10^9} = \frac{6}{2\pi}\ \mathrm{nH} \cong 1\ \mathrm{nH}$$

의 값을 가지는 것을 알 수 있다. 이 값을 좀 더 정확하게 결정하기 위해서는 좀 더 높은 주파수에서의 자료가 필요할 것으로 보인다.

따라서 100 pF의 경우 주파수가 1 GHz를 넘어서 사용할 경우 이것은 커패시터라기보다 인덕터에 가까우며, DC 블록(block)으로 사용할 경우 DC 블록이 약 5 ohm 정도의 임피던스를 가져야 한다면(기준 임피던스를 50 ohm으로 보고 이것의 1/10을 갖는 것으로 본다), 그림 2-8의 그림에서 이것은 약 300 MHz에서 900 MHz까지 DC 블록 또는 바이패스(bypass) 커패시터로서 사용 가능하며, 사용주파수가 더 높아질 경우 인덕터의 효과로 인해 DC 블록으로도 사용하기 곤란할 것으로 보인다.

2.3.2 칩-형 인덕터

칩-형 인덕터를 제작하는 방법은 제조사에 따라 다소 다르다. 그러나 그림 2-9와 같이 납땜이 되는 단자 사이에 ferrite 소재의 기둥 위에 구리선을 권선하여 인덕턴스를 얻게 된다. 이러한 권선의 굵기는 가늘수록 많이 감을 수 있고, 결과적으로 큰 인덕턴스를 얻는 것이 가능하지만 반면 권선의 굵기가 가늘어질 경우 직렬저항이 증가하고 전류용량이 줄어듦을 주목해야 할 것이다.

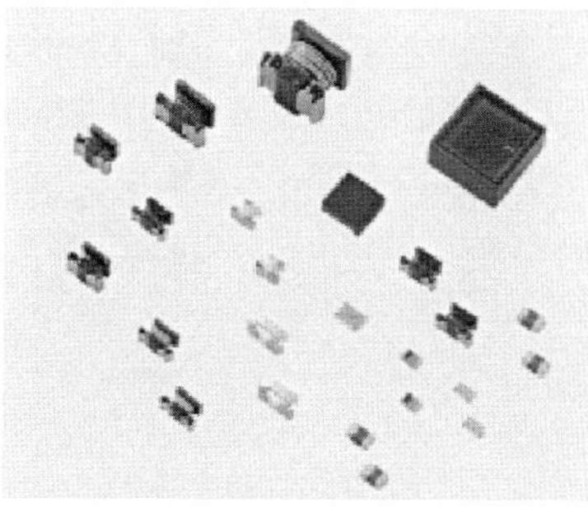

[그림 2-9] 칩 인덕터의 사진

또한 인덕턴스를 크게 할수록 권선의 수는 증가하여 이에 비례하여 기생 커패시턴스도 늘어나게 된다. 따라서 큰 인덕턴스 값을 가질수록 높은 주파수에서는 사용가능하지 않으며, 주어진 자료를 이용하여 회로설계 시에는 필히 이것의 동작 범위를 확인해야 할 것이다. 또한 이러한 인덕터의 경우 공진기에 비해 일반적으로 Q가 낮아 발진기 설계 시 공진기로서 응용에는 면밀한 검토가 필요하다.

그림 2-10은 일반적인 인덕턴스의 전기적 등가회로이며 여기서 L은 권선으로 발생된 인덕턴스를 나타내며, R은 권선에 의한 저항을 나타낸다. 그리고 등가회로에서 C는 권선과 권선 사이에서 발생하는 기생 커패시턴스를 나타낸다.

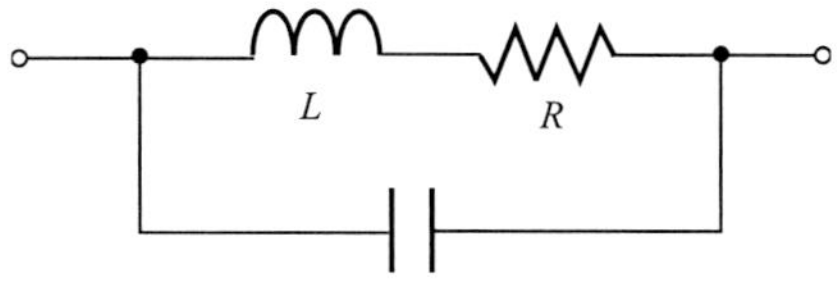

[그림 2-10] 인덕터의 등가회로

따라서 주파수가 극히 낮을 경우 인덕터는 보통 저항처럼 보이게 되며, 주파수가 높아질 경우 권선으로 발생된 인덕턴스에 의한 리액턴스(reactance; $X=j\omega L$)가 커져서, 인덕턴스로 보이게 되고, 주파수가 더욱 높아질 경우 병렬로 연결되어 있는 커패시터의 임피던스가 작아져 인덕터는 커패시터로 동작하게 된다. 따라서 개략적인 인덕터의 사용주파수 범위는 보통

$$\frac{R}{L} < \omega < \frac{1}{\sqrt{LC}} \tag{2-6}$$

로 나타나게 된다.

그림 2-11에는 Murata사의 칩 형태 인덕터의 주파수 특성을 준다. 이 그림에서 100 μH의 곡선을 살펴보면 주파수가 10 MHz 이전에는 임피던스가 주파수에 따라서 직선적으로 증가하는 것을 알 수 있다. 따라서 주파수가 10 MHz 이하에서는 인덕터로 동작하는 것을 알 수 있다. 이때 값은 1 MHz에서 약 1 kohm의 임피던스 값을 나타내므로

$$L = \frac{X_L}{2\pi f} \cong \frac{1\times 10^3}{2\pi \times 1 \times 10^6} = \frac{1}{2\pi} mH \cong 159 \ \ \mu H$$

임을 알 수 있다. 여기서 눈금을 개략적으로 읽었기 때문에 인덕턴스 값의 오차가 나타난 것이다. 또한 주파수가 높아질 경우 임피던스는 최대점을 보인 후 다시 감소하게 되는데 이는 등가회로에서 커패시터의 영향 때문이다. 따라서 주파수가 아주 높아질 경우 인덕터는 커패시터 같이 행동한다. 그리고 커패시터의 값은 주파수 100 MHz에서는 커패시터가 주된 것이라고 가정하면 이때 임피던스 값이 약 1 kohm이므로

$$C=\frac{1}{2\pi f X_C}\cong\frac{1}{2\pi\times 1\times 10^3\times 100\times 10^6}=\frac{10}{2\pi}\ \mathrm{pF}\cong 1.59\ \mathrm{pF}$$

의 값을 가지는 것을 알 수 있다. 또한 그림 2-11의 최대 점으로부터 저항 값은 100 kohm이므로, 이때 등가회로의 직렬 저항 값은 근사적으로

$$\frac{(\omega_o L)^2}{R}=100\ \mathrm{K}$$

이 되고 이로부터

$$R=\frac{(\omega_o L)^2}{100\ \mathrm{K}}=\frac{(2\pi\times 10\times 10^6\times 100\times 10^{-6})^2}{100\times 10^3}=4\pi^2 10\cong 390\ \Omega$$

의 값을 얻게 된다.

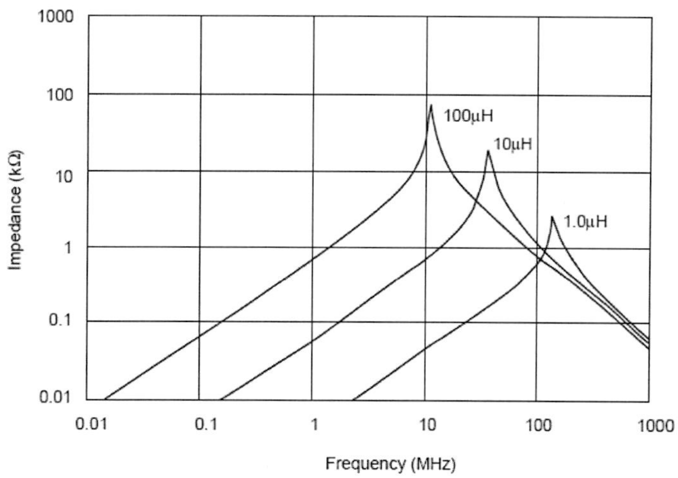

[그림 2-11] 칩 인덕터 주파수 특성(Murata사 LQH31C)

2.3.3 칩-형 저항

그림 2-12는 칩 저항의 구조를 보인다. 그림에서 볼 수 있듯이 칩 저항은 세라믹 기판 위에 저항체 재료(여기서는 RuO_2)를 인쇄하고 여기에 도체 형상을 인쇄한 뒤 납땜 가능하도록 단자를 붙여서 제작하게 된다. 또한 저항체 재료의 산화나 손상을 막기 위하여, 저항체 재료 위에 glass 같은 재료를 도포하여 후처리하게 한다.

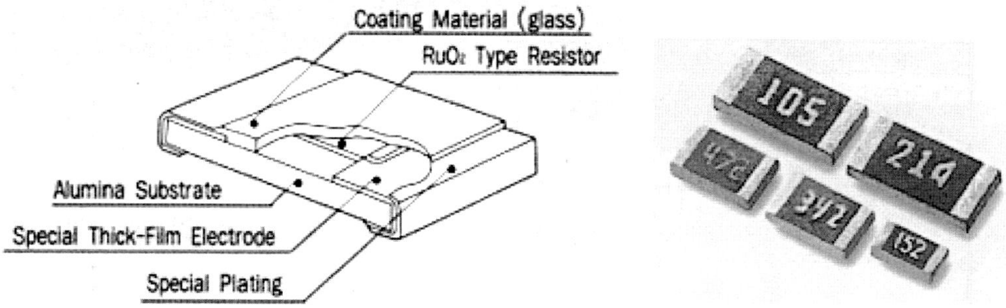

(a) (b)

[그림 2-12] 칩 저항: (a) 구조, (b) 사진

이러한 칩 저항의 규격은 칩 커패시터와 동일 규격(1005, 1608, 2010)을 사용하며 제조사에 따라서는 그림 2-12(b)와 같이 저항 값을 표면 위에 표시해 저항 값을 식별하는 데 용이하도록 한다. 그림 2-12(b)에서 일반적인 표기법으로는 앞의 두 자리 숫자는 저항의 유효숫자를 나타내며 나머지 숫자는 자리수를 나타낸다.

즉,

$$342 = 34 \times 10^2 = 3.4 \times 10^3 = 3.4\text{k}$$

와 같이 표기한다. 칩 저항의 주파수 특성 및 등가회로는 일반적으로 잘 알려져 있지 않다. 주파수 특성이 필요할 경우 다음에 나오는 측정방법을 이용, 이것의 등가회로나 주파수 특성을 알 수 있다. 그러나 일반적으로 칩 저항의 크기가 작을수록 칩 커패시터와 마찬가지로 주파수 특성은 좋게 된다. 그 이외에 주목해야 할 것은 이 저항의 경우 견디어 낼 수 있는 소모전력이 정해져 있으며, 이것은 보통 공급자 자료에 나와 있기 때문에 소모전력을 회로설계 시 확인한 뒤 사용하여야 할 것이다.

2.4 칩-형태 수동소자의 주파수 특성 측정

칩 형태 수동소자는 모두 1-포트(port) 소자로 볼 수 있다. 따라서 이것의 경우 임피던스분석기(impedance analyzer)나 회로망분석기(network analyzer)를 이용하고, 1-포트 측정을 통해 이것의 주파수 특성을 알 수 있다. 여기서는 일반적으로 널리 보급된 회로망분석기를 통해 이것의 주파수 특성을 측정하는 방법을 알아보도록 하겠다. 여기서 소개하는 방법은 주파수가 높을 경우 다소 오차를 동반하게 됨을 주목해야 할 것이다.

우선 회로망분석기를 통해 측정하기 위하여, 그림 2-13과 같이 동축 SMA(Small Miniature Assembly) 커넥터(connector)의 납땜용 단자를 제거하고, 그림과 같이 준비한다. 다음에 회로망분석기를 1-포트 교정(calibration)(여기서 calibration이란 장비에서 측정하고자하는 연결점까지의 삽입된 연결 부품들의 비이상적인 특성을 모두 0점화했다는 뜻으로 당분간 이해하면 될 것이다)을 할 경우 장비와 연결되는 커넥터 연결점, 즉 그림 2-13의 T점까지 0점화되었다고 볼 수 있다.

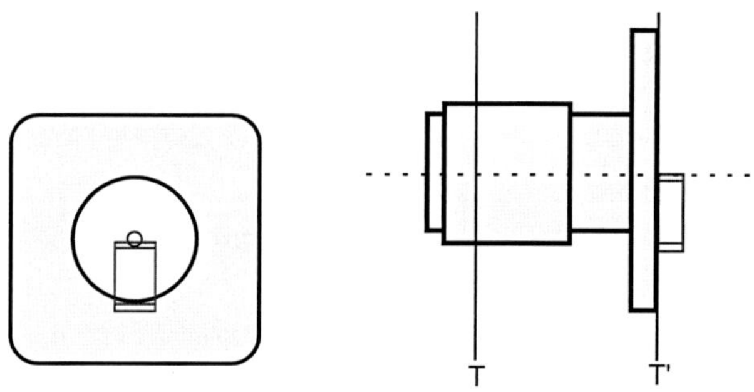

(a) (b)

[그림 2-13] 수동소자 측정을 위한 조립도: (a) 뒷면도, (b) 측면도

따라서 사용한 SMA 커넥터의 전송선 길이를 측정결과에서 제거해야 하는데, 이것은 보통 회로망분석기에서 첨가되어 있는 *electrical delay* 기능을 사용하면 제거될 수 있다. 즉 부품이 제거된 상태에서 커넥터 절단면 그림 2-13 T'점은 측정상 개방(open)이 되어야 하므로(이 점에서 어떠한 연결도 없다면 임피던스가 ∞ 인 것을 나타낸다) 측정주파수 대역에서 개방이 되도록 *electrical delay*를 변화시킨다. 그러면 다소 오차를 동반하지만 대역 내 모든 측정주파수에서 T' 점은 개방된 결과를 보이게 될 것이다. 이것은 바꿔 말하면 0점화된 장비의 연결점을 *electrical* *delay*를 통하여 동축 커넥터 절단면까지 옮기는 것이다.

다음에는 알고자 하는 수동소자를 납땜을 통해 커넥터에 연결하여 그림 2-13과 같이 준비한다. 그리고 이 상태에서 측정할 경우 측정된 결과는 소자의 임피던스 값을 보여주게 된다. 그림 2-14는 이러한 방법을 통하여 측정된 수동소자의 임피던스 특성을 보여준다. 여기서 사용한 소자는 버랙터 다이오드(varactor diode)로서 가변 커패시터로 동작한다. 그림에서 볼 수 있듯이 리액턴스는 주파수가 증가할 경우 증가하여 - 값으로부터 0점을 지나 +방향으로 계속 증가하는 것을 볼 수 있다.

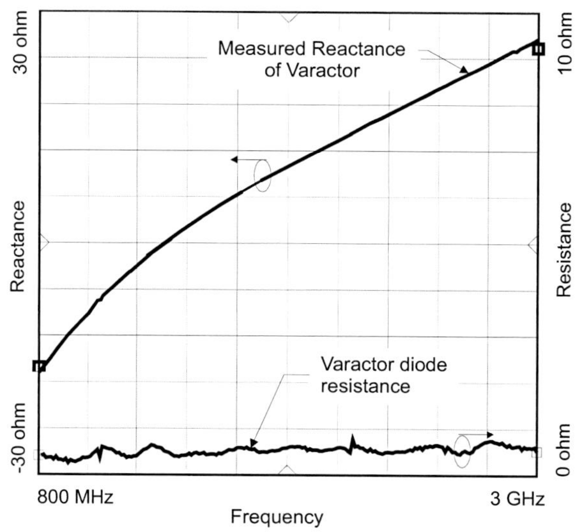

[그림 2-14] 제시된 방법에 의한 칩 커패시터 측정결과

그림 2-14에서 이 가변 커패시터의 직렬저항은 약 0.5 ohm인 것을 알 수 있고, 이때 리액턴스는 저주파에서는 커패시터처럼 −값을 보이지만 주파수가 증가함에 따라 계속 증가하여 인덕터가 나타나는 것을 알 수 있다. 이 결과를 가지면 최적화를 통해 그림 2-7의 등가회로 값을 결정할 수 있게 된다.

이와 같이 제시된 측정방법의 제한점은 우선 커넥터에 있을 것이다. 일반적인 SMA 커넥터의 경우 주파수가 18 GHz까지 사용 가능하다. 따라서 SMA 커넥터를 사용 연결할 경우 18 GHz 전까지만 주파수 특성을 측정하는 것이 가능하다. 그러나 더 높은 주파수까지 측정하기 위하여 이보다 높은 주파수에서 동작하는 동축 커넥터(뒤에 설명하겠지만 2.9 mm, 또는 2.4 mm 동축 커넥터)를 사용한다 하더라도, 역시 측정의 정확도는 개선되지 않을 것이다. 그 이유로는 우선 동축 커넥터를 그림 2-13과 같이 절단하여 사용할 경우 이것은 개방에 가까우나, 실제적으로는 절단면에 발생하는 fringing capacitance를 보상하여야 하며, 또한 전자계 방사(radiation)로 발생되는 저항을 고려하여 교정 되어야 정확한 결과를 줄 수 있게 된다. 그 이외에 아무리 정확하게 교정 되었다 하더라도 부품부착 시 이 부품이 동축 커넥터 상의 전자계 형상을 왜곡시켜 주파수가 높은 경우에는 정확한 부품만의 결과를 얻기 어렵기 때문이다.

예제 2-2 ADS에서 Murata 커패시터 library를 열고 10 pF 임피던스를 측정한 뒤, 이것의 등가회로를 구하시오.

해 그림 2E-2와 같이 회로도를 결선할 경우 전압 V_{out1}은 이것의 임피던스가 된다.

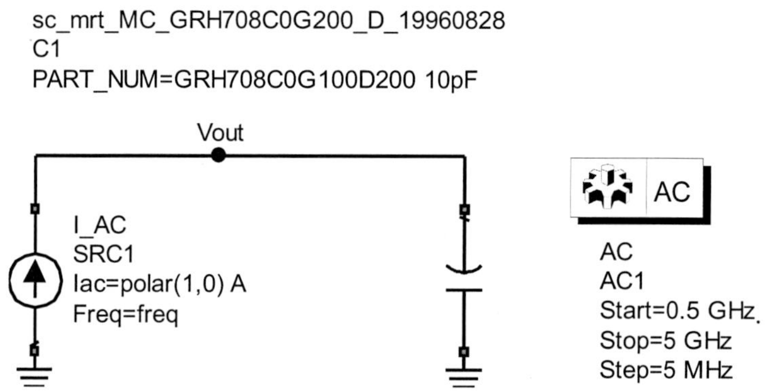

[그림 2E-2] 커패시터의 임피던스 측정

이것을 실수부와 허수부를 나누어 도시할 경우, 그림 2E-3과 같이 얻어지는데, 여기서 실수부의 값을 읽을 경우 $R = 0.17\ \Omega$임을 알 수 있다.

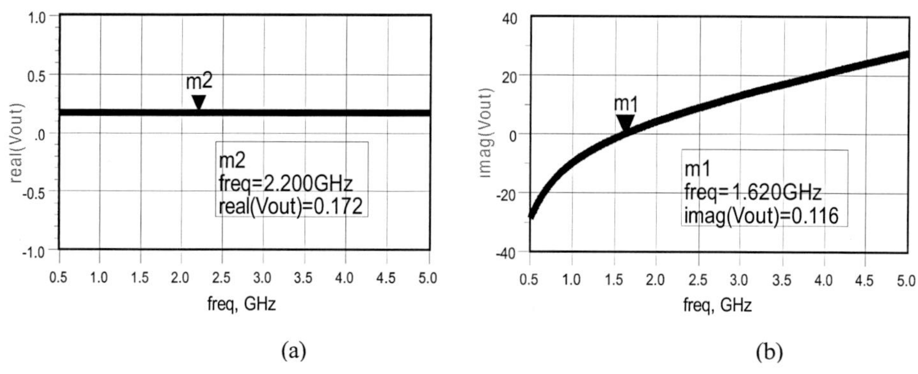

[그림 2E-3] 임피던스의 (a) 실수부, (b) 허수부

또한 그림 2E-3(b)에서 허수부는 직렬 공진이 나타남을 알 수 있다. 이때 공진주파수 근처의 기울기는

$$\frac{\partial X}{\partial f}\bigg|_{f_o} = 2\pi \frac{\partial X}{\partial \omega}\bigg|_{f_o} = 2\pi \frac{\partial}{\partial \omega}\left(\omega L - \frac{1}{\omega C}\right)\bigg|_{f_o} = 4\pi L$$

로 나타나므로, 이것을 얻기 위하여 그림 2E-4와 같이 공진주파수 부근에서 허수부를 그리고, *Display* 창에 그림 2E-5와 같은 식을 삽입하면, L 및 C의 값을 얻을 수 있다. 이것으로부터 새로이 허수부 X를 식과 같이 계산하여 그리면, 이 등가 회로 값의 정확성을 비교 파악할 수 있게 된다.

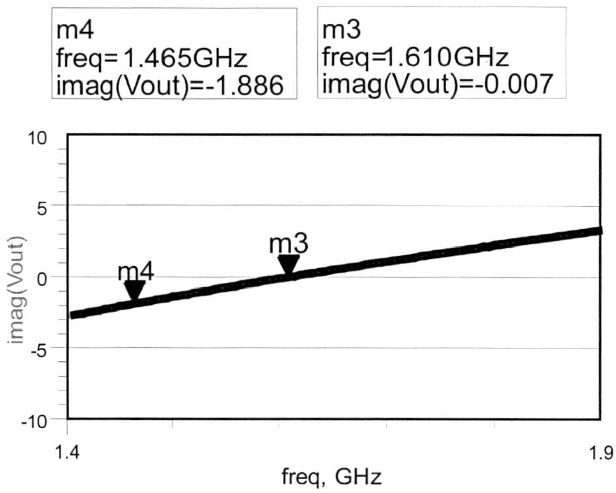

[그림 2E-4] 임피던스의 공진주파수 부근의 허수부

그림 2E-5에서 *m*3 및 *m*4는 marker에서의 값을 나타내며, *indep*(·)는 marker에서의 x 값을 나타낸다. 따라서 첫 번째 식은 기울기를 4π로 나눈 값이 되고, 이것은 $L=(\partial X/\partial f)/4\pi$로 계산된 인덕턴스가 되고, 두 번째 식은 결정된 L값과 공진주파수를 이용한 $C=1/(\omega_o^2 L)$을 계산한 것이 된다. 그리고 마지막 식은 이와 같이 얻어진 L 및 C값을 이용 계산된 리액턴스이다.

```
Eqn L=(m3-m4)/(indep(m3)-indep(m4))/(4*pi)
Eqn C=1/((2*pi*indep(m3))**2*L)
Eqn X=2*pi*freq*L-1/(2*pi*freq*C)
```

[그림 2E-5] *Display* 창에 등가회로 값을 계산하기위한 식

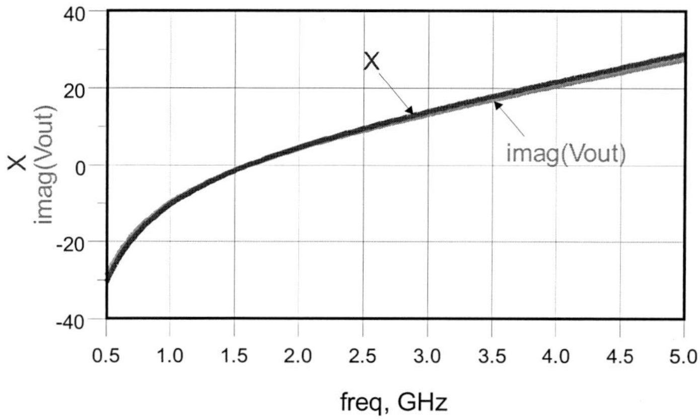

[그림 2E-6] 계산된 등가회로 값으로 얻은 허수부와 측정된 허수부 값의 비교

그림 2E-6에는 이것의 비교를 보였으며, 상당히 잘 맞는 것을 알 수 있다. 이 때 식의 결과로부터 $L = 0.977$ nH 그리고 $C = 10$ pF임을 알 수 있다. 따라서 칩 커패시터의 등가회로는 그림 2-7과 같고, 이것의 값들은 $R = 0.17\ \Omega$, $L = 0.977$ nH, $C = 10$ pF임을 알 수 있다.

참고문헌

[1] Murata manufacturing co. ltd., *Chip Monolithic Ceramic Capacitors,* Cat. No. C02E-10

[2] Murata manufacturing co. ltd., *Chip Coils,* Cat. No. O05E-13

[3] Kyocera corporation, *Multilayer Ceramic Chip* Capacitors

[4] GEC Marconi, *GaAs IC foundry design manual,* Oct., 1997.

연습문제

2-1 A사의 경우 동일한 TaN로 제작한 thin film 저항의 sheet resistivity가 50 ohm/square이고 B사의 경우 100 ohm/square이다. 두 회사 공정에서 어떠한 면이 차이가 있는가? 또한 재료의 volume resistivity ρ이고 두께가 t일 때 sheet resistivity를 구하시오.

2-2 Sheet resistivity가 50 ohm/square일 때 100 ohm 저항을 설계하려고 한다. 이때 이 100 ohm 저항에 흐르는 전류가 2 mA일 때 폭의 최소값을 구하시오. 이것의 전류의 허용 값(rating)은 폭당 0.5 mA/um이다.

2-3 MIM 커패시터의 유전체가 Silicon Nitride로서 유전율은 7.2이다. 30 um square 면적일 때 0.53 pF라면 이것의 두께는? 또 단위면적당 커패시턴스를 구하시오.

2-4 그림 2-10와 같은 인덕터의 등가회로에서 공진 시 임피던스의 크기는 근사적으로

$$|Z_{\max}| = \frac{(\omega_o L)^2}{R}$$

임을 유도하시오. 이때 $\omega_o = 1/\sqrt{LC}$이다.

2-5 교재에서는 그림 2-8과 같은 임피던스분석기에서 얻어지는 $|Z(\omega)|$에 의하여 커패시터의 등가회로 추출하는 방법을 다루었는데, 커패시터의 등가회로의 임피던스는

$$Z(\omega) = R + jX = R + j\left(\omega L - \frac{1}{\omega C}\right)$$

가 되는데 이를 통해 실수부와 허수부를 각각 주파수에 따라 도시하여 얻을 수 있게 된다. 이때 공진주파수 근처에서의 임피던스는 근사적으로

$$Z(\omega) \simeq R + j2L(\omega - \omega_o)$$

임을 유도하시오.

2-6 앞서의 문제 2-5와 마찬가지로 아래와 같은 병렬공진회로는 공진주파수 근처에서 어드미턴스(admittance) $Y(\omega)$가 아래와 같음을 보이시오.

$$Y(\omega) \simeq G + j2C(\omega - \omega_o)$$

2-7 **(등가회로 추출 방법)** 문제 2-5의 공진주파수에서 주파수에 대한 리액턴스의 기울기는

$$\left.\frac{\partial X}{\partial f}\right|_{f_o} = 4\pi L$$

$$\omega_o = \frac{1}{\sqrt{LC}}$$

임을 이용하여 L 및 C를 구할 수 있고 R은 실수부를 이용하여 구할 수 있다. 이를 통해 그림 2-14의 결과를 이용 R, L, C를 구하시오.

제 3 장

전송선로(Transmission line)

3.1 개 요
3.2 전송선의 파라미터(parameter)
3.3 동축선(Coaxial Line) 및 마이크로스트립선로
3.4 전송선의 정현파응답 및 다중반사
3.5 전송선로의 회로에의 응용
3.6 전송선로의 불연속(Discontinuity)

3.1 개요

그림 3-1은 두께가 100 μm인 기판 위에 제작된 고주파 회로의 일례를 보였다. 그림과 같은 고주파 회로(distribution 증폭기)에서 주파수가 높아질 경우, 선로에서의 전압과 전류는 위치의 함수가 되어, 저주파에서와 달리 그림에 표시한 두 점에서 전압과 전류는(그림 3-1의 V_1및 I_1과 V_2및 I_2) 같지 않게 된다. 이 장에서는 진행방향으로 균일한 매질로 채워진 균일한 전송선로에 대한 이해와 응용에 대해서 다루기로 한다.

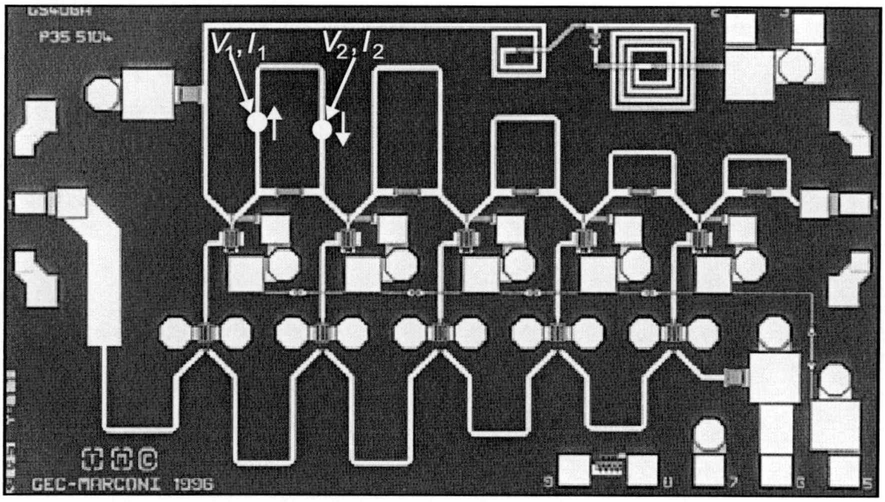

[그림 3-1] 고주파 회로의 평면도(GEC Marconi distribution 증폭기)

수동소자의 경우, 예를 들어 저항의 경우 저항 값으로 이것의 특성을 나타내는데, 전송선에도 이와 같은 전송선을 특성화하는 값들이 2개 있게 된다. 우선 이들에 대하여 설명한 다음, 고주파에서 널리 사용되는 전송선, 즉 동축선과 마이크로스트립선로들의 정성적 이해를 다루려고 한다. 또한 이 들은 앞서 언급한 수동소자들과 연결될 때, 입사 및 반사로 특성화할 수 있으며, 이를 규정짓는 반사계수, 반사손실 등에 대하여 알아볼 것이다.

다음으로는 전송선은 회로 구현에 있어서 여러 가지 형태로 응용되는데, 이들의 회로로서의 응용을 살펴보고, 실제로 여러 개의 전송선들을 한 점에 연결할 경우 원치 않는 불연속(discontinuity)이 발생하게 되는데, 이러한 불연속의 처리방법과 효과에 대하여 알아볼 것이다.

3.2 전송선의 파라미터(parameter)

3.2.1 위상속도(Phase velocity)

그림 3-2에는 진행방향이 z 방향이고, 진행 방향으로 균일한 전송선로를 보였다. 여기서 전류와 전압은 위치 z 및 시간 t에 따른 함수이므로 이것은 $i(z,t)$, $v(z,t)$로 표시하였다. 또한 이것의 위치가 z인 곳에서 미소구간 Δz에서의 등가회로를 그림 3-2(b)에 나타내었다. 그림 3-2(b)에서 도선에 전류가 흐르기 때문에 발생하는 자계(magnetic field)는 인덕턴스로 나타내었으며, 선간에 발생하는 전계(electric field)는 커패시턴스로 나타내었다. 또한 이것은 진행방향으로 균일하기 때문에, 단위길이당 인덕턴스 및 커패시턴스를 각각

L ; Inductance per unit length[H/m]
C ; Capacitance per unit length[F/m]

라고 정의하면, Δz길이를 갖는 인덕턴스 및 커패시턴스는 $L\Delta z$, $C\Delta z$가 될 것이다.

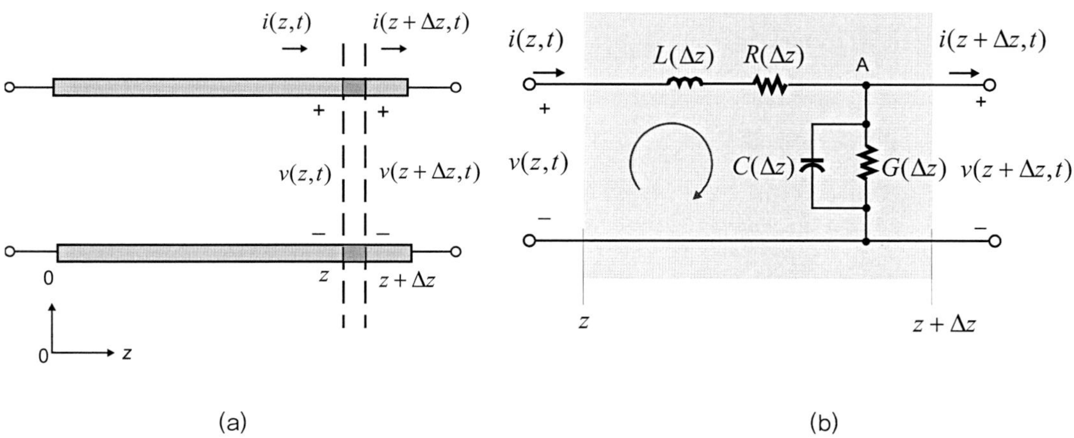

[그림 3-2] (a) 전송선로, (b) Δz 구간에서 전송선의 등가회로

이때 전송선을 무손실(lossless)이라고 가정하고($R=G=0$), 그림 3-2(b)에서 화살표 방향으로 KVL을 적용하면

$$v(z,t)=L(\Delta z)\frac{\partial i(z,t)}{\partial t}+v(z+\Delta z,t) \tag{3-1}$$

를 얻게 되고 따라서

$$\Delta v=v(z+\Delta z,t)-v(z,t)=-L(\Delta z)\frac{\partial i(z,t)}{\partial t}$$

를 얻게 되는데, Δz로 양변을 나눌 경우,

$$\frac{\partial v(z,t)}{\partial z}=-L\frac{\partial i(z,t)}{\partial t} \tag{3-2}$$

를 얻게 된다. 이것은 전압이 z 방향으로 진행하면서 인덕터에 의해 전압이 떨어지는 것을 나타낸다. 동일한 방법에 의해 그림 3-2(b)의 A점에서 KCL을 적용할 경우

$$\Delta i=-C(\Delta z)\frac{\partial v(z,t)}{\partial t}$$

를 얻게 되고, 마찬가지로 Δz로 양변을 나눌 경우

$$\frac{\partial i(z,t)}{\partial z}=-C\frac{\partial v(z,t)}{\partial t} \tag{3-3}$$

를 얻게 된다. 이것은 전류가 z 방향으로 진행함에 따라 커패시터에 의해 전류가 누설되어 줄어드는 것을 나타낸다. (3-2)와 (3-3)식은 전류와 전압이 결합된 편미분방정식이어서, 전압과 전류에 대한 독립된 방정식을 얻기 위해 (3-2)식을 z에 대해 미분하고 (3-3)식을 대입하면

$$\frac{\partial^2 v(z,t)}{\partial z^2}=LC\frac{\partial^2 v(z,t)}{\partial t^2}=\frac{1}{v_p^2}\frac{\partial^2 v(z,t)}{\partial t^2} \tag{3-4}$$

(3-4)식을 얻게 되는데, 이것은 1-차원 파동방정식(wave equation)으로 위상속도 v_p를 갖고 z 또는 $-z$ 방향으로 도파하는 형태를 나타낸다. 이때 전압의 형태는 이 전송선이 연결된 지점에서의 회로조건 또는 경계조건(boundary condition)에 의

하여 결정되게 된다. 마찬가지로 전류에 대해서도

$$\frac{\partial^2 i(z,t)}{\partial z^2} = LC\frac{\partial^2 i(z,t)}{\partial t^2} = \frac{1}{v_p^2}\frac{\partial^2 i(z,t)}{\partial t^2} \qquad (3-5)$$

를 얻을 수 있다. 결론적으로 전류와 전압 모두 위상속도 v_p를 갖고 z 또는 $-z$ 방향으로 도파하는 파동임을 알 수 있다. 따라서 전류, 전압 모두 다음과 같은 위상속도를 갖고 진행함을 알 수 있다.

$$\text{Phase velocity} = v_p = \frac{1}{\sqrt{LC}} \qquad (3-6)$$

(3-5)식의 일반해는

$$v(z,t) = C_1 f\left(t - \frac{z}{v_p}\right) + C_2 g\left(t + \frac{z}{v_p}\right) \qquad (3-7)$$

로 쓸 수 있는데 여기서 C_1, C_2는 상수이며, $f(t)$, $g(t)$는 임의의 파형을 나타낸다. 이것들은 전송선이 연결된 곳에서 경계조건에 의하여 결정되게 된다. 또한 왼쪽 해는 z 방향으로 진행하는 파이며, 오른쪽 해는 $-z$ 방향으로 진행하는 파를 나타낸다.

우선 z 방향으로 진행하는 파만 존재할 경우 $z=0$에서의 파형은

$$v(0,t) = C_1 f(t)$$

그리고 임의의 위치 z에서의 파형은

$$v(z,t) = C_1 f\left(t - \frac{z}{v_p}\right)$$

가 된다. 따라서 그림 3-3과 같이 시간 축에서 볼 때, 위치 z에서의 파형은 $z=0$에서의 파형을 오른쪽으로 $t_1 = z/v_p$만큼 이동한 것이 된다. 이것은 $f(t-t_1)$은 $t=t_1$일 때의 값은 $f(t)$가 $t=0$에서의 값과 같으므로, $f(t-t_1)$은 0점을 t_1으로 옮긴 것이며, $t=0$이 아닌 다른 시간에 대해서도 같은 논리를 적용하면 결과적으로 $f(t-t_1)$은 $f(t)$를 t_1만큼 시간 축을 따라 오른쪽으로 옮긴 것이 된다.

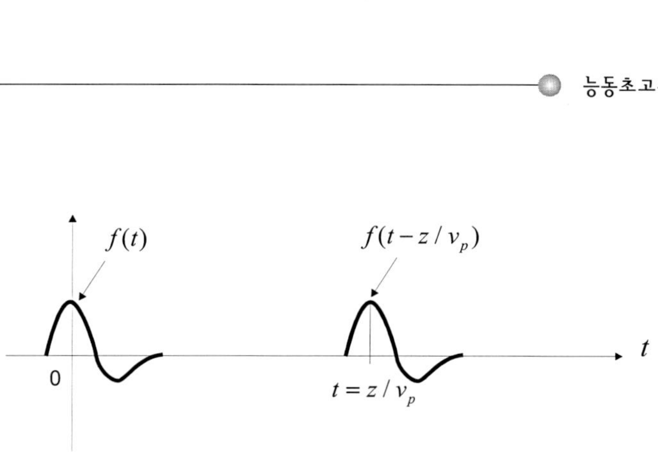

[그림 3-3] 파동방정식의 해

이것을 다르게 생각하면, $z=0$, $t=0$에서의 값은 거리 z인 점까지 전달되는 데 시간이 z/v_p가 걸리게 되고, 결과적으로 거리 z인 점에서 $z=0$, $t=0$에서 발생했던 값이 $t=z/v_p$ 시간에 나타나기 때문이다.

예제 3-1 길이가 0에서 ∞까지 뻗어 있는 전송선의 $z=0$ 점에서 $\delta(t)$, $\cos(\omega t)$, $e^{j\omega t}$ 전압이 인가되었을 때, 거리 z에서의 파형을 구하시오.

해 (1) $v(0,t)=\delta(t)$일 경우 거리 z에서의 파형은

$$v(z,t)=\delta\left(t-\frac{z}{v_p}\right)$$

이므로 그림 3E-1과 같이 시간 축에서 관측하였을 때 $t_1=z/v_p$만큼 이동한 파형이 나타난다.

(2) $v(0,t)=\cos(\omega t)$일 경우 거리 z에서의 파형은

$$v(z,t)=\cos\left(\omega\left(t-\frac{z}{v_p}\right)\right)=\cos\left(\omega t-\omega\frac{z}{v_p}\right)=\cos(\omega t-\beta z)$$

이므로, 거리 z에서의 파형은 $z=0$에서의 파형에 비해 βz만큼 위상지연이 나타나게 된다. 또한 이때의 단위길이당 위상지연, 즉 β를 전파상수(pro- pagation constant)라고 부른다.

(3) $v(0,t)=e^{j\omega t}$일 경우 거리 z에서의 파형은

$$v(z,t)=e^{j(\omega t-\beta z)}=e^{j\omega t}e^{-j\beta z}$$

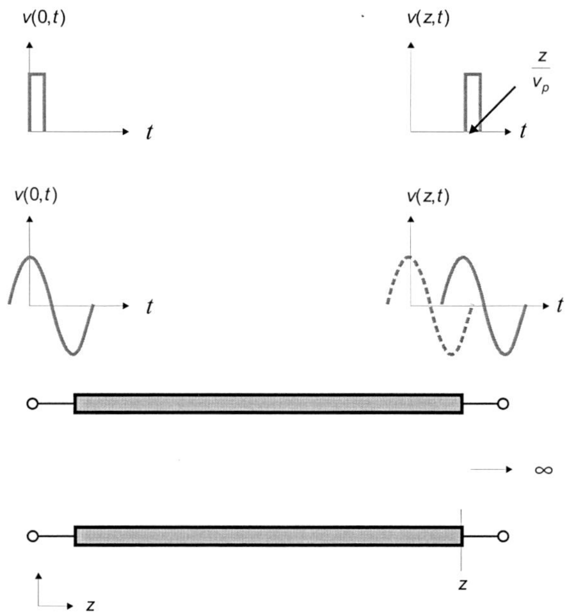

[그림 3E-1] 전송선로에서의 파형전달

이다.

예제 3-1의 (3)의 복소파형은 정현파 응답을 구할 때 자주 사용되며, 페이저로 나타낼 경우 $e^{j\omega t}$를 제외하고, 나머지 복소수가 페이저가 되므로, $v(z,t)$파형의 페이저(phasor) $V(z)$는

$$V(z) = e^{-j\beta z}$$

가 되고, 이것은 정현파가 거리 z에 따라 위상지연이 발생하는 것을 나타낸다. 또한 이때의 시간영역(time domain)에서의 파형은

$$v(z,t) = \mathrm{Re}(V(z)e^{j\omega t}) = \cos(\omega t - \beta z)$$

와 같이 $e^{j\omega t}$를 곱하고 실수부를 취하여 구하게 된다.

3.2.2 파장(Wavelength)

앞서서 알아보았듯이 전송선은 위상속도와 길이에 따라 시간지연(time delay)이 발생하게 되므로, 길이와 위상속도가 주어진 전송선에서, 이 전송선을 통과하였을 때 나타나는 지연시간은

$$t_d = \frac{l}{v_p} \tag{3-8}$$

이 되는 것으로 알 수 있다. 주목할 것은 두 개의 다른 전송선이 있을 때, 물리적으로 길이가 달라도 서로 같은 지연시간을 줄 수 있다는 것을 알 수 있다. 따라서 실제적으로 전송선의 길이를 표시할 경우 (3−8)식과 같이 지연시간 t_d로 명시할 수 있고, 또는 길이와 위상속도를 동시에 명시하면 전송선의 길이효과를 알 수 있게 된다.

또 다른 방법으로는 정현파 인가 시(즉 $z=0$점에 $\cos\omega t$의 전압을 인가하였을 경우) 임의의 시간 t_1에서 공간적인 파형을 보면 즉 $t=t_1$으로 고정하고, 공간적인 파형의 형태를 보면

$$v(z,t_1) = \cos(\omega t_1 - \beta z) = \cos(\beta z + \phi) \tag{3-9}$$

로서, 이것은 그림 3-4와 같음을 알 수 있다.

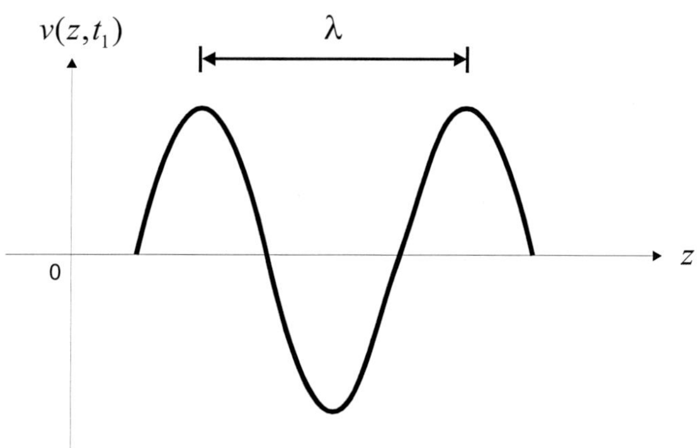

[그림 3-4] 파장의 정의

이때 발생한 공간에서의 정현파에 대해 주기를 파장(wavelength) λ라고 부르며 이것은 골에서 골 사이의 길이, 또는 첨두치(peak)와 첨두치 사이의 거리로 정의한다. 따라서 파장은

$$\lambda = \frac{2\pi}{\beta} = \frac{2\pi v_p}{\omega} \tag{3-10}$$

와 같이 정의되며, 이 관계에서 $v_p = f\lambda$가 됨을 알 수 있다. 또한 파장은 주파수에 따라 달라짐을 알 수 있다. 따라서 전송선의 길이를 표시하는 다른 방법으로 주파수와 이때 주파수에서 정의된 파장에 대하여 몇 파장이 되는지 나타내기도 한다.

또 다른 방법으로는 주어진 주파수에서 전기각(electrical length)을 사용하게 되는데, 전기각 θ는 주어진 주파수에서 위상지연을 나타낸다. 따라서

$$\theta = \beta l = \frac{\omega l}{v_p} \tag{3-11}$$

이다. 보통 이것을 deg를 사용하여 나타내며 (3-9)식에서 한 파장일 경우 360°임을 알 수 있다. 또한 반파장일 경우 180° 그리고 1/4파장일 경우 90°의 전기각이 되게 된다. 요약하면 전송선의 길이를 나타내는 데는, 세 가지가 관습적으로 사용되며 (길이, 위상속도), (파장, 주파수), (전기각, 주파수) 등의 파라미터로 전송선의 길이를 나타내는 데 사용하고 있다. 그림 3-5는 전송선의 길이를 나타내는 방법을 보여주고 있다.

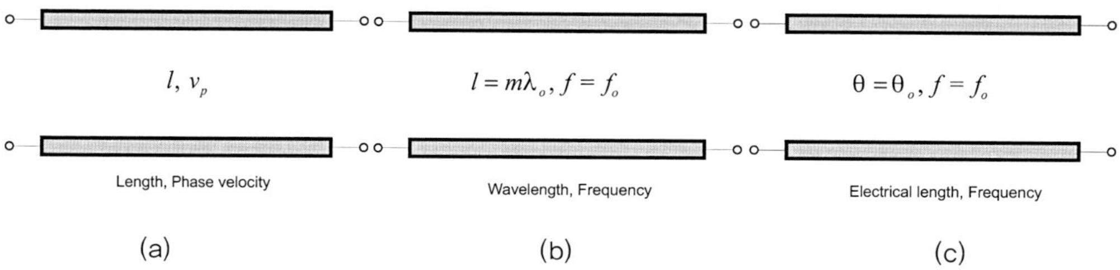

[그림 3-5] 전송선의 길이 표시방법

예제 3-2 위상속도가 광속일 때 주파수 1 GHz에서 파장은? 그리고 동일한 구성의 전송선에서 길이로 인해 발생하는 지연시간이 1 nsec인 전송선이 있다면, 이것은 1 GHz에서 몇 파장에 해당하는 지를 구하시오.

해 (3-10)식에서

$$\lambda_o = \frac{c}{f} = \frac{3\times10^8}{1\times10^9}[m] = 0.3\ \ m = 30\ \ cm$$

또한

$$t_d = \frac{l}{v_p} = \frac{l}{c} \rightarrow l = ct_d = 3\times10^8 \cdot 1\times10^{-9} = 0.3\ \ \mathrm{m}$$

그리고 주파수 1 GHz에서 파장은 앞의 결과에서 $\lambda_o = 0.3\ \ \mathrm{m}$이므로

$$l = \lambda_o$$

임을 알 수 있다.

예제 3-3 그림 3E-2는 ADS Schematic 창에서 이상적인 전송선을 보여주고 있다. 여기서 E는 앞서 설명한 전기각을 나타낸다.

(1) 주파수 1 GHz에서 파장을 λ_o라고 할 때, 이것의 길이는?

(2) 주파수 3GHz에서 전기각 E은?

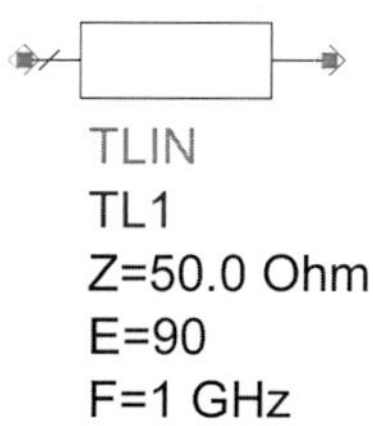

[그림 3E-2] 이상적인 전송선

해 (1) 식 (3-11)에서 전기각은

$$\theta = \beta l = \frac{2\pi l}{\lambda_o} = \frac{\pi}{2}$$

이므로, $l = 0.25\lambda_o$임을 알 수 있다.

(2) 또한

$$\theta = \beta l = \frac{\omega l}{v_p}$$

이고, 이때 위상속도 및 길이는 고정된 것이고, 전기각은 주파수에 비례하므로 주파수 3 GHz에서는 $E = 270^\circ$ 임을 알 수 있다.

3.2.3 전송선 특성 임피던스

앞서 살펴본 바와 같이 전압파와 전류파는 같은 위상속도를 갖고 진행하는 파임을 보았고, 전송선의 길이로 인한 지연시간을 지정하는 방법에 세 가지가 있음을 알았다. 이와 같이 진행하는 전류파와 전압파는 독립적인 것이 아니고, 어떤 관계를 가지고 진행하게 되는데, 이것을 규정짓는 것이 전송선의 특성 임피던스(characteristic impedance) 또는 간단히 줄여서 임피던스라고 부른다. 이를 보기 위하여 전압파와 전류파가 z 방향으로 진행하는 파 이외에는 없다고 가정하면

$$v(z,t)=v^{+}\left(t-\frac{z}{v_p}\right) \tag{3-12a}$$

$$i(z,t)=i^{+}\left(t-\frac{z}{v_p}\right) \tag{3-12b}$$

로 쓸 수 있는데, 이것을 (3-2)식에 대입하면

$$\frac{\partial v(z,t)}{\partial z}=-\frac{1}{v_p}\frac{dv^{+}(u)}{du}=-L\frac{di^{+}(u)}{du}$$

로 쓸 수 있다. 여기서

$$u=t-\frac{z}{v_p}$$

를 나타낸다. 따라서

$$\frac{d}{du}\left(v^{+}(u)-v_pLi^{+}(u)\right)=0 \tag{3-13}$$

이 얻어지는데, 이것이 0이 되기 위해서는 괄호 안의 값은 u에 관계없는 상수가 되어야 할 것이다. 따라서 이것은 0이 되어야만 하고, 결과적으로 $v^{+}(u)$, $i^{+}(u)$는 동일한 형상을 갖는 파형이며, 비례상수는 v_pL이 된다는 것을 알 수 있다. (3-3)식에 대입할 경우도 같은 결과를 얻게 되며, 따라서 전송선을 진행하는 전류파와 전압파는 형상이 같으며 비례상수로서 관련되는 것을 알 수 있다. 이 비례상수는 저항과 같은 차원이 되어, 이것을 전송선의 특성 임피던스라고 부른다.

즉,

$$Z_o = v_p L = \frac{1}{v_p C} = \sqrt{\frac{L}{C}} \tag{3-14}$$

이다. 또한 $-z$ 방향으로 진행하는 파에 대해서도 같은 결과를 얻을 수 있으며, 이때 전류와 전압은 －관계를 갖게 된다. 이것은 전압의 경우 진행방향에 관계없이 중첩되지만, 전류의 경우 방향이 바뀔 경우 －로 되기 때문이다. 결과적으로

$$v(z,t) = v^+\left(t - \frac{z}{v_p}\right) + v^-\left(t + \frac{z}{v_p}\right) \tag{3-15}$$

의 전압파가 전송선에 나타날 경우 전류파는

$$i(z,t) = \frac{1}{Z_o}\left(v^+(t - \frac{z}{v_p}) - v^-(t + \frac{z}{v_p})\right) \tag{3-16}$$

가됨을 알 수 있다. 이상의 결과를 요약하면 전송선은 전류파와 전압파의 관계를 규정짓는 특성 임피던스, 그리고 지연시간을 규정짓는 (길이, 위상속도)의 파라미터를 갖게 된다. 그림 3-6은 이러한 전송선을 규정짓는 파라미터에 대하여 나타내었다.

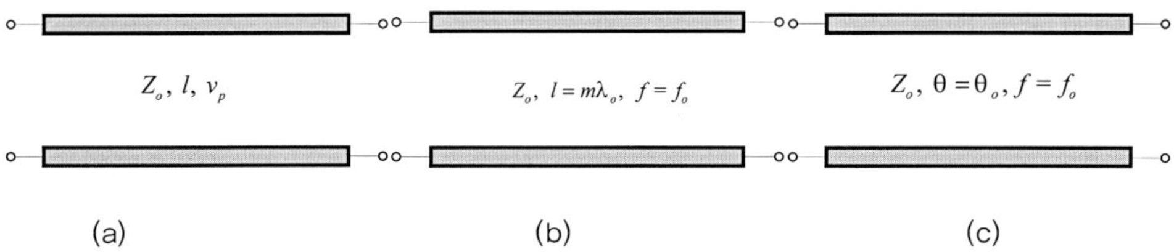

[그림 3-6] 전송선의 표시방법

3.2.4 전송선 파라미터들의 측정방법

앞서 구한 무손실 전송선로의 특성 임피던스 및 위상속도 파라미터는 전송선의 단위길이 당 커패시턴스 및 단위길이 당 인덕턴스로 나타내면 다음과 같다.

$$Z_o = \sqrt{\frac{L}{C}} \tag{3-17}$$

$$v_p = \frac{1}{\sqrt{LC}} \tag{3-18}$$

따라서 전송선의 단위길이당 커패시턴스 및 단위길이당 인덕턴스를 구할 경우 또는 측정하여 얻을 수 있을 경우, 이러한 전송선 파라미터들은 얻을 수 있게 된다. 전송선로는 구조에 따라 마이크로스트립선로, 스트립선로(strip line), 동축선로, CPW, 도파관 등 다양하며 이들의 기하학적 단면형상을 알고 있을 때, 이들이 갖고 있는 단면형상 구조로 결정되는 전송선로의 전기적 파라미터, 즉 특성 임피던스 및 위상속도를 S/W적으로 또는 실험적으로 구하는 것이 종종 필요하게 된다.

이러한 단위길이당 C 및 L을 구하기 위하여, 그림 3-7과 같이 길이가 l 인 전송선의 한쪽 끝을 개방(open)하고, 낮은 주파수에서 이와 같이 개방된 전송선의 임피던스를 측정할 경우, 전송선로에서 인덕터에 의한 전압강하는 전류가 0에 가까워서 무시할 수 있고, 임피던스 Z_{OPEN}은 분포된 단위길이당 C의 합이 될 것이다. 따라서

$$Z_{OPEN} = \frac{1}{j\omega l \cdot C} \tag{3-19}$$

이 될 것이다. 또한 전송선을 단락하고 이것의 임피던스 Z_{SHORT}를 측정할 경우 전송선이 짧고, 또한 전송선 양단의 전압은 무시할 수 있고 이때 C에 의한 전류누설은 0에 가까우므로 임피던스는

$$Z_{SHORT} = j\omega l \cdot L \tag{3-20}$$

이 될 것이다.

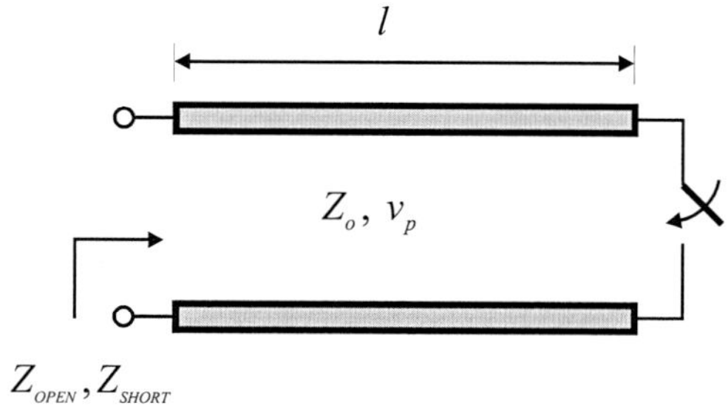

[그림 3-7] 전송선의 전기적 파라미터 측정방법

따라서 (3-19)식과 (3-20)식을 이용할 경우

$$Z_o = \sqrt{\frac{L}{C}} = \sqrt{Z_{OPEN} \cdot Z_{SHORT}} \tag{3-21}$$

$$v_p = \frac{1}{\sqrt{LC}} = \frac{1}{\omega l}\sqrt{\left|\frac{Z_{OPEN}}{Z_{SHORT}}\right|} \tag{3-22}$$

을 얻을 수 있다. 이것은 주파수가 낮을 경우 유도되었지만, 주파수가 높아질 경우도 (3-21)식의 경우 변함없이 특성 임피던스를 얻는 데 사용할 수 있으나, (3-22)식의 경우 원리적으로는 비슷하나 결과는 조금 다르게 된다. 이것에 대한 정확한 식은 뒷장의 결과를 이용하여 구할 수 있다. 또한 이 결과로부터 낮은 주파수라는 것은 다음과 같은 조건을 만족할 때를 나타내며, 보통 우변의 1/10까지의 주파수를 나타내게 된다.

$$f \ll \frac{v_p}{l} \tag{3-23}$$

예제 3-4 동축선로 종류 중 RG-142는 내경 a는 0.035″, 외경 b는 0.116″이며, ε_r은 2.20이다. ADS를 이용, 위의 방법에 따라 오른쪽 그림과 같이 내경이 a이고 외경이 b인 동축선로의 특성 임피던스를 a/b로 나타내시오.

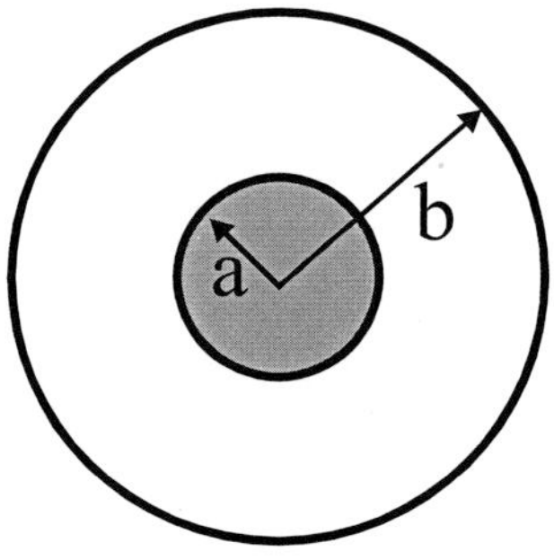

[그림 3E-3] 동축선로의 단면도

해 그림 3E-4는 b의 크기를 0.116″로 고정하고 a의 크기를 변화시키면서 위와 같은 방법으로 특성 임피던스의 크기를 ADS 상에서 알아보기 위한 회로이다.

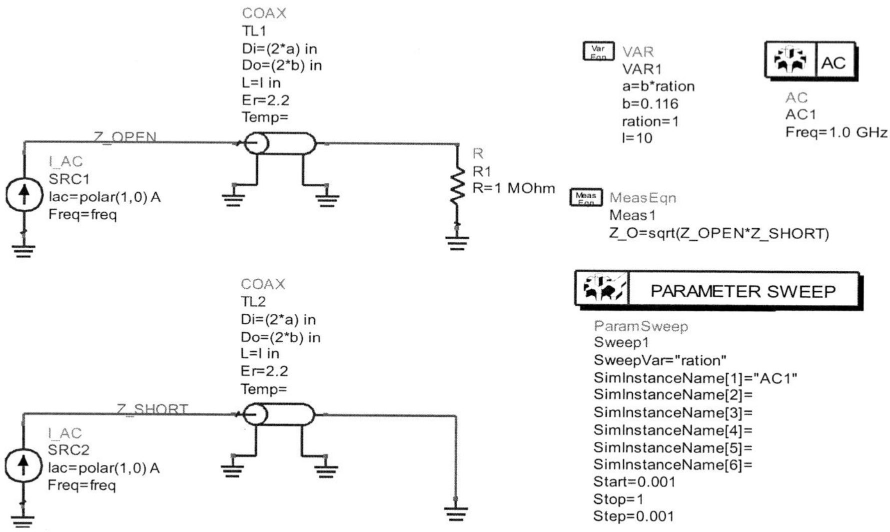

[그림 3E-4] ADS 시뮬레이션을 위한 회로

여기서 외경 a는 a/b가 0.001~1이 되도록 변화시키고, 이 때 얻어지는 그림 3E-4의 *Z_OPEN* 및 *Z_SHORT*는 (3-21)식의 Z_{OPEN}및 Z_{SHORT}에 해당하므로 (3-21)식을 이용하면 특성임피던스의 a/b에 대한 그림을 얻을 수 있다. 이것은 *Display* 창에서 (3-21)식을 삽입하고 얻을 수도 있지만, 그림 3E-5와 같이 *MeasEqn*을 삽입하고, 이 결과를 직접 도시하여 얻을 수도 있다.

동축선로의 특성 임피던스는 이론적으로 아래 식과 같이 표현되는 것으로 알려져 있는데

$$Z_o = 60\sqrt{\frac{\mu_R}{\epsilon_R}}\, ln\left(\frac{b}{a}\right)$$

이 두 결과를 비교하기 위하여, Display 창에 위에 주어진 동축 임피던스의 식을 삽입하고

Eqn z=60*sqrt(1/2.2)*ln(1/ratio)

[그림 3E-5] 동축선로 임피던스

이것을 동시에 나타낼 경우 그림 3E-6과 같은 결과를 얻을 수 있다. 그림 3E-6에서 얻어진 결과는 이론식과 동일한 결과를 주는 것을 알 수 있다.

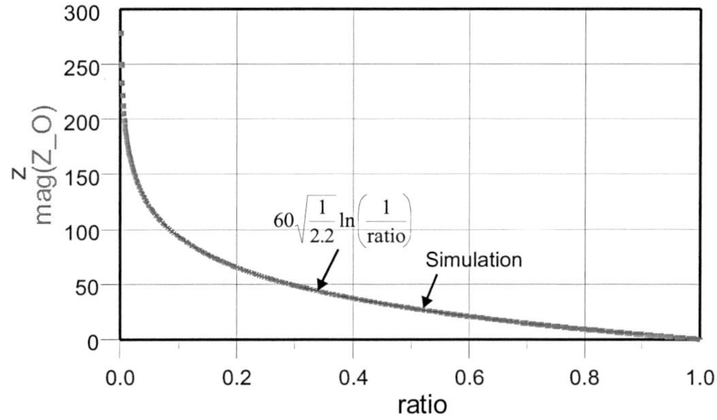

[그림 3E-6] a/b에 따른 동축선로의 특성임피던스

3.3 동축선(Coaxial Line) 및 마이크로스트립선로

전송선로에는 구조에 따라 여러 가지 종류가 있다. 그러나 많은 전송선중 특히 주목할 것은 동축선로와 마이크로스트립선로가 될 것이다. 그 이유로는 동축선의 경우 이상적인 전송선에 가깝게 제작하는 것이 용이하며, 또한 광대역 특성을 가지고 있어서, 과거로부터 측정 장치는 대부분 동축선에 의한 측정이 채택되었고, 현재에도 주로 사용된다. 마이크로스트립의 경우 평판형 구조로, 앞서서 1장에서 살펴보았듯이 용이하게 제작되며, 집적회로 구성에 많이 사용된다. 따라서 이 두 가지 전송선에 대해서 본장에서 개략적으로 살펴보고, 이의 특성을 알아보려 한다.

3.3.1 동축선

그림 3-8에 동축선의 구조 및 단면에서의 전자계 구조를 보였다. 이러한 동축선로의 내경을 a, 외경을 b라고 할 때 이 선로의 특성 임피던스 및 위상속도는

$$Z_o = \frac{60}{\sqrt{\epsilon_r}} ln\left(\frac{b}{a}\right) \tag{3-24}$$

$$v_p = \frac{c}{\sqrt{\epsilon_r}} \tag{3-25}$$

가 된다. 따라서 이러한 동축선로를 구성하는 데 내경 a, 외경 b를 적절하게 조정할 경우, 원하는 특성 임피던스를 얻게 된다.

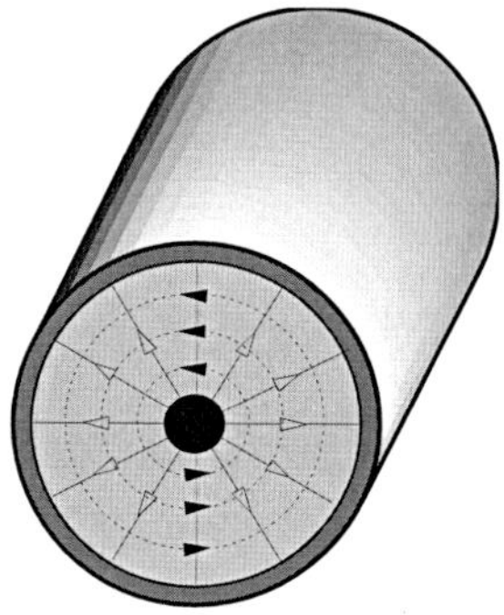

[그림 3-8] 동축선로의 구조 및 단면에서의 전자계 형상(실선 전계선, 점선 자계선)

이러한 동축선로를 구성하는 것으로서는 케이블(cable)과 커넥터가 있게 된다. 그림 3-9에 보인 바와 같이 케이블은 그림 3-8과 같은 동축선로를 말하며, 커넥터는 이러한 동축선로를 편리하게 이어주기 위한 연결재이다.

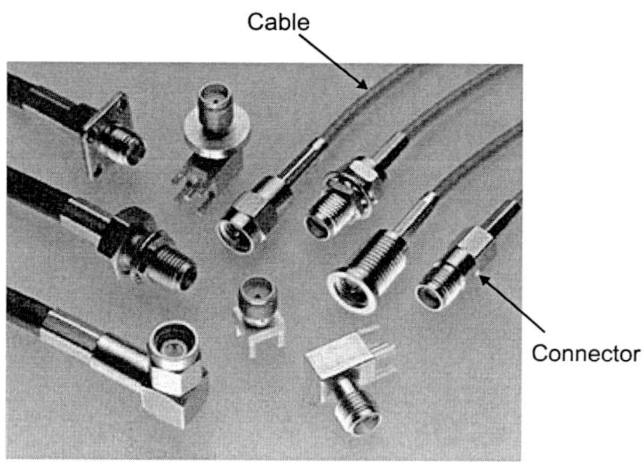

[그림 3-9] 동축전송선로 사진

동축 케이블의 경우 재질에 따라 flexible, semi-rigid, handy-reformable 케이블로 분류된다. Flexible 케이블은 케이블 자체가 유연하게 휘어질 수 있는 케이블을 말하며, semi-rigid 케이블은 외피가 금속체인 구리로 되어있어, 어느 정도 모양을 갖기 위해 휘어질 수는 있지만, 용이하게 변형되지 않는 케이블로서, 보통 장비에서 부품의 연결에 사용된다. Handy-reformable 케이블은 외피가 금속체로 되어있으나 외피에 주름이 있어 어느 정도 연결을 위해 자유스럽게 휘어질 수 있는 케이블로 flexible 케이블과 semi-rigid 케이블의 중간 형태라고 볼 수 있다.

이러한 동축 케이블은 보통 TEM(Transverse Electro-Magnetic) 모드(mode)로 도파하지만, 주파수가 높아질 경우 다른 모드들이 발생하여 동축선 내에는 여러 모드가 발생하게 된다. 이를 방지하기 위해서는 동축선의 외경이 작아지는 것이 필요하며, 외경이 7 mm인 air-line의 경우 18 GHz까지, 그리고 3.5 mm의 경우 26.5 GHz까지, 2.9 mm의 경우 40 GHz까지, 2.4 mm의 경우 50 GHz까지, 그리고 1 mm의 경우 110 GHz까지, 다른 모드 발생 없이 TEM 모드로 도파하게 된다. 따라서 외경이 작을수록 고주파까지의 사용이 가능하나 제작이 어려운 단점이 있다.

커넥터는 케이블 끝에 장착되어 연결을 용이하게 하는데 케이블과 마찬가지로 계측용 precision air line connector는 외경의 크기에 따라 7 mm, 3.5 mm (18 GHz까지 사용 가능), 2.9 mm(K−connector; 40 GHz까지 사용 가능), 2.4 mm(50 GHz까지 사용 가능), 1.0mm(110 GHz까지 사용 가능)의 커넥터로 분류된다.

또한 마이크로파에서 자주 사용되는 다른 커넥터들로서는 SMA(Small Miniature Assembly) 커넥터가 있다. 이것의 내부 유전체는 teflon이 삽입된 것으로 3.5 mm 커넥터와 접속이 가능하다. K 또는 2.92 mm라고 불리는 동축 커넥터 역시 3.5 mm 커넥터와 호환이 되며 주파수 영역을 40 GHz까지 사용 가능하다.

일반적으로는 커넥터 형태가 다를 경우 호환이 되지 않으며, 이런 연결문제를 해결하기 위하여, 두 종류의 커넥터가 연결된 아래와 같은 형태의 동축 부품을 adapter라고 한다. 그리고 이의 주파수 동작범위는 낮은 주파수에서 동작하는 커넥터에 의하여 제한되게 될 것이다.

[그림 3-10] Adapter 사진(Agilent사)

그 이외에도 동축 커넥터는 다른 여러 가지 필요에 의하여 종류가 다양하며 BNC, TNC, N−type 등 여러 가지 종류가 있게 되는데, 이의 주파수 사용범위는 다른 자료를 참조하기 바란다.

3.3.2 마이크로스트립 선로

평판형 선로구조는 마이크로스트립선로, 슬롯선로, CPW 등이 있다. 그중 가장 널리 사용되는 것이 마이크로스트립선로이며 그 단면구조와 전자계 형상은 그림 3-11에 보였다.

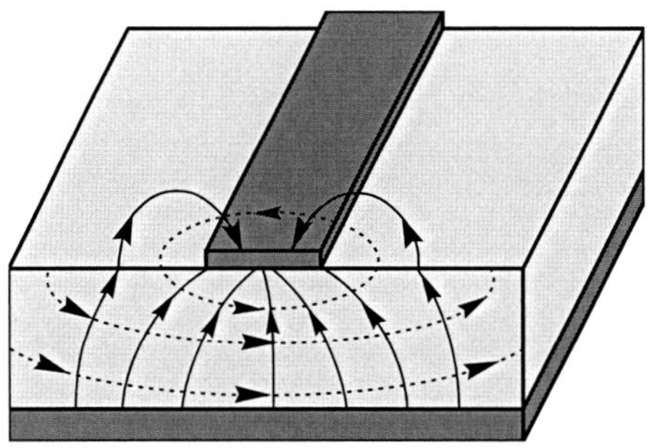

[그림 3-11] 마이크로스트립선로의 단면구성 및 전자계 형상
(실선은 전계, 점선은 자계를 나타내며, 주 모드는 Quasi-TEM)

마이크로스트립선로의 진행 모드는 동축선로와 같이 완전한 TEM은 아니며, TEM에 가까운 모드로 도파하기 때문에 이를 quasi-TEM 모드라고 부른다. 또한 마이크로스트립 전송선로의 임피던스와 위상속도는 마이크로스트립을 채우고 있는 유전체(dielectric)와 기하학적 형상구조로 결정되게 된다. 여기서는 이 두 파라미터가 각각 유전체의 유전율과 기하학적 단면구조에 어떻게 의존하는지를 정성적으로 살펴보고 정확한 값은 S/W를 이용해 계산하는 방법을 보이고자 한다.

위상속도와 임피던스는 단면에서의 커패시턴스와 인덕턴스에 의하여 결정된다. 즉,

$$v_p = \frac{1}{\sqrt{LC}}$$

$$Z_o = \frac{1}{v_p C} = \sqrt{\frac{L}{C}}$$

과 같이 얻어지게 된다. 여기서 인덕턴스 대신에 마이크로스트립을 채우고 있는 유전체를 air로 채울 경우 단면 커패시턴스를 C^a라고 한다면, 이는 마이크로스트립에서 유전체를 air로 대체한 특수 경우여서, 이것은 단면의 유전체가 균일구조

가 되어 이것의 단위길이당 커패시턴스를 해석적으로 얻을 수도 있다. 그런데 유전체를 air로 대체한 마이크로스트립의 위상속도는

$$c = \frac{1}{\sqrt{LC_a}} \tag{3-26}$$

이므로, 이 관계에서 단위길이당 인덕턴스를 얻을 수 있고, 이것은 유전체가 채워진 마이크로스트립선로의 L과 같게 된다. 따라서 L 대신에 C^a를 이용하여 위의 두 파라미터를 표시할 수 있게 된다. 이를 이용해 다시 쓰면

$$v_p = \frac{1}{\sqrt{LC}} = c\sqrt{\frac{C^a}{C}} \tag{3-27}$$

$$Z_o = \frac{1}{v_p C} = \frac{1}{c\sqrt{CC^a}} \tag{3-28}$$

로 나타낼 수 있다. 이때 C와 C^a의 비는 그림 3-11과 같은 불균일하게 채워진 유전체 대신에, 근사적으로 균일한 등가 유전체가 모두 채워진 것으로 고려할 수 있는데, 이때 채워진 등가 유전체의 유전율을 실효유전율 ϵ_{eff}(effective permittivity)라고 한다. 그리고 이는 다음과 같이 정의된다.

$$C = \epsilon_{eff} C^a \tag{3-29}$$

여기서 그림 3-11의 단면구조에서 선로 폭 W가 아주 클 경우와 매우 작을 경우를 생각한다면, 폭이 좁을 경우는 전계 형상은 air와 유전체에 균등하게 분포될 것이고, 반면 선로 폭 W가 매우 클 경우는 전자계는 주로 유전체 아래에 모여 있는 형태가 될 것이므로, 이 실효유전율은 다음과 같이 얻어질 것이다.

$$\epsilon_{eff} = \begin{cases} \dfrac{\epsilon_r + 1}{2} & W \to 0 \\ \epsilon_r & W \to \infty \end{cases} \tag{3-30}$$

또한 위상속도는 ϵ_{eff}로 표시하면

$$v_p = \frac{c}{\sqrt{\epsilon_{eff}}} \tag{3-31}$$

이다. 따라서 선로 폭이 좁을 경우 위상속도는 빨라지게 되며, 반면 선로 폭이 클 경우 위상속도는 느려지게 된다. 그리고 임피던스는 폭이 작을 경우 커패시턴스가 작아 임피던스는 높아지게 되며, 반면 선로 폭이 클 경우 커패시턴스는 커져서 임피던스는 낮아지게 된다.

다음으로는 이러한 마이크로스트립의 단면 커패시턴스에 대하여 살펴보면, 커패시턴스는 두 가지 성분으로 구성되어 있음을 알 수 있다. 즉 선로 폭 밑에 형성되는 plate–capacitance C_p와 선로 끝에서 형성되는 fringing–capacitance C_f로, 이것은 좌우 두 곳에서 나타남을 알 수 있다. 따라서 마이크로스트립의 커패시턴스는

$$C = C_p + 2C_f \tag{3-32}$$

로 나타나고, 이때 plate–capacitance는

$$C_p = \epsilon_r \epsilon_o \frac{W}{h} \tag{3-33}$$

로 나타날 것이다. 여기서 ϵ_o는 자유공간에서의 유전율을 나타낸다.

예제 3-5 앞 장에서 설명한 전송선의 개방 및 단락 방법에 의하여 기판 두께가 25 mil, 그리고 유전율이 9.8인 알루미나(alumina) 기판에 대하여 실효유전율 및 마이크로스트립선로의 특성 임피던스를 도시 하시오.

해 마이크로스트립선로는 그림 3E-7과 같이 w의 선로 폭과 ϵ_r의 유전율과 h의 두께를 가지는 구조로 이루어져 있다. 그림 3E-8은 h를 25 mil로 ϵ_r을 9.8로 하고 w를 변화하면서 특성 임피던스의 크기와 실효유전율(ϵ_{eff})을 ADS 상에서 알아보기 위한 회로이다.

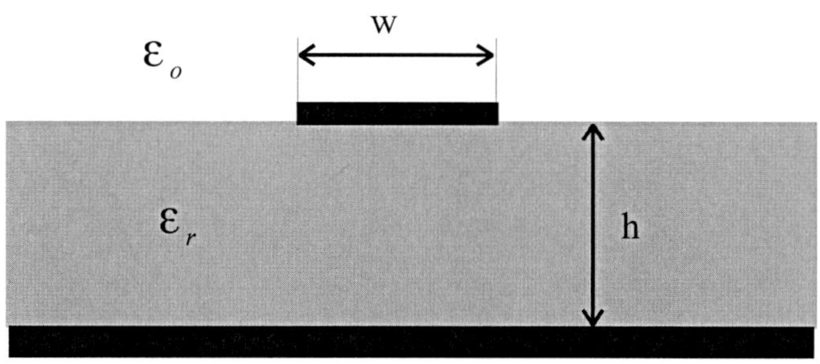

[그림 3E-7] 마이크로스트립선로의 단면구조

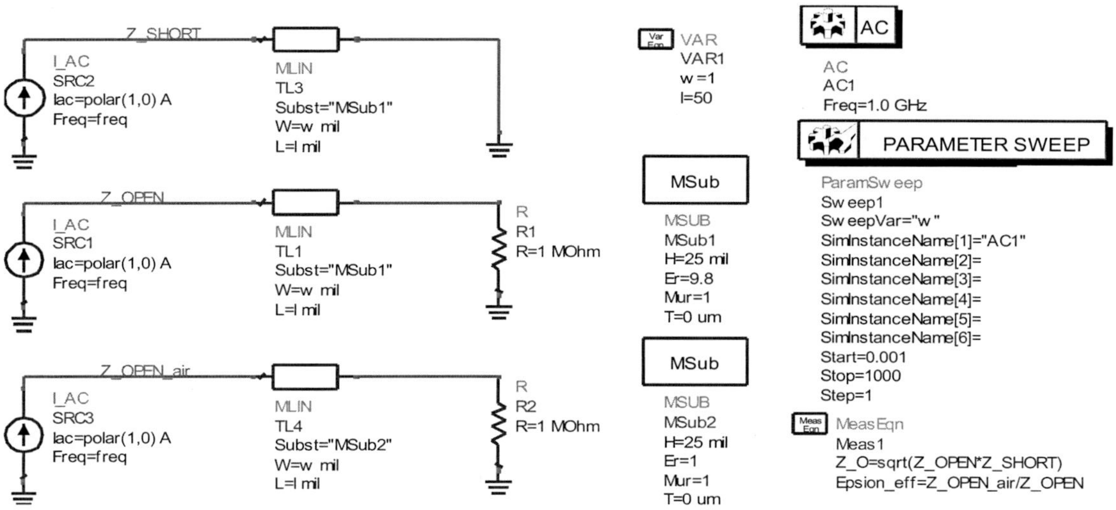

[그림 3E-8] ADS 시뮬레이션을 위한 회로

여기서 w를 0.001 ~ 1000 mil까지 변화시켰고, 특성 임피던스 값은 끝이 단락된 TL1의 임피던스 값과 개방된 TL2의 임피던스 값을 이용하여 식 $Z_O = \sqrt{Z_{OPEN} \cdot Z_{SHORT}}$로 계산하였다. 실효유전율($\epsilon_{eff}$) 값은 ϵ_r이 9.8인 개방된 TL2의 임피던스 값과 ε_r이 1(air)인 개방된 TL3의 임피던스 값을 이용하여

$$\varepsilon_{eff} = \frac{C}{C_a} = \frac{Z^a_{OPEN\_air}}{Z_{OPEN}}$$

로 계산하였다. 그림 3E-9는 선로 폭(w)에 따른 임피던스(Z_o) 값을 나타낸다.

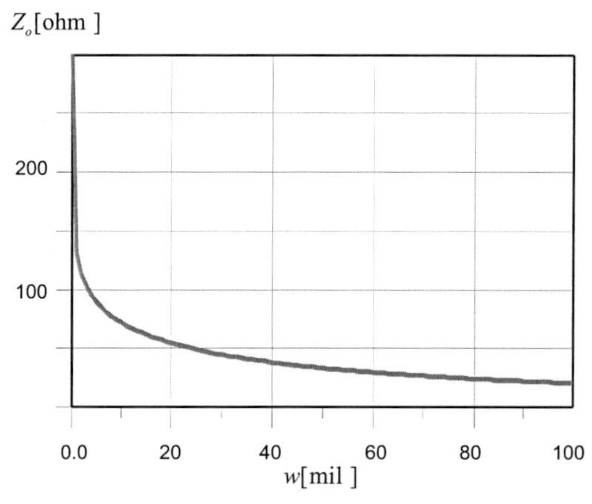

[그림 3E-9] 폭에 따른 마이크로스트립선로의 특성 임피던스(h = 25 mil, ϵ_r= 9.8)

또한 실효유전율(ϵ_{eff})은 근사적으로 아래와 같은 근사식으로 나타낼 수 있다.

$$\epsilon_{eff} = \frac{\epsilon_r + 1}{2} + \frac{\epsilon_r - 1}{2} \frac{1}{\sqrt{1 + 12h/w}}$$

이것을 ADS를 통하여 얻어진 결과와 비교하기 위하여 *Display* 창에 아래와 같은 식들을 삽입하고

```
Eqn er=9.8        Eqn h=25

Eqn e_eff=(er+1)/2 +(er-1)/2/sqrt(1+12*h/w)
```

[그림 3E-10] 마이크로스트립선로의 실효유전율(ϵ_{eff}) 계산

이 때 얻어진 *e_eff*를 동시에 그릴 경우 ADS로 얻어진 결과의 정확도를 알 수 있게 된다. 그림 3E-11에 이 두 결과를 비교하였으며, 이것은 마이크로스트립 선로의 실효유전율의 근사식과 가까운 결과를 가짐을 알 수 있다.

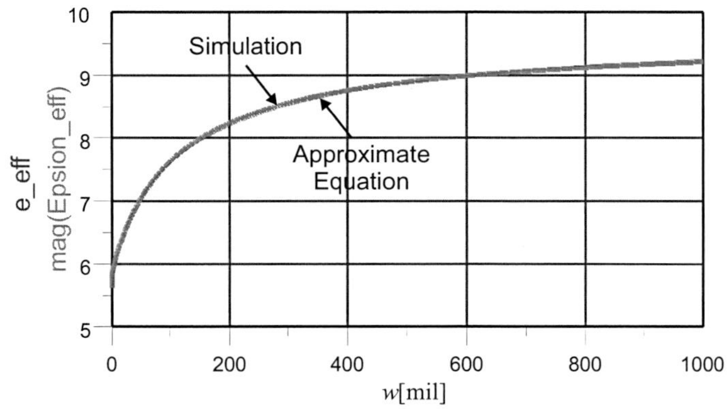

[그림 3E-11] 폭에 따른 마이크로스트립선로의 실효유전율(ϵ_{eff})

3.4 전송선의 정현파응답 및 다중반사

3.4.1 페이저(Phasor) 해석

고주파 회로설계에는 대부분 정현파 전원($v_s(t) = V_m \cos(\omega t + \phi)$)에 대한 응

답을 이용하게 되는데, 이러한 정현파 대신에 수학적 계산의 편리성 때문에 복소파형으로서 $Ve^{j\omega t}$를 자주 사용하게 된다. 그리고 여기서 위상 및 진폭을 나타내는 복소수 $V = V_m e^{j\phi}$를 페이저라고 부른다. 그리고 역으로 이러한 페이저를 알 경우 이에 해당하는 시간영역(time domain)파형은 여기에 $e^{j\omega t}$를 곱한 후 실수부를 취함으로써 얻을 수 있게 된다. 즉,

$$v_s(t) = \mathrm{Re}(Ve^{j\omega t}) = \mathrm{Re}(V_m e^{j\omega t + j\phi}) = V_m \cos(\omega t + \phi)$$

이다.

예제 3-6 (1) $v(t) = 2\cos(\omega t + 30^o)$에 정현파에 해당하는 페이저는?

(2) 자유공간에서 Green 함수의 페이저 형태는 다음과 같이 주어진다.

$$\frac{e^{-jkr}}{4\pi r}$$

시간영역에서의 파형은?

해 (1) 페이저; $V = 2\angle 30^o$

그리고 이 페이저에 해당하는 시간영역파형은

$$v(t) = \mathrm{Re}(Ve^{j\omega t}) = \mathrm{Re}(2e^{j30^o}e^{j\omega t}) = 2\cos(\omega t + 30^o)$$

(2) $v(t) = \mathrm{Re}\left(\frac{e^{-jkr}}{4\pi r}e^{j\omega t}\right) = \frac{1}{4\pi r}cos(\omega t - kr)$

파동방정식의 해인 (3-15) 및 (3-16)식의 결과에서, 정현파에 대한 전송선의 임의의 위치 z에서의 전압 및 전류는 다음과 같이 두 진행파의 합으로 표시할 수 있을 것이다.

$$v(z,t) = V_m^+ \cos(\omega t - \beta z + \phi^+) + V_m^- \cos(\omega t + \beta z + \phi^-)$$

$$i(z,t) = \frac{1}{Z_o}\left(V_m^+ \cos(\omega t - \beta z + \phi^+) - V_m^- \cos(\omega t + \beta z + \phi^-)\right)$$

따라서 이것에 대응하는 복소파형을 쓰면

$$v_c(z,t) = V_m^+ e^{j(\omega t - \beta z + \phi^+)} + V_m^- e^{j(\omega t + \beta z + \phi^-)} \tag{3-34a}$$

$$= e^{j\omega t}\left(V^+ e^{-j\beta z} + V^- e^{+j\beta z}\right)$$

$$i_c(z,t) = \frac{1}{Z_o}\left(V_m^+ e^{j(\omega t - \beta z + \phi^+)} - V_m^- e^{j(\omega t + \beta z + \phi^-)}\right) \tag{3-34b}$$

$$= \frac{1}{Z_o} e^{j\omega t}\left(V^+ e^{-j\beta z} - V^- e^{+j\beta z}\right)$$

와 같이 나타낼 수 있다. 여기서

$$V^+ = V_m^+ e^{j\phi^+} \tag{3-35a}$$

$$V^- = V_m^- e^{j\phi^-} \tag{3-35b}$$

인 복소수를 나타낸다. 따라서 위의 정현파식에 대하여, 복소파형을 이용한 페이저로 표시한다면 위치 z에서의 z 방향으로 진행하는 전압파의 페이저는 $V^+ e^{-j\beta z}$, 또한 $-z$ 방향으로 진행하는 전압파의 페이저는 $V^- e^{+j\beta z}$로 나타나는 것을 알 수 있다.

또한 $z=0$에서의 전압 및 전류파형은

$$v(0,t) = V_m^+ \cos(\omega t + \phi^+) + V_m^- \cos(\omega t + \phi^-) \tag{3-36a}$$

$$i(0,t) = \frac{1}{Z_o}\left(V_m^+ \cos(\omega t + \phi^+) - V_m^- \cos(\omega t + \phi^-)\right) \tag{3-36b}$$

이므로, 거리 $z=0$에서의 z 방향으로 진행하는 전압파의 페이저는 V^+가됨을 알 수 있고 또한 $-z$ 방향으로 진행하는 전압파의 페이저는 V^-임을 알 수 있다. 따라서 z 방향으로 진행하는 전압파의 경우 $z=0$에서 위상이 앞서 있고, 진행함에 따라 위상이 $e^{-j\beta z}$ 지연되는 것을 알 수 있다. 반면에 $-z$ 방향으로 진행하는 전압파의 경우 거리 z에서의 전압파가 전달되어 $z=0$점에 도달한 것이므로 $z=0$에서 위상이 $e^{-j\beta z}$만큼 뒤지게 되는 것을 알 수 있다. 이것을 그림 3-12에 보였다. 즉, 오른쪽으로 진행하는 전압파의 경우 위상이 지연되며, 반면 왼쪽으로 진행하는 전압파의 경우 z에서의 전압파가 위상이 앞서는 것을 알 수 있다. 그리고 전류파의 경우 z 방향으로 진행하는 전류파를 +로 나타냈으므로 반대로 진행하는 전류파의 경우 값이 −가 됨을 주목할 필요가 있다.

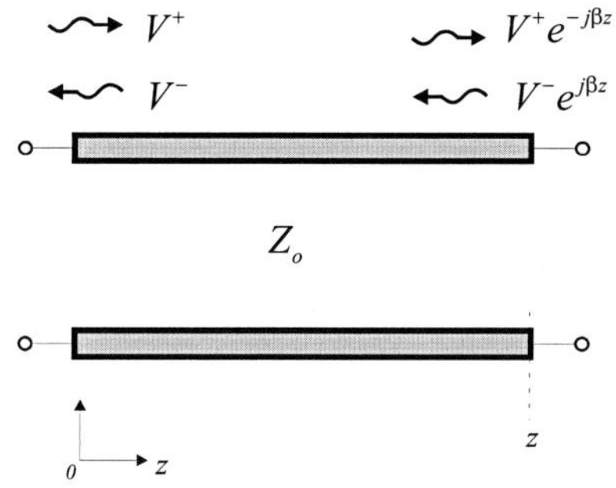

[그림 3-12] 전압파 및 전류파의 전송선로상 페이저 표시

또한 주목할 것은 두 파형 모두 진행하는 방향으로 위상이 지연된다는 것이다. 이상과 같은 페이저를 통한 해석방법은 전송선의 반사나 반사로 인한 임피던스 해석에 자주 나타나게 되므로 정확한 이해를 필요로 한다.

3.4.2 반사(Reflection) 및 반사손실(Return loss)

전송선이 부하로 단락된 경우에는 입사된 파는 부하에 의해 반사되어 전송선의 길이가 무한대인 경우와 달리, 양쪽으로 진행하는 전압 및 전류파가 발생하게 된다. 이때 부하측으로 진행하는 파를 입사파 그리고 입사된 파의 방향에 대하여 반대로 진행하는 파를 반사파라고 한다. 본 장에서는 반사에 대한 것을 알아보고, 이에 관련된 반사손실의 정의를 알아보고자 한다.

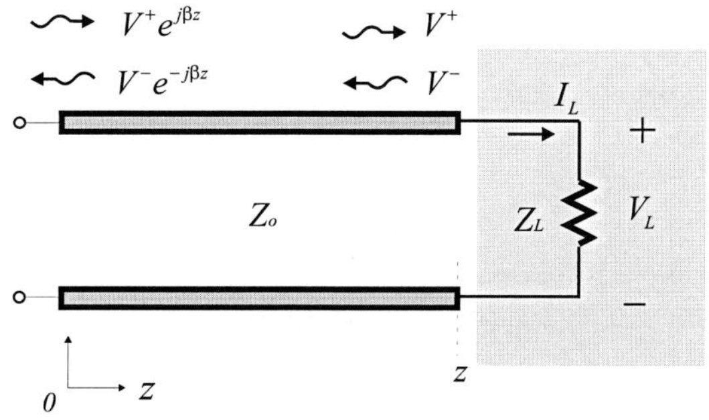

[그림 3-13] 전송선 끝에 부하가 연결된 회로

그림 3-13과 같이 길이 z인 전송선이 부하 Z_L로 단락되었을 때, 그림과 같이 좌표계를 잡고 $z=0$에서 전압파가 입사되었을 때, 위치 z점에서 부하쪽으로 입사하는 진행파를 페이저 V^+로 나타내었고 부하 때문에 반사되어 진행하는 파를 페이저로 V^-로 나타내었다. 이때 반사계수(reflection coefficient) Γ_L는 다음과 같이 정의된다.

$$\Gamma_L = \frac{V^-}{V^+} \tag{3-37}$$

따라서 반사계수는 복소수가 되는 것을 알 수 있다. 또한 z점에서는 $V_L = Z_L I_L$로 쓸 수 있는데, 이때 V_L은 전송선 끝, 즉 z점에서의 전송선의 전압이므로

$$V_L = V^+ + V^- \tag{3-38}$$

가 되고, I_L은 전송선 끝 즉 z점에서의 전송선의 전류이므로

$$I_L = I^+ - I^- \tag{3-39}$$

와 같게 된다. 따라서 이것을 $V_L = Z_L I_L$에 대입하면

$$Z_L I_L = Z_L(I^+ - I^-) = Z_L\left(\frac{V^+}{Z_o} - \frac{V^-}{Z_o}\right) = V_L = V^+ + V^-$$

가 되므로, 여기서 반사계수는

$$\Gamma_L = \frac{V^-}{V^+} = \frac{Z_L - Z_o}{Z_L + Z_o} \tag{3-40}$$

로 얻어지는 것을 알 수 있다. 또한 이것의 크기는 Z_L이 수동소자일 경우 Z_L의 실수부가 +가 되므로, $|\Gamma_L| < 1$이 됨을 알 수 있다. 또한 반사계수는 전송선의 임의의 위치에서도 정의될 수 있는데 $z=0$점에서의 반사계수는

$$\Gamma(0) = \frac{V^-(0)}{V^+(0)} = \frac{V^- e^{-j\beta z}}{V^+ e^{+j\beta z}} = \Gamma_L e^{-2j\beta z} \tag{3-41}$$

와 같이 부하 직전에서의 반사계수에 대하여 크기는 같고 위상이 $2\beta z$만큼 지연되는 것을 알 수 있다. 즉,

$$|\Gamma(z)| = |\Gamma_L|$$

로서 전송선을 통하여 반사계수를 측정할 경우, 그 크기는 위치에 관계없이 나타나는 것을 알 수 있다. 이것은 반사계수의 크기만 측정할 경우 전송선에서의 위치에 관계없이 scalar 측정(복소수의 크기만 측정하는 것을 scalar 측정 그리고 크기와 위상을 측정하는 것을 vector 측정 이라고 한다)으로서 크기를 측정할 수 있는 유리한 점을 주게 된다. 또한 반사손실이란 반사계수의 크기를 decibel로 표시한 것으로 다음과 같이 정의된다.

$$\mathrm{RL}\,(\mathrm{Return\,Loss}) = 20\log|\Gamma_L| \tag{3-42}$$

또한 (3-40)식에서 부하가 전송선의 특성 임피던스와 같을 경우,

$$Z_L = Z_o, \quad \Gamma_L = 0 \tag{3-43}$$

반사가 없게 되고, 부하가 단락(short)되었을 경우는

$$Z_L = 0, \quad \Gamma_L = -1 \tag{3-44}$$

이 되어 전반사가 일어남을 알 수 있다. 그리고 부하가 개방되었을 경우

$$Z_L = \infty, \quad \Gamma_L = 1 \tag{3-45}$$

이 됨을 알 수 있다.

이와 같이 얻어진 z에서의 반사계수를 이용하면 전송선에서 부하쪽으로 들여다본 임피던스를 알 수 있게 된다. 즉 위치 z에서의 전압과 전류는

$$V(z) = V^+(z) + V^-(z) = V^+ e^{j\beta z} + V^- e^{-j\beta z}$$

$$I(z) = I^+(z) + I^-(z) = I^+ e^{j\beta z} - I^- e^{-j\beta z}$$

이므로, 임피던스의 정의에 의해

$$Z_{in} = \frac{V(z)}{I(z)} = \frac{V^+(z) + V^-(z)}{\dfrac{V^+(z)}{Z_o} - \dfrac{V^-(z)}{Z_o}} \tag{3-46}$$

$$= Z_o \frac{1 + \Gamma(z)}{1 - \Gamma(z)} = Z_o \frac{Z_L + jZ_o \tan(\beta z)}{Z_o + jZ_L \tan(\beta z)}$$

를 얻게 된다.

(3-46)식에서, 부하가 단락($Z_L = 0$)일 경우

$$Z_{in} = jZ_o \tan(\beta z) \tag{3-47}$$

를 얻게 되고, 부하가 개방($Z_L = \infty$)일 경우

$$Z_{in} = \frac{Z_o}{j\tan(\beta z)} \tag{3-48}$$

임을 알 수 있다. 또한 부하가 전송선의 특성 임피던스와 같을 경우, 즉 $Z_L = Z_o$일 경우 위치에 관계없이 $Z_{in} = Z_o$가됨을 알 수 있다. 또한 전송선의 길이가 1/4 파장일 경우, 즉 $\tan(\beta z) = \infty$이므로

$$Z_{in} = \frac{Z_o^2}{Z_L} \tag{3-49}$$

부하의 임피던스가 반전(inverting)되는 결과를 주게 되어, 이를 1/4파장 임피던스 인버터(inverter)라고 부르며, 전송선의 길이가 1/2파장일 경우, $\tan(\beta z) = 0$이므로

$$Z_{in} = Z_L \tag{3-50}$$

입력 임피던스는 부하 임피던스와 같게 됨을 알 수 있다.

3.4.3 정재파비(VSWR; Voltage Standing Wave Ratio)

전송선에서 앞서서 설명한 반사효과를 측정하는 방법으로서는 정재파를 이용한 것이 있다. 이 방법은 전송선 내부에 probe를 삽입하고, probe를 통해 전송선 내부의 전계의 크기에 비례하는 값을 측정하는 것이다. 이때 측정된 전계의 크기는 측정위치의 전송선 전압에 비례하므로, 이것을 통해 전송선 임의의 위치에서 전압에 비례하는 값을 얻을 수 있게 된다. 또한 전송선에서 probe의 위치를 이동시킬 경우 전송선 전압의 위치에 따른 변화를 probe로 측정하는 것이 가능하며, 이것은 용이하게 장치로 구축할 수 있다. 이러한 측정을 통해 반사계수를 알 수 있고 또한 미지의 부하 임피던스를 알아내는 것이 가능하게 된다. 그러나 최근에는 회로망분석

기 측정이 보편화됨에 따라 이러한 측정방법은 잘 사용되지는 않지만, 과거에 이러한 측정을 통해 반사계수나 부하 임피던스를 나타냈기 때문에 아직도 반사손실이나, 반사계수와 더불어 반사현상을 규정짓는 데 널리 사용되고 있다.

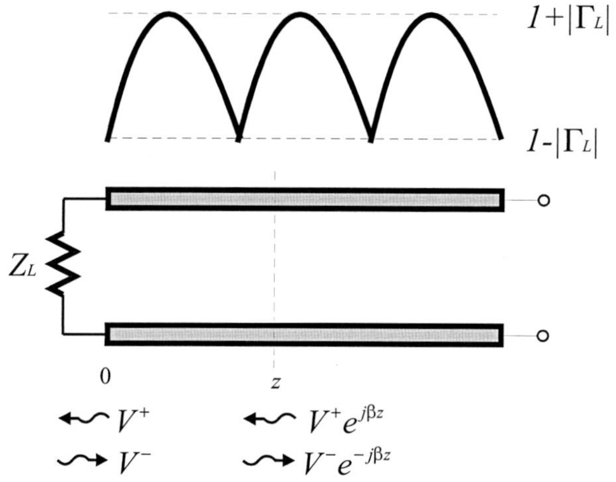

[그림 3-14] 정재파 형상

그림 3-14와 같이 전송선 끝단에 부하 Z_L이 연결되었을 경우, 위치 z에서의 전압은

$$\begin{aligned} V(z) &= V^+(z) + V^-(z) \\ &= V^+(0)e^{j\beta z} + V^-(0)e^{-j\beta z} \\ &= V^+(0)e^{j\beta z}\left\{1 + \Gamma_L e^{-2j\beta z}\right\} \end{aligned} \tag{3-51}$$

로 표시할 수 있는데, 이에 따른 시간영역 파형은

$$\begin{aligned} v(z,t) &= \mathrm{Re}(V(z)e^{+j\omega t}) \\ &= |V(z)|\cos(\omega t + \angle V(z)) \end{aligned} \tag{3-52}$$

가 될 것이다. 이것의 의미를 보기 위해서 간단히 $\Gamma_L = -1$ 경우 (3-51)식을 정리해보면

$$V(z) = 2j\,V^+(0)\sin(\beta z) \tag{3-53}$$

가됨을 알 수 있다. 따라서 전송선을 따른 전압의 시간에 따른 파형은

$$v(z,t) = \mathrm{Re}\left(V(z)e^{+j\omega t}\right) \tag{3-54}$$
$$= 2|V^+(0)|\sin(\beta z)\cos(\omega t + 90^\circ)$$

와 같이 얻어진다. 이것은 그림 3-14와 같이 위치에 따라 진폭은 $2|V^+(0)|\sin(\beta z)$로 고정되어 있고, 시간에 따라 단진동을 하게 되는데, 이는 마치 파가 진행하지 않고 고정된 위치에서 위 아래로 단진동하는 형식이어서, 이를 정재파(standing wave)라고 부른다. 즉 이것은 그림 3-14와 같이 probe를 전송선을 따라 이동시킬 경우 $|V^+(z)|$ 값을 관측하게 된다. 이때

$$\Gamma_L = |\Gamma_L|e^{j\theta} = \rho e^{j\theta} \tag{3-55}$$

라고 하면

$$|V^+(z)| = |V^+(0)||1 + \rho e^{j\theta - 2jz\beta}| \tag{3-56}$$

이다. 여기서 $1 + \rho e^{j\theta - 2jz\beta}$는 그림 3-15와 같이 전송선에서의 위치 z에 따라 복소수 평면에서 (1,0) 점에 대하여 반경 ρ를 갖고 회전하는 원이 될 것이다. 따라서 probe를 전송선의 z에 따라 이동하면서 진폭을 측정할 경우 최소값은 그림과 같이 $1-\rho$가 되고 최대값은 $1+\rho$가 될 것이다.

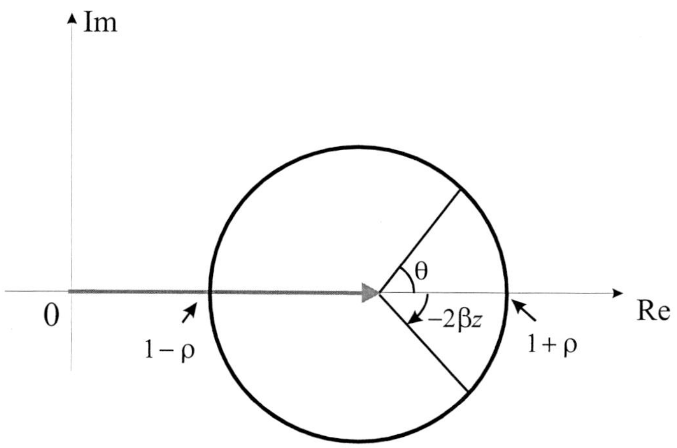

[그림 3-15] $1 + \rho e^{j\theta - 2jz\beta}$의 복소수 평면에서의 궤적

이 최소값과 최대값 간의 비를 정재파비라고 부르며 다음과 같이 정의된다.

$$\mathrm{VSWR} = \frac{1+\rho}{1-\rho} \tag{3-57}$$

이 식으로부터 $0 < \rho < 1$이므로 이것은 최소값이 1이며 보통의 경우 1보다 큰 수가 되게 된다. 또한 VSWR=1이 될 경우는 $\rho = 0$이므로 반사계수 식으로부터 $Z_L = Z_o$가 되므로, 부하가 전송선 특성 임피던스와 같을 경우임을 알 수 있다. 정재파비를 측정할 경우 반사계수의 크기를 알 수 있고 또한 이를 통해 (3-42)식으로 정해진 반사손실 또한 알 수 있게 된다. 또한 여기서는 언급하지 않겠지만 부하로부터 발생하는 최초의 정재파의 최소점 위치로부터 반사계수 크기뿐만 아니라 위상도 결정할 수 있게 된다.

예제 3-7 VSWR = 2일 때 반사계수의 크기는? 그리고 반사손실(Return Loss)은?

해 (3-57)식에서

$$\mathrm{VSWR} = \frac{1+\rho}{1-\rho} = 2$$

따라서

$$\rho = |\Gamma| = \frac{\mathrm{VSWR}-1}{\mathrm{VSWR}+1} = \frac{1}{3}$$

그리고 반사손실은

$$\mathrm{RL} = 20\log(|\Gamma|) = 20\log\frac{1}{3} = -9.5\,\mathrm{dB}$$

이다.

3.4.4 Smith Chart와 Polar Chart

앞서서 정의한 반사계수는 $0 \le |\Gamma_L| \le 1$인 복소수로서, 이것을 나타내는 데는 polar chart로서 나타낼 수 있게 된다. 즉 반사계수는

$$\Gamma_L = |\Gamma_L| e^{j\theta} = \rho e^{j\theta} \tag{3-58}$$

와 같이 나타낼 수 있으므로, 이것의 크기와 각도를 가지고 그림 3-16과 같은

polar chart에 나타낼 수 있게 된다. 그러나 이와 같이 도시할 경우 이에 해당하는 임피던스는 알기 어렵게 된다. 이 경우 얻어진 반사계수를 이용해 식(3-59)를 이용해 다시 한 번 계산하여야 할 것이다.

$$Z_L = Z_o \frac{1+\Gamma_L}{1-\Gamma_L} \tag{3-59}$$

따라서 이러한 계산의 번거로움을 없애기 위하여 $z = Z_L / Z_o = r + jx$로 정규화하고, 반사계수를 나타내면

$$\Gamma_L = \frac{z-1}{z+1} \tag{3-60}$$

이 얻어진다. 이때 r 값이 상수이고 x 값이 변할 때 Γ_L의 궤적 및, x 값이 상수이고 r 값이 변할 때 반사계수 Γ_L의 궤적을 복소수 평면 위에 나타낸 것을 Smith chart라고 한다. 이를 통해 Γ_L을 복소수 평면 위에 표시할 경우, 이에 따른 Z_o로 규격화된 임피던스를 직접 계산 없이 chart에서 읽을 수 있게 된다.

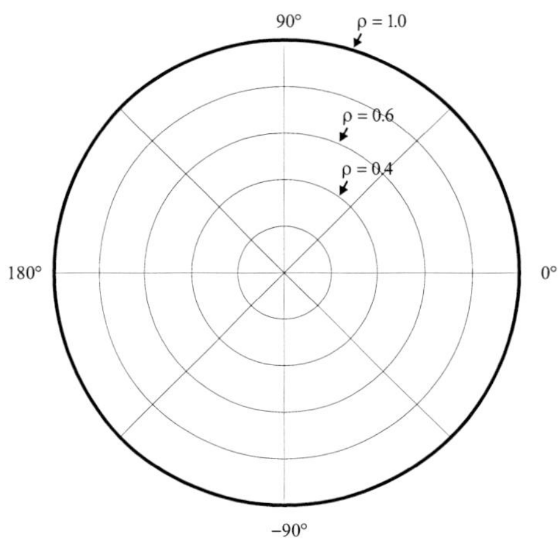

(a)

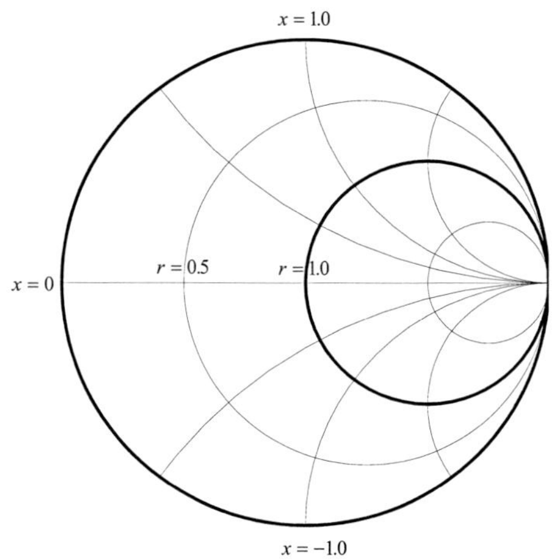

(b)

[그림 3-16] (a) Polar chart, (b) Smith chart

그림 3-17에는 보통 사용되는 임피던스만 표시된 Smith chart를 보였다(최근의

것은 color로 임피던스와 어드미턴스가 동시에 나타나도록 한 것이 사용된다). Smith chart에서는 보통 눈금 없는 자와 컴퍼스를 가지고 작업하는 경우가 많기 때문에, 이러한 컴퍼스로 눈금을 쉽게 읽게 하기 위하여, 그림과 같이 Smith chart 밑에는 반경에 대하여 눈금(radial scale)이 나타나 있다. 이 눈금에는 그림 3-16(a)와 같은 반경 이외에 VSWR이나 반사손실로 주어질 경우에도 별도의 계산 없이 컴퍼스로 용이하게 읽게 하기 위하여, 동시에 관련된 이 같은 눈금자들을 보여주고 있다.

또한 원주에는 angle로 표시된 각도가 원주 상에 표시되어 있으며, 파장으로 주어질 경우 각도 계산 없이 알 수 있게 하기 위하여 외곽 눈금에는 파장으로 각도를 나타내고 있다.

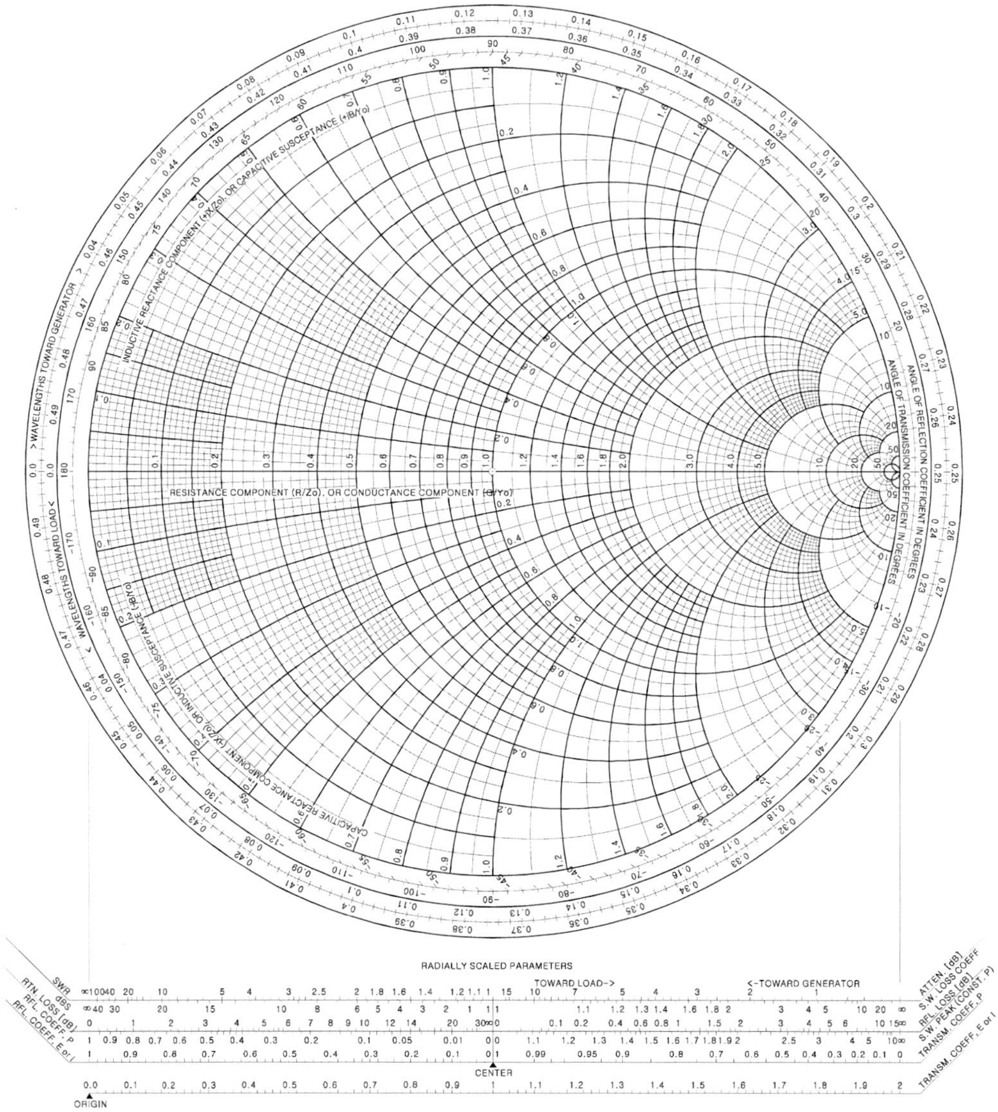

[그림 3-17] Smith chart(Smith chart 밑의 눈금자에는 반사계수의 크기, 또는 VSWR, 또는 반사 손실로 주어졌을 때 컴퍼스로 직접 반경을 구할 수 있도록 눈금자가 그려져 있다)

예제 3-8 정규화 임피던스가 $Z_o = 50$이고, $\Gamma_L = 0.6\angle -30^o$일 때, 이것의 임피던스를 Smith chart를 통하여 구하시오.

해 Smith chart 밑의 반경눈금(radial scale)을 통해, 0.6에 해당하는 거리를 컴퍼스를 통하여 읽고, 원주 위에 표시된 각도(angle)를 이용, $0.6\angle -30^o$를 표시하면 그림 3E-12와 같고 이 그림에서 임피던스를 읽을 경우 $z = 2.0 - j1.8$이므로 임피던스는 $Z_L = 100 - j90$이 된다.

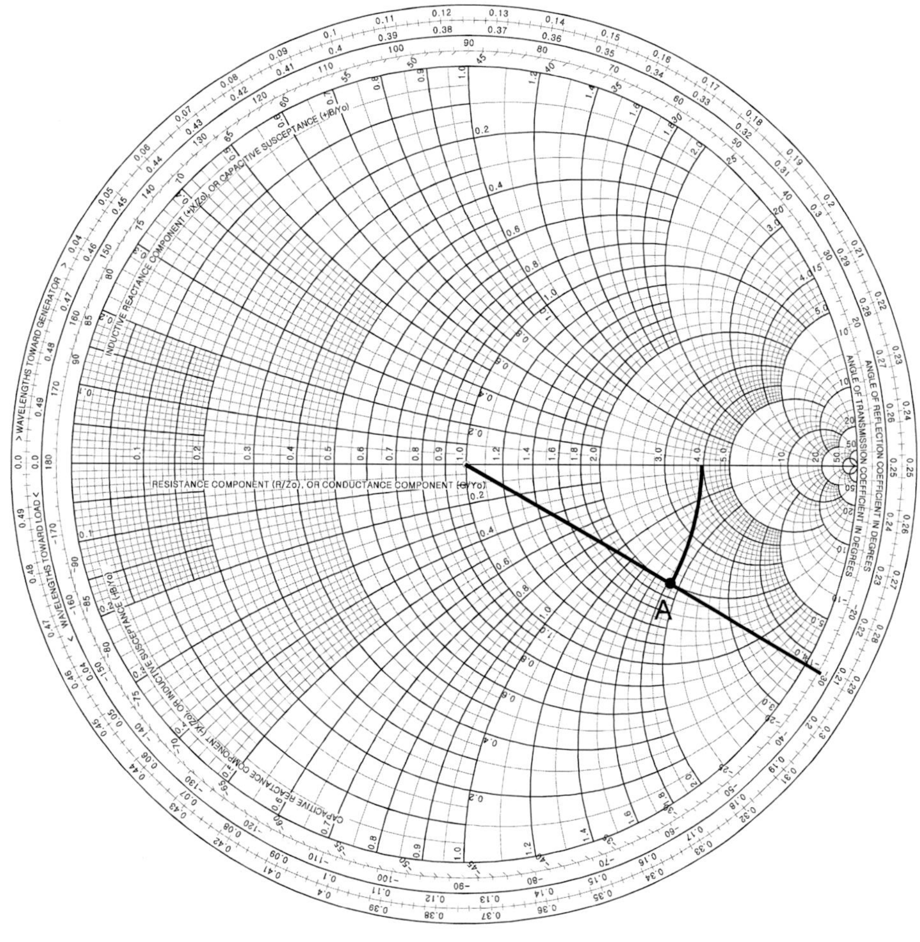

[그림 3E-12] Smith Chart를 이용한 임피던스 계산

3.5 전송선로의 회로에의 응용

전송선의 회로에의 응용은 방대하여, 본서에서는 이 중에서 활용이 많은 몇 가지에 국한해서 설명하도록 한다. 이러한 전송선을 응용하는 방법은 크게 분류하면 전송선의 길이가 짧은 경우와 1/4파장 또는 1/2파장을 가질 때 나타나는 공진현상을 이용한 것으로 볼 수 있다.

또 하나의 중요한 응용으로는 1/4파장 전송선의 임피던스 인버터로서의 기능과, 전송선으로 구현된 회로에 대하여 전송선로가 사용주파수에 대해서 매우 길 경우, 이것을 제한된 면적에 구현하기 위하여 집중소자(lumped element)를 활용하는 경우가 있다. 이 경우 전송선의 2-포트 등가회로를 이용하게 되는데 본서에서는 이것의 간단한 활용을 살펴보기로 하겠다.

3.5.1 짧은 전송선의 응용

2장에서 설명된 인덕터나 커패시터들은 제한적인 범위에서 전송선을 이용하여 구현되기도 한다. 전기각이 θ인 전송선에 대해

$$\theta = \beta l = \frac{\omega l}{v_p} \tag{3-61}$$

이다. 끝을 단락시켰을 경우 이것의 임피던스는 $jZ_o\tan(\theta)$이므로 θ가 작을 경우에는 이것은 ω에 비례하는 리액턴스를 주기 때문에, 이것을 인덕터로 사용할 수 있다. 이때 등가적인 인덕턴스는

$$j\omega L = jZ_o\tan(\theta) \tag{3-62}$$

를 이용해 계산할 수 있게 된다. 이것은 Z_o가 크고 θ가 작을수록 인덕터에 가까운 역할을 하게 된다.

반면에 길이가 짧고 끝이 개방된 전송선의 경우 이것의 리액턴스는 부의 값을 주기 때문에, 이것은 커패시터로 고려할 수 있고 이때 등가 커패시턴스는 다음 식을 이용해 다음 같이 결정될 수 있다.

$$-jX_c = \frac{1}{j\omega C} = \frac{Z_o}{j\tan(\theta)} \tag{3-63}$$

이 경우는 Z_o가 작고 θ가 작을수록 커패시터에 가까운 역할을 하게 된다.

3.5.2 공진시의 응용

공진기(resonator)는 여파기(filter)를 구성하는 데 핵심이 되는 소자로서, 그림 3-18과 같이 회로적으로는 L 및 C의 직렬연결과 병렬연결로 나타낼 수 있다. 이것들은 아래와 같은 공진주파수(resonance frequency)에서 각각 단락 또는 개방이 되는 특성을 갖고 있다.

$$\omega_o = \frac{1}{\sqrt{LC}}$$

즉 이 주파수에서 직렬공진의 경우 임피던스가 0이 되므로 단락이 되고, 반면 병렬공진의 경우 어드미턴스가 0이 되어 임피던스는 ∞, 즉 개방이 되게 된다.

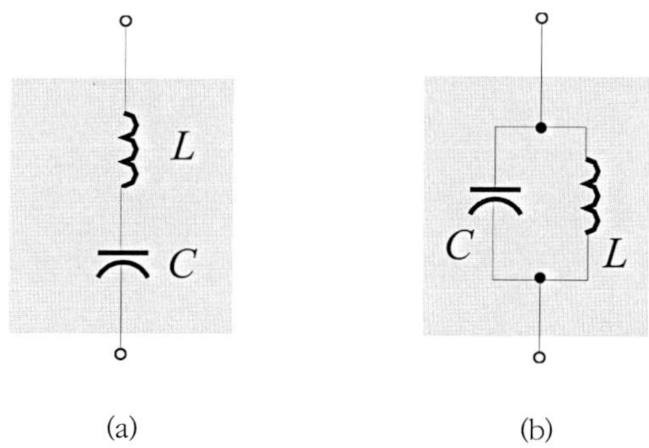

[그림 3-18] (a) LC 직렬 및 (b) 병렬 공진회로

이러한 직렬 및 병렬 공진회로는 한쪽 끝을 단락 또는 개방된 전송선에서 얻을 수 있으며, 본 장에서는 전송선로의 한끝이 단락 또는 개방된 전송선의 공진현상에 대하여 알아보고 제한된 주파수 영역에서 이것을 LC 직렬 또는 LC 병렬로 나타내었을 때 이것의 등가적 L 및 C의 값을 구하려고 한다. 이때 전송선이 직렬 공진회로인지 아니면 병렬 공진회로인지 판명하는 데는 정재파 형상을 가지고 용이하게 판단할 수 있게 된다.

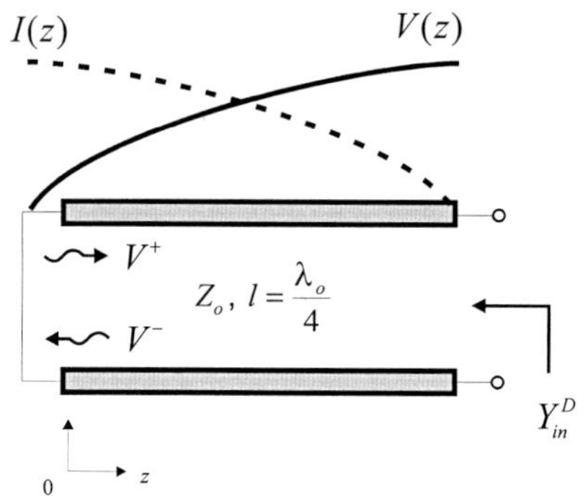

[그림 3-19] 단락된 1/4파장 전송선에서 정재파 모양

그림 3-19와 같이 한쪽 끝이 단락된 전송선에서 전송선 입력단에서의 전압은

$$V(z) = V^{+}(z) + V^{-}(z) = V^{+}e^{+j\beta z} + V^{-}e^{-j\beta z}$$

인데

$$\Gamma_L = \frac{V^{-}}{V^{+}} = -1$$

이므로 전송선 위치 z에 따른 페이저는

$$V(z) = 2jV^{+}\sin(\beta z) \tag{3-64}$$

로 단락된 곳에서는 전압이 0이고, 1/4파장되는 곳에서는 $\beta z = \pi/2$이므로 최대 전압이 관측되는 것을 알 수 있다. 반면 전류파의 경우

$$I(z) = I^{+}(z) - I^{-}(z) = \frac{1}{Z_o}\left(V^{+}e^{+j\beta z} - V^{-}e^{-j\beta z}\right) \tag{3-65}$$

$$= \frac{2V^{+}}{Z_o}\cos(\beta z)$$

가 되는 것을 알 수 있다. 즉, $z = 0$점에서 최대의 전류가 흐르고, 반면 전송선 입력단에서는 전류가 0이 되는 것을 알 수 있다. 이것은 직관적으로 $z = 0$에서는 단락되어 있으므로 전류가 최대로 흐르고 반면 전압은 0이 되는 것을 알 수 있으며, 반면 입력단에서는 정현파의 1/4주기에 해당하는 점이 되어, 전류는 0이 되고 전

압은 최대가 되는 것을 용이하게 짐작할 수 있다. 따라서 단락된 1/4파장 전송선의 입력 단에서의 임피던스는 ∞가 되므로 병렬 공진회로와 유사하게 동작함을 알 수 있다.

또한 역으로 전송선의 한쪽 끝이 개방 되었을 때 정재파 형상은 개방된 점에서는 전압이 최대가 되고 반면 전류는 0이 되고, 이 형상에서 정현파의 1/4주기를 진행하면 반대로 전압은 0이 되고 전류는 최대치가 되어 이것은 임피던스가 0이 되는 것을 알 수 있고, 직렬 공진회로와 유사하게 동작하는 것을 알 수 있다.

그러면 단락된 전송선의 등가 LC 값을 계산해 보도록 한다. 그림 3-19의 입력 어드미턴스는

$$Y_{in}^{D} = jY_o \cot\beta l = jY_o \cot\left(\frac{\pi}{2}\frac{\omega_o + \Delta\omega}{\omega_o}\right) = jY_o \cot\left(\frac{\pi}{2} + \frac{\pi}{2}\frac{\Delta\omega}{\omega_o}\right) \quad (3-66)$$

이 됨을 알 수 있고 중심주파수 f_o 근처에서는

$$Y_{in}^{D} = jY_o \cot\left(\frac{\pi}{2} + \frac{\pi}{2}\frac{\Delta\omega}{w_o}\right) \cong jY_o \frac{\pi}{2}\frac{\Delta\omega}{\omega_o} \quad (3-67)$$

로 표시되어 주파수에 따라 직선적으로 증가함을 알 수 있다. 또한 그림 3-20과 같은 병렬 LC 공진회로의 경우 어드미턴스는 다음과 같다.

$$Y_{in}^{L} = j\left(\omega C - \frac{1}{\omega L}\right) \quad (3-68)$$

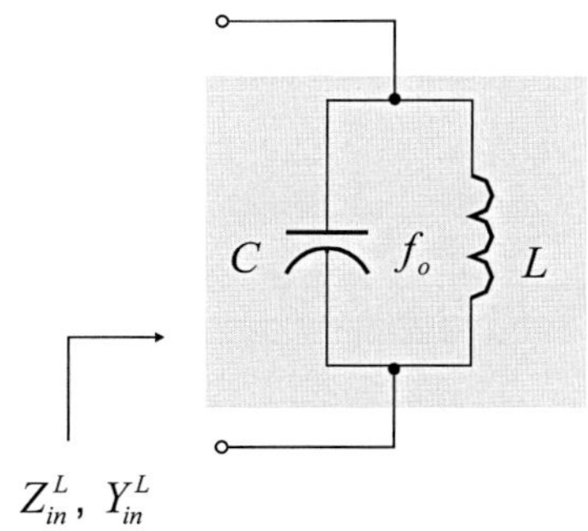

[그림 3-20] 병렬 공진회로

따라서 $\omega_o = 1/\sqrt{LC}$ 근처에서는

$$Y_{in}^{L} = j\left(\omega C - \frac{1}{\omega L}\right) = j\left\{(\omega_o + \Delta\omega)C - \frac{1}{(\omega_o + \Delta\omega)L}\right\} \tag{3-69}$$

$$\cong j\left(\Delta\omega \cdot C + \frac{\Delta\omega}{\omega_o^2 L}\right) = j2C\Delta\omega$$

와 같이 얻어지고 (3-67)식과 (3-69)식을 비교하면

$$C = \frac{\pi Y_o}{4\omega_o} = \frac{1}{8f_o Z_o} \tag{3-70}$$

을 얻을 수 있다. 또한 이때 관련된 인덕턴스 값은 공진주파수를 알고 있으므로 아래와 같이 얻어질 수 있다.

$$L = \frac{1}{\omega_o^2 C} \tag{3-71}$$

이와 같은 요령으로 끝이 단락 또는 개방된 반파장 또는 1/4파장 전송선의 등가 L 및 C의 값을 구할 수 있으며, 이것은 각각 그림 3-21, 그림 3-22에 정리하였다.

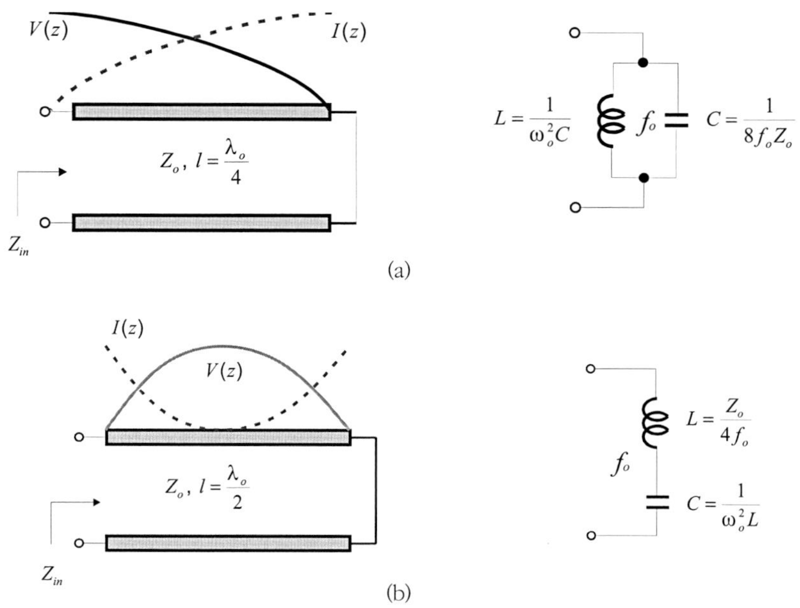

[그림 3-21] 끝이 단락된 전송선의 등가회로: (a) 1/4파장, (b) 1/2파장

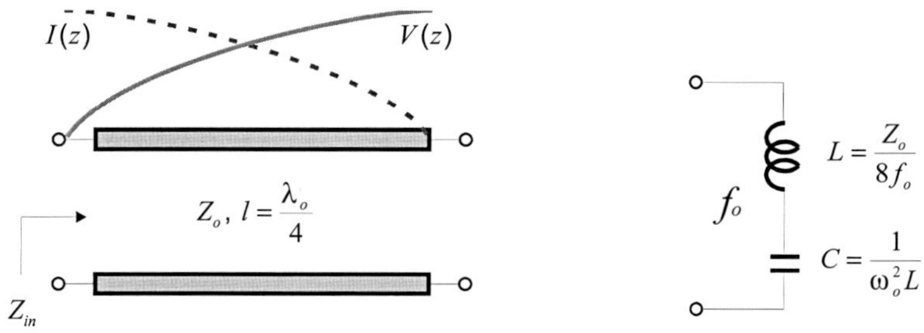

(a)

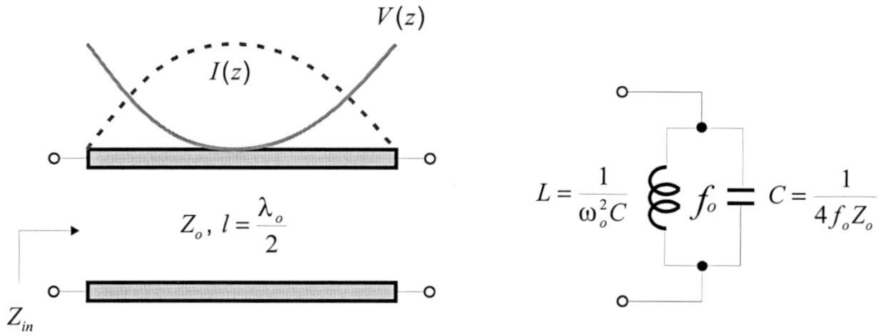

(a)

[그림 3-22] 끝이 개방된 전송선의 집중소자 등가회로: (a) 1/4파장, (b) 1/2파장

예제 3-9 주파수 1GHz에서 개방된, 특성임피던스 50 ohm, 1/4파장 전송선의 등가회로 값을 계산하시오.

해 그림 3-22에서 이것은 LC 직렬공진 회로가 됨을 알 수 있다. 이 때 L 값은

$$L = \frac{Z_o}{8f_o} = \frac{50}{8 \times 1G} = 6.25[\text{nH}]$$

를 얻게 되고 또한 이 때 C 값은

$$C = \frac{1}{\omega_o^2 L} = \frac{1}{(2\pi \times 10^9)^2 \times 6.25 \times 10^{-9}} = 4.05[\text{pF}]$$

임을 알 수 있다. 이러한 등가회로가 전송선과 어느 정도 근접한 결과를 주는 지 알아보기 위하여 ADS 상에서 그림 3E-13과 같은 회로를 결선하고 두 임피던스를 비교하여 보았다.

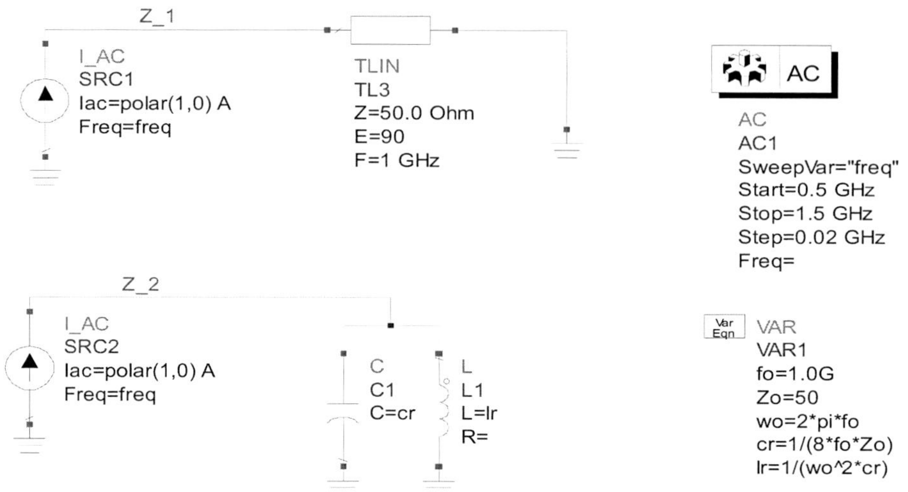

[그림 3E-13] 병렬 공진회로와 1/4파장 공진기 비교

그림 3E-14는 시뮬레이션 결과를 보인 그림이다. 그림에서 알 수 있듯이 공진주파수 근처에서는 집중소자를 이용한 병렬공진회로의 임피던스 *Z*_2와 단락된 1/4파장 공진기의 임피던스 *Z*_1은 비교적 가까운 결과를 주지만, 주파수가 공진주파수에서 멀어짐에 따라 두 임피던스는 차이를 보이는 것을 알 수 있다.

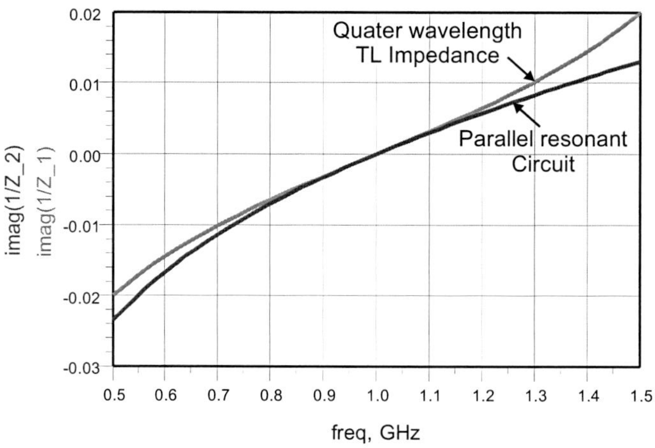

[그림 3E-14] 시뮬레이션 결과비교

예제 3-10 그림 3E-15와 같이 고주파회로에 한쪽 끝을 바이패스(bypass) 커패시터로 단락시킨 1/4파장 전송선을 연결하였을 때, 이것은 중심주파수에서 회로에 영향을 주지 않음을 설명하시오.

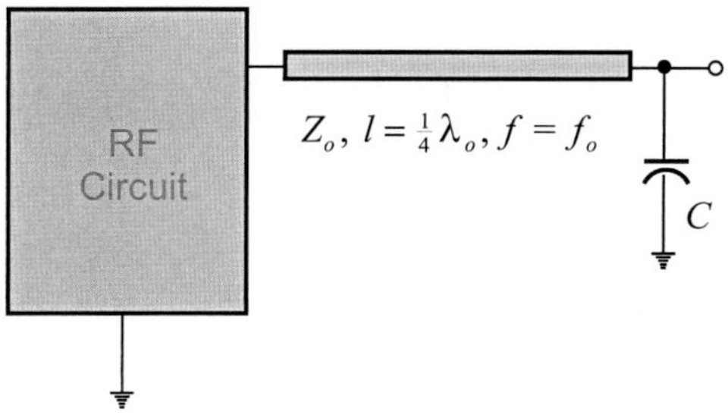

[그림 3E-15] RF 초크 회로

해 바이패스 커패시터는 단락(short)으로 작용하므로, 전송선은 RF 회로에서 보았을 때 단락된 1/4파장 전송선이 되고, 이것은 RF 회로 입장에서는 병렬 공진회로가 연결된 것으로 보여, 중심주파수에서 개방된 것으로 보인다. 따라서 이 전송선은 RF 회로에 영향을 주지 않아 RF 초크(choke)로 작용하게 된다. 이때 주목할 것은 바이패스 커패시터를 통하여 DC 전원을 RF 회로에 공급할 수 있게 되고, 또한 이때 전송선의 특성 임피던스가 높을수록 더욱 광대역에서 동작하게 된다.

예제 3-11 다음 그림은 유전체 공진기를 이용한 발진기를 위에서 본 그림이다. 이때 그림 3E-16에 표시한 부분의 기능을 설명하시오.

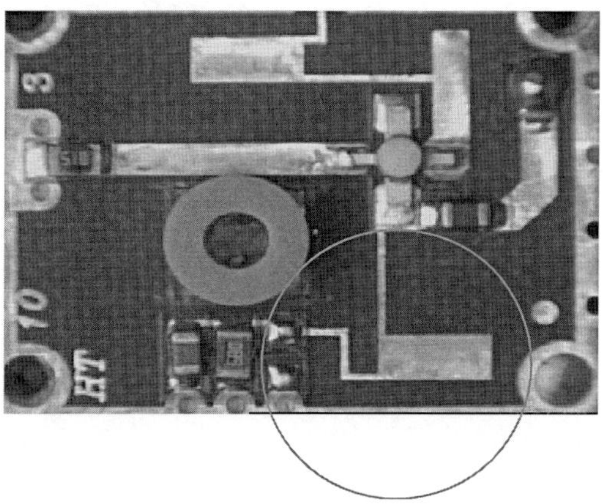

[그림 3E-16] 유전체 공진기를 이용한 발진기회로에서의 RF 초크

해

그림 3E-16의 원으로 나타낸 부분은 회로로 나타내면 그림 3E-17과 같다.

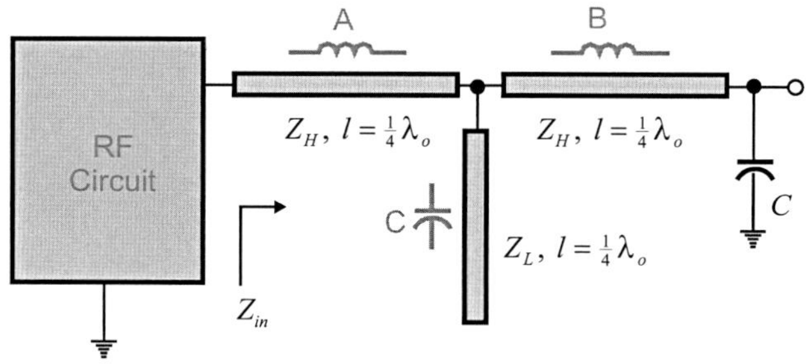

[그림 3E-17] 등가회로

여기서 1/4파장 개방된 stub는 연결점에서 단락으로 나타나게 된다(한쪽 끝이 개방된 1/4파장 전송선은 반대쪽에서 보면 단락이 되게 된다). 따라서 A 전송선의 경우는 한쪽 끝이 단락되어 있으므로 RF 회로 쪽에서 본 임피던스 $Z_{in} = \infty$가 된다. 따라서 RF 회로에서 보았을 때 이 회로들은 중심주파수에서는 기능이 없게 된다. 또한 주파수가 낮아질 경우 이것은 그림에 표시한 것처럼 인덕터와 커패시터와 같이 기능을 하게 되고 이로 인해 저역여파기의 기능을 한다. 따라서 예제 3-10에서의 RFC보다 광대역에서 동작하는 RF 초크가 되게 된다.

예제 3-12

다음 그림은 동축선로를 이용한 발진기이다. 이 그림을 보고 동작원리를 설명하시오.

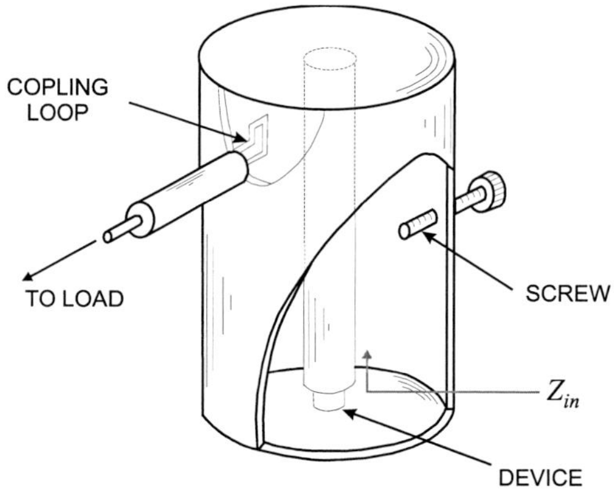

[그림 3E-18] 동축선로를 이용한 발진기

해

그림에서 능동소자입장에서는 단락된 1/4파장 전송선을 보게 되므로 이것은 병렬 공진회로로 보인다. 따라서 그림 3E-19와 같은 등가회로가 구성되고, 능동소자(active device)

는 부성저항을 갖게 되므로, 총 저항 값이 −이어서 지수증가를(exponentially growing) 하는 전압이 능동소자에 나타나게 되나, 평형상태에서는 진폭이 일정한 정현파가 나타나게 된다. 따라서 이때의 발진주파수는 1/4파장 공진주파수와 같게 된다. 그림 3E-18의 나사(screw)는 이러한 1/4파장 공진주파수가 능동소자에 발생하는 기생성분(parasitic)으로 주파수가 변할 경우, 원하는 주파수를 얻도록 조정하기 위하여 삽입된 것이다. 또한 그림 3E-18에 나타난 loop probe는 자계를 감지(sensing)하기 위한 것인데, 이와 같이 배치된 이유는 1/4파장 전송선의 단락면에서는 전압은 0 V이고 반면 전류는 최대치가 되게 된다. 이 전류에 비례하는 것이 자계이므로 자계가 가장 센 곳은 단락면에 가까운 곳이 될 것이다. 따라서 자계가 가장 센 곳에서 출력을 끌어내기 위해 그림과 같이 probe가 삽입되었음을 알 수 있다. 이것 대신에 탐침 probe를 삽입할 경우 이곳에서의 전계는 거의 없어 출력은 거의 나오지 않게 될 것이다. 탐침 probe를 삽입하려고 하면 전송선의 특성상 능동소자 가까운 곳에 삽입하여야 할 것이다.

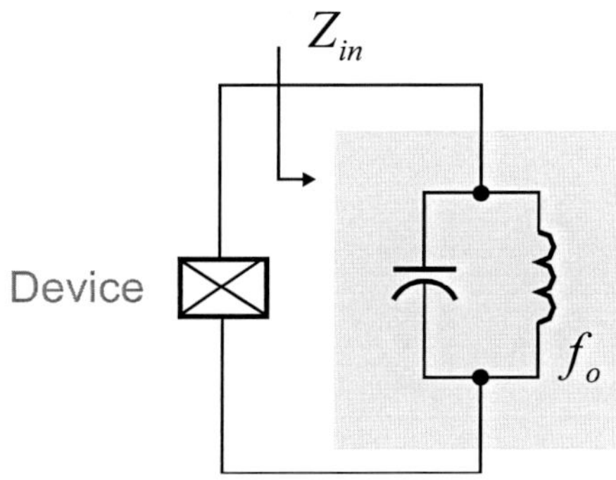

[그림 3E-19] 등가회로

3.5.3 전송선의 2-포트 응용

앞서는 전송선을 1-포트로 활용하여 커패시터나 인덕터 그리고 전송선로의 공진을 이용한 공진회로 등을 대치하는 응용을 보았다. 뿐만 아니라 전송선은 2-포트소자로서도 자주 활용되는데, 대표적인 것은 1/4파장 전송선의 임피던스 인버터 기능과 이것을 2-포트로 표시(representation)하여 활용하는 것이다.

3.5.3.1 임피던스 인버터

앞서서 부하 Z_L이 1/4파장 전송선의 한쪽 끝에 연결되어있고, 이때 입력단에서 들여다본 임피던스는

$$Z_{in} = Z_o \frac{Z_L + jZ_o \tan(\beta z)}{Z_o + jZ_L \tan(\beta z)} = \frac{Z_o^2}{Z_L} \tag{3-72}$$

이 되어 임피던스 인버터로 동작하는 것을 보았다. 이것에 대한 대표적인 응용이 전력이분기(power divider)인데, 그 구조는 그림 3-23에 보였다.

전력이분기의 목적은 입력된 전력을 두 개의 포트로 반사 없이 균일하게 분배하기 위한 것인데, 이를 위해서는 임피던스 정합이 필요하게 된다. 그러나 전송선 없이 두 포트를 직접 입력에 연결할 경우 입력 임피던스는 $Z_o/2$가 되어, 입력 임피던스와 같지 않아 입력에서 반사가 일어나게 된다. 따라서 그림 3-23에서 표시한 Z_1이 $2Z_o$가 되도록 변환할 경우, 입력에서 반사 없이 두 포트에 출력이 전달

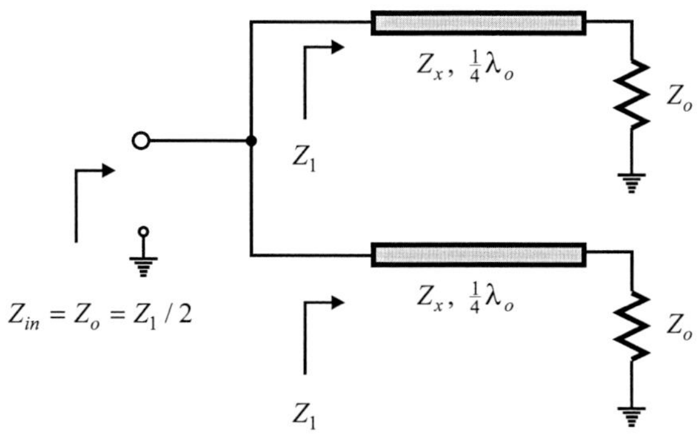

[그림 3-23] 전력이분기 회로도

되게 된다. 이를 위해서 임피던스 Z_x를 갖는 1/4파장 전송선을 삽입하였을 경우입력에서 전송선 쪽을 들여다본 임피던스 Z_1은

$$Z_1 = 2Z_o = \frac{Z_x^2}{Z_o}$$

이 되므로

$$Z_x = \sqrt{2}\, Z_o \qquad (3-73)$$

로 설정할 경우 입력에서 반사 없이 두 포트로 균등히 전력이 분배되어 전달되게 된다.

예제 3-13 앞의 목적을 달성하는데 Z_1이 100 ohm이 되면 되므로, 그림과 같이 전송선 대신에 값이 Z_o인 저항을 삽입하여도 입력에서 반사 없이 출력에 균등하게 배분된 전력을 두 포트로 전달할 수 있다. 이것을 저항성 전력이분기(resistive power divider)라고 부르는데, 앞서의 전력이분기와 저항성 전력이분기를 사용했을 때 출력의 두 포트로 전달되는 전력의 차이를 구하시오.

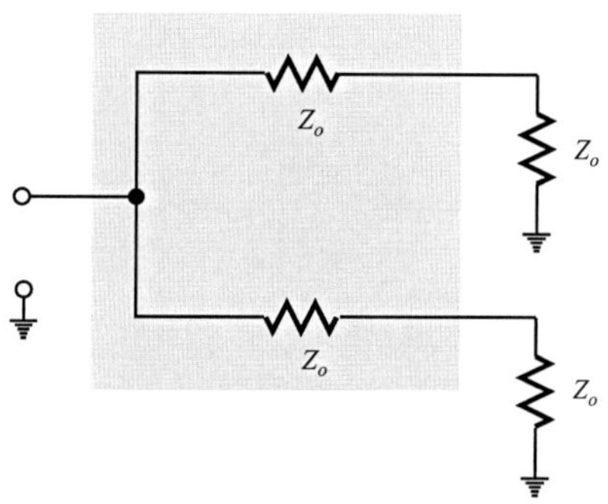

[그림 3E-20] 저항성 전력이분기

해 앞의 전력이분기는 전송선에서 전력 소모 없이 부하로 전력이 모두 전달되었고, 반면 저항성 전력이분기의 경우 총 $2Z_o$ 저항 중 Z_o에만 전달되므로 전력은 전력이분기에 비해 1/2이 전달되게 된다. 이러한 전력이분기는 광대역으로 동작하기 때문에, 가끔 계측기에서 전력의 손실을 감안하고 이러한 전력이분기가 활용되기도 한다.

3.5.3.2 전송선의 집중소자 2-포트 등가회로

일반적인 전송선은 2-포트 소자로서 특정주파수에서 2-포트 집중소자 등가회로를 이용하여 제한된 주파수영역에서 등가적으로 나타낼 수 있는데, 이러한 전송선의 2-포트 표시는 개념적으로 전송선으로 쉽게 구현되는 delay-line 및 branch-line coupler나 rat-race ring, 전력이분기 같은 회로를 LC로 구성된 수동소자를 이용해 용이하게 구현할 수 있게 해준다. 본 장에서는 이러한 전송선의 2-포트 등가회로를 구하고 활용하는 방법 또한 알아볼 것이다.

회로이론에 따르면 수동소자만으로 구성된 일반적인 2-포트 회로는 그림 3-24와 같이 Tee 또는 Pi형 등가회로로 나타낼 수 있다. 여기서 포트 1과 포트 2에서 보았을 때 좌우 대칭성(symmetry)을 만족할 경우 그림 3-24(a)에서 $Z_a = Z_c$가 되고, 그림 3-24(b)에서 $Y_1 = Y_3$가 될 것이다. 또한 그림 3-25(a)와 같이 특정 주파수에서 전기각이 θ인 전송선은 좌우 대칭성을 만족하는 수동 2-포트이므로, 위의 그림 3-24(a) 또는 (b)에서 대칭성을 만족하는 경우로 나타낼 수 있게 된다. 따라서 특정주파수에서 전송선과 동일한 그림 3-24와 같은 Tee 및 Pi형의 등가회로 값은 이것들의 2-포트 파라미터를 같게 함으로써 Tee 및 Pi형의 값을 결정할 수 있을 것이다. 그러나 전송선은 좌우 대칭이므로 이것을 결정하기 위하여 Barlett 이분(bisection)정리를 사용하면 용이하게 구할 수 있다.

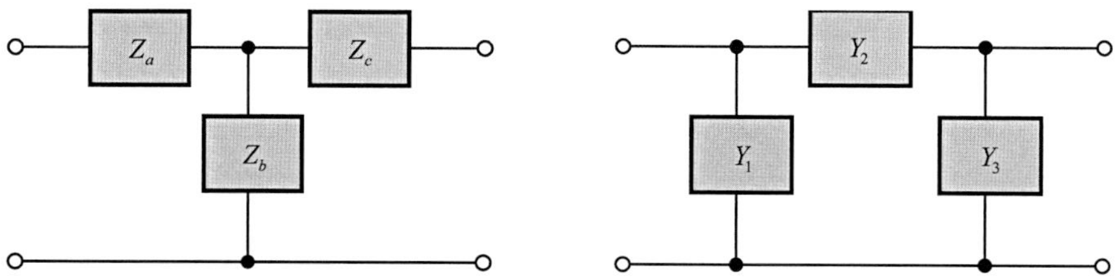

[그림 3-24] (a) Tee 및 (b) Pi형 회로

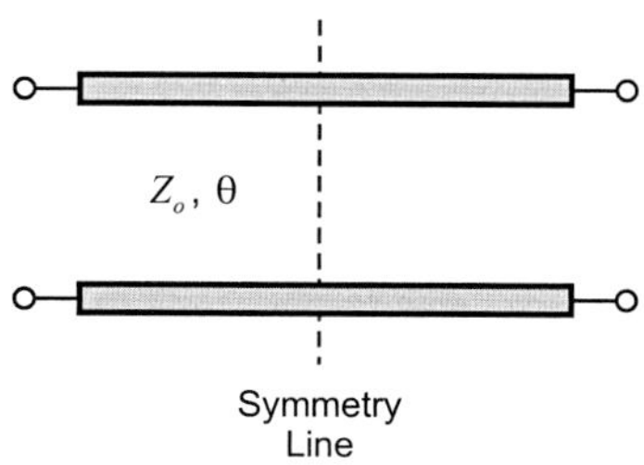

(a)

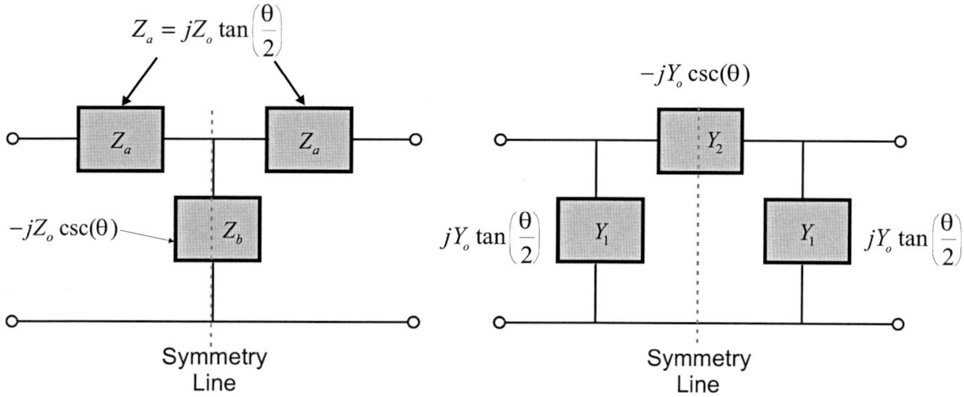

(b)

[그림 3-25] 전기각이 θ인 전송선의 집중소자 등가회로

대칭선을 기준으로 개방 시킬 경우 전송선, Tee의 임피던스는

$$Z_a + 2Z_b = \frac{1}{Y_1} = \frac{Z_o}{j\tan\left(\frac{\theta}{2}\right)} \tag{3-74}$$

이다. 또한 대칭선을 기준으로 단락 시킬 경우 전송선, Tee 및 Pi형의 임피던스는 각각

$$Z_a = \frac{1}{Y_1 + 2Y_2} = jZ_o \tan\left(\frac{\theta}{2}\right) \tag{3-75}$$

이다. 따라서 Tee 형의 회로의 경우 (3-75)식에서 Z_a를 결정할 수 있고, 이 결정된 값을 (3-74)식에 대입하면 Z_b를 얻을 수 있게 된다. 따라서 Tee형 등가회로의 값은

$$Z_a = Z_c = jZ_o \tan\left(\frac{\theta}{2}\right) \tag{3-76a}$$

$$Z_b = \frac{1}{2}\left[-jZ_o \tan\left(\frac{\theta}{2}\right) + \frac{Z_o}{j\tan\left(\frac{\theta}{2}\right)}\right] = -jZ_o \csc(\theta) \tag{3-76b}$$

이다.

또한 Pi 형의 회로의 경우 (3-74)식에서 Y_1를 결정할 수 있고, 이 결정된 값을 (3-75)식에 대입하면 Y_2를 얻을 수 있게 된다. 이와 같이 결정된 Pi형 등가회로의 값은

$$Y_1 = Y_3 = jY_o\tan\left(\frac{\theta}{2}\right) \quad (3-77a)$$

$$Y_2 = -jY_o\csc(\theta) \quad (3-77b)$$

이다.

이것에서 1/4파장의 경우 $\tan(\theta/2) = \csc(\theta) = 1$이 되어서 그림 3-26과 같이 L 및 C의 리액턴스 값이 전송선의 특성 임피던스와 같은 등가회로가 얻어짐을 알 수 있다.

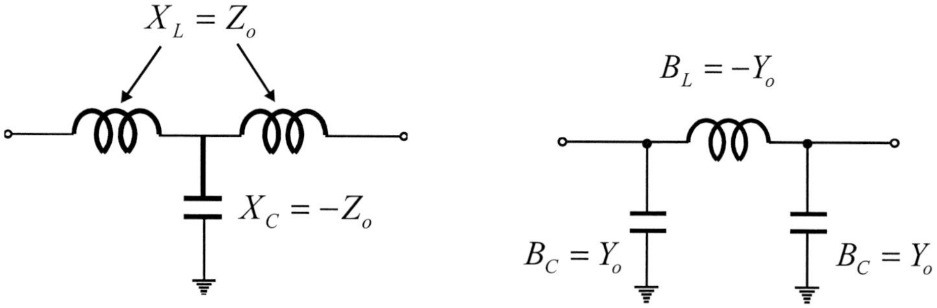

[그림 3-26] 전송선 길이가 1/4파장일 때 (a) Tee, (b) Pi형 등가회로

예제 3-14 앞서 구한 그림 3-23의 전력이분기를 위의 집중소자 등가회로를 이용하여 설계하시오.

해 1/4파장의 2-포트 등가회로는 L 및 C의 서셉턴스(susceptance) B가 모두 특성 어드미턴스의 값을 가지므로 위의 Pi형 등가회로를 선택하고 이의 서셉턴스가 모두 Y_x가 되도록 설정하면 될 것이다.

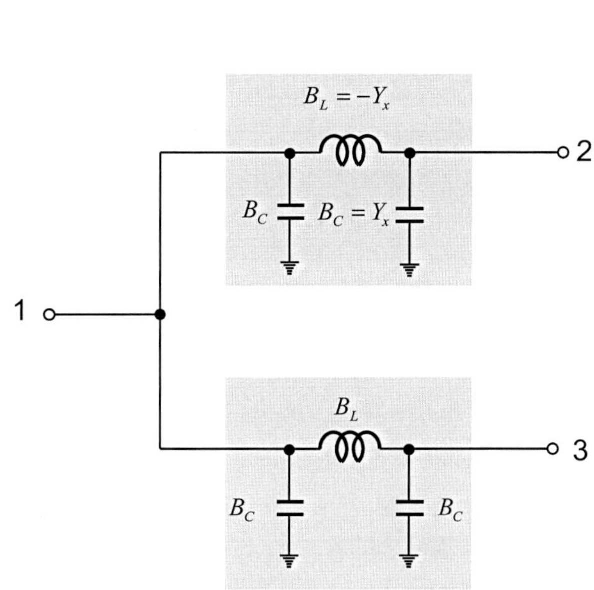

[그림 3E-21] 집중소자를 이용한 전력이분기

이상과 같은 회로를 검증하기 위하여 ADS상에 그림 3E-22와 같은 회로를 결선하였다.

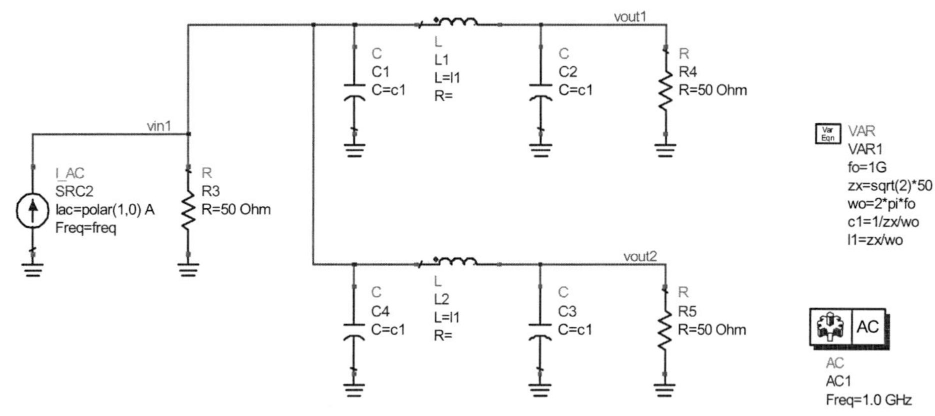

[그림 3E-22] 집중소자를 이용한 전력이분기 시뮬레이션 회로도

여기서 포트 2및 3에는 부하 50 ohm 저항을 연결하였고 여기에 나타나는 전압을 각각 *vout1* 및 *vout2*로 나타내었다. 또한 입력은 내부저항이 50 ohm 인 Norton 등가회로로 나타내었으며, 이때 전류의 크기는 1A임을 유의할 필요가 있다. 그리고 이때 L 및 C의

값은 *ADS Schematic* 창에서 변수로 설정 모두 $Z_x = \sqrt{2} \cdot 50$ 값을 갖도록 지정되었다. 이 때 얻어진 결과를 *Display* 창에서 나타내면 아래와 같다.

freq	*vout*1	*vout*2	*vin*1
1.0 GHz	17.678/-90°	17.678/-90°	25/0°

[그림 3E-23] 계산결과

이 때 *vin*1이 25V 가 되는 것을 알 수 있는데, 이것은 입력에서 들여다본 저항은 50 ohm이므로, 전원저항 R3와 병렬연결로 인해 총 저항은 25 ohm이 되고, 여기에 1A의 전류가 흐르므로 25V의 값을 얻게 된다. 두 번째로 가용 전력이 균등하게 이분되었는지를 알기 위해, 아래와 같은 식들을 *Display* 창에 삽입하고

```
Eqn pa=1/8*50
Eqn p1=1/2*mag(vout1)**2/50
Eqn r=p1/pa
```

[그림 3E-24] 가용전력과 전달전력의 계산

이 때 *pa* 및 *p*1의 크기를 비교하면 될 것이다. 여기서 *pa*는 전원으로부터 얻을 수 있는 최대 가용전력이 되고, p1은 부하 50 ohm에 전달된 전력이 될 것이다. 따라서 이것의 비 *r*은 1/2이 될 경우, 가용전력은 균등하게 이분되어, 부하로 전달된 것이 된다. 앞의 그림 3E-24의 *r* 값을 보였는데 정확히 1/2 되어 전원가용전력이 균등하게 이분되어 전달된 것을 알 수 있다.

freq	*r*
1.0 GHz	0.5

[그림 3E-25] *r* 계산결과

3.6 전송선로의 불연속(Discontinuity)

마이크로스트립선로를 평판에 제작할 경우 회로적 기능을 달성하기 위하여 여러 개의 전송선로를 연결하게 되는데, 이로 인한 연결부분에서 전송선로의 불연속이 자주 나타나게 된다. 이것이 존재할 경우 전송선로를 통하여 전달된 에너지(energy)가 전달되지 못하고 불연속 부분에 저장되어, 이들의 영향은 주로 인덕터나 커패시터로 모델(model)되게 된다. 본 장에서는 이들의 대표적인 예들을 보고 정성적인 효과를 알아보도록 한다. 또한 정확한 값들은 대부분 ADS에 이것들의 효과들이 내장되어 있어, 이들의 값을 정확히 알 필요 없이 시뮬레이션(simulation)이 가능하도록 한다. 여기서는 이들의 값을 S/W로 평가하는 방법에 대하여 예를 들어 설명하도록 한다.

3.6.1 마이크로스트립 개방단(open-end)

그림 3-27에는 끝이 개방된 마이크로스트립 전송선을 보였다. (a)는 위에서 본 평면도 이며, (b)는 이것의 등가회로를 나타낸다. 이와 같이 마이크로스트립을 개방 할 경우 마이크로스트립 끝점에서는 fringing-field가 추가로 발생하게 되고, 이것의 효과로 인해 추가로 커패시턴스가 나타나게 한다. 이것을 보통 개방단 커패시턴스라고 하며, 이것의 효과로는 마이크로스트립의 경우 그림과 같은 T-T' 기준선(reference plane)보다 아래 식과 같이 길이가 더 늘어난 것처럼 보인다.

$$\Delta l = \frac{C_{oc}}{C} \tag{3-78}$$

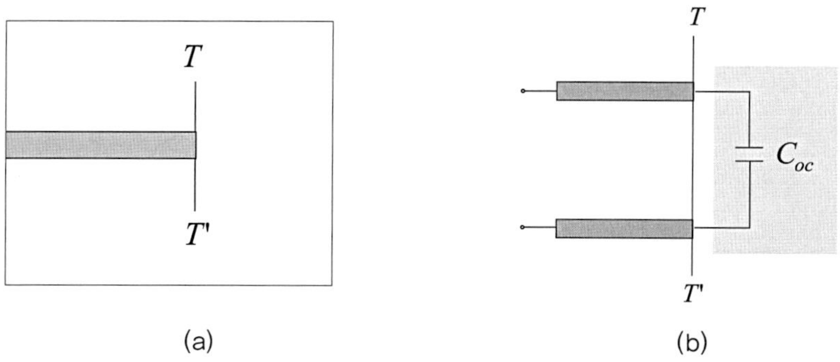

[그림 3-27] 마이크로스트립 개방단: (a) 평면도 구조, (b) 등가회로

(3-78)식에서 C는 마이크로스트립선로의 단위길이당 커패시턴스를 나타내며, C_{oc}는 개방된 것으로 나타난 등가 커패시턴스를 나타낸다.

예제 3-15 ADS를 이용 10 mil 두께의 알루미나 기판에 대하여(ADS 상에 *10 mil substrate* 구조로 나타난다), 주파수 10 GHz에서 개방단 커패시턴스를 고려한 개방된 stub와 고려하지 않은 stub를 비교하시오. 그리고 개방단 커패시턴스로 인해 등가적으로 늘어난 길이를 구하시오.

해 그림 3E-26과 같이 결선한다. 여기서 *MLEF*는 마이크로스트립 개방단 효과를 고려한 것이고, 반면 *MLOC* 의 경우 마이크로스트립 개방단의 효과를 고려치 않은 것이다. 앞서서 언급한 바와 마찬가지로 V_{open1}, V_{open2}는 곧바로 임피던스가 되며, 이것을 반사계수로 바꾸기 위해서 Display 창에서

$$s_{1,2} = \frac{(V_{open1,2} - 50)}{(V_{open1,2} + 50)}$$

의 *equation* 을 삽입하였다. 또한 주목할 것은 선로의 임피던스를 50 ohm으로 하기 위하여 폭을 *LINECALC* 를 사용하여 계산하였다. 마이크로스트립 개방단의 효과로 길이가 길어지기 때문에 이것을 알아보기 위하여 *MLOC* 의 길이를 가변하며 시뮬레이션 하였다.

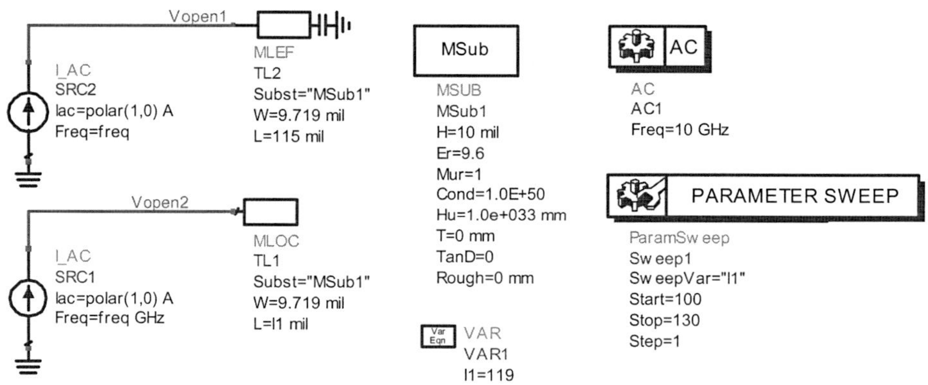

[그림 3E-26] 마이크로스트립 개방단 평가

다음에 이 결과의 그림은 그림 3E-27에 나타내었다. 반사계수는

$$\Gamma = \Gamma_L e^{-2j\theta}$$

가 되는데 개방된 반사계수의 경우 $\Gamma_L = 1\angle 0^o$이므로 1을 기준으로 시계방향으로 증가하게 된다. 이 두 개의 반사계수를 비교할 경우 *MLOC* 의 경우 길이가 약 3 mil 더 길어야 같은 효과를 줄 수 있음을 알 수 있다. 따라서 이 예제를 통해 개방단 커패시턴스는 주파수 10GHz에서 약 3mil 길이의 개방된 전송선에 해당하는 것을 알 수 있다.

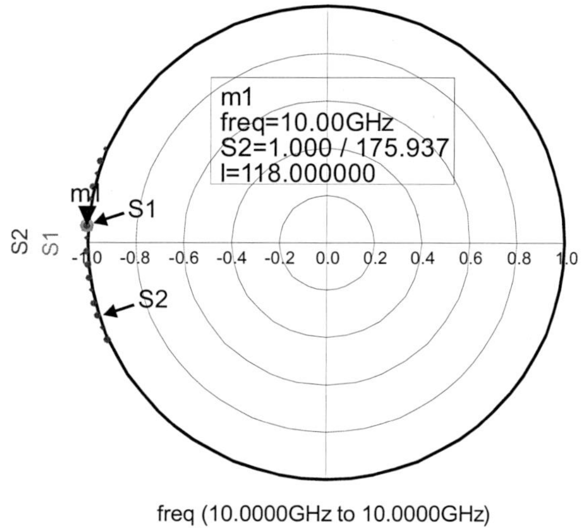

[그림 3E-27] 마이크로스트립 개방단의 반사계수

3.6.2 Step 및 Coner

그림 3-28에는 마이크로스트립 step 및 coner의 평면도를 보였으며, (c)는 이것의 등가회로를 보였다. Step 및 coner의 경우 전류의 불연속으로 인해 여기에 에너지가 저장되어 인덕터로 나타나며, 이것은 연결된 양쪽 전송선에 모두 나타나게 된다. 이러한 인덕터의 경우 작은 것이어서 보통 전송선의 길이 변화를 가져오며 이것은 개방단(open end)과 마찬가지로 단위길이당 인덕턴스를 L이라고 할 때 발생한 인덕턴스로 인해 전송선의 길이가 아래와 같이 추가된 것으로 보인다.

$$l_1 = \frac{L_1}{L}, \qquad l_2 = \frac{L_2}{L} \tag{3-79}$$

따라서 이것을 그림 3-28(c)에는 전송선의 길이 변화 l_1, l_2로 나타내었으며, 또한 불연속 면적에 의한 커패시턴스도 발생하여 그림 3-28(c)의 등가회로와 같이 불연속으로 인한 커패시턴스 C_B가 나타나게 된다.

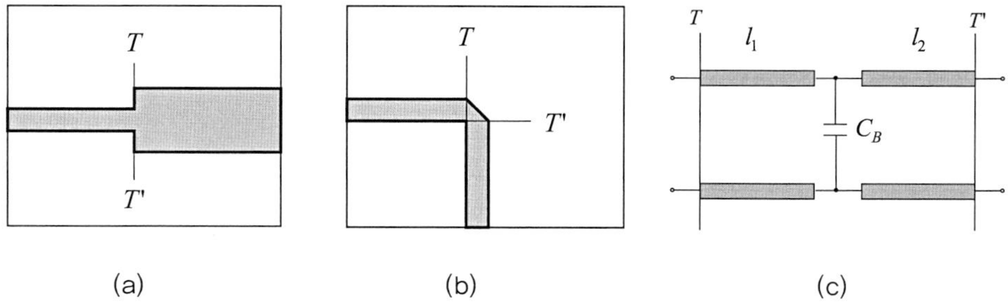

[그림 3-28] (a) Step, (b) coner 및 (c) 등가회로

3.6.3 T-junction 및 Cross junction

그림 3-29, 3-30과 같이 마이크로스트립선로 3개 혹은 4개가 연결될 때 공통영역이 발생하게 되는데, 근사적으로는 이것을 한 점에 연결된 것처럼, 회로적으로는 해석한다. 그러나 이들의 효과는 일반적으로 작지 않으며 step 및 coner와 비슷하게 그림과 같이 전송선의 길이변화와 불연속 커패시턴스로 모델한다. 주목할 것은 근사적으로 한 점에 연결이 될 경우 이것들의 전계(E-field)는 공통으로 보기 때문에 병렬로 연결된 것으로 보며, 평판형 선로 중 슬롯 선로나 CPW의 경우는 이러한 연결에서 전계가 공통이 되지 않기 때문에 등가회로의 해석에 주의를 요하고, 자세한 것은 참고문헌[3]을 참조하기 바란다.

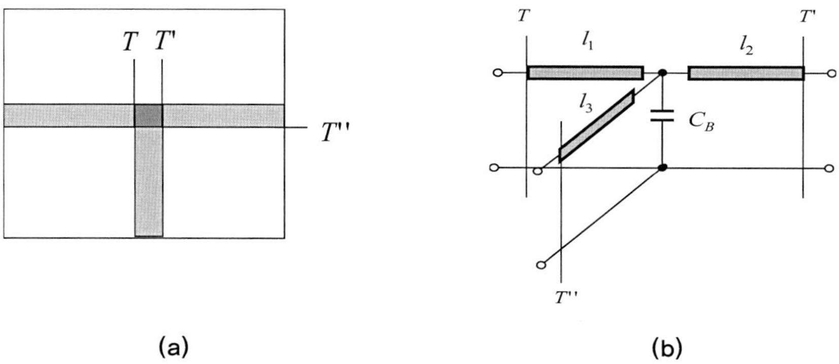

[그림 3-29] (a) T-junction 및 (b) 등가회로

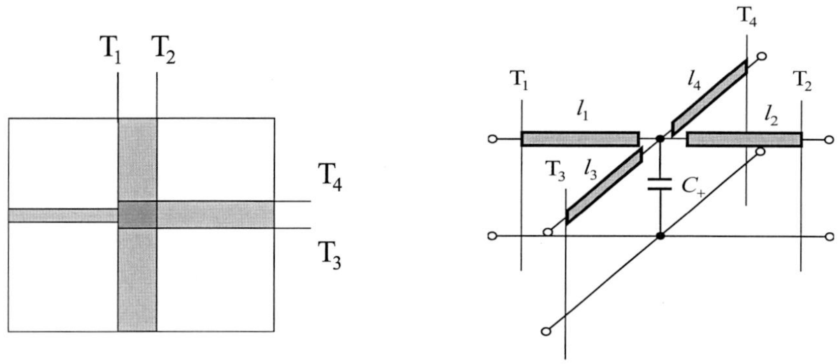

(a) (b)

[그림 3-30] (a) Cross junction 및 (b) 등가회로

참고문헌

[1] R. G. Brown, R. A. Sharpe, W. L. Hughes, and R. E. Post, *Lines, Wavs, and Antennas,* John Wiley and Sons Inc., 2nd edition, 1973.

[2] J. C. Freeman, *Fundamentals of Microwave Transmission Lines,* John Wiley and Sons Inc., 1996.

[3] K. C. Gupta, R. Garg, I. Bahl, and P. Bhartia, *Microstrip Lines and Slot Lines,* Artech House 2nd edition, 1995.

연습문제

3-1 $\omega t - \beta z = C$인 관계를 유지한다는 것은 어떤 의미인가. 그리고 이 상수를 정현파의 첨두(peak) 점으로 잡았을 때 이것의 이동속도가 v_p 임을 증명하시오.

3-2 전송선에서 특수 경우로 θ가 작을 경우 다음 그림과 같이 등가회로와 같음을 보이시오.

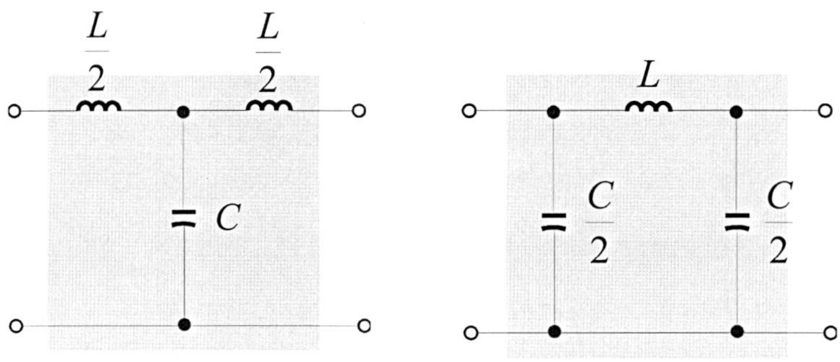

(a) (b)

[그림 P3-1] 전송선 길이가 작을 경우 등가회로: (a) Tee, (b) Pi 형 등가회로

3-3 아래와 같은 반사계수의 정의에서 Z_L의 실수부가 +일 때, $|\Gamma_L| < 1$이 됨을 증명하시오.

$$\Gamma_L = \frac{V^-}{V^+} = \frac{Z_L - Z_o}{Z_L + Z_o}$$

3-4 ADS를 사용하여 Coner-discontinuity 등가회로를 추출하시오.

3-5 아래 그림과 같은 집중소자 2-포트를 전송선으로 고려할 때 이것의 등가 특성 임피던스를 구하시오.

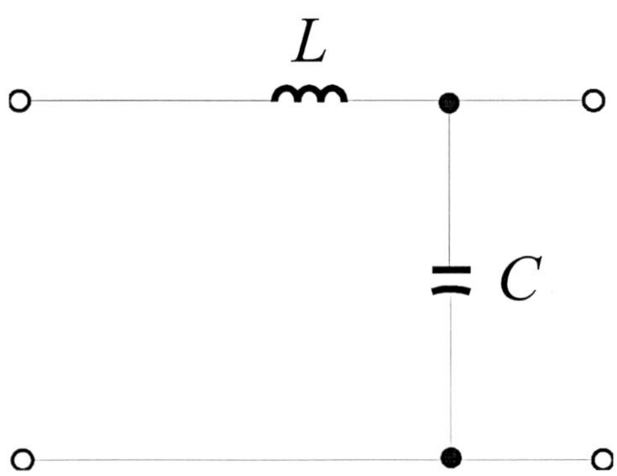

[그림 P3-2] L 및 C로 구성된 회로

3-6 (1) 주파수가 1 GHz에서 전기각이 90 deg라면 3 GHz에서의 전기각은?

(2) 또한 이것의 위상속도가 광속일 때 이것의 길이는?

(3) 이때 이것의 전파상수(propagation constant)는?

3-7 $Z_o = 50$인 단락된 전송선이 1 GHz에서 1/4파장의 길이일 때 이것을 1 GHz 근처에서는 병렬 공진회로로 고려할 수 있다. 이때 병렬 공진회로의 커패시턴스는?

제 4 장

S-파라미터와 잡음 파라미터

4.1 S-파라미터(S-parameter)
4.2 잡음 파라미터(Noise Parameter)
4.3 파일 형식(File format)

4.1 S-파라미터(S-parameter)

일반적인 2-포트 회로를 나타내는 방법으로는 각 포트 상의 전류와 전압의 관계를 측정한 후, 이를 2-포트 파라미터로 나타내는 방법이 있다. 그림 4-1에는 이와 같이 포트의 전류 전압으로 정의되는 Y-파라미터, Z-파라미터를 보였다. 이러한 Y- 및 Z-파라미터의 정의는

$$z_{ij} = \left. \frac{V_i}{I_j} \right|_{\text{port}\, i \text{ open}} \tag{4-1}$$

$$y_{ij} = \left. \frac{I_i}{V_j} \right|_{\text{port}\, i \text{ short}} \tag{4-2}$$

과 같이 정의된다. 그러나 이러한 포트 전류와 전압의 측정에는 포트에서 단락 또는 개방을 필요로 하는데, 고주파에서 측정하는 DUT(Device Under Test)를 포트에서 개방, 단락의 상황을 만들어 내는 작업은 측정하고자 하는 DUT를 변형시켜야 하는 불편함을 동반하며, 측정하고자 하는 곳 즉 기준선(reference plane)에서 직접 전류와 전압을 측정하기는 일반적으로 어렵다. 또한 이러한 작업은 예민한 능동소자(active device)의 경우 발진을 동반하기도 하여 측정의 어려움을 가져오게 된다.

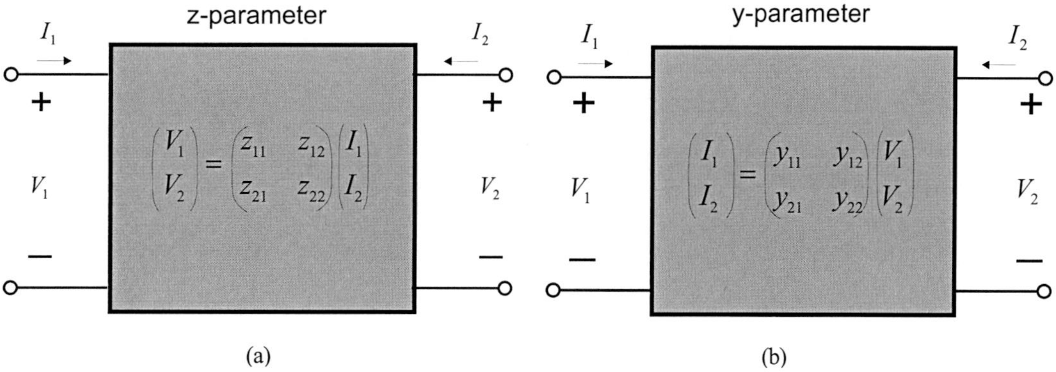

[그림 4-1] (a) Z-파라미터 및 (b) Y-파라미터

반면 S-파라미터는 일반적으로 전류와 전압의 관계에서 정의되는 다른 파라미터들과는 달리, 입사된 전압과 반사된 전압의 비로 정의된다. 이러한 입사전압과 반사전압은 DUT를 변형시키지 않고도 방향성 결합기(directional coupler)를 이용하여 용이하게 측정할 수 있어, S-파라미터는 측정의 편의를 제공하며, 또한 이러한 S-파라미터를 이용하여 다른 파라미터 값들로 변환이 가능하기 때문에 S-파라미터가 널리 사용된다. 이러한 S-파라미터 측정에 보편적으로 회로망분석기가 사용되며, 그림 4-2에는 이러한 회로망분석기를 보였다.

이것의 구성은 그림 4-2에서 알 수 있듯이 방향성 결합기 및 RF 측정부품으로 구성된 S-parameter test set, 그리고 측정된 S-파라미터 결과를 표시하고 test set을 제어하는 main frame으로 구성되어 있다.

본 장에서는 입사 및 반사전압을 이용 전압으로 정의된 S-파라미터와, 여기에 규격화(normalization)라는 추가적인 개념을 도입하여 정의한 S-파라미터(통상적인 S-파라미터)의 개념을 알아보고, 이의 변환, 기준선변환 문제 등에 대해서 알아보도록 하겠다.

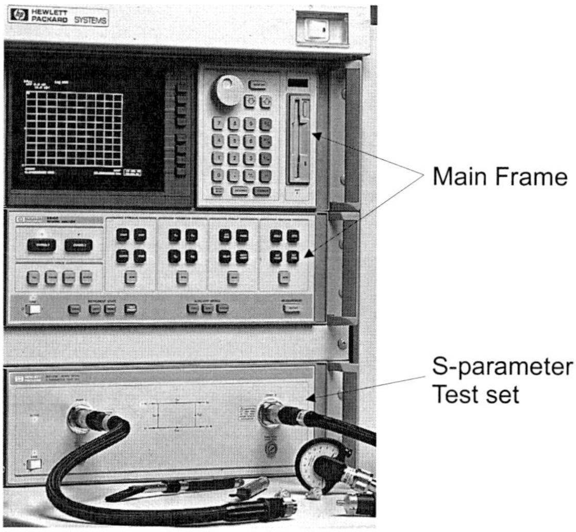

[그림 4-2] 회로망분석기(Agilent사)

4.1.1 전압 S-파라미터 정의

그림 4-3에는 S-파라미터의 정의를 보이기 위해 2-포트 회로에서 S-파라미터

의 측정을 보이고 있다.

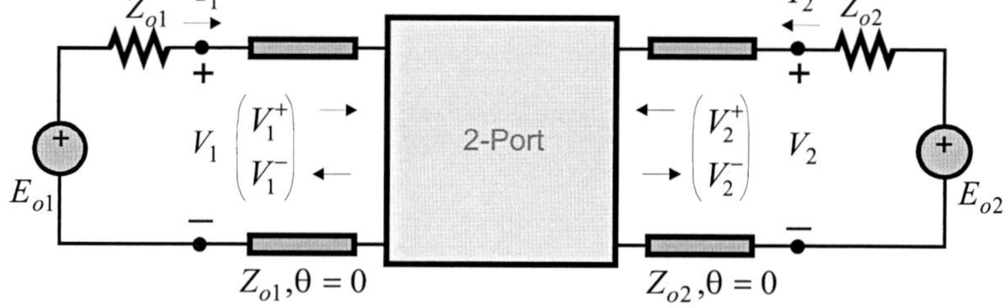

[그림 4-3] 2-포트 회로망

그림 4-3에는 입사전압과 반사전압을 구분하기 위해서, 길이가 0이고 이들의 특성 임피던스가 각각 입출력 전원 임피던스 Z_{o1}, Z_{o2}와 같은 가상의 전송선이 삽입되어 있다. 주목할 것은 이 특성 임피던스는 포트 1 및 포트 2의 전원 내부저항과 값이 같도록 설정되어 있다. 여기서 포트 1 및 2에서 입사전압, 반사전압을 각각 V_1^+, V_1^-, V_2^+, V_2^-이고 포트 1 및 2의 포트 전압 및 전류를 V_1, V_2, I_1, I_2라고 할 때, 이들의 관계는

$$V_1 = V_1^+ + V_1^- \tag{4-3}$$

$$I_1 = I_1^+ - I_1^- = \frac{1}{Z_{o1}}(V_1^+ - V_1^-) \tag{4-4}$$

$$V_2 = V_2^+ + V_2^- \tag{4-5}$$

$$I_2 = I_2^+ - I_2^- = \frac{1}{Z_{o2}}(V_2^+ - V_2^-) \tag{4-6}$$

이 된다. 따라서 (4-3)식에서 (4-6)식을 통해 입사 및 반사전압 V_1^+, V_1^- 및 V_2^+, V_2^-로 모든 포트 전압과 전류를 표시할 수 있음을 알 수 있다. 그러므로 전류와 전압 대신 이들 중 독립변수로 V_1^+, V_2^+로 하고 종속변수로 V_1^-, V_2^-로 나타내는 2-포트 파라미터도 2-포트를 나타내는 데 사용할 수 있을 것이다. 이것을 행렬식으로 나타내 보면

$$\begin{pmatrix} V_1^- \\ \\ V_2^- \end{pmatrix} = \begin{pmatrix} S_{11}^V & S_{12}^V \\ \\ S_{21}^V & S_{22}^V \end{pmatrix} \begin{pmatrix} V_1^+ \\ \\ V_2^+ \end{pmatrix} \tag{4-7}$$

이 된다. 이와 같은 S_{ij}^V를 전압으로 정의된 S-파라미터라고 한다.

또한 (4-3) 및 (4-5)식에서

$$E_{o1} - Z_{o1}I_1 = V_1 = V_1^+ + V_1^- \tag{4-8}$$

$$E_{o2} - Z_{o2}I_2 = V_2 = V_2^+ + V_2^- \tag{4-9}$$

가 되는데 여기에 (4-4)식과 (4-6)식을 대입하면

$$E_{o1} - Z_{o1} \cdot \frac{1}{Z_{o1}}\left(V_1^+ - V_1^-\right) = V_1^+ + V_1^- \tag{4-10}$$

$$E_{o2} - Z_{o2} \cdot \frac{1}{Z_{o2}}\left(V_2^+ - V_2^-\right) = V_2^+ + V_2^- \tag{4-11}$$

이므로 위 식에서 입사전압 V_1^+ 및 V_2^+는 각각

$$V_1^+ = \frac{E_{o1}}{2}, \quad V_2^+ = \frac{E_{o2}}{2} \tag{4-12}$$

임을 알 수 있다. 따라서 입사전압을 측정하기 위해서는 전원 내부저항과 같은 값을 갖는 부하를 연결하고 여기에 걸리는 전압을 측정하면 될 것이다. 즉 포트로 입력되는 입사전압은 부하의 정합상태와는 무관한 값을 가지며, 전원의 유무로 결정되게 된다. 따라서 그림 4-3과 같은 포트 측정에 있어서 입사전압은 전원의 유무에 따라 존재하게 되며 포트와는 무관함을 알 수 있다.

이와 같이 전원 E_{o1}, E_{o2}가 동시에 존재하는 상황은, 입력 전원만 존재할 경우와 출력 전원만 존재할 경우의 중첩(superposition)으로 볼 수 있다. 따라서 이를 따로 고려한 뒤 해를 얻고 중첩하여 나타내면 될 것이다. $E_{o2} = 0$인 경우 (4-12)식으로부터 $V_2^+ = 0$이 되고 포트 2로 반사된 전압 V_2^-는

$$V_2^- \Big|_{E_{o2}=0} = V_2 - V_2^+ = V_2 - 0 = V_2 \tag{4-13}$$

또한 포트 1으로 반사된 전압은 V_1^-는

$$V_1^-\Big|_{E_{o2}=0} = V_1 - V_1^+ = V_1 - \frac{E_{o1}}{2} \tag{4-14}$$

가 된다. 같은 방법으로 $E_{o1}=0$인 상황에서의 반사전압을 구해보면

$$V_2^-\Big|_{E_{o1}=0} = V_2 - \frac{E_2}{2} \tag{4-15}$$

$$V_1^-\Big|_{E_{o1}=0} = V_1 - V_1^+ = V_1 - 0 = V_1 \tag{4-16}$$

가 된다. 이렇게 구해진 값들을 정리하고, 전압으로 정의된 S-파라미터를 정리해 보면 포트 전압으로 아래와 같이 표시됨을 알 수 있다.

$$S_{11}^V = \frac{V_1^-}{V_1^+}\Bigg|_{V_2^+=0} = \frac{V_1 - \frac{E_{o1}}{2}}{\frac{E_{o1}}{2}} \tag{4-17a}$$

$$S_{21}^V = \frac{V_2^-}{V_1^+}\Bigg|_{V_2^+=0} = \frac{V_2}{\frac{E_{o1}}{2}} \tag{4-17b}$$

$$S_{22}^V = \frac{V_2^-}{V_2^+}\Bigg|_{V_1^+=0} = \frac{V_2 - \frac{E_{o2}}{2}}{\frac{E_{o2}}{2}} \tag{4-17c}$$

$$S_{12}^V = \frac{V_1^-}{V_2^+}\Bigg|_{V_1^+=0} = \frac{V_1}{\frac{E_{o2}}{2}} \tag{4-17d}$$

여기서 S_{11}^V, S_{22}^V은 반사계수를 나타내는데, 이것을 보기 위하여 포트 1에 입력전압 E_{o1}이 인가되고 포트 2에는 Z_{o2}가 연결되었을 때, 포트 1에서 들여다 본 임피던스를 Z_{in}이라고 하면, 포트 1에 걸린 전압은

$$V_1 = \frac{Z_{in}}{Z_{o1} + Z_{in}} E_{o1} \tag{4-18}$$

이 될 것이다. 따라서 이것을 (4-17a)식에 대입하고 정리하면

$$S_{11}^V = \frac{\dfrac{Z_{in}}{Z_{o1}+Z_{in}}E_{o1} - \dfrac{E_{o1}}{2}}{\dfrac{E_{o1}}{2}} = \frac{Z_{in}-Z_{o1}}{Z_{in}+Z_{o1}} \tag{4-19}$$

이 됨을 알 수 있다. 따라서 S_{11}^V는 포트 2에 Z_{o2}가 연결되었을 때 포트 1에서 들여다본 반사계수임을 알 수 있다. 또한 S_{22}^V는 포트 1에 Z_{o1}이 연결되었을 때 포트 2에서 들여다본 반사계수임을 알 수 있다.

예제 4-1 측정기준 임피던스(Reference impedance)를 포트 1, 2 모두 Z_o로 두고, 다음 2-포트들의 전압으로 정의된 S- 파라미터를 구하시오.

해 (1) 직렬 임피던스

포트 2에 Z_o를 연결하고 들여다 본 임피던스는 $Z_s + Z_o$이므로, 이의 반사계수는

$$S_{11} = \frac{Z_s + Z_o - Z_o}{Z_o + Z_o + Z_s} = \frac{Z_s}{2Z_o + Z_s}$$

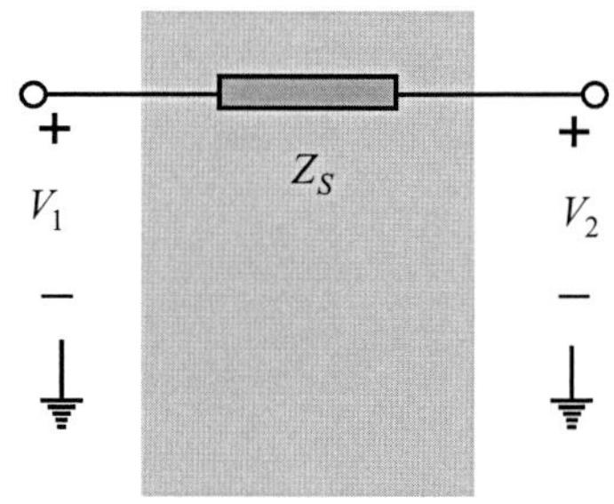

이고, 또한 좌우대칭이므로

$$S_{11} = S_{22}$$

이다. 그리고 Z_o가 연결된 포트 2에서의 전압은

$$V_2 = \frac{(Z_s + Z_o)E_{o1}}{Z_o + Z_o + Z_s}$$

이므로

$$S_{21} = \frac{\dfrac{Z_o}{2Z_o + Z_s}E_o}{\dfrac{E_o}{2}} = \frac{2Z_o}{2Z_o + Z_s} = S_{12}$$

(2) 병렬 임피던스

마찬가지로 반사계수를 계산하면

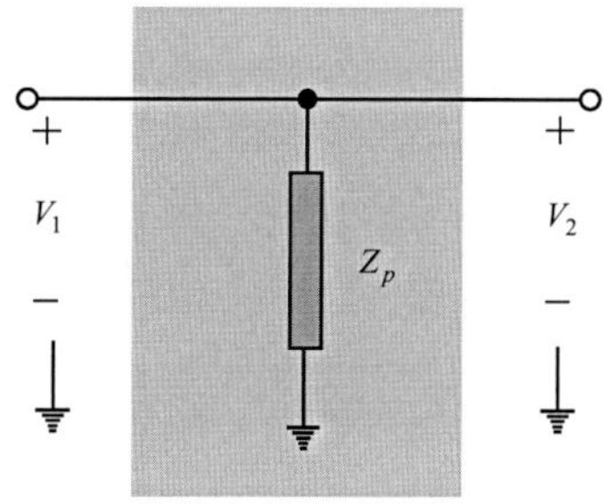

$$S_{11} = \frac{Z_p \| Z_o - Z_o}{Z_o + Z_o \| Z_p} = S_{22}$$

그리고 포트 2에 걸린 전압으로부터

$$S_{21} = \frac{\dfrac{Z_p \| Z_o}{Z_o + Z_o \| Z_p} E_o}{\dfrac{E_o}{2}} = \frac{2(Z_p \| Z_o)}{Z_o + Z_o \| Z_p} = S_{12}$$

(3) 전송선

그림에서 반사계수는

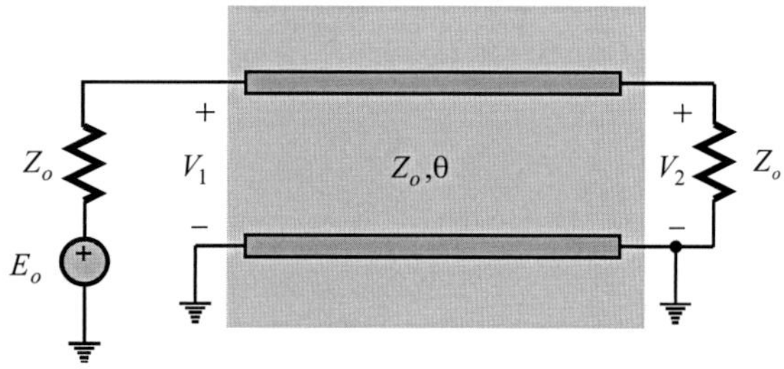

$$S_{11} = \frac{Z_o - Z_o}{Z_o + Z_o} = 0 = S_{22}$$

또한 포트 1에 나타나는 전압은

$$V_1 = \frac{E_o}{2}$$

이므로, 이것이 전기각 θ만큼 위상지연된 전압이 포트 2에 나타나므로,

$$S_{21} = \frac{\dfrac{E_o}{2} e^{-j\theta}}{\dfrac{E_o}{2}} = e^{-j\theta} = S_{12}$$

이 된다.

예제 4-2 예제 4-1에서 전송선의 S-파라미터를 ADS의 AC 시뮬레이션을 통해 계산 검증해보시오.

해 그림 4E-1과 같은 회로를 구성한다.

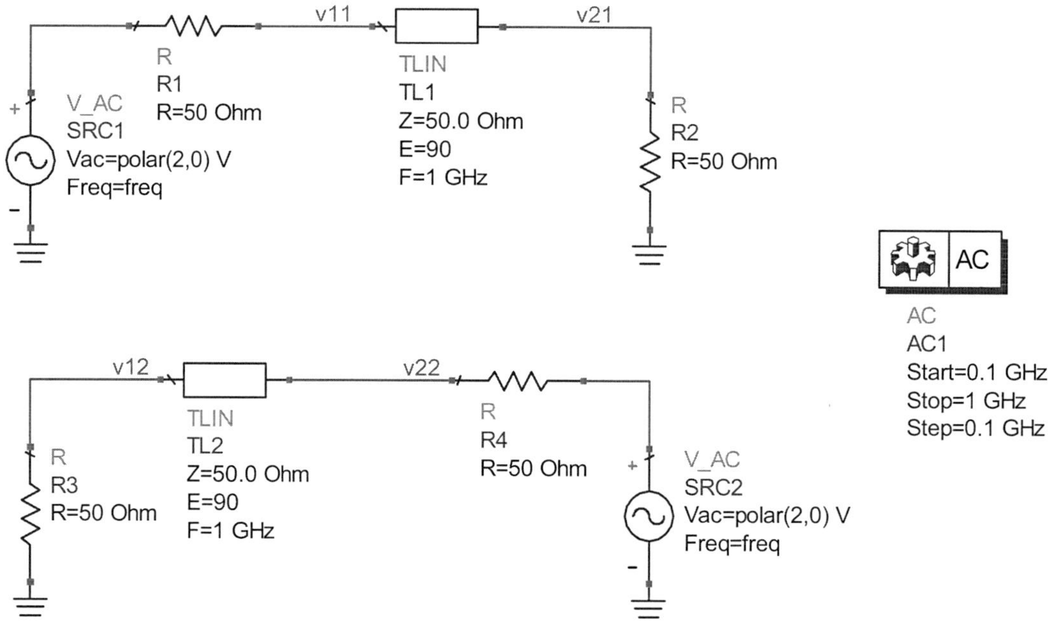

[그림 4E-1] 전송선 S-파라미터를 검증하기 위한 회로

이 때 측정된 전압을 이용한 S-파라미터는, $S_{11} = v11-1$, $S_{21} = v21$, $S_{12} = v12$, $S_{22} = v22-1$이 될 것이다. 따라서 *Display* 창에 그림 4E-2의 *Equation*을 삽입하고

```
Eqn n11=v11-1    Eqn n12=v12
Eqn n21=v21      Eqn n22=v22-1
```

[그림 4E-2] *Display* 창에 작성된 식

*n*11, *n*22를 스미스차트에, *n*21을 polar chart에 도시하면, 그 결과는 그림 4E-3과 같다. 이 때 앞서서 구한 바와 같이 $S_{11} = S_{22} = 0$인 것을 알 수 있고, S_{21}은 주파수에 따라 시계방향으로 회전하는 것을 알 수 있다. 주파수 1 GHz에서 90°의 전기각을 주기 때문에, 주파수 1 GHz에 전기각은 90°가 되는 것을 알 수 있다.

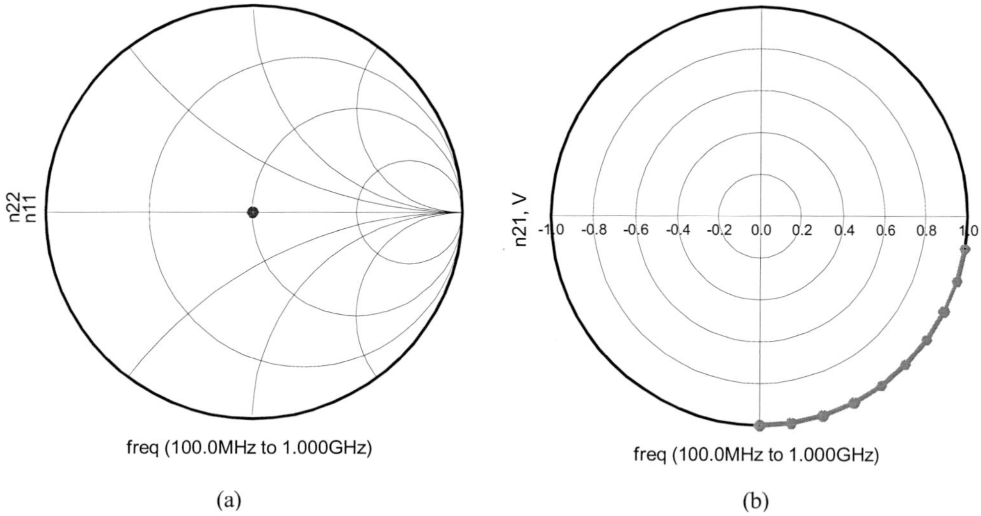

[그림 4E-3] 스미스 차트와 polar 차트에 도시된 (a) $n11$, $n22$ 그리고(b) $n21$

4.1.2 S-파라미터 정의 및 속성

앞서와 같이 전압에 대하여 S-파라미터를 정의할 수 있지만, 유사하게 입사 및 반사전류에 대해서도 전류로 정의된 S-파라미터를 얻을 수 있게 된다. 이러한 상황 때문에 일반적으로 S-파라미터는 위의 입사전압이나 반사전압보다는, 제곱을 할 경우 곧 전력이 되도록 아래와 같이 규격화된 입사전압과 반사전압으로 정의된다. 즉,

$$\begin{pmatrix} a_1 \\ a_2 \end{pmatrix} = \begin{pmatrix} \dfrac{V_1^+}{\sqrt{2Z_{o1}}} \\ \dfrac{V_2^+}{\sqrt{2Z_{o2}}} \end{pmatrix}, \qquad \begin{pmatrix} b_1 \\ b_2 \end{pmatrix} = \begin{pmatrix} \dfrac{V_1^-}{\sqrt{2Z_{o1}}} \\ \dfrac{V_2^-}{\sqrt{2Z_{o2}}} \end{pmatrix} \tag{4-20}$$

이다.

여기서 $\sqrt{2}$로 나눈 것은 페이저를 RMS(Root Mean Square value) 값으로 변환하기 위한 것이고, 페이저 V_i^+, V_i^-를 애초에 RMS 페이저로 정의한 경우는 $\sqrt{2}$는 필요 없게 된다. 이와 같은 규격화된 전압 a, b에 대해서 규격화된 S-파라미터 또는 S-파라미터는

$$\begin{pmatrix} b_1 \\ b_2 \end{pmatrix} = \begin{pmatrix} S_{11} & S_{12} \\ S_{21} & S_{22} \end{pmatrix} \begin{pmatrix} a_1 \\ a_2 \end{pmatrix} \tag{4-21}$$

로 정의된다. 이것의 앞서 유도한 전압으로 정의된 S-파라미터에 대한 관계는

$$S_{11} = \left.\frac{b_1}{a_1}\right|_{a_2=0} = \left.\frac{V_1^-}{V_1^+}\right|_{V_2^+=0} = S_{11}^V \tag{4-22a}$$

$$S_{21} = \left.\frac{b_2}{a_1}\right|_{a_2=0} = \left.\sqrt{\frac{Z_{o1}}{Z_{o2}}}\frac{V_2^-}{V_1^+}\right|_{V_2^+=0} = \sqrt{\frac{Z_{o1}}{Z_{o2}}}S_{21}^V \tag{4-22b}$$

$$S_{22} = \left.\frac{b_2}{a_2}\right|_{a_1=0} = \left.\frac{V_2^-}{V_2^+}\right|_{V_1^+=0} = S_{22}^V \tag{4-22c}$$

$$S_{12} = \left.\frac{b_1}{a_2}\right|_{a_1=0} = \left.\sqrt{\frac{Z_{o2}}{Z_{o1}}}\frac{V_1^-}{V_2^+}\right|_{V_1^+=0} = \sqrt{\frac{Z_{o2}}{Z_{o1}}}S_{12}^V \tag{4-22d}$$

로 되는 것을 알 수 있다. 따라서 전압으로 정의된 S-파라미터에 사용된 측정기준 임피던스(reference impedance)가 입출력 모두 동일할 경우, 전압으로 정의된 S-파라미터는 S-파라미터와 같음을 알 수 있다. 여기서는 실수의 측정기준 임피던스 또는 실수 내부 전원저항에 대하여 S-파라미터의 정의를 얻었는데, 일반적인 복소수 측정기준 임피던스에서도 S-파라미터는 정의되며, 이것은 다른 참고문헌[2]을 참조하기 바란다.

앞서 정의된 규격화된 입사 및 반사전압 a, b의 의미를 보면, 우선 $|a_1|^2$의 경우

$$|a_1|^2 = \left|\frac{V_1^+}{\sqrt{2Z_{o1}}}\right|^2 = \frac{|E_{o1}|^2}{8Z_{o1}} \tag{4-23}$$

이 되는데 이것은 포트 1 전원이 내부 전원저항 Z_{o1}과 같은 저항으로 연결되었을 때 Z_{o1}에 전달되는 전력을 나타낸다. 이것은 뒤에서 설명되겠지만 전원으로부터 끌어낼 수 있는 최대전력이 되게 된다. 이것을 보통 가용최대전력(available power)이라고 부르며, $|a_1|^2$ 및 $|a_2|^2$은 포트 1 및 포트 2로부터 끌어낼 수 있는 가용최대

전력임을 알 수 있다. 또한 $|b_2|^2$의 경우

$$|b_2|^2 = \frac{|V_2|^2}{2Z_{o2}} \tag{4-24}$$

이 되므로 포트 1에 전원을 인가하였을 경우 포트 2에 전달된 전력(delivered power)임을 알 수 있다. 또한 포트 1에 전달된 전력은

$$\begin{aligned} \frac{1}{2}\mathrm{Re}(V_1^* I_1) &= \frac{1}{2}\mathrm{Re}\left(\sqrt{2Z_{o1}}(a_1+b_1)^* \sqrt{2}\frac{(a_1-b_1)}{\sqrt{Z_{o1}}}\right) \\ &= |a_1|^2 - |b_1|^2 \end{aligned} \tag{4-25}$$

이 됨을 알 수 있다. 즉 입사전력은 $|a_1|^2$이고 반사전력은 $|b_1|^2$인데, 입력전력은 입사전력에서 반사전력을 빼면 그것이 바로 입력전력이 되는 것을 나타내고 있다.

4.1.3 포트 및 S-파라미터 시뮬레이션

*S-parameter simulation*은 기본적으로 *AC simulation*의 일종으로서 지정된 회로망에 대하여 S-파라미터를 구해주는 것이다. 이와 같이 시뮬레이션 하기 위해서는 그림 4-4와 같이 외부전원이 접속되는 부분을 지정해야 되는데 이것이 포트가 된다.

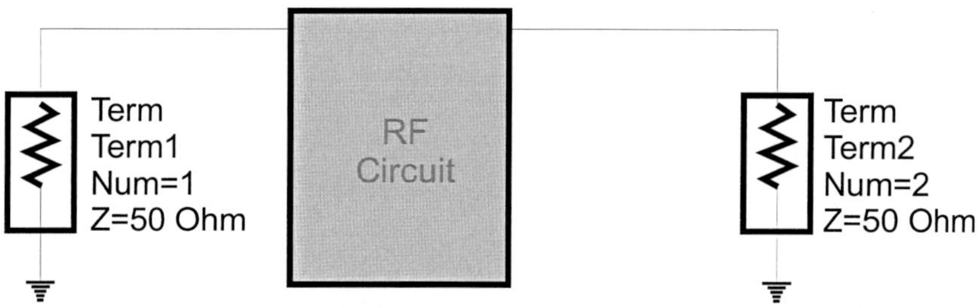

[그림 4-4] 포트가 연결된 회로

이러한 포트가 지정될 경우 해석은, 예를 들어 포트 1이 활성화(active) 될 경우 포트 1은 그림 4-5와 같이 전원과 내부저항이 연결된 상태가 되며, 나머지 포트들

은 비 활성화되어 단순한 저항이 되게 된다. 이때 모든 포트에 나타나는 전압을 계산할 경우 예제 4-2의 설명과 같이 S-파라미터는 계산되게 되며, 이것이 계산 결과로 저장되게 된다. 따라서 포트 수가 n개인 경우 순서적으로 포트 번호에 따라 활성화시키고 모든 포트에 나타나는 전압을 n회 반복하여 *AC simulation* 할 경우 *S-parameter simulation*을 수행한 것이 될 것이다.

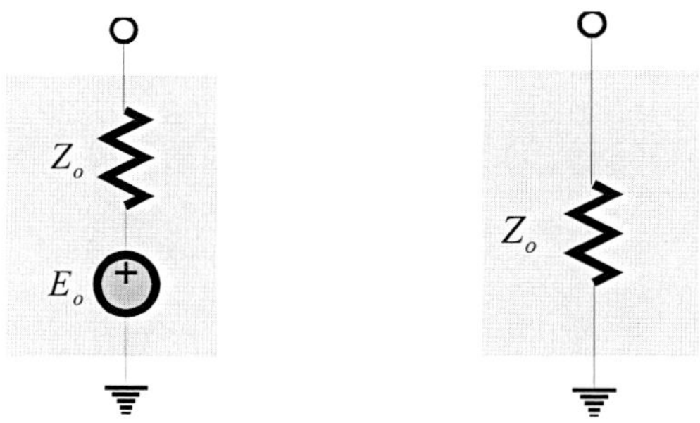

(a) (b)

[그림 4-5] 선형해석을 위한 포트의 (a) 활성화, (b) 비활성화에 따른 등가회로

그림 4-4의 선형회로해석을 위한 포트에서 지정되어야 하는 것이 우선 *Num*이고 이는 이것의 포트 번호이며, 두 번째로는 이것의 내부저항을 지정해야 할 것이다. 내부저항은 *Z*에 입력되는 파라미터로 지정되는데 이것은 복소수 임피던스를 가지는 것도 가능하다. 또한 비선형회로해석을 할 경우에도 포트는 종종 활용되는데, 이 경우는 이것의 신호 크기가 문제시된다. 그림 4-6에는 대신호 포트를 보였으며, 포트 번호나 전원의 내부저항을 지정하는 것은 선형 포트와 같다. 그러나 신호크기를 지정하는 데는 전력으로 지정하며, 여기서 *P*는 전원저항과 복소공액의 부하를 달았을 때 출력되는 전력을 나타낸다.

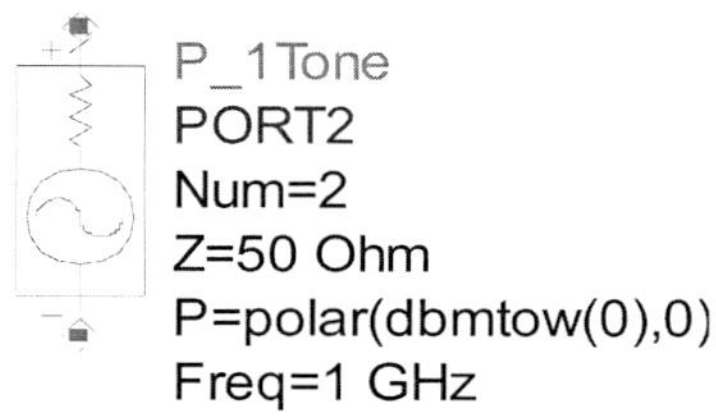

[그림 4-6] 대신호 포트

예제 4.3 ADS상에서 *S-파라미터* 시뮬레이션을 이용하여 전송선의 결과를 검증하시오.

해 그림과 같이 설정하고 S-파라미터 시뮬레이션을 수행하면

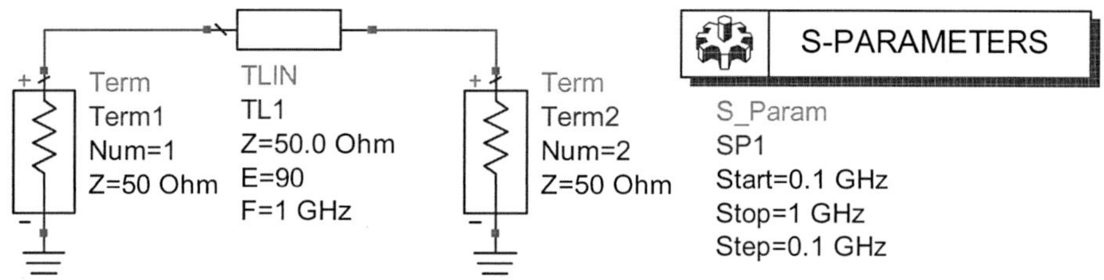

[그림 4E-4] S-파라미터 시뮬레이션 회로

S-파라미터 결과가 얻어지는데, 이것을 앞서 결과와 동시에 도시하여서 비교하면 그림 4E-5와 같다. 이를 통해 이것은 예제 4-2와 동일한 결과를 준다는 것을 알 수 있다. 주목할 것은 이 때 S-파라미터 시뮬레이션 결과는 규격화된 S-파라미터를 나타낸다. *n*11, *n*22 및 *n*21은 예제 4-2에서 계산된 결과이며, _4_4.*S*(1,1) 및 _4_4.*S*(2,1)은 S-파라미터 시뮬레이션결과이다.

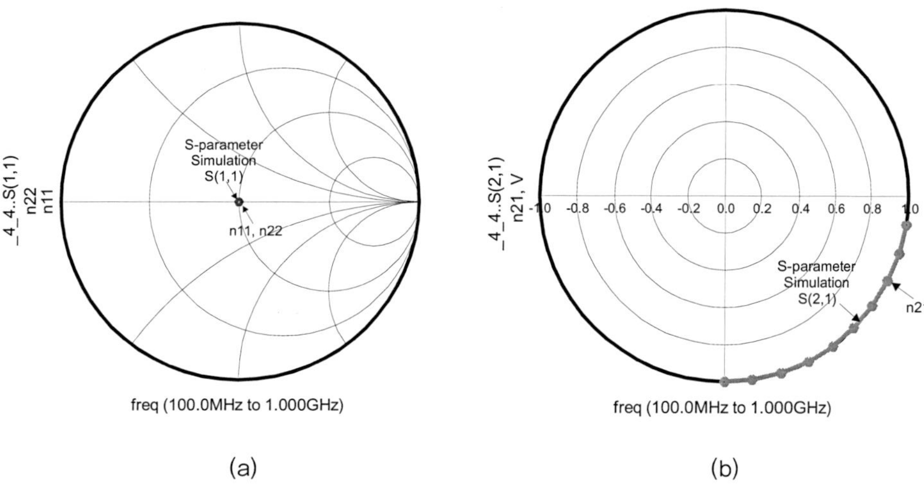

[그림 4E-5] 구해진 S-파라미터와 예제 4-2 계산결과 비교 (a) S_{11} (b)S_{21}.

4.1.4 S-파라미터의 변환

입사전압 및 반사전압으로 정의되는 S-파라미터는 측정에 있어서는 편리함을 주지만, 특별한 소자 이외에는 회로적 속성을 추측하는 것이 어렵다. 반면 포트 전압 및 전류로 정의되는 Y 및 Z-파라미터의 경우 직접 측정은 어렵지만, 회로이론에서부터 전개되어, 미지의 2-포트 회로의 속성을 추측하는 데 용이함을 제공한다. 본 장에서는 S-파라미터를 기타 포트 전압 및 전류로 정의된 여러 가지 파라미터들로 변환하는 방법을 알아보고, S/W에서 이것의 처리방법을 알아보도록 한다. 또한 S-파라미터의 경우 측정에 있어서 전송선을 동반하기 때문에 전 장에서와는 다르게, 0이 아닌 전송선의 길이가 포트 양쪽에 존재할 경우 S-파라미터의 변화를 알아보며, 측정 시 이러한 전송선 길이의 존재 효과를 어떻게 제거할 수 있는지 알아보도록 한다.

입사 및 반사전압은 포트 전압및 전류와 다음의 관계에 있게 된다.

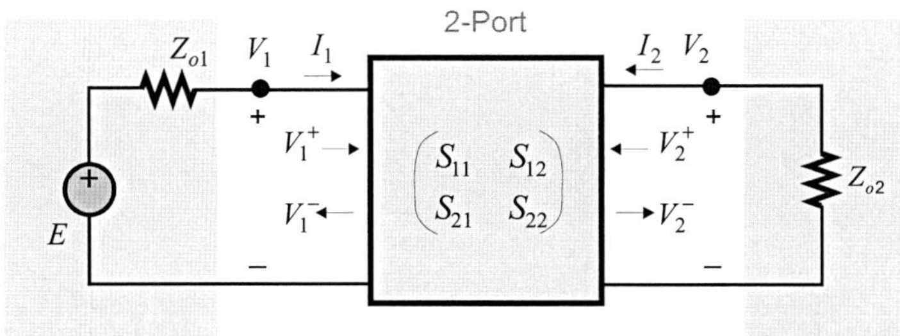

[그림 4-7] 포트 전압 및 전류와 입사, 반사전압과의 관계

$$V_1 = V_1^+ + V_1^- \tag{4-26a}$$

$$I_1 = I_1^+ - I_1^- = \frac{1}{Z_{o1}}(V_1^+ - V_1^-) \tag{4-26b}$$

$$V_2 = V_2^+ + V_2^- \tag{4-26c}$$

$$I_2 = I_2^+ - I_2^- = \frac{1}{Z_{o2}}(V_2^+ - V_2^-) \tag{4-26d}$$

따라서 위 식을 이용하여 입사 및 반사전압을 포트 전류 및 전압으로 표시하면

$$\begin{pmatrix} a_1 \\ a_2 \end{pmatrix} = \begin{pmatrix} \dfrac{V_1^+}{\sqrt{2Z_{o1}}} \\ \dfrac{V_2^+}{\sqrt{2Z_{o2}}} \end{pmatrix} = \begin{pmatrix} \dfrac{V_1 + Z_{o1}I_1}{2\sqrt{2Z_{o1}}} \\ \dfrac{V_2 + Z_{o2}I_2}{2\sqrt{2Z_{o2}}} \end{pmatrix} \tag{4-27}$$

$$\begin{pmatrix} b_1 \\ b_2 \end{pmatrix} = \begin{pmatrix} \dfrac{V_1^-}{\sqrt{2Z_{o1}}} \\ \dfrac{V_2^-}{\sqrt{2Z_{o2}}} \end{pmatrix} = \begin{pmatrix} \dfrac{V_1 - Z_{o1}I_1}{2\sqrt{2Z_{o1}}} \\ \dfrac{V_2 - Z_{o2}I_2}{2\sqrt{2Z_{o2}}} \end{pmatrix} \tag{4-28}$$

와 같이 얻을 수 있다. 여기서 측정기준 임피던스가 $Z_{o1} = Z_{o2} = Z_o$일 경우,

$$\begin{pmatrix} a_1 \\ a_2 \end{pmatrix} = \frac{1}{\sqrt{2Z_o}} \begin{pmatrix} V_1^+ \\ V_2^+ \end{pmatrix} = \frac{1}{\sqrt{2Z_o}} \begin{pmatrix} V_1 \\ V_2 \end{pmatrix} + \sqrt{\frac{Z_o}{2}} \begin{pmatrix} I_1 \\ I_2 \end{pmatrix} \tag{4-29a}$$

$$\begin{pmatrix} b_1 \\ b_2 \end{pmatrix} = \frac{1}{\sqrt{2Z_o}} \begin{pmatrix} V_1^- \\ V_2^- \end{pmatrix} = \frac{1}{\sqrt{2Z_o}} \begin{pmatrix} V_1 \\ V_2 \end{pmatrix} - \sqrt{\frac{Z_o}{2}} \begin{pmatrix} I_1 \\ I_2 \end{pmatrix} \tag{4-29b}$$

로 표시할 수 있으며, 이것을 벡터로 표시하고, 또한 Z-파라미터의 관계에서 $\mathbf{V} = \mathbf{ZI}$를 위의 식에 대입하면

$$\mathrm{a} = \frac{1}{\sqrt{2Z_o}}\mathrm{V} + \sqrt{\frac{Z_o}{2}}\,\mathrm{I} = \frac{1}{\sqrt{2Z_o}}(\mathrm{Z} + Z_o\mathrm{U})\mathrm{I} \tag{4-30a}$$

$$\mathrm{b} = \frac{1}{\sqrt{2Z_o}}\mathrm{V} - \sqrt{\frac{Z_o}{2}}\,\mathrm{I} = \frac{1}{\sqrt{2Z_o}}(\mathrm{Z} - Z_o\mathrm{U})\mathrm{I} \tag{4-30b}$$

를 얻을 수 있고, 따라서

$$\mathrm{S} = (\mathrm{Z} - Z_o\mathrm{U})(\mathrm{Z} + Z_o\mathrm{U})^{-1} \tag{4-31}$$

의 S-파라미터와 Z-파라미터의 관계를 얻을 수 있게 된다. 또한 동일한 방법으로

$Y_o = 1/Z_o$라고 할 때 S-파라미터와 Y-파라미터의 관계를 아래와 같이 얻을 수 있다.

$$\mathrm{S} = (Y_o\mathrm{U} - \mathrm{Y})(Y_o\mathrm{U} + \mathrm{Y})^{-1} \tag{4-32}$$

반면 (4-31)식에서 Z를 S로 나타내면

$$\mathrm{Z} = Z_o\mathrm{U}(\mathrm{U} + \mathrm{S})(\mathrm{U} - \mathrm{S})^{-1} \tag{4-33}$$

를 얻을 수 있다. 또한 (4-32)식에서 Y를 S로 나타내면

$$\mathrm{Y} = Y_o\mathrm{U}(\mathrm{U} - \mathrm{S})(\mathrm{U} + \mathrm{S})^{-1} \tag{4-34}$$

를 얻게 된다. 이 계산결과를 표 4-1에 나타내었다. 다른 파라미터로서는 ABCD-파라미터, H-파라미터 등 여러 가지가 있으나 이 경우 (4-30)식으로 정의되는 포트 전압과 전류, 입사 및 반사전압과의 관계를 이용할 경우 모두 변환 가능하다.

[표 4-1] S-파라미터로 변환된 Z-파라미터 및 Y-파라미터

Z-parameter	Y-parameter
$z_{11} = Z_o\frac{(1+S_{11})(1-S_{22})+S_{21}S_{12}}{(1-S_{11})(1-S_{22})-S_{12}S_{21}}$	$y_{11} = Y_o\frac{(1-S_{11})(1+S_{22})+S_{21}S_{12}}{(1+S_{11})(1+S_{22})-S_{12}S_{21}}$
$z_{12} = Z_o\frac{2S_{12}}{(1-S_{11})(1-S_{22})-S_{12}S_{21}}$	$y_{12} = Y_o\frac{-2S_{12}}{(1+S_{11})(1+S_{22})-S_{12}S_{21}}$
$z_{21} = Z_o\frac{2S_{21}}{(1-S_{11})(1-S_{22})-S_{12}S_{21}}$	$y_{21} = Y_o\frac{-2S_{21}}{(1+S_{11})(1+S_{22})-S_{12}S_{21}}$
$z_{22} = Z_o\frac{(1-S_{11})(1+S_{22})+S_{21}S_{12}}{(1-S_{11})(1-S_{22})-S_{12}S_{21}}$	$y_{22} = Y_o\frac{(1+S_{11})(1-S_{22})+S_{21}S_{12}}{(1+S_{11})(1+S_{22})-S_{12}S_{21}}$

예제 4-4 다음과 같이 S-파라미터를 갖는 2-포트에 아래와 같은 부하 Z_L이 연결되었을 때, 입력 임피던스 Z_{in}을 표 4-1의 결과를 이용해 구하시오.

(1) $Z_L = \infty$, (2) $Z_L = 0$, (3) $Z_L = Z_o$

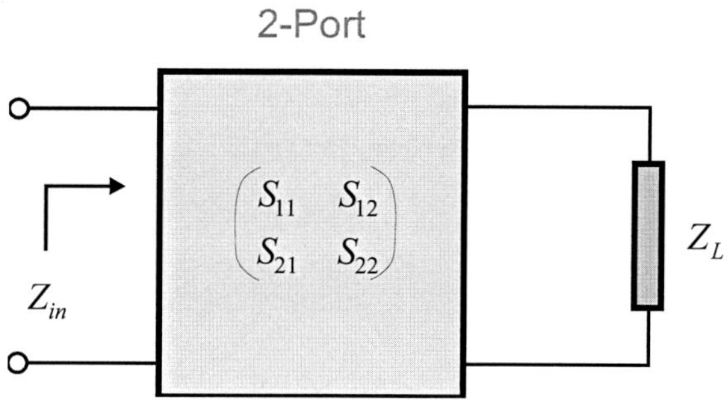

[그림 4E-6] 부하가 연결된 2-포트 회로

해

(1) $Z_L = \infty$ 의 경우 Z-파라미터의 정의에 따라 입력임피던스 $Z_{in} = z_{11}$ 이 되고, 이것을 표 4-1의 S-파라미터로 표시하면

$$Z_{in} = Z_o \frac{(1+S_{11})(1-S_{22})+S_{12}S_{21}}{(1-S_{11})(1-S_{22})-S_{12}S_{21}}$$

(2) $Z_L = 0$ 인 경우는 $Z_{in} = 1/y_{11}$ 이 되고, 이것을 표 4-1의 S-파라미터로 표시하면

$$Z_{in} = \frac{1}{y_{11}} = Z_o \frac{(1+S_{11})(1+S_{22})-S_{12}S_{21}}{(1-S_{11})(1+S_{22})+S_{12}S_{21}}$$

(3) $Z_L = Z_o$ 인 경우는 입력에서의 반사계수는 S_{11} 이므로

$$Z_{in} = Z_o \frac{1+S_{11}}{1-S_{11}}$$

이 된다.

4.1.5 기준선변환에 따른 변환

다음의 문제로는 그림 4-8과 같이 DUT의 입·출력 포트에 각각 0이 아닌 전송선의 길이가 포함된 경우, 이것의 S-파라미터에 대하여 살펴보도록 한다. 실제 S-파라미터 측정 시 항상 유한한 길이의 전송선이 삽입되게 되고, 이것의 영향은 원하는 DUT만의 S-파라미터를 얻기 위하여 제거될 필요가 있다. 이러한 전송선이 포함된 측정에서 전송선의 효과를 제거하는 것을 교정(calibration)이라 하며, 이러한 일련의 작업은 다음에 기술되는 S-파라미터의 전송선 길이 효과와 밀접한 관계

가 있게 된다.

그림 4-8에서 DUT의 입출력 연결에 삽입된 전송선의 전기각은 각각 θ_1, θ_2라 하고, S-파라미터가 규정되는 측정기준 임피던스는 전송선의 특성 임피던스와 같다고 할 때, 전원과 전송선 사이에는 여전히 반사는 없게 된다. DUT 직전의 규격화된 입력에서의 입사 및 반사전압을 a_1', b_1' 그리고 출력에서의 입사 및 반사전압을 a_2', b_2'라고 하고, 전송선을 포함한 DUT의 입출력에서의 입사 및 반사전압을 각각 a_1, b_1 및 a_2, b_2라고 하면 이들의 관계는 (4-35)식과 같다.

$$\begin{pmatrix} a_1' \\ a_2' \end{pmatrix} = \begin{pmatrix} a_1 e^{-j\theta_1} \\ a_2 e^{-j\theta_2} \end{pmatrix} \tag{4-35a}$$

$$\begin{pmatrix} b_1' \\ b_2' \end{pmatrix} = \begin{pmatrix} b_1 e^{j\theta_1} \\ b_2 e^{j\theta_2} \end{pmatrix} \tag{4-35b}$$

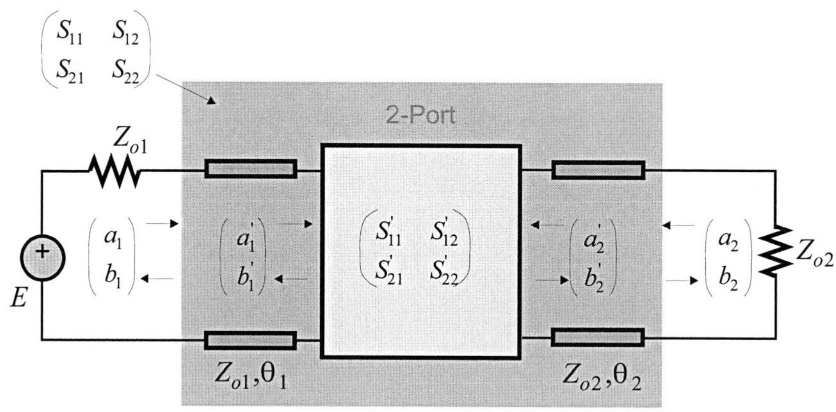

[그림 4-8] 입출력에 전송선이 삽입되어 있을 때의 S-파라미터 측정

또한 DUT 및 전송선이 포함된 DUT의 S-파라미터들을 각각

$$\begin{pmatrix} b_1' \\ b_2' \end{pmatrix} = \begin{pmatrix} S_{11}' & S_{12}' \\ S_{21}' & S_{22}' \end{pmatrix} \begin{pmatrix} a_1' \\ a_2' \end{pmatrix} \tag{4-36a}$$

$$\begin{pmatrix} b_1 \\ b_2 \end{pmatrix} = \begin{pmatrix} S_{11} & S_{12} \\ S_{21} & S_{22} \end{pmatrix} \begin{pmatrix} a_1 \\ a_2 \end{pmatrix} \tag{4-36b}$$

라고 하면 (4-35)식을 (4-36a)식에 대입하면

$$\begin{pmatrix} b_1' \\ b_2' \end{pmatrix} = \begin{pmatrix} b_1 e^{j\theta_1} \\ b_2 e^{j\theta_2} \end{pmatrix} = \begin{pmatrix} S_{11}' & S_{12}' \\ S_{21}' & S_{22}' \end{pmatrix} \begin{pmatrix} a_1 e^{-j\theta_1} \\ a_2 e^{-j\theta_2} \end{pmatrix} \tag{4-37}$$

이다. 따라서

$$\begin{pmatrix} b_1 \\ b_2 \end{pmatrix} = \begin{pmatrix} S_{11}' e^{-2j\theta_1} & S_{12}' e^{-j(\theta_1+\theta_2)} \\ S_{21}' e^{-j(\theta_1+\theta_2)} & S_{22}' e^{-2j\theta_2} \end{pmatrix} \begin{pmatrix} a_1 \\ a_2 \end{pmatrix} \tag{4-38}$$

을 얻게 되고

$$\begin{pmatrix} S_{11} & S_{12} \\ S_{21} & S_{22} \end{pmatrix} = \begin{pmatrix} S_{11}' e^{-2j\theta_1} & S_{12}' e^{-j(\theta_1+\theta_2)} \\ S_{21}' e^{-j(\theta_1+\theta_2)} & S_{22}' e^{-2j\theta_2} \end{pmatrix} \tag{4-39}$$

임을 알 수 있다. 이 결과 전송선을 포함한 DUT에서의 S_{11}의 경우 S_{11}'에서 전송선을 왕복한 위상이 나타나게 되고, S_{21}의 경우 S_{21}'에 입출력 전송선의 위상지연이 나타나게 돼서, 위와 같은 결과를 얻게 됨을 알 수 있다. 따라서 사전에 입출력 전송선의 전기각을 알 수 있다면 전송선을 포함한 측정을 통해서 DUT 자체의 S-파라미터를 알 수 있게 된다. 주목할 것은 이와 같이 전송선이 삽입된 S-파라미터의 경우 $|S_{ij}| = |S_{ij}'|$임을 알 수 있다. 즉 전송선이 삽입된 S-파라미터는 크기는 변환시키지 않고 위상만 변환하게 되므로, 크기만 측정할 경우, 이러한 속성은 유용하게 작용한다. 즉, 예를 들어 증폭기의 이득 $|S_{21}|^2$을 계측할 경우 삽입된 전송선은 손실이 없을 경우 영향을 주지 않는다는 것이다.

실제적인 경우 입출력에 더해지는 전송선의 효과를 제거하기 위해서는, 삽입된 전송선의 전기각 및 임피던스가 필요하게 된다. 이것은 앞서서 개방 및 단락 측정에 의하여 알 수 있음을 보았다. 그러나 삽입된 전송선은 앞서와 같이 이상적인 전송선이 아니어서, 이러한 경우 위와 같이 간단하게 전송선의 효과를 제거할 수 있는 것은 아니나, 비슷한 방법을 거쳐 이런 효과를 제거할 수 있다. 이를 교정(calibration)이라고 부른다. 대표적인 교정 방법으로는 동축선 교정에 사용되는 OSL(Open, Short, Load) 방법과, 마이크로스트립선로 교정에 편리한 TRL(Thru, Line, Reflect) 방법이 있다. 이는 다른 참고문헌[3]을 참조하기 바란다.

예제 4-5 다음 회로에서 입출력 측정기준 임피던스가 전송선의 임피던스 Z_o와 같을 때, S-파라미터를 계산하고, $|S_{11}|$을 그리시오

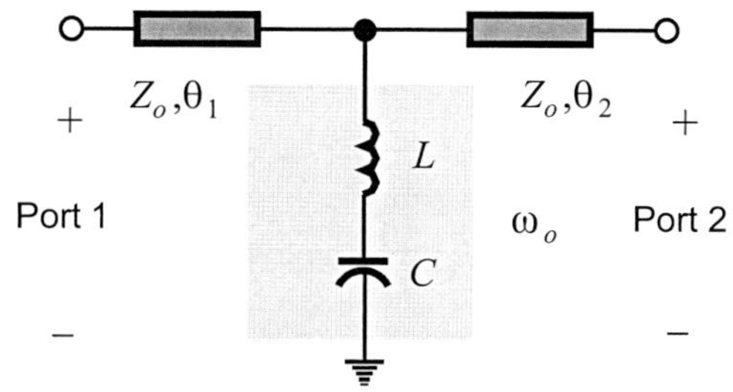

[그림 4E-7] 직렬공진회로

해 이것은 전송선을 제외한 회로의 S-파라미터를 구하고, 원하는 S-파라미터는 이 결과에서 입출력 기준선이 각각 θ_1 및 θ_2의 전기각으로 이동된 것으로 볼 수 있다. 따라서 전송선을 제외한 회로의 S-파라미터는 예제 (4-1)에서

$$S_{11} = S_{22} = \frac{Z_p \| Z_o - Z_o}{Z_o + Z_o \| Z_p}$$

$$S_{21} = S_{12} = \frac{2(Z_p \| Z_o)}{Z_o + Z_o \| Z_p}$$

$$Z_p = j\left(\omega L - \frac{1}{\omega C}\right)$$

를 얻게 된다. 여기서 Z_p를 다음과 같이 정리할 수 있다.

$$Z_p = j\left(\omega L - \frac{1}{\omega C}\right) = \frac{1}{2} j Q Z_o \left(\frac{\omega}{\omega_o} - \frac{\omega_o}{\omega}\right) = \frac{jQZ_o}{2}\delta\omega$$

여기서

$$\delta\omega = \left(\frac{\omega}{\omega_o} - \frac{\omega_o}{\omega}\right) \cong \frac{2(\omega - \omega_o)}{\omega_o}$$

$$Q = \frac{2\omega_o L}{Z_o}$$

이것을 S_{11} 및 S_{21}에 대입하고 정리하면

$$S_{11} = S_{22} = \frac{-1}{1 + jQ\delta\omega}$$

$$S_{21} = S_{12} = \frac{jQ\delta\omega}{1 + jQ\delta\omega}$$

다음에 기준선변환을 적용하면

$$S_{11} = \frac{-1}{1 + jQ\delta\omega} e^{-2j\theta_1}, \; S_{22} = \frac{-1}{1 + jQ\delta\omega} e^{-2j\theta_2}$$

$$S_{21} = S_{12} = \frac{jQ\delta\omega}{1 + jQ\delta\omega} e^{j(\theta_1 + \theta_2)}$$

이 된다. 여기서 S_{11} 및 S_{22}의 크기를 그릴 경우 두 경우 모두 동일한 결과를 주며, 기준선변환 항은 기여가 없게 된다. 이것을 그림 4E-8에 나타내었으며, S_{11} 및 S_{22}의 크기를 측정하였을 때 얻어지는 그림과 같은 3-dB 대역폭(3-dB bandwidth)으로부터 Q를 알 수 있게 된다.

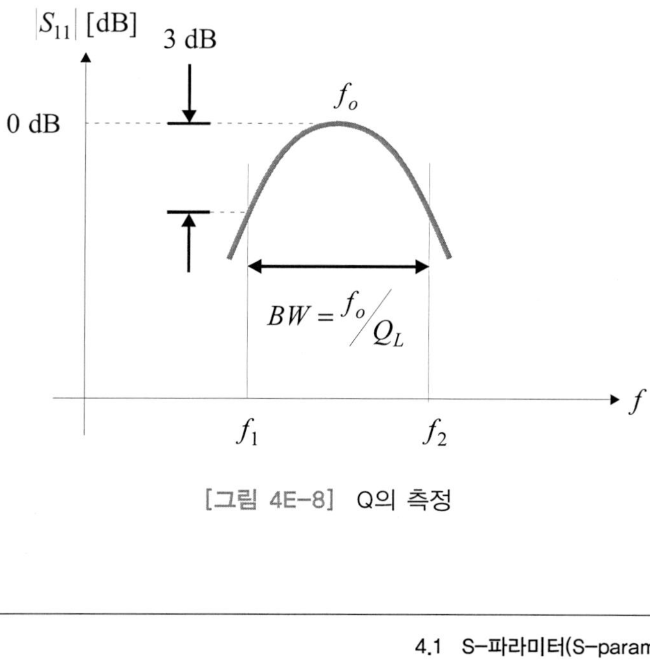

[그림 4E-8] Q의 측정

여기서 3-dB 대역폭은 $Q\delta\omega = \pm 1$이 되는 곳이므로 Q는

$$Q = \frac{f_o}{f_2 - f_1} = \frac{f_o}{BW}$$

임을 알 수 있다. 또한 이 때 계측된 Q와 공진주파수 ω_o를 이용하여, 이와 같은 회로의 L및 C를 아래 식을 이용 결정할 수 있게 된다.

$$L = \frac{QZ_o}{2\omega_o}, \quad C = \frac{1}{\omega_o^2 L}$$

따라서 벡터 측정을 하지 않고 스칼라 측정만으로 등가회로를 추출할 수 있게 된다.

4.1.6 삽입손실(Insertion Loss) 및 반사손실(Return Loss)

이 장에서는 2-포트에 있어서 삽입손실 및 반사손실에 대하여 알아보도록 한다. 앞서서 우리는 $|a|^2$은 부하를 가변시켜 얻어낼 수 있는 가용최대전력임을 알았다. 이러한 전원과 부하에 그림 4-9와 같이 S-파라미터로 표시되는 2-포트를 삽입할 경우, 부하에 전달되는 전력 P_L은 이보다 적게 되는데, 이것의 비를 삽입이득(insertion gain) 그리고 역수를 취하였을 경우를 삽입손실(insertion loss)이라고 한다. 즉, 삽입이득은

$$IG = \frac{P_L}{P_A} \tag{4-40}$$

과 같이 정의되게 된다. 이때 부하가 Z_o이고 S-파라미터는 Z_o를 측정기준 임피던스로 하여 측정된 S-파라미터라고 하면(즉, 전원의 내부저항과 부하저항에 의하여 규격화된) 부하측에서 $a_2 = 0$이므로

$$IG = \frac{P_L}{P_A} = \frac{\frac{|V_2|^2}{2Z_o}}{|a_1|^2} = \frac{|b_2|^2}{|a_1|^2} = |S_{21}|^2 \tag{4-41}$$

이다. 따라서 $|S_{21}|^2$은 내부저항 Z_o를 갖는 전원을 연결하고 부하가 Z_o일 때 삽입이득과 같음을 알 수 있다.

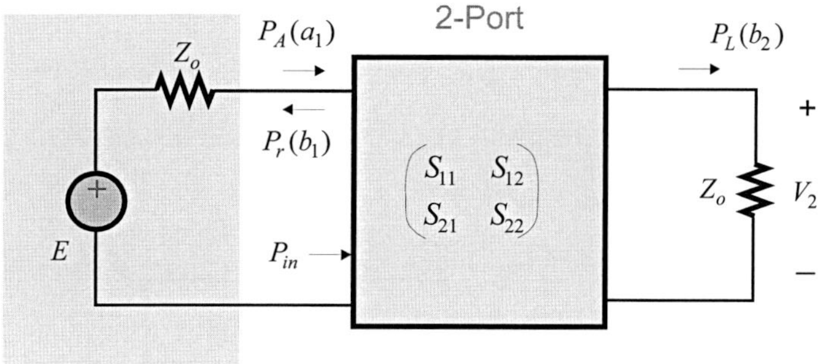

[그림 4-9] 삽입이득 및 반사손실

반면에 최대 가용전력이득이 얻어지는 그림 4-9와 같은 상황에서 반사전압, 즉 $b_1 = 0$임을 알 수 있는데, 여기에 2-포트를 삽입할 경우 최대가용전력이 포트 입력에 전달되지 못하고 일부 반사하게 된다. 즉, 포트 입력측에 최대로 전달될 수 있는 전력은 최대가용전력이므로 반사된 전력을 이 최대가용전력으로 나누어준 것을 반사이득(return gain) 이것의 역수를 반사손실(return loss)이라고 한다. 즉 반사이득은 포트 입력에 전달된 전력을 P_{in}라고 할 때

$$RG = \frac{1}{RL} = \frac{P_A - P_{in}}{P_A} \tag{4-42}$$

으로 정의된다. 이것은 역시 2-포트 S-파라미터가 전원의 내부저항과 부하저항으로 규격화된 S-파라미터라고 하면

$$P_{in} = |a_1|^2 - |b_1|^2 \tag{4-43}$$

이고

$$RG = \frac{1}{RL} = |S_{11}|^2 \tag{4-44}$$

임을 알 수 있다. 따라서 $|S_{11}|^2$은 2-포트를 삽입하여 발생하는 반사손실을 나타내며, $|S_{21}|^2$은 2-포트를 삽입하여 발생하는 삽입손실을 나타낸다. 따라서 수동소자로 구성된 2-포트에 있어서 2-포트가 손실이 없다면 최대가용전력은 일부 반사되고 일부는 부하에 전달되었으므로, 아래와 같은 관계를 만족함을 알 수 있다.

$$|S_{11}|^2 + |S_{21}|^2 = 1 \tag{4-45}$$

예제 3-12 그림 4E-9와 같은 수동소자로 구성된 무손실 회로망이 연결된 2포트회로는 임의의 주파수 f_o에서 입력측 VSWR이 2임이 측정되었다. 이 때 출력측 VSWR은? 그리고 삽입손실은?

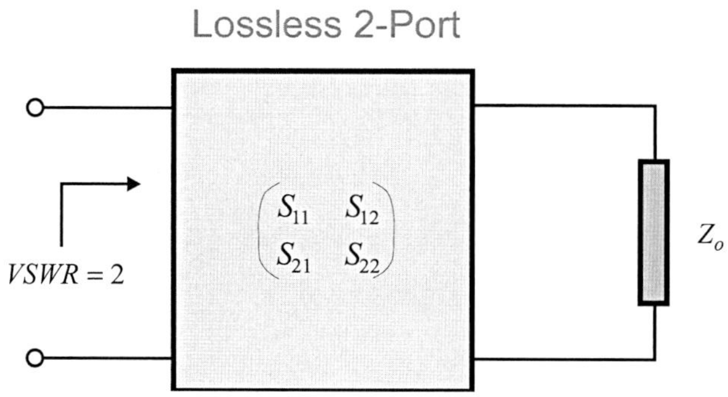

[그림 4E-9] 무손실 2-포트 회로망

해

VSWR과 반사계수의 관계로부터

$$|S_{11}| = \frac{VSWR - 1}{VSWR + 1} = \frac{1}{3}$$

또한 무손실 회로망이므로 식 (4-45)를 만족하게 된다. 따라서 삽입이득은

$$|S_{21}|^2 = 1 - |S_{11}|^2 = \frac{8}{9}$$

이것을 decibel로 표시하면 0.51 dB 임을 알 수 있다. 그리고 입력 대신에 전원을 출력에 인가할 경우 출력측에서 관계는

$$|S_{22}|^2 + |S_{12}|^2 = |S_{22}|^2 + |S_{21}|^2 = 1$$

의 관계를 만족하므로 식 (4-43)과 비교할 때

$$|S_{22}| = |S_{11}| = \frac{1}{3}$$

임을 알 수 있다.

4.1.7 입출력 반사계수

그림 4-10과 같이 2-포트 S-파라미터의 규격화된 임피던스와 다른 부하가 연결되었을 때 입력에서의 반사계수는 출력측에 부정합에 따른 a_2, b_2의 존재로 S_{11}과 다르게 된다. 즉, 입력측에서의 반사계수는 부하의 상태에 따라 달라지며, 이것은 부하조건에서 $a_2 = \Gamma_L b_2$임을 이용하면, 출력측 관계에서

$$b_2 = \frac{1}{\Gamma_L} a_2 = S_{21} a_1 + S_{22} a_2 \rightarrow \quad a_2 = \frac{\Gamma_L S_{21}}{1 - S_{22}\Gamma_L} a_1 \tag{4-46}$$

이다. 이것을 입력측 관계식에 대입하면 입력측에서 본 반사계수 Γ_{in}는 아래와 같이 얻어지게 된다.

$$\Gamma_{in} = \frac{b_1}{a_1} = \frac{S_{11} a_1 + S_{12} a_2}{a_1} = S_{11} + \frac{\Gamma_L S_{12} S_{21}}{1 - S_{22}\Gamma_L} \tag{4-47}$$

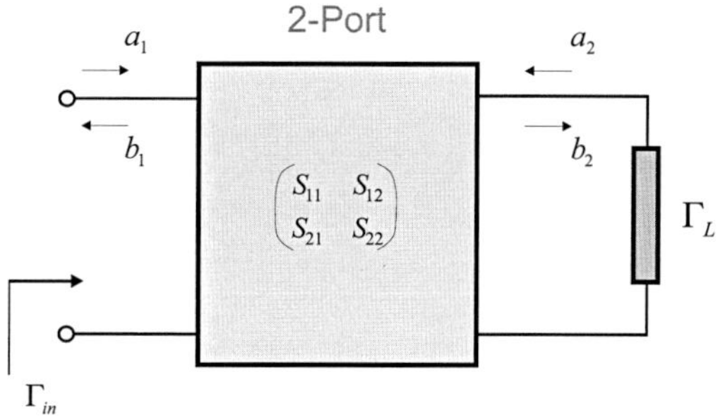

[그림 4-10] 입력에서 들여다본 반사계수

여기서 $\Gamma_L = 0$일 경우(부하가 정합되어 있는 경우) (4-47)식은 S_{11}이 됨을 알 수 있다. 이것의 다른 해석으로는 (4-47)식을 무한급수로 전개할 경우

$$\Gamma_{in} = S_{11} + \frac{\Gamma_L S_{12} S_{21}}{1 - S_{22}\Gamma_L} \tag{4-48}$$

$$= S_{11} + \Gamma_L S_{12} S_{21} \left(1 + (S_{22}\Gamma_L) + (S_{22}\Gamma_L)^2 + \cdots\right)$$

로 쓸 수 있는데, 이것은 그림 4-11과 같이 S_{11}은 입력에서 직접 반사된 것을 나타내며 $\Gamma_L S_{12} S_{21}$은 투과된 후 Γ_L에 의하여 반사된 것이 입력으로 투과된 것을 나

타내며, 셋째 항은 이것이 다시 출력에서 반사된 후 부하에 의하여 반사되고 출력된 것 등으로 해석할 수 있어, 출력에서의 다중반사를 의미하는 것이다.

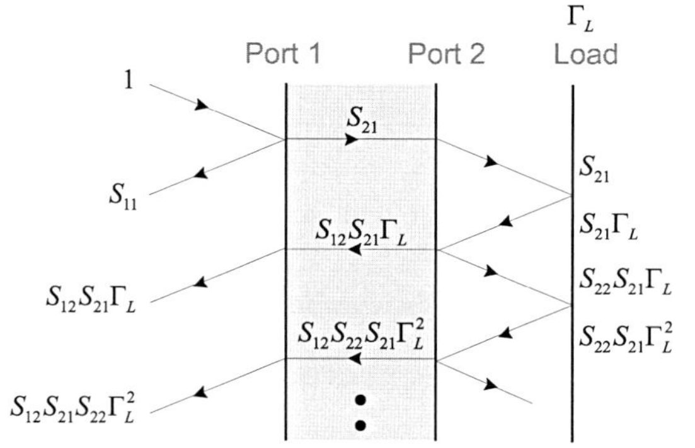

[그림 4-11] 다중반사에 의한 입력반사계수 해석

또한 입력에 부정합된 전원임피던스가 연결되어 있고 이 상태에서 부하에서 들여다본 반사계수는 동일한 과정을 거쳐

$$\Gamma_{out} = \frac{b_2}{a_2} = S_{22} + \frac{\Gamma_s S_{12} S_{21}}{1 - S_{11}\Gamma_s} \qquad (4-49)$$

임을 알 수 있다.

4.2 잡음 파라미터(Noise Parameter)

4.2.1 2-포트 내부 잡음의 표현

일반적인 2-포트의 내부에는 잡음원이 있어서, 이것은 수신된 신호와 더불어 출력에 나타나게 되며, 이와 같은 출력에 나타나는 잡음으로 인해, 수신된 미약한 신호의 경우 잡음에 묻혀서, 신호를 수신하기 어렵게 만든다. 이러한 잡음의 표현 방법으로는 2-포트 내부의 물리적 특성을 이해하고 내부의 잡음원을 등가회로로 처리하는 방법과, 내부의 잡음 모델링보다는 2-포트 외부에 내부의 잡음원이 기여하는 방법을 보고, 이것을 2-포트 파라미터와 유사한 방법으로 외부 회로 파라미터로 표현하는 방법이다. 본 장에서는 이러한 내부 잡음원을 파라미터로 표현하

는 방법과 이것의 측정방법에 대하여 알아보고자 한다. 이러한 방법으로 우선 이 내부의 잡음원을 전원으로 고려하고, 이것이 외부에 미치는 영향을 나타내는 방법을 알아보고자 한다.

내부에 전원이 있는 2-포트에 대하여, 그림 4-12(a)와 같이 입력 및 출력에 전원 V_1, V_2를 인가하면, 이때 포트에 흐르는 전류를 I_1, I_2라고 했을 때, 이 전류 I_1, I_2에는 2-포트 내부 전원에 의한 것과 외부전원 V_1, V_2에 의한 것의 중첩이 될 것이다. 즉

$$\begin{pmatrix} I_1 \\ I_2 \end{pmatrix} = \begin{pmatrix} y_{11} & y_{12} \\ y_{21} & y_{22} \end{pmatrix} \begin{pmatrix} V_1 \\ V_2 \end{pmatrix} + \begin{pmatrix} i_{n1} \\ i_{n2} \end{pmatrix} \tag{4-50}$$

이다. 여기서 i_{n1}, i_{n2}는 내부전원에 의해 나타나는 포트 전류를 나타내며 소문자로도 나타냈지만, 여기서는 페이저를 나타냄을 주목할 필요가 있다. 따라서 총 전류는 외부전원과 내부전원의 영향에 대한 중첩이므로, 외부전원을 제거하면(즉 단락시키면), 이때 흐르는 전류(포트 쪽으로 흘러들어가는 방향)는 내부전원에 의한 것이 된다. 따라서 포트 입장에서 보면, 이 전류를 외부에 달아주고 내부의 전원을 모두 제거하여도 포트 밖에서는 동일한 효과를 주게 될 것이다. 따라서 내부에 전원이 있는 2-포트는 그림 4-12(b)와 같이 외부에 전류원을 달고, 내부에 전원이 없는 2-포트로도 고려할 수 있고, 이것은 포트 밖의 전류와 전압을 설명하는 데는 동일한 효과를 주게 된다.

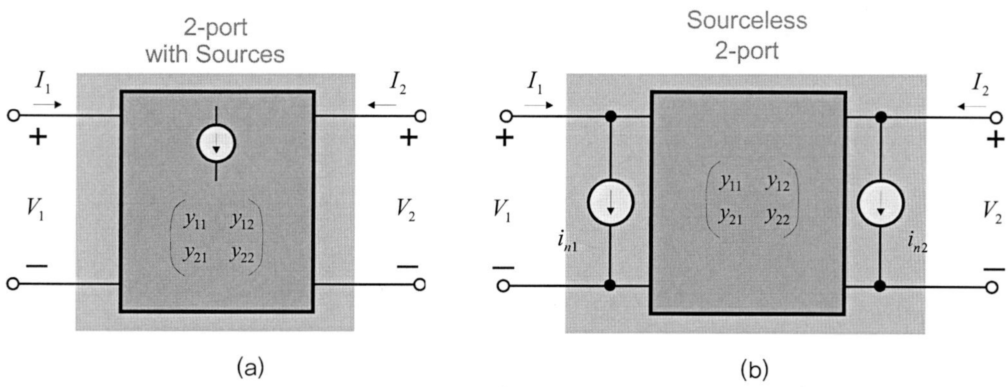

[그림 4-12] 2-포트 내부전원의 처리
(a) 내부전원이 있는 2-포트 회로, (b) 외부로 내부의 전원을 추출한 회로

또한 이때 주목할 것은 입력측 i_{n1}과 출력측 i_{n2}에는 내부의 동일전원의 기여로 나타날 수 있음을 주목해야 할 것이다. 즉, 내부 어떤 전원의 경우 동시에 입력측 i_{n1}과 출력측 i_{n2}에 기여를 주기도 한다.

이와 같이 내부의 전원을 포트 밖으로 추출하는 방법은 2-포트 파라미터 표현에 따라 여러 가지가 있게 된다. 그 중 입력측으로 모든 전원을 추출한 그림 4-13과 같은 ABCD-파라미터 표현방법이 잡음계산에는 유리하다. 이때 이와 같은 내부전원의 표시는 외부적으로 동일한 효과를 주어야하기 때문에 Y-파라미터로 주어지는 전원과 ABCD-파라미터로 주어지는 전원들 사이에는 다음과 같은 관계로 나타낼 수 있게 된다.

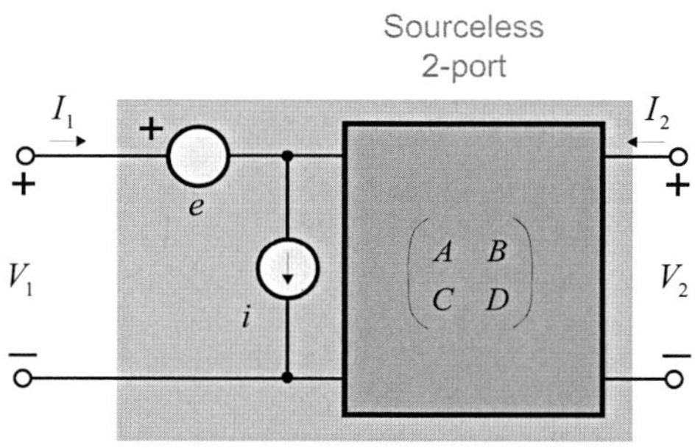

[그림 4-13] [ABCD] 파라미터를 이용한 내부전원 표시방법

즉, 입력 및 출력을 단락시켰을 경우 포트 1 및 포트 2로 흐르는 전류는 i_{n1} 및 i_{n2}가 되므로

$$i_{n1} = i - y_{11}e \tag{4-51a}$$

$$i_{n2} = - y_{21}e \tag{4-51b}$$

로 나타나게 된다.

4.2.2 잡음신호의 표현

4.2.2.1 기본개념

잡음전원의 전압을 시간 축에 대하여 측정할 경우 파형은 그림 4-14와 같이 랜덤(random)한 파형이 관측될 것이다. 이것을 다시 재 측정할 경우 이 파형은 먼저

관측된 것과 다른 파형이 나타나게 된다. 따라서 이와 같이 한번 측정으로써 얻어지는 시간에 대한 파형을 표본함수(sample function), 그리고 이러한 모든 표본함수의 집합을 앙상블(ensemble)이라고 한다.

여기서 1차 측정된 파형에 대하여 측정시간 t_1에서 전압을 $v(t_1)$이라고 할 때, 다시 t_1에서 반복하여 재측정 할 경우 전압 값은 다른 값이 될 것이다. 따라서 이러한 과정을 반복할 경우 이때의 전압 값은 확률분포를 이루게 되는데, 이것은 확률밀도함수 $f(v)$(pdf ; probability density function)로 묘사된다. 이때 측정시간 t_1에서 관측되는 평균전압과 총전력은 아래와 같이 확률밀도함수를 통해 나타낼 수 있다.

$$\overline{v(t_1)} = E(v(t_1)) = \int_{-\infty}^{\infty} v(t_1) f(v) dv \tag{4-52}$$

$$\overline{v^2(t_1)} = E(v^2(t_1)) = \int_{-\infty}^{\infty} v^2(t_1) f(v) dv \tag{4-53}$$

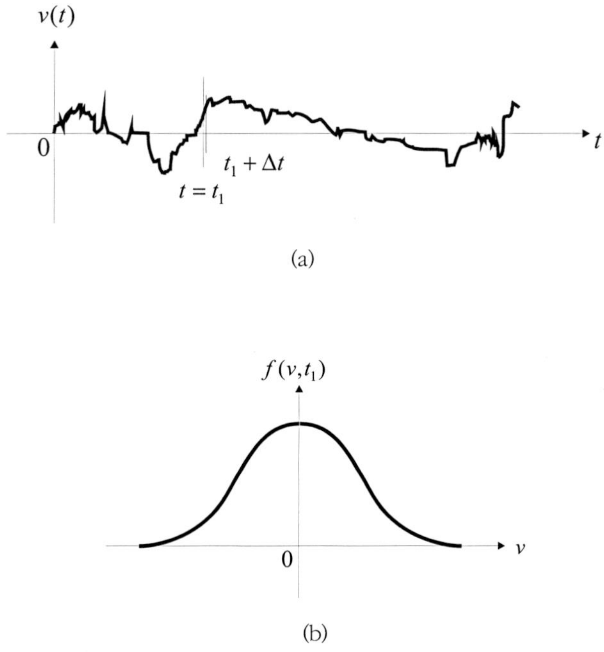

[그림 4-14] 잡음신호의 (a) 시간에 따른 변화, (b) 확률 분포

여기서 이 평균전압 값 및 평균 총전력은 반복시행에 따른 통계적 평균(statistical average) 혹은 앙상블 평균(ensemble average)임을 주목해야 할 것이다. 일반적으로 대부분의 이러한 잡음원은 확률밀도함수가 평균이 0이고 표준편차가 v_s인 아래 (4–54)식과 같은 Gauss 분포를 이루게 된다.

$$f(v_n) = \frac{e^{\frac{-v_n^2}{2v_s^2}}}{v_s\sqrt{2\pi}} \tag{4-54}$$

이것은 측정시간을 t_1이 아닌 다른 시간 t_2을 선택하여 측정한다 하더라도 일반적으로 동일한 결과를 얻게 될 것이다. 모든 잡음원이 이러한 것은 아니기 때문에 이와 같이 측정시간에 관계없이 평균과 표준편차가 같고, 두 점 시간 t_1및 t_2에서 측정하였을 때, 이들 두 전압의 확률분포가 $t_2 - t_1$에만 의존할 경우 이 같은 경우를 정상과정(stationary process)이라고 한다. 우리가 접하고 있는 잡음원을 고려한다면 대부분 이와 같은 정상과정임을 알 수 있다.

그림 4–15에는 여러 가지 잡음 형태를 보였다. 그림 4–15(a)는 임의의 시간에서 평균전압과 총전력이 시간에 따라 변하지 않는 정상과정인 잡음이며, 그림 4–15(b)는 시간축에 따라 평균전압 값이 변하는 경우를 나타내었고, 그림 4–15(c)는 시간축에 따라 평균전압은 일정하지만 총전력이 변하는 잡음을 보였다. 여기서 (b)와 (c)는 시간에 따라 평균전압 또는 총전력이 변하게 되므로 비정상과정(non-stationary process)임을 알 수 있다.

또한 정상과정의 경우 t_1에서 어떠한 전압 값이 관측되었을 때, 이것이 t_2에서 어떤 전압이 관측될 확률과 독립이라면, 그림 4–15(a)와 같은 파형의 측정결과에서 시간축을 따라 측정하여 임의의 전압 v가 관측될 확률을 본다면, 이것은 확률적으로 반복시행에 따른 t_1에서 전압 v가 관측될 확률과 같게 될 것이다. 즉,

$$f(v)\Delta v = \lim_{T\to\infty}\frac{1}{T}\sum(\Delta t)_v \tag{4-55}$$

이다.

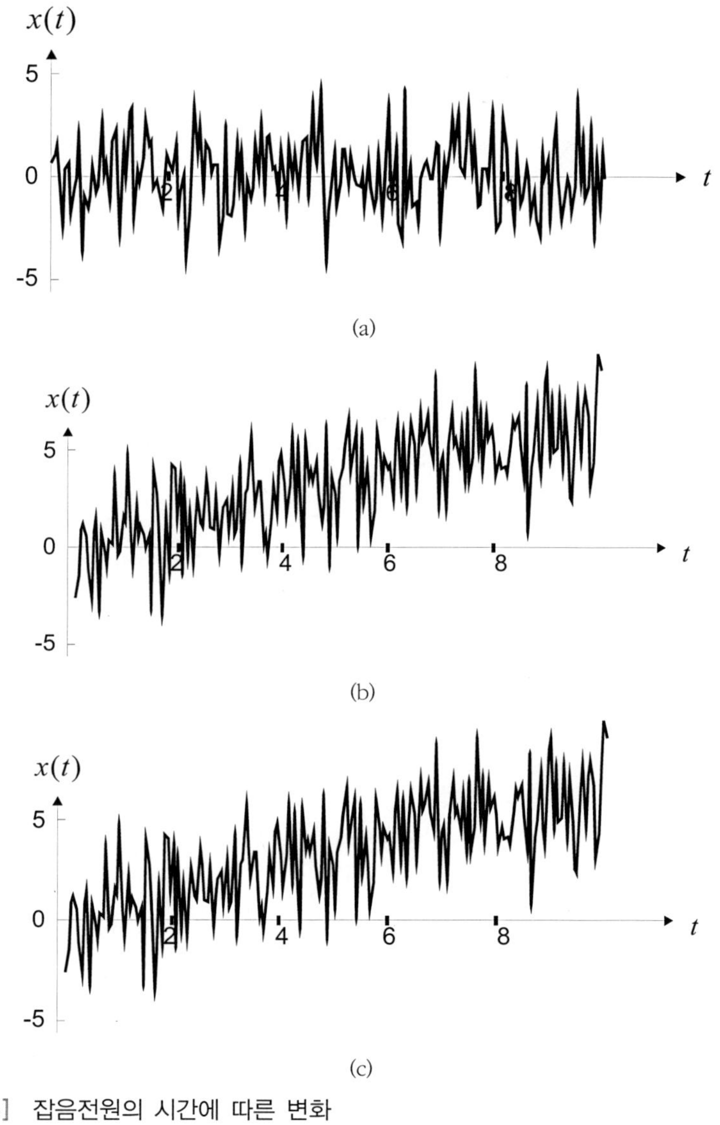

[그림 4-15] 잡음전원의 시간에 따른 변화
(a) 정상과정, (b) 평균전압이 변하는 경우, (c) 총전력이 변하는 경우

따라서 하나의 표본함수에 대한 시간축에서의 파형은 이러한 무수한 통계적평균의 결과와 같게 되는 경우가 된다. 이러한 과정을 어가딕 과정(ergodic process)라고 한다. 따라서 통계적인 평균전압과 총전력의 경우 아래와 같이 시간축에서 평균(time average)을 계산하여 얻을 수 있게 된다.

$$\overline{v(t_1)} = \int_{-\infty}^{\infty} v(t_1) f(v) dv = \lim_{T\to\infty} \frac{1}{T} \int_{-T/2}^{T/2} v(t) dt \qquad (4-56)$$

$$\overline{v^2(t_1)} = \int_{-\infty}^{\infty} v^2(t_1) f(v) dv = \lim_{T\to\infty} \frac{1}{T} \int_{-T/2}^{T/2} v^2(t) dt \qquad (4-57)$$

일반적으로 이러한 어가딕 과정의 경우 정상과정이 되지만, 많은 정상과정의 경우 이와 같이 t_1에서 전압 값과 t_2에서 전압은 짧은 시간에서는 독립적이지 않아 어가딕 과정이 되지 않는다. 그러나 충분히 큰 시간 τ에 대해서는 $v(t_1)$ 및 $v(t_1+\tau)$가 서로 상관관계(correlation) 없어 독립이라고 볼 수 있다. 따라서 긴 시간 T동안 잡음 표본함수를 측정한 것과 다음 T동안 얻은 표본함수 값들은 독립이므로 이들은 ergodic 이라고 볼 수 있다.

4.2.2.2 잡음신호의 정현파 분석

2-포트를 취급하는 데는 이러한 시간영역에서의 파형보다는 정현파 분석을 하게 된다. 따라서 그림 4-16(a)와 같이 시간 영역 $[-T/2, T/2]$ 구간에 대하여(truncation) 잡음전압의 파형을 얻었을 경우,

$$e_T(t) = \begin{cases} e(t) & -\dfrac{T}{2} < t < \dfrac{T}{2} \\ 0 & |t| > \dfrac{T}{2} \end{cases} \qquad (4-58)$$

가 된다. $e(t)$에 대한 정현파 분석을 하는 방법은, $e_T(t)$에 대하여 Fourier 변환을 하고 $T\to\infty$ 접근시키는 방법과, 이것을 다음과 같은 주기파형으로 보고

$$e_T(t) = e(t) \ \text{for} -\frac{T}{2} < t < \frac{T}{2} \qquad (4-59a)$$

$$e_T(t+nT) = e_T(t) \qquad (4-59b)$$

와 같이 Fourier 급수로 전개하고 $T\to\infty$로 접근시키는 방법이 있다.

전자의 경우 수학적으로는 엄격한 접근방법이나 스펙트럼 밀도(spectral density)를 동반하고, 실제 측정은 후자의 방법이 가까우므로 IRE committee에서는 후자의

접근방법을 채택하였다. 이때 $e_T(t)$에 대한 Fourier 급수는

$$e_T(t) = \sum_{m=-\infty}^{\infty} E_m(\omega, T)e^{-j\omega t} \tag{4-60}$$

로 나타내어지며, 여기서

$$\omega = 2\pi \cdot m\Delta f \tag{4-61a}$$

$$\Delta f = \frac{1}{T} \tag{4-61b}$$

$$E_m(\omega, T) = \frac{1}{T}\int_{-\frac{T}{2}}^{\frac{T}{2}} e_T(t)e^{-j\omega t}dt \tag{4-61c}$$

로 나타내어진다. 이것은 측정하는 시간의 주기가 T이므로 가장 낮은 주파수는 (4-61b)식과 같이 얻어진다. 즉, 분해능(resolution bandwidth) Δf는 측정시간 T로 결정되며, Δf를 작게 하려고 할 경우 긴 시간 T를 할당하여야 할 것이다.

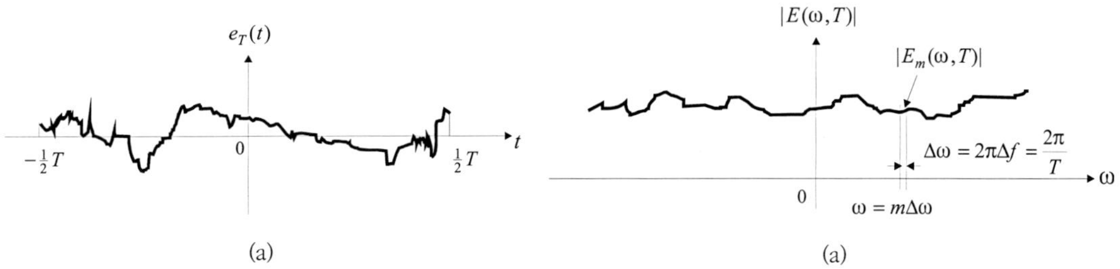

[그림 4-16] (a) Truncate 된 잡음신호, (b) Fourier 급수

여기서 잡음에 대하여 Fourier 급수를 전개하였으므로 $E_m(\omega, T)$는 랜덤변수(random variable)가 되며, 매번 반복하여 측정할 때마다 값이 다르게 된다. 따라서 위와 같은 잡음의 주파수 ω에서 정현파 페이저는 $E_m(\omega, T)$가 되며, 이것의 평균값은 매 구간 T마다 얻어진 값을 통계적 평균하여 결정되게 된다. 그러나 T가 클 경우, 서로 다른 구간에서 측정된 $e_T(t)$는 거의 상관관계가 없다고 볼 수 있으므로, 매주기마다 시간축으로 측정된 $e_T(t)$들은 어가딕 과정이라고 볼 수 있다. 따라서 $E_m(\omega, T)$에 대한 통계적 평균 대신에, 연속한 주기마다 측정한 값에 대하여 Fourier 급수를 구한 후 이것의 시간적 평균을 구해도 될 것이다. 이러한 면의

시간 축에서의 평균값(time average)을 $\overline{|E_m(\omega, T)|^2}$으로 나타내었다.

또한 시간영역에서의 전력과 주파수영역으로 분해한 Fourier 급수의 전력은 같아야 하므로(Parseval의 정리)

$$\overline{e_T^2(t)} = \sum_{m=-\infty}^{\infty} \overline{|E_m(\omega, T)|^2} \tag{4-62}$$

와 같음을 알 수 있다. $E_m(\omega, T)$를 측정하는 방법으로는, 그림 4-17과 같이 대역폭이 Δf인 대역여파기를 통과한 후 매주기 T마다 측정된 출력의 평균값을 구하면 될 것이다. 이때 측정된 값을 단위대역폭당의 전력으로, 즉 전력 스펙트럼 밀도(spectral density) $W_e(\omega)$는

$$4\pi \Delta f\, W_e(\omega) = 2\overline{|E_m(\omega, T)|^2} \tag{4-63}$$

로 얻어지게 된다. 여기서 2는 음의 주파수 성분까지 고려하였기 때문이다. 결론적으로 잡음원은 정현파 분해하였을 경우 이것은 매주기 T마다 대역여파기 출력에서 얻어진 값에 대하여 평균으로 얻어지는 값을 전력으로 주는 페이저로 고려하면 될 것이다.

또한 (4-62)식의 좌변은

$$\begin{aligned}\overline{e_T^2(t)} &= \overline{\frac{1}{T}\int_{-\frac{T}{2}}^{\frac{T}{2}} e_T^2(t)dt} = \lim_{n\to\infty}\frac{1}{n}\sum_{\infty=-\infty}^{\infty}\frac{1}{T}\int_{nT-\frac{T}{2}}^{nT+\frac{T}{2}} e_T^2(t)dt \\ &= \lim_{T\to\infty}\frac{1}{T}\int_{-\frac{T}{2}}^{\frac{T}{2}} e^2(t)dt = \overline{e^2(t)}\end{aligned} \tag{4-64}$$

와 같다. 이때 열잡음원을 고려한다면 대역폭이 Δf인 대역여파기를 통과한 후 매주기 T마다 측정된 출력의 평균 값은 Nyquist 정리에 의해 아래와 같은 값으로 나타낼 수 있을 것이다.

$$\overline{e^2} = 4kT_oR\Delta f = 2\overline{|E_m(\omega, T)|^2} \tag{4-65}$$

그리고 이와 같이 측정되었을 경우 역으로 이것을 등가 열잡음 저항 R_n으로 아

래와 같이 표현할 수 있을 것이다.

$$R_n = \frac{\overline{e^2}}{4kT_o\Delta f} \tag{4-66}$$

또한 그림 4-17과 같이 측정하여 전압 및 전류의 진폭과 위상을 동시에 결정할 경우, 앞서의 전력은 아래와 같이 쓸 수 있다.

$$\lim_{T\to\infty}\frac{1}{T}\int_{-\frac{T}{2}}^{\frac{T}{2}} v(t)i(t)dt = \sum_{m=-\infty}^{\infty} \overline{V_m(\omega)I_m^*(\omega)} \tag{4-67}$$

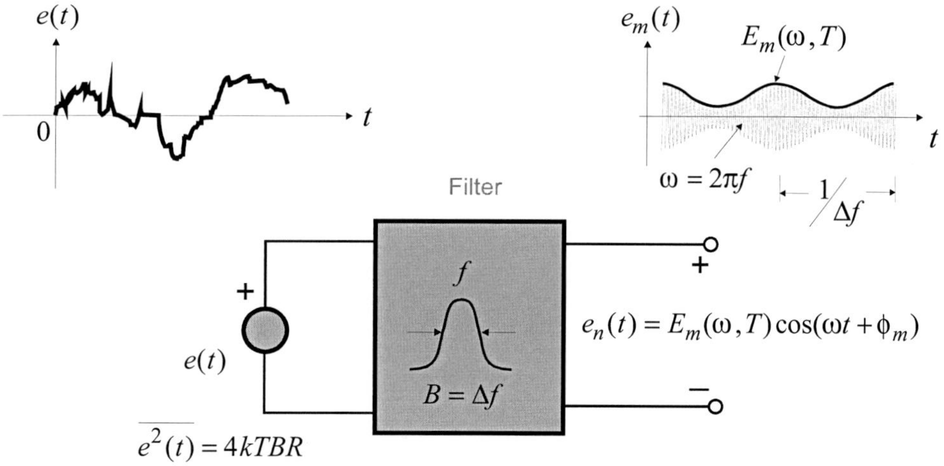

[그림 4-17] 잡음 스펙트럼의 측정

4.2.2.3 열잡음(Thermal noise)

열잡음은 저항을 가진 소자에서 열에 의한 전자의 랜덤한 운동에 따라 발생하게 되며, 그림 4-15(a)에 보인 바와 같은 전압파형이 저항을 가진 소자의 양단에 나타나게 된다. 이 잡음은 1928년 Johnson에 의하여 실험적으로 발견되었으며, 그 후 Nyquist가 이론적으로 이 잡음에 대하여 설명하였다.

이 잡음의 특징은 시간을 고정시키고 전압을 관측할 경우 (4-54)식과 같이 평균전압이 0인 Gauss 분포를 이루는 전압 값이 관찰되며, 또한 0이 아닌 τ에 대하여 $v(t)$와 $v(t+\tau)$와 완전하게 상관관계가 없어 ergodic 하다고 볼 수 있다. 또한 이것의 (4-63)식으로 관측되는 잡음 스펙트럼 밀도는 주파수에 관계없이 일정한 것으로 알려져 있다. 따라서 개방된 저항 R의 시간 축에서 총전력을 관측할 경우 아래 식과 같이 나타난다.

$$< v^2 > = \lim_{T\to\infty}\frac{1}{T}\int_{-\frac{T}{2}}^{\frac{T}{2}} v^2(t)dt = 4kT_oRB \qquad (4-68)$$

여기서 B는 잡음전압을 측정하는 계측기의 대역폭이 되며, T_o는 저항의 온도를 나타낸다.

또한 이때 스펙트럼 밀도는 음의 주파수까지 고려할 경우

$$W_e(f) = \frac{|V_m(\omega)|^2}{2\Delta f} = 2\ kT_oR\ \ [\mathrm{W/Hz}] \qquad (4-69)$$

로 나타나게 된다. 이와 같이 주파수에 관계없이 일정한 전력밀도를 가지기 때문에 이것을 백색(white)잡음이라고 한다. 또한 이것의 가용전력은 정합되었을 때 나타나므로,

$$P_n = \frac{4kT_oRB}{4R} = kT_oB[\mathrm{W/Hz}] \qquad (4-70)$$

임을 알 수 있다.

예제 4-7 그림 4E-10과 같은 병렬저항 연결의 출력에서의 대역폭을 B라고 하였을 때 평균 총 전력을 구하시오.

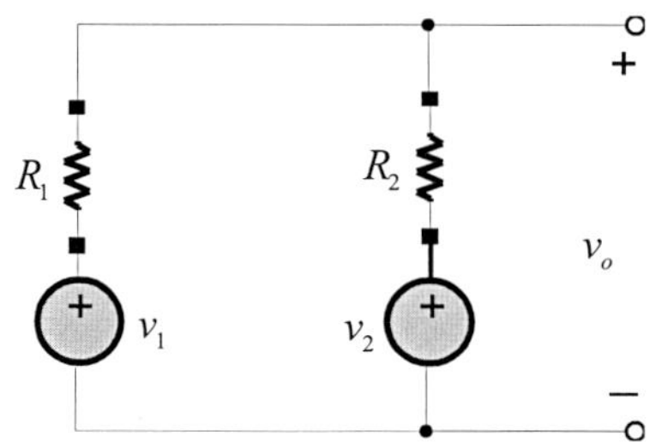

[그림 4E-10] 병렬저항회로

해 전원이 두 개이므로 중첩하여 계산하면

$$v_{o1} = \frac{R_2}{R_1 + R_2} v_1 \ , \quad v_{o2} = \frac{R_1}{R_1 + R_2} v_2$$

가 되므로, 출력전압은 $v_o = v_{o1} + v_{o2}$가 될 것이다. 이때 두 전원은 상관관계가 없으므로

$$\overline{v_o^2} = \overline{v_{o1}^2} + \overline{v_{o2}^2} = \frac{R_2^2}{(R_1 + R_2)^2} \overline{v_1^2} + \frac{R_1^2}{(R_1 + R_2)^2} \overline{v_2^2}$$

이다. 여기에 $\overline{v_1^2} = 4kT_oR_1B$, $\overline{v_2^2} = 4kT_oR_2B$를 대입하면

$$\overline{v_o^2} = 4kT_oB \frac{R_1R_2}{(R_1 + R_2)}$$

이 얻어진다. 이것은 두 저항을 들여다본 저항이 $R_1 \| R_2$이므로 이에 따른 열잡음 출력을 얻게 됨을 알 수 있다.

예제 4-8 감쇠기(attenuator)는 입력전력의 크기를 감쇠시키는 소자이다. 또한 이것은 입력의 내부저항이 $R_o = 50$ ohm일 경우 그림과 같이 들여다본 저항도 50 ohm이 되게 된다. 이때 그림과 같이 전원을 끄고 50 ohm 저항을 감쇠기 한쪽에 연결하였을 경우 출력에서의 최대 가용전력은?

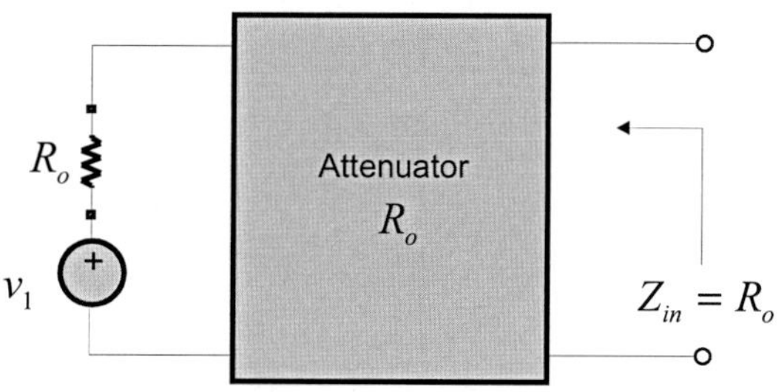

[그림 4E-11] 감쇠기 회로

해 들여다 본 저항이 여전히 50 ohm이므로, 50 ohm 부하를 이용하여 출력을 끌어낼 경우

$$P_o = kT_oB$$

가 된다. 이것의 물리적 의미로는 입력의 잡음은 감쇠기를 통하여 감쇠되었지만, 감쇠기는 저항으로 이루어져 감쇠기 내부에서 발생하는 잡음 또한 출력에 기여하게 된다.

4.2.3 잡음지수(Noise Figure)

Noise Factor는 2-포트의 잡음성능을 나타내는 지수로서 순수 외부 열잡음원에 대한 출력에 대해 외부 열잡음원 및 DUT 내부잡음의 기여로 나타나는 총전력의 비로 (4-71)식과 같이 정의된다. 그리고 이것의 주파수 응답을 측정하려고 할 경우 그림 4-18의 출력저항 R_o대신에 중심주파수가 이동하는 협대역 여파기를 그림과 같이 전치시키고 통과한 출력을 평균하여 얻게 된다. 주목할 것은 그림 4-18에서 kT_oB는 가용전력을 나타내는 것이고, 잡음원의 크기를 나타내는 것은 아니라는 점이다. 단지 이와 같이 표현하는 것이 직관적 이해를 돕기 때문에 자주 이와 같이 표현한다.

$$\text{Noise Factor} = \frac{\text{Noise power output of actual device}}{\text{Power output due to noise source of } T_o} \qquad (4-71)$$

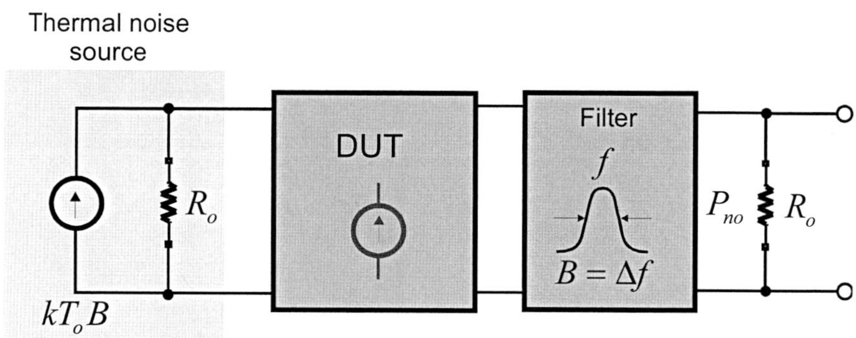

[그림 4-18] 잡음지수의 측정

또한 잡음지수(noise figure)는 이것의 decibel로서

$$F = 10\log(\text{Noise Factor}) \tag{4-72}$$

와 같이 정의된다. 따라서 이 정의에 따르면 잡음지수는 2-포트 내부 잡음전원을 모두 끄고, 잡음전원 T_o에 대하여 부하에 출력된 것과 2-포트 내부에 잡음전원이 있을 때의 출력의 비가 되는데, 출력측에서 Thevenin 등가로 볼 때 Thevenin 임피던스는 변화가 없고 내부 잡음전원의 유무에 따른 Thevenin 전원만 변화가 나타난다. 따라서 잡음지수는 부하 임피던스에 관계없으며, 출력측에서 들여다본 임피던스에만 의존하게 된다. 또한 부하 임피던스에 관계없으므로 부하를 전원과 정합된 부하로 고려한다면 noise factor는

$$\text{Noise Factor} = \frac{\text{Available noise power from the output of actual device}}{\text{Available output power from due to noise source of } T_o} \tag{4-73}$$

와 같이 표현될 수 있다. 이때 아래와 같이 정의되는 DUT의 가용전력이득(Available power gain)을 G 라고 할 경우

$$G = \frac{\text{Available power from the output}}{\text{Available power from the input}} \tag{4-74}$$

열잡음원으로부터 얻을 수 있는 가용전력은 kT_oB 이므로, (4-73)식의 분모는 kT_oBG 가 될 것이다. 따라서 noise factor는 다음과 같이 표현되기도 한다.

$$F = \frac{P_{no}}{kT_oBG} = \frac{\frac{P_{no}}{G}}{kT_oB} \tag{4-75}$$

이것은 kT_oB 는 입력에서 열잡음원에 대한 가용전력이고, P_{no}/G 는 입력에서의 등가 가용전력이므로 noise factor는

$$\text{Noise Factor} = \frac{\text{Equivalent input noise power at the input}}{\text{Power from noise source of } T_o} \tag{4-76}$$

와 같이 표현될 수도 있다. 따라서 입력에서 가용한 총잡음전력은 FkT_oB 가 될 것이다. 또한 열잡음원으로부터 가용전력은 kT_oB 이므로 등가적으로 DUT에 의

해서 가용한 입력잡음전력은 $(F-1)kT_oB$로 표현될 수 있다. 이것을 그림 4-19에 나타내었다.

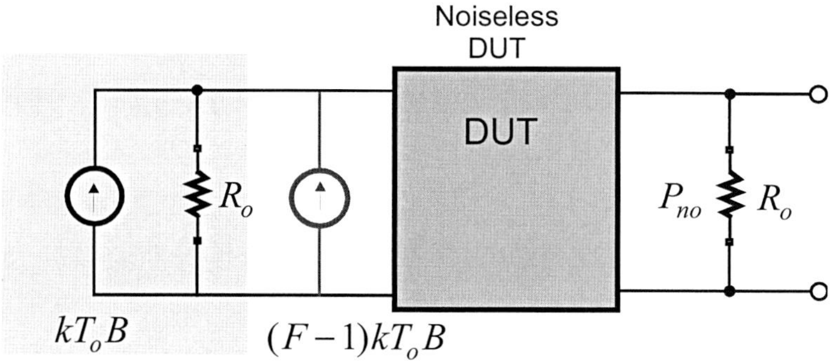

[그림 4-19] 입력 등가 열잡음의 표시

그리고 입력측에 주파수영역에서 볼 때, 그림 4-20과 같이 가용입력신호 S_i와 가용 스펙트럼 밀도가 $N_i(=kT_oB)$인 잡음이 들어올 경우, 이때 출력측에서의 가용출력신호를 S_o, 잡음의 출력 스펙트럼 밀도를 N_o라고 하면, 정의에 따라 $G=S_o/S_i$이므로 (4-75)식에서 noise factor는 다음과 같이 표현할 수 있어, 이것은 입출력에서의 신호 대 잡음비임을 알 수 있다.

$$F=\frac{P_{no}S_i}{kT_oBGS_i}=\frac{P_{no}S_i}{kT_oBS_o}=\frac{\dfrac{N_o}{S_o}}{\dfrac{N_i}{S_i}} \qquad (4-77)$$

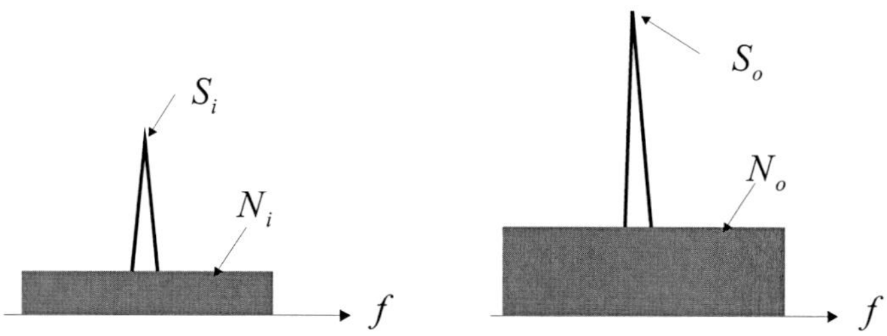

[그림 4-20] 입력 및 출력잡음신호 스펙트럼

4.2.4 2-포트 잡음 파라미터(Noise parameter)의 표현

잡음지수는 고정된 입력 임피던스에 대해 2-포트가 출력잡음에 기여하는 정도를 나타내지만, 입력 임피던스 변화에 따른 2-포트의 잡음 기여정도를 정확하게 예측할 수 없게 한다. 입력 임피던스 변화에 따른 잡음지수의 변화를 알기 위해서는 잡음 파라미터가 필요하게 된다. 이것을 얻기 위해서는 2-포트 내부의 전원을 그림 4-21과 같이 외부로 추출하고, 이에 따라 입력에는 여러 개의 전원이 나타나게 되는데, 이것을 그림 4-21(b)와 같이 Norton 형식으로 1개의 총괄 전류잡음원으로 정리할 수 있고 이를 이용해 출력에서의 잡음출력을 계산할 수 있게 된다. 주목할 것은 계산의 편리를 위해 그림 4-13의 전류원과 전압원의 방향을 바꿨다.

여기서의 잡음전원은 랜덤 페이저로서 앞서 설명한 잡음신호를 Fourier 급수로 나타낸 협대역잡음(narrow band noise)이라고 볼 수 있다. 또한 이 DUT의 등가 잡음원들은 완전히 독립(independent)이라고 볼 수 없다. 즉 내부의 어떤 잡음전원의 경우 두 개의 DUT 등가 잡음원에 동시에 기여가 있게 되며, 어떠한 것은 DUT 한 등가 잡음원에만 기여하게 된다. 따라서 DUT의 두 등가 잡음원들은 일부 상관관계를 갖고 있게 된다. 이러한 두 잡음원들을 표시하기 위해서는 각 잡음원들의 진폭(2개), 그리고 상관관계(2개)로 총 4개의 파라미터가 필요하게 된다.

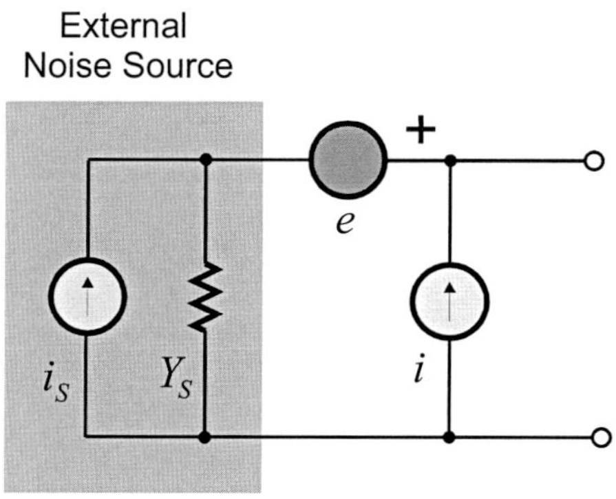

(a)

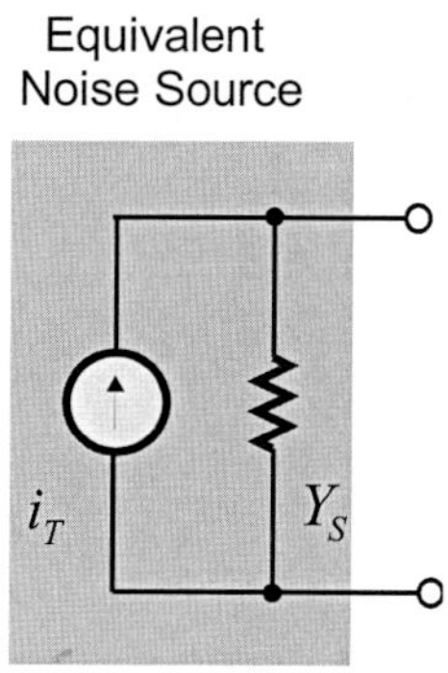

(b)

[그림 4-21] 2-포트 입력에서의 등가회로

그림 4-21과 같이 입력의 잡음원 3개를 그림 4-21(b)와 같이 Norton 등가회로로 변환할 때 Norton 어드미턴스는 전원 내부 어드미턴스 $Y_s = G_s + jB_s$와 같게

되고, 따라서 총괄전류원 i_T는

$$i_T = i_s + i + Y_s e \tag{4-78}$$

이 된다. 그림 4-21(a)에서 잡음전류 i에 대해, 전압원 e와 완전하게 상관관계가 없는 전류원을 i_u라고 표시하면, 전류 i의 나머지 부분은 $i - i_u$로 될 것이다. 따라서 총괄전류원 i_T는

$$i_T = i_s + (i - i_u) + i_u + Y_s e \tag{4-79}$$

와 같이 얻어지게 되고, 여기서 $i - i_u$와 e의 상관관계 어드미턴스(correlation admittance)를 $Y_\gamma = G_\gamma + jB_\gamma$라고 하면 위 식은

$$i_T = i_s + i_u + (Y_s + Y_\gamma)e \tag{4-80}$$

로 얻어지게 된다. 이때 이 3 잡음원은 독립이므로, 이것의 전력은

$$E(i_T^2) = E(i_s^2) + E(i_u^2) + |Y_s + Y_\gamma|^2 E(e^2) \tag{4-81}$$

와 같게 되는데, 여기서 열잡음원 i_s의 대역폭 Δf에서 출력을

$$E(i_s^2) = 4kT_o G_s \Delta f \tag{4-82a}$$

로 정의하고 DUT의 잡음원들도 등가 열저항의 개념을 이용하여 아래와 같이 표시하면,

$$E(i_u^2) = 4kT_o G_u \Delta f \tag{4-82b}$$

$$E(e^2) = 4kT_o R_n \Delta f \tag{4-82c}$$

잡음지수의 정의에 따라

$$F = \frac{E(i_T^2)}{E(i_s^2)} = 1 + \frac{G_u}{G_s} + \frac{R_n}{G_s}|Y_s + Y_\gamma|^2 \tag{4-83}$$

로 표시된다. 이것은 전원 어드미턴스 실수부 G_s에 따라, G_s가 작아질 경우 커지

고, 또한 G_s가 커질 경우 다시 커지게 되어 1개의 최소점을 갖고 최소점에서 멀어지면 커지는 변화를 보이게 된다. 따라서 이 최소점을 주는 어드미턴스를 $Y_{opt} = G_{opt} + jB_{opt}$라고 정의하고, 이때의 최소잡음지수를 $F_{\min}$이라고 정의한 다음 (4-83)식을 다시 정리하면

$$F = F_{\min} + \frac{R_n}{G_s}\left\{(G_s - G_{opt})^2 + (B_s - B_{opt})^2\right\} \tag{4-84a}$$

$$G_{opt} = \left[\frac{G_u + R_n G_\gamma^2}{R_n}\right]^{1/2} \tag{4-84b}$$

$$B_{opt} = B_\gamma \tag{4-84c}$$

$$F_{\min} = 1 + 2R_n(G_\gamma + G_{opt}) \tag{4-84d}$$

로 나타낼 수 있다. 따라서 2개의 전원의 크기 및 상관관계 대신에 $F_{\min}, R_n,$ Y_{opt}로 2-포트의 잡음 파라미터를 나타낼 수 있는데, 이것이 2-포트의 새로운 잡음 파라미터가 되게 된다. 또한 고주파에서의 측정이 용이한 반사계수를 이용하여 위 식을 정리하면

$$F = F_{\min} + \frac{4R_n|\Gamma_s - \Gamma_{opt}|^2}{(1-|\Gamma_s|^2)|1+\Gamma_{opt}|^2} \tag{4-85a}$$

$$\Gamma_s = \frac{Y_s + Y_o}{Y_s - Y_o} \tag{4-85b}$$

$$\Gamma_{opt} = \frac{Y_{opt} + Y_o}{Y_{opt} - Y_o} \tag{4-85c}$$

와 같이 얻어지게 된다. 일반적으로 위 식에서 정의되는 $F_{\min}$, R_n, Γ_{opt}는 2-포트 잡음 파라미터가 잡음지수측정기(noise figure meter)로 직접 측정 가능하기 때문에 2-포트 잡음 파라미터로서 가장 널리 사용된다.

예제 4-9 다음 회로에 대하여 주파수 1 GHz에서 10GHz 까지 잡음 파라미터 $F_{\min}$, R_n, Γ_{opt}를 ADS를 사용하여 계산하시오.

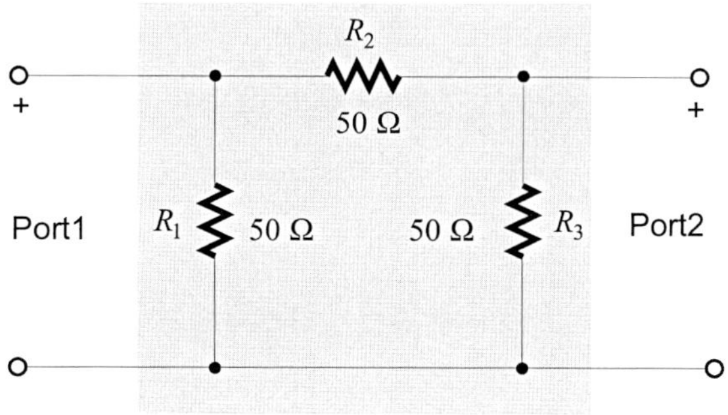

[그림 4E-12] 2-포트 회로

해 이것의 잡음 파라미터를 계산하기 위하여 그림 4E-13과 같이 시뮬레이션 회로를 구성한다.

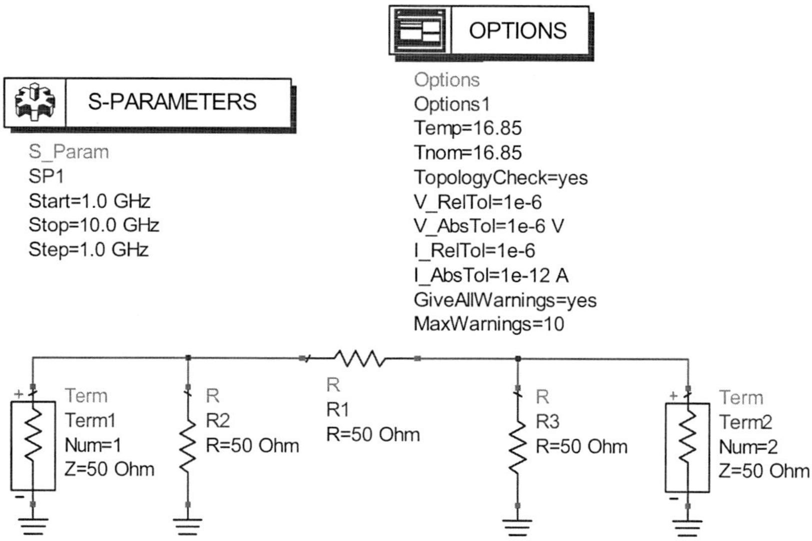

[그림 4E-13] 시뮬레이션 회로도

일반적으로 noise factor는 온도 290 °K에서 정의되는 반면, 기본적으로 ADS는 25℃ 온도에서 계산하게 된 결과를 주게 되어, 이것은 정확한 noise factor 정의와 다소 다른 값을 주게 된다. 따라서 그림 4E-13과 같이 *Option Controller*를 입력하고 이것의 온도를 16.85 ℃로 설정하여야 한다. 또한 잡음 결과를 얻기 위해서는 ADS의 S-parameter *Simulation Controller*에서 이것을 열고 그림 4E-14와 같이 잡음계산을 하도록 설정하여야 한다.

즉 잡음을 계산하기 위해서 *S-parameter Simulation*은 그림 4E-14와 같이 잡음계산에 V을 표시한다. 포트에서 입력을 1로 출력을 2로 설정하였는데, 이것은 그림 4E-13의 *Num*=1 인 포트를 입력으로 *Num*=2 인 포트를 출력으로 한다는 뜻이다.

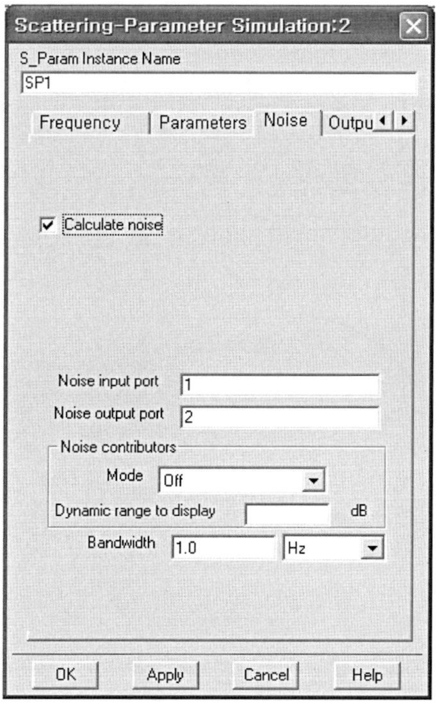

[그림 4E-14] S-parameter simulation의 noise 창

계산된 결과는 그림 4E-15 및 4E-16에 보였다. 그림 4E-15에서 잡음지수는 *nf*[2]로 나타난다. 이것의 의미는 입력측(즉 포트 1)에 잡음원이 인가되었을 때 출력측(즉 포트 2)에 나타나는 잡음으로 통상적인 잡음지수를 나타낸다. 반면 *nf*[1]의 경우 출력측에 잡음원을 인가하고 입력측에 나타나는 잡음지수로서 계산결과는 있지만 자주 활용되지는 않는다. 그림 4E-15에서 잡음지수는 11.76 dB 그리고 $NF_{\min}$은 11.439 dB 임을 알 수 있다.

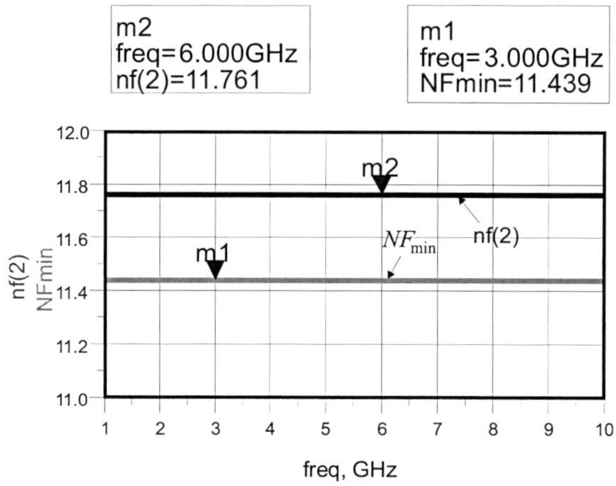

[그림 4E-15] 잡음지수 및 $NF_{\min}$ 결과

그림 4E-16에는 최소잡음을 주는 전원 임피던스 즉 S_{opt}를 보였다. 이것은 주파수에 관계없으며 28.86 ohm으로 일정한 것을 알 수 있다.

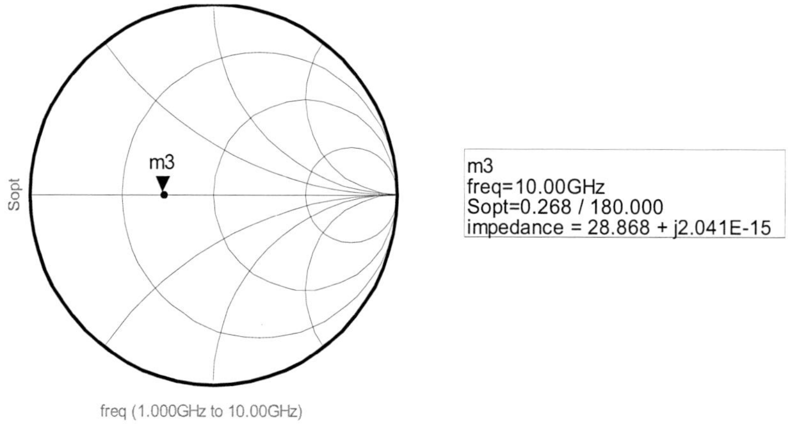

[그림 4E-16] S_{opt} 점 결과

예제 4-10 예제 4-9에서 ADS dataset에는 icor[1,1], icor[1,2], icor[2,2] 등이 나타나는데, 이것은 그림 4E-12에 있는 i_{n1} 및 i_{n2}의 잡음 상관관계를 나타낸다. 계산에 의하여 이것을 구하고 ADS를 통해 검증하시오.

해 그림 4E-12의 2-포트 Y-파라미터는

$$y_{11} = 2Y_o = (50 \| 50)^{-1} = y_{22}$$

$$y_{12} = -Y_o = -(50)^{-1} = y_{21}$$

또한 저항 50 ohm에 병렬로 나타나는 잡음 전류원은

$$\overline{i_n^2} = 4kTY_o$$

포트 1에는 그림 4E-12의 R_1 및 R_2에 의한 잡음 전류원, 그리고 포트 2에는 R_2 및 R_3의 두 개의 잡음 전류원의 기여가 있게 된다. 따라서

$$\overline{\left(i_{11}^{cor}\right)^2} = 2\overline{i_n^2} = 8kTY_o = \overline{\left(i_{22}^{cor}\right)^2}$$

와 같게 되고, 포트 1및 포트 2에는 그림 4E-12의 R_2 저항에 의하여 공통 전류가 흐르게 되는데, 이것의 전류 방향이 반대가 되므로

$$\overline{i_{12}^{cor}} = \overline{i_{11}^{cor} i_{22}^{cor}} = -\overline{i_n^2} = -4kTY_o = \overline{i_{21}^{cor}}$$

을 얻게 될 것이다. 이것을 확인하기 위하여 ADS로 아래와 같이 시뮬레이션을 구성할 수 있다.
이것이 앞서 ADS로 계산하여 *dataset*으로 출력된 *icor* 행렬과 같은 값을 주는지 확인하기 위하여 *Display* 창에서

```
Eqn T=273+16.85
Eqn i1=4*boltzmann*T/50
Eqn i_port1_sq=2*i1
Eqn icor12=i1
```

[그림 4E-17] Equation

을 삽입하고 이것을 결과와 비교하면, 그림 4E-18과 같이 정확하게 같은 결과를 주는 것을 알 수 있다. 위에서 *boltzmann*은 Boltzmann 상수이며 i1은 $\overline{i_n^2}$을 나타낸다. 그리고 *i_port*1은 $\overline{\left(i_{11}^{cor}\right)^2}$를 나타내고, icor12는 $\overline{i_{12}^{cor}}$의 크기를 나타낸다.

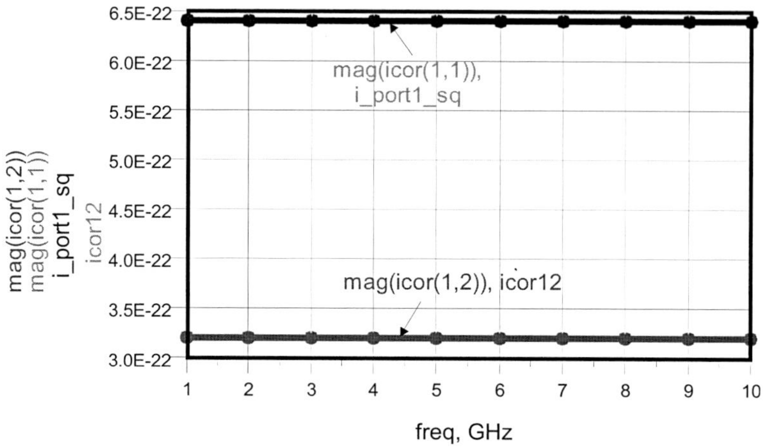

[그림 4E-18] 계산결과 비교

예제 4-11 그림 4E-12 회로의 잡음 파라미터를 계산하고 앞의 ADS 결과와 비교하시오.

해 포트 1 및 포트 2 의 전류를 그림 4-13의 ABCD-파라미터 e, i로 나타내면

$$i_{11}^{cor} = i + y_{11} e$$

$$i_{22}^{cor} = y_{12} e$$

따라서 e, i는

$$e = \frac{i_{22}^{cor}}{y_{12}}$$

$$i = i_{11}^{cor} - \frac{y_{11}}{y_{12}} i_{22}^{cor}$$

의 관계가 있게 된다. 또한 이것의 평균전력은

$$\overline{e^2} = \frac{1}{y_{12}^2}\overline{(i_{22}^{cor})^2} = \frac{1}{y_{12}^2} \cdot 8kTY_o = 8kTZ_o$$

$$\overline{i^2} = \overline{\left(i_{11}^{cor}\right)^2} + \left(\frac{y_{11}}{y_{12}}\right)^2 \overline{\left(i_{22}^{cor}\right)^2} - 2\frac{y_{11}}{y_{12}}\overline{i_{11}^{cor} i_{22}^{cor}}$$

$$= 8kTY_o + 4(8kTY_o) - 4(4kTY_o) = 24kTY_o$$

또한 i와 e의 상관관계(correlation)는

$$\overline{e\cdot i}=\frac{1}{y_{12}}\overline{i_{22}^{cor}\left(i_{11}^{cor}-\frac{y_{11}}{y_{12}}i_{22}^{cor}\right)}=\frac{1}{y_{12}}\overline{(i_{11}^{cor}i_{22}^{cor})}-\frac{y_{11}}{y_{12}^2}\overline{\left(i_{22}^{cor}\right)^2}$$

여기서

$$\overline{(i_{11}^{cor}i_{22}^{cor})}=-4kTY_o$$

이므로, 아래와 같다.

$$\overline{e\cdot i}=4kTY_o-\frac{y_{11}}{y_{12}^2}8kTY_o=-12kT$$

입력에 열잡음이 인가되었을 경우, 입력의 총잡음 전류는

$$i_T=i_s+i-G_se$$

가 된다. 따라서 입력에서의 총 전류 잡음은

$$\overline{i_T^2}=\overline{i_s^2}+\overline{(i-G_se)^2}=\overline{i_s^2}+\overline{i^2}+G_s^2\overline{e^2}-2G_s\overline{ei}$$

$$=4kTG_s+24kTY_o+\frac{G_s^2}{Y_o}(8kT)+2G_s(12kT)$$

따라서 noise factor는

$$F=\frac{\overline{i_T^2}}{\overline{i_s^2}}=7+6\frac{Y_o}{G_s}+\frac{2G_s}{Y_o}$$

50 ohm 입력시 잡음지수는 $G_s = Y_o$이므로

$$nf[2]=F=7+6+2=15=11.76\ \text{dB}$$

이 noise factor의 최소 값은

$$6\frac{Y_o}{G_s}=\frac{2G_s}{Y_o}\rightarrow G_s=\sqrt{3}\,Y_o$$

일 때 나타나게 되고, 따라서

$$Z_{opt} = \sqrt{\frac{1}{3}}\, Z_o = 28.86 \text{ ohm}$$

그 때 최소 잡음 값은

$$F_{\min} = 7 + 2\sqrt{12} = 13.92 = 11.43\text{dB}$$

이 되는 것을 알 수 있다. 이것은 앞서 ADS로 계산한 결과와 비교할 경우 정확하게 일치하는 것을 알 수 있다. 다른 방법으로 식 (4-71)을 사용 noise factor를 직접 계산하는 방법이 있게 되는데 여기서는 생략한다.

4.2.5 Frii의 공식

그림 4-22에는 n단의 증폭기가 cascade로 연결된 경우를 보였다. 이때 가용전력 이득과 잡음지수가 각각 G_{Ai}, F_i라고 하면, 각 단의 입력등가 잡음전력은 그림 4-22에서 나타낸 바와 같이 $(F_i - 1)kT_oB$가 될 것이다. 그리고 주목할 것은 이 계산에서 각 증폭기는 정합되었다고 가정한다.

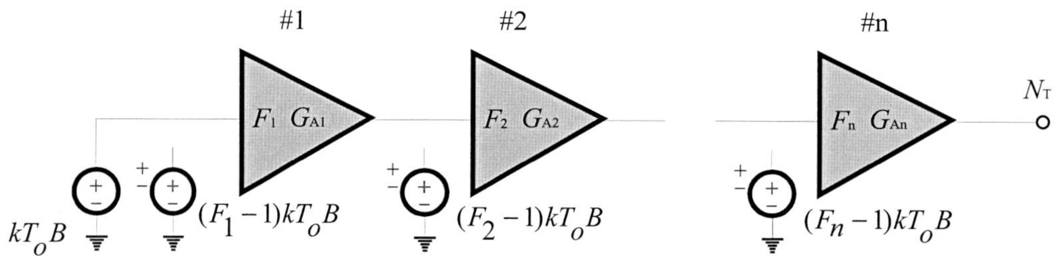

[그림 4-22] Cascade 된 n단의 증폭기

따라서 출력에서의 총괄잡음전력 P_{nt}은

$$P_{nt} = F_1 kT_oBG_1G_2 \cdots G_n + (F_2 - 1)kT_oBG_2 \cdots G_n + (F_n - 1)kT_oBG_n \qquad (4-86)$$

이다. 또한 전 잡음원을 입력에 전치시키고, 이때 잡음지수를 F_{tot}라고 하였을 때의 출력은

$$P_{nt} = F_{tot} k T_o B G_1 G_2 \cdots G_n \tag{4-87}$$

으로 나타낼 수 있다. 따라서 (4-86)식과 (4-87)식으로부터 총괄잡음지수는

$$F_{tot} = F_1 + \frac{F_2 - 1}{G_1} + \frac{F_3 - 1}{G_1 G_2} \cdots \tag{4-88}$$

로 표시할 수 있게 된다. 그리고 이때 총가용전력이득은

$$G_t = G_1 G_2 \cdots G_n \tag{4-89}$$

임을 알 수 있다. (4-88)식을 Frii의 공식이라고 한다. 즉, 각단의 잡음지수와 가용전력이득을 알 경우 (4-88)식을 이용하여 총괄잡음지수를 결정할 수 있다는 것이다. 그리고 이 공식으로부터 이득이 크다고 가정하면, 전체 잡음지수는 주로 초단에 의하여 결정되는 것을 알 수 있다.

예제 4-12 아래 그림 4E-19와 같은 수신기 블록 다이어그램에서 전체 잡음지수 및 이득을 계산하시오

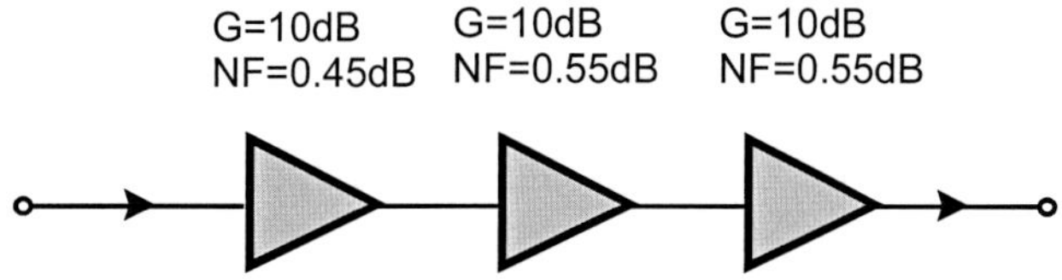

[그림 4E-19] 블록 다이어그램

해 식 (4-88)은 decibel로 표현된 것이 아니므로, 2번째 및 3번째 열을 숫자로 환원한 것을 4번째 및 5번째 열에 나타내었다. 이것의 환산은

$$G = 10^{\frac{G[dB]}{10}}, \quad F = 10^{\frac{F[dB]}{10}}$$

를 이용하였다. 다음 뒷단의 잡음 factor를 F_2 라고하고 앞단의 이득 및 잡음지수를 각각 G_1, F_1 이라고 할 때, 전체 잡음지수는

$$F_t = F_1 + \frac{F_2 - 1}{G_1}$$

이 되므로 3단부터 잡음 factor를 순차적으로 계산하면 5번째 열과 같고, 이것을 아래와 같은

$$F_t[dB] = 10\log F_t$$

decibel 환원식을 사용 계산하면 마지막 결과를 얻게 된다. 따라서 총 잡음지수는 0.51 dB가 되는 것을 알 수 있다. 첫째단의 잡음지수가 0.45 dB 임을 고려하면 다소 상승된 값이 나타나는 것을 알 수 있다. 그러나 첫째단의 이득이 클 경우 잡음지수는 근사적으로 첫째단의 잡음지수와 거의 같게 된다. 이것을 Microsoft사의 Excel™을 사용하여 계산한 결과를 표 4E-1에 보였다.

[표 4E-1] 잡음지수 계산결과

	G[dB]	F[dB]	G	F	F_t	NF_t[dB]
Amp1	10	0.45	10	1.11	1.12	0.51
Amp2	10	0.55	10	1.14	1.15	0.60
Amp3	10	0.55	10	1.14	1.14	0.55

예제 4-13 아래 그림 4E-20과 같은 수신기 블록 다이어그램에서 전체 잡음지수 및 이득을 계산하시오

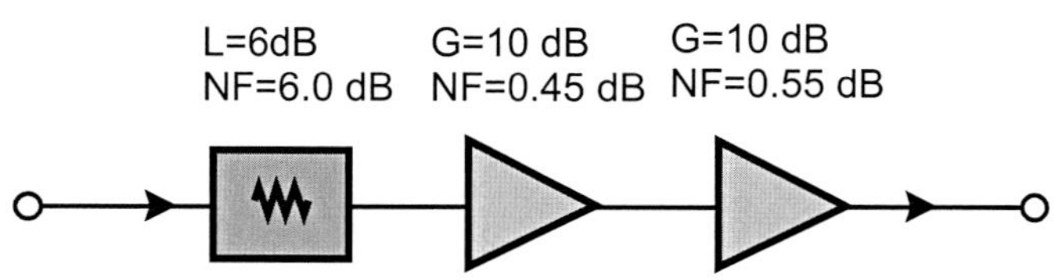

[그림 4E-20] 블록 다이어그램

해 예제 4-12와 동일한 방법으로 계산될 결과를 표 4E-2에 보였다.

[표 4E-2] 잡음지수 계산결과

	G[dB]	F[dB]	G	F	F_t	NF_t[dB]
Att1	−6	6	0.25	3.98	4.57	6.60
Amp2	10	0.55	10	1.14	1.15	0.60
Amp3	10	0.55	10	1.14	1.14	0.55

주목할 것은 전단의 감쇠가 L 이고, 뒷단의 잡음지수가 F_2 라고 할 경우, 전체 잡음지수는 전단의 잡음지수는

$$F_t = L + L(F_2 - 1) = LF_2$$

가 되는데, 이것을 decibel 척도로 나타내면

$$F_t[dB] = L[dB] + F_2[dB]$$

가 되는 것을 알 수 있다. 즉 전체 잡음지수는 앞단의 손실과 뒷단의 잡음지수를 decibel 척도로 합산한 것이 되는 것을 알 수 있다. 표 4E-2의 결과를 보면 이러한 결과를 나타내는 것을 알 수 있다. 따라서 저잡음증폭기를 구현할 경우 전단의 손실은 곧장 잡음지수와 연결되어, 가능한 능동소자 앞의 손실을 줄이는 것이 중요함을 알 수 있다.

4.2.6 잡음지수 및 잡음 파라미터 측정

4.2.6.1 잡음지수 측정

이러한 잡음지수를 측정하는 계측기로 널리 알려진 것이 잡음지수측정기(noise figure meter)이다. 이러한 잡음지수측정기는 잡음입력전력이 주파수 1.5 GHz까지만 직접 측정 가능하고 더 높은 주파수에서는 측정 가능하지 않다. 최근에는 새로운 계측기들이 나타나서 이것보다 향상된 성능을 보이지만, 본서에서는 이를 이용하여 설명하도록 하겠다. 잡음지수측정기는 잡음입력전력이 주파수 1.5 GHz까지만 직접 측정 가능하기 때문에 더 높은 주파수에서 측정하고자 할 경우 주파수 하향변환을 하여 측정하게 되는데, 이때 필요한 장비로는 noise figure test set과 RF 신호원이 필요하다. 즉 noise figure test set은 혼합기(mixer)로 볼 수 있으며 여기에 필요한 국부신호원을 RF 신호원이 공급한다고 보면 된다. 이러한 계측기 시스템을 잡음지수측정시스템(noise figure system)이라고 부른다.

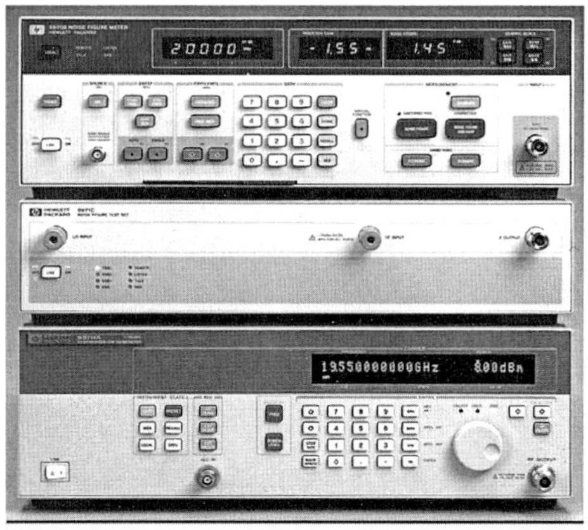

[그림 4-23] 잡음지수 측정 시스템(Agilent사)

다음으로 잡음신호원이 있는데 이것은 그림 4-24에 나타내었다. 그림에서 28 V의 펄스입력에 전압이 가해지지 않을 경우, 이 잡음원은 상온의 열잡음원이 되며, 28 V의 DC 전원이 인가될 경우, 열잡음보다 큰 잡음이 동축 커넥터를 통하여 출력되게 된다. 따라서 잡음지수를 측정하려고 하는 DUT에, 한번은 잡음신호원에 0 V를 가하고(잡음전원이 cold 상태에 있다고 한다) 잡음출력을 측정한 다음, 다시 28 V의 DC 전원을 잡음신호원에 인가하고(잡음전원이 hot 상태에 있다고 한다) 이때의 DUT 출력의 잡음출력을 측정하게 되면, 이를 통해 DUT의 잡음지수를 알 수 있게 된다.

여기서 28 V DC를 인가했을 때 잡음신호원에 나타나는 추가잡음전력(excessive noise) $k(T_1 - T_o)B$과 상온에서의 열잡음 kT_oB의 비를 ENR(Excessive Noise Ratio)이라고 하며, 다음과 같이 정의된다.

$$ENR = \frac{T_1 - T_o}{T_o} \qquad (4-90)$$

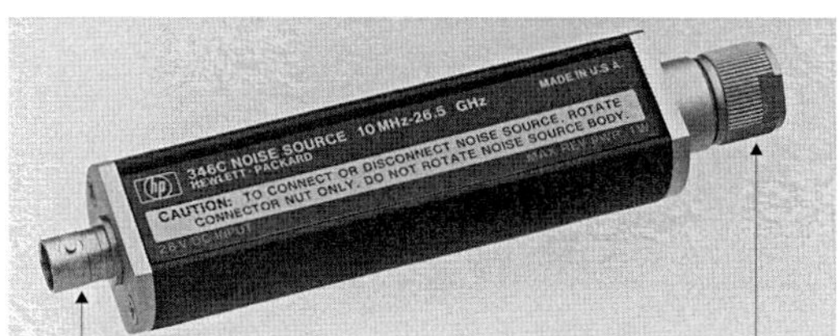

[그림 4-24] 잡음신호원(Agilent사)

따라서 DUT의 잡음지수를 측정하기 위하여 그림 4-25와 같이 결선하고 잡음 전원이 hot 상태와 cold 상태를 비교하면, 이것은 개념적으로 그림 4-26과 같이 측정하는 것이 된다.

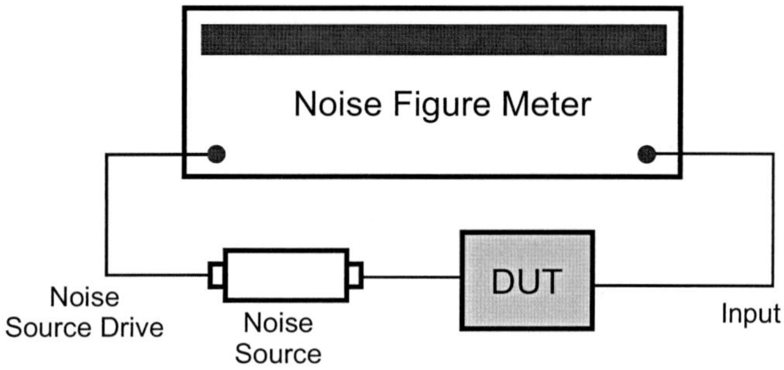

[그림 4-25] 잡음지수 측정 블록도

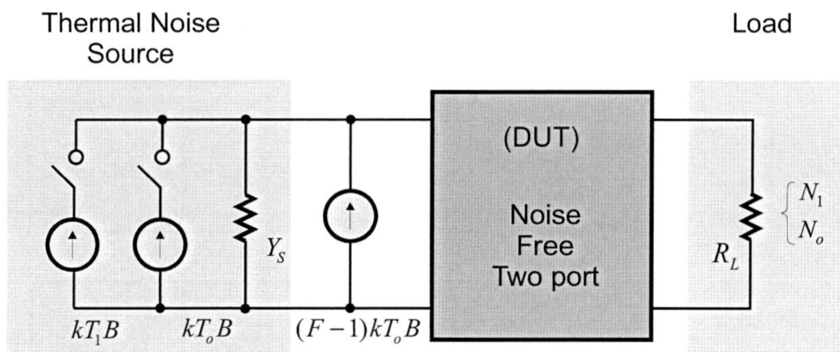

[그림 4-26] 그림 4-25의 잡음측정 개념도

이때 DUT의 잡음지수를 F라고 하고, 상온의 열잡음이 입력되었을 때, 출력은 $N_o = FkT_oBG$가 되고, 반면 hot인 상태의 잡음이 입력될 때 출력 N_1은, DUT의 잡음온도의 변화가 없으므로

$$N_1 = kT_1BG + (F-1)kT_oBG \tag{4-91}$$

가 될 것이다. 따라서 이 두 전력의 비를 구하면

$$\frac{N_1}{N_o} = \frac{kT_1BG + (F-1)kT_oBG}{FkT_oBG} \tag{4-92}$$

을 얻게 되고, 여기서 잡음지수는 다음과 같이 결정할 수 있게 된다.

$$F = \frac{T_1 - T_o}{T_o}\left(\frac{N_1}{N_o} - 1\right)^{-1} \tag{4-93}$$

이것을 ENR 정의를 이용하여 다시 쓰면

$$F(\mathrm{dB}) = 10\log(ENR) - 10\log\left(\frac{N_1}{N_o} - 1\right) \tag{4-94}$$

과 같이 잡음지수를 얻을 수 있음을 알 수 있다.

4.2.6.2 잡음 파라미터 측정

잡음 파라미터를 이러한 잡음지수측정기를 이용하여 측정하려고 하면 그림 4-27과 같이 결선하면 간접적으로 잡음 파라미터를 측정할 수 있게 된다.

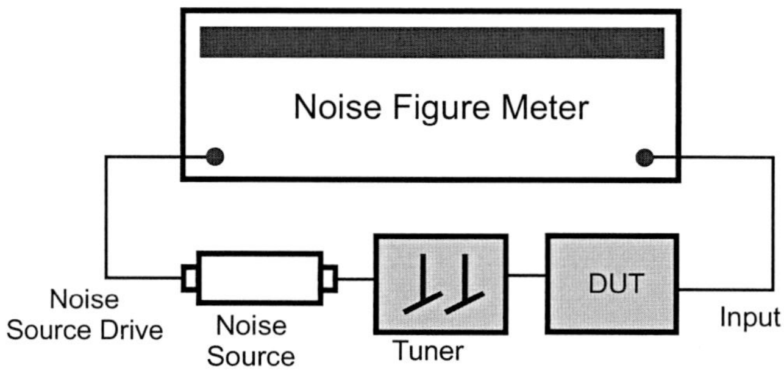

[그림 4-27] 잡음 파라미터 측정 연결그림

그림 4-27과 같이 연결된 상태에서, tuner를 조정하면 DUT의 출력을 통하여 들여다본 전원의 내부저항이 변하게 된다. 이렇게 하면 잡음지수가 최소를 보이는 점이 발견될 것이다. 이때의 잡음지수가 바로 최소잡음지수 $F_{\min}$이 되게 되며, 이때 들여다 본 임피던스, 즉 tuner의 잡음신호원이 연결된 곳에 50 ohm을 연결하고, 이때 임피던스를 회로망분석기를 통하여 측정하면, 그것이 바로 Γ_{opt}가 될 것이다. 또한 남아 있는 잡음저항(noise resistance)의 경우 tuner를 제거하고 50 ohm 입출력 임피던스 하에서 측정하면, 이때 얻은 잡음지수를 F_{50}이라고 하면, 이것은 (4-85a) 식에 $\Gamma_s = 0$을 대입한 것이므로, 이것으로부터 잡음저항(noise resistance) R_n은 다

음 식을 이용하여 계산될 수 있다.

$$R_n = F_{50} - F_{\min}\frac{|1+\Gamma_{opt}|^2}{4|\Gamma_{opt}|^2} \tag{4-95}$$

따라서 잡음 파라미터는 이와 같이 잡음지수측정기와 tuner를 이용하여 측정 가능하게 된다.

4.3 파일 형식(File format)

일반적인 고주파 소자에 대하여 공급자는 측정된 S-파라미터를 제공하며, 이것이 없을 경우 직접 측정하여 S-파라미터를 얻게 된다. 이 경우 이를 이용하여 계산을 하는 것이 필요하게 된다. 역으로 설계된 회로에 대하여 이것의 성능평가를 위해 이것의 S-파라미터로 출력되는 일이 종종 있게 된다. ADS에서는 전자의 경우 시뮬레이션 시 *Data device*로 제공하며, 이때 S-파라미터는 통상적인 ASCII로 기록된 텍스트파일(text file)이 되게 된다. 이들의 형식에 대해서는 약속된 여러 가지 형식이 있어, 이 장에서는 이것에 대하여 설명하기로 한다. 2-포트 파라미터를 기록하는 파일 형식들은 크게 네 가지로 분류할 수 있다. *Touchstone, CITI file, IC-CAP* 그리고 *MDIF*가 그것이다. 이들 중 자주 사용되는 *Touchstone*과 *CITI file*에 대해 알아보도록 하겠다.

*Touchstone*은 ASCII 텍스트 파일로서 일반적으로 *SnP format*이라고도 하는데 앞의 S라는 문자는 S-파라미터를 의미하는 것이고, 뒷부분의 *n*은 포트의 수를 의미하게 된다. 이것은 주파수에 따른 선형소자의 소신호 G, H, S, Y 그리고 Z-파라미터를 나타내게 되며, 또한 2 포트의 잡음자료를 포함할 수도 있다.

[표 4-2] Touchstone 형식에 있어서 파라미터 약어

S	=	Scattering parameters
Y	=	Admittance parameters
Z	=	Impedance parameters
H	=	Hybrid-h parameters
G	=	Hybrid-g parameters

각각의 줄들은 주파수 값과 각각의 주파수에 따른 S-파라미터의 크기와 위상을 표현하게 된다. 기본적인 파일 형식은 *Option line*, *Data line* 그리고 *Comment line*으로 구성이 된다. *Option line*은 자료의 구성을 보여준다.

[표 4-3] Touchstone file의 구성

```
Option Line ►   # 〈frequency unit〉〈parameter〉〈format〉〈Rn〉
                                 〈data line〉
                                      .
                                      .
                                 〈data line〉
```

여기에서 #은 *Option line*임을 나타내는 구분문자이며 *<frequency unit>*은 주파수의 단위를 의미하고 표 4-2에 있는 *<parameter>*는 2-포트 파라미터의 종류를 나타낸다. *<format>*은 2-포트 파라미터가 복소수이기 때문에 이것의 표시방법을 정의한 것으로, *DB*는 dB와 각도(angle), *MA*는 크기(magnitude)와 각도등으로 나타낸 것을 말한다. 그리고 마지막으로 *<Rn>*은 파라미터들을 정규화시킨 임피던스를 나타내게 된다. 예제는 아래 표 4-4와 같다.

[표 4-4] Option line의 구성 예

# GHZ S RI R 100	GHZ의 주파수를 사용하고 S-파라미터이고, Real Imaginary 형식이며 100 Ω으로 정규화시킨 data임
# HZ Z MA R 1	Hz의 주파수를 사용하고 Z-파라미터이고, Magnitude-Degree 형식이며 1 Ω으로 정규화시킨 data임
# MHZ S DB R 50	MHz의 주파수를 사용하고 S-파라미터의 dB-Angle 형식이며 50 Ω으로 정규화시킨 값

이제 실제 자료(data)가 들어있는 *Data line*에 대해 알아보자. *Data line*에는 각각 어떤 특정 주파수에 대한 자료들이 *Option line*의 정의에 따라 배열되어 있는데, *SnP*를 예로 들면 좌측부터 S_{11} S_{21} S_{12} S_{22} 순으로 배열이 되어있다. 아래에 *S2P* 파일의 자료구조를 살펴보면 아래와 같다.

[표 4-5] S-파라미터의 예

```
# GHZ S MA R 50
0.100000  0.218 171.4   4.487 171.3   0.136 -6.8    0.117 172.9 ! freq S11, S21, s12, s22
0.144750  0.221 167.6   4.472 167.8   0.133 -10.7   0.120 165.5
0.189500  0.215 163.2   4.452 163.7   0.132 -14.9   0.125 163.0
2.00000  8.359  0.3819 179.99  0.75 ! NFmin[dB] S_opt Rn/Zo
```

CITI(Common Instrumentation Transfer and Interchange) 파일은 계측기에서 널리 사용되는 형식이다. *CITI* 파일은 *Header*, *Data*로 구성되어있다. *Header*는 *Keyword*와 *Setup* 정보로 구성되어 있으며, *Data*는 대부분 하나 또는 다수의 *Data Array*로 구성되어 있다. 아래는 일반적인 *CITI* 파일의 예이다.

[표 4-6] CITI File 예

Header	CITIFILE A.01.00 NAME MEMORY VAR FREQ MAG 3 DATA S RI
DATA	VAR_LIST_BEGIN 2000000000 3000000000 4000000000 VAR_LIST_END BEGIN -3.54545E-2, -1.38601E-3 0.23491E-2, -3.9883E-3 2.00382E-3, -1.40022E-3 END

*Header*에서는 *Header* 뒤에 표기되어 있는 자료에 대한 정보를 제공하게 되고, 여기에는 자료를 측정한 계측기의 *Setup* 정보까지 포함하고 있다. *CITIFILE A.01.00*은 *version number*이며, *NAME*은 이 자료의 이름이 된다. 즉, *Memory*가 현재 이 자료의 이름이다. *VAR*은 독립변수를 나타내며 독립변수는 주파수(*FREQ*)로 크기(*MAG*)로 나타내는 것을 의미하며 3은 개수를 나타낸다. 그 다음 줄의 *DATA*는 이 자료의 구성을 나타내는 것이다. 즉 S-파라미터로 *RI* 형식(복소수를 실수부와 허수부로 나타낸 형식)으로 구성된 것을 나타낸다.

*VAR_LIST_BEGIN*은 앞서 정의된 *VAR*의 자료시작을 나타내며, *VAR_LIST_END*는 *VAR* 자료의 끝을 나타낸다. *Data*는 *BEGIN*이라는 keyword를 시작으로 나열되어 있으며, *END*라는 keyword로 끝이 나게 된다. 또한 이 자료는 앞서서 *header*에서 언급한 바와 같이 S-파라미터를 나타내는 복소수로서 *RI*-형식으로 되어있음을 알 수 있다. 그리고 주목할 것은, 이것은 1-포트 S-파라미터이며, 2-포트의 경우 *Header* 줄에 *DATA S[1,1] RI*, *DATA S[2,1] RI*, *DATA S[1,2] RI*, *DATA S[2,2] RI*의 4개의 줄이 각각 추가되어야 하며 *Data*란에 *BEGIN, END*가 4번 나오게 될 것이다.

참고문헌

[1] G. Gonzalez, *Microwave Transistor Amplifiers Analysis and Design,* 2nd edition, Prentice Hall, 1996.

[2] H Fukui edited, *Low-noise Microwave Transistor & Amplifiers,* IEEE Press, 1981.

[3] Agilent Technologies, *Agilent Network Analyzer Basics,* 5965-7917E. pdf, 2004.

[4] R. E. Ziemer and W. H. Tranter, *Principles of Communications,* John Wiley & Sons Inc., 2002.

[5] H. W. Ott, *Noise Reduction Techniques in Electric Systems,* John Wiley & Sons Inc., 1976.

[6] H. Hildebrand and P. H. Russer, "An efficient method for computer aided noise analysis of linear amplifier networks," *IEEE Trans. on Circuits and Systems*, vol. 23, no. 4, pp. 235-238, April 1976.

연습문제

4-1 다음과 같은 병렬 및 직렬공진회로의 S-파라미터를 계산하시오.

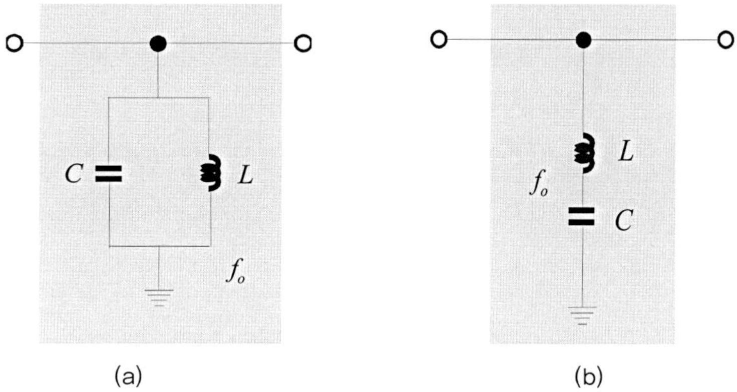

[그림 4P-1] (a) 병렬 공진기, (b) 직렬 공진기

4-2 문제 4-1에서 $|S_{21}|$의 측정을 통해 위의 병렬공진이나 직렬공진회로의 회로 값을 구하는 방법을 설명하시오.

4-3 무손실 수동 2-포트 회로망에서 삽입손실이 3 dB일 때 반사손실을 계산하시오.

4-4 다음 회로와 같은 감쇠기의 S-파라미터를 계산하시오.
이때 $|S_{11}|^2 + |S_{21}|^2 = 1$을 만족하는지 조사하시오.

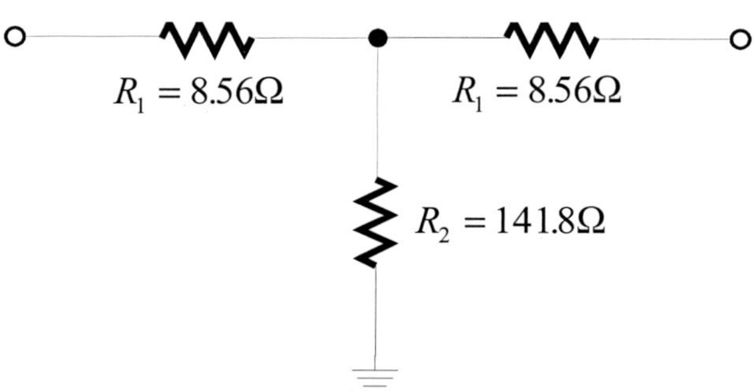

[그림 4P-2] T-형 3 dB 감쇠기

4-5 (4-84a)식을 증명하시오.

4-6 (4-85a)식을 증명하시오.

4-7 잡음온도 T_e는 잡음 factor로 $T_e = (F-1)T_o$로 정의된다. 이와 같은 관계를 이용하여 각 단의 잡음온도를 알 때 Frii의 공식을 잡음온도로 표시하면 아래와 같음을 유도하시오.

$$T_{et} = T_{e1} + \frac{T_{e2}}{G_1} + \frac{T_{e3}}{G_1 G_2} + \cdots$$

4-8 두 단으로 구성된 증폭기가 있고 이것의 전원과의 VSWR이 ρ_1, 그리고 증폭기 간 VSWR ρ_2로 부정합 되었을 때 Frii의 공식은 어떻게 되는가?

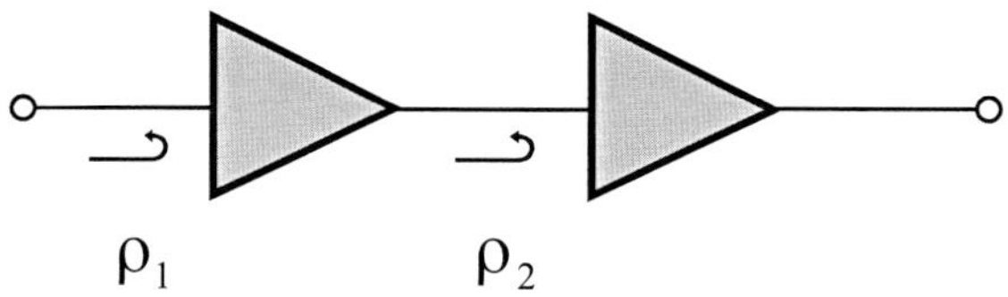

[그림 4P-3] 2단 증폭기

4-9 감쇠기의 감쇠(attenuation)가 L이고 이것의 온도가 T_o일 때 잡음지수를 구하시오.

4-10 이 감쇠기를 ENR을 갖는 잡음신호원 다음에 연결하였을 경우 ENR은 어떻게 되는가?

4-11 ADS로 잡음 시뮬레이션 할 경우 Y-파라미터로 표현되는 전류 잡음원 i_{n1}, i_{n2}를 이용한 잡음 파라미터들이 출력되게 된다. 잡음 파라미터 $F_{\min}$, R_n, Y_{opt}를 $\overline{|i_{n1}|^2}, \overline{|i_{n2}|^2}, \overline{i_{n1}^* i_{n2}}$로 표시하시오.

제 5 장

마이크로파 능동소자 소개

5.1 GaAs MESFET
5.2 BJT(Bipolar Junction Transistor)
5.3 DC 바이어스 회로
5.4 FET의 소신호 등가회로

마이크로파 능동소자는 반도체 공정으로 제작되는 것으로, 크게 2단자 소자인 다이오드(diode)와 3단자 소자인 트랜지스터(transistor)가 있다. 마이크로파에 자주 활용되는 다이오드로는 Gunn, IMPATT, 버랙터(varactor), PIN, Schottky 다이오드 등이 있다.

버랙터 다이오드는 pn 다이오드에 역방향 전압을 인가할 경우 pn 접합(junction)에는 공핍영역 커패시턴스(depletion capacitance)가 발생하게 되는데, 이 공핍영역 커패시턴스는 전압에 따라 변하게 되므로, 주로 발진기의 주파수 조정용으로 사용되어 왔다. 그러나 과거 증폭기용으로 적절한 소자가 없었을 경우는 parametric amplifier로서 저잡음 증폭기에도 사용되기도 하였다. PIN 다이오드는 pn 다이오드의 pn 접합 사이에 I-영역(intrinsic-region)을 삽입한 것으로, 이 I-영역의 저항은 DC 전압에 따라 변하며, 이것을 이용 마이크로파 영역에서 스위치 및 DC 전압에 따라 가변하는 감쇠기로 사용할 수 있게 된다. 또한 적절한 길이의 전송선과 결합하여 위상천이기로 활용할 수도 있다.

Schottky 다이오드는 pn 접합 다이오드와는 달리, 다수반송자(majority carrier)를 활용 정류(rectification)하는 소자로서, 오래 동안 혼합기 및 검파기(detector)에 활용되어 왔다. 이 다이오드는 동작시 다수반송자를 활용함으로써 pn 다이오드와는 달리 소수반송자(minority carrier)에 의한 확산영역 커패시턴스(diffusion capacitance)가 없어 고주파에서 혼합기에 응용 시 탁월한 장점을 보인다.

Gunn 다이오드나 IMPATT 다이오드는 과거 1970년대까지는 발진기나 증폭기의 능동소자로서 주로 사용되었다. 이 시기에는 트랜지스터가 4 GHz보다 높은 주파수에서 적용하기 곤란하였다. 이들은 DC 특성을 볼 때, 적정 동작점을 설정하면 부성저항을 보이고, 이 부성저항을 이용하여 발진기를 설계하는 것이 용이하였다. 또한 이들은 증폭기로서도 사용할 수 있다. 즉 부성저항을 갖는 소자의 반사계수는 1보다 크므로, 서큘레이터(circulator)와 결합하여 반사형 증폭기(reflection amplifier)로 구성할 수 있다. 그러나 이들의 문제점은 효율이 나빠서 항상 방열문제를 고려하여야 하며, 따라서 이들은 방열설계가 용이한 도파관을 이용한 회로를 구성하는 데 사용되었다. 이러한 방열 문제는 집적에 제한을 주는 중요한 요소가 된다. 이들의 다른 또 하나의 단점은 공정상 다른 소자들과 집적 가능성이 없어서 복잡한 집적회로 구성 시 다른 소자를 동반해야 한다는 단점이 있다.

트랜지스터로는 크게 BJT(Bipolar Junction Transistor)와 FET(Field Effect Transistor)가 있다. BJT의 경우 접합을 사용, 문턱전압의 높낮이를 조정, 반송자(carrier)의 확산(diffusion)을 이용하는 것이며, 정공(hole) 및 전자의 두 가지 반송자를 사용하게 된다. FET의 경우 반송자의 표동(drift)속도를 이용하는 것으로서, 다수반송자 한 가지만 사용하며, 이것의 전류조정은 반송자가 이동하는 채널(channel)의 폭을 게이트 전압을 제어함으로써 조정한다. FET는 이러한 채널 형성 방법에 따라 여러 가지로 분류된다. 채널을 형성하는 방법으로는 크게 반송자가 없는 채널에 게이트 전압을 인가하여 반송자를 축적하여 채널을 형성하는 방법과(enhancement operation), 사전에 채널에 반송자를 주입하고 이의 폭을 게이트 전압으로 조정하는 방법(depletion operation) 등이 있다.

이러한 트랜지스터들은 공정기술의 한계로, 과거 1970년대까지는 저주파 BJT를 여러 면에서 개선한 Si BJT가 유일하게 마이크로파 영역까지 사용되었으며, 이것은 4 GHz보다 높은 주파수에서 적용하기 곤란하였다. 1970년대 초반 화합물 반도체인 GaAs 공정기술의 발전으로 GaAs MESFET(MEtal Semiconductor FET) 소자가 개발되었다. GaAs에서의 전자의 속도는 Si에 비해 6배가 빠르게 된다. 이러한 전자의 속도 개선은 같은 공정기술을 가지고 트랜지스터를 Si로 제작하였을 때보다 고주파 성능이 우수하게 된다. GaAs MESFET의 출현으로 마이크로파 영역에서 증폭기 및 발진기로 활용되던 Gunn 다이오드 등의 이용은 사라지고, 이들의 응용은 밀리미터파(millimeter wave)영역으로 물러났다. 그 후 다시 GaAs FET의 특성을 더 한층 개선한 HEMT (High Electron Mobility Transistor) 및 pHEMT (pseudo-morphic HEMT)의 출현으로 이를 이용하여 200 GHz까지 집적회로를 구성하는 것이 가능하여, 향후 Gunn 다이오드나 IMPATT 다이오드의 밀리미터파에서의 사용은 불분명해질 것으로 예상된다.

3-단자 소자인 BJT 및 GaAs MESFET는 다이오드에 비하여 여러 가지 장점이 있는데, 이들은 회로설계 시 유연성이 있어서, 증폭기, 발진기등 여러 가지 소자로 적용 가능하다. 효율면에서 Gunn 다이오드나 기타 다이오드들에 비해 월등히 우수하여, 대전력으로서 동작시키지 않는다면 별도의 방열구조가 필요치 않으며, 게이트 전압을 제어하거나 베이스(base) 전압을 제어할 경우 스위치로서 동작한다. 뿐만 아니라 이들은 내부적으로 버랙터 다이오드의 특성을 포함하고 있고, 평면형으로 제작되는 것이 가능하여, 집적화하는 데 다른 능동소자보다 월등한 장점을 지니고 있다. 이들의 고주파 특성은 많은 연구자들에 의하여 꾸준히 개발되어 왔으며, 현재에는 신소재 또는 새로운 동작원리를 이용하여 해마다 이의 성능은 개선되고 있다.

따라서 본 장에서는 마이크로파에 사용되는 이들 트랜지스터의 동작과 특성을 간단히 알아보고, 다이오드 중에서 버랙터 다이오드는 발진기 설계에서, 그리고 Schottky 다이오드의 동작원리 및 성능은 뒤에 설명될 혼합기에서 설명하도록 하겠다.

5.1 GaAs MESFET

5.1.1 동작원리 및 등가회로

그림 5-1에는 게이트 길이(gate length)가 0.3 μm 그리고 게이트 폭(gate width)이 250 μm인 GaAs FET의 위에서 본 평면도를 보였으며, 그림 5-1의 A-A' 단면에서의 그림을 그림 5-2에 나타내었다.

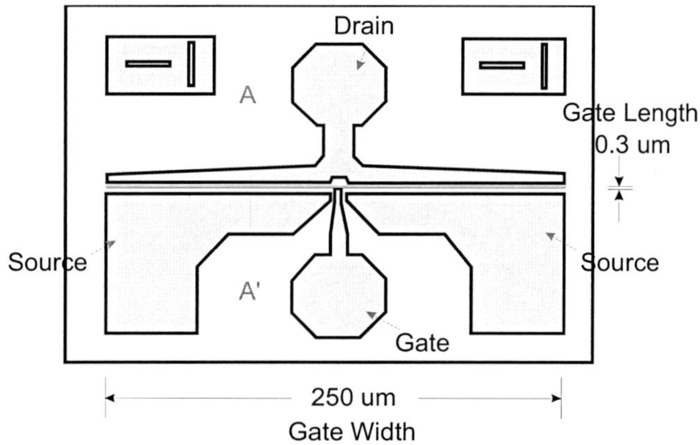

[그림 5-1] GaAs FET의 평면도

그림 5-2와 같이 GaAs FET는 절연체인 GaAs semi-insulating 기판 위에 전자가 풍부한 n-type 에피층(epi-layer)을 성장시키고, 그 위에 드레인 및 소스 단자는 오믹 접합(ohmic contact)으로 형성시키며, 게이트 단자는 Schottky 접합으로 형성한다. 이와 같이 제작될 경우 게이트와 에피층 사이에는 Schottky 다이오드가 형성된다. 따라서 게이트에 -전압을 인가할 경우, 게이트와 에피층 사이에는 다이오드가 역 방향이 되어 전류가 흐르지 않고, 이 역전압으로 인해 에피층에는 반송자가 없는 공핍(depletion)영역이 나타나게 된다. 게이트에 인가된 - 전압을 증가시킬수록, 공핍영역은 더 넓어지게 되며, 결과적으로 전자가 이동하는 채널이 좁아져서, 드레인-소스 간 전류는 더욱 줄어들게 된다. 따라서 이 소자는 게이트 전압을 통하여 드레인-소스에 흐르는 전류를 제어하게 된다.

이에 따른 등가회로를 그림 5-2에 또한 나타내었는데, R_S 및 R_D는 오믹 접합으로 나타나는 저항을 나타내며, R_g는 Schottky 접합을 형성할 때 나타나는 게이트 저항을 나타낸다. 그리고 게이트 전압에 따른 드레인 전류의 변화를 트랜스컨덕턴스(trans-conductance) g_m으로 나타낼 수 있으며, v_{DS}에 따른 드레인 전류 변화를 저항 R_{DS}로 나타내었다. 이들 g_m 및 R_{DS}는 앞서의 R_g, R_S, R_D와는 달리 비선형 소자가 되며, 이는 FET의 DC 특성을 나타내게 된다. 저항 R_i는 채널 저항이라고도 불리며, 이는 게이트 영역에 발생한 공핍영역이 소스 단자에 직접 연결되지 못하고 채널을 거쳐 소스에 연결되게 되는데, 이때 채널을 통하여 발생한 저항을 나타내는 것이다. 커패시터 C_{gs}, C_{gd}는 게이트-소스 간, 게이트-드레인 간 발생한 공핍영역에 의한 커패시턴스를 나타내며, 이의 특성은 공핍영역 커패시턴스와 유사한 특성을 보인다. 반면 C_{ds}는 드레인-소스 단자 간 발생한 커패시턴스와 채널 영역을 통하여 발생한 커패시턴스를 나타내며, 비선형 특성을 보이나 공핍영역 커패시턴스와는 다른 특성을 보이게 된다.

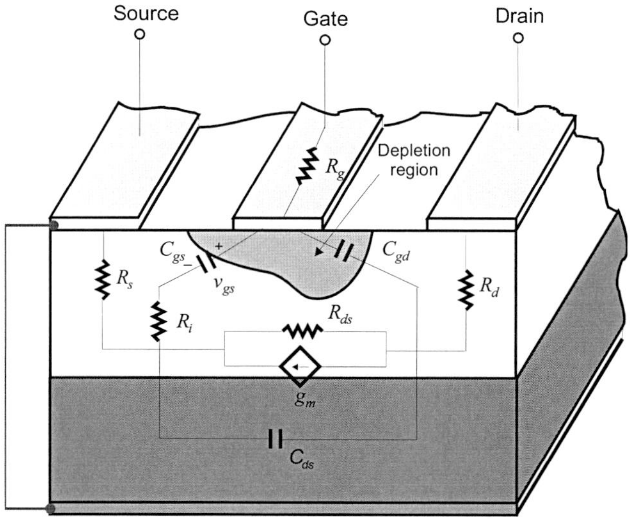

[그림 5-2] GaAs FET의 단면도 및 등가회로

이상과 같은 등가회로를 다시 그린 것이 그림 5-3이다. 여기서 트랜스컨덕턴스가 $y_m = g_m e^{-j\omega\tau}$로 나타나는 것은, 주파수가 높을 경우 드레인 전류가 게이트-소스 간의 전압에 대하여 시간지연 τ를 갖고 흐르기 때문이다.

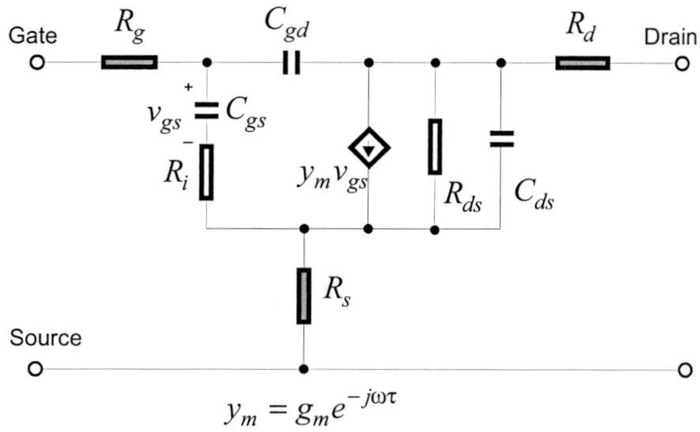

[그림 5-3] MESFET 등가회로

5.1.2 대신호 등가회로

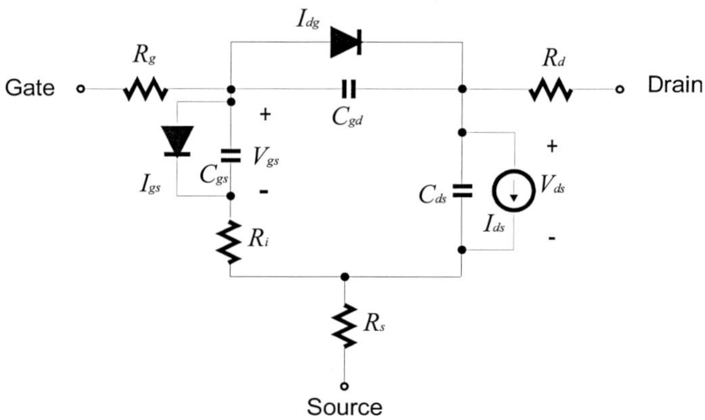

[그림 5-4] 대신호 등가회로

그림 5-4에는 대신호 등가회로를 보였다. 여기서 R_g, R_S, R_D는 물리적 발생원인 자체가 선형이므로 선형소자로 취급할 수 있고, I_{dg}, I_{gs}는 아래 (5-1)식과 같은 다이오드 특성이므로, 다이오드의 순방향(forward) 전류 특성을 측정하면 결정할 수 있게 된다.

$$I_{gs} = I_{s1}(e^{\frac{v_{GS}}{\eta V_T}} - 1) \tag{5-1}$$

$$I_{gd} = I_{s2}(e^{\frac{v_{GD}}{\eta V_T}} - 1) \tag{5-2}$$

그리고 C_{gs}, C_{gd}는 공핍영역 커패시턴스이므로, 이것의 아래 (5-3), (5-4)식과 같은 C-V 특성을 측정할 경우, 결정할 수 있게 된다.

$$C_{gs} = \frac{C_{gs0}}{\left(1 - \dfrac{V_{GS}}{\phi_{GS}}\right)^{m_S}} \tag{5-3}$$

$$C_{gd} = \frac{C_{gd0}}{\left(1 - \dfrac{V_{GD}}{\phi_{GS}}\right)^{m_D}} \tag{5-4}$$

그리고 C_{ds} 및 R_i는 비선형 특성이 약하므로 소신호 값을 그대로 활용할 수 있을 것이다. 그러나 게이트-소스 및 드레인-소스 간 전압에 따른 드레인 전류 I_{DS}의 DC 특성은 아래 그림 5-5와 같이 나타나며, 이의 비선형 특성은 다른 FET와는 달라서 이것의 새로운 수학적 모델(model)을 필요로 한다.

이러한 결과를 수학적으로 나타내는 데는 여러 가지 방법이 있으나, 그 중 가장 널리 알려진 3가지 수학적 모델이 있다.

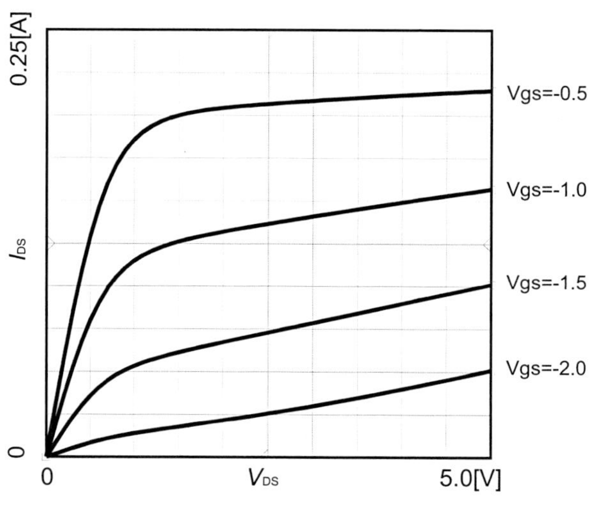

[그림 5-5] $I_{DS} - V_{DS}$ 특성

Curtice 모델은 그림 5-5와 같은 특성을 $(1+\lambda V_{ds})\tanh(\alpha V_{ds})$로 묘사하는 것이다. 함수 $\tanh x$는 $x \to \pm\infty$일 때 1에 접근하고, x가 작을 경우 x에 비례하는 직

선이 나타나게 된다. 따라서 0점 근처의 기울기는 상수 α를 사용 $\tanh(\alpha V_{ds})$와 같이 표현할 경우, 위의 곡선을 나타낼 수 있을 것이다. 그러나 그림 5-5의 곡선은 V_{DS}가 커질 경우 약간의 기울기를 보이며, 이것을 나타내기 위하여$(1+\lambda V_{ds})$ 인자를 곱할 경우 V_{ds}가 작을 경우는 영향이 없고 $V_{ds} \to \pm\infty$일때 이 인자에 의하여 기울기를 나타내는 것을 알 수 있다. 따라서 $(1+\lambda V_{ds})\tanh(\alpha V_{ds})$는 위의 $I_D - V_{DS}$ 특성을 유사하게 근접할 수 있을 것이다. 반면 드레인 전류의 V_{GS}관계는 그림 5-6과 같이 포물선에 가까우므로, 이것을 2차식으로 모델할 수 있는데, 실제적인 상황에서는 3차식이 자유도를 가지고 있어 (5-5)식을 이용 측정결과에 더욱 가깝게 할 수 있게 된다.

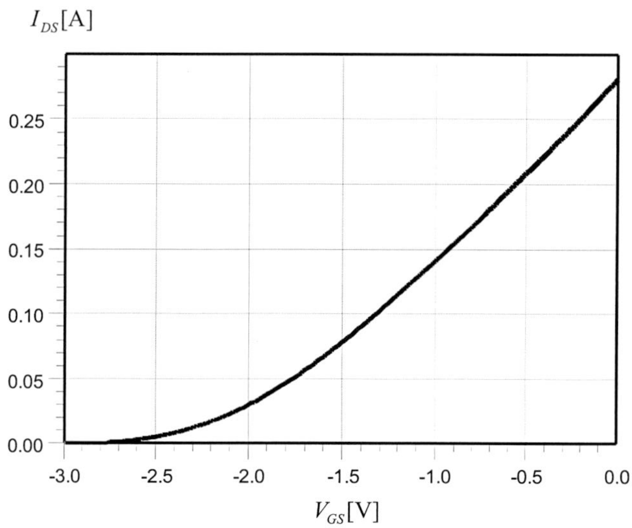

[그림 5-6] $I_{DS} - V_{GS}$ 특성

또한 $I_D - V_{GS}$ 특성은 V_{DS}에 따라서 약간 변하게 되는데, 이것을 나타내기 위하여 V_{GS} 대신에 V_{DS}의 1차 함수인 (5-5b)식으로 표시되는 V_1을 사용하여 드레인 전류의 특성을 수학적으로 묘사하면 아래의 식과 같다.

$$I_{ds} = (A_0 + A_1 V_1 + A_2 V_1^2 + A_3 V_1^3)(1+\lambda V_{ds})\tanh(\alpha V_{ds}) \qquad (5-5a)$$

$$V_1 = V_{gs}[1+\beta(V_{dso} - V_{to})] \qquad (5-5b)$$

Materka 모델은 드레인 전류의 V_{GS} 관계를 잘 알려진 포물선 관계로 묘사하고, V_{DS}가 증가함에 따라 나타나는 기울기를 아래 식과 같이 $\tanh x$에 $V_{GS}-V_p$ 인자를 삽입하여, I_D-V_{DS} 특성을 표현하는 것이다. 그리고 여기서 나타나는 핀치오프(pinch-off) 전압 V_p는 역시 V_{ds}에 약간 의존하게 되는데 이것을 핀치오프 전압이 V_{ds}에 1차적으로 의존하는 것으로 표시한 것이다.

$$I_{ds}=I_{dss}\left(1-\frac{V_{gs}}{V_p}\right)^2\tanh\left(\frac{\alpha V_{ds}}{V_{gs}-V_p}\right) \tag{5-6a}$$

$$V_p=V_{po}+\gamma V_{ds} \tag{5-6b}$$

Raytheon 모델은 Raytheon사에서 개발된 수학적 모델로서 아래와 같은 식으로 표시된다.

$$I_{ds}=\frac{\beta(V_{gs}-V_{to})^2}{1+\Theta(V_{gs}-V_{to})}(1+\lambda V_{ds})\left[1-\left(1-\alpha\frac{V_{ds}}{3}\right)^3\right] \tag{5-7}$$

이외에도 다양한 수학적 모델이 있으며, 장단점은 구분하기 어려우나, 모두 드레인 전류가 V_{GS} 및 V_{DS}에 의존하는 관계를 나타내는 것으로, 대신호에서의 시뮬레이션 시 사용되고 있다. 또한 주목할 것은 위의 식은 DC에서의 관계를 수학적으로 나타내는데, 드레인 전류의 RF에서는 V_{GS}에 대한 의존도가 시간지연 τ가 있게 되므로, 앞서의 식들은 아래 (5-8)식과 같은

$$I_D=f(v_{GS}(t-\tau),v_{DS}) \tag{5-8}$$

의 관계로 바꾸어져 마이크로파에서 동작하는 수학적인 모델로 사용되게 된다.

5.1.3 FET 간략 등가회로 및 S-파라미터 특성

그림 5-3의 등가회로는 물리적 기원을 잘 보여주지만, 상당히 복잡한 단점이 있다. 따라서 이 회로소자 중 값이 작은 것을 0으로 두고 간략히 하면, 아래 그림 5-7과 같은 간략화된 소신호 등가회로를 얻을 수 있다. 이와 같이 간략화된 등가회로의 설명으로는 R_g, R_D, R_s는 접합으로서 발생한 저항들이며, 그 값이 작고 FET의 본질적인 부분이 아니기 때문에 0으로 두었다. 또한 공핍영역 커패시턴스

C_{gd}는 C_{gs}에 비해 일반적으로 작기 때문에 자주 $C_{gd}=0$으로 근사하게 된다. 그렇게 되면 FET의 입력과 출력은 격리되며, 이와 같이 근사하는 것을 일방화근사(unilateral approximation)이라 한다.

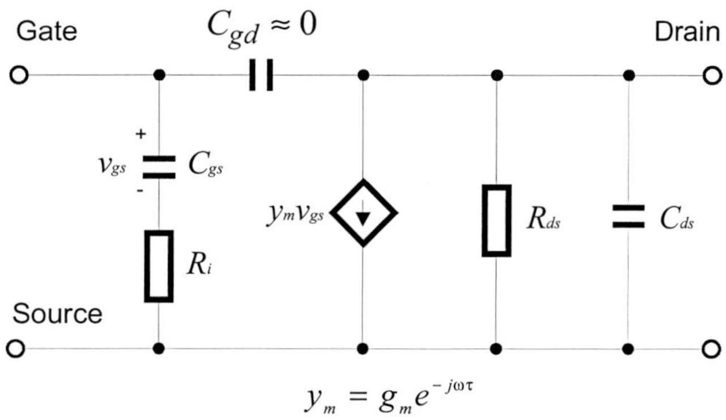

[그림 5-7] 간략화된 FET의 등가회로

그림 5-8은 전형적인 GaAs FET의 측정된 S-파라미터를 보였다. 이 S-파라미터는 반도체 칩 상태의 FET를 그림 5-9와 같이 측정용 지그(jig)에 와이어 본딩으로 조립한 후 측정한 것으로, 그림 5-9(b)에 나타난 기준선까지 교정 되어, 일반적으로 본딩 와이어의 인덕턴스까지 포함하고 있다.

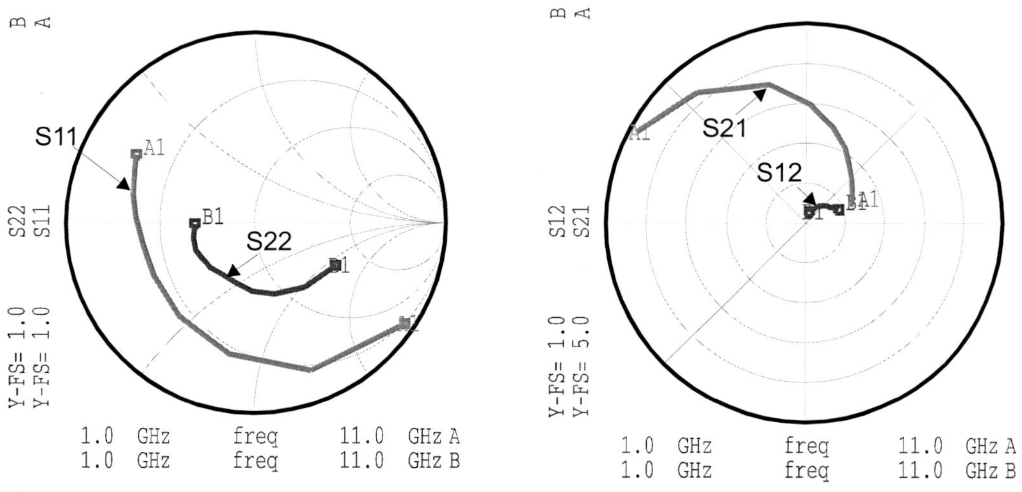

[그림 5-8] GaAs FET의 S-파라미터 측정 자료

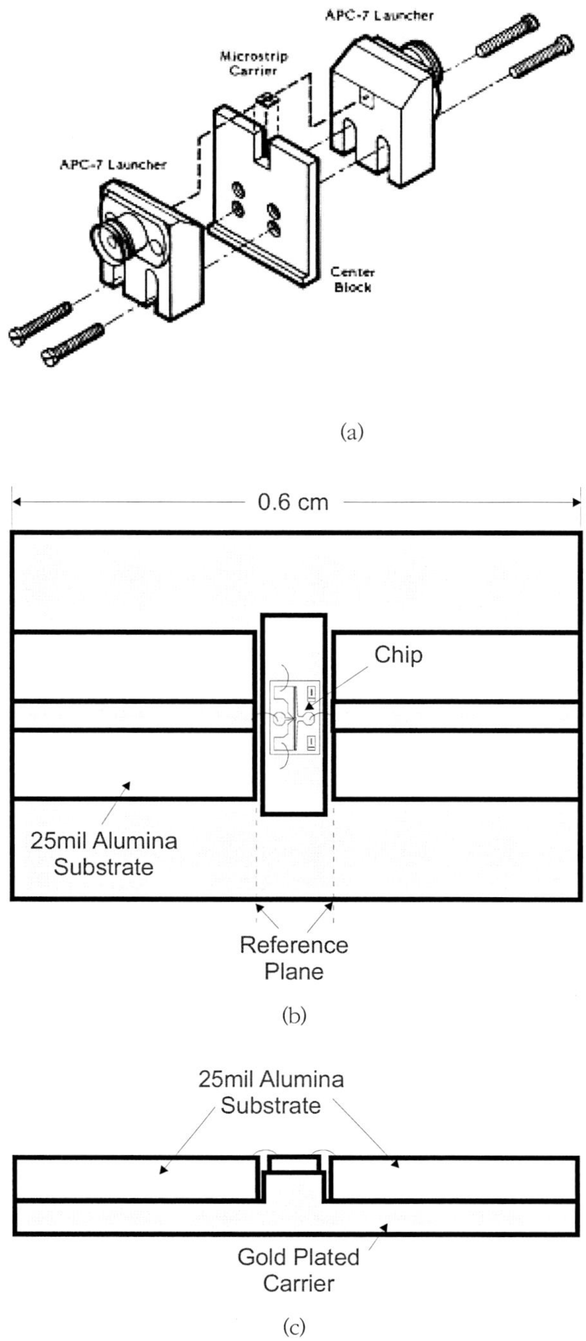

[그림 5-9] S-파라미터를 측정하기 위하여 GaAs FET를 조립한 지그의 그림:
(a) 조립도, (b) 캐리어(carrier)의 평면도, (c) 캐리어의 단면도

그림 5-8에서 S_{11}, S_{22}는 임피던스와 관련 있으므로 일반적으로 Smith chart에 나타내고, 반면 S_{12}, S_{21}의 경우 전달함수(transfer function)이므로 이것은 polar chart 위에 크기와 위상으로 나타낸다. 그림 5-8에서 S_{21}의 크기는 5.0으로 되어있으며, 원주 눈금 한 칸은 1.0에 해당한다. 반면 S_{12}는 작으므로 원주눈금 한 칸 당 눈금을 0.2로 하여, 크기와 위상을 나타내고 있음을 알 수 있다.

그림 5-7의 간략화된 등가회로에서 FET의 입력 임피던스는 본딩 와이어를 포함한다면 R-L-C 직렬회로가 되므로, 그림과 같이 Smith chart 상에서 등-저항 원 궤적을 쫓아가고 주파수가 낮을 경우 커패시터와 같이 동작하며, 반면 주파수가 올라갈수록 본딩 와이어의 인덕터가 주요해져서 인덕터와 같이 동작하게 된다. 이때 저항 값은 간략화된 등가회로에서는 채널 저항 R_i 에 해당하지만, 무시했던 접합 저항까지 고려하면 이것은 근사적으로 $R_i + R_g + R_S$ 값과 가깝게 된다. 그리고 2장에서의 방법을 이용 공진 시에 L, C 값을 계산하면 각각 본딩 와이어 인덕턴스 및 커패시턴스들을 얻게 되는데, 이때 커패시턴스는 C_{gs}에 가까운 값이 될 것이다.

S_{22}의 경우 그림 5-7의 간략화된 등가회로에서 R_{ds}, C_{ds}의 병렬연결이 될 것이다. 따라서 주파수가 0으로 접근할 때 저항 값은 R_{ds}와 가깝게 되고 주파수가 올라감에 따라 등-컨덕턴스 원궤적을 따라 움직이게 되는데, C_{ds}의 효과로 커패시터 영역에서 궤적이 나타나게 된다. 그리고 주파수가 올라감에 따라 본딩 와이어 인덕터와 C_{gd}의 효과로, S_{22}의 궤적은 등-컨덕턴스 원궤적에서 벗어나게 되며, S_{11}과 유사해지는 것을 알 수 있다.

그림 5-7의 간략화된 등가회로에서 비교적 낮은 주파수의 경우 S_{21}의 크기와 위상은

$$S_{21} = -2g_m Z_o = 2g_m Z_o \angle 180^\circ \qquad (5-9)$$

가 되는 것을 알 수 있다. 따라서 저주파에서의 측정 자료를 이용할 경우 g_m의 근사적인 값을 알 수 있으며, 주파수가 올라가면 C_{gs}에 걸리는 전압이 감소하고 또한 C_{ds}의 영향으로 그 크기가 줄어들게 된다. 그리고 위상은 시계방향으로 증가하는 것을 알 수 있다. 또한 S_{12}의 경우 주파수가 극히 낮을 경우

$$S_{12} = 2j\omega C_{gd} Z_o = 2\omega C_{gd} Z_o \angle 90^\circ \qquad (5-10)$$

임을 알 수 있고, 주파수가 올라감에 따라 이것도 시계방향으로 위상이 증가하는 것을 알 수 있다. 반면 크기는 위식에서 주파수가 올라갈수록 커지는 것을 알 수 있다.

5.1.4 패키지(Package)

앞서서 설명한 반도체 칩의 경우 능동소자의 성능열화 없이 그대로 사용 가능한 장점이 있으나, 외부환경에 의하여 파손되기 쉽고, 주로 납땜으로 조립되는 PCB 조립의 경우 불편함을 초래한다. 따라서 다소의 성능열화를 고려하고 칩을 패키지(package) 하여 사용하기도 한다. 패키지는 와이어 본딩 같은 조립을 필요로 하지 않고, 또한 외부환경에 대해 보호가 잘되는 장점이 있게 된다.

그림 5-10에는 패키지를 사용하여 이 GaAs FET 칩을 조립한 형태를 보였다. (a)는 뚜껑을 제거한 위에서 본 형태이며, (b)는 이것의 뒷면에서의 형태이다. 일반적으로 소스 단자의 경우 접지단자(ground)로 활용하는 일이 많으므로, 발생되는 인덕터의 값을 최소화 하기위해, 소스 단자는 그림과 같이 두 곳에서 와이어 본딩되어 있음을 알 수 있다. 또한 소스 단자에 발생하는 인덕턴스는 작더라도 이것을 통하여 출력에서 입력으로 궤환(feedback)이 일어나기 때문에, 발진을 일으킬 가능성이나 소자를 불안정(unstable)하게 만들 가능성이 커서, 보통 인덕턴스를 최소화하기 위하여 다른 단자에 비하여 폭이 넓은 단자를 사용하게 된다. 그리고 또한 주목할 것은 칩은 소스 단자가 와이어 본딩 되는 리드 단자 위에 직접 장착되므로 이 리드 단자를 통하여 방열되는 것을 주목하기 바란다.

앞의 패키지 된 소자는 측정상 패키지의 S, S' 선이 S-파라미터의 기준선이 되며, 이 선을 기준으로 측정된 S-파라미터가 제공된다. 따라서 패키지 된 소자의 경우 칩에 비하여 많은 기생 소자가 나타나게 되는데, 이것을 그림 5-11에 나타내었다. 그림 5-11에서 우선 칩을 패키지에 와이어 본딩 하여 조립하기 때문에, 그림과 같이 L_g, L_D, L_s의 본딩 와이어 인덕턴스가 발생하게 되며, 또한 패키지 기준선까지는 그림 5-11과 같이 전송선을 통하여 연결이 되기 때문에, 이에 따른 전송선이나 인덕턴스로 나타나게 된다. 그림 5-11에서 T_{in}, T_{out}, L_M은 이러한 전송선 및 인덕턴스를 나타낸다. 그리고 이러한 전송선의 불연속으로 인하여 접지면과 커패시턴스가 발생하게 되며, 이것은 C_{IN}, C_{OUT}으로 나타내었다. 또한 패키지를 하면서 선로 간 결합으로 궤환 커패시턴스가 발생하게 되는데 위의 선로에 의해 C_{F1} 그리고 뒤의 선로의 결합에 의해 C_{F2}가 발생하는 것을 알 수 있다.

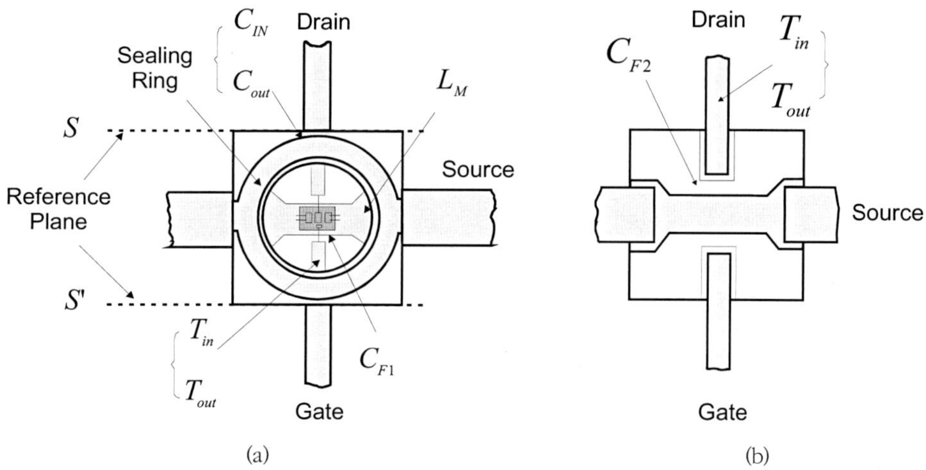

[그림 5-10] GaAs FET 패키지 조립도: (a) 위에서 본 그림, (b) 배면도

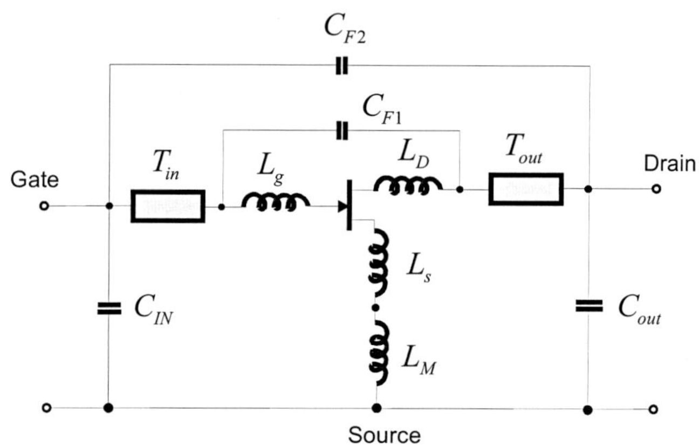

[그림 5-11] 패키지된 소자의 등가회로

이와 같이 많은 소자가 결합되면, 능동소자의 등가회로는 점점 부정확해지게 되는데, 이러한 부정확성을 개선하기 위해서는 칩을 모델하여 등가회로를 얻고, 또한 패키지 자체에 대하여 등가회로를 얻은 뒤, 이것을 결합하여 전체적인 등가회로를 얻는 것이 보편화되어 있다.

5.1.5 pHEMT의 동작원리

이와 같은 GaAs FET의 고주파에서의 성능은 에피층에서 전자의 이동속도에 밀접한 관계가 있게 된다. 그러나 전자의 이동속도는 전자를 생성하기 위하여 도핑(doping) 된 불순물원자(impurity)에 의하여 제한을 받게 된다. 즉, 전자를 생성한 불순물원자는 +극성을 띠게 되고 전자의 경우 −극성을 띠게 되어, 움직이는 전자는 + 극성을 갖게 되는 불순물원자에 의하여 산란(scattering)되며, 이들의 속도는 불순물원자로 인해 근본적으로 제한되게 된다. 따라서 GaAs FET와 같은 단순한 에피층 대신에 그림 5-12와 같이 복잡한 에피층 구조를 사용하여 전자의 속도를 개선할 수 있다.

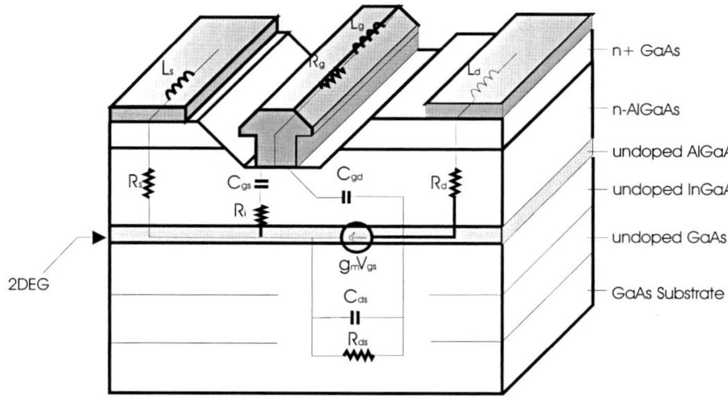

[그림 5-12] GaAs pHEMT의 단면구조

그림 5-12에서 n-형 AlGaAs와 전자가 없는 도핑이 안 된 GaAs의 이종 접합을 구성할 경우, AlGaAs와 GaAs 사이에는 에너지 장벽 상 전자우물(well)이 발생하게 되며, 따라서 도핑 된 n-형 AlGaAs의 전자들이 이러한 전자우물에 모이게 된다. 그런데 이 층에는 도핑이 거의 되어있지 않은 상태가 되어, 여기에 갇힌 전자들은 불순물원자에 제한 받지 않고 인가된 전계에 따라 움직이게 되어, GaAs FET보다 훨씬 빠른 속도로 움직일 수 있게 된다. 따라서 이러한 소자에서 전자는 기존 GaAs FET보다 훨씬 빠른 속도로 채널에서 이동하게 되어 주파수 특성이 개선되게 된다.

이러한 소자를 제작할 때 AlGaAs와 GaAs는 격자구조의 차이가 있어서, GaAs 위에 AlGaAs 결정을 성장시키는 것이 어려운데, 최근의 pseudo-morphic 기법으로 안정한 결정을 성장시킬 수 있어, 이러한 고성능의 소자를 제작하는 것이 가능하게 되었다.

5.2 BJT(Bipolar Junction Transistor)

5.2.1 Si BJT의 동작원리

그림 5-13에는 BJT의 구조를 보였다. (a)는 평면도이며, (b)는 S-S'선에서 본 단면도이다. 그림과 같이 npn BJT는 n+ 기판 위에 n-형 에피층을 키우고, 그 위에 베이스(base)가 될 영역을 국부적으로 도핑 하여 p-형을 형성한 뒤, 다시 베이스 영역 위에 이미터(emitter) 영역을 형성하여 BJT를 만들게 된다.

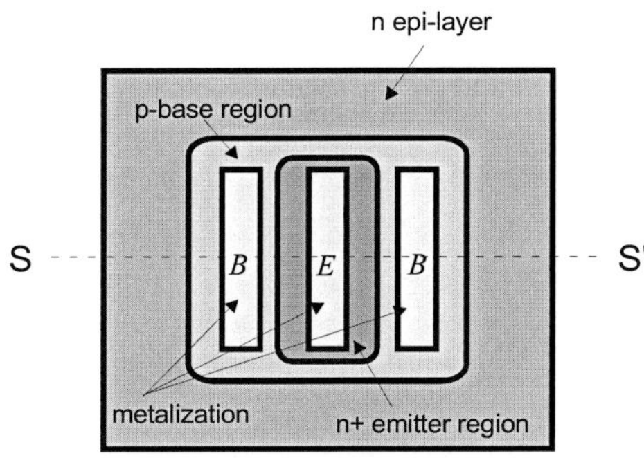

(a)

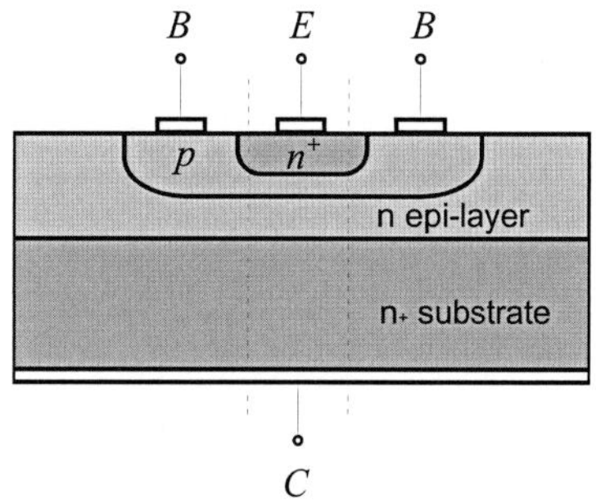

(b)

[그림 5-13] BJT의 구조: (a) 평면도, (b) S-S' 단면도

그림 5-13(b)의 점선 친 부분을 절단하여 보통 npn 트랜지스터의 동작원리를 설명하게 되는데, 이것을 그림 5-14에 나타내었다. 그림 5-14에서 npn으로 구성되어있기 때문에, 그림과 같이 두 개의 pn 접합 다이오드가 상호 반대방향으로 연결되어있게 되는데, 이 BJT를 활성(active) 영역에서 동작시키기 위해서는 그림과 같이 BE 접합은 순방향 전압을 걸고, CB 접합의 경우 역방향(reverse) 전압을 걸게 된다. 그러면 BE 접합의 장벽(barrier) 높이는 낮아져서, 이미터에 있는 다수 전자가 베이스 영역으로 확산할 수 있고, 또한 베이스 영역에 있는 정공들은 이미터 영역으로 확산할 수 있게 된다. 반면 CB 접합의 경우 역 전압이 걸려 있어 장벽높이는 높아지고, 컬렉터(collector)와 베이스 사이에는 전자나 정공의 확산은 나타나지 않게 된다. 여기서 이미터 영역의 도핑을 베이스보다 크게 하여 이미터 쪽에서 베이스로 가는 전자의 양은 많게 하고, 반면 베이스 영역의 경우 도핑을 낮게 하여 이미터 쪽으로 확산되는 정공의 양은 일반적으로 적게 만든다.

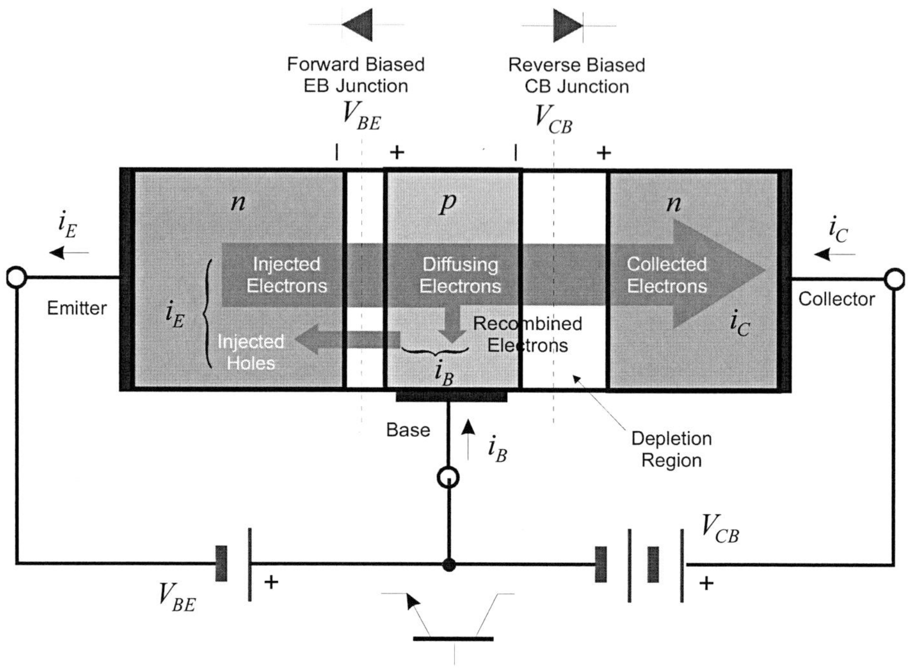

[그림 5-14] npn 트랜지스터의 동작원리 설명도

그러면 이미터 쪽에서 확산된 전자는 일부 베이스 영역에서 재결합(recombination) 하여 사라지고, 대부분의 전자들은 컬렉터 영역으로 넘어가게 된다. 따라서 BE 접합에 작은 전압을 이용하여 큰 이미터 전류를 제어할 수 있으며, 이를 통하여 증폭할 수 있게 된다.

그러나 저주파에서 이러한 BJT는 고주파에서의 사용은 제한되게 되는데, 우선 고주파에서 성능을 개선하기 위해서는 베이스 영역의 두께가 얇아야 한다. 따라서 일정한 확산속도를 갖고 있는 전자가 빠르게 컬렉터 영역에 도달할 수 있으며, 두 번째로 전자가 확산되어 통과하는 베이스 영역과 실제 그림 5-13(b)와 같은 베이스 단자까지는 거리가 있어 이로 인한 저항이 나타나게 된다. 이로 인해 고주파에서 이득이 줄게 되는데, 이 저항을 줄이기 위해 도핑을 크게 할 경우, 베이스에서 이미터로 확산되는 정공의 양이 증가되어 이러한 방법은 사용되지 않고, 그림 5-15와 같이 베이스와 이미터를 inter-digital 형태로 교체하여 형성함으로써, 가능한 베이스의 저항을 줄일 수 있게 된다. 또한 컬렉터 단자에 도달하기 위하여 n-형 에피층을 통과하게 되는데, 이때 전자가 보다 빨리 컬렉터 단자로 도착할 수 있도록 에피층의 두께를 얇게 제작하게 된다. 따라서 이와 같은 구조 BJT를 그림 5-15

에 보였으며, S-S'에서의 단면구조를 그림 5-15(b)에 보였다. 그림에서 보였듯이 베이스의 두께는 0.1 μm, 컬렉터의 두께는 1.5 μm로 극히 얇고, 또한 베이스와 이미터는 약 1 μm 간격으로 교체하고 있어 고주파에서 가능한 성능개선을 기하고 있다.

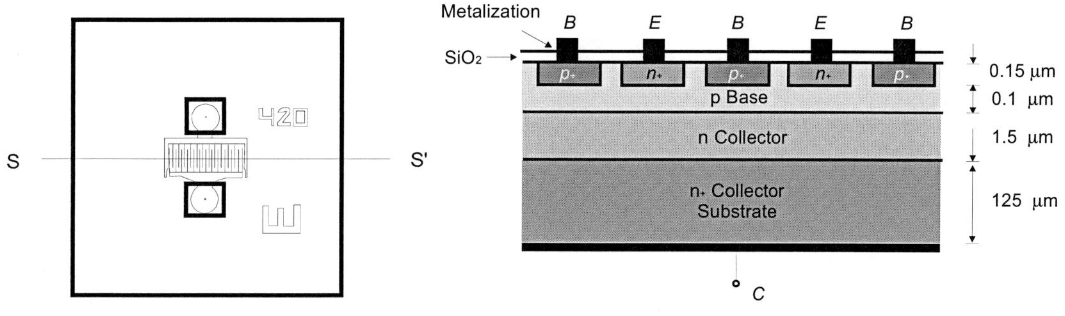

(a) (b)

[그림 5-15] 고주파 BJT의 (a) 평면도 및 (b) 단면구조

5.2.2 BJT의 대신호 모델

BJT의 대신호 모델은 그림 5-16과 같이 나타낼 수 있다. 그림 5-14에서 B-E 양단과 B-C 양단은 다이오드가 되므로 이것을 나타내기 위하여 다이오드로 표시하였다. 또한 B-E 및 B-C 양단에 발생한 접합에는 이 다이오드와 별도로 전류가 작은 영역에서, B-E 및 B-C 양단에 발생하는 공간전하영역(space charge region)에 의한 다이오드(그림 5-16의 I_{LE} 및 I_{LC})가 발생하는데, 이것을 앞서의 다이오드와 병렬로 나타낼 수 있을 것이다. 주목할 것은 이 공간전하영역 다이오드에 의해서는 컬렉터 전류가 발생하지 않는다는 점이다. 따라서 컬렉터 포화(saturation) 전류 I_S를 기준으로 베이스 전류를 표시한다면 아래와 같이 쓸 수 있게 된다.

$$I_B = \frac{I_S}{\beta_F}\left(e^{\frac{qV_{BE}}{n_F kT}} - 1\right) + \frac{I_S}{\beta_R}\left(e^{\frac{qV_{BC}}{n_R kT}} - 1\right) + C_2 I_S\left(e^{\frac{qV_{BE}}{n_{EL} kT}} - 1\right) + C_4 I_S\left(e^{\frac{qV_{BC}}{n_{CL} kT}} - 1\right) \quad (5-11)$$

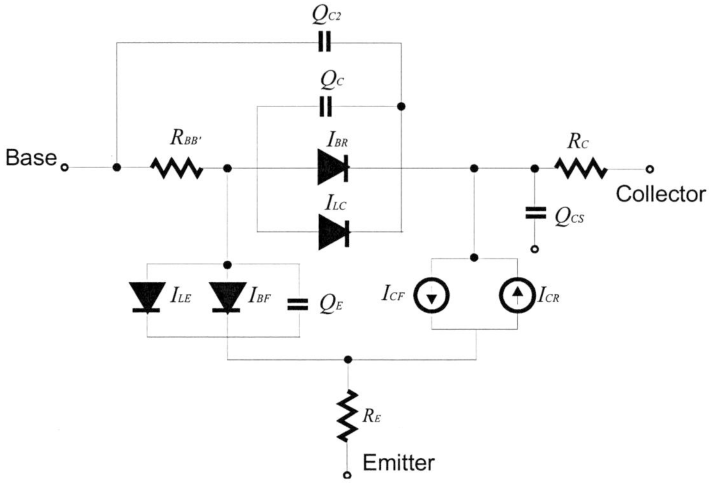

[그림 5-16] BJT의 대신호 모델

즉 (5-11)식의 앞의 두 항은 BE 및 CB 접합이 각각 순방향 되었을 때 흐른 컬렉터 전류에 대하여, 각각 해당하는 전류이득 β_F 및 β_R로 나눈 것이며, 뒤의 두 항은 컬렉터 전류와는 무관한 공간전하영역 다이오드 전류를 나타낸 것이다.

이에 따른 파라미터 군을 표 6-1에 나타내었으며, 전체 컬렉터 전류 I_{CT}의 경우 B-E 다이오드에 의한 전류와 B-C 다이오드에 의한 전류가 있음을 알 수 있다. 즉 B-E 접합이 순방향으로 되고 B-C 접합이 역방향으로 되었을 때(active mode)와, 반면 B-C 접합이 순방향으로 되고 B-E 접합이 역방향으로 되었을 때(inverse mode)의 두 가지 모드에 의한 전류가 발생하게 되는데, 이 경우 전류의 방향이 반대가 되므로 아래와 같이 나타낼 수 있다.

$$I_{CT} = \frac{I_S}{q_b}\left(e^{\frac{qV_{BE}}{n_F kT}} - 1\right) - \frac{I_S}{q_b}\left(e^{\frac{qV_{BC}}{n_R kT}} - 1\right) \tag{5-12}$$

이 식에서 q_b는 Early 효과와 전류가 큰 영역에서의 Kirk 효과를 나타내는 인자로서 아래와 같이 표현된다.

$$q_b = \frac{1}{1 - \frac{V_{BC}}{V_A}\frac{-V_{BE}}{V_B}}\left(1 + \sqrt{1 + 4q_2}\right) \tag{5-13}$$

$$q_2 = \frac{I_S}{I_{KF}}\left(e^{\frac{qV_{BE}}{kT}} - 1\right) + \frac{I_S}{I_{KR}}\left(e^{\frac{qV_{BC}}{kT}} - 1\right) \qquad (5-14)$$

(5-13)식에서 V_A, V_B는 순방향 및 역방향 Early 전압을 나타내며, I_{KF}, I_{KR}은 컬렉터 전류의 순방향 및 역방향 knee-current를 나타낸다. 이상이 트랜지스터의 DC 특성을 나타내는 식이 되며, 이러한 파라미터 군은 표 5-1에 분류되었다. 이것의 결정방법으로는 그림과 같이 I_B, I_C를 V_{BE}에 따라 도시하여 B-E 관련 파라미터를 결정할 수 있고, 또한 같은 방법으로 V_{BC}에 따라 도시하여 B-C 관련 파라미터들을 결정할 수 있게 된다. 이것을 보통 Gummel 도라고 한다. 그림 5-17에서 컬렉터 전류의 경우 전류 값이 큰 영역에서 포화를 보이며 기울기의 변환점에서 knee-current를 결정할 수 있게 된다. 반면 베이스 전류의 경우 전류 값이 작은 영역에서 공간전하영역 다이오드에 의해 기울기 변환점이 발생하며, 이 또한 기울기 변환점으로부터 공간전하영역 다이오드와 BE 접합 다이오드의 파라미터를 결정할 수 있게 된다.

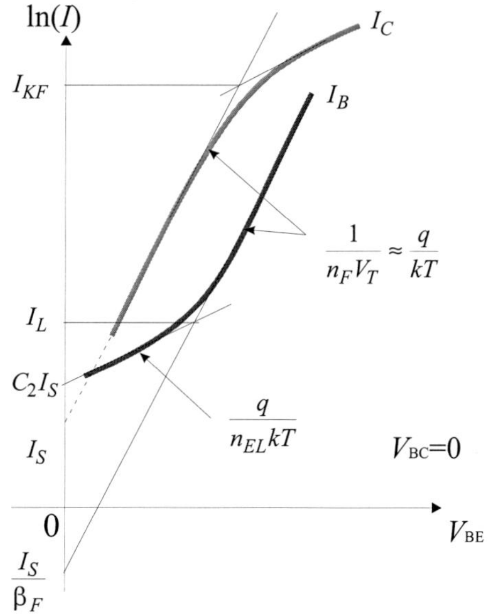

[그림 5-17] Gummel 도

또한 접합에는 공핍영역에 의한 커패시턴스와 확산영역 커패시턴스(diffusion capacitance)가 나타나게 되는데, 공핍영역 커패시턴스의 경우

$$C_{JE} = \frac{C_{je}(0)}{\left(1 - \frac{V_{BE}}{\phi_{BE}}\right)^{m_E}} \tag{5-15}$$

로 나타나므로 0 V때 커패시턴스 $C_{je}(0)$, 기울기 상수(grading coefficient) m_E, 그리고 내부전위(built-in potential) ϕ_E의 파라미터를 갖게 된다. 마찬가지로 B-C 접합도 동일한 파라미터 군으로 표시할 수 있으며, 이러한 커패시턴스 파라미터 군을 역시 표 5-1에 나타내었다. 이것의 실험적 결정방법은 전압에 따른 커패시턴스를 직접 C-V 측정을 통하여 얻은 뒤, 이것을 위의 식을 가지고 측정결과에 근접시켜 파라미터를 얻게 된다. 그러나 이 커패시턴스 식은 $V_{BE} = \phi_{BE}$에서 불연속점(singularity)을 가지고 있어, 보통 $V_{BE} \leq FC \cdot \phi_{BE}$까지를 (5-15)식으로 활용하고, 이 보다 큰 V_{BE} 값에 대해서는 $FC \cdot \phi_{BE}$ 값에서 접하는 직선으로 나타내며, 이 값을 결정하는 것이 표 5-1의 FC가 된다.

확산영역 커패시턴스는 보통 통과시간(transit time)으로 나타내는데, 이것은 표 5-1에 활성 모드(active mode)로 동작하는 경우 TF와 역 모드(inverse mode)로 동작하는 경우 TR로 나타내고 있다. 또한 이 통과시간은 상수가 아니고 여러 파라미터에 의존하게 되므로 이의 의존을 나타내는 파라미터들이(ITF, VTF, PTF, XTF)군을 이루게 된다.

다음으로는 접합으로 발생하는 저항들이 있다. R_E, R_B, R_C가 그것들인데, 그 중 R_B의 경우 단순한 접합 저항이 아니고 전류에 따라 변하게 되는데, 이것을 나타내기 위하여 2개의 추가적인 파라미터(RBM, IRB)가 필요하게 된다.

이상의 결과를 표 5-1에 나타내었으며 군 단위로 분류하였다. 그리고 그림 5-16의 커패시터 Q_{C2}, Q_{CS}는 제조방법에 의존하며, 자세한 것은 참고문헌[7]을 참조하기 바란다. 또한 BJT의 경우 본서에 설명된 것 이상으로 공정에 따라서 몇 개의 소자가 더 추가되기도 한다. 이것 또한 다른 참고문헌을 참조하기 바란다.

[표 5-1] Gummel Poon model 파라미터들

IS	Transport saturation current	NR	Reverse ideality factor
NF	Forward Ideality Factor	IKR	Reverse knee current
IKF	Forward knee current	NC	B-C ideality factor
NE	B-E ideality factor	ISC(C_4I_s)	B-C Saturation current
ISE	Base emitter saturation current	BR	Reverse beta
BF	Forward beta	VAR	Reverse Early voltage
VAF	Forward Early Voltage		
RE	Emitter resistance		
RC	Collector resistance		
RB	Zero bias resistance		
RBM	Minimum base resistance		
IRB	Current where base resistance half way between RB and RBM		
CJE	B-E Zero bias capacitance	CJC	B-C Zero bias capacitance
VJE	B-E Built-in potential	VJC	B-C Built-in potential
MJE	B-E grading coefficient	MJC	B-C grading coefficient
FC	Models transition from Junction to Diffusion capacitance		
XCJC	Models distributed nature of base		
TF	Forward transit time	TR	Reverse transit time
ITF	Models TF dependence on Ic		
VTF	Models TF dependence on Vbc		
PTF	Excess phase of FT		
XTF	Coefficient of TF bias dependence		

5.2.3 소신호 등가회로 및 S-파라미터

BJT의 소신호 등가회로를 그림 5-18에 보였다. 그림 5-18은 대신호 등가회로로부터 쉽게 추측할 수 있는데, 활성모드(active mode)에서는 B-C 접합은 일반적으로 역방향으로 되어있기 때문에, 역방향 된 다이오드를 소신호 등가회로로 나타내면 그림 5-18과 같이 RC 병렬회로가 되고, 따라서 g_μ는 일반적으로 상당히 작은 값이 된다. 이때 커패시턴스는 주로 공핍영역 커패시턴스에 기인한다. 또한 BE 접합은 순방향으로 되게 되는데, 이것은 확산영역 커패시턴스와 병렬로 순방향 된 다이오드의 소신호 컨덕턴스가 나타나게 된다. 저주파에서의 응용 시 확산영역 커패시턴스는 일반적으로 g_π에 비해 작아서 무시하지만, 고주파에서는 역으로 C_π가 주된 것이 되며 이 두 소자의 효과가 모두 나타나게 된다. 그리고 g_m은 트랜스컨

덕턴스를 나타내며 g_c는 Early 효과에 의한 저항을 나타낸다. 그리고 R_E, R_B, R_C는 접합으로 발생하는 저항들을 나타낸다.

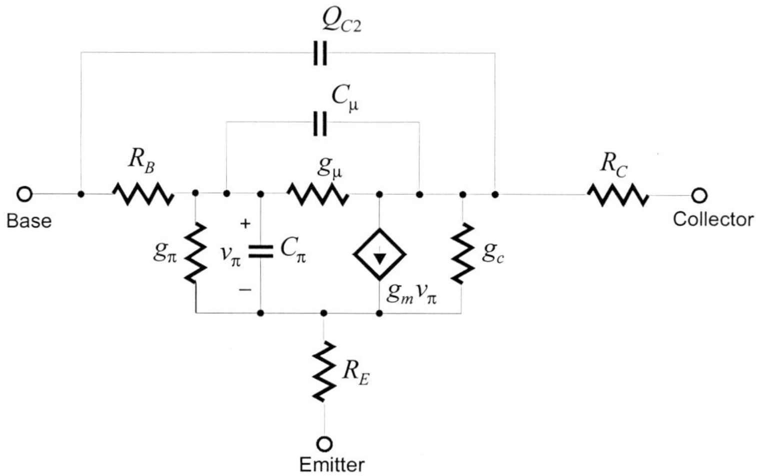

[그림 5-18] 소신호 등가회로

위 그림 5-18과 같은 회로는 복잡하여 정성적인 이해를 할 때는 곤란하게 된다. 따라서 보통 그림 5-19와 같은 간략화된 등가회로를 가지고 정성적인 BJT의 측정 S-파라미터를 설명하는 데 자주 사용된다. 여기서 g_μ는 역 방향으로 된 다이오드의 소신호 컨덕턴스이므로 무시하고, 또한 종종 C_μ도 무시되기도 한다. 그리고 R_E, R_C는 일반적으로 작고, 접합으로 발생한 저항이기 때문에 역시 무시된다. 이와 같이 얻은 등가회로는 그림 5-19와 같게 된다.

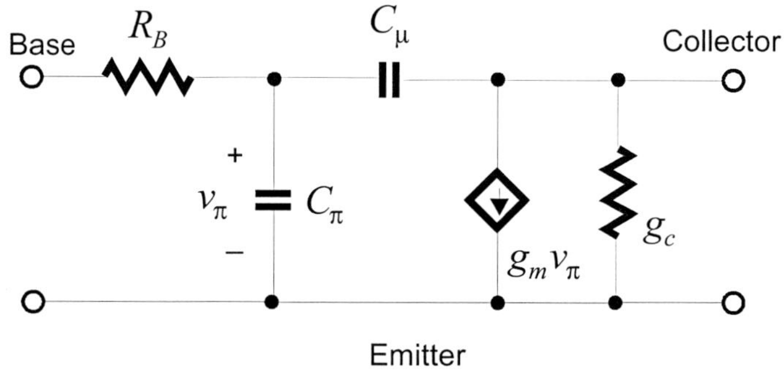

[그림 5-19] 간략화된 소신호 등가회로

그림 5-20에는 FET에서와 같이 S_{11}, S_{22}는 임피던스와 관련 있으므로 일반적으로 Smith chart에 나타내었고 S_{12}, S_{21}의 경우 전달함수이므로 이것은 polar chart 위에 크기와 위상으로 나타낸다. 여기서 S_{21}의 크기는 20.0으로 되어 있으며, 즉 원주눈금 한 칸은 4.0에 해당한다. 반면 S_{12}는 작으므로 원주눈금 한 칸 당 0.2로 하여 크기와 위상을 나타내고 있음을 알 수 있다.

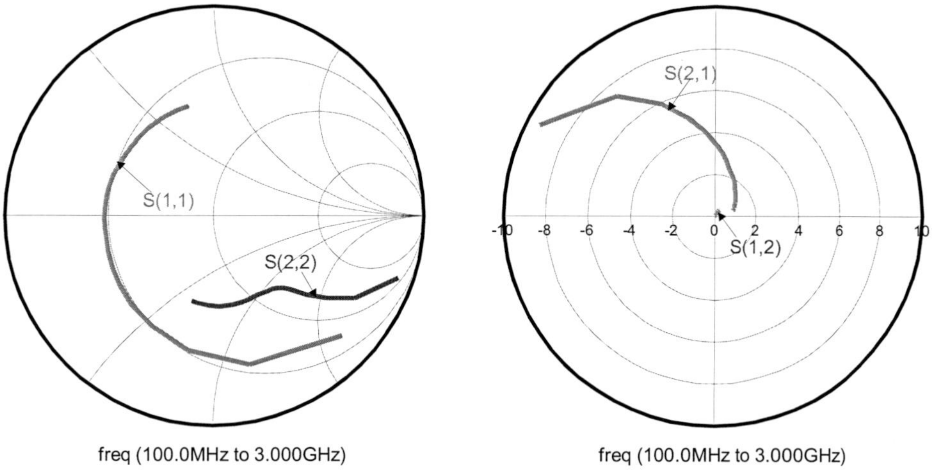

[그림 5-20] BIT의 측정된 S-파라미터

그림 5-19의 간략화된 등가회로에서 주파수가 높을 경우, g_π를 무시하면 입력 임피던스는 본딩 와이어를 포함한다면 R-L-C 직렬회로가 된다. 따라서 그림 5-20과 같이 Smith chart 상에서 등-저항 원궤적을 쫓아가고 주파수가 낮을 경우 커패시터영역에 있게 되며, 반면 주파수가 올라갈수록 본딩 와이어의 인덕터가 주된 것이 되서 인덕터 영역에 있게 된다. 이때 저항 값은 간략화된 등가회로에서는 베이스 저항 R_B에 해당하게 된다. 그리고 2장에서의 방법을 이용하여 공진 시에 L, C 값을 계산하면 각각 본딩 와이어 인덕턴스 및 커패시턴스들 얻게 되는데, 이때 커패시턴스는 C_π에 가까운 값이 될 것이다.

S_{22}의 경우 그림 5-19의 간략화된 등가회로에서 주파수가 극히 낮으면 BJT의 컬렉터 저항 g_c가 작기 때문에, 이것의 영향보다 $C_\mu - r_\pi \| (Z_o + R_B)$ 연결로 나타나게 된다. 이 경우 r_π가 일반적으로 크기 때문에 근사적으로 C_μ와 $(Z_o + R_B)$의 직렬연결로 보이게 된다. 따라서 궤적은 등-저항 원궤적 상을 움직이게 되고 주파수가 높

아질 경우 g_c, C_c의 병렬연결이 될 것이다. 따라서 주파수가 올라감에 따라 등-컨덕턴스 원궤적을 따라 움직이게 되는데, C_c의 효과로 커패시터 영역에서 궤적이 나타나게 된다. 그리고 여기에서는 나타나지 않지만 주파수가 올라감에 따라 본딩 와이어 인덕터와 C_μ의 효과로 S_{22}의 궤적은 등-컨덕턴스 원궤적에서 벗어나게 되며, S_{11}과 유사해지는 것을 알 수 있다.

S_{21}의 경우 그림 5-19의 간략화된 등가회로에서 그 크기와 위상은

$$S_{21} = -2g_m Z_o = 2g_m Z_o \angle 180^\circ \tag{5-16}$$

가 되는 것을 알 수 있다. 따라서 저주파의 측정치를 이용할 경우 g_m의 근사적인 값을 알 수 있으며 주파수가 올라가면 C_π에 걸리는 전압의 감소로, 그 크기가 줄어들게 된다. 또한 위상은 시계방향으로 증가하는 것을 알 수 있다. 또한 S_{12}의 경우 주파수가 극히 낮을 경우

$$S_{12} = 2j\omega C_\mu Z_o = 2\omega C_\mu Z_o \angle 90^\circ \tag{5-17}$$

임을 알 수 있고 주파수가 올라감에 따라 이것도 시계방향으로 위상이 증가하는 것을 알 수 있다. 또한 크기는 위 식에서 주파수가 올라갈수록 커지는 것을 알 수 있다.

5.2.4 패키지

그림 5-21은 일반적인 소전력 BJT의 패키지 예를 보였다. 그림 5-21에서 BJT는 우선 그림과 같은 lead-frame에 부착되게 되고, 이때 주목할 것은 일반적으로 칩의 바닥 면은 컬렉터가 된다는 것이다. 그 다음에는 각각의 단자에 해당하는 곳에 와이어 본딩으로 조립되게 된다. 이때 일반적으로 이미터 단자에 나타나는 기생성분(parasitic element)은 출력에서 입력으로 궤환되기 때문에 소자 성능에 큰 영향을 주므로, 가능한 이미터에 발생하는 기생성분을 최소화하기 위해, 이미터 단자로 단자 두 개를 할당하는 일이 빈번하다.

이와 같이 조립된 후 와이어 본딩된 칩 주변을 epoxy 소재로 molding 하며 molding이 끝난 후 lead-frame에서 리드 단자들을 분리하여 패키지로 사용하게 된다. 따라서 이와 같이 패키지를 하였을 경우 BJT도 FET에서와 마찬가지로 고주파에서는 성능의 열화를 가져오게 된다.

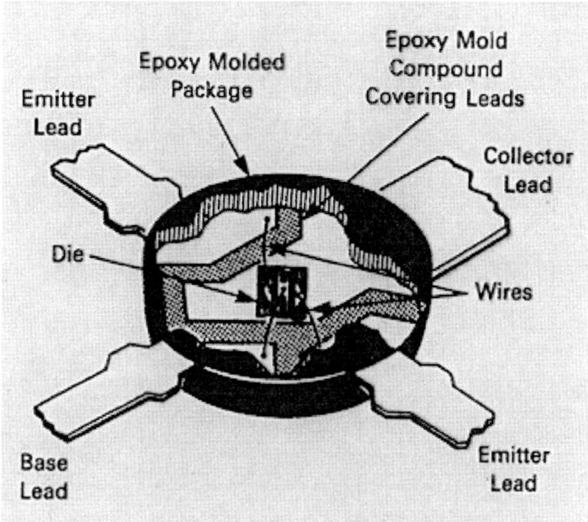

[그림 5-21] BJT 패키지 예

5.2.5 GaAs/AlGaAs HBT

GaAs HBT(Hetero-junction Bipolar Transistor)는 그림 5-22와 같은 단면구조를 가지며, 이종접합 및 화합물 반도체 GaAs가 갖는 장점을 이용하여 Si BJT의 성능을 개선한 BJT이다. GaAs HBT는 이미터에 n-형 AlGaAs를 사용하고 베이스에 p-형 GaAs를 사용하여 BE 접합을 형성하게 되는데, 이와 같이 함으로써 순방향 시 베이스에서 이미터 쪽으로 확산되는 정공들을 더욱 억제할 수 있게 된다. 이것은 AlGaAs와 GaAs에는 AlGaAs 쪽에 에너지 트랩(trap)이 발생하여, 확산되는 정공은 이 트랩에 갇히게 되고 확산하지 못하기 때문이다. 따라서 베이스 영역의 도핑을 증가시킬 수 있게 되고, 결과적으로 고주파에서 성능제한을 주는 베이스 저항을 작게 만들 수 있게 된다. 따라서 아래 식으로 주어지는 unit gain frequency를 증가시키게 된다.

$$f_{\max} = \sqrt{\frac{f_T}{8\pi r_{bb'} C_\mu}} \tag{5-18}$$

또 하나의 장점으로는 이미터에서 베이스 영역으로 주입(injection)되는 전자는 베이스 영역을 확산하게 되는데, GaAs에서 전자의 확산상수 D_n은 Si에서의 그것에 비해 4배나 크기 때문에, 베이스 영역을 통과하는 시간 τ_b가 작아지게 되어, 통과시간으로 결정되는 f_T의 상승을 가져오게 된다. 또한 같은 이유로 같은 두께의 컬렉터 두께를 가질 경우, 전자의 표동 속도 v_d는 GaAs에서 Si보다 약 6배 빠르게 되어, 결과적으로 이것은 컬렉터 통과시간 τ_d를 줄이게 된다. 따라서 이것 또한 f_T의 상승을 가져오게 된다. 결과적으로 GaAs HBT는 이와 같은 개선으로 인하여 10 GHz, 또는 좀 더 개선된 공정을 사용할 경우 밀리미터파까지 사용 가능하게 된다.

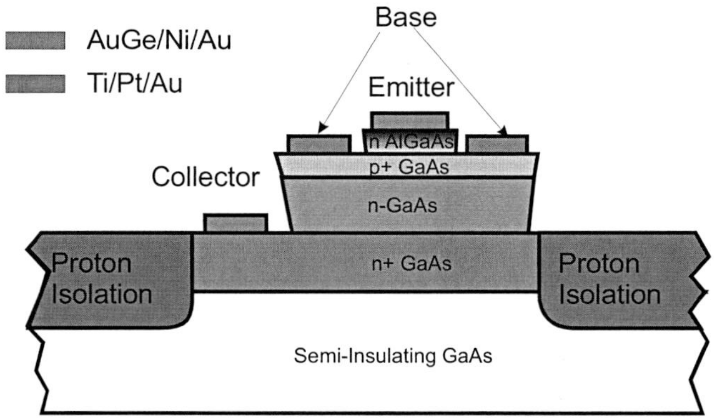

[그림 5-22] GaAs HBT의 단면구조

5.3 DC 바이어스 회로

BJT나 FET의 경우 증폭기 또는 발진기로 사용하기 위하여서는, 적절한 DC 전압을 인가하고 여기에 RF 신호를 인가하여 출력을 얻어내는 것이 보통이다. 이러한 DC 전압의 공급은 저주파에서 동작점을 잡기 위해 DC 바이어스(bias) 회로를 설계하는 것과 유사하지만, RF에서 동작하는 트랜지스터를 DC 전압을 인가할 때는 저주파에서와는 달리 특이한 점이 있다. 또한 DC 바이어스 회로는 RF에서 신호의 흐름에 영향을 주지 않아야 하는데, 이를 위해서는 바이어스 회로를 격리(decoupling)해야 한다. 본 장에서는 이러한 RF 트랜지스터의 DC 전압을 인가하는 방법과 이를 격리하는 방법에 대하여 알아보도록 한다.

5.3.1 BJT의 DC 바이어스 회로 설계

5.3.1.1 DC 바이어스 회로

그림 5-23에는 BJT에 DC 전압을 인가하는 방법을 보였다.

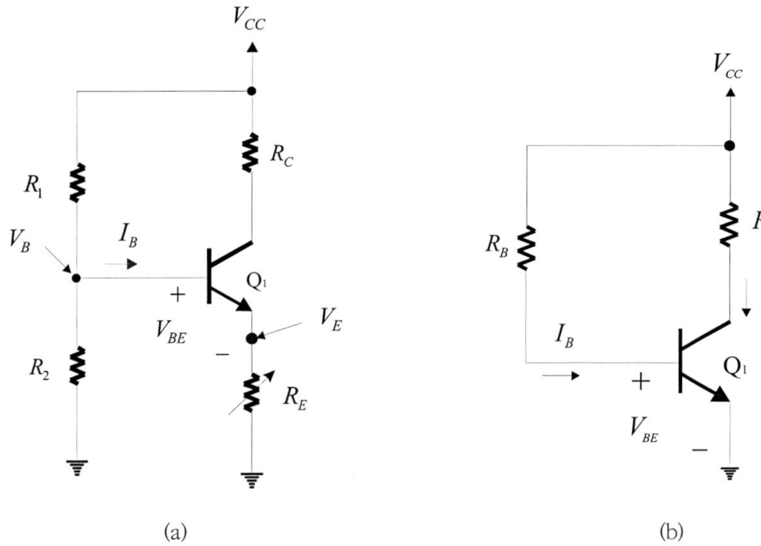

[그림 5-23] DC 바이어스 회로: (a) 이미터 저항 사용, (b) 이미터 저항을 제거한 경우

그림 5-23(a)의 경우 베이스 전류를 무시한다면, 베이스 전압 V_B는 전원전압을 저항 R_1 및 R_2에 분배한 전압이 나타나게 된다. 즉

$$V_B = \frac{R_2}{R_1 + R_2} V_{CC} \tag{5-19}$$

이다. 따라서 이때 트랜지스터 이미터 전류 I_E는

$$I_E = \frac{V_B - V_{BE}}{R_E} \tag{5-20}$$

로 결정되고, 저항 R_E를 가변시킬 경우 원하는 이미터 전류를 얻게 된다. 그리고 보통 RF 출력은 컬렉터에서 얻게 되는데, 이 경우 전압 V_{CE}는 저항 R_C에 의하여 제한 받게 된다. RF에서는 보통 이러한 제한을 제거하기 위하여, 저항보다는 RF 초크(RFC)를 종종 사용하게 된다.

그림 5-23(b)의 경우 베이스 전류는 아래와 같이 얻어지게 된다.

$$I_B = \frac{V_{CC} - V_{BE}}{R_B} \tag{5-21}$$

따라서 이에 따른 컬렉터 전류는

$$I_C = \beta I_B \tag{5-22}$$

로 결정되게 된다. 보통 트랜지스터의 β는 소자마다 편차가 심하여, 이와 같이 전류를 결정할 경우 설계치와 다른 컬렉터 전류를 얻게 되는 경우가 많다. 따라서 그림 5-23(b)와 같은 DC 바이어스 회로는 일반적으로 저주파에서는 잘 사용되지 않는 방법이 되게 된다. 이 DC 바이어스 회로를 사용하는 경우, 필연적으로 원하는 컬렉터 전류를 얻기 위하여, 저항 R_B를 조정할 필요가 발생하게 된다.

그러나 RF에서는 보통 이미터를 접지면으로 사용하게 되는데 (a)와 같이 바이패스 커패시터를 사용하여 AC적으로 접지시킬 경우, 이 부분에 발생하는 예측하기 어려운 작은 기생소자들 때문에 문제가 되는 경우가 많다. 즉, 바이패스 커패시터가 완벽하다 하더라도 이를 저항 R_E와 병렬로 연결하기 위해서는, 필연적으로 이를 부착하기 위한 선로를 동반하게 되고, 이로 인해 이미터 단자에 부착된 임피던스를 정확히 예측하는 것은 매우 어렵게 된다. 또한 여기서 발생한 인덕턴스는 심한 경우 발진을 일으키거나 BJT의 최적 RF 임피던스 정합점의 변동들을 야기하여, 원하는 이득을 얻을 수 없을 때가 많다. 따라서 그림 5-23(a)의 회로는 안정한 DC 컬렉터 전류를 공급하지만, RF 동작 시 문제를 자주 발생시켜 특히 패키지된 트랜지스터의 경우 기피되는 DC 바이어스 회로형태가 된다. 반면 그림 5-23(b)의 경우 DC 컬렉터 전류는 소자마다 다를 수 있어 저항 R_B의 조정을 필요로 하지만, 이는 안정한 RF 접지면을 공급할 수 있어 RF에서는 그림 5-23(b)와 같은 방법이 선호된다.

5.3.1.2 RF decoupling

그림 5-24는 설계된 DC 바이어스 회로를 RF 회로에서 격리 시키는 회로의 예를 보였다. 그림에서 DC 블록 커패시터 C_B를 통하여 RF와 DC 바이어스 회로는 격리되게 된다. 이때 커패시터는 보통 동작주파수에서 충분히 커서 단락으로 동작하게 한다. 그러나 이러한 DC 블록 커패시터들은 2장에서 설명한 바와 같이 순수한 커패시터가 아니며, 커패시터 내에는 직렬 인덕터와 같은 기생성분을 가지고 있게 된다. 이의 영향으로 DC 블록으로 동작하는데 고주파에서는 종종 문제를 발생시킬 수 있다. 일반적으로 수백 MHz의 주파수에서는 이러한 칩 커패시터는 훌륭한 DC 블록으로 동작하지만, 이 이상의 주파수 범위에서는 기생 인덕터의 영향

으로 DC 블록으로서 잘 동작하지 않게 된다. 이러한 커패시터들은 다른 커패시터들로 구현할 수 있는데 박막 기법의 경우 MIM 커패시터를 와이어 본딩 하여 사용하기도 하고, MMIC의 경우 MIM 커패시터를 선로로 연결하여 가장 작은 기생 인덕터를 동반하면서 연결될 수 있게 된다. 따라서 이때 발생하는 인덕터의 영향을 충분히 잘 고려해주어야 한다는 점이다. PCB 조립의 경우 광대역으로 동작하는 DC 블록이 필요가 없을 경우, 이는 종종 결합전송선(coupled line)으로 구성하여, 회로 구성 시 발생하는 부정확한 기생 인덕터의 영향을 최소화하기도 한다.

다음 문제로는 RF 접지를 제공하기 위한 바이패스 커패시터 C_E와 전원공급점에서 외부 회로와 RF 트랜지스터 회로를 격리하기 위한 커패시터 C_P의 선정인데, 전원 바이패스 커패시터 C_P의 경우 DC 블록(block) 커패시터와 마찬가지로 동작주파수에서 충분히 커서 단락으로 동작하도록 선정한다. 물론 이러한 C_P는 RF 회로 내부와 연결되는 곳에 최소의 거리를 두고 위치하여, 불필요한 전송선이 회로 내의 연결에 삽입되는 것을 막아야 할 것이다. 전송선로가 삽입될 경우 이들의 영향은 사전에 충분히 고려되어야 하며, 기본적으로는 RF 신호의 흐름에 영향을 주는지 파악하는 것이다. 두 번째로 고려할 사항은 C_P가 충분히 클 경우, DC 전원과 내부 RF 회로가 동작주파수 이외의 다른 주파수에서 결합되는 것을 효과적으로 막을 수 있고, 또한 DC 전원전압의 유동의 경우도 제거할 수 있으나, 반면 RF에서는 단락으로 작용하지 않게 된다. 따라서 이것을 막기 위하여 RF에서 단락으로 동작하는 작은 값의 커패시터와 전원의 변동 및 저주파에서 전원과 회로의 분리를 위하여 큰 커패시터를 동시에 병렬로 두 개 또는 여러 개 사용하여 이러한 목적을 달성하기도 한다.

그리고 커패시터 C_E는 RF 접지를 제공하고, DC 바이어스용 이미터 저항을 바이패스 하기 위하여 삽입된 것인데, 주파수가 높아질수록 이러한 바이패스 커패시터에는 문제가 많아지게 된다. 물론 이의 선정은 RF에서 단락이 되도록 선정되어야 하며 가능한 다른 연결선로로 인한 효과가 최소화되어야 할 것이다. 이것은 주파수가 높아질수록 이 효과가 예민하여 동작주파수가 수백 MHz 이하의 주파수인 경우와 발진기 설계 이외에는 별로 추천되지 않는다.

그림 5-24의 RFC(RF choke)는 동작주파수에서 개방된 것으로 보여 바이어스 저항이나 컬렉터 단자가 개방 되도록 한다. 그러나 일반적으로 RFC의 경우 대역폭이 좁고 다른 공진현상 등이 예상되므로, DC 전류가 흐르지 않아 저항으로 충분히 개방 시킬 수 있을 경우, 이것은 굳이 삽입할 필요는 없다. 따라서 그림 5-24

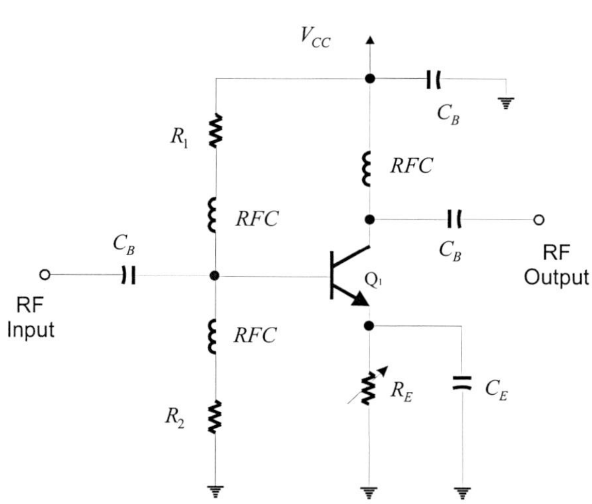

[그림 5-24] DC 바이어스 회로의 RF 격리예제 회로

의 베이스 쪽의 경우 저항으로 목적을 달성할 수 있다면, 이것이 오히려 광대역 특성을 나타내므로 일반적으로 RFC의 추가 없이 사용하는 것이 좋다. 그리고 컬렉터 쪽의 RFC는 여기에 DC 전류가 흐르게 되어 저항은 사용할 수 없고 RFC가 꼭 필요하게 되는데, 이 경우 RFC가 동작주파수에서 공진하여 개방된 것으로 보이는 것이 가장 좋으므로, 소자 선택 시 이러한 공진점 부근에서 동작하도록 선정하는 것이 좋다.

5.3.1.3 능동 DC 바이어스 회로

그림 5-25에는 능동 DC 바이어스회로(active DC bias)를 보였다. 트랜지스터 Q1은 DC 바이어스를 위한 저주파용 pnp 트랜지스터며 트랜지스터 Q2는 RF 동작 트랜지스터를 나타낸다.

이것의 동작을 보면 우선 Q_1의 베이스에는 저항 R_2, R_3에 의하여 전원전압이 분배된 전압이 나타나게 된다. 따라서 Q_1의 베이스 전압은

$$V_B = \frac{R_3}{R_2 + R_3} V_{CC} \tag{5-23}$$

가 되며, 따라서

$$I_1 = \frac{V_B - V_{BE}}{R_1} \tag{5-24}$$

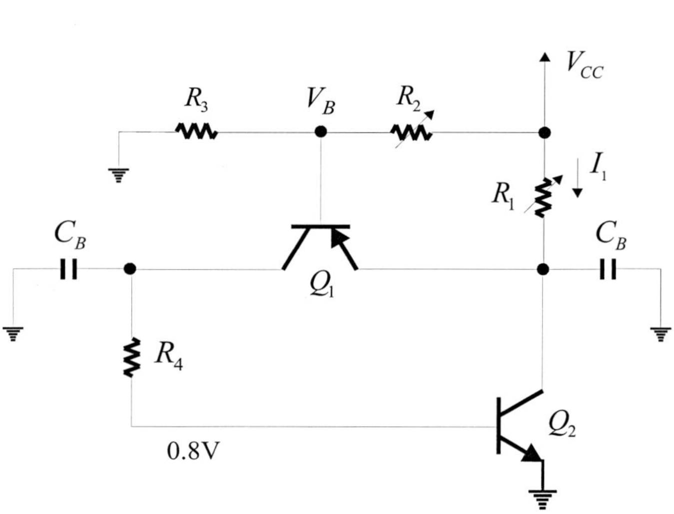

[그림 5-25] 능동 DC 바이어스 회로

의 전류가 저항 R_1 양단에 흐르게 되며, 이 전류는 트랜지스터 Q_2의 컬렉터 전류 및 Q_1의 이미터 전류의 합이 된다. 그런데 이 트랜지스터 Q_1의 이미터 전류는 근사적으로 트랜지스터 Q_2의 베이스 전류이므로, 이것을 무시할 경우 I_1은 바로 트랜지스터 Q_2의 컬렉터 전류가 되게 된다. 따라서 트랜지스터 Q_2에는 트랜지스터 β와 무관하게 저항 R_1으로 결정된 전류가 흐르게 되는 것을 알 수 있다. 또한 이 회로에서 트랜지스터 Q_2의 이미터는 곧장 RF적으로도 접지되어, 앞에서 설명한 DC 바이어스 회로 두 가지의 장점을 모두 지니게 된다. 단점으로는 전원전압이 트랜지스터 Q_2의 컬렉터 전압보다 커야 하며, 또한 컬렉터 전류가 클 경우 이러한 저항에 의하여 전력손실이 커서 문제가 된다.

이러한 능동 DC 바이어스 회로에서 RF와 DC 바이어스 회로를 격리시키기 위해서는 그림과 같이 바이패스 커패시터를 사용하면 되고, 이러한 커패시터의 선정은 앞서서 설명한 전원 커패시터 C_P와 선택요령이 동일하다.

5.3.2 FET의 DC 바이어스 회로 설계

FET에서 DC 바이어스 회로의 특이점은 게이트 전압이 공핍형(depletion type)의 경우 $-$전압을 인가해야 한다는 점이다. 따라서 FET를 DC 바이어스 할 경우 $-$전압을 필요로 한다. 그림 5-26은 공핍형 FET의 DC 바이어스 회로 두 가지를 보였다.

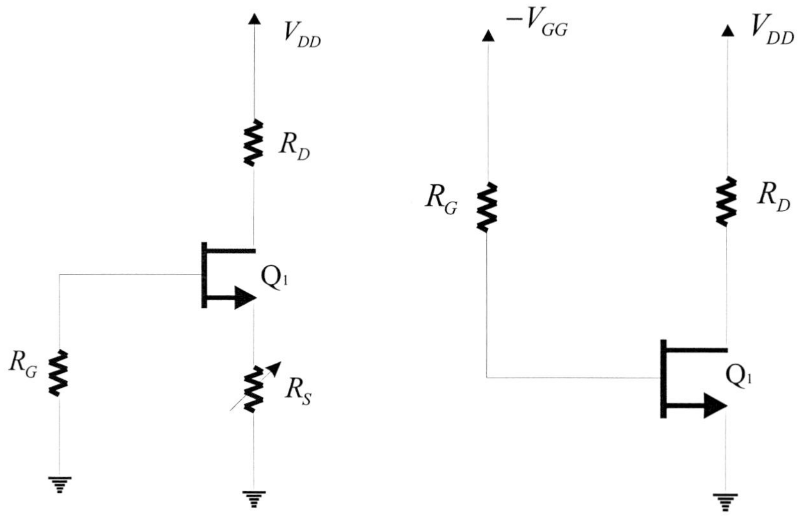

(a) (b)

[그림 5-26] FET DC 바이어스 회로: (a) Self bias 회로, (b) 두 개의 전원을 사용한 DC 바이어스 회로

그림 5-26(a)의 경우 소스에 저항을 삽입하여 자체 바이어스(self bias)를 한 회로로서, 드레인 전류가 흐를 경우 저항 R_s 양단에는 전압이 유기 되는데, 게이트에는 전류가 흐르지 않으므로 게이트 DC 전압은 0이 되고, 따라서 게이트-소스 간에는 저항 R_s에 걸린 전압의 -값이 나타나게 된다. 따라서 이 게이트-소스 전압일 때 흐르는 DC 전류가 드레인 전류로 흐르게 되며, 저항 R_s를 조정할 경우, 이 드레인 전류를 조정할 수 있게 된다. 저항 R_s가 큰 값일 경우는 게이트-소스 간에는 큰 역 전압이 걸려 드레인 전류는 작게 되며, 반면 작은 값일 경우는 큰 드레인 전류가 흐르게 된다. 여기서 저항 R_G를 게이트에 삽입하는 이유는, 보통 게이트에는 전류가 흐르지 않아 이 저항은 효과가 없는데, 이상 동작 시 게이트에 +전압이 걸리게 되면, 큰 전류가 흐르게 되어 FET는 파손되게 된다. 이러한 상황으로부터 보호하기 위하여 게이트에 저항은 종종 삽입되게 된다.

그림 5-26(b)의 경우 두 개의 전원을 사용하는데 게이트에는 -전압을 그리고 드레인에는 +전원전압을 인가하게 된다. 따라서 게이트에 걸린 전압을 이용 드레인 전류를 조정하게 된다. 여기서 저항 R_G를 게이트에 삽입하는 이유는 그림 5-26(a)와 동일하며, 드레인에 삽입된 저항은 드레인-소스 간에 지정된 DC 전압을

인가하기 위해서 이다. 경우에 따라서 이 저항은 필요 없을 수도 있다. 또한 두 회로의 DC 바이어스 회로로서의 비교는 BJT DC 바이어스회로와 동일하며, (a)의 경우 안정한 DC 드레인 전류를 주게 되고, 반면 (b)의 경우 안정한 RF 접지면을 제공하게 된다.

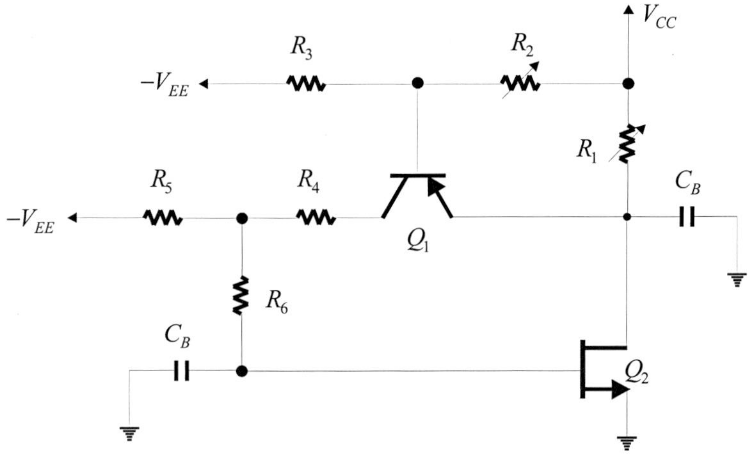

[그림 5-27] 능동 DC 바이어스 회로

그림 5-27은 FET의 능동 DC 바이어스 회로를 보였다. 트랜지스터 Q_1은 저주파 바이어스용 pnp 트랜지스터며 Q_2는 RF 동작 FET를 나타낸다. 여기서 저항 R_2, R_3는 BJT 능동 DC 바이어스 회로와 마찬가지로 전원전압의 전압분배를 위한 것이며, 차이점은 FET에 −전압이 필요하므로 +전원 및 −전원을 동시에 사용한다는 점이다. 이 분배된 전압에 따라 저항 R_1에 의하여 설정된 전류가 트랜지스터 Q_1 및 Q_2에 흐르게 되며, 이 중 트랜지스터 Q_1에 흐른 전류는 모두 컬렉터 쪽으로 흐르게 된다. 이때 전압분배에 의하여 − 값인 전압이 FET의 게이트에 나타나게 되며, 이 −전압에 따라 FET 드레인에는 이로 인해 결정된 DC 전류가 흐르게 된다. 이때 R_5를 조정할 경우 드레인에 흐르는 전류를 조정할 수 있게 된다. DC 바이어스 회로를 격리시키는 방법은 BJT의 경우 유사하다. 그리고 저항 R_G를 게이트에 삽입한 이유는 이상 동작 시 게이트에 +전압이 걸리게 되면 큰 전류가 흘러 FET가 파손되는 것으로부터 보호하기 위한 것이다.

5.3.3 S-파라미터 시뮬레이션

그림 5-28에는 능동소자 FET에 대하여 S-파라미터를 측정하는 예를 보였다. 이것은 시험 장치로 구성할 경우도 동일한 개념을 이용해 구축하게 된다. 그림 5-28에서 *DCFEED*는 RFC로서 DC에서는 단락이 되며 RF에서는 개방이 되는 소자를

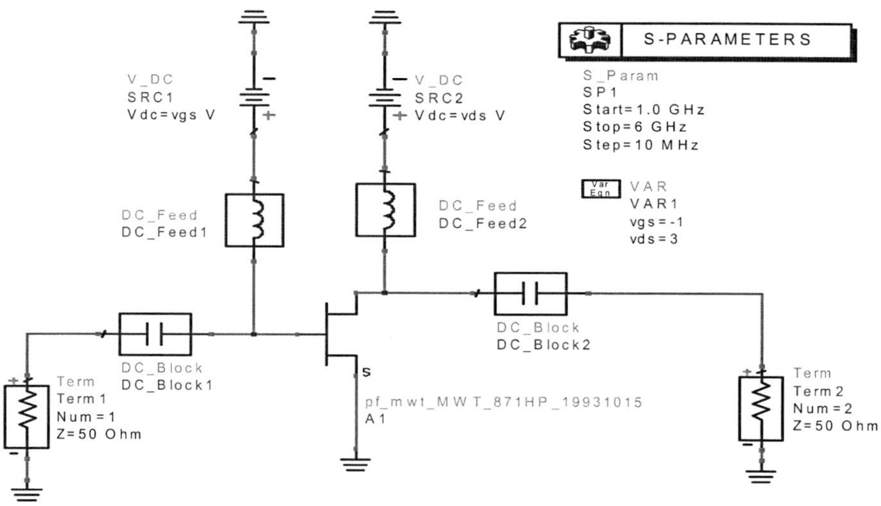

[그림 5-28] FET의 S-파라미터 측정

나타낸다. 또한 *DC block*은 DC에서는 개방이 되고 RF에서는 단락이 되는 소자를 나타낸다. FET의 경우 게이트에 −전압 그리고 드레인에 +전압을 인가하여 DC 전압을 인가하게 되므로 그림에서 이 DC 전압에 해당하는 값을 입력하면 될 것이다. 여기서는 $V_{GS}=-1$, $V_{DS}=3$으로 설정하였다. 또한 실험 시에는 DC 전원에 AC적으로 단락시키기 위해서 바이패스 커패시터를 삽입하여야 하나 S/W에서는 DC 전원의 경우 AC적으로는 완전한 단락이기 때문에 별도의 커패시터가 필요 없게 된다.

이와 같이 구성하고 *S-parameter simulation* 할 경우 별도의 지정 없이 자동적으로 ADS는 DC 해석을 먼저 수행하게 되며, FET는 이 설정된 DC 동작점하에서 소신호 등가회로로 처리되고, S-파라미터를 측정하여 출력하게 된다. 계산된 결과는 그림 5-29에 보였다.

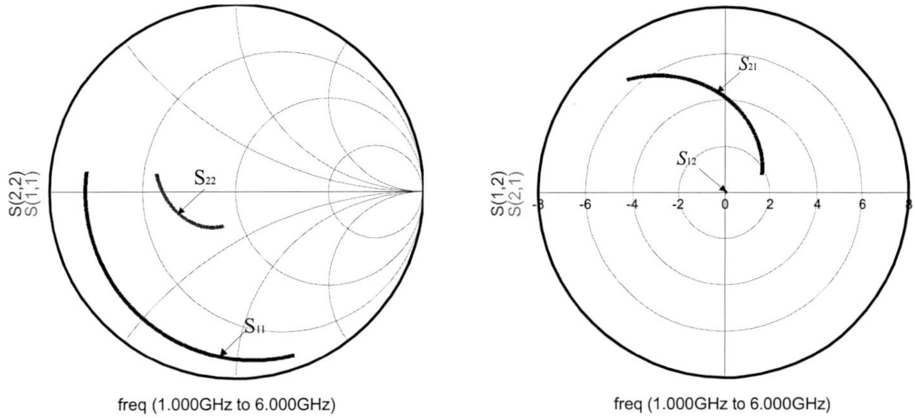

(a) (b)

[그림 5-29] S-파라미터 시뮬레이션 결과 : (a) S_{11} 및 S_{22}, (b) S_{21} 및 S_{22}

그림 5-30에는 BJT S-파라미터 측정도를 보였다. FET *S-parameter simulation*과 유사하며, 단지 다른 것은 BJT의 베이스는 전류로 동작점이 결정되기 때문에 DC 전류원을 사용하고 있다. 또한 이때 DC 전류원은 AC적으로 개방된 것이기 때문에 별도의 RFC는 필요 없게 된다.

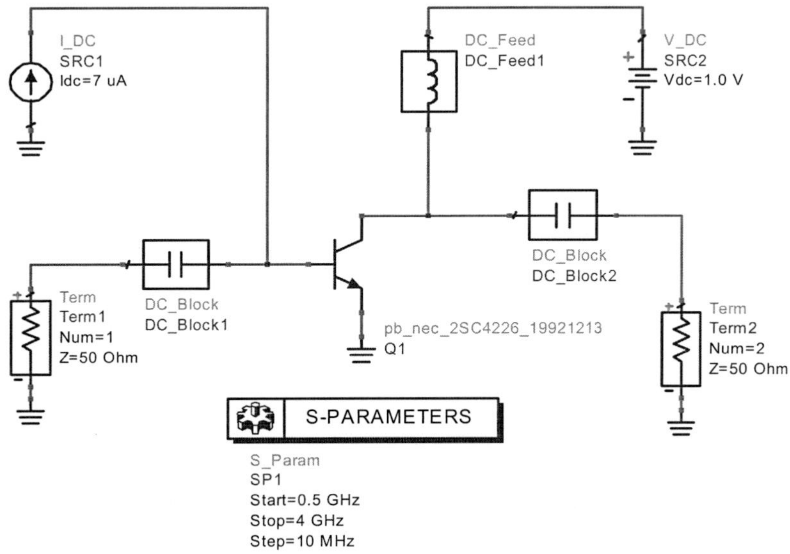

[그림 5-30] BJT S-파라미터 측정구성

이와 같이 구성하고 계산된 결과는 그림 5-31에 보였다.

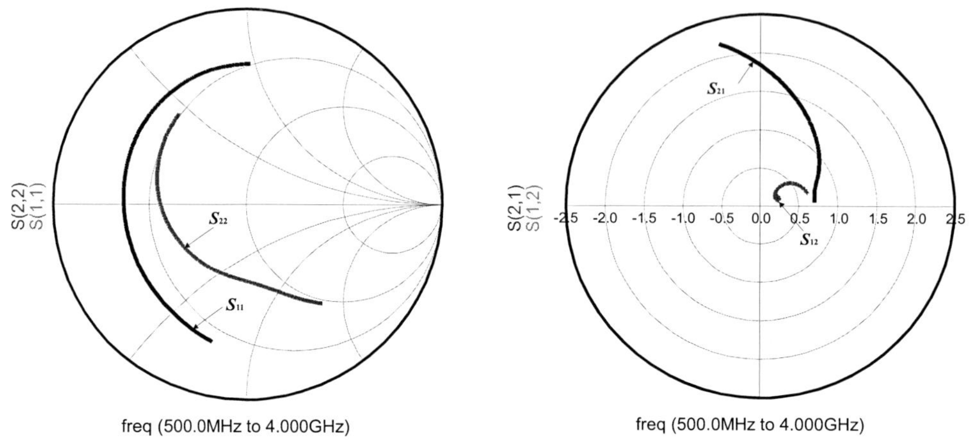

(a) (b)

[그림 5-31] S-파라미터 시뮬레이션 결과: (a) S_{11} 및 S_{22}, (b) S_{21} 및 S_{22}

5.4 FET의 소신호 등가회로 값 추출방법

마이크로파의 많은 수동소자 및 능동소자 등가회로는 T-형 또는 Pi 형으로 등가회로가 나타나게 된다. 따라서 이것의 측정된 S-파라미터가 있을 경우 이것을 Z-파라미터 또는 Y-파라미터로 변환한 뒤, Z-파라미터 및 Y-파라미터는 각각 T 형 및 Pi 형의 회로로 나타낼 수 있기 때문에, 이와 같이 구성된 T 형 및 Pi 형의 회로등가회로와 소자의 등가회로 구성을 비교함으로써, 등가회로 소자 값의 결정을 용이하게 할 수 있게 된다.

측정으로부터 얻어진 S-파라미터로부터 변환된 Z-파라미터가 있을 경우 이것은 그림 5-32와 같이 T-형으로 용이하게 나타낼 수 있다.이 값들을 결정하기 위하여 Z-파라미터의 정의로부터

$$V_1 = z_{11}I_1 + z_{12}I_2 \tag{5-25}$$

$$V_2 = z_{21}I_1 + z_{22}I_2 \tag{5-26}$$

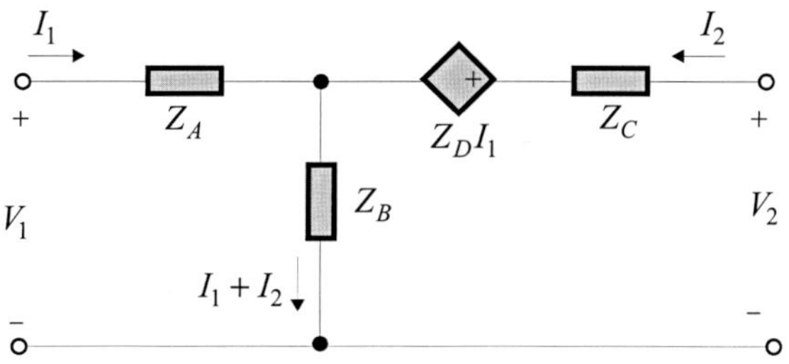

[그림 5-32] T 형 등가회로

로 쓸 수 있는데, 그림 5-32에서 포트 1쪽 전압은 전류 I_1에 의한 것과 I_1+I_2에 의한 것으로 구성되므로, (5-25) 식을 변형하면

$$V_1 = (z_{11} - z_{12})I_1 + z_{12}(I_1 + I_2) \qquad (5-27)$$

같이 되므로, 그림 5-32의 Z_A 및 Z_B는 아래와 같게 된다.

$$Z_A = z_{11} - z_{12} \qquad (5-28)$$

$$Z_B = z_{12} \qquad (5-29)$$

또한 포트 2쪽의 전압은 전류 I_2에 의한 것과 I_1+I_2에 의한 것이 있게 되고, 정리되지 않는 항을 포트 1의 전류 I_1에 의존하는 전원으로 표시하면 될 것이다. 따라서 식 (5-26)을 변형하면

$$V_2 = z_{21}I_1 + z_{22}I_2 = z_{12}(I_1 + I_2) + (z_{22} - z_{12})I_2 + (z_{21} - z_{12})I_1$$

으로 표시되므로, 따라서

$$Z_C = z_{22} - z_{12} \qquad (5-30)$$

$$Z_D = z_{21} - z_{12} \qquad (5-31)$$

얻게 된다. 이와 같은 최종결과를 그림으로 나타내면 그림 5-33과 같게 된다. 또한 다중 포트(multi-port) Z-파라미터의 경우에도, 이러한 표시형식은 가능하며, 이것은 주로 도파관에 나타나는 불연속 효과들을 모델하기 위해 사용되었다[8].

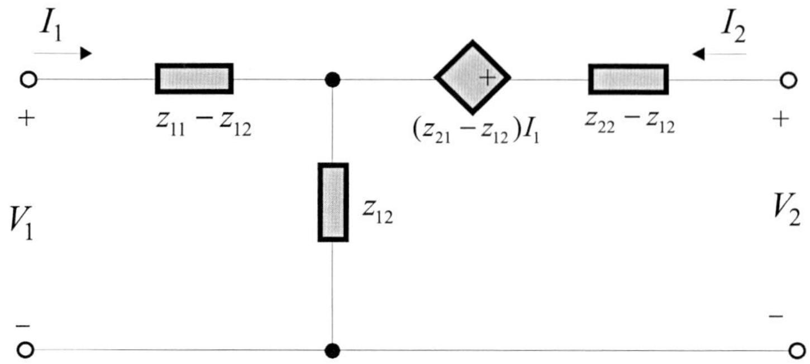

[그림 5-33] Z-파라미터로 표시된 등가회로

Y-파라미터의 경우도 비슷한 방법으로 Pi 형 등가회로로 나타낼 수 있다. 이것을 그림 5-34에 나타내었다. 즉 포트 1과 포트 2에 동시에 전압이 존재할 경우, y_{12}에 의하여 포트 1쪽으로 흐르는 전류는 $V_1 - V_2$임을 감안하여, Y-파라미터의 포트 1의 전류는 아래와 같이 변형할 수 있다.

$$I_1 = y_{11}V_1 + y_{12}V_2 = -y_{12}(V_1 - V_2) + (y_{11} + y_{12})V_1$$

또한 포트 2의 전류는

$$I_2 = y_{21}V_1 + y_{22}V_2 = -y_{12}(V_2 - V_1) + (y_{22} + y_{12})V_2 + (y_{21} - y_{12})V_1$$

와 같이 나타낼 수 있고, 이를 해석하면 그림 5-34와 같은 회로임을 알 수 있다.

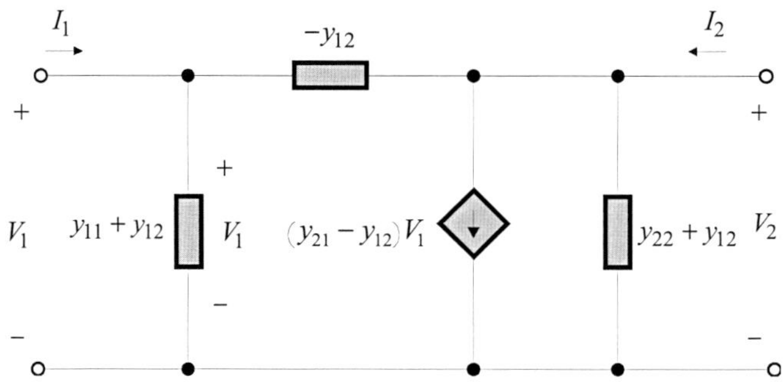

[그림 5-34] Y-파라미터로 표시된 등가회로

그림 5-33과 5-34에서 수동소자일 경우 가역성(reciprocity)에 의해 Z-파라미터의 경우 $z_{12} = z_{21}$, Y-파라미터의 경우 $y_{12} = y_{21}$이 되므로, 그림 5-33과 5-34의 회로는 각각 그림 5-35 (a) 및 (b)와 같이 간단하게 나타난다.

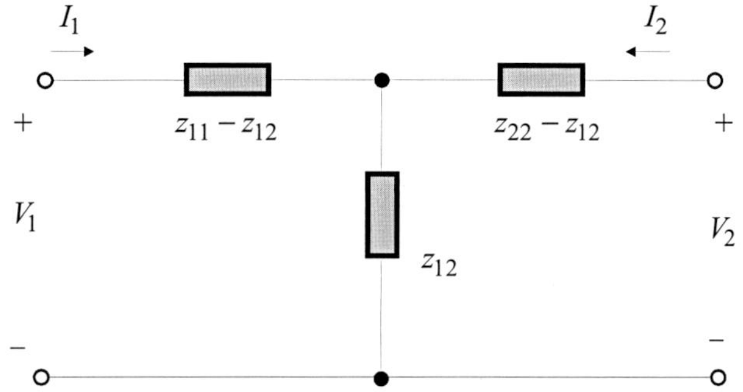

(a)

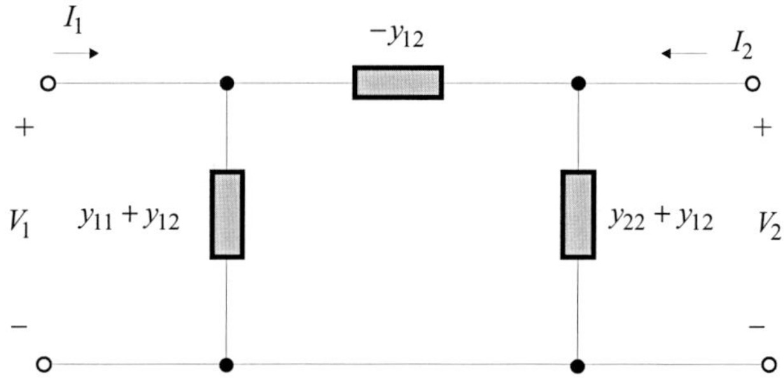

(b)

[그림 5-35] 수동소자일 경우 (a) Z-파라미터 등가회로 표시방법, (b) Y-파라미터 등가회로 표시방법

이를 이용할 경우 값을 모르는 인덕터나 커패시터에 대해 측정된 S-파라미터가 있을 경우 이를 변환하여 Z- 또는 Y-파라미터를 얻을 수 있고, 이를 통해 그림 5-35와 같이 등가회로를 표시하여 인덕터 및 커패시터의 등가회로 분석에 사용될 수 있다. 경우에 따라서 회로가 복잡할 경우 그림 5-35(a)에서 $(z_{11} - z_{12})$, z_{12}, 및 $(z_{22} - z_{12})$ 그리고 그림 5-35(b)의 $(y_{11} - y_{12})$, y_{12}, 및 $(y_{22} - y_{12})$는 단일 소자가 아닌 복잡한 회로 연결이 될 수도 있다. 이 경우 각 소자별로 2장에서 설

명한바와 같이 임피던스를 분석 복잡한 회로를 분해해 낼 수 있을 것이다. 또한 유사한 기법을 통해 다중 포트인 수동소자의 경우도 위 그림 5-35와 유사하게 나타낼 수 있으며, 이는 다른 참고문헌 [8]을 참조하기 바란다.

예제 5-1 ADS에서 10mil 알루미나(alumina) 기판에 대하여 권선수(turn)가 2회이고 폭이 10mil이고 간격이 10 mil인 링(ring)형 마이크로스트립 인덕터에 대하여 등가회로는 주파수 2GHz 까지는 아래 그림 5E-1과 같이 예상된다. 이 등가회로 값을 계산하시오.

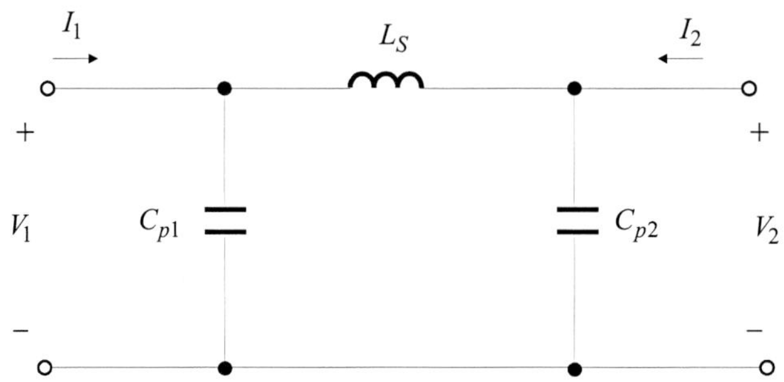

[그림 5E-1] 마이크로스트립 링형 인덕터 등가회로

해 그림과 같이 S-파라미터 시뮬레이션을 하기 위하여, 그림 5E-2와 같이 *Schematic* 창에서 설정한다.

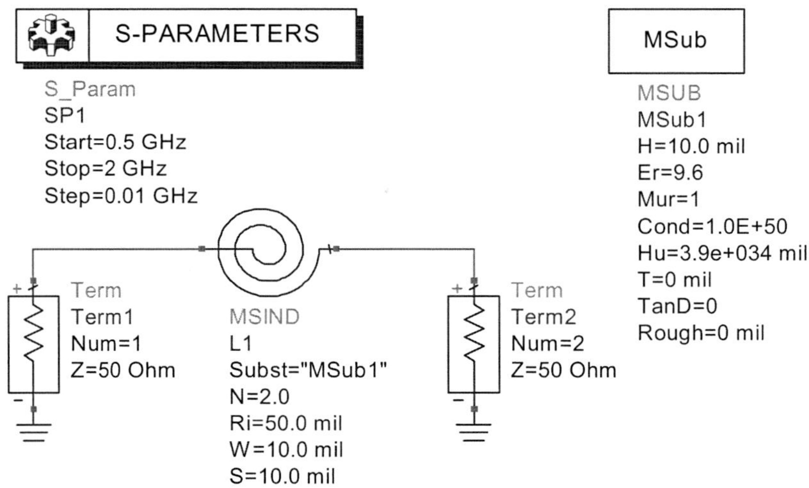

[그림 5E-2] 마이크로스트립 링형 인덕터의 S-파라미터 측정회로

주의할 것은 이 때 S-파라미터 계산시 Y-파라미터 또한 계산하도록 지정하고, Y-파라미터 등가회로를 구하기 위하여, *Display* 창에 그림 5E-3과 같은 *Equation*을 삽입하고, 이것을 주파수에 따라 그리면, 그림 5E-4와 같은 결과를 얻을 수 있다.

Eqn w=2*pi*freq

Eqn Cp2=(imag(Y(2,2)+Y(1,2)))/w　　Eqn Ls=-1/imag(-Y(1,2))/w

Eqn Cp1=(imag(Y(1,1)+Y(1,2)))/w

[그림 5E-3] 그림 5E-1의 등가회로 값을 계산하기 위한 Equation

그림 5E-3에서 C_{p1}은 포트 1쪽의 shunt 커패시터를 나타내며, 반면 C_{p2}는 포트 2쪽의 shunt 커패시터를 나타내게 된다. 또한 L_s는 포트 1과 포트 2에 연결되어 있는 직렬 인덕터의 값이 되게 된다.

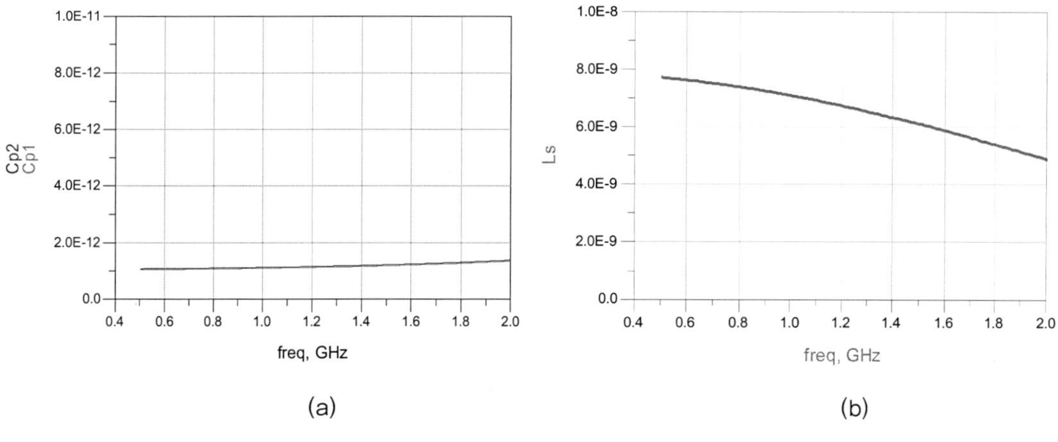

[그림 5E-4] 마이크로스트립 링 인덕터의 (a) 커패시턴스 Cp1 및 Cp2 (b) 직렬 인덕턴스

그림에서 좌우의 병렬 커패시터의 경우, 값이 약 1 pF 로서 거의 같고, 반면 직렬 인덕터의 경우 값이 낮은 주파수에서는 8 nH 정도이지만, 주파수가 증가함에 따라 이것의 값은 감소하고 2GHz에서는 약 5 nH의 값을 가지는 것을 알 수 있다. 이는 직렬 인덕터에 다른 성분이 포함되고 있어서 이와 같은 주파수 의존을 보이는 것으로 생각된다.

또한 Y-파라미터로 나타낸 그림 5-34의 Pi형 등가회로는 FET의 간략 등가회로와 유사한 형태임을 알 수 있다. 따라서 FET의 간략등가회로를 Pi형 등가회로에 직접 대응시킬 경우, 간략등가회로의 값을 측정된 파라미터로부터 직접 구할 수 있게 된다.

이것을 보이기 위하여 Y-파라미터로부터 구현된 등가회로 표시와 간략등가회로를 다시 그림 5-36에 보였다. 이를 통해 이 두개의 회로를 비교하여 간략등가회로의 값들을 계산할 수 있게 된다 [9].

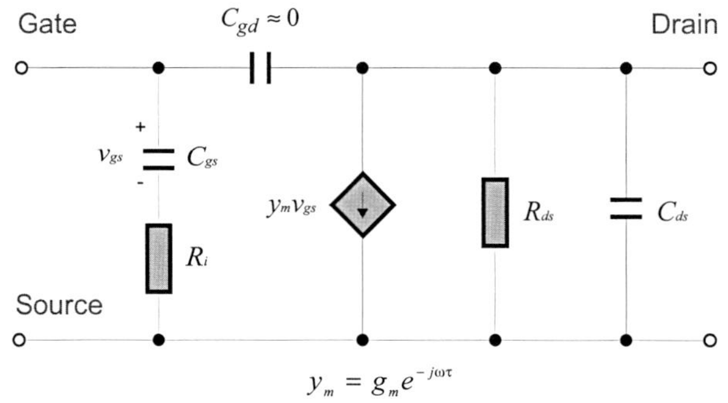

(a)

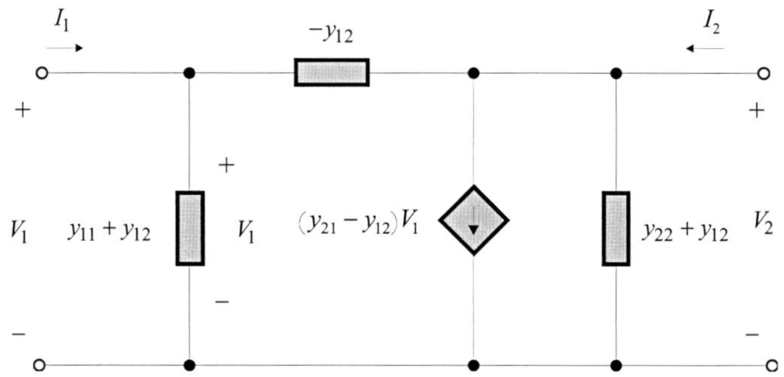

(b)

[그림 5-36] (a) GaAs FET의 간략화된 등가회로 (b) Y-파라미터로 표시된 등가회로

우선 출력측 임피던스를 먼저 고려하면 $R_{ds} \| C_{ds}$의 어드미턴스는 $y_{22}+y_{12}$와 같아야 할 것이다. 따라서

$$R_{ds}^{-1} = \mathrm{Re}\,(y_{22}+y_{12}) \tag{5-32}$$

$$C_{ds} = \frac{1}{\omega}\text{Im}(y_{22}+y_{12}) \tag{5-33}$$

임을 알 수 있다. 그리고 y_{12}와 C_{gd}를 비교하면

$$C_{gd} = \frac{1}{\omega}\text{Im}(-y_{12}) \tag{5-34}$$

또한 입력 측 임피던스는

$$\frac{1}{y_{11}+y_{12}} = R_i + \frac{1}{j\omega C_{gs}} \tag{5-35}$$

의 관계를 가지고 있으므로, R_i및 C_{gs}는 다음과 같이 결정될 수 있다.

$$R_i = \text{Re}\left(\frac{1}{y_{11}+y_{12}}\right) \tag{5-36}$$

$$\frac{1}{\omega C_{gs}} = -\text{Im}\left(\frac{1}{y_{11}+y_{12}}\right) \tag{5-37}$$

그림 5–36 (a) 및 (b)에서 종속전원은 제어전압이 (a)의 경우 C_{gs} 양단의 전압 V_{gs}가 되며 반면 그림 (b)의 경우 V_1이 제어전압이 되므로 다소의 조정을 필요로 하게 된다. 여기서 V_1대 V_{gs}의 관계는

$$\frac{V_{gs}}{V_1} = \frac{1}{1+j\omega C_{gs}R_i} = \frac{\text{Im}\left(\frac{1}{y_{11}+y_{12}}\right)}{\frac{1}{y_{11}+y_{12}}}$$

또한

$$(y_{21}-y_{12})V_1 = y_m V_{gs}$$

이므로 g_m은 아래와 같이 얻어진다.

$$g_m = |y_{21}-y_{12}|\frac{V_1}{V_{gs}} = \frac{|y_{21}-y_{12}|}{|y_{11}+y_{12}|}\left\{\text{Im}\left(\frac{1}{y_{11}+y_{12}}\right)\right\}^{-1} \tag{5-38}$$

또한 τ는

$$\tau = -\frac{1}{\omega} arg\left(j\frac{y_{21}-y_{12}}{y_{11}+y_{12}}\right) \tag{5-39}$$

와 같이 얻어진다. 여기서 $\arg(\cdot)$은 복소수의 각도를 의미한다.

예제 5-2 (FET 간략 등가회로 추출) ADS 상의 chip pHEMT FHX15의 모델을 열고 $V_{DS}=2\text{V}$, $V_{GS}=-0.2\text{V}$에서의 등가회로를 추출하시오.

해 그림 5E-5와 같이 DC *simulation*을 하고 결과를 도시하면 그림 5E-6과 같고 이 때 $I_{DS}=18\,\text{mA}$임을 알 수 있다.

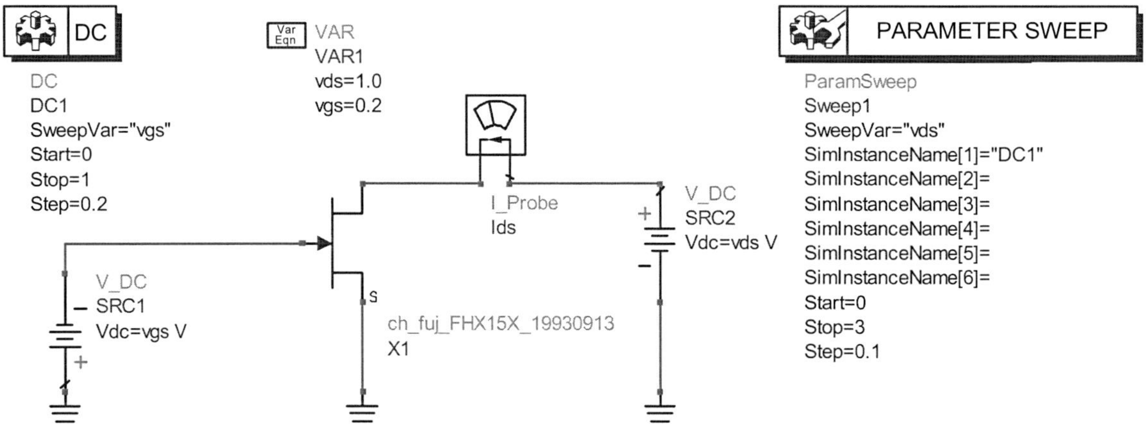

[그림 5E-5] DC 시뮬레이션 회로

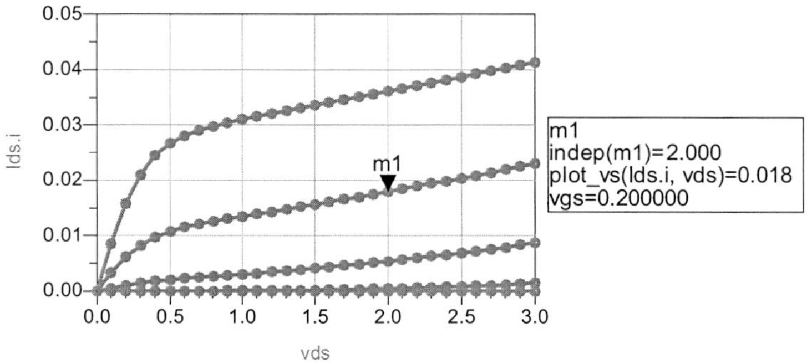

[그림 5E-6] pHEMT FHX15의 DC 특성

이 때 그림 5E-7과 같이 S-파라미터 시뮬레이션을 수행하고 이의 얻어진 S-파라미터를 이용 등가회로를 구하기 위하여 *Display* 창에 그림 5E-8과 같이 수식을 입력한다.

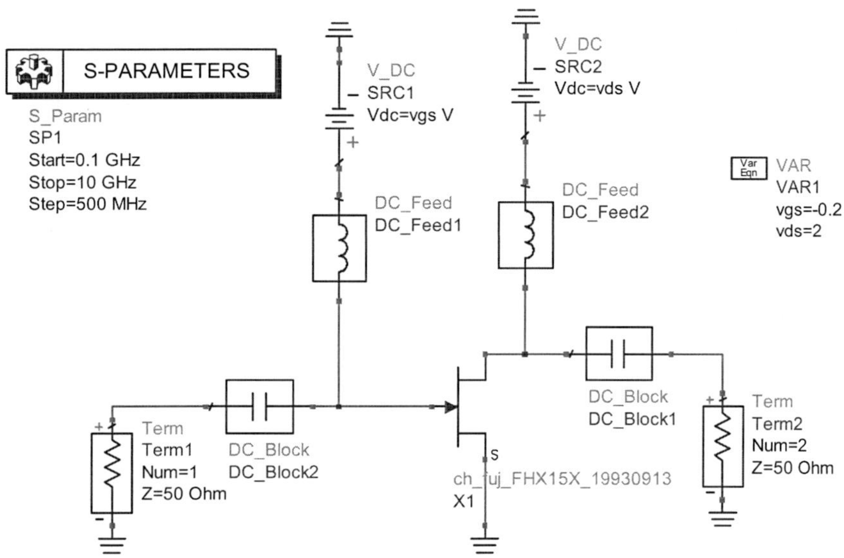

[그림 5E-7] S-파라미터 시뮬레이션 회로

Eqn w=2*pi*freq

Eqn Rds=1/real(Y(2,2)+Y(1,2))

Eqn Cds=1/w*imag(Y(2,2)+Y(1,2))

Eqn Cgd=imag(-Y(1,2))/w

Eqn Cgs=-1/(w*(imag(1/Y(1,1)+Y(1,2))))

Eqn Ri=real(1/(Y(1,1)+Y(1,2)))

Eqn gm=-mag((Y(2,1)-Y(1,2))/(Y(1,1)+Y(1,2)))/imag(1/(Y(1,1)+Y(1,2)))

Eqn tau=(-1/w)*phase(j*(Y(2,1)-Y(1,2))/(Y(1,1)+Y(1,2)))

[그림 5E-8] 간략 등가회로 값을 구하기 위한 *Equation*

이것을 이용하여 각 등가회로 값을 주파수에 대하여 그리면 각각 그림 5E-9, 5E-10, 5E-11과 같게 된다.

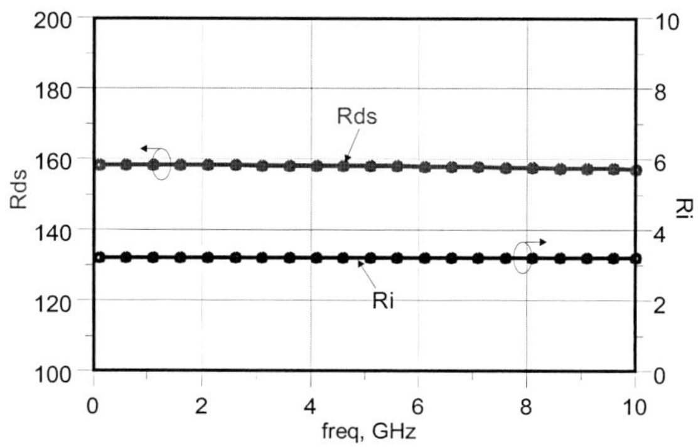

[그림 5E-9] R_{ds} 및 R_i 계산결과

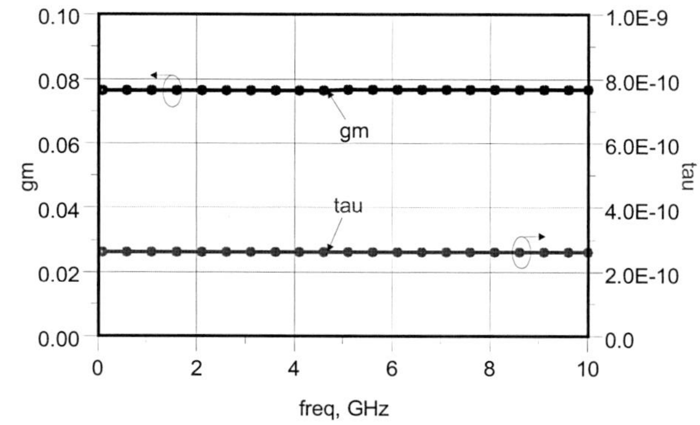

[그림 5E-10] g_m 및 τ 계산결과

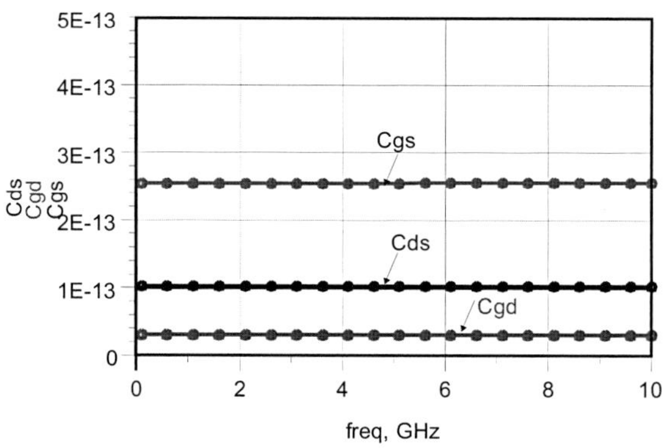

[그림 5E-11] C_{gs}, C_{gd} 및 C_{ds} 계산결과

그림 5E-9에서 그림 5E-11까지의 결과로부터 $g_m = 77$mS, $\tau = 0.26$ns, $R_{ds} = 158$ ohm, $R_i = 3.2$ohm, $C_{gs} = 0.25$pF, $C_{gd} = 31$fF, $C_{ds} = 0.1$pF 의 값을 갖는 것을 알 수 있다.

다음 문제로는 그림 5-37와 같은 소신호 등가회로에서 저항들 R_g, R_s, R_d의 결정인데, 이들은 활성화 상태(active)에서 S-파라미터에 기여가 적어, 이들의 결정을 측정된 S-파라미터와 같은 값을 주도록 최적화 방법(optimization)으로 결정할 경우, 이와 같이 결정된 값들의 불확실성(uncertainty)이 커져서 정확한 값을 결정하기 어렵다[10]. 이에 대해서는 이들 R_g, R_s, R_d가 동작점을 바꿔도 변하지 않는다고 가정하면, 이들의 영향이 두드러지게 나타나는 상태에서 동작점을 잡고 이를 통해 이들의 값을 도출하는 것이다.

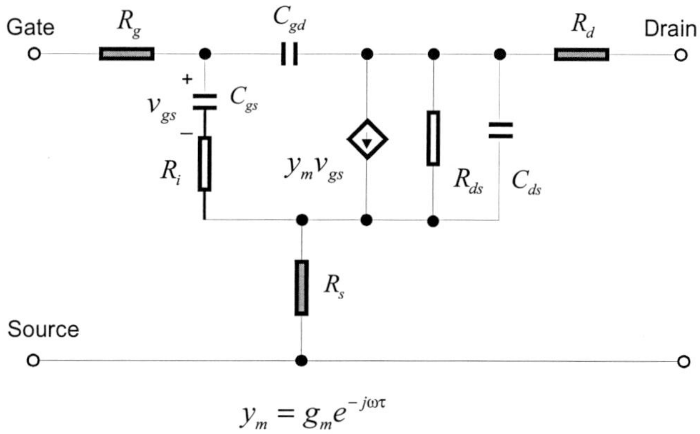

[그림 5-37] chip FET의 소신호 등가회로

이러한 동작점으로 $V_{gs}=0$, $V_{ds}=0$으로 할 경우 FET는 완전한 수동소자가 되며, 이 때 이들의 값을 결정할 수 있게 된다. 이 상태에서 등가회로는 그림 5-38과 같게 된다. 즉 게이트-드레인 및 게이트-소스 간에는 0V시 나타나는 공핍영역 커패시턴스가 같은 값으로 나타나게 되고, R_g, R_s, R_d는 값의 변화가 없어서 그대로 나타나게 될 것이다. 이를 보통 cold-FET 측정이라고 부른다.[11]

이 상태에서 R_g, R_s, R_d의 값은 일반적으로 작고, 보통 그림 5-38의 공핍 커패시턴스 C_b의 임피던스는 매우 커서 측정의 오차가 들어갈 경우, 이들의 값은 정확하게 결정되기 어렵게 된다.

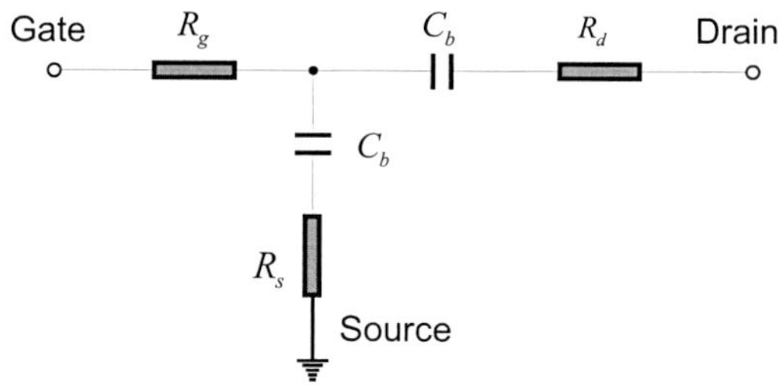

[그림 5-38] $V_{gs}=0$, $V_{ds}=0$일 때 FET의 소신호 등가회로

이를 극복하기 위하여 $V_{ds}=0$인 상태에서 게이트단자에 +전압을 인가할 경우 게이트–드레인 및 게이트–소스 간은 다이오드가 되게 되므로, 이들이 도통되어 C_b의 기여는 사라지고 대신 Schottky 다이오드의 소신호 저항값이 나타나게 된다. 뿐만 아니라, 드레인–소스 간 채널(channel) 저항이 나타나게 되는데, 이들의 효과는 드레인과 소스 단자 사이에 분포된 형태로 나타나게 되어 이들을 분포정수(distributed circuit)로 고려하여야하나, 이들의 분포 효과는 심각한 것이 아니어서 이들을 집중소자로 취급할 수 있게 된다. 이 상태에서 Z–파라미터는 다음과 같게 된다.

$$z_{11}=R_s+R_g+\frac{R_c}{3}+\frac{nkT}{qI_g} \tag{5-40}$$

$$z_{12}=R_s+\frac{R_c}{2} \tag{5-41}$$

$$z_{22}=R_s+R_d+R_c \tag{5-42}$$

위 식에서 R_c는 채널저항을 나타내며, z_{11}의 nkT/qI_g는 게이트 다이오드 저항의 DC 전류 I_g에 대한 의존을 나타내고 있다. z_{11}, z_{12}및 z_{22}에 채널저항의 값이 서로 다르게 나타나는 것은 분포정수 효과를 집중소자로 고려하였기 때문이고, 이것의 영향으로 각 파라미터 값에 분포되어 나타나게 된다. 또한 이 때 채널저항과 다이오드 저항을 제외하면 Z–파라미터는 R_g, R_s, R_d의 연결을 정확하게 반영하고 있음을 알 수 있다.

다이오드 저항 값을 제외한 채널저항과 R_g, R_s의 값은 전류에 따른 z_{11}의 의존도를 도시한 후 이것을 연장하여 나타나는 절편 값을 읽으면 결정할 수 있게 된다. 이것을 그림 5-39에 나타내었으며, 그림 5-39와 같은 방법을 통하여 다이오드 저항 값을 제외한 나머지 저항 값을 결정할 수 있게 된다.

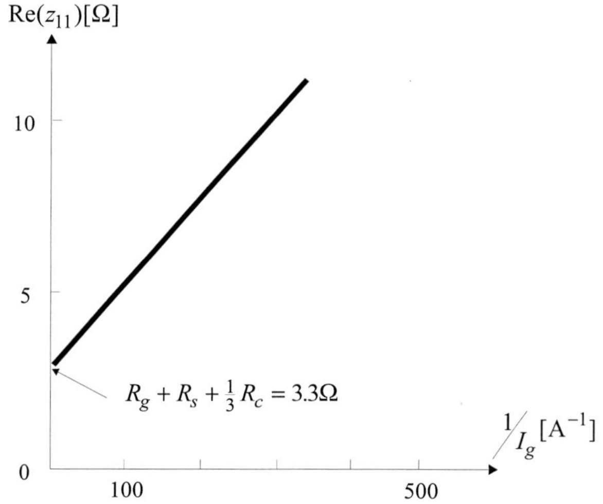

[그림 5-39] $R_g + R_s + \dfrac{1}{3}R_c$를 얻기 위한 그림([11] 참조)

그러나 위의 식에서 여전히 측정된 결과는 3개의 결과를 주고 미지수는 4개이어서 원하는 R_g, R_s, R_d 값을 결정할 수 없게 된다. 따라서 별도의 측정이 필요하며, 이 방법으로는 1) Fukui 방법을 사용할 경우 $R_s + R_d$ 값을 결정할 수 있게 되는데 이를 이용하는 방법 2) 게이트저항을 소자에서 직접 측정하는 방법 등이 있게 된다.

이와 같이 cold-FET 측정을 통해 R_g, R_s, R_d의 값을 결정하였을 때, 활성영역(active region)에서 측정된 S-파라미터가 있다면 S-파라미터에서 이들의 기여를 빼내는 방법은 그림 5-40에 보였다. 이 때 결과로 얻어지는 S-파라미터는 앞서 설명한 간략등가회로 (또는 FET의 intrinsic equivalent circuit이라고 불린다)를 나타내는 S-파라미터이므로, S-파라미터를 Y-파라미터로 변환하여 이들을 나타내는 간략 등가회로의 값을 결정할 수 있게 된다.

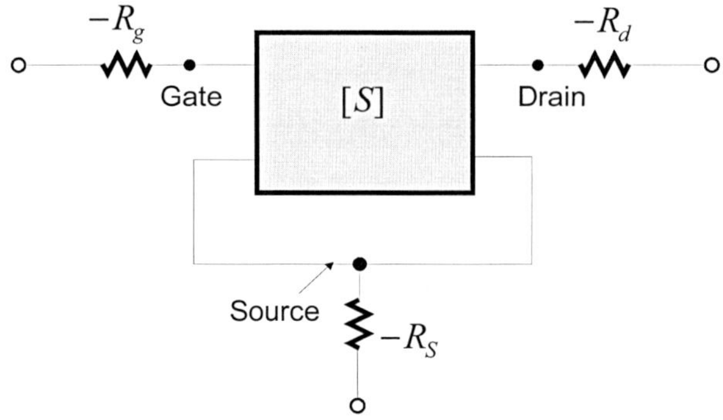

[그림 5-40] 측정된 S-파라미터에서 저항들 R_g, R_s, R_d의 효과를 삭제하는 방법

예제 5-3 예제 5-2에서 R_g, R_s, R_d 값을 0으로 두고 pHEMT FHX15 모델의 $V_{DS}=2\text{V}$, $V_{GS}=-0.2\text{V}$에서의 등가회로를 추출하였다. 이 때 $R_g=1.4$, $R_s=1.5$, $R_d=1.5$ ohm 이라고 가정하고 이들의 효과를 제거한 간략등가회로 값을 구하시오.

해 소자에서 R_g, R_s, R_d 값의 효과를 제거하기 위해서 그림 5E-12와 같이 결선한다. 이때 *Data Component*는 앞서서 예제 5-2에서 계산된 S-파라미터이다. 또한 S-파라미터 시뮬레이션은 Y-파라미터를 계산하도록 지정하여야 할 것이다.

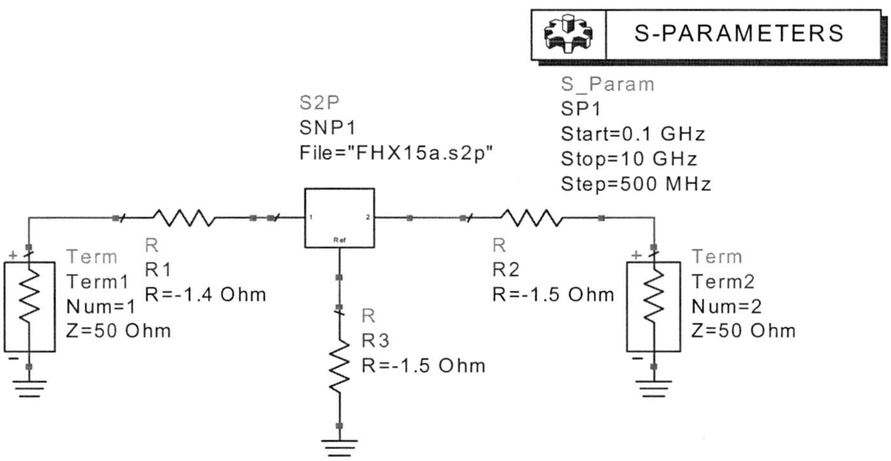

[그림 5E-12] R_g, R_s, R_d의 효과를 제거하기 위한 회로

그리고 *Display* 창에 예제 5-2의 그림 5E-8과 같이 수식을 입력한다. 그러면 동일하게 간략화된 등가회로 값을 다시 계산할 수 있다.

이 때 계산된 등가회로 값은 $g_m = 88$ mS, $\tau = 0.25$ ns, $R_{ds} = 137$ ohm, $R_i = 1.5$ ohm, $C_{gs} = 0.28$ pF, $C_{gd} = 29$ fF, $C_{ds} = 0.12$ pF 의 값을 갖는 것을 알 수 있다. 일반적인 경향으로는 저항 값은 줄고 커패시터 값은 증가하는 것을 알 수 있다. 이들은 앞서 계산한 결과에 주파수 의존성은 없고 단순히 위아래로 값을 이동시키게 된다. 특히 트랜스-컨덕턴스 값의 변화는 주목할 만한데, 이것은 이득에 직접 관련되기 때문이다. 이것의 값의 변화는 $\Delta g_m = 11$ mS가 되는 것을 알 수 있다. 이것의 비교를 그림 5E-13에 보였다.

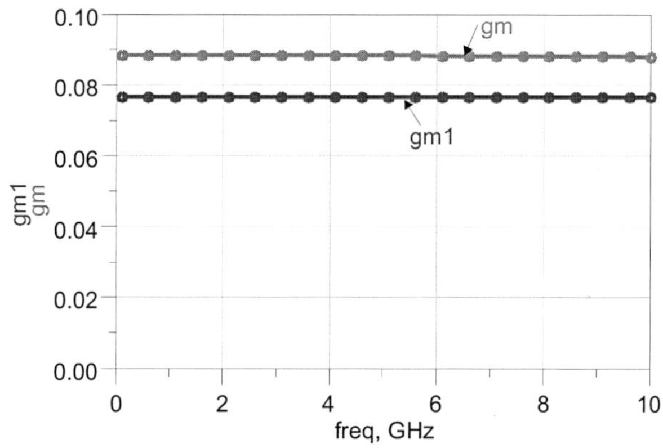

[그림 5E-13] 기생소자 R_g, R_s, R_d의 효과로 인한 g_m의 변화

gm은 그림 5E-12의 결과이며 gm1은 기생소자를 고려하지 않은 결과이다.

이것의 주된 이유로는 R_s에 의한 것으로, R_s에 의하여 g_m은 아래와 같이 감소하게 된다.

$$g_m = \frac{g_m^o}{1+g_m^o R_s} = \frac{88}{1+0.088\times 1.5} = 77\,\mathrm{mS}$$

이것이 예제 5-2에서 계산한 결과와 같음을 알 수 있다. 따라서 트랜스 컨덕턴스가 큰 FET에서는 R_s에 의한 g_m의 감소를 막기 위해 R_s 에 특별히 주의를 기울여 작게 만들어야 할 것이다.

참고문헌

[1] G. D Vendelin, A. M. Pavio, and U. L. Rohode, *Microwave Circuit Design using linear and nonlinear techniques,* John Wiley& Sons Inc., 1990.

[2] G. Gonzalez, *Microwave transistor amplifiers analysis and design,* 2nd edition, Prentice Hall, 1997.

[3] R. Soares, J. Graffeuil, and J. Obregon, *Applications of GaAs MESFETs,* Artech House Inc., 1983.

[4] J. M. Golio, *Microwave MESFETs and HEMTs,* Artech House, 1991.

[5] J. Mun edited, *GaAs Integrated Circuits,* BSP Professional Books, 1988.

[6] H Fukui edited, *Low−noise Microwave Transistor & Amplifiers,* IEEE Press, 1981.

[7] G. Massobrio and P. Antognetti, *Semiconductor Device modeling with SPICE,* 2nd ed., McGraw Hill, 1993.

[8] Marcuvitz, Waveguide Handbook

[9] K. W. Yeom, T. S. Ha, and J. W. Ra, "Frequency dependence of GaAs FET Equivalent circuit Elements extracted from the measured two port S-parameters," *Proc. IEEE*, vol. 76, no. 7, pp. 843-845, July 1988.

[10] R. L. Vaitkus, "Uncertainty in the values of GaAs MESFET equivalent circuit elements extracted from the measured two-port scatttering parameters," *1983 IEEE Cornell Conference on High Speed Semiconductor Devices and Circuits*, Cornell Un., August, 1983.

[11] G. Dambrine, A. Cappy, F. Helidore, and E. Playez, "A new method for determining the FET small signal equivalent circuit," *IEEE Trans on Microwave Theory and Tech.*, vol. 36, no. 7, pp. 1151-1159, July 1988.

[12] H. Fukui, "Determination of the basic device parameters of a GaAs MESFET," *Bell Syst. Tech. J.*, vol. 58, no. 3, pp. 771-795, 1979.

연습문제

5-1 GaAs MESFET은 다음과 같은 등가회로로 나타낼 수 있다. 저주파에서의 $S_{21} = 5\angle 180^\circ$ 일 때 g_m 값을 구하시오.

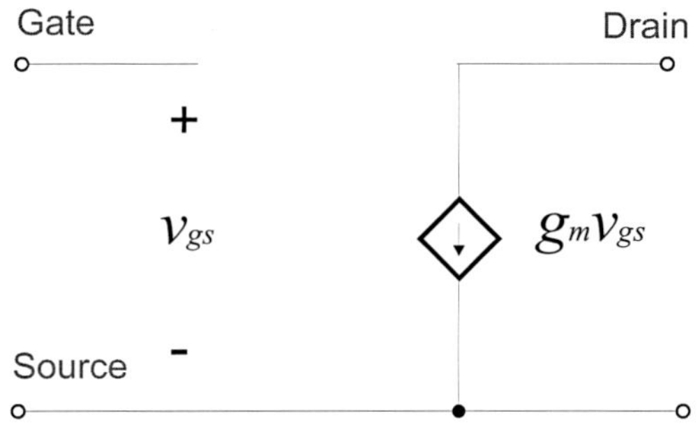

[그림 5P-1] 저주파에서 GaAs MESFET 등가회로

5-2 GaAs MESFET의 소신호 등가회로를 와이어 본딩을 포함 아래 그림과 같이 근사적으로 나타낼 때 아래와 같은 S_{11}을 얻었다면 이를 이용하여 R_i, L_g 값을 구하시오. (단, C_{gs} =0.5 pF)

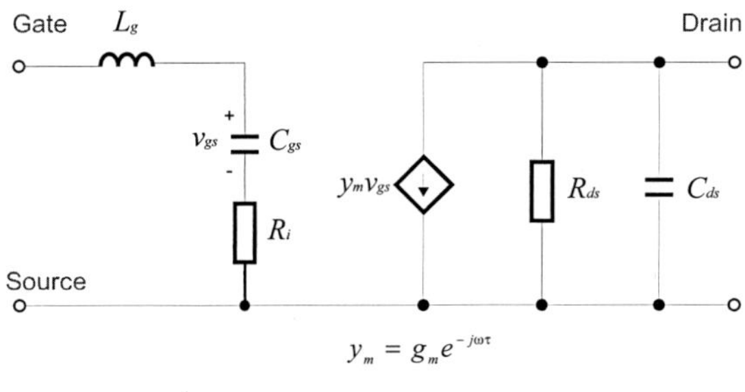

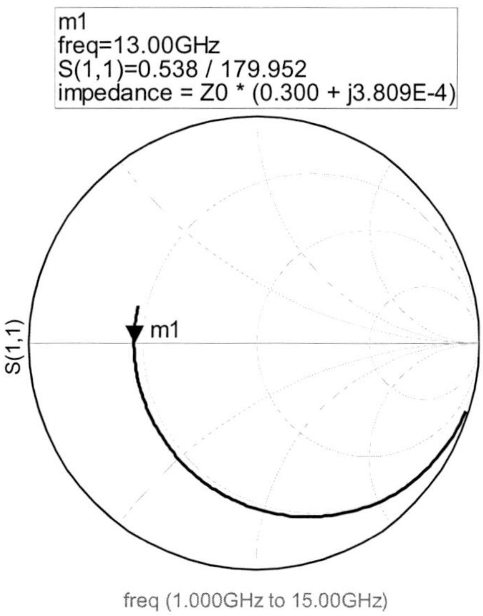

[그림 5P-2] (a) GaAs FET 등가회로, (b) S_{11}

5-3 다음의 능동 바이어스 회로에서 트랜지스터에 20 mA를 흐르게 하기 위한 저항 R_1값을 결정하시오.

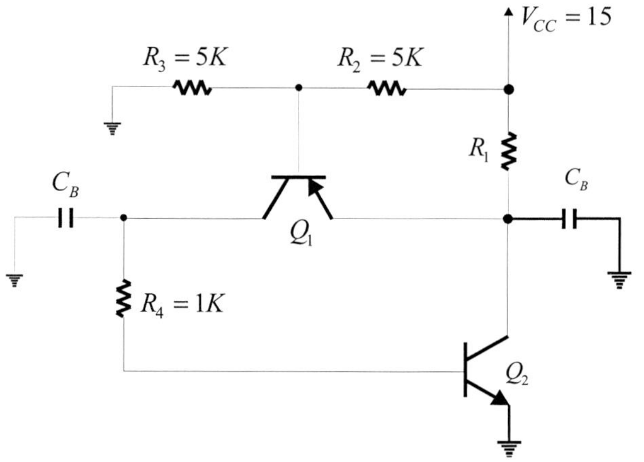

[그림 5P-3] 능동 DC 바이어스 회로

제 6 장

임피던스 정합

6.1 최대전력 전달정리(Maximum Power Transfer Theorem)

6.2 합회로설계

6.3 전송선을 이용한 정합회로

전원의 임피던스와 부하의 임피던스가 부정합(mismatch)된 상태에서는 전원의 가용전력이 부하에 전달되지 않아 전력의 손실을 가져오게 된다. 이와 같이 전원과 부하가 정합되지 않았을 경우, 이를 정합회로를 통하여 정합시킬 수 있다. 정합에는 기본적으로 임피던스가 정합되어야 하며, 이와 같은 임피던스가 정합됨으로 부하에는 최대의 전력이 전달되게 된다. 기본적으로는 정합은 최대 전력전달을 위하여 구성되지만, 특별한 목적을 위하여 사용되기도 한다. 예를 들어 저잡음 증폭기 설계에서는 전원 임피던스를 최소잡음점을 주는 임피던스로 변환시키거나, 발진기에 있어서 부하를 어떤 특별한 임피던스로 변환시키는 것이 그것이다. 따라서 정합회로는 광범위한 뜻에서는 주어진 임피던스를 원하는 다른 임피던스로 변환해 주는 회로라고 볼 수 있다.

이러한 정합 시 임피던스 정합 이외에 전자계형상의 정합 또한 고려되어야 한다. 예를 들어 동축선과 TV 방송수신에 널리 사용되는 two-wire line의 연결을 고려할 때, 단순한 임피던스의 정합으로는 이들 두 전송선을 성공적으로 정합시킬 수 없게 된다. 이들의 전자계형상은 달라서 단순한 임피던스 정합만으로는 성공적 정합을 얻어낼 수 없게 된다. 이와 같이 전자계모양이 다를 경우에는 전자계모양이 같아지도록 정합하여야 하는데, 이는 회로적으로 전송선로만 다루고 있는 본 과정에서는 취급하기 어려우며, 이러한 정합을 위해서는 임피던스 정합뿐만 아니라 전자계의 형상이 정합되도록 전자기적 이론을 활용하여야 할 것이다.

이러한 회로적 차원에서 임피던스 정합을 시키는 방법은 다양하며 여러 가지가 있는데, 본 장에서는 집중소자를 사용하여 정합회로를 구성하는 방법을 설명하고, 또한 이러한 집중소자 정합회로는 자연스럽게 전송선로를 이용한 정합회로로 확장될 수 있는데, Smith chart를 이용 전송선로를 이용한 single, double stub tuner 및 1/4파장 전송선을 이용한 임피던스 정합방법에 대하여 본장에서는 알아보기로 한다.

6.1 최대전력 전달정리

그림 6-1에는 정현파 전원 임피던스가 $Z_s = R_s + jX_s$이고 부하 임피던스가 $Z_L = R_L + jX_L$인 회로를 보여주고 있다. 이때 전원 임피던스는 고정되어 있고, 부하의 임피던스를 가변시킬 수 있다면, 가변된 부하 임피던스로 최대 전력을 전달할 수 있게

된다.

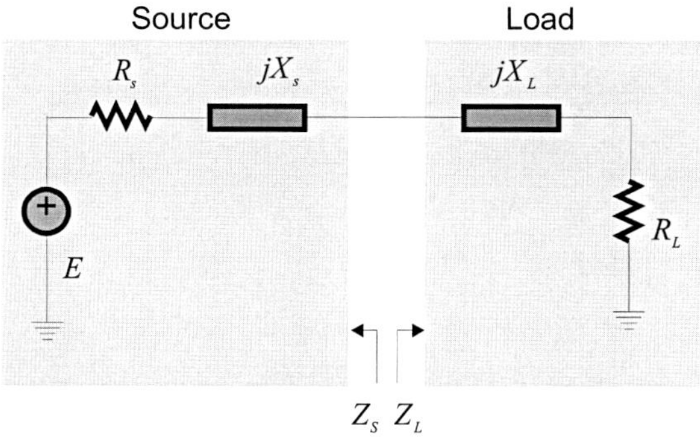

[그림 6-1] 전원과 부하가 연결된 회로

그림 6-1에서 부하에 전달된 전력은

$$P_L = \frac{1}{2}\mathrm{Re}\left(V_L^* I_L\right) = \frac{1}{2}R_L|I_L|^2 \tag{6-1}$$

이 되고 이때 전류는

$$I_L = \frac{E}{(R_L + R_s) + j(X_s + X_L)} \tag{6-2}$$

이므로, 이것을 대입하면

$$P_L = \frac{1}{2}\frac{|E|^2 R_L}{(R_s + R_L)^2 + (X_s + X_L)^2} \tag{6-3}$$

이 된다. 따라서 기본적으로 최대가 되기 위해서는 $X_s = -X_L$이 되어야 하며, 이때 얻어지는 P_L은 다음과 같게 된다.

$$P_L = \frac{1}{2}\frac{|E|^2 R_L}{(R_s + R_L)^2} \tag{6-4}$$

이것의 그림은, 그림 6-2에 나타내었으며 $R_s = R_L$에서 최대전력이 전달되며, 이때 전력은

$$P_{L,\max} = \frac{|E|^2}{8R_s} \tag{6-5}$$

이 되는 것을 알 수 있다. 이것을 최대가용전력(maximum available power 또는 간단히 available power라고 한다)이라고 하며, 이때 전원과 부하의 임피던스 관계는

$$Z_s^* = Z_L \tag{6-6}$$

임을 알 수 있다. 즉 전원과 부하는 복소공액(conjugate) 상태에 있을 때, 최대전력이 전달되며, 이것을 복소정합(conjugate matching)되었다고 한다.

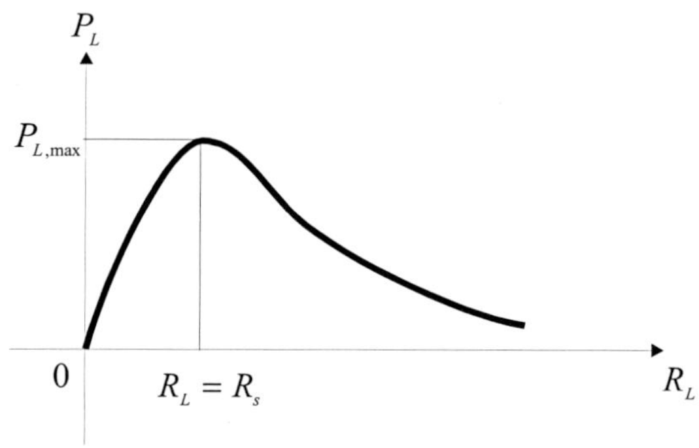

[그림 6-2] R_L에 따른 P_L의 변화

이때 부하가 고정되어 있어, 이것을 그림 6-3과 같이 손실이 없는 정합회로(즉, 예를 들어 전송선이나 인덕터 커패시터 같은 무손실(lossless) 소자를 이용 구성된 회로를 말한다)를 거쳐 전원 Z_s에 복소정합시킬 경우, 이러한 정합회로를 Z-파라미터로 나타내면 전원에서 2-포트 정합회로 입력 쪽으로 최대전력을 전달하기 위해서는

$$Z_s = Z_{in}^* = \left(z_{11} - \frac{z_{12}^2}{z_{22} + Z_L}\right)^* \tag{6-7}$$

의 조건을 만족해야 할 것이다. 여기서 정합회로는 수동소자로 구성되었기 때문에, 가역성(reciprocity)에 의하여 $z_{12} = z_{21}$이 되고, 또한 손실이 없기 때문에, z_{ij}는 모두 순허수가 될 것이다. 따라서 (6-7)식은

$$Z_s^* = jx_{11} + \frac{x_{12}^2}{jx_{22} + Z_L} \qquad (6-8)$$

와 같이 표현되고, 이 식으로부터 Z_L을 계산할 경우

$$Z_L = -jx_{22} + \frac{x_{12}^2}{-jx_{11} + Z_s^*} \qquad (6-9)$$

이 얻어지고 이것의 공액복소수를 구하면

$$Z_L^* = jx_{22} - \frac{x_{12}^2}{jx_{11} + Z_s} \qquad (6-10)$$

와 같음을 알 수 있다. 따라서 무손실 정합회로를 통하여 입력 쪽에서 복소정합되었을 경우, 출력 쪽은 자연히 복소정합되는 것을 알 수 있다. 따라서 임의의 부하 임피던스를 무손실 정합회로를 거쳐 어떤 전원 임피던스에 복소정합시켰을 경우, 이 상태에서 부하 쪽에서 전원쪽으로 들여다본 임피던스는 부하의 복소공액인 임피던스가 나타남을 알 수 있다.

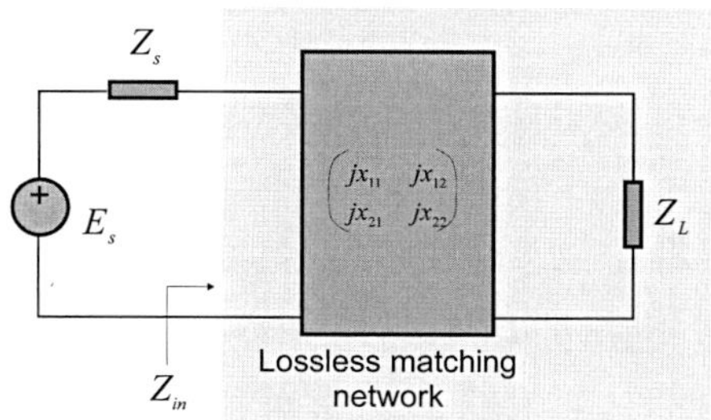

[그림 6-3] 무손실 정합회로를 통한 전원과 부하의 정합

즉, 그림 6-3에서 무손실 정합회로를 통해 입력 측에서 정합되었다면 $Z_s = Z_{in}^*$이 되는데, 이러한 조건 하에서는 출력 측은 $Z_L = Z_{out}^*$로 자연스럽게 정합된다는 것이다. 그리고 이것을 반사계수로 다시 쓸 경우

$$\Gamma_{in} = \Gamma_s^* \rightarrow \Gamma_L = \Gamma_{out}^* \qquad (6-11)$$

이 되는 것을 알 수 있다.

6.2 정합회로설계

6.2.1 직렬–병렬(Series–Parallel)변환

정합회로를 설계하는 데 가장 기본이 되는 개념은 병렬–직렬(parallel–series) 변환과, 그것의 역인 직렬–병렬 변환이 될 것이다. 그림 6–4와 같이 주어진 저항 R_p가 있을 때 여기에 병렬 리액턴스 jX_p를 추가하면 그림 6–4와 같이 직렬 변환할 때 이것의 실수부 R_s는 병렬 리액턴스 때문에, 그 값이 R_p에 비해 줄어들게 된다. 따라서 큰 저항 값을 원하는 값으로 낮추기 위해서는 그림 6–4와 같이 병렬로 리액턴스를 추가하면 될 것이다. 이때 또한 부가적으로 직렬 리액턴스 jX_s가 발생하게 되는데, 이것의 부호는 병렬로 추가한 소자의 부호와 같을 것이다. 즉 커패시터를 병렬로 추가할 경우 직렬 리액턴스 성분으로 커패시턴스가 발생하게 되며, 반면 인덕터를 병렬로 추가할 경우 직렬 리액턴스 성분으로 인덕턴스가 발생하게 된다.

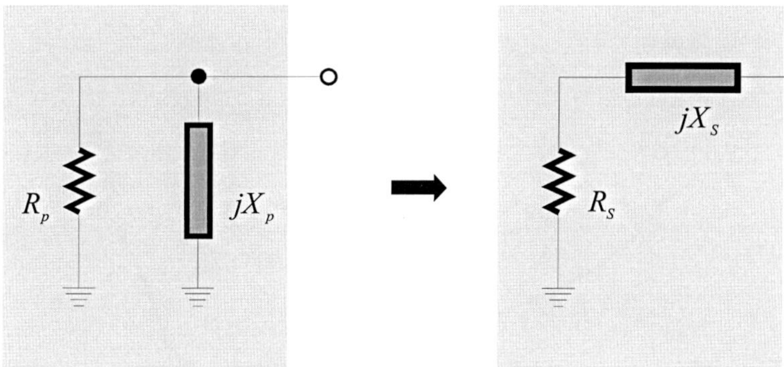

[그림 6–4] 병렬–직렬 변환

이것을 보기 위하여 병렬연결의 임피던스를 계산하고 이것의 실수부와 허수부를 구분할 경우

$$jX_p\frac{R_p}{R_p+jX_p}=\frac{jX_pR_p(R_p-jX_p)}{R_p^2+X_p^2}=\frac{X_p^2R_p}{R_p^2+X_p^2}+\frac{jX_pR_p^2}{R_p^2+X_p^2}$$

와 같이 되며, 따라서 R_s, X_s는 (6–12) 및 (6–13)식과 같이 얻어지게 된다.

$$R_s = \frac{X_p^2 R_p}{R_p^2 + X_p^2} = \frac{R_p}{1 + b_p^2} \tag{6-12}$$

$$X_s = \frac{X_p R_p^2}{R_p^2 + X_p^2} = \frac{b_p R_p}{1 + b_p^2} \tag{6-13}$$

여기서

$$b_p = \frac{R_p}{X_p} \tag{6-14}$$

로, R_p로 규격화된 추가된 소자의 서셉턴스를 나타낸다. 또한 주목할 것은 양쪽 회로의 Q는 같으므로

$$\frac{X_s}{R_s} = \frac{R_p}{X_p} \tag{6-15}$$

임을 알 수 있다. (6-12)식과 (6-13)식에서 가변 가능한 것은 b_p이므로, 이것의 변화에 대하여 직렬 R_s, X_s를 그리면 그림 6-5와 같게 된다.

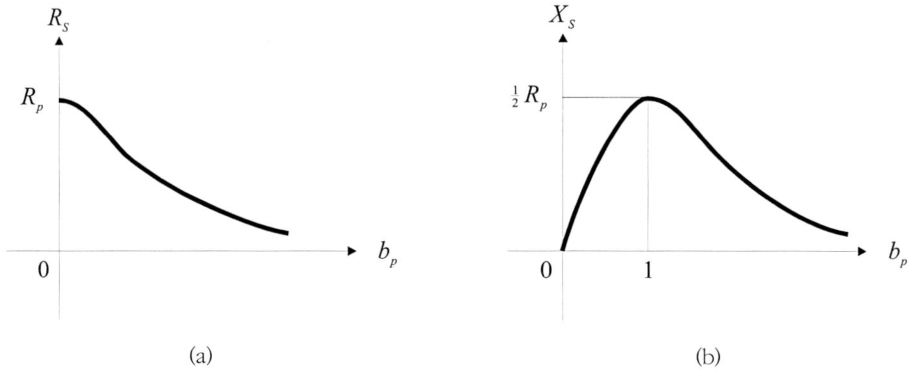

[그림 6-5] b_p변화에 따른 (a) R_s 및 (b) X_s

그림 6-5에서 예상했던 대로 b_p를 크게 하면 R_s는 단조 감소하며, 반면 X_s는 증가하다가 감소하는 것을 알 수 있다.

역으로 직렬-병렬 변환은 주어진 저항 값을 크게 하는 역할을 한다. 그림 6-6과 같이 주어진 저항 R_s가 있을 때 여기에 직렬 리액턴스 jX_s를 추가하면, 그림

6-6과 같이 병렬변환할 때 이것의 실수부 R_p는 직렬 리액턴스 때문에, 그 값이 R_s에 비해 커지게 된다. 따라서 작은 저항 값을 원하는 값으로 크게 하기 위해서는 그림과 같이 직렬로 리액턴스를 추가하면 될 것이다. 이때 역시 부가적으로 병렬 리액턴스 jX_p가 발생하게 되는데, 이것의 부호는 직렬로 추가한 소자의 부호와 같을 것이다.

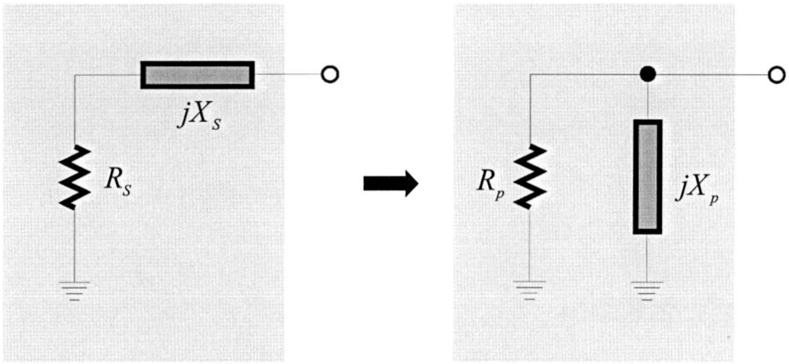

[그림 6-6] 직렬-병렬 변환

그림 6-6에서

$$\frac{1}{R_p} = \mathrm{Re}\left(\frac{1}{R_s + jX_s}\right) = \frac{R_s}{R_s^2 + X_s^2} \qquad (6-16)$$

이므로 등가 R_p는

$$R_p = \frac{R_s^2 + X_s^2}{R_s} = R_s + \frac{X_s^2}{R_s} \qquad (6-17)$$

를 얻게 되고 또한 이때의 X_p는 두 회로의 Q가 같으므로

$$X_p = R_s \frac{R_p}{X_s} = \frac{R_s\left(R_s + \dfrac{X_s^2}{R_s}\right)}{X_s} \qquad (6-18)$$

를 얻게 된다. 이것을 그림으로 그리면 그림 6-7과 같게 된다.

즉 실수부 저항 값을 줄이기 위해서는 병렬 리액턴스를 추가하고, 반대로 실수부 저항 값을 키우기 위해서는 직렬로 리액턴스를 삽입하면, 적절한 리액턴스 삽입 시 원하는 저항 값으로 변환할 수 있게 된다.

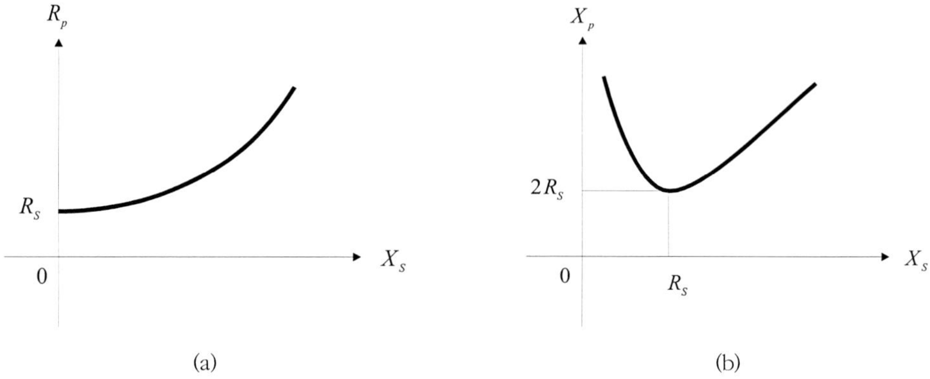

[그림 6-7] X_s 변화에 따른 (a) R_p 및 (b) X_p

6.2.2 L-형 정합회로

그림 6-8에는 L-형(section) 정합회로를 보였다. 그림 6-8에서 부하저항 R_L은 전원저항 R_s에 비해서 크다고 가정하면, 부하저항 R_L을 전원저항 크기로 줄이기 위해서, 병렬로 리액턴스 X_2를 삽입하는 것이 필요할 것이다. 이때 X_2를 커패시터로 삽입하면, X_1은 부가적으로 발생하는 직렬 커패시턴스 효과를 제거하기 위해 인덕터로, 그리고 반대로 X_2를 인덕터로 할 경우 X_1은 커패시터로 하여 임피던스 정합을 시키게 된다. 이때 주목할 것은 X_2를 커패시터로 할 경우 정합회로는 저역 여파기의 특성을 띠게 되며, 반대로 인덕터를 선택할 경우 고역여파기의 특성을 띠게 된다.

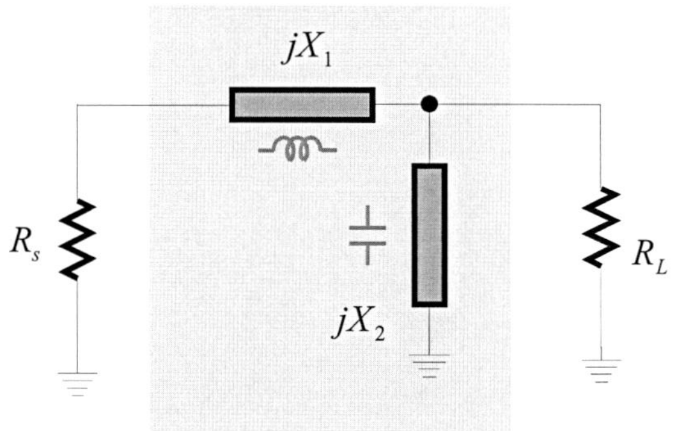

[그림 6-8] L-형 정합회로

따라서 커패시터나 인덕터인 추가된 병렬 jX_2는 임피던스 변환기(transformer)의 역할을 하게 되는데, 이때 값은 (6-12)식에서

$$R_s = \frac{X_2^2 R_L}{R_L^2 + X_2^2} \tag{6-19}$$

이므로

$$n = \frac{R_L}{R_s} \tag{6-20}$$

라고 정의할 경우, 위 식은

$$(n-1)X_2^2 = n^2 R_s^2 \tag{6-21}$$

이 되므로, 커패시터의 경우 X_2는 음의 값을 가지므로

$$X_2 = -\frac{nR_s}{\sqrt{n-1}} \tag{6-22}$$

를 얻게 되고, 또한 jX_1은 jX_2를 사용 병렬-직렬 변환 시 발생한 리액턴스를 제거해야 하므로 이것은 인덕터로서 (6-13)식을 이용하면 다음과 같게 된다.

$$X_1 = \frac{X_2 R_L^2}{R_L^2 + X_2^2} = R_s\sqrt{n-1} \tag{6-23}$$

이것의 대역폭은 Q로서, 이것은 주어진 주파수에서 실수부와 허수부의 비이므로, 근사적으로

$$Q = \frac{X_1}{2R_s} = \frac{1}{2}\sqrt{n-1} = \frac{1}{2}\sqrt{\frac{R_L}{R_s} - 1}$$

임을 알 수 있다. 즉 정합시키려는 저항의 차이가 클수록 Q는 커지게 되어 대역폭이 줄어드는 것을 알 수 있다.

예제 6-1 그림 6-8에서 전원과 부하저항이 각각 50 및 100 ohm일 때 L-형 정합회로를 설계하시오.

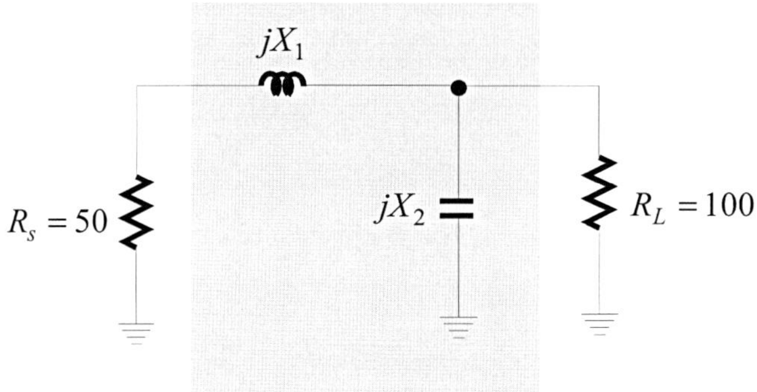

[그림 6E-1] L-형 정합회로

해 회로에서

$$n = \frac{R_L}{R_s} = 2$$

따라서 X_2를 커패시터로 할 경우

$$X_2 = -\frac{nR_s}{\sqrt{n-1}} = -2 \times 50 = -100 \text{ ohm}$$

또한 이때 X_1은 인덕터가 되며 그 값은

$$X_1 = R_s\sqrt{n-1} = 50 \text{ ohm}$$

로 그림과 같이 L-형 정합회로를 구성할 수 있다.

이 예제를 Smith chart로 보면 그림 6-9와 같다. 그림 6-9에서 부하 R_L 값은 A점으로 전원 R_s는 B점으로 나타난다. 여기서 R_L 값이 크므로 이것을 낮추기 위하여 병렬 리액턴스를 추가할 경우 추가된 리액턴스에 관계없이 이것의 컨덕턴스(conductance)는 상수이므로 $jB_2(jB_2 = 1/jX_2)$가 0에서 증가할 때, 그림과 같이 Smith Chart의 등-컨덕턴스 원궤적(constant-conductance circle)을 쫒아 움직이게 된다. 즉 여기에 커패시터를 병렬로 추가하므로, 방향은 그림과 같이 서셉턴스가 -에서 +로 증가하는 방향으로 움직이게 된다.

또한 전원 임피던스 $R_s + jX_1$에서 jX_1이 변할 경우 직렬로 추가되는 jX_1은 전원저항의 실수부를 변화시키지 않게 되므로, 전원부의 임피던스는 등-저항 원궤적(constant−resistance circle)에 있게 된다. 따라서 jB_2가 변할 때 발생하는 등-컨덕턴스 원궤적은 그림과 같이 여러 개의 등-저항 원 궤적들을 지나게 되는데, 추가되는 jB_2는 저항 R_s 값을 주기 위하여, 그림에서 부하 R_L을 C점까지 이동시키도록 선정되어야 할 것이다. 이때의 서셉턴스 B_2 값이 바로 $X_2 = 1/B_2$이 되게 된다. 그리고 이때 X_1은 인덕터이므로, C점을 그림과 같이 X값이 −에서 +로 증가하는 방향으로 이동시키게 된다. 따라서 그림에서 이때 추가된 리액턴스 값을 읽으면 이것이 바로 X_1이 될 것이다.

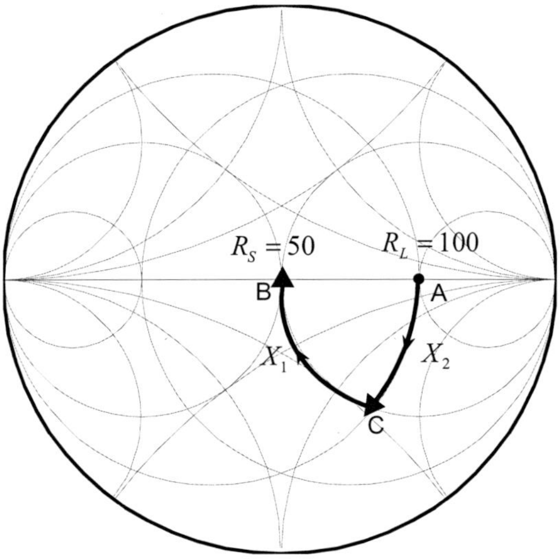

[그림 6-9] Smith chart 상의 L-형 정합회로

예제 6-2 위의 예제 6-1의 정합회로를 주파수 1 GHz에서 그림 6-9와 같은 Smith chart 상에서의 동작원리를 이용하고, ADS를 사용 설계하시오

해 그림 6E-2와 같이 ADS상에서 결선하고, S-파라미터 해석을 수행한다.

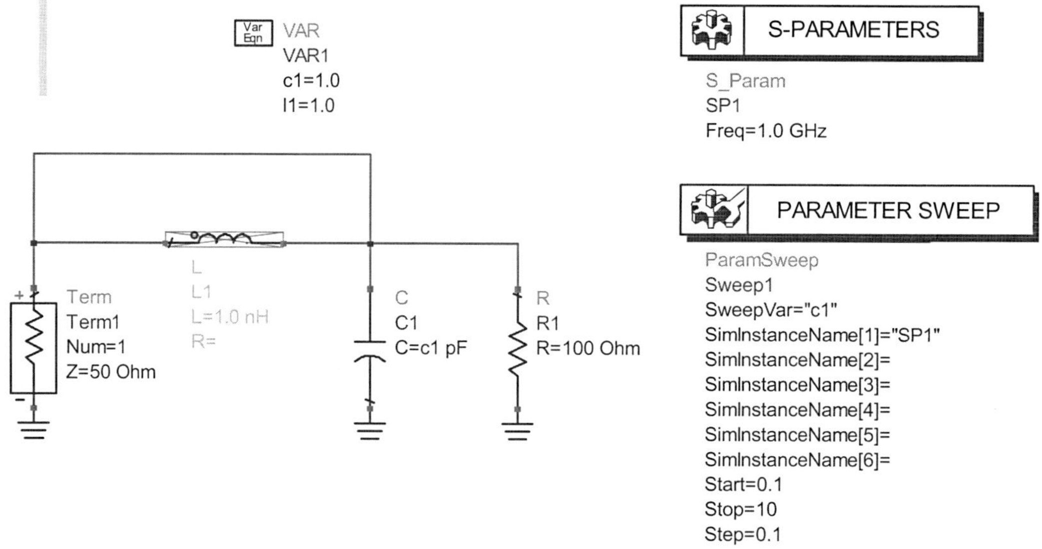

[그림 6E-2] Smith chart를 이용한 L-형 정합회로 설계

이 때 얻어진 S_{11}을 Smith chart에 도시하면 아래 그림 6E-3과 같게 된다. 이 때 실수부가 50 ohm과 같아지는 커패시터 값을 찾으면 c1=1.7 pF임을 알 수 있다.

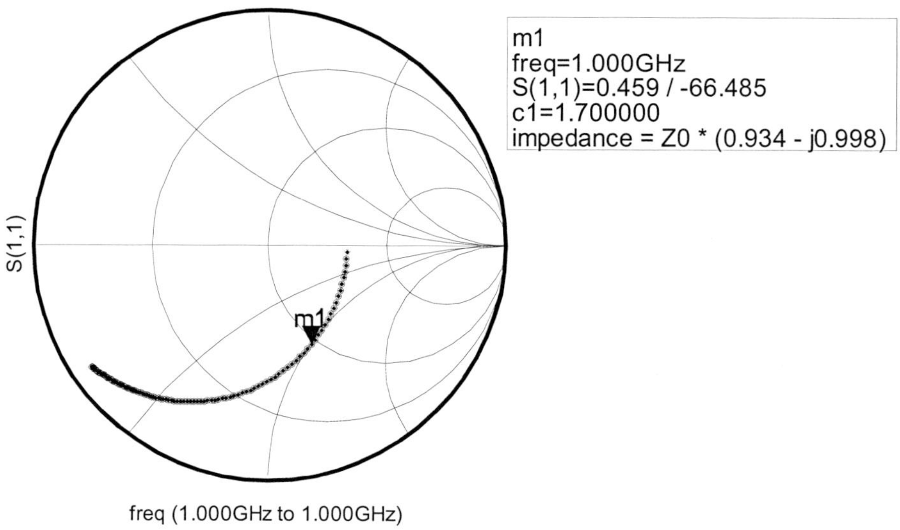

[그림 6E-3] 커패시터를 변화시켰을 때의 궤적

이 커패시터 값을 고정하고 그림 6E-2에서 인덕터를 활성화하고, 0.1 nH에서 10 nH까지 0.05nH 간격으로 별도의 *dataset*을 지정하고, 시뮬레이션을 수행한 후 도시하면, 그림 6E-4와 같은 결과를 얻고, 이것으로부터 l1=7.9 nH임을 알 수 있다.

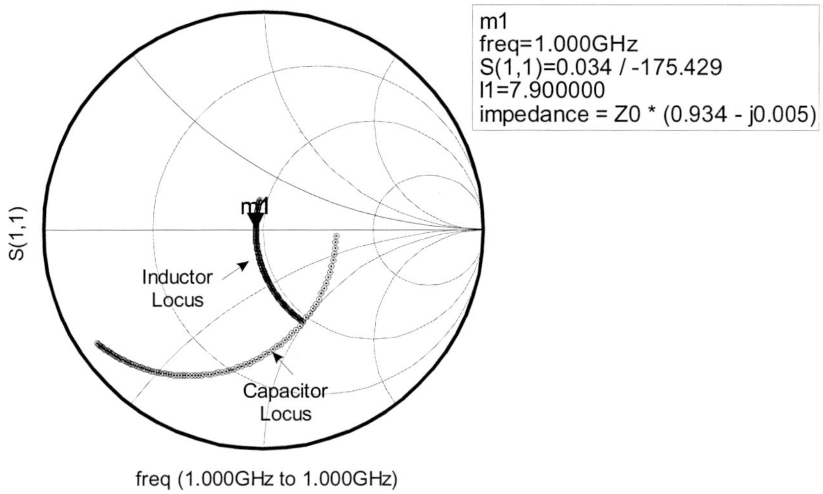

[그림 6E-4] 인덕터를 변화시켰을 때의 궤적(*c*1=1.7pF)

따라서 정합회로 값은 주파수 1 GHz에서 c1=1.7 pF, l1=7.9 nH 임을 알 수 있다.

6.2.3 Pi-형 정합회로

그림 6-10은 Pi 형 정합회로이다. 이것은 그림과 같이 직렬소자를 적당히 두개의 소자로 나눌 경우, L-형 두 개가 서로 마주 보고 있는 형태라고 볼 수 있다. 따라서 그림 6-10과 같은 가상의 선에서 양쪽 전원과 부하를 들여다본 임피던스를 R_π라고 하면, 이 저항 R_π는 부하저항 및 전원저항보다도 작은 값이 될 것이다. 즉 부하저항에 리액턴스를 병렬로 추가하여 임피던스의 크기를 낮춘 다음, 병렬-직렬 변환 시 발생한 직렬 리액턴스를 제거하여 정합시켰기 때문에, 이 값은 부하보다 작은 값이 될 것이다. 또한 같은 이유로 전원저항보다도 작을 수밖에 없다.

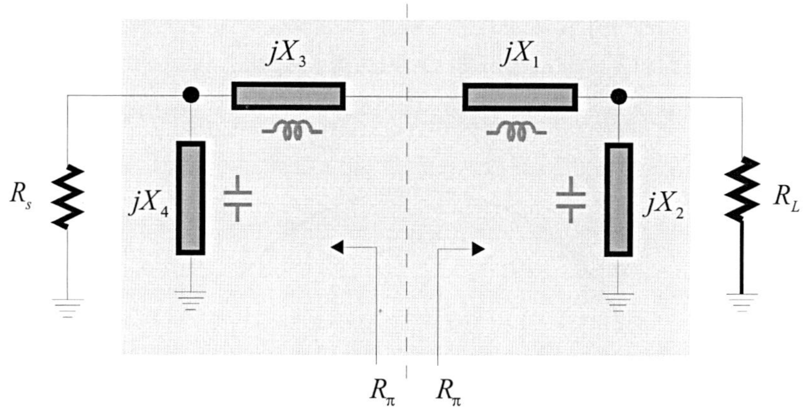

[그림 6-10] Pi-형 정합회로

따라서 Pi-형 정합 시에는 가상의 전원과 부하저항보다도 작은 저항 R_π를 설정하고, 전원과 부하를 각각 L-형을 통하여 저항 R_π에 정합시키면 될 것이다. 그리고 두 개의 L-형에서 만들어진 직렬소자의 값들을 합하여 한 소자로 구현할 경우, Pi-형 정합회로가 완성되게 된다.

따라서 $R_\pi < R_s$, R_L을 설정하고, 임피던스 변환기 역할을 하는 jX_2 및 jX_4 (6-22)식을 이용하면 각각 결정될 수 있다. 여기서 임피던스 변환비(transform ratio) n_1 및 n_2를 각각 다음과 같이 정의하면,

$$n_1 = \frac{R_s}{R_\pi}, \qquad n_2 = \frac{R_L}{R_\pi}, \tag{6-24}$$

또한 jX_4 및 jX_2는 커패시터로 설정할 경우

$$X_4 = -\frac{n_1 R_\pi}{\sqrt{n_1 - 1}} \tag{6-25a}$$

$$X_2 = -\frac{n_2 R_\pi}{\sqrt{n_2 - 1}} \tag{6-25b}$$

로 얻을 수 있다. 그리고 변환 시 발생된 직렬 리액턴스를 보상하는 X_3 및 X_1은

$$X_3 = \omega L_3 = R_\pi \sqrt{n_1 - 1} \tag{6-26a}$$

$$X_1 = \omega L_1 = R_\pi \sqrt{n_2 - 1} \tag{6-26b}$$

로 얻어지게 되고 이것의 Q는 다음과 같이 되어

$$Q = \frac{X_1 + X_3}{2R_\pi} = \frac{1}{2}\left(\sqrt{\frac{R_s}{R_\pi} - 1} + \sqrt{\frac{R_L}{R_\pi} - 1}\right) \qquad (6-27)$$

이 된다. 이는 일반적으로 Q가 L-형보다 크게 되어 정합대역폭은 줄어들게 된다.

그림 6-11은 Pi 형 정합회로의 각 소자의 효과를 Smith chart로 보인 것이다. 부하 $R_L = 100$(A점)을 전원 $R_s = 50$(B점)으로 설정하였고, 이때 그림 6-11에서 Pi 형의 저항 R_π는 25 ohm으로 설정하였다. 그림 6-11에서 추가된 $jB_2(=1/jX_2)$는 그림과 같이 부하 A점을 Smith chart의 등-컨덕턴스 원궤적을 따라 이동시키게 된다. 여기서 jB_2는 커패시터로 고려하였고, 이것은 커패시턴스를 추가하므로 방향은 그림과 같이 커패시턴스를 주는 방향으로 움직이게 된다.

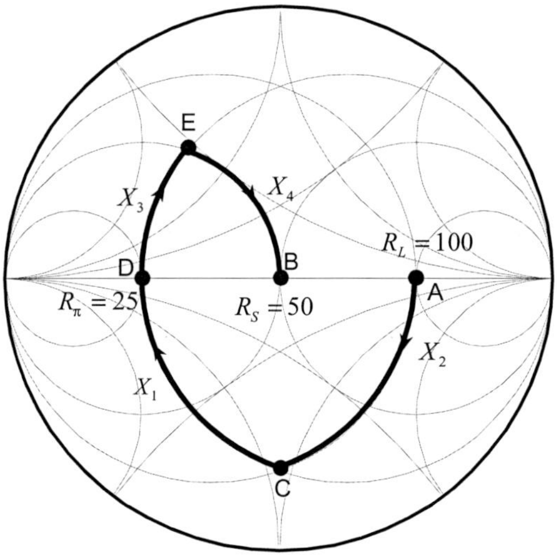

[그림 6-11] Smith chart에서 본 Pi 형 정합회로

또한 임피던스 $R_\pi + jX_1$에서 jX_1이 변할 때 궤적은 저항이 R_π인 등-저항 원궤적에 있게 되므로 추가되는 jB_2는 저항 R_π 값을 주기 위하여, 그림 6-11에서 부하 R_L을 C점까지 이동시키도록 선정되어야 할 것이다. 그리고 이때 X_1은 인덕터이므로, C점을 그림 6-11과 같이 리액턴스를 증가시키는 방향 쪽으로 이동시키게 된다. 따라서 그림에서 D점을 주는 추가된 리액턴스 값을 읽으면, 이것이 바로

X_1이 될 것이다.

또한 직렬로 추가된 jX_3는 저항 R_π 값을 등-저항 원 궤적을 따라 계속적으로 리액턴스가 증가하는 방향으로 움직이게 하며, 여러 개의 등-컨덕턴스 원궤적을 지나게 된다. 이때 $R_S \| jX_4$로 구성된 전원의 임피던스는 R_S 값을 갖는 등-컨덕턴스 원궤적에 있게 된다. 따라서 저항 R_S 값을 주기 위하여 추가된 jX_3는 저항 R_π(D점)를 교차점(E점)까지 이동시켜야 할 것이다. 이것으로 jX_3 값을 결정할 수 있고, 이때 jX_4는 병렬로 추가되어 등-컨덕턴스 원궤적을 따라 E점을 B점까지 이동시켜야 할 것이다. 이것으로 jX_4는 결정될 수 있다.

6.2.4 T-형 정합회로

그림 6-12는 T-형 정합회로이다. 이것은 그림 6-12와 같이 정합에 사용된 병렬소자를 적당히 두 개의 소자 jX_2와 jX_4로 나눌 경우, L-형 두 개가 서로 마주 보고 있는 형태라고 볼 수 있다. 따라서 그림 6-12와 같은 가상의 선에서 양쪽 전원과 부하를 들여다본 임피던스를 R_T라고 하면, 이 저항 R_T에 리액턴스를 병렬로 추가하여 임피던스의 크기를 낮춘 다음, 변환 시 발생한 직렬 리액턴스를 제거하여 정합시켰기 때문에, R_T는 부하저항 및 전원 저항보다도 큰 값이 될 것이다.

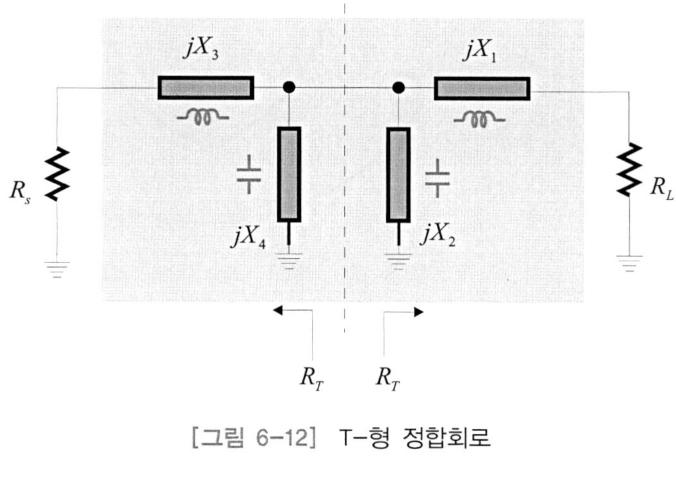

[그림 6-12] T-형 정합회로

따라서 T-형 정합 시에는 전원과 부하저항보다도 가상의 큰 저항 R_T를 설정하고 이 저항을 각각 L-형을 통하여 전원과 부하에 정합시키면 될 것이다. 그리고 두 개의 L-형에서 만들어진 병렬소자의 값들을 병렬로 합하여 한 소자로 구현할 경우, T-형 정합회로가 완성되게 된다. 따라서 $R_T > R_s$, R_L을 설정하고, 임피던스 변환비 n_1 및 n_2를 각각 다음과 같이 정의하면 다음과 같다.

$$n_1 = \frac{R_T}{R_s}, \qquad n_2 = \frac{R_T}{R_L}, \tag{6-28}$$

Pi-형에서와 유사한 방법으로 임피던스 변환기 역할을 하는 jX_4 및 jX_2를 커패시터로 설정할 경우

$$X_4 = -\frac{n_1 R_S}{\sqrt{n_1 - 1}} \tag{6-29a}$$

$$X_2 = -\frac{n_2 R_L}{\sqrt{n_2 - 1}} \tag{6-29b}$$

로 얻을 수 있다. 그리고 발생된 직렬 리액턴스를 보상하는 X_3 및 X_1은 (6-30)식과 같이 얻을 수 있다.

$$X_3 = \omega L_3 = R_s \sqrt{n_1 - 1} \tag{6-30a}$$

$$X_1 = \omega L_1 = R_L \sqrt{n_2 - 1} \tag{6-30b}$$

따라서 이와 같이 결정된 값들을 이용 T-형 정합회로를 구현할 수 있다. 또한 T-형의 Q는 Pi-형과 유사하게 (6-31)식 같이 결정할 수 있으며, 이것 또한 L-형의 Q에 비해 크게 되어 L-형에 비해 정합 대역폭은 줄어들게 된다.

$$Q = \frac{B}{G} = \frac{\left|\frac{1}{X_2} + \frac{1}{X_4}\right|}{\frac{2}{R_T}} = \frac{1}{2}\left(\frac{R_S}{R_T}\sqrt{\frac{R_T}{R_S} - 1} + \frac{R_L}{R_T}\sqrt{\frac{R_T}{R_L} - 1}\right) \tag{6-31}$$

또한 이때 R_T를 크게 설정하면 설정할수록 정합대역폭은 줄어들게 되는 것을 알 수 있다. 따라서 Pi-형이나 T-형의 경우 정합 대역폭을 좁게 하여야 할 필요가 있는 곳, 예를 들어 수신기의 동조회로(tuner)에 정합회로로 자주 사용된다.

그림 6-13은 T-형 정합회로의 각 소자의 효과를 Smith chart로 보인 것이다. 부

하 $R_L = 50$(A점)을 전원 $R_s = 25$(E점)로 설정하였고 이때 그림 6-13에서 T-형의 저항 R_T는 100 ohm으로 설정하였다. 그림 6-13에서 추가된 jX_3는 그림과 같이 전원 E점을 Smith chart의 등-저항 원 궤적을 따라 이동시키게 된다. 여기서 jX_3는 인덕터로 고려하였고, 이것은 인덕턴스를 추가하므로 방향은 그림 6-13과 같이 리액턴스를 증가시키는 방향으로 움직이게 된다.

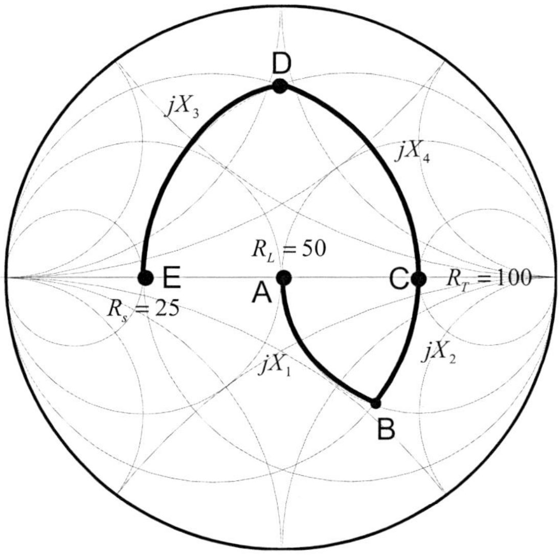

[그림 6-13] Smith chart로 본 T-형 정합회로

또한 임피던스 $R_T \| jX_4$에서 $jB_4 (= 1/jX_4)$이 변할 때 궤적은 저항이 R_T인 등-컨덕턴스 원궤적에 있게 되므로, 추가되는 jX_3는 저항 R_T 값을 주기 위하여, 그림 6-13에서 전원 R_S을 D점까지 이동시키도록 선정되어야 할 것이다. 그리고 이때 B_4은 커패시터이므로 D점을 그림과 같이 서셉턴스 값을 증가시키는 쪽으로 이동시키게 된다. 따라서 그림에서 C점을 주는 추가된 서셉턴스 값을 읽으면 이것이 바로 B_4가 될 것이다.

또한 병렬로 추가된 jX_2는 저항 R_T 값을 계속적으로 등-컨덕턴스 원궤적을 따라 B값을 증가시키는 방향으로 움직이게 하며 여러 개의 등-저항 원 궤적을 지나게 된다. 이때 $R_L + jX_1$로 구성된 부하의 임피던스는 R_L 값을 갖는 등-저항 원 궤적에 있게 된다. 따라서 저항 R_L 값을 주기 위하여 추가된 jX_2는 저항 R_T(C점)를 교차점(B점)까지 이동시켜야 할 것이다. 이것으로 jX_2 값을 결정할 수 있고, 이때 jX_1는 직렬로 추가되어 등-저항 원 궤적을 따라 B점을 A점까지 이동시켜야 할 것이다. 이것으로 jX_1는 결정될 수 있다.

6.2.5 이중 L-형 정합회로

그림 6-14에는 이중(double) L-형을 보였다. 이것은 L-형 두 개를 cascade로 연결 하여 구성한 것으로, 그림 6-14에 표시한 부하 쪽을 들여다본 임피던스 R_D는 부하저항 R_L보다는 작고, 반면 이것은 전원저항 R_s보다는 크게 될 것이다. 따라서 $R_L > R_D > R_s$인 저항 R_D 값을 임의로 설정하고, 이 값을 기준으로 L-형을 각각 설계하면 이중 L-형이 완성되게 된다.

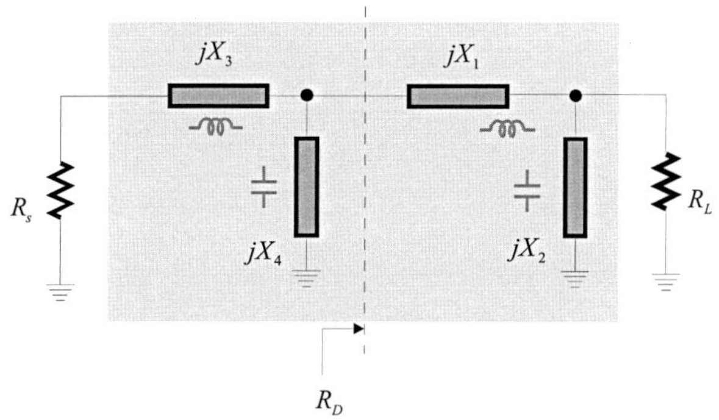

[그림 6-14] 이중 L-형

주목할 것은 이것의 정확한 Q는 복잡하나, Q를 두 개의 L-형의 Q의 곱으로 근사적으로 계산할 경우 Q는 아래와 같이 쓸 수 있다.

$$Q = \frac{X_1}{2R_S}\frac{X_3}{R_D} = \frac{1}{2}\sqrt{\frac{R_L}{R_D} - 1}\sqrt{\frac{R_D}{R_S} - 1} \tag{6-32}$$

$$= \frac{1}{2}\sqrt{\frac{R_L}{R_S} + 1 - \frac{R_L}{R_D} + \frac{R_D}{R_S}} \leq \frac{1}{2}\sqrt{\frac{R_L}{R_S} - 1}$$

따라서 이 경우 L-형보다도 정합대역폭이 넓어지는 것을 알 수 있다. 보통 광대역 정합 특성을 얻기 위해서는, 이러한 L-형을 cascade로 연결하여 목적을 달성할 수 있게 된다. 그림 6-15에는 이러한 이중-L-형을 사용하였을 경우를 Smith chart를 통하여 본 것이다. 이것을 보이기 위하여 부하 $R_L = 100$(A점)을 전원 $R_s = 25$(E점)로 설정하였고 이때 그림 6-15에서 이중 L-형의 저항 R_D는 50 ohm으로 설정하였다.

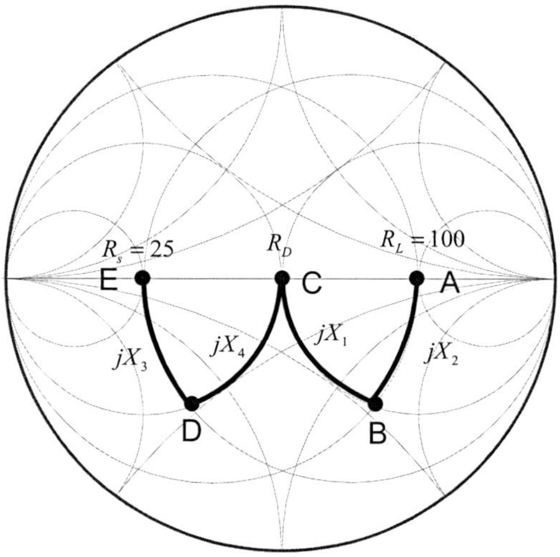

[그림 6-15] Smith chart로 본 이중 L-형 정합회로

6.2.6 실수가 아닌 전원저항의 정합회로설계

지금까지는 전원이나 부하저항이 모두 실수인 경우만을 고려하였다. 그러나 전원이나 부하가 리액턴스를 가지고 있는 경우를 고려해 보도록 한다. 이 경우 그림 6-16과 같이 전원이나 부하에서 발생한 리액턴스는 없는 것으로 하고 L-형, 또는

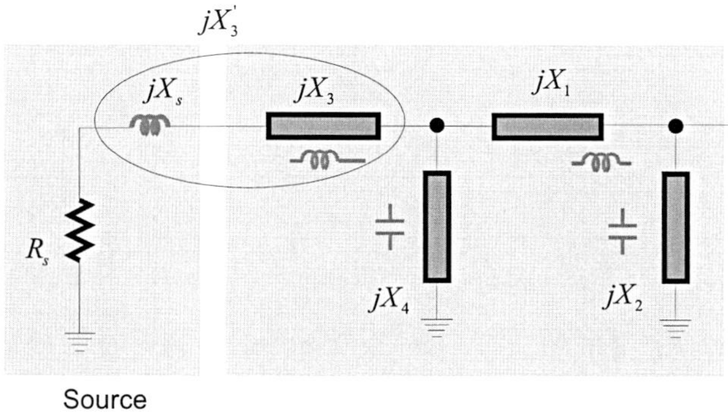

[그림 6-16] 전원에 reactive 소자를 포함하고 있을 때 정합회로 구성방법

이중 L-형으로 정합회로를 설계한 후, 정합회로의 일부는 그림과 같이 전원이나 부하의 소자 값을 포함하고 있는 것이므로 정합회로설계 값에서 이 값을 빼내면 될 것이다. 이와 같은 작업을 고려한다면, 앞서의 설계방법은 일반적으로 임의의 임피던스를 갖는 부하 및 전원에 대하여 정합시킬 수 있는 방법이 되게 된다.

예제 6-3 전원과 부하저항이 각각, $50+j25$ 및 100 ohm일 때 L-형 정합회로를 설계하시오.

해 우선 전원 저항의 허수부가 0인 것으로 하고, X_2를 커패시터로 그리고 X_1을 인덕터로 할 경우, 예제 4-1의 해에서

$$X_2 = -100,\ \ X_1 = 50$$

을 얻게 된다. 따라서 전원부의 허수부가 25 ohm이므로 외부에서 추가되어야 할 L-형 정합회로는

$$X_2 = -100,\ X_1 = 25$$

로 정합회로를 구성하면 된다.

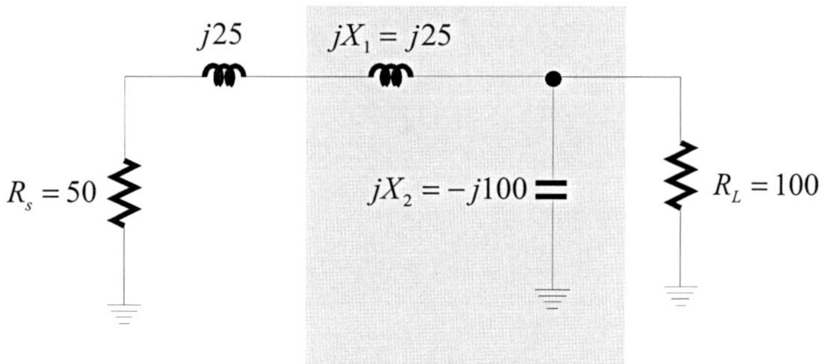

[그림 6E-5] 정합회로

이러한 방법으로 광대역 정합회로를 설계하는 방법으로는 보통 정합회로를 부하나 전원의 리액티브 소자들을 제거하고 특성에 맞게 여파기를 설계한 후, 정합회로에서 이러한 부하나 전원의 리액턴스 값을 빼내는 것이다. 이때 주목할 것은 정합회로 형상을 부하나 전원에서 발생한 리액턴스와 부호가 같도록 설정하여야 하며, 또한 정합회로 값은 충분히 커서 부하나 전원에서 발생한 리액턴스의 값을

뺏을 경우에도 + 값을 가져야 구현 가능할 것이다. 이러한 점은 전원이나 부하에 리액티브 소자들이 있을 경우 정합시킬 수 있는 대역폭을 제한하게 된다.

6.3 전송선을 이용한 정합회로

6.3.1 Single stub tuner

Single stub tuner는 그림 6-17과 같이 전송선과 전송선에 단락된(또는 개방된) 전송선이 병렬로 연결된 것으로, 이와 같이 병렬로 연결된 단락된 전송선을 stub 라고 한다. 또한 이러한 stub의 개수가 1이기 때문에 이를 single stub tuner라고 부른다.

이때 이를 구성하고 있는 전송선의 특성 임피던스 Z_o는 일반적인 값으로도 정합은 달성 가능하나, 편의상 모두 전원의 내부저항과 같은 상태로 하였다.

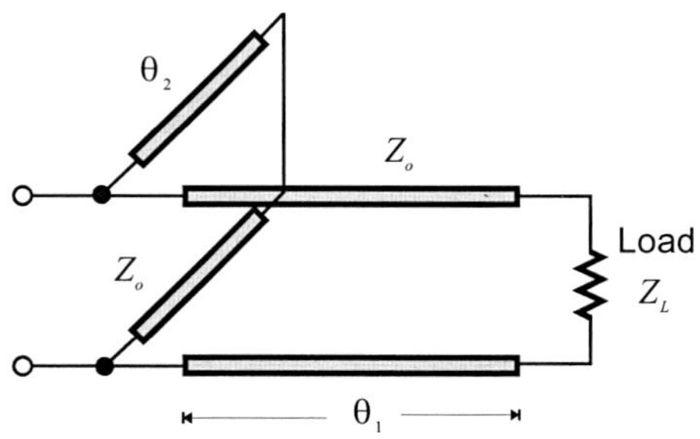

[그림 6-17] Single stub tuner의 회로도

여기서 이러한 single stub tuner를 이용하여 정합시킬 때, 가변 가능한 것은 stub의 길이와 전송선의 길이로 제한하도록 한다. 그러면 이것의 정합방법에 대해서 알아보도록 하겠다. 우선 임의의 부하(Z_L 또는 Γ_L)는 전원저항 Z_o로 규격화할 경우 Smith chart의 한 점이 되며, 이것의 반경이 부하의 반사계수의 크기가 될 것이다. 또한 이때 기준 축에서의 각도는 부하의 반사계수의 위상이 될 것이다. 따라서 그림 6-17의 전송선의 길이 θ_1을 조정할 경우 stub 직전에서 들여다 본 반사계수는 원점을 중심으로 반경을 유지하고 그림 6-18과 같이 길이 θ_1에 따라 시계방향으로 회전하는 원($\Gamma(\theta_1) = \Gamma_L e^{-2j\theta_1}$)이 될 것이다.

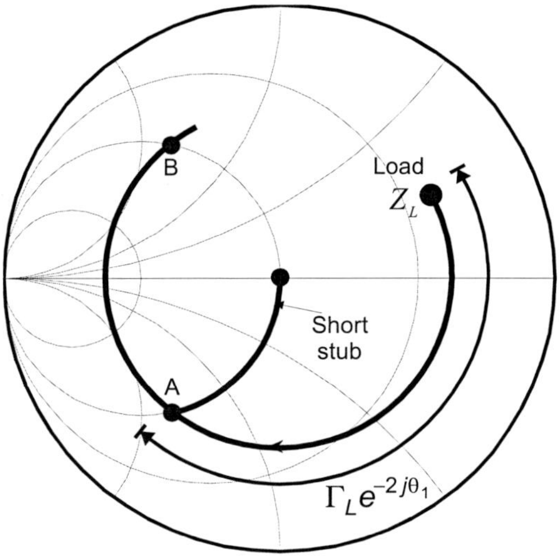

[그림 6-18] θ_1에 따른 $\Gamma(d_1)$

이때 θ_1을 변화시킬 경우 필연적으로 $G = 1$인 등-컨덕턴스 원궤적(단위 컨덕턴스 원)을 두 곳에서 지나게 되는데, 추가되는 병렬 stub의 경우 1/4파장보다 짧게 가변할 수 있을 경우, 서셉턴스는 - 값이 되므로 + 쪽에서 만난 점(그림 6-18의 A점 ; 서셉턴스 B_d)을 기준으로 한다면 이때 병렬 stub의 길이는

$$B_d = \frac{Y_o}{\tan(\theta_2)} \tag{6-33}$$

로 결정될 것이다. 이때 반파장 길이까지 허용된다면 + 및 - 쪽에서 만난 두 점이(그림 6-18의 A 및 B점) 모두 정합 가능한 것을 알 수 있다.

예제 6-4 주파수 1 GHz에서 $Z = 100 + j100$의 임피던스를 갖는 부하를 50 ohm에 정합시키는 정합회로를, 그림 6-18의 Smith chart의 동작원리를 이용하고, ADS를 활용 설계하시오

해 그림 6E-6과 같은 회로를 결선한다. 그리고 stub로 활용되는 전송선을 불활성화 시키고, 그림에 있는 전송선 *TL*1의 전기각 e1을 변화시키면서 시뮬레이션 한다.
이 결과는 그림 6E-7에 나타내었다. 그림 6E-7에서 ADS 상의 *Plot Option*을 선택하여 어드미턴스를 기준으로 한 Smith chart를 도시하도록 하였다.

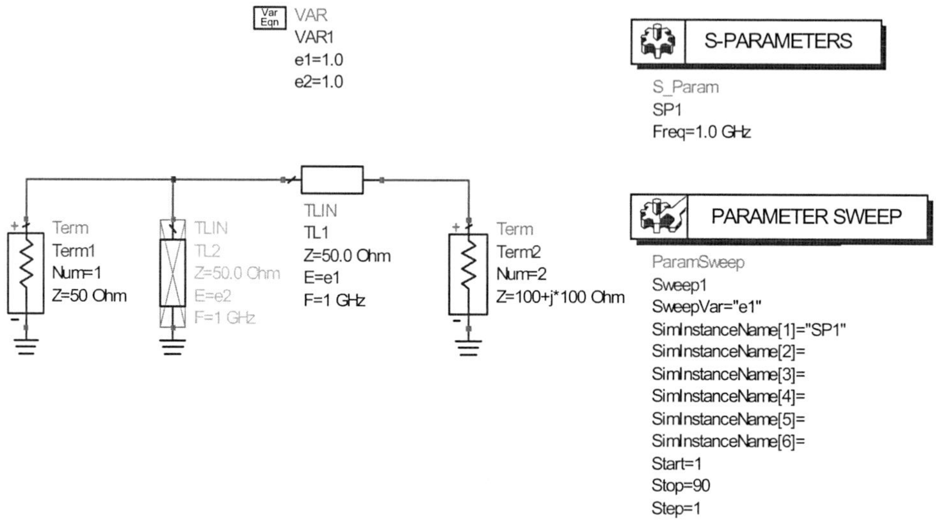

[그림 6E-6] Single stub 정합회로 시뮬레이션도

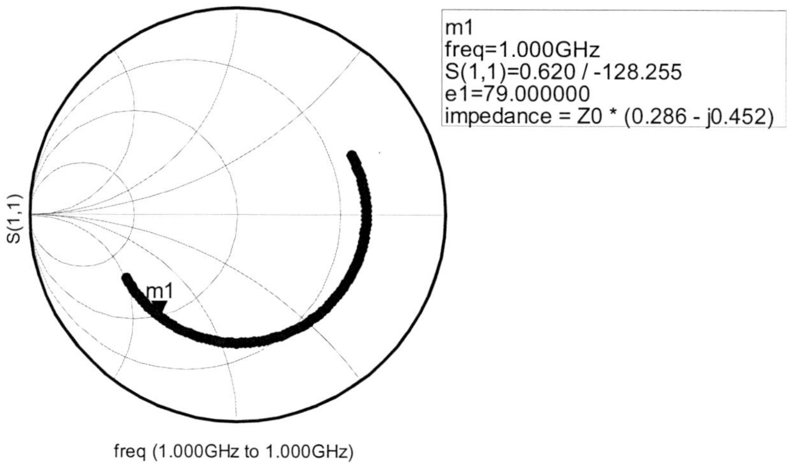

[그림 6E-7] 전기각 $e1$을 변화시킬 때 시뮬레이션 결과

결과 e1=79°의 전기각을 가질 경우 50 ohm 컨덕턴스 궤적과 교차하는 것을 알수 있다. 따라서 이 값이 전송선 *TL*1의 전기각이 될 것이다. 다음 e1=79°로 고정하고 *TL*2의 전기각 e2를 변화시키면서 시뮬레이션하면 그림 6E-8과 같은 결과를 얻을 수 있다.

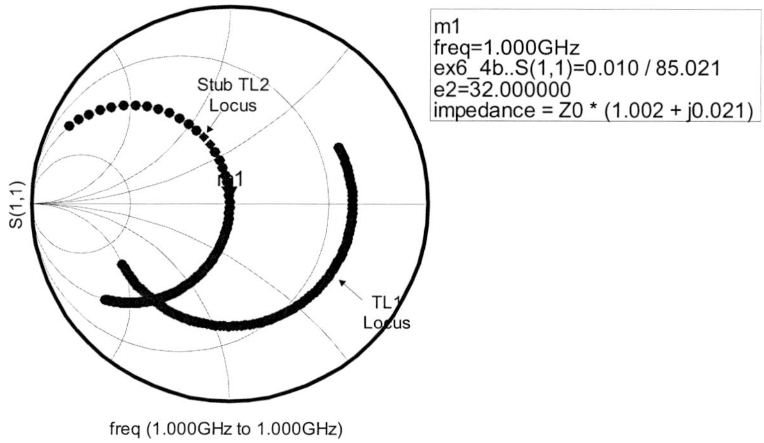

[그림 6E-8] 전기각 *e2*를 변화시킬 때 시뮬레이션 결과

이 때 TL2의 전기각 e2는 10°에서 135°까지 변화시켰으며, 그림 6E-9에서 e2=32°일 때 50 ohm에 정합되는 것을 알 수 있다. 따라서 정합회로는 e1=79°, e2=32°일 때 성공적으로 50 ohm에 정합시키는 것을 알 수 있다.

6.3.2 임피던스 인버터

Single stub tuner 및 double stub tuner는 전원의 내부저항과 같은 특성 임피던스를 갖는 전송선의 이용 부하를 전원의 내부저항과 정합시키는 방법을 사용했다. 그러나 제3장에서 그림 6-19와 같이 부하에 전송선의 길이가 1/4파장인 전송선이 연결되어 있을 경우, 이 전송선의 특성 임피던스를 조정 정합시킬 수 있게 된다.

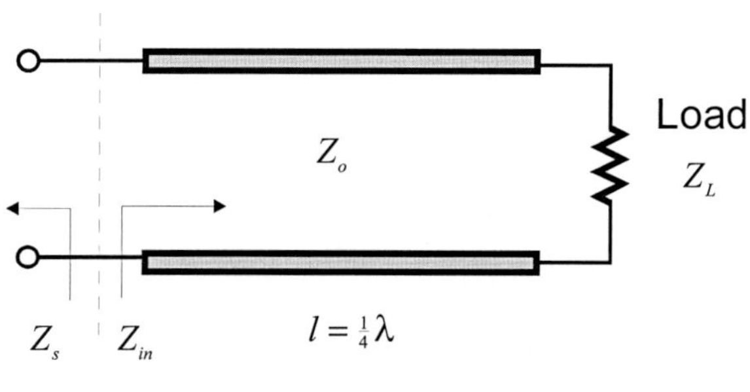

[그림 6-19] 1/4파장 전송선을 사용한 정합회로

전송선 입력에서 들여다본 임피던스 Z_{in}은

$$Z_{in} = \frac{Z_o^2}{Z_L} \tag{6-34}$$

과 같이 얻어지게 된다. 따라서 전원의 내부저항이 Z_s일 경우 전송선의 특성 임피던스 Z_o를 아래와 같이 설정할 경우 부하와 전원은 1/4파장 전송선을 통하여 정합되게 된다.

$$Z_o = \sqrt{Z_s Z_L} \tag{6-35}$$

이러한 1단의 1/4파장 인버터는 대역폭이 만족스럽지 않고, 또한 VSWR이 급격히 커져서, 이것을 개선하기 위하여 종종 단수를 증가시키게 되는데, 이것을 엄밀하게 설계하기 위해서는 여파기(filter)의 설계방법이 필요하다[5].

참고문헌

[1] R. G. Brown, R. A. Sharpe, W. L. Hughes, and R. E. Post, *Lines, Waves, and Antennas*, John Wiley and Sons Inc., 2nd edition, 1973.

[2] K. K. Clarke and D. T. Hess, *Communication Circuits: Analysis and Design,* Addison-Wesley Publishing Company, 1971.

[3] R. Soares, J. Graffeuil, and J. Obregon, *Applications of GaAs MESFETs,* Artech House Inc., 1983.

[4] T. T. Ha, *Solid State Microwave Amplifier Design,* John Wiley and Sons Inc., 1981.

[5] G. Matthaei, L. Youg, and E. M. T. Jones, *Microwave Filters, Impedance Matching networks,* and Structures, Artech House, 1964.

연습문제

6-1 본문 중 Pi-형의 Q가 L-형의 Q보다 큼을 증명하시오. 즉 (6-27)식으로 주어진 값이 항상 아래 값보다 크다는 것을 증명하면 된다.

$$Q = \frac{1}{2}\sqrt{\frac{R_L}{R_s} - 1}$$

6-2 이중 L-형의 (6-32)식으로 주어진 Q가 L-형의 Q보다 작음을 증명하시오.

6-3 100 ohm을 50 ohm에 정합시키는 이중 L-형 정합회로를 설계하시오.

6-4 그림과 같은 병렬로 커패시터가 추가되어 있는 임피던스에 대하여 L-형 정합회로를 설계하시오.

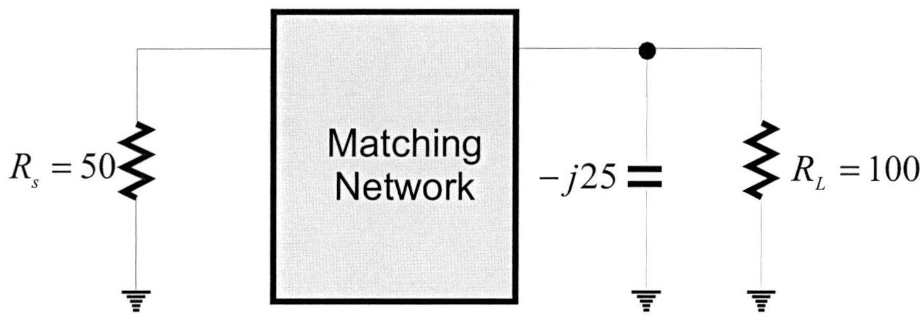

[그림 6P-1] 정합 회로

6-5 개방된 stub를 갖는 single stub tuner를 이용하여 100 ohm을 50 ohm에 정합시키는 정합회로를 설계하시오. 이때 전송선의 임피던스는 모두 50 ohm으로 하시오.

제 7 장

시뮬레이션 및 PCB Layout

7.1 ADS에서의 자료처리 방법

7.2 회로 시뮬레이션(Circuit Simulation)

7.3 Layout

7.4 Momentum

7.1 ADS에서의 자료처리 방법

ADS를 통하여 회로해석을 하고자 할 경우, 기본적으로 이것의 framework을 통하여 회로를 해석하게 된다. 즉 그림 7-1에 보인바와 같이 시뮬레이션 창에 회로를 결선하고, 회로의 시뮬레이션 방법(*DC*, *AC*, *Transient Simulation* 등)을 지정한 후, 시뮬레이션 된 결과를 도시하여 살펴보는 일이 될 것이다.

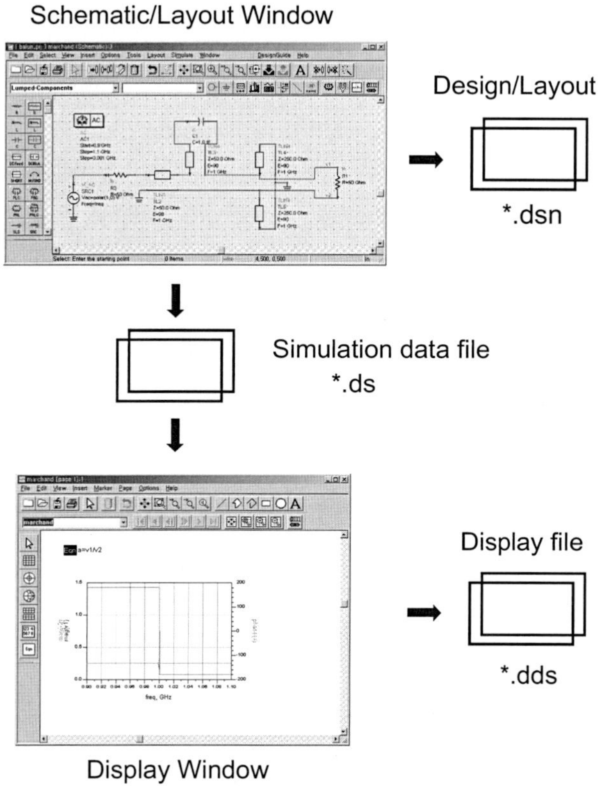

[그림 7-1] ADS에서의 파일 및 작업방법

이러한 일련의 작업들은 Window를 통해서 수행하게 되며 (1) 회로결선 및 시뮬레이션은 그림 7-1과 같이 *Schematic/Layout Window*를 통해서 수행하게 되며, 이때 작업자가 수행했던 Window 상의 결과(회로결선, 시뮬레이션 지정 data,등)들은 파일로서 특정 확장자(**.dsn* ; design file)를 갖고, 지정된 곳에 저장되게 된다. 또한 (2) 시뮬레이션으로 얻어진 결과들은 역시 특정 확장자(**.ds* ; dataset)를 갖고 지정된 곳에 저장되게 된다. 이러한 (3) 시뮬레이션 된 결과를 사용자는 그림 7-1과 같은 *Display Window*상에서 여러 가지 방법으로 목적에 맞게 도시하게 되며, 이와 같이 *Display Window* 상에서 도시된 결과들도 역시 파일로서 특정 확장자(**.dds* ; Display)를 갖고 지정된 곳에 저장된다. 그리고 주목할 것은 이와 같이 저장된 결과를 열어 볼 수 있는 것이 특수창으로서 *Schematic/Layout Window*와 *Display Window*이며, 또한 이와 같은 특수창만을 통해서 이들 파일을 수정할 수 있게 된다.

따라서 회로의 결선과 입력 및 시뮬레이션의 지정을 위한 창 *Schematic/Layout Window*를 통한 작업방법을 습득할 필요가 있으며, 또한 시뮬레이션 된 결과가 저장되어 있는 파일을 목적에 맞게 보기위해서 *Display Window*의 작업방법 습득 이 필요하다. 이것의 자세한 내용은 참고문헌을 참조하기 바란다[1].

또한 주어진 작업은 여러 가지 회로해석을 동반되게 되는데, 예를 들면 회로가 여러 개의 블록으로 이루어졌을 경우, 여러 개의 블록을 각각 해석하고, 다시 블록으로 구성된 커다란 회로를 해석하게 된다. 이와 같이 여러 개의 관련된 회로해석을 할 경우 발생한 파일들(앞서 언급한 **.dsn*, **.ds*, 및 **.dds*등)은, ADS에서는 각각 지정된 directory에 저장된다. 이러한 일련의 directory들을 모아서 folder로서 저장된 것이 *Project*가 된다. ADS 상에서는 작업 directory 이름에 **_prj*의 확장자를 붙여 directory를 생성한다. 대개의 작업자는 여러 개의 작업을 수행하게 되고 이에 따른 *Project*를 생성하게 되어 이러한 관련된 회로해석 묶음, 즉 *Project*를 처리하는 *file manager*가 필요하게 된다. 이것이 보통의 경우 *Main Window*(주창)가 되게 되며, 그림 7-2에 표시하였다. 이를 통해 여러 개의 *Project*를 생성, 연결, 해제, 삭제하는 *file manager*의 역할을 할 것이다.

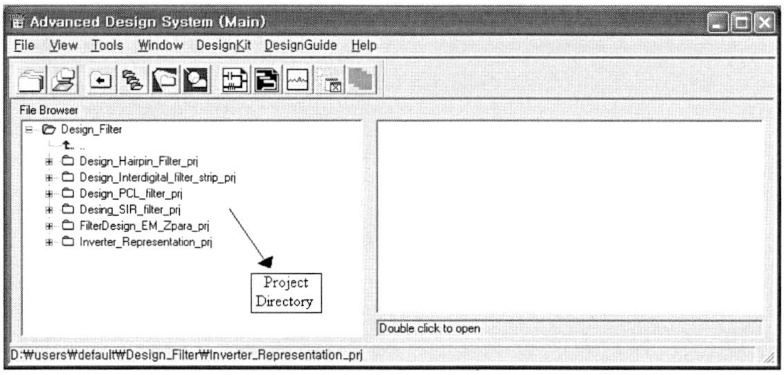

[그림 7-2] 주창(Main Window) 및 Project

이 *Project* 밑에는 앞서서 설명한 회로해석 결과로 생성된 design file(*.*dsn*), dataset(*.*ds*)과 display data file(*.*dds*)이 저장되게 된다. 이와 같이 *Project*를 생성할 경우 이들은 *Project* 밑에 그림 7-3에 보인 자동으로 생성되는 directory에 자동적으로 저장이 된다. 즉 (1) design file들은 *Project* 밑의 그림 7-3에 보인 *network*에 저장되게 되고, (2) 시뮬레이션 결과 파일들은 *Project* 밑의 *data* 에, 그리고 (3) *Display Window*에 도시했던 결과들은 파일로서 *Project* 밑에 곧장 저장되게 된다.

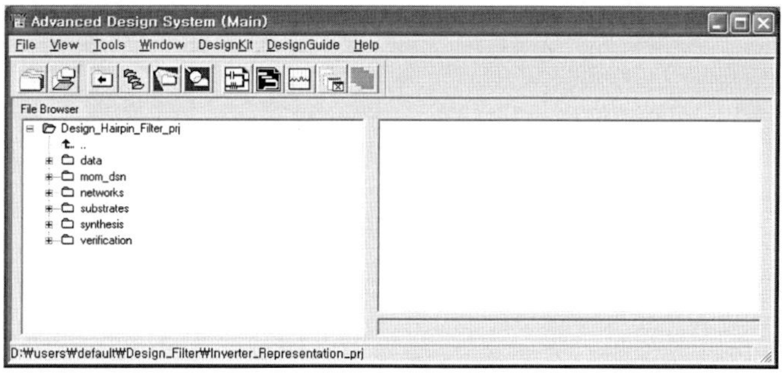

[그림 7-3] Project 밑에 자동 생성된 Directory들

이들은 ADS를 동작시키지 않고 Window 환경에서도 볼 수 있으며, Window 환경에서는 ADS가 특별히 생성된 파일까지도 나타나게 된다. 물론 이들의 복사, 삭제, 이동은 Window 환경에서도 처리가 되지만 ADS 자동적으로 생성한 사용자가 건드리지 않아야 될 파일까지 보여주게 된다. 따라서 가능한 ADS *file manager*를 통해서 이들의 처리를 행하는 것이 *Project* 전체를 망치지 않는 일이 될 것이다.

7.2 회로 시뮬레이션(Circuit Simulation)

7.2.1 회로 시뮬레이션의 분류

ADS상에서 회로결선 후 회로해석을 하기 위해서는, 회로해석의 방법을 지정해 주어야 한다. 이러한 회로 시뮬레이션은 회로결선 시 사용한 전류 및 전압 원과 밀접한 관계가 있다. 이와 같이 회로해석을 지정하는 것은, 지정된 회로해석방법에 따라 수행하는 계산방법과 절차가 달라지기 때문이다.

ADS에서 사용하는 회로해석의 종류로는 *DC*, *AC*, *S-parameter*, *Large Signal S-*

parameter, Transient, Harmonic Balance, Envelope 등이 있다. 여기서 *S-parameter*는 근본적으로 *AC* 해석의 한 종류이며 *Large signal S-parameter*는 *Harmonic Balance*의 한 방법이다. 또한 *Envelope* 시뮬레이션의 경우 근본적으로는 *Harmonic Balance* 방법에 수정을 가한 것이기 때문에, 기본적인 시뮬레이션으로는 *DC, AC, Transient, Harmonic Balance* 등의 시뮬레이션으로 볼 수 있다. 본장에서는 이러한 4가지 시뮬레이션에 대하여 회로해석의 원리를 간단하게 알아보고자 한다.

7.2.2 DC Simulation

*DC Simulation*이란 회로에 DC 전원이 인가되었을 때 이에 대한 응답을 구하는 것으로, 모든 출력은 DC 전압이 되게 된다. ADS에서는 DC 해석의 경우 저항, 커패시터, 인덕터 등의 수동소자들로 이루어진 선형회로 및 트랜지스터, 다이오드로 이루어진 비선형회로의 구분 없이 동일한 *Simulation component*로 해석된다.

그림 7-4는 ADS 상에서 결선된 회로에 대하여 DC 해석을 명령하는 *DC Simulation Component*이다. 이것은 기본적인 상태에서 이 *Simulation Component*를 보여주고 있으며, 비선형회로 해석 시, 오차조정 등 *Simulation Component*의 자세한 부분은 매뉴얼(manual)을 참조하기 바란다[1].

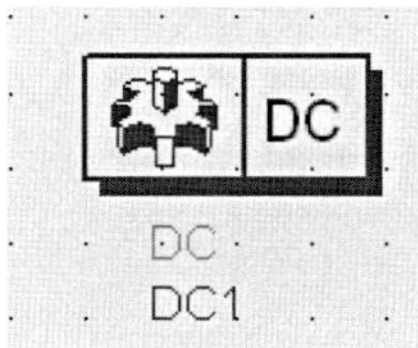

[그림 7-4] *DC Simulation Control Component*

먼저 선형 DC 회로에 대하여 회로해석 방법을 알아보고, 이를 통한 비선형 DC 회로의 해석 방법을 알아보고자 한다. 그림 7-5에는 간단한 DC 회로의 일례를 보였다. 그림 7-5와 같이 결선된 회로는 S/W에서 자동적으로 마디번호(node number)를 생성하고, 이를 통해 노드 방정식(node equation)을 세우게 된다. 회로이론에 의하면 그림 7-5와 같은 회로에 대하여 노드 방정식은

$$\begin{pmatrix} \frac{1}{R_s}+\frac{1}{r_\pi} & -\frac{1}{r_\pi} & 0 \\ -\frac{1}{r_\pi}-g_m & \frac{1}{R_e}+\frac{1}{r_\pi}+\frac{1}{r_o}+g_m & \frac{1}{r_o} \\ g_m & -\frac{1}{r_o}-g_m & \frac{1}{R_L}+\frac{1}{r_o} \end{pmatrix} \begin{pmatrix} V_1 \\ V_2 \\ V_3 \end{pmatrix} = \begin{pmatrix} I_s \\ 0 \\ 0 \end{pmatrix} \tag{7-1}$$

같이 되는 것을 알 수 있다. 결과적으로 (7-1)식의 경우 $Ax = b$와 같은 행렬식이 되고, 전원 b가 주어졌을 때 미지의 출력전압 x를 구하는 것이 되어, 이것은 널리 알려진 수치해석 방법을 사용, 원하는 마디 전압(node voltage)을 구할 수 있게 된다. 주목할 것은 그림 7-5의 회로에 마디번호가 부여될 경우, 회로이론에서 알려진 바와 같이 (7-1)식의 A의 경우 기계적으로 생성될 수 있다는 점이다.

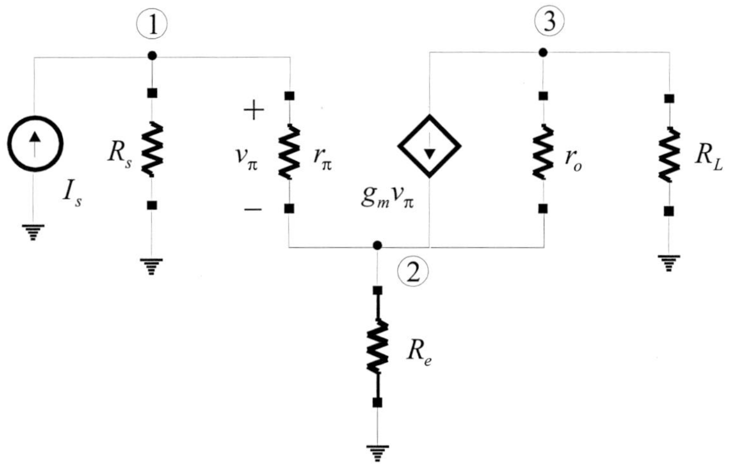

[그림 7-5] 선형 DC 회로 일례

이와 같이 선형회로의 DC 해석을 수행할 수 있을 경우, 이를 이용하여 트랜지스터나 다이오드 등을 포함하는 비선형 DC회로는 선형회로 해석의 반복을 통하여 해석할 수 있게 된다. 본장에서는 이것의 엄격한 해석 방법보다는 간단한 회로의 예로 이것을 설명하도록 하겠다.

DC 해석의 원리를 보이고자 그림 7-6에는 간단한 다이오드 회로와, 이것을 Norton 등가회로로 변형한 회로를 보여준다.

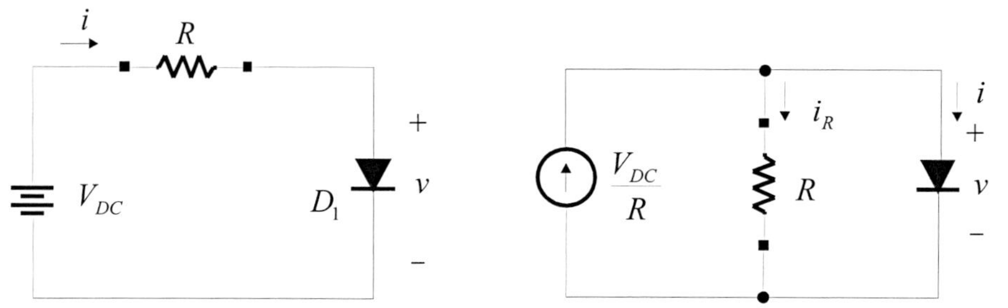

[그림 7-6] 간단한 다이오드 회로 및 Norton 등가회로 변환

여기서 비선형소자인 다이오드가 $i=f(v)$의 관계를 갖고 있다고 가정한다. 이때 임의의 주어진 전압 v_n 근처에서 $i=f(v)$관계식을 Taylor 전개할 경우

$$
\begin{aligned}
i &= f(v_n)+f'(v_n)(v-v_n) \\
&= f(v_n)-v_n f'(v_n)+f'(v_n)v
\end{aligned}
\tag{7-2}
$$

와 같이 쓸 수 있는데, 전압 v_n이 주어진 관계로 (7-2)식의 앞의 두 항은 상수이고, 이것은 DC 전류를 나타낸다. 뒤의 마지막 항은 $f'(v_n)$을 컨덕턴스로 갖는 저항이라고 볼 수 있다. 따라서 비선형소자 다이오드는 전압 v_n 근처에서 아래 그림 7-7과 같이 DC 전류원과 저항의 병렬연결이라고 볼 수 있다.

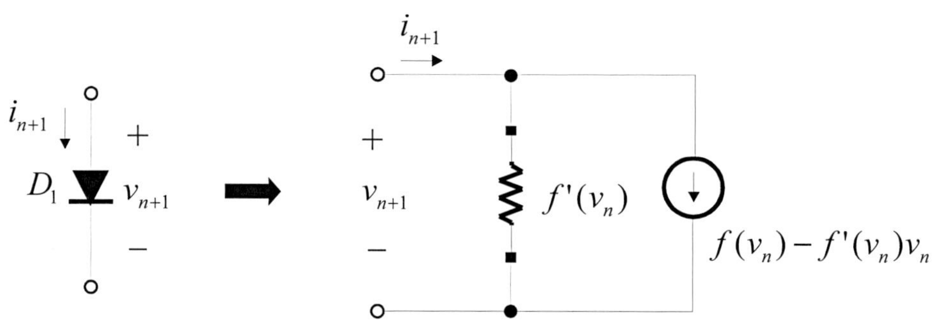

[그림 7-7] 전압 v_n 근처에서 비선형소자 등가회로

따라서 그림 7-7과 같은 비선형소자의 선형등가회로를 가지고 그림 7-6의 회로에 대치한 후, 이 회로는 선형회로가 되므로, 회로의 새로운 전압 v_{n+1}을 선형회로 해석의 방법을 이용 구할 수 있다. 이때 결과로 얻은 전압 v_{n+1}이 v_n과 같다면 초

기 예상치로 잡은 v_n이 그림 7-6 회로의 해가 될 것이다. 만약 이것의 차이가 크다면 이것은 초기치 선정이 나쁜 것이므로, 새로 얻어진 전압 v_{n+1}을 다시 초기치로 이용하게 되면, 다시 새로운 전압을 구할 수 있다. 이와 같이 반복을 통하여 그림 7-6과 같은 비선형회로의 전압을 오차범위 내에서 결정할 수 있게 된다. 이것은 간단한 다이오드 회로를 예로 들었지만, 일반적으로 임의의 초기치 전압 근처에서는 비선형소자는 근사적으로 선형저항과 DC 전류원으로 나타낼 수 있으며, 이와 같이 얻어진 선형저항과 전류원을 회로에서 비선형소자를 대치하고 반복하여 풀 경우 정확한 해에 접근할 수 있게 된다. 그림 7-8에는 이러한 과정을 흐름도(flow chart)로 보였다.

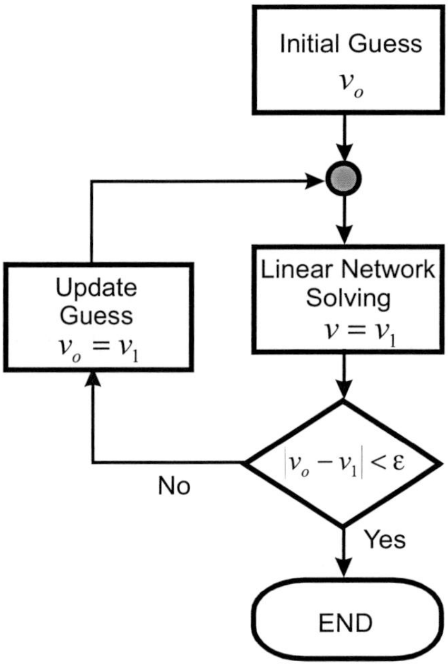

[그림 7-8] DC 해석의 흐름도

예제 7-1 그림 7-6에서 다이오드 특성이 아래 식과 같고 $I_S = 10^{-12}$ A, $V_{DC} = 5$, $R = 1\ K$일 때, 반복법(iteration)에 의해 다이오드 양단에 걸린 전압을 구하시오.

$$i_d = I_s(e^{\frac{v}{V_T}} - 1)$$

해

그림 7-6의 회로에서 비선형 다이오드를 전압 v_n 근처의 선형 근사회로로 대치하고 그리면 그림 7E-1과 같고,

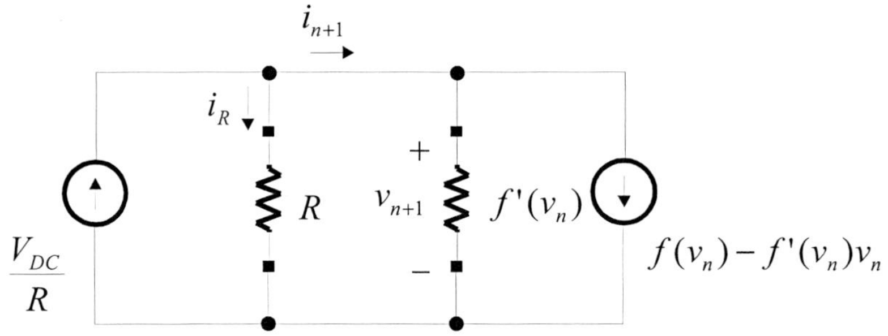

[그림 7E-1] 다이오드를 전압 v_n 근처에서 선형등가회로로 대치한 회로

여기서 v_{n+1}을 계산하면

$$v_{n+1} = \frac{\frac{V_{DC}}{R} - [f(v_n) - f'(v_n)v_n]}{f'(v_n) + \frac{1}{R}}$$

의 관계를 얻을 수 있다.
이때 초기 전압 v_n 을 0.6 V로 가정하고 반복하면, 표 7E-1과 같은 결과를 얻을 수 있다.
이 표의 결과로부터 $v = 0.5554$[V]임을 알 수 있다.

[표 7E-1] 그림 7E-1의 회로에 대한 반복 결과

v_n	$f'(v_n)$	$f(v_n)-f'(v_n)v_n$	v_{n+1}	$\epsilon = \lvert v_{n+1} - v_n \rvert$
0.6000	1.0596E+00	−6.0925E−01	0.579172305	0.020827695
0.5792	4.6059E−01	−2.5525E−01	0.56380388	0.015368425
0.5638	2.4908E−01	−1.3420E−01	0.55664305	0.007160829
0.5566	1.8704E−01	−9.9440E−02	0.55540554	0.00123751

7.2.3 과도응답(Transient) 시뮬레이션

*Transient Simulation*이란 회로에 시간에 따라 변하는 전원 $v_s(t)$ 또는 전류원 $i_s(t)$가 인가되었을 때, 이에 대한 응답을 구하는 것으로, 출력 전압은 시간에 따라 변하는 전압이 되게 된다. ADS에서는 *Transient* 해석의 경우 DC 해석과

동일하게 선형 및 비선형회로의 구분 없이 동일한 그림 7-9와 같은 *Transient Simulation component*로 해석된다. 여기서 시작시간(start time)은 별도의 언급이 없으면 기본적으로 0 sec가 되며, 종점시각은 100 ns, 그리고 *time step*은 1.0 ns임을 알 수 있다.

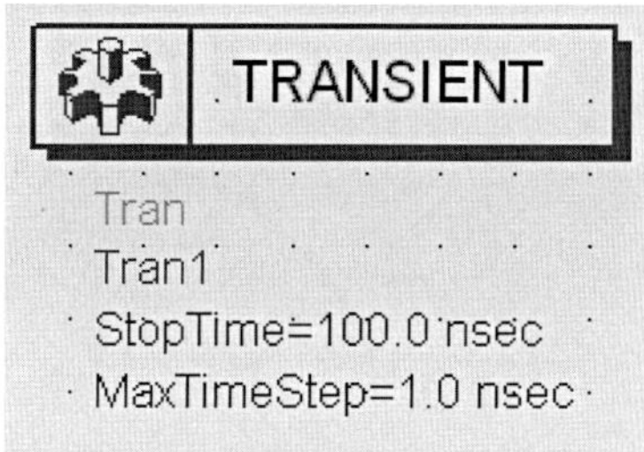

[그림 7-9] *Transient Simulation Component*

이러한 시간에 따라 변하는 출력 전압을 계산하는 방법을 이해하기 위하여 그림 7-10에는 간단한 RC 회로를 보였다.

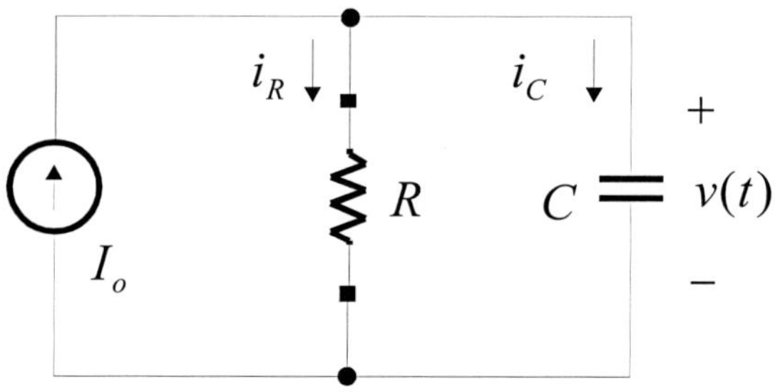

[그림 7-10] RC 회로

그림 7-10에서 커패시터의 경우 전류 전압 관계식은

$$i = C\frac{dv}{dt} \tag{7-3}$$

로 주어진다. 여기서 그림 7-11과 같이 시간 T_n에서의 전압 $v(T_n)$을 알고 있을 경우, 근접한 시간 $T_{n+1} = T_n + T$에서의 미지의 전압을 $v(T_{n+1})$이라고 하면, 식 (7-3)의 전류전압 관계식은

$$i_{n+1} = C\frac{dv}{dt} \cong C\frac{v_{n+1} - v_n}{T} = C\frac{v_{n+1}}{T} - C\frac{v_n}{T} \tag{7-4}$$

로 쓸 수 있다.

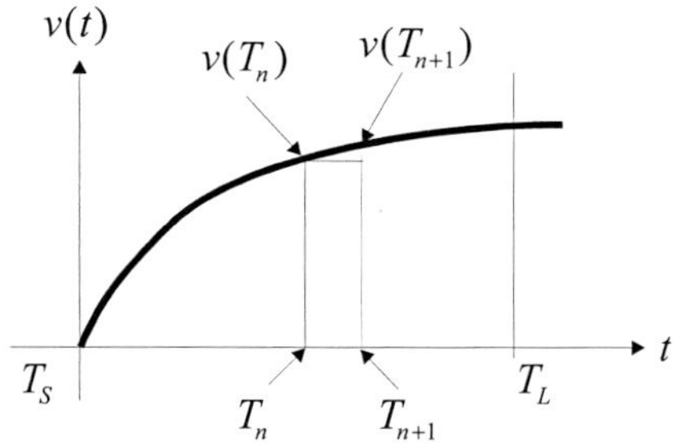

[그림 7-11] 커패시터 출력전압의 시간에 따른 변화

식(7-4)에서 앞의 항은 전압에 비례하는 저항으로 볼 수 있으며, 뒤의 항은 v_n 이 결정된 관계로, 상수이기 때문에 전류원으로 볼 수 있을 것이다. 따라서 커패시터는 미소구간에서 그림 7-12와 같이 저항과 전류원의 병렬연결로 볼 수 있다.

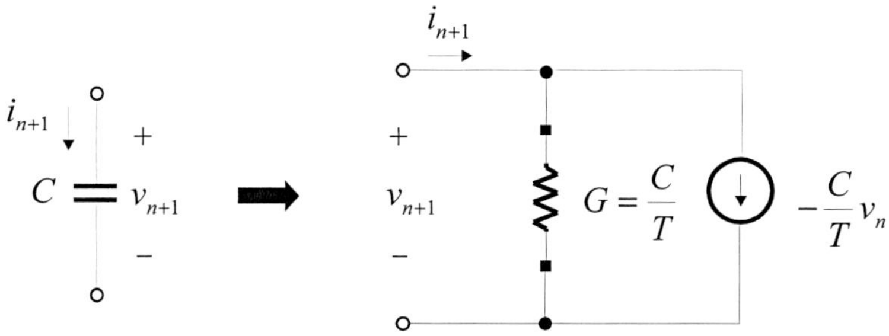

[그림 7-12] 커패시터의 미소시간에서 등가회로

여기서는 커패시터를 예로 들었지만 일반적으로 인덕터, 전송선과 같이 에너지를 저장할 수 있는 선형 및 비선형 소자들은 미소구간에서 그림 7-12의 커패시터와 같이 저항과 전류원으로 나타낼 수 있다. 따라서 이것을 그림 7-11의 회로에 대치하고, 인접한 시간 T_{n+1}에서 출력 전압 v_n을 선형회로의 DC 해석을 통하여 얻을 수 있게 된다.

예제 7-2 그림 7-10 RC 병렬회로에서, 앞서 설명한 바와 같이 반복을 사용 커패시터 양단의 전압을 구하시오 이때 $I_o = 1$A, $R = 1$ ohm, $C = 1$F이고 $v_c(0) = 0$이며 이것의 이론적인 값과 비교해보시오.

해 이것의 이론적 결과는 $v(t) = I_o R(1 - e^{\frac{-t}{RC}})$이 될 것이다.

반복 방법으로 계산하기 위해서, 커패시터를 그림 7-12의 회로로 대치하고 다시 그리면 그림 7E-2와 같다.

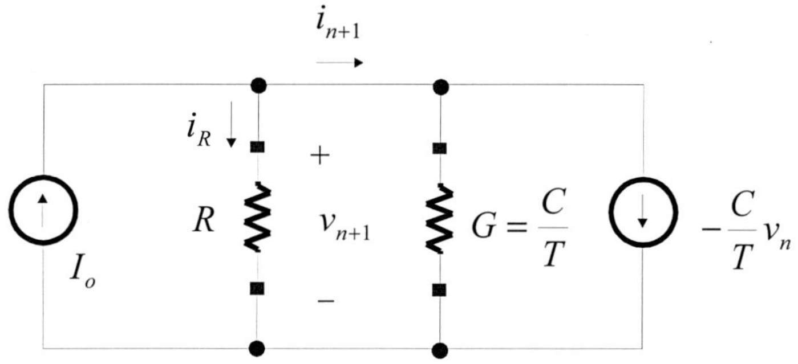

[그림 7E-2] 커패시터를 미소시간에서 등가회로로 대치한 회로

그림 7E-2에서 이것을 풀면 아래와 같다.

$$v_{n+1} = \frac{I_o + \frac{C}{T}v_n}{\frac{1}{R} + \frac{C}{T}} = R\frac{I_o T + Cv_n}{T + RC}$$

이것을 시간별로 계산한 결과를 표 7E-2에 나타내었다. 그리고 이것의 이론치와의 오차 또한 보였다. 표 7E-2에서 약간의 오차가 발생하는 것을 알 수 있으나, 시간 간격 T를 줄일 경우, 이 오차는 줄어들게 되고 참값에 가깝게 된다.

[표 7E-2] 커패시터의 양단 전압을 반복법으로 계산한 결과

T_x[mS]	v_x	v_{x+1}	$v(t)$	$\epsilon = \lvert v(t) - v_n \rvert$
0	0.000E+00	9.091E−02	0.000E+00	0.000E+00
1	9.091E−02	1.736E−01	9.561E−02	4.253E−03
2	1.736E−01	2.487E−01	1.813E−01	73716E−03
3	2.487E−01	3.170E−01	2.592E−01	1.050E−02
4	3.170E−01	3.791E−01	3.297E−01	1.269E−02

5	3.791E-01	4.355E-01	3.935E-01	1.439E-02
6	4.355E-01	4.868E-01	4.512E-01	1.566E-02
7	4.868E-01	5.335E-01	5.034E-01	1.657E-02
8	5.335E-01	5.759E-01	5.507E-01	1.718E-02
9	5.759E-01	6.145E-01	5.934E-01	1.753E-02
10	6.145E-01	6.495E-01	6.321E-01	1.766E-02

*Transient Simulation*에서의 앞서 과정의 회로해석 흐름도를 그림 7-13에 보였다. 이 때 비선형소자가 있을 경우 인접한 다음시간 T_{n+1}에서의 해는 예제 7-2와 같이 직접 계산하여 얻게 되지 않으며, 비선형소자에 대하여 예제 7-1에 보인 것과 같은 과정이 반복 수행되어야 할 것이다.

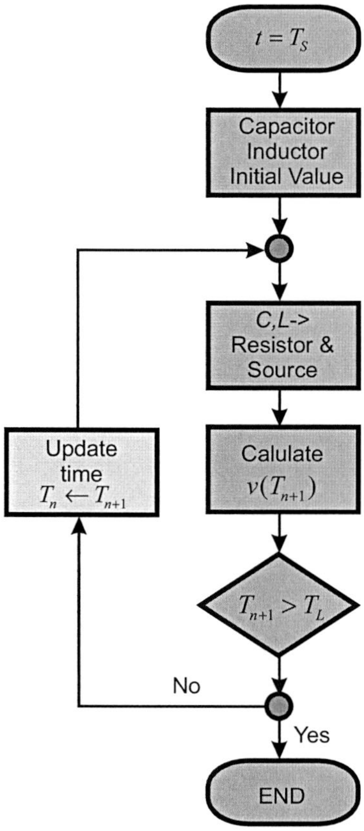

[그림 7-13] Transient Simulation 흐름도

7.2.4 AC 시뮬레이션

회로 내에 정현파 전원이 있을 경우, 정상상태(AC steady state)에서는 회로 내 모든 전압이나 전류가 모두 같은 주파수의 정현파가 되며, 이것의 크기와 위상만 다르게 된다. 이러한 해석을 위해 정현파 전원은 위상과 크기의 복소수인 페이저로 그림 7-14와 같이 나타낼 수 있고, 또한 회로 내 모든 전압 및 전류는 역시 복소수인 페이저로 나타낼 수 있다. 또한 모든 전류와 전압이 복소수이기 때문에 전류와 전압으로 관계되는 소자관계는 복소수 값을 갖는 저항으로 볼 수 있게 된다. 따라서 *AC* 해석은 선형 복소수 *DC* 회로해석으로 볼 수 있으며, 회로 내 모든 전압 및 전류 결과는 복소수로 나타난다.

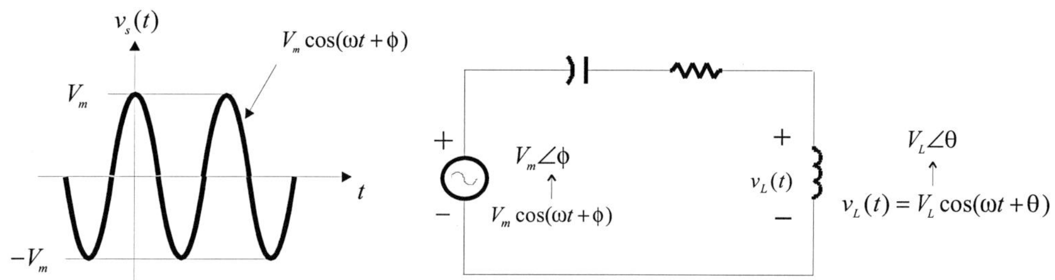

[그림 7-14] AC 해석의 개념

주목할 것은 이 해석은 선형회로의 경우만 가능하게 된다. 회로 내에 비선형 소자가 존재하는 비선형회로에서는 정현파에 대한 응답은 많은 고조파를 발생하므로 *AC* 해석으로는 해석할 수 없게 된다. 또한 회로에 DC 전원이 존재할 경우, *AC* 해석에서는 DC 전압원의 경우 단락으로, DC 전류원의 경우 개방시키고 해석하게 된다. 트랜지스터 같은 비선형소자가 회로 내 존재할 경우 회로 상에 *DC* 해석의 시뮬레이션 소자가 없더라도 자동적으로 *DC* 해석 후 얻어지는 소신호 등가회로(small signal equivalent circuit)를 구한 뒤, 이와 같이 소신호 등가회로로 구성된 선형회로에 대한 AC 응답을 구하게 된다.

그림 7-15는 ADS 상에서 *AC Simulation Component*로서 결선된 회로에 대하여 AC 회로해석을 하게 된다. 기본적으로 이 해석에서는 주파수 변화에 따른 응답을 보게 되며, 이때 *freq*는 *global variable*로 정의되어 다른 용도로 사용되지 않음을 주목할 필요가 있다. 그림 7-15에서 *Start*는 해석하고자 하는 주파수의

시작점을 나타내며, *Stop*은 해석하고자 하는 주파수의 최종점, 그리고 *Step*은 해석하고자 하는 주파수의 간격을 나타낸다.

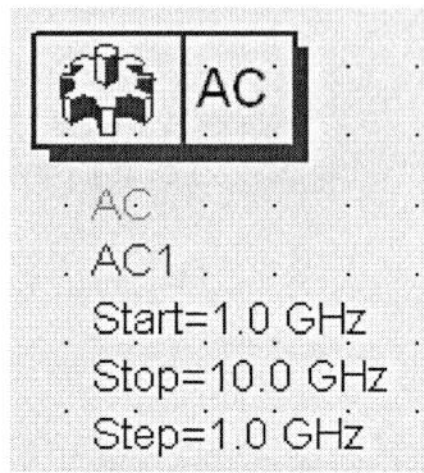

[그림 7-15] *AC Simulation Component*

7.2.5 Harmonic Balance 시뮬레이션

비선형소자가 포함된 회로에서 정현파 전원을 인가할 경우, 비선형소자로 인해 AC 정상상태에서 인가된 정현파의 고조파가 발생하게 된다. 즉 주파수 f_o의 정현파가 인가될 경우, 회로 내에는 nf_o의 고조파 전압들이 발생하게 될 것이다. 따라서 각 노드에는 정현파뿐만 아니라, 이것들의 고조파 전압이 나타나게 된다.

이 경우 각 고조파들은 직교(orthogonal)관계가 있으므로, 각 고조파 주파수에 대하여 별도의 회로를 구성하고, 각 고조파에 대한 회로를 각각 해석하면 될 것이다. 그러나 일반적으로 비선형소자의 경우 전류 전압 관계식은 $i = f(v)$ 형식으로 시간영역에서 정의되어 고조파전압 V_k에 대한 고조파 전류 I_k의 비선형 관계는 이를 이용 재계산되어야 한다.

실수전압 파형 $v(t)$는 N개의 고조파전압 V_k를 가정할 경우

$$v(t) = \sum_{k=-N}^{N} V_k e^{jk\omega_o t} \tag{7-5}$$

와 같이 Fourier 급수로 나타낼 수 있다. 또한 실수 파형이므로 $V_k = V^*_{-k}$의 관계를 가지게 된다. 주목할 것은 이 때 V_k는 통상적인 페이저가 아니며, 페이저 전압을 V_k^p로 정의 할 경우

$$V_k^p = \begin{cases} V_k & k = 0 \\ 2V_k & k \neq 0 \end{cases} \tag{7-6}$$

가 되게 된다.

이 때 k-번째 고조파 전류 I_k는

$$I_k = \frac{1}{T}\int_0^T f(v(t))e^{-jk\omega_o t}dt = F_k(V_0, V_1, \cdots, V_N) \tag{7-7}$$

과 같이 얻어지며, 이는 비선형소자의 $I_k - V_k$ 관계식을 나타낸다.

여기서 초기치로 $v(t) = v_o(t)$ 근처에서, $f(v(t))$를 Taylor 전개하면

$$f(v(t)) = f(v_o(t)) + f'(v_o(t))\delta v(t) = f(v_o(t)) + g(t)\delta v(t) \tag{7-8}$$

로 쓸 수 있고 $\delta v(t) = v(t) - v_o(t)$를 나타낸다. 또한 $g(t)$를 Fourier 급수로 아래와 같이 나타낼 수 있다.

$$g(t) = \sum_{l=-\infty}^{\infty} G_l e^{jl\omega_o t} \tag{7-9a}$$

$$G_l = \frac{1}{T}\int_0^T g(t)e^{-jl\omega_o t}dt \tag{7-9b}$$

(7-8)식을 (7-7)식에 대입하면

$$I_k = \frac{1}{T}\int_0^T f(v(t))e^{-jk\omega_o t}dt \tag{7-10}$$

$$= \frac{1}{T}\int_0^T f(v_o(t))e^{-jk\omega_o t}dt + \frac{1}{T}\int_0^T g(t)\delta v(t)e^{-jk\omega_o t}dt$$

을 얻게 된다. 첫 항은 전압 $v_o(t)$에 의한 $k-$번째 페이저 전류이며, 둘째 항은 선형 시변 컨덕턴스 $g(t)$에 인가된 소신호 전압 $\delta v(t)$에 의한 $k-$번째 페이저 전류를 나타낸다.

여기서 실수인 소신호 파형 $\delta v(t)$를 Fourier 급수로 나타내면,

$$\delta v(t) = \sum_{m=-N}^{N} \delta V_m e^{jm\omega t} \tag{7-11}$$

와 같이 쓸 수 있고, 또한 $\delta v(t)$의 실수 조건으로부터 $\delta V_m^* = \delta V_{-m}$의 관계를 갖게 된다. 식 (7-10)의 두 번째항에 대한 k 번째 주파수 항을 $k(\bullet)$로 나타내면

$$k(g(t)\delta v(t)) = \sum_{m=-N}^{N} G_{k-m}\delta V_m \tag{7-12}$$

와 같이 될 것이다. 따라서 (7-10)식은

$$I_k = F_k(V_0^{old}, V_1^{old}, \cdots V_N^{old}) + \sum_{m=-N}^{N} G_{k-m}\delta V_m \tag{7-13}$$

$$= F_k(V_0^{old}, V_1^{old}, \cdots V_N^{old}) + \sum_{m=-N}^{N} G_{k-m}(V_m^{new} - V_m^{old})$$

$$= F_k(V_0^{old}, V_1^{old}, \cdots V_N^{old}) - \sum_{m=-N}^{N} G_{k-m}V_m^{old} + \sum_{m=-N}^{N} G_{k-m}V_m^{new}$$

나타낼 수 있다.

식(7-13)에서 첫째 및 둘째 항은 다수 고조파에 의한 전류원을 나타내며, 우측항은 k 번째 페이저에 대해서는 저항을 나타내며, 다른 페이저에 대해서는 종속전원(dependent source)을 나타내는 것이다. 여기서 $g(t)$는 실수 파형이어서 G_k는 다음과 같은 관계를 가지게 된다.

$$G_{-k} = G_k^*$$

식(7-13)으로 나타나는 관계를 그림 7-16에 나타내었다.

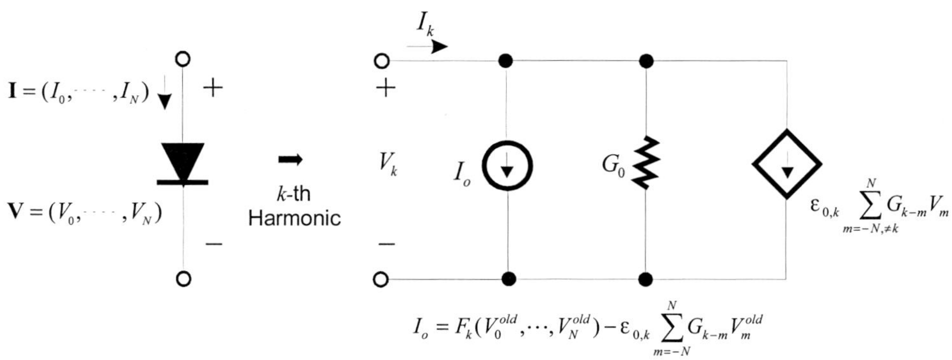

[그림 7-16] $v_o(t)$근처에서의 비선형소자 k번째 페이저의 등가회로

이것을 이용하면 비선형 DC 회로해석시와 유사하게, 각 고조파 주파수에 대하여 별도의 페이저회로를 그림 7-16을 이용 구성하고, 이때 이 회로는 종속전원으로 서로 결합된 페이저 회로가 되는데, 이것을 풀 경우 새로운 전압 V_m^{new}을 얻게 되고, 이것이 충분히 수렴을 하지 않았을 경우, 이를 초기치로 다시 반복하면 될

것이다.

그림 7-17은 ADS 상에서 *HB Simulation Component*로서 결선된 회로에 대하여 *Harmonic Balance Simulation*을 하게 된다. 그림 7-17에서 *Freq*는 해석하고자 하는 주파수를 나타내며 *Order*는 고조파의 개수를 나타낸다.

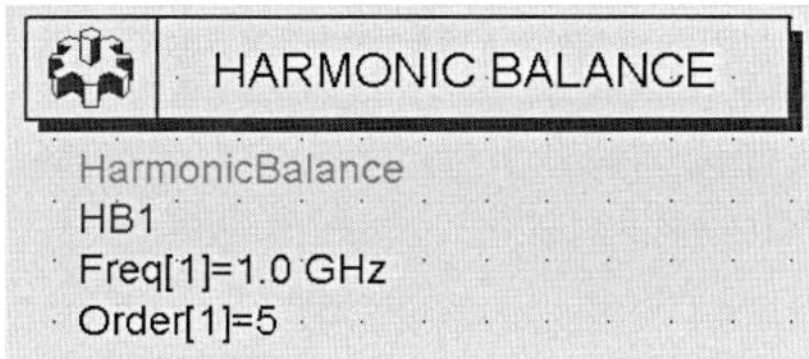

[그림 7-17] *HB Simulation Component*

예제 7-3 다음의 회로에서 고조파 개수를 3개로 하고, 다이오드 양단의 전압 $v(t)$를 *Harmonic Balance* 방법으로 결정하시오. 여기서 $R = 1\text{K}$, $I_1 = 5\,\text{mA}$, $\omega/2\pi = f = 1$ kHz이고, 다이오드 관계식은

$i = I_s(e^{\frac{v}{V_T}} - 1)$이며 $I_s = 10^{-14}\text{A}$, $V_T = 25\text{mV}$ 이다.

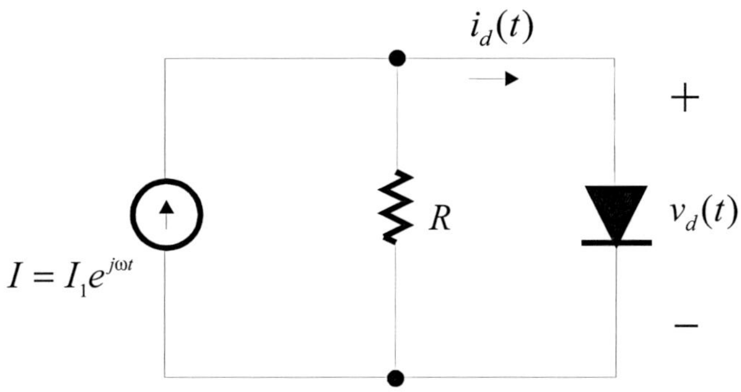

[그림 7E-3] 다이오드에 정현파 전원이 인가된 회로

해 이 회로는 반파 정류 회로이므로 $v_d(t)$에 대해서 다음과 같이 생각할 수 있다. 다이오드가 도통할 경우 0.7V의 전압을 나타내며 OFF 되었을 때는 −5V의 전압이 나타날 것이다. 그림 7E-4에는 이것의 해석 결과를 보였다. 그림 7E-3(a)는 시간에 따른 전압 파형이며 (b)는 전류의 파형을 나타낸다. 이것의 계산은 MathCadTM로 작성됐으며 부록 C에 있다. ADS로 계산하면 각 고조파의 페이저는 (−1.288, 2.883, −1.008, 0.1)로 나타나는데, 반복 계산 결과는 정확히 이 결과와 일치하고 있다.

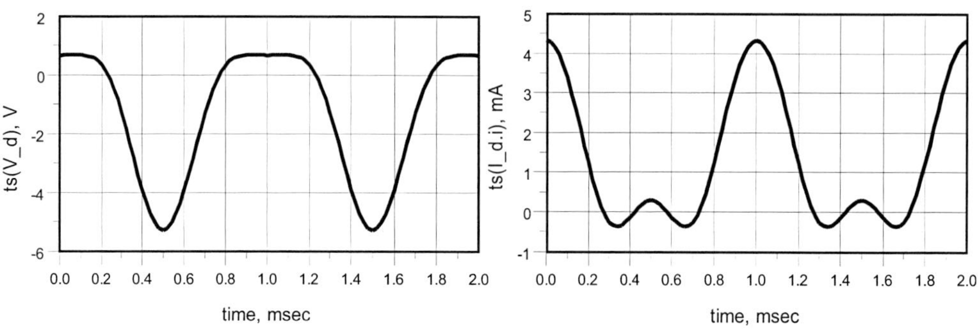

(a) (b)

[그림 7E-4] 다이오드 양단의 파형: (a) 다이오드 전압 (b) 다이오드 전류

7.2.6 Multi-tone Harmonic Balance

비선형소자가 포함된 회로에서 두 개의 다른 주파수 f_1 및 f_2 를 갖는 정현파 전원들을 인가할 경우, AC 정상상태에서 비선형소자로 인해 두 주파수 원의 고조파 nf_1 및 mf_2뿐만 아니라 혼변조된 주파수 성분 $nf_1 \pm mf_2$이 발생하게 된다. 이와 같이 다수의 주파수가 서로 다른 정현파 성분이 인가될 경우

$$v(t) = \mathrm{Re}\left(\sum_{k=0}^{N} \sum_{l=0}^{M} V_{k,l} e^{jk\omega_1 t + jl\omega_2 t} \right) \tag{7-14}$$

$$I_{k,l} = \frac{2}{T_1}\frac{2}{T_2}\int_0^{T_1}\int_0^{T_2} f(v(t)) e^{-j(k\omega_1 + l\omega_2)t} dt \tag{7-15}$$

가 되며 초기 예상치 $V_{k,l}^0 (k=1,\cdots N, j=1,\cdots M)$가 있을 경우, (7-14) 및 (7-15) 식을 거쳐 $I_{k,l}^0$가 계산되고, 이를 통해 새로운 $V_{k,l}^1$이 선형회로망을 통해 계산될 것이다. 따라서 1-tone에서와 마찬가지로, 이것을 반복할 경우 비선형소자에 걸리는 전압을 결정할 수 있게 된다.

이 때 ADS에서는 혼변조된 항과 고조파 항을 따로 정의하게 되어 있는데, 이것의 예를 그림에 나타내었다.

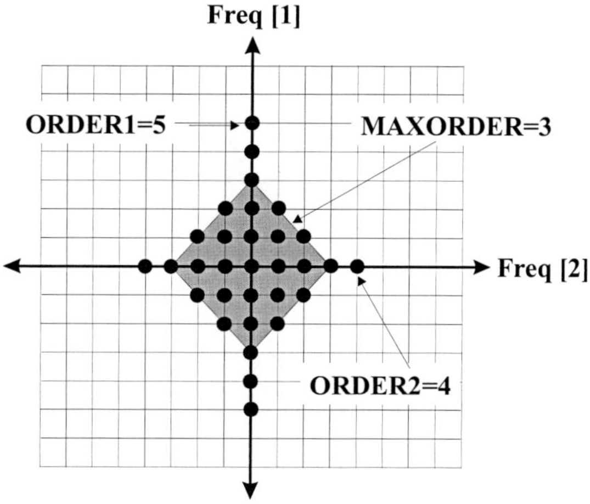

[그림 7-18] 고조파 개수 지정 예

그림에서 f_1의 고조파 개수는 $N=5$이며, f_2의 고조파 개수는 $M=4$인 경우이다. 이때 혼변조된 주파수의 개수는 $|m\pm n|=3$으로 지정하면 그림과 같이 ·로 표시된 고조파들과 혼변조된 주파수에 대하여 계산하게 된다.

예제 7-4 주파수 f_1의 *order*가 5이고 주파수 f_2의 *order*가 4이고 *Max_order* 가 2일 때 고조파 주파수 및 개수를 나열하시오.

해 위 그림에서 13개임을 알 수 있다. 나열하면 아래와 같다.

$0, f_1, 2f_1, 3f_1, 4f_1, 5f_1$; 6개

$0, f_2, 2f_2, 3f_2, 4f_2$; 5개

$f_1 \pm f_2$; 2개 (*Max_order*가 2일 때 혼변조된 주파수)

다음으로 이와 같이 혼변조된 주파수 성분중 특정주파수에 해당하는 페이저 전압을 알고 싶을 때, 특정주파수에 해당하는 페이저 전압을 지정하여야 하는데, ADS는 DC부터 낮은 주파수에서 증가하는 방향으로 인덱스(index)가 설정된다.

즉 $f_1=1.5$ GHz이고 이것의 고조파수를 $m=5$, 그리고 $f_2=1.15$GHz이고 이것의 고조파수를 $n=4$, 혼 변조된 주파수를 지정하기 위하여 *Max order*를 3으로 하였을 경우, 발생되는 주파수는 표 7-1의 셋째 열과 같이 ADS 인덱스를 가진다.

[표 7-1] 혼변조된 주파수 인덱스 예

주파수	고조파$[m, n]$	주파수 index
0	[0, 0]	freq[0]
350 MHz	[1, −1]	freq[1]
800 MHz	[1, −2]	freq[2]
1.15GHz	[0, 1]	freq[3]
1.5 GHz	[1, 0]	freq[4]
1.85 GHz	[2, −1]	freq[5]
2.30 GHz	[0, 2]	freq[6]
2.65 GHz	[1, 1]	freq[7]
3.00 GHz	[2, 0]	freq[8]
3.45 GHz	[0, 3]	freq[9]
3.8 GHz	[1, 2]	freq[10]
4.15 GHz	[2, 1]	freq[11]
4.5 GHz	[3, 0]	freq[12]
4.6 GHz	[0, 4]	freq[13]
6.0 GHz	[4, 0]	freq[14]
7.5 GHz	[5, 0]	freq[15]

이와 같은 경우 모든 주파수를 나열하고 이것에 해당하는 주파수 인덱스를 찾으면 되지만, 어떤 경우에는 이것이 불편하고 $[m,n]$을 지정하는 것이 편리할 수도 있다. 이러한 경우 ADS에 내장된 *mix*(·) 함수를 사용하여 지정하면 된다. 예를 들어 *Harmonic Balance* 시뮬레이션 결과로 *vOut* 노드의 전압을 계산했다면, 이때 이것의 $2f_1 - f_2$ 주파수 성분의 전압을 알기 위해, 아래와 같이 *mix*(·) 함수를 이용 지정하게 된다.

y = *mix*(*vOut*, {2, -1})

7.2.7 최적화(Optimization)

최적화(optimization)는 회로를 구성한 소자 값이 주어진 목표를 달성하는 값을 찾는 기법으로서, 이것을 사용할 경우 복잡한 계산과정 없이 설계를 할 수 있게 된다. 이러한 최적화를 수행하기 위해서는 (1) 우선 최적화하는 수치해석적 방법을 선정하여야 하고, (2) 목표(*Goal*)를 선정하여야 하며, (3) 회로 시뮬레이션 방법을 선정하여야 할 것이다. 따라서 사용자는 *Optimization controller*는 어떠한 것을 *Goal*로 하는지 지정하여야 하며, *Goal*의 계산에는 어떠한 시뮬레이션을 하여 계산하는지를 지정하여야 할 것이다.

이와 같은 최적화 방법은 앞 장에서 언급한 정합회로의 설계나 회로의 모델링 등 다양한 곳에 활용될 수 있다. 따라서 설계자 입장에서는 복잡한 설계 계산과정 없이 S/W를 통하여 설계 가능한 장점이 있게 된다. 주목할 것은 이러한 최적화를 할 때 복잡한 회로의 경우, 초기 예상치가 최종 값에 크게 벗어나 있다면 이러한 과정은 꼭 원하는 최종 값으로 결과가 나오지 않을 수도 있다는 점이다. 따라서 사용자 입장에서는 가능한 근접한 해를 초기치로 갖고 있어야 원하는 최종 설계 값을 얻을 가능성이 크게 된다.

그림 7-19에는 최적화 방법을 이용한 정합회로 설계의 예를 보였다. 이 예는 50 ohm과 100 ohm을 정합시키는 회로를 설계하는 것으로 그림과 같이 L-형으로 구성되어있다. 따라서 시뮬레이션은 *S-parameter simulation*을 하여 최대전력

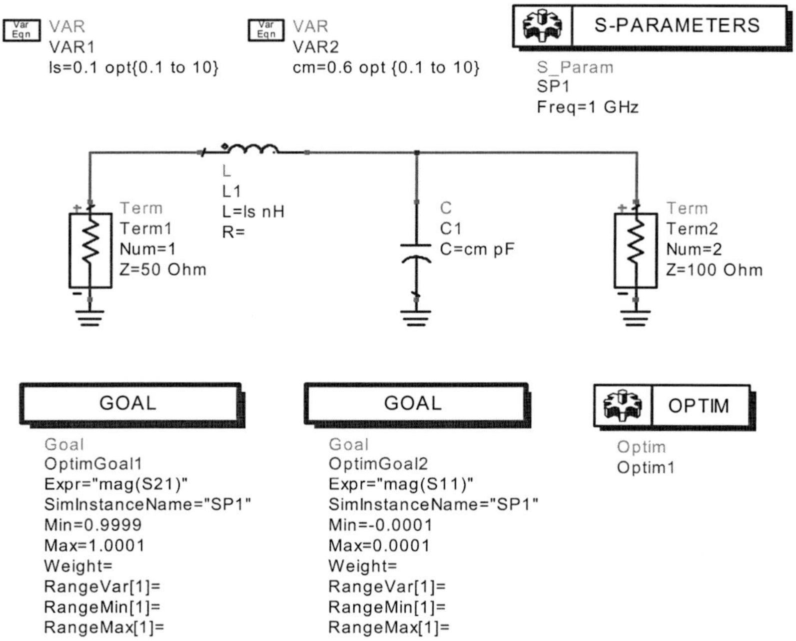

[그림 7-19] Optimization을 통한 정합회로 설계

이 전달되도록 회로소자 값을 최적화하면 될 것이다.

주목할 것은 포트의 임피던스가 50 및 100 ohm이어서 이 결과 S-파라미터는 50 및 100 ohm 측정기준 임피던스를 갖는 S-파라미터가 계산된다는 점이다. 이때 최

대전력 전달조건은 $|S_{21}| = 1$로 볼 수 있다. 즉 $|S_{21}|^2$은 삽입이득(insertion gain)인데 이것은 입력(포트1)에의 최대가용전력에 대한 출력(포트 2)전력으로 볼 수 있고 정합회로망은 손실이 없으므로, 이 최대가용전력은 정합이 되었을 경우, 그대로 출력에 전달될 것이다. 따라서 이 조건 하에서는 $|S_{21}|^2 = 1$이 될 것이다. 또한 정합회로망은 손실이 없으므로 이 조건에서는 $|S_{11}| = 0$이 될 것이다. 따라서 *Goal*은 주어진 주파수에서 시뮬레이션 할 경우 $|S_{21}| = 1$이 되는 회로 값을 계산하면 될 것이다. 또는 $|S_{11}| = 0$을 조건으로 하여도 되며, 동시조건으로 *Goal*을 설정하여도 된다. 여기서 모두 같은 조건이기는 하나 최적화 과정에서는 어떠한 조건은 조건이 완만하여 수렴이 늦는 경우가 있어, 이 경우에 대비 동시조건으로 잡는 것이 유리할 것이다.

그림 7-20은 이러한 최적화 과정을 통한 최종결과를 보였다. 예상대로 $|S_{21}| = 1$인 것을 알 수 있고 반면 $|S_{11}| = |S_{22}| = 0$인 것을 알 수 있다. S_{11}, S_{22}를 Smith chart에 도시할 경우 입력 또는 출력에서 들여다 본 임피던스를 알 수 있게 되는데, 입력은 50 ohm으로 규격화된 임피던스이고 반면 출력은 100 ohm으로 규격화된 임피던스임을 주목해야 할 것이다. 따라서 $|S_{11}| = 0$이므로 입력 임피던스는 50 ohm이 되며 반면 출력은 100 ohm이 나타나는 것을 알 수 있다.

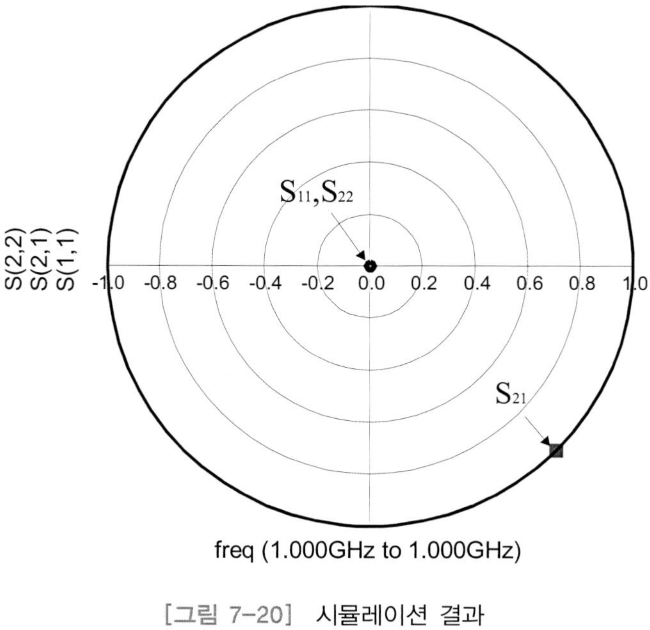

[그림 7-20] 시뮬레이션 결과

7.3 Layout

앞서 해석된 회로들은 대부분 PCB 상에 또는 반도체 웨이퍼(wafer) 상에 layout 되어 제작되게 된다. 이러한 layout의 생성방법은 크게 *Auto-layout*과 *Manual-layout*의 두 가지가 있다. 본 장에서는 *Manual-layout*의 기본 개념을 이해하고 간단한 회로를 layout 함으로써 이의 이해를 돕고자 한다. *Manual-layout*에서의 기본 개념으로는 *Layer*, *Grid*, *Component*(다른 S/W에서는 *Block, Instance*라고도 부른다) 등이 있는데, 여기서 이것들의 개념에 대하여 알아보기로 한다.

그림 7-21과 같은 양면 PCB 제작에 있어서의 양면으로 동도금(copper plating)된 PCB가 있을 경우, 윗면과 아랫면을 연결하기 위하여 구멍을 만들고, 이를 동 도금으로 연결하게 된다. 다음 윗면과 아랫면의 부품결선을 위하여 식각(etching)하여 도체 형상을 형성하게 되며, 여기에 조립의 편의를 위하여 SR(Solder Resist)이란 물질을 도포하게 된다. 이 SR은 납이 붙지 않게 하여 도체에 납땜 시, 땜과 땜 간에 원치 않는 연결이 형성되지 않게 하기 위한 것이다. 마지막으로 SR이 도포되지 않은 면 위에 부품을 위치시키고 땜하여 원하는 회로를 형성하게 된다.

이러한 작업들은 *mask* 또는 *film*에 의한 감광작업(lithography)과, 이러한 감광작업 후 형성된 보호막을 이용하여 작업하게 되는데, 원하는 PCB를 제작하기 위해서는 각 공정별로 필요한 *film*을 제작하여야 한다. 이러한 *film* 제작은 layout을 Gerber 형식으로 파일 변환하여 만들어지게 된다. 설계자는 이러한 Gerber 형식을 형성할 수 있는 그림을 그려야 할 것이다. 따라서 공정별로 필요한 *film*을 제작하는데, 이것에 해당하는 그림이 *Layer*가 되게 된다. 즉, *Layer*란 하나의 회로에 대하여 각 공정별로 분해된 그림으로서, 하나의 회로는 여러 장의 일치된 *Layer*가 있게 된다.

그림 7-21을 예로 들어 설명하면, drill 작업을 하기 위해서는 drilling 할 곳을 지정하는 그림이 있어야 하며, 이의 크기가 나타나야 할 것이다. 이것이 *Drill layer*에 그려지게 되며, 둘째로 원하는 결선을 형성하기 위해서는 이의 도체 선로들에 대한 그림이 필요하게 되는데, 이는 윗면과 아랫면에 *M1* 및 *M2* layer에 각각 그려야 할 것이다. 또한 SR 공정을 위해서 역시 윗면과 아랫면에 SR 공정을 위한 그림을 그려야 하고, 설계자가 선정한 부품을 배치하기 위하여 이의 크기 및 모양을 *Component layer*에 그려야 할 것이다. 또한 제작된 PCB의 구분이나 PCB의 이해를 돕기 위한 날인면(즉 *Print layer*)을 따로 두고 그려야 할 것이다. 결론적으로

*Layer*는 한 개의 회로를 결선하기 위한 PCB를 제작할 경우 이를 각 공정별로 분해한 그림들이라고 볼 수 있다.

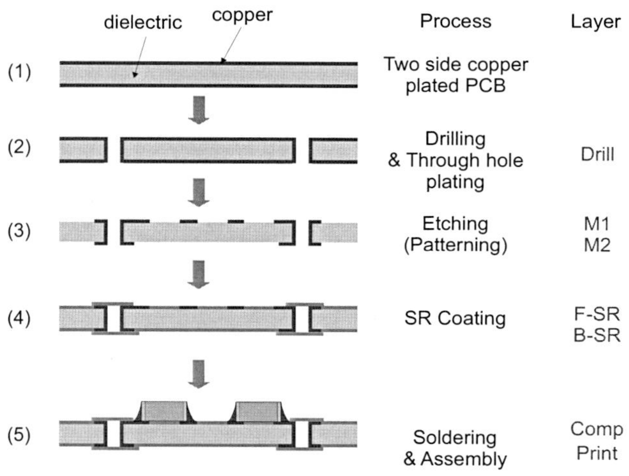

[그림 7-21] 양면 PCB 공정도

다음 장의 개념으로는 *Instance* 또는 *Component*의 사용인데, 아래 그림 7-22와 같이 layout을 할 경우 같은 크기와 형상을 갖는 부품이 반복적으로 여러 곳에 나타나는 것을 알 수 있다. 이를 일일이 반복하여 그리는 것은 번거로운 작업이 되며, 또한 현재 작업하고 있는 회로 이외에 다른 회로를 설계할 경우 이러한 *Component*들은 반복적으로 사용되게 된다. 따라서 이것을 *Component*로 별도의 그림으로 그려두고 이를 반복적으로 불러 사용하게 된다. 즉 이것은 templet으로 미리 준비해 두고 이를 필요할 때마다 불러 사용하게 되는 것이다.

*Grid*의 개념은 모눈종이를 연상하면 쉽게 이해할 수 있다. 모눈종이의 경우 1 mm마다 줄이 그어져 있고 또한 1 cm마다 굵은 선으로 그어져 있어 작업자는 쉽게 1 cm와 1 mm의 간격을 알아볼 수 있고, 이를 기준으로 작업할 경우 대단히 용이하게 된다. 이것이 layout에 있어서의 *Minor* 및 *Major grid*가 되게 되며 이것의 설정은 S/W 상에서 작업자가 정의할 수 있도록 되어있다. ADS 상에서는 길이를 지정하는 *Layout unit*을 정의하고 작업자가 *Minor* 및 *Major grid*를 *Layout unit*로 정의되는 *Screen unit*으로 정의하게 되어있다. 또한 마우스 작업 시 정밀하게 원하는 곳에 갖다 놓기는 어려우므로 지정 반경에 들어가면 이 *Grid*를 지정하는 것으로 S/W는 인식하게 되는데 이것을 *Snap*이라 한다. 이러한 개념을 예제를 통해 학습하도록 한다.

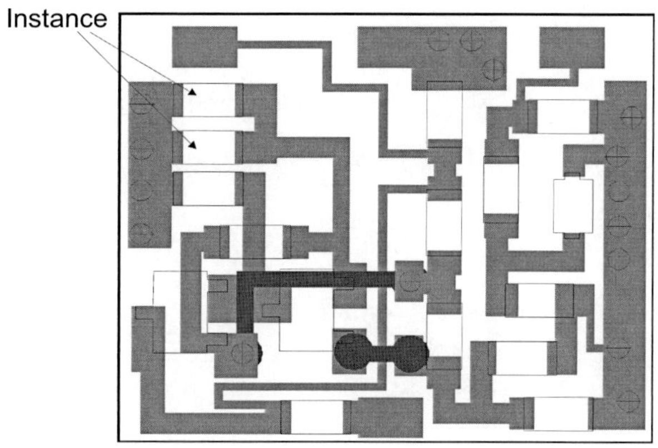

[그림 7-22] PCB Layout 예제

7.3.1 Layout 예제

이 장에서 설계할 회로는 그림 7-23과 같은 공통 이미터 증폭기(Common Emitter amplifier) 회로이다. 이 회로의 Layout은 그림 7-23에 보였듯이 8개의 칩 저항 및 커패시터와 1개의 BJT 소자가 필요하며, 또한 DC 전압단자, AC 소신호 인가용 AC 신호입력단자와 출력신호의 측정용 AC 신호출력단자가 필요로 한다. 또한 4개의 접지용 hole(plated through hole)도 필요로 한다. 여기서 칩 저항과 커패시터는 1608 크기의 칩으로 그 크기가 같아 1개의 *instance*로 가능하며, AC 신호 입출력단자도 같은 소자이므로 1개의 *instance*로 가능하다. 따라서 총 5종류의 *instance*가 필요하게 된다.

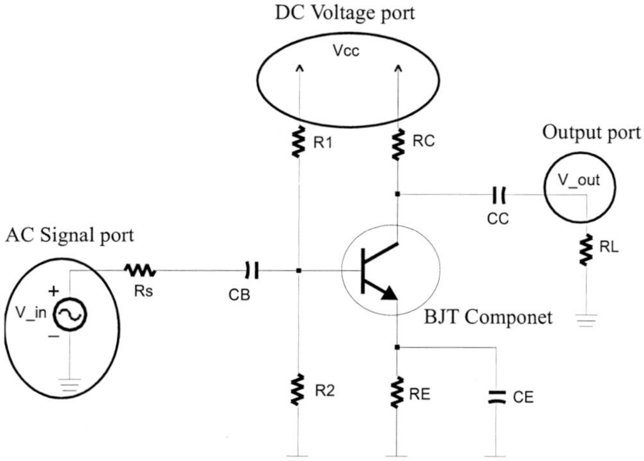

[그림 7-23] 증폭기 회로

7.3.2 Layout의 Layer 준비작업

우선 새로운 *Project*를 생성하고 이것의 이름을 *Manual_Layout_prj*로 한다. *Main Window*에서 그림 7-24와 같이 *Layout Window*를 클릭하면 그림 7-25와 같은 Layout 창이 열린다.

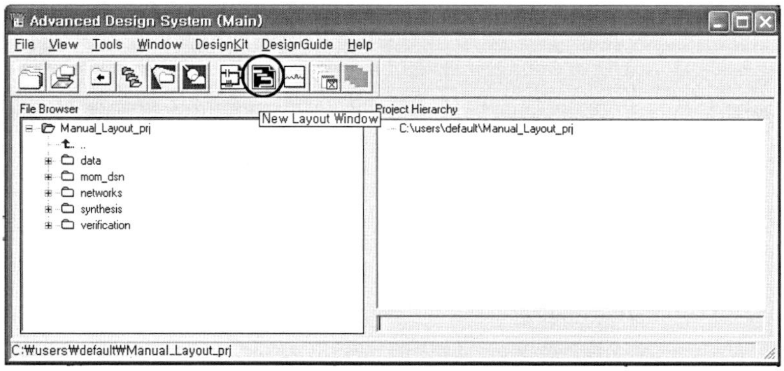

[그림 7-24] Layout Window 열기

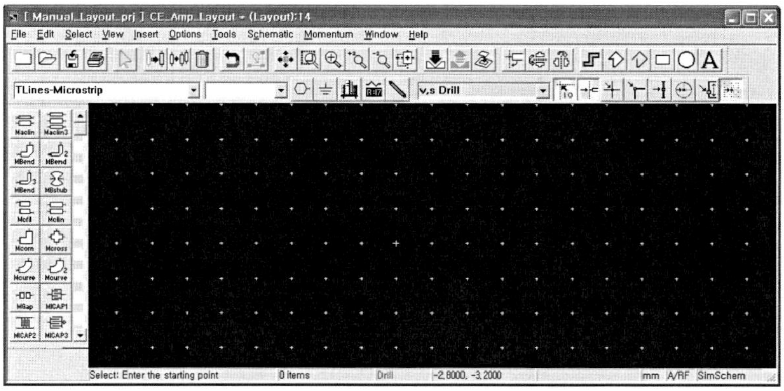

[그림 7-25] 생성된 Layout Window

여기서 메뉴 바의 *File/Save Design*을 선택하고 *CE_Amp_Layout*이라는 이름으로 저장한다. 기본 이론에서 살펴본 것과 같이 각 *mask*에 따른 각각의 *Layer*가 필요하다. 이 *layer*들은 *Layer Editor*를 통해 정의되고 구분된다. 이 *Layer Editor*는 메뉴 바의 *Option/Layers*를 선택하면 그림 7-26과 같이 나타난다. 그리고 이들의 각 기능은 다음과 같다.

- *Name* : 각 *layer*의 이름을 정의한다.
- *Color/pattern* : 각 *layer*의 색과 무늬를 나타낸다.
- *Ins, Sel, Vis* : *layer*의 상태를 나타낸다. 먼저 *Vis*가 선택되면 이 *layer*는 그 형태가 보이고, 선택되지 않은 *layer*는 보이지 않는다. *Sel*에 선택된 *layer*만이 선택, 수정 가능하다. *Ins*에 선택된 *layer*는 편집과 도시가 가능하며 작업된 그림은 이 *layer*에 나타나게 된다.
- *Shape Display* : 지정된 *layer*의 형태를 나타낸다. *Outline*은 *layer*의 외곽선의 형태로 안이 채워지지 않은 형태인 반면, *Filled*는 안이 채워진 형태이다.
- *Line Style* : *layer*의 외곽선의 형태를 지정해 준다.
- *New, Cut, Paste* : *New*는 새로운 *layer*를 만들 때 사용하며 *Cut*은 쓰이지 않는 *layer*를 제거할 때 *Layer name*이나 *ID*를 선택 후 *Cut*를 클릭하여 사용한다. *Paste*는 앞에서 *Cut*에 의해 잘라낸 *layer*를 자신이 원하는 위치에 다시 붙일 수가 있다.
- *Save, Read* : 새로 만든 *layer* 정의를 저장하거나 전에 사용하던 *layer* 정의를 불러와 쓸 수 있다.

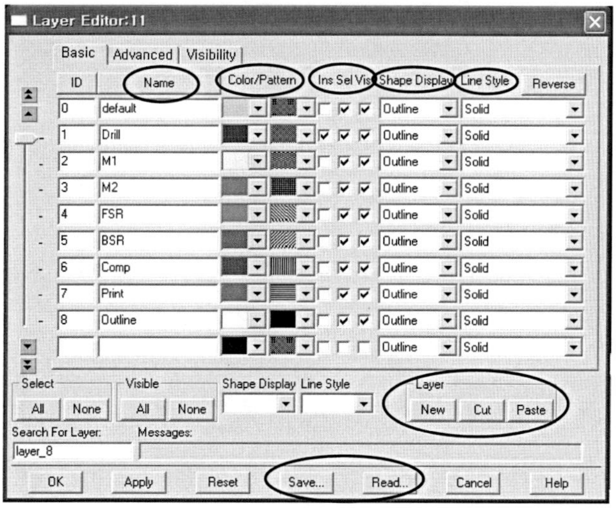

[그림 7-26] Layer Editor

그림 7-26과 같이 *layer*를 정의한다. 양면 기판을 사용하므로 그림 7-21에서 설명한 7개의 기본 *layer*를 필요로 한다. *Comp layer*와 *default layer*를 제외한 나머지

*layer*들은 모두 *Cut*를 이용하여 제거한다. 그리고 필요한 *layer*를 그림 7-26과 같이 정의한다. *Layer* 정의가 끝나면 *Save*를 클릭하여 *CD_Amp_Layout*이라는 이름으로 저장한다. 저장된 파일은 **.lay*라는 확장자를 가진다.

7.3.3 Layout 단위 및 Grid 설정

Layout 창의 메뉴 바에서 *Options/Preference*를 클릭하면 그림 7-27과 같은 *Preferences for Layout* 창이 나타난다. *Layout Units tab*을 클릭하여 mm를 선택한다.

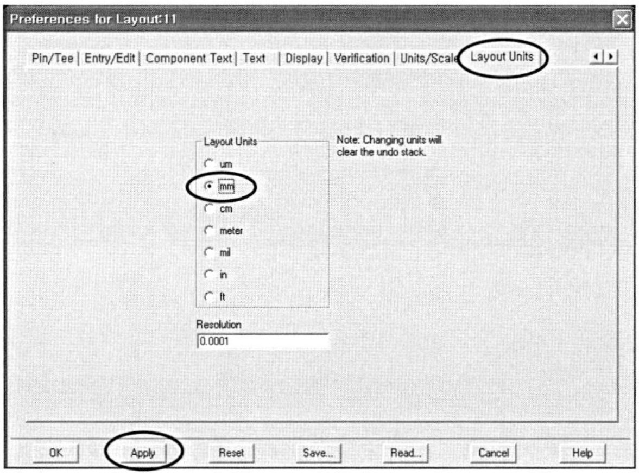

[그림 7-27] Preferences for Layout의 Layout Units 설정

*Apply*를 클릭 후 탭 중에서 *Grid/Snap tab*을 선택하면 그림 7-28과 같은 *Grid/Snap tab*이 나타난다. 우선 그림의 왼쪽 부분의 *Display*의 *Major Grid*와 *Minor Grid*를 선택하고 *Type*의 *Dots*를 선택한다.

Spacing 부분을 그림 7-28과 같이 설정한다. *Grid Snap Distance*가 snap의 최소 간격이 되고 *Minor Grid*의 간격은 snap 간격과 *Snap Grid Per Minor Display Grid* 값의 곱이며, *Major Grid*는 *Minor Grid*의 간격과 *Minor Grid Per Major Display Grid* 곱과 같다. 따라서 이렇게 설정한 grid는 인접한 두 *Minor Grid*의 간격은 0.02 mm이고 인접한 두 *Major Grid* 간격은 0.1 mm가 된다.

*Snap mode*를 사용하기 위해서 그림 7-28과 같이 *Active Snap Mode*의 *Enable Snap*에 체크한 후 그림과 같이 설정한다. *Snap Mode*들은 물체의 삽입, 이동 그리고 크기조절 시 프로그램이 물체를 *layer*에 놓는 것을 조절한다. 예를 들어 *Pin*을

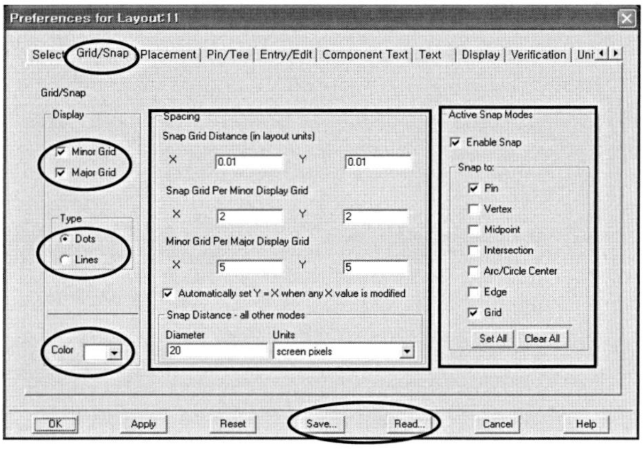

[그림 7-28] Preferences for Layout의 Grid/Snap 설정

선택하면 삽입하거나 이동, 크기조절하려는 물체의 Pin은 이미 있는 물체의 pin이 snap 거리 안에 있을 때, 기존의 물체의 *Pin*에 붙게 한다. 이는 *Schematic* 창에서 소자와 소자를 잇는 와이어를 사용할 때 각 pin에 자동적으로 붙음을 의미한다. 모든 설정 후 *Save*를 클릭하여 *CD_Amp_Layout*이라는 이름으로 저장한다.

7.3.4 Outline 설정

*Layer Editor*에서 *Outline layer*의 *Ins*를 선택하거나, *Layout window*의 Tool bar의 *Shape of Display*에서 *v,s Outline*를 선택하여 그릴 layer를 지정한다.

그리고 layout 창에서 tool bar의 아이콘을 클릭하여 원점이 화면 중앙에 오게 한다. 원점이 보이지 않으면 아이콘을 보일 때까지 클릭한다.

기본 도형들은 Tool bar의 아이콘의 선택으로 그릴 수 있으며 그 기능은 다음과 같다.

- : 선로 폭과 bend 형태 설정할 수 있으며, 선로를 그리는 데 쓰인다. *Schematic* 창의 *wire*처럼 소자를 이어주는 역할을 한다.
- : 원하는 모양의 다각형을 그릴 때 사용한다.
- : 선으로 원하는 모양의 선을 그릴 때 사용한다.
- : 사각형을 그릴 때 사용한다.
- : 원을 그릴 때 사용한다.

• A : text를 삽입할 때 쓴다.

메뉴 바의 *Options/Preference*를 선택하고 그림 7-29와 같이 *Entry/Edit*을 선택 후 *Show Coordinate Entry Dialog...*를 선택한다.

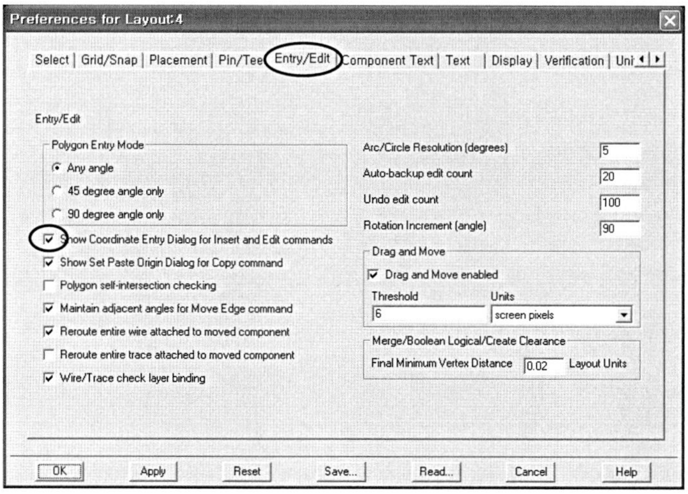

[그림 7-29] Preference for Layout의 Entry/Edit

PCB 기판의 크기를 지정하기 위해서 앞 과정의 □를 누른다. 앞에서 체크한 *Show Coordinate Entry* 때문에 그림 7-30과 같은 *Coordinate Entry* 창이 생긴다. 시작점의 X, Y 좌표 값 (0, 0)을 입력하고, Apply 를 누른 후 다시 X는 60, Y는 40을 입력 후 *OK* 한다.

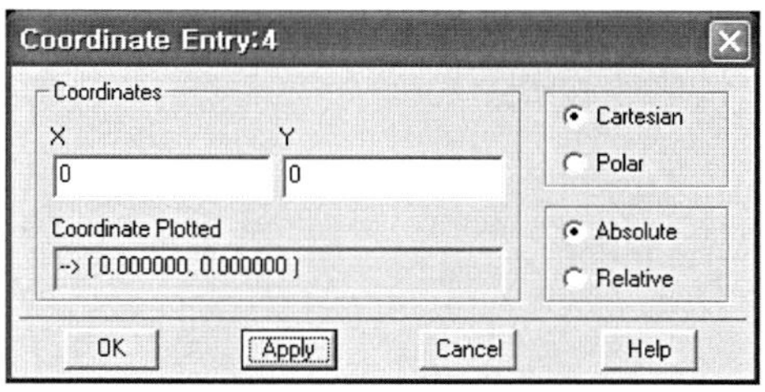

[그림 7-30] Coordinate Entry 좌표 값 입력하기

위 과정이 끝나면 그림 7-31과 같은 가로가 60 mm이고 세로가 40 mm인 사각

형이 만들어지고 이 사각형은 왼쪽 아래의 모서리 부분이 시작점(원점)인 직각사각형이다. 이는 *Layout Units*를 mm로 설정하였고 *Show Coordinate Entry Dialog...*를 선택하였기 때문이며 쉽게 좌표를 이용하여 원하는 위치와 크기로 그릴 수 있게 한다. 만약 *Show Coordinate Entry Dialog...*을 선택하지 않고 그릴 때는 □ 클릭 후 마우스를 원하는 위치에 가져가서 왼쪽을 클릭하여 드래그하면 가능해진다.

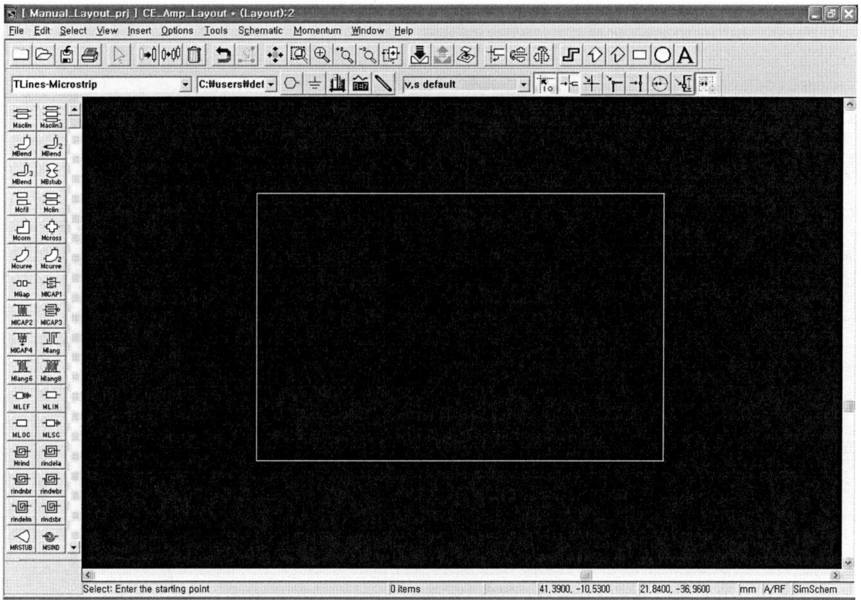

[그림 7-31] 완성된 outline

7.3.5 Instance 설계

1) 우선 1608 칩 부품의 *instance*를 그리는 방법에 대해서 알아보겠다. 열려진 창에서 *File/ New Design*을 클릭하여 *Chip1608*이라는 이름으로 Save... 하면 새로운 창이 나타난다. *Layer*를 *Comp*으로 지정하고 같은 방법으로 1.6 × 0.8 mm 크기의 직사각형을 그린다. 이것은 1608 칩의 외형이다.
2) *Layer*를 *M1*으로 지정하고 □을 클릭하여 *Coordinate Entry*에 (0, −0.4)에서 (0.8, 0.3)의 직사각형과 (0, 1.3)에서 (0.8, 2)의 직사각형을 그린다. 이 *M1*은 PCB 윗면의 도체 형상을 의미한다.
3) 같은 방법으로 *Layer*를 *FSR*로 지정하고 *M1*과 같은 위치와 크기의 직사각형을

그린다. 이 *FSR*은 직사각형 밖에 SR 물질을 도포할 것이다. 이와 같은 방법으로 그린 그림이 그림 7-32와 같고 *M1*과 *FSR*이 겹쳐져 한 색만 보이게 될 것이다. 을 클릭하여 Save... 한 후 창을 닫는다.

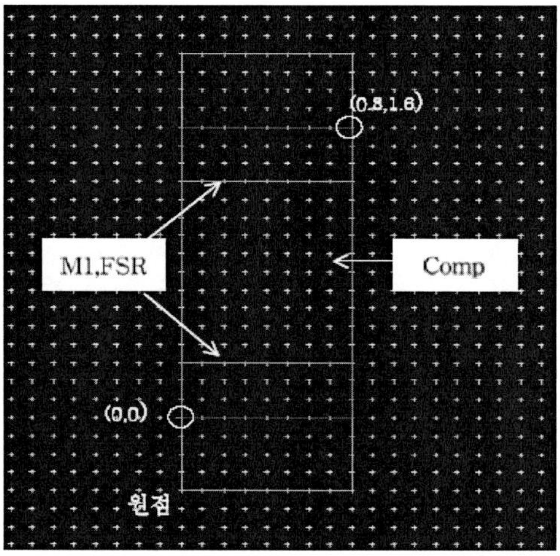

[그림 7-32] 1608 칩의 Instance

4) 새로운 창을 열고 *BCX19*라는 이름으로 Save... 한다. 그림 7-33과 같이 BJT *instance*를 만든다. 과정 2), 3)에서와 같은 방법으로 그림 7-33에 나타난 좌표

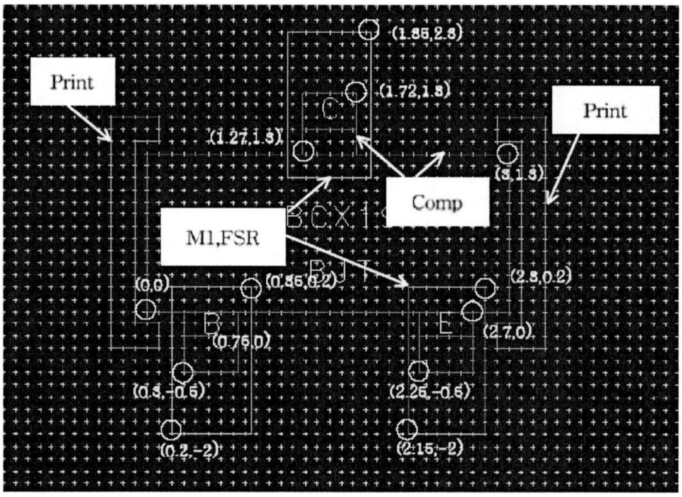

[그림 7-33] BJT(BCX19) 칩의 Instance

를 이용하여 *M1*, *FSR*, *Comp*를 그린다. *Print Layer*를 선택하고 [icon] 아이콘을 클릭하여 *Print Layer*에 그리며, 이것은 PCB 기판 위의 BJT *Component*의 위치를 표시하기 위해 PCB 기판에 표시될 것이다. *Document Layer*를 선택하고 *BCX19*라는 이 칩의 이름과 각 단자의 이름을 기록한다. 작업이 끝나면 [icon]을 클릭하여 Save... 한 후 창을 닫는다.

5) 새로운 창을 열고 *GRD*라는 이름으로 Save... 한다. Ground는 그림 7-34와 같은 구성으로 소자 연결을 위한 *M1*이 필요하며 구멍의 크기와 위치를 표시하기 위한 *Drill Layer*가 필요하게 된다.

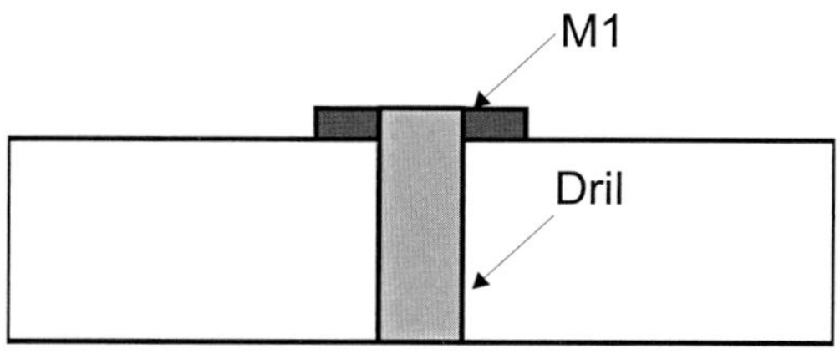

[그림 7-34] Ground 설명 모형도

6) *Layer*를 *M1*으로 지정하고 [icon]을 클릭한다. *Coordinate Entry*에서 (0, 0) 입력하고 Apply 한 후 (0, 0.45) 입력하고 OK 한다. 이것은 반지름이 0.45 mm인 원을 원점을 중심으로 그리게 된다. 같은 방법으로 *Drill Layer*를 선택하고 반지름이 0.25 mm인 원을 만든다.

7) *Layer*를 *Drill*로 지정하고 [icon] 클릭한다. *Coordinate Entry*에서 (0, −0.25) 입력하고 Apply 한 후 (0, 0.25) 입력하고 OK 하면 마우스에 선이 따라 오는데 마우스를 실선의 끝에 가져가서 마우스 왼쪽 버튼을 클릭한다. 이것은 길이가 0.5 mm인 실선을 만들고 같은 방법으로 (−0.25, 0)에서 (0.25, 0)까지의 실선을 만들면 *Drill Layer*의 십자가가 만들어진다. 이 십자가는 drill의 위치를 지정해 준다.

8) 모든 과정이 끝나면 그림 7-35와 같은 *GRD Layout*가 만들어 지고 역시 [icon]을 클릭하여 Save... 한 후 창을 닫는다.

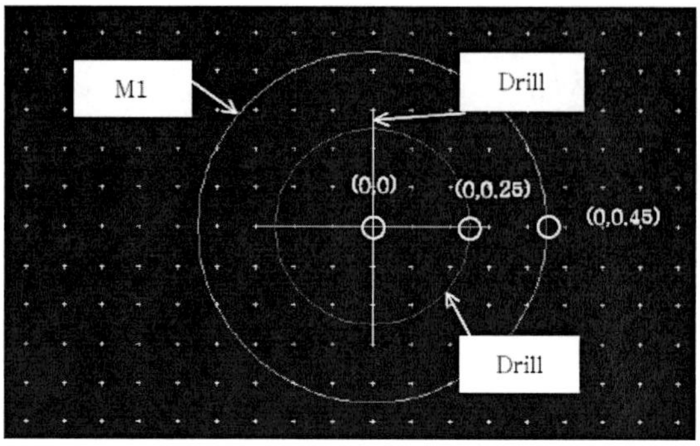

[그림 7-35] Ground Instance

9) 새로운 창을 열고 *Bias_pgp*라는 이름으로 Save... 한다. 그림 7-36과 같이 *Print Layer*를 지정하여 (0, 0)에서 (5.2, 10.2)의 직각사각형을 그리고 (3.76, 10.2)에서 (5.2, 8.77)의 직선을 그린다. *Driller Layer*로 중심이 (3.25, 2.55)이고 반지름이 0.5 mm인 원과 십자가를 그린다. 또한 M1, *FSR*, 그리고 *BSR Layer*로 중심이 (3.25, 2.55)이고 반지름이 0.9 mm인 원을 각각 그린다. *Document Layer*로 *GND*라고 쓰면 DC 전압 공급단자의 접지단자가 완성된다.

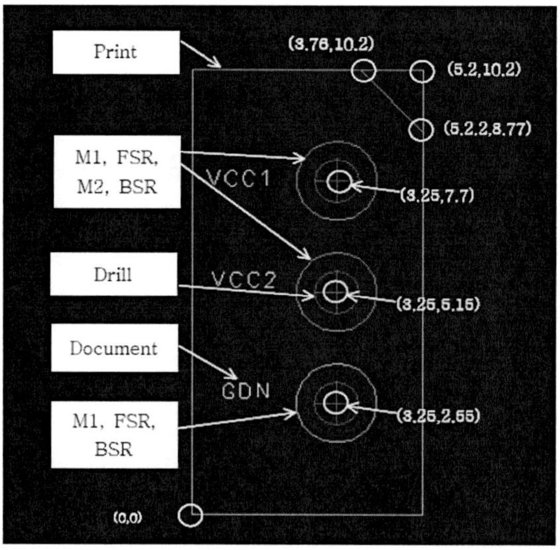

[그림 7-36] DC 전압단자 Instance

10) 메뉴 바에서 *Edit/ Advanced Copy/Paste/Copy Relative*를 클릭하면 그림 7-37과

같은 *Copy Relative tab*가 나오고 (0, 2.55)를 입력하고 Apply 하면 중심이 (3.25, 5.1)에 같은 크기와 종류의 원이 생긴다. M2에 대한 중심이 (3.25, 5.1)이고 반지름이 0.9 mm인 원을 그린다. 이것은 뒷면 copper (Ground)와 +전원이 단락되지 않고 납땜할 수 있게 한다. 같은 방법으로 *VCC1*를 그린 후, 을 클릭하여 Save... 한 후 창을 닫는다.

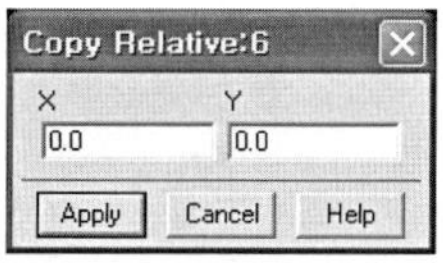

[그림 7-37] Copy Relative tab

11) 새로운 창을 열고 *Connecter*라는 이름으로 Save... 한다. 중심이 (−2.55, −2.55)이고 반지름이 0.8 mm인 *Drill Layer* 원과 십자가를 그리고 같은 중심의 반지름이 1.5 mm인 *M1*, *FSR* 그리고 *BSR Layer*를 그린다.
12) *Copy Relative*를 이용하여 과정 11)에서 그린 그림을 중심이 (2.55, −2.55), (2.55, 2.55), (−2.55, 2.55) 그리고 (0, 0) 순서대로 *Copy* 한다. 중심이 (0, 0)이고 반지름이 1.5 mm인 *M2 Layer* 원을 그린다. 중심이 (0, 0)인 원들은 신호를 위한 *Layer*들이고 나머지 원들은 접지를 위한 *Layer*들이다.
13) 마지막으로 (−3.15, −3.15)에서 (3.15, 3.15)인 정사각형을 *Comp Layer*에 그리면 그림 7-38과 같은 AC 입출력 단자(Connecter) *Instance*가 된다. 을 클릭하여 Save... 한 후 창을 닫는다.

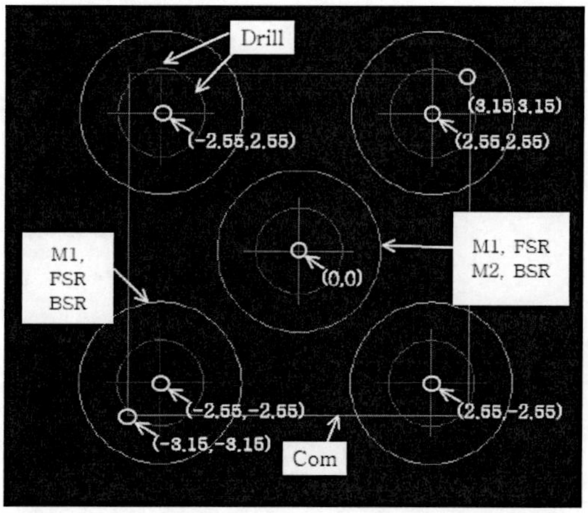

[그림 7-38] AC 입출력 단자(Connecter) Instance

14) 새로운 창을 열고 *PCBStand*라는 이름으로 Save... 한다. 중심이 (0, 0)이고 반지름이 1.75 mm인 *Drill Layer* 원과 십자가를 그리고 같은 중심의 반지름이 3 mm인 *M1, FSR* 그리고 BSR *Layer*를 그린다. (−5.08, −5.08)에서 (5.08, 5.08)인 정사각형의 *Comp Layer*를 그리면 그림 7-39와 같은 *PCB Stand Instance* 된다. 을 클릭하여 Save... 한 후 창을 닫는다.

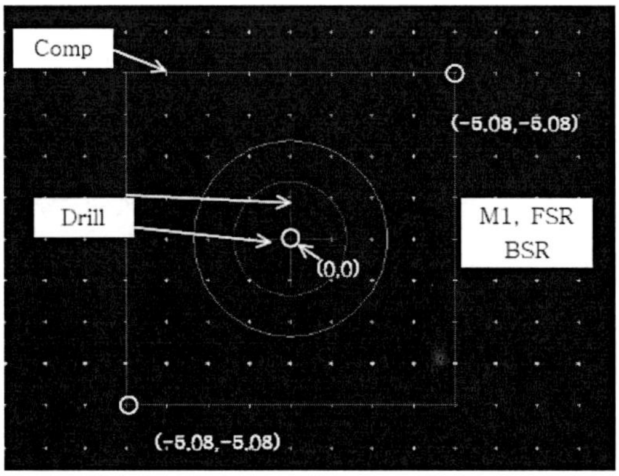

[그림 7-39] PCB Stand Instance

7.3.6 Instance(Component)들을 이용한 Layout 설계

1) *Outline*이 그려진 *CE_Amp_Layout*을 열고 Tool bar의 을 클릭하면 그림 7-40과 같은 *Component Library/Layout tab*이 나타난다. *Library* 창에서 *Sub-networks*의 *Manual_Layout_prj*을 클릭하면 지금까지 만든 *instance(Component)*가 *Component* 창에 나타난다.

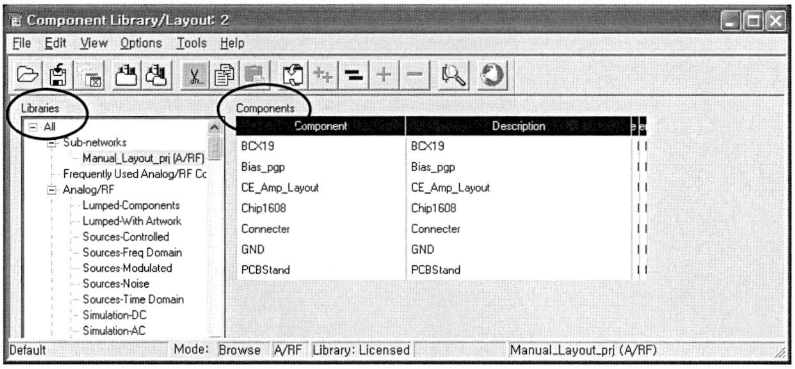

[그림 7-40] Component Library/Layout tab

2) *Component* 창에서 *PCBStand*를 클릭한 후 현재 작업창에 클릭하면 *PCBStand*가 생성된다. 이 *PCBStand*는 PCB 기판에 지지대를 연결하기 위한 것이므로 외곽선의 사각에 그림 7-41과 같이 위치시킨다.
3) 그림 7-41과 같이 다른 *component*들도 *CE_Amp_Layout* 창의 외곽선 안에 위치시킨다. 기본 이론에서도 언급했듯이 이렇게 각 *component*들을 만들면 쉽게 반복적으로 사용할 수 있게 하며 다시 그릴 필요가 없게 한다.

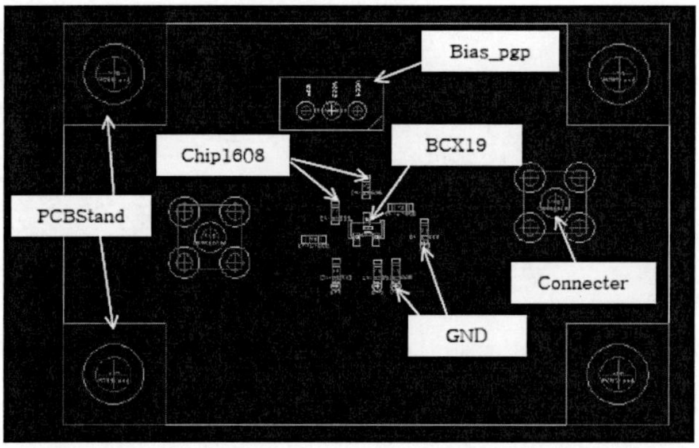

[그림 7-41] Component Library/Layout을 이용한 Component 배치

4) 만약 사용하는 *component*의 수정이 필요할 경우 *component*를 클릭하고 tool bar의 을 클릭하면 그 *component*의 창으로 이동하며 그 곳에서 수정 후 을 클릭하면 전 작업 창으로 Save... 후 이동한다. 주목할 것은 *component*가 반복해서 사용되었을 경우 다른 *component*도 동시에 수정된다.
5) 각 소자를 회로 구성에 맞게 배열되면 *M1 layer*를 *Ins*로 설정한다. *Preference for Layout*의 *Entry/Edit*에서 *Show Coordinate Entry Dialog*의 선택을 제거하고 을 클릭하면 그림 7-42와 같은 *Path* 창이 나타난다. *Width*을 10, *Mitered Corner Cutoff Ratio*을 30으로 설정한다.

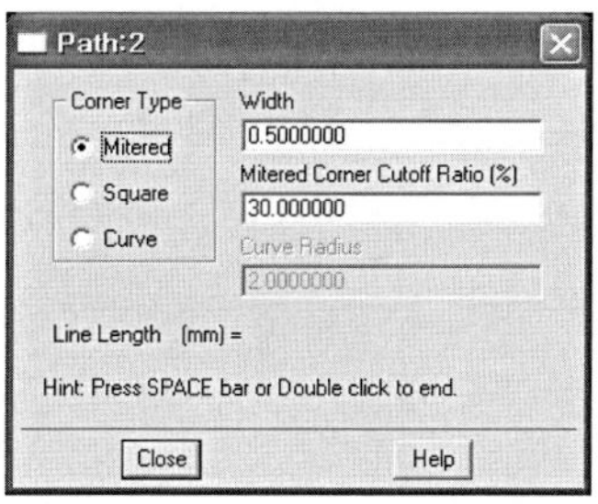

[그림 7-42] Path 활성창 설정하기

6) 한 소자의 *M1 Layer*에서 마우스를 클릭하고 연결할 소자에서 더블 클릭하면 직선의 연결선이 그려진다. 꺾은선은 시작점에서 클릭하고 꺾을 점에서 다시 한 번 클릭하고 끝날 점에서 더블 클릭하면 된다.

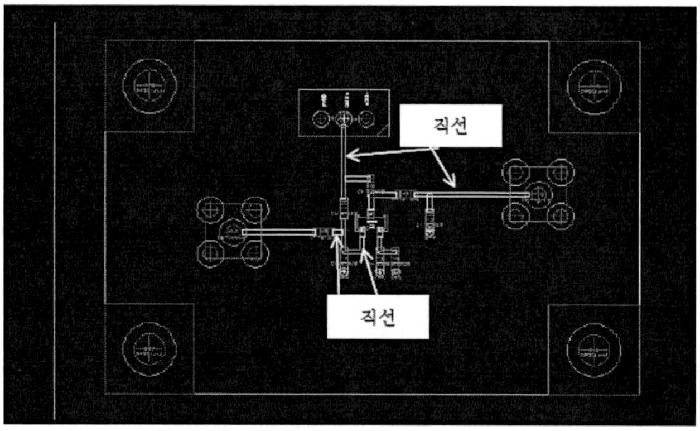

[그림 7-43] 완성된 CE_Amp Layout

7.4 Momentum

전송선으로 설계된 정합회로를 평판에 구성된 선로, 특히 마이크로스트립 선로를 이용하여 구현할 경우, 3장에서 이미 살펴본바와 같이 선로들의 연결시 발생하는 불연속효과들과, 개방단에서 발생하는 불연속 효과들이 나타나게 된다. 이들은 ADS상에 회로소자로 구현되어, 어느 정도 이것들의 효과를 예측할 수 있으나, 정확한 값이라고 보기에는 어렵다.

또한 소형의 면적에 구현할 경우, 이와 같은 선로들을 구부리고, 또한 주변의 다른 선로들이 근접하게 된다. 설계자는 대부분 이들의 효과는 무시하고 layout을 수행하게 되지만, 이들 역시 상호 결합되어 원하는 회로 성능을 나타내지 않게 된다. 이와 같은 점을 대비, 설계자들은 보통 조정점을 삽입하고 형상을 조정, 원하는 목표를 달성할 수도 있으나, 이것은 바람직하지 않으며, 상황에 따라서 특히 MMIC 경우 불가능할 수도 있다. 따라서 제작 전에 이들의 값을 정확하게 계산할 수 있다면 이를 통하여 불필요한 조정 작업이나, 시행착오를 막을 수 있을 것이다.

이와 같은 수동 구조에 대하여 전자기학을 동원하여 계산하는 방법이 과거로부터 계속 연구되어 왔는데, 이의 계산방법은 구조에 따라 상당히 달라지며, 일반적인 구조에 대하여 수치해석 적으로 푸는 방법은 현재까지도 상당히 어려운 문제로 남아있다. 그러나 대부분 평판형으로 구성된 전송선로를 이용하여 회로를 구현하는 경우, 일반적으로 이들의 매질구조는 수직적으로 균일한 경우가 대부분이다. 이와 같은 경우는 이를 효율적으로 계산하는 방법이 존재하게 된다. 이것은 Green 함수(공간상에서 경계조건을 만족하는 임펄스 응답)를 이용한 적분방정식에 의한 해석방법이다.

이와 같이 전자기학의 Maxwell 방정식을 사용 구조를 해석하는 것을 EM-시뮬레이션 (Electro Magnetic simulation)이라고 부르며, ADS상에서는 이와 같이 평면구조를 전자기학적으로 계산하는 도구가 내장되어 있어, 이를 Momentum이라고 부른다. 본장에서는 Momentum의 계산 원리를 간단히 알아보고, 이를 통하여 수동구조의 S-파라미터를 계산하는 방법의 예제를 살펴볼 것이다.

7.4.1 Momentum에서의 계산 방법

그림 7-44에는 Momentum 계산 원리를 보여주기 위한 간단한 구조를 보였다.

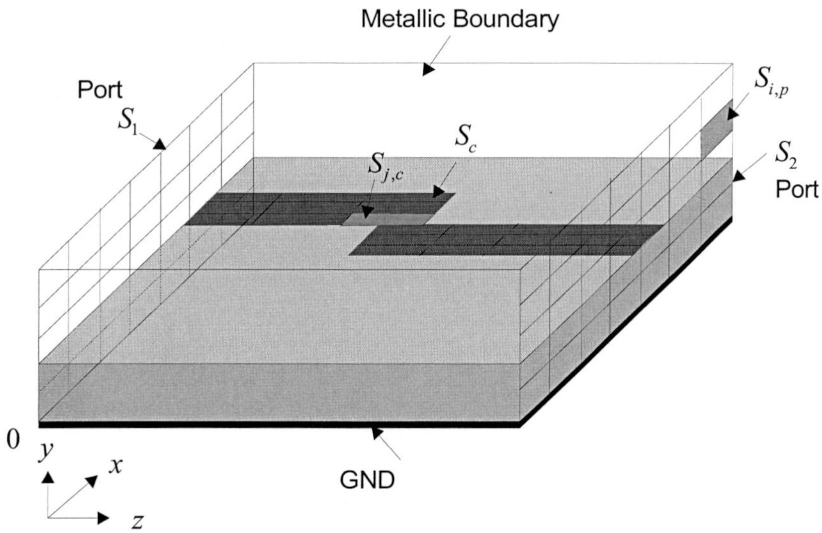

[그림 7-44] Momentum 계산 원리를 보여주는 구조

그림 7-44에서 임의의 형상을 갖는 도체 형상 S_C가 유전체 기판 위에 있으며, 이의 천장 및 벽(wall)들은 도체로 차폐되어 있는 구조이다. 또한 그림 7-44에 포

트로 지정된 두 개의 면 S_1 및 S_2을 통하여 고주파의 입, 출력 신호가 인가되게 된다. 이 때 주목할 것은 수직적으로 볼 때 도체를 제외한 단면구조는 균일한 것을 알 수 있다.

이 때 도체표면 S_C상에 흐르는 미지의 전류 벡터를 J라고 하면 공간상에서 전계 E는 다음과 같이 주어지게 된다.

$$\mathrm{E(r)} = \iint_{S_c} \overline{\overline{\mathrm{G}}}(\mathrm{r;r'}) \cdot \mathrm{J(r')}dS' \tag{7-16}$$

여기서 r은 관측점의 벡터를 나타내며, r′은 전원이 존재하는 위치를 나타내는 벡터이다. S_C는 그림에 표시한 미지의 전류가 흐르는 도체 면을 나타내며 $\overline{\overline{\mathrm{G}}}(\mathrm{r;r'})$는 dyadic Green 함수를 나타낸다. 이것은 행렬형태로

$$\overline{\overline{\mathrm{G}}}(\mathrm{r;r'}) = \begin{pmatrix} G_{xx} & G_{xy} & G_{xz} \\ G_{yx} & G_{yy} & G_{yz} \\ G_{zx} & G_{zy} & G_{zz} \end{pmatrix} \tag{7-17}$$

와 같이 나타나며, 이중 전계 E_x 성분의 경우, 이것은 전류의 J_x, J_y 및 J_z성분에 대한 중첩으로 표시된다. 즉

$$\begin{aligned} E_x(x,y,z) = & \iint_{S_C} G_{xx}(x,y,z;\ x',y',z')J_x(x',y',z')dx'dz' \\ & + \iint_{S_C} G_{xy}(x,y,z;\ x',y',z')J_y(x',y',z')dx'dz' \\ & + \iint_{S_C} G_{xz}(x,y,z;\ x',y',z')J_z(x',y',z')dx'dz' \end{aligned} \tag{7-18}$$

와 같이 관련되게 된다. 이중 전류 J의 y-성분은 존재하지 않으므로 위 (7-18)식은

$$\begin{aligned} E_x(x,y,z) = & \iint_{S_C} G_{xx}(x,y,z;\ x',y',z')J_x(x',y',z')dx'dz' \\ & + \iint_{S_C} G_{xz}(x,y,z;\ x',y',z')J_z(x',y',z')dx'dz' \end{aligned} \tag{7-19}$$

와 같이 표현될 것이다. 일반적으로 전계 E는 x,y, 및 z의 3가지 공간성분이 있고 전류 또한 x,y, 및 z의 3가지 공간성분이 존재하게 된다. 이것을 벡터적으로

간결하게 표현한 것이 (7-16)식과 같은 형태가 된다. 또한 그림 7-44의 구조에는 전류의 y-성분이 존재하지 않지만, 일반적인 경우 전류의 y-성분은 비아를 통해 가능하게 된다. 따라서 (7-16)식은 미지의 전류 J에 대한 전계 E를 나타내는 결과가 된다. 또한 이와 같은 Green 함수는 수직 구조가 앞서 설명한 바와 같이 균일한 경우, 복잡하기는 하지만 전자기 이론으로 계산될 수 있는 양이 된다.

식(7-16)은 공간 내 모든 점의 전계와 관련되나, 전류가 미지의 상태이기 때문에 전계 또한 미지의 상태가 된다. 그러나 포트 면 S_1, S_2에서 전계를 살펴보면, 불연속이 발생하는 곳에서 포트가 충분히 멀리 있다고 가정하면, 포트에는 고조파 모드가 존재하지 않게 된다. 따라서 이때 포트의 전계형상은 포트 단면 S_1, S_2에서의 형상이 무한히 뻗어 있을 때와 같은 전계가 나타날 것이다. 따라서 이 때 포트에서의 전계형상은 2차원 문제로 결정할 수 있게 된다.

그러면 (7-16)식의 문제는 포트면에서의 전계 $\mathrm{E}(x,y,z)$를 알고 있고, 이 때 전류 벡터 J를 결정하는 문제가 된다. 그러나 포트에서의 전계 형상은 알고 있더라도, 이것의 복소수로 나타나는 비례상수를 모르게 되는데, 이점에 있어서는 각 포트에 규격화된 단위 전계가 입사했다고 가정하면, 이는 완전하게 결정되게 된다. 이것은 그림 7-44의 내부를 Y-파라미터로 보고, 여기에 단위전압을 인가하여 포트로 흘러들어가는 전류를 결정함으로서 Y-파라미터를 결정하는 것과 유사하다.

식(7-16)과 같은 적분방정식을 풀기 위해서는 위의 도체 형상 S_C를 그림 7-44와 같이 미소구간으로 분해하고, 이러한 미소구간 (보통 mesh 라고 부른다)에 정의되고 계산이 편리한 기저함수(basis function)로 전개할 수 있게 된다. 이러한 기저함수로는 사각 mesh 또는 삼각형 mesh에서 정의되는 roof-top 함수가 자주 사용된다. 즉 mesh-i $S_{i,C}$에서 정의된 기저함수를 $\mathrm{B}_i(\mathrm{r})$이라고 하면 $\mathrm{J}(x,y,z)$는 $(x,y,z) \in S_C$에서

$$\mathrm{J}(\mathrm{r}) = \sum_{i=1}^{N} I_i \mathrm{B}_i(\mathrm{r}) \tag{7-20}$$

와 같이 쓸 수 있게 된다. 이 때 기저함수 $\mathrm{B}_i(\mathrm{r})$도 전류가 벡터이기 때문에 x, y, 및 z의 3가지 공간성분을 포함하는 벡터로 정의 되고, 이때 I_i는 미지수가 되게 된다. 또한 포트 면에서 $\mathrm{E}(x,y,z)$는 동일하게 포트 면 S_1, S_2을 mesh로 나눈 후 mesh-j에서 정의되는 기저함수 $\mathrm{b}_j(\mathrm{r})$를 통해 표시할 수 있다. 여기서 기저함수의 형태는 같지만 다른 평면에서 정의된 mesh이기 때문에 기저함수를 $\mathrm{b}_j(\mathrm{r})$로 나타

내었다. 따라서

$$E(r) = \sum_{j=1}^{N} V_j b_j(r) \tag{7-21}$$

와 같이 표시된다. 이 때 주목할 것은 전류를 결정하는 미지수 I_i가 N개의 미지수이기 때문에 이를 구하기 위한 관측점 r이 있는 포트 면 S_1, S_2도 똑같이 N개의 관측점을 주기 위해 두 개의 포트 면은 N개의 mesh로 분해되었다. 이 때 V_j 값은 알려진 전계 값 $E(x,y,z)$로부터

$$V_j = \iint_{S_{j,p}} E \cdot b_j(r)dS \tag{7-22}$$

로 계산할 수 있게 된다. 여기서 $S_{j,p}$는 mesh-j 면을 나타낸다.

또한 (7-20)식을 (7-16)식에 대입하고 적분하면

$$\Phi_i(r) = I_i \iint_{S_{i,C}} \overline{\overline{G}}(r;r') \cdot B_i(r')dS' \tag{7-23}$$

로 표시되는데, 이것의 관측점 r을 포트 면 S_1, S_2에 있는 점으로 선택하면, (7-23)식의 오른쪽 항은 확정적으로 알려진 함수이어서, 이것은 포트 면의 mesh-j에서 정의된 기저함수를 통해 전개할 수 있게 된다. 따라서 이것을 아래와 같이 정의하면

$$Z_{ji} = \iint_{S_{j,p}} b_j(r) \cdot \left(\iint_{S_{i,C}} \overline{\overline{G}}(r;r') \cdot B_j(r')dS' \right) dS \tag{7-24}$$

(7-16)식은 (7-25)식과 같이 행렬형태로 나타낼 수 있다.

$$V_i = \sum_{j=1}^{N} Z_{ij} I_j \tag{7-25}$$

위의 방정식 (7-25)식을 풀어 I_j를 결정할 수 있게 되고, 이를 통해 (7-20)식을 이용 전류 벡터 J를 결정할 수 있다. 또한 포트면 S_1, S_2으로 흘러들어가는 전류벡터 J를 통해 그림 7-44의 구조로 결정되는 2-포트에 대하여 포트로 흘러들어가는 전류를 결정할 수 있게 된다. 이것은 이 구조의 Y-파라미터를 결정한 것이 되고, 이의 변환을 통해 원하는 S-파라미터를 구할 수 있게 된다.

7.4.2 Momentum의 설정 및 계산

앞서 설명한 바와 같이 Momentum은 평판형 구조 즉 수직적으로 균일한 유전체 구조에 대하여 전자기적 해를 제공하는 것이기 때문에, 우선 이 구조를 지정하여야 할 것이다. 따라서 기판구조에 대한 파라미터 입력과, 도체 형상이 있는 면을 지정해야 할 것이다. 이를 통해 Momentum은 이러한 구조를 풀기위한 Green 함수를 계산하고 이를 계산의 효율성을 위해 저장해두게 된다.

그림 7-45는 이러한 기판의 구조를 결정하기 위한 창을 보여준다, 이것은 ADS Layout 창의 툴바에서 *Momentum>Substrate>Create/modify*를 선택하면 다음 그림 7-45와 같은 창이 나타나게 된다. 이 때 그림 7-45의 창에서 각 유전체에 해당하는 두께와 유전율 및 손실 정보를 주면 각 층의 유전체에 대한 지정작업이 끝나게 된다.

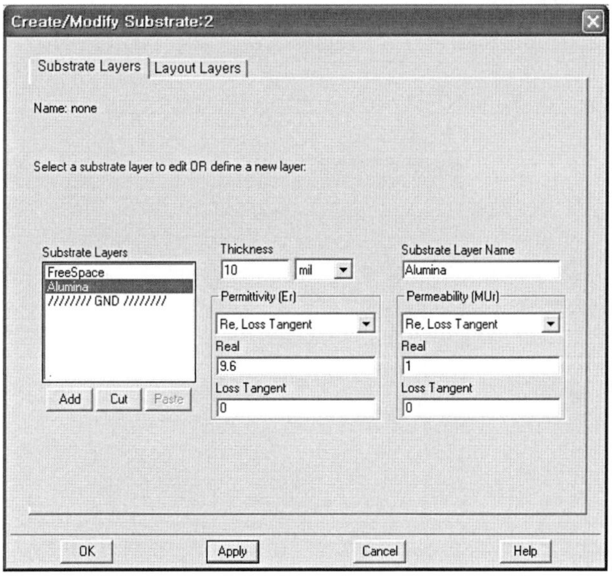

[그림 7-45] Substrate Layer 탭 창

그림 7-45에 있는 *Substrate Layer* 탭은 기판의 구조를 정의한다. 이 탭에서 유전체 구조는 *FreeSpace*, *Alumina*, *GND*로 구성되어 있고 이것들의 파라미터를 변경하기 위해서는 각 라인을 클릭하여 수정하게 된다. *FreeSpace*는 경계조건이 자유공간에서의 특성과 같으며, 이것은 그림 7-44와 같이 도체 판으로 차폐된 천장구조로 변환가능하다. *Alumina*를 클릭하면 유전체 층의 특성을 규정짓는 창으로 바뀌어 유전체의 두께(Thickness), 유전체의 이름(Substrate Layer Name)을 지정하고, 이것의 유전율

(Permittivity; Er) 및 투자율(Permeability; Mu)을 다양한 형식으로 정의한다. 이들은 일반적인 *Re, Loss Tangent* 형식으로 정의되며 다른 방식도 가능하다. 만일 복수 층일 경우 *Add*와 *Cut*을 통해 유전체 층을 추가, 삭제를 할 수 있다. 그림 7-45의 구조는 단층구조로서 유전체 *Alumina* 의 유전율은 9.7 , 두께 10 mil인 것을 알 수 있다.

두 번째로는 Green 함수의 계산을 위해 도체면의 위치를 지정하여야 하는데, 이는 그림 7-45의 *Metalization* 탭 창을 열어 도체 면이 각 어느 면에 있는지를 지정해 주면 된다. 이것은 작업자가 그린 도체 형상 또는 비아가 어느 유전체 층위에 형성되는지를 지정하는 것이 된다. 그림 7-46에는 *Metalization* 탭 창을 보였으며 *cond*라는 이름을 가진 layer에 있는 도체 형상 그림이 유전체 *Alumina* 층 위에 설정됨을 알 수 있다. 그림 7-46에서 이것은 '………'으로 표시되어 있다. 또한 여기에 *Strip* 버튼은 *cond*라는 이름을 가진 layer에 있는 그림이 도체임을 나타내는 것이다. 여기에 옆에 있는 *Layout Layer Conductivity* 파라미터를 조정하여 이것의 도전성을 지정할 수 있게 된다. 이와 같은 파라미터의 지정을 통해 저항체 형상도 나타낼 수 있게 된다.

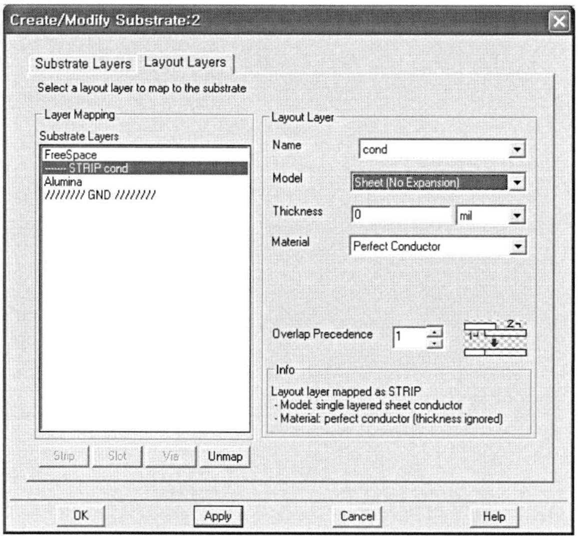

[그림 7-46] Metalization 탭 창

*Strip*외에 *Slot, Via, Unmap*이 있는데 *Slot*은 현재 그려진 형상을 제외한 곳에 도체가 나타나며, 반면 그려진 형상은 슬롯(slot)으로 보는 것이다. 비아는 layer에 있는 그림이 바로 밑에 있는 유전체를 관통하는 비아로 보는 것이다. 또한 *Unmap*은 매핑(mapping)한 결과를 취소할 때 사용한다. 그림 7-46에는 *cond*라는 이름을 가진 layer

의 도체 형상 그림이 유전체 *Alumina* 층 위에 설정되고 이것의 도전도(conductivity)를 무한대로 설정하는 *Perfect Conductor*로 되어 있음을 알 수 있다. 마지막으로 *Overlap precedence*는 두개이상의 층이 존재할 때 우선순위를 부여할 때 사용한다.

만약 ADS에서 제공되는 유전체를 사용할 경우는 필요 없지만, 직접 유전체 정보를 기입하려면 이 과정이 꼭 필요하다. 유전체에 대한 시뮬레이션 결과는 데이터베이스에 저장되며 같은 유전체를 사용하는 다른 회로에서 불러들여 사용할 수 있다. 이상과 같이 지정이 완료되면, 시뮬레이션을 수행하기 위해 필요한 Green 함수를 계산할 수 있다. 이것을 수행하기 위해서는 *Momentum> Substrate> Precompute Substrate Function*을 클릭한다. 이를 통해 Green 함수를 원하는 주파수 범위에서 계산하며 이것은 반복적으로 사용되어지므로 보다 넓은 범위에서 계산 하여도 상관없다.

그림 7-47은 *cond*라는 이름을 가진 layer의 도체 형상 그림이다. 이것은 *Schematic* 창에서 그림 7-45 및 7-46에서 지정된 단면구조를 갖는 폭 25 mil 길이 100 mil의 마이크로스트립 선로를 삽입하고, 이것을 *Auto layout* 명령을 사용하여 그린 것이다.

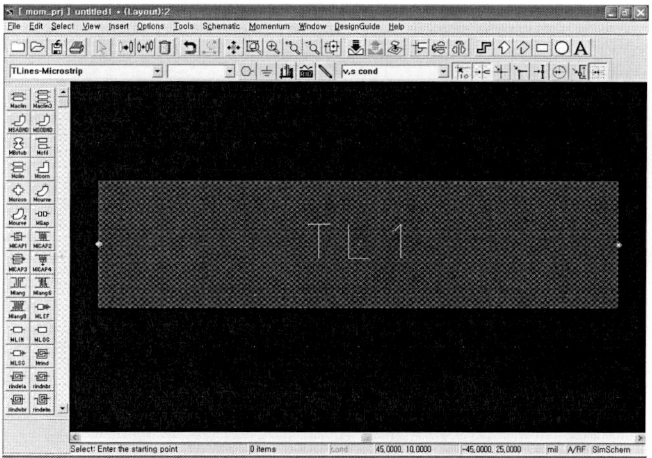

[그림 7-47] 폭 25 mil 길이 100 mil의 마이크로스트립선로

Momentum 계산을 수행하기 위해서는 이 그림에 입출력이 되는 곳에 포트를 설정하여야할 것이다. 이를 위해 도체 면이 그려진 layer에서 포트가 연결되는 곳을 지정하여야 할 것이다. 만일 앞서 *Auto layout*전에 *Schematic* 창에서 포트를 붙이지 않았다면 입출력 포트( )아이콘을 클릭하여 붙이게 된다. 그러면 그림 7-48과 같이 나타나게 된다.

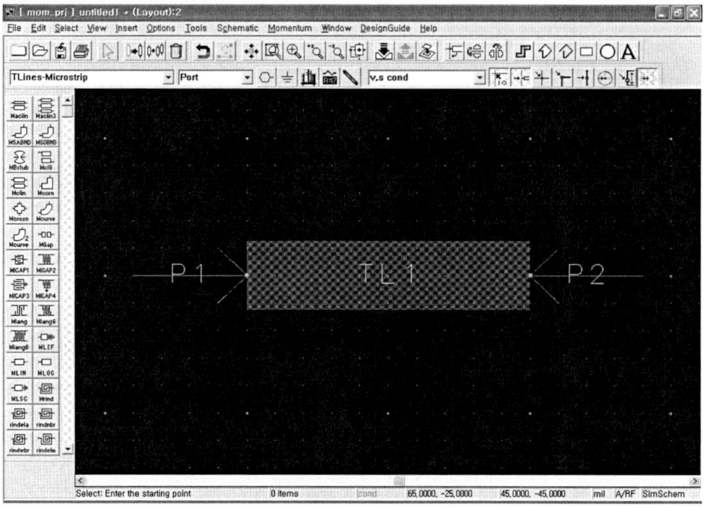

[그림 7-48] 포트를 삽입한 후의 그림

포트의 파라미터를 설정하기 위해서는 *Momentum>Port editor*를 선택한다. 포트 부분을 다시 클릭하면 그림 7-49와 같은 창이 나타난다.

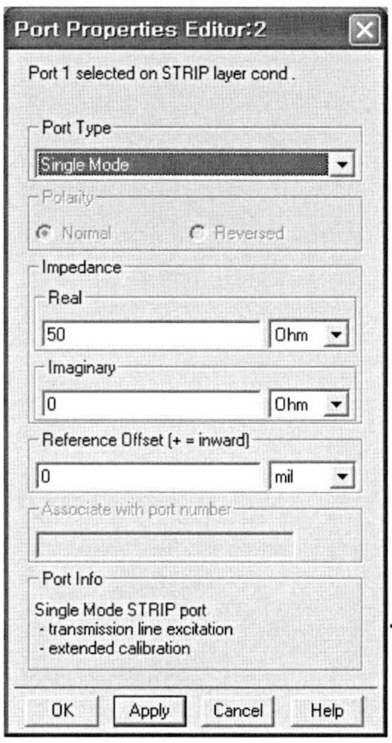

[그림 7-49] Port Editor 창

포트 형태로는 *Single, Internal, Differential, Coplanar, Common mode, Ground reference*등을 선정할 수 있으며, 기본으로 주어진 *Single*의 경우는 포트가 연결된 점과 GND 사이를 포트로 보는 것으로 일반적인 마이크로스트립 시뮬레이션에 널리 사용이 가능하다. *Impedance*는 포트의 측정 기준 임피던스를 선언하는 필드로 실수부와 허수부를 각각 설정할 수 있으며, 이를 기준으로 한 S-파라미터가 결과로 얻어지게 된다. *Reference Offset*은 설정된 포트의 *Impedance*로 측정된 S-파라미터에 대하여 기준선을 이동시키는 것이다. 이를 통해 삽입된 전송선의 길이효과를 제거하는데 사용한다. 또한 *Port Editor*를 완료하면, 포트에 대해 수직인 라인이 새로이 생성되며, 이는 기준선의 위치를 의미한다. 그림 7-50은 이와 같이 작업을 완료한 후의 창을 보여준다. 이 기준선은 *Port Editor* 창에 파라미터를 기입하여 이동시킬 수도 있고, 또한 마우스를 이 기준선을 선택한 뒤 마우스를 사용 이동시킬 수도 있다.

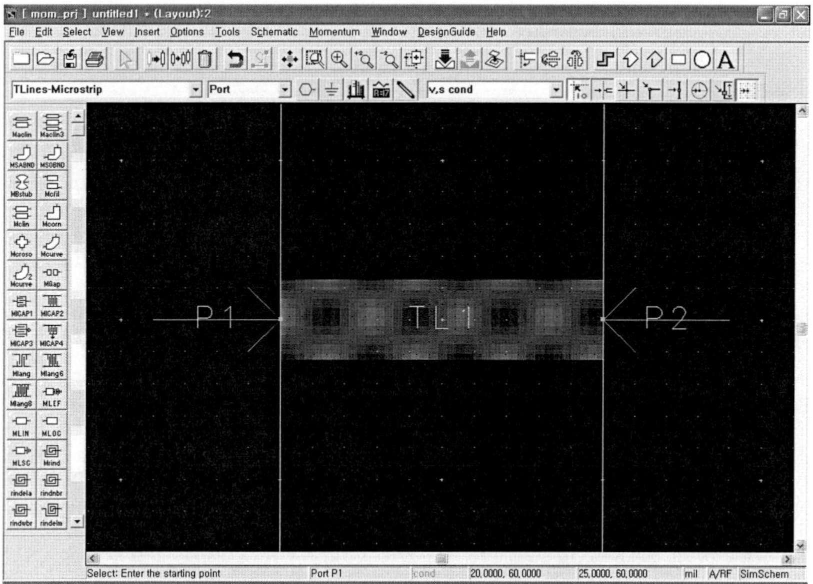

[그림 7-50] Port Editor를 완료한 후의 창

이와 같은 설정작업이 끝나면, 단면구조와 포트지정이 끝나서 Momentum에서는 mesh를 생성한 후 앞서 설명한 바와 같이 (7-25)식과 같은 행렬식을 생성하고 풀게 된다. 이는 직접 mesh 형성을 하지 않아도 Momentum에서는 자동적으로 생성한 뒤 계산

하지만, 작업자는 이러한 생성을 조정할 수도 있다.

Momentum에서는 계산을 수행하기 위해 지정된 도체 표면을 단위 삼각형이나 직사각형 mesh 로 나눈 뒤 각 mesh에서 전류를 계산하게 된다. 이러한 mesh 형성을 설정하기 위해서는 *Momentum>Mesh>Setup*을 클릭하면 그림 7-51과 같은 *Mesh Setup Control* 창이 나타난다.

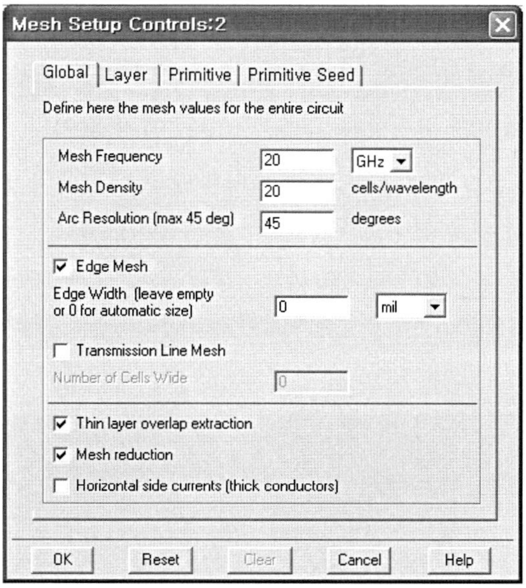

[그림 7-51] Mesh Setup Control 창

이 창의 *Global* 탭에서는 *Mesh Frequency*를 설정한다. 이 주파수는 mesh가 생성되는 기준주파수를 말하며 시뮬레이션 할 가장 높은 주파수를 기준으로 설정하게 된다. *Mesh Density*는 단위파장 당 몇 개의 셀을 만들 것인지 결정한다. 만약 3파장의 회로라면 *Mesh Density*를 20으로 한다면 총 60개의 셀들이 생성될 것이다. 복잡한 구조의 경우 조밀한 mesh가 필요하나 마이크로스트립 같은 단순한 회로는 기본으로 주어지는 값을 사용해도 무방하다. 회로의 커브부분은 삼각형을 셀로 나누어진다. *Arc Resolution*은 삼각형 셀의 각도를 말하며 최대 45° 까지 입력이 가능하며 각도가 작을수록 정확한 해석이 되지만 시간이 많이 걸리므로 지양하도록 한다. *Transmission Line Mesh*는 회로 단위 폭 당 mesh의 개수를 정의하며, 기본적으로 해제되어 있

다. 보통의 경우 나머지 항목은 기본적으로 주어지는 값(default)을 이용한다.

이와 같이 설정을 끝내면 *Precompute*를 통해 계산 되어질 mesh를 미리 확인 할 수 있다. *Momentum>Mesh>Precompute*를 선택하고 시뮬레이션 하고자 하는 주파수 범위 내의 가장 높은 주파수를 입력하고(여기서는 그림 7-51과 같이 20 GHz이다) *OK*를 클릭하면, *Layout* 창에서 그림 7-52와 같은 mesh가 표시된다.

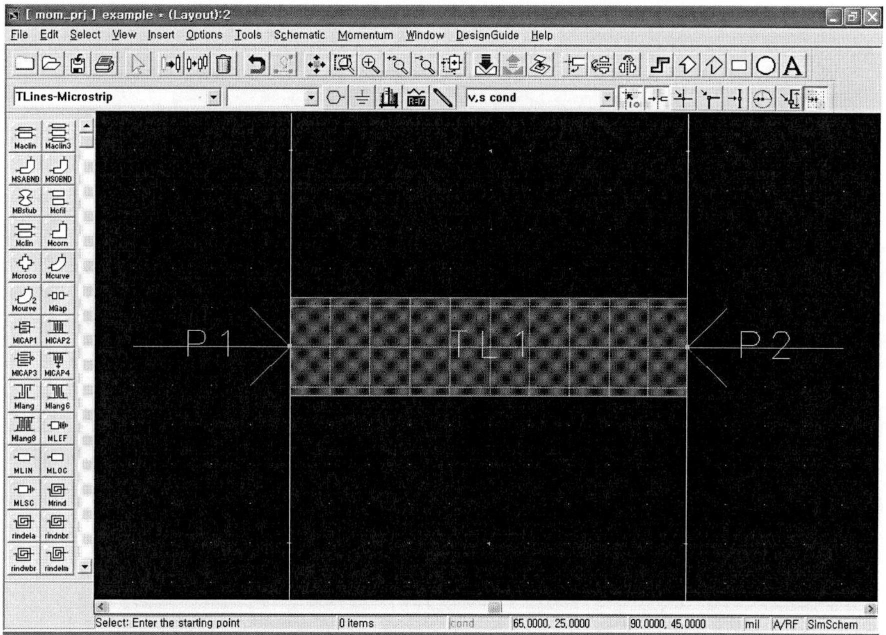

[그림 7-52]　Mesh에 의해 나누어진 마이크로 스트립라인

이와 같이 설정 작업이 끝나면 이제 Momentum을 동작시키기 위한 설정은 완료된 것이 되며, 이 구조의 2-포트 파라미터를 구하고자하는 주파수 범위 및 개수를 지정하면 될 것이다. 이것은 그림과 같은 시뮬레이터 창에서 지정해주면 된다. *Momentum > Simulate >S-parameter*를 선택하면 그림 7-53의 창이 나타난다.

그림 7-53에서 *Edit/Define Frequency Plan*에는 *Adaptive*, *Logarithmic*, *Linear*, *Single Point* 4종류가 있으며. *Adaptive*는 샘플 된 S-파라미터를 서로 비교하는 방법으로, 빠르고 정확한 방법이다. *Sample Point Limit*에 입력된 값은 수렴을 얻기 위해 사용되는 샘플의 최대수를 말한다. *Logarithmic*은 전체 주파수 범위 내에서 주파수를 로그적

(Logarithmic)으로 증가시키며 시뮬레이션 하는 방법이다. 시작주파수와 끝나는 주파수를 입력하고 *Point /decade*에 decade당 계산될 수를 입력한다. *Linear*는 선택된 주파수 전체를 시뮬레이션하며, 선정한 시작주파수와 끝나는 주파수까지 선형적으로 증가하며 시뮬레이션 한다. *Single Point*는 한 주파수에서만 시뮬레이션 된다.

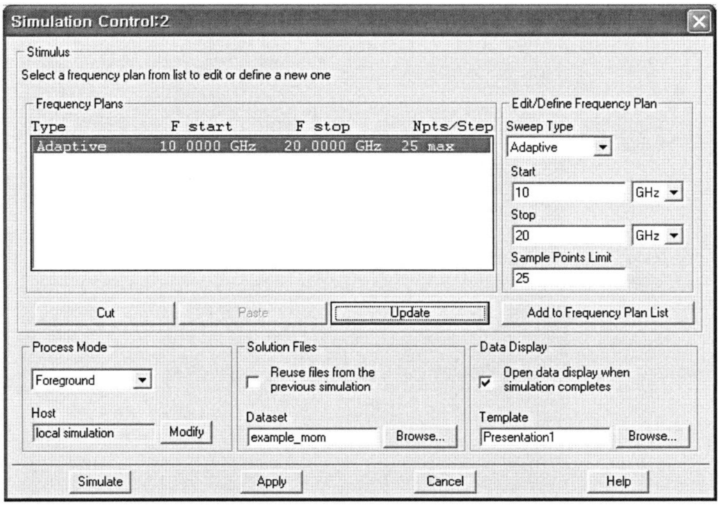

[그림 7-53] Simulation Control 창

이 창의 *Solution File*에 계산결과가 저장되는 *dataset*의 이름을 결정하게 된다. 기본 값으로는 layout 이름에 *_mom*으로 정해져 입력되어 있다. 이전에 계산한 data의 재사용 여부 선택하는 옵션인데 이를 보통 선택하지 않는다. 그리고 계산 종료시 결과를 보고 싶을 때는 *Data Display*부에서 그림 7-53과 같이 선택하면 계산 후 *Display* 창이 자동으로 열리도록 된다. 따라서 그림 7-53과 같이 시뮬레이션 하는 주파수는 10-20 GHz로 설정하였고 *Adaptive*로 설정을 하고 각각의 주파수를 입력한 후 최대 *Sample Point Limit*를 25개를 입력한 후 계산하였다.

시뮬레이션이 종료가 되면 계산 결과가 앞서의 옵션에 의해 자동으로 *Data Display*창이 열리며, 각 S-파라미터의 특성을 log 값과 스미스차트, 위상을 종합적으로 보여 준다. 여기서 원하는 특성을 보기 위해, Rectangular plot(▦)을 선택한 후 창 내부에 클릭한다. *Plot Trace & Attributes* 창이 나타나게 되며 이때 *Dataset*에서 그림 7-54와 같은 결과를 볼 수 있게 된다.

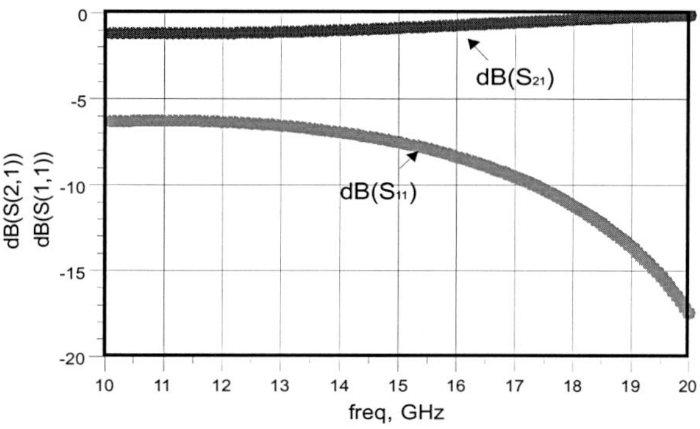

[그림 7-54] Momentum 시뮬레이션 결과

그림 7-54를 도시할 때 *Plot trace & Attributes* 창에는 여러 가지 S-파라미터가 있는데, 이것을 그림 7-55에 나타내었다.

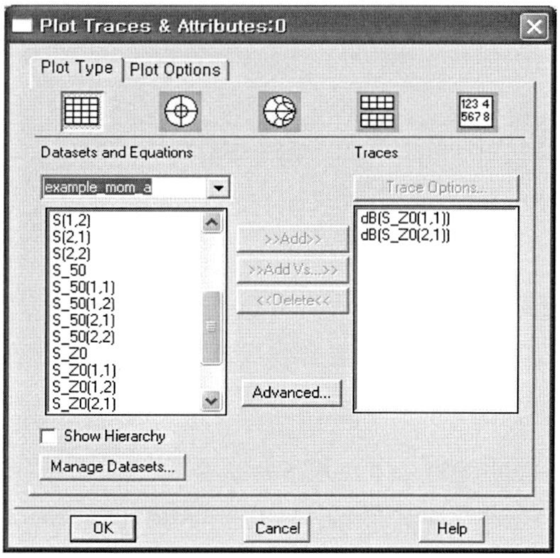

[그림 7-55] Plot Trace & Attribute 창

이것의 의미는 *S*의 경우 Momentum 설정시 *Port Editor*로 설정한 포트 임피던스에 의하여 규격화된 S-파라미터이며, 또한 설정된 임피던스는 *PORTZ*에 저장되어 있다. *S_50*의 경우 50 ohm으로 규격화된 S-파라미터를 나타낸다. 따라서 *S*와 *S_50*은 이 경우 같은 S-파라미터가 되게 된다. 그러나 *Port Editor*를 통해 포트 임피던스를 50 ohm으로 설정하지 않았을 경우 이 두 파라미터는 다른 것이 될 것이다.

그리고 *S_Z0*의 경우 Momentum에서는 앞서 설명한 바와 같이 포트의 단면 형상을 두고 이것을 먼저 풀게 되는데, 이것은 이때 얻어진 포트 임피던스로 규격화된 S-파라미터를 나타낸다. 또한 이 결과는 *Z0*와 *Gamma*에 저장되어 있는데 *Z0*는 특성임피던스를 나타내며, *Gamma*는 전파상수를 나타낸다.

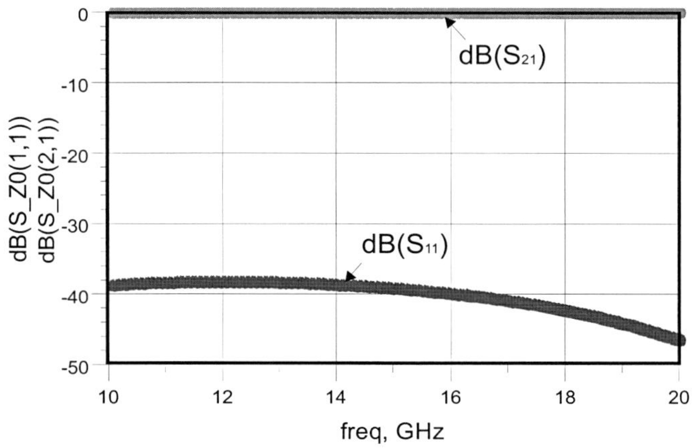

[그림 7-56] S_Z0 결과

앞서 정의한 폭 25 mil 길이 100mil의 마이크로스트립 선로는 특성임피던스가 약 29.3 ohm 전기각이 10 GHz에서 82°의 전송선이며, Momentum 계산결과는 특성임피던스가 29.7 ohm이 나오는 것을 얻을 수 있다. 따라서 이것을 기준임피던스로 사용하고 이에 따라 규격화된 S-파라미터는 그림 7-54와 같이 주파수에 따른 삽입손실이 발생하지 않고 평탄한 결과를 얻을 것이다. 이는 그림 7-56에 나타내었다. 그림 7-56에서 삽입손실은 거의 없는 것을 알 수 있다. 그러나 반사손실의 경우 예상과는 달리 약 -40 dB의 손실이 보이는데, 이것의 정확한 이유는 알 수 없으나, 마이크로스트립 선로의 분산효과(dispersion)와 포트 간 상호 결합으로 인한 것으로 추측된다.

참고문헌

[1] Agilent Technologies, *Advanced Design System 2003A,* 2003.

[2] 염경환, 전자회로 및 마이크로파회로 설계실습, 충남대학교 출판부, 2004.

[3] R. J. Gilmore, "Nonlinear Circuit design using the modified harmonic balance

Algorithm," *IEEE Trans on Microwave Theory and Tech.*, vol. 34, no. 12, pp. 762-770, Dec. 1986.

[4] V. Rizzoli, C. Cecchetti, A. Lipparini, and F. Mastri, "General-purpose harmonic balance analysis of nonlinear microwave circuits under multitone excitation," *IEEE Trans on Microwave Theory and Tech.*, vol. 36, no. 12, pp. 1650-1660, Dec. 1988.

연습문제

7-1 *Transient simulation*에서 커패시터는 충분히 짧은 시간에서는 아래와 같이 저항과 전류원으로 나타낼 수 있다.

$$\begin{aligned} i &= C\frac{dv}{dt} \\ &\cong C\frac{v - v_n}{T} = C\frac{v}{T} - C\frac{v_n}{T} \end{aligned}$$

(1) 이것을 이용하여 아래 그림과 같은 회로에서 시간에 따른 응답은

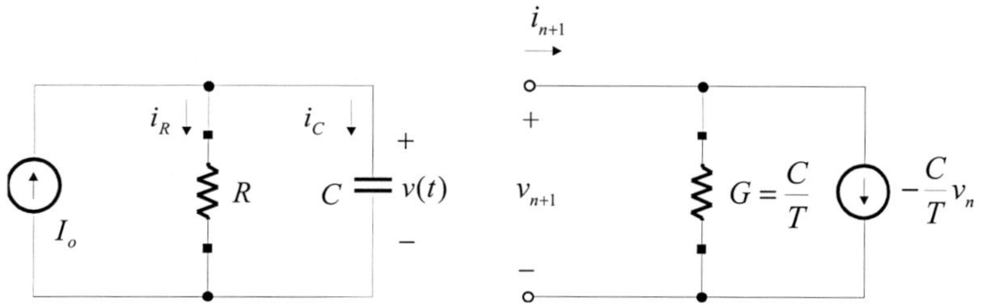

[그림 7P-1] 문제 7-1의 회로

아래와 같이 나타날 수 있음을 증명하시오.

$$v_{n+1} = \frac{I_o + \frac{C}{T}v_n}{\frac{1}{R} + \frac{C}{T}} = R\frac{I_o T + Cv_n}{T + RC}$$

(2) 또한 이를 이용 RC 병렬회로에서, $I_o = 1$ A, $R = 1$ ohm, $C = 1$ F이고

$v_c(0)=0$일 때 $t=1$ msec에서의 커패시터 양단의 전압을 구하시오.

7-2 50 ohm 부하 시스템에서 5 dBuV를 dBm으로 표시하시오.

7-3 다음 회로에서 내부저항과 전원으로 구성되어 있는 전원에서 0 dBm의 의미를 설명하고, 저항 양단에 전달되는 출력 P_{out}을 계산하시오.

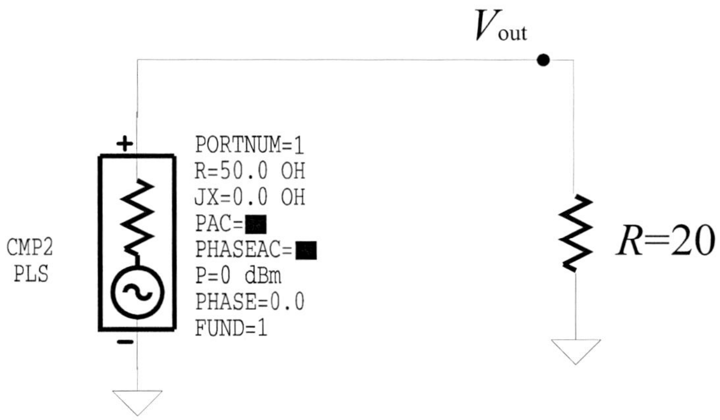

[그림 7P-2] 문제 7-3 회로

7-4 ADS Library에 있는 2SC4226을 이용하여 그림 7P-3과 같이 회로를 구성하고

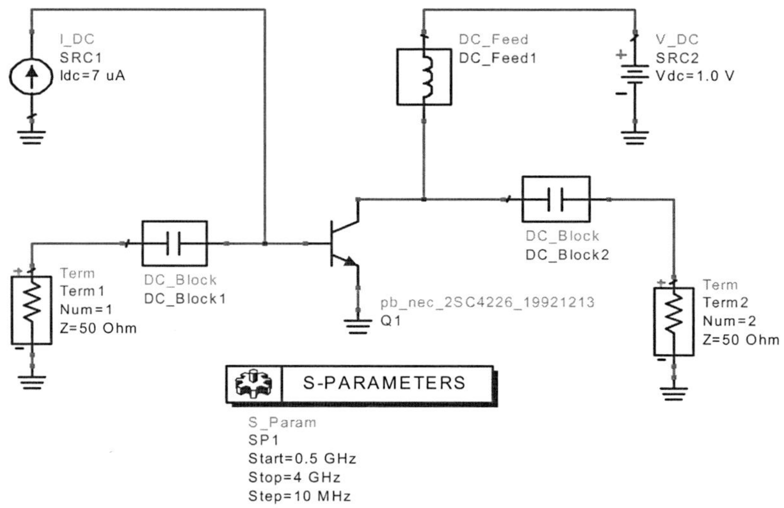

[그림 7P-3] 문제 7-4 회로

(1) 이것의 $I_C - V_{CE}$ 특성을 구하시오. ($I_B = 20\,\mu - 160\,\mu A$)

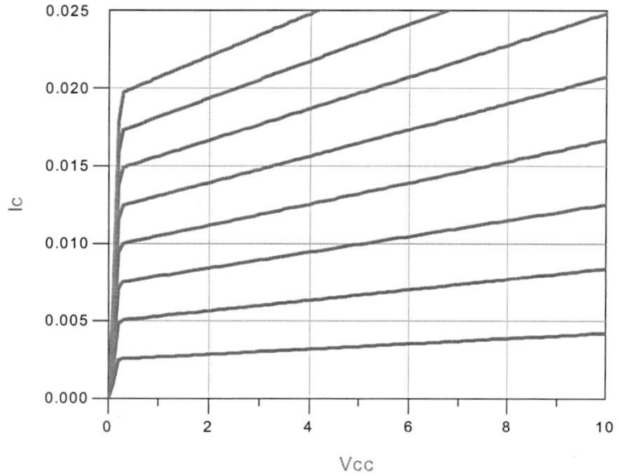

[그림 7P-4] DC 특성 곡선

(2) 본문 중에 있는 S-파라미터를 측정하시오.

7-5 최적화를 통해 50 ohm을 $10 - j3$에 정합시키는 집중소자 정합회로를 구하시오.

7-6 Gerber 형식과 DXF 형식 및 GDS II 형식에 대하여 알아보시오.

7-7 (1) 아래의 그림과 같이 4개의 layer로 구성된 4층 기판이 있다. Ground를 만들기 위해서 어떠한 layer가 필요한지 말하고 이유를 설명하시오. 단 hole의 경우 단층 구조처럼 관통 hole(through hole)을 사용한다.

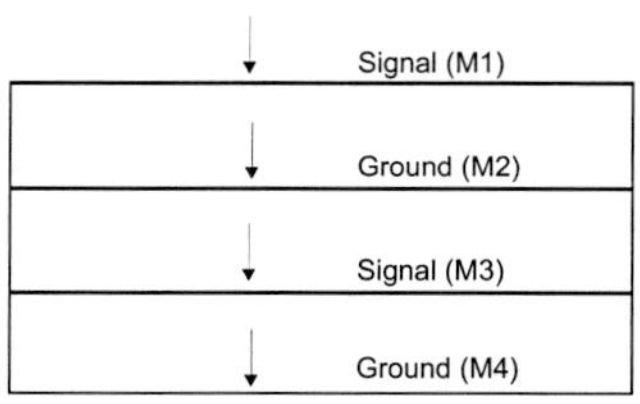

[그림 7P-5] 문제 7-7 기판 단면도

(2) 다음 그림과 같은 회로에 대한 PCB Layout를 만들어라. 이 회로에서

는 MAG83563 GaAS RFIC를 사용하였고 그 크기와 구성은 MAG 83563 구성도와 같다. 우선 실제 사이즈를 보고 MAG83563 *Instance* 를 만든다. 다른 *Component*들은 실습에서 만든 *Instance*를 사용한다.

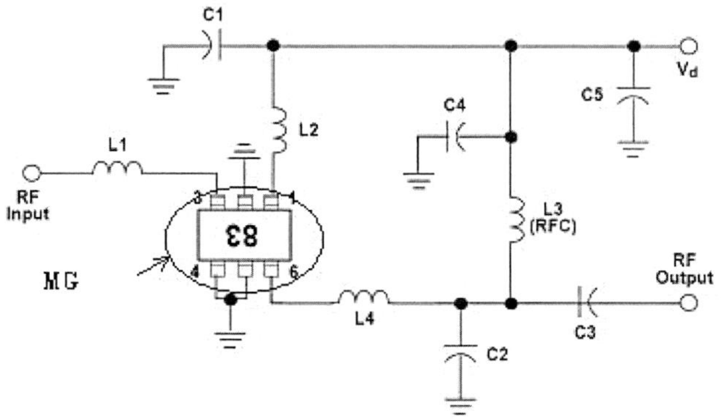

[그림 7P-6] 문제 7-7 회로도

제 8 장

저잡음증폭기 설계

8.1 여러 가지 이득(Gain)

8.2 안정도(Stability) 및 복소정합(Conjugate Matching)

8.3 이득 및 잡음원 궤적(Gain and Noise Circles)

8.4 요약

8.5 저잡음증폭기 설계사례

저잡음증폭기는 수신부 전단에 위치하게 되며, 미약한 수신신호를 증폭하는 역할을 한다. 이때 입력에는 그림 8-1과 같이 신호(P_s)뿐만 아니라 잡음(N_s)도 존재하게 되며, 이를 증폭할 경우 신호와 잡음을 동시에 증폭하게 된다. 또한 출력에는 증폭에 사용된 능동소자 내에 존재하는 잡음원에 의한 기여도 나타나게 되어, 결과적으로 출력에서의 신호 대 잡음비는 입력에서 수신된 신호 대 잡음비보다 나빠지게 된다. 이와 같이 저잡음증폭기는 다소 신호 대 잡음비는 희생할 지라도, 뒷단에 연결된 신호처리 소자들이 신호를 원활하게 처리할 수 있도록, 출력에 최소의 잡음을 추가하며 신호를 증폭하는 기능을 한다.

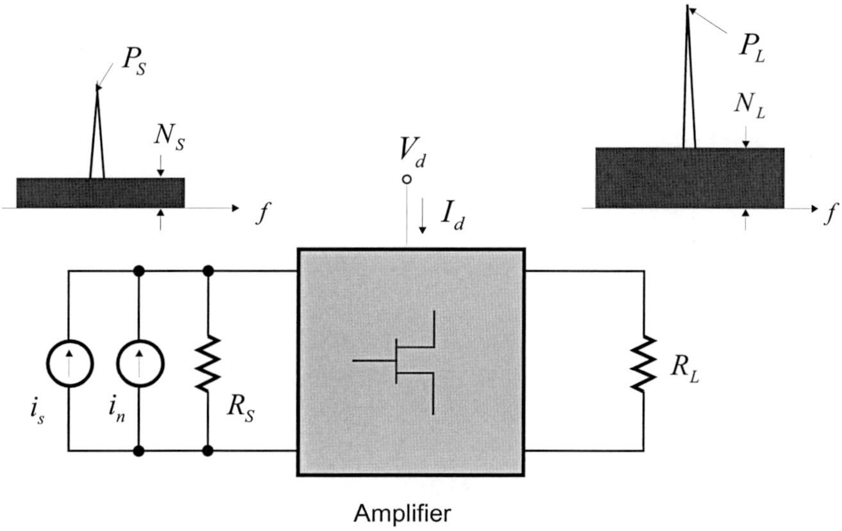

[그림 8-1] 저잡음증폭기 설계 개념

이러한 저잡음증폭기를 설계하는 방법으로는 증폭소자로 사용되는 능동소자의 등가회로를 이용하는 방법과, 측정된 S-파라미터를 이용하는 방법이 알려져 있다. 앞서서 살펴보았듯이, 일반적으로 고주파에서 사용되는 능동소자는 반도체 칩으로 사용할 경우에도 상당히 복잡하며, 등가회로를 이용하여 설계하는 방법은 잘 사용되지 않는다. 대부분 저잡음증폭기의 설계는 능동소자에 대하여 주어진 DC 전압에서 측정된 S-파라미터와 잡음 파라미터를 이용하여 설계하게 된다. 이러한 측정된 파라미터를 사용하여 설계하는 방법은 상당히 수학적이며 과거로부터 잘 개발되어 있는데, 단점으로는 광대역 증폭기 설계에 있어서, 설계에 이용된 파라미터들의 주파수에 따른 통계적 변동을 예측할 수 없어 이에 따른 증폭기 특성변화를 예측하는데 다소 어려움이 있다. 즉 대량생산 시 이들의 오차 범위는 모델에 비해서 예측하기 어려워, 설계된 증폭기의 특성오차(tolerance)를 예측하는 데 어려움을 주게 된다. 그러나 이러한 단점에도 불구하고 측정된 파라미터에 대한 설계는 상당히 체계적이어서, 사용된 능동소자의 상세사항을 모르더라도 측정된 파라미터가 있을 경우, 설계가 가능하며 증폭기의 특성 예측이 용이한 장점이 있다.

측정된 파라미터를 이용한 일반적인 저잡음증폭기의 설계는 그림 8-2와 같은 구성에서 능동소자에서 전원과 부하를 들여다본 임피던스를 설계하는 것이 된다.

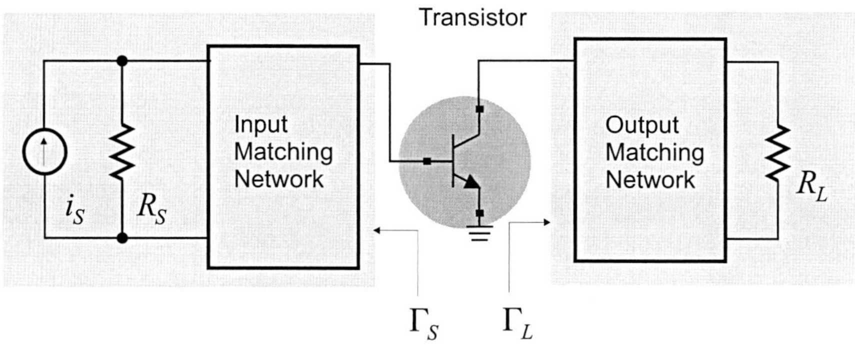

[그림 8-2] 능동소자에서 들여다본 전원 및 부하반사계수

따라서 본 장에서는 저잡음증폭기의 중요한 척도인 이득을 그림 8-2의 전원 및 부하 반사계수 Γ_s 및 Γ_L의 함수로 유도하고, 설계관점에서 최적의 이득을 주는 Γ_s 및 Γ_L을 알아 볼 것이다. 또한 입력에서 이러한 최적의 Γ_s 또는 Γ_L이 아닌 다른 임피던스를 선택하였을 경우 이에 따른 이득의 열화를 보는 방법을 알아 볼 것이다. 그리고 사용되는 능동소자 자체 내에 어느 정도 궤환을 가지고 있어, 특정한 Γ_s, Γ_L에 대하여 부성저항을 보이게 되는데, 이로 인해 증폭기는 발진기가 될 가능성이 있다. 따라서 사용 주파수에서 능동소자가 이러한 부성저항을 주는지 판별하는 문제와 부성저항이 나타날 수 있을 때 이것을 안정화시키는 방법을 알아 볼 것이다.

그리고 저잡음증폭기의 설계에는 이득뿐만 아니라 잡음도 고려하여야 하는데, 이는 이미 4장에서 능동소자에 연결된 부하나 전원에 의하여 잡음지수가 변화를 고찰한 바 있다. 본 장에서는 이러한 잡음지수와 이득을 동시에 고려하여 최적의 저잡음증폭기를 설계하는 방법을 설명할 것이다.

8.1 여러 가지 이득(Gain)

8.1.1 입출력 반사계수 정의

능동소자의 부하와 전원에 따른 이득을 구하기 위하여 입출력 반사계수를 정의하게 되는데, 이는 그림 8-3에 나타내었다. 일반적으로 전원과 부하 임피던스는 $R_s = R_L = Z_o$로서 고정된 값이고 이는 정합회로를 통하여 능동소자로부터 최적의 성능을 도출하기 위하여 적절한 임피던스로 변환하게 된다. 이때 능동소자에서 입력정합회로를 들여다본 반사계수를 Γ_s로 나타내며, 능동소자가 부하 쪽을 들여다 본 반사계수를 Γ_L로 나타낸다. 주목할 것은 이들 반사계수를 측정하기 위해서는 측정기준 임피던스가 필요하게 되는데 이는 능동소자 측정 시 사용된 측정기준 임피던스와 같게 된다.

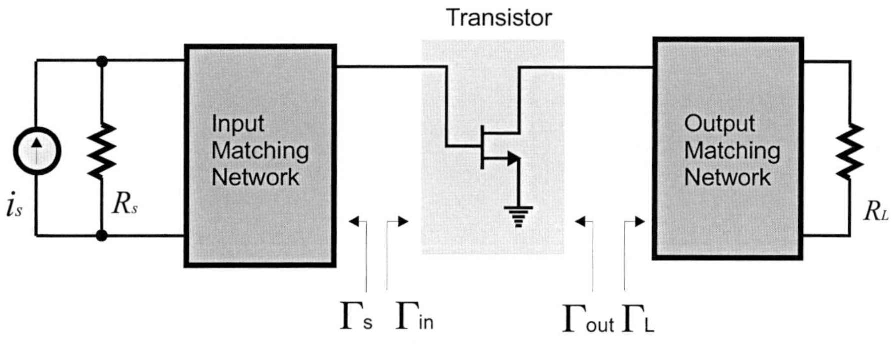

[그림 8-3] 반사계수의 정의

또한 능동소자에 부하가 Γ_L이 연결되었을 때 능동소자 입력측에서 들여다본 반사계수를 Γ_{in}으로 나타내며, 유사하게 전원측에 Γ_s가 연결되었을 때 능동소자 출력측에서 들여다본 반사계수를 Γ_{out}으로 나타낸다. 따라서 능동소자의 S-파라미터가 주어졌을 경우 이는

$$\Gamma_{in} = S_{11} + \frac{S_{12}S_{21}\Gamma_L}{1 - S_{22}\Gamma_L} \tag{8-1}$$

$$\Gamma_{out} = S_{22} + \frac{S_{12}S_{21}\Gamma_S}{1 - S_{11}\Gamma_S} \qquad (8-2)$$

로 나타남을 알 수 있다.

8.1.2 반사계수로 나타낸 Thevenin 등가회로

그림 8-4에는 전원 E_T와 내부 임피던스가 Z_T를 갖는 Thevenin 등가회로의 반사계수를 측정하기 위한 회로를 보였다. 여기서 E_o 및 Z_o는 반사계수를 측정하기 위한 포트의 전압 및 측정기준 임피던스를 나타낸다.

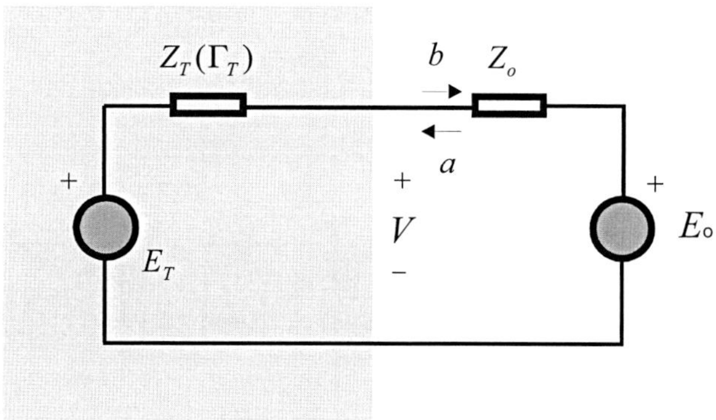

[그림 8-4] Thevenin 등가회로

따라서 그림 8-4의 전압 V는 중첩(superposition)에 의하여

$$V = E_o\frac{Z_T}{Z_o + Z_T} + E_T\frac{Z_o}{Z_o + Z_T} = V^+ + V^- \qquad (8-3)$$

이며, 이것은 (8-3)식에 보인 바와 같이 입사전압과 반사전압의 합이 될 것이다. 이때 입사전압은

$$V^+ = \frac{E_o}{2} \qquad (8-4)$$

이다. 따라서 (8-3)식에서 반사 전압 V^-은 (8-4)식을 대입하면

$$V^- = \frac{E_o}{2}\frac{Z_T - Z_o}{Z_T + Z_o} + E_T\frac{Z_o}{Z_o + Z_T} \tag{8-5}$$

를 얻게 된다. 이것을 규격화된 입사전압 a와 반사전압 b로 나타내면

$$b = \frac{V^-}{\sqrt{2Z_o}} = \Gamma_T a + b_T \tag{8-6}$$

$$b_T = \frac{E_T}{\sqrt{2}}\frac{\sqrt{Z_o}}{Z_o + Z_T} \tag{8-7}$$

와 같다. (8–6)식에서 반사전압은 두 성분으로 구성되어 있으며, 첫째 항은 $E_T = 0$일 때, 즉 측정하고자 하는 1–포트의 내부전압이 모두 꺼졌을 때 포트 측에서 들여다 본 반사계수이며, 두 번째 항은 전원 E_T에 의한 반사계수임을 알 수 있다. 이것은 (8–5)식에서 $E_o = 0$일 때 측정되는 전압이며 따라서 측정하고자 하는 포트를 단순히 Z_o로 연결 했을 때 Z_o에 전달되는 전압을 의미한다. 회로이론에서는 Thevenin 전압을 측정하기 위해서 개방된 상태에서 전압을 측정하고, 그리고 내부저항을 측정하기 위해서 측정하고자 하는 1–포트의 내부전압을 끄는 것과 유사하다. 이것이 반사계수에서는 Z_o에 전달되는 전압과 반사계수의 합으로 나타난다는 점이다.

예제 8-1 식 (8–7)로 주어지는 $|b_T|^2$는 $E_o = 0$일 때 전원저항 Z_o로 전달되는 전력임을 증명하시오.

해

$$|b_T|^2 = \frac{1}{2}Z_o\frac{|E_T|^2}{|Z_o + Z_T|^2}$$

이고, $E_o = 0$일 때 전원저항 Z_o로 전달되는 전력 P_L은

$$P_L = \frac{1}{2}Z_o|I_L|^2 = \frac{1}{2}Z_o\left|\frac{E_T}{Z_o + Z_T}\right|^2 = |b_T|^2$$

이므로 $P_L = |b_T|^2$임을 알 수 있다.

다음으로는 그림 8–5와 같이 측정기준 임피던스 Z_o로 들여다 본 Thevenin 등가회로가 부하 Γ_L에 연결되었을 때, 부하 Γ_L에 전달되는 전력을 알아보고자 한다.

주목할 것은 모두 측정기준 임피던스 Z_o를 가지고 측정된 반사계수라는 점이다.

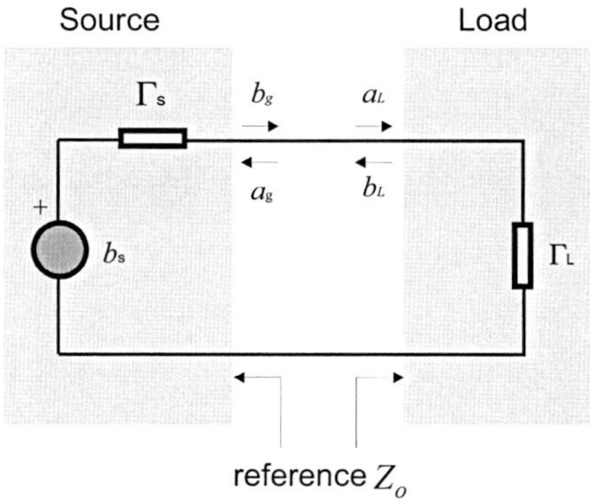

[그림 8-5] 부하와 전원이 연결된 회로

그림 8-5에서 부하쪽으로 되돌아오는 반사계수는

$$b_g = \Gamma_s a_g + b_s \tag{8-8}$$

이고 부하측 반사계수는

$$b_L = \Gamma_L a_L \tag{8-9}$$

인데, 여기서 $b_g = a_L$, $a_g = b_L$이므로, 두 식에서 부하측 입사전압을 아래와 같이 구할 수 있다.

$$a_L = \frac{b_s}{1 - \Gamma_s \Gamma_L} \tag{8-10}$$

따라서 부하에 전달된 전력은

$$P_L = |a_L|^2 - |b_L|^2 = |a_L|^2 \left(1 - |\Gamma_L|^2\right) \tag{8-11}$$

이므로 여기에 (8-10)식을 대입하면

$$P_L = \frac{|b_s|^2 \left(1 - |\Gamma_L|^2\right)}{|1 - \Gamma_s \Gamma_L|^2} \tag{8-12}$$

으로 표현할 수 있다.

또한 복소정합되었을 때, 즉 $\Gamma_s = \Gamma_L^*$일 때 전원으로부터 가용전력(available power)을 얻게 되는데 이 조건 $\Gamma_s = \Gamma_L^*$을 (8-12)식에 대입하면

$$P_A = \frac{|b_s|^2}{1-|\Gamma_s|^2} \tag{8-13}$$

임을 알 수 있다. 이것은 (8-7)식을 대입할 경우 다음과 같은 것을 알 수 있다.

$$P_A = \frac{|b_s|^2}{1-|\Gamma_s|^2} = \frac{\left(\dfrac{E_T}{\sqrt{2}}\dfrac{\sqrt{Z_o}}{Z_o+Z_s}\right)^2}{1-\left(\dfrac{Z_s-Z_o}{Z_o+Z_s}\right)^2} = \frac{E_T^2}{8Z_s} \tag{8-14}$$

이 결과는 내부저항 Z_s를 갖는 전원으로부터 얻을 수 있는 가용전력과 같은 결과임을 알 수 있다. 또한 이때 부하에 전달된 전력과 가용전력의 비를 계산하면 다음과 같음을 알 수 있다.

$$G = \frac{P_L}{P_A} = \frac{\left(1-|\Gamma_s|^2\right)\left(1-|\Gamma_L|^2\right)}{|1-\Gamma_s\Gamma_L|^2} \tag{8-15}$$

8.1.3 여러 가지 전력이득(Power Gain)

증폭기의 중요한 성능지수의 하나인 이득은 측정과 설계면에서 여러 가지로 정의된다. 이 중 측정에 사용되는 것으로서 변환전력이득(transducer power gain)은 아래와 같이 정의 된다.

$$G_T = \frac{\text{Delivered Power to Load}}{\text{Available Power from Source}} \tag{8-16}$$

이것은 측정 시 내부저항이 50 ohm인 전원에 내부저항이 50 ohm인 전력계측기(power meter)로 가용전력을 측정하고, 다시 이것을 증폭기 부하에 연결하여 계측된 전력의 비를 구할 경우 이러한 변환전력이득을 구할 수 있게 된다. 반면 설계

면에서는 능동소자의 부하를 그림 8-6과 같이 부하를 조정하여 능동소자의 출력 임피던스에 복소정합시켜 얻어진 출력에 대한 입력 가용전력의 비를 가용전력이득(available power gain)이라고 하는데, 이는 아래와 같이 정의된다.

$$G_A = \frac{\text{Available Power from Output}}{\text{Available Power from Source}} \tag{8-17}$$

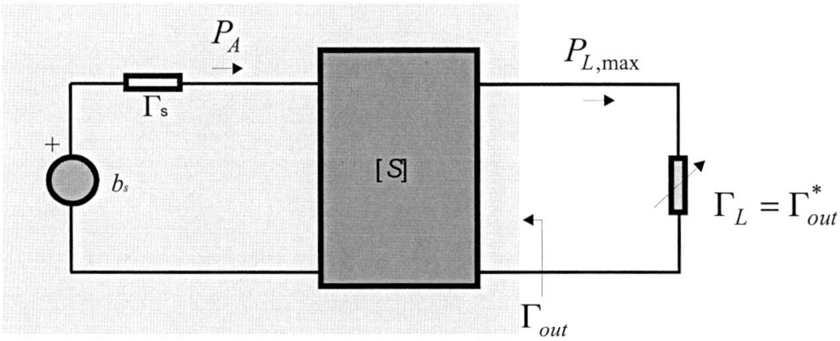

[그림 8-6] 가용전력이득의 개념

이것은 전원저항이 주어졌을 경우 이에 따른 최대출력을 부하쪽으로 도출한 이득을 의미하며, 이는 전원저항만의 함수가 된다. 따라서 전원저항의 선정에 따른 이득의 열화를 나타낸다.

반면 이와 대칭되는 개념으로 그림 8-7과 같이 고정된 부하에 대하여 입력 임피던스를 조정 최대의 전력을 부하측에 전달할 때, 이때 입력전력 대 출력전력의 비를 전력이득(power gain)이라고 부른다. 이는 아래와 같이 정의된다.

$$G_p = \frac{\text{Delivered Power to Load}}{\text{Input Power at Device input}} \tag{8-18}$$

이는 부하 선정에 따른 이득의 열화를 나타내는 지표로서 설계 시 자주 사용되는 이득이 된다. 이들의 표현은 앞서의 Thevenin 등가회로를 이용할 경우 S-파라미터와 입출력 임피던스로 나타낼 수 있으며, 다음 장에서는 이들의 표현을 알아보도록 한다.

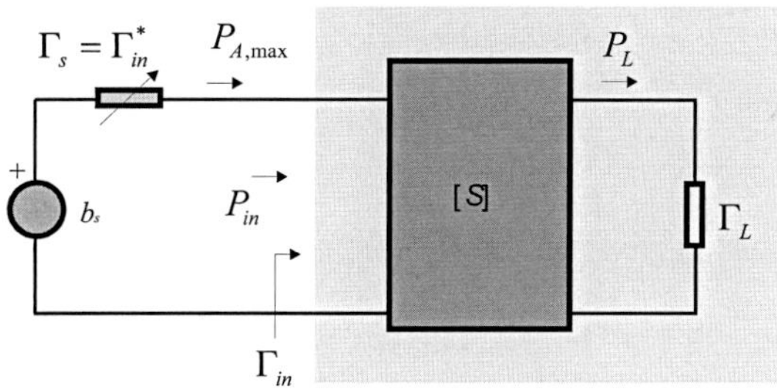

[그림 8-7] Power gain의 개념

8.1.3.1 변환전력이득(Transducer power gain)

그림 8-8(a)는 능동소자와 입출력 정합회로를 가지고 구성된 증폭기이며, 이것을 능동소자 입력 및 출력 기준선에서 간략화하여 나타내면 그림 8-8(b)와 같게 된다. 즉 입력측은 Thevenin 등가회로로 나타낼 수 있으며, 출력측은 단순한 부하로 나타낼 수 있게 된다.

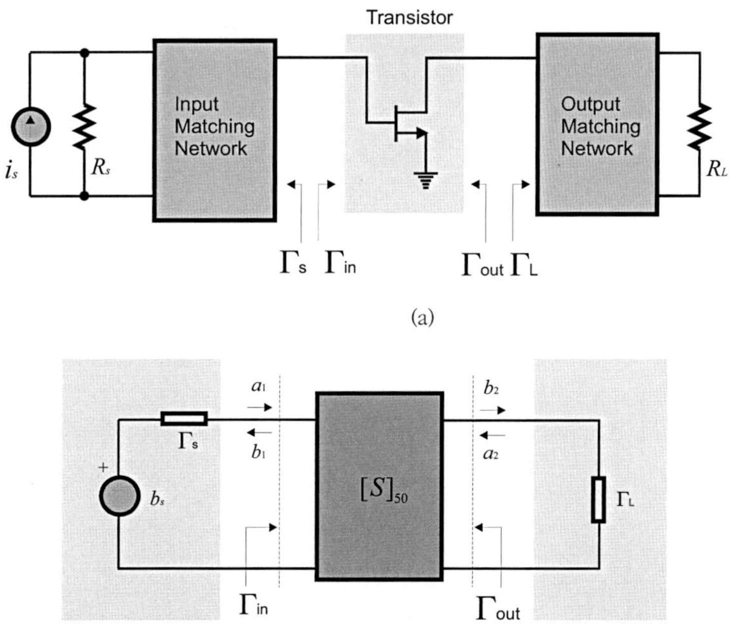

[그림 8-8] (a) 증폭기의 블록도, (b) 등가회로

그림 8-9에 표시한 Γ_{out} 기준선에서 입력 측을 Thevenin 등가회로 고치면, Thevenin 저항 Γ_T는

$$\Gamma_T = \Gamma_{out} \tag{8-19}$$

이며, b_T는 부하 Γ_L을 Z_o로 연결 했을 때 나타나는 부하측 입사전압이므로, 그림 8-9에서

$$b_T = b_2|_{a_2=0} = S_{21}a_1 \tag{8-20}$$

이다.

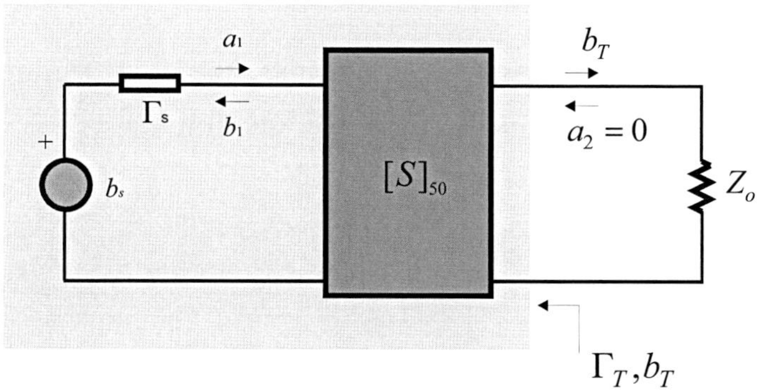

[그림 8-9] Thevenin 등가회로 해석

여기서 $a_2 = 0$이면 $\Gamma_{in} = S_{11}$이고 (8-10)식에 의해

$$a_1 = \frac{b_s}{1 - S_{11}\Gamma_s} \tag{8-21}$$

이므로, 따라서 $b_2 = S_{21}a_1$으로부터 Thevenin 반사전압은

$$b_T = S_{21}\frac{b_s}{1 - S_{11}\Gamma_s} \tag{8-22}$$

를 얻게 된다. 그러므로 출력측에서의 등가회로는 결과적으로 그림 8-10과 같게 된다.

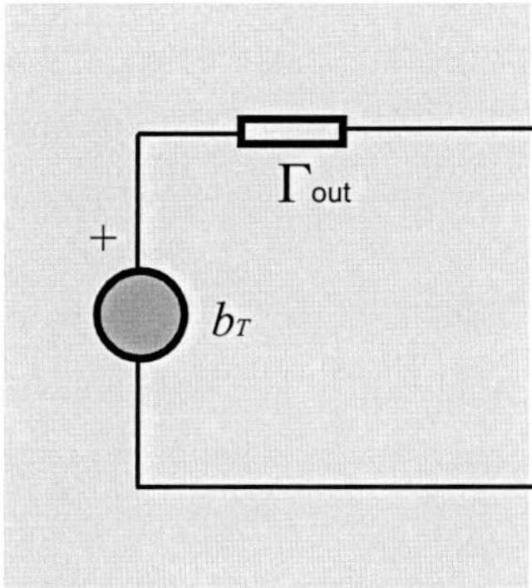

[그림 8-10] 출력측에서의 Thevenin 등가회로

여기서 (8-12)식에 의해 부하 Γ_L에 전달된 전력은

$$P_L = \frac{|b_T|^2\left(1-|\Gamma_L|^2\right)}{|1-\Gamma_{out}\Gamma_L|^2} = |b_s|^2 \frac{|S_{21}|^2}{|1-S_{11}\Gamma_s|^2} \frac{\left(1-|\Gamma_L|^2\right)}{|1-\Gamma_{out}\Gamma_L|^2} \tag{8-23}$$

이며, 전원에서의 가용전력은 (8-13)식과 같으므로 변환전력이득 G_T는

$$G_T = \frac{P_L}{P_A} = \frac{1-|\Gamma_s|^2}{|1-S_{11}\Gamma_s|^2}|S_{21}|^2 \frac{1-|\Gamma_L|^2}{|1-\Gamma_{out}\Gamma_L|^2} \tag{8-24}$$

으로 나타내어진다. 이것의 다른 표현으로서는 능동소자 입력측에서 반사계수를 이용하여 입력측 Thevenin 등가회로를 이용 계산하면 아래와 같은 결과를 얻게 된다.

$$G_T = \frac{P_L}{P_A} = \frac{1-|\Gamma_s|^2}{|1-\Gamma_{in}\Gamma_s|^2}|S_{21}|^2 \frac{1-|\Gamma_L|^2}{|1-S_{22}\Gamma_L|^2} \tag{8-25}$$

두 결과는 같은 결과이며, 표현이 다를 뿐 동일한 결과를 주게 된다.

8.1.3.2 가용전력이득(Available power gain)

가용전력이득(available power gain)은 소자입력에서의 가용전력에 대한 출력에서의 가용전력의 비로 정의된다. 이것을 구하기 위해서는, 앞서서 유도한 변환전력이득은 입력의 가용전력에 대한 출력부하에 전달된 전력으로 정의되는데, 출력에서의 가용전력은 그림 8-11과 같이 출력 임피던스 Γ_{out}에 복소정합시킬 경우 출력에서의 가용전력이 얻어질 것이다. 이것은 $\Gamma_L = \Gamma_{out}^*$의 조건이 되며, 이때 부하에 전달된 전력이 출력에서의 가용전력이므로, 앞서 구한 변환전력이득식 (8-24)에, 이 조건을 삽입할 경우 가용전력이득이 얻어지게 된다. 따라서 가용전력이득은

$$G_A = \left.\frac{(1-|\Gamma_s|^2)|S_{21}|^2(1-|\Gamma_L|^2)}{|1-\Gamma_{out}\Gamma_L|^2|1-S_{11}\Gamma_s|^2}\right|_{\Gamma_L=\Gamma_{out}^*} = \frac{(1-|\Gamma_s|^2)|S_{21}|^2}{|1-S_{11}\Gamma_s|^2(1-|\Gamma_{out}|^2)} \qquad (8-26)$$

과 같이 얻어진다. 이것은 설계 시 Γ_s에 따른 이득의 변화를 알아보기 위해서 사용된다.

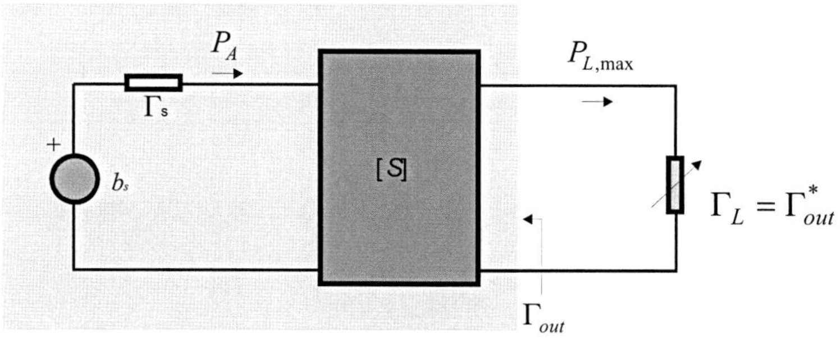

[그림 8-11] 가용전력이득을 계산하기 위한 그림

8.1.3.3 전력이득(Power gain)

그림 8-12에서 보는 것과 같이 능동소자의 입력에 전달된 전력 P_{in}은

$$P_{in} = |a_1|^2 - |b_1|^2 = |a_1|^2(1-|\Gamma_{in}|^2) \qquad (8-27)$$

과 같이 얻어진다. 여기에 (8-10)식을 이용하여

$$P_{in} = \frac{|b_s|^2(1-|\Gamma_{in}|^2)}{|1-\Gamma_{in}\Gamma_s|^2} \qquad (8-28)$$

을 얻을 수 있다. 또한 부하에 전달된 전력은 그림 8-12에서 입력측에서 a_1 및 출력측 a_2는

$$a_1 = \frac{b_s}{1 - \Gamma_{in}\Gamma_s} \tag{8-29}$$

$$a_2 = \Gamma_L b_2 \tag{8-30}$$

이며, 이것을 대입하면

$$b_2 = S_{21}a_1 + S_{22}a_2 = S_{21}\frac{b_s}{1 - \Gamma_{in}\Gamma_s} + S_{22}\Gamma_L b_2 \tag{8-31}$$

이므로

$$b_2 = \frac{S_{21}b_s}{(1 - \Gamma_{in}\Gamma_s)(1 - S_{22}\Gamma_L)} \tag{8-32}$$

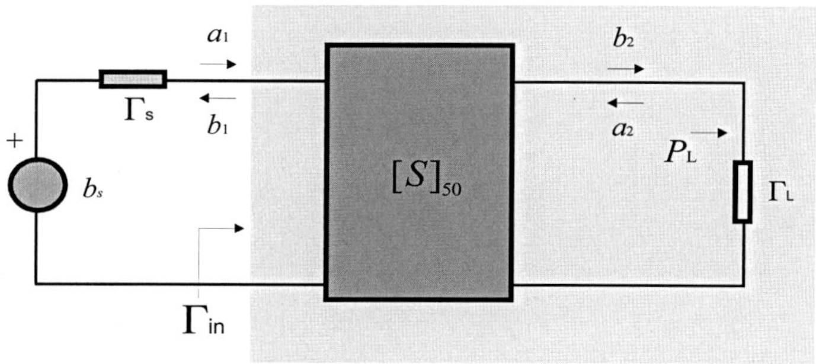

[그림 8-12] 전력이득을 계산하기 위한 Thevenin 등가회로 해석

이다. 따라서 부하에 전달된 전력은

$$P_L = |b_2|^2\left(1 - |\Gamma_L|^2\right) = |b_s|^2 \frac{|S_{21}|^2}{|1 - \Gamma_{in}\Gamma_s|^2} \frac{\left(1 - |\Gamma_L|^2\right)}{|1 - S_{22}\Gamma_L|^2} \tag{8-33}$$

과 같이 얻어지게 된다. 따라서 전력이득의 정의에 따라 입력전력 P_{in}과 부하에 전달된 전력 P_L의 비는

$$G_P = \frac{P_L}{P_{in}} = \frac{|S_{21}|^2(1 - |\Gamma_L|^2)}{(1 - |\Gamma_{in}|^2)|1 - S_{22}\Gamma_L|^2} \tag{8-34}$$

과 같이 얻어지게 된다. 이것의 다른 의미로는 전력이득은 입력전력에 대한 부하에 전달된 전력의 비인데, 이것은 능동소자 입력에 최대의 전력이 전달되도록 전원 임피던스를 입력 임피던스에 복소정합시키고 이때의 입력전력에 대한 부하에 전달된 전력을 계산하여도 될 것이다. 이것은 연습문제에 있으며, 이와 같이 해석할 경우도 동일한 결과를 주게 된다. 이것의 다른 의미로는 설계 시 고정된 부하 Γ_L에 대하여 능동소자이득의 변화를 나타내게 된다.

8.1.3.4 Unilateral gain

일반적으로 능동소자는 약간의 궤환(feedback)을 가지고 있어 $S_{12}=0$이 아니게 된다. 그러나 일반적으로 적절한 궤환회로를 추가할 경우 이것을 0으로 만들 수 있으며, 이 경우 출력에서 입력으로의 궤환은 없게 된다. 이것을 일방화(unilateral) 되었다고 부른다. 이때 나타나는 이득을 Mason의 이득 U라고 하고 아래와 같이 나타나게 된다.

$$U=\frac{\left|\frac{S_{21}}{S_{12}}-1\right|^2}{2k\left|\frac{S_{21}}{S_{12}}\right|-2Re\left(\frac{S_{21}}{S_{12}}\right)} \tag{8-35a}$$

$$k=\frac{1-|S_{11}|^2-|S_{22}|^2+|D|^2}{2|S_{12}S_{21}|} \tag{8-35b}$$

이러한 Mason의 이득은 궤환을 제거하여, 능동소자를 절대적으로 안정화한 후 측정되는 이득이어서, 능동소자 이득의 여부를 알 수 있고, 따라서 임의의 주파수에서 2-포트 파라미터로 측정된 능동소자가 능동(active)인지, 수동(passive)인지를 판정하는 기준으로 사용되었다.

이의 근사적 표현으로서 출력에서 입력으로의 궤환을 나타내는 S_{12}는 일반적으로 1보다 작아서, $S_{12}=0$을 (8-35a)식에 대입한 경우 이것은 변환전력이득에서 $S_{12}=0$일 때와 동일한 결과를 주게 된다. 이 경우, $\Gamma_{in}=S_{11}$이고 $\Gamma_{out}=S_{22}$이므로 변환전력이득은

$$G_{TU} = G_T\big|_{S_{12}=0} = \frac{(1-|\Gamma_s|^2)|S_{21}|^2(1-|\Gamma_L|^2)}{|1-S_{11}\Gamma_s|^2|1-S_{22}\Gamma_L|^2} \tag{8-36}$$

으로 표현된다. 여기서 입출력 반사계수가 각각 복소정합($\Gamma_s = \Gamma_{in}^*$, $\Gamma_L = \Gamma_{out}^*$)이면 최대의 이득을 얻게 되고, 이때 일방향이득(unilateral gain) $G_{TU,\max}$은

$$G_{TU,\max} = \frac{|S_{21}|^2}{(1-|S_{22}|^2)(1-|S_{11}|^2)} \tag{8-37}$$

이다. 이러한 일방향이득은 다른 이득에 비해 계산이 간단하여, 과거 컴퓨터의 보급이 원활하지 않았을 경우 능동소자가 갖는 최대이득을 평가하는 데 많이 사용되었다.

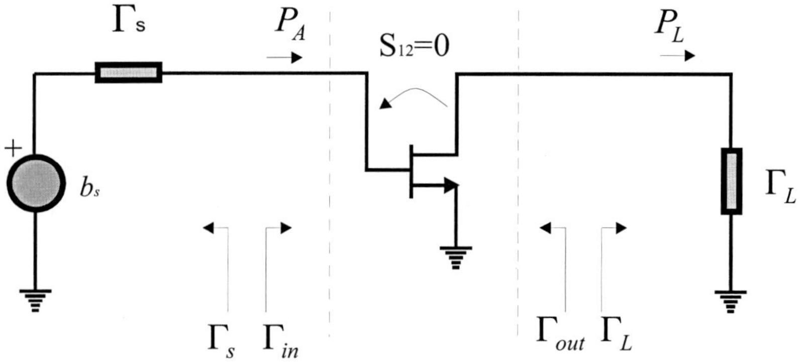

[그림 8-13] 일방향이득

8.2 안정도(Stability) 및 복소정합(Conjugate Matching)

능동소자는 일반적으로 출력에서 입력측으로의 궤환을 갖고 있어서 어떤 부하에 대해서는 입력측에 부성저항을 유기하여 발진가능성을 제공하며, 또한 유사하게 특정전원저항의 경우 출력측에 부성저항을 유기하게 된다. 물론 이러한 부성저항이 반드시 발진을 일으키는 것은 아니지만, 이는 증폭기의 정합을 제한하게 되어

안정화 방법을 통하여 제거되어야 한다. 또한 안정화되었을 때 증폭기 이득의 최대점은 복소정합점에서 나타나게 되는데 이러한 복소정합점을 수학적으로 유도하고 이들의 특성을 본 장에서 알아볼 것이다.

8.2.1 부하 및 전원의 안정영역

특정부하나 전원 임피던스는 능동소자의 입력 및 출력 임피던스에 부성저항을 유기하게 되는데, 우선 이러한 특정부하와 전원의 임피던스 영역을 알아야 할 것이다. 능동소자의 입력이나 출력에 부성저항을 유기할 경우 이것은 수학적으로 입출력 반사계수가 1보다 커지게 된다. 즉 이것은 $|\Gamma_{in}|> 1$ 또는 $|\Gamma_{out}|> 1$임을 의미한다. 따라서 안정영역을 알기 위해서는

1) $|\Gamma_{in}| \leqq 1$을 주는 Γ_L의 영역과
2) $|\Gamma_{out}| \leqq 1$을 주는 Γ_s의 영역을

구하는 문제가 될 것이다. 조건 1)은 부하의 선택범위를 제한하기 때문에 이를 부하 안정도 원궤적(load stability circle)이라고 부르며, 조건 2)는 전원 선택의 제한을 주기 때문에 이를 전원 안정도 원궤적(source stability circle)이라고 부른다. 이는 경계영역($|\Gamma_{in}| = 1$ 또는 $|\Gamma_{out}| = 1$)의 궤적을 구한 후, 이 궤적으로 인해 두 영역으로 나누어지게 되는데, 두 영역 중 안정한 영역을 찾을 경우 나머지 영역은 자동적으로 불안정한, 즉 부성저항을 주는 영역이 될 것이다.

그림 8-14에서 선택된 부하 Γ_L에 대하여 입력 반사계수는

$$\Gamma_{in} = S_{11} + \frac{S_{12}S_{21}\Gamma_L}{1 - S_{22}\Gamma_L} = \frac{S_{11} - D\Gamma_L}{1 - S_{22}\Gamma_L} \tag{8-38}$$

이며 여기서 D는 다음과 같다.

$$D = S_{11}S_{22} - S_{21}S_{12}$$

위의 결과에서 Γ_{in}에 부성저항이 나타나지 않을 경우 $|\Gamma_{in}|\leqq 1$인 영역이 되는데 여기서 경계선상인 $|\Gamma_{in}|= 1$인 원의 궤적을 주는 Γ_L을 구하기 위하여, (8-38)식을 Γ_L에 대하여 정리하면

$$|\Gamma_{in}| = \left| \frac{S_{11} - D\Gamma_L}{1 - S_{22}\Gamma_L} \right| = 1 \tag{8-39}$$

을 얻게 되고, 이 식 양변에 $|S_{22}/D|$을 곱하고 정리하면 아래와 같다.

$$\left| \frac{\Gamma_L - \dfrac{S_{11}}{D}}{\Gamma_L - \dfrac{1}{S_{22}}} \right| = \left| \frac{S_{22}}{D} \right| \tag{8-40}$$

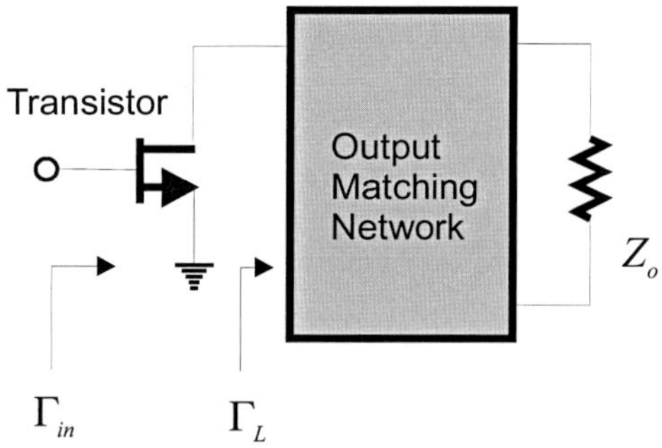

[그림 8-14] 부하 안정도

(8-40)식의 각 항들을 간략화하면

$$\left| \frac{\Gamma_L - A}{\Gamma_L - B} \right| = m \tag{8-41}$$

이고 여기서 A와 B는 Γ_L 평면(plane)에서 두 점을 의미하며 다음과 같다.

$$A = \frac{S_{11}}{D} = \frac{S_{11}D^*}{|D|^2}, \qquad B = \frac{1}{S_{22}} = \frac{S_{22}^*}{|S_{22}|^2}$$

또한 m은 Γ_L 평면의 임의의 점에서 두 점에 이루는 거리의 비를 의미한다. 따라서 (8-41)식은 Γ_L 평면의 임의의 점 중에서 두 점 A와 B에 이루는 거리의 비가 m인 점들의 자취를 말하며, 이것은 (8-39)식에 의해 $|\Gamma_{in}| = 1$을 만족함을 알 수 있다. 이 자취의 방정식은 그림 8-15에서 보는 것과 같이 두 점의 m : 1 내분점(I)과 외분점(E)의 중심을 중점으로 하고, 거리의 반을 반지름으로 하는 원임을 알 수 있다.

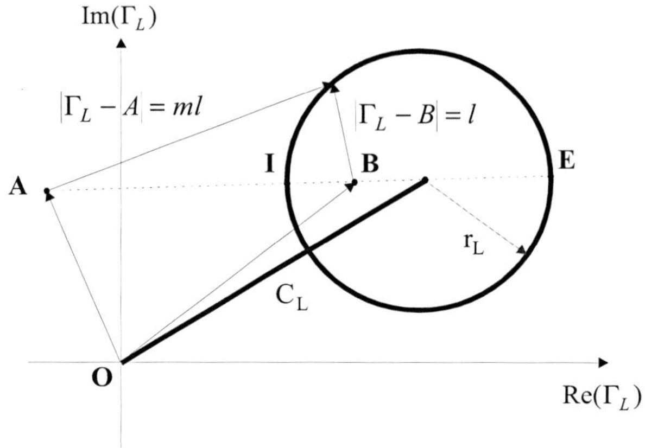

[그림 8-15] Γ_L 평면에서의 $|\Gamma_{in}|= 1$의 궤적

이에 따라 내분점과 외분점을 구하면

$$I = \frac{mB + A}{m+1}$$

$$E = \frac{mB - A}{m-1}$$

이고 이 내외분점을 이용하여 원의 중심 C_L과 반지름 r_L을 구하면

$$C_L = \frac{I+E}{2} = \frac{m^2B - A}{m^2 - 1} \tag{8-42a}$$

$$r_L = \left|\frac{E-I}{2}\right| = \left|\frac{m(B-A)}{m^2-1}\right| \tag{8-42b}$$

이다. 이 식에 A, B 그리고 m을 대입하여 정리하면 Γ_L 평면에서 중심 C_L과 반지름 r_L 아래와 같이 얻어진다.

$$C_L = \frac{S_{22}^* - D^* S_{11}}{|S_{22}|^2 - |D|^2} \tag{8-43a}$$

$$r_L = \frac{|S_{12}S_{21}|}{||S_{22}|^2 - |D|^2|} \tag{8-43b}$$

이와 같은 방법으로 그린 부하 안정도원은 그림 8-16과 같다. 이 경계선으로 나누어진 두 영역 중 안정한 영역을 판별하기 위하여 $\Gamma_L = 0$의 경우 입력 반사계수를 계산하면 $|\Gamma_{in}| = |S_{11}|$이다. 따라서 $|S_{11}| < 1$이면 $\Gamma_L = 0$일 때 $|\Gamma_{in}| < 1$이므로 그림 8-16(a)와 같이 Smith chart 원점을 포함한 영역이 안정한 영역이다. 반면 $\Gamma_L = 0$일 때 $|S_{11}| > 1$이면 $\Gamma_L = 0$일 때 $|\Gamma_{in}| > 1$이므로 그림 8-16(b)와 같이 Smith chart 원점을 포함한 영역이 불안정한 영역이 된다.

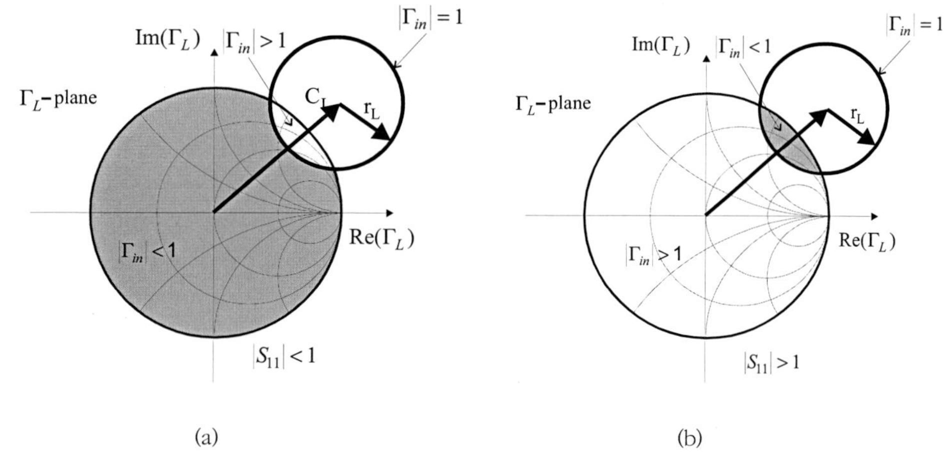

[그림 8-16] Γ_L 평면에서의 안정한 영역: (a) $|S_{11}| < 1$일 때, (b) $|S_{11}| > 1$일 때

동일한 방법으로 출력 반사계수 Γ_{out}이 안정한 값을 주는 전원 반사계수 Γ_s의 영역을 구하기 위하여, 그림 8-17에서 Γ_{out}을 구하면 다음과 같다.

$$\Gamma_{out} = S_{22} + \frac{S_{12}S_{21}\Gamma_s}{1 - S_{11}\Gamma_s} = \frac{S_{22} - D\Gamma_s}{1 - S_{11}\Gamma_s} \tag{8-44}$$

유도한 것과 같은 방법으로 $|\Gamma_{out}| = 1$로 놓고 전원 안정도원을 구하면, 이것은 (8-38)식에서 첨자 1과 2를 교환한 것이므로 (8-43)식의 결과에서 1과 2를 교환하면 될 것이다. 따라서 Γ_s 평면에서의 $|\Gamma_{out}| = 1$을 주는 원의 중점 C_s와 반경 r_s를 다음과 같이 구할 수 있다.

$$C_s = \frac{S_{11}^* - D^* S_{22}}{|S_{11}|^2 - |D|^2} \tag{8-45a}$$

$$r_s = \frac{|S_{12}S_{21}|}{||S_{11}|^2 - |D|^2|} \tag{8-45b}$$

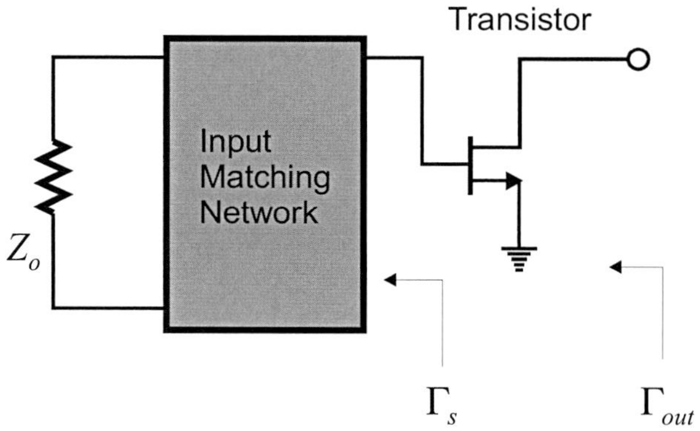

[그림 8-17] 전원의 안정도

역시 이와 같은 방법으로 그린 전원 안정도 원궤적은 그림 8-18과 같으며 부하 안정도 원궤적과 같은 이유로 $|S_{22}| < 1$일 때는 그림 8-18(a)와 같이 Smith chart 원점을 포함한 영역이 안정한 영역이고 $|S_{22}| > 1$일 때는 그림 8-18(b)와 같이 Smith chart 중앙이 불안정한 영역이 된다.

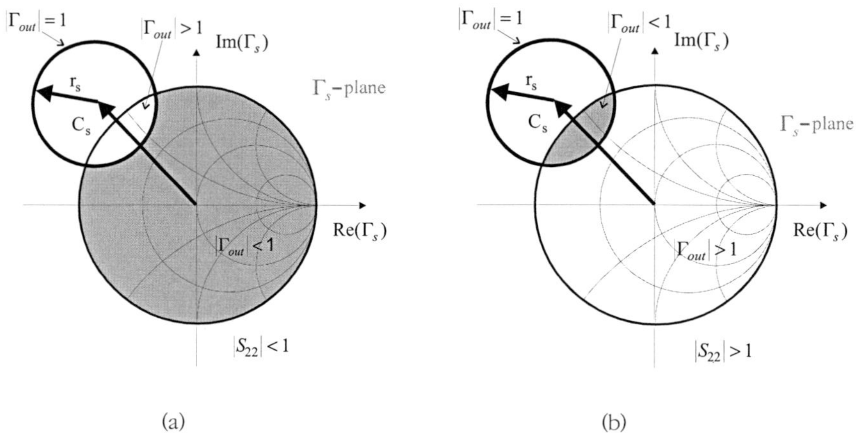

[그림 8-18] Γ_s 평면에서의 안정한 영역: (a) $|S_{22}| < 1$일 때, (b) $|S_{22}| > 1$일 때

8.2.2 안정도지수(Stability factor)

그림 8-16(a)와 그림 8-18(a)에서 볼 수 있듯이 (8-46)식과 (8-47)식을 만족하면 그림 8-18과 같은 형태의 원이 되어 $|\Gamma_L|$과 $|\Gamma_s|$가 1보다 작은 Smith chart 영역에서 항상 안정하게 된다. 따라서 (8-46)식과 (8-47)식은 안정도(stability)를 위한 필요충분조건임을 알 수 있다.

$$||C_L| - r_L| > 1 \qquad \text{for } |S_{11}| < 1 \tag{8-46}$$

$$||C_s| - r_s| > 1 \qquad \text{for } |S_{22}| < 1 \tag{8-47}$$

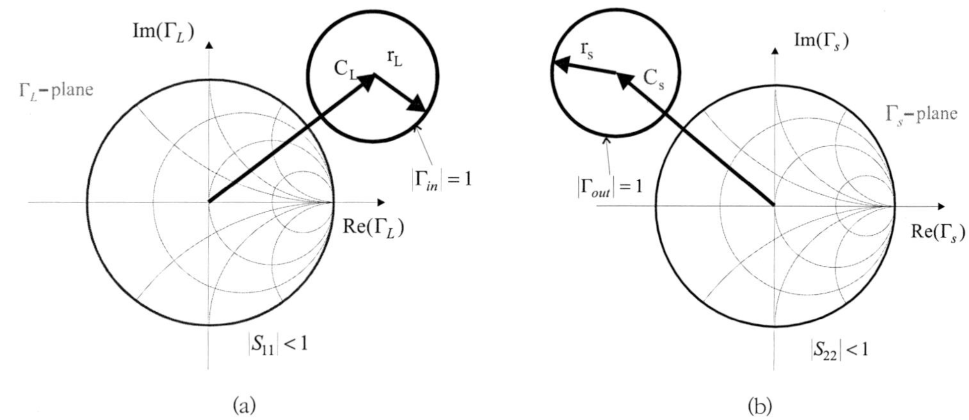

[그림 8-19] Unconditional stability: (a) Γ_L 평면, (b) Γ_s 평면

위에서 정의한 (8-46)식에 앞서서 구한 중심과 반경결과를 대입하면

$$\left| \frac{|S_{22} - DS_{11}^*| - |S_{12}S_{21}|}{|S_{22}|^2 - |D|^2} \right| > 1 \tag{8-48}$$

이 되며, 이 식은 다음과 같다.

$$||S_{22} - DS_{11}^*| - |S_{12}S_{21}||^2 > ||S_{22}|^2 - |D|^2|^2 \tag{8-49}$$

(8-49)식을 정리하면

$$2|S_{12}S_{21}||S_{22}-DS_{11}^{*}|<|S_{22}-DS_{11}^{*}|^{2}+|S_{12}S_{21}|^{2}-||S_{22}|^{2}-|D|^{2}|^{2} \quad (8-50)$$

이다. 여기서 (8–51)식의 관계가 성립하므로

$$|S_{22}-DS_{11}^{*}|^{2}=|S_{12}S_{21}|^{2}+(1-|S_{11}|^{2})(|S_{22}|^{2}-|D|^{2}) \quad (8-51)$$

이다. (8–50)식의 각 항을 제곱하고 (8–51)식을 대입해서 정리하면 (8–52)식과 같다.

$$(|S_{22}|^{2}-|D|^{2})^{2}[\{(1-|S_{11}|^{2})-(|S_{22}|^{2}-|D|^{2})\}^{2}-4|S_{12}S_{21}|^{2}]>0 \quad (8-52)$$

따라서 (8－49)식이 항등식이기 위한 조건은

$$1-|S_{11}|^{2}-|S_{22}|^{2}-|D|^{2}>2|S_{12}S_{21}| \quad (8-53)$$

이며 좌변으로 나누면 2–포트 회로의 무조건 안정(unconditional stability)을 설명하는 데 사용되는 안정도 지수(stability factor) k이다.

$$k=\frac{1-|S_{11}|^{2}-|S_{22}|^{2}+|D|^{2}}{2|S_{12}S_{21}|}>1 \quad (8-54)$$

또 다른 조건은 반경이 커서 Smith chart를 포함하는 경우를 고려할 수 있으며, 이것은 (8–46)식에서 $r_L-|C_L|>1$의 조건이 된다. 이것에 중심과 반경의 결과를 대입하면

$$\left|\frac{S_{22}-DS_{11}^{*}}{|S_{22}|^{2}-|D|^{2}}\right|<\frac{|S_{12}S_{21}|}{|S_{22}|^{2}-|D|^{2}}-1 \quad (8-55)$$

이 되므로 우변은 +여야 할 것이다. 따라서

$$\frac{|S_{12}S_{21}|}{|S_{22}|^{2}-|D|^{2}}>1 \quad (8-56)$$

의 조건을 만족하게 되는데 안정도 지수로부터

$$2k = \frac{1-|S_{11}|^2}{|S_{12}S_{21}|} + \frac{|D|^2-|S_{22}|^2}{|S_{12}S_{21}|} > 2 \qquad (8-57)$$

를 얻게 되는데 (8-56)식에 의하여 (8-57)식의 둘째 항이 1보다 작으므로 첫째 항은 1보다 커야 할 것이다. 따라서

$$1-|S_{11}|^2 > |S_{12}S_{21}| \qquad (8-58)$$

의 조건을 부가적으로 만족해야 함을 알 수 있다. 또한 전원 안정도 원궤적으로부터 마찬가지로

$$1-|S_{22}|^2 > |S_{12}S_{21}| \qquad (8-59)$$

의 조건을 얻게 된다. 결론적으로 2-포트가 안정하기 위한 필요충분조건으로는

$$k > 1 \qquad (8-60a)$$

$$1-|S_{11}|^2 > |S_{12}S_{21}| \qquad (8-60b)$$

$$1-|S_{22}|^2 > |S_{12}S_{21}| \qquad (8-60c)$$

의 3조건을 동시에 만족시켜야 된다.

예제 8-2

ADS에서 제공하고 있는 FHX35LG/LP의 3 V 10 mA S-파라미터를 이용하여 안정도 지수 k 및 다음 항의 값들을 주파수에 따라 확인하고

$$\frac{1-|S_{11}|^2}{|S_{12}S_{21}|}, \quad \frac{1-|S_{22}|^2}{|S_{12}S_{21}|}$$

1 GHz에서의 전원, 부하 안정도 원궤적을 그리시오.

해

ADS 상의 FHX35LG/LP의 2-포트 S-파라미터 소자로 다음과 같은 회로를 구성한다. 시뮬레이션을 수행하고 *Display* 창에서 아래와 같은 *equation*을 작성하고 결과를 확인한다.

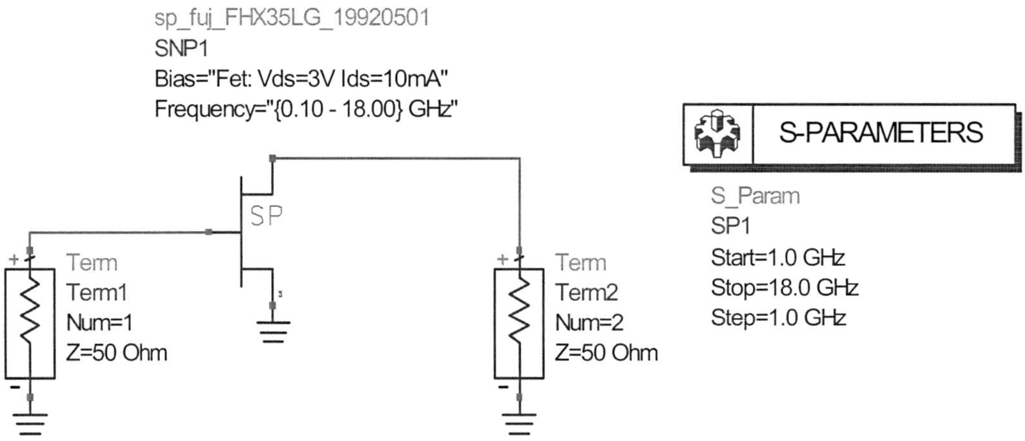

[그림 8E-1] FHX35LG/LP의 안정도를 조사하기 위한 회로

Eqn k=stab_fact(S)

Eqn S1=(1-(mag(S11))**2)/(mag(S12*S21))

Eqn L1=(1-(mag(S22))**2)/(mag(S12*S21))

[그림 8E-2] Display 창에 삽입된 equation

이것을 그림 8E-3에서 보인 바와 같이 S_1, L_1은 일반적으로 항상 k보다 커서, k가 1보다 클 경우 대부분 이 두 항은 1보다 크게 되어, 안정도 지수 k의 조사가 다른 무엇보다 중요하게 된다. 또한 그림에서 알 수 있듯이 주파수 12 GHz 이상부터 $k > 1$이 되어 안정하고 이보다 낮은 주파수에서는 불안정한 것을 알 수 있다.

결과에서 확인할 수 있듯이 현재 1 GHz의 주파수에서는 $k < 1$로서, 불안정한 주파수영역임을 확인할 수 있었다. 이제 안정한 영역의 확인을 위해 주파수 1 GHz에서 전원과 부하 안정도 원궤적을 그려 보기 위하여 아래와 같은 *equation*을 *Display* 창에 추가한다.

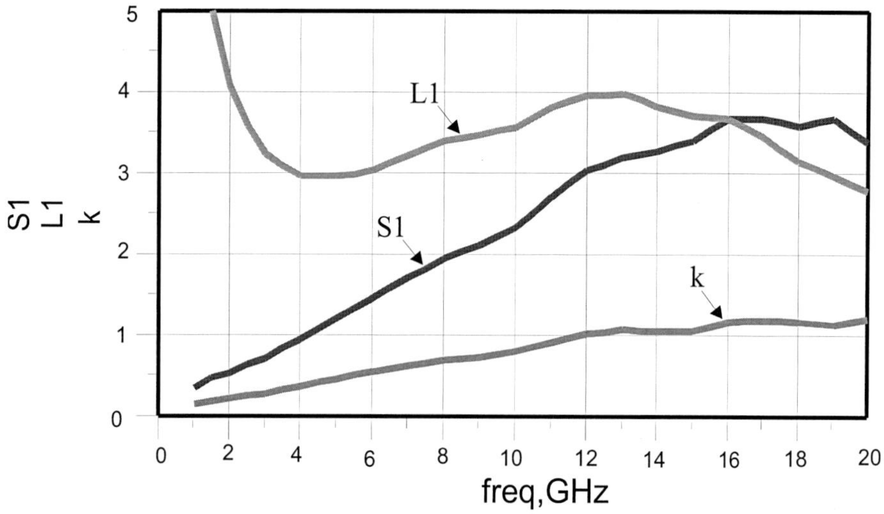

[그림 8E-3] 시뮬레이션 결과

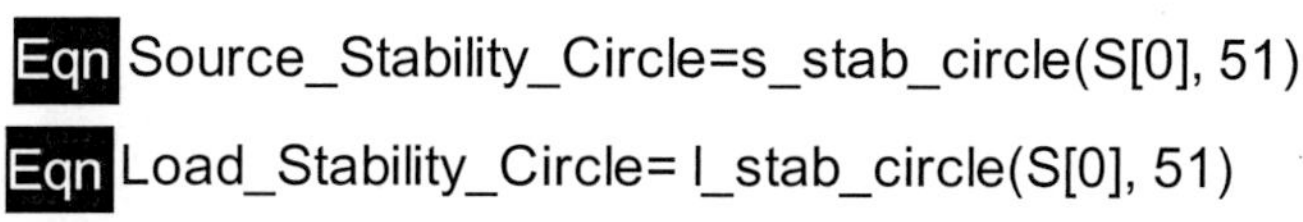

[그림 8E-4] 안정도 원궤적을 그리기 위한 equation

앞의 *s_stab_circle*(*S*[0],51)이라는 함수는 (8-45)식으로 주어진 전원 안정도원을 그리는 함수이며, 이것의 변수는 S-파라미터로서 [0]는 주파수 1 GHz를 나타내게 된다. 그리고 뒤의 51은 51개의 점을 사용 궤적을 표현하는 것을 의미한다. *l_stab_circle*(*S*[0],51)도 마찬가지로 부하 안정도원에 해당하는 점들을 반환하는 함수가 된다. 이 함수를 이용하여 Smith chart 상에 원들을 표현하면 그림 8E-5와 같은 결과를 얻을 수 있다.
여기서 주파수 1 GHz에서 $|S_{11}|< 1$, $|S_{22}|< 1$이므로, Smith chart의 원점을 포함하는 영역이 안정한 영역임을 알 수 있다.

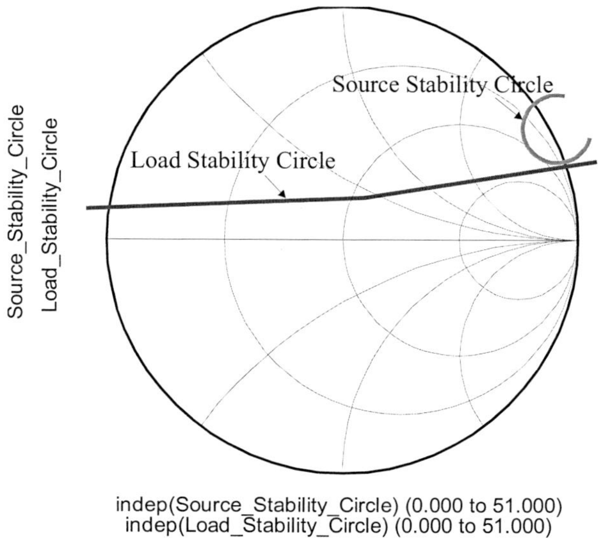

[그림 8E-5] 전원 및 부하 안정도 원궤적

8.2.3 복소정합조건(Conjugate Matching)

그림 8-20은 트랜지스터로부터 최대이득을 얻기 위해 입출력이 복소정합(conjugate matching)시키는 것을 보여 준다. 즉, 입력을 복소정합시켜 전원으로부터 최대의 전력을 트랜지스터 입력에 전달하고 또한 트랜지스터에서 증폭된 전력을 최대로 끌어내어 부하에 전달하여 최대의 이득을 얻게 된다. 따라서 아래와 같이 입출력이 복소정합될 경우 최대의 이득이 얻어지게 된다.

$$\Gamma_{in} = S_{11} + \frac{S_{12}S_{21}\Gamma_L}{1-S_{22}\Gamma_L} = \Gamma_s^* \tag{8-61a}$$

$$\Gamma_{out} = S_{22} + \frac{S_{12}S_{21}\Gamma_s}{1-S_{11}\Gamma_s} = \Gamma_L^* \tag{8-61b}$$

이 식을 정리하면 다음과 같다.

$$(1-\Gamma_L S_{22})(S_{11}-\Gamma_s^*) + \Gamma_L S_{12}S_{21} = 0 \tag{8-62a}$$

$$(1-\Gamma_s S_{11})(S_{22}-\Gamma_L^*) + \Gamma_s S_{12}S_{21} = 0 \tag{8-62b}$$

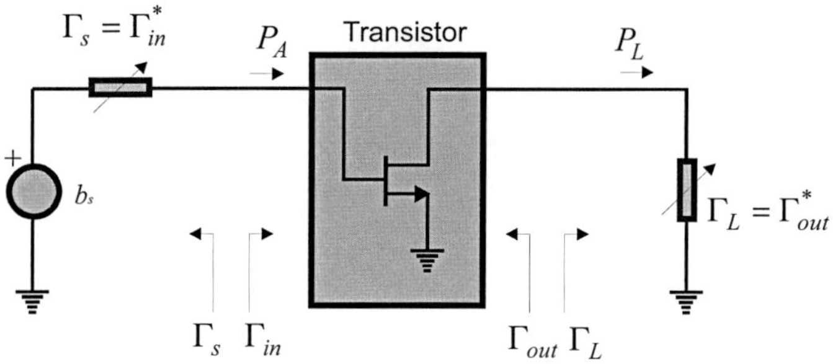

[그림 8-20] 복소정합조건

이 연립방정식을 풀기위해 (8-61)식에서 Γ_L에 대해, (8-61)식은 Γ_s에 대해 정리하면

$$\Gamma_L = \frac{\Gamma_s^* - S_{11}}{\Gamma_s^* S_{22} - D} \tag{8-63a}$$

$$\Gamma_s = \frac{\Gamma_L^* - S_{22}}{\Gamma_L^* S_{11} - D} \tag{8-63b}$$

이 되는데 (8-63a)식을 (8-62a)식에 대입하여 정리하면 (8-64)식과 같은 Γ_s에 대한 2차 방정식이 된다.

$$\Gamma_s^2 - \Gamma_s \frac{B_1}{C_1} + \frac{C_1^*}{C_1} = 0 \tag{8-64}$$

여기서

$$C_1 = S_{11} - DS_{22}^* \tag{8-65}$$

$$B_1 = 1 - |S_{22}|^2 + |S_{11}|^2 - |D|^2 \tag{8-66}$$

이다. 이 2차 방정식의 해는

$$\Gamma_{sM} = \frac{B_1}{2C_1} \pm \frac{1}{2}\sqrt{\left(\frac{B_1}{C_1}\right)^2 - 4\frac{C_1^*}{C_1}} \tag{8-67}$$

$$= \frac{C_1^*}{|C_1|}\left[\frac{B_1}{2|C_1|} \pm \sqrt{\frac{B_1^2}{|2C_1|^2} - 1}\right]$$

와 같이 얻어진다. 그 중 $B_1/(2|C_1|)$은 아래와 같이 표현되는데 이것은 $k>1$일 경우 1보다 크게 된다.

$$\frac{B_1}{2|C_1|}=\frac{1+|S_{11}|^2-|S_{22}|^2-|D|^2}{2|S_{11}-S_{22}^*D|}>1 \tag{8-68}$$

이것을 증명하기 위해서 분모는 아래와 같이 표현되는데,

$$|S_{11}-S_{22}^*D|^2=|S_{12}S_{21}|^2+(1-|S_{22}|^2)(|S_{11}|^2-|D|^2) \tag{8-69}$$

(8-68)식을 제곱하고 (8-69)식을 대입하면

$$(1+|S_{11}|^2-|S_{22}|^2-|D|^2)^2>4|S_{12}S_{21}|^2+4(1-|S_{22}|^2)(|S_{11}|^2-|D|^2) \tag{8-70}$$

으로 나타내지고, 같은 항끼리 정리하면

$$[(1-|S_{22}|^2)+(|S_{11}|^2-|D|^2)]^2-4(1-|S_{22}|^2)(|S_{11}|^2-|D|^2)>4|S_{12}S_{21}|^2 \tag{8-71}$$

을 얻게 된다. 이때 $(a+b)^2-4ab=(a-b)^2$이라는 인수분해 정리를 사용하여 정리하면

$$(1-|S_{11}|^2-|S_{22}|^2+|D|^2)^2>4|S_{12}S_{21}|^2 \tag{8-72}$$

이다. 따라서 $k>1$일 때 $B_1/(2|C_1|)>1$이 된다.

$k>1$일 경우 트랜지스터는 안정하여 항상 복소정합이 가능하게 되어야 하는데 (8-67)식의 두 개의 근 중 이때 $|\Gamma_s|\le 1$이 되는 것을 선택하여야 할 것이다. (8-67)식의 [ ] 밖의 $C_1^*/|C_1|$은 크기가 1이므로 [ ]내의 값은 1보다 크기가 작아야 할 것이다. [ ]안의 형태는 $x-\sqrt{x^2-1}$과 $x+\sqrt{x^2-1}$로 볼 수 있는데 $x\ge 1$일 경우 +로 선택한 경우 크기가 1보다 커지게 되며, 이것은 수동소자로 정합 가능하지 않게 된다. 따라서 (8-67)식의 유용한 해는 (8-73)식과 같이 −로 선택한 것이 될 것이다.

$$\Gamma_{sM}=\frac{C_1^*}{|C_1|}\left[\frac{B_1}{2|C_1|}-\sqrt{\frac{B_1^2}{|2C_1|^2}-1}\right] \tag{8-73}$$

또한 출력 반사계수에 대해서도 위와 같은 방법으로 해를 구하면 다음과 같다.

$$\Gamma_{LM} = \frac{C_2^*}{|C_2|}\left[\frac{B_2}{2|C_2|} - \sqrt{\frac{B_2^2}{|2C_2|^2} - 1}\right] \quad (8-74)$$

여기서

$$C_2 = S_{22} - DS_{11}^* \quad (8-75)$$

$$B_2 = 1 - |S_{11}|^2 + |S_{22}|^2 - |D|^2 \quad (8-76)$$

이다. $k<1$인 경우 Γ_{sM}, Γ_{LM}은 크기가 1이 되며 전원 및 부하 임피던스는 순허수 소자(즉 인덕터 또는 커패시터)로 구성되어 실제적인 전력의 전달은 없게 된다. 즉 $k<1$의 경우, (8–73) 및 (8–74)식에 의한 복소정합은 가능하지 않게 된다.

(8–73)식 및 (8–74)식을 이용하여 변환전력이득에 대입할 경우 최대의 이득이 얻어지며 이 계산과정은 상당히 복잡하여 참고문헌을 참조하기 바란다[1]. 이때 얻어진 이득을 $k>1$일 경우 최대가용이득(MAG ; Maximum Available Gain) $G_{\max}$라고 부르며 아래와 같게 된다.

$$MAG = G_{\max} = \left|\frac{S_{21}}{S_{12}}\right|(k - \sqrt{k^2 - 1}) \quad (8-77)$$

또한 불안정할 경우 $k<1$인 경우 안정 경계조건까지 이득을 끌어낼 수 있다고 보기 때문에, (8–77)식에 $k=1$을 대입하면 안정도를 유지하면서 최대의 이득을 끌어낼 수 있게 된다. 이것을 또한 MSG(Maximum Stable Gain)라고 부르며 아래와 같이 나타나게 된다.

$$MSG = \left|\frac{S_{21}}{S_{12}}\right| \quad (8-78)$$

예제 8-3 앞서의 시뮬레이션 결과를 이용 FHX35LG/LP를 사용하여 1 GHz~20 GHz 대역에서의 MSG, MAG 및 $|S_{21}|^2$을 도시하고 12 GHz에서의 복소정합점을 확인하시오.

해 *Display* 창에서 결과확인을 위해 다음과 같은 *equation*을 추가한다.

Eqn MaxG=max_gain(S)

[그림 8E-6] MSG, MAG을 위한 equation

여기에서 사용된 *max_gain*(S)라는 함수는 불안정한 영역에서는 MSG를 반환하고 안정한 영역에서는 MAG를 반환하는 함수로서, 주파수에 대한 k값을 알 경우 이것이 MAG를 나타내는지, MSG를 나타내는지 알 수 있다. 따라서 k를 동시에 도시할 경우 얻어진 *max_gain*의 값을 구분할 수 있다.

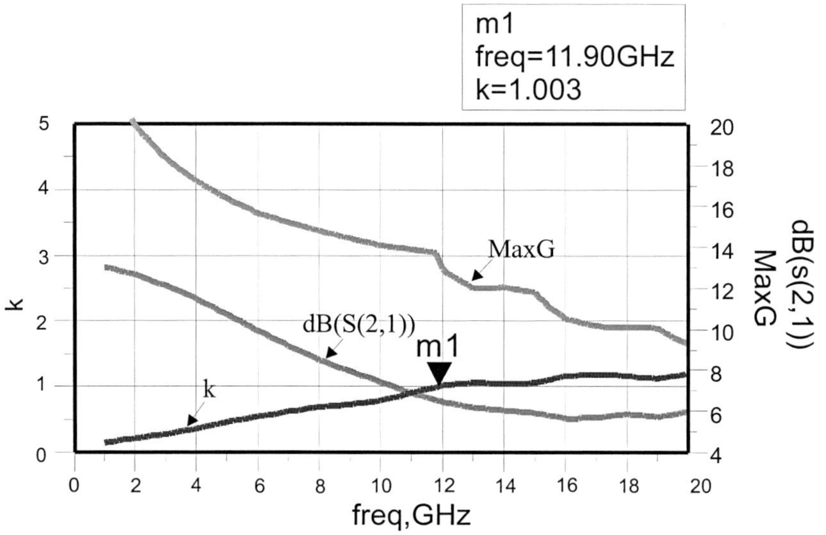

[그림 8E-7] 주파수에 대한 Max_gain 및 $|S_{21}|^2$ 그래프

그림에서 알 수 있듯이 주파수가 11.87 GHz 이상의 대역에서는 MAG를 나타내게 되고 그 이하의 대역에서는 MSG를 나타내게 된다.

이제 위에서 살펴본 안정영역에서의 주파수 12 GHz에서의 입, 출력 정합을 위해 복소정합점을 찾아보기로 하겠다. 복소정합점을 찾기 위해 ADS 상의 함수 *sm_gamma1*(S)와 *sm_gamma2*(S)를 사용한다. *sm_gamma1*(S)는 (8-73)식과 같은 입력측 복소정합점의 반사계수를 반환하는 함수이며 *sm_gamma2*(S)는 (8-74)식과 같은 출력측 복소정합점의 반사계수를 반환하는 함수가 된다. 또한 이 함수는 $k<1$인 조건에서는 0을 반환하고 $k>1$인 경우에 대해서만, 즉 안정한 상태에서만 결과를 반환한다. *find_index*는 주파수 12 GHz에 해당하는 *index number*를 찾기 위해 추가된 것이다.

```
Eqn m=find_index(freq, 12G)
Eqn g1=sm_gamma1(S[m])
Eqn g2=sm_gamma2(S[m])
```

[그림 8E-8] 복소정합점을 구하기 위한 equation

*Equation*을 통해 얻은 결과를 나타내면 그림 8E-9와 같은 결과를 얻을 수 있다.

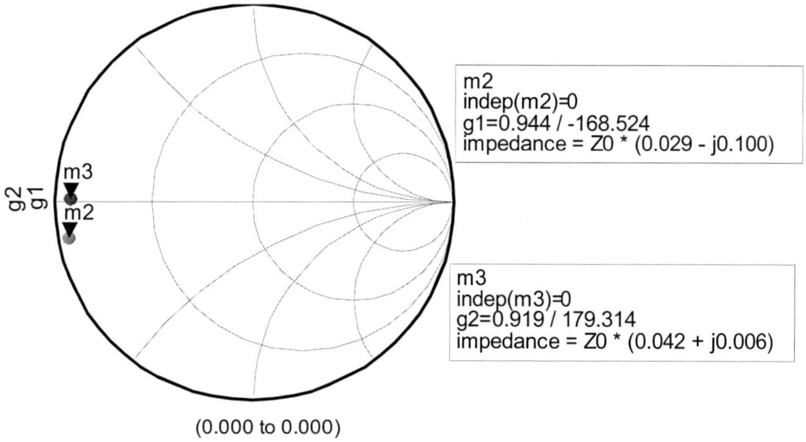

[그림 8E-9] 주파수 12 GHz에서의 입출력 복소정합점을 구한 결과

따라서 12 GHz에서의 복소정합점은 위의 시뮬레이션 결과에서 볼 수 있듯이

$$\Gamma_{sM} = -0.925 - j0.188$$

$$\Gamma_{LM} = -0.919 + j0.011$$

이 된다.

8.3 이득 및 잡음원 궤적(Gain and Noise Circles)

일반적으로 앞서서 설명한 복소정합 조건으로 전원 및 부하의 반사계수를 설정할 경우 최대의 이득을 얻게 되지만, 설계적인 측면에서는 다른 성능들도 고려하여야 하기 때문에 복소정합점으로 설정하기 어려울 때가 있다. 이와 같이 복소정합점으

로 설정하지 못할 경우 이득의 감소가 있게 되는데, 두 가지 경우를 고려할 수 있을 것이다. 즉, 전원 임피던스를 최적의 임피던스로 선택할 수 없는 경우와 부하를 최적의 임피던스로 선택할 수 없는 경우가 될 것이다. 이 경우 설계적인 측면을 고려 복소정합되지 않게 선택된 전원이나 부하에 대하여, 나머지 포트에서는 복소정합 조건을 만족하도록 설정할 때, 이에 따른 이득의 감소를 예상하는 것이 설계에서는 자주 필요하게 된다. 본 장에서는 이러한 등-이득 감소를 주는 궤적을 알아보고, 또한 앞서서 4장에서 나타난 동일한 잡음지수를 주는 반사계수의 궤적을 알아볼 것이다.

8.3.1 이득 원궤적(Gain circles)

앞서 구한 (8-34)식에 주어진 전력이득(power gain)을 다시 쓰면 아래와 같이 나타낼 수 있다.

$$G_p = \frac{(1-|\Gamma_L|^2)|S_{21}|^2}{1-|S_{11}|^2+|\Gamma_L|^2(|S_{22}|^2-|D|^2)-2\mathrm{Re}(C_2\Gamma_L)} \tag{8-79}$$

여기서 C_2는 아래와 같다.

$$C_2 = S_{22} - DS_{11}^* \tag{8-80}$$

또한 수학적 계산의 편이를 위하여 규격화 이득 파라미터 g_p를 아래와 같이 정의하면

$$g_p = \frac{G_p}{|S_{21}|^2} \tag{8-81}$$

이다. 같은 이득을 주는 Γ_L의 궤적은 g_p가 상수일 때 (8-79)식을 만족하는 궤적이 될 것이다. 따라서 (8-79)식은 다음과 같이 다시 쓸 수 있다.

$$g_p = \frac{(1-|\Gamma_L|^2)}{1-|S_{11}|^2+|\Gamma_L|^2(|S_{22}|^2-|D|^2)-2\mathrm{Re}(C_2\Gamma_L)} \tag{8-82}$$

여기서

$$D_2 = |S_{22}|^2 - |D|^2 \tag{8-83}$$

$$X = \frac{1 + g_p D_2}{g_p} \tag{8-84}$$

로 정의하면 (8−82)식은 전개하면 아래와 같이 쓸 수 있게 된다.

$$X^2|\Gamma_L|^2 - 2X\mathrm{Re}(C_2\Gamma_L) + |C_2|^2 = X^2 - XB_2 + |C_2|^2 \tag{8-85}$$

따라서 이것을 정리하면

$$|X\Gamma_L - C_2^*|^2 = X^2 - XB_2 + |C_2|^2 \tag{8-86}$$

이다. (8-86)식을 정리하면 아래와 같이 원의 관계식을 얻을 수 있게 된다.

$$\left|\Gamma_L - \frac{C_2^*}{X}\right|^2 = \frac{X^2 - XB_2 + |C_2|^2}{X^2} \tag{8-87}$$

따라서 (8-87)식에서 같은 전력이득을 주는 중심과 반경은 아래와 같게 된다.

$$C_p = \frac{C_2^*}{X} = \frac{g_p(S_{22}^* - D^* S_{11})}{1 + g_p(|S_{22}|^2 - |D|^2)} \tag{8-88}$$

$$r_p = \frac{\sqrt{1 - 2k|S_{12}S_{21}|g_p + |S_{12}S_{21}|^2 g_p^2}}{|1 + g_p(|S_{22}|^2 - |D|^2)|} \tag{8-89}$$

이와 같이 얻어진 원궤적을 전력이득 원궤적(power gain circle)이라고 부른다. 또한 가용전력이득의 경우 (8-79)식에서 $\Gamma_L \rightarrow \Gamma_s$로 바꾸고 첨자 1과 2를 바꾸면 되며 이것은 아래와 같이 얻어진다.

$$G_A = \frac{(1 - |\Gamma_S|^2)|S_{21}|^2}{1 - |S_{22}|^2 + |\Gamma_s|^2(|S_{11}|^2 - |D|^2) - 2\mathrm{Re}(C_1\Gamma_s)} \tag{8-90}$$

$$C_1 = S_{11} - DS_{22}^* \tag{8-91}$$

따라서 같은 이득을 주는 Γ_s의 궤적을 구하기 위하여 다음과 같이 규격화된 이득을

$$g_a = \frac{G_A}{|S_{21}|^2} \tag{8-92}$$

로 정의하고, 이것의 궤적은 전력이득 원궤적에서 1과 2를 바꾸면 이것의 중심과 반경이 얻어지게 된다.

$$C_a = \frac{g_a(S_{11}^* - D^* S_{22})}{1 + g_a(|S_{11}|^2 - |D|^2)} \tag{8-93}$$

$$r_a = \frac{\sqrt{1 - 2k|S_{12}S_{21}|g_a + |S_{12}S_{21}|^2 g_a^2}}{|1 + g_a(|S_{11}|^2 - |D|^2)|} \tag{8-94}$$

이와 같이 얻어진 원들은 가용전력이득 원궤적(available gain circles)라고 부르며, 동일한 가용전력이득을 주게 된다.

8.3.2 잡음 원궤적(Noise circles)

4장에서 구한 잡음 파라미터에 의한 잡음지수의 경우, 전원반사계수 Γ_s에만 의존하게 되며, 이것은 아래와 같이 나타난다.

$$F = F_m + 4r_n \frac{|\Gamma_s - \Gamma_m|^2}{|1 + \Gamma_m|^2 (1 - |\Gamma_s|^2)} \tag{8-95}$$

여기서 같은 잡음지수를 주는 Γ_s의 궤적을 구하기 위하여, 계산의 편의상 새로운 잡음지수 N_i를

$$N_i = \frac{F_i - F_m}{4r_n}|1 + \Gamma_m|^2 \tag{8-96}$$

으로 정의하면, 잡음지수의 식은 다음과 같이 쓸 수 있다.

$$N_i = \frac{|\Gamma_s - \Gamma_m|^2}{1-|\Gamma_s|^2} \tag{8-97}$$

이것을 전개하면

$$|\Gamma_s - \Gamma_m|^2 = |\Gamma_s|^2 + |\Gamma_m|^2 - 2\mathrm{Re}(\Gamma_s \Gamma_m^*) = N_i - N_i|\Gamma_s|^2 \tag{8-98}$$

으로 쓸 수 있고, 따라서 아래와 같이 정리된다.

$$|\Gamma_s|^2(1+N_i) + |\Gamma_m|^2 - 2\mathrm{Re}(\Gamma_s \Gamma_m^*) = N_i \tag{8-99}$$

여기에 양변에 $(1+N_i)$를 곱할 경우, 아래와 같이 쓸 수 있다.

$$|\Gamma_s|^2(1+N_i)^2 + |\Gamma_m|^2 - 2(1+N_i)\mathrm{Re}(\Gamma_s \Gamma_m^*) = N_i^2 + N_i(1-|\Gamma_m|^2) \tag{8-100}$$

그러므로 잡음지수 N_i를 주는 Γ_s의 궤적은 아래와 같이 원이 됨을 알 수 있다.

$$|\Gamma_s - \frac{\Gamma_m}{1+N_i}|^2 = \frac{N_i^2 + N_i(1-|\Gamma_m|^2)}{(1+N_i)^2} \tag{8-101}$$

따라서 이것의 중심과 반경은 아래와 같음을 알 수 있다.

$$C_F = \frac{\Gamma_m}{1+N_i} \tag{8-102a}$$

$$r_F = \frac{\sqrt{N_i^2 + N_i(1-|\Gamma_m|^2)}}{(1+N_i)} \tag{8-102b}$$

예제 8-4 FHX35LG/LP를 사용하여 12 GHz에서 잡음원궤적과 가용전력이득 원궤적을 그리시오.

해 잡음 파라미터를 계산하기 위해 *S-parameter controller*를 열고 *Calculate noise*를 체크하고 *Noise input/output port*를 지정한다. 시뮬레이션을 수행하고 *Display* 창에 결과 확인을 위해 그림 8E-11과 같은 *equation*을 작성한다

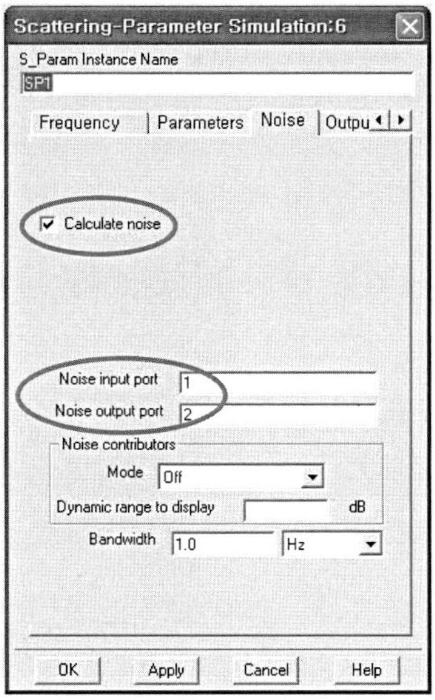

[그림 8E-10] S-parameter controller의 Calculate noise 설정

Eqn ga1=ga_circle(S[m])

Eqn ns1=ns_circle({0, 1,2,3}+NFmin[m], NFmin[m], Sopt[m], Rn[m]/50, 51)

[그림 8E-11] 가용전력이득 원궤적과 잡음원궤적을 그리기 위한 equation

ns_circle 이라는 함수는 (8-102)식을 이용 잡음원궤적을 그리기 위한 함수이고 *ga_circle* 은 (8-93), (8-94)로 주어진 가용전력이득 원궤적을 그리기 위한 함수이다. 가용전력이득 원궤적은 기본(default)으로 복소정합점에서의 원 그리고 {1,2,3} dB 낮은 원을 그리게 된다. 작성된 *equation* 들을 Smith chart 상에 나타내면, 다음과 같은 결과를 얻을 수 있다. 그림 8E-12에서 가용전력이득 원궤적의 최대점은 전원 복소정합점 반사계수임을 알 수 있다.

또한 *ns_circle* 의 변수 $\{0,1,2,3\}+\mathrm{NFmin}$ 은 최소잡음지수에서 $\{1,2,3\}\,\mathrm{dB}$ 낮은 잡음원궤적을 나타내며, 이때 해당하는 잡음 파라미터, $\mathrm{NFmin[m]}$, $\mathrm{Sopt[m]}$, $\mathrm{R_n[m]/50}$ 을 필요로 한다. 주목할 것은 잡음저항 $\mathrm{R_n[m]}$ 은 50 ohm에 의하여 규격화된 값을 요하고 있다. 그리고 51은 51개의 점을 이용하여 원을 그리게 된다는 것을 나타낸다.

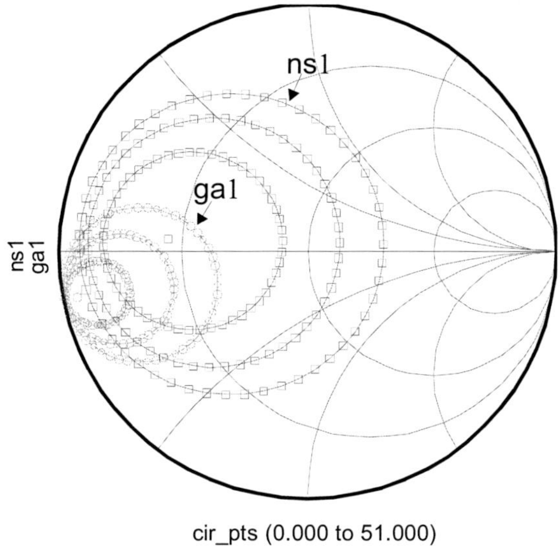

[그림 8E-12] 잡음원궤적과 가용전력이득 원궤적

8.4 요약

8.4.1 전력이득

이상과 같이 앞서서 유도한 이득을 정리하면 증폭기 측정 시 이용되는 것은 전원의 가용전력에 대한 부하에 전달된 전력이며, 이것은 변환전력이득 G_T가 된다. 이것을 50 ohm 전원과 부하에 대하여 측정하면 $\Gamma_S = \Gamma_L = 0$이 되므로 이것을 변환전력이득에 대입하면 $|S_{21}|^2$이 되는 것을 알 수 있고, 이것이 50 ohm 하에서의 변환전력이득이 된다.

또한 설계 시 출력측은 정합되어 있고 입력의 전원 반사계수에 대한 이득이 가용 전력이득이 되며, 이것은 설계 시 전원 반사계수에 따른 이득의 감소를 나타내게 된다. 유사하게 선정된 부하에 대하여 입력측은 항상 복소정합이 되어있는 경우 이것은 전력이득이 되며 출력 반사계수에 대한 부정합의 정도를 나타내게 된다.

다음은 능동소자로부터 얻을 수 있는 최대이득에 대한 것으로 이 경우는 입출력측이 복소정합되었을 때 나타나게 된다. 이때 안정하다면 최대 가용전력이득 MAG를 얻을 수 있으며 불안정하다면 $k = 1$인 경계선상의 최대안정이득 MSG를

얻을 수 있게 된다. 이것의 계산에는 복잡하여 직관적인 결과를 평가하기가 힘들기 때문에 일방화(unilateral) 근사를 행할 경우 표와 같은 일방향이득(unilateral gain)의 최대치를 알 수 있게 된다. 이것은 50 ohm 하에서의 변환전력이득 $|S_{21}|^2$을 입력 및 출력 반사계수에 따른 개선을 보여주게 된다. 또한 능동소자가 이득을 줄 수 있는지의 여부를 판정하기 위해서는 출력측에서 입력으로의 궤환을 강제적으로 제거한 뒤 이득의 여부를 판정하게 되는데 이것이 Mason의 이득이 되게 된다.

[표 8-1] S-파라미터로 주어진 이득 공식들

Gain	Formula
Transducer power gain in 50-ohm	$G_T = \|S_{21}\|^2$
Transducer power Gain	$G_T = \dfrac{(1-\|\Gamma_L\|^2)\|S_{21}\|^2(1-\|\Gamma_S\|^2)}{\|(1-S_{22}\Gamma_L)(1-S_{11}\Gamma_S)-S_{12}S_{21}\Gamma_L\Gamma_S\|^2}$
Power Gain	$G_p = \dfrac{(1-\|\Gamma_L\|^2)\|S_{21}\|^2}{\|1-S_{22}\Gamma_L\|^2(1-\|\Gamma_{in}\|^2)}$
Available power Gain	$G_A = \dfrac{P_{Ao}}{P_{Ai}} = \dfrac{(1-\|\Gamma_s\|^2)\|S_{21}\|^2}{\|1-S_{11}\Gamma_s\|^2(1-\|\Gamma_{out}\|^2)}$
Mason's unilateral Gain (Passivity and Activity)	$U = \dfrac{\|S_{21}/S_{12}-1\|^2}{2k\|S_{21}/S_{12}\|-2\mathrm{Re}(S_{21}/S_{12})}$
Maximum Unilateral Power gain	$G_{TUmax} = \dfrac{\|S_{21}\|^2}{(1-\|S_{22}\|^2)(1-\|S_{11}\|^2)}$
Maximum Stable gain	$G_{ms} = \left\|\dfrac{S_{21}}{S_{12}}\right\|$
Maximum Available gain	$G_{ma} = \left\|\dfrac{S_{21}}{S_{12}}\right\|(k-\sqrt{k^2-1})$

$$\text{Stability Factor;}\ k = \frac{1-|S_{11}|^2-|S_{22}|^2+|D|^2}{2|S_{12}S_{21}|}$$

8.4.2 원궤적 요약

앞서 유도한 Smith chart에서 유용한 원궤적들의 중심과 반경에 대하여 표 8-2에 요약하였다. 가용전력이득 원궤적은 전원반사계수 Γ_s를 선정하고 출력은 이때의 전원 반사계수에 복소정합되었을 때, 같은 이득을 보이는 궤적으로서, 이것은 전원 반사계수 Γ_s 선정에 따른 이득의 감소를 보여준다. 반면 전력이득 원궤적은 부하 반사계수 Γ_L을 선정하고 이때 입력은 선정된 부하반사계수에 대하여 복소정합되어 있을 때 같은 이득을 보여주는 궤적이 되게 된다. 이것은 부하반사계수 선정에 따른 이득의 감소를 보여주며, 설계 시 가용전력이득 원궤적과 함께 복소정합에서 벗어난 전원 반사계수나 부하반사계수에 대하여 이득의 감소를 평가하는 데 자주 사용되게 된다. 잡음 원궤적은 전원반사계수를 잡음지수를 최소로 주는 전원반사계수를 선정하지 않은 경우 이에 따른 잡음지수의 열화를 평가하는 데 사용되며 앞서 언급한 이득 원궤적들과 함께 저잡음증폭기 설계에 자주 사용되게 된다.

안정도 원궤적들은 선정된 반사계수들이 상대 포트 측으로 부성저항이 나타나는 지 여부를 알게 하며, 이로 인한 발진 가능성여부를 알게 한다. 이에 따라 전원 반사계수나 부하반사계수는 각각 부하측이나 전원측으로 부성저항을 유기하지 않는 안정한 영역을 알 수 있게 한다. 전원 안정도 원궤적은 전원반사계수가 안정한 영역에 있는지를 판정하게 하며, 반면 부하 안정도 원궤적은 부하반사계수가 안정한 영역에 있는지를 판정하게 한다.

[표 8-2] S-파라미터로 주어진 여러 가지 원의 공식들

Circles	Center	Radius
Available Gain	$C_a = \dfrac{g_a(S_{11}^* - D^* S_{22})}{1+g_a(\lvert S_{11}\rvert^2 - \lvert D\rvert^2)}$	$r_a = \dfrac{\sqrt{1-2k\lvert S_{12}S_{21}\rvert g_a + \lvert S_{12}S_{21}\rvert^2 g_a^2}}{\lvert 1+g_a(\lvert S_{11}\rvert^2 - \lvert D\rvert^2)\rvert}$
Power Gain	$C_p = \dfrac{g_p(S_{22}^* - D^* S_{11})}{1+g_p(\lvert S_{22}\rvert^2 - \lvert D\rvert^2)}$	$r_p = \dfrac{\sqrt{1-2k\lvert S_{12}S_{21}\rvert g_p + \lvert S_{12}S_{21}\rvert^2 g_p^2}}{\lvert 1+g_p(\lvert S_{22}\rvert^2 - \lvert D\rvert^2)\rvert}$
Noise Mismatch	$C_F = \dfrac{\Gamma_m}{1+N_i}$	$r_F = \dfrac{\sqrt{N_i^2 + N_i(1-\lvert \Gamma_m\rvert^2)}}{(1+N_i)}$
Source Stability	$C_s = \dfrac{S_{11}^* - D^* S_{22}}{\lvert S_{11}\rvert^2 - \lvert D\rvert^2}$	$r_s = \dfrac{\lvert S_{12}S_{21}\rvert}{\lvert \lvert S_{11}\rvert^2 - \lvert D\rvert^2\rvert}$
Load Stability	$C_L = \dfrac{S_{22}^* - D^* S_{11}}{\lvert S_{22}\rvert^2 - \lvert D\rvert^2}$	$r_L = \dfrac{\lvert S_{12}S_{21}\rvert}{\lvert \lvert S_{22}\rvert^2 - \lvert D\rvert^2\rvert}$

$$\text{Normalized power gain; } g_p = \frac{G_p}{\lvert S_{21}\rvert^2}$$

$$\text{Normalized available power gain; } g_a = \frac{G_A}{|S_{21}|^2}$$

$$\text{Normalized noise figure; } N_i = \frac{F_i - F_m}{4r_n}|1+\Gamma_m|^2$$

8.5 저잡음증폭기 설계사례

저잡음증폭기는 낮은 잡음지수를 갖는 초단증폭기를 말한다. Frii의 공식에 의하면, 전체 잡음지수는 초단증폭기의 잡음지수뿐만 아니라, 뒷단의 잡음지수와도 관계가 된다. 따라서 저잡음증폭기의 이득 또한 전체 잡음지수와 관계되는 것을 알 수 있다. 이러한 면에서 저잡음증폭기의 설계는 잡음지수와 이득의 타협적인 설계라고 볼 수 있으며, 이의 설계는 능동소자의 조사, 최적의 전원 및 부하 임피던스 선정, 정합회로 구성, DC 바이어스회로의 추가, 안정도의 확인 등의 과정으로 볼 수 있다. 마지막의 안정도의 확인은 많은 노력을 기울여 설계된 저잡음증폭기는 종종 원치 않는 주파수에서 발진하는 경우가 있기 때문에, 이는 필히 점검되어야 하는 사항이라고 볼 수 있다. 또한 능동소자의 조사에서 능동소자는 설계주파수에서 불안정한 경우가 있는데 이것은 능동소자에 손실을 부여하거나 또는 궤환을 통하여 안정화시키게 된다. 이것의 자세한 방법은 다른 문헌을 참조하기 바란다 [1]. 이 장에서는 앞에서 배운 이론을 바탕으로 ADS를 이용한 저잡음증폭기 설계를 설명하겠다.

8.5.1 설계 계획

이 절에서는 앞서의 이론을 바탕으로 간단한 저잡음증폭기 설계방법을 알아보는 것이 목표이기 때문에 표 8-3과 같은 X-band (8-12 GHz의 주파수대역을 말한다)에서 동작하는 저잡음증폭기 설계사양을 임의로 선택하였다. 설계사양이 주어지면 적절한 능동소자를 선택해야 한다. 설계주파수에서 설계목표가 되는 잡음지수보다 낮은 최소잡음지수 $F_{\min}$을 갖는 능동소자를 우선 선택해야 하며, 능동소자의 최대이득 MAG는 원하는 이득보다 커야 할 것이다. 그러나 설계하려고 하는 이득보다 낮은 경우에도 단수를 증가시켜 목표를 만족할 수 있다. 따라서 핵심적인 것은 잡음지수라고 볼 수 있다. 여기서는 ADS 상에서 S-파라미터를 제공하는 ATF-36077을 선택하였고 이 능동소자 1단으로도 필요한 이득과 잡음지수를 만족한다.

[표 8-3] 저잡음증폭기 설계사양 예

NO.	Spec Item	Value
1	Frequency Range	9.7～10.3 GHz
2	DC Supply Voltage	3.3 V
3	DC Current Consumption	< 30 mA
4	Gain	> 10 dB
5	Noise Figure	< 1.5 dB

8.5.2 능동소자의 모델 조사

저잡음증폭기 설계에 이용되는 능동소자의 모델은 대신호 모델과, 능동소자의 주어진 DC 전압에서 측정된 S-파라미터를 직접 입력한 data-모델이 있다. 패키지(package) 된 능동소자에 대한 대신호 모델의 경우 패키지로 인한 기생소자성분과 대신호 모델 시 정확도 문제로 인해, 주어진 DC 전압에서 측정된 정확한 S-파라미터를 충분히 반영하지 못하게 된다. 칩 형태의 능동소자의 경우 대신호 모델은 어느 정도 정확성을 가지나, 패키지된 것의 경우 정확성을 상실하여 대부분 패키지된 트랜지스터를 이용하여 저잡음증폭기를 설계할 경우 측정된 S-파라미터로 된 data-모델이 설계의 정확성을 기할 수 있는 모델이 될 것이다. 이러한 data-모델은 ADS에 library로 입력되어 있는 경우도 있지만 그렇지 않은 경우 사용자가 직접 주어진 측정 결과를 입력하여 구성할 수도 있다.

그림 8-21은 ADS 상에서 제공하는 ATF-36077의 소신호 data-모델이다. 이 모델은 $V_{ds} = 1.5\ \mathrm{V}$이고 $I_d = 20\ \mathrm{mA}$일 때, 0.5～18 GHz에서의 S-파라미터 값을 가지고 있고, 이 소자를 동작시키기 위하여 별도의 DC 바이어스회로는 필요하지 않으며, RF 신호에서만 시뮬레이션할 수 있게 된다.

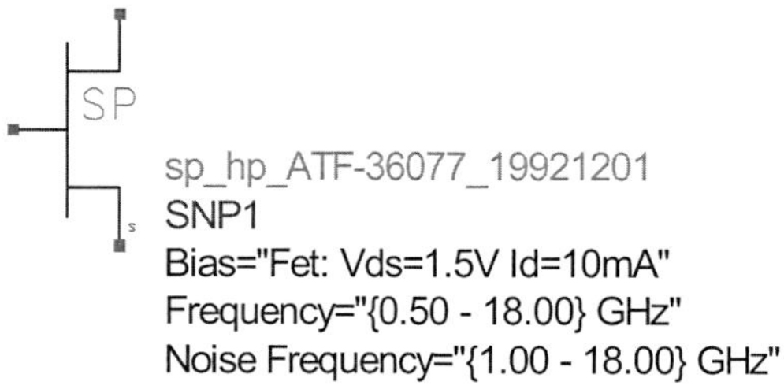

[그림 8-21] ATF-36077의 소신호 data 모델

만약 대신호 모델을 가지고 설계한다면 앞의 4장에서 설명한 바와 같이 DC 전압을 인가하고, 인가된 DC 전압에서 S-파라미터를 측정하면 될 것이다.

8.5.3 안정도(Stability) 조사

그림 8-22는 앞에서 선정된 능동소자에 대하여 주파수에 따른 안정도 및 최대이득(MSG 또는 MAG) 그리고 최소 잡음지수를 확인하기 위한 S-파라미터 시뮬레이션 회로구성이다. 이는 *Display* 창에서 주어진 S-파라미터를 가지고 이를 확인할 수도 있지만 이는 그림 8-22와 같이 시뮬레이션 회로도 상에도 *Measurement*로 제공하고 있다.

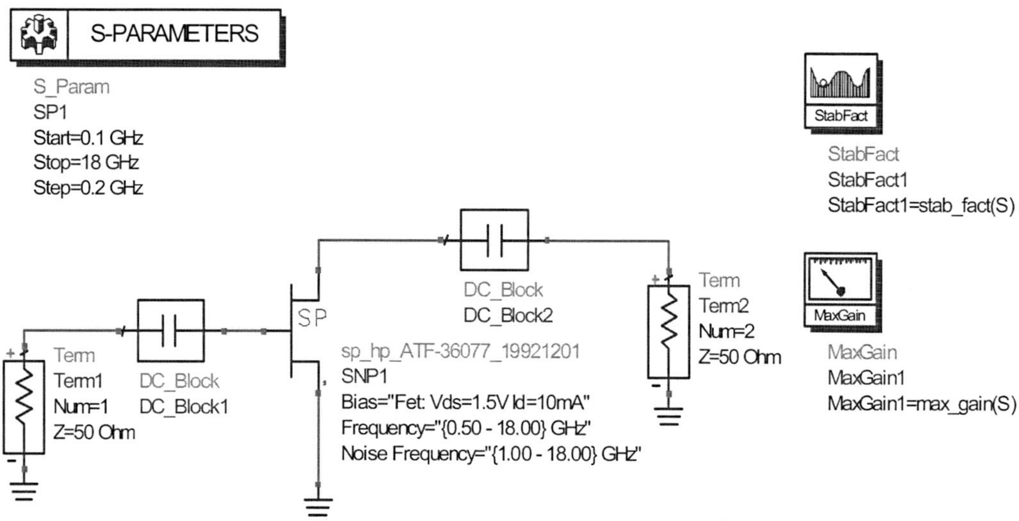

[그림 8-22] ATF-36077의 안정도 및 이득 조사

시뮬레이션한 결과는 그림 8-23과 같다. 이 결과에서 알 수 있듯이 10 GHz 이하의 주파수에서는 k가 1보다 작고, 10 GHz 이상에서는 k가 1보다 큰 것을 알 수 있다. 또한 앞 절에서 설명한 것과 같이 k가 1보다 작은 영역에서의 최대이득(MSG)과 k가 1보다 큰 영역에서의 이득(MAG)은 구분되어 계산되나, ADS 상에서는 이것을 *MaxGain*을 측정할 경우 이것은 자동적으로 구분되어 계산되는 것을 확인할 수 있다. 그림 8-23(b)에서 주목할 것은 NF_{min}이 주파수 6 GHz이하에서는 0.3 dB로 일정한 것을 알 수 있다. 이것은 시뮬레이션상의 오류가 아니고, 주어진 자료가 6 GHz이하에서는 일정한 것으로 나타나 있게 때문이다(저자의 생각으로는 0.3 dB 아래의 잡음지수를 정확하게 측정하지 못하여, 정확도 상실관계로 이와 같이 자료를 입력한 것으로 고려한다)

따라서 이 회로는 설계 목표에 맞게 9.7 GHz에서부터 k가 1보다 크도록 수정되어야 한다.

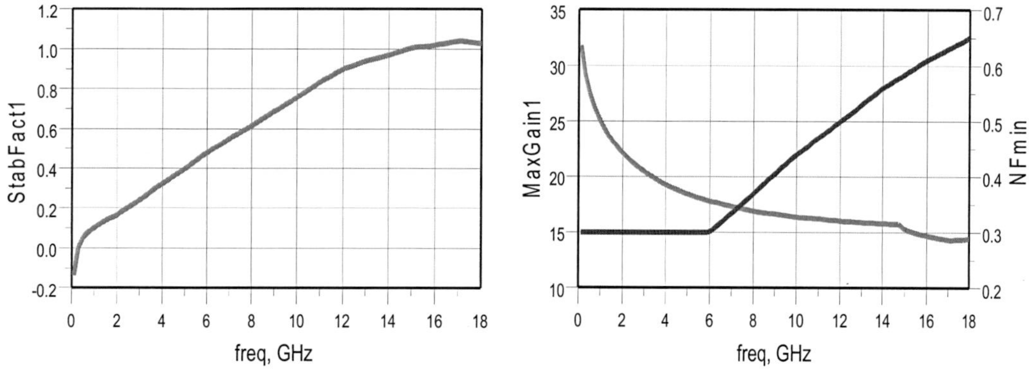

(a) (b)

[그림 8-23] 주파수에 따른 (a) k와 (b) 최대이득 및 NF_{min}

그림 8-24는 능동소자의 소스 단자에 인덕터 L_e를 첨가하여 안정도를 향상시키는 한 방법을 보여주고 있다. 이와 같은 방법은 소스에 첨가된 인덕터를 이용하여 입출력의 S-파라미터 변화를 유도하고, 이를 이용하여 안정도를 변화시키는 방법으로 그림 8-24는 10 GHz의 고정 주파수에서 인덕터의 값을 0에서 0.3 nH까지 변화 하면서 k의 변화를 알아보기 위한 회로 구성이다.

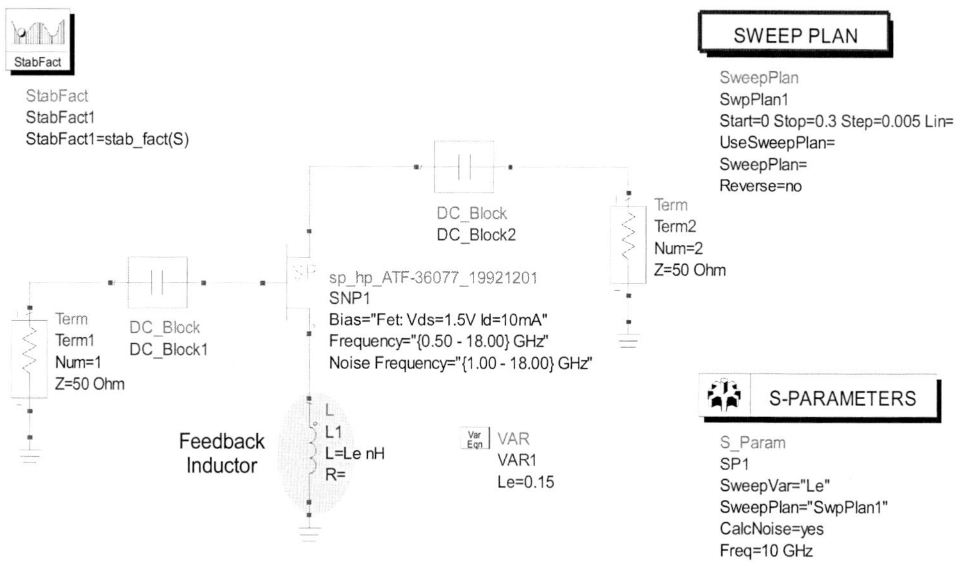

[그림 8-24] 소스 단자의 인덕터 추가에 따른 k의 변화를 보기 위한 회로

이것을 그림 8-25에 나타내었다. 그림 8-25(a)의 결과를 보면 약 L_e=0.05 nH일 때 10 GHz에서 k가 1.031로 최고값을 가지며 안정화되는 것을 알 수 있다. 따라서 L_e=0.05 nH로 선정하고 주파수에 따른 k를 알아보면 그림 8-25(b)와 같이 원하는 동작주파수에서 k가 1보다 큰 것을 알 수 있다.

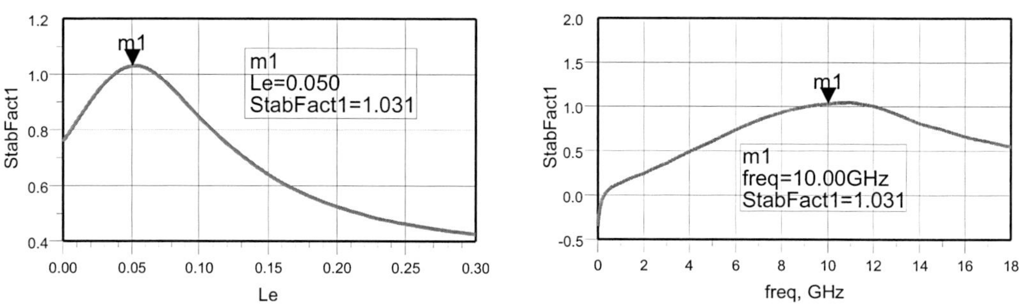

(a) (b)

[그림 8-25] L_e를 첨가한 주파수에 따른 k의 변화: (a) 주파수 10 GHz에서 L_e 값에 따른 안정도 지수 (b) L_e=0.05 nH일 때 k의 주파수 변화

L_e의 첨가로 얻어 질수 있는 k 개선은 기준 값 1 이상을 만족하나, 대역이 좁고 그 값 또한 1에 가깝다. 이것보다 회로의 안정도를 개선하는 방법은 여러 가지가 있는데, 저항성부하를 첨가 시키는 방법이 주로 사용되어 진다[1, p228]. 본 교재에서는 출력단에 병렬로 저항을 첨가시켜 k를 개선하는 방법을 선정하였다.

그림 8-26은 k 개선을 위한 35 ohm 저항과 RF 접지를 제공하기 위한 커패시터(*C*1=100 nF)로 직렬로 연결된 회로이다. 여기서 마이크로스트립 선로들은 칩 저항과 커패시터를 부착하기 위한 연결용 도체 패턴이다. 이것은 트랜지스터의 드레인단에 연결되며, 이와 같이 드레인단에 연결되는 이유는 잡음지수의 영향을 최소화하기 위함이다. 또한 이것은 2-포트 *Subcircuit*로 구성되어 있다. 이와 같이 함으로서 복잡한 회로설계 시, 부분적으로 설계된 회로를 그림 8-26과 같은 방법으로 *Subcircuit*화하여 사용하면, 이것이 사용되는 증폭기 회로의 복잡한 연결을 피하고 간단히 표현할 수 있다.

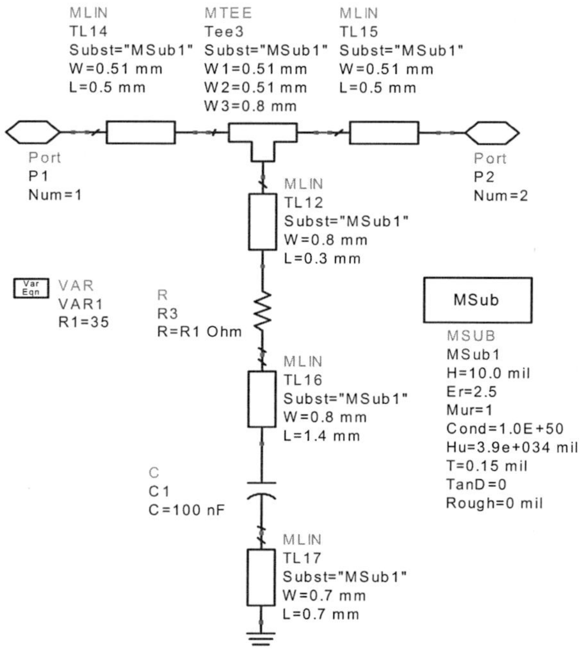

[그림 8-26] k을 증가시키기 위한 첨가한 저항회로; *Subcircuit* (*R_stab*)

그림 8-27은 앞서의 35 ohm으로 설계된 *R_stab Subcircuit*을 추가하여 0–18 GHz

의 주파수에서 안정도를 보기 위한 회로도이다. 또한 *Parameter sweep*을 이용해 저항 값을 0에서 100 ohm 변화 하면서 k의 변화를 알아볼 수 있다. 이 결과는 그림 8-27(a)에 보였으며, *R_stab*를 35 ohm으로 선정되었을 때 주파수에 대한 안정도 변화는 그림 8-27(b)에 보였다.

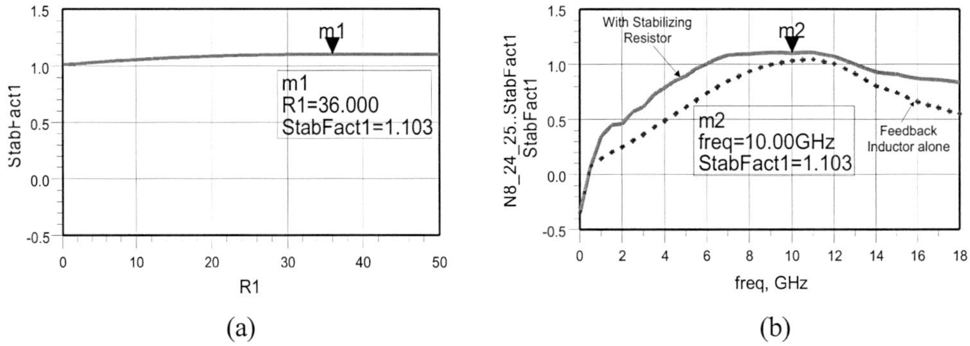

[그림 8-27] *R_stab* 를 첨가한 주파수에 따른 k의 변화: (a) 저항값에 따른 안정도 지수 (10 GHz의 고정주파수), (b) 35 ohm일 때 주파수에 따른 k의 변화

이 때 안정화를 위한 저항의 이득에 대한 영향을 고려하여 L_e 를 L_e=0.04 nH로 수정하고 안정화를 위한 저항 값을 35 ohm으로 선정한 결과 k이 1.103으로 개선되었으며, 주파수에 따른 안정도도 동작주파수 주변에서 충분한 안정한 대역을 얻었다.

8.5.4 전원 및 부하 반사계수의 설정

이 절에서는 전원 및 부하 반사계수 값에 따른 이득과 잡음지수 값의 변화를 알아보고 설계목표에 맞는 전원 및 부하 반사계수 값을 선택하는 것에 대해서 알아보겠다. 그림 8-28은 궤환 인덕터 L_e와 *R_stab Subcircuit*을 추가하고, 주파수 10 GHz에서의 전원 반사계수의 변화에 따른 가용전력이득 원궤적과 잡음 원궤적을 알아보기 위한 회로 구성이다. 이것 또한 *Display* 창에서도 수행할 수 있지만, 여기서는 시뮬레이션 창에서 얻는 방법을 보였다. 그림 8-28에서 가용이득 원궤적은 최고 값 MAG에서 이득이 1 dB씩 감소하는 3개의 원을, 그리고 잡음 원궤적은 최소 값 NF_{min}에서 잡음지수가 0.2 dB 간격을 가지고 증가하는 3개의 원을 나타내도록 설정하였다.

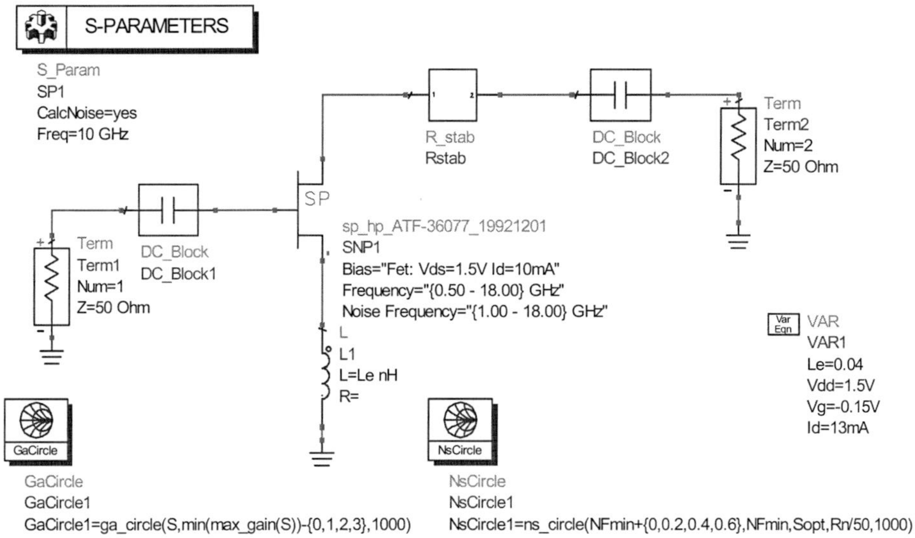

[그림 8-28] 가용전력이득 원궤적과 잡음 원궤적 측정을 위한 회로 구성

이와 같은 방법으로 시뮬레이션하면 그림 8-29와 같은 가용이득 원궤적과 잡음 원궤적을 얻을 수 있다.

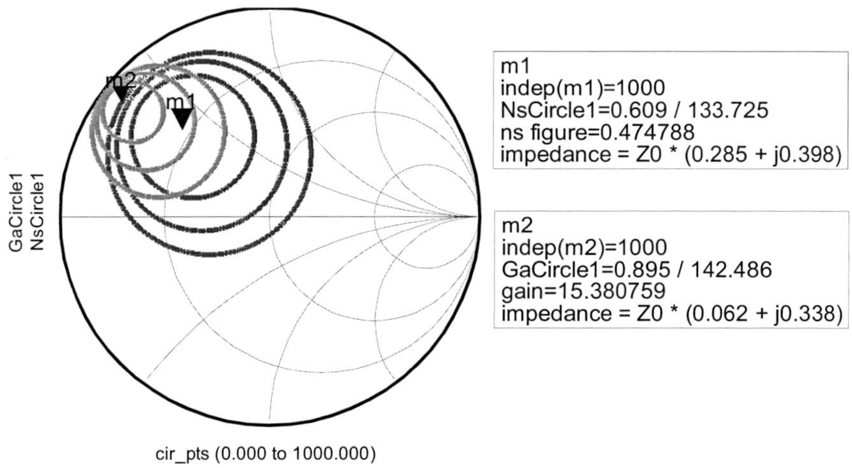

[그림 8-29] 가용이득 원궤적과 잡음 원궤적

*Marker m*1은 잡음 원궤적의 최소 값 (0.47dB)을 나타내며 *Marker m*2는 가용이득 원궤적의 최대 값 (15.38 dB)을 나타낸다. 따라서 전원반사계수 선정에 따라 이

득과 잡음지수 성능은 달라지는데, 설계목표에 따라 전원과 부하 임피던스를 적절히 선택해야 한다. 여기서는 주어진 사양이 이득이 10 dB 잡음지수가 1.5 dB 인 점을 고려하여, 최소잡음을 가지는 *Marker* $m1$점을 전원반사계수 Γ_s로 선택하였다. 선택결과 그림 8-29에서 판정하면 잡음지수는 약 0.5 dB, 이득은 13 dB이상을 기대할 수 있게 된다.

이와 같이 선택된 전원반사계수는 $\Gamma_s = m1 = 0.609\angle 133.725^\circ$ 이다. 따라서 이에 따른 복소정합을 주는 부하반사계수 Γ_L은

$$\Gamma_L = (S_{22} + \frac{S_{12}S_{21}\Gamma_s}{1 - S_{11}\Gamma_s})^* = 0.548\angle -159.04^\circ$$

이며, 이것을 임피던스로 변환하면 아래와 같은 전원 및 부하 임피던스를 얻게 된다.

$$Z_{source} = (Z_{in})^* = 50*(0.285 + j0.398)$$

$$Z_{load} = (Z_{out})^* = 50*(0.301 - j0.169)$$

이와 같이 얻어진 결과를 확인하기 위하여, 그림 8-30과 같이 회로를 구성하고 설계주파수에서 이득 및 잡음지수를 측정하였다. 주목할 것은 이 때 전원 및 부하 포트의 임피던스는 위의 결과로 얻어지는 임피던스 값을 갖고 있어, 이러한 임피던스 하에서 예상된 이득과 잡음지수가 나오는 지를 확인할 수 있게 된다.

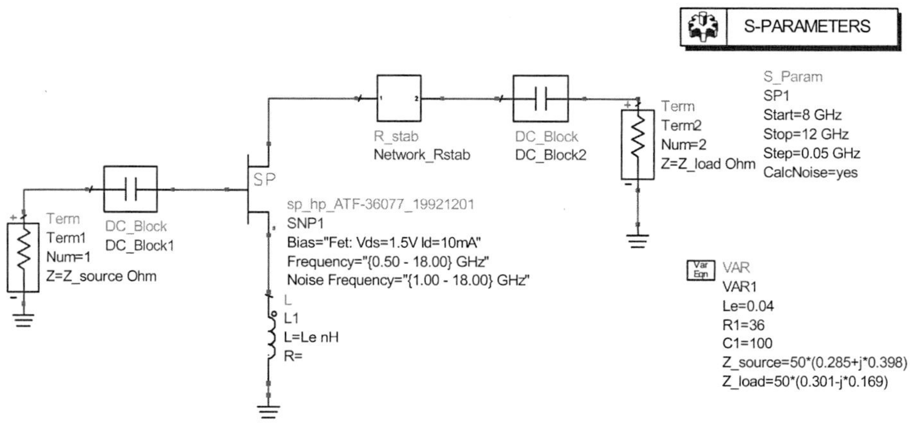

[그림 8-30] 전원부하 임피던스를 확인하기 위한 회로도

이 회로에 대하여 시뮬레이션하다 그림 8-31의 결과를 얻을 수 있다. 예상한대로 원하는 주파수 대역에서 이득이 13 dB 이상이며 잡음지수는 1.5 dB 미만임을 알 수 있다. 따라서 이러한 전원 및 부하 임피던스의 설정은 원하는 저잡음증폭기를 얻기 위하여 적절한 선택임을 알 수 있다.

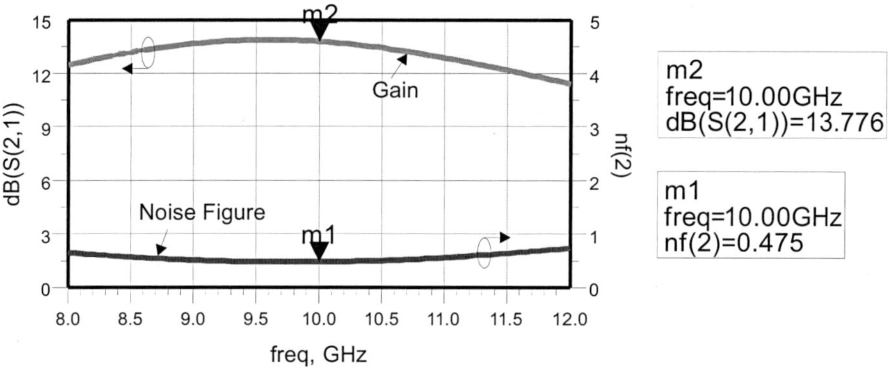

[그림 8-31] 선택된 전원 및 부하 임피던스에 대한 이득 및 잡음지수 결과

8.5.5 정합회로 설계

앞에서는 선정된 전원 및 부하 임피던스를 능동소자에 연결할 경우 원하는 이득과 잡음지수가 얻어지는 것을 확인하였다. 그러나 실제적인 전원과 부하는 일반적으로 50 Ω으로 되어있고, 설계된 저잡음증폭기의 경우는 앞서 선정한 특수한 전원과 부하 임피던스를 요하게 되므로, 이를 위해 전원 임피던스를 저잡음증폭기가 필요로 하는 선정된 임피던스로 변환시켜 주는 정합회로가 필요하게 된다. 이러한 정합회로는 앞의 6장에서 이론적인 설명을 하였고 여기서는 ADS의 *Optimization*을 이용한 정합방법에 대해서 설명하도록 한다. 또한 10 GHz의 주파수에서는 일반적으로 전송선과 같은 분포정수회로를 필요로 하나, 마이크로스트립선로의 경우 불연속 효과로 이러한 정합을 제한하여 실제적인 동작여부 판정을 어렵게 한다. 따라서 본 장에서는 이상적으로 집중소자를 이용하여 우선 정합회로를 설계하고 이어 이 결과를 이용한 전송선로를 이용한 정합회로를 보이고자 한다.

8.5.5.1 집중소자를 이용한 정합회로

그림 8-32는 ADS의 *Optimization*을 이용한 10 GHz에서의 정합방법을 보여주고 있다.

이 때 포트 1의 임피던스는 50 ohm으로 되어 있으며, 반면 포트 2의 임피던스는 앞서 구한 전원 임피던스의 복소공액이 되어 있음을 주목해야 할 것이다. 따라서 이 상태에서 최대 전력이 전달되도록 정합한다면 포트 2쪽에서 포트 1쪽을 들여다본 임피던스는 포트 2 임피던스의 복소공액이 되어, 포트 2쪽에서 들여다본 임피던스는 원하는 전원 임피던스의 값이 되게 된다. 따라서 50 ohm 포트와 정합회로는 원하는 전원 임피던스 값을 구현하게 된다.

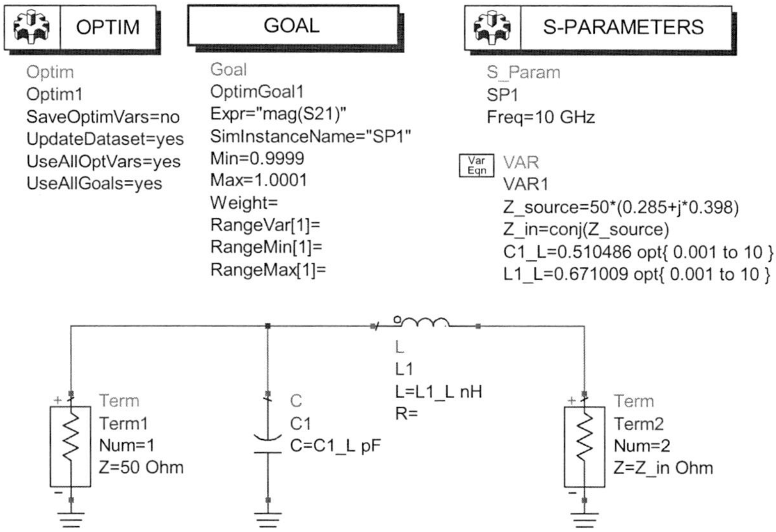

[그림 8-32] 집중소자 입력정합회로 구성

이 상태에서 C와 L 값을 변화시켜 최대전력이 전달되도록 S_{21}이 크기가 1이 되도록 목표(Goal)를 설정하고 시뮬레이션하면 C가 0.510 pF이고 L이 0.671 nH일 때 목표한 S_{21}의 크기가 1에 가장 가까운 값이 된다.

그림 8-33은 그림 8-32 회로에서 *Optimization*을 수행한 결과를 변수로 갱신한 후, *S-Parameter Simulation* 결과를 극좌표 형식으로 보여준 그림으로 S_{21}의 반사계수 크기는 1이며 S_{11}과 S_{22}의 반사계수 크기는 0으로 임피던스 정합되었음을 알 수 있다. 이와 같이 결과가 나오는 것은, 정합되어 가용전력이 부하에 전달됐기 때문에 $|S_{21}|^2 = 1$이 되고, 또한 무손실 정합회로이므로 $|S_{11}|^2 + |S_{21}|^2 = 1$이 성립하는데, 이것으로부터 $S_{11} = 0$이 되는 것을 알 수 있다. 또한 수동회로망이므로 $S_{12} = S_{21}$ 이고 무손실 조건을 적용하면 역시 $S_{22} = 0$임을 알 수 있다.

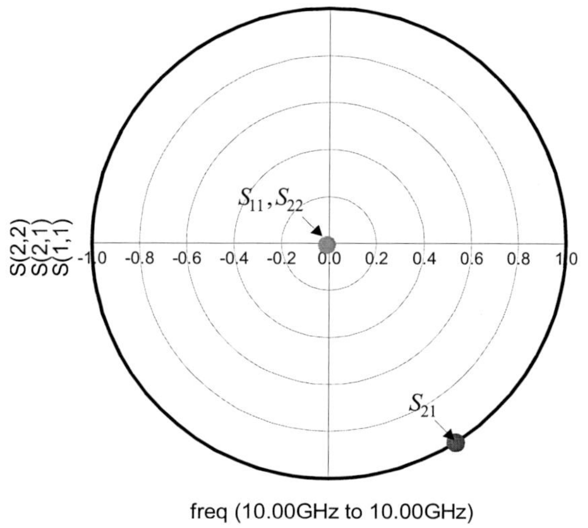

[그림 8-33] 입력정합회로 시뮬레이션 결과(주파수 10 GHz)

같은 방법으로 10 GHz에서의 출력정합회로의 구성은 그림 8-34와 같고, 이때 최적화를 수행 후 C가 0.478 pF이고 L이 0.231 nH 값을 얻을 수 있다. 동일한 방법으로 정합여부를 확인하기 위하여 그림 8-35에 시뮬레이션 결과를 극좌표 형식으로 보였다. 이 그림에서 역시 S_{21}의 반사계수 크기는 1이며 S_{11}과 S_{22}의 반사계수 크기는 0으로 임피던스 정합되었음을 알 수 있다.

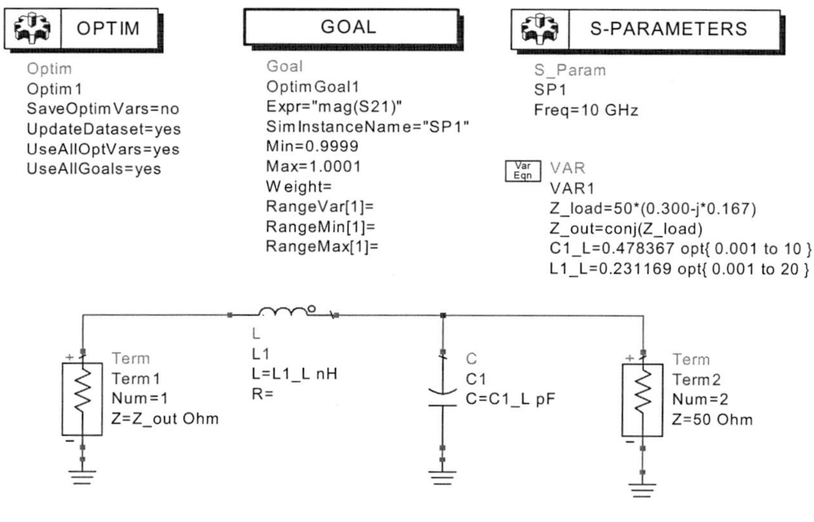

[그림 8-34] 출력정합회로 시뮬레이션 회로도

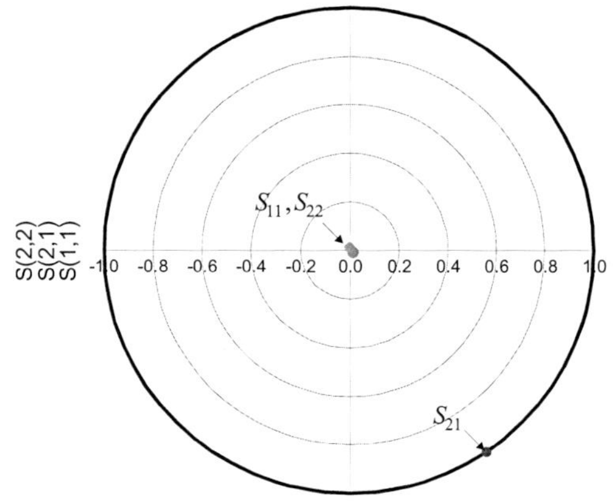

[그림 8-35] 출력정합회로 결과(주파수10 GHz)

그림 8-36은 이와 같이 *Subcircuit*화한 입력정합회로 및 출력정합회로 그리고 k를 개선하기 위한 R_{stab} *Subcircuit*과 궤환 인덕터 L_e가 포함된 능동부로 구성된 저잡음증폭기 회로를 보였다.

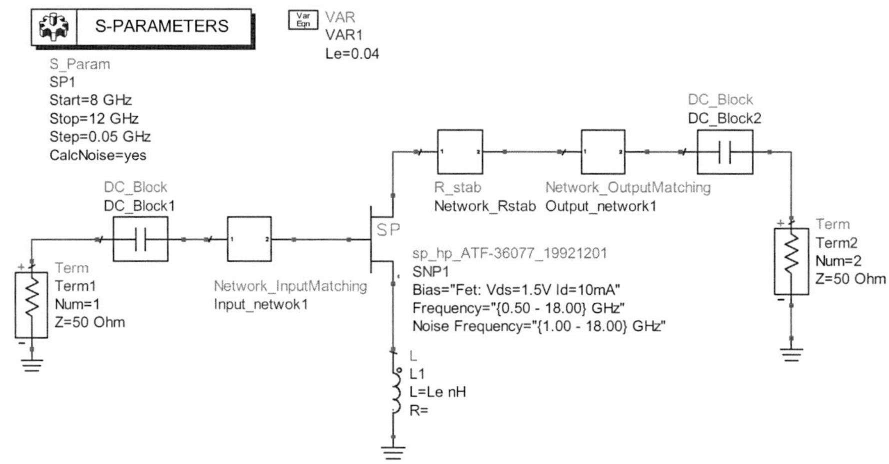

[그림 8-36] 입, 출력 정합회로를 포함한 저잡음증폭기 회로 구성

그림 8-37은 이와 같은 방법으로 구성한 회로를 주파수에 따라 *S-Parameter simulation* 한 결과이다. 그림 8-37에서 설계주파수 대역에서 이득이 13 dB 이상이며 잡음지수는 1.5 dB 미만임을 알 수 있다. 설계 중심주파수 보다 높거나 낮은 주

파수에서 이득과 잡음지수 값에 차이가 생기는 것은 능동소자와 정합회로가 주파수 특성을 가지고 있기 때문이다.

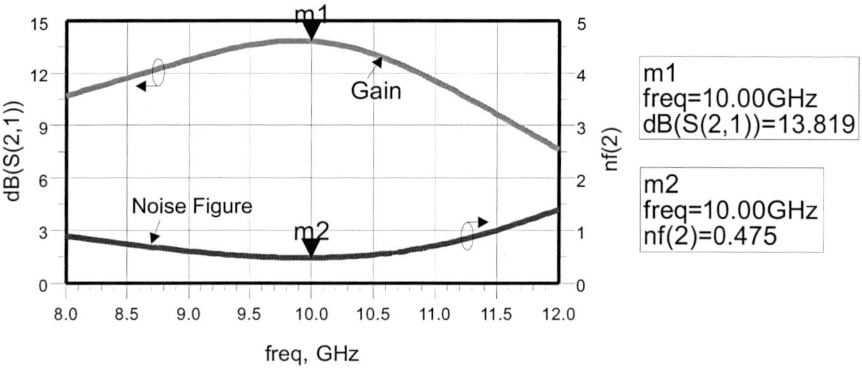

[그림 8-37] 정합회로를 포함한 저잡음증폭기 시뮬레이션 결과

8.5.5.2 전송선 소자를 이용한 정합회로

앞 절에서 살펴본 집중소자를 사용한 정합회로는 주파수가 높을 경우 구현하는데 어려움을 줄 수 있다. 반면 전송선을 이용한 정합회로는 고주파에서 구현 용이하며, 이 경우는 앞서의 결과를 전송선으로 대치할 경우 용이하게 설계할 수 있다. 이 절에서는 전송선을 이용한 정합회로 설계에 대해 알아보겠다.

그림 8-38은 설계된 집중소자 회로를 대치할 수 있는 전송선 회로를 보여주고 있다. 두 회로의 관계를 살펴보면, 특성 임피던스 R_1과 θ_1의 길이를 갖는 전송선은 (8-103a)식과 같이 L의 역할을, 특성 임피던스 R_2와 θ_2 길이를 가지고 있는 2개의 병렬로 연결된 개방된 전송선은 (8-103b)식과 같이 C의 역할을 하게 된다. 주목할 것은 식(8-103a)의 변수는 폭과 길이가 있어서 인덕터 값을 구현하는데 자유도가 있게 된다. 이 때 폭은 좁을수록 인덕터에 가깝게 구현할 수 있으나, 반면 패키지된 능동소자의 단자 폭보다 충분히 커서, 능동소자가 납땜되는데 문제가 없어야 할 것이다. 또한 식(8-103b)의 경우도 마찬가지로 2개의 자유도를 갖게 되는데, 폭이 넓을수록 커패시터에 가깝게 될 것이다. 그러나 폭을 증가시킬 경우 길이가 짧아져서 cross-junction으로 연결된 것으로 고려하고 구현된 전송선 회로는 step-불연속을 갖는 두 개의 전송선 연결로 보일 수 있다. 이를 방지하기 위해서 cross-junction에 연결된 전송선의 길이가 폭보다 크도록 설정하여야할 것이다.

$$X_1 = R_1 \tan(\theta_1) \approx \omega L \quad (8-103a)$$

$$X_2 = \frac{R_2}{2\tan(\theta_2)} \approx \frac{1}{\omega C} \quad (8-103b)$$

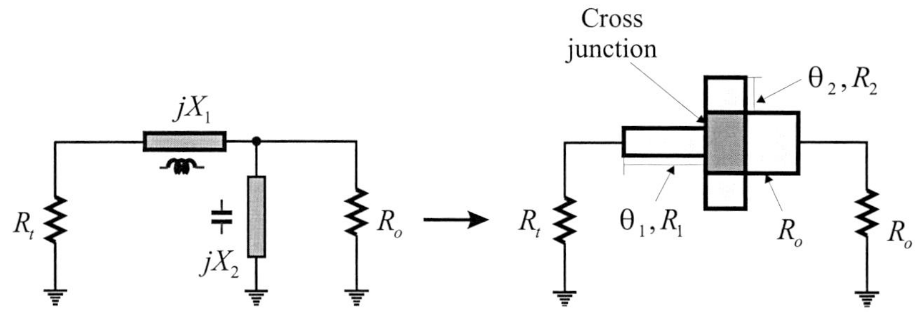

[그림 8-38] 집중소자로된 정합회로의 전송선정합회로로의 변환

여기서 부하 R_o에 연결된 전송선은 부하 값과 같은 특성 임피던스를 갖고 있어, 정합회로 측에서 부하를 볼 때 이것은 기능이 없게 된다. 그러나 정합회로에 외부회로를 직접 연결할 경우 그림 8-38에 보인 cross-junction의 전자계에 회로 상으로는 나타나지 않은 효과가 있을 수 있으며, 특히 동축 커넥터가 직접 정합회로에 연결될 경우 회로의 기능이 다소 달라질 수 있어, 이러한 것을 배제하기 위하여 삽입된 것이다. 따라서 이것은 cross-junction에서 발생된 고차 모드가 충분히 감쇄되도록 충분한 길이를 가지고 있어야 할 것이다.

그림 8-39는 마이크로스트립으로 구성된 입력 정합회로를 얻기 위한 회로도이다. 앞서서 설명한 바와 같이 마이크로스트립선로의 설정에 폭과 길이의 두 가지 요소가 있어 자유도가 있게 된다. 이중 마이크로스트립선로의 폭 즉 이들 임피던스를 앞서 설명한 사항을 고려하여 고정하고, 단순히 길이만 변화시켜 정합회로를 구성하는 방법을 사용하였다. 이 때 커패시터를 구현하는 전송선의 폭은 50ohm 선로 폭보다 약간 큰 폭의 *W_C*=1.0 mm로, 그리고 인덕터를 구성하는 선로의 폭은 50 ohm 선로 폭보다 다소 작은 폭 *W_L* =0.5mm로 고정하였다. 이와 같이 폭을 고정한 후, 집중소자 정합과 비슷한 방법으로 두 개의 전송선의 길이 *l_C*와 *l_L*을 조정 최대전력이 전달되도록 (즉 S_{21}이 1에 가깝게 되도록)한다. 이것을 *Optimization* 시뮬레이션을 통하여 전송선으로 구성된 입력정합회로를 결정하기

위한 회로도이다. 이를 이용한 시뮬레이션 결과를 그림 8-40에 보였으며 그림에서 볼 수 있듯이 S_{11}과 S_{22}가 0으로 정합된 것을 알 수 있다. 따라서 이때의 값으로 고정된 전송선 정합회로를 입력 정합회로로 대체 사용할 수 있을 것이다.

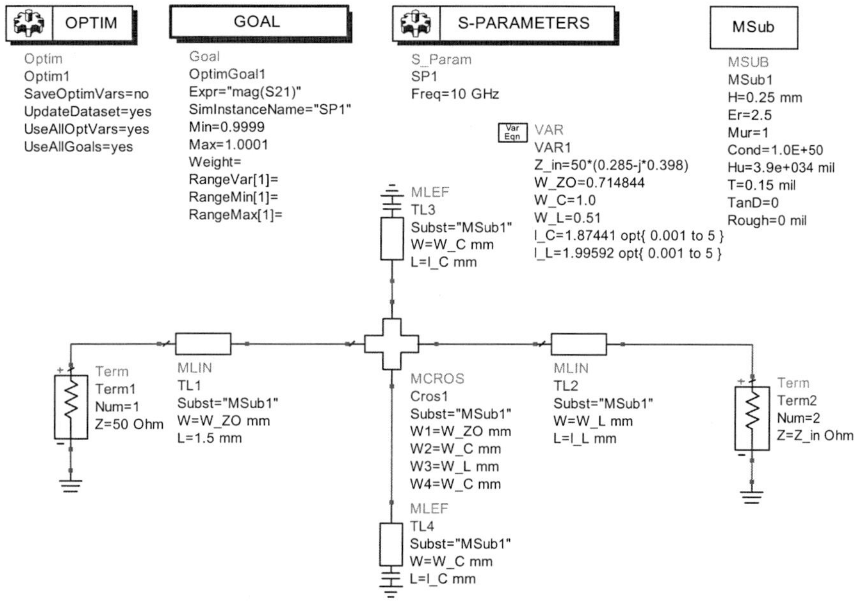

[그림 8-39] 전송선을 이용한 입력정합회로

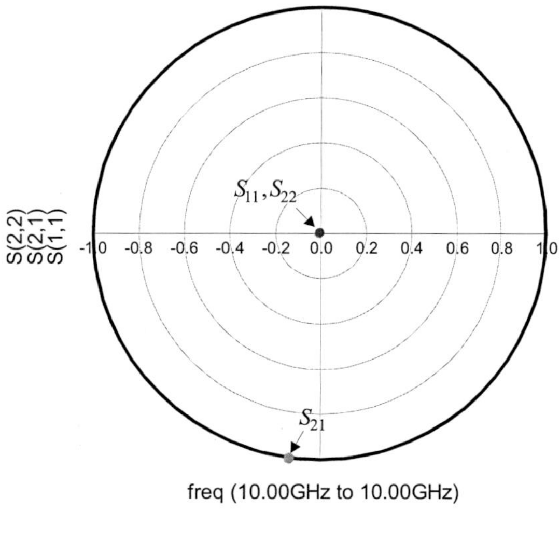

[그림 8-40] 전송선을 이용한 정합회로 시뮬레이션 결과(주파수 10 GHz)

출력정합회로에 대해서도 유사하게 그림 8-41과 같이 회로를 구성하고, 최대전력이 전달되도록 전송선 길이 *l_C*와 *l_L*을 *Optimization* 하였다. 여기서 포트 1은 설정된 부하임피던스의 복소공액 값을 임피던스로 갖는 포트 이며, 포트 2는 50 ohm으로 되어 있다.

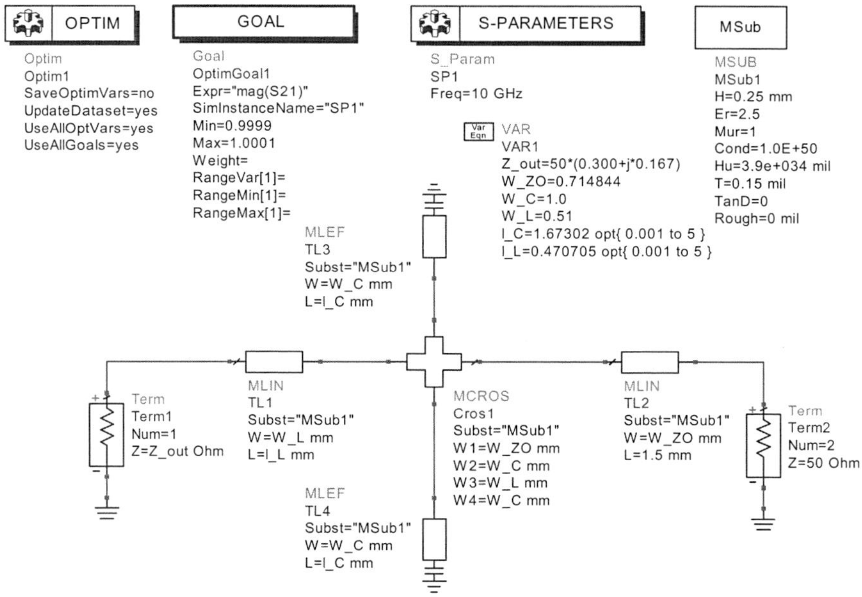

[그림 8-41] 전송선을 이용한 출력정합회로

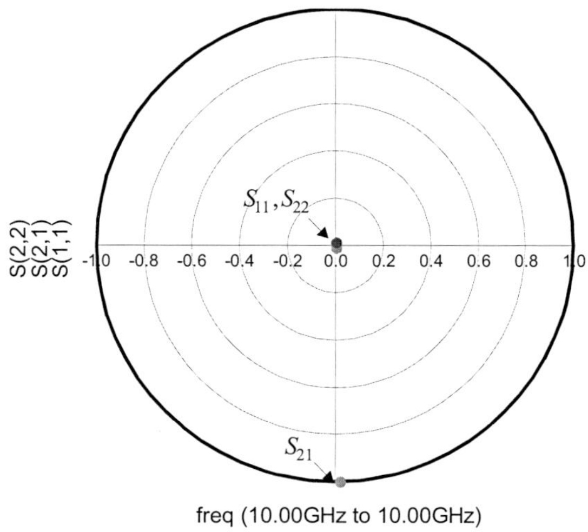

[그림 8-42] 출력정합회로 시뮬레이션 결과(주파수10 GHz)

그림 8-41을 통하여 그림 8-42와 같은 시뮬레이션 결과를 얻을 수 있다. 결과로부터 S_{21}은 1에 가깝고 또한 S_{11} 및 S_{22}는 0에 가까워서 잘 정합된 것을 알 수 있다. 따라서 이때 값을 고정하고 이것을 전송선으로 구성된 출력정합회로로 사용할 수 있을 것이다.

그림 8-43은 이와 같이 얻어진 입출력 전송선정합회로를 *Subcircuit*으로 구성하고, 시뮬레이션한 결과이다. 이 때 이득이 13.820 dB 그리고 잡음지수가 0.475 dB로 예상한 값이 나오는 것을 알 수 있다. 이것은 집중소자 정합회로를 이용한 결과와 비슷한 결과를 보이는 것을 알 수 있다.

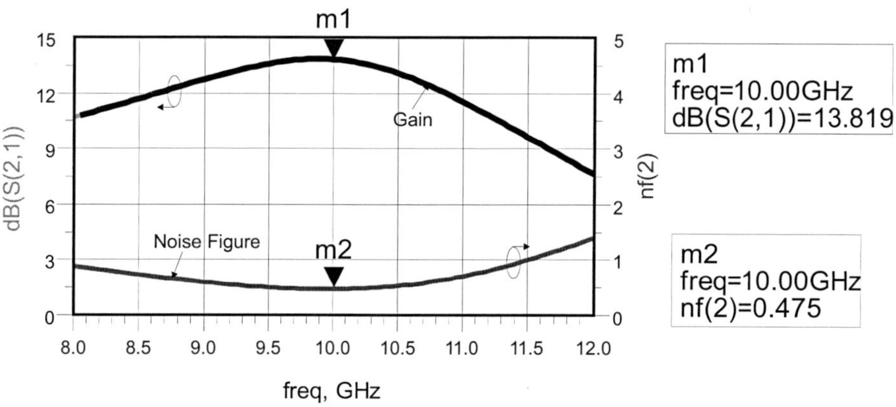

[그림 8-43] 전송선 정합회로를 사용한 저잡음증폭기 시뮬레이션 결과

8.5.6 DC공급 회로의 추가

RF에서 설계된 저잡음증폭기를 동작시키기 위해서는 능동소자에 적절한 DC 전압을 공급해야 하는데, 이러한 DC 공급회로는 설계된 RF 정합회로에 최소의 영향을 주어야 할 것이다. 또는 영향이 있을 경우 이를 포함 새로이 정합회로를 재구성하게 될 것이다. 이 절에서는 DC 공급을 위해 삽입된 소자를 포함하는 정합회로 설계에 대해서 알아보겠다.

이를 위해서는 DC 블록과 RFC가 필요하게 되는데, 보통의 칩 커패시터의 경우

2장에서 언급한 바와 같이 칩 커패시터에 기생하는 인덕터로 인해, 현재 설계주파수 영역에서는 DC 블록으로 사용하기 어렵다. 따라서 보통 그림 8-44와 같은 결합전송선을 이용한 DC 블록을 사용하게 된다. 그러나 일반적으로 이와 같은 결합전송선을 DC 블록의 경우 결합도가 1에 가까워야하기 때문에 이들의 간격은 매우 좁아야 한다. 따라서 이러한 DC 블록은 가끔 까다로운 제작 공정을 요구하게 된다.

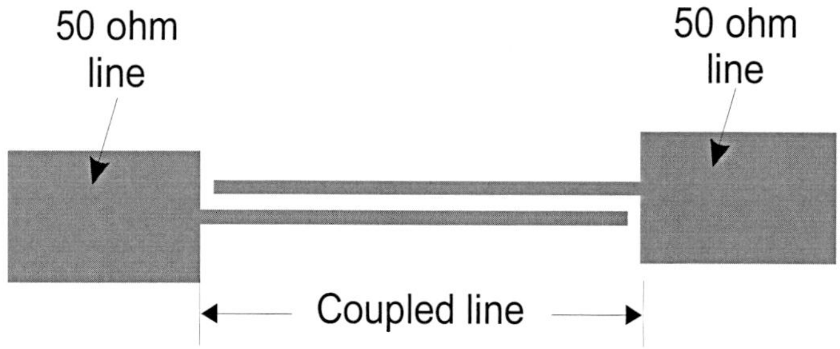

[그림 8-44] 결합전송선을 이용한 DC 블록(결합전송선 간격: 0.2mm)

이것을 설정하는 방법은 그림 8-44와 같은 결합전송선 선로의 S-파라미터를 계산하여 중심주파수에서 $|S_{21}|$의 크기가 1에 가깝도록 하고, 이것의 대역폭이 설계대역폭 보다 충분히 크도록 폭 길이, 간격 등을 설정해야할 것이다. 또한 이로 인해 앞서서 설계된 정합회로의 결과치도 다소 변하게 되며, 이의 주파수특성으로 인해 계산된 대역폭보다도 좁게 나오게 된다. 이것을 포함하여 정합회로를 재설계하는 방법은 다음에 기술되는 정합회로 재설계와 과정이 유사하므로 여기서는 이의 자세한 언급은 피하도록 한다.

최근에는 칩 커패시터의 기능을 대폭 개선하여 DC 블록으로 사용 가능하게 한 커패시터들이 널리 상용화되어 판매되고 있다 [3],[4]. 따라서 본 장에서는 정합회로의 재설계 결과가 크게 바뀌지 않도록, 이러한 DC 블록을 포함한 정합회로 재설계 과정을 제시하고자 한다. 본 설계에서는 ATC사의 1 pF 값을 갖는 DC 블록[3]을 사용했으며 제조사에서 제공하는 이것의 특성은 그림 8-45와 같다. 그림 8-45에서 이것은 주파수 5 GHz에서 26.5 GHz의 주파수에서 DC 블록으로 동작하는 것을 알 수 있다.

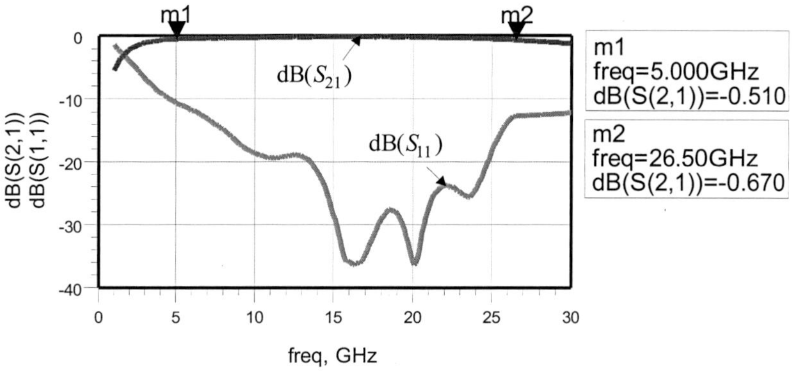

[그림 8-45] 제조사에서 제공한 1 pF DC 블록의 주파수 특성

이것에 대해 해당 제조사에서는 S-파라미터를 *s2p* 형식으로 제공하고 있어, ADS의 *Data item. S2P* 모델을 이용하여 소자로 구성할 수 있다. 이것을 그림 8-46에 보였다. 이것을 시뮬레이션하면 그림 8-45와 동일한 결과를 얻을 수 있다. 주목할 것은 보통의 칩 커패시터와는 달리 광대역의 특성을 얻을 수 있으며, 이에 대한 자세한 주파수 특성은 앞서 언급한 참고문헌 자료를 참조하기 바란다.

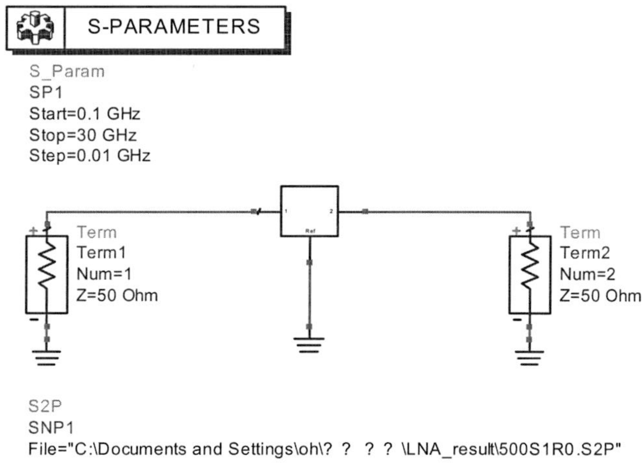

[그림 8-46] 제조사에서 제공하는 DC 블록용 커패시터 자료 확인을 위한 회로 구성

이와 같이 *Data item*으로 구성된 DC 블록과, 1/4파장 전송선으로 구성된

RFC(3장 참조)를 이용 그림 8-47과 같이 정합회로를 재구성했으며, 이 때 게이트 DC 전압은 *MRSTUB Stub1*의 전단 점에서 인가하게 된다. 정합회로의 최적화 변수는 앞서 정합회로 최적화시와 같이 전송선 길이 *l_C*, *l_L*를 선택하였다.

앞서서 얻은 결과 *l_C*, *l_L*를 다시 최적화 변수로 고려하는 것은 radial open stub의 경우 RF 회로에 큰 영향을 주지 않지만, DC 블록으로 사용된 커패시터는 정합회로에 영향을 주기 때문이다. 따라서 DC 공급회로를 포함 새로이 최적화 작업을 수행하는 것이 필요하다. 또한 앞에서 본 *Optimization*과 다르게 3개의 *Goal*들을 선택하였다. 이와 같이 최적화 *Goal*을 늘린 이유는 최적화할 때 생성되는 여러 가지 원치 않는 해의 발생을 가능한 방지하기 위함이다.

이상과 같이하여 다른 변수들(RF 초크의 선폭, DC 블록의 선폭과 간격 등)은 고정하고 시뮬레이션을 수행하였다. 시뮬레이션 결과는 그림 8-48에 보였으며, 앞서와 같이 S_{11}과 S_{22}는 0으로, S_{21}은 1로 성공적으로 정합된 것을 볼 수 있다.

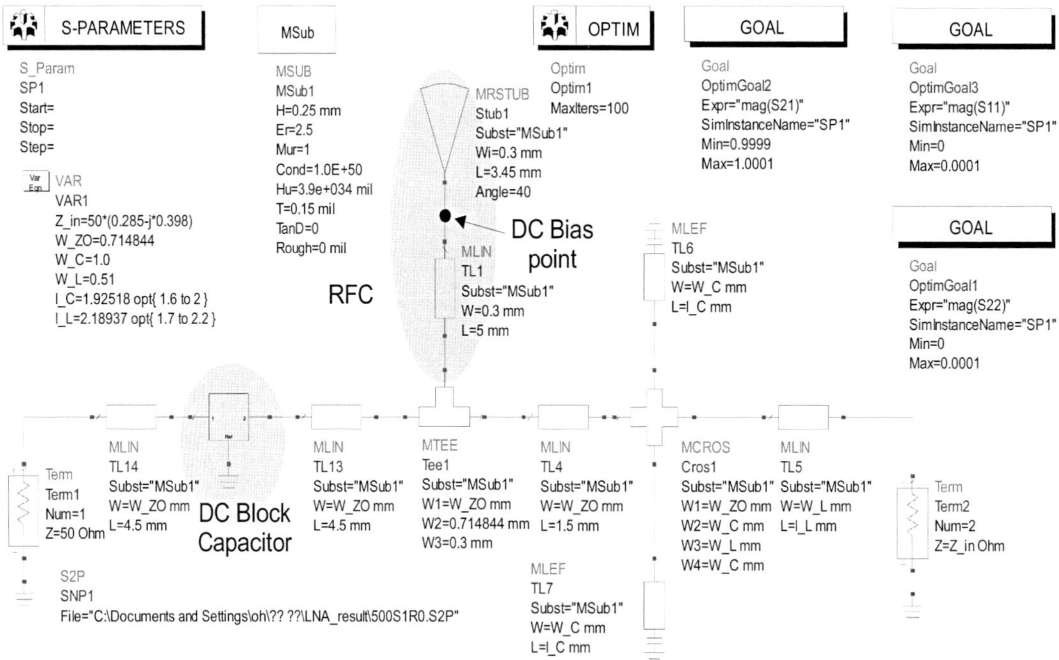

[그림 8-47] DC 공급 회로를 포함한 입력정합회로

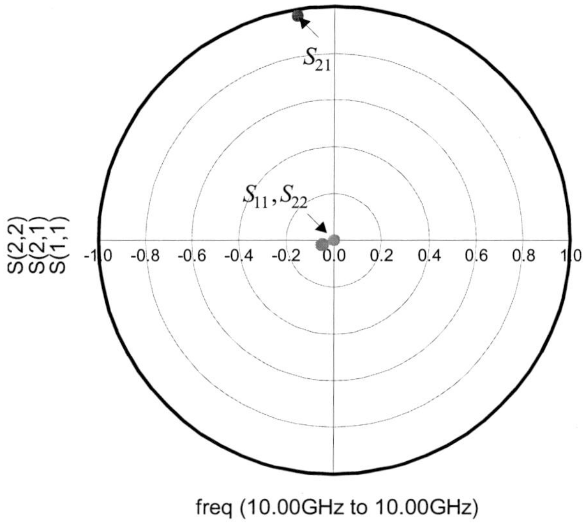

[그림 8-48] DC공급회로를 포함한 입력정합회로 시뮬레이션 결과

같은 방법으로 출력 정합회로에 대해 *Optimization* 하는 회로는 그림 8-49와 같이 구성하였다.

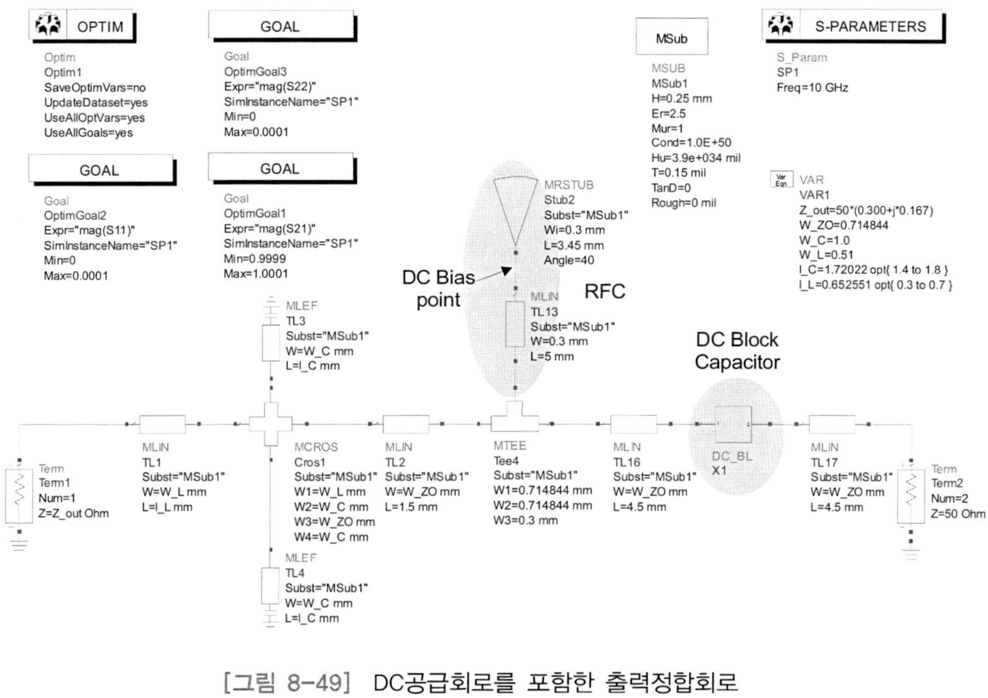

[그림 8-49] DC공급회로를 포함한 출력정합회로

그림 8-49에서도 드레인 DC 전압은 radial open stub를 통하여 공급되며, DC 블록은 *Data item*을 이용 구성하였다. 시뮬레이션 결과는 그림 8-50에 보였으며, 입력정합회로에서와 같이 S_{11}과 S_{22}는 0으로, S_{21}은 1로 성공적으로 정합된 것을 볼 수 있다.

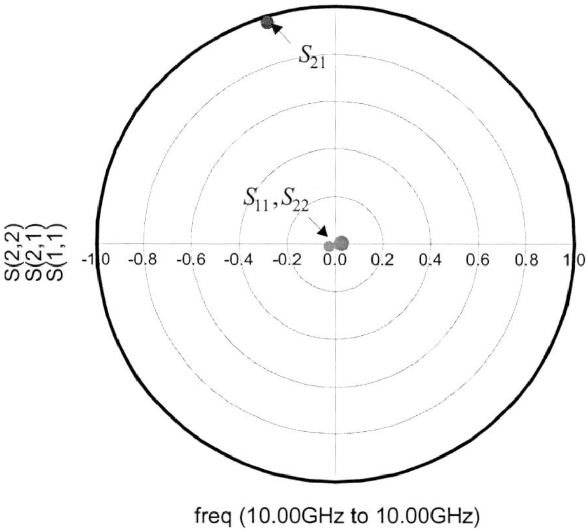

[그림 8-50] DC공급회로를 포함한 출력정합회로 시뮬레이션 결과

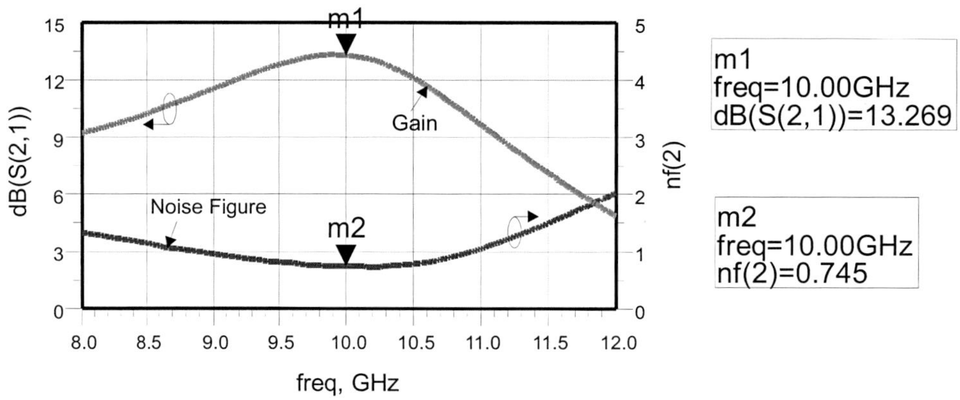

[그림 8-51] DC공급회로를 포함한 저잡음증폭기 시뮬레이션 결과

DC 공급회로를 포함한 정합회로가 제대로 동작하는지 조사하기 위해, 그림 8-51은 앞서 얻은 DC 공급회로를 포함한 입, 출력 정합회로를 회로를 *Subcircuit*로

구성하고 시뮬레이션하다 결과이다. 원하는 주파수 대역에서 이득이 13.7 dB 이고, 정합회로만으로 구성된 결과에 대하여 0.1 dB 정도 낮아졌으며 잡음지수는 0.5 dB로 역시 약 0.2 dB 정도 높아진 것을 알 수 있다. 이것은 DC 블록 커패시터의 손실로 인한 것으로 예상된다.

8.5.7 낮은 주파수에서의 안정도 조사

저잡음증폭기 설계의 마지막 사항으로 낮은 주파수에서의 안정도를 확인하여야 한다. 안정도를 조사하는 방법은 Smith chart상에서 트랜지스터 측에서 들여다 본 설계된 임피던스 Γ_S 및 Γ_L의 주파수에 따른 궤적과 여기에 전원 및 부하 안정도 원궤적을 각 주파수별로 그리고, Γ_S 및Γ_L의 주파수에 따른 궤적이 안정한 영역에 있는지, 각 주파수에서 조사하는 것이 될 것이다. 다른 방법으로는 설계된 전체 저잡음증폭기 회로에 대하여 새로이 S-파라미터를 정의하고, 이것의 안정도를 주파수에 따라 조사하면 될 것이다. 이 경우 전원 및 부하 안정도 원궤적들은 새롭게 정의 된 S-파라미터에 의해서 정의 되게 되며, 이때의 전원 및 부하 임피던스 Γ_S 및 Γ_L은 포트의 임피던스가 되어, $\Gamma_S = \Gamma_L = 0$이 되게 된다. 따라서 전원 및 부하 임피던스는 주파수에 따라 변화가 없게 되므로 각 주파수 별로 Smith chart의 원점이 안정한 영역에 있는지를 조사하면 될 것이다.

후자의 방법은 $\Gamma_S = \Gamma_L = 0$으로서 Smith chart 상의 원점이 되므로, 이 원점이 전원 및 부하 안정도 원 궤적들의 안정한 영역에 있는지를 판별하면 되기 때문에, 전자의 능동소자 측에서 안정도를 살피는 것보다 훨씬 용이한 것이 된다. 또한 반복적으로 각 주파수별로 안정한지 불안정한지를 판별할 때 후자의 방법은 시각적으로도 훨씬 용이하게 안정도를 판별할 수 있다.

다른 문제로는 Γ_{in}, Γ_{out}은 선택된 Γ_s 및 Γ_L에 대해 부성저항을 가지지 않아야 할 것이다. 따라서 선택된 Γ_s 및 Γ_L에 대해 $|\Gamma_{in}| < 1$ 및 $|\Gamma_{out}| < 1$을 만족하여야 할 것이다. 이 경우 증폭기로 정의되는 새로운 S-파라미터에 대해서는 $\Gamma_{in} = S_{11}$, 및 $\Gamma_{out} = S_{22}$가 되므로, $|S_{11}| < 1$ 및 $|S_{22}| < 1$을 만족하여야 할 것이다. 따라서 증폭기로 정의되는 S-파라미터에 대해서 다른 낮은 주파수에서 안정도 조사는

1) 원점이 불안정해지는 주파수 영역
2) $|S_{11}| > 1$ 또는 $|S_{22}| > 1$이 되는 주파수 영역

이 있는지 조사하는 것이 되며, 이러한 경우 이것이 나타나지 않도록 정합회로를 재조정해야 할 것이다.

그림 8-52는 설계된 정합회로를 가진 저잡음증폭기 회로이다. 이 시뮬레이션을 통해 설계된 정합회로가 다른 주파수에서 안정한 동작을 하는 지 조사하고자 한다.

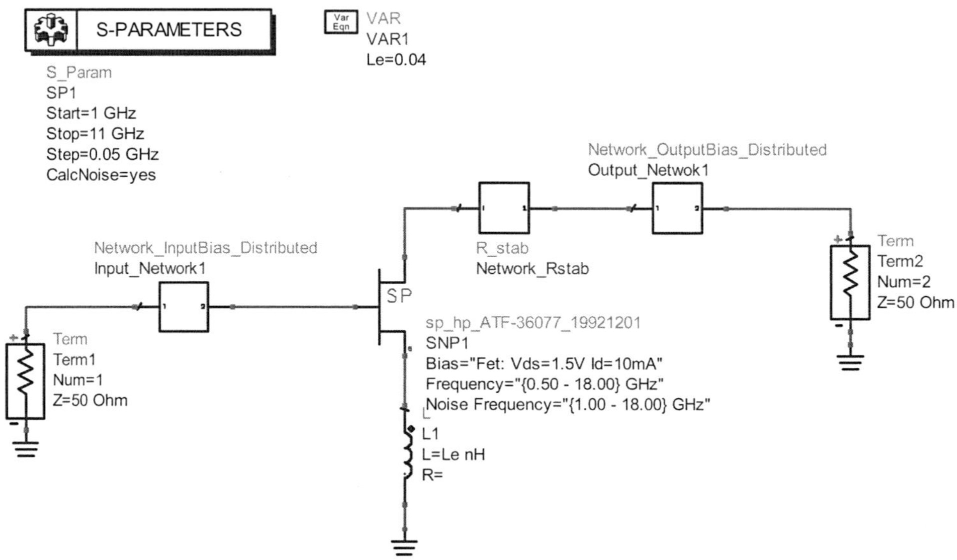

[그림 8-52] 낮은 주파수에서의 안정도 조사를 위한 회로 구성

설계주파수 이외의 점에서 안정도를 조사하기 위하여 그림 8-52 회로를 S-파라미터 시뮬레이션한 후 *Display* 창에서 안정도 원궤적 함수를 정의하고, 주파수에 따라 그림 8-53과 같이 입출력 안정도 원궤적들을 그릴 수 있게 된다. 또한 이 때의 안정한 영역은 ADS상의 안정도 영역 조사함수(예제 8-2 참조)를 이용하여 알 수 있게 된다. 이 결과를 그림 8-53(a) 및 (b)에 나타내었다. 그리고 입출력 반사계수 Γ_{in} 및 Γ_{out}는 입출력이 모두 50 ohm 부하로 되어 있어 S_{11} 및 S_{22}가 되므로, 이것을 조사하기 위하여 이것 또한 그림 8-53에 나타내었다.

그림 8-53(a)에서 주파수 1 GHz를 제외하고는 모두 원점 $\Gamma_S = 0$ 인 점이 안정한 영역이 된다. 반면 1 GHz에서는 이점이 불안정한 점이되는 것을 알 수 있다. 또한 그림 8-53(b)에서 원점 $\Gamma_L = 0$인 점은 모든 주파수에서 안정하게 되나, 트랜지스터 입력에서 들여다본 반사계수 S_{11}은 1보다 크게 되어 불안정하게 된다.

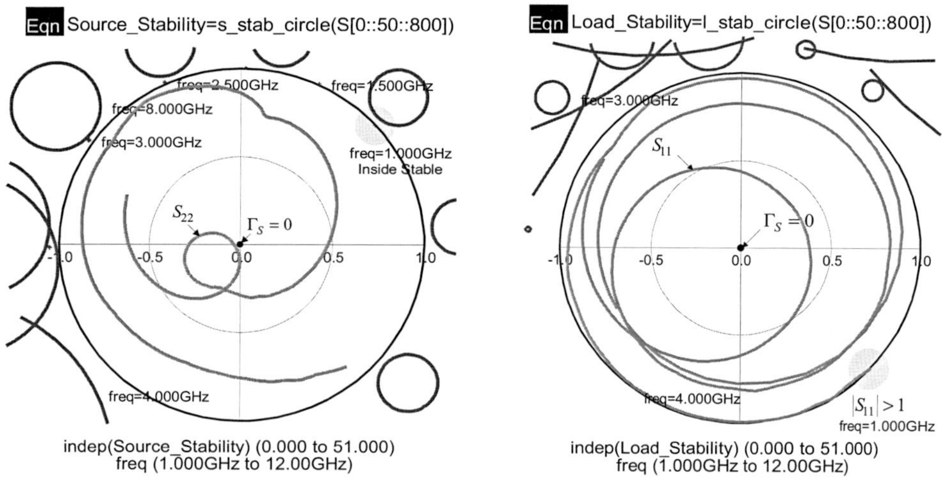

(a) 전원에서의 안정도 (b) 부하에서의 안정도

[그림 8-53] 낮은 주파수에서의 안정도 조사 결과

결과적으로 출력 반사계수 S_{11}는 주파수 1 GHz에서 크기가 1보다 크게 되어, 부성저항을 보이는 것을 알 수 있다. 이렇게 낮은 주파수에서 부성저항이 나타나는 이유는 그림 8-52의 입력정합회로의 경우 DC 공급을 위해 삽입된 DC 블록이 낮은 주파수에서 개방된 것처럼 보이기 때문이다. 따라서 이를 제거하기 위해서는 낮은 주파수에서 입력 또는 정합회로가 50 ohm에 가깝게 보이도록 만들어, 이를 해결할 수 있다. 이때 FET의 경우 게이트에는 전류가 흐르지 않기 때문에, 저항이 DC 공급회로에 직렬로 삽입된다 하더라도 DC 전압에는 영향을 주지 않게 된다. 반면 드레인에는 전류가 흐르고 있어 저항을 삽입할 경우 동작점의 변화가 나타나게 된다. 따라서 그림 8-54와 같이 입력에 직렬로 50 ohm 저항을 삽입하였다. 주목할 것은 이 때 DC 공급은 커패시터 $C1$ 점을 통하여 공급되게 된다.

이 방법은 다소 시행착오적인 방법 같으나, 일반적으로 활용될 수 있는 방법이다. 이러한 배경으로는 보통 능동소자의 경우 50 ohm을 측정기준 임피던스로 S-파라미터가 측정되게 되는데, 대부분의 능동소자는 이 때 입력 S_{11}이나 출력 S_{22}가 1보다 작아 안정하게 된다. 따라서 능동소자가 임의의 주파수에서 불안정할 경우, 이 주파수에서 능동소자에서 전원이나 부하측으로 들여다본 임피던스를 50 ohm에 가깝게 해준다면, 이 능동소자는 측정시와 같이 안정해 질 것이다. 이러한 면에서 낮은 주파수에서 능동소자에서 들여다본 임피던스를 50 ohm에 가깝게 한 것이다. 비슷한 방법으로 RF에 영향을 미치지 않고 안정화시키는 방법들도 근본적으로는 이러한 개념을 이용한 것으로 볼 수 있다. 주목할 것은 이 때 이러한 저항들의 삽입은 DC 전압이나 전류에 영향을 미칠 수 있으므로, 이를 방지하도록 삽입되어야 한다는 점이다.

이와 같이 수정된 입력정합회로를 이용하고, 출력측 정합회로는 동일한 회로를 이용하여 새롭게 정의된 증폭기에 대하여 S-파라미터 시뮬레이션을 수행하였다. 이 결과를 그림 8-55에 나타내었다. 그림 8-55에서 볼 수 있듯이 모든 주파수에서 안정도 원궤적은 단위원 바깥에 위치하며, 원점을 포함한 영역이 안정한 영역이 되는 것을 알 수 있다. 또한 입출력 반사계수 S_{11} 및 S_{22}도 모두 단위 원안에 있는 것을 알 수 있다.

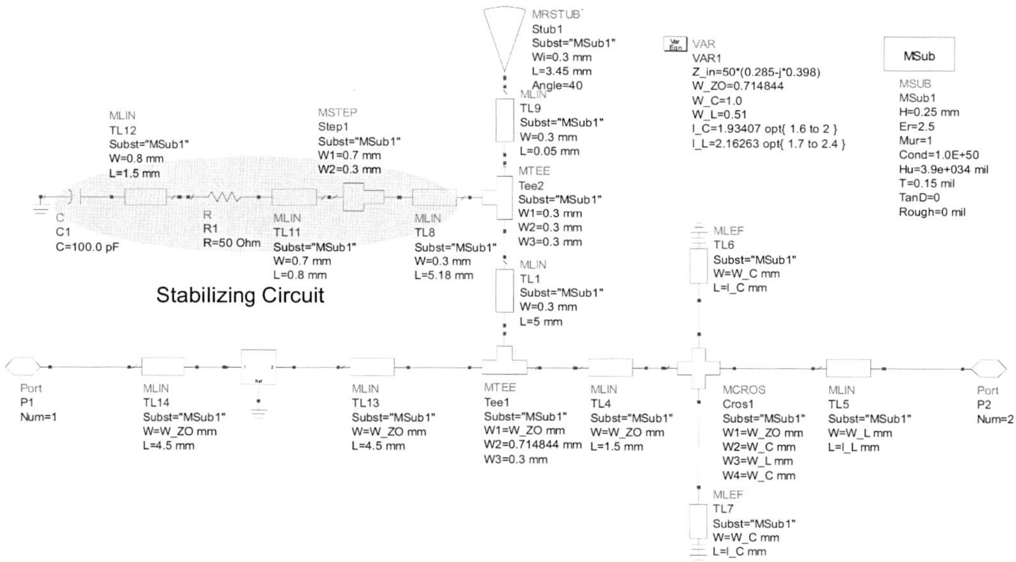

[그림 8-54] 저항을 이용한 낮은 주파수에서의 전원안정도 해결 방법

결론적으로 낮은 주파수에서 불안정해질 경우 앞서 설명한바와 같이 DC 공급회로에 저항 삽입 등으로 해결하게 되며, 이러한 저항은 설계주파수에서는 영향이 나타나지 않도록 한다. 대부분 이와 같은 방법으로 낮은 주파수의 불안정 영역을 제거할 수 있다. 동시에 이 저항은 DC 전압 또는 전류에 영향을 미치지 않아야 함을 주목해야 할 것이다.

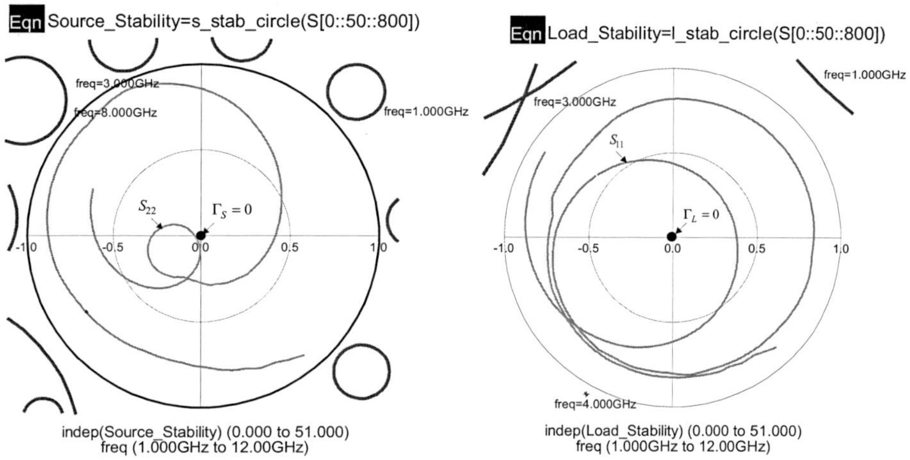

(a) 전원측 안정도 원궤적　　　　(b) 부하측 안정도 원궤적

[그림 8-55] 낮은 주파수에서의 안정도 조사 결과

8.5.8 제작 및 측정 결과

앞서 설계한 저잡음증폭기를 제작을 하기위해서는 layout이 필요하다. Layout을 하기 전에 시행착오를 줄이기 위해서 EM 시뮬레이션이 필요하게 된다. 첫 번째로 실제 소스단자에 연결된 궤환 인덕터를 설계 주파수에서 패턴으로 구현하기위한 작업이 필요하며 이의 확인이 필요하다. 다음으로 정합회로 패턴을 모멘텀 시뮬레이션을 통해 검증해야할 것이다.

8.5.8.1 안정화용 궤환 인덕터회로 설계

지금까지 소스단의 인덕터를 이상적인 집중소자로 고려하여 시뮬레이션을 수행하였다. 이것을 분포정수회로인 전송선을 이용한 회로로 전환이 필요하다. 선정된 인덕턴스는 회로 전체의 안정도를 결정하는 중요한 소자로 전송선과 비아(via)를 이용한 설계이며, 세심한 고려가 필요하다. 특성은 DC 적으로 단락이 되어야 하며, RF 적으로는 인덕터가 되어야한다. 이러한 회로는 전송선을 이용한 경우, 끝이 비아를 통해 단락되는 전송선이 적합하다. 특히 비아의 경우 자체적으로 인덕턴스를 가지게 되므로, 이를 정확하게 고려하기 위해서는 비아에 대한 모멘텀을 통한 EM 시뮬레이션상의 확인이 중요하다. 비아의 규격은 제조상 그림 8-56과 같이 정한다. 여기서 규격의 결정은 PCB 제조업체의 가공에 대한 능력에 따라 달라질 수 있게 된다.

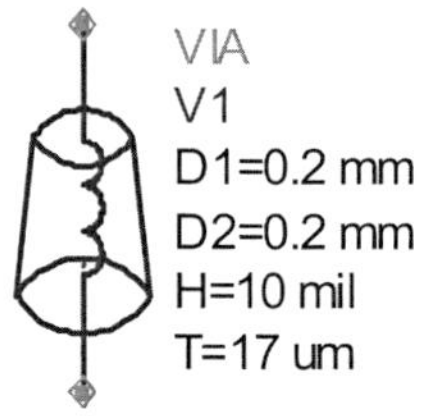

[그림 8-56] 설계에 사용된 비아

Schematic 창에서 비아를 이용하여 그림 8-57과 전송선으로 구성된 인덕터 회로를 구성한다. ATF-36077의 경우 소스가 2개의 단자로 구성되어 있는데 비아를 통한 인덕터 설계를 2곳에 동일하게 적용하기 위해, 전송선과 비아로 구성된 단일 인덕터의 값이 2배 값인 0.08 nH를 만족하도록 설계하여야할 것이다.

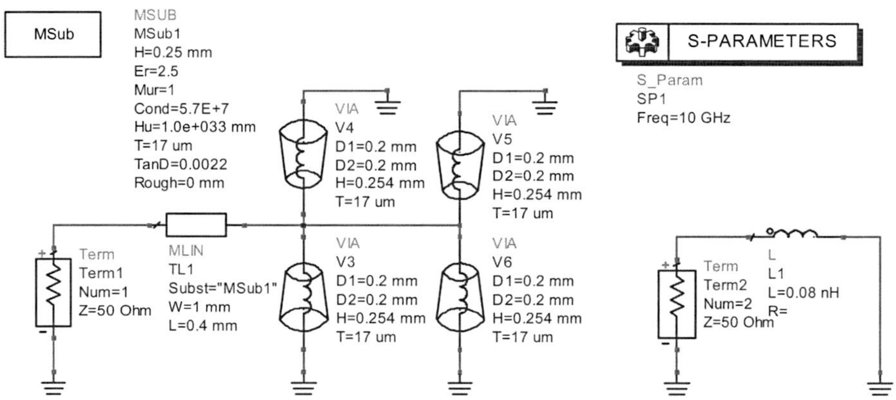

[그림 8-57] 전송선과 비아를 이용하여 인덕턴스를 구현한 회로

그림 8-57에서 우측의 인덕터 시뮬레이션의 결과는 설정된 인덕터 값을 스미스 차트상에 나타내기 위한 것이고, 이를 좌측의 시뮬레이션 결과와 비교하기 위한 것이다. 이 때 좌측의 전송선 *TL*1의 길이를 변화시켜 설정된 인덕터 값을 얻게 된다. 이를 통해 얻어 진 값은 전송선 길이는 그림 8-57에 나타난 것과 같다. 비아

의 개수를 4개로 한 것은, 단일 비아로는 인덕턴스가 0.08 nH를 초과하여, 비아에 의한 인덕턴스를 줄여 전송선 통해 인덕턴스를 조정할 수 있게 하기 위함이다. 그림 8-57의 시뮬레이션 수행 결과 원하는 인덕턴스를 갖는 회로를 구성할 수 있었으며, 소스 단자의 패드용 전송선의 길이도 얻을 수 있었다.

설계된 회로를 모멘텀을 이용하여 확인하기 위해, ADS의 자동생성(auto-layout) 기능을 이용하고, *Schematic* 창의 *MSUB*정보를 가져오면, *Layout* 창의 *Layer*의 설정이 용이하게 구성할 수 있다. 그림 8-58은 그림 8-57의 layout 결과이다.

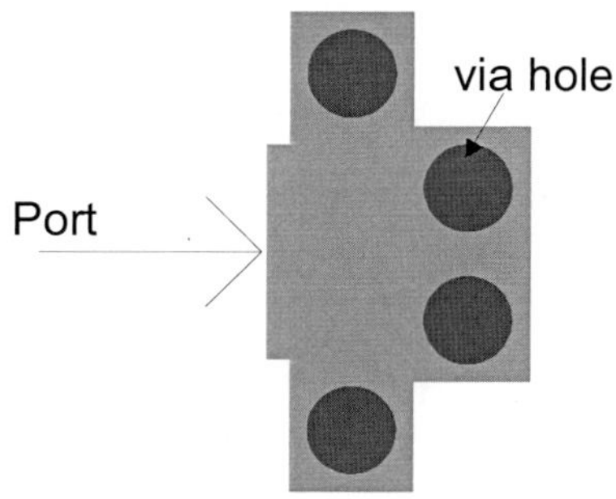

[그림 8-58] 전송선과 비아를 이용하여 인덕턴스를 구현한 회로의 layout

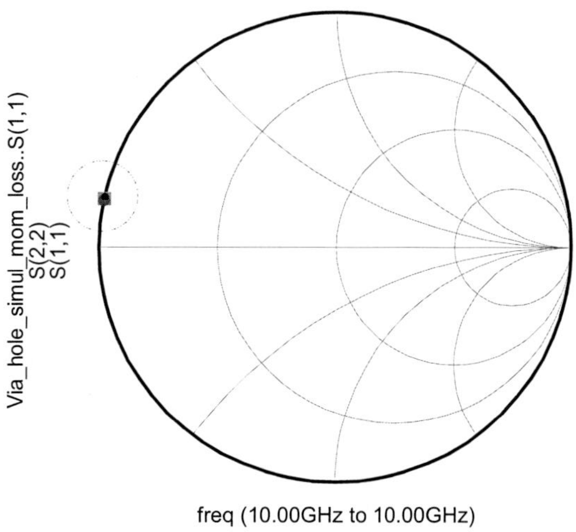

[그림 8-59] 회로 및 모멘텀 시뮬레이션을 통한 인덕턴스 결과 비교

모멘텀 시뮬레이션 결과, 회로 시뮬레이션 결과와 다소 다르게 나오는 것을 확인 할 수 있는데, 이것은 설계 주파수 10 GHz 대역에서 발생하는 기생성분에 의

한 전기적 길이 증가로 설정된 인덕턴스 값에 벗어나 있으며, 이것을 감안하여 layout상의 전송선의 길이를 보다 짧게 조정하여, 인덕터 0.08 nH와 일치하게 하였다. 그림 8-59는 길이 조정 후의 인덕턴스와 회로 시뮬레이션의 결과를 비교한 것으로, 집중소자회로, 분포정수회로, 모멘텀 결과를 보였고, 이들의 인덕턴스 값은 잘 일치하는 것은 확인할 수 있다.

8.5.8.2 정합회로의 모멘텀을 이용한 수정

앞서 회로적으로 설계한 저잡음증폭기의 특성은 전송선에서 발생하는 손실을 고려하지 않은 결과로, 실제 제작에 사용하는 PCB는 기판의 유전체 손실과 도체의 재질과 두께에서 오는 도체손실을 고유하게 가지고 있다. 이러한 손실 요소들을 ADS 시뮬레이션에 고려하여 결과를 확인 후 일부 수정이 필요하다. 특히 저잡음증폭기의 구현에서 발생하는 능동소자 앞단에서 손실은 잡음지수의 열화를 가져오므로 이에 대한 고려는 특히 필요하다. 우선 ADS의 *Schematic* 창의 회로 시뮬레이션에서 *MSUB*의 설정을 통해 손실 포함이 가능하다. *MSUB*에서 고려해야 할 항목과 해당 값을 표 8-4에 정리하였다. 여기에서의 입력할 값은 Rogers 사의 UL2000을 이용하였으며 해당 제품의 자료[5]를 참조하였다.

[표 8-4] PCB 기판 정보

NO.	Item	MSUB_menu	Value
1	도체 두께	T	17 um
2	도전율	Cond	5.8×10^7 S/m (Copper)
3	손실탄젠트	TanD	0.0022

이런 손실을 고려한 후, 정합회로들의 값들을 재차 최적화하여 재설계한다. 자세한 회로 구성을 앞서의 설계한 구조와 동일하며, 일부 정합회로의 길이 값이 약간 변동이 있음을 확인 할 수 있었다. 이와 같이 기판의 상태를 회로적으로 고려하더라도 여전히 정확한 것은 아니게 된다. 따라서 정합회로를 모멘텀을 통해 조사하기 위해, DC 블록 및 RFC에 연결되는 추가 소자들을 제거하고 layout을 구성하였다. 이와 같이 하는 이유는 모멘텀에서 이들의 효과를 고려할 수 없으며, 또한 설계주파수에서 RFC 이후 연결되는 DC 공급회로의 영향이 적기 때문이다.

입출력 정합회로를 *Auto-Layout*을 이용하여 이를 layout 하고, 모멘텀을 이용

EM 시뮬레이션을 수행하였다. 그림 8-60은 이같이 고려한 입력정합회로의 layout을 보였다. 이 때 회로 시뮬레이션에서 고려 할 수 없는 미지의 효과로 인해, EM 시뮬레이션인 모멘텀에서는 회로 시뮬레이션에서 수행한 결과와는 다소 다른 결과를 가져오게 된다.

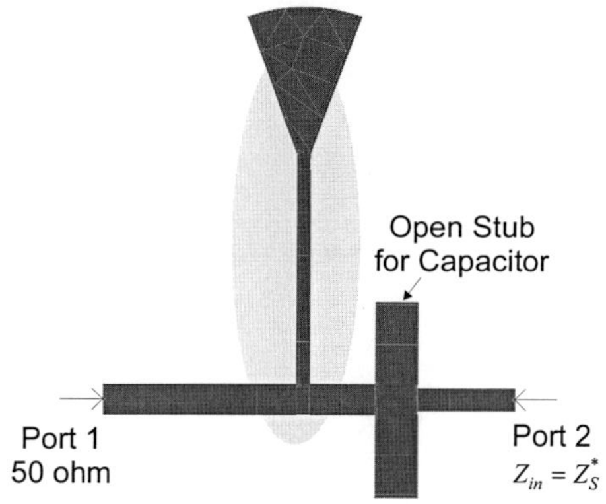

[그림 8-60] DC 블록을 제외한 입력 정합회로 모멘텀 시뮬레이션을 위한 Layout 구성

그림 8-61(a)에는 소자측에서 들여다본 입력 임피던스를 보였다. 비교시 입력 정합회로에 대해서 회로시뮬레이션결과와 동일한 구성을 갖는 모멘텀 시뮬레이션 결과를 비교하였으며, 그림에서 (b)는 출력 정합회로의 layout을 구성하여 시뮬레이션한 두개의 결과를 나타낸 것이다.

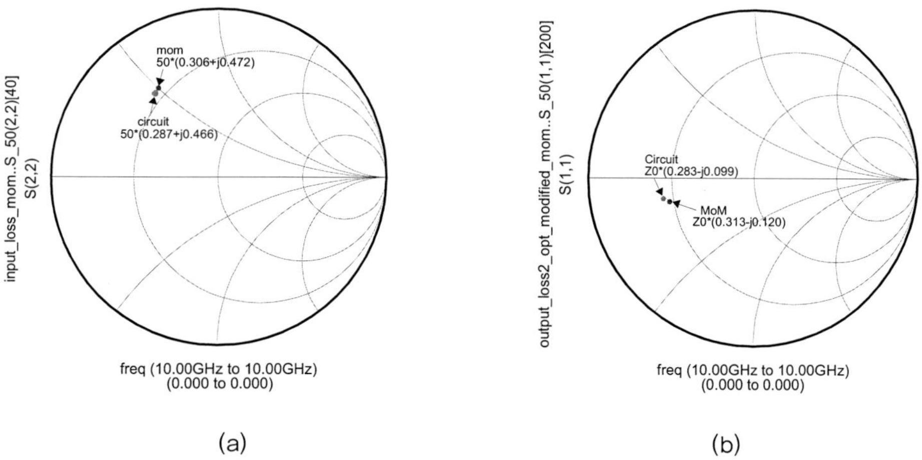

[그림 8-61] 주파수 10 GHz에서 (a)입력, (b) 출력 정합 회로의 회로시뮬레이션 및 모멘텀 결과 비교

이들의 차이는 정합회로 중 집중 소자인 커패시터를 대신한 개방 스터브에서 크게 나타나며, 이것의 길이를 짧게 조정함으로 해서 적절한 특성을 얻을 수 있다. 조정을 마친 개방 스터브 길이는 입력 정합회로의 경우, 개방 스터브 양측에서 0.15 mm, 출력 정합회로의 경우 개방 스터브의 길이를 0.1 mm 감소시키면 회로 시뮬레이션을 통해 얻은 임피던스 값을 주게 되며, 이들의 주파수 응답 특성은 유사하게 된다. 그림 8-62는 입력 정합회로와 출력 정합회로에서 길이조정을 완료한 후 비교 결과를 나타낸 것이다.

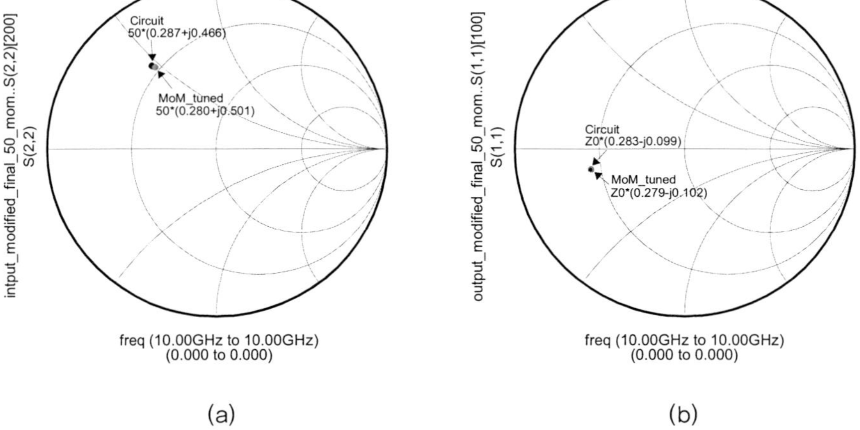

[그림 8-62] 주파수 10GHz에서 (a) 입력, (b) 출력 정합 회로의 조정 후 결과 비교

얻어진 모멘텀 결과가 원하는 저잡음증폭기 특성을 주는지 확인하기 위하여, 이것을 기반으로 하여 회로 시뮬레이션을 수행해 볼 필요가 있다. 모멘텀을 통해 얻어진 정합회로 시뮬레이션 결과와 비아의 해석 결과를 *Data item*을 이용하여 *Schematic* 창의 회로의 값으로 불러올 수 있다. DC 블록은 앞서와 같이 제조사에서 제공한 것으로 시뮬레이션에 포함한다. 그림 8-63은 *Data item*을 이용하여 설계된 저잡음증폭기를 확인하기 위해 구성한 회로이다.

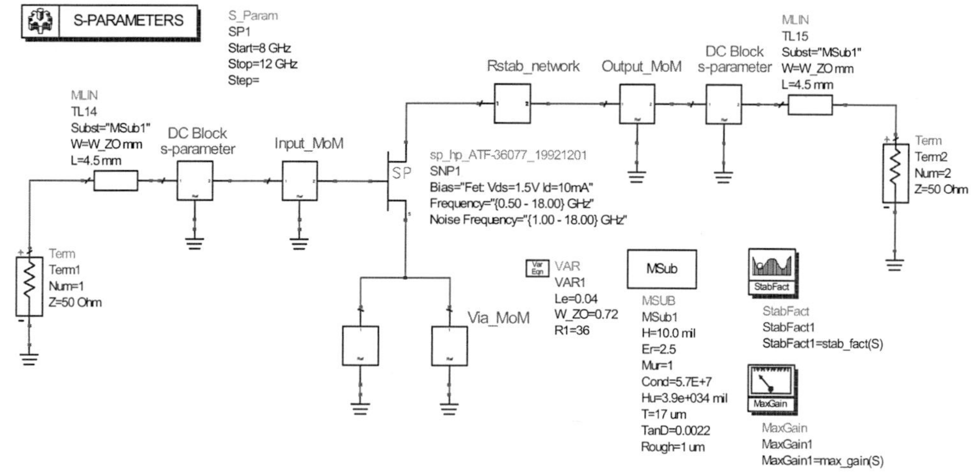

[그림 8-63] Data item을 이용한 저잡음증폭기 특성 확인 회로

그림 8-64는 이와 같은 방법으로 구성한 회로를 시뮬레이션한 결과 이다. 그림 8-64에서 설계 주파수 대역에서 설계 사양을 만족하는 12 dB이상 잡음지수 1.5 dB 미만임을 알 수 있다. 앞서의 결과를 비교하면 우선 이득이 감소하고 잡음지수가 높아진 것을 확인 할 수 있는데, 이것은 모멘텀 시뮬레이션을 할 때에 포함된 기판손실 요소들에 의해 이득과 잡음지수에 의한 차이임을 알 수 있다. 또한 앞선 설계한 전송선을 이용한 개방 스터브 길이에 변화가 있음을 주목해야할 것이다.

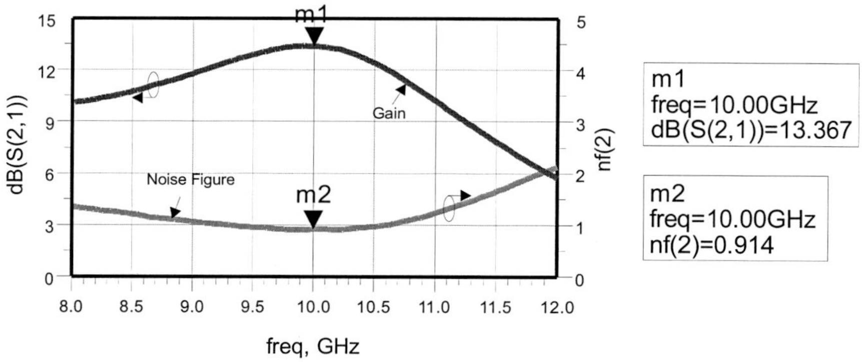

[그림 8-64] 모멘텀 시뮬레이션 및 DC 블록을 포함한 이득 및 잡음지수 결과

8.5.8.3 제작 및 측정

앞서 시뮬레이션 결과를 바탕으로 실제 제작을 하였다. 제작 시 사용된 기판은 시뮬레이션에서 고려한 Rogers사의 UL2000 두께 10 mil로 유전율 2.5의 기판이다. DC 블록은 ATC사의 1 pF 광대역 0603형 500L 커패시터를 사용하였다. 또한 게이트 바이어스는 저잡음증폭기 안정도 개선을 위해서 51 ohm 칩 저항과 100 pF 칩 커패시터를 부착한 뒤 100 pF 커패시터 전단에서 인가하였다. 다음 전체적인 DC 공급의 안정화를 위해, 게이트와 드레인 바이어스 입력에 3.3 uF 커패시터를 추가 연결하였다.

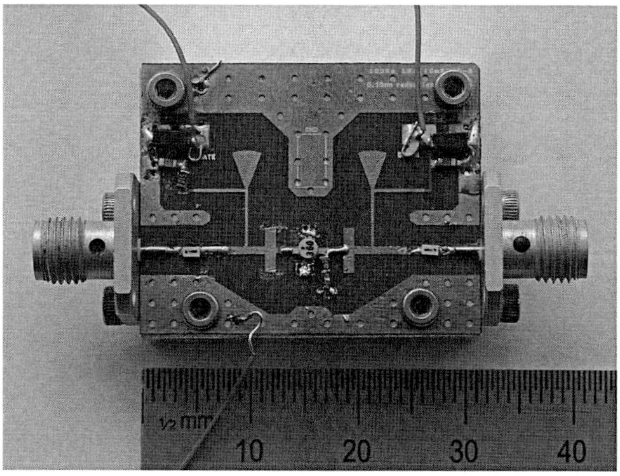

[그림 8-65] 제작된 10 GHz 저잡음증폭기

그림 8-65는 실제 제작한 저잡음증폭기의 사진을 보였다. 측정시 게이트의 바이어스 전압은 정격전압 V_{DS}=1.5 V가 인가된 상태에서, 정격 드레인 전류를 흐르게 하도록 조정하였다. 이 때 게이트 전압 V_{GS}=-0.33 V에서 정격치 10 mA에 가까운 드레인 전류가 흐르는 것을 확인하였다. 이 때 드레인 전류는 10.7 mA이었다.

잡음지수 및 이득은 NFA(Noise Figure Analyzer)로 측정하였다. 저잡음증폭기의 잡음지수 측정에는 일반적으로 증폭기 전단에 감쇄기를 삽입한 상태에서 측정하게 된다. 즉 NFA의 내부 기능을 사용 감쇠기에 대한 보상이 가능하므로, 감쇠기를 삽입한 상태에서 NFA를 교정하고, 이후 저잡음증폭기의 잡음지수 및 이득을 측정하는 것이다. 이와 같이 측정하는 이유는 저잡음증폭기와 잡음원 간 부정합을 줄여 주기 위함이다.

초고주파 회로는 제작 및 조립 과정에서 발생한 기생성분으로 원하는 주파수에서 최적 성능을 보이지 않게 된다. 저잡음증폭기의 경우 최소잡음을 위한 잡음 정합조건이 달라져 설계한 주파수에서 다소 높은 잡음 특성을 보이게 된다. 이는 앞서의 개방 스터브 EM 시뮬레이션 결과에서의 정합점이동으로 확인할 수 있다. 따라서 본 교재의 증폭기도 조정을 필요하였다. 잡음의 최적화를 위해 우선 입력 정합회로의 개방 스터브의 길이 조정한 후 이득을 맞추기 위해 출력 정합회로를 조정하였다.

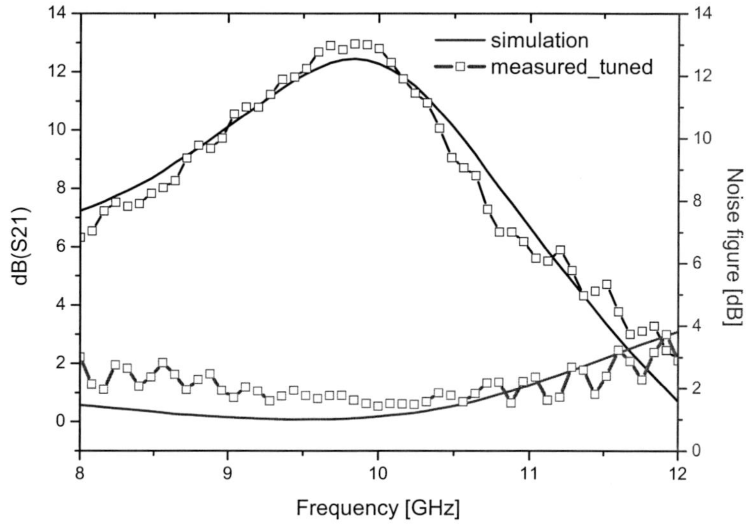

[그림 8-66] 10 GHz 저잡음증폭기 측정결과

그림 8-66은 최적화된 저잡음증폭기의 잡음지수 및 이득을 보였다. 10 GHz에서 잡음지수는 1.42 dB (설계목표 <1.5 dB), 이득은 12.8 dB(설계목표 >10 dB)로 설계 사양을 만족하는 것을 알 수 있다. 시뮬레이션 결과는 잡음지수 약 0.9 dB, 이득 13.4 dB 인데 측정결과는 이득은 최적화된 반면 잡음은 증가된 것을 알 수 있다. 이는 시뮬레이션에서 고려하지 않은 커넥터에 대한 영향이라고 사료된다.

잡음이 증가한 원인을 확인하기 위하여, 동일한 길이를 갖는 50ohm 전송선로를 두 개의 커넥터를 연결하여 시험용 지그(jig)를 구성하였다. 이의 손실을 평가할 경우 커넥터로 인한 손실을 어느 정도 예상할 수 있을 것이다. 그림 8-67은 이것을 측정한 결과를 보였다. 그림 8-67에서 손실은 주파수 10 GHz에서 −1.24 dB

의 손실을 가지며, 주파수에 따라 다소 증가하는 것을 알 수 있다. 이것은 부정합에 의한 반사로 고려할 수 있지만, 그림 8-67에서 반사손실은 대역 내에서 모두 10 dB 이하인 것을 알 수 있다. 따라서 이것은 커넥터의 손실과 마이크로스트립 선로의 손실임을 알 수 있다. 이것을 커넥터의 손실로 고려하고 계산하면 잡음지수는 1.5 dB (= 0.88 + 1.24/2)로서 실험결과를 설명하는 것을 알 수 있다. 즉 커넥터 손실에 의해 저잡음증폭기 잡음특성이 열화된 것으로 고려할 수 있다.

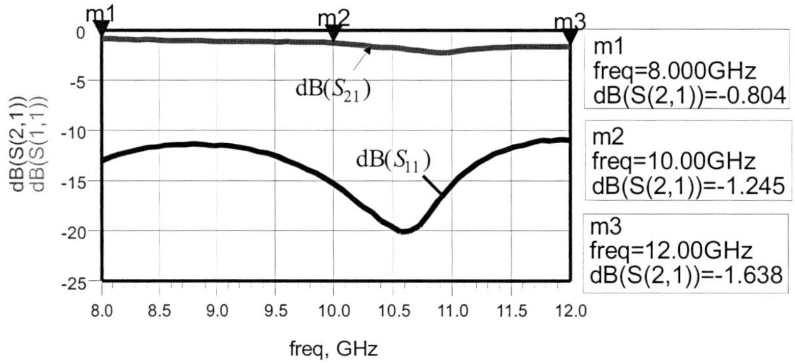

[그림 8-67] 커넥터 손실 측정 결과

참고문헌

[1] G. Gonzalez, *Microwave transistor amplifiers,* 2nd edition, Prentice Hall, 1997.

[2] D. M. Pozar, *Microwave Engineering,* 2nd edition, John Wiley & Sons Inc., 1998.

[3] American Technical Ceramics, *ATC 500S Series BMC Broadband Microwave Millimeter-wave 0603 NPO SMT Capacitors*, Available at http;//www.atceramics.com

[4] American Technical Ceramics, *ATC 545L Series UBC Ultra-Broadband Capacitor*, Available at http;//www.atceramics.com

[5] Rogers corporation, *ULTRALAM2000 HF laminate*, Available at http;// www.rogerscoporation.com

연습문제

8-1 능동소자 입력측에서 반사계수를 이용하여 (8-25)식을 증명하시오.

8-2 그림과 같은 50 ohm 측정기준에서 측정된 회로에서 부하 Γ_L에 전달된 전력을 유도하시오.

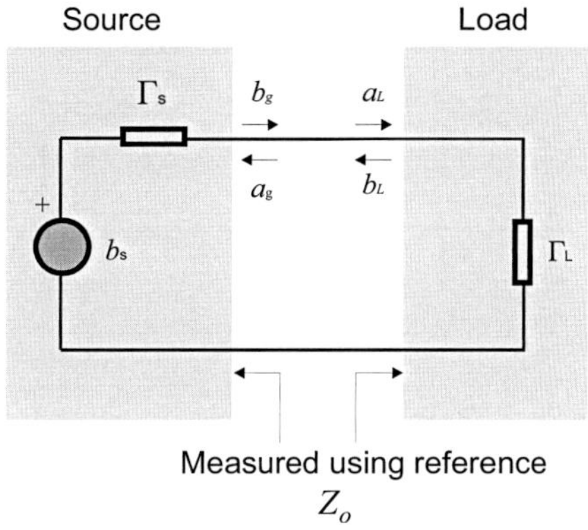

[그림 8P-1] 반사계수로 된 부하와 전원의 연결회로

8-3 다음 회로를 50 ohm 측정기준 Thevenin 등가회로 나타낼 때 Thevenin 반사계수Γ_T를 구하시오.

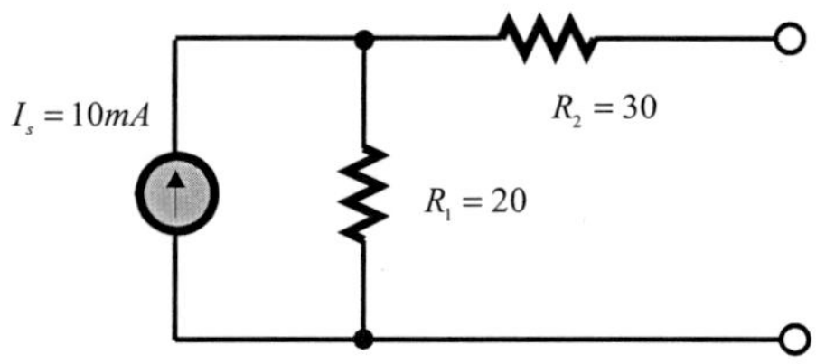

[그림 8P-2] 전원과 내부저항을 갖고 있는 회로

8-4 다음 회로에서 각 물음에 답하시오.

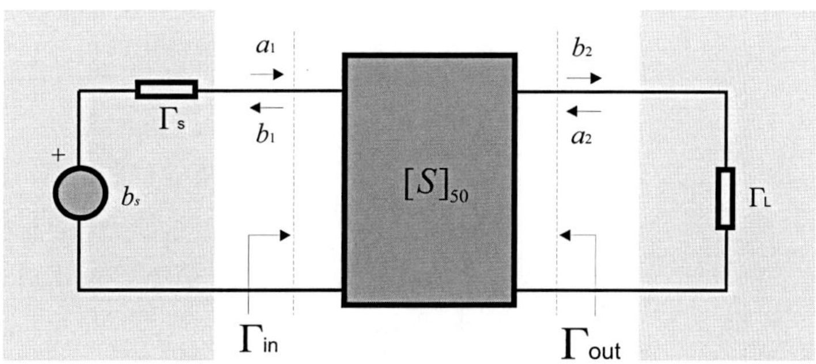

[그림 8P-3] 저잡음증폭기 구성도

(1) 변환전력이득을 유도하시오.

(2) 가용전력이득을 유도하시오.

8-5 가용전력이득에 대한 다른 증명방법으로 전원에서의 가용전력은 앞에서 살펴본 것과 같이 $\Gamma_s = \Gamma_{in}^*$일 때이며 아래와 같다.

$$P_{Ai} = \frac{|b_s|^2}{1-|\Gamma_s|^2}$$

또한 능동소자 출력측에서 Thevenin 등가회로에서 부하에서 가용전력은 아래와 같게 되는데

$$P_{Ao} = \frac{|b_T|^2}{1-|\Gamma_{out}|^2} = \frac{|b_s|^2|S_{21}|^2}{|1-S_{11}\Gamma_s|^2|1-\Gamma_{out}|^2}$$

이를 이용하여 가용전력이득이 아래와 같음을 유도하시오.

$$G_A = \frac{P_{Ao}}{P_{Ai}} = \frac{(1-|\Gamma_s|^2)|S_{21}|^2}{|1-S_{11}\Gamma_s|^2(1-|\Gamma_{out}|^2)}$$

8-6 전력이득은 입력전력에 대한 부하에 전달된 전력인데, 이것의 다른 의미로는 입력에 최대전력이 전달되도록 입력을 정합시키고 이때 부하에 전달된 전력과의 비를 구하여도 동일한 결과를 주게 된다. 따라서 변환전력이득에서 주어진 부하에 최대전력이 전달되도록 전원 임피던스를 입력 임피던스 Γ_{in}에 복소정합시킬 경우 얻어지게 된다.

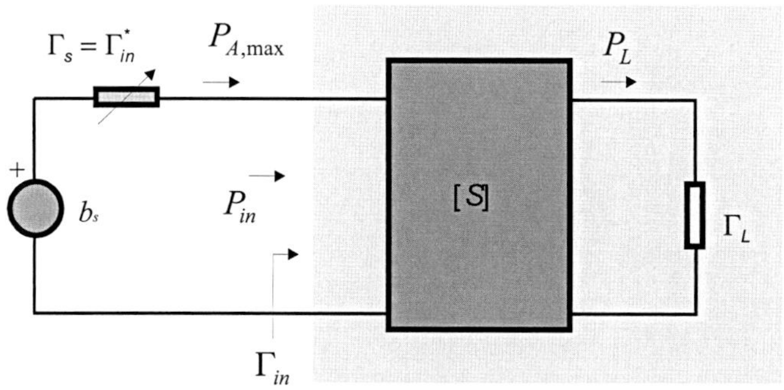

[그림 8P-4] 전력이득의 다른 해석

이것은 $\Gamma_s = \Gamma_{in}^*$인 조건이 되며, 이것을 이용하여 아래 식을 증명하시오.

$$G_P = \left. \frac{(1-|\Gamma_s|^2)|S_{21}|^2(1-|\Gamma_L|^2)}{|1-\Gamma_{in}\Gamma_s|^2|1-S_{22}\Gamma_L|^2} \right|_{\Gamma_s = \Gamma_{in}^*} = \frac{|S_{21}|^2(1-|\Gamma_L|^2)}{(1-|\Gamma_{in}|^2)|1-S_{22}\Gamma_L|^2}$$

8-7 입력반사계수는 아래와 같이 표현되는데,

$$\Gamma_{in} = S_{11} + \frac{S_{12}S_{21}\Gamma_L}{1-S_{22}\Gamma_L} = S_{11} - \frac{S_{12}S_{21}}{S_{22} - \dfrac{1}{\Gamma_L}}$$

이 식에서 $\Gamma_L = e^{-j\theta}$(즉, 크기가 1인 단위원이라면) 이것의 Γ_{in} 평면에서 궤적이 아래와 같은 중심과 반경을 갖는 원임을 증명하시오.

$$C_L = S_{11} + \frac{S_{12}S_{21}S_{22}^*}{1-|S_{22}|^2}, \qquad r_L = \frac{|S_{12}S_{21}|}{1-|S_{22}|^2}$$

이것은 다음과 같은 순서로 해석할 수 있다.

1) $1/\Gamma_L = e^{j\theta}$; 위상의 부호만 바뀐 단위원
2) $-1/\Gamma_L = e^{+j\pi+j\theta}$; 위상이 180° 변환 단위원
3) $S_{22} - 1/\Gamma_L$; S_{22}가 중심인 단위원
4) $1/(S_{22} - 1/\Gamma_L)$의 궤적은 중심과 원점에서 가장 가까운 거리와 먼 거리가 다음과 같은 원이다.

$$\frac{S_{22}^*}{|S_{22}|}, \quad \frac{1}{|S_{22}|+1}, \quad \frac{1}{|S_{22}|-1}$$

이후 동일한 방법으로 궤적을 구할 수 있다.

8-8 위의 궤적인 Γ_{in} 평면에서 단위원 안에 있을 경우 안정하게 되는데 이 조건에서 안정도의 필요충분조건을 구하시오.

제 9 장

마이크로파 발진기 설계이론

9.1 발진조건(Oscillation condition) 및 발진평형조건
9.2 발진기 기본회로
9.3 소신호 설계방법
9.4 대신호 설계방법
9.5 위상잡음(Phase noise)

발진기는 DC 전원으로부터 에너지를 받아, 정현파 파형을 갖는 고주파 신호를 발생시키는 회로를 말한다. 그림 9-1에는 발진파형의 형성과정을 보였다. 형성과정은 특정주파수 성분을 갖는 잡음이 상당 기간 동안 지수적으로 증가하는 구간을 갖게 되고, 이것이 최종적으로는 평형을 이루며 정현파를 발생시키게 된다.

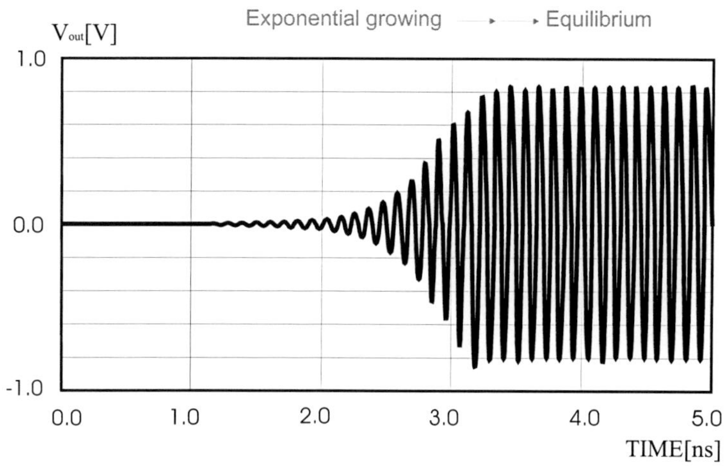

[그림 9-1] 발진파형의 형성과정

따라서 회로설계 입장에서는 회로가 주어졌을 때, 그림 9-1과 같이 특정주파수 성분이 지수적으로 증가할 수 있는 여부의 판정문제와, 평형이 이루어질 때 어떠한 조건에서 평형이 이루어지는지 회로적으로 판별하는 일이 될 것이다. 이와 같이 특정주파수 성분이 지수적으로 증가할 수 있는지 여부의 문제는 발진 시작(start-up) 조건, 또는 발진조건이라고 불리며, 이때는 신호의 크기가 작기 때문에 소신호 입장에서 특정주파수의 성분이 지수적으로 증가할 수 있는지를 판별하는 것이 될 것이다. 반면에 평형시의 문제는 신호의 크기가 작지 않기 때문에, 결과적으로 대신호 입장에서 취급하여야 한다. 일반적으로 대신호에서 트랜지스터 같은 능동소자는 비선형이어서 소신호에서 취급하였던 임피던스나 반사계수 같은 것들을 직접 적용하기는 곤란하다. 그러나 일반적으로 발진기 회로에서 고조파(harmonic)의 크기가 작으므로 임피던스나 반사계수의 개념을 확장하여 대신호 임피던스를 정의할 수 있어서, 이를 이용해 발진평형조건을 기술할 수 있게 된다.

따라서 본 장에서는 이러한 대신호 임피던스 및 반사계수를 정의하고, 주어진 발진기 회로에서 특정주파수 성분의 발진조건 그리고 발진평형조건을 이를 통하여 기술할 것이다. 다음에는 발진기 회로변환과 설계방법을 살펴보고, 특수조건으로서 최대출력을 도출하는 설계방법에 대하여 알아 볼 것이다. 또한 발진파형은 순수한 정현파가 아니며 정현파의 위상과 진폭은 시간에 따라 변하게 되는데 이 것에 대한 모델 및 측정방법을 살펴보게 될 것이다.

9.1 발진조건(Oscillation condition) 및 발진평형조건

앞서서 설명한 바와 같이 주어진 발진기 회로에 대하여 특정주파수 성분이 지수적으로 증가하여 평형을 이룰 경우, 이의 평형상태를 알아보기 위해서는 대신호에서 임피던스나 반사계수의 정의가 필요하게 된다. 본 장에서는 대신호에서의 임피던스와 반사계수의 정의를 알아보고, 이를 통하여 발진조건에 대하여 기술하게 될 것이다.

9.1.1 대신호 임피던스 및 반사계수의 정의

9.1.1.1 대신호 임피던스

그림 9-2와 같이 1-포트 비선형소자가 있을 경우, 이의 대신호 어드미턴스를 측정하기 위하여, 입력에 그림과 같이 정현파 전압원을 인가하였을 경우, 입력전압은

$$v(t) = V\cos(\omega t) \tag{9-1}$$

로 쓸 수 있고, 이때 비선형소자 쪽으로 흐르는 전류는 (9-2)식과 같이 DC를 비롯한 각종 고조파 성분의 전류가 흐르게 될 것이다.

$$i = I_{DC} + I_1\cos(\omega t + \phi_1) + I_2\cos(2\omega t + \phi_2) + \cdots \tag{9-2}$$

이때 전류의 기본파(fundamental) 성분은 인가한 전압의 진폭에 따라 변하게 되는데, (9-1)식의 정현파 전압을 페이저(phasor)로 바꾸고, 또한 전류의 기본파 성분을 페이저로 바꾼 뒤, 이것의 비를 (9-3)식과 같이 나타내면 이것을 대신호 어드미턴스라고 정의한다.

$$Y_A(V) = \frac{I_1 e^{j\phi_1}}{V} \tag{9-3}$$

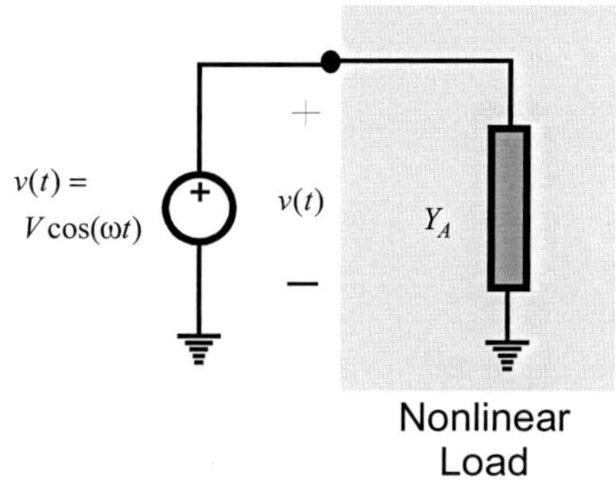

[그림 9-2] 대신호 어드미턴스의 정의

주목할 것은 V가 작을 경우, 이것은 통상적인 소신호 어드미턴스와 같아지며, 상수가 되게 된다. 그러나 진폭이 커질 경우 소신호 어드미턴스와는 달리, 비선형 소자의 기본파 전류의 진폭 I_1 및 위상 ϕ_1은 전압원의 진폭 V에 따라 변하게 되므로 대신호 어드미턴스 $Y_A(V)$는 정현파 진폭에 따라 변하게 된다는 점이다.

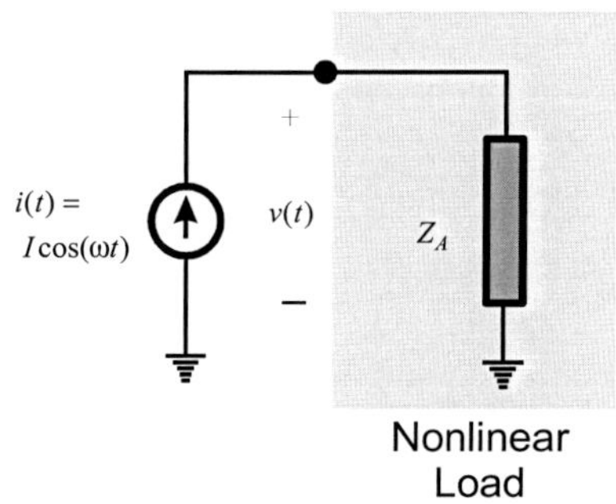

[그림 9-3] 대신호 임피던스의 정의

또한 이와 비슷하게 그림 9-3과 같이 진폭이 I인 전류원 $i(t) = I\cos(\omega t)$를 인가하고 이에 따른 비선형소자에 걸린 전압을 측정할 경우 (9-4)식과 같이 DC를 비롯한 각종 고조파 성분의 전압이 나타나게 될 것이다.

$$v = V_{DC} + V_1 \cos(\omega t + \phi_1) + V_2 \cos(2\omega t + \phi_2) + \cdots \tag{9-4}$$

이때 전류의 기본파 성분은 인가한 전류의 진폭에 따라 변하게 되는데, 전압의 기본파 성분을 페이저로 바꾼 뒤 이것의 비를 (9-5)식과 같이 나타내면 이것을 대신호 임피던스라고 정의한다.

$$Z(I) = \frac{V_1 e^{j\phi_1}}{I} \tag{9-5}$$

이것 또한 전류원의 진폭에 따라 크기가 변하게 되는 것을 주목할 필요가 있다.

예제 9-1 다이오드는 다음과 같은 전류 대 전압 관계식을 가지고 있다.

$$i = I_s(e^{\frac{v}{V_T}} - 1)$$

여기서 V_T 및 I_s는 상수 이다. 이때 이것의 대신호 어드미턴스를 구하시오.

해 전류 전압 관계식에 $v(t) = V\cos\omega t$를 대입하면

$$i = I_s(e^{\frac{V\cos\omega t}{V_T}} - 1)$$

와 같이 되는데, 여기서

$$e^{\frac{V\cos\omega t}{V_T}} = I_o(\frac{V}{V_T}) + 2\sum_{n=1}^{\infty} I_n(\frac{V}{V_T})\cos n\omega t$$

로 나타낼 수 있다. 여기서 $I_n(\bullet)$ n차 modified Bessel 함수를 나타낸다. 따라서 대신호 어드미턴스는 컨덕턴스 성분뿐이고, 이것은 아래와 같음을 알 수 있다.

$$Y_A = G_A = \frac{2I_s}{V} I_1(\frac{V}{V_T})$$

이것은 ADS로도 계산할 수 있으며, 그림 9E-1과 같이 시뮬레이션 회로를 설정하고 기본파의 크기를 0.01-0.8V로 설정 계산하였다. 이때 전압이 높은 곳에서도 다이오드의 특성이 그대로 나타날 수 있도록 다이오드의 *Imax*=100A로 설정하고 계산할 필요가 있다. 결과는 그림 9E-2와 같으며, 낮은 전압에서 앞서 계산한 이론치와 차이가 나는 것을 알 수 있다. 이것은 ADS내 다이오드의 모델이 앞서 제시한 식과 차이를 보이기 때문이다.

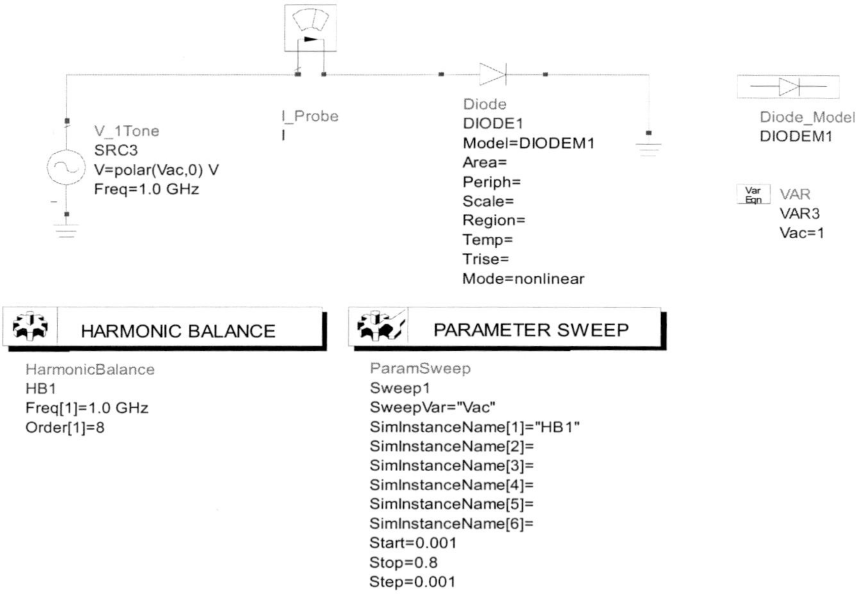

[그림 9E-1] 다이오드 대신호 어드미턴스를 구하기 위한 회로

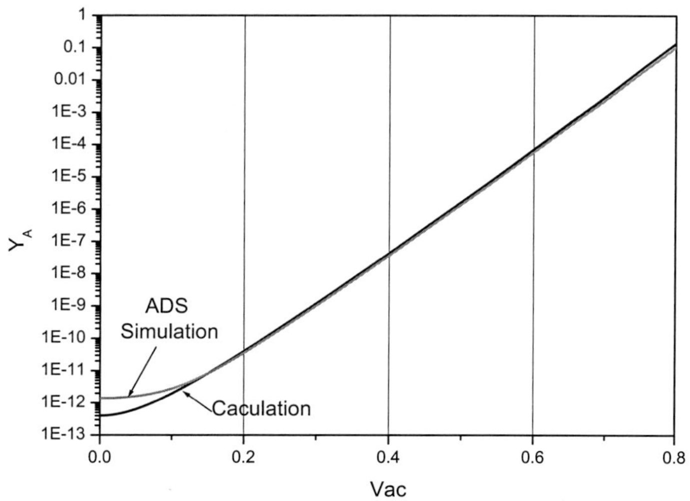

[그림 9E-2] 다이오드 대신호 어드미턴스 계산결과 비교

9.1.1.2 대신호 반사계수

대신호 반사계수는 소신호 반사계수와 같이 측정될 수 있다. 그림 9-4에서 내부 저항이 Z_o인 포트를 연결하고, 이때 입사전력의 크기를 바꿀 경우 비선형소자에 걸리는 전압은 (9-6)식과 같이 DC를 비롯한 각종 고조파 성분의 전압이 나타나게 될 것이다.

$$v = V_{DC} + V_1 \cos(\omega t + \phi_1) + V_2 \cos(2\omega t + \phi_2) + \cdots \quad (9-6)$$

여기서 입사전압은

$$v_{inc}(t) = \frac{e(t)}{2} \quad (9-7)$$

이고, 반사전압은

$$v_{ref}(t) = v(t) - v_{inc}(t) = v(t) - \frac{e(t)}{2} \quad (9-8)$$

이므로 페이저를 취해 반사계수를 구할 경우

$$\Gamma = \frac{V_1 e^{j\phi_1} - \frac{E}{2}}{\frac{E}{2}} \quad (9-9)$$

로 나타남을 알 수 있다.

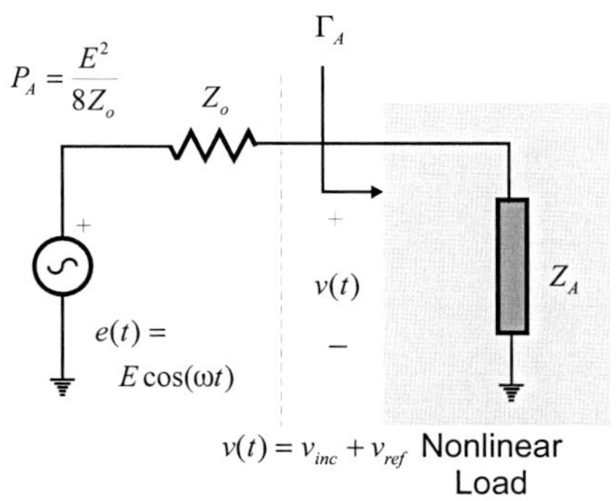

[그림 9-4] 대신호 반사계수의 정의

주목할 것은 앞에서 구한 대신호 임피던스 및 어드미턴스 그리고 반사계수의 경우, 이 중 하나가 측정되어 알 수 있는 경우, 소신호의 경우에는 서로 변환하여 다른 파라미터로 결정할 수 있지만, 대신호의 경우는 변환 가능하지 않게 된다. 이것을 살펴보기 위하여, 간단히 임피던스와 어드미턴스를 비교할 경우, 어드미턴스를 측정하기 위하여 진폭이 V인 정현파 전압을 인가하여, 발생된 기본파 전류의 페이저가 $I_1 e^{j\phi_1}$이라고 할 때, 이 소자의 임피던스를 결정하기 위하여 $I_1 \cos(\omega t + \phi_1)$의 정현파 전류를 인가할 경우 이때 비선형소자에 나타나는 전압은 $V \cos(\omega t)$가 되지 않기 때문이다. 이와 같은 조건이 성립하기 위해서는 고조파들의 발생이 없을 경우에만 성립하게 된다.

예제 9-2 다음과 같이 시뮬레이션 회로를 설정하고 이의 대신호 반사계수를 입력전력 –10~20 dBm 까지 ADS를 활용 계산하시오.

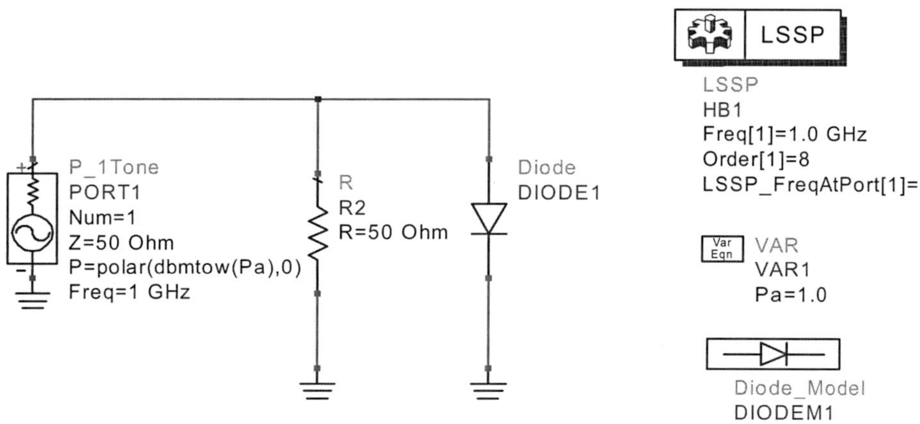

[그림 9E-3] 대신호 반사계수를 측정하기 위한 회로

해

대신호 반사계수의 경우 AC 시뮬레이션을 통하여 (9-9)식을 통하여 계산할 수도 있으나, 이보다는 그림 9E-3과 같이 대신호 S-파라미터 시뮬레이션을 통하여 계산할 수 있다. 예상되는 결과는 입력전압이 낮을 경우 다이오드는 개방이 되므로 대신호 반사계수는 0이 되며, 반면 입력전압이 커질 경우, 다이오드는 단락이 되어 대신호 반사계수는 1에 접근하게 될 것이다. 이것을 그림 9E-4에 나타내었다.

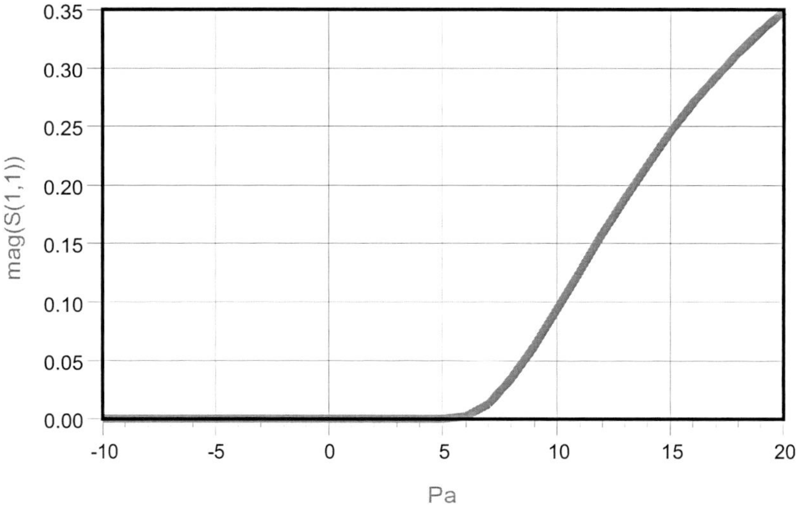

[그림 9E-4] 계산된 대신호반사계수

9.1.1.3 대신호 이득

그림 9-5와 같이 2-포트 증폭기가 있을 경우, 이것의 대신호 개 루프이득(open loop gain)은 앞서와 비슷하게 정의할 수 있다. 즉 출력을 개방하고 입력에 정현파 전압을 그림 9-5와 같이 인가할 경우 출력에는 그림에서 나타낸 바와 같이 기본파 성분 이외에 각종 고조파 성분이 발생하게 된다. 따라서 이때 대신호 이득은 아래와 같이 정의할 수 있게 된다.

$$G(A) = \frac{V_1 e^{j\phi_1}}{A} \tag{9-10}$$

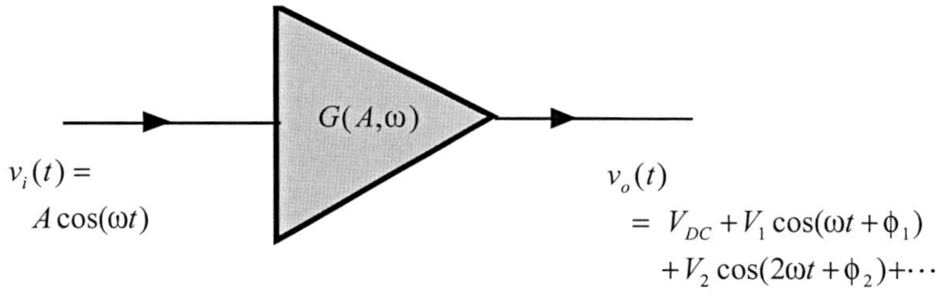

[그림 9-5] 2-포트에서의 대신호 이득

9.1.2 발진조건 및 발진평형조건

앞서 설명한 바와 같이, 발진기 회로에 있어서 소신호 발진조건(start-up condition) 및 대신호 평형조건은 여러 가지 방법에 의하여 기술된다. 이와 같이 여러 가지 방법으로 기술되게 된 이유는, 역사적 발전과정과 S/W 또는 H/W를 통한 측정의 편리성에 따른 것으로, 서로 다른 상태를 나타내는 것은 아니며, 동일한 결과를 주게 된다. 즉 과거 마이크로파 발진기의 구성은 주로 Gunn 다이오드 또는 IMPATT 다이오드와 같은 1-포트 다이오드를 이용하여 발진기를 구성하였기 때문에 1-포트 발진조건을 중심으로 하여 주로 기술되었다. 즉, 임피던스나 반사계수를 통하여 발진조건 및 발진평형조건을 나타내는 것이 바로 그것이다.

반면 궤환(feedback)을 이용한 발진조건의 경우, 저주파를 다루는 전자회로에서 주로 사용되었는데, 이를 고주파 회로에 적용하려고 할 경우 루프이득(loop gain)을 S/W로 계산하기 곤란한 점이 있다. 그러나 이는 트랜지스터를 통한 발진기 구성 시 이의 이해를 편리하게 하고, 발진기의 최대 출력조건이나 위상잡음의 설명에는 분명한 장점이 있다. 최근에 발표된 논문 [1], [2]의 경우 이러한 루프이득의 계산방법을 이론적으로 재조명하였으며, 향후에는 이를 통한 S/W의 개발이나 활용을 통하여 널리 사용되리라고 본다.

9.1.2.1 임피던스에 의한 발진조건 및 발진평형조건

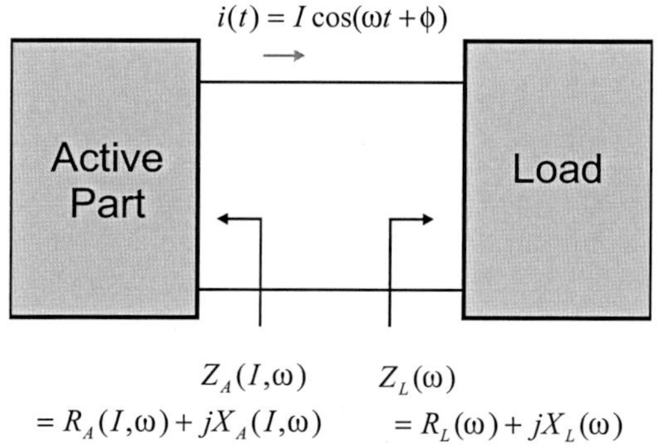

[그림 9-6] 1-포트 부하와 능동부가 연결된 회로

발진기 회로를 그림 9-6과 같이 1-포트 부하와 1-포트 능동부(active part)가 연결된 회로로 볼 경우 각각 이들의 1-포트 임피던스를 측정한 뒤, 이들의 임피던스

합을 계산하면

$$R+jX = Z_A(I,\omega)+Z_L(\omega) \qquad (9-11)$$
$$= R_A(I,\omega)+R_L(\omega)+j(X_A(I,\omega)+X_L(\omega))$$

와 같이 표시할 수 있다.

발진 시작점 근처에서는 소신호이고, 이것은 $I=0$이므로, (9-11)식은

$$Z_A(0,\omega)+Z_L(\omega) = R_A(0,\omega)+R_L(\omega)+j(X_A(0,\omega)+X_L(\omega)) \qquad (9-12)$$

로 쓸 수 있게 된다. 여기서 특정주파수 ω_o에서는 허수부 리액턴스가 0인 곳이 발생하게 된다. 이와 같이 리액턴스가 0인 곳에서는 근사적으로 이것을 직렬 및 병렬회로로 근사할 수 있을 것이다. 즉, 허수부 리액턴스의 주파수에 대한 기울기가 +이면서 증가하는 것에 대해서는 그림 9-7과 같이 직렬공진회로로 근사할 수 있 있다.

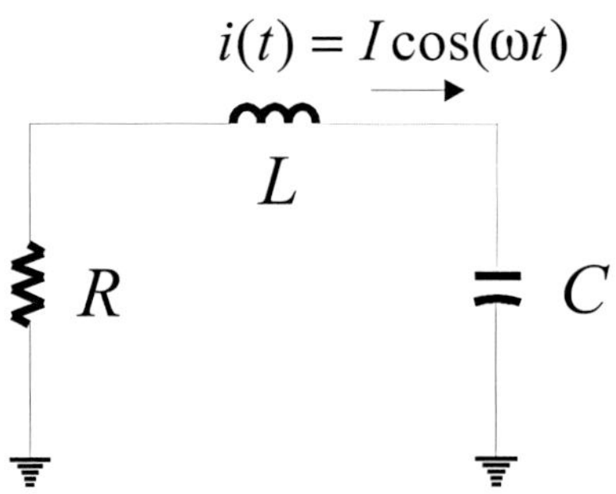

[그림 9-7] 직렬공진회로

반면 주파수에 대한 기울기가 −이면서 감소하는 것에 대해서는 병렬공진회로로 볼 수 있다. 즉 직렬공진회로의 경우는

$$R = R_A(0,\omega_o)+R_L$$

$$\left.\frac{\partial X}{\partial \omega}\right|_{\omega=\omega_o} = 2L$$

$$C = \frac{1}{\omega_o^2 L}$$

로 값을 결정할 수 있고, 이러한 직렬공진회로에 대해서 KVL을 쓸 경우 (9–13)식과 같다.

$$L\frac{di}{dt} + Ri + \int_{-\infty}^{t} i\,dt = 0 \qquad (9-13)$$

이것을 미분하면

$$\frac{d^2 i}{dt^2} + \frac{R}{L}\frac{di}{dt} + \frac{i}{LC} = 0 \qquad (9-14)$$

으로 나타나게 되는데, 이것의 해는

$$i(t) = e^{-\frac{R}{2L}t}\cos(\omega_d t + \phi) = I(t)\cos(\omega_d t + \phi) \qquad (9-15a)$$

$$\omega_d^2 = \omega_o^2 - \left(\frac{R}{2L}\right)^2 \qquad (9-15b)$$

으로 얻어지게 된다. 여기서 총 저항 R이 $-$일 경우 전류는 지수적으로 증가하게 되며, 반면 $+$일 경우 지수적으로 감쇄하는 것을 알 수 있다. 따라서 지수적으로 증가하기 위해서는 R이 $-$여야 하며, $+$일 경우는 발진이 형성되지 않는 것을 알 수 있다. 즉 직렬공진의 경우 발진이 시작되기 위해서는

$$R(0,\omega_o) < 0, \quad X(0,\omega_o) = 0 \qquad (9-16)$$

$$\left.\frac{\partial X}{\partial \omega}\right|_{\omega=\omega_o} > 0$$

와 같은 조건을 만족하여야 하며, 이것의 주파수에 따른 변화를 그림 9–8에 보였다.

이것이 직렬에서의 소신호 발진조건이 된다. 또한 $i(t)$의 진폭은 지수적으로 증가하게 되어, 이때 능동부의 실수부 및 허수부는 진폭이 커짐에 따라 변하게 되는데 평형상태에서는 KVL을 적용할 경우

$$(Z_A(I,\omega) + Z_L(\omega))I = \{R_A(I,\omega) + R_L(\omega) + j(X_A(I,\omega) + X_L(\omega))\}I = 0 \qquad (9-17)$$

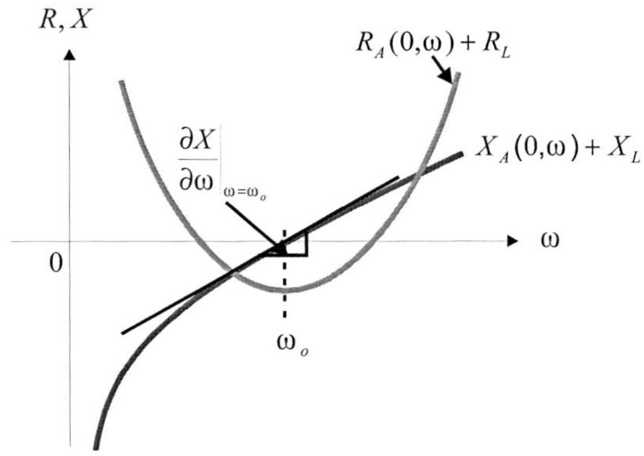

[그림 9-8] 직렬발진조건

을 얻게 되는데 $I \neq 0$이므로

$$Z_A(I,\omega)+Z_L(\omega)=R_A(I,\omega)+R_L(\omega)+j(X_A(I,\omega)+X_L(\omega))=0 \tag{9-18}$$

을 얻게 된다. 이것을 정리하면 실수부와 허수부는 각각

$$R_A(I_o,\omega)+R_L(\omega)=0 \tag{9-19a}$$

$$X_A(I_o,\omega)+X_L(\omega)=0 \tag{9-19b}$$

을 만족하게 된다. (9-19b)식에서 발진조건에서 $X_A(0,\omega_o)+X_L(\omega_o)=0$을 만족하는 ω_o는 일반적으로 진폭이 커진 대신호에서는 (9-19b)식을 만족하지는 않을 것이다. 따라서 발진의 최종상태에서의 주파수는 소신호 상태에서의 결정된 주파수와 다소 다를 수 있게 된다. 그러나 일반적으로 Q가 큰 경우 대부분 소신호로 결정된 주파수 부근에서 발진주파수는 얻어지게 된다.

이와 같이 $X_A(I,\omega_o)$가 진폭에 따라 거의 변하지 않는다고 가정하면 이때 총저항을 진폭에 따라 그리면, 그림 9-9와 같은 경향을 보이게 될 것이다. 그림 9-9에서 진폭이 작은 소신호에서는 총저항 값이 그림과 같이 −가 되어 진폭은 지수적으로 증가하게 되고, 따라서 진폭은 x 축을 따라 증가하게 될 것이다. 반면 진폭이 평형점을 지나 증가할 경우, 총저항 값은 +가 되어 진폭은 지수적으로 감소하게 되고, 따라서 $-x$ 방향으로 진폭은 줄어들게 될 것이다. 결과적으로 진폭은 총저항 값이 0이 되는 점, 즉 진폭이 I_o인 점에서 평형이 되게 되며, 이때 발진주파수는 (9–19b)식을 만족하는 점에서 평형이 되어 발진은 완성되게 된다.

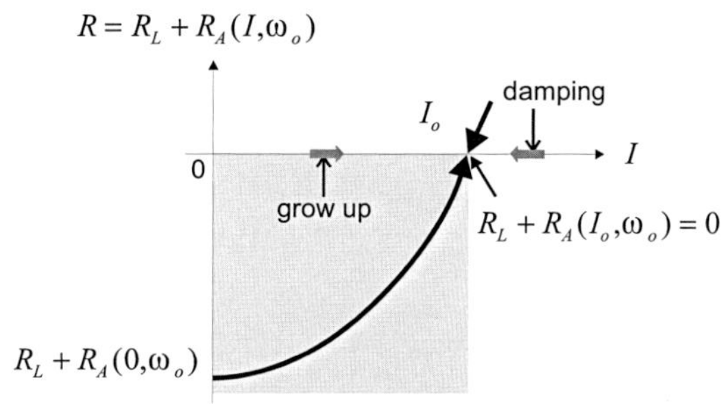

[그림 9–9] 부성저항의 진폭에 따른 변화

또 다른 발진조건으로는 허수부의 리액턴스가 −의 기울기를 가지고 있을 때인데, 이 경우는 병렬공진회로로 생각할 수 있다. 따라서 $Z_A + Z_L$을 계산하기 보다는 $Y_A + Y_L$을 계산하면 이 주파수 근처에서는

$$Y_A(0,\omega_o) + Y_L(\omega_o) = G(0,\omega_o) + jB(0,\omega_o) \cong \quad (9-20a)$$
$$G + j\left.\frac{\partial B}{\partial \omega}\right|_{\omega_o}(\omega - \omega_o) = G + j2C(\omega - \omega_o)$$

$$L = \frac{1}{\omega_o^2 C} \quad (9-20b)$$

인 그림 9–10과 같은 병렬공진회로로 볼 수 있고, 직렬공진회로 때와 마찬가지로

$$G(0,\omega_o) < 0, \quad B(0,\omega_o) = 0 \quad (9-21a)$$

$$\left.\frac{\partial B(0,\omega_o)}{\partial \omega}\right|_{\omega = \omega_o} > 0 \quad (9-21b)$$

인 조건 하에 지수적으로 증가하는 것을 알 수 있다. 또한 주목할 것은 직렬공진회로에서는 전류의 진폭이 지수적으로 증가하지만, 병렬의 경우는 전압의 진폭이 지수적으로 증가하는 것을 알 수 있다.

또한 이러한 발진조건에서 대신호 평형조건으로는 직렬공진회로와 유사하게 실수부와 허수부는 각각

$$G_A(V_o, \omega_o) + G_L(\omega_o) = 0 \qquad (9-22a)$$

$$B_A(V_o, \omega_o) + B_L(\omega_o) = 0 \qquad (9-22b)$$

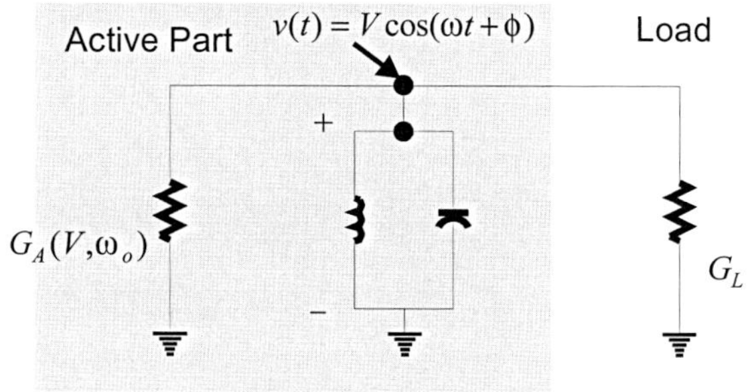

[그림 9-10] 병렬발진회로

인 조건에서 평형이 되는 것을 알 수 있다. 따라서 평형을 이루는 (9-22b)식으로 결정되는 발진주파수는 소신호 발진주파수와는 다소 다를 수 있게 된다.

이것의 평형과정을 보이기 위하여 총 컨덕턴스의 변화를 전압의 진폭에 따라 보였으며, 직렬공진회로 때와 유사한 과정을 통하여 전압진폭 V_o에서 평형이 되는 것을 알 수 있다.

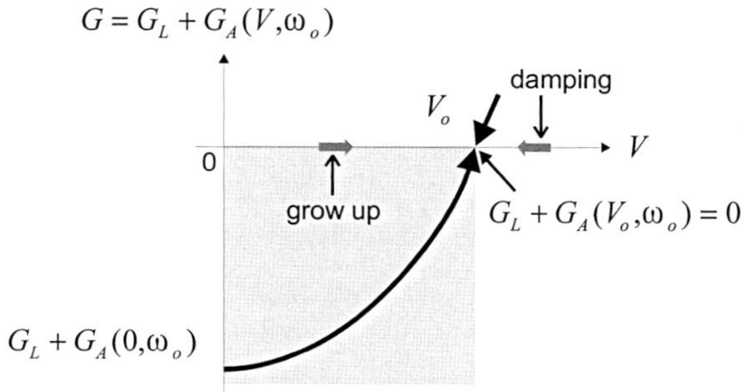

[그림 9-11] 부성 컨덕턴스의 진폭에 따른 변화

9.1.2.2 임피던스 및 어드미턴스 발진조건의 변환

앞서서 살펴본 임피던스 발진조건 및 어드미턴스 발진조건을 고정부하에서 계측할 경우 임피던스 발진조건은 어드미턴스로 보았을 때 발진 가능하지 않은 것처럼 보이며, 또한 어드미턴스발진조건은 임피던스측면에서 발진가능하지 않은 것처럼 보이게 된다. 즉 그림 9-10의 회로에 대하여 임피던스 발진조건을 적용할 경우 총저항 R은 +가 되어 발진하지 않는 것같이 보이며, 또한 마찬가지로 임피던스 발진조건은 총 컨덕턴스 G를 부하에서 계산할 경우 +가 되어, 역시 발진하지 않는 것같이 보인다.

이를 살펴보기 위하여 고정된 부하에서 (예를 들면 $Z_o = 50$ ohm 부하) 능동부의 소신호 임피던스를 보았을 때 주파수 ω_o 근처에서 그림 9-12와 같이 나타나는 임피던스가 있을 때, 이것은 식 (9-16)을 만족다면, $-r + Z_o < 0$이 되고 동시에 $X(\omega_o) = 0$ 이고 기울기는 +일 것이다.

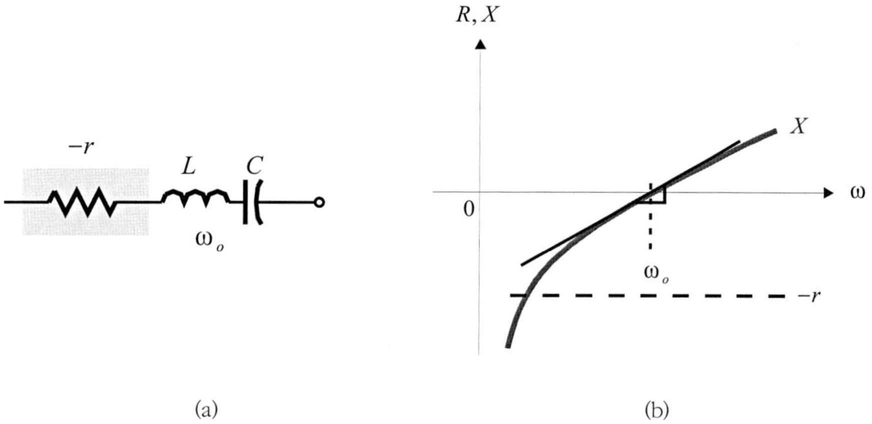

[그림 9-12] (a) 능동부의 등가회로 (b) 주파수에 따른 능동부의 임피던스

그러나 이것을 어드미턴스로 본다면

$$Y = \frac{1}{Z} = \frac{-r}{r^2 + \left(\omega L - \frac{1}{\omega C}\right)^2} + \frac{-j\left(\omega L - \frac{1}{\omega C}\right)}{r^2 + \left(\omega L - \frac{1}{\omega C}\right)^2}$$

로 나타나게 되므로, 이것은 그림 9-13과 같이 나타나게 될 것이다. 이때 부성 컨덕턴스와 부하컨덕턴스와의 합은 ω_o에서

$$-\frac{1}{r} + Y_o = \frac{-Z_o + r}{rZ_o} > 0$$

가 되는 것을 알 수 있다. 즉 총 컨덕턴스는 +가 되어 어드미턴스 입장에서는 전압이 지수적으로 증가할 수 있는 조건이 아니다. 따라서 어드미턴스로 보았을 때는 발진조건을 만족하지 않는 것을 알 수 있다. 마찬가지로 어드미턴스 발진조건을 임피던스로 보았을 때는 발진조건을 만족하지 않게 된다.

주목할 것은 이 때 서셉턴스 B의 기울기는 음이 되는 것을 알 수 있다. 따라서 + 값을 갖는 컨덕턴스가 보일지라도, B의 주파수에 대한 기울기가 음이며 0 점이 발생한다면, 이것은 임피던스로 발진조건을 재조사하여야 할 것이다. 마찬가지로 임피던스 측면에서 총저항 R이 +이지만, 리액턴스 X가 0인 점이 발생하고, 이것의 주파수에 대한 기울기가 음이인 경우 이것은 어드미턴스로 발진조건을 재조사하여야 할 것이다.

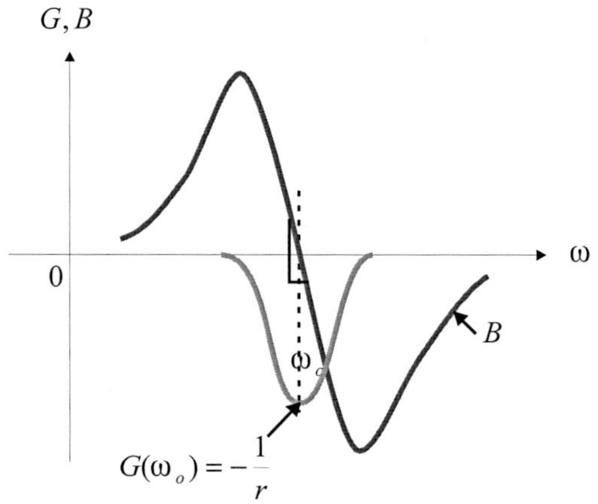

[그림 9-13] 그림 9-12의 임피던스를 어드미턴스로 보았을 때 주파수특성

이와 같이 나타나는 것은 임피던스 발진조건은 전류가 지수적으로 성장하는 조건을 본 것이고, 이것은 전압측면에서 성장하는 조건은 아니며, 전류의 성장조건을 전압측면에서 성장조건으로 판별하기 때문이다. 따라서 발진조건을 임피던스 방법에 의하여 조사할 경우 모든 $X=0$이 되는 주파수에서 임피던스 및 어드미턴스로 동시에 확인하여 전류가 성장되는지 또는 전압이 성장하는 조건인지 동시에 판별하여야 할 것이다.

9.1.2.3 ADS를 통한 임피던스에 의한 발진조건 및 발진평형조건 해석

이러한 소신호 발진조건을 ADS로 확인하기 위하여, 소신호에서 S-파라미터 해석을 할 경우, 직렬공진의 경우 임피던스의 합을 계산하여야 하기 때문에 그림 9-12(a)와 같이 부하와 능동부 사이에 직렬로 포트를 삽입하고 1-포트 S-파라미터 해석을 한 뒤 임피던스를 구하면 이것은 소신호에서의 $Z_A + Z_L$의 결과를 얻게 되고, 반면 그림과 같이 부하와 능동부에 병렬로 포트를 삽입하고 S-파라미터 해석 뒤 어드미턴스를 볼 경우, 이것은 $Y_A + Y_L$이 되는 것을 알 수 있다. 따라서 S-파라미터를 통하여 얻은 임피던스나 어드미턴스를 이용 발진가능성을 조사하기 위해서는 그림 9-12와 같은 두 번의 S-파라미터 해석을 하여 판별할 수 있게 된다.

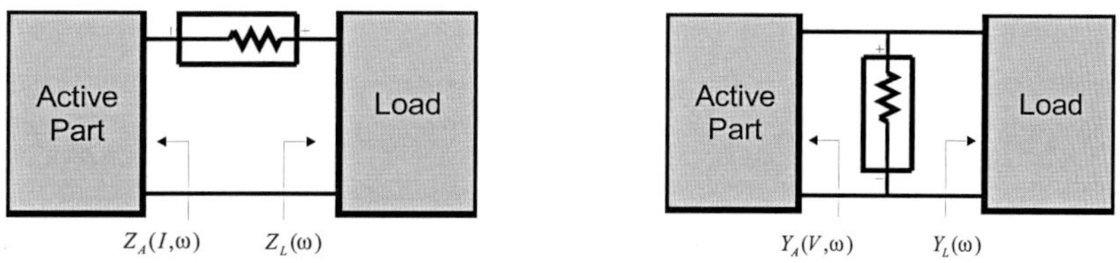

(a) (b)

[그림 9-14] 소신호 발진 조사방법: (a) 직렬, (b) 병렬

예제 9-3 능동소자와 부하 사이의 직렬저항을 그림 9-14(a)와 같은 방법으로 관찰한 결과, 그림 9E-5와 같은 결과를 얻었다. 이 중 발진이 가능한 곳을 말하고, 발진 가능성의 조사가 더 필요하다면 언급하시오.

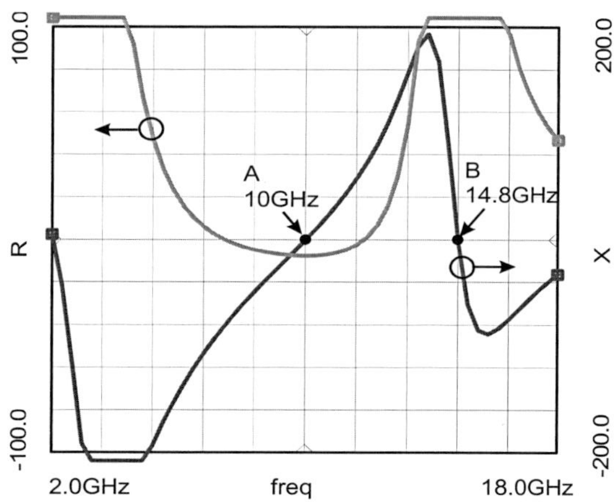

[그림 9E-5] 직렬발진 가능성 조사결과

해

그림에서 직렬로 발진 가능한 점은 A점 10 GHz이다. 그러나 B점(14.8 GHz)은 병렬공진을 보이며, 역시 발진 가능하다. 이는 앞서 설명한 바와 같이, 병렬로 발진 가능할지 모르는 회로를 직렬로 조사하였기 때문에 공진 점에서 +의 저항 값이 나오므로 이 역시 병렬로 발진 가능하다. 따라서 그림 9-14(b)의 방법을 이용하여 이 점에 병렬로 재조사할 필요가 있다.

예제 9-4

그림 9E-6에는 직렬로 공진하는 능동부가 부하에 1/4파장 임피던스 인버터를 통하여 연결된 것을 보였다. 여기서 부하를 10 ohm으로 변환하기 위하여, 임피던스 인버터의 특성 임피던스 $Z_o = \sqrt{10 \times 50} = 22.4$로 설정하였다. 이때 부하측에서의 발진조건과 능동부 측에서 발진조건을 논하시오.

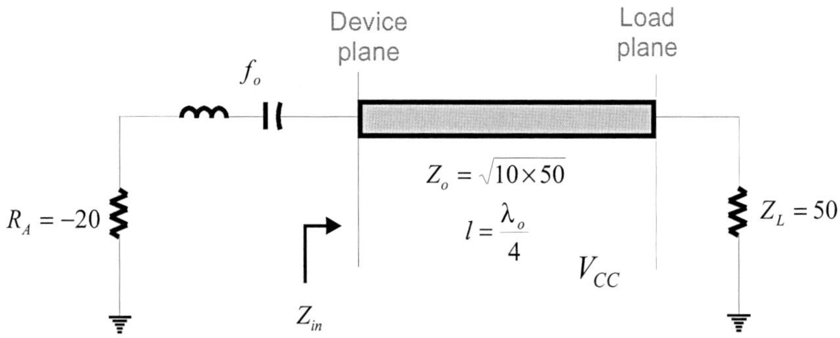

[그림 9E-6] 직렬발진회로

해

부하를 임피던스인버터를 통하여 능동부 쪽으로 끌고 왔을 경우, 임피던스는 10 ohm이므로 이것은 능동부 측에서 보았을 때 직렬공진회로로 보이게 되며 직렬발진을 할 것이다. 반면 능동부를 부하쪽으로 끌고 왔을 경우 능동부 실수부는 임피던스 인버터를 통할 경우 $Z_a = -Z_o^2/20 = -25$ ohm로 부하의 실수부 크기보다 작아진다. 그러나 주파수 특성을 볼 때 부하측에서는

$$Z_{out} = \frac{Z_o^2}{R_A + jX_A} \tag{9E-1}$$

으로 나타나게 되는데, 이것은 직렬연결이 병렬연결로 바뀐 것이 되어, 부하측에서는 병렬공진회로로 보인다. 따라서 실수부가 부하보다 작기 때문에 병렬로 발진하는 것을 알 수 있다. 따라서 부하측에서는 병렬로 발진이 커지는 조건이 된다. 결론적으로 기준선이 바뀔 경우 직렬로 형성된 발진조건은 병렬발진조건으로 나타날 수 있다.

다음으로 정확한 발진주파수 및 진폭을 결정하기 위하여 대신호에서의 평형조건을 ADS로 계산하기 위해서는 그림 9-15와 같이 대신호 포트를 연결하고 *Harmonic balance Simulation*을 하면 될 것이다. 즉 직렬발진조건으로 형성되는 발진에 대해서는 그림 9-15(a)와 같이 연결하고 시뮬레이션을 하면 되고, 병렬발진조건에서는 그림 9-15(b)와 같이 연결하고 발진 평형점을 찾으면 될 것이다.

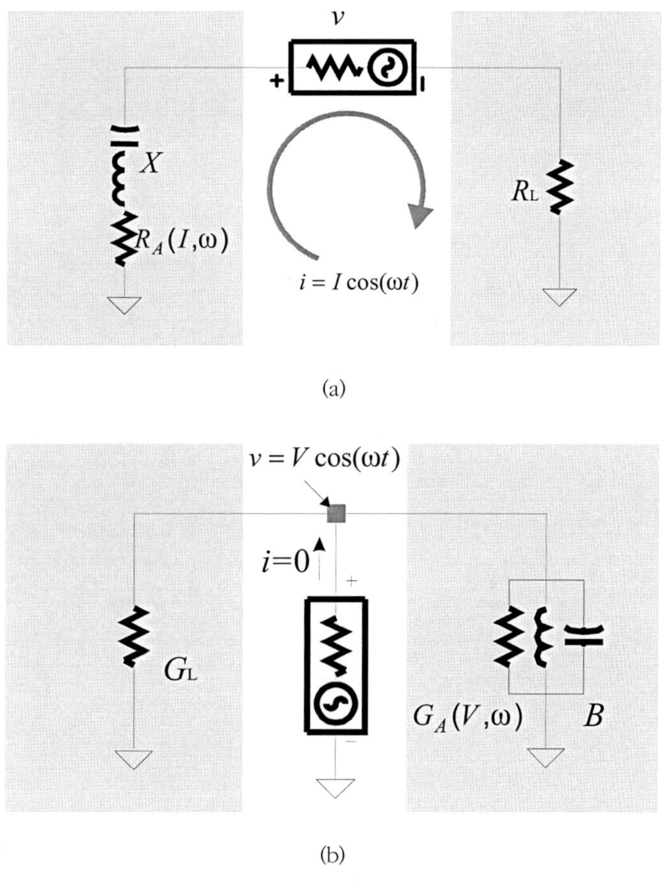

[그림 9-15] 대신호에서의 평형조사 방법

그림 9-15(a)에서 직렬발진 평형점에서는 임피던스의 합이 0이 되므로 포트 양단의 전압은 0이 된다. 이때 전류의 진폭이 바로 평형 시 전류의 진폭이 될 것이다. 반면 병렬발진 평형점에서는 어드미턴스의 합이 0이 되므로 포트에서 흘러나가는 전류는 0이 되므로, 이때 전압의 진폭이 바로 평형 시 전압의 진폭이 될 것이다.

예제 9-5 그림 9E-7은 Colpitts 발진기 회로이다. 여기서 1000 pF인 커패시터들은 바이패스 및 DC 블록 커패시터며, 동작주파수에서는 단락으로 볼 수 있다. 그리고 저항들은 그 값이 커서, 동작주파수에서는 회로에 기여가 없으며, 개방된 것으로 볼 수 있다. 이것은 뒤에 설명될 공통 컬렉터 구조이며, 포트가 연결된 곳에서 병렬형 발진을 보인다. 이때 트랜지스터는 ADS에서 제공하는 기본(default) 트랜지스터이다. 그림 9E-7에서 인덕터 L_1 양단에 포트를 연결하였다. 따라서 이것은 그림 9-12를 참조하면 $Z_L = \infty$ 의 부하와 병렬발진 가능성의 조사가 된다.

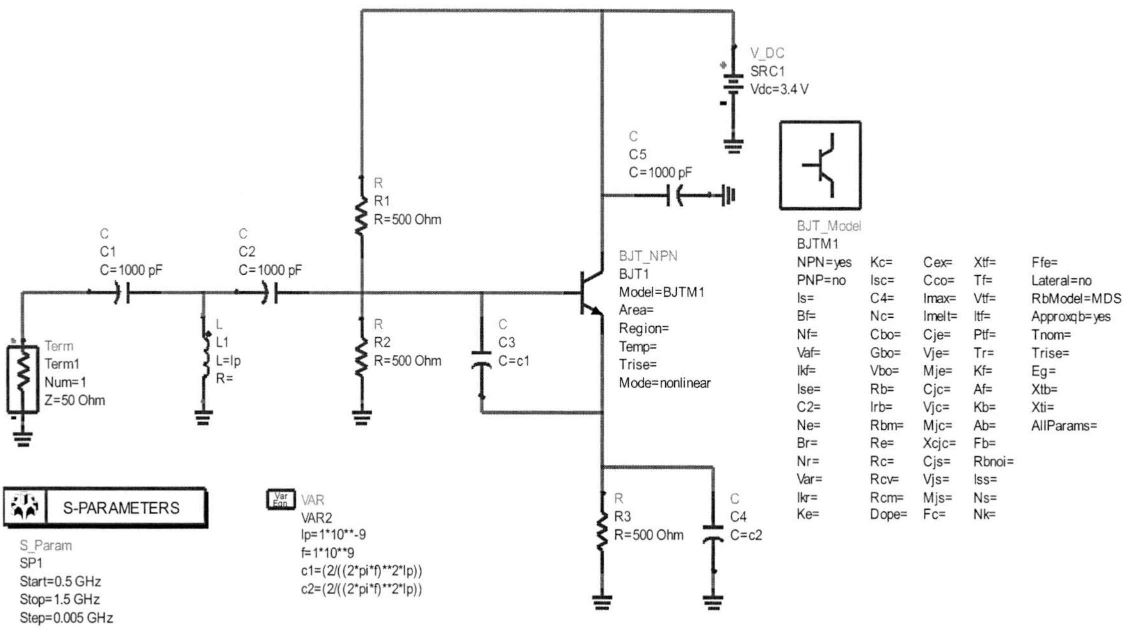

[그림 9E-7] Colpitts 발진기 회로

이것의 1-포트 S-파라미터를 구한 후 $Y = Y_o(1-S_{11})/(1+S_{11})$ 의 관계를 사용 포트에서 들여다 본 어드미턴스를 구할 수 있다. 이것의 소신호에서 병렬어드미턴스를 조사한 결과, 그림 9E-8과 같은 컨덕턴스와 서셉턴스를 얻었다. 이것의 대신호에서의 발진 평형점을 구하시오.

해 그림 9E-8에서 총 어드미턴스의 실수부가 음이므로 발진 가능하고, 그 병렬공진 주파수는 1.015 GHz임을 알 수 있다. 이것의 평형점을 시뮬레이션하기 위해, 그림 9E-9와 같이 주파수 1.015 GHz에서 AC 전압원을 삽입하고 전압을 증가시킬 경우, 전원에서 들어가는 전류의 크기가 최소인 점(전력 공급이 없는 점)에서 발진할 것이다.

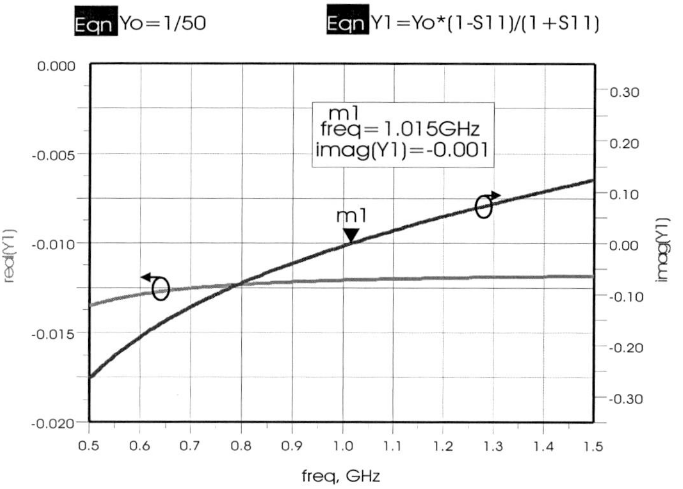

[그림 9E-8] 그림 9E-7의 소신호에서의 G 및 B의 주파수에 따른 변화

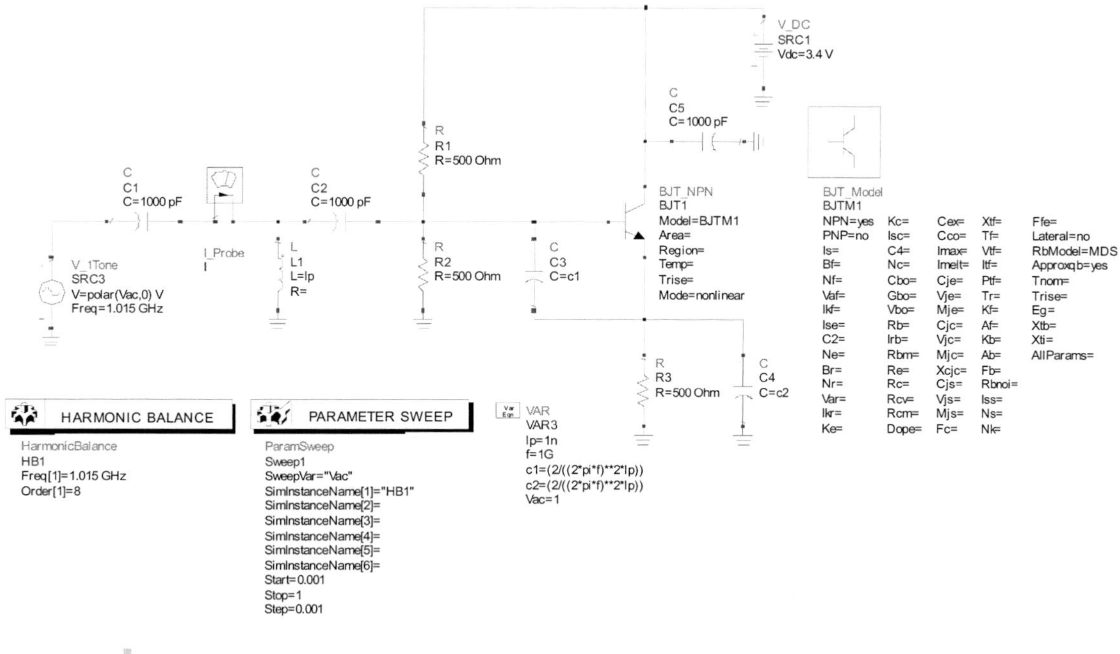

[그림 9E-9] 대신호 포트를 이용한 발진확인

그림 9E-10은 시뮬레이션한 결과이다. 여기서 컨덕턴스와 서셉턴스 G, B는 다음과 같이 구할 수 있다. 컨덕턴스는 $G = real(I.i[1]/ Vac)$로 계산할 수 있고, 여기서 $real(I.i[1])$은 I의 기본파 성분의 실수부를 나타낸다. 또한 마찬가지로 서셉턴스는 $B = imag(I.i[1]/ Vac)$로 계산할 수 있다.

그림 9E-10에 보인 바와 같이, 전압이 작을 경우 전압에 비례해서 전류 크기가 증가하는 것을 알 수 있다. 이것은 그림 9E-10에서 위상 관계를 볼 수 없어 방향을 알 수 없지만, 전압원 쪽으로 전류가 흘러나오는 것을 나타낸다. 그리고 컨덕턴스는 크기가 점점 줄어들게 된다. 이후 전압을 더 증가시키면, 컨덕턴스가 감소하여 결국 0이 되고, 바로 이 점에서 흘러 들어가는 전류는 최소가 됨을 알 수 있다. 이때가 전압원 입장에서는 부하에 전력을 공급하지 않게 되며, 따라서 이 점이 발진 평형점이 된다. 따라서 이때 평형점에서 계산되는 각 소자의 전압 및 전류는 발진평형 시 전압 및 전류가 된다.

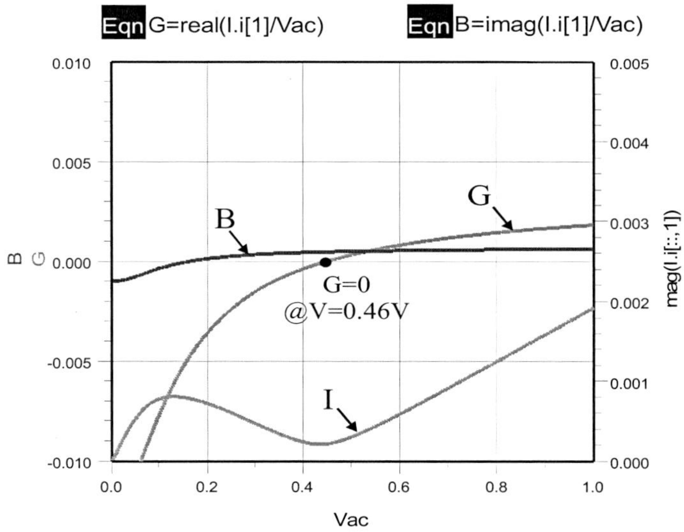

[그림 9E-10] 대신호 포트를 이용한 발진확인 결과

9.1.2.3 2-포트에 의한 방법

그림 9-16은 증폭기에 공진기를 통하여 궤환시킨 형태의 발진기 구조를 보였다. 그림에서 증폭기의 이득은 입력신호의 크기에 따라 이득이 변하는 것이며, 2-포트 공진기는 구조마다 다소 다르기는 하지만, 일반적으로 (9-23)식과 같이 나타낼 수 있다.

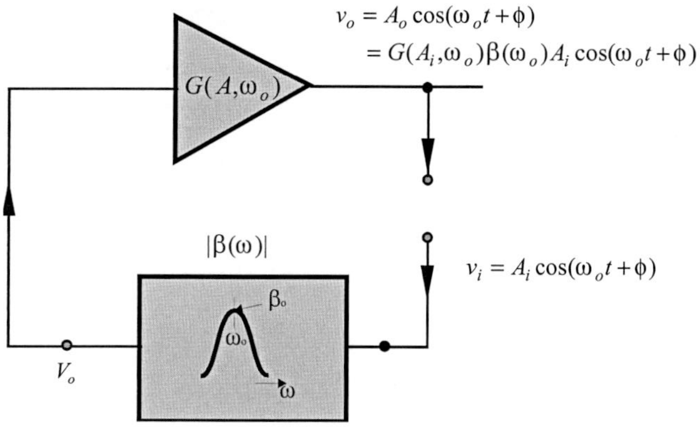

[그림 9-16] 궤환으로 본 발진기의 구조

$$\frac{V_o}{V_i} = \frac{\beta_o}{1 + jQ_L\left(\dfrac{\omega}{\omega_o} - \dfrac{\omega_o}{\omega}\right)} \tag{9-23}$$

여기서 β_o는 공진주파수 ω_o에서 전달계수이며 및 Q_L은 주파수 선택도를 나타내는 파라미터이다. 따라서 공진기는 공진주파수 ω_o에서 최대 값 β_o를 가지고 출력에 전달되며, 주파수가 공진주파수보다 높거나 낮을 경우 감쇄하는 그림 9-17과 같은 특성을 보이는 것을 알 수 있다. 또한 이것의 위상특성은 공진주파수 근처에서는 0°가 되는 것을 알 수 있고 반면 주파수가 공진주파수보다 낮을 경우 위상은 90°에 접근하게 되며, 반면 공진주파수보다 높을 경우 −90°에 접근하는 것을 알 수 있다.

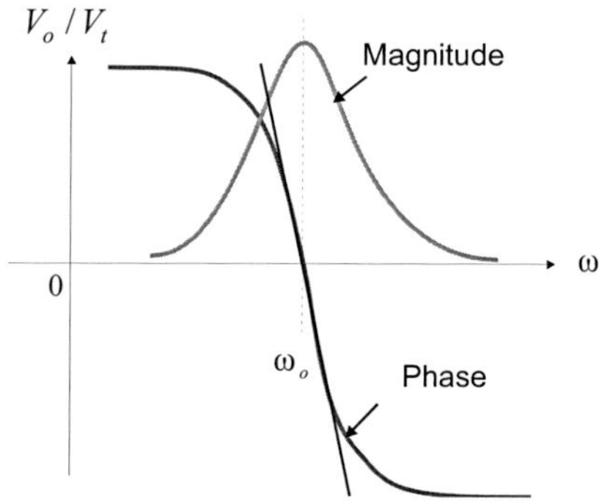

[그림 9-17] 공진기의 주파수 특성

이와 같은 주파수 특성을 갖는 공진기에 대하여 그림 9-16과 같이 공진기에 공진주파수를 갖는 정현파 입력 $A_i\cos(\omega_o t)$을 가하였을 경우 증폭기에는 $G(A_i,\omega_o)\beta_o A_i\cos(\omega_o t)$ 출력이 나타나게 될 것이다. 주목할 것은 이때 증폭기 출력과 공진기 입력은 파형이 같고 진폭만 변한 것을 알 수 있다. 이 출력을 다시 공진기 입력에 가할 경우, 루프이득 $G(A_i,\omega_o)\beta_o > 1$이라면 궤환하여 되돌아 올 때마다 진폭은 커지게 될 것이다. 따라서 신호가 커지기 위해서는 공진주파수, 즉 일반적으로는 $G(A,\omega)\beta(\omega)$의 위상이 0인 주파수 ω_o에서 $|G(0,\omega_o)\beta(\omega_o)| > 1$이 되면 발진은 형성될 수 있게 된다. 이것을 Barkenhausen 판정방법이라고 한다.

즉,

$$\angle\, G(0,\omega_o)\beta(\omega_o) = 0 \tag{9-24}$$

인 주파수에서

$$|G(0,\omega_o)\beta(\omega_o)| > 1 \tag{9-25a}$$

$$\left.\frac{\partial \angle\, G(0,\omega)\beta(\omega)}{\partial \omega}\right|_{\omega=\omega_o} < 0 \tag{9-25b}$$

을 만족하면 진폭은 궤환이 반복됨에 따라 커지게 되어 발진을 형성할 수 있게 된다. 이러한 특성을 그림 9-18에 나타내었다.

(9-25b)식이 만족되어야 하는 이유는, 주파수가 공진주파수보다 낮을 경우, 그림 9-16에서 루프이득 위상은 +가 되고 따라서 루프를 궤환할 때마다 +로 위상이 누적되어, 이러한 위상의 증가는 주파수의 증가로 나타나게 되고, 결국에는 공진주파수로 접근하게 되는 것을 알 수 있다. 반면 주파수가 공진주파수보다 높을 경우, 그림 9-16에서 루프이득 위상은 −가 되고 따라서 루프를 궤환할 때마다 −로 위상이 누적되어, 이러한 위상의 감소는 주파수의 감소로 나타나게 되고, 이것 또한 공진주파수로 접근하게 되는 것을 알 수 있다. 반면에 (9-25b)식과 반대로 위상특성을 갖게 될 경우 작은 흔들림에도 공진주파수에서 멀어지게 되어, 발진은 형성되지 않을 것이다. 따라서 (9-25b)식은 발진형성의 판별에 있어서 중요한 기준이 되게 된다.

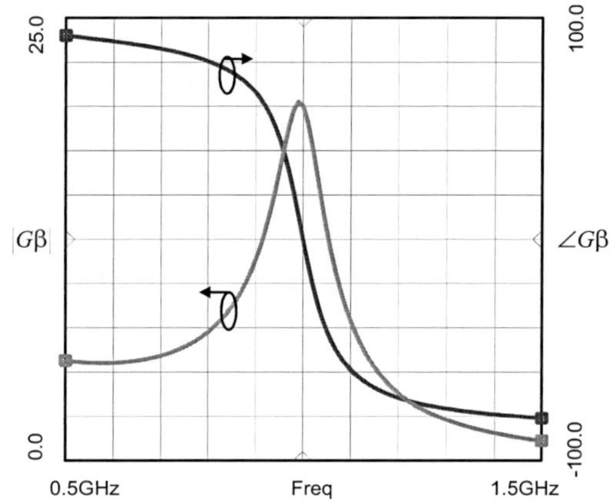

[그림 9-18] 소신호 루프이득의 주파수 특성

또한 진폭의 변화에 따른 루프이득의 변화를 그리면, 그림 9-19와 같게 된다. 즉 소신호에서는($A \cong 0$) 루프이득의 크기가 1보다 커서, 진폭은 점점 커지게 되며, A-축 방향으로 증가하게 되고, 이로 인해 루프이득은 감소하게 된다. 반면 진폭이 평형점보다 클 경우, 진폭은 줄어들게 되어, 결과적으로 $-A$축 방향으로 감소하게 될 것이다. 결국 진폭은 루프이득이 1이 되는 A_o에서 평형이 될 것이다. 그러므로 발진의 평형조건은

$$\angle\, G(A_o, \omega_o)\beta(\omega_o) = 0 \tag{9-26}$$

인 주파수에서, 진폭은 (9-27)식을 만족하는 점에서 평형이 된다.

$$|G(A_o, \omega_o)\beta(\omega_o)| = 1 \tag{9-27}$$

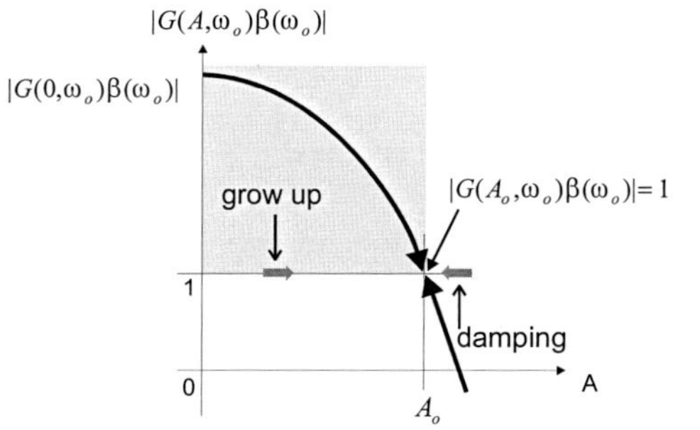

[그림 9-19] 진폭의 변화에 따른 루프이득의 변화

예제 9-6 Colpitts 발진기는 저주파에서 자주 사용되는 발진기로서, RF에서의 등가회로는 그림 9E-11에 보였다. 여기서 저항 R은 부하를 나타낸다. 이것의 발진조건을 루프이득 방법에 의해 조사하시오.

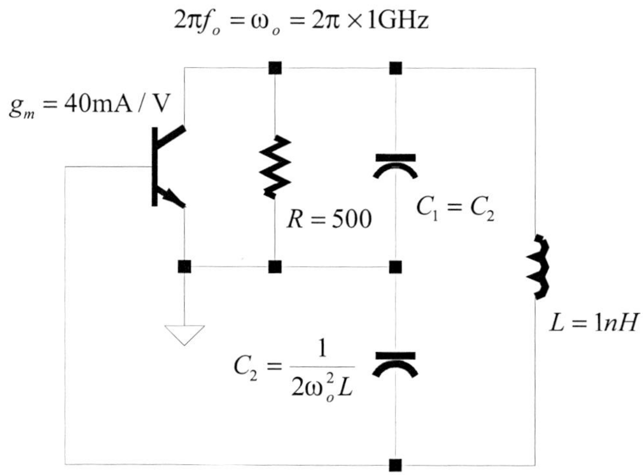

[그림 9E-11] Colpitts 발진기의 RF 등가회로

해 루프이득을 구하기 위하여, 트랜지스터를 입력저항이 ∞ 인 것으로 하고 트랜스-컨덕턴스를 g_m 인 그림 9E-12와 같은 등가회로(어둡게 칠한 부분)로 나타내었다. 따라서 루프이득은 그림과 같이 트랜지스터 입력단에 단위전압을 인가하고 이때 커패시터 C_2 양단의 전압을 계산하면 된다.

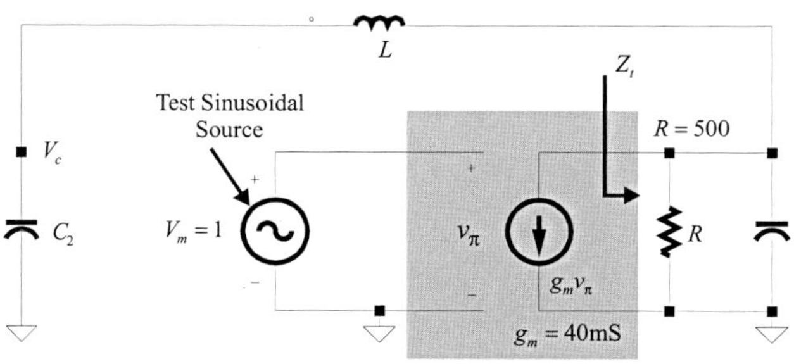

[그림 9E-12] 루프이득 계산

이것을 계산하면

$$V_c = G\beta = -g_m \frac{Z_t R}{R + Z_t} k \tag{9E-2}$$

임을 알 수 있고, 여기서 k는 저항 R 양단에 걸린 전압을 $L - C_2$ 사이의 전압분배 항으로서 아래와 같다.

$$k = \frac{\frac{1}{j\omega C_2}}{\frac{1}{j\omega C_2} + j\omega L} \tag{9E-3}$$

또한 Z_t는 아래와 같이 얻어진다.

$$Z_t = \frac{\frac{1}{j\omega C_1}\left(\frac{1}{j\omega C_2} + j\omega L\right)}{\frac{1}{j\omega C_1} + \frac{1}{j\omega C_2} + j\omega L} \tag{9E-4}$$

따라서 커패시터 양단에 걸린 전압은 다음과 같다.

$$V_c = -g_m \frac{1}{j\omega(C_1 + C_2)(1 - \omega^2 L C_1 \| C_2) + G(1 - \omega^2 L C_2)} \tag{9E-5}$$

이것이 루프이득이 되게 된다. 여기서 발진이 일어나기 위해서는 위 식의 분모의 허수부가 0이 되어야 하므로, 발진주파수는

$$(\omega_o)^2 = \frac{1}{L(C_1 \| C_2)} \tag{9E-6}$$

이다. 그리고 이때 이득에 이것을 대입하면

$$V_c = -g_m \frac{R}{1 - \frac{1}{LC_1 \| C_2} LC_2} = g_m R \frac{C_1}{C_2} > 1 \tag{9E-7}$$

인 조건을 만족해야 발진함을 알 수 있다. 즉 발진주파수는 출력측에서 본 전체 LC 공진회로의 공진주파수이며, 또한 주목할 것은 이점에서 출력측 전압은 최대가 되게 되고, 그것이 k를 통해 커패시터 C_1에 전달되게 된다. 이때 k는

$$k = \left. \frac{\frac{1}{j\omega C_1}}{\frac{1}{j\omega C_1} + j\omega L} \right|_{\omega = \omega_o} = -\frac{C_1}{C_2} \quad (9E-8)$$

로, 완전한 실수가 되며 이 값이 −인 것을 알 수 있다. 즉, 출력측 전압은 이 k를 통해 180o 위상반전(phase inversion)이 되어 트랜지스터 양단에 걸리게 된다. 즉, 트랜지스터가 180o 위상반전 시킨 것을, 이 k 회로망을 통해 또다시 180o 위상반전을 시켜, 위상을 원위치 시킨 것이다. 또한 이때 이득 V_c은 위 식과 같이 주어지는데 만일 이것이 1보다 작을 경우 발진은 일어나지 않음을 알 수 있다.

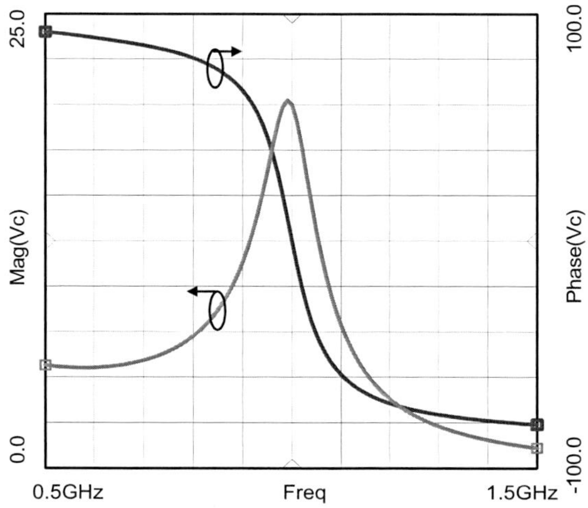

[그림 9E-13] 전달함수의 주파수 응답

즉, 결론적으로 전체 LC 공진회로의 공진주파수에서 발진은 일어나며, 이 공진주파수에서 k는 음이 되어 180 위상반전 시키는 것을 알 수 있다. 주목할 것은 주파수가 낮을 경우 k에는 위상반전의 효과가 없다. 그림 9E-13은 앞에서 구한 루프이득의 크기와 위상에 대해 회로에서 주어진 값을 입력하고 그린 것으로, 전체 공진주파수 1 GHz에서 발진이 일어나는 것을 알 수 있다.

이와 같이 트랜지스터와 같이 부성저항을 가지지 않는 소자에 대해서는 궤환 관점에서의 발진조건은 자연스럽고 적용하기 용이하다. 즉, 트랜지스터는 증폭기의 소자로 고려할 수 있고, 반면 궤환회로는 이러한 트랜지스터를 발진시키는 조건을 부여할 것이다. 또한 이러한 궤환 관점에서의 발진형성 및 평형은 위상잡음을 계산하는 데 용이하여 위상잡음의 설명 시 자주 이용된다.

그러나 실제적으로는 궤환을 통한 발진기 회로는 그림 9-20(a)와 같이 개념적으로 나타낼 수 있는데, 이것의 루프이득을 계산하기 위해서는 아래 그림과 같이 궤환을 끊기 위하여, 회로를 절단하여야 할 것이다. 이때 올바른 루프이득을 계산하기 위해서는, 그림과 같이 절단된 곳에서 들여다 본 임피던스를 부하로 달아주고, 이를 통해 그림 9-20(b)와 같이 루프이득을 계산하여야 할 것이다. 그러나 일반적으로 이와 같이 절단된 곳의 임피던스를 알아내는 방법은 용이하지 않다. 물론 임피던스를 모르고도 계산하는 방법이 있으나, 개방 상태 및 단락 상태에 대하여, 두 번 계산 뒤 이를 이용 다시 계산하여야 하기 때문에 계산상의 번거로움을 초래한다.

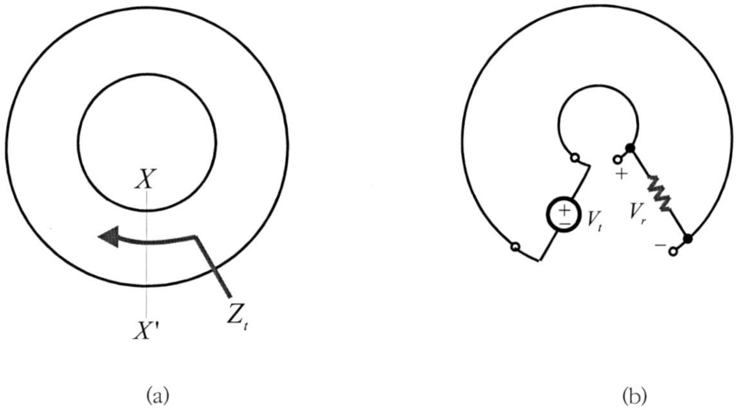

[그림 9-20] (a) 궤환 회로, (b) 루프이득 계산하기 위한 회로

최근 이러한 불편함을 제거하고 루프이득을 계산하는 방법이 제시되었으며, 이들을 이용한 활용은 기대되는 바 있다.

9.1.2.4 반사계수에 의한 방법

고주파에서는 임피던스보다는 반사계수가 직접 측정 요이하기 때문에, 반사계수에 의한 발진조건이 많이 사용된다. 이것은 앞서서 언급한 1-포트 임피던스에 의한 발진조건 판정과 유사하다. 그림 9-21에는 동일한 특정 임피던스 Z_o에 대하여 측정된 능동부 및 부하의 반사계수가 각각 Γ_A, Γ_L인 두 1-포트를 연결하였을 경우 이것의 발진 형성 가능성에 대하여 설명하고자 한다. 그리고 이러한 반사계수에 해당하는 임피던스는 각각 Z_A, Z_L로 나타내어진다.

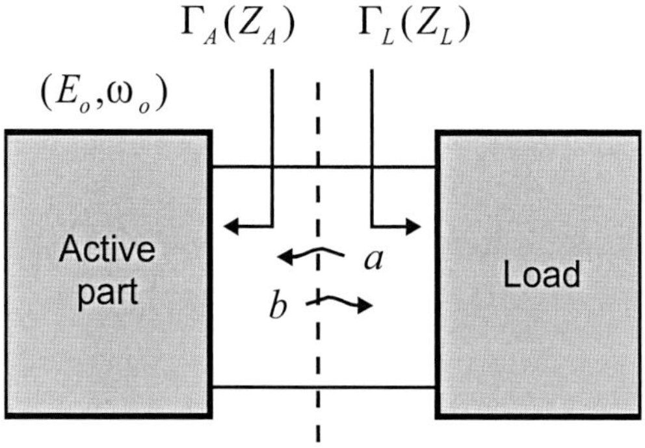

[그림 9-21] 반사계수 방법에 따른 조사방법

이때 부하에서 입사한 소신호 입사전압 a에 대하여 능동부 및 부하에 의하여 반사된 결과는 a'는

$$a' = \Gamma_L(\omega)\Gamma_A(E,\omega)a \tag{9-28}$$

와 같이 되며, 이것은 새로운 입사전압으로 다시 능동부 쪽으로 향하게 된다. 따라서 이것이 입사와 반사를 반복함에 따라 커지기 위해서는

$$|\Gamma_L(\omega_o)\Gamma_A(0,\omega_o)| > 1 \tag{9-29a}$$

$$\angle \Gamma_L(\omega_o)\Gamma_A(0,\omega_o) = 0 \tag{9-29b}$$

의 조건을 만족하여야 할 것이다. 여기서 $\Gamma_A(0,\omega_o)$로 나타낸 것은 능동부의 소신호에서 반사계수를 나타낸다. (9-29a)식은 입사와 반사를 반복함에 따라 신호가 커지기 위한 조건이며, (9-29b)식은 입사와 반사가 반복될 경우, 이것의 위상이 변하지 않는 조건이 될 것이다. 또한 이러한 발진조건이 안정하기 위해서는 (9-29b)식의 결과에서 약간의 주파수 변화가 나타날 경우 이것의 기울기는 −가 되어야 할 것이다. 즉

$$\frac{\partial \angle \Gamma_L(\omega_o)\Gamma_A(0,\omega_o)}{\partial \omega} < 0 \tag{9-30}$$

과 같이 나타나게 되는데, 이것은 앞서 설명한 바와 같이 주파수가 발진주파수보다 낮을 경우 위상이 +로 나와 반복할 경우 위상의 계속적인 증가로 결국에는 발진주파수로 접근하게 되고, 반면 발진주파수보다 높을 경우 위상이 −로 되어 입사와 반사를 반복할 경우 위상이 계속적으로 감소되어, 결국에는 주파수의 감소로 발진주파수에서 평형을 이루기 때문이다. 이것을 그림으로 나타내면 주파수에 따라서 $\Gamma_A\Gamma_L$의 크기와 위상을 그릴 경우 적절한 발진조건의 경우 그림 9−22와 같이 나타나게 된다.

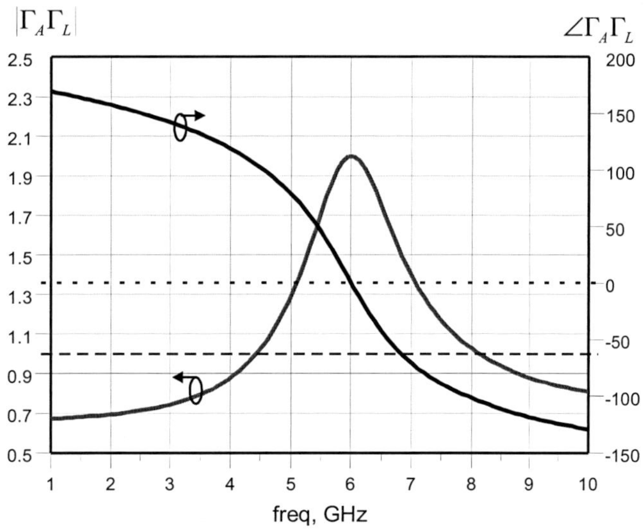

[그림 9-22] $\Gamma_L\Gamma_A(0,\omega)$의 그림

주목할 것은 이와 같이 나타날 경우 발진은 형성되지만 다른 조건 하에서도 발진이 형성될 수 있기 때문에 이것은 발진의 충분조건(Sufficient condition)임을 주목해야 할 것이다.

또한 여기서

$$a = E\cos\omega t \tag{9-31}$$

이고, 이것을 가용전력으로 나타내면 $P_A = E^2$이 된다. 이것의 진폭이 점차로 커질 경우 부하의 경우 수동회로이므로 변화가 없게 되고 반면 능동부의 경우 진폭의 변화와 함께 변하게 된다.

그림 9-23과 같이 소신호에서는 진폭이 커지는 방향으로, 반면 평형점 진폭 A_o보다 클 경우 진폭이 줄어드는 방향으로 진행하게 될 것이다. 따라서 평형 시에는

$$|\Gamma_L(\omega_o)\Gamma_A(E_o,\omega_o)| = 1 \tag{9-32a}$$

$$\angle \Gamma_L(\omega_o)\Gamma_A(E_o,\omega_o) = 0 \tag{9-32b}$$

과 같이 나타나게 될 것이다. 즉 입사와 반사로 인해 평형점에서는 반사계수의 크기가 1이 되며, 또한 이것의 위상은 0이 된다.

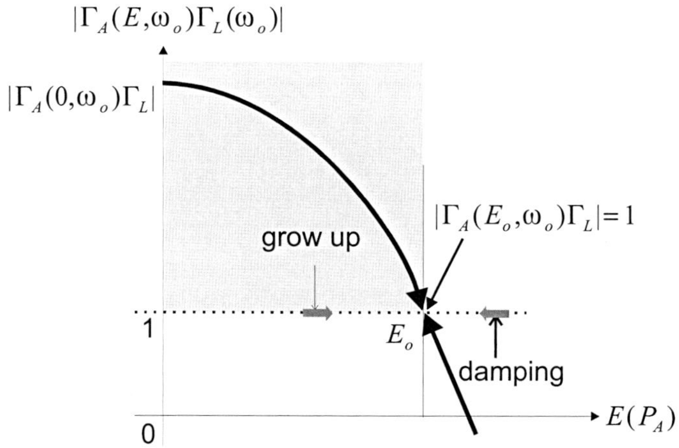

[그림 9-23] $\Gamma_L\Gamma_A$의 전력에 따른 변화

9.1.2.5 회로적 구현

앞서 설명한 반사계수에 의한 발진조건은 그림 9-22와 같이 서큘레이터(circulator)를 이용하여 측정할 수 있다.

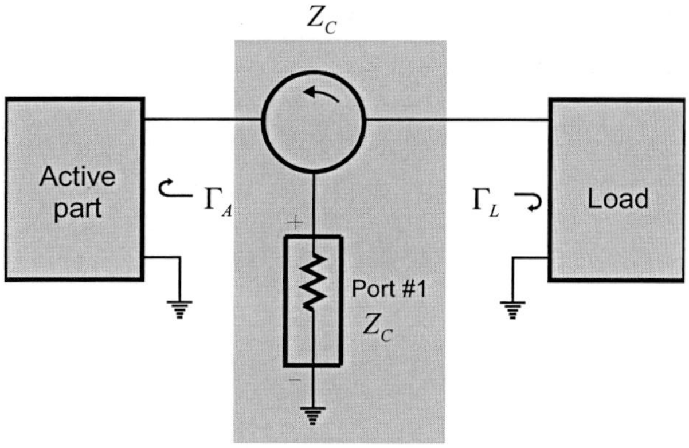

[그림 9-24] $\Gamma_L\Gamma_A$의 측정방법

즉 그림 9-24와 같이 포트의 측정기준 임피던스와 같은 광대역 서큘레이터에 능동부와 부하를 연결할 경우 포트에서의 반사계수는

$$S_{11} = \Gamma_A\Gamma_L \tag{9-33}$$

과 같이 나타나는 것을 알 수 있다. 즉 이와 같이 측정할 경우, 측정기준 임피던스 Z_c로 측정된 반사계수의 곱을 얻게 되며, 결과적으로 측정기준 임피던스 Z_c 하의 발진조건을 측정할 수 있게 된다. 그림 9-25에 표시된 발진조건 측정기가 ADS에서는 *OscTest*를 제공하고 있으며, 이것을 그림 9-25에 나타내었다.

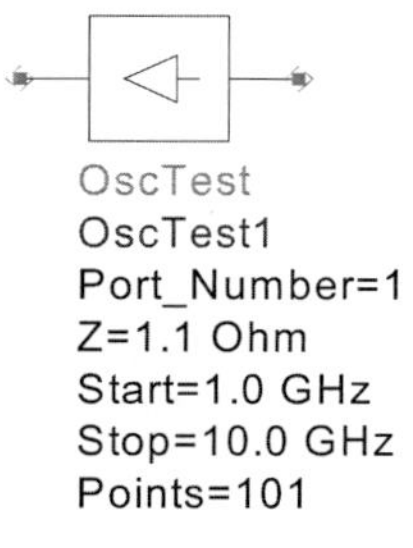

[그림 9-25] ADS 상의 *OscTest*

그림 9-25에서 *Z*는 소신호 발진조건을 측정하는 측정기준 임피던스며, 측정하고자 하는 주파수 범위는 *Start*와 *Stop*으로 명시하게 되어있다.

예제 9-7 다음은 소신호 병렬발진회로이다. *OscTest*의 측정기준 임피던스를 100 ohm으로 두고 이것의 $\Gamma_L \Gamma_A$를 측정하시오.

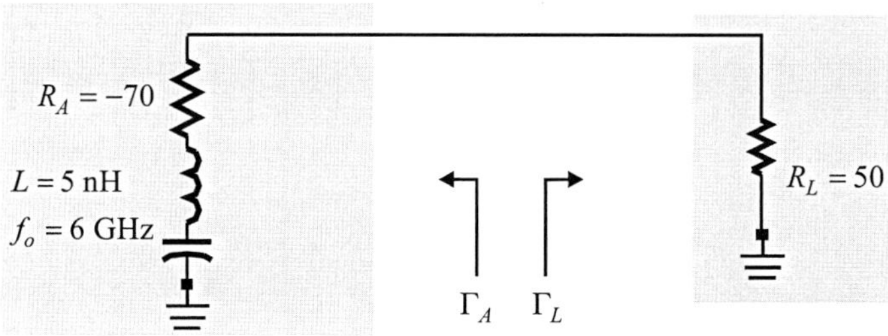

[그림 9E-14] 소신호 직렬발진회로

해 그림 9E-15와 같이 *OscTest*를 삽입하고 $\mathrm{mag}(S_{11})$과 $\angle S_{11}$을 측정하면 된다.

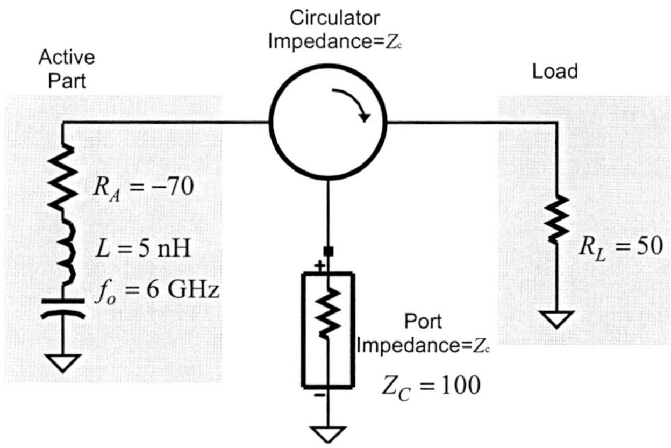

[그림 9E-15] 발진확인을 위한 *OscTest* 삽입

시뮬레이션하다 결과는 그림 9E-16에 보였다.
발진주파수에서 반사계수의 곱을 계산하면

$$\Gamma_L \Gamma_A = \frac{-70-100}{100-70} \times \frac{50-100}{50+100} = 1.88$$

로 그림 9E-16에 나타난 결과와 같음을 알 수 있다. 또한 이 그림에서 발진이 일어나는 곳에서 $\Gamma_L \Gamma_A$의 크기는 1보다 크며 이것의 위상은 0이 되는 것을 알 수 있다. 그리고 위상의 주파수에 대한 변화는 발진주파수에서 −의 기울기를 가짐을 알 수 있다.

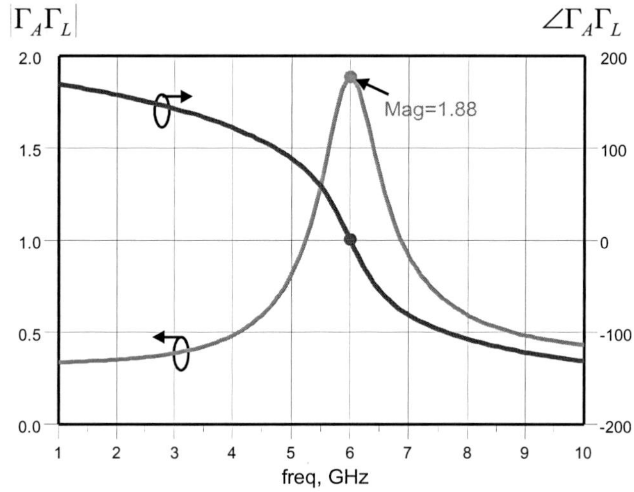

[그림 9E-16] *OscTest*를 이용한 발진확인

그러나 이 경우 우선 반사계수를 측정하기 위하여 서큘레이터 측정기준 임피던스를 설정하여야 하는데 $\Gamma_L\Gamma_A$의 크기와 각은 서큘레이터 측정기준 임피던스의 설정에 의존하여, 앞서 설명한 발진조건 판별이 어렵게 된다.

9.1.2.6 측정 임피던스에 따른 직렬발진조건 변화

앞서 설명한 반사계수는 측정하는 측정기준 임피던스에 따라 변하게 되어 (9–29)식을 만족하지 않는 경우에도 사실상 발진은 가능한 경우가 많다. 간단한 예로는 부하가 50 ohm이고 능동부의 실수부가 이것보다 큰 −값을 갖는 직렬공진회로일 때, 측정기준 임피던스를 50 ohm으로 잡을 경우, 주파수에 관계없이 $\Gamma_L\Gamma_A = 0$이 되는 것을 알 수 있다. 즉 *OscTest*로 판정할 경우 주파수에 관계없이 0이 되어 (9–29)식의 발진조건을 만족하지 못하므로 이것은 마치 발진하지 않는 것처럼 보이기도 한다. 그러나 분명히 이것은 앞서 임피던스에 의한 방법에 의해 판정할 경우 발진 가능한 조건이 된다. 이것을 일반적으로 보이기는 어려우므로 그림 9–26과 같이 직렬공진회로로 이루어진 능동부와 부하가 연결된 경우를 고려해 본다.

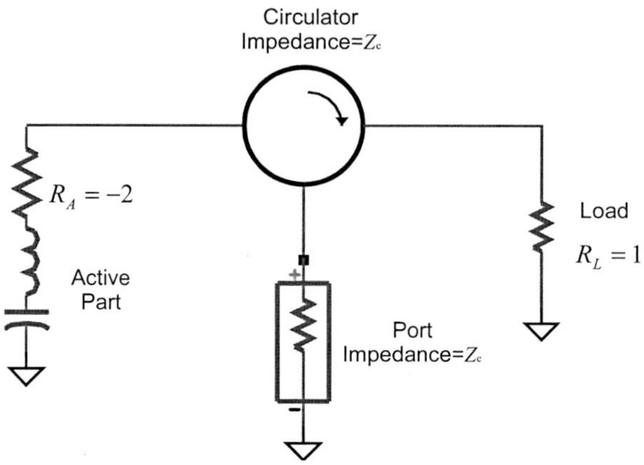

[그림 9-26] 그림 서큘레이터 측정기준 임피던스에 따른 $\Gamma_L\Gamma_A$ 변화 설명

이때 능동부는 50 ohm으로 규격화하였을 때, 실수부는 −2이며 직렬공진하고, 부하는 1로 하였다. 따라서 직렬발진조건을 만족하고 있는 경우이다. 따라서 공진 주파수에서 측정 기준임피던스 Z_c에 따른 반사계수의 곱은 아래와 같다.

$$\Gamma_L\Gamma_A = \left(\frac{1-Z_c}{1+Z_c}\right)\left(\frac{-2-Z_c}{-2+Z_c}\right) \tag{9-34}$$

이것을 측정 임피던스 Z_c를 변화하면서 그릴 경우 그림 9-27과 같은 결과를 얻게 된다.

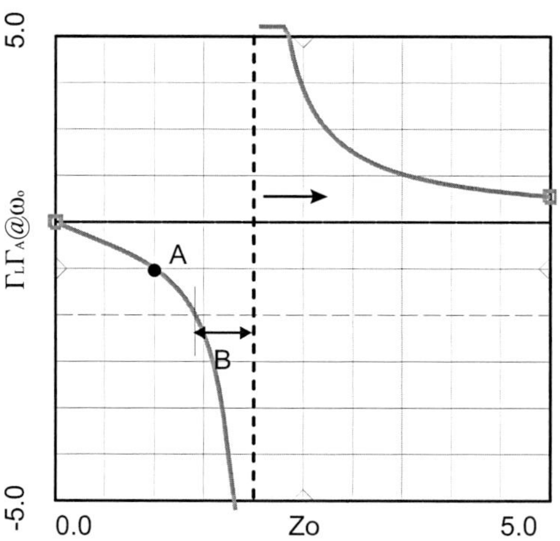

[그림 9-27] 측정 임피던스에 따른 발진조건의 변화

그림 9-27에서 y축 값이 $\pm\infty$ 접근하는 Z_c의 값은 바로 능동부의 실수부와 측정 임피던스가 같은 점이며, 이것은 부성저항이 나오는 소자에 대해 이것과 임피던스의 크기가 같은 측정 임피던스로 반사계수를 측정할 경우 ∞가 되기 때문이다. 또한 A점은 부하와 측정 임피던스가 같은 점으로 부하에서의 반사계수가 없기 때문에 0으로 나타나게 된다.

그림에서 측정기준 임피던스가 능동부의 부성저항보다 크기가 클 경우 $\Gamma_L\Gamma_A$는 1보다 크게 되고 +이므로 위상은 0°가 되게 된다. 따라서 직렬발진의 경우 측정 임피던스가 부하나 능동부의 부성저항보다 크기가 클 경우 정상적인 발진조건(proper condition)을 보이게 된다.

반면 측정저항이 부성저항이나 부하보다도 작을 경우(A점보다 작은 측정 임피던스)에 대해서는 위상이 0°가 되며 이때 크기는 1보다 작은 것을 알 수 있다. 이 경우 주목할 점은 주파수에 대한 위상의 기울기는 +가 되어 앞서의 정상적인 발진조건과는 차이를 보이게 된다.

그리고 측정 임피던스가 부성저항과 부하의 사이 값일 경우(B 구간) 크기는 1보다 클 수도 있고 또한 1보다 작을 수도 있지만 −값을 주게 되어 위상은 180°가 됨을 알 수 있다. 따라서 이와 같이 변하는 발진조건을 측정 임피던스에 따라 주파수에 따른 응답특성을 보면 그림 9-28(a), (b) 및 (c)와 같게 된다.

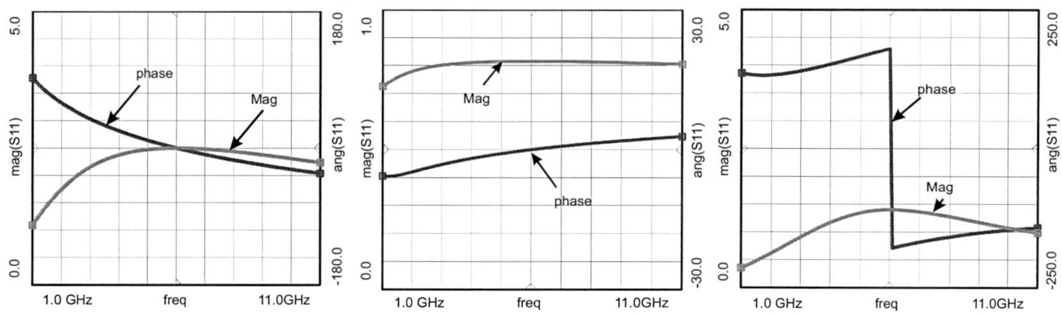

(a) (b) (c)

[그림 9-28] (a) 정상적인 발진조건, (b) $|R_A|, R_L > Z_c$, (c) $R_L < Z_c < |R_A|$

예제 9-8 그림 9E-17(a)와 같은 회로에서 직렬발진 가능성을 조사하기 위해서 $Z_c = 100$으로 하고 조사하였더니 그림 9E-17(b)과 같은 결과를 얻었다. 이것의 주파수 10 GHz에서의 발진 가능성을 논하시오.

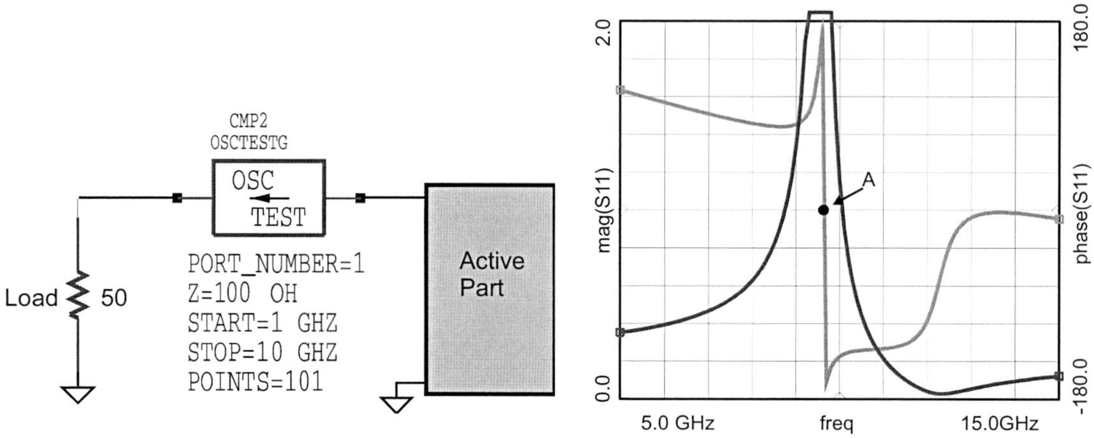

(a) (b)

[그림 9E-17] $Z_c = 100$일 때의 발진조건

해 그림 9E-17(b)에서 진폭이 1보다 큰 주파수에서 위상이 180°이므로, OscTest의 $Z_c = 100$ 값은 부하보다는 크지만 결과적으로 부성저항보다는 작은 것을 알 수 있다. 이때 Z_c를 이보다 크게 할 경우 발진조건이 만족되어야 할 것이다. 이것을 조사하기 위해서 $Z_c = 1000$으로 하고 조사하였다. 이것을 그림 9E-18에 보였다. 여기서 중심주파수에서 크기가 1보다 크고 위상이 0, 그리고 − 기울기를 얻게 되므로 이것은 정상적인 발진조건을 만족하는 것을 알 수 있다.

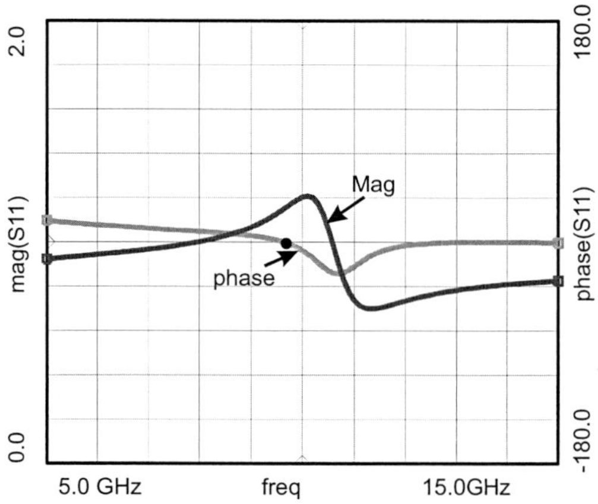

[그림 9E-18] $Z_c = 1\,\text{Kohm}$일 때 발진조건

9.1.2.7 측정 어드미턴스에 따른 병렬발진조건 변화

둘째로 병렬로 발진하는 경우에 대해서 역시 서큘레이터 측정기준 어드미턴스 변화에 따른 발진조건의 변화를 살펴볼 경우 다음과 같다. 우선 병렬로 발진하는 회로의 능동부의 실수부는 측정기준 어드미턴스로 규격화하였을 경우 −2이며 병렬공진하고, 부하는 1로 하였다. 이때 반사계수의 곱은 아래와 같다.

$$\Gamma_L \Gamma_A = \frac{1 - Y_c}{1 + Y_c} \frac{-2 - Y_c}{-2 + Y_c} \qquad (9-35)$$

이것을 측정 어드미턴스를 기준으로 하여 그림을 그릴 경우, 그림 9-25와 같게 되고 단지 x축만 어드미턴스가 되게 된다. 따라서 측정 임피던스가 부하나 능동부의 임피던스 보다 작을 경우, 정상적인 발진조건을 보이게 되며, 반면 이 두 임피던스 보다 크거나 사이의 값일 경우, 비정상적인 발진조건을 임피던스 때와 같이 보이게 된다. 이것을 표 9-1에 요약하여 나타내었다. 따라서 병렬발진조건 시에는 부하나 능동부의 실수부보다 작은 값으로 하여야 하며, 반면 직렬일 경우 두 임피던스 보다 큰 값을 갖도록 설정하여야 할 것이다.

[표 9-1] OSCTEST 프로브 임피던스 설정에 따른 발진조건의 변화

조건	$Z_c < R_A$ and R_L	$R_L < Z_c < R_A$ or $R_L > Z_c > R_A$	$Z_c > R_A$ and R_L
직렬발진	Inverse	180° 변화	Proper
병렬발진	Proper	180° 변화	Inverse

결론적으로 발진 가능한 곳은, 위상을 두고 판정하는 것이 용이할 것이다. 즉, 위상이 0°가 되는 곳과 180°가 되는 곳은 모두 발진 가능하며, 모두 조사할 필요가 있다. 이때 부하측에 이 *OscTest*를 삽입하고 측정기준 임피던스를 변화시키는 것이 편리하다. 측정기준 임피던스를 부하보다 큰 값에서 그리고 한번은 부하보다 작은 값에서 변화 할 경우 어느 정도 판단은 할 수 있다. 결론적으로 제대로 된 발진조건을 보려면 직렬발진 시는 측정기준 임피던스는 양쪽 임피던스보다 크게 설정해야 하며 반면 병렬공진에서는 양쪽 임피던스 보다 작게 설정해야 할 것이다.

예제 9-9 다음은 앞서의 Colpitts 발진기의 출력을 트랜지스터의 이미터 단자에서 얻은 회로이다. 이것의 발진조건 만족을 보기 위하여 *OscTest*의 임피던스를 부하보다 작게 1.1 ohm으로

두고 설정하고 발진조건을 조사하였다. 이 결과를 보고 타 주파수에서 발진조건을 조사하기위하여 필요한 작업을 구상하고 이를 시뮬레이션해 보시오.

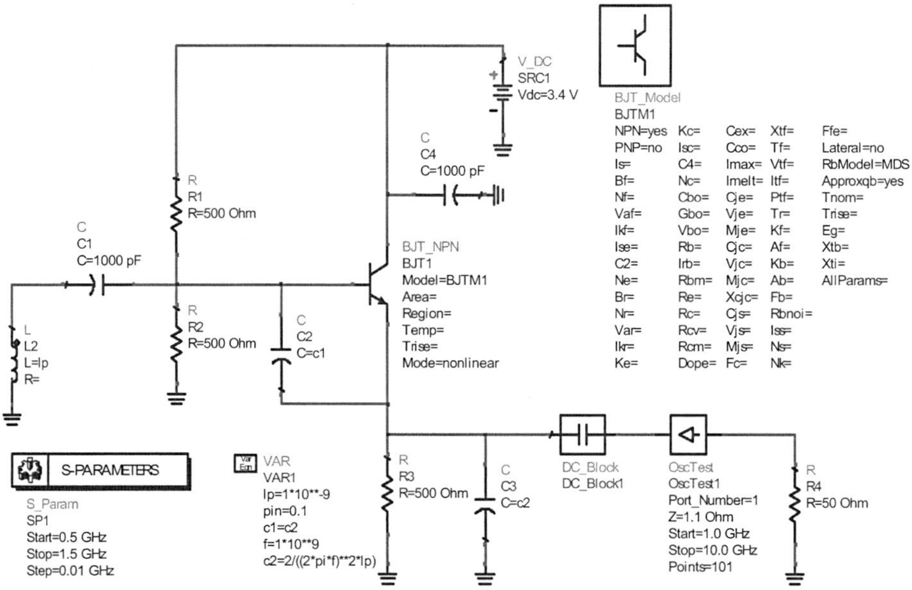

[그림 9E-19] Colpitts 발진기(출력을 이미터 단자에서 추출)

해 병렬 공진할 것을 예상 1.1 ohm의 낮은 측정기준 임피던스로 조사하였을 때 결과가 아래와 같은데,

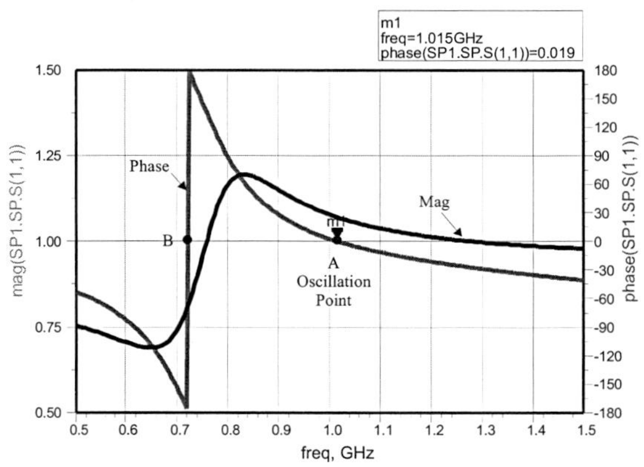

[그림 9E-20] Colpitts 발진기의 발진 조사 $Z_c = 1.1$

이것은 약 1 GHz(A점)에서 크기가 1보다 크고 위상이 0°인 점에서 기울기가 −이므로, 발진 가능(병렬)한 것을 알 수 있다. B점의 경우 선택된 임피던스가 부하와 능동부의 중간 어드미턴스의 크기를 가지며 발진 가능할 수 있다. 따라서 어드미턴스의 크기를 보다 작게 하고(여기서는 1 kohm = 0.001 S로 하였다) 시뮬레이션을 하였다. 이때의 결과 그림 9E-21에 보였다.

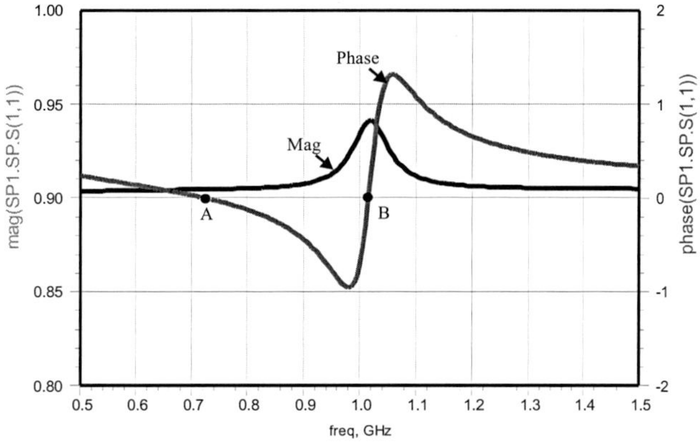

[그림 9E-21] 발진조사

그림에서 A점은 병렬발진 가능점 이었기 때문에 선택된 어드미턴스를 작게 할 경우 역발진조건으로 변하게 된다. 따라서 A점을 볼 경우 위상변화는 +이고 반면 크기는 1보다 작으므로 틀림없는 병렬발진조건이다. 반면 B점 경우 병렬이라면, 이것은 어드미턴스 선택을 작게 했기 때문에 역시 +기울기를 가져야 하는데 − 기울기를 갖고 있으므로 직렬공진이고 정상적인 발진조건이 된다. 그러나 이때 크기가 1보다 작으므로 이는 발진이 일어날 수 없게 된다. 이것의 발생요인은 회로의 병렬 커패시터에 직렬 공진회로가 연결되기 때문이고, 이 점은 발진을 일으킬 수 없게 된다.

9.1.2.8 반사계수에 의한 발진조건에 있어서 대신호 평형상태

반사계수를 이용하여 구한 발진조건을 응용평형 시 발진조건을 유도할 수 있게 된다. 즉 병렬발진이나 직렬발진의 경우 모두 평형 시에는 반사계수의 곱 $\Gamma_L\Gamma_A$가 1이 되므로 서큘레이터를 통한 포트의 공급전력은 포트에서 가용전력을 P_a라고 할 경우 $P_a(1-|\Gamma_L\Gamma_A|^2)$이 되므로 평형 시에는 포트에서 공급전력이 0이 되게 된다. 따라서 이것은 포트의 가용전력을 증가시킬 때 어떤 특정 전력에서는 포트는 능동부와 부하에 전력을 공급하지 않게 된다. 따라서 이 점에서 계산하게 되면 회로 내 각 부위에서 발진평형전력을 구할 수 있게 된다. 이것은 그림 9-29에서 기

본파의 mag(V^*I)가 0이 되는 점이 될 것이다. 즉 실수부전력과 허수부전력이 모두 0이 되게 된다.

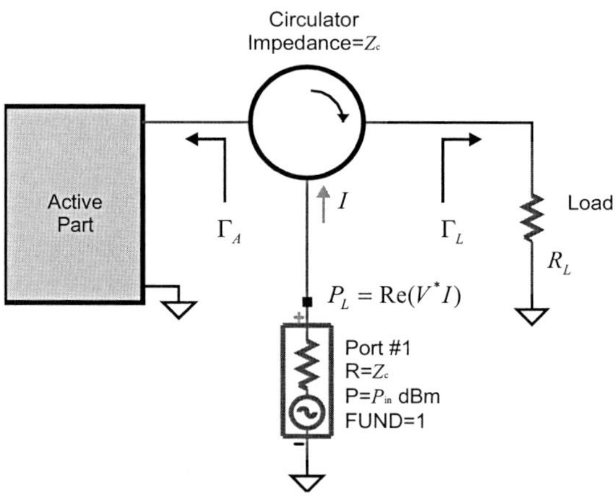

[그림 9-29] 서큘레이터를 사용한 방법을 대신호 평형점 조사

따라서 반사계수를 이용하여 대신호 평형상태를 구하려고 할 경우 *OscTest*의 포트의 공급전력을 증가시키면서 대신호에서의 반사계수의 변화를 관찰하고 이것이 1이 되는 점에서 평형이 되게 되므로 이때 이 전력과 주파수를 구할 경우 여기에서 능동부 및 부하의 회로 각 부위에서 출력을 계산하면 발진기 회로의 평형 상태에서 파형을 결정할 수 있게 된다.

이러한 작업은 ADS에서 자동적으로 수행하게 되며 이것을 보통 *OscPort*가 되게 된다. 즉, 이 *OscPort*를 *HB simulator*와 함께 연동하여 시뮬레이션을 할 경우 (즉 포트의 대신호 가용전력을 가변시키면서 발진평형이 되는 전력과 주파수를 찾는 시뮬레이션) 평형 시에서 발진출력을 얻게 한다. 이것을 그림 9-30에 나타내었다. 그림 9-30(a)는 ADS 상의 *OscPort*에 대한 해석이며, *HB simulator*를 *OscPort*와 연동할 경우 평형 시 발진출력을 구할 수 있게 된다.

그림 9-30(b)에서 *OscPort*의 *Z*는 서큘레이터의 측정기준 임피던스, 즉 포트의 측정 임피던스를 나타낸 것이며 *NumOctaves*는 평형 시 발진주파수는 예측된 소신호 발진주파수와 다르게 되므로, 가변 범위를 예측된 주파수의 0.5에서 2배에 해당하는 주파수 범위에서 찾게 된다는 것을 지정한 것이다. 그리고 *FundIndex*는 *HB simulator*에서 지정한 발진 예상주파수가 되게 된다. 즉, 이것을 기본파로 하여 시뮬레이션하는 것을 나타내며 대부분의 경우 1이 되게 될 것이다.

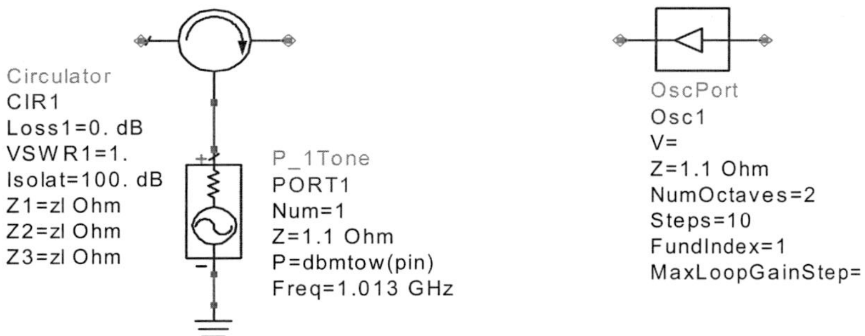

(a) (b)

[그림 9-30] (a) 서큘레이터, (b) OSCPORT

예제 9-10 앞서의 예제 9-9 회로, 즉 출력을 이미터 단자에서 얻는 그림 9E-19와 같은 Colpitts 발진기 회로에 대해 OscPort를 통한 평형점을 찾아보고, 서큘레이터를 이용한 결과와 비교하여 보시오.

해 그림 9E-22와 같이 결선하고 계산하면

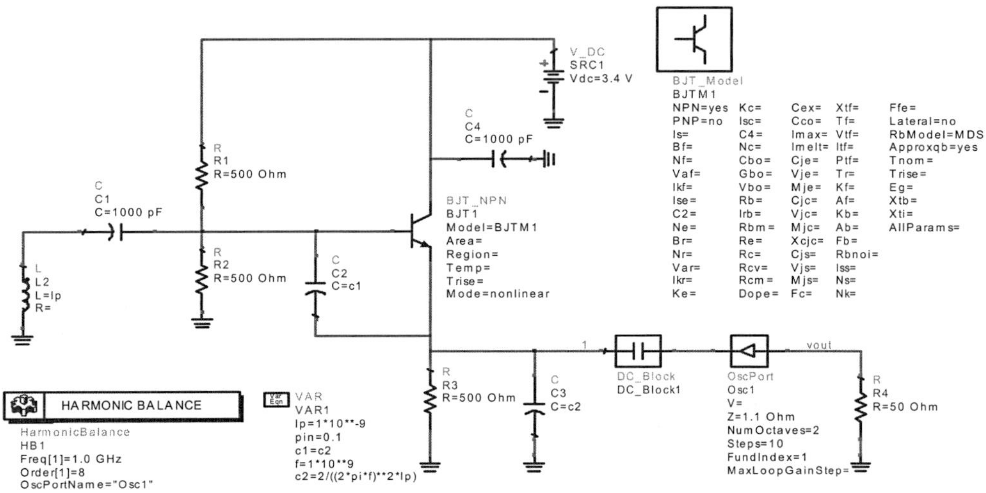

[그림 9E-22] *OscPort*를 이용한 평형점 조사

그림 9E-23과 같은 결과를 얻게 된다. 그림 9E-23의 좌측은 부하 50 ohm 양단에 걸린 전압을 스펙트럼으로 나타낸 것이며, dBm 척도로 나타냈다. 그리고 우측의 시간영역 파형은 좌측의 스펙트럼을 역 Fourier 변환을 하여 얻은 것으로, *Display*창에서는 아래와 같은 식으로 표현된다.

$$w1 = ts\ (vout) \tag{9E-9}$$

이것을 그림에 나타내었으며 w2 파형은 뒤의 서큘레이터를 이용하여 얻어진 계산결과를 보인 것이다.

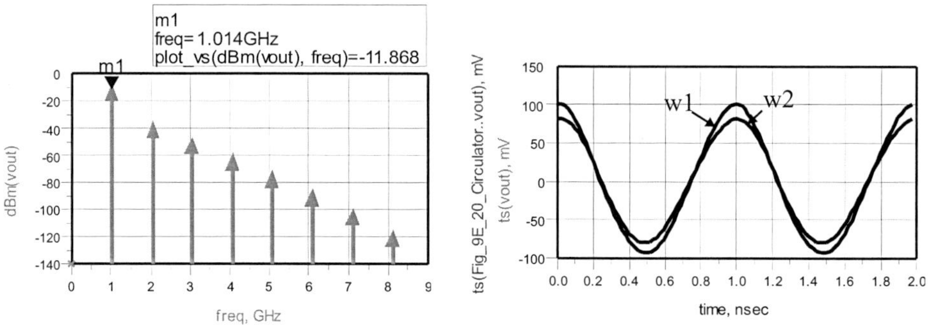

[그림 9E-23] *OscPort*를 이용한 평형점 조사결과

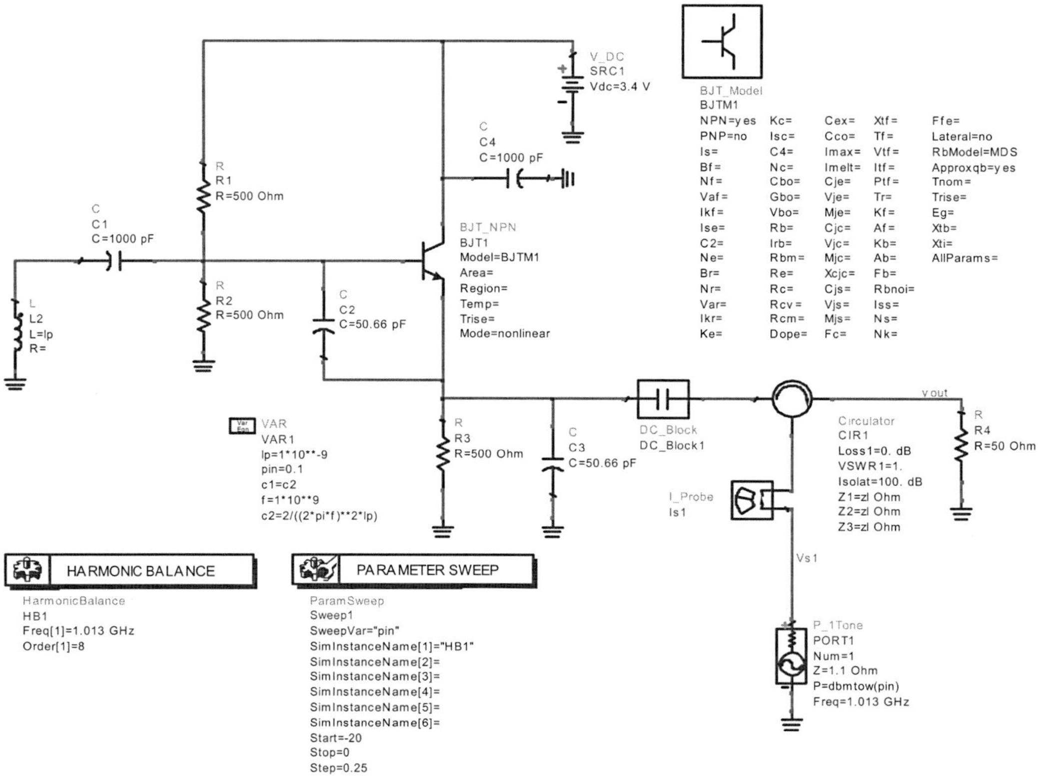

[그림 9E-24] 서큘레이터를 통한 직접 계산

그리고 서큘레이터를 통해 알아보기 위해 그림 9E-24와 같이 결선한다. 여기서 전압 vs1과 전류 is1을 알 경우, 서큘레이터를 통해 전달된 전력이 다음과 같이 표현된다.

$$Pd = mag(vs1[1])*Is1[1]) \qquad (9E-10)$$

이때의 입사전력 *Einc* 및 반사계수의 곱 *Gamma*의 전력에 대한 변화는, 아래와 같은 식으로 계산된다.

$$Einc = sqrt(10\char`^(pin/10)/1000*4*1.1)*sqrt(2) \qquad (9E-11)$$

$$\Gamma_L \Gamma_A = \text{Gamma} = (vs1[1] - Einc/2)/(Einc/2) \qquad (9E-12)$$

여기서 *sqrt*(2)는 peak-값으로 변환하기 위한 것이고, *Gamma*의 계산방법은 앞 장에서 설명된 S-파라미터 이론에 따라 계산된 것이다. 그림 9E-25에서 보듯이 $\Gamma_L \Gamma_A$는 전력이 증가함에 따라 감소함을 알 수 있다. 그리고 이것이 1이 되는 점에서 전달된 전력은 최소점을 보이며, 이 점이 발진 평형점이 된다. 그리고 이때 부하에 전달전력을 계산하면

$$Pout = dBm(vout[1]) = -11.8 \text{ dBm}; \qquad (9E-13)$$

이 되는데, 이는 앞서의 결과와 같음을 알 수 있다. 이때 이 전력에서 얻어진 파형을 역 Fourier 변환 하여 계산하면, 이것은 그림 9E-23에 나타내었으며, 약간의 차이가 나는 것을 알 수 있다. 이것은 정밀하게 발진주파수를 찾지 않고 계산된 까닭이다. 그러나 두 계산 결과는 거의 일치함을 알 수 있다.

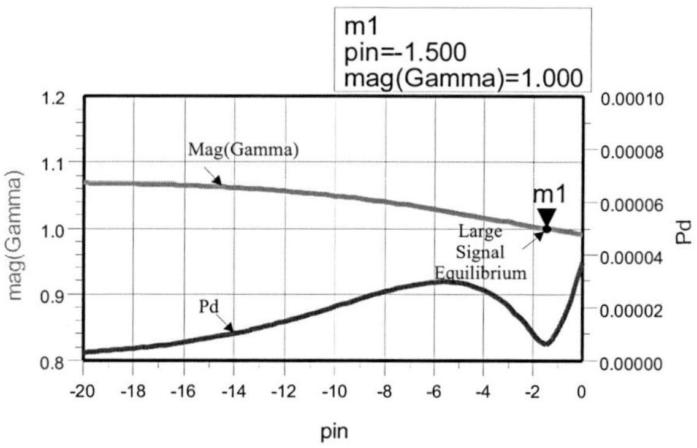

[그림 9E-25] 반사계수의 곱과 서큘레이터를 통한 전달전력

9.2 발진기 기본회로

앞에서 설명한 것은 발진기 회로가 주어졌을 경우 이것의 발진 가능성 판정에 관련된 것이었다. 그러나 설계자 입장에서는 원하는 주파수에서 발진하는 발진기 회로를 설계하여야 하는데, 이것에 대하여는 다음과 같이 설계할 수 있을 것이다. 우선 DC 바이어스 회로나 DC 격리를 위해 삽입한 RF에서 영향이 없는 모든 부분을 제거하고 나면, 발진회로는 크게 두 가지 구조로 간략화될 수 있다. 즉 직렬궤환을 이용한 발진구조(여기서 jy가 트랜지스터의 DS 출력에서 GS 입력으로 연결하는 직렬궤환에 사용되고 있다)와 병렬궤환을 이용한 발진구조(여기서는 jy가 DS 출력에서 GS 입력으로 연결하는 병렬궤환에 사용되고 있다)로 크게 나눌 수 있다. 그림 9-31에는 직렬발진구조의 세 가지 형태를 보였으며, 반면 그림 9-32에는 병렬발진구조의 세 가지 형태를 보였다.

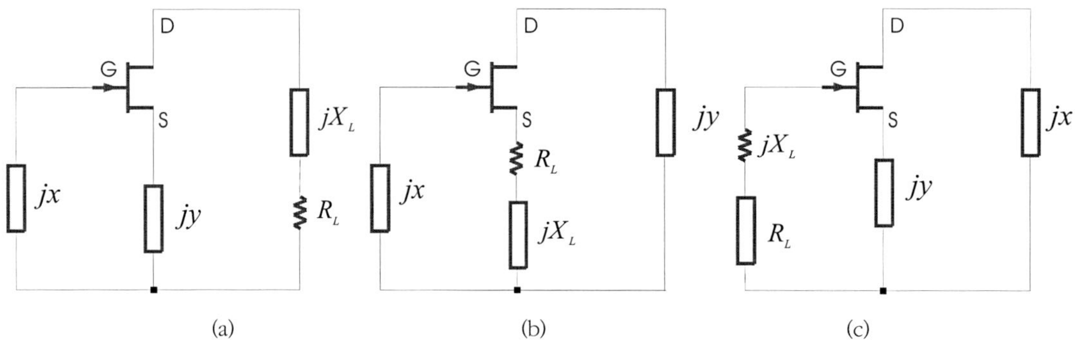

[그림 9-31] 직렬궤환형 세 가지 발진기 기본회로

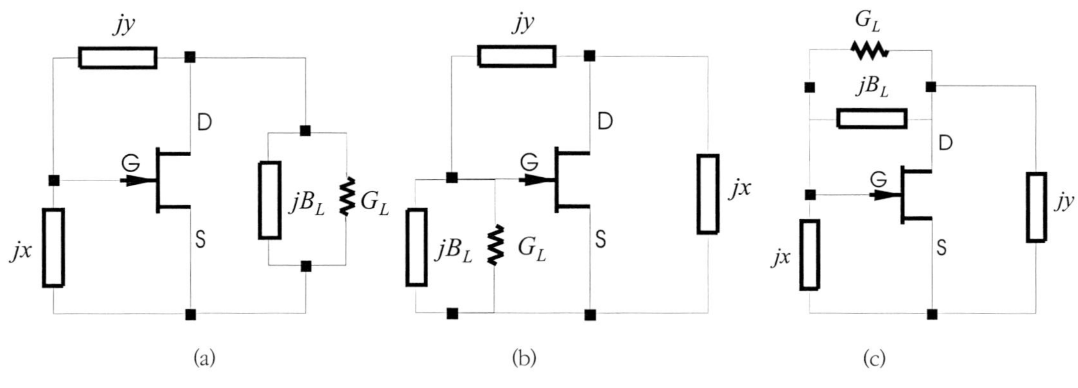

[그림 9-32] 병렬궤환형 세 가지 발진기 기본회로

그림 9-31 및 9-32에서 세 가지 형태의 구분은 부하의 연결 방법에 따라 구분되며, 근본적으로는 같은 궤환 형태임을 알 수 있다. 또한 그림에서 jx, jy는 직렬구조에서는 커패시터나 인덕터의 리액턴스를 나타내며, 반면 병렬구조에서는 커패시터나 인덕터의 서셉턴스를 나타낸다.

이러한 직렬구조나 병렬구조는 궤환 방법으로 해석할 경우, 정성적으로 이것의 발진방법을 알 수 있게 된다. 우선 그림 9-31(a)와 같은 직렬구조의 경우 리액턴스 jx의 경우 커패시터로, 궤환 리액턴스 jy의 경우 인덕터로 그리고 부하는 커패시터와 저항으로 그림 9-33과 같이 나타낼 수 있다.

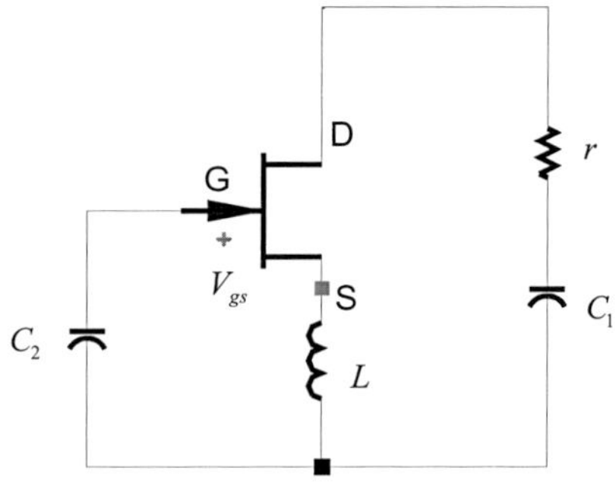

[그림 9-33] 그림 9-29(a) 구조

또한 고주파에서 트랜지스터의 입력 임피던스는 일반적으로 작으므로, 이것을 단락으로 고려한다면, 이때 트랜지스터는 그림 9-34와 같이 입력전류에 따라 출력전압이 변하는 그림과 같은 간략 등가회로로 나타낼 수 있게 되고, 전체적인 발진주파수 및 발진형성의 가능성을 알기 위하여 그림과 같이 입력에 test-신호전류를 인가하고, 출력에서 입력측으로 되돌아오는 전류의 양을 계산하면, 이것은 루프이득이 될 것이다.

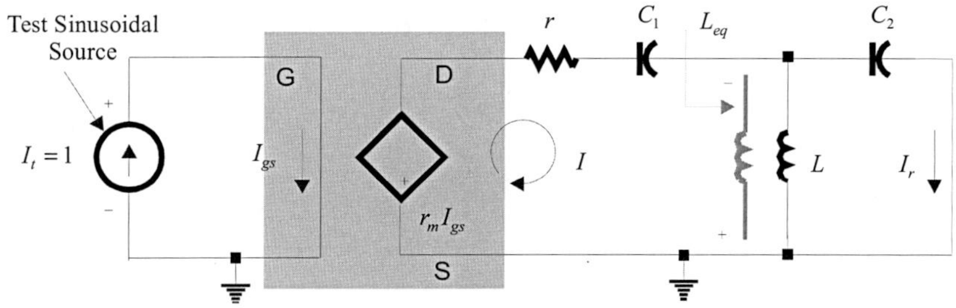

[그림 9-34] 등가회로

여기서 L, C_2의 병렬 임피던스는

$$j\omega L_{eq} = \frac{j\omega L \cdot \frac{1}{j\omega C}}{j\omega L + \frac{1}{j\omega C}} = \frac{j\omega L}{1-\omega^2 LC_2} = \frac{j\omega L}{1-\frac{\omega^2}{\omega_r^2}} \qquad (9-36a)$$

$$\omega_r^2 = \frac{1}{LC_2} \qquad (9-36b)$$

이다. 따라서 ω_r보다 낮은 주파수에서는 L, C_2 병렬연결은 등가적으로 L_{eq}인 인덕터로 보이게 된다. 또한 이때 아래와 같은 전류전달함수는

$$k = \frac{I_r}{I} = \frac{j\omega L}{j\omega L + \frac{1}{j\omega C}} = \frac{1}{\left(1-\frac{\omega_r^2}{\omega^2}\right)} \qquad (9-37)$$

과 같이 되어 ω_r보다 낮은 주파수에서는, 이것의 위상은 180°가 되고 위상반전이 일어나게 된다. 반면에 ω_r보다 높은 주파수에서는 위상은 0°가 되어 위상반전이 사라지게 되는 것을 알 수 있다. 그리고 이것의 루프이득은

$$G\beta = -\frac{I_r}{I} \cdot r_m \frac{1}{r + \frac{1}{j\omega C_1} + j\omega L_{eq}} \cong -\frac{I_r}{I} \cdot r_m \frac{1}{r + \frac{1}{j\omega C_1}\left(1-\frac{\omega^2}{\omega_o^2}\right)} \qquad (9-38a)$$

$$\omega_o^2 = \frac{1}{L(C_1 + C_2)} \qquad (9-38b)$$

로 되어, 우선 $\omega_o < \omega_r$임을 알 수 있고, $\omega = \omega_o$일 경우 루프이득의 위상은 0이 되고, 이때 이득은

$$G\beta|_{\omega_o} = \frac{C_2}{C_1}\frac{r_m}{r} \qquad (9-39)$$

이다. 이것이 1보다 클 경우 ω_o에서 발진이 일어나는 것을 알 수 있다. 즉 $L \| C_2$에

의하여 위상반전이 일어나고, 발진주파수는 $L||(C_1 + C_2)$의 공진주파수에서 일어나게 되며, 이때 이득이 1보다 클 경우 발진은 형성되는 것을 알 수 있다. 이것을 그림 9-35에 나타내었다.

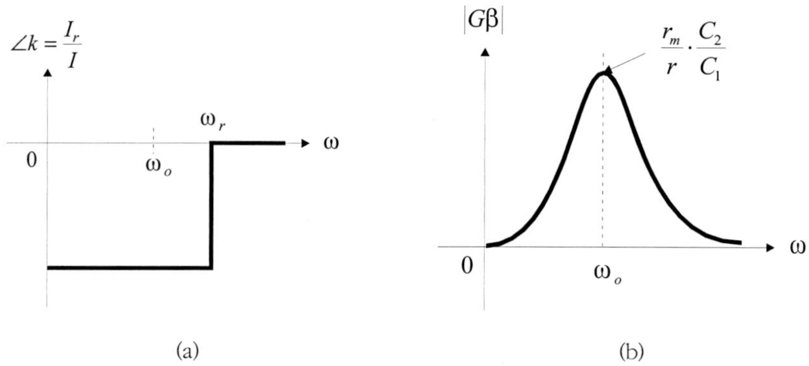

[그림 9-35] (a) 전류전달 특성, (b) 루프이득 특성

반면 병렬공진을 이용한 그림 9-32(a)의 경우 리액턴스 jx를 커패시터로, 궤환 리액턴스 jy의 경우 인덕터로 부하는 커패시터와 저항으로 대치하면 그림 9-36과 같이 나타낼 수 있다.

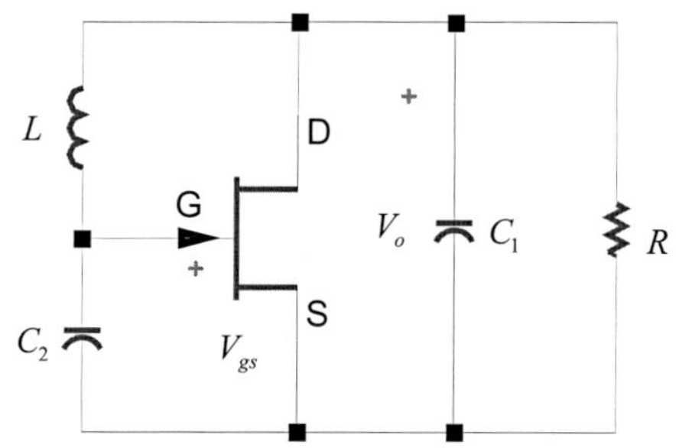

[그림 9-36] 병렬발진기 회로

또한 저주파에서 트랜지스터의 입력 임피던스는 일반적으로 크게 되어, 이것을 개방으로 고려한다면, 트랜지스터는 그림 9-37과 같이 입력전압에 따라 출력전류가 변하는 같은 간략 등가회로로 나타낼 수 있게 되고, 전체적인 발진주파수 및 발진형성의 가능성을 알기 위하여, 그림과 같이 입력에 test-신호전압을 인가하고, 출력에서 입력측으로 되돌아오는 전압의 양을 계산하면, 이것은 루프이득이 될 것이다.

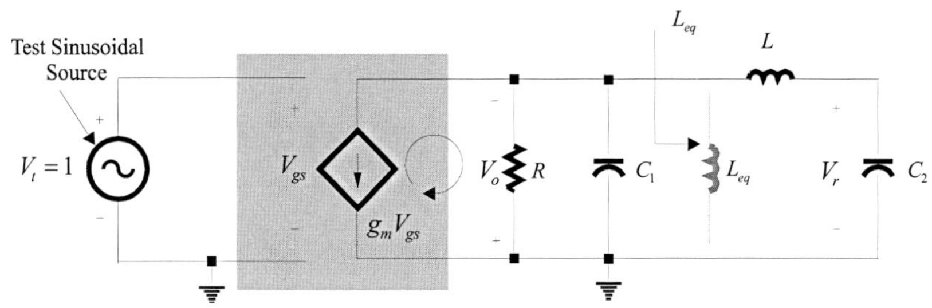

[그림 9-37] 병렬발진기의 등가회로

이것을 계산하면

$$V_r = G\beta = -g_m \frac{Z_t R}{R+Z_t} k \qquad (9-40)$$

임을 알 수 있고, 여기서 k는 저항 R 양단에 걸린 전압을 $L-C_2$ 사이의 전압분배항으로서

$$k = \frac{\frac{1}{j\omega C_2}}{\frac{1}{j\omega C_2}+j\omega L} = \frac{1}{1-\frac{\omega^2}{\omega_r^2}} \qquad (9-41a)$$

$$\omega_r^2 = \frac{1}{LC_2} \qquad (9-41b)$$

이다. 따라서 ω_r보다 높을 경우 위상반전이 나타나게 되고 반면 이것보다 낮을 경우 위상반전은 사라지게 된다. 그리고 Z_t는

$$Z_t = \frac{\frac{1}{j\omega C_1}\left(\frac{1}{j\omega C_2}+j\omega L\right)}{\frac{1}{j\omega C_1}+\frac{1}{j\omega C_2}+j\omega L} \qquad (9-42)$$

이다. 따라서 커패시터 양단에 걸린 전압은 다음과 같다.

$$V_r = -g_m \frac{1}{j\omega(C_1+C_2)\left(1-\omega^2 L C_1 \| C_2\right)+G\left(1-\omega^2 L C_2\right)} \qquad (9-43)$$

여기서 발진이 일어나기 위해서는 위 식의 분모의 허수부가 0이 되어야 하므

로, 발진주파수는

$$(\omega_o)^2 = \frac{1}{LC_1 \| C_2} \tag{9-44}$$

이다. 그리고 이때 이득에 이것을 대입하면

$$V_r = -g_m \frac{R}{1 - \frac{1}{LC_1 \| C_2} LC_2} = g_m R \frac{C_1}{C_2} > 1 \tag{9-45}$$

조건을 만족해야 발진함을 알 수 있다. 즉, 발진주파수는 출력측에서 본 전체 LC 공진회로의 공진주파수이며, 이때 병렬공진이 일어나서 출력측 전압은 최대가 되게 되고, 그것이 k를 통해 커패시터 C_1에 전달되게 된다. 이때 k는

$$k = \left. \frac{\frac{1}{j\omega C_1}}{\frac{1}{j\omega C_1} + j\omega L} \right|_{\omega = \omega_o} = -\frac{C_1}{C_2} \tag{9-46}$$

인 완전한 실수가 되며 이 값이 −인 것을 알 수 있다. 즉 이것은 발진주파수는 위상반전을 일으키는 주파수 ω_r보다 항상 높게 되어 발진주파수에서 위상반전이 일어나게 되는 것을 나타낸다. 즉, 증폭기 자체가 180° 위상반전 시킨 것을 이 k 회로망을 통해 또다시 180° 위상반전을 시켜 위상을 원위치 시킨 것이다. 또한 이때 이득 V_r은 위 식과 같이 주어지는데 만일 이것이 1보다 작을 경우 발진은 일어나지 않음을 알 수 있다.

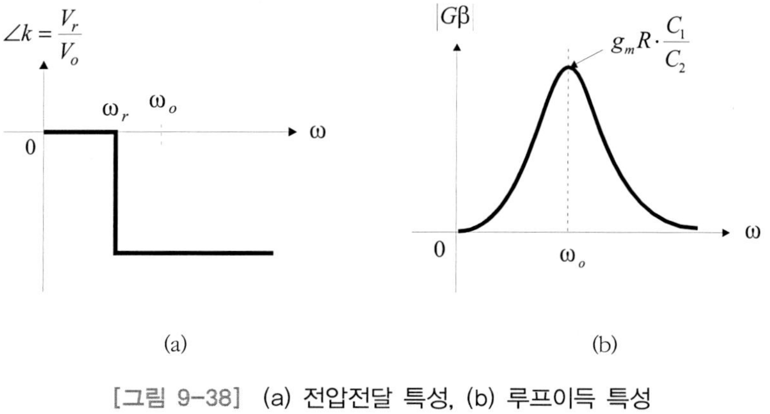

[그림 9-38] (a) 전압전달 특성, (b) 루프이득 특성

9.2.1 기준형으로의 변환

앞서 설명한 직렬 및 병렬 기준형들은 RF에서의 등가회로만 나타낸 것으로, 실제의 발진기 회로는 이것에 DC 전압 인가하고 또한 RF를 출력시키는 방법에 의하여 기준형들과 다소 다르게 보인다. 그러나 이러한 발진기들을 간략화할 경우 대부분 앞서 설명한 기준형으로 환원될 수 있다. 따라서 발진기 회로가 주어졌을 때, 이를 기준형으로 환원시키는 작업과, 두 번째로는 이러한 기준형을 DC 전압을 인가하여 실제적인 발진기 회로로 형성하는 작업이 될 것이다. 본 장에서는 이러한 작업에 대하여 몇 가지 예제를 통하여 알아보려고 한다.

예제 9-12 아래 그림의 회로는 Colpitts 발진기이다. 이의 RF에서의 등가회로를 구하시오. 그리고 6가지 형태 중 어떤 형태와 같은지 밝히시오.

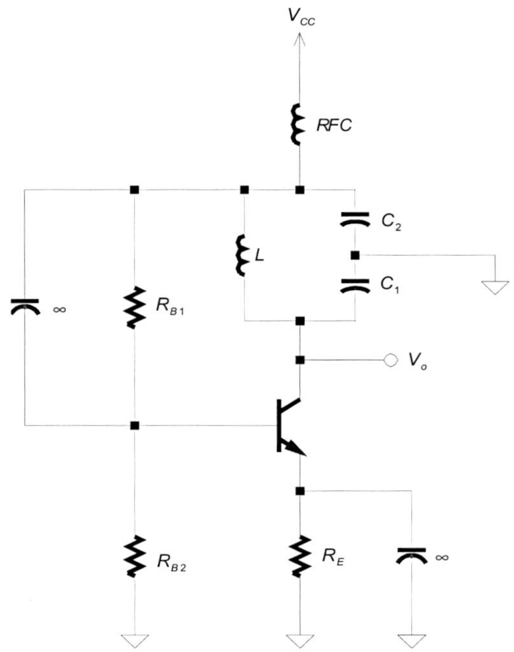

[그림 9E-26] Colpitts 발진기

해 위의 회로에서 RFC 등 RF에서 영향이 없는 부분을 제거하면 그림 9E-27(a)와 같다. 여기서 접지면 점을 제거하면 그림 9E-27(b)와 같다. 따라서 이는 병렬궤환형(a)임을 알 수 있다.

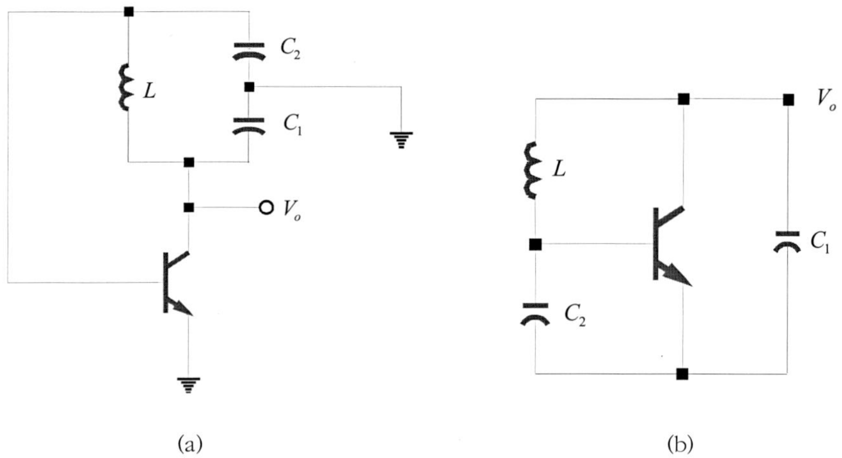

[그림 9E-27] (a) 간략화된 Colpitts 발진기, (b) 병렬궤환형 발진기

예제 9-13 다음은 마이크로스트립 발진기 회로이다. 이를 RF에서의 회로로 간략화시켜 어떠한 발진기 형태인지 판별하시오.

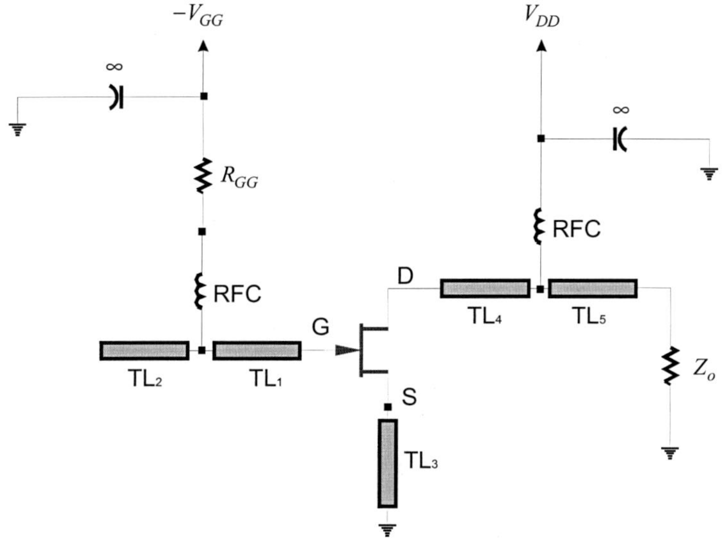

[그림 9E-28] 마이크로스트립 발진기 회로

해 그림에서 DC 바이어스 회로 부분을 선택하면 아래 그림 9E-29와 같이 될 것이다. 이를 제거하고 다시 그리면 우측의 회로도와 같게 된다.

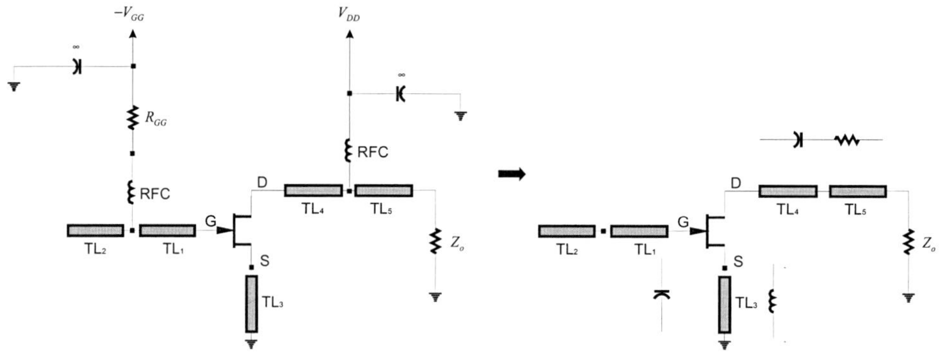

[그림 9E-29] 간략화된 발진기 회로

여기서 드레인 단자에 연결된 회로는 특정주파수에서는 RC 직렬회로로 볼 수 있고, 또한 전송선의 길이가 짧다면 이것은 인덕터로 볼 수 있으며, 그리고 게이트 단자에 연결된 두 개의 개방된 전송선의 경우 커패시터로 고려할 수 있어 결과적으로 접지점(ground)을 제거하고 이 회로를 다시 그리면 등가적으로 이것은 아래와 같은 직렬궤환 기준형임을 알 수 있다.

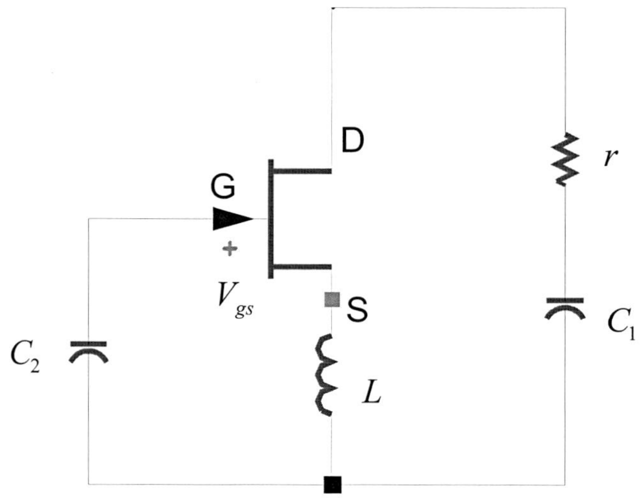

[그림 9E-30] 직렬궤환 기준형 회로

예제 9-14 다음은 이동통신 전압제어발진기 회로이다. 동작원리를 설명하고, 이것을 기준형으로 환원하시오.

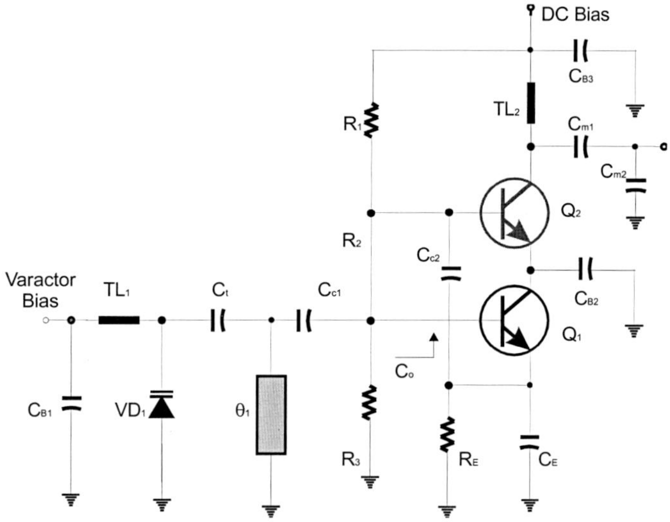

[그림 9E-31] 이동통신용 전압제어 발진기 회로

해

그림 9E-31에서는 2개의 트랜지스터 Q1과 Q2를 cascade로 연결시켰다. 이것은 전류소모 면에서는 이미터 전류를 공통으로 사용하지 않는 전압제어발진기에 비해 전류소모는 약 1/2로 되나, 트랜지스터 Q1과 Q2의 컬렉터-이미터 간에 적은 DC 전압이 할당되어, 출력이 작고 큰 RF 출력에서는 왜곡이 많이 나타나는 단점이 있다. 또한 주목할 것은 이의 구성에서 대부분 커패시터를 사용하고 인덕터로서는 전송선 θ_1 만 사용한 것은, 사용주파수에서(800 MHz ~ 2 GHz) 칩 커패시터가 일반적으로 인덕터보다 Q가 크고 크기가 작아 유리하기 때문이다.

그림 9E-31에서 저항 R1, R2, R3, RE는 트랜지스터 Q1, Q2의 동작점을 결정하는 저항이다. 저항 R1, R2 및 R3에 의해 DC 전압을 분배한 전압이 트랜지스터 Q1의 베이스에 인가되게 되며, 이 전압으로부터 저항 RE에 의해 트랜지스터 Q1은 설계된 이미터 전류를 흘리게 된다. 또한 이 전류는 트랜지스터 Q2의 이미터 전류가 된다. 또한 이들 저항들은 주변의 임피던스 값들에 비해 커서 동작주파수에서는 영향이 적도록 설정되어야 한다. 트랜지스터 Q1의 컬렉터는 바이패스 커패시터 CB2에 의해 접지점과 연결되어, 트랜지스터 Q1은 공통 컬렉터로 동작하게 된다. 여기서 트랜지스터 Q1은 궤환 커패시터 CE에 의해 부저항(negative resistance)을 얻게 된다. 궤환 커패시터 CE 의 값이 작을 경우 Q1의 이미터에는 저항 RE만 남게 되어 저항만의 부궤환 회로가 되어 부성저항은 사라지고, 또한 너무 클 경우는 단락으로 동작 Q1은 공통 이미터 상태가 되어, 역시 부성저항은 유기되지 않는다. 따라서 부성저항을 유기하기 위해서는 궤환 커패시터 CE의 값은 동작주파수 대역에서 적절한 값이 되어야 한다. 이렇게 생성된 부저항으로 인해, 트랜지스터

Q1은 버랙터 다이오드 VD1 및 전송선 θ1으로 구성된 공진부와 함께 공진부에서 결정된 공진주파수 근처에서 발진을 일으키게 된다.

발진출력은 커패시터 CE 양단에 출력되며, 이 출력은 트랜지스터 Q2에 인가된다. 여기서 커패시터 CB2는 동작주파수에서, 단락으로 작용하여 트랜지스터 Q2를 공통 이미터 상태가 되게 한다. 따라서 트랜지스터 Q2는 증폭기로서 동작하게 되며, 커패시터 CE 양단에 출력된 발진출력은 트랜지스터 Q2에 의해 증폭된 후, 부하로 출력되게 된다. 트랜지스터 Q2의 출력단의 전송선 TL2 및 커패시터 Cm1, Cm2는 부하에 최대의 전력을 전달하기 위한 정합용 소자들이다.

발진부의 각 기능을 알기 위해서 트랜지스터 Q1 및 Q2의 연결을 끊고 동작 주파수에서 기능이 없는 부분, 즉 초크 및 바이패스 커패시터 등을 제거하고 발진부를 다시 그리면, 그림 9E-33과 같은 Colpitts 발진기 구조가 된다.

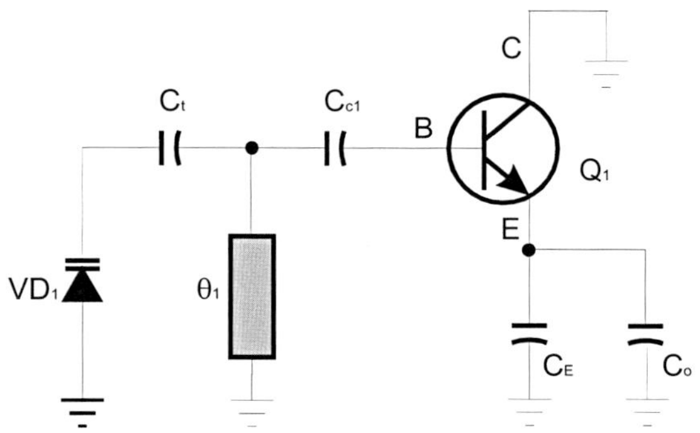

[그림 9E-32] 간략화된 이동통신용 전압제어 발진기

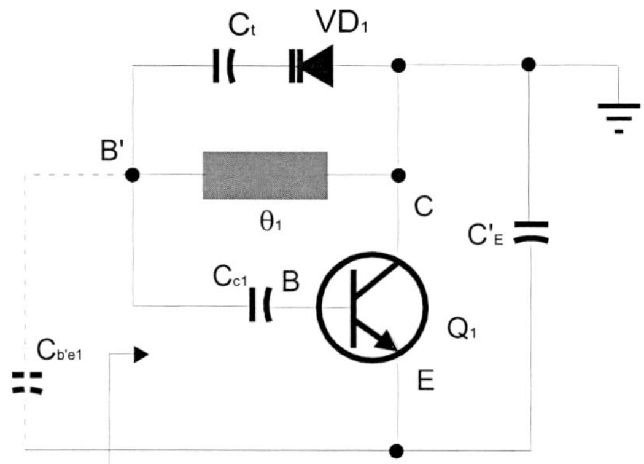

[그림 9E-33] 간략화된 Colpitts 발진기

다음 문제로는 기준형 회로가 있을 경우, 이것에 적절한 접지점을 선정하고, 또한 출력점을 선정하여, 발진기 회로를 구성하는 일이다. 우선 접지점의 선택이 가장 중요하게 되는데, 이를 예제를 통하여 살펴보기로 한다.

예제 9-15 다음은 Colpitts 발진기이다. 이를 접지점을 바꿔 변형해 보시오. 그리고 구현 시 장단점을 논하시오.

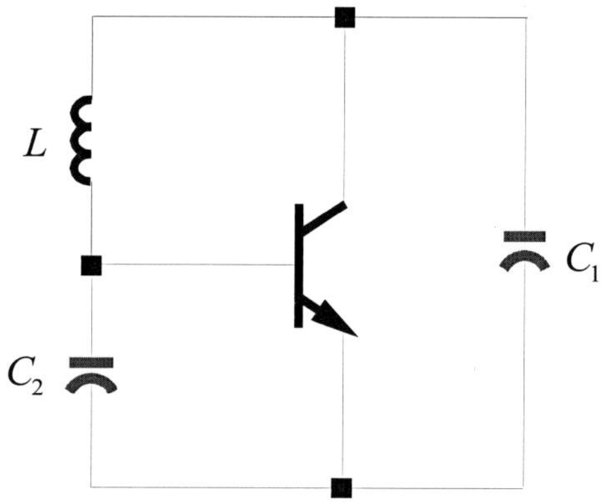

[그림 9E-34] Colpitts 발진기

해

(a) 공통 컬렉터 Colpitts 발진기

공통 드레인 또는 컬렉터로 할 경우 회로를 그림 9E-35(a)에 보였다. DC 전압 공급을 위하여, 바이패스 커패시터가 필요하며 출력 단자를 보통 소스 단자 및 이미터 단자에서 얻는다. 구현이 간단하며 그림 9E-31과 같이 DC 바이어스 회로를 추가하면 된다. 이동통신용 발진기 구조에 자주 사용된다.

(b) 공통 이미터 Colpitts 발진기

그림과 같이 구현되며 컬렉터 바이어스를 위해 RFC가 필요하며, 베이스와 컬렉터 바이어스를 격리하기 위한 DC 블록 커패시터가 필요하며 이미터 전류를 설정하기 위한 바이어스 저항들이 필요하다. 가끔 마이크로파 발진기에 사용된다.

(c) 공통 베이스 Colpitts 발진기

잘 사용되지 않으며 인덕터에 DC 블록 커패시터가 필요하다. 또한 출력을 얻기 위해 RFC가 필요하게 된다.

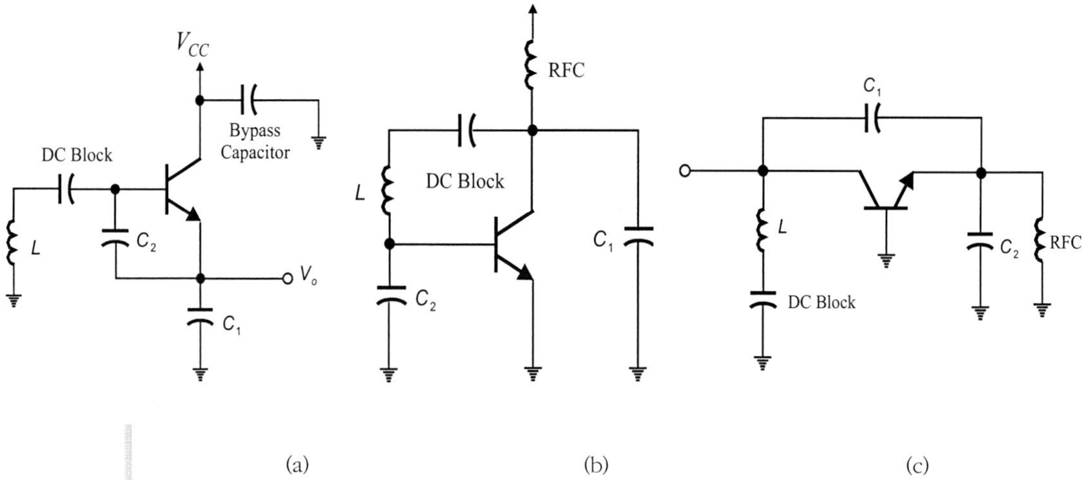

[그림 9E-35] 여러 형태의 Colpitts 발진기

9.3 소신호 설계방법

앞서서 설명한 방법에 의하면 적절한 기준형 발진기를 선정하고, 이것을 구현할 수 있는 DC 바이어스 회로를 추가한 뒤, 발진조건을 조사하여, 원하는 주파수에서 발진하는 발진기를 설계할 수 있을 것이다. 그러나 정성적으로 설명된 앞서의 발진기의 기본동작은 어느 정도 값의 범위를 짐작할 수 있으나, 고주파로 올라갈수록 트랜지스터의 등가회로는 상당히 복잡하여, 정확한 발진주파수를 앞서 설명한바와 같이 간단하게 결정할 수 없게 된다. 본 장에서는 RF에서의 기준형 발진기를 이용하여 이것이 원하는 주파수에서 발진할 수 있도록 앞의 기준형 발진기의 파라미터들, 즉 리액턴스 jx 및 궤환 리액턴스 jy 그리고 부하 $Z_L = r + jX_L$을 결정하는 여러 가지 방법을 설명하려고 한다.

이 방법은 소신호에서 행해지기 때문에 발진 평형점은 아니며, 다만 발진이 형성되는 주파수를 예측할 수 있고, 그 이외에 발진출력 등은 이를 기본으로 하여 대신호 시뮬레이션을 하여야만 결정할 수 있음을 주목해야 할 것이다. 이러한 소신호에서의 설계방법으로는 부하측에서 들여다 본 임피던스를 이용하여 설계하는 방법과, 다른 방법으로는 리액턴스 jx측에서 들여다 본 임피던스를 이용하여 설계하는 방법이 있다. 즉 직렬궤환의 경우, 그림 9-39와 같이 부하측에서 보았을 때 부성저항을 주는 리액턴스 (x, y)가 주어졌을 때, 이때 부하측에서 들여다 본 임피던스를 계산하고, 부하의 임피던스는 이것보다 실수부의 크기가 작도록 설정하고, 두 번째로 허수부 리액턴스의 경우 이것과 상쇄되도록 설정하면, 소신호 발진조건을 만족하게 될 것이다. 반면 병렬궤환의 경우 임피던스를 어드미턴스로 바꾸어서 고려하면 직렬궤환과 동일하게 될 것이다.

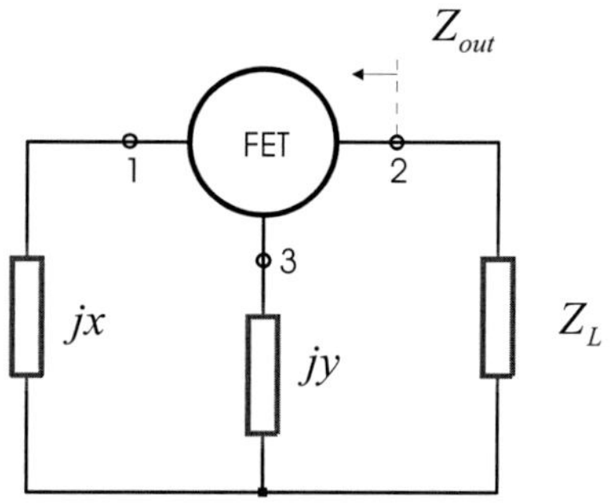

[그림 9-39] 직렬궤환을 이용한 발진기 회로

리액턴스 jx측에서 들여다 본 임피던스에 의한 방법은 부하측 방법과 유사하며 리액턴스 jx측에서 들여다본 임피던스가 부성저항을 갖게 하는 부하 Z_L와 궤환 리액턴스 jy를 설정하고, 이때 리액턴스 jx는 이와 같이 들여다 본 임피던스의 허수부를 상쇄하도록 설정하면 될 것이다. 이 방법은 한정된 주파수 영역에서 주파수가 조정되는 발진기를 설계하려고 할 경우 유리한 방법이 되게 된다.

9.3.1 부하측에서의 설계방법

부하측에서 들여다 본 임피던스에 의한 설계는 다음과 같은 방법으로 설계할 수 있다.

9.3.1.1 발진기 형태 선택

앞서서 보인 6가지 발진기 회로 중 구현하기 적절한 것을 선택하는 것이 된다. 주파수가 높지 않을 경우 병렬궤환 형이 간단하며, 주파수가 높고 주로 전송선에 의한 발진기를 설계하는 경우는 직렬형에서 선택하는 것이 유리하다.

9.3.1.2 소자 값 결정

위와 같이 직렬이나 병렬 궤환 형태를 선정한 경우 부하측에서 바라다 본 임피던스가 －값을 주는 (x,y)쌍을 선정하게 되고(부록 D 참조), 이 값이 정해질 경우 부하측에서 들여다 본 능동부의 실수부와 허수부 임피던스를 계산할 수 있게 된다. 만일 대신호 등가회로를 가지고 설계할 경우 이때 DC 바이어스를 위해서는 이상적인 RFC 및 DC 블록을 통해서 적절한 DC 전압을 인가한 후 얻어진 S-파라미터를 이용 (x,y)쌍을 선정하면 될 것이다. 이때 부하의 결정은 다음과 같이 하면 될 것이다.

9.3.1.3 부하의 실수부 선택

발진 신호의 진폭을 A라 하고 부하측에서 들여다 본 임피던스를

$$Z_A = -R(A) + jX(A) \tag{9-47}$$

로 나타날 때, 부성저항의 실수부 $R(A)$가 그림 9-40(a)와 같이 선형적으로 감소한다면, 발진평형 시 아래와 같이 쓸 수 있다.

$$R(A) = R(0) - k_1 A = R_L$$

따라서 부하에 전달된 전력은

$$P_L = \frac{1}{2} R_L A^2 = \frac{1}{2} R_L \left(\frac{R_L - R(0)}{-k_1} \right)^2 \tag{9-48}$$

이다. 이것을 부하 R_L 변화에 따른 최대 출력점은

$$\begin{aligned} \frac{\partial P_L}{\partial R_L} &= \frac{1}{2k_1^2} \left[(R_L - R(0))^2 + 2R_L(R_L - R(0)) \right] \\ &= \frac{1}{2k_1^2} (R_L - R(0))(3R_L - R(0)) = 0 \end{aligned} \tag{9-49}$$

이다. 따라서

$$R_L = \frac{R(0)}{3} \tag{9-50}$$

으로 선택할 경우 최대전력을 끌어낼 수 있다.

반면 $R(A)$가 그림 9–40(b)와 같이 포물선적으로 감소한다면, 발진평형 시 아래와 같이 쓸 수 있다.

$$R(A)=R(0)-k_1A^2=R_L \tag{9-51}$$

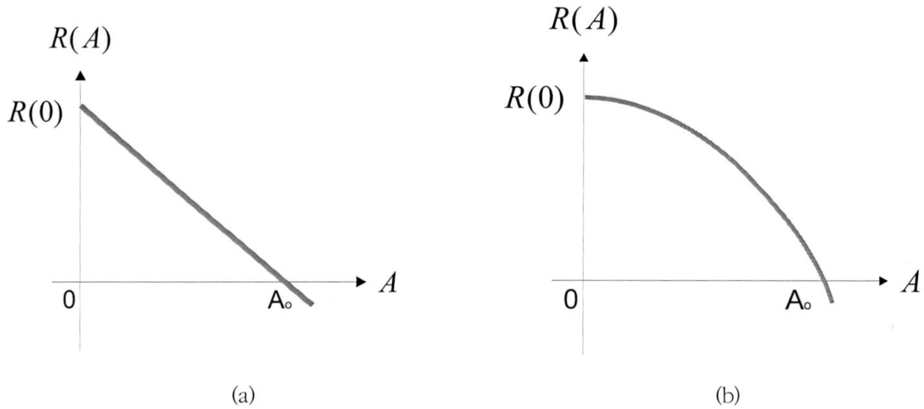

[그림 9–40] 부성저항의 진폭에 따른 변화: (a) 선형적 감소, (b) 포물선적 감소

따라서 부하에 전달된 전력은

$$P_L=\frac{1}{2}R_LA^2=\frac{1}{2}R_L\left(\frac{R_L-R(0)}{-k_1}\right) \tag{9-52}$$

이다. 이것을 부하 R_L 변화에 따라 그린다면 그림과 같고 최대 출력점은

$$\frac{\partial P_L}{\partial R_L}=-\frac{1}{2k_1}\left[(R_L-R(0))+R_L\right]=-\frac{1}{2k_1}(2R_L-R(0))=0 \tag{9-53}$$

이다. 따라서

$$R_L=\frac{R(0)}{2} \tag{9-54}$$

으로 선택할 경우 최대전력을 끌어낼 수 있다.

예제 9-16 다음 식 (9E–14)와 같은 전류 대 전압 관계식으로 주어진 비선형소자에 대하여, 부성 컨덕턴스를 도시하고, 이 때 (9–52)식으로 주어지는 최대 출력을 계산하고 이 출력을 시뮬레이션을 통하여 검증하시오.

$$i = -v + \frac{1}{3}v^3 \tag{9E–14}$$

해 위의 소자에 대해 정현파전압이 인가되었을 경우 전류는

$$i(t) = -V_p\cos\omega t + \frac{1}{3}(V_p\cos\omega t)^3 = -V_p\cos\omega t + \frac{1}{3}V_p^3\left(\frac{3}{4}\cos\omega t + \frac{1}{4}\cos 3\omega t\right)$$

$$= -V_p\cos\omega t + \frac{1}{4}V_p^3\cos\omega t + \frac{1}{12}\cos 3\omega t$$

와 같다. 따라서 대신호 컨덕턴스는

$$G_A(V_p) = \frac{-V_p + \frac{1}{4}V_p^3}{V_p} = -1 + \frac{1}{4}V_p^2$$

이 되는 것을 알 수 있다. 따라서 컨덕턴스가 포물선적으로 변하므로 최대 전력은

$$G_L = \frac{1}{2}G_A(0) = \frac{1}{2}$$

에서 나타남을 알 수 있다. 그리고 이때의 최대전력은 (9–52)식에 의해

$$P_L = \frac{1}{2}G_L\left(\frac{G_L - G_A(0)}{-k_1}\right) = \frac{1}{2}\cdot\frac{1}{2}\frac{\frac{1}{2}}{\frac{1}{4}} = \frac{1}{2}[\mathrm{W}]$$

임을 알 수 있다. 이를 시뮬레이션으로 확인하기 위하여 그림과 같이 (9E–14) 관계를 갖는 소자를 SDD (Symbolically Defined Device)를 사용 확인할 수 있다.

이 때 DC에서 수치적인 문제로 인해, 그림 9E–36에 DC 블록을 삽입하였고, 측정주파수는 1 GHz로 하였다. 이와 같이 설정하고 시뮬레이션할 경우 부성 컨덕턴스는 그림 9E–37과 같은 결과를 얻게 된다.

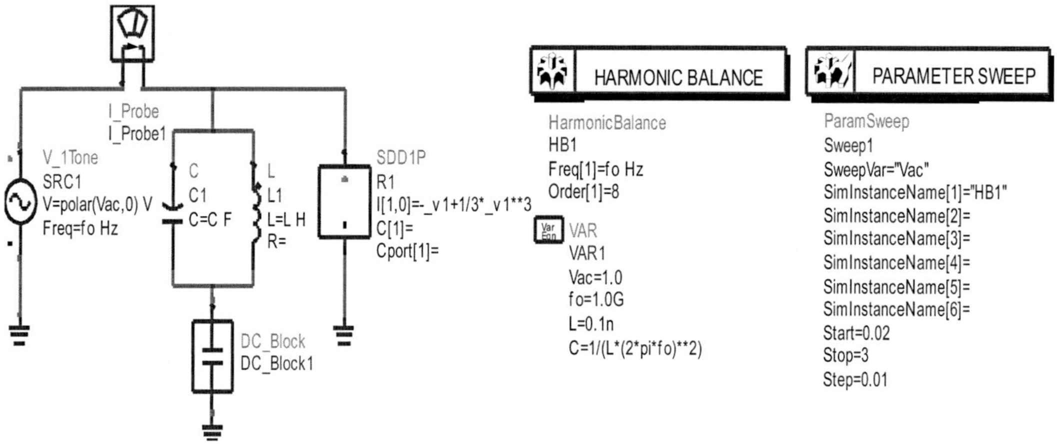

[그림 9E-36] 최적 부하를 확인하기 위한 회로

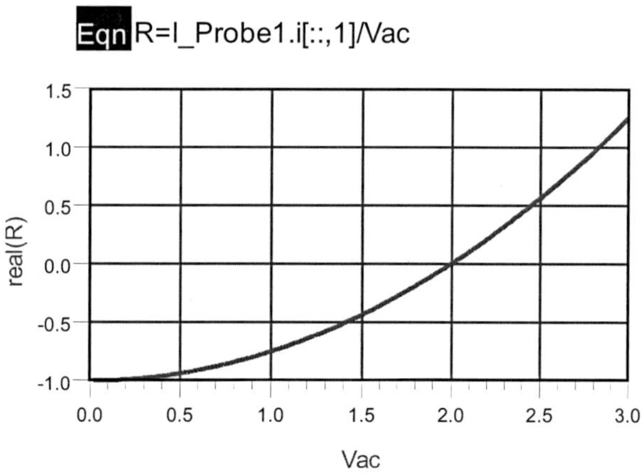

[그림 9E-37] 전원에서 들여다본 부성 컨덕턴스

그림 9E-37에서 이것은 앞서 이론적으로 계산한 것과 같이, 포물선적으로 변하는 것을 알 수 있고, 또한 Vac가 2일 때 0 값을 주므로, 포물선의 이차항의 계수 값은 예상한바와 같이 0.25임을 알 수 있다. 이와 같은 대신호 컨덕턴스를 갖는 소자에 대하여 부하 G_L에 따른 발진 출력을 확인하기 위하여, 그림 9E-38과 같이 *OscPort*를 사용 *Harmonic Balance* 시뮬레이션을 수행하였다

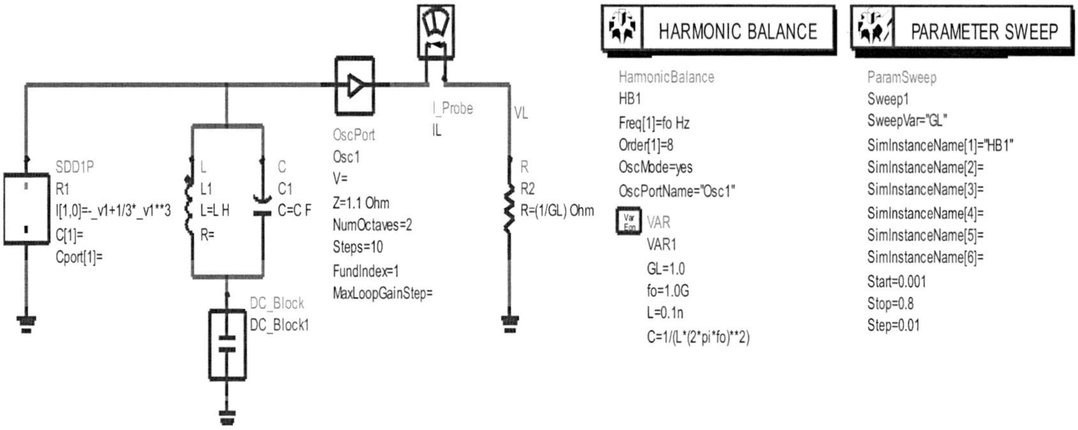

[그림 9E-38] 발진출력을 구하기 위한 회로

부하 G_L에 따른 시뮬레이션 결과는 아래 그림 9E-39에 보였다.

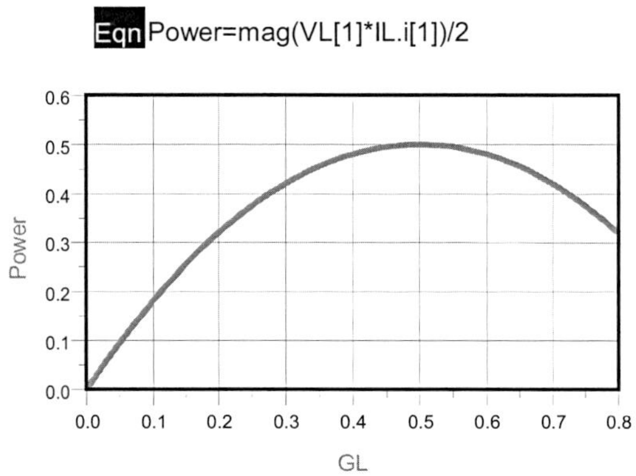

[그림 9E-39] 전원에서 들여다본 부성 컨덕턴스

이론적으로 예측한대로 최대전력은 $G_L = 0.5$에서 나타나며, 이 때 최대출력은 0.5W임을 알 수 있다.

9.3.1.4 부하합성

일반적으로 부하는 50 ohm으로 고정되어 있고, 원하는 임피던스 Z_L이 되지 않으므로, 이것은 주어진 부하 Z_o를 이용하여 합성하여야 할 것이다. 이것은 바꿔 생각하면, 부하 Z_o를 임피던스 Z_L^*에 정합시키는 회로를 설계하는 것과 동일하게 된다. 따라서 이것은 앞서의 정합회로 설계방법과 동일한 방법으로 설계할 수 있을 것이다.

예제 9-17 능동부를 들여다 본 임피던스가 $Z_A=-18-j30$이고, 허수부는 +기울기를 갖고 있음을 확인하였다. 이때 발진이 일어나도록 적절한 부하 회로를 설계하시오.

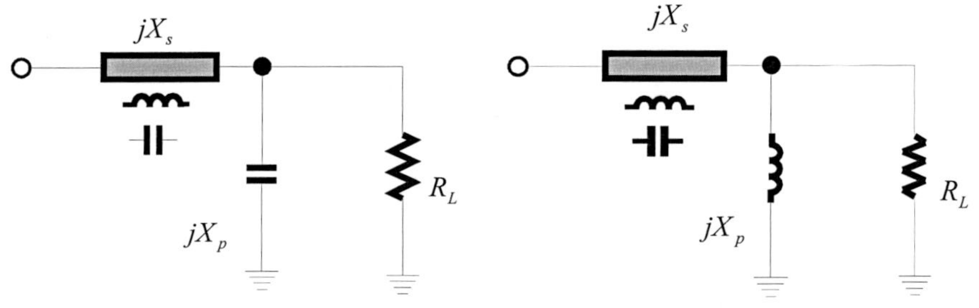

[그림 9E-40] Shunt 방법에 의한 부하변형

해 직렬로 발진 가능하기 위해서는 -18 ohm보다 크기가 작도록 부하를 변형해야 하는데, 이것을 10 ohm으로 설정하고, 또한 능동부의 임피던스의 허수부가 －이므로, 인덕터를 통해서 부하를 변형하는 것이 유리할 것이다. 이때 부하 R_L에 병렬로 인덕터를 추가하면

$$R_L\frac{X_P^2}{(R_L^2+X_P^2)}=10\Rightarrow X_P=25 \qquad (9E-15)$$

이다. 그리고 이때 병렬연결로 인해 발생하는 인덕턴스는

$$X_r=R_L^2\frac{X_P}{(R_L^2+X_P^2)}=20\Rightarrow X_s=-(X_A+X_r)=10 \qquad (9E-16)$$

이다. 따라서 그림 9E-41과 같이 설계될 수 있다.

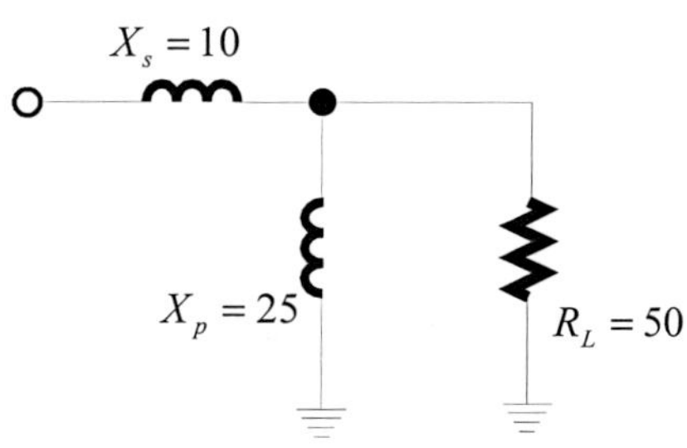

[그림 9E-41] 부하변형회로

9.3.1.5 바이어스 회로 추가

위 작업을 마치면 실제적으로 능동소자에 DC 공급을 위한 회로를 설계해야 하며 이때 이 DC 공급 회로는 설계된 RF 회로에 가능한 영향을 미치지 않는 방법으로 한다.

예제 9-18 앞서의9-17의 예제에서 부하회로에 DC 전압을 공급하기 위한 회로를 설계하시오.

해 DC를 인가하기 위한 회로도는 그림 9E-42와같이 구성할 수 있다. 문제는 이 추가된 커패시터가 다른 주파수에서 발진을 보이지 않도록 값을 설정해야할 것이다.

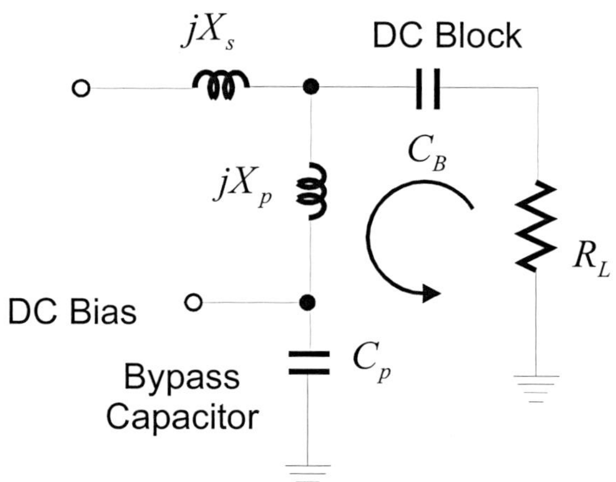

[그림 9E-42] DC 전압을 인가하기 위한 회로도

9.3.2 부하측에서 설계방법에 의한 마이크로스트립 발진기

이러한 부하측에서 들여다 본 임피던스에 의한 발진기 설계방법은 1976년에 처음으로 Maeda[3] 등의 연구자들에 의하여 발표되었으며, 여기서는 이 논문에 발표된 결과를 기준으로 설명하려고 한다. 그림 9-39에서 1, 2, 3번 단자는 각각 게이트, 드레인 그리고 소스 단자를 나타낸다.

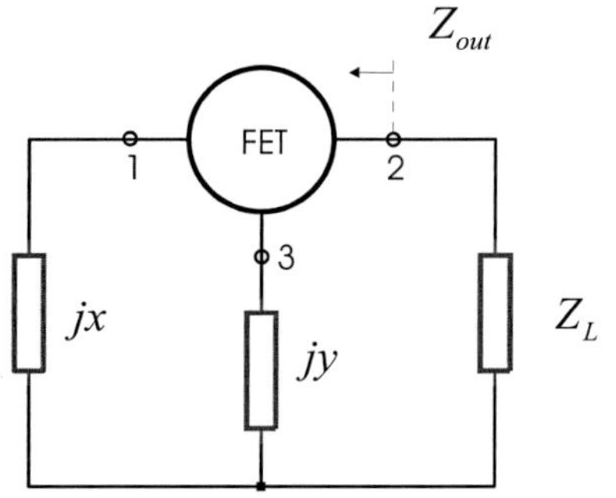

[그림 9-41] GaAs FET의 소스와 접지면 사이에 궤환소자를 둔 구조

여기서 소신호에서 설계하기 때문에 대신호 모델보다는, 측정된 S-파라미터를 이용하여 부하에서 들여다 본 임피던스를 계산할 수 있다. 다음 그림 9-42는 Maeda 등이 사용한 GaAs MESFET의 S-파라미터이다.

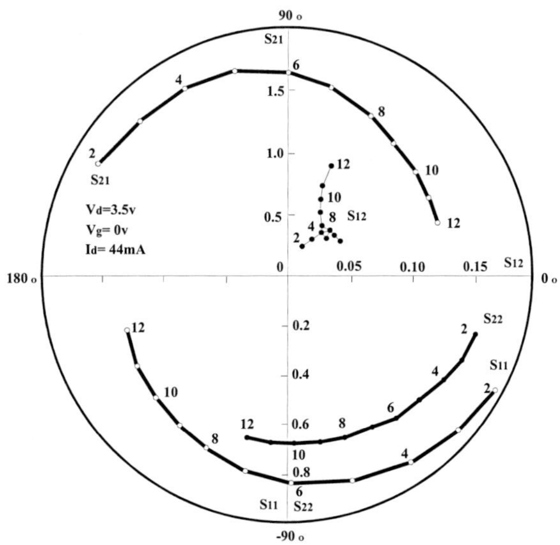

[그림 9-42] 발진기 설계에 사용된 S-파라미터

이러한 측정된 S-파라미터를 Z-파라미터로 바꾼 뒤 직렬궤환이기 때문에 부하 측에서 들여다 본 임피던스 Z_{out}은

$$Z_{out} = z_{22} + jX_3 - \frac{(z_{12} + jX_3)(z_{21} + jX_3)}{z_{11} + jX_1 + jX_3} \tag{9-55}$$

으로 나타낼 수 있다. 제안된 구조의 발진기를 설계하기 위해서 우선, 발진주파수에서 부성저항 $\mathrm{Re}\{Z_{out}\}$을 주는 최적의 리액턴스 X_1, X_3 값을 결정하기 위해, Maeda는 X_1, X_3 평면상에 $\mathrm{Re}\{Z_{out}\}$의 그림 9-43과 같은 등고선도(contour plot)를 그렸다. 이것은 ADS로도 가능하며 자세한 것은 부록 D에 있다. 이때 Maeda는 최적의 X_1, X_3 값은 $\mathrm{Re}\{Z_{out}\}$의 크기를 가장 크게 하는 지점으로 결정하였다. 이와 같이 선정된 점은 발진 가능성이 가장 높기 때문이다. Maeda 등은 이 점을 그림 9-43의 등고선도를 이용하여 찾았다.

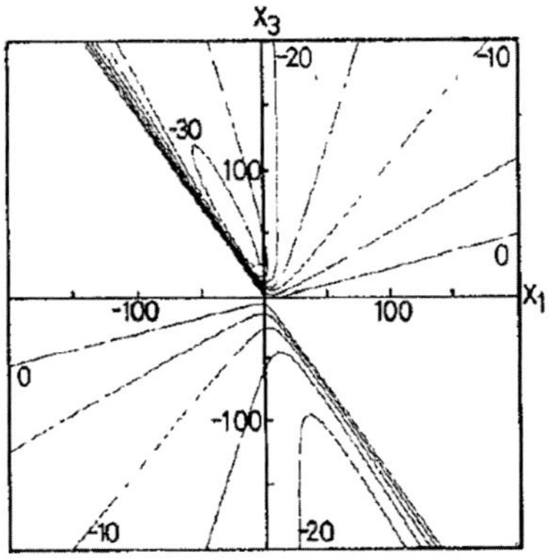

[그림 9-43] 능동부의 실수부 등고선도([3] 참조)

그리고 이 점을 결정하였을 때, 이 결정된 X_1,X_3는 (9-56)과 같고, 이때 $\mathrm{Im}\{Z_{out}\}$을 결정된 X_1,X_3를 (9-55)에 대입 계산하여, 부하에서 들여다 본 능동부의 출력임피던스를 (9-56)과 같이 얻었다.

$$X_1 = -20 \ , \ X_3 = 44 \ , \ Z_{out} = -34 - j67 \qquad (9-56)$$

다음으로, 부하 임피던스 Z_L을 결정하는 것이다. 부하 임피던스의 허수부, $\mathrm{Im}\{Z_L\}$의 경우 발진주파수에서의 공진조건에 의해 바로 결정될 수 있다.

$$\mathrm{Im}\{Z_L\} = -\mathrm{Im}\{Z_{out}\} \qquad (9-57)$$

반면, 실수부 $\mathrm{Re}\{Z_L\}$은 RF 드레인 전류의 크기가 증가함에 따라, $\mathrm{Re}\{Z_{out}\}$의 크기도 선형적으로 증가한다고 가정하여, 앞서 설명한 바와 같이 (9-58)식에 의해 결정된다.

$$\mathrm{Re}\{Z_L\} = \frac{1}{3}|\mathrm{Re}\{Z_{out}\}| \tag{9-58}$$

따라서, 부하 임피던스는

$$Z_L = 11 + j67 \tag{9-59}$$

로 결정된다.

이와 같이 결정된 부하는 전송선으로 구현할 경우 이 부하 임피던스는 그림 9-44 같이 부하 저항 R_L은 DC 블록의 커패시턴스 C, 및 특성 임피던스Z_2 길이 θ_2의 전송선에 의해 구현하였다.

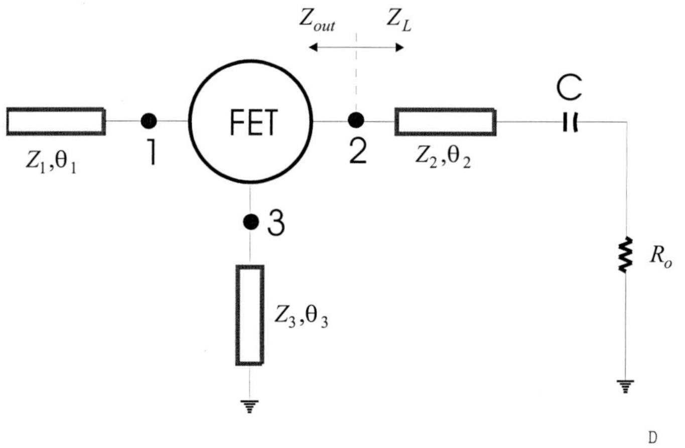

[그림 9-44] 전송기 구현 발진기 구조

따라서 구해진 X_1, X_3, Z_L을 그림 9-44의 구조로 구현하기 위한 값들은 다음과 같다.

$$Z_1 = 50\ \Omega,\ \theta_1 = 68^\circ \tag{9-60a}$$

$$Z_2 = 50\ \Omega,\ \theta_2 = 128^\circ \tag{9-60b}$$

$$Z_3 = 35\ \Omega,\ \theta_3 = 52^\circ \tag{9-60c}$$

$$R_L = 50\ \Omega,\ \mathrm{C} = 0.1\ \mathrm{pF} \tag{9-60d}$$

끝으로, 이렇게 설계된 발진회로가 설계주파수 외의 다른 주파수에서 발진조건을 만족하는지 확인해야 한다. 그림 9-45는 Z_{out}과 Z_L의 합인 Z_t를 주파수에 따라 그린 것인데, 10 GHz 외에서는 발진조건 $\mathrm{Re}\{Z_t\}<0$, $\mathrm{Im}\{Z_t\}=0$을 만족시키지 못하므로, 이 회로의 경우 10 GHz에서만 발진하는 것을 알 수 있다.

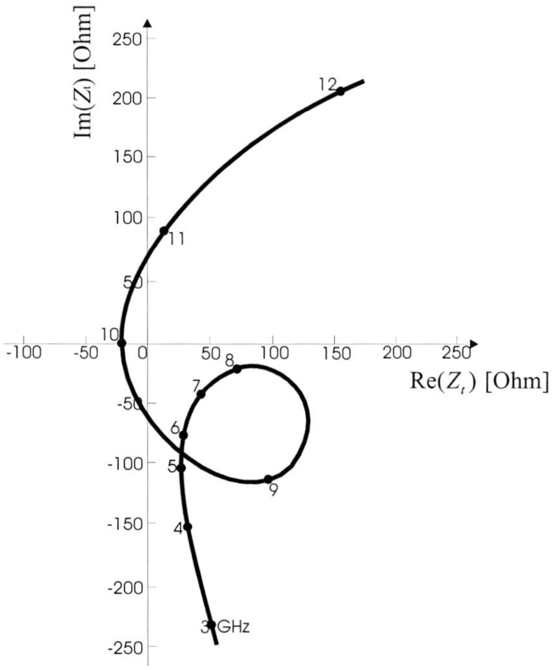

[그림 9-45] $Z_t(=Z_{out}+Z_L)$의 주파수에 따른 궤적

기생 발진 여부까지 확인된 설계회로는 그림 9-46과 같이 알루미나 기판을 통해 실제로 구현되었다. FET의 소스 단자에 연결된 전송선의 접지면 및 게이트 및 소스 단자 전원공급 시 필요한 접지면을 얻기 위해, 비아공정을 피하고, 밑면과 윗면의 가장자리를 연결시키는 wrap-around 방식을 사용하였으며, 부하의 0.1 pF의 직렬 커패시턴스는 30 μum의 틈을 갖는 inter-digital 커패시터에 의해 구현되었다. 드레인과 게이트 DC 전압을 인가하기 위해, 1차적으로 임피던스가 큰 1/4파장 전송선을 설계된 전송선에, 이것을 beam-lead 바이패스 커패시터에 의해 단락시켜 DC 전원회로와 RF 회로를 격리시켰다. 다음 그림 9-46과 같이 pattern으로 제작된 spiral 인덕터를 RFC로 이용하고, 이를 통하여 전원을 공급하였다.

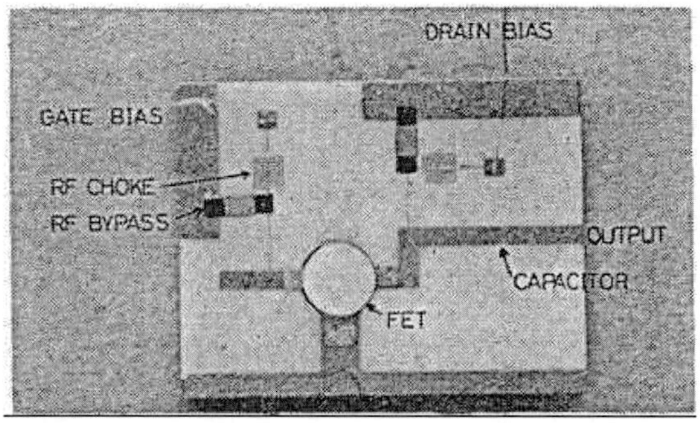

[그림 9-46] 제작된 10 GHz FET oscillator([3] 참조)

9.3.3 리액턴스 jx측에서의 설계 방법

앞서서 부하 측에서 들여다본 임피던스에 의한 방법은 트랜지스터의 이득이 작을 경우 유용한 설계방법이다. 반면 부하합성의 번거로움을 주는 단점이 있다. 본 장에서는 트랜지스터의 이득이 충분할 경우, 자주 사용되는 리액턴스 jx측에서의 발진기 설계 예를 보이고자 한다. 이것은 원리적으로는 부하 측에서 설계하는 방법과 동일하다.

방법적으로는 그림 9-39의 부하를 $Z_o = 50$ ohm으로 고정하고, 리액턴스 jx측에서 들여다본 임피던스를 이용 설계 하는 것이다. 즉 jx측에서 들여다본 임피던스의 실수부가 음의 값을 가지게 하고, 이때 부가적으로 발생된 리액턴스를 jx와 상쇄하게 하여, 설계하는 방법이다. 따라서 조정할 수 있는 것은 궤환 리액턴스 jy만 가능하게 되며, 이의 조정을 통해 적절한 임피던스를 얻은 뒤, 이때 발생한 허수부를 jx로 상쇄하게 하는 것이다.

이러한 설계 예를 보이기 위하여 여기서 사용되는 트랜지스터는 NEC 사의 NE 42484를 선정하였다. 또한 발진주파수는 9.2 GHz로 설정하였다. 이 트랜지스터는 칩을 그림 9-47 같이 패키지한 것으로, 이것의 대신호 모델은 제조사에서 공급하고 있다. 주목할 것은 이러한 대신호 모델은 다소 오차가 있어 이러한 오차를 고려 설계해야 한다는 점이다. 여기서는 제조사에서 제공하는 S-파라미터로 소신호 설계 및 제작 과정을 설명하고, 이와 같이 설계된 회로에 대해 대신호 모델을 이용한 해석을 보이고 소신호 결과와 비교해 보려한다.

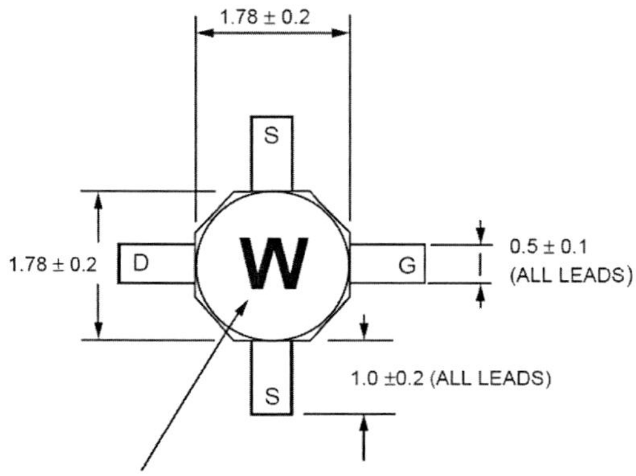

[그림 9-47] NE42484 트랜지스터

S-파라미터 값은 $V_{DS}=2\text{V}$, $I_{DS}=10\,\text{mA}$일 때의 값을 사용하였고 9 GHz에서의 S_{21} 크기는 2.918로 충분한 이득을 제공한다. 그림 9-48은 제조사에서 제공되는 트랜지스터의 DC 특성을 보여주며, 이 특성으로부터 $V_{DS}=2\text{V}$일 때 $I_{DS}=10\,\text{mA}$의 값을 주는 게이트 전압은 $V_{GS}=-0.43\text{V}$임을 알 수 있다. 따라서 그림 9-49와 같이 소스 단자에 43 ohm의 저항을 연결하고 게이트 단자는 접지시켰다. 따라서 소스단자는 10 mA의 드레인 전류가 흐를 경우 0.43V가 된다. 그리고 $V_{DS}=2\text{V}$로 설정하기 위하여, 드레인 단자는 2.43 V를 인가하였다. 즉 단일전원에 의한 자체 바이어스(self bias) 방법을 사용하고 있다.

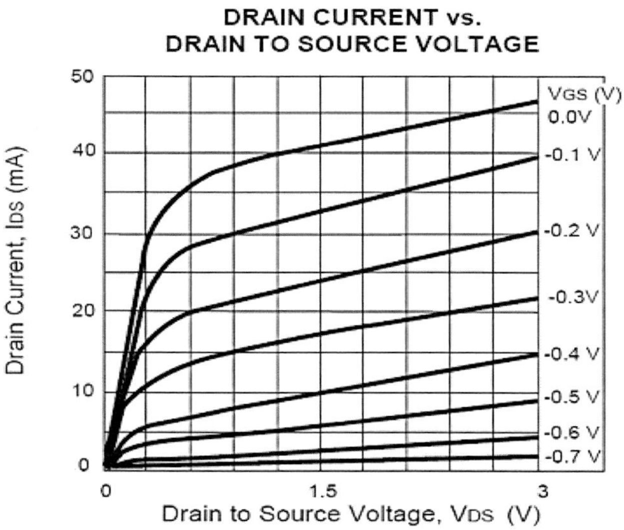

[그림 9-48] NE42484 DC 특성

이 때 그림 9-49의 커패시터 C_s는 직렬 궤환소자이며, 리액턴스 jx측에서 부성저항을 얻기 위한 것이다. 그림 9-49의 트랜지스터와 그림 9-47의 트랜지스터는 소스 단자수가 차이가 있다. 즉 그림 9-47에는 2개의 소스 단자를 가지고 있는 반면, 그림 9-49에 보듯 ADS에서 제공하는 S-파라미터 트랜지스터 모델은 하나의 단자를 가지고 있다. 따라서 여기서는 한 단자만 이용하여 시뮬레이션하고, 제작시 그림 9-47의 각 소스 단자에 연결되는 커패시터 값은 병렬연결임을 감안하여 시뮬레이션에서 계산되어진 값의 반값을 갖는 커패시터를 각 소스단자에 연결하면 될 것이다.

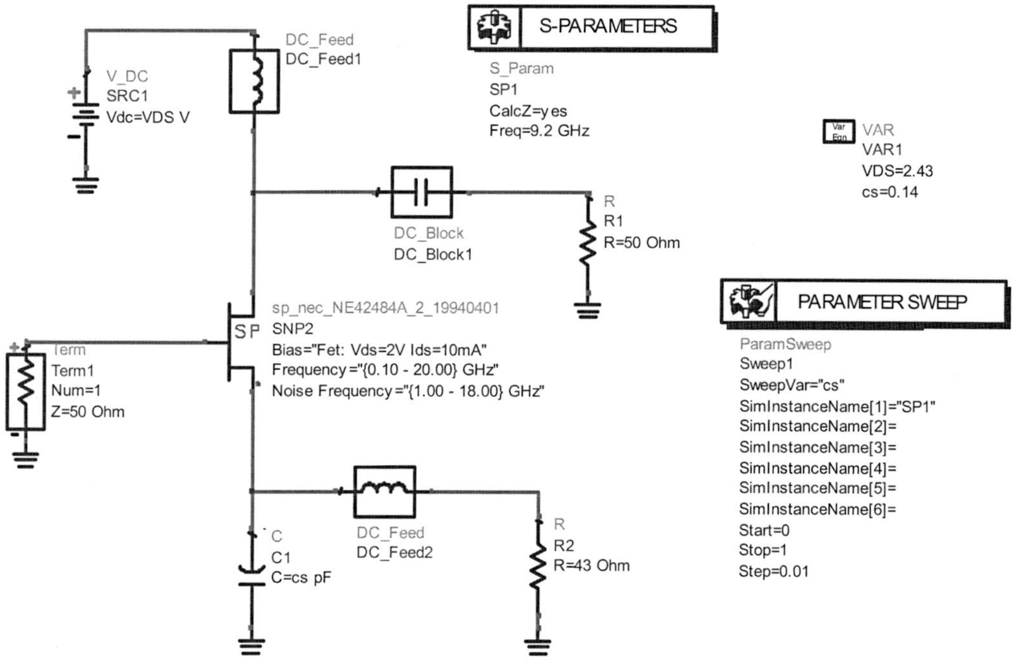

[그림 9-49] 부성저항을 얻기 위한 회로

그림 9-49의 포트에서 들여다본 임피던스의 결과를 그림 9-50에 보였다. 커패시터가 0.16 pF일 경우 부성저항은 -54.692 ohm 그리고 리액턴스는 -17.97 ohm으로 나타나는 것을 알 수 있다.

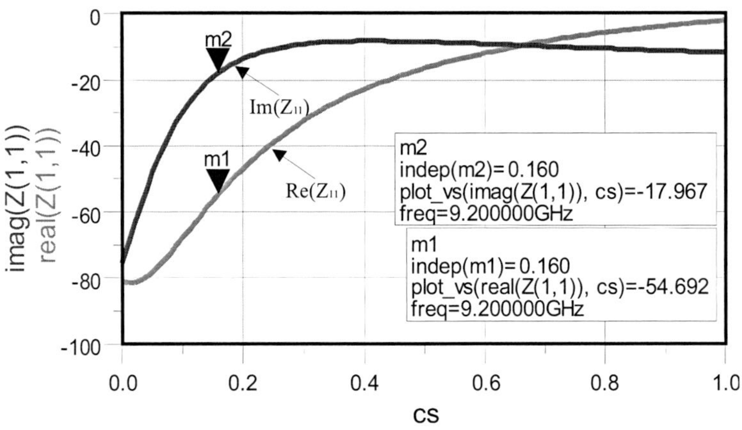

[그림 9-50] 능동부 임피던스

따라서 리액턴스 jx는 그림 9-50의 발생된 능동부의 리액턴스를 상쇄하기 위하여, 작은 인덕턴스성분의 리액턴스가 필요하게 되며, 이때의 값은 약 $L=0.31$ nH 임을 알 수 있다. 따라서 이 값을 초기 값으로 하여 인덕터를 포트로 대체하고, 소신호에서의 발진가능성을 조사할 수 있다.

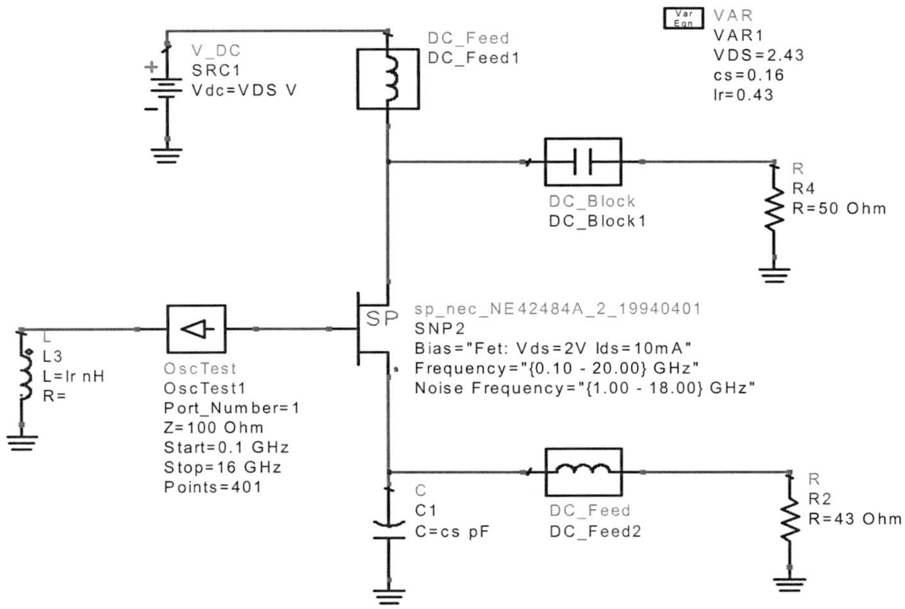

[그림 9-51] *OscTest*를 이용한 발진 조사

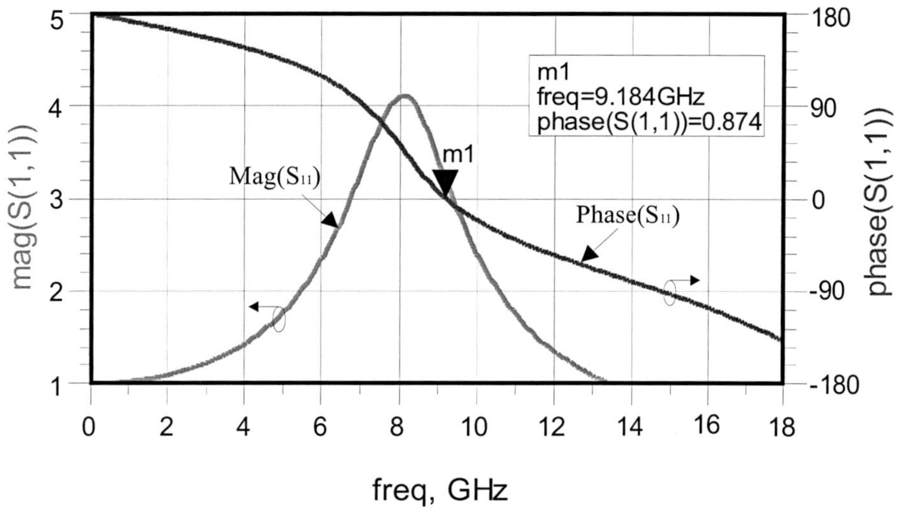

[그림 9-52] *OscTest*를 이용한 발진 조사 결과

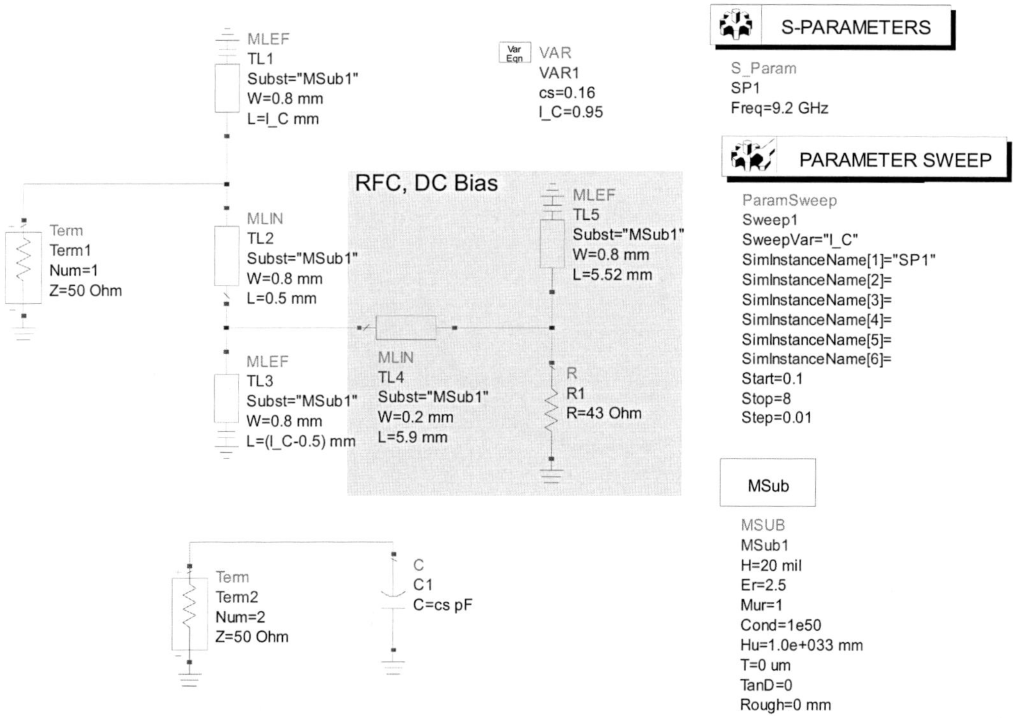

[그림 9-53] 전송선로로의 변환

그림 9-51은 소신호에서의 발진가능성을 조사하기 위한 회로도이며, 그림 9-52은 이것의 결과를 보여주고 있다. 목표 주파수인 9.2 GHz 발진 가능하도록 리액턴스 값을 조정하였고 그림 9-52를 보면 주파수 9.18 GHz에서 발진가능성이 있음을 알 수 있다.

다음은 이와 같이 집중소자를 사용하여 설계된 발진기를 전송선으로 대치해 볼 것이다. 이것은 Smith chart 상에서 행할 수 있으나, 그림 9-53과 같이 ADS를 활용 계산할 수 있다. 즉 그림 9-53과 같이 상측에 소스 단자에 구현되는 전송선 회로를 두고 개방된 전송선의 길이들(*TL*1, *TL*2, 및 *TL*3)을 변화하면서, 하측의 커패시터 값을 주는 전송선의 길이를 ADS로 결정하는 것이다. 이때 두 개의 전송선 *TL*1 및 *TL*3는 마이크로스트립에서 발생하는 개방단(open end) 효과를 고려하기 위하여 *MLEF* 소자를 사용하였다. 또한 개방된 선로 중 한 개에 DC 전압 공급회로(*TL*4, *TL*5 및 *R*1)도 포함된 상태에서 지정된 커패시터 값을 구현한 점을 주목할 필요가 있다. 여기서 전송선 *TL*2는 DC 바이어스가 공급되는 점까지를 전송선으로 나타낸 것이다.

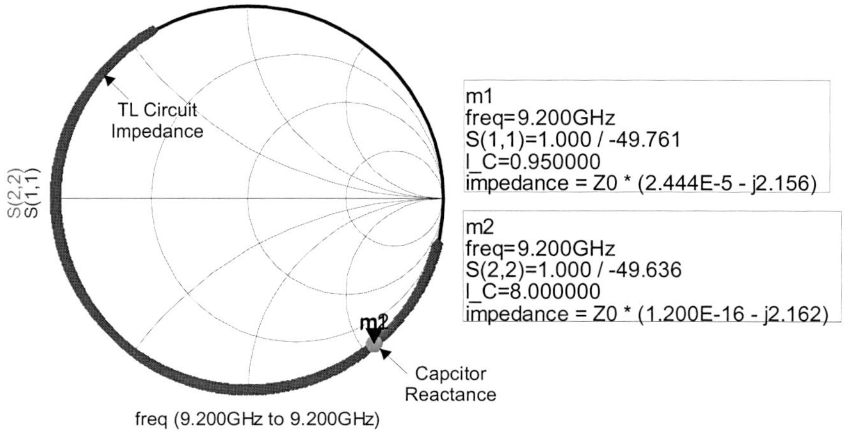

[그림 9-54] 궤환 커패시터의 전송선 값 결정 결과

그리고 포트가 연결된 점은 트랜지스터의 소스 단자가 연결되는 점으로, 소스 단자에서 동일한 길이를 갖는 두 개의 개방된 전송선을 나타내기 위하여, 전송선 *TL*1의 길이와 전송선 *TL*2 및 *TL*3의 길이의 합이 같도록 설정되고 있다. 전송선 *TL*4 및 *TL*5는 2단의 RFC를 나타내는 것으로, 각각 발진주파수에서 약 1/4파장의

길이를 가지도록 설정되었다. 그리고 저항 *R*1은 트랜지스터의 자체바이어스를 위한 저항이다. 이들은 시뮬레이션시 고정된 값을 갖도록 하였다. 하측의 커패시터는 집중소자로 된 궤환 커패시터 값이 되며, 시뮬레이션을 통하여 상측의 회로의 임피던스가 하측의 임피던스와 같은 값을 주는 전송선 길이 *l_C*를 구하면 될 것이다.

그림 9-54에는 이것의 결과를 보였으며 *l_C=0.95* mm일 때, 목표로 한 커패시터와 같은 값을 갖는 것을 알 수 있다.

그리고 유사한 방법으로 집중소자 발진기 회로의 인덕터에 대하여 전송선으로 구성된 회로도 결정할 수 있다. 일반적으로 이것은 단락된 전송선으로 구현할 수 있으나, 이것의 길이가 구현하기 어려운 정도로 너무 짧기 때문에, 전송선의 주기성을 이용하여 약 반파장 정도의 길이를 가지도록 했다. 이러한 기능을 하는 것이 전송선 *TL*5이다. 이와 같이 할 경우 낮은 주파수에서도 발진조건을 만족하기가 쉽다.

이 길어진 길이로 인해 원치 않는 주파수에서 발진가능성을 제거하기 위하여, 그림 9-53와 같이 전송선사이에 저항과 발진주파수에서 1/4 파장의 길이를 갖는 개방 전송선 *TL*3을 첨가하였다. 여기서 *SRL*1 및 *SRL*2는 칩 저항의 등가회로 값이며, 두 저항사이의 전송선 *TL*6 및 *TL*7은 이러한 칩저항을 연결하기 위하여 삽입된 것으로 고정된 값이다. 각 저항은 높은 주파수에서 리액턴스를 성분을 가지고 있어 2장에서 언급한 방법으로 저항의 주파수 응답 특성을 측정하고 중심 주파수 근처에의 임피던스 값으로 그림 9-53과 같이 등가 모델화 하였다. 이 두 개의 저항 값의 합은 전송선 *TL*5의 임피던스와 같아, 개방 스터브 *TL*3가 없을 경우 리액턴스는 없고 저항 값만 보이게 되어 발진할 수 없게 된다. 따라서 이 1/4 파장 개방스터브를 전송선 *TL*5와 *SRL*2사이에 연결하면 발진주파수 근처의 좁은 주파수 대역에서 동작하는 인덕터를 구현할 수 있을 것이다. 그러나 여전히 다른 낮은 주파수에서 발진가능성이 나타나므로, 이것을 효율적으로 제거하기 위하여, 두 개의 저항사이에 이 1/4파장 전송선을 위치하여 약간의 손실이 나타나게 함으로서 이러한 문제에 효율적으로 대치할 수 있다. 따라서 1/4파장 개방 스터브의 위치를 변화시켜 낮은 주파수에서의 발진가능성을 효율적으로 억제할 수 있다.

그림 9-55의 상측의 회로는 설계하려고하는 전송선 회로이며, 하측은 집중소자 발진기에서 얻어진 인덕터 값을 나타낸다. 이와 같이 회로를 구성한 뒤 길이를 변화 시켜 두 회로의 임피던스를 비교하여 원하는 인덕터 값을 주는 전송선의 길이 *l_L*을 결정할 수 있다. 그리고 그림 9-56의 결과로부터 *l_L* = 9.87 mm일 때 원하는 값을 주는 것을 알 수 있다.

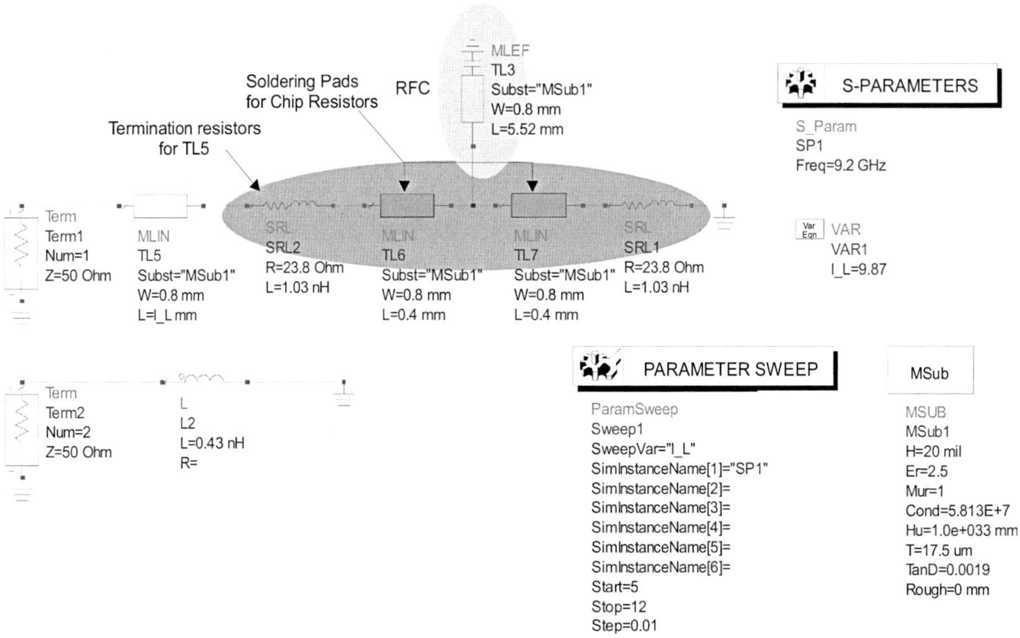

[그림 9-55] 게이트에 연결된 인덕터 값을 결정하기 위한 회로

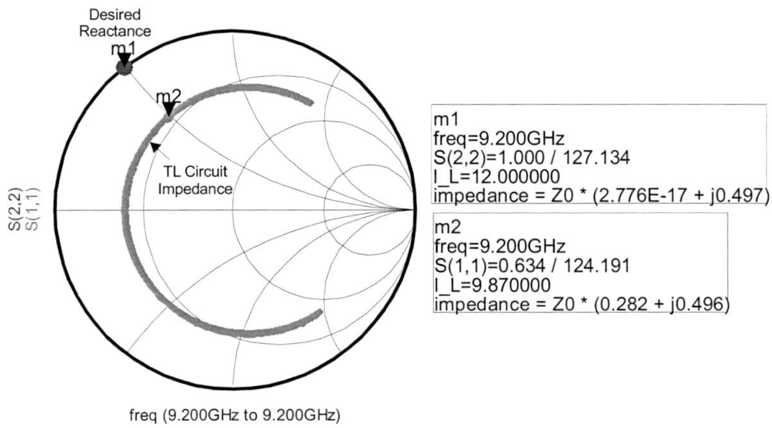

[그림 9-56] 게이트에 연결된 인덕터 값의 전송선 구현 결과

또한 DC 블록의 경우 8장의 LNA의 설계에서 사용한 광대역 칩 커패시터를 통하여 구현할 수 있으나, 이는 2장에서 언급한 바와 같이 칩 커패시터에는 주파수가 높은 경우 기생 인덕터와 저항을 포함하고 있어 이것을 배제하기 위해 결합전송선을 이용 DC 블록을 구현하는 것이 보다 현실적일 것이다. 그림 9-57에는 DC 블록

을 결합전송선으로 구현할 경우 이것의 형상을 구현하기 위하여 시뮬레이션하기 위한 회로도이다. 이 회로도에서 길이를 변화시키면서 최적의 길이를 도출하였다.

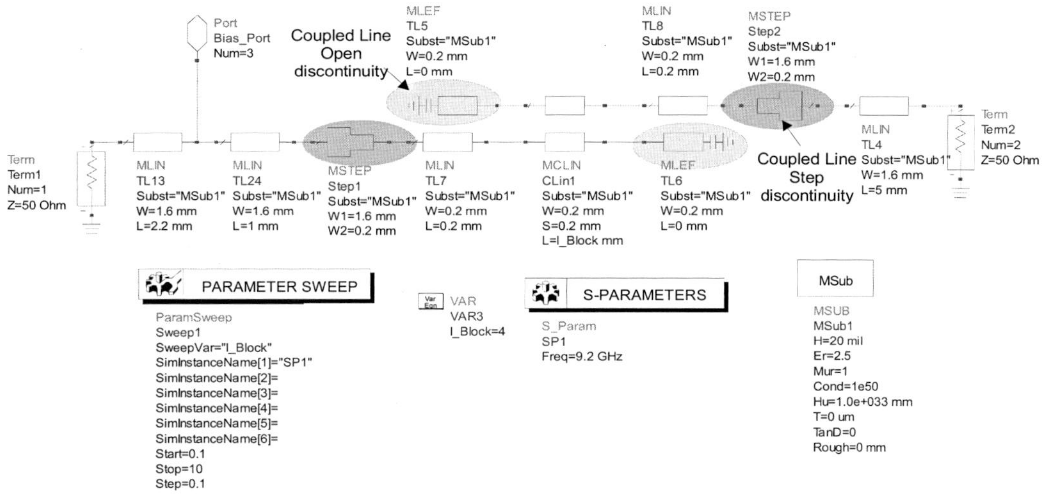

[그림 9-57] DC 블록 시뮬레이션 회로도

이것의 시뮬레이션 결과는 그림 9-58에 보였으며 $l_Block = 5.7$mm일 때 DC 블록으로 역할을 하는 것을 알 수 있다. 또한 이 길이는 약 1/4파장의 길이에 해당함을 주목할 필요가 있다.

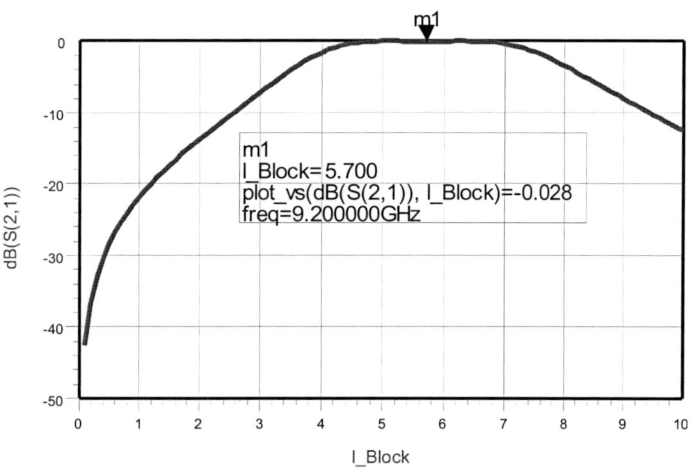

[그림 9-58] 길이의 변화에 따른 DC 블록의 특성

그리고 이와 같이 전송선으로 구현된 회로가 발진주파수를 변화를 주는 지를 조사하기 위하여 그림 9-59와 같이 앞서 설계된 전송선 회로를 *subcircuit*으로 구성하고 발진가능성을 재조사하였다. 정확한 발진가능성을 조사하기 위해서 손실을 포함한 기판 정보를 주었다. 그 결과 약 9.2 GHz에서 발진가능성을 확인하였으나, 더 높은 주파수에서도 발진가능성을 보였다. 이와 같이 높은 주파수에서 발진가능성을 제거하기 위해서는 이득을 줄여야 하며, 이 회로에서는 DC 블록의 전송선 길이를 조절하여 이득을 줄일 수 있어 그 결과 그림 9-57과 같이 각 단자의 길이를 수정되었다.

그림 9-60에는 이것의 결과를 보였으며 발진주파수는 9.2 GHz에서 정상적으로 발진하는 것을 알 수 있다.

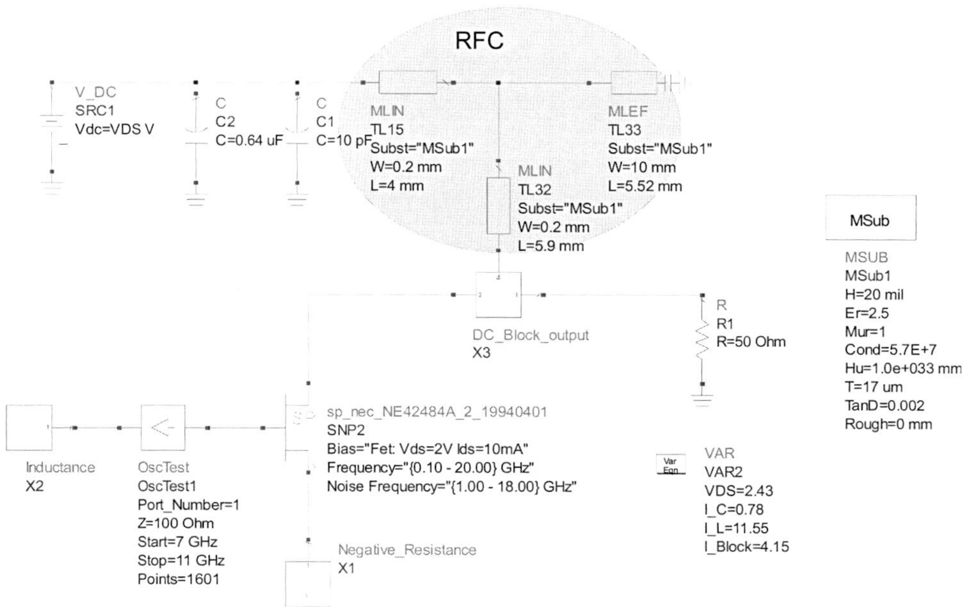

[그림 9-59] 전송선을 이용한 발진기 회로도

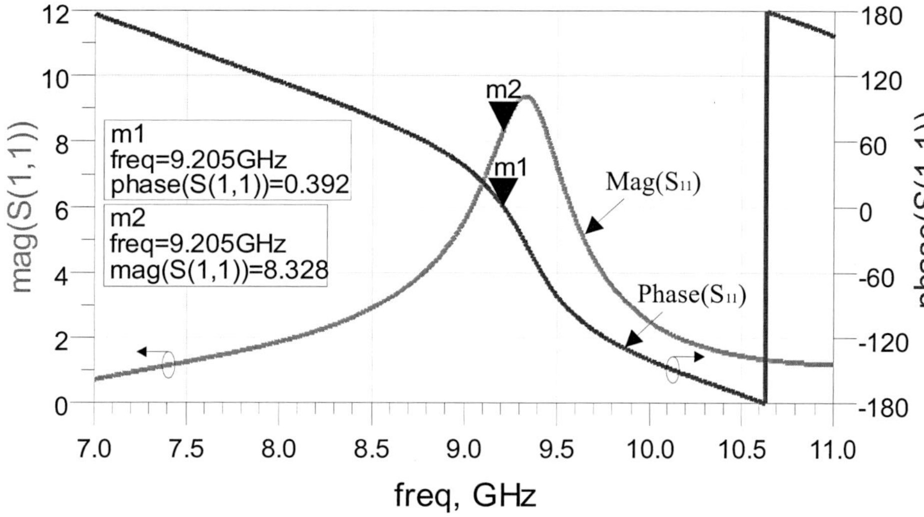

[그림 9-60] 설계된 발진기 발진조건 분석결과

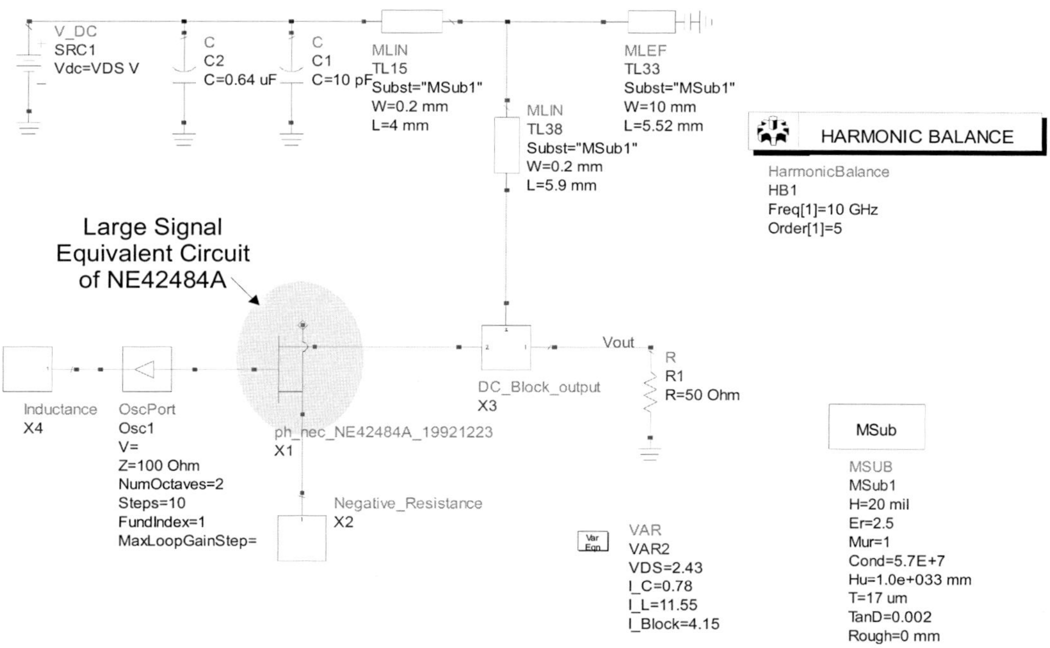

[그림 9-61] 발진기 대신호 시뮬레이션을 위한 회로도

그림 9-61은 위에서 설계한 발진기의 대신호 해석을 위한 ADS 회로이다. S-파라미터 트랜지스터를 대신호 모델 트랜지스터로 대체하고, *Osctest* 포트를 *OscPort*로 대체하여 *Harmonic Balance* 시뮬레이션하면 그림 9-62와 같이 발진 주파수, 신호 크기 및 하모닉 신호의 크기를 확인 할 수 있다. 소신호 해석의 발진 주파수와 다소 차이를 보이는데, 이는 대신호 트랜지스터 모델의 부정확성에 기인한다. 또한 대신호 시뮬레이션시 주목해야할 문제는 일반적인 FET의 ADS 대신호 등가회로 모델의 부정확성과 이로 인한 시뮬레이션시 가끔 발생하는 수렴의 문제가 발생함을 유념해야 한다.

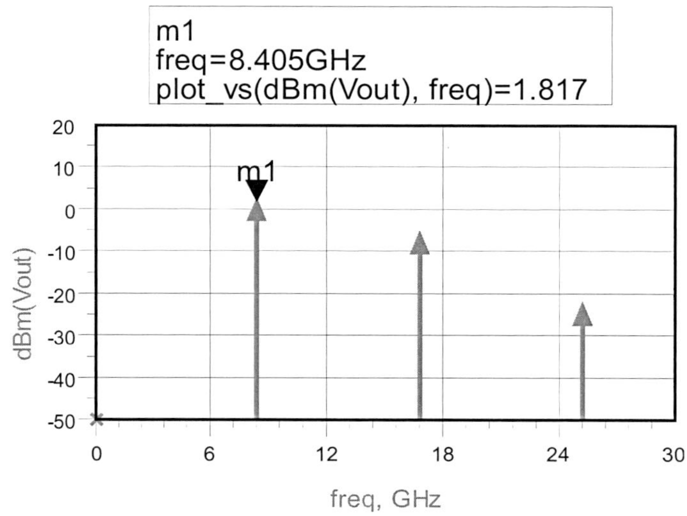

[그림 9-62] 대신호 시뮬레이션 특성

높은 주파수에서 각 전송선로는 회로 해석 결과와 Momentum 해석 결과가 다소 차이를 보이므로 각 단자의 전송선로를 Momentum 시뮬레이션하여 그 차이를 보상해 주어야 한다. 그림 9-63(a)는 각 단자의 전송선로를 Momentum 시뮬레이션하여 보상한 전송선 길이로 layout한 결과이며, 그림 9-63(b)는 이를 이용 제작된 마이크로스트립 발진기의 사진이다. 제작에 사용된 기판은 두께 20 mil 유전율 2.5의 테플론 기판이며, 드레인 전압은 2.4V를 인가하였다. 이 때 게이트 전압은 접지되어 0V가 되게 된다. 이 때 출력을 스펙트럼 분석기로 측정하였고 이 결과는 그림 9-64에 나타내었다.

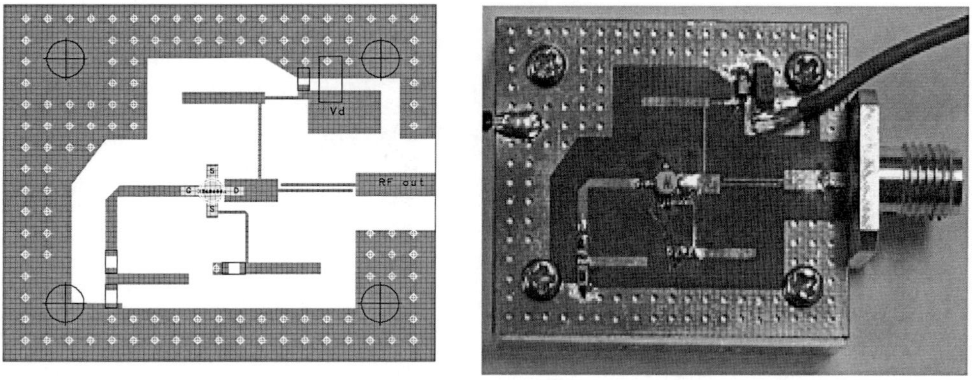

(a) (b)

[그림 9-63] 마이크로스트립 발진기의 (a) Layout (b) 제작 사진

그림 9-64(a)에는 제작된 마이크로스트립 발진기의 기본파 스펙트럼을 보였으며, (b)에는 이것의 고조파 특성을 보였다.

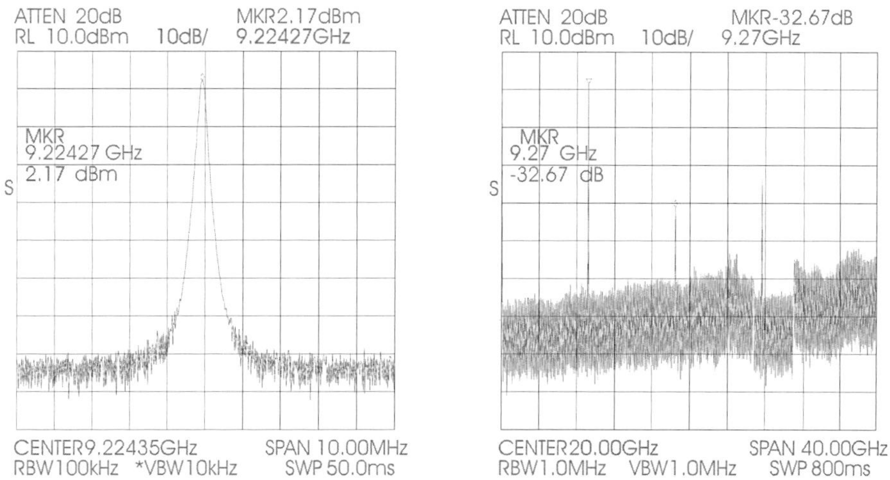

[그림 9-64] 마이크로스트립 발진기 측정결과 (a) 기본파 스펙트럼 (b)고조파특성

그림 9-64(a)에서 발진주파수는 약 9.22 GHz이며 출력은 2.17 dBm임을 알 수 있다. 설계된 발진주파수는 9.2 GHz인데 제작된 발진기의 주파수는 다소 차이를 보임을 알 수 있다. 이러한 이유로는 소자 간 S-파라미터의 편차와, 시뮬레이션 자체가 소신호 영역에서 수행되어 나타난 주파수 차로 볼 수 있는데, 저자의 경

우는 주된 것이 소신호로 시뮬레이션으로 얻을 수 있는 정확도로 고려한다. 즉 소신호로 예상된 발진주파수는 대신호 동작시 이동하게 되는데 이것은 약 10% 범위에 있어 이와 같은 결과가 나온 것으로 예상된다.

그림 9-64(b)는 고조파 특성을 나타내는데 2차고조파의 경우 기본파에 비해 약 32 dBc 아래 인 것을 알 수 있다.

그리고 뒷장에서 설명되겠지만, 이것의 위상잡음 특성은 그림 9-65에 나타내었다. 이것은 스펙트럼 분석기에 있는 위상잡음 특성 측정 도구를 사용하여 측정한 것이다. 그림에서 offset은 50 kHz부터 5 MHz에 걸쳐 측정이 됐으며, offset을 중심주파수 가까이 하지 못하는 것은 중심주파수 가까이 측정 할 때, 이러한 발진기들은 중심주파수 근처에서는 주파수 흔들림(frequency jitter)이 커서 정확한 측정을 기하기 어렵기 때문이다. 위상잡음은 그림 9-65에서 1MHz offset시 −108.7 dBc/Hz 임을 알 수 있다.

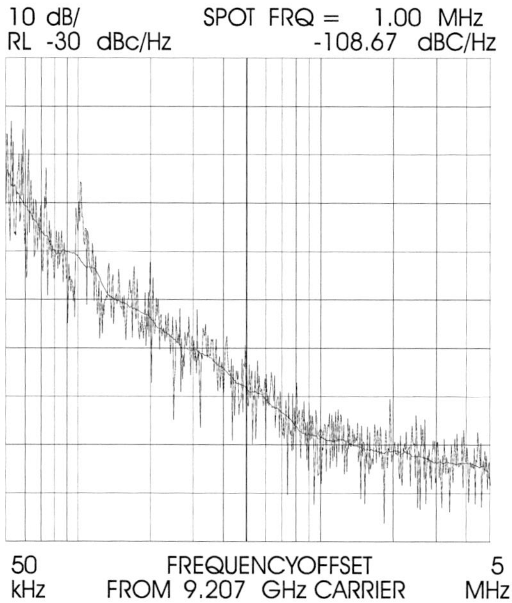

[그림 9-65] 마이크로스트립 발진기의 위상잡음특성

9.3.4 DRO(Dielectric Resonator Oscillator) 설계

9.3.4.1 DR(Dielectric Resonator)의 동작원리

유전체공진기(DR)는 그림 9-66와 같이 원판형으로 구성된 유전체(dielectric)로서, 이것의 상대 유전율은 $\varepsilon_r = 30 \sim 100$의 값을 가지며, 유전율이 크기 때문에 공진기로서 작용하게 된다.

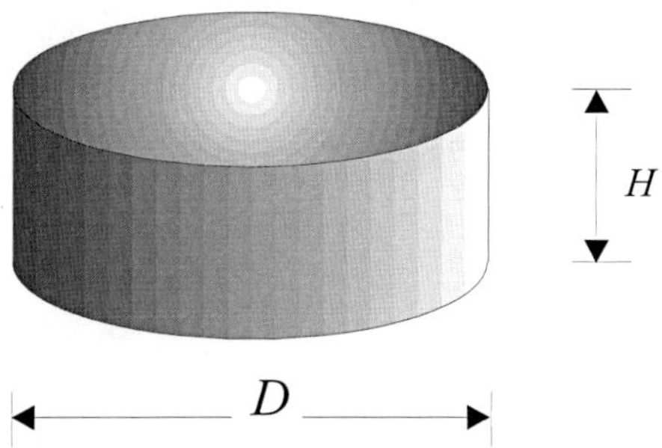

[그림 9-66] 유전체공진기의 구조

이러한 공진기는 손실이 매우 작은 유전체로 구성이 되어 보통 10^3 이상의 높은 Q를 가지게 된다. 유전체공진기는 온도의 변화가 나타날 경우, 팽창 또는 수축하게 되는데, 크기는 유전체 공진기 공진주파수와 관련되어, 이로 인해 공진주파수 또한 변하게 된다. 그러나 재료의 연구와 더불어 온도에 따른 유전율의 변화 τ_ε가 이러한 체적 팽창계수 α_L를 상쇄하게 만들어서, 일반적으로 공진주파수가 온도에 따라 거의 변화가 없으며, 현재 양산되어 상용화된 유전체공진기의 경우 온도변화에 따른 공진주파수의 변화 τ_f가 거의 0이 되도록 제작되고 있다.

$$\tau_f \approx -\frac{1}{2}\tau_\varepsilon - \alpha_L \tag{9-61}$$

이것의 공진 모드는 여러 가지가 가능하게 되는데, 공진주파수가 가장 낮은 기본 모드로는 그림 9-67과 같은 전자계 분포를 갖는 모드가 된다.

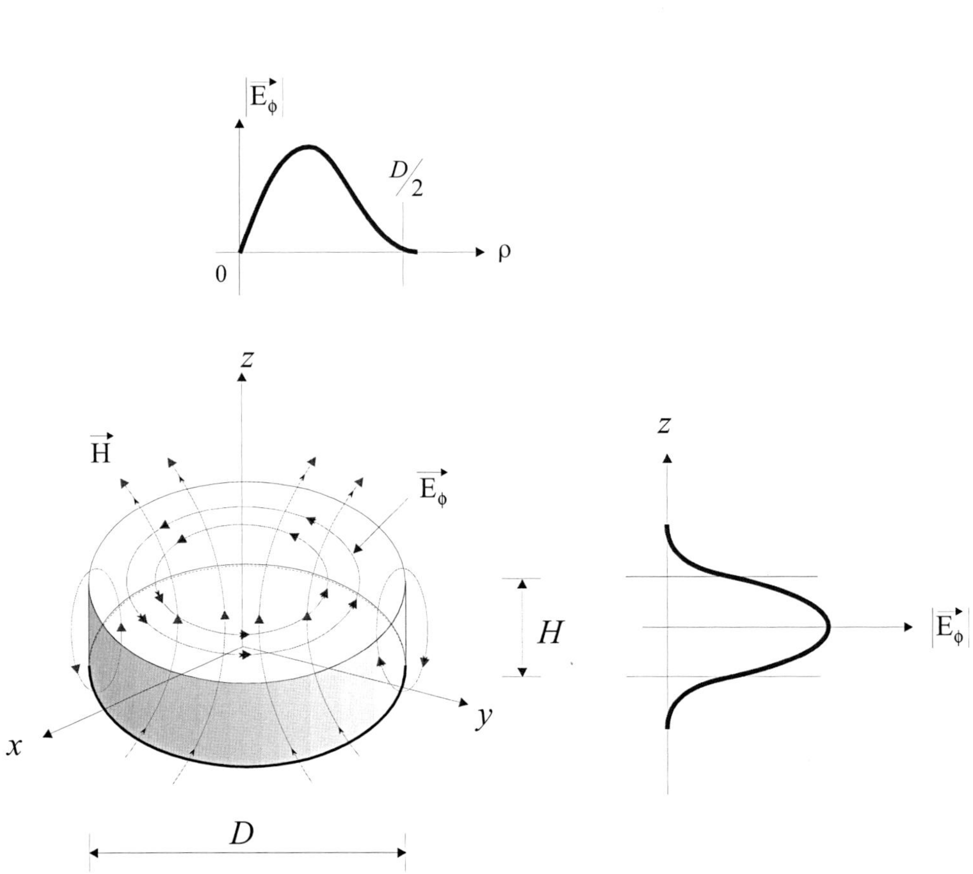

[그림 9-67] 유전체공진기의 전자계 구조

즉 전계의 경우 $\rho\phi z$ 좌표계에서 ϕ 방향성분 E_ϕ로 구성되며, 이것의 z 축 방향 분포는 그림과 같이 원판 중심에서 가장 세고 그리고 원판을 벗어 날 경우 급격히 사라지는 형태이며, 또한 ρ 축으로는 중심에서 0이 되고 원판의 반경을 벗어날 경우 역시 급격히 사라지는 형태의 분포를 가진다. 따라서 z 방향을 진행방향으로 보았을 때 전계는 수직 평면에만 존재하기 때문에 TE(Transverse Electric) 형태이며, 공진주파수로는 ρ 축으로 1, 그리고 z 축으로는 1이 안되므로 δ, 또한 ϕ 축으로는 정재파가 없으므로 0이 되어, 이러한 공진 모드를 $TE_{10\delta}$ 모드라고 부른다.

또한 이때 자계의 형상은 주로 원판을 관통하는 형태로 발생하게 되며, 이는 전자기학에 있어서 Faraday 법칙에 의하여 발생하는 와류(eddy current) 형상과 유사하게 된다. 이로 인해 유전체공진기를 수직으로 지나가는 자기력선은 그림 9-67과 같다.

여기서 상대 유전율 ε_r이 아주 크다고 가정하고, 상대 투자율은 보통의 경우 1이므로, 자계가 그림과 같이 원판을 관통할 경우 전계 E_ϕ가 발생하게 된다. 그러나 이와 같이 유기된 전계 E_ϕ는 입사된 자계를 상쇄하는 방향으로 발생하게 되는데, 상대 유전율 ε_r이 매우 크기 때문에 작은 전계에도 큰 자계가 상쇄하는 방향으로 나타나게 된다. 따라서 표면에서는 수직으로 입사하는 자계는 거의 0이 되게 된다.

따라서 보통 마이크로스트립에 이러한 유전체공진기를 결합시키는 방법은 그림 9-68과 같이 결합시키게 된다.

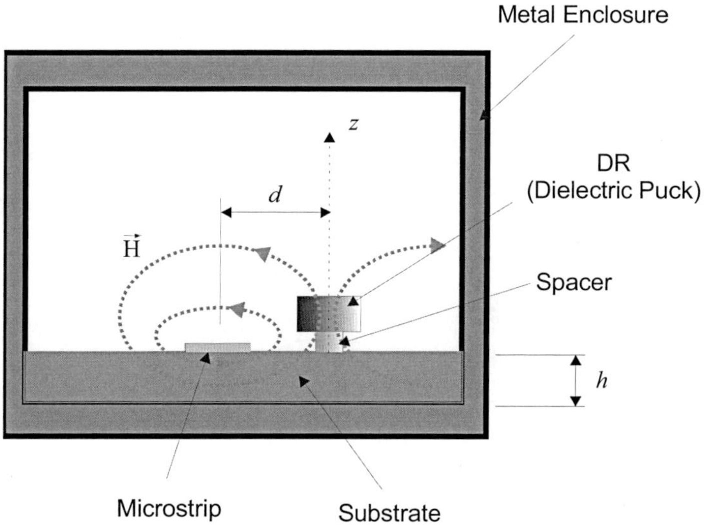

[그림 9-68] 유전체공진기를 마이크로스트립에 결합시키는 방법

그림 9-68과 같이 마이크로스트립에 결합시킬 경우, 유전체공진기의 공진주파수에서 이를 관통하는 자계를 0에 가깝게 만들고, 이 때 자계는 마이크로스트립의 전류에 해당하게 되는데, 이 공진주파수에서는 마이크로스트립에 거의 전류가 흐르지 않게 된다. 이때 자기력선이 유전체공진기에 가능한 수직으로 관통하기 쉽게 유전체공진기를 마이크로스트립 기판보다 높게 할 필요가 발생하게 된다. 이 경우 그림 9-68과 같이 별도의 유전체(spacer)를 삽입하여 가능한 효과적으로 자기력선이 유전체공진기를 수직으로 관통하게 한다.

이러한 마이크로스트립에 결합된 유전체 공진기를 보통 그림 9-69(a)와 같이 나타낸다.

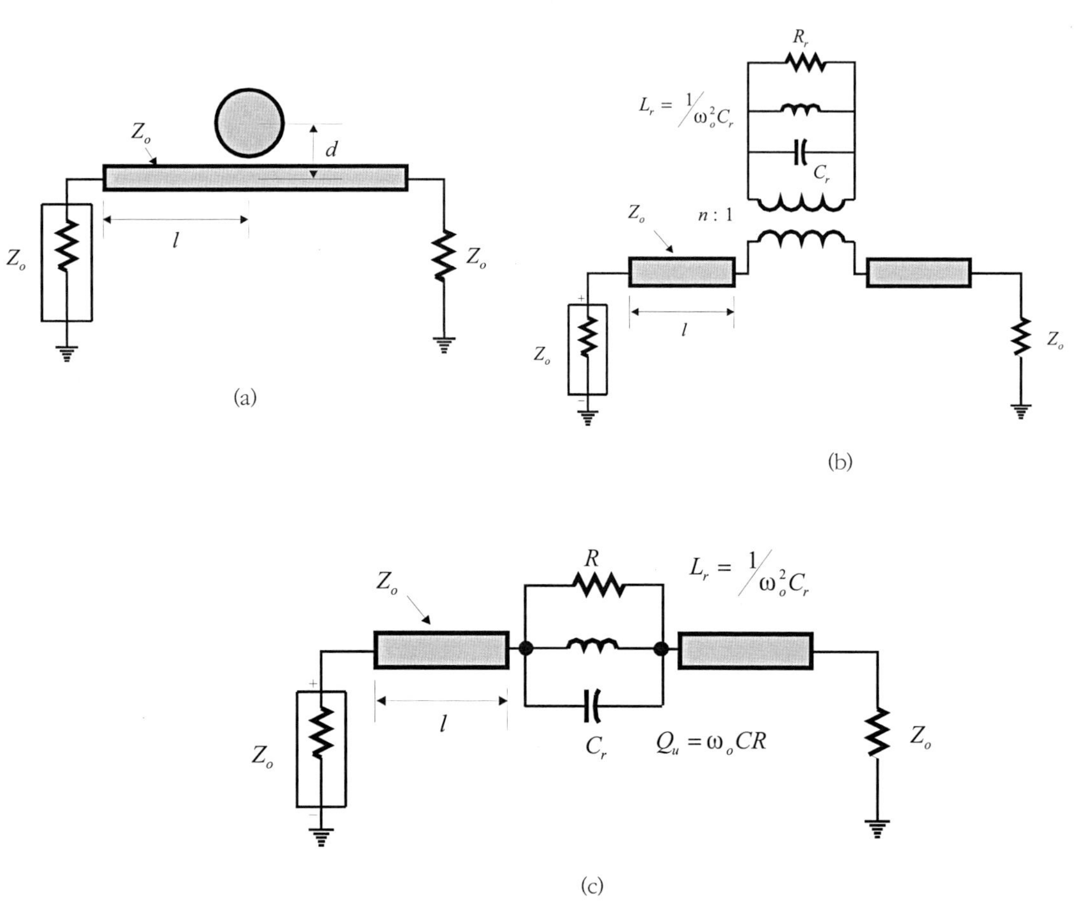

[그림 9-69] (a) 유전체공진기 회로, (b) 등가회로, (c) 간략화된 회로

그림 9-69(a)에서 결합간격 d를 작게 할 경우 마이크로스트립의 자계는 더욱 영향을 받게 되며, 결과적으로 마이크로스트립과의 결합(coupling)은 커지게 된다. 반면 거리를 멀게 할 경우 마이크로스트립과의 결합은 작아져서 거의 영향이 없는 상태가 되게 된다. 그리고 포트에서 떨어진 마이크로스트립 길이 l은 마이크로스트립선로가 개방되는 곳(자계가 0이어서 전류가 0이 되고 결과적으로 개방 상태가 된다)을 결정하게 된다.

이것을 등가회로로 나타낸다면 그림 9-69(b)와 같게 될 것이다. 여기서 변압기 n은 유전체공진기와 마이크로스트립선로의 결합도 즉, d에 따라 결정되게 되며 $L_r - C_r - R_r$ 병렬연결은 유전체공진기를 나타내는 병렬공진 등가회로가 될 것이다. 따라서 그림 9-69(b)의 회로에서 선로에서 들여다 본 임피던스로 나타내서 변압기를 제거하면, 그림 9-69(c)와 같은 회로가 될 것이다. 이때 주목할 것은 공진주파수는 변화가 없게 되며, 반면 공진 시 나타나는 저항 R의 경우 결합도, 즉 d에 대한 함수가 될 것이다.

그림 9-69(c) 회로도에서 $l=0$으로 두고 포트에서 들여다본 반사계수를 결합도와 관련 있는 d를 파라미터로 하고, 주파수에 따라 그리면 그림 9-70(a)와 같이 될 것이다. 즉, 공진주파수를 벗어나면 유전체공진기는 마이크로스트립선로에 아무런 영향을 주지 않기 때문에 반사는 없게 되고 Smith chart의 원점에 나타나게 될 것이다. 반면 공진주파수에서는 포트 쪽에서 보았을 때 Z_o+R의 임피던스가 보이게 되고, 이것은 그림과 같이 Smith chart의 A점에 나타나게 될 것이다. 또한 이 점은 결합도에 따라 이동하게 되는데 강하게 결합시켰을 경우 $R \to \infty$로 가까워져 Smith chart의 저항이 ∞인 점에 접근하게 될 것이다. 따라서 강하게 결합시켰을 경우 근사적으로 공진주파수에서는 개방된 것으로 보이게 된다.

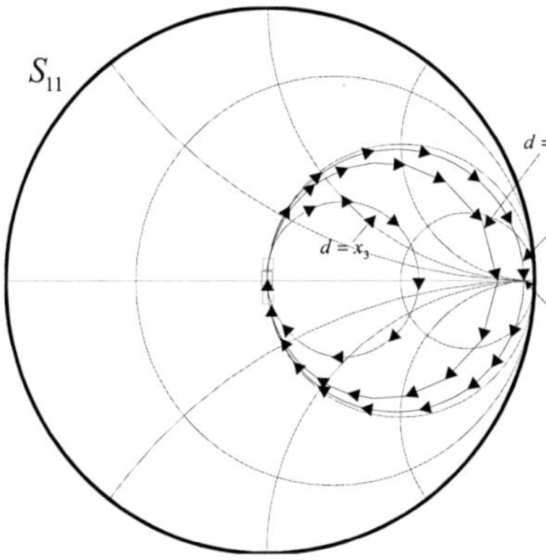

(a)

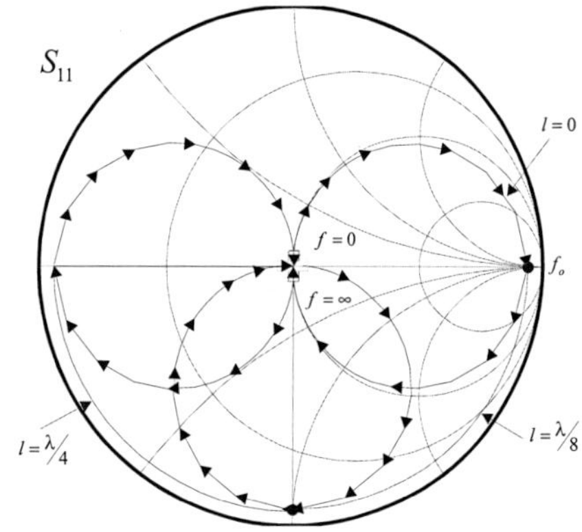

(b)

[그림 9-70] (a) d에 따른 S-파라미터 $(l=0)$, (b) l에 따른 S-파라미터

반면 강하게 결합시킨 것에 대하여, 즉 $d=x_1$인 경우 마이크로스트립선로의 길이를 변화시키면, 그림 9-70(b)와 같이 될 것이다. 즉 공진기의 공진주파수에서의 반사계수 $\Gamma(\omega_o)$이고, 또한 공진주파수에서 선로의 길이가 전기각을 $\theta_o(l)$라고 하면 이때의 반사계수 Γ_{in}는

$$\Gamma_{in}=\Gamma(\omega_o)e^{-2j\theta_o} \tag{9-62}$$

과 같이 되어, 이 점은 전송선 길이에 따라 시계방향으로 $2\theta_o$만큼 회전하게 될 것

이다. 이때 근사적으로 강하게 결합된 것을 개방으로 보면 하면 $\Gamma(\omega_o)=1$이 되고, 따라서, 이때 들여다 본 반사계수는 길이 $\theta_o(l)$에서 개방된 것처럼 보이는 것으로 해석할 수 있다. 결론적으로 그림 9-71(b)와 같은 회로구조에서는 유전체공진기는 그림 9-71(a)와 같이 매우 좁은 주파수 대역에서만 개방된(open) 전송선으로 역할을 하고, 그 이외의 주파수에서는 Z_o로 연결 된 것처럼 보이게 된다.

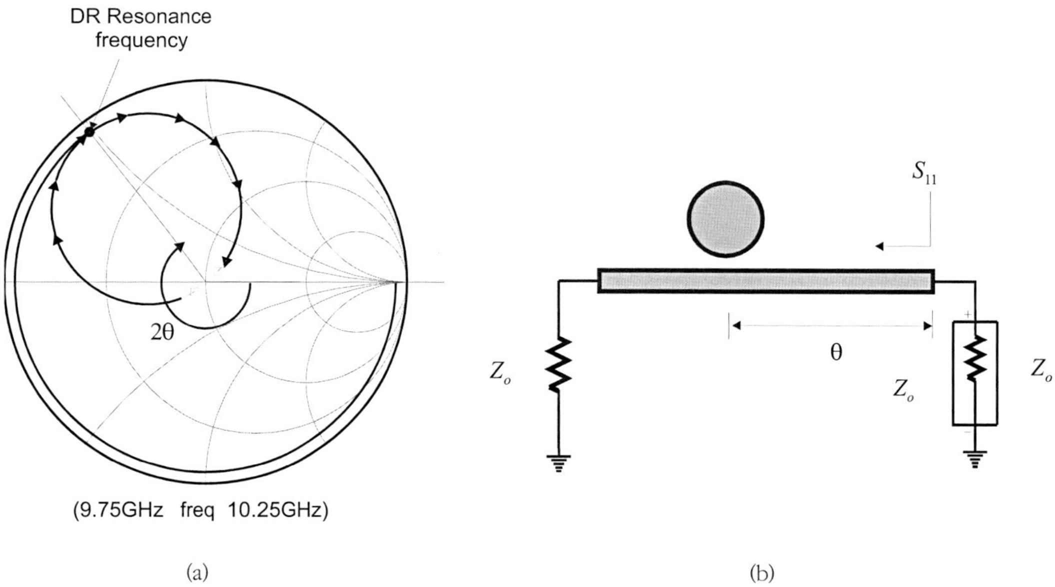

[그림 9-71] (a) 길이 θ에서 DR의 주파수특성에 따른 궤적, (b) DR 등가회로

9.3.4.2 마이크로스트립에 결합된 유전체공진기의 등가회로 추출

본 장에서는 앞서서 마이크로스트립에 결합된 유전체공진기의 등가회로를 추출하는 방법에 대하여 알아보도록 한다. 그림 9-69(c)의 회로에서 병렬공진회로의 임피던스를 Z_p라고 하면, 이때 포트 1에서 들여다본 반사계수는

$$S_{11}=\frac{Z_p+Z_o-Z_o}{Z_p+Z_o+Z_o}e^{-2j\theta}=\frac{Z_p}{Z_p+2Z_o}e^{-2j\theta} \qquad (9-63)$$

가 되는데, 여기서 Z_p는

$$Z_p = \frac{1}{\dfrac{1}{R} + j\omega C + \dfrac{1}{j\omega L}} \cong \frac{R}{1 + 2jQ_u \dfrac{\Delta\omega}{\omega_o}} \qquad (9-64a)$$

$$f_o = \frac{1}{2\pi\sqrt{LC}} = \frac{\omega_o}{2\pi} \qquad (9-64b)$$

$$Q_u = \omega_o CR \qquad (9-64c)$$

과 같이 얻어지게 된다. 여기서 Q_u는 유전체공진기 자체의 Q가 되며 이것을 유전체공진기의 무부하(unloaded) Q라고 부른다. Z_p를 (9–63)식에 대입하고 정리하면

$$S_{11} = \frac{\beta}{1 + \beta + 2jQ_u \dfrac{\Delta\omega}{\omega_o}} e^{-2j\theta} = \frac{\dfrac{\beta}{1+\beta}}{1 + 2jQ_L \dfrac{\Delta\omega}{\omega_o}} e^{-2j\theta} \qquad (9-65a)$$

$$\beta = \frac{R}{2Z_o} \qquad (9-65b)$$

$$Q_L = \frac{Q_u}{1+\beta} \qquad (9-65c)$$

로 얻어지게 된다. 따라서 $|S_{11}|$에 대한 주파수 응답을 그리면 그림 9–72와 같이 나타나게 된다. 따라서 $|S_{11}|$의 주파수 응답을 측정할 경우 최대값을 주는 주파수가 바로 공진주파수 f_o가 되고, 이때의 값은 $\beta/(1+\beta)$ 되므로, 측정된 최댓값으로부터 β 값을 알 수 있게 된다. 따라서 (9–65b)식을 이용하여 R을 결정할 수 있게 된다. 또한 3–dB 대역폭 BW를 그림 9–72와 같이 측정할 경우 Q_L은

$$Q_L = \frac{f_o}{BW} \qquad (9-66)$$

가 되어, Q_L을 결정할 수 있게 된다. 따라서 (9–65c)식에 따라 무부하 Q인 Q_u를 결정할 수 있게 되고, 이에 따라 (9–64c)식을 이용하면 C를 결정하게 되고, 또한 공진주파수로부터 (9–64b)식을 이용하면 L을 결정할 수 있어 등가회로 파라미터 값들을 모두 구할 수 있게 된다.

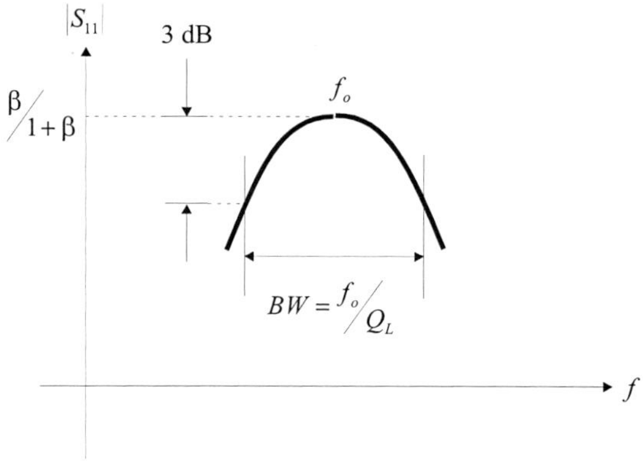

[그림 9-72] 마이크로스트립에 결합된 유전체공진기 회로의 주파수 특성

예제 9-18 유전체공진기를 마이크로스트립에 결합시키고 측정하였을 때 그림 9E-43과 같은 주파수 응답을 얻었다. 이때 등가회로 값을 계산하시오.

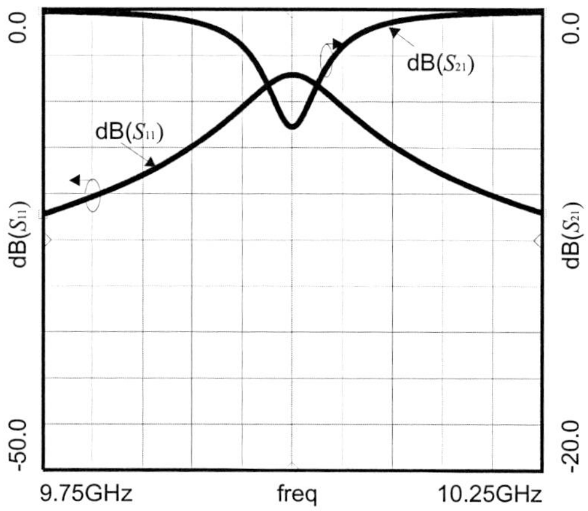

[그림 9E-43] 유전체공진기 주파수 응답

그림 9E-43에서 $f_o = 10$ GHz이며, 이때 $|S_{11}|_{\max} = -7.06$ dB이고, $BW = 90$ MHz이다. 등가회로 값을 구하시오.

해 $|S_{11}|_{\max} = -7.06$ dB로부터 β를 다음과 같이 구하고,

$$\frac{\beta}{1+\beta} = |S_{11}|_{\max} = 10^{-7.06/20} = 0.444,\ \beta = \frac{0.444}{1-0.444} = 0.799 = \frac{R}{2Z_0}$$

이를 통해 R 값을

$$\therefore R = 80\Omega$$

을 얻을 수 있다.

또한 $BW = 90$ 및 공진주파수 $f_o = 10$ GHz로부터 Q_L 및 Q_u를 아래와 같이 얻을 수 있다.

$$Q_L = \frac{f_o}{BW} = 111 = \frac{Q_u}{1+\beta}, \quad Q_u = 199.8 = \omega_o CR$$

따라서 C는

$$\therefore C = \frac{199.8}{2\pi f_o R} = 39.73 \text{ pF}$$

그리고 ω_o를 통해 L을 구할 수 있다. 이를 구하면 다음과 같다.

$$\therefore L = \frac{1}{\omega_o^2 C} = \frac{1}{(2\pi f_o)^2 C} = 6.38 \text{ pH}$$

따라서 주어진 주파수 응답을 가지는 유전체공진기의 등가회로 값은 다음과 같다.

$$R = 80\Omega, \ C = 39.73 \text{ pF}, \ L = 6.38 \text{ pH}$$

9.3.4.3 DRO(Dielectric Resonator Oscillator) 설계

앞서서 마이크로스트립을 이용한 발진기 설계과정에서, 직렬궤환형 발진기 설계시 소요되는 커패시터 및 인덕터 대신에, 개방된 전송선이나 단락된 전송선을 이용 발진기를 설계할 수 있었다. 유전체공진기를 이용하여 발진기를 설계하는 방법은 여러 가지가 있으나, 가장 간단한 방법으로는 이와 같이 단락된 전송선이나 개방된 전송선을 앞서 설명한 바와 같이 마이크로스트립에 유전체공진기를 강하게 결합시키고, 이를 이용하여 단락된 전송선이나 개방된 전송선을 대체하는 방법이다. 이러한 방법 이외에 유전체공진기를 대역여파기로 이용하여 궤환회로에 이용하는 방법도 있으나, 이는 다른 문헌을 참조하기 바란다.

여기서는 직렬궤환형 발진기에 단락되거나 개방된 전송선을 유전체공진기를 사용하여 대체하는 방법을 보이도록 하겠다. 우선 그림 9-51의 발진기 회로에서 개방된 전송선은 소스 단자에 사용되었고, 반면 단락된 전송선은 게이트 단자 쪽에 사용되었는데, 소스 단자에 있는 전송선을 대체할 경우 개방된 전송선을 유전체공진기를 이용하여 바꾸면 될 것이다. 그러나 직접 대체할 경우, 이것은 설정된 DC 바이어스를 변하게 하며 이것을 설정된 DC 동작점을 갖게 하는 것은 가능하기는 하나, 다소 복잡하다. 따라서 게이트 쪽에 있는 인덕터를 유전체공진기를 사용하여 교체하는 것이 편리할 것이다. 이때 게이트 단자에는 DC 전류가 흐르지 않으므로, 그림 9-69(b)의 유전체공진기가 결합된 마이크로스트립선로의 끝에 연결된 저항 $R=50$ohm 저항은 DC적으로는 여전히 영향이 없게 된다. 따라서 게이트 단자의 전송선을 교체할 경우 그림 9-73과 같이 회로를 구성하고, 공진주파수에서 전송선 길이를 변화하여, 그림 9-73의 좌측에 주어진 인덕터 값을 주는 위치를 결정하면 될 것이다.

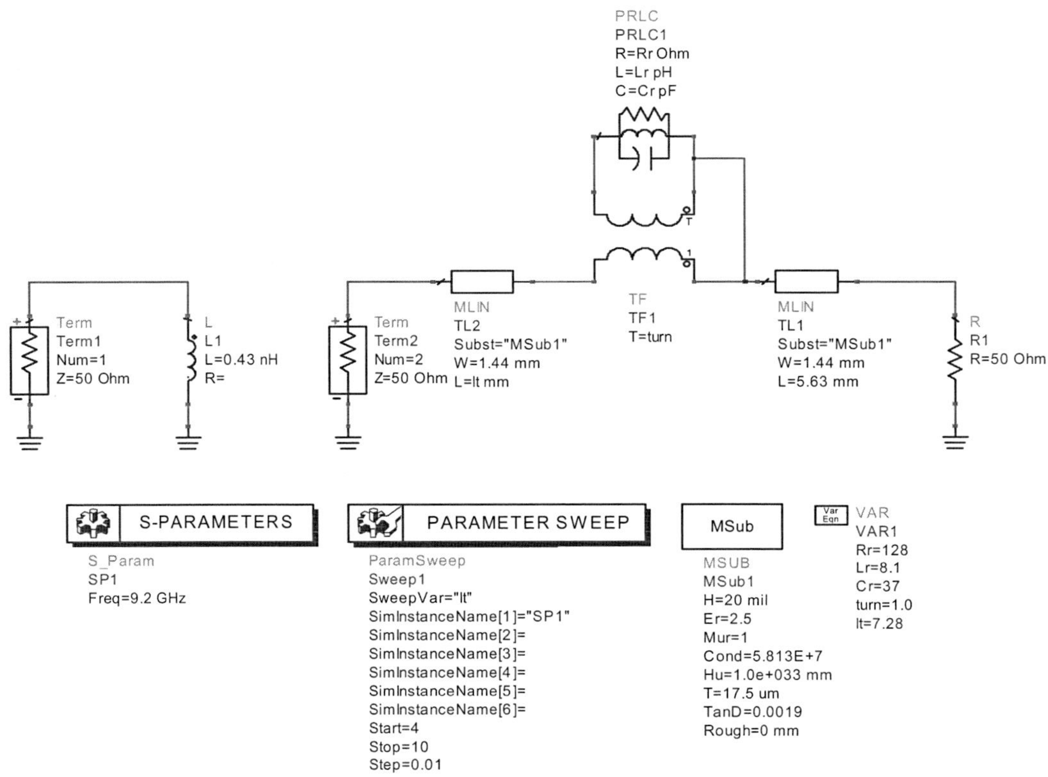

[그림 9-73] 유전체공진기를 이용한 발진기의 L 설정

이와 같이 할 경우 그림 9-73 회로를 이용하여 같은 임피던스를 갖도록 하면,

게이트 단자로부터 발진기 중심까지의 거리를 얻게 되고, 이를 발진기 회로에 대입하여 그림 9-74와 같이 발진기 회로를 완성할 수 있게 된다. 그림 9-74에서 이것이 9.2 GHz 근처에서 발진하는지 조사하기 위하여, 그림과 같이 부하와 능동부 사이에 *OscTest*를 삽입하였으며, 이를 통하여 발진가능성을 조사한 결과를 그림 9-75에 나타내었다. *OscTest*의 위치를 부하에 삽입한 것은, 이 기준선에서는 직렬 발진이 일어나게 되므로 *OscTest* 임피던스 값을 크게 설정하면 되는데, 이러한 측정기준 임피던스 설정이 용이하기 때문이다.

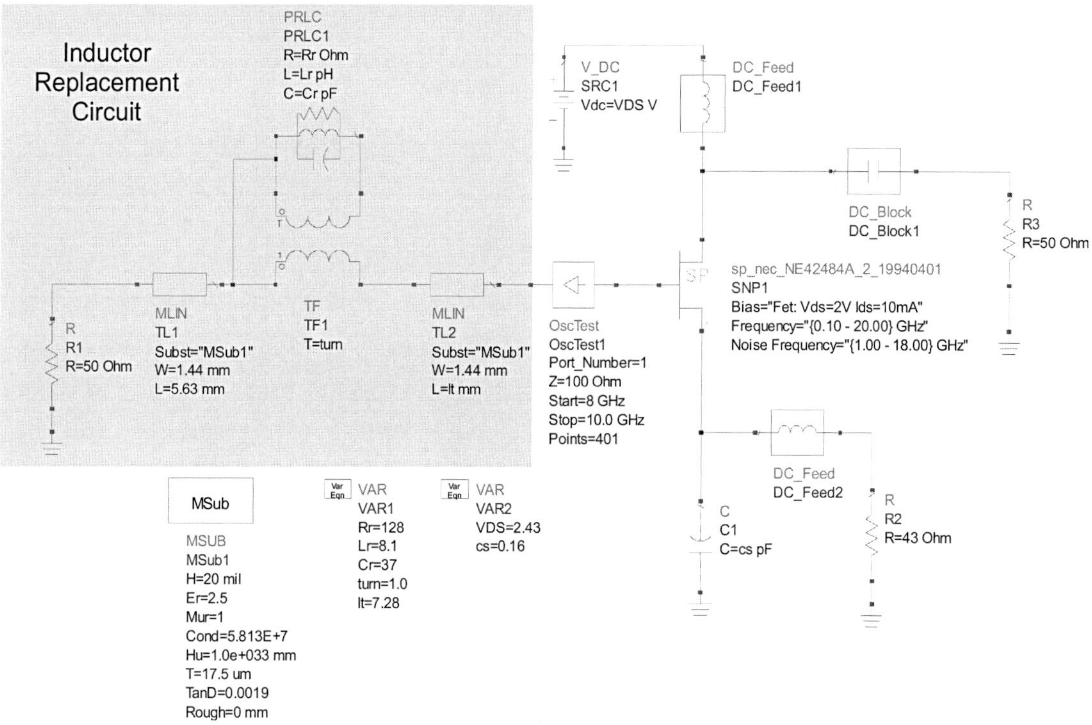

[그림 9-74] 유전체공진기를 이용한 발진기회로

그림 9-75는 시뮬레이션 결과를 보였으며, 이 결과로부터 9.2 GHz 근처에서 발진하는 것을 알 수 있다. 또한 주목할 것은 유전체공진기의 Q가 높아서, 아주 좁은 대역에서 발진조건을 만족하는 것을 알 수 있다.

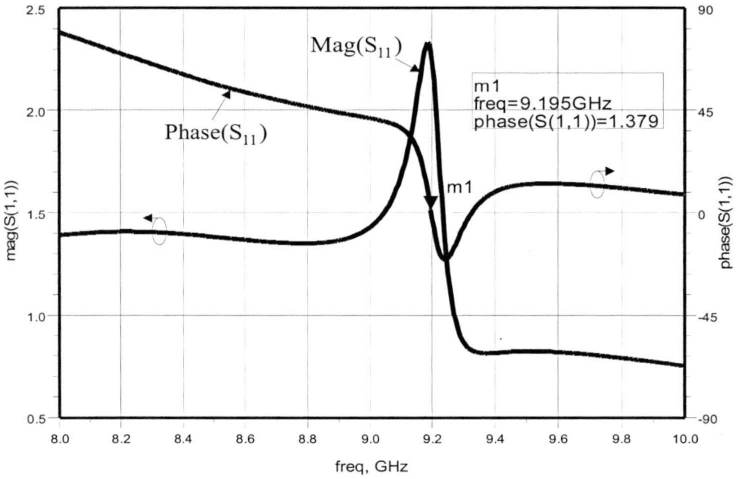

[그림 9-75] 유전체공진기 발진기회로의 발진조건 조사 결과

9.3.5 이동통신용 전압제어발진기의 설계

그림 9-76은 이동통신용으로 사용되는 전압제어발진기의 구성을 보인다. 이 전압제어발진기의 크기는 12×10×4 mm로서 약 4.8 cc의 부피를 가진다. 현재에는 같은 기술을 이용하지만, 이 크기는 더욱 작게 제작되고 있다. 그림 9-76에서 볼 수 있듯이, 이 전압제어발진기는 전자파 차폐와 접지를 제공하는 뚜껑과 전압제어발진기에 소요되는 칩 부품을 실장한 다층인쇄회로기판으로 구성되어 있다. 따라서 전체 전압제어발진기의 무게는 인쇄회로기판과 얇은 금속 뚜껑만으로 구성되어, 경량의 구조를 가지고 있다. 그리고 전압제어발진기의 동작에 필요한 DC 전원공급, 발진출력, 접지 및 주파수 조정단자들은 인쇄회로기판의 through-hole의 중심을 반으로 절단하여 얻어지는 도금된 반쪽 원기둥면을 이용하고 있다. 인쇄회로기판 뒷면의 단자 이외의 금속면은 절연체(Solder Resist)로 피복되어 있어, 이 전압제어발진기를 장착 시, 이 발진기를 지나가는 장착 PCB의 선로와 전기적으로 격리되게 된다.

이 중 부품조합에 쓰이는 다층 PCB의 단면구성은 그림 9-77과 같다. 기판은 대부분 FR4 기판이며, 전체 두께는 1.0 mm로서 각 3층이 균일하게 두께를 배분하고 있다. 첫 번째 금속면은 부품장착을 위한 설계된 도체 선로들이 있는 실장면이며, 두 번째 금속면은 첫째 면에 대해 접지면을 제공하는 접지면이다. 세 번째 금속면은 RFC 및 스트립선로 공진기가 들어가는 면으로 이용되며, 네 번째 면은 역시 접지면으로 이용되고 있다. 따라서 제1면은 전자기적으로 볼 때 마이크로스트립선로 형태가 되며, 세 번째 면은 양쪽이 접지면으로 둘러싸여 있어 스트립선로(strip line)의 구조가 되게 된다. 따라서 제1면과 제3면은 연결 hole을 제외한 다른 부위에서는 제2면 및 제4면에 의해 전자기적으로 격리되는 구조를 갖고 있다.

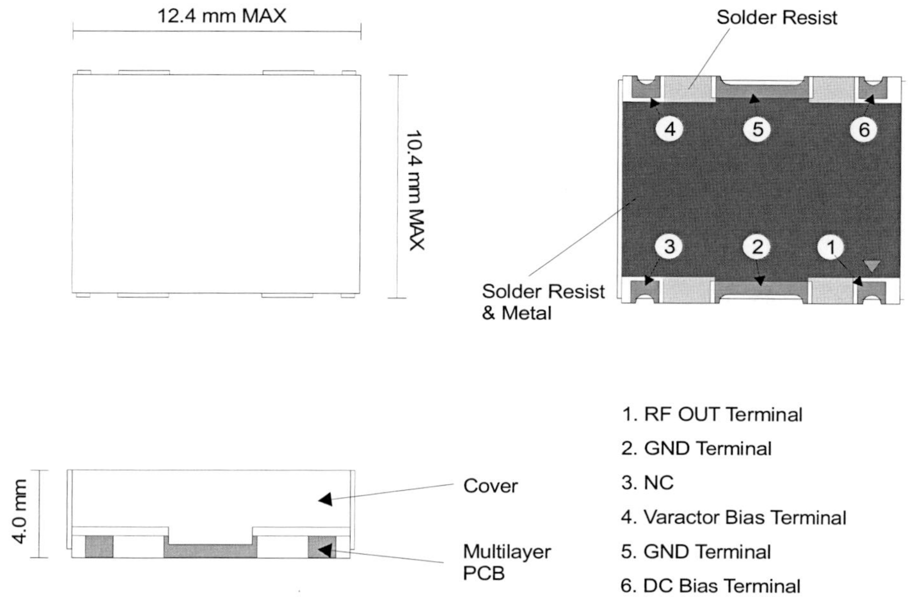

[그림 9-76] 이동통신용 전압제어발진기 회로 구성

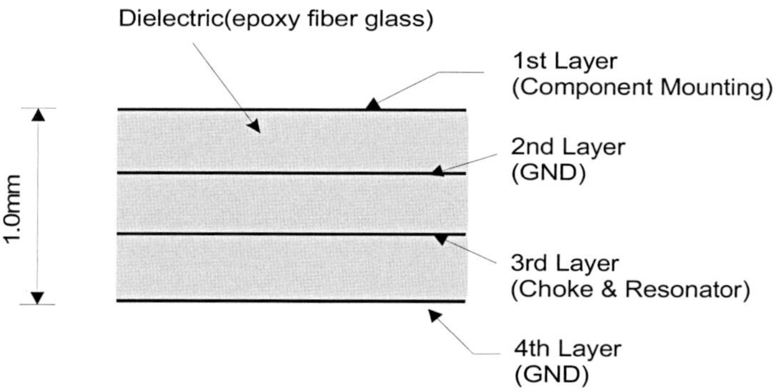

[그림 9-77] 다층 PCB의 구성

그림 9-78은 여기에 사용되는 전압제어발진기의 회로도를 보였다. 이들의 DC 바이어스는 이미 예제 9-14를 통하여 알아보았고, RF에 관련된 소자들의 해석만 본장에서 알아보도록 한다.

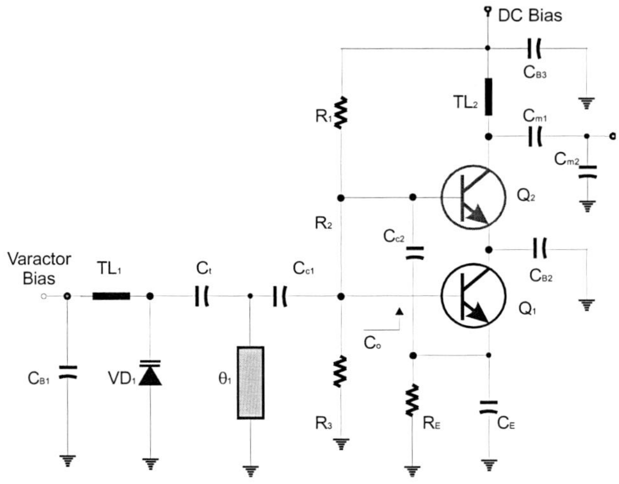

[그림 9-78] 전압제어발진기 회로도

여기서 버랙터 다이오드의 커패시턴스 변화 범위는 추가된 C_t에 의해서 제한이 되며, 커패시터 C_t를 조정할 경우, 발진주파수 조정폭을 조정할 수 있게 된다. 또한 공진기 θ_1측에서 버랙터 다이오드 쪽으로 들여다본 직렬 리액턴스는 추가된 C_t에 의해서 커지게 되어, 공진기에 연결되는 버랙터 다이오드를 포함한 직렬연결의 Q가 높아지게 된다.

커패시터 C_{c1}은 트랜지스터 Q_1의 베이스에 직렬로 추가되어, 공진기 양단에 나타나는 부저항의 크기를 조절하게 된다. 즉 Q_1의 트랜스컨덕턴스를 통해 흐르는 컬렉터 전류는 C_{be1} 전압에 따라 조정되는데, 전압을 C_{c1} 및 C_{be1}의 직렬연결 양단에 나타나는 것으로 해석할 경우 트랜스컨덕턴스 g_{m1}의 크기가 아래와 같이 변화된 것으로 나타난다.

$$g'_{m1} = g_{m1}\frac{C_{c1}}{C_{be1}+C_{c1}} \tag{9-67}$$

이때 C_{c1} 및 C_{be1}의 직렬연결 커패시턴스를 C_x라 하고, 공진기 측에서 트랜지스터 쪽을 들여다 본 임피던스 Z_t를 쓰면

$$C_x = \frac{C_{be1}C_{c1}}{C_{be1}+C_{c1}} \tag{9-68}$$

$$Z_t = \frac{1}{j\omega(C_x \| C_E)} - \frac{g'_{m1}}{\omega^2 C_x C_E} \tag{9-69}$$

따라서 공진기 측에서 들여다 본 부성 컨덕턴스는(병렬발진 형태이기 때문에 컨덕턴스로 고려한다)

$$G \approx -(C_x \| C_E)^2 \frac{g'_{m1}}{C_x C_E} = -\frac{g_{m1}}{C_{be1}} \frac{C_x^2 C_E}{(C_x + C_E)^2} \qquad (9-70)$$

와 같이 쓸 수 있다. 위 식으로부터 공진기 측에서 들여다 본 부성 컨덕턴스 G의 크기가 클수록 발진이 용이하게 되는데, 이 경우는 $C_x = C_E$일 경우 성립함을 알 수 있다. 즉, 주어진 C_x에 대해서 C_E를 같도록 설정하면 공진기 측에 연결된 부성 컨덕턴스가 최대가 되어 용이하게 발진을 얻을 수 있음을 알 수 있다.

따라서 동작주파수에서 트랜지스터 Q_1의 이미터 저항 값을 무시할 수 있도록 C_E를 설정하고, C_E의 나머지 커패시턴스는 트랜지스터 Q_2의 입력으로 연결되는 커패시터 C_{c2}를 조정함으로써 발진을 제어할 수 있게 된다. C_{c2}가 작을수록 트랜지스터 Q_2로 넘어가는 고주파 전력은 작아지게 되며, 크게 할 경우 Q_2로 넘어가는 고주파 전력이 커져, 왜곡된 출력이 발진기출력으로 나타나게 된다.

그러면 C_E 값의 결정을 통해, C_x 값의 선정이 필요하게 되는데 이것은 C_{c1}의 설정과 관련되며, 이것을 너무 작게 할 경우 (9–70)식에 따라 부성 컨덕턴스가 너무 작아져 발진은 사라지게 되고, 크게 할 경우 근사식 (9–70)에 의해서 부성 컨덕턴스가 커지나, 사실상 (9–70)식은 C_{c1}을 작게 설정해서 얻어진 근사식이 되어, 실제로 너무 커질 경우 무시되었던 트랜지스터 Q_1의 베이스 저항의 영향이 나타나 부성 컨덕턴스는 오히려 줄어들게 되어 발진이 사라지게 된다. 또한 발진이 일어나더라도 공진기 주변의 Q가 작아져서 발진파형은 정현파가 아닌 왜곡된 파형이 나타난다.

요약하면 커패시터 C_t의 기능은 주파수 변동범위에 관련되며, 커패시터 C_{c1}, C_{c2}, C_E는 발진형성과 발진파형 및 발진출력의 증폭단 전달에 각각 관련된다. 따라서 설계된 전압제어 발진기의 정확한 중심주파수 조정용 기능을 가진 소자가 필요하게 되는데, 이는 끝이 개방된 짧은 전송선을 θ_1과 병렬로 연결하여, 이것의 길이를 조정함으로써 중심주파수를 별도로 조정할 수 있게 된다.

또한 이들은 PCB 상에 칩 형태 부품을 부착하여 제작되기 때문에, 이들 값의 수정이 용이하고 마이크로스트립 발진기와 같이 정확한 선로의 길이 및 폭 값을 필요로 하지 않는다. 이러한 관점에서 본다면 이들의 설계는 각각 값의 범위를 알고, 이것을 이용하여 주어진 사양에 맞는 발진기를 설계, 제작할 수 있는 것인지 파악하는 것이 될 것이다.

예제 9-19 [이동통신용 전압제어발진기 설계 예제]

다음 표 9E-1은 이동통신용 전압제어발진기의 간략한 설계기준이다. 사용할 TR은 NEC사의 2SC4226이다. 설계기준에 맞는 전압제어발진기를 설계하시오.

[표 9E-1] 이동통신용 전압제어발진기의 설계기준

Spec Item	Value
Freq. Tuning Range	1720–1780 MHz
DC Supply Voltage	3.3 V
DC Current Consumption	8 mA
RF Output Power	〉 −3 dBm
Active Device	NEC2SC4226

해 위의 설계조건에 만족하는 이동통신용 전압제어발진기를 설계하기 위해 우선 부성저항의 크기를 제어하는 *Ce*와 결합 커패시터 *Cc*2를 결정한다. 여기에서 실 제작 시 오차를 줄이기 위해 그림 9E-44 에서의 모든 커패시터를 RLC 등가회로로 대치하여 기생소자 성분을 고려하였다.

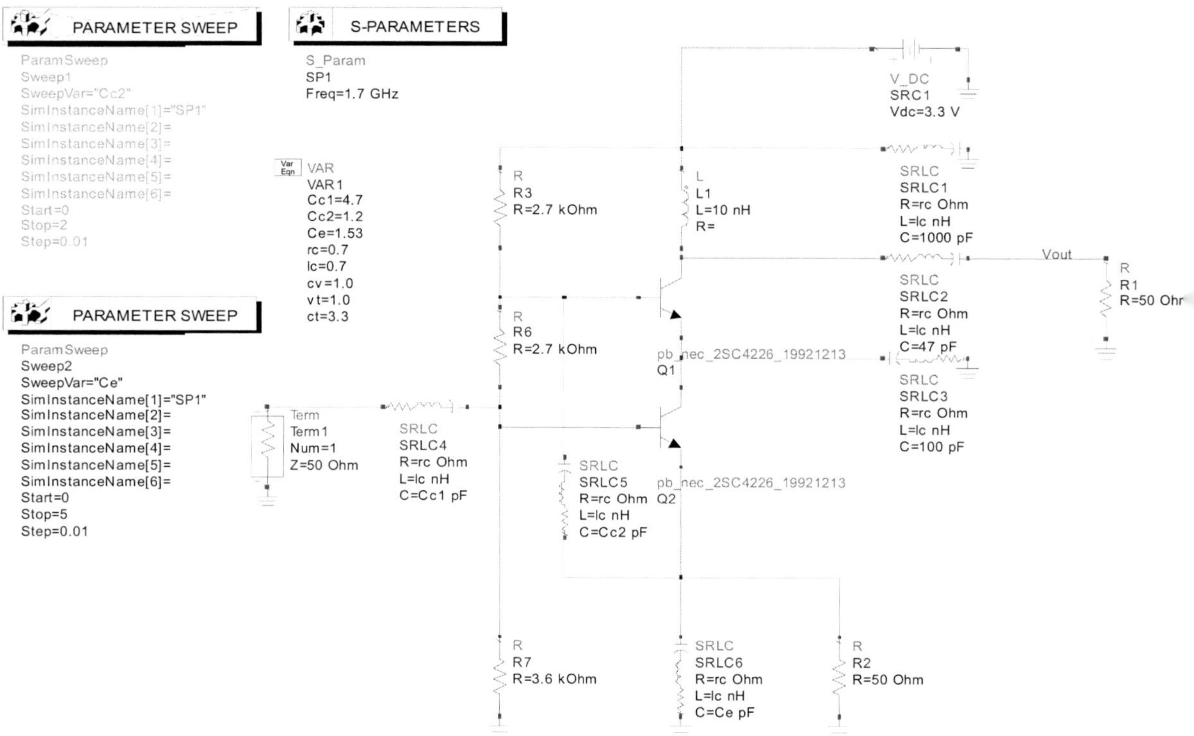

[그림 9E-44] *Ce*와 *Cc*2를 결정하기 위한 회로

우선 *Cc*2=0으로 두고 시뮬레이션을 수행하여 얻어낸 결과는 그림 9E-45의 좌측과 같다.

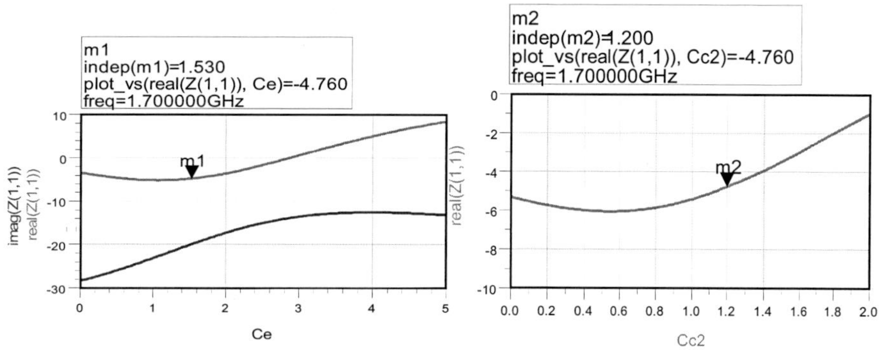

[그림 9E-45] 시뮬레이션으로 결정된 Ce와 Cc2 값

따라서 부성컨덕턴스가 최대가 되는 *Ce*=1.53 pF를 설정하고, 이 값으로 고정한 뒤 *Cc*2를 변화시켰다. *Cc*2를 변화시킬 경우 부성컨덕턴스의 크기는 줄게 되며 이것을 그림 9E-45의 우측에 나타내었다. 따라서 부성 컨덕턴스의 크기를 크게 변화시키지 않고 값이 가장 큰 값으로 *Cc*2는 1.2 pF를 선정하였다. *Cc*2 값이 작을 경우에는 원하는 출력을 얻지 못하기 때문이다.

이제 구해진 커패시터 값을 가지고 발진주파수 조정범위를 알아보기 위한 회로를 구성한다. 그리고 버랙터 다이오드를 구현하고 회로에 추가시킨다. 버랙터 다이오드는 smv1235-079가 사용되었는데, 이의 등가회로는 그림 9E-46과 같다.

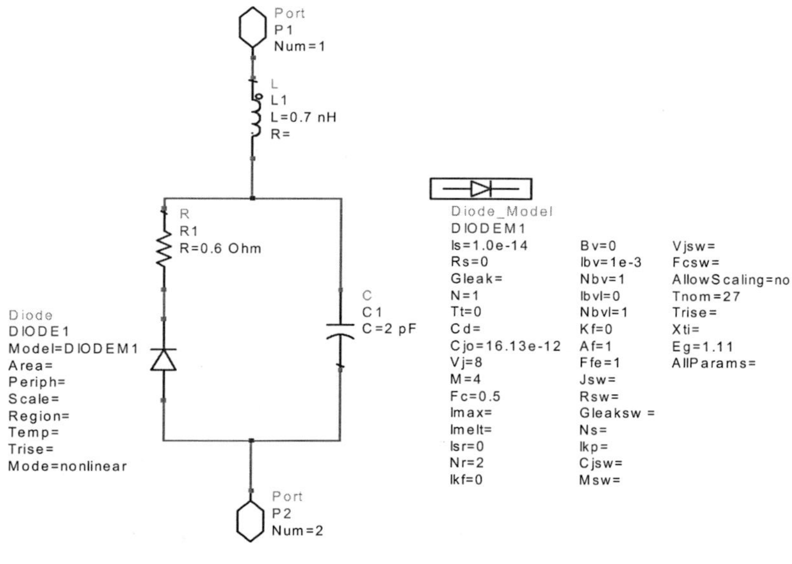

[그림 9E-46] 버랙터 다이오드 등가회로

버랙터 다이오드를 추가하여 그림 9E-47과 같이 최종적인 전압제어 발진기 회로를 구성하여, 이의 주파수조정 특성을 확인한다.

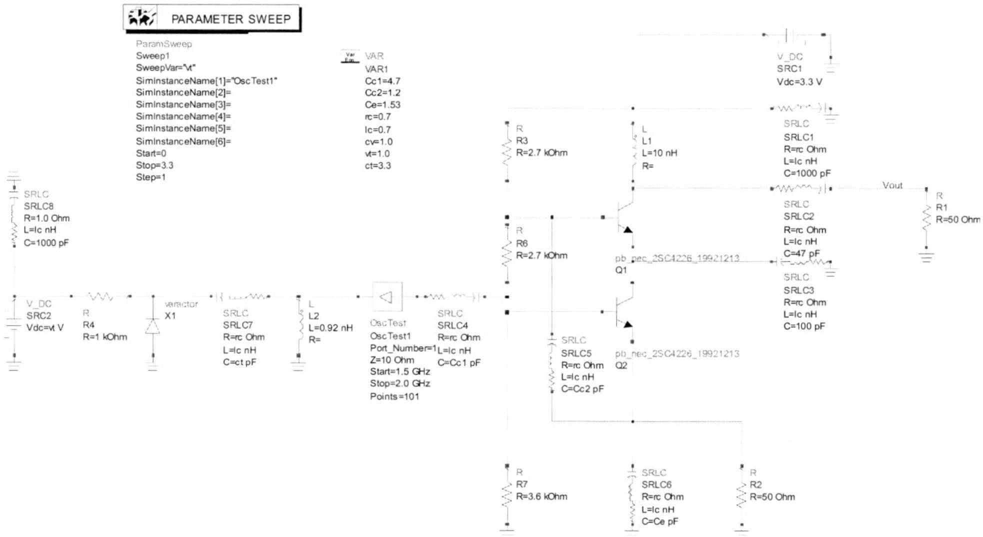

[그림 9E-47] 구성된 VCO 회로

그림 9E-48은 *OscTest*를 통한 시뮬레이션 결과이며, 이것의 크기와 위상을 주파수에 따라 나타내었다. 이를 통해 여기에서 주파수 조정 범위가 1.700 ~ 1.770 GHz로서 사양을 만족함을 확인할 수 있다. 만일 주파수 범위를 벗어나 있다면 *Ct*를 조절하여 주파수 조정범위를 조절하면 된다.

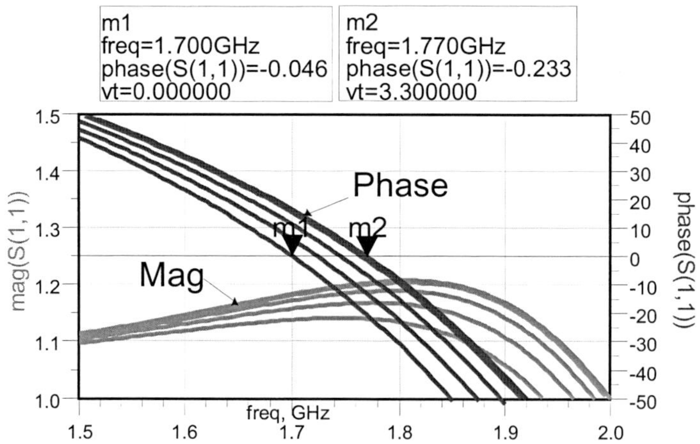

[그림 9E-48] 주파수 조정범위

출력전력을 가늠해 볼 수 있는 대신호 시뮬레이션을 수행하기 위해 그림 9E-49 같은 회로를 구성하고 시뮬레이션을 수행한다.

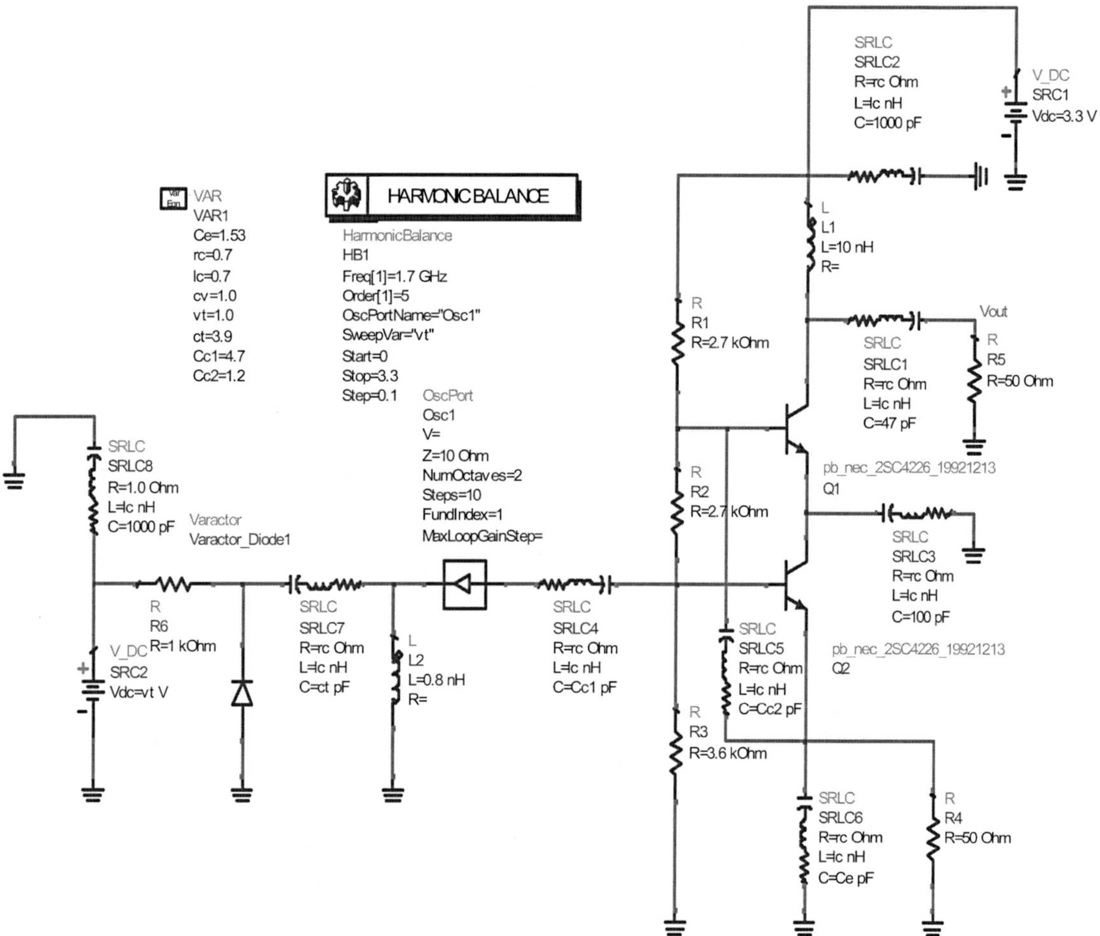

[그림 9E-49] 대신호 시뮬레이션을 위한 회로

그림 9E-49의 시뮬레이션 결과는 그림 9E-50에 나타내었으며, 그림 9E-50에서 확인할 수 있듯이 출력이 -1.698 dBm ~ -0.690 dBm으로 원하는 사양을 만족함을 확인할 수 있다. 또한 원하는 주파수 대역을 출력해 주는 *Vt* 값은 약 0.6 V ~ 2.8 V가 됨을 확인할 수 있다.

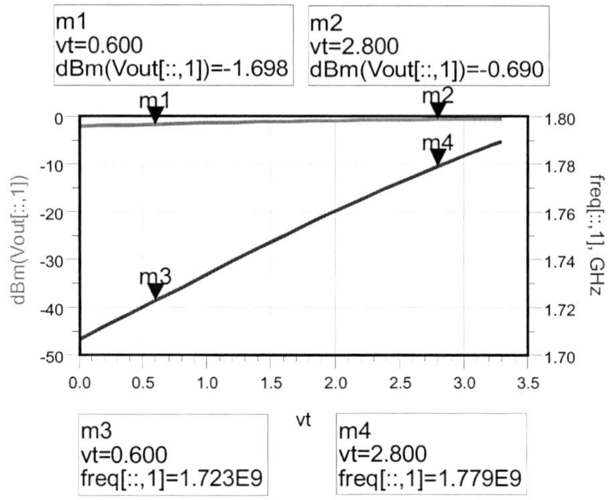

[그림 9E-50] Vt에 따른 발진주파수 및 출력

그림 9E-51(a)에는 조정전압 *Vt*를 파라미터로 하여 시간영역에서의 파형을 보였으며, 이 그림에서 출력파형은 정현파에 가까움을 알 수 있다. 그림 9E-51(b)에는 발진파형의 고조파 특성을 보였으며 2차 고조파가 기본파에 대해 약 −20 dBc가 됨을 알 수 있다.

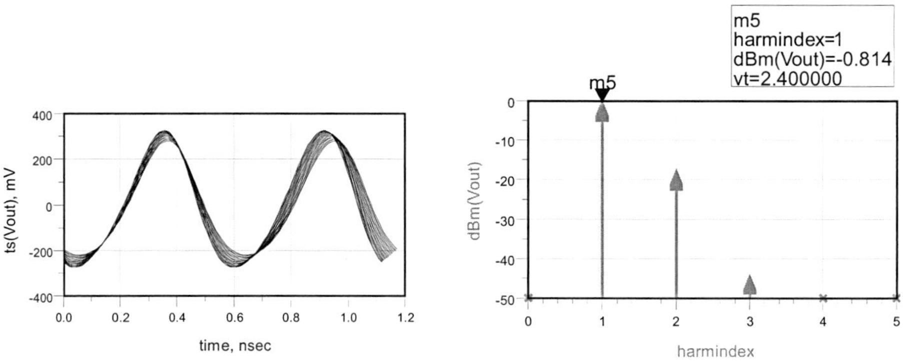

(a) (b)

[그림 9E-51] 출력된 파형과 스펙트럼

9.4 대신호 설계방법

9.4.1 대신호 설계의 기본개념

앞서서의 설계는 발진기 기준형을 선택하고, 적절한 궤환소자 값을 선정한 뒤, 이것이 발진조건을 만족하는지, 또는 평형상태에서 출력이 어느 정도인지를 계산하는 것을 살펴보았다. 본 장에서는 능동소자를 증폭소자로 보고, 이것이 부하에 최대 발진출력을 주는 점을 체계적으로 도출하는 방법에 대하여 알아보도록 한다. 이러한 작업을 하는 데는 기존의 발진기 기준형의 형태를 변환하여 증폭기와 궤환 회로망으로 분리하여 나타내는 것이 필요하다. 이러한 변형으로는 앞서서의 병렬발진기 기준형은 그림 9-79(a)와 같이 Pi형 궤환회로망을 갖는 형태로 변환할 수 있으며, 또한 직렬발진기 기준형은 그림 9-79(b)와 같이 T형 궤환회로망을 갖는 형태로 변환할 수 있다.

다시 위의 Pi 및 T형 형태는 일반적인 형태로 부하를 뺀 나머지 회로망만을 궤환회로망으로 볼 경우 그림 9-80과 같이 나타낼 수 있을 것이다.

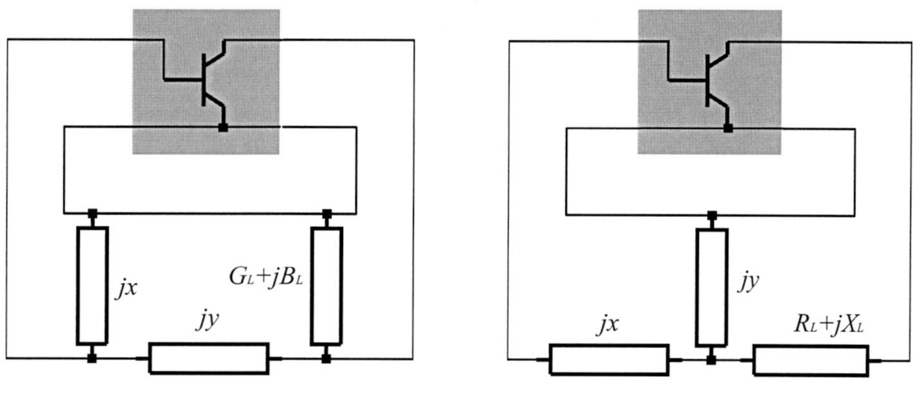

[그림 9-79] (a) Pi형 발진기 형태, (b) T형 발진기 형태

즉 발진기라는 것은 그림 9-80과 같이 증폭기 출력의 일부를 궤환하여 입력에 돌려주고 증폭된 나머지 출력은 부하에 전달하는 것으로 볼 수 있다. 이때 트랜지스터 입장에서 입력 및 부하를 모두 고려한 새로운 부하에 대하여 이득을 고려한

다면, 이것은 입력전력 대 총부하에 전달된 전력이므로 앞서서 증폭기설계에서 언급한바와 같이 전력이득이 될 것이다. 이것은 일반적으로 (9–71)식과 같이 입력전력이 증가함에 따라 포화되는 형태를 갖게 된다.

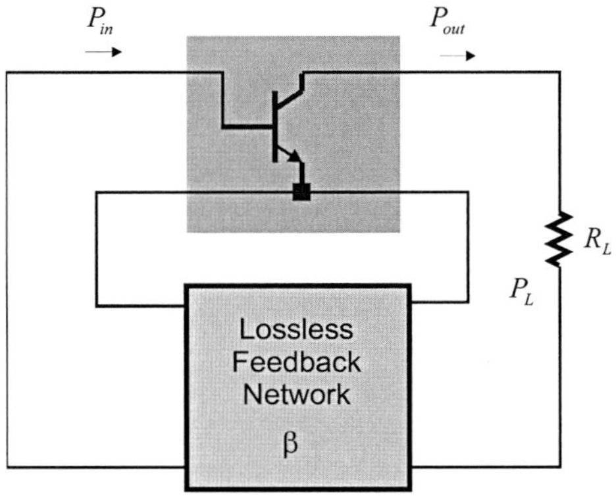

[그림 9-80] 발진기회로의 궤환회로망 표현

$$P_{out} = P_{SAT}\left(1 - e^{\frac{-GP_{in}}{P_{SAT}}}\right) \tag{9–71}$$

여기서 P_{SAT}는 증폭기의 포화전력을 나타내며, 이것은 증폭기 출력측 부하와 관계가 있게 된다. 그리고 G는 전력이득을 나타내며, P_{in}은 증폭기 입력전력을 나타낸다. (9–71)식에서 P_{in}이 작을 경우, 이 식은 GP_{in}으로 근사할 수 있으며, 이것은 입력이 증가함에 따라 선형적으로 증가하는 것을 나타낸다. 또한 $P_{in} \to \infty$일 경우 이것은 출력 P_{SAT}로 포화되는 것을 알 수 있다. 따라서 이것을 그림으로 나타내면 그림 9–81과 같게 될 것이다. 주목할 것은 이 포화전력 P_{SAT}은 트랜지스터 출력에서 외부로 들여다 본 부하 임피던스에 의하여 결정된다는 점이다.

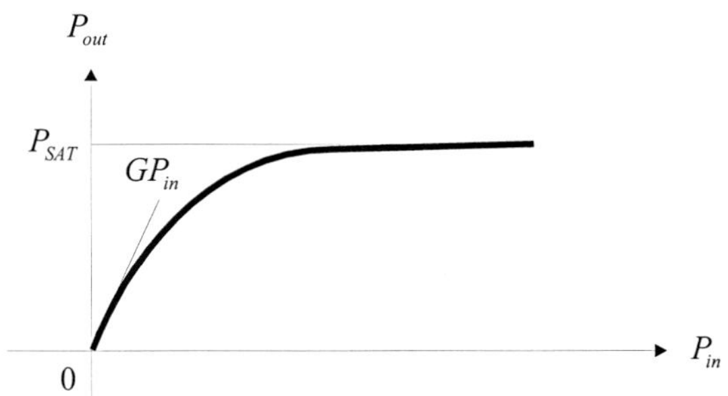

[그림 9-81] 일반적인 증폭기의 출력 특성

이와 같이 트랜지스터 출력에서 들여다 본 임피던스를 고정하였을 경우, 일부는 입력으로 되돌려지며, 일부는 발진출력으로 나타나게 된다. 발진출력이 최대가 되는 점을 찾기 위해서 입력을 변화시킬 경우, 증가된 트랜지스터 출력은 일부는 발진출력으로, 그리고 일부는 입력전력으로의 증가를 가져오게 된다. 따라서

$$\Delta P_{in} + P_{in} + \Delta P_L + P_L = \Delta P_{out} + P_{out} \tag{9-72}$$

로 쓸 수 있고, 최대발진출력 P_L을 주는 트랜지스터출력일 때는, 이 출력을 증가시켜도 발진출력은 변화가 없게 될 것이다. 따라서 이때

$$\Delta P_L = 0 \tag{9-73}$$

이 되며, 또한

$$P_{in} + P_L = P_{out} \tag{9-74}$$

을 만족하므로, 이것을 (9–72)식에 대입하면 아래와 같은 조건을 얻게 된다.

$$\frac{\Delta P_{out}}{\Delta P_{in}} = \frac{\partial P_{out}}{\partial P_{in}} = 1 \tag{9-75}$$

(9–75)식의 의미는 트랜지스터 출력을 증가시키기 위해서 입력전력을 증가시킬 경우 늘어난 출력은 모두 발진기의 입력으로 되돌려 주어야 하는 것을 나타내며, 이것은 능동소자가 추가한 추가전력(added power)을 $P_A = P_{out} - P_{in}$으로 정의하면, 이 입력전력변화에 대하여 추가전력이 최대가 되는 점이 된다. 즉, 최대의 발진출력이 얻어지기 위해서는 입력은 추가전력이 최대가 되는 점을 선정하면 얻어진다는 것을 알 수 있다. 이때 입력 및 발진출력의 분배는 (9–75)식을 이용하면

$$\frac{\partial P_{out}}{\partial P_{in}} = 1 = P_{SAT}\left(\frac{G}{P_{SAT}} e^{\frac{-GP_{in}}{P_{SAT}}}\right) \tag{9-76}$$

를 얻게 되고 최적의 입력전력은 아래와 같이 얻어짐을 알 수 있다.

$$P_{in,opt} = \frac{P_{SAT}}{G} \ln G \tag{9-77}$$

또한 이때 발진출력은 이 값을 (9–71)식에 대입하면

$$P_{out,opt} = P_{SAT}\left(1 - \frac{1}{G}\right) \tag{9-78}$$

이다. (9－78)식과 같이 최대출력을 얻게 되는데, 따라서 최대발진출력은 (9–78)식에서 (9–77)식을 뺀 값이 되게 될 것이다.

9.4.2 수학적 설계

앞서서의 소신호 설계에 있어서 부하와 리액턴스 jx 및 jy를 결정하는 데는, 자유도가 있음을 알 수 있다. 따라서 같은 주파수에서 발진하는 발진기는 무수히 많게 된다. 여기에 남은 자유도를 위상잡음의 최소화 및 또는 최대출력을 얻는 데 이용할 수 있다.

과거에는 최대출력을 얻기 위하여 대신호 파라미터를 측정하고 이를 이용 설계해 왔다. 그러나 이는 측정된 파라미터 조건과 발진시의 조건은 상이하여, 실제로 이를 이용하여 계산하는 것은 무리가 있게 된다. 이를 극복하기 위하여 대신호 등가회로를 이용하여 설계하는 방식이 제안되기도 하였다. 그러나 이는 실제적으로 등가회로가 복잡해지는 패키지된 능동소자의 경우, 계산에 어려움을 주게 된다. 현재와 같이 *Harmonic balance simulation*을 사용, 대신호 최적출력을 결정하기 쉬운 컴퓨터 환경에서는 가장 합리적인 방법은 증폭기 구성 후 최적의 입출력 임피던스를 구한 뒤 능동소자 입장에서는 외부 궤환회로는 증폭기에서와 동일한 방법으로 결정하는 것이다[4], [5].

실제적인 발진기는 증폭기와 궤환을 이루는 수동 궤환회로망이 있는데 우선 증폭기가 최대전력에서 동작하는 조건을 찾고 궤환회로는 여기에 맞게 구성하면 될 것이다. 증폭기에서의 최대출력 및 효율은 DC 동작점 및 RF 전류 및 전압에 의해 결정되는데, 우선 DC 공급전압을 고정하고 RF 입력에 대해서 조사하면 그림 9–82 같은 load pull 측정을 구성할 수 있다.

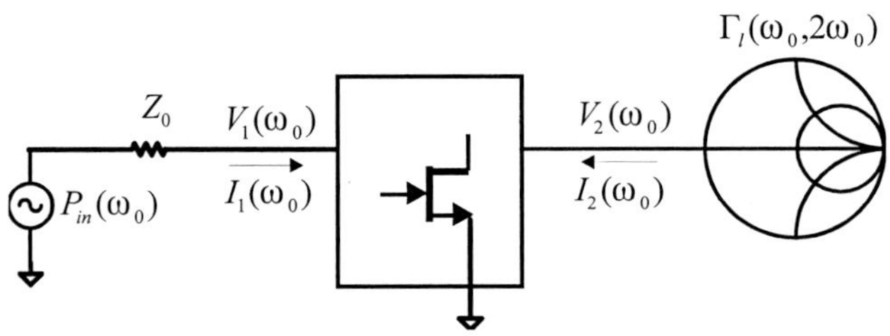

[그림 9–82] Load pull 시험

여기서 입력전력을 적정 수준으로 우선 고정시키고, 부하의 임피던스를 변화시키면 최대출력을 주는 부하의 임피던스를 얻게 된다. 여기서 입력전력이 작을 경우 이 임피던스는 입력전력에 따라 변하게 되지만 입력전력이 충분하다면 이 임피던스는 Vds–Ids 곡선에 의해 어느 일정한 값으로 고정될 것이다. 따라서 입력전력을 변화시킬 때, 최대출력을 주는 부하의 임피던스가 변화가 없다면 그때의 부하 값이 최대출력을 주는 부하 값이 될 것이다. 그림 9–83에서 산출된 부하로 고정하고 입력전력을 변화시켜 능동소자의 추가전력($P_{out} - P_{in}$)가 최대가 되는 점을 선택하면, 이 점이 발진기의 최대출력 $P_{osc,\, max}$을 주는 가용전력이 된다. 즉, 이때 얻어진 출력 중 일부분인 입력전력 해당 부분을 능동소자로 되돌려주면 이 발진기의 최대출력을 $P_{osc,\, max}$를 얻을 수 있을 것이다. 즉 여기서 포화점 근처까지는 능동소자 입력측이 선형적이고 출력이 Vds–Ids 곡선에 의해 포화되었다는 가정이다.

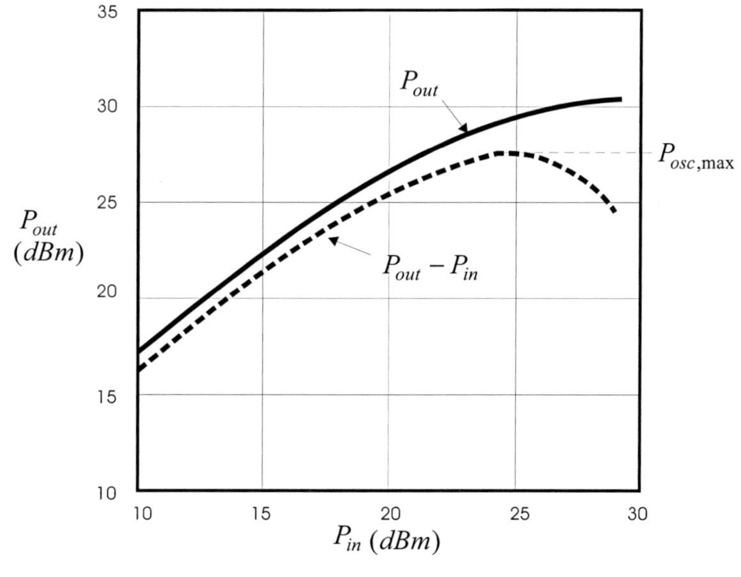

[그림 9–83] 입력전력 변화에 따른 출력전력

이러한 가용전력을 주는 RF 입력을 인가하고 이때 입력 측 전압 및 전류를 각각 그림 9–84와 같이 V_1, V_2 I_1, I_2라고 하면, 이와 같은 조건으로 궤환회로를 설계하면 될 것이다. 그리고 이때 얻어지는 입력전력 및 발진출력은 아래와 같게 된다.

$$P_{in} = \mathrm{Re}(V_1^* I_1) \qquad (9-79a)$$

$$P_L = -\mathrm{Re}(V_1^* I_1 + V_2^* I_2) \qquad (9-79b)$$

또한 $i_1 = -I_1, i_2 = -I_2$라고 그림과 같이 정의하고, 외부 궤환회로의 Z-파라미터를 Z^e라고 하면

$$\begin{pmatrix} V_1 \\ V_2 \end{pmatrix} = \begin{pmatrix} Z_{11}^e & Z_{12}^e \\ Z_{12}^e & Z_{22}^e \end{pmatrix} \begin{pmatrix} i_1 \\ i_2 \end{pmatrix} \qquad (9-80)$$

와 같이 될 것이다. 여기서 결정해야 되는 것은 Z^e이고 V_1, V_2, i_1, i_2는 이미 S/W load pull을 통해 결정된 값이다. 그런데 Z^e는 T형 회로에 대해

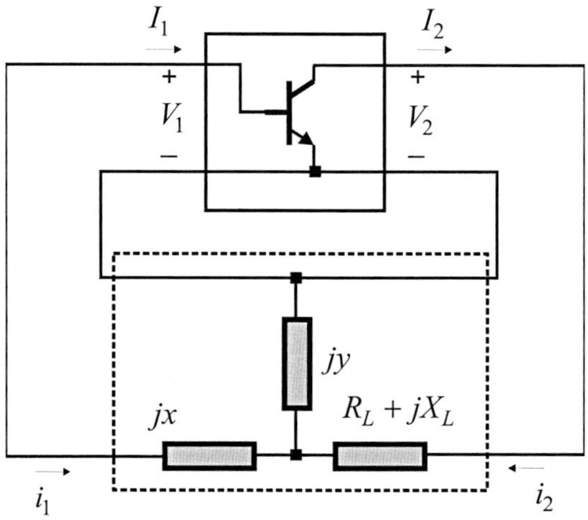

[그림 9-84] 발진기에서의 전압 및 전류 정의

$$Z_{12}^e = jy \qquad (9-81a)$$

$$Z_{11}^e = jx + jy \qquad (9-81b)$$

$$Z_{22}^e = Z_L + jy \qquad (9-81c)$$

이므로 이것을 (9–80)식에 대입해 정리하면

$$\begin{pmatrix} jx \\ Z_L \end{pmatrix} = -\begin{pmatrix} V_1/I_1 & 1+I_2/I_1 \\ V_2/I_2 & 1+I_1/I_2 \end{pmatrix}\begin{pmatrix} 1 \\ jy \end{pmatrix} \tag{9-82}$$

로 결정됨을 알 수 있다. 이것은 실수부와 허수부를 생각하면 4개의 방정식이고, 이 중 Z_L만 실수부와 허수부가 동시에 존재한다고 생각하면, 앞의 방정식을 통해 완벽하게 부하와 궤환 및 리액턴스 jx를 결정할 수 있게 된다.

또한 새로이 아래와 같이 파라미터들을 정의하면

$$z_1 = V_1/I_1 \tag{9-83a}$$

$$\beta_f = (1+I_2/I_1) \tag{9-83b}$$

$$z_2 = V_2/I_2 \tag{9-83c}$$

$$\beta_b = (1+I_1/I_2) \tag{9-83d}$$

이고, 최대출력을 주는 리액턴스 및 부하 값을 아래와 같이 결정할 수 있다.

$$Z_L = -z_2 - j\beta_b\frac{\mathrm{Re}(z_1)}{\mathrm{Im}(\beta_f)} \tag{9-84a}$$

$$jy = j\frac{\mathrm{Re}(z_1)}{\mathrm{Im}(\beta_f)} \tag{9-84b}$$

$$jx = -j\mathrm{Im}(z_1) - j\mathrm{Re}(\beta_f)\frac{\mathrm{Re}(z_1)}{\mathrm{Im}(\beta_f)} \tag{9-84c}$$

이상은 DC 동작점이 결정되었을 때 최적출력을 주는 발진기의 설계가 되며, 이것을 동작점을 바꿔가며 반복 작업을 할 경우 최대효율을 주는 점을 알 수 있게 된다. 일반적으로 DC 전압을 고정하였을 경우 최대허용 전류의 중간 값을 선택할 경우 A급과 같이 동작하며, 이것보다 낮은 전류를 DC 값으로 결정할 경우 효율은 상승하게 된다. 그러나 이러한 동작점의 이동은 대출력에서는 발진할 수 있으나 소신호에서는 이득이 불충분하여 발진을 얻지 못하는 경우도 발생하게 된다. 반면 중간점보다 높은 전류를 동작점으로 잡을 경우 출력과 효율이 모두 감소하게 될 것을 추측할 수 있다.

9.5 위상잡음(Phase noise)

9.5.1 발진파형의 스펙트럼

일반적인 발진기의 출력은 순수한 정현파가 아니며, 이것의 진폭과 위상은 시간에 따라 변동(fluctuation)이 나타나게 된다. 따라서 편의상 1 ohm 양단의 전력이 C라고 할 경우 이것의 파형은 시간 영역에서 아래와 같이 나타낼 수 있게 된다.

$$v(t) = \sqrt{2C}(1+a(t))\cos(\omega_o t + \phi(t)) \tag{9-85}$$

여기서 $a(t)$는 시간영역에서 진폭에 대한 변동을 발생시키기 때문에, 이것을 발진기의 AM(Amplitude Modulation) 잡음이라고 하며, 반면 $\phi(t)$는 발진 출력의 위상을 변화시키기 때문에 이것을 위상잡음(phase noise)이라고 부른다. 이러한 잡음에 대해서는 크게 두 문제로 고려할 수 있다. 즉 이것의 발생원인과, 두 번째로는 이들의 측정에 관한 것이다. 우선 이것의 측정방법에 대하여 논하고 다음으로 이것의 발생 원인에 대하여 알아보도록 하겠다.

(9-85)식과 같은 파형을 스펙트럼분석기로 관측하면 대부분 그림 9-85와 같은 스펙트럼을 얻게 된다. 스펙트럼분석기는 사용자가 지정한 분해 대역폭(RBW : Resolution Bandwidth) 내의 출력을 주파수에 따라 이동하면서 보여주는 계측기이다. 이때 RBW 내의 전력은 대부분 일정시간 측정한 것을 평균하여 나타내게 되는데 평균의 정도를 나타내는 척도로서 VBW(Video Bandwidth)를 사용한다. 이때 VBW는 주파수로 나타내기 때문에 측정시간의 역수가 되게 된다. 따라서 보통 VBW는 RBW보다 작게 된다. 그림 9-80의 경우 중심주파수 35.349 GHz에서 1MHz의 폭으로 측정된 것으로 RBW = 10 kHz, VBW = 3 kHz임을 알 수 있다.

(9-85)식은 분해할 경우 전력 C를 갖는 주파수 ω_o정현파 성분과 잡음 전력으로 고려할 수 있는데, 정현파 전력의 경우 그림 9-85의 계측결과에서 중심주파수 성분의 전력으로 나타나게 되며, 잡음전력의 경우 중심주파수에 좌우로 주파수에 대해 분포를 가지고 나타나게 된다.

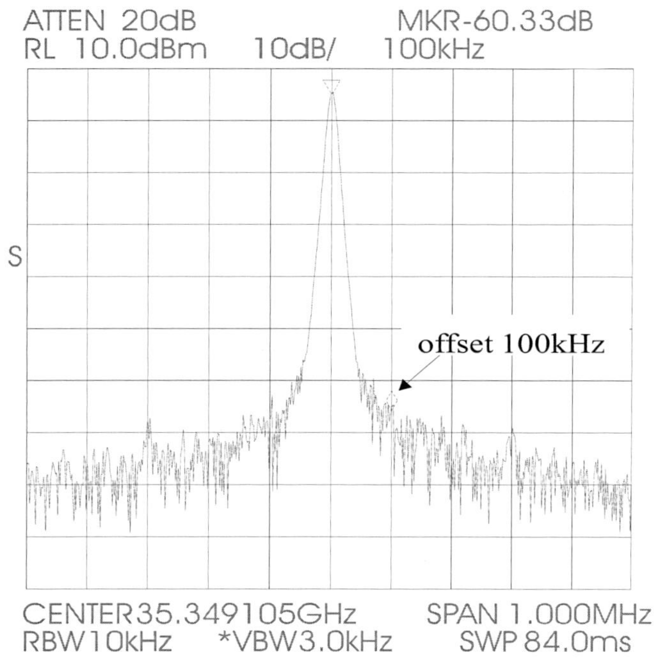

[그림 9-85] 발진기의 출력 스펙트럼

주파수가 f_o인 정현파의 경우 이것의 스펙트럼은 $\delta(f-f_o)$가 되어, 이것이 지정된 주파수 RBW에 있을 경우 정현파가 갖고 있는 전력이 나타나게 되고, 반면 그렇지 않은 경우 0이 되게 될 것이다. 주목할 것은 이는 RBW를 바꾸어도 즉 RBW를 낮추거나 높여도 같은 전력이 나타나게 된다. 반면 잡음의 경우 대역폭에 따른 잡음밀도가 일정하여 RBW를 낮출 경우 이의 계측된 전력은 RBW 폭에 따라 낮아지게 되며, 반면 대역폭을 높일 경우 이의 전력 또한 올라가게 된다.

예제 9-20 중심주파수에서 100 kHz offset 때의 최대 전력 대 잡음전력은 약 −60.33 dBc로 계측되고 있다. 이때 RBW를 1 Hz로 바꾸면 100 kHz offset에서 계측되는 최대 전력 대 잡음전력비를 계산하시오. 또한 이것을 1 kHz로 바꿀 때 전력을 계산하시오.

해 중심주파수의 전력은 정현파 전력이어서 RBW를 바꿀 경우에도 변하지 않게 된다. 그러나 100 kHz offset에서의 전력은 잡음 전력이어서 RBW를 바꿀 경우 변하게 된다. RBW =10 KHz일 때 전력이 −60.33 dB이므로 이것은 −60.33 dB/10 kHz = −100.33 dB/Hz가 된다. 또한 RBW를 1 kHz로 바꿀 때 Marker에서의 전력은 같은 방법으로 −70.33 dB임을 알 수 있다.

그림 9-85의 스펙트럼은 정현파 발진출력과 잡음의 기여로 나타난 것으로 볼 수 있는데, 이러한 잡음은 진폭의 변동에서 오는 것과 또한 위상의 변동에서 발생하는 것의 복합효과가 될 것이다. 그러나 대부분의 발진기의 경우 진폭의 변동에서 오는 효과는 위상의 그것에 비해 작아 대부분 위의 스펙트럼은 위상의 변동으로 발생하는 것으로 알려져 있다.

이것을 입증하는 데는 다음과 같은 실험을 생각할 수 있다. 즉 진폭의 변화로 인한 잡음을 제거하기 위하여, 이 발진출력을 리미터(limiter)를 통과시키고 대역폭이 좁은 대역여파기를 통과시킬 경우 AM 잡음은 제거되므로 결과 스펙트럼이 변하게 될 것이다. 그러나 대부분 이러한 실험의 결과는 거의 같은 스펙트럼 형상을 얻게 되어, 위의 스펙트럼은 대부분 위상잡음에 대한 것으로 알려져 있다. 또한 AM 잡음이 있을 경우 위와 같은 방법을 통하여 항상 제거될 수 있기 때문에 위의 스펙트럼은 이러한 결과를 나타낸다고 고려하여도 될 것이다.

9.5.2 발진파형의 스펙트럼과 위상 흔들림 관계

그림 9-85에 보인 스펙트럼과 위상 변동의 관계를 보기 위하여, 그림 9-86과 같이 중심주파수에서 offset이 ω_m인 일부 잡음 스펙트럼과 정현파 출력을 생각하면 이것의 시간영역에서의 파형은

$$v(t) = \sqrt{2C}\cos(\omega_o t) + \sqrt{2N}\cos((\omega_o + \omega_m)t + \phi(t)) \qquad (9-86)$$

로 표시할 수 있게 된다. 이것을 삼각함수 가법정리를 이용 전개하고 $C \gg N$이라고 가정하면 (9-87)식과 같은 결과를 얻게 된다.

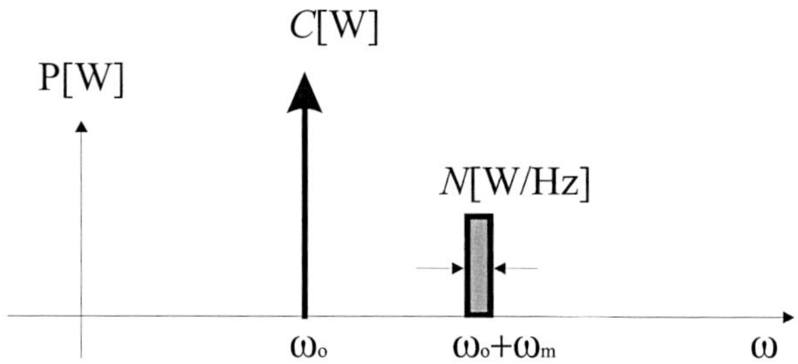

[그림 9-86] 중심주파수 성분과 백색잡음

$$
\begin{aligned}
v(t) &= \sqrt{2C}\cos(\omega_o t) \\
&\quad + \sqrt{\frac{N}{C}}\left[\cos(\omega_o t)\cos(\omega_m t+\phi(t)) - \sin(\omega_o t)\sin(\omega_m t+\phi(t))\right] \\
&\approx \sqrt{2C}\cos(\omega_o t) - \sqrt{\frac{N}{C}}\left[\sin(\omega_o t)\sin(\omega_m t+\phi(t))\right] \\
&\approx \sqrt{2C}\cos\left(\omega_o t + \sqrt{\frac{N}{C}}\sin(\omega_m t+\phi(t))\right)
\end{aligned} \tag{9-87}
$$

즉 이것은 중심주파수 성분(carrier)의 전력은 변화가 없고 이때 나타나는 위상의 변화는 최대 크기가 $\sqrt{N/C}$임을 알 수 있다. 즉, 주파수가 f_m으로 바뀌는 최대 위상 흔들림(phase jitter)의 크기는 $\sqrt{N/C}$이 되게 된다.

이것은 간단하게 그림 9-87의 스펙트럼을 페이저도(phasor diagram)로 표시하여 알 수 있는데, 정현파의 경우 시계반대방향으로 회전하는 페이저가 되며 이때 잡음의 경우 중심을 이 정현파 벡터의 끝 점에 두고 ω_m의 각속도로 회전하는 페이저가 되어 최대 위상 오차는 아래와 같이 얻어지게 되는 것을 알 수 있다.

$$
< \overline{\phi^2}(t) > = \frac{N}{C}\,[\mathrm{rad^2/Hz}] \tag{9-88}
$$

따라서 그림 9-85의 모든 스펙트럼에 대하여 고려할 경우, 이러한 위상 변동은 주파수에 따른 함수가 되며 offset 주파수 ω_m에서의 주파수 ω_m 성분을 갖는 위상변동

$$
S_\phi(\omega_m) = < \overline{\phi^2}(t) > = \frac{N}{C} \tag{9-89}
$$

이 되는 것을 알 수 있다.

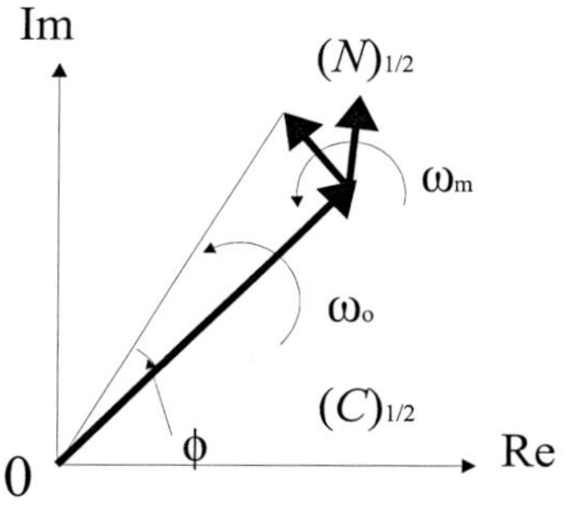

[그림 9-87] 페이저도

예제 9-21 반송파(carrier) 대 잡음전력이 100 kHz offset에서 −100 dB/Hz일 때 최대 위상 흔들림은?

해 $\frac{N}{C} = -100$ dB/Hz, 따라서 phase jitter$=10^{-5}$ rad

9.5.3 발진파형 설명(Lesson의 해석)

이와 같은 발진기의 위상잡음은 간단한 모델로서 정성적으로 설명될 수 있다. 일반적으로 발진기는 그림 9-88과 같은 증폭기와 궤환회로망으로 나타낼 수 있다.

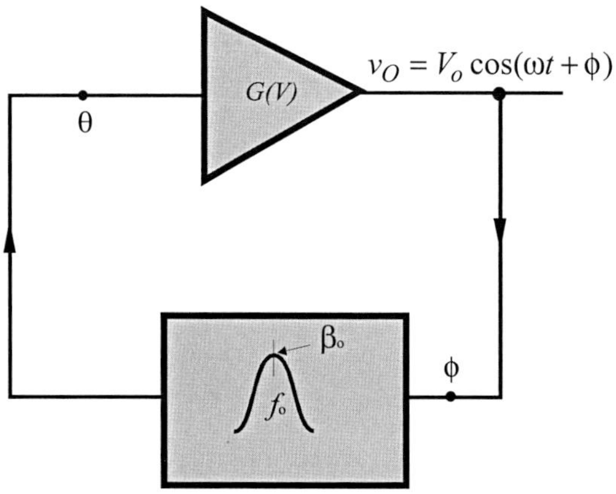

[그림 9-88] 간략화된 발진기 구조

그림 9-88의 궤환회로망의 전달특성은, 궤환회로망의 입출력 임피던스를 Z_o라고 궤환회로망이 직렬공진회로라고 가정하면, 아래식과 같이 나타낼 수 있다. 이것의 전달특성은 아래와 같이 얻을 수 있게 된다.

$$S_{21} = \frac{\frac{Z_o}{Z(\omega)+2Z_o}E}{\frac{E}{2}} = \frac{2Z_o}{Z(\omega)+2Z_o}$$

$$= \frac{2Z_o}{r + j\omega L + \frac{1}{j\omega C} + 2Z_o} = \frac{\beta_o}{1 + jQ\left(\frac{\omega}{\omega_o} - \frac{\omega_o}{\omega}\right)} \qquad (9-90)$$

여기서 β_o 및 Q_L은 아래와 같다.

$$\beta_o = \frac{2Z_o}{r+2Z_o} \tag{9-91a}$$

$$Q = \frac{\omega_o L}{r+2Z_o} \tag{9-91b}$$

여기서 직렬공진 회로를 가정하고 입출력 임피던스를 Z_o로 가정하고 (9-90)식을 얻었지만 일반적인 공진기의 경우 또한 입출력 임피던스가 다르더라도 (9-90)식과 같이 표현되고, 단지 달라지는 것은 (9-91)식의 표현이 될 뿐이다. 따라서 (9-90)식은 일반적인 공진기의 전달함수라고 볼 수 있다.

(9-90)식의 특성을 보면, 크기 특성은 공진주파수 ω_o에서 최대 값 β_o를 가지고 출력에 전달되며, 주파수가 공진주파수보다 높거나 낮을 경우 감쇄하는 그림 9-89(a)와 같은 특성을 보이는 것을 알 수 있다. 또한 이것의 위상특성은 공진주파수에서는 0°이 되는 것을 알 수 있고, 반면 주파수가 공진주파수보다 낮을 경우 위상은 90°가 되며 반면 공진주파수보다 높을 경우 −90°에 접근하는 것을 알 수 있다. 이것을 보통 3-dB 대역폭 $BW = \omega_o / Q$ 내에서는 그림 9-89(b)와 같이 일정한 진폭 특성을 갖고 반면 위상은 직선적으로 감소하는 것으로 근사하고, 대역 밖에서는 위상과 진폭 특성을 그림 9-89(b)와 같이 근사하여 사용하게 된다.

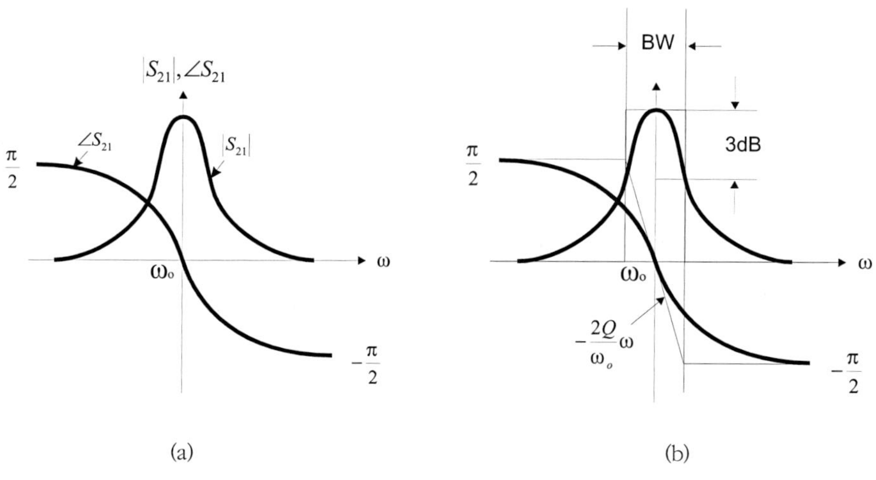

[그림 9-89] (a) 궤환회로망의 주파수 특성, (b) 근사

또한 증폭기 전단에는 일반적으로 그림 9-90과 같은 잡음 특성을 가지게 되며 이것은 비선형성에 의하여 발진기의 정현파 출력과 혼변조되며, 동일한 주파수 특성을 가지고 발진주파수를 중심으로 상향변환된다.

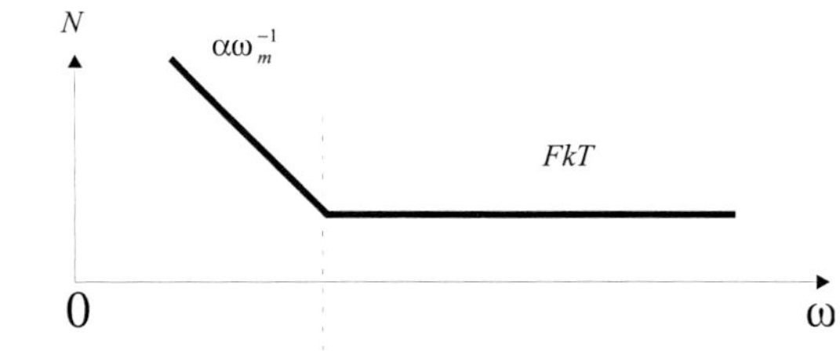

[그림 9-90] 증폭기입력 단에서 잡음 특성

따라서 증폭기 앞단에는 상향변환된 잡음과 정현파가 동시에 존재하게 되는데, 이것은 앞서의 설명과 비슷하게 정현파와 잡음이 동시에 존재하는 것이므로, 그림 9-89의 θ의 위상잡음은 정현파의 출력을 C라고 할 경우 그림 9-91과 같은 특성을 보일 것이다.

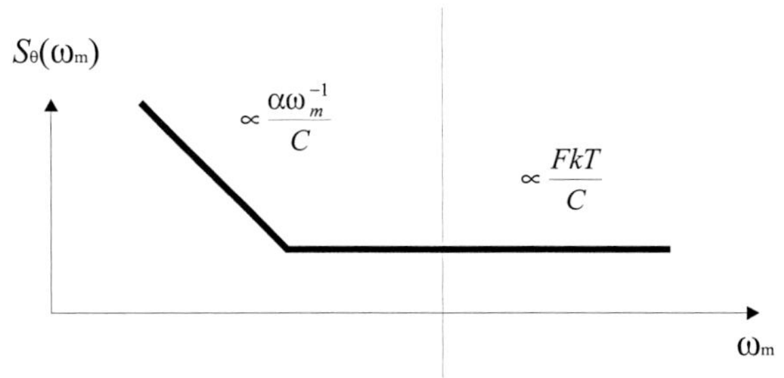

[그림 9-91] 증폭기 입력단에서 위상잡음

또한 증폭기 입력에서의 위상은 증폭기 출력의 위상과 공진기를 통하여 관련지을 수 있게 된다. (9-90)식에서 공진주파수 근처에서 그림 9-89의 공진기의 입력에 대한 위상 $\Delta\phi$특성은 (9-92)식과 같이 나타낼 수 있다.

$$\Delta\theta = -\frac{2Q}{\omega_o}\Delta\omega = -\frac{2Q}{\omega_o}\omega_m\Delta\phi \qquad (9-92)$$

여기서 $\Delta\omega = (\omega - \omega_0)$로 출력의 주파수 흔들림(frequency jitter)을 나타낸다. 이

주파수 흔들림은 offset 주파수 ω_m에서, 최대 위상 흔들림이 $\Delta\phi$인 $\cos(\omega_o t + \Delta\phi \sin\omega_m t)$ 파형의 주파수 변화이므로 주파수 흔들림은 $\omega_m \Delta\phi$가 되어, 위와 같이 쓸 수 있을 것이다. 따라서 증폭기 입력에 나타난 위상잡음과 발진기 출력에 나타난 위상잡음과의 관계는

$$S_\theta(\omega_m) = \left(\frac{2Q\omega_m}{\omega_o}\right)^2 S_\phi(\omega_m) \tag{9-93}$$

으로 얻어지게 된다. 또한 공진기 대역폭 밖에서는 이것들은 관계가 없게 되는데 이것을 아래와 같이 설정할 수 있다.

$$S_\theta(\omega_m) = S_\phi(\omega_m) \tag{9-94}$$

따라서 개념적으로 이를 통합한 $S_\phi(\omega_m)$은 (9–95)식과 같이 쓸 수 있다.

$$S_\phi(\omega_m) = S_\theta(\omega_m)\left[1 + \left(\frac{\omega_o}{2Q\omega_m}\right)^2\right] = \frac{N(w_m)}{C}\left[1 + \left(\frac{\omega_o}{2Q\omega_m}\right)^2\right] \tag{9-95}$$

이것을 그림 9–92에 나타내었다.

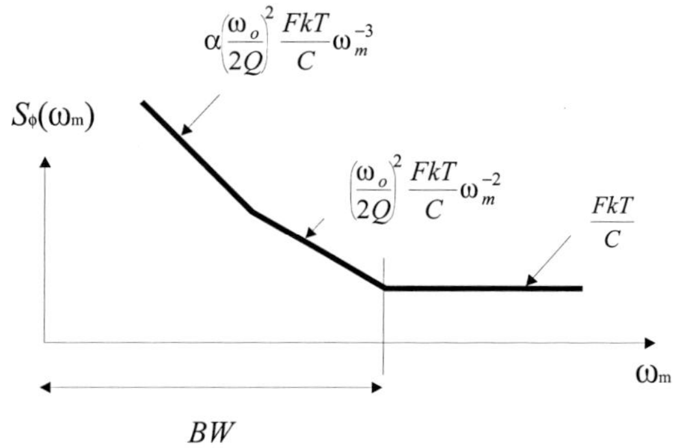

[그림 9–92] 위상잡음 특성

즉 발진주파수 근처에서는 ω_m^{-3}(30 dB/decade)으로 감소하게 되며, $1/f$ 잡음이 사라지고 난 뒤에는 ω_m^{-2}(20 dB/decade)으로 감소하게 되고, 그리고 대역 밖에서는 잡음지수에 비례하여 일정한 위상잡음을 보이게 된다. 또한 주목할 것은 궤환회로

망의 Q가 클수록 위상잡음이 작은 것을 알 수 있다.

이러한 Lesson의 모델은[8] 다소 추론에 의한 것이어서 여러 가지로 입증해야 하는 바가 있는데, 그 중 상향변환은 Pucel[9]에 의하여 실험된 바 있다. Pucel은 GaAs FET에 대하여 주어진 DC 전압 하에서 드레인 전류의 $1/f$ 잡음을 측정하였다. 이것은 드레인 전류의 변동을 스펙트럼분석기로 본 것으로 그림 9-93에 나타내었다. 이러한 드레인 전류의 변동을 이용하여 상향변환 된 잡음을 계산할 수 있다. 여기서는 위상잡음 대신에 (9-92)식과 같이 $S_\theta(\omega_m)$과 비례관계를 갖게 되는 FM 잡음 $\Delta\omega$을 계산하였다. 이 경우 이것은 변환상수 이외에는 다른 것이 없으므로 직접 잡음의 형태와 같아야 하는데 그림 9-93에서 보는 바와 같이 동일한 주파수 특성을 보이는 것을 알 수 있다. 또한 계측된 FM 잡음 또한 예상한 특성과 매우 근접한 것을 알 수 있다. 따라서 실험적으로도 발진주파수 근처의 위상잡음은 저역에서의 잡음이 상향변환 되어 나타나는 것임을 알 수 있다.

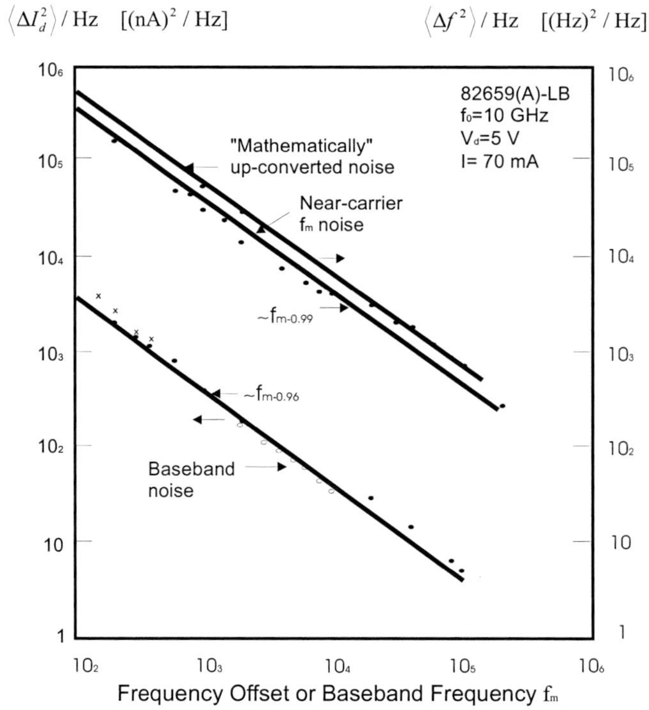

[그림 9-93] Pucel의 발진기 위상잡음 시험결과

9.5.4 발진기들 간의 위상잡음 비교

설계, 제작된 발진기들은 일반적으로 발진주파수가 달라서, 이것들은 어느 것이 보다 나은 위상잡음을 주는 것인지 비교할 필요가 있게 된다. 이러한 두 개의 서로 다른 발진주파수를 갖는 발진기들 간의 비교방법으로는 우선 이들의 주파수가 같아지도록 한쪽 발진기의 주파수를 체배하거나 분주하여 같아지도록 할 수 있다. 이와 같이 체배하거나 분주할 경우 위상잡음 변화를 알아보도록 하겠다.

우선 발진기의 시간영역 파형이

$$v(t) = \sqrt{2C}(1+a(t))\cos(\omega_o t + \phi(t)) \tag{9-96}$$

일 경우 이것의 주파수를 n 배로 체배한다면, 이에 따른 출력파형은

$$v_n(t) = \sqrt{2C}(1+a(t))\cos(n\omega_o t + n\phi(t)) \tag{9-97}$$

와 같이 나타날 것이다. 따라서 체배된 파형의 위상잡음은

$$S_\phi(\omega_m) = < n^2\overline{\phi^2}(t) > = n^2 < \overline{\phi^2}(t) > \tag{9-98}$$

로, n^2배로 위상잡음이 나빠진 상태로 나타나게 된다. 이것을 그림 9-94에 나타내었다.

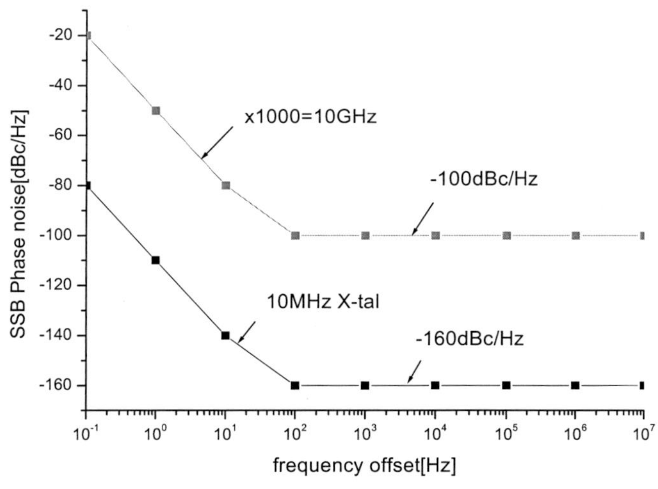

[그림 9-94] 발진기의 주파수를 체배하였을 때 위상잡음의 비교

그림 9-89에서 10 MHz에서 10 GHz로 체배되었기 때문에 $n = 10^3$이 되며, 따라서 60 dB 위상잡음이 나빠지게 된다.

이와 같은 방법으로 여러 가지 발진기의 위상잡음 또는 발진주파수의 안정도를 비교할 수 있게 되는데 그림 9-95에는 여러 가지 발진기, 즉 수정(crystal)발진기, DRO, 마이크로스트립 VCO 등의 위상잡음 특성을 보였다. 이들은 수정발진기의 경우 10 MHz, DRO는 1 GHz, 마이크로스트립 VCO의 경우 10 GHz 이어서 이들을 모두 10 GHz가 되도록 체배한 후에 이들의 성능을 비교할 수 있다.

이것을 그림 9-96에 나타내었으며, 이 그림으로부터 수정발진기는 체배의 결과로 바탕잡음(noise floor)는 높아지지만 낮은 주파수에서는 다른 여타 발진기에 비해 안정한 것을 알 수 있다. 그리고 그 다음으로 위상잡음특성이 나은 것은 DRO 그리고 마이크로스트립 VCO인 것을 알 수 있다.

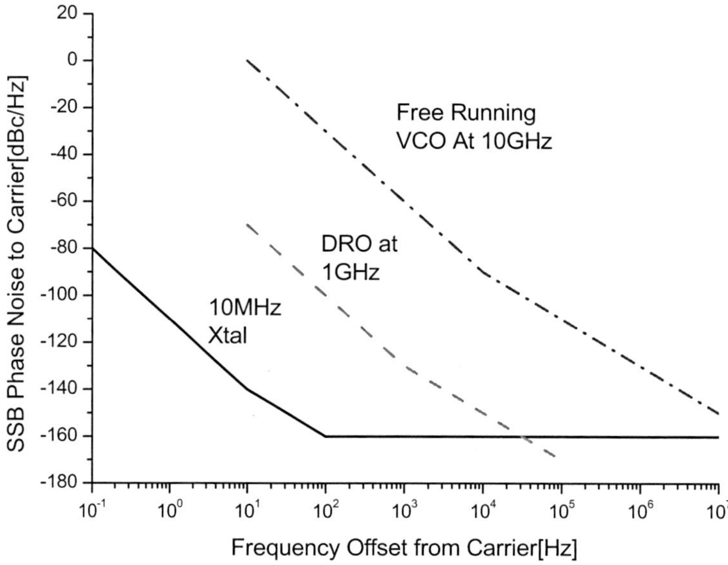

[그림 9-95] 여러 가지 발진기의 위상잡음 특성

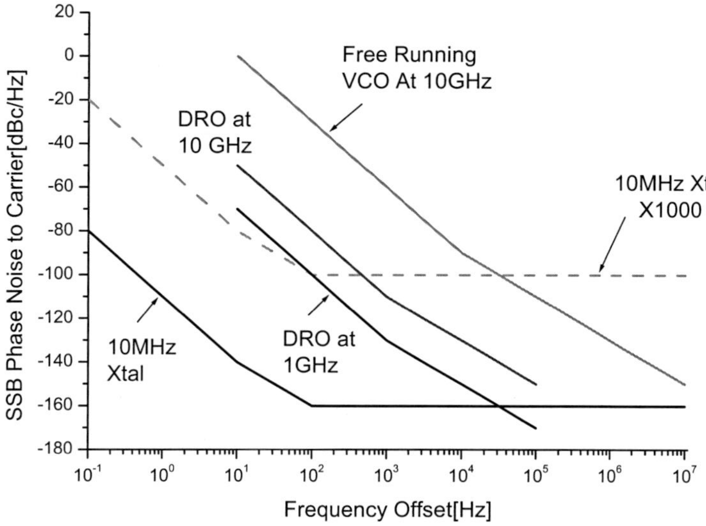

[그림 9-96] 위상잡음의 비교 결과

예제 9-22 중심주파수가 10 GHz이고 100 kHz 주파수 offset에서의 위상잡음이 –100 dBc/Hz인 VCO와 중심주파수가 35 GHz이고 100 kHz 주파수 offset에서의 위상잡음이 –96 dBc/Hz인 VCO가 있다. 이 두 개의 VCO의 위상잡음 특성을 비교하시오.

해 10 GHz VCO를 35 GHz로 체배 했다고 가정하면

$$n = \frac{35}{10}$$

따라서 10 GHz VCO가 35 GHz로 체배되었을 때 위상잡음은

$$S_{\phi} = -100 + 10\log\left(\frac{35}{10}\right)^2 = -89 \ \ \mathrm{dBc/Hz}$$

가됨을 알 수 있다. 따라서 10 GHz VCO가 7 dB 위상잡음이 나쁜 것을 알 수 있다.

참고문헌

[1] M. Randall and T. Hock, "General oscillator characterization using linear open loop S-Parameters," *IEEE Transactions on Microwave Theory and Techniques,* Vol. 49, No. 6, June 2001, pp. 1094-1100.

[2] R. Rhea and B. Clausen, "Recent trends in oscillator design," *Microwave Journal.* Jan., 2004.

[3] M. Maeda, K. Kimura, and H. Kodera, "Design and performance of X-band oscillators with GaAs Schottky-gate field effect transistors," *IEEE Trans. on Microwave Theory and Tech.*, vol. MTT-23, August, 1975.

[4] C. Raucher, "Large-signal technique for designing single frequency and voltage controlled GaAs FET oscillators," *IEEE Trans. on Microwave Theory and Tech.*, vol. MTT-29 pp. 293-304, April, 1981.

[5] M. Q. Lee, S. J. Yi, S. Nam, Y.K. Kwon, and K. W. Yeom, "High frequency harmonic loaded oscillator with low bias using a nonlinear design approach," *IEEE Trans. on Microwave Theory and Tech.*, vol MTT-47 pp. 1670-1679, Sept., 1999.

[6] G. D. Vendelin et al., *Microwave Circuit Design using linear and nonlinear techniques,* John Wiley & Sons Inc., 1990.

[7] W. P. Robins, *Phase noise in signal sources,* IEE Press, 1984.

[8] D. B. Lesson, "A simple model of feedback oscillator noise spectrum," *Proc. of the IEEE Lett.*, pp. 329-330, Feb., 1966.

[9] R. A. Pucel and J. Curtis, "Near carrier noise in FET oscillators," in *IEEE MTT-S Int. Symp. Dig.*, pp. 282-284, 1983.

연습문제

9-1 아래와 같은 직렬공진회로의 임피던스 실수부와 허수부를 주파수에 따라 그리고 또한 이때 이것의 어드미턴스 Y의 실수부와 허수부를 주파수에 대해 그리시오.

$$Z = r\left\{1 + jQ\left(\frac{\omega}{\omega_o} - \frac{\omega_o}{\omega}\right)\right\}$$

$$Y = \frac{1}{Z}$$

9-2 발진 평형 시 예를 들어 A-A' 기준선에서 발진 평형조건이 관측되었을 경우 이것은 기준선을 바꾸어 B-B'에서 관측하여도 발진 평형조건이 만족됨을 증명하시오. 즉, 발진 평형점은 관측 기준선에 관계없이 모든 곳에서 성립한다는 것이다.

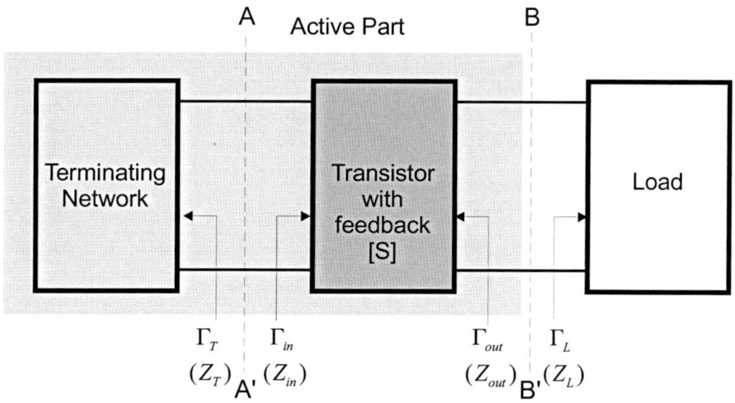

[그림 9P-1] 문제 9-2의 회로

9-3 그림 9-24의 직렬발진회로를 ADS 상에서 구성하고 OscTest의 측정 임피던스를 바꿔가면서 반사계수에 대한 발진조건을 조사하시오.

9-4 트랜지스터에 대해 Load pull을 하고 최적 전력을 주는 궤환회로망 회로를 결정하시오. 그리고 S/W를 통해 출력을 확인하시오.

9-5 다음과 같은 회로에서 주파수 10 GHz에서 S_{11}을 극좌표형식(polar format)으로 답하시오.

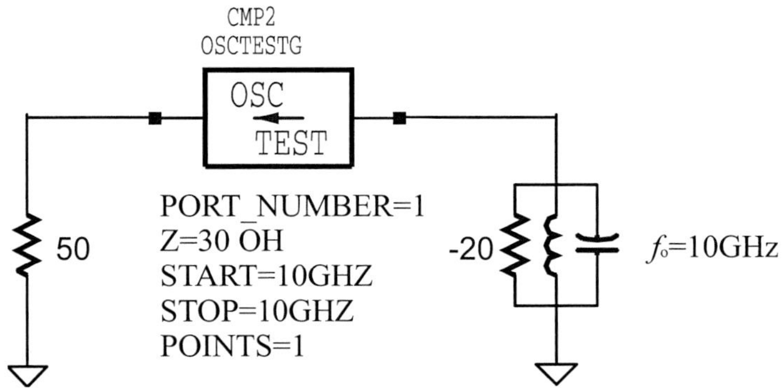

[그림 9P-2] 문제 9-5 회로

9-6 다음 회로는 500 MHz ~ 2 GHz에서 동작하는 발진기 회로이다. 이 회로를 간략화하고 6가지 기본형 중 어떠한 회로에 해당하는지를 설명하시오.

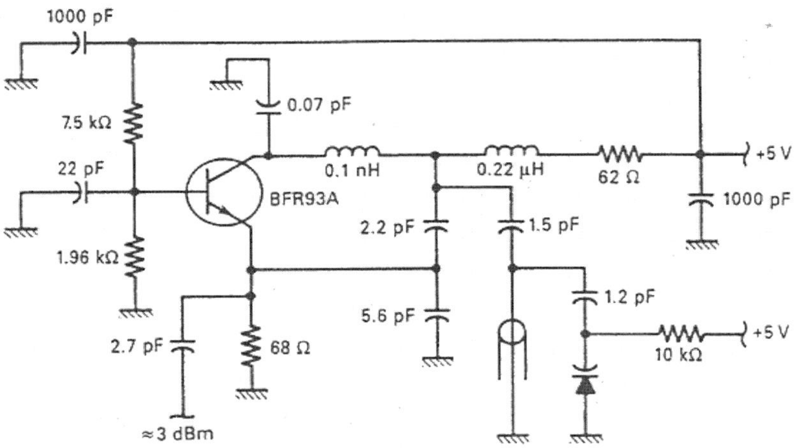

[그림9P-3] 문제 9-6 회로

9-7 다음 회로에서 능동부가 진폭에 따라 선형적으로 변한다고 가정할 때

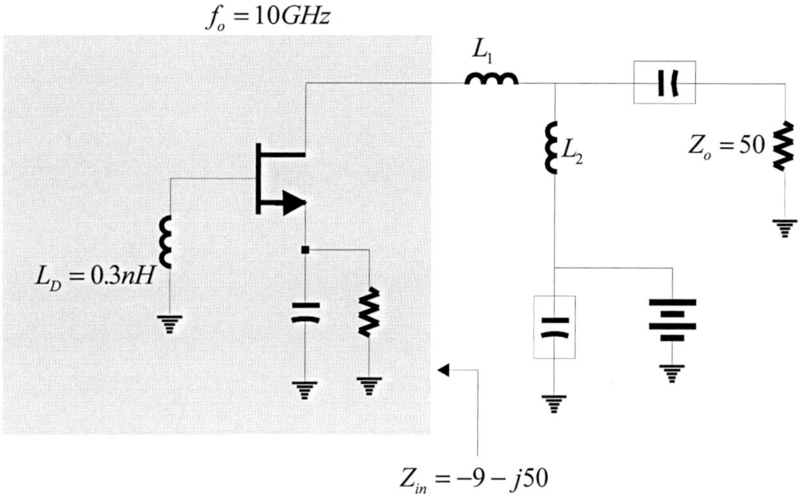

[그림 9P-4] 문제 9-7 회로

(1) 최대출력이 나오도록 부하 임피던스 값을 설정하고 이 값을 주도록 L_1및 L_2값을 계산하시오.

(2) 위의 회로에서 능동부의 L_D를 아래 그림과 같은 DR을 이용하여 대치하고자 할 때 θ 값을 결정하시오. 이때 DR은 강하게 결합되어 있다고 가정하시오.

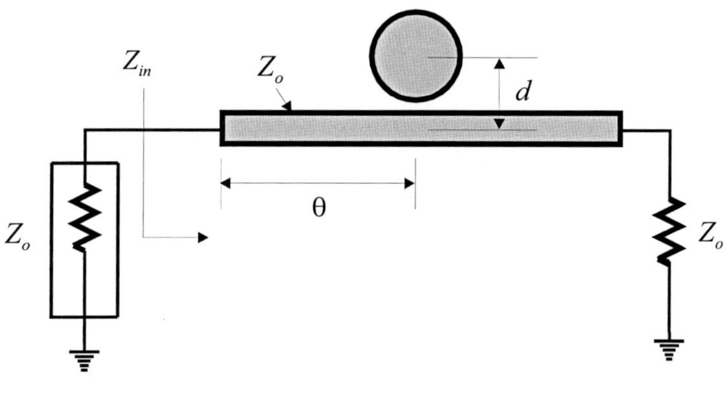

[그림 9P-5] 유전체공진기 등가회로

9-8 다음의 측정에서 중심주파수에서 100 kHz offset일 때 위상잡음을 구하고 이 offset 주파수에서 최대 위상편차 φ를 구하시오.

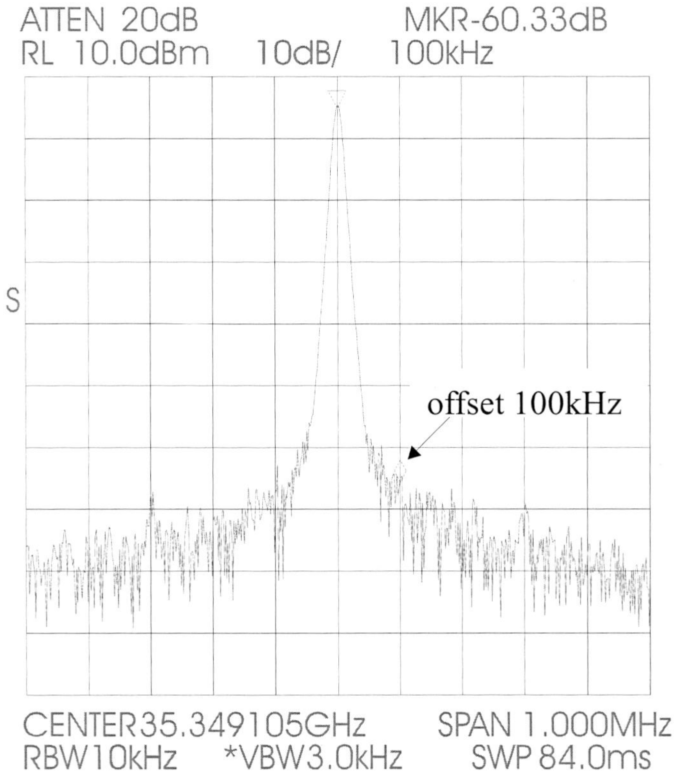

[그림 9P-6] 문제 9-8 그림

제 10 장

위상잠금회로(Phase Locked Loop)

10.1 PLL의 구성 및 동작
10.2 PLL 구성품
10.3 차지펌프 PFD를 사용한 PLL의 설계

9장에서 설명한 대부분의 마이크로파 발진기들은 위상잡음 특성이 통신시스템에 직접 사용될 수 있을 정도로 안정하지 못하다. 위상잡음은 주파수 영역에서 보았을 때, 위상변조나 주파수 변조된 신호들에 대한 제한을 주게 되며, 또한 시간 영역에서는 중심주파수의 흔들림(frequency jitter)과 관련되게 된다. 특히 중심주파수에 가까운 offset 주파수에서 마이크로파 발진기들의 주파수 흔들림은 매우 커서 통신시스템에서 이들의 직접적인 응용은 제한되게 된다.

반면 수정발진기는 현재까지 알려진 저가의 가장 안정한 발진기이며, 대부분 통신시스템은 이러한 수정발진기 정도의 안정한 위상잡음을 요구하고 있다. 그러나 수정발진기의 경우 수백 MHz를 넘어선 주파수에 대해서는 발진기를 제작하는 것이 가능하지 않다. 마이크로파 발진기는 위상잡음 특성은 나쁜 반면 고주파에서 발진 가능한 장점이 있다. 그림 10-1에는 9장에서 설명한 10 GHz VCO 및 10 MHz 수정발진기의 위상잡음 특성을 10 GHz에서 비교하여 보았다.

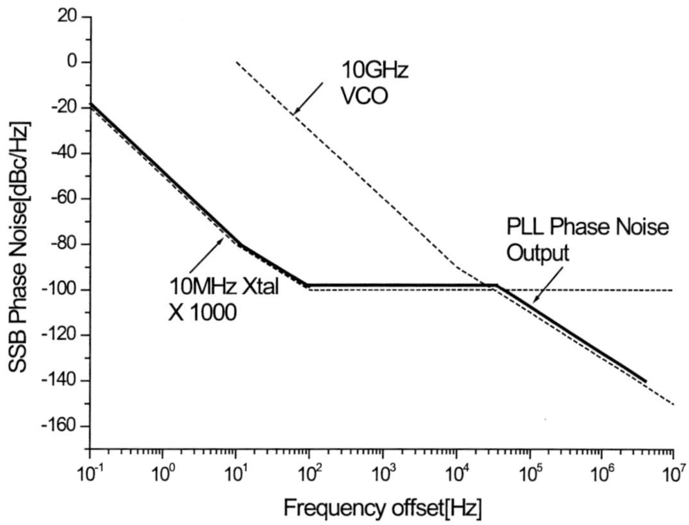

[그림 10-1] 발진기들의 위상잡음 특성비교

그림 10-1에서 최적의 10 GHz 발진기는 그림에 보인 바와 같이 주파수 offset이 낮은 경우는 수정발진기의 위상잡음 특성을 따르고, 반면 주파수가 높을 경우에는 VCO의 위상잡음 특성을 좇아가게 할 경우 일 것이다. 이러한 방법은 위상잠금회로(PLL; Phase Locked Loop)를 이용하여 해결할 수 있다. 또한 통신시스템에서는 일정 간격 주파수 단위로 증가 또는 감소되는 주파수의 합성을 (보통 channel

이라고 부른다) 필요로 하는데, 이는 PLL을 이용하여 주파수 합성기(synthesizer)를 구성함으로써 해결할 수 있다. 본 장에서는 이러한 PLL의 기본 동작원리를 간단히 알아보고 주파수 합성기를 구성하는 방법에 대하여 설명하도록 한다.

10.1 PLL의 구성 및 동작

PLL의 구성은 그림 10-2에 보였다. 그림에서 기준발진기(reference oscillator)는 기준을 제공하는 발진기로서, 보통 고정된 주파수에서 발진하는 수정발진기가 된다. 이것의 위상을 θ_i로 나타내었으며, 전압제어발진기(VCO)의 위상은 θ_v로 나타내었다. 전압제어발진기의 경우 동반되는 위상잡음이 있게 되는데, 이것은 θ_n으로 나타내었으며, 이것은 VCO에 별도의 잡음원으로 추가되는 것으로 나타내었다. 따라서 실제적인 VCO의 출력은

$$\theta_o = \theta_v + \theta_n \tag{10-1}$$

이 될 것이며, 이때 θ_v의 경우 전압제어발진기의 발진주파수 조정전압 V_c에 따라 변하게 되므로, 이것을 식으로 나타내면

$$\omega_v = \frac{d}{dt}\theta_v = K_v V_c \tag{10-2}$$

와 같게 되고 이것을 Laplace 변환을 이용하여 나타내면

$$\theta_v = K_v \frac{V_c}{s} \tag{10-3}$$

와 같이 쓸 수 있게 된다. 여기서 K_v를 VCO의 주파수조정감도(tuning sensitivity)라고 부르며, 이것의 단위는 [rad/sec/V]가 될 것이다. 그림 10-2에서 K_d는 위상검출기(Phase Detector)의 비례상수이며 위상검출기는 입력된 두 개의 위상의 차에 비례하는 전압을 발생하는 소자이다. 따라서 위상검출기의 출력전압을 V_d라고 하면

$$V_d = K_d(\theta_i - \theta_o) \tag{10-4}$$

로 쓸 수 있으며, 이때 K_d의 차원은 [V/rad]가 될 것이다. 주목할 것은 이때 위상검출기의 출력전압은 DC에 가까운 천천히 변하는 전압이라는 점이다. 또한 $F(s)$는 저역통과여파기로 전달함수를 나타내며, 루프 필터(loop filter)라고 불리며, 위상검출기에서 나오는 고주파 성분을 제거하는 역할을 한다.

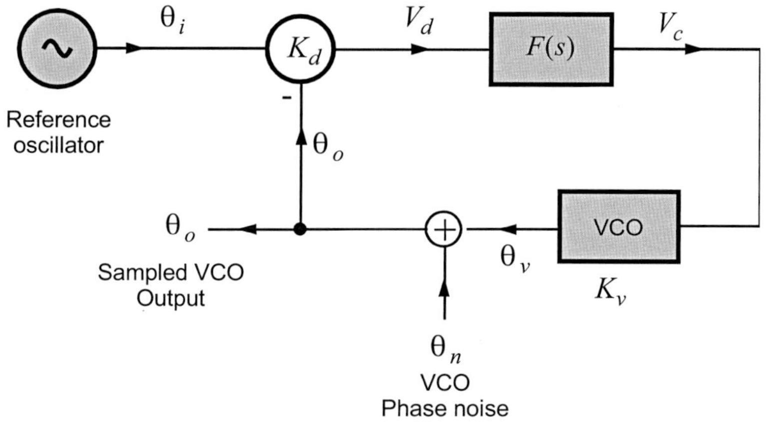

[그림 10-2] PLL의 구성도

그림 10-2로 구성된 PLL의 동작을 보기 위하여 $F(s)=1$, $\theta_n=0$인 경우에 대하여 생각하면, 과도 상태를 지나 평형이 될 경우, 위상검출기의 출력 V_d는 시간에 따라 변하지 않게 된다. 만약 이것이 시간에 따라 변한다면 평형이 되지 않은 것이므로 가정에 어긋난다. 이 때 $F(s)=1$이므로 $V_c=V_d$ 이어서, 평형 시 위상 오차 θ_ϵ는

$$\theta_\epsilon=\theta_i-\theta_o=\frac{V_c}{K_d} \tag{10-5}$$

가 될 것이다. 평형조건하에서는 V_c는 시간에 대한 변화가 없는 DC 전압이 되므로, (10-5)식 양변을 미분할 경우

$$\omega_i=\omega_o \tag{10-6}$$

가 되어, VCO의 주파수는 기준발진기의 주파수와 같아지게 된다. 또한 이 경우

두 발진기에는 (10-5)식으로 주어지는 위상차가 존재하게 된다. 따라서 $F(s)=1$인 경우 주파수는 같아지게 되며, 반면 (10-5)식으로 정해지는 위상차를 갖게 된다. 즉 이러한 위상차에 해당하는 DC 전압이 VCO를 구동하여 VCO의 주파수가 기준발진기와 같아지도록 하며, 이러한 위상오차는 필연적으로 나타나게 될 것이다.

이러한 위상오차를 제거하는 데는 저역여파기를 사용하면 제거할 수 있게 된다. 간단히 적분기를 저역여파기로 사용할 경우, 이의 출력인 VCO의 조정전압 V_c는 평형상태에서는 시간에 따라 변동이 없어야 한다. 따라서 적분기 출력은 시간에 관계없는 상수가 되게 된다. 그러므로 이 적분기의 입력은 0이 되어야 할 것이다. 만약 0이 아니라면 조정전압은 시간에 따라 변하기 때문이다. 즉 입력에 0이 아닌 전압이 존재하면 적분기 출력은 이것을 적분하며 시간에 따라 변하게 될 것이다. 이 때 +일 경우 적분기 출력 값이 시간에 따라 증가하게 되며, 반면 −일 경우 적분기 출력 값이 감소하게 되어 평형상태라는 가정에 어긋난다. 따라서 간단히 적분기를 삽입할 경우 (10-5)식에 의하여 위상오차 $\theta_\varepsilon=0$이므로, 위상뿐만 아니라 주파수도 같아지게 되어 전압제어발진기는 기준 수정발진기의 주파수와 위상에 동기 되게 된다.

다음으로 $K=K_dK_v$로 두고, 전압제어발진기의 위상잡음이 있을 경우, 출력 θ_o은

$$\begin{aligned}\theta_o &= \theta_i\frac{\dfrac{KF(s)}{s}}{1+\dfrac{KF(s)}{s}}+\theta_n\frac{1}{1+\dfrac{KF(s)}{s}} \\ &= H(s)\theta_i+(1-H(s))\theta_n\end{aligned} \tag{10-7}$$

과 같이 쓸 수 있게 된다. 이때 출력의 위상잡음을 구성하는 θ_i와 θ_n은 독립인 랜덤 과정(random process)이므로

$$\overline{\theta_o^2}=|H(s)|^2\overline{\theta_i^2}+|1-H(s)|^2\overline{\theta_n^2} \tag{10-8}$$

와 같이 쓸 수 있게 된다. 이때 폐루프 전달함수(closed loop transfer function)인 $H(s)$는 일반적으로 $s\to0$일 때는 $H(s)\to1$, 그리고 $s\to\infty$일 때는 $H(s)\to0$인 저역여파기의 성질을 갖게 되므로, (10-8)식으로부터 대역 내에서는 기준발진기의

위상잡음을 따라가게 되고 반면 대역 밖에서는 VCO의 위상잡음 특성을 좇아가게 되는 것을 알 수 있다. 즉 근사적으로

$$\overline{\theta_o^2} = \begin{cases} \overline{\theta_i^2} & s \to 0 \\ \overline{\theta_n^2} & s \to \infty \end{cases} \tag{10-9}$$

임을 알 수 있게 된다. 따라서 (10-8)식을 이용할 경우 PLL 출력의 위상잡음을 알 수 있게 된다. 이것을 개략적으로 그려보면 그림 10-3과 같게 될 것이다.

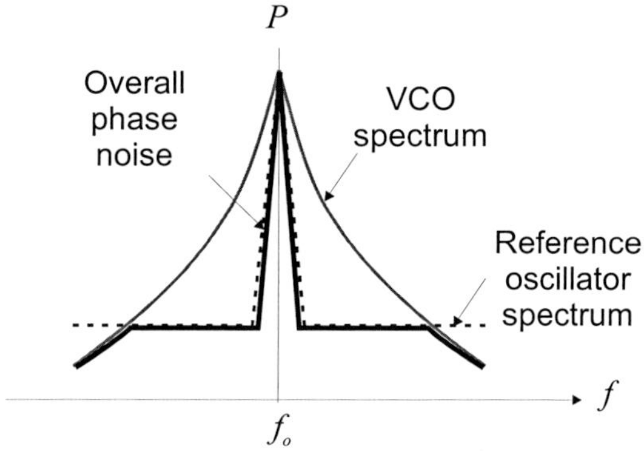

[그림 10-3] PLL의 출력 위상잡음 특성

예제 10-1 표 10E-1과 같은 위상잡음을 주는 10 MHz 수정발진기 및 10 GHz VCO를 이용하여 PLL을 구성하였다. 따라서 10 MHz 수정발진기를 1000배 체배하여 기준발진기로 사용하게 된다. 이때 전달함수 $H(s)$는 아래 식과 같고 $\zeta = 0.707$ 그리고 f_n=1 kHz, 10 kHz일 때 ($\omega_n = 2\pi f_n$), 이 PLL의 출력 위상잡음특성을 그리시오.

$$H(s) = \frac{2\zeta\omega_n s + \omega_n^2}{s^2 + 2\zeta\omega_n s + \omega_n^2}$$

[표 10E-1] 발진기들의 위상잡음

Offset Frequency	X-tal(10MHz) Phase noise [dBc/Hz]	VCO(10GHz) Phase noise [dBc/Hz]
0.1 Hz	−80	−
1 Hz	−110	−

10 Hz	−140	0
100 Hz	−160	−30
1 KHz	−160	−60
10 KHz	−160	−90
100 KHz	−160	−110
1 MHz	−160	−130
10 MHz	−160	−150

해 $\overline{\theta_o^2} = |H(s)|^2\overline{\theta_i^2} + |1-H(s)|^2\overline{\theta_n^2}$ 을 이용하여 계산하면, 다음과 같은 결과를 얻게 된다.

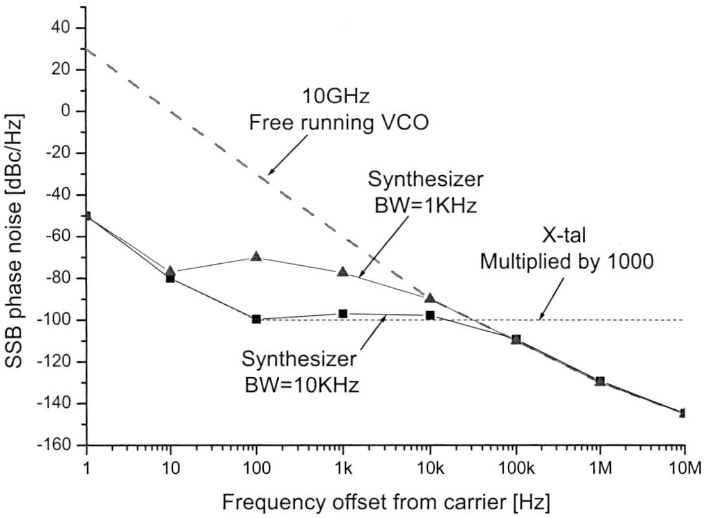

[그림 10E-1] PLL 출력 위상잡음

그림 10E-1에서 $(BW) = \omega_n/(2\pi)$를 나타내며, 예상한대로 낮은 주파수에서는 수정발진기의 위상잡음을 좇아가고 이후는 VCO의 위상잡음을 좇아가는 것을 알 수 있다. 따라서 최상의 위상잡음 얻기 위해서는, 대역폭은 약 40 kHz가 적절한 것을 알 수 있다.
주목할 것은 PLL의 폐루프 대역폭 (*BW*)는 이와 같이 위상잡음을 위해 선정되기도 하지만, 일반적으로는 불요파(spurious)의 감쇄 또는 잠금소요시간(lock time)을 고려하여 결정되기도 한다.

예제 10-2 표 10E-2에는 10 MHz OCXO (Oven Controlled Crystal Oscillator)의 위상잡음과 100 MHz VCXO (Voltage Controlled Crystal Oscillator)의 위상잡음을 나타내었다. 10배 체배된 OCXO에 VCXO를 PLL을 사용 위상잠금을 하려고 한다. 이 때 최적의 대역폭을 구하고 위상잠금이 된 VCXO의 근사적인 위상잡음 특성을 구하시오.

[표 10E-2] 발진기들의 위상잡음

주파수 offset [Hz]	10 MHz OCXO 위상잡음 [dBc/Hz]	100 MHz VCXO 위상잡음[dBc/Hz]
10 Hz	−115	−90
100 Hz	−135	−115
1 kHz	−145	−135
10 kHz	−150	−150
100 kHz	−150	−150
1MHz	−150	−150

해 OCXO를 VCXO와 주파수가 같아지게 하기 위하여, 이것의 주파수를 10배 체배하고, 이 때 OCXO의 주파수를 10배로 체배한 위상잡음은, 10 MHz OCXO의 위상잡음을 $L_{OCXO}(f)$라고 하면

$$L_{OCXO}(f) + 20\log 10$$

이 될 것이다. 이것을 표 10E-3의 두 번째 열에 나타내었다. 이때 비교를 위해서 100 MHz VCXO 위상잡음은 3번째 열에 나타내었다. 이때 이상적인 루프 필터를 사용할 경우, 위상잠금이 된 VCXO의 출력 위상잡음은 두 번째 열과 3번째 열의 위상잡음 중에서 작은 쪽의 위상잡음을 선택하면, 바로 위상잠금이 된 VCXO의 출력 위상잡음이 될 것이다.

[표 10E-3] 위상잡음 계산표

주파수 offset [Hz]	10배 체배된 OCXO 위상잡음[dBc/Hz]	100MHz VCXO 위상잡음 [dBc/Hz]	PLL 출력 [dBc/Hz]
10 Hz	−95	−90	−95
100 Hz	−115	−115	−115
1 kHz	−125	−135	−135
10 kHz	−130	−150	−150
100 kHz	−130	−150	−150
1MHz	−130	−150	−150

이것을 그림 10E-2에 나타내었다. 표 10E-3에서 100 MHz OCXO의 위상잡음과 VCXO의 위상잡음을 그리면, 그림 10E-2와 같은데, 그림 10E-2에서 주파수 100 Hz 근처에서 OCXO와 VCXO의 위상잡음이 같아지는 것을 알 수 있다. 이것이 최적의 루프대역폭이 된다. 그리고 위상잠금된 VCXO의 출력은 아래 그림에서 두 위상잡음 중 최소가 되는 위상잡음을 선택한 곡선이 될 것이다.

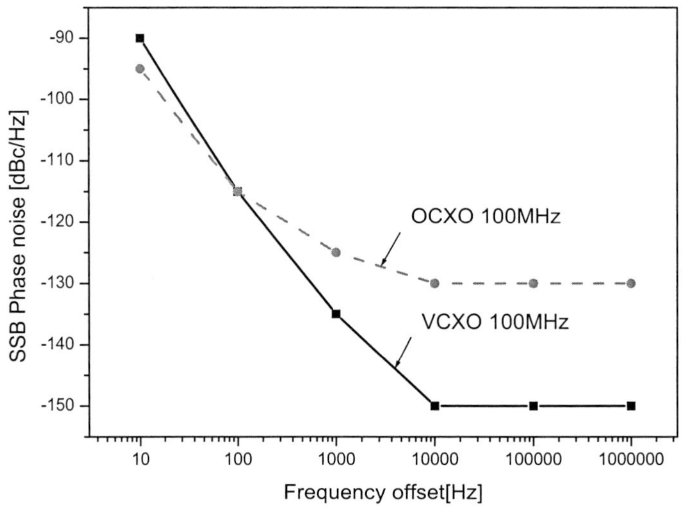

[그림 10E-2] 주파수 100MHz에서 VCXO 및 OCXO의 위상잡음

그림 10-2에서의 PLL을 구성하려면, 기준발진기는 마이크로파 발진기와 주파수가 같아야 할 것이다. 이것은 현실적으로 불가능하며, 일반적으로 기준 발진기는 주파수가 낮고 반면 VCO가 주파수가 높은 경우가 대부분이다. 이러한 문제를 해결하는 방법은 기준주파수원을 체배하거나, 주파수 분주기를 사용하는 것이다. 이중 주파수 분주기를 사용하는 것은 주파수 합성기 구성에 자주 사용된다. 그림 10-4에는 주파수분주기를 사용한 PLL의 두 가지 구성 방식을 보였다.

이들의 간단한 동작은 다음과 같이 알 수 있다. 그림 10-4(a)에서 루프필터가 적분기 이상의 저역여파기라고 가정하면 평형상태에서 위상검출기의 출력전압은 0이 될 것이다. 따라서 그림 10-4(a)의 경우

$$\theta_i = \frac{\theta_o}{N} \qquad (10-10)$$

가 되게 되고, 결과적으로 위 식을 미분하면 PLL의 출력주파수는 $\omega_o = N\omega_i$로 얻어짐을 알 수 있다. 따라서 PLL의 출력주파수는 기준발진기 주파수의 N배 체배된 주파수가 얻어지게 된다. 그리고 위상잡음의 경우, 전체 루프(loop)의 대역 내에서는 기준발진기를 N배 체배한 위상잡음과 같게 될 것이며, 반면 대역 밖에서는 전압제어발진기의 위상잡음과 같게 될 것이다.

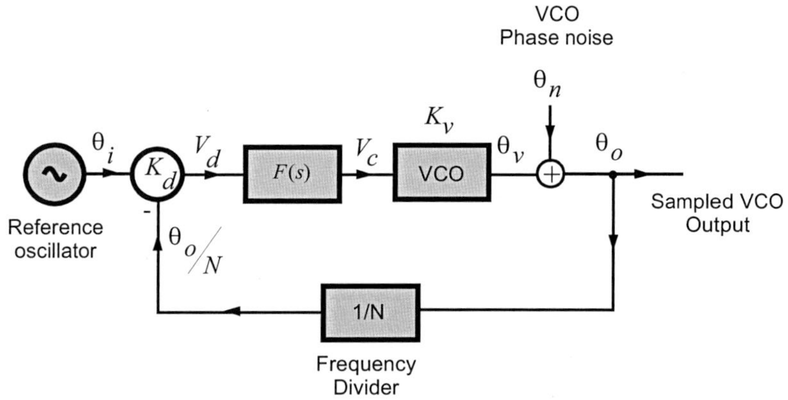

(a)

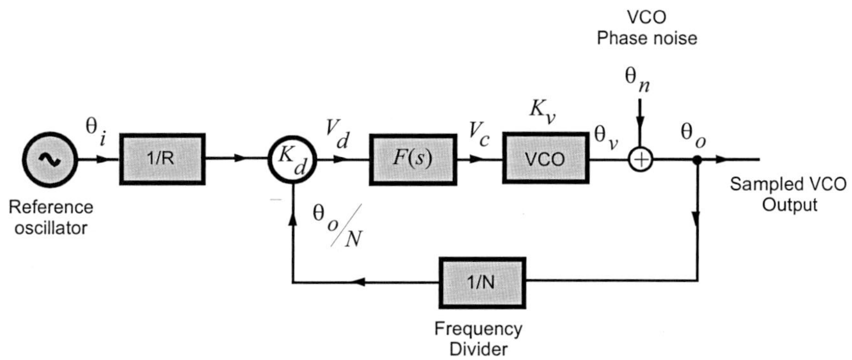

(b)

[그림 10-4] 주파수 합성기의 구성방법: (a) 기준발진기를 분배 안 할 경우, (b) 할 경우

그림 10-4(b)의 경우는 동일한 방법으로

$$\frac{\theta_i}{R} = \frac{\theta_o}{N} \rightarrow \theta_o = \theta_i \frac{N}{R} \tag{10-11}$$

이 얻어지게 되며, 따라서 분주기 N을 가변할 경우 채널(channel) 주파수 ω_i/R 의

정수 배수에 해당하는 주파수가 출력되게 될 것이다. 그리고 위상잡음의 경우, 대역 내에서는 기준발진기의 주파수를 N/R배 체배한 위상잡음을 얻게 되고 반면 대역 밖에서는 전압제어발진기의 위상잡음을 얻게 될 것이다. 이것의 자세한 동작은 루프 필터의 형태에 따라 달라지는데 이것은 뒤에 PLL의 각 부품을 설명한 뒤 논하도록 할 것이다.

예제 10-3 그림 10E-3과 같은 구성을 갖는 PLL에 대하여 출력주파수를 계산하시오.

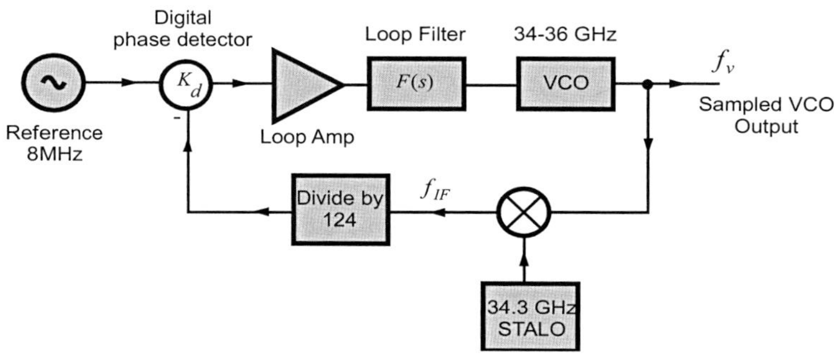

[그림 10E-3] PLL의 구성도

해 위상검출기의 출력이 0이 되는 곳에서 평형이 되므로, 위상검출기에 입력되는 두 주파수는 같게 된다. 따라서 혼합기의 주파수는

$$f_{IF} = 8 \times 124 \ \ \text{MHz}$$

가 되고, VCO의 출력 주파수는 따라서

$$f_v = f_{IF} + 34.3 = 35.292 \ \ \text{GHz}$$

임을 알 수 있다. 평형 시 위상검출기의 출력에 대한 예측은 이와 같이 주파수합성기의 출력주파수 예상에 자주 활용된다.

10.2 PLL 구성품

PLL을 구성하는 핵심 부품으로는 전압제어 발진기, 루프 필터, 위상검출기, 주파수분주기 등이 있다. 여기서 전압제어발진기의 경우 이미 9장에서 충분히 살펴보았다. 따라서 위상검출기, 주파수분주기 및 루프 필터에 대하여 알아보면 될 것이다.

10.2.1 위상검출기(Phase Detector)

과거에는 반도체 기술의 제한으로 높은 주파수에서 동작하는 위상검출기가 없어서 이중평형 혼합기(DBM ; Doubly Balanced Mixer)가 위상검출기로 널리 사용되었으며, 최근에는 반도체 기술의 비약적인 발전으로 논리회로의 소자를 이용하여 직접 위상검출기로 사용하는 것이 가능하다. 이중평형혼합기의 특성은 다음 장에서 살펴보도록 하고 본 장에서는 간단히 이것의 위상검출 특성을 알아보고, 이것들의 제약점에 대하여 알아보도록 하겠다.

이중평형혼합기를 이용한 위상검출기는 그림 10-5와 같다.

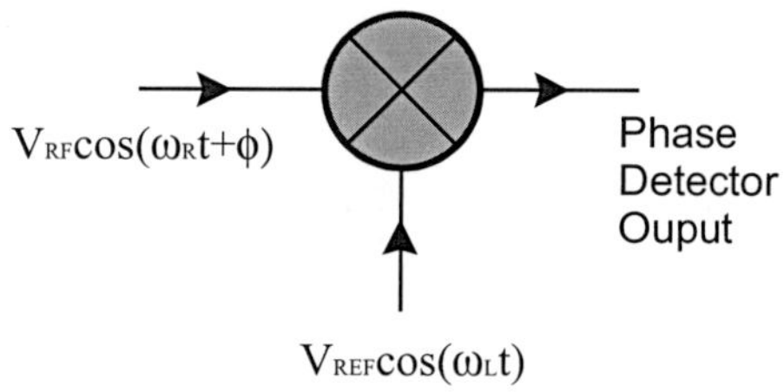

[그림 10-5] DBM을 이용한 위상검출기

그림 10-5에서 혼합기의 출력은

$$v_{IF}(t) = K_L V_{RF}\cos((\omega_R - \omega_L)t + \phi(t)) + K_L V_{RF}\cos((\omega_R + \omega_L)t + \phi(t)) \cdots \quad (10-12)$$

와 같이 얻어지게 된다. 여기서 LO 입력인 신호에 대해서는 진폭 V_{REF}이 충분히 클 경우, LO의 진폭에는 관계없이 (10-12)식과 같이 출력이 나타나게 되며, 반면 RF 입력신호 크기에 비례하여 출력이 나타나게 된다. 또한 주파수로 보면 상향변환(up-converting)된 성분과 하향변환(down-converting)된 성분의 두 가지가 있는데, 이 중 하향변환된 것을 위상검출기의 출력으로 사용하게 된다. 따라서 두 주파수가 같을 경우 출력은

$$v_{IF}(t) = K_L V_{RF}\cos(\phi(t)) = V_{bpeak}\cos(\phi(t)) \quad (10-13)$$

가 되어, 두 신호의 위상차의 코사인(cosine)에 비례하는 것을 알 수 있다. 따라서 이것의 출력은 그림 10-6과 같이 나타나게 되며

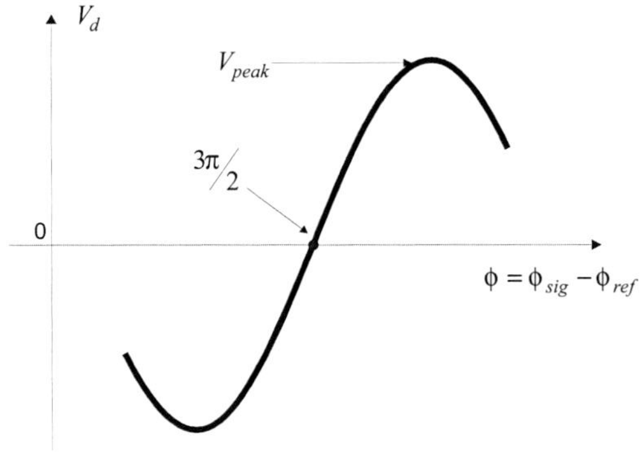

[그림 10-6] DBM 위상검출기의 출력 특성

위상검출이 0이 되는 곳은 $(2n+1)\pi/2$인 곳에서 주기적으로 발생하게 된다. 따라서 이것을 PLL에 사용할 경우 기준신호와 VCO는 90° 위상차를 갖고 동기 되게 될 것이다. 또한 선형적인 범위는 위상차가 −90°에서 +90°인 범위에서 가능하며 $(2n+1)\pi/2$근처의 좁은 범위에서 위상차에 선형적으로 비례하는 것을 알 수 있다. 또 다른 단점으로는 RF 신호의 진폭이 변할 경우 위상검출기의 출력은 이것에 비례하여 나타나기 때문에, 이 신호의 진폭을 일정크기가 되도록 조정해야 한다는 점이다.

예제 10-4 주파수 500 MHz 출력 10 dBm의 기준발진기를 LO로 사용하고, 여기에 RF 입력 주파수 500.010 MHz, 출력 0 dBm을 DBM 위상검출기에 입력시키고, IF 출력을 대역폭 10 kHz 저역여파기를 통과시킨 후 오실로스코프로 관측한 결과 주파수 10 kHz, peak-to-peak 전압 100 mV 정현파가 관측되었다. 이것의 위상검출기 상수 K_d 값은?

해 peak-to-peak 전압 100 mV의 경우 (10-13)식에서, $V_{bpeak} = 50$ mV에 해당한다. 식 (10-13)에서 $\phi \cong 0$일 경우 $v_{out} = V_{bpeak}\phi$이므로, $K_d = V_{bpeak}$이고, 따라서 $K_d = 50$ mV/rad 임을 알 수 있다.

논리회로로 이러한 위상검출기는 구성이 가능한데 대표적인 것이 그림 10-7과 같은 Exclusive OR 위상검출기이다.

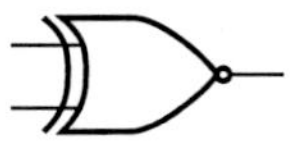

[그림 10-7] Exclusive OR 위상검출기

[표 10-1] Exclusive OR의 출력

SIG	REF	출력
L	L	L
H	L	H
L	H	H
H	H	L

Exclusive OR의 경우 표 10-1과 같이 논리 결과가 얻어지게 된다. 따라서 시간축에 따라 그림과 같은 파형이 Exclusive OR에 입력될 경우 출력은 그림 10-8과 같이 두 신호가 H, L 또는 L, H인 곳에서 발생하게 될 것이다. 따라서 위상검출기의 출력은 이것의 DC 전압이므로

$$V_d = 2V_{CC}\frac{t_2 - t_1}{T} = 2V_{CC}\frac{\omega(t_2 - t_1)}{\omega T} = V_{CC}\frac{\theta}{\pi} \qquad (10-14a)$$

$$K_d = \frac{V_{CC}}{\pi} \qquad (10\text{-}14b)$$

이다. 따라서 위상차 θ일 경우 θ에 비례하는 출력이 나오게 되는 것을 알 수 있다.

이것은 두 파형이 180° 위상차를 가질 때 최대가 되며 180°에서 벗어날 경우 그림 10-9와 같이 위상검출기의 출력은 감소하게 된다. 그림 10-9로부터 임의의 위상검출기의 전압이 정해질 경우, 이것은 0°와 360° 구간에서 두 개의 위상차가 얻어지며, Exclusive OR을 사용한 위상검출기는 이것을 구분하지 못하게 된다. 이와 같은 결과가 나오게 되는 것은 Exclusive OR 연산 결과로 그림 10-8과 같이 한 주기 동안 두 곳에서 pulse tip이 발생하기 때문이다.

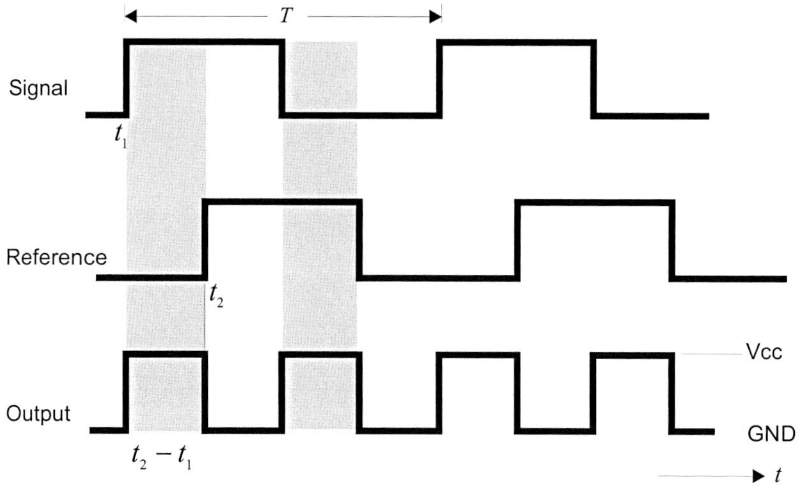

[그림 10-8] Exclusive OR의 출력파형

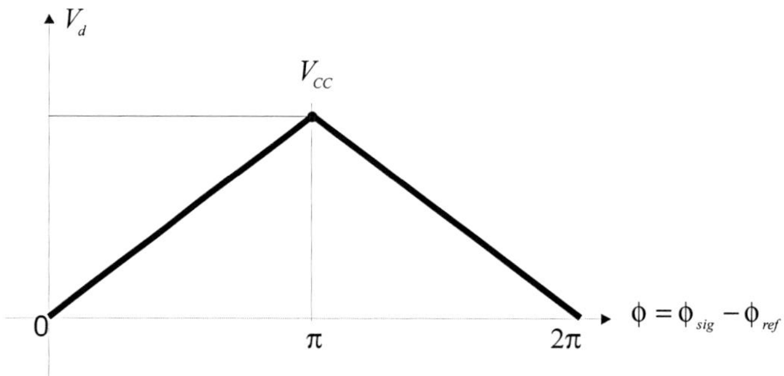

[그림 10-9] Exclusive OR 위상검출기 출력

다음으로는 sequential logic을 이용한 것으로 그림 10-10과 같은 위상검출기이다. 이것을 보통 PFD(Phase Frequency Detector)라고 부른다.

그림 10-10과 같은 회로에서 입력에 따른 복잡한 논리회로의 구성을 설명하는 것보다, 이것의 출력 특성을 요약하여 설명하는 것이 간단한데, 이것의 출력은 비교신호(SIG)의 상승단(rising edge)에서는 출력전압은 한 단계 H로 올라가게 되며, 반면 기준신호(REF)의 상승단을 만날 경우 출력은 한 단계 L로 떨어지게 된다. 그리고 비교신호나 기준신호의 하강단(falling edge)에서는 변화가 없고 종전의 상태를 유지하게 된다. 따라서 그림 10-11과 같은 입력이 인가될 경우 그림 10-11의 아래 그림과 같은 출력을 얻게 될 것이다. 이때 주목할 것은 입력이 없을 경우 전원전압

의 1/2이 나타나게 되며 이것은 외부회로와 끊어진(high impedance) 상태가 된다.

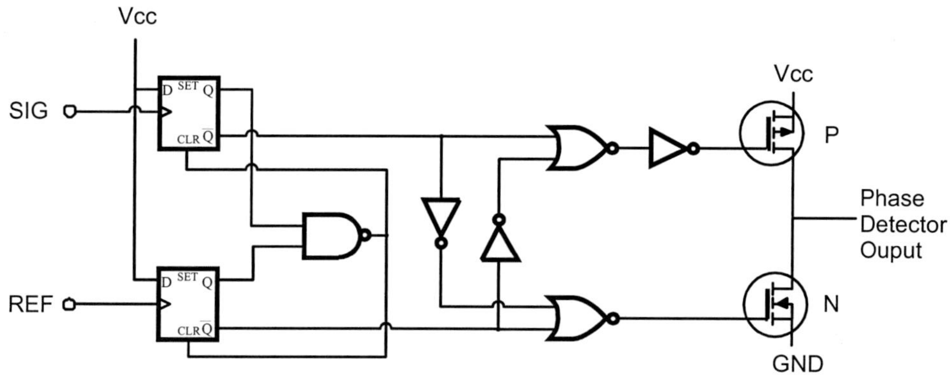

[그림 10-10] PFD(Phase Frequency Detector) 회로

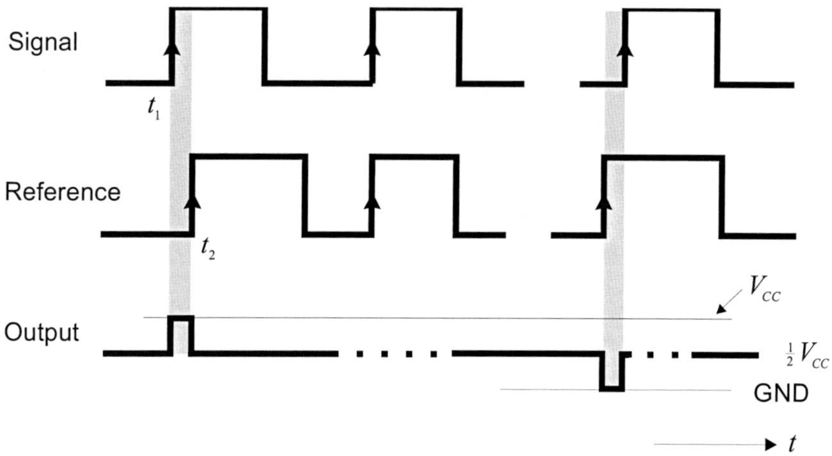

[그림 10-11] PFD의 출력

따라서 시간축에 따라 동일 주파수를 갖는 파형이 PFD에 입력될 경우 출력은 그림 10-11과 같이 한 주기 동안 한번만 위상차에 비례하는 pulse tip이 발생하게 될 것이다. 따라서 위상검출기의 출력은 이것의 평균 DC 전압이므로

$$V_d = \frac{1}{2}V_{CC}\frac{t_2 - t_1}{T} = \frac{1}{2}V_{CC}\frac{\omega(t_2 - t_1)}{\omega T} = V_{CC}\frac{\theta}{4\pi} \qquad (10-15)$$

로 나타나게 되어 θ에 비례하는 출력이 나오게 되는 것을 알 수 있다. 이것을 그림 10–12에 나타내었다. 주목할 것은 이것은 두 파형이 360° 위상차를 가질 때 최대가 되며, 또한 0°와 360° 구간에서 위상검출기 전압과 위상차는 1대 1의 대응관계를 가지고 있음을 알 수 있다.

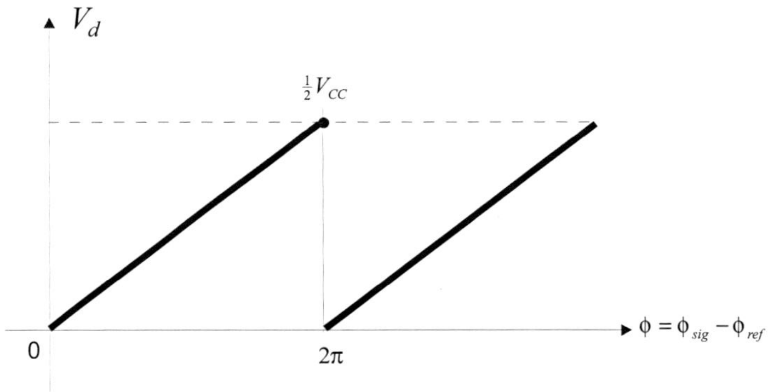

[그림 10–12] PFD의 위상검출기 특성

이와 같이 PFD는 위상검출기의 전압이 위상차에 비례하게 되며, 1대 1 대응관계를 가지고 있고, 또한 다른 위상검출기에 비해 넓은 범위의 선형특성을 가지고 있음을 알 수 있다.

그러나 위상검출기 출력이 전압일 경우, 수동소자로 이상적인 적분기를 구성하기가 곤란하다. 따라서 그림 10–13과 같이 PFD 뒷부분에 전류구동회로를 삽입한다. 이 회로를 통해 +의 위상전압 ϕ_p이 나타날 경우 부하쪽으로 일정한 전류 I_p가 PFD 밖으로 흐르게 하고 반면 –위상전압이 나타날 경우 부하쪽에서 PFD 쪽으로 일정한 전류 I_p가 안으로 흘러들어오게 구성할 수 있다. 즉 이와 같이 구성할 경우 (10–15)식의 위상검출기 전압 V_d가 전류 I_d로 변환되게 되며 위상차와 출력전류 관계는

$$I_d = I_p \frac{\theta}{2\pi} \tag{10-16}$$

이다.

이와 같이 PFD 후단의 전류 구동회로를 차지펌프(charge pump)라고 한다. 최근의 위상검출기는 PFD에 차지펌프를 연결하여 구성하고 있으며, 이 경우 위상검출기는 위상차에 따른 정전류 공급원이 되게 된다. 이와 같이 구성할 경우, VCO 조정전압은 위상검출기의 전류에 외부 루프 필터의 임피던스를 곱한 것이 되며,

$(V_c = I_d Z(s))$ 이것이 VCO를 구동하게 되는데, 간단히 커패시터를 연결할 경우 전압은 전류의 적분이 되어, 전압출력 때와는 달리, 수동소자 커패시터로 간단하게 적분기를 구성할 수 있게 된다. 그림 10-13에는 이러한 차지펌프가 있는 PFD를 이용한 PLL 회로의 구성을 보였다.

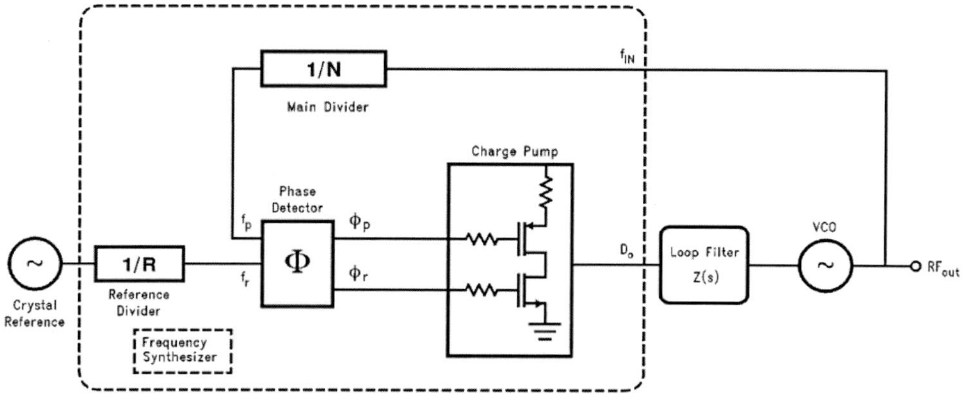

[그림 10-13] 차지펌프 PFD를 이용한 PLL의 구성

예제 10-5 그림 10-13에서 출력D_o로 출력되는 전류가 $I_p = 5$ mA일 때 위상검출기이 상수 값은?

해 $K_d = \dfrac{I_p}{2\pi} = 5m/2\pi = 0.80 \times 10^{-3}$[A/rad]

앞서 위상검출기의 출력은 위상차에 비례하여 전압 또는 전류로 출력하는데, 출력에는 잡음이 발생하게 된다. 이러한 잡음은 위상차를 비교 검출하는데 문제를 발생시키게 된다. 즉 VCO를 분주하여 위상검출기에 입력될 때, VCO의 분주된 위상잡음이 이러한 위상검출기의 잡음보다 작다면 위상검출기의 출력은 자체 내 잡음으로 출력되며, 정확한 위상비교된 출력을 주지 못하게 된다.

보통 이것은 사양으로 제시되고 있으며, 이것을 그림 10-14에 보였다. 그림에서 알 수 있듯이 비교주파수가 증가할 때에 위상검출기의 바탕잡음도 증가하는 것을 알 수 있다. 보통 위상검출기의 사양은 비교주파수 1 Hz에서 위상검출기의 잡음으로 지정한다. 따라서 일반적인 비교주파수 f_r에서 위상검출기의 바탕잡음은 아래와 같이 표현된다.

$$\text{PD noise floor}(f_r)[\text{dBc/Hz}] \tag{10-17}$$

$$= \text{1Hz PD noise floor} + 10\log(\text{Comparison Frequency})[\text{dBc/Hz}]$$

그림 10-14의 경우 10 kHz에서 약 −175 dBc/Hz 이므로, 비교주파수 1 Hz에서는 −215 dBc/Hz가 되는 것을 알 수 있다.

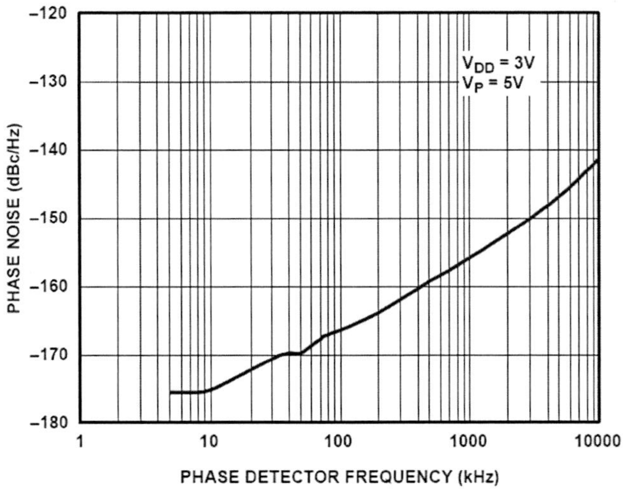

[그림 10-14] 위상검출기의 바탕잡음(Analog Device사 ADF4113)

이와 같이 결정된 특정 비교주파수에서 위상검출기의 바탕잡음을 ϕ_{PD}라고 하고, VCO의 위상잡음을 $\phi_v(f)$라고 할 때, 이 VCO를 비교주파수까지 낮추기 위하여 N분주 한 경우, 아래와 같이 위상검출기는

$$\frac{|\phi_v(f)|}{N} > |\phi_{PD}| \tag{10-18}$$

인 VCO의 위상잡음만 위상차에 비례해서 출력되며, 이보다 낮은 잡음에 대해서는 위상검출기는 비교의 기능이 없게 된다. 식 (10-18)에서 분주비 N이 커지면 커질수록 좁은 대역의 VCO 위상잡음만 위상검출기에 비례하는 출력을 주는 것을 알 수 있다.

예제 10-6 표 10E-4와 같은 위상잡음을 갖는 900 MHz VCO와 10 MHz 수정발진기에 대하여 1 Hz에 규격화된 바탕잡음이 −210 dBc/Hz인 위상검출기를 통해, 50 kHz 채널을 갖도록 주파수합성기를 구성하려고 한다. 이 때 적절한 루프필터의 대역폭 및 900 MHz에서 출력 위상잡음을 계산하시오.

[표 10E-4] 발진기들의 위상잡음

주파수 offset [Hz]	10 MHz 발진기 위상잡음 [dBc/Hz]	900 MHz VCO 위상잡음[dBc/Hz]
10 Hz	−110	−20
100 Hz	−130	−55
1 kHz	−140	−85
10 kHz	−145	−110
100 kHz	−145	−130
1MHz	−145	−150

해

비교주파수 50 kHz에서 위상검출기 바탕 잡음은 식 (10–17)에 의해서 −163 dBc/Hz임을 알 수 있다. 그러면 위상검출기의 바탕잡음은 표 10E–5와 3번째 열과 같이 상수로 나타나고(이것은 주파수 offset이 비교주파수에서 멀지 않은 1 kHz까지는 큰 문제가 없지만 10 kHz 이상의 주파수에서는 다소 문제가 있다), 50 kHz에서 기준발진기의 위상잡음은 $L(f_r)+20\log(0.05/10)$을 이용 표 10E–5의 2번째 열과 같이 계산될 것이다.

[표 10E-5] 위상잡음 계산표

주파수 offset	기준발진기 50 kHz[1]	PFD Noise Floor[2]	Max(1,2)	VCO 50kHz	합성출력 50 kHz	900MHz 위상잡음
10 Hz	−156	−163	−156	−105	−156	−71
100 Hz	−176	−163	−163	−135	−163	−78
1 KHz	−186	−163	−163	−165	−165	−80
10 KHz	−191	−163	−163	−195	−195	−110
100 KHz	−191	−163	−163	−215	−215	−130
1 MHz	−191	−163	−163	−235	−235	−150

이 두 잡음은 독립이며, 이중 큰 것이 기준 잡음이 될 것이다. 또한 비교 주파수에서 합성된 위상잡음은 이것과 50 kHz에서의 VCO 위상잡음을 비교하고, 두 개 중 작은 것이 50 kHz 주파수 합성기의 위상잡음이 되며, 최종적인 VCO 900 MHz의 위상잡음은 이것을 $n=900/0.05=18{,}000$로 체배 한 것이 될 것이다. 이것을 표에 요약하였다. 또한 표로부터 루프 대역폭은 약 1 kHz로 결정할 때 최적의 결과가 나오게 되는 것을 알 수 있다.

10.2.2 주파수 분주기

주파수 분주기는 디지털 카운터(digital counter)회로를 이용 구성되며, 여기서는 상세한 디지털 카운터의 회로 언급은 피하고, 이들의 응용에 대하여 언급하려고 한다.

일반적으로 하드웨어의 구현상 고정분주기 또는 pre-scaler(예를 들어 /2, /4, /8 등)는 높은 주파수까지 동작하지만, PLL 회로에 필요한 프로그램에 따라 가변하는 가변분주기는 낮은 주파수에서 동작하는 것이 대부분이다. 이러한 상황을 극복하기 위해서 그림 10-15와 같이 고속 고정분주기를 전치시키고, 이후 가변 분주기를 배치시킬 경우, 고정분주기 때문에 PLL을 이용한 주파수합성기는 채널의 정수배에 해당하는 주파수만 합성하게 될 것이다. 즉 그림 10-15와 같이 고정 P-분주기를 전치시키고 프로그램으로 가변되는 가변 N-분주기를 가변시킬 경우, 합성되는 주파수는 $f_o = PNf_r$이 된다. 따라서 Pf_r 주파수 간격을 갖는 주파수만 합성될 것이다.

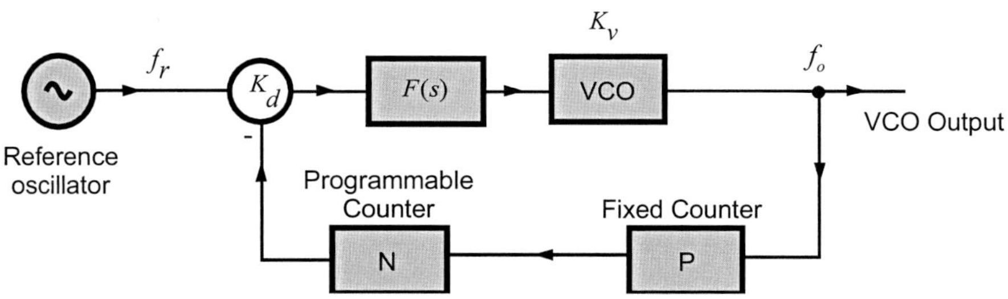

[그림 10-15] 고정분주기를 이용한 주파수합성기의 구성

반면 고속 고정 P-분주기의 경우, 제어신호에 따라 P 및 P+1로 변환되는 것이 가능한데, 이와 같은 카운터를 dual modulus counter라고 한다. 이러한 P/P+1 dual modulus counter를 이용할 경우, 그림 10-15의 합성되는 주파수 f_o의 간격을 기준 주파수 f_r까지 낮출 수 있다. 일반적으로 기준주파수 f_r간격을 갖는 주파수를 합성하기 위해서는 $f_o = Nf_r = (MP+A)f_r$로 표시될 것이다. 여기서 M및 A는 정수로서 몫과 나머지를 나타낸다. 이것을 다시 표현하면

$$N = MP + A = (M - A)P + A(P+1) \tag{10-19}$$

이 된다. 따라서 일반적인 연속적인 수 N은 P로 나누었을 때 나머지 A에 해당하는 만큼 $P+1$로 나누고, 남은 수에 대하여 P로 $(M-A)$번 나누면 될 것이다.

예제 10-7 4/5 dual modulus counter가 있을 때 960, 961, 962의 연속한 수에 대하여 M과 A를 구하시오. 그리고 4로 나누는 회수와 5로 나누는 회수를 구하시오.

해 $960 = 4 \times 240 + 0$, $M = 240$, $A = 0$, 따라서 4/로 240회 분주
$961 = 4 \times 240 + 1$, $M = 240$, $A = 1$,따라서 /4로 239회, /5로 1회 분주
$962 = 4 \times 240 + 2$, $M = 240$, $A = 2$,따라서 /4로 238회, /5로 2회 분주

이를 구현하기 위하여 그림 10-16과 같이 구성하면, VCO의 N-주기가 입력 된 후, 한주기의 구형파가 발생하게 할 수 있게 된다. 즉 처음에는 dual modulus counter는 P+1로 설정되고, M-카운터는 프로그램에 의해 M으로 설정된다.

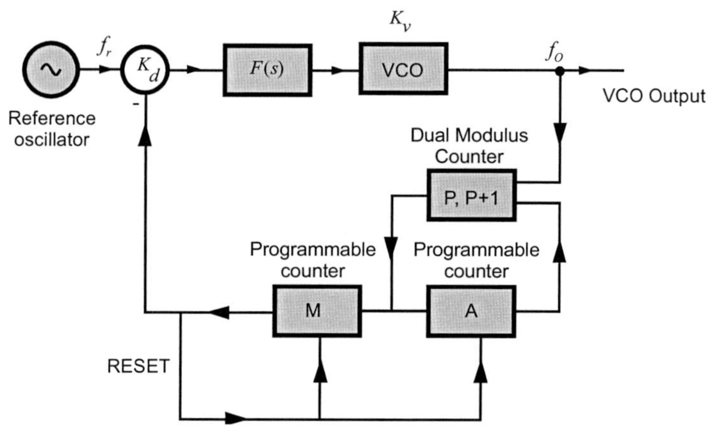

[그림 10-16] Dual Modulus 카운터를 이용한 PLL의 구성

입력된 VCO의 주파수는 P+1로 분주된 후 A-카운터 및 M-카운터에 동시에 입력되게 된다. 이때 A-카운터에 설정된 A회수의 분주를 마칠 경우 A-카운터는 제어신호를 발생시켜, dual modulus counter를 P로 설정하게 되고, 더 이상의 분주를 하지 않게 된다. 이때부터는 M-카운터만 동작하며, 초기 M으로 설정된 이 카운터는 나머지 (M-A)회 분주하게 된다. 분주를 마치면 M-카운터의 레지스터에 입력된 수가 0이 되며, 이것은 제어 신호를 발생시켜 M- 및 A-카운터를 원래 상태로 되돌리게 된다. 이후 반복적인 동작에 의하여, 결과적으로 이 회로는 입력

VCO의 주파수를 N- 분주하게 된다. 즉 N-주기가 입력 된 후, 한주기의 구형파가 발생하게 된다.

이와 같이 M및 A를 고정할 경우, 이 분주기는 입력 VCO 주파수를 고정된 정수 N으로 나누게 되는데, A-카운터를 외부에서 조정할 경우 분수(Fraction)로 나눈 주파수가 출력되게 된다. 즉 총 F cycle동안 $N+1$로 K번 나누고, 나머지 $(F-K)$cycle 동안 N으로 분주할 경우 평균 분주수 M^*는

$$M^* = \frac{K(N+1)+(F-K)N}{F} = N + \frac{K}{F}$$

이 되어, 입력을 분수로 나눈 것과 같은 효과를 준다. 따라서 비교주파수를 f_r이라고 할 때 합성된 VCO의 출력 주파수 f_o는

$$f_o = \left(N + \frac{K}{F}\right) f_r \tag{10-20}$$

이 되는 것을 알 수 있다.

이것의 구현은 M-카운터의 출력을 그림 10-17과 같은 accumulator에 입력시키고, 이때 F-cycle 입력동안 K개의 carry를 발생시켜, 이 carry에 의해 A-카운터를 조정하여 분주수를 $M+1$이 되도록 하는 것이다. 주목할 것은 K는 F보다 작은 정수가 된다.

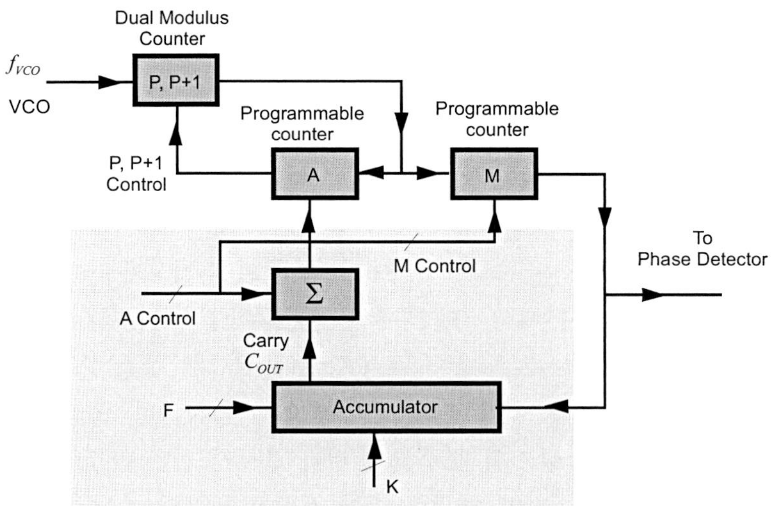

[그림 10-17] Fractional counter의 구성

이와 같이 분주비가 분수로 구현되는 경우, 위상잡음면에서 여러 가지 장점이 있게 된다. 우선 기준발진기의 비교주파수가 채널주파수와 같을 필요가 없고, 더 높은 주파수로 설정될 수 있다. 즉 예를 들면 890 MHz VCO를 50 kHz의 채널 간격으로 주파수 합성을 해야 할 경우, 정수형 분주기를 사용할 경우 기준 비교주파수는 $f_r = 50$ kHz가 되어야 하고, 따라서 분주비는 $N = 890/0.05 = 17{,}800$이 되는 것을 알 수 있다. 반면 $F = 16$일 경우 비교주파수는 $f_r = 50 \times 16 = 800$ kHz가 되고, 이 때 분주비 N_F는

$$N_F = 890/0.8 = 1112.5 = \left(1112 + \frac{8}{16}\right)$$

이 되어, $N/N_F = 16$이 되며, 위상검출기의 바탕잡음이 비교주파수에 관계없이 일정하다면, 식 (10－18)에 의해 위상검출기 바탕잡음에 대해 24 dB 영향을 덜 받게 된다. 이와 같이 fractional counter를 사용할 경우 VCO 주파수를 큰 수 N으로 나눌 필요가 없어져, 위상검출기의 바탕잡음 기여는 현저하게 줄어들고, 결과적으로 주파수 합성기 출력 위상잡음은 앞서 설명한바와 같이 위상검출기의 바탕 잡음을 고려하지 않아도 될 것이다. 또한 비교주파수가 높기 때문에 PLL의 루프필터의 대역폭이 넓어져도 되며, 따라서 잠금시간이 빨라지는 장점이 있게 된다.

예제 10-8 예제 10-6에서 주어진 기준발진기 10 MHz를 사용하여 구성된 50 kHz의 채널간격의 900 MHz 정수형 주파수 합성기에 대하여, 분수형 Fraction=16으로 구성한 주파수 합성기의 위상잡음을 계산하고 예제 10-6 결과와 비교하시오.

해 주파수 800 kHz(16×50 kHz)에서 기준발진기 및 VCO의 위상잡음은 예제 10-6에서와 같이 동일하게 계산할 수 있다. 또한 800 kHz에서의 위상검출기의 바탕잡음 또한 동일하게 계산된다. 이것을 표 10E-6에 보였다. 이것을 이용하면 900 MHz 대역에서 위상잡음은 표 10E-6과 같은 결과를 주게 된다.
이때

$$\frac{900}{0.8} = 1125 = \left(N + \frac{K}{F}\right)$$

가 되므로 $N = 1125$, $K = 0$임을 알 수 있다.
그러나 $F = 16$이기 때문에 $0.8/16 = 0.05$이 되어, K및 N을 연속적으로 증가시킬 경우 50 kHz의 채널간격으로 주파수는 증가하게 된다.

[표 10E-6] 위상잡음 계산표

주파수 offset	기준발진기 800 kHz[1]	PFD Noise Floor[2]	Max(1,2)	VCO 800 kHz	합성출력 800 kHz	900MHz 위상잡음
10 Hz	−132	−156	−132	−81	−132	−71
100 Hz	−152	−156	−152	−111	−152	−91
1 KHz	−162	−156	−156	−141	−156	−95
10 KHz	−167	−156	−156	−171	−171	−110
100 KHz	−167	−156	−156	−291	−191	−130
1 MHz	−167	−156	−156	−211	−211	−150

결과로 얻어진 위상잡음을 정수형과 비교하면 그림 10E-4와 같게 된다. 이 그림에서 주파수 10 Hz~10 kHz 구간은 위상검출기 바탕잡음의 차이로 약 20 dB의 위상잡음이 개선되는 것을 알 수 있다. 그러나 루프 대역폭 밖에서는 VCO의 위상잡음을 좇아가기 때문에 동일한 결과를 주는 것을 알 수 있다.

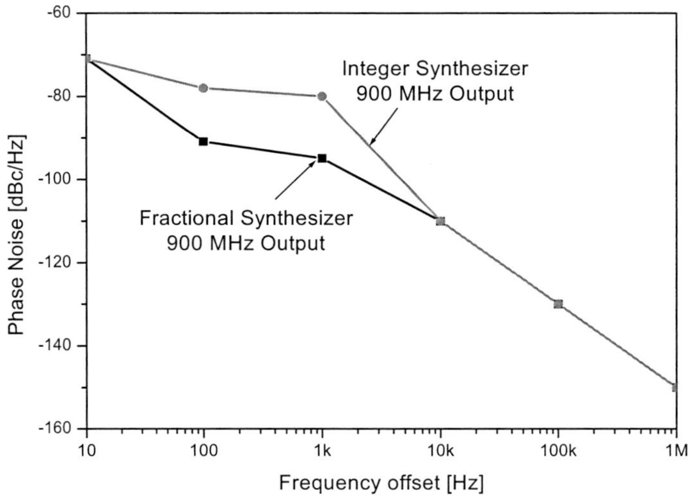

[그림 10E-4] Fractional 주파수 합성기와 정수형 합성기 위상잡음 비교

10.2.3 루프 필터

루프 필터는 PLL 동작 및 특성을 결정하게 되는데, 이것의 구성방법은 다양하다. 루프필터를 분류하는 방법으로 전달함수식에 의하여 분류하는 방법과, 루프

필터에 사용된 소자에 따라 분류하는 방법이 있다.

루프 필터의 전달함수가 $F(s)$일 경우 그림 10-18에서 개루프이득 $L(s)$(open loop gain 또는 간단히 loop gain이라고 불린다)은

$$L(s)=\frac{KF(s)}{s}=\frac{(s^l+\alpha_1 s^{l-1}\cdots+\alpha_l)}{s^m(s^n+\beta_1 s^{n-1}\cdots+\beta_n)} \qquad (10-21)$$

와 같이 얻어지게 된다. 여기서 $K=K_dK_v$를 나타낸다. 그리고 이와 같은 루프이득(loop gain)에 대해서 폐루프이득(closed loop gain)은

$$H(s)=\frac{L(s)}{1+L(s)} \qquad (10-22)$$

로 얻어지게 된다.

이러한 전달함수 $L(s)$에 따른 분류로는 분모의 s의 최고차를 두고 분류하게 되는데 이를 루프 필터의 차수(order)라고 한다. 따라서 (10-21)식의 경우 차수가 $m+n$이 되게 된다. 또한 직접 연결할 경우에도 VCO는 조정전압에 따라 주파수가 바뀌게 되어, 이것은 위상의 관점에서 볼 때 적분한 것이 되고, 결과적으로 루프이득 $L(s)$는 최소 s^{-1}의 항을 갖게 된다. 따라서 직접 연결한 경우는 1차가 되게 된다. 그리고 분모가 1차인 루프 필터를 연결할 경우 루프이득은 2차가 됨을 주목하여야 할 것이다.

또한 적분인자는 루프의 특성결정에 주요한 역할을 하며 이의 개수는 루프 필터를 구분하는 데 사용되게 된다. 이것을 type라고 하며 따라서 (10-21)식에서 분모에 s^m의 항을 가지고 있을 경우 이것을 type m이라고 한다. 즉 type는 전달함수에 포함된 이상적인 적분기(ideal integrator)의 개수를 지칭한다.

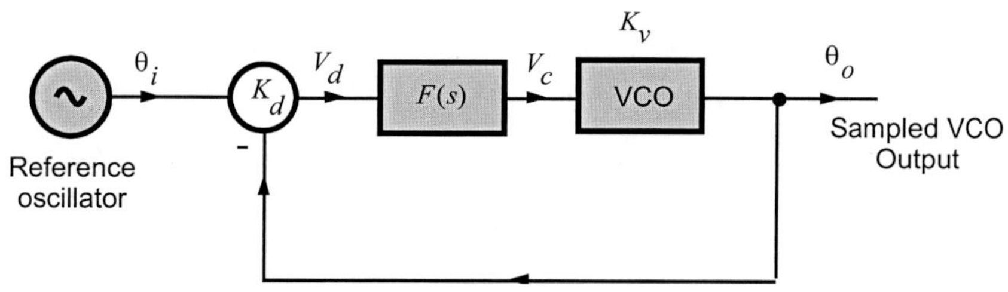

[그림 10-18] PLL 구성

루프 필터가 1차인 경우 즉 직접 연결한 경우, 그림 10-18과 같은 PLL의 구성에 대해서는 출력위상은

$$\theta_o = \theta_i \frac{\frac{K}{s}}{1+\frac{K}{s}} = \theta_i \frac{K}{s+K} \tag{10-23}$$

로 나타나게 된다. 따라서 이것의 루프 대역폭(loop bandwidth)은 K가 되며 위상이 계단(step)모양으로 변하였을 경우 응답은, 즉 $\theta_i = \Delta\theta_r u(t)$인 경우 아래와 같이 응답이 얻어지게 되는데

$$\theta_o = \theta_i \frac{\frac{K}{s}}{1+\frac{K}{s}} = \frac{\Delta\theta_r}{s} \frac{K}{s+K} \tag{10-24}$$

가 된다. 이것을 역 Laplace 변환을 하면

$$\theta_o = \Delta\theta_r (1 - e^{Kt}) \tag{10-25}$$

임을 알 수 있다. 즉 출력위상은 입력위상 변화 $\Delta\theta_r$에 대해서 같은 위상으로 좇아감을 알 수 있다. 주목할 것은 이러한 1차 PLL은 앞서서 언급하였듯이 입력이 계단모양으로 주파수가 변할 경우 출력의 주파수는 (10-24)식으로부터

$$\omega_o = \frac{\Delta\omega_r}{s} \frac{K}{s+K} \tag{10-26}$$

와 같이 얻어지게 되어 위상을 추적하는 것과 같이 입력주파수 변화를 좇아감을 알 수 있다. 그러나 이러한 입력주파수의 계단 변화에 대해, 위상검출기 출력은 오차가 발생하게 된다. 이러한 오차 때문에 주파수는 좇아가도 위상은 앞서 (10-5)식과 같이 오차를 나타나게 된다. 따라서 이러한 1차 시스템은 근본적으로 주파수가 변하는 입력에 대해서는 위상오차를 발생시켜 잘 사용되지 않게 된다. 그림 10-19에는 이러한 1차 PLL의 주파수 응답 및 계단 위상 변화에 대한 파형을 보였다.

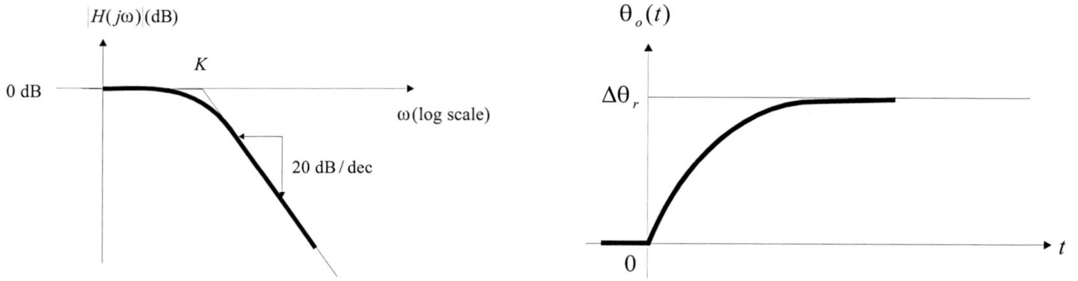

(a) (b)

[그림 10-19] 1차 루프 필터의 응답특성: (a) 주파수응답, (b) 추적특성

이러한 1차 PLL의 경우 위상오차는 2차의 루프 필터를 사용한 PLL을 구성할 경우 제거될 수 있다. 즉 이러한 위상오차를 제거하기 위해서는 적분기가 필요하므로 적분기를 삽입하고 일부 위상검출기에 비례하는 출력(Integration and Proportional)을 루프 필터에서 제공하여 VCO의 조정전압으로 되돌려 주면 될 것이다. 따라서 일반적인 2차의 루프 필터는 아래와 같은 전달함수를 갖는 것으로 나타낼 수 있다.

$$F(s) = \frac{1+s\tau_2}{s\tau_1} = \frac{1}{s\tau_1} + \frac{\tau_2}{\tau_1} \qquad (10-27)$$

(10–27)식의 앞의 항은 입력의 적분에 비례하게 되며, 두 번째 항은 입력에 비례하는 항임을 알 수 있다.

이것의 루프이득은 (10–27)식을 (10–21)식에 대입하면

$$L(s) = \frac{KF(s)}{s} = K\frac{1+s\tau_2}{s^2\tau_1}$$

가 되는 것을 알 수 있다. 이러한 루프 필터 특성을 위와 같은 PLL에 대입하고 계단 위상변화에 대하여 구하면

$$\theta_o = \frac{\Delta\theta_r}{s} K \frac{\dfrac{s\tau_2 + 1}{s^2\tau_1}}{1 + K\dfrac{s\tau_2+1}{s^2\tau_1}}$$

$$= \frac{\Delta\theta_r}{s} \frac{sK\dfrac{\tau_2}{\tau_1} + \dfrac{K}{\tau_1}}{s^2 + sK\dfrac{\tau_2}{\tau_1} + \dfrac{K}{\tau_1}} = \frac{\Delta\theta_r}{s} \frac{2\zeta\omega_n s + \omega_n^2}{s^2 + 2\zeta\omega_n s + \omega_n^2} = \frac{\Delta\theta_r}{s} H(s)$$

를 얻게 된다. 그리고 여기서

$$\omega_n = \left(\frac{K}{\tau_1}\right)^{1/2} \tag{10-28a}$$

$$\zeta = \left(\frac{K}{\tau_1}\right)^{1/2} \frac{\tau_2}{2} \tag{10-28b}$$

를 나타낸다. 이것은 분모가 2차가 되어 고유주파수(natural frequency) ω_n 그리고 감쇠비(damping ratio) ζ를 갖는 특성이 된다. 주목할 것은 고유주파수의 경우 (10–27)식의 입력에 비례하는 항이 없을 경우 루프이득 $L(j\omega)$의 크기가 1이 되는 주파수임을 알 수 있다. 또한 일반적으로 입력에 비례하는 항 τ_2/τ_1은 작은 값이어서 이것은 τ_2가 0이 아닐 경우에도 근사적으로 성립하게 된다.

단위 계단 변화에 대한 응답은, 얻어진 결과를 역 Laplace 변환을 할 경우

$$\theta_o(t) = 1 - e^{-\zeta\omega_n t}[\cos(\omega_n\sqrt{1-\zeta^2}\,t) - \frac{\zeta}{\sqrt{1-\zeta^2}}\sin(\omega_n\sqrt{1-\zeta^2}\,t) \tag{10-29}$$

와 같이 얻어지는데 이것을 ζ를 파라미터로 하여 그림 10–20에 나타내었다. 주목할 것은 이것은 입력위상 변화에 대한 출력 위상의 변화이지만, 입력주파수가 단위 계단으로 변화하였을 때($\omega_i = \Delta\omega_r u(t)$인 경우) 출력주파수의 응답 ω_o을 구할 경우에도 이러한 응답의 모양은 동일하게 나오게 된다.

그림 10–20에서 감쇠비 ζ에 관계없이 시간이 경과함에 따라 계단 변화를 추적하는 것을 알 수 있다. 이때 overshoot 없이 가장 빠른 시간에 입력변화를 좇아가는 것이 바람직 할 것이다. 이러한 변화로는 감쇠비를 일반적으로 $\zeta = 0.707$으로

선택한다. 이때 정상치에 도달하는 시간을 잠금소요시간(lock time)이라고 부르며, 이것의 정의는 계단 응답의 5% 이내에 수렴하는 데 필요한 시간으로 정의된다. 보통 이것은 ζ에 따라 다르나

$$T_{lock} \simeq \frac{5}{\zeta\omega_n} \tag{10-30}$$

로 나타나게 된다. 주목할 것은 2차의 루프 필터의 경우 앞서서 설명한바와 같이 위상뿐만 아니라 주파수가 계단 변화를 하는 경우에도 위상오차 없이 입력을 좇아가는 것을 알 수 있다. 따라서 2차 이상의 경우 위상과 주파수를 좇아 갈 수 있어 VCO의 경우 기준 발진기의 위상 및 주파수의 오차 없이 추적하게 되므로 진정한 의미에서 위상잠금이 된다고 볼 수 있다.

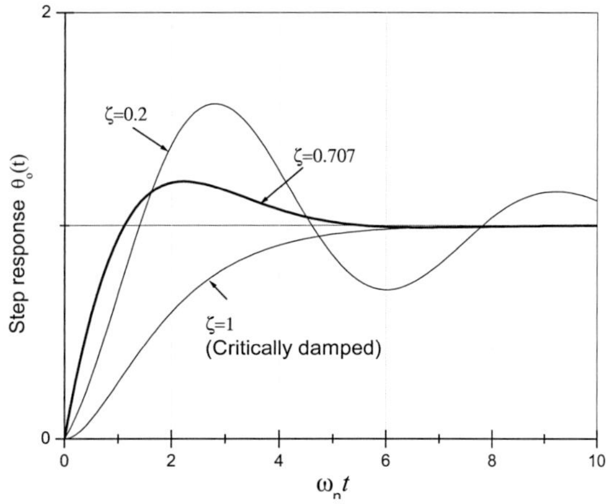

[그림 10-20] 단위 계단에 대한 응답

이것의 주파수 응답은 (10-31)식과 같은 전달함수로 나타낼 수 있다.

$$H(s) = K\frac{s(s\tau_2+1)}{s^2+sK\frac{\tau_2}{\tau_1}+\frac{K}{\tau_1}} = \frac{2\zeta\omega_n s+\omega_n^2}{s^2+2\zeta\omega_n s+\omega_n^2} \tag{10-31}$$

이것은 $s\to\infty$일 때 $H(s)\to 0$으로 접근하는 것을 알 수 있고 반면 $s\to 0$일 경우 1이 되어 저역여파기임을 알 수 있다. 이것의 주파수 응답특성을 ζ를 파라미터로

그림 10-21에 나타내었다.

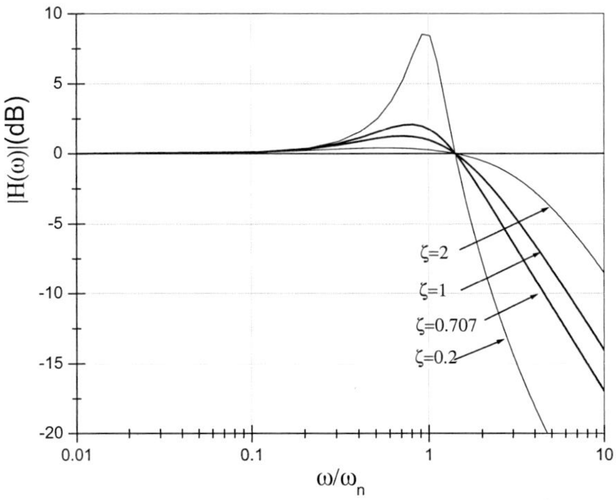

[그림 10-21] 주파수 응답특성

그림 10-21에서 대략적으로 대역폭은 ω_n이 되며 ζ에 따라 첨두치를 보이며 다소 변하게 된다. 3-dB 대역폭으로 계산할 경우 아래와 같이 나타난다.

$$\omega_{3dB} = \omega_n \left[1 + 2\zeta^2 + \sqrt{(1+2\zeta^2)^2 + 1}\right]^{1/2} \tag{10-32}$$

(10-32)식으로부터 루프의 대역폭(loop bandwidth)은 고유주파수 근처에서 나타나며, 감쇠비 ζ에 따라 다소 변하는 것을 알 수 있다. 따라서 근사적으로 루프 대역폭은 고유주파수라고 볼 수 있으며, 앞서 설명했듯이 이것은 근사적으로 루프이득이 1이 되는 주파수임을 알 수 있다.

이상과 같은 2차 루프필터에 따른 응답으로부터 주파수와 위상을 동시에 기준발진기에 위상잠금하려고 할 경우 최소 2차가 필요하게 되며, 2차의 루프 필터의 경우 대역폭은 근사적으로 고유주파수 ω_n이 되며 계단 변화에 대하여 적절한 추적은 $\zeta = 0.707$을 선정함으로써 달성할 수 있다. 이것으로 얻어지는 잠금소요시간은 (10-30)식과 같아서, 결과적으로 ω_n을 작게 할 경우 잠금소요시간은 길어지게 되고 반면 크게 할 경우 잠금소요시간은 빨라지게 될 것이다, 그러나 이의 선정은 잠금소요시간을 빠르게 하기 위하여 무한정 ω_n을 크게 할 수 없으며, 채널주파수 폭보다는 작아야 할 것이다. 이것은 그림 10-4(a) 및 (b)와 같이 구성된 주파수합성기에 있어서 대역폭을 채널주파수보다 크게 할 경우, 위상잠금을 원하는 주파수 근처의 두 개의 주파수에 대한 위상검출기 출력을 루프필터는 억제하지 못하기 때문에, 비록 빠른 시간에 위상잠금이 되었다하더라도, 이의 시간에 따라 변하는 출력으로 인해 원치 않는 불요파를 많이 발생시키기 때문이다.

그림 10-22에는 PLL을 통한 위상잡음 특성과 시간에 따른 추적특성을 보였다. 그림 10-22(a)에는 중심주파수 근처의 측정된 위상잡음 특성을 보이고 있는데, 이것은 스펙트럼분석기에 위상잡음 측정 도구(phase noise utility)가 있을 경우 측정 가능하다. 위상잡음은 예상한 바와 같이 주파수가 높을 경우 VCO의 위상잡음 특성을 좇아가게 되며, 대역 내에서는 체배된 기준발진기의 바탕잡음을 좇아가고 있는 것을 알 수 있다(이 경우는 기타 분주기에 의한 바탕잡음이 기준발진기의 위상잡음보다 작다고 가정한 것이다). 이러한 위상잡음 특성으로부터 그림 10-22(a)에서 루프 대역폭은 약 6 kHz임을 예상할 수 있다.

그림 10-22(b)는 스펙트럼분석기의 SPAN을 0 Hz으로 하고 스펙트럼분석기에 trigger pulse를 인가할 경우 시간에 따른 중심주파수에서 RBW 안에 들어오는 성분의 전력 변화를 보여주게 되는데(이의 설명은 연습문제에 있음) 이를 통해 그림에 나타낸 바와 같이 잠금소요시간을 측정할 수 있게 된다. 즉 위상잠금 최종주파수에 오차를 RBW로 갖는 위상잠금 소요시간이 된다. 그림에서 약 400 usec의 위상잠금 소요시간이 나타남을 알 수 있다.

다음으로 루프 필터 설계 시 고려할 문제로는 위상검출기 출력의 불요파 성분이 된다. 위상검출기의 출력은 여러 가지의 불요파 성분을 갖고 있는데, 그 중 주된 것은 위상검출기에서 사용하는 비교주파수 성분과 기준발진기의 누설전력이 될 것이다. 이것의 영향을 보기 위하여 위상검출기에서 발생한 비교주파수 ω_m 성분의 누설전압이 저역여파기를 통과한 전압을 $V_s \sin(\omega_m t)$라고 하면, VCO의 출력은 이 누설전압에 따라 FM 변조가 될 것이다. 이것은

$$v_o(t) = \cos(\omega_c t + K_v \frac{V_s}{\omega_m} \cos(\omega_m t)) \simeq \cos(\omega_c t) - \sin(\omega_c t) K_v \frac{V_s}{\omega_m} \cos(\omega_m t) \tag{10-33}$$

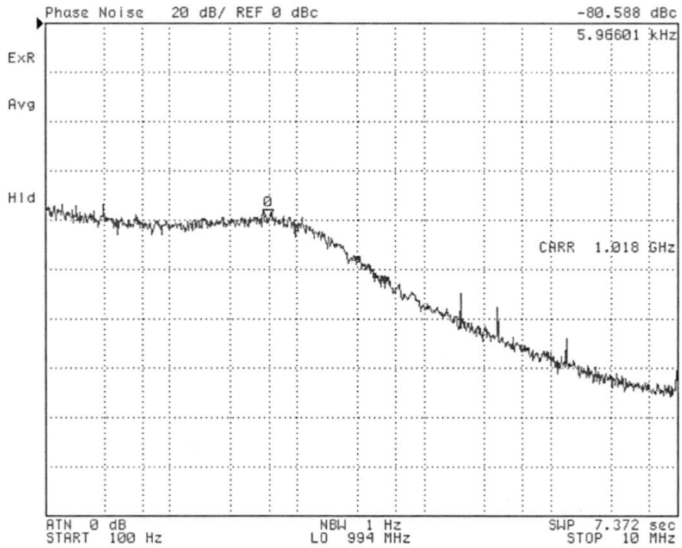

(a)

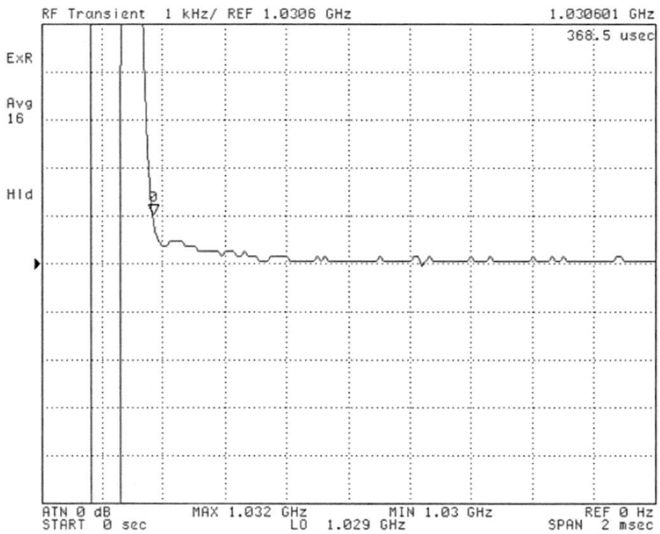

(b)

[그림 10-22] (a) 위상잠금이 되었을 때 VCO의 출력 위상잡음 특성,
(b) 스펙트럼분석기로 측정된 잠금소요시간

와 같이 나타나게 되는데, 위 식의 $\sin(\omega_c t)K_v V_s \cos(\omega_m t)$는 VCO 출력에 2개의 주파수 성분, 즉 $\omega_c+\omega_m$, $\omega_c-\omega_m$의 성분이 나타나게 된다. 따라서 결과는 그림 10-23과 같이 VCO 출력 스펙트럼에 불요파가 발생하게 되며, 이는 루프 필터를 통하여 위상잡음 아래의 수준으로 낮출 필요가 있다.

따라서 잠금소요시간을 줄이기 위하여 대역폭을 넓게 할 경우 저역여파기의 위상검출기에서 출력되는 비교주파수 성분의 감쇄는 작아지게 되고, 결과적으로 출력되는 불요파는 점점 커지게 되며, 이를 제거하기 위하여 대역폭을 충분히 줄일 경우 잠금소요시간이 길어지게 되므로, 이러한 목적을 동시에 달성하기 위해서는 보통 고차의 루프 필터를 사용하여 제거하게 된다.

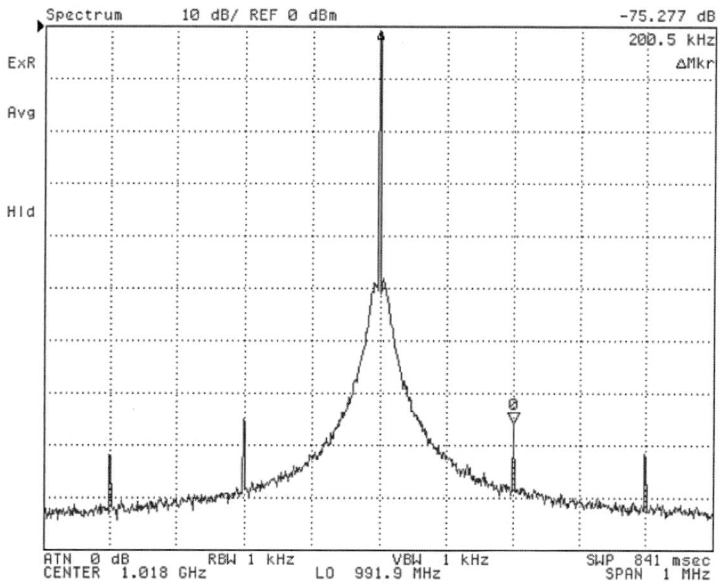

[그림 10-23] 주파수합성기에서의 불요파

10.2.4 2차 루프 필터 구현방법

앞서서 설명한 2차 루프 필터를 구현한 회로를 그림 10-24에 보였다. 그림 10-24(a)는 위상검출기의 출력이 전류인 경우(즉 차지펌프를 사용하였을 경우) 2차 루프 필터를 나타내며, 그림 10-24(b), (c)는 위상검출기의 출력이 전압일 경우 사용되는 능동 및 수동 루프 필터를 나타내었다.

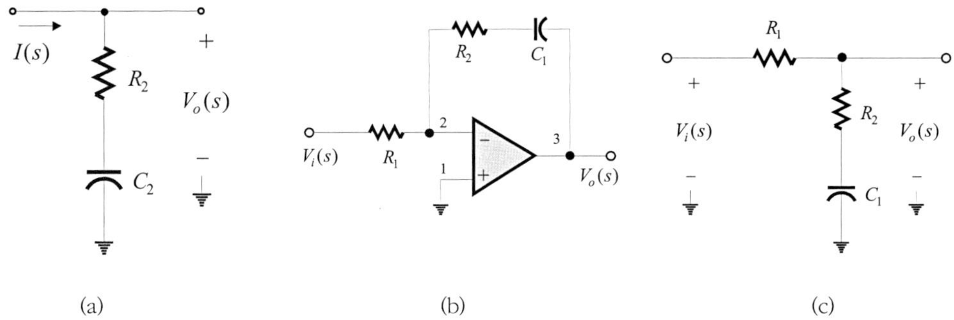

[그림 10-24] 2차 루프 필터: (a) 차지펌프용 루프 필터, (b) 능동형, (c) 수동형

그림 10-24(a)는 차지펌프 PFD에 사용되는 루프 필터가 되며, 입력이 전류, 출력이 전압이어서, 이 루프 필터의 전달함수는

$$F(s) = \frac{V(s)}{I(s)} = R_2 + \frac{1}{sC_2} = \frac{1+s\tau_2}{s\tau_1} \tag{10-34}$$

로 $\tau_1 = C_1$의 적분상수를 갖고, 비례계수는 $\tau_2/\tau_1 = R_2$를 갖는 것을 알 수 있다. 따라서 이것은 수동소자만으로 이상적인 2차 전달함수를 구현할 수 있게 된다. 그리고 그림 10-24(b)의 경우 이상적인 연산증폭기(Operational amplifier)를 가정하면

$$F(s) = \frac{V_2(s)}{V_1(s)} = \frac{R_2}{R_1} + \frac{1}{sR_1C_2} = \frac{1+s\tau_2}{s\tau_1} \tag{10-35}$$

와 같이 얻어지게 되고 이 역시 이상적인 2차의 전달함수를 구현하게 된다. 이 경우 이 전달함수는 전압 대 전압의 관계이므로 차지펌프를 사용하지 않는 위상검출기를 이용할 경우 이상적인 2차 루프 필터를 구현하게 된다. 또한 능동소자를 사용하기 때문에 능동 루프 필터라고 부른다. 반면 그림 10-24(c)의 경우

$$F(s) = \frac{V_2(s)}{V_1(s)} = \frac{R_2 + \dfrac{1}{sC_2}}{R_1 + R_2 + \dfrac{1}{sC_2}} = \frac{1+s\tau_n}{1+s\tau_D} \cong \frac{1+s\tau_n}{s\tau_D} \tag{10-36}$$

으로 되어 근사적인 이상적 2차 루프 필터로 사용할 수 있으며, 적분기 기능의 제약으로 PLL의 pull 특성은 제약되게 된다.

10.3 차지펌프 PFD를 사용한 PLL의 설계

앞서서 설명한 2차의 루프 필터의 경우 기준발진기의 주파수와 위상을 추적할 수 있어 PLL 구성의 기본으로서 사용될 수 있으나, 불요파가 위상잡음보다 클 경우 이것을 억제하기 위한 방법은 대역폭을 좁히는 방법이외에는 제공하지 못한다. 이와 같이 대역폭을 좁게 할 경우 잠금소요시간의 문제가 없으면, 간단히 2차 루프 필터로 해결할 수 있으나, 그렇지 않은 경우 고차의 루프 필터를 사용해야 할 것이다. 3차 이상의 루프 필터를 사용할 경우 루프 이득이 3차 이상이 되어 PLL을 구성하는 궤환은 불안정해질 수 있다. 이것에 대한 방법으로는 전자회로에서 취급한 방법과 같이 위상 여유(phase margin)나 이득여유(gain margin)을 제공하여 PLL이 불안정해지는 것을 억제하는 방법이다. PLL에서는 주로 위상 여유에 의한 방법이 자주 사용되게 된다.

이러한 고차의 루프 필터를 설계하는 문제는 루프 필터 종류에 따라 다소 다르게 되나, 본 장에서는 최근 널리 사용되고 있는 차지펌프가 있는 PLL에서의 루프 필터를 사용하여 설계하는 방법에 대하여 알아보도록 할 것이다. 차지펌프가 있는 2차의 루프 필터에 대하여 불요파 주파수에서 더욱 감쇠를 주기 위한 고차 루프 필터들을 그림 10-25에 나타내었다. 그림 10-25(a)의 경우 3차 루프 필터가 되며, 그림 10-25(b)의 경우 4차 루프 필터가 되게 된다.

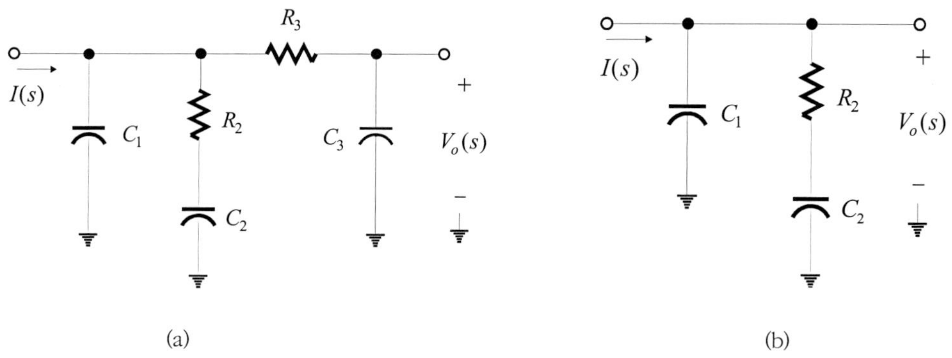

[그림 10-25] 차지펌프용 고차 루프 필터: (a) 3차, (b) 4차

이와 같은 고차 루프 필터의 정성적인 설명으로는, 추가된 부품의 값이 작아서

우선 2차 기본형에 영향을 주지 않는다고 가정하고 생각하면 쉽게 이해될 수 있다. 즉 그림 10-24(a)의 경우 $R_2 - C_2$ 직렬연결의 임피던스는

$$Z(s) = R_2 + \frac{1}{sC_2} \tag{10-37}$$

이므로 주파수가 낮을 경우 C_2가 주된 것이 되며 이것은 주파수가 증가함에 따라 감소하게 될 것이다. 따라서 주파수가 높을 경우 R_2의 영향이 주된 것으로 나타나며 높은 주파수 성분에 대한 감쇠가 없게 된다. 그러나 여기에 C_1을 병렬로 추가할 경우, 이 추가된 커패시터의 영향으로, 주파수가 높아질 경우, 높은 주파수 성분의 누설전력은 감소하게 되는 것을 알 수 있다. 그림 10-25(b)의 경우 $R_3 - C_3$ 단이 추가 되었는데, 이것은 역시 주파수가 낮을 경우 역시 영향이 없다가 높은 주파수에서는 저역여파기 구실을 하여 추가로 고주파 성분을 더욱 감쇠시키게 된다.

결론적으로 3차 및 4차의 루프필터에 추가된 소자들은 2차의 루프 대역폭 내에서는 2차로 구성된 루프필터에 영향을 최소화하고, 루프대역폭 밖에서는 이것의 영향이 나타나, 누설된 고주파 전력을 감소시키는 역할을 하게 된다. 또한 이들 추가된 소자들은 2차 루프필터의 응답을 다소 왜곡시키게 되어 이를 고려한 소자 값을 결정하여야할 것이다. 다음은 3차 및 4차 루프 필터의 소자 값 결정을 알아보도록 한다.

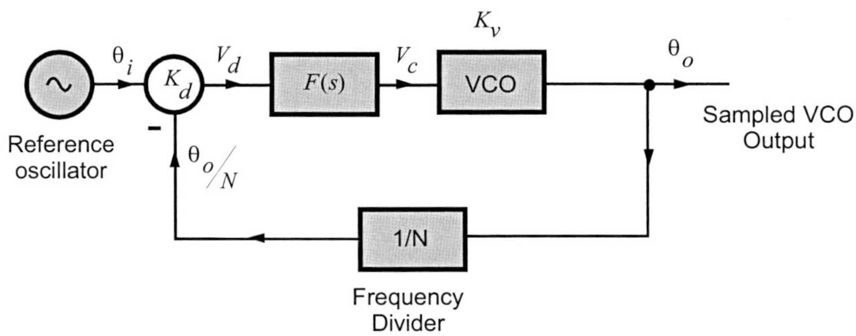

[그림 10-26] N 체배된 PLL 회로

그림 10-25(a)와 같은 3차 루프 필터가 위의 그림 10-26과 같은 PLL에 이용되었을 경우 이것은 개루프 이득은

$$\text{Open Loop Gain} = L(s) = \frac{K_d F(s) K_v}{Ns} = \frac{KF(s)}{Ns} \qquad (10-38)$$

이고 이것의 폐루프 이득은 아래와 같이 얻어지게 된다.

$$\text{Closed Loop Gain} = H(s) = N\frac{L(s)}{1+L(s)} \qquad (10-39)$$

또한, 주파수 응답특성은 (10-40)식과 같이 구해질 수 있다.

$$L(s)|_{s=j\omega} = \frac{-K(1+j\omega T_2)}{\omega^2 C_1 N(1+j\omega T_1)}\frac{T_1}{T_2} \qquad (10-40a)$$

$$T_1 = R_2 C_1 \| C_2 \qquad (10-40b)$$

$$T_2 = R_2 C_2 \qquad (10-40c)$$

이것의 크기와 위상은 일반적으로 그림 10-27과 같게 되는데 안정화를 위하여 위상이 최대인 곳에서 이득이 1이 되도록 하면(즉 루프 대역폭에서 위상여유가 최대가 되게 하면) 최대의 위상 여유를 얻게 될 것이다.

(10-40a)식으로부터 위상은

$$\phi(\omega) = \tan^{-1}(\omega T_2) - \tan^{-1}(\omega T_1) + 180^\circ \qquad (10-41)$$

이다. 이것이 최대가 되는 주파수 ω_p를 구하기 위하여, (10-41)식의 양변을 ω에

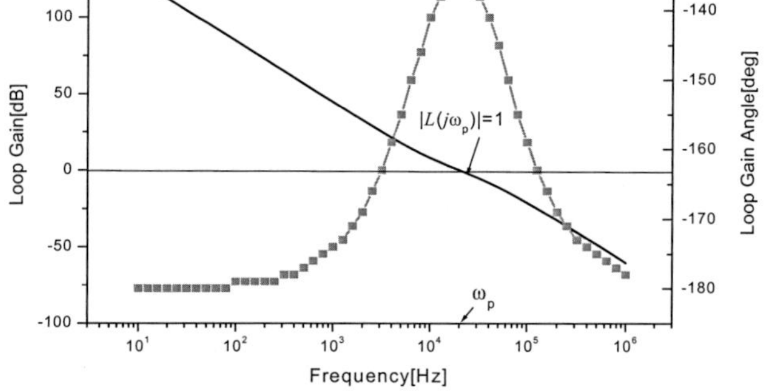

[그림 10-27] 3차 루프 필터의 주파수 특성

대해 미분해 주면, 아래와 같이 (10–42)식을 얻을 수 있다.

$$\frac{d\phi}{d\omega}=\frac{T_2}{1+(\omega T_2)^2}-\frac{T_1}{1+(\omega T_1)^2}=0 \tag{10-42}$$

따라서 ω_p는

$$\omega_p=\frac{1}{\sqrt{T_2 T_1}} \tag{10-43}$$

이다. 이 주파수 ω_p에서 개루프 이득 $L(s)$의 크기가 1이 되도록 설정 되는데, 앞서서 2차 루프필터의 루프대역폭 ω_{3dB}의 정의와 다소 다르지만 이것을 새로운 루프 대역폭으로 정의할 수 있게 된다.

이때 원하는 위상 여유 값을 ϕ_p라고 하고, T_1, T_2를 구하기 위하여, (10–43)식에서 아래와 같이 T_2를 ω_p, T_1으로 나타낼 수 있다.

$$T_2=\frac{1}{\omega_p^2 T_1} \tag{10-44}$$

또한 (10–41)식에서 위상여유는 $\phi_p=\phi(\omega_p)+180^\circ$이고 식 (10–44)의 결과를 (10–41)에 대입하면

$$T_1=\frac{\sec\phi_p-\tan\phi_p}{\omega_p} \tag{10-45}$$

를 얻을 수 있다. 따라서 루프 대역폭 (10–43)식과, 위상 여유 ϕ_p가 정해지면 (10–44), (10–45)식을 사용하여 시정수 T_1, T_2를 정할 수 있게 된다.

또한 이것이 위상 여유가 되기 위해서는 이것을 (10–40a)식에 대입하고, 이 루프대역폭 주파수에서 크기가 1이 되어야 하므로 아래와 같이 관계식 (10–46)을 구할 수 있다.

$$C_1=\frac{KT_1}{\omega_p^2 N T_2}\left|\frac{(1+j\omega_p T_2)}{(1+j\omega_p T_1)}\right|=\frac{KT_1}{\omega_p^2 N T_2}\sqrt{\frac{1+(\omega_p T_2)^2}{1+(\omega_p T_1)^2}} \tag{10-46}$$

여기서 ω_p, T_1, T_2는 결정되어 있으므로, (10-46)식에 의해 추가된 커패시터 C_1 값을 결정할 수 있으며, (10-40b), (10-40c)식을 이용할 경우 R_2 및 C_2를 아래와 같이 구할 수 있게 된다.

$$C_2 = C_1\left(\frac{T_2}{T_1} - 1\right) \tag{10-47}$$

$$R_2 = \frac{T_2}{C_2} \tag{10-48}$$

그러므로 루프 대역폭 ω_p와 위상여유 ϕ_p가 정해지면, (10-44) 및 (10-45)식에 의해 두 시정수 T_1, T_2를 결정할 수 있고 결과적으로 3차의 PLL 루프 필터의 소자 값을 결정할 수 있게 된다.

예제 10-8 그림 10-26과 같은 PLL 회로에서 기준주파수가 f_{ref}= 200 kHz이고, VCO의 주파수조정 감도가 20 MHz/V ($K_v = 2\pi \times 20$ MHz/V)일 때 이 VCO를 f_o=900 MHz로 위상잠금하기 위한 3차 루프 필터를 수식을 이용하여 설계하시오. 차지펌프를 이용한 위상검출기의 상수는 K_p= 5/(2π) mA/rad 이다. 이때 루프 대역폭은 ω_p =2π×10 kHz 이고 위상여유는 Φ_p= 45°로 설정하시오.

해 주어진 값으로부터

$$N = \frac{900\ \text{MHz}}{200\ \text{kHz}} = 4500$$

이며, 위상 여유 값 Φ_p 를 식 (10-45)에 대입하면

$$T_1 = \frac{\sec\varphi_p - \tan\varphi_p}{\omega_p} = 6.592 \times 10^{-6}\,s$$

$$T_2 = \frac{1}{\omega_p^2 T_1} = 3.842 \times 10^{-5}\,s$$

을 얻게 된다. 식 (10-46)에 위에서 구한 N, 시정수 T_1, T_2를 대입하면

$$C_1 = \frac{K_v K_p T_1}{\omega_p^2 N T_2}\sqrt{\frac{1+(\omega_p T_2)^2}{1+(\omega_p T_1)^2}} = 2.332\ pF$$

이를 이용하여 식 (10-47), (10-48)에 대입하면 모든 소자 값을 구할 수 있다.

$$C_2 = C_1\left(\frac{T_1}{T_2} - 1\right) = 11.26 \ \text{pF}$$

$$R_2 = \frac{T_2}{C_2} = 3.413 \ k\Omega$$

이 결과를 이용하여 이것을 (10-40a)식에 대입하고 주파수응답특성을 계산하면 그림 10E-5와 같은 결과를 얻을 수 있다. 그림에서 루프이득이 0 dB(즉 루프이득=1)일 때 위상은 -135°로서 이것은 180°에서 45° 떨어져 있으므로 위상여유가 약 45°인 것을 알 수 있다.

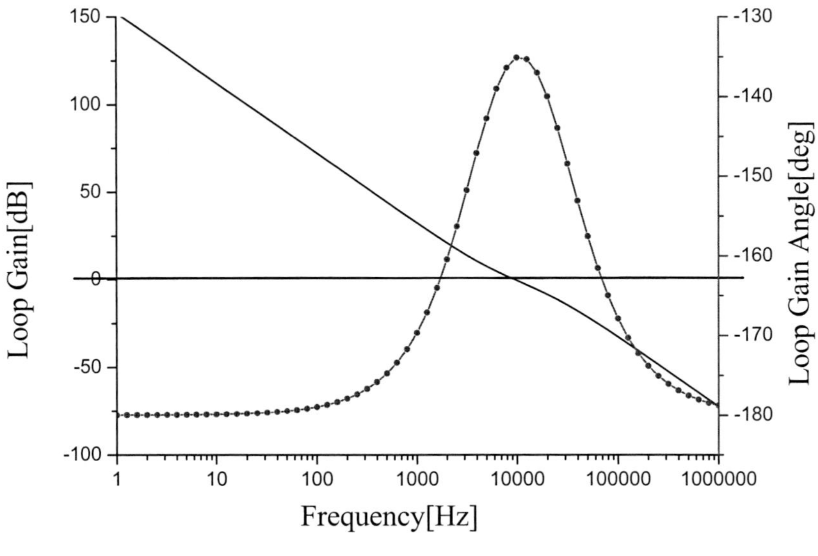

[그림 10E-5] 계산된 소자값에 의한 주파수 특성

이와 같이 루프 필터를 구성할 경우 실제적인 스펙트럼 상에서 불요파의 세기가 어느 정도인지는 알 수는 없다. 다만 2차보다는 불요파 감쇠를 줄 수 있으며 루프 대역폭과 위상 여유를 이용하여 안정적인 PLL을 구성할 수 있다는 점이다. 또한 잠금소요시간의 경우 이 루프 대역폭을 고유주파수 $\omega_n \approx w_p$으로 고려하여 (10-30)식에 평가할 수 있게 된다. 이와 같이 하여 구성한 후 실험하였을 경우 그림 10-28과 같이 여전히 불요파가 위상잡음보다 클 경우 이것은 추가적인 4차 루프 필터를 이용하여 제거할 수 있게 된다.

3차 루프 필터를 사용하였을 때, 그림 10-28과 같이 실험결과를 얻을 경우 불요파를 위상잡음의 아래로 내리기 위해서 필요한 감쇠도는 약 20 dB인 것을 알 수 있다. 그러면 이 3차의 루프 필터에 추가적으로 그림 10-25(b)와 같이 4차 루프 필터를 이용하여 이것을 감소시킬 수 있게 된다. 여기서 추가된 $R_3 - C_3$단이 루프 필터에 가능한 영향을 주지 않고 다만 불요파를 감쇠시키기만 한다면 이것의 전달함수는

$$A(s) = \frac{1}{1 + sC_3R_3} = \frac{1}{1 + sT_3} \tag{10-49}$$

이 되므로 이것의 불요파의 감쇠 ATTN는 (10-50)식과 같다.

$$ATTN = 10\log[(2\pi f_{ref}T_3)^2 + 1] \tag{10-50}$$

따라서 추가된 시정수는 T_3는 아래와 같이 결정할 수 있게 된다.

$$T_3 = \sqrt{\frac{10^{\frac{ATTN}{10}} - 1}{(2\pi f_{ref})^2}} \tag{10-51}$$

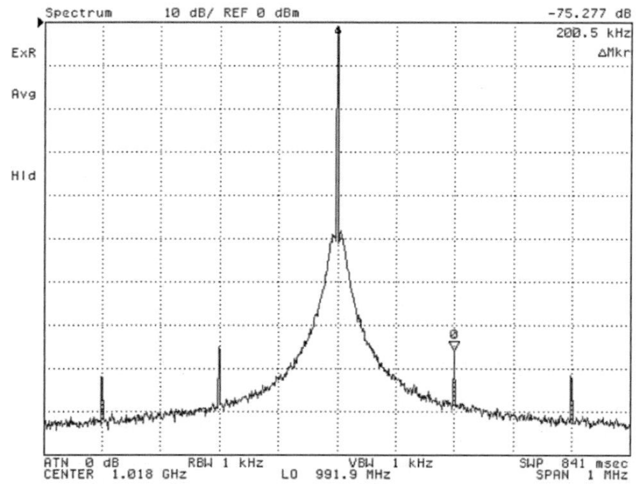

[그림 10-28] 3차 루프 필터를 사용하였을 때 불요파

그리고 이것은 설계된 3차 루프 필터 값을 다소 변하게 한다. 이것을 알아보기 위하여 이 4차 루프 필터를 PLL에 이용하였을 때 개루프 이득은

$$L(s) = \frac{K(1+sT_2)}{s^2 C_1 N(1+sT_1)(1+sT_3)}\frac{T_1}{T_2} \simeq \frac{K(1+sT_2)}{s^2 C_1 N(1+sT_1+sT_3)}\frac{T_1}{T_2} \qquad (10-52)$$

로 근사적으로 쓸 수 있게 되는데, 이는 3차의 루프 필터와 유사한 전달함수가 된다. 따라서 (10-44)식은

$$T_2 = \frac{1}{\omega_p^2(T_1+T_3)} \qquad (10-53)$$

로 쓸 수 있게 되고, 이것을 위상 식에 대입하여 정리하면

$$\omega_p = \frac{\tan\phi_p(T_1+T_3)}{(T_1+T_3)^2+T_1T_3}\left[\sqrt{1+\frac{(T_1+T_3)^2+T_1T_3}{\tan\phi_p(T_1+T_3)}}-1\right] \qquad (10-54)$$

이다. 따라서 이것에 의해 T_1, T_2, T_3를 결정할 수 있게 되는데, 이것을 루프 이득 식에 대입할 경우, 3차 루프 필터 설계 때와 비슷하게 C_1을 얻게 되고, 또한 아 식(10-56) 및 (10-57)에 의하여 C_2 및 R_2를 결정할 수 있게 된다.

$$C_1 = \frac{KT_1}{\omega_p^2 NT_2}\sqrt{\frac{1+(\omega_p T_2)^2}{(1+(\omega_p T_1)^2)(1+(\omega_p T_3)^2)}} \qquad (10-55)$$

$$C_2 = C_1\left(\frac{T_2}{T_1}-1\right) \qquad (10-56)$$

$$R_2 = \frac{T_2}{C_2} \qquad (10-57)$$

이것으로 4차의 루프 필터 값을 모두 결정할 수 있게 되는데 이때 T_3의 경우 R_3C_3로 표현되어 자유도가 있게 된다. 그러나 이것은 R_3C_3 단이 C_1에 영향을 주지 않아야 하기 때문에 C_3를 C_1에 10배 작게 설정하여야 하므로, 따라서 이들 값들도 결정되게 된다.

그림 10-29에는 이상과 같이 3차와 4차 루프 필터를 설계한 뒤 이를 비교한 것이다. 이 대역폭은 20 kHz로 하였으며 4차의 ATTN은 10 dB로 하였다. 사용된 식

이 근사적인 관계로 대역폭은 약간 이동하는 것을 알 수 있다. 이에 따라 최대 위상 여유를 주는 점도 이동하는 것을 알 수 있다. 그러나 감쇠에 있어서는 f_{ref} = 100 kHz에서 약 10 dB 정도의 감쇠를 주는 것을 알 수 있다.

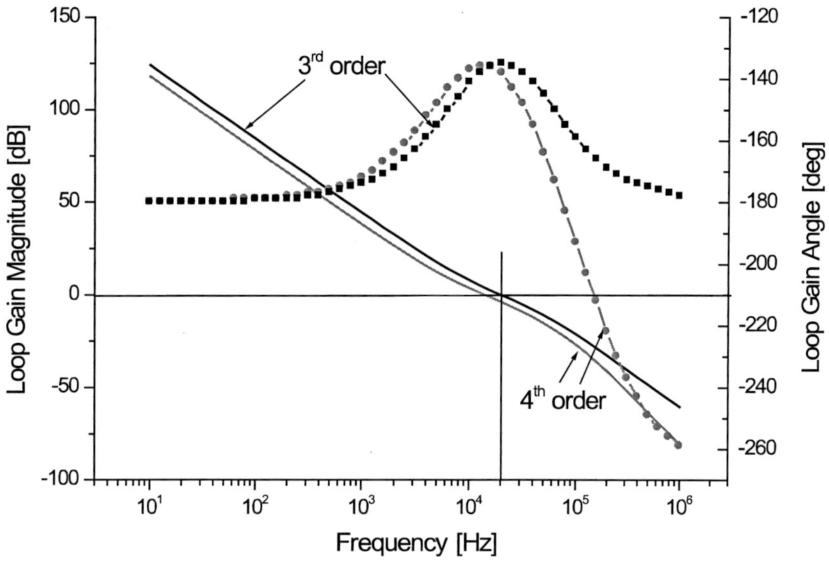

[그림 10-29] 3차 루프 필터와 4차 루프 필터의 비교

예제 10-9 www.national.com에서 그림 10E-3과 같은 프로그램을 내려 받고 f_{out} = 900 MHz일 때 그림 10-25와 같은 3차 루프 필터 설계하시오.

$$K_v = 20\,[\mathrm{MHz/V}],\ K_p = 5/(2\pi)\,[\mathrm{mA/rad}],$$

$$f_{ref} = 200\ \mathrm{kHz},\ w_p = 2\pi \times 10\ \mathrm{kHz},\ \phi_p = 45^{\circ}$$

해 주어진 값으로부터

$$N = \frac{900\ \mathrm{MHz}}{200\ \mathrm{kHz}} = 4500$$

그리고 나머지 값을 입력하면 그림 10E-6과 같이 각 소자 값을 얻을 수 있다. 또한 이 소자 값들로 이루어진 루프 필터에 대한 Bode 선도를 메뉴의 명령을 이용해 그리면 그림 10E-7과 같이 대역폭(루프 이득이 1이 되는 곳)은 주어진 파라미터와 같이 10 kHz이고 위상 여유가 45°임을 알 수 있다.

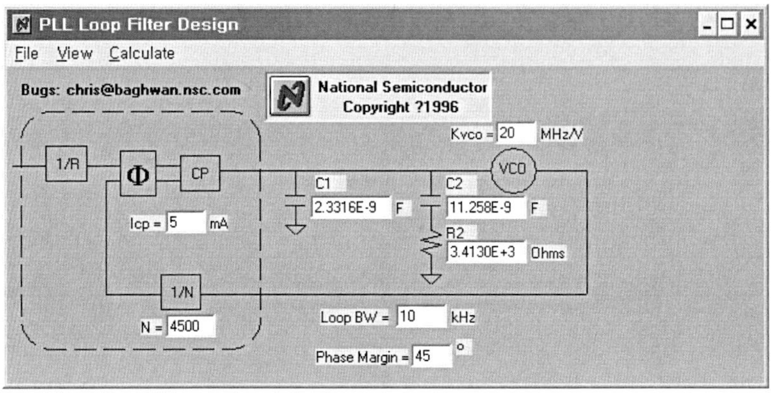

[그림 10E-6] 3차 루프 필터 계산

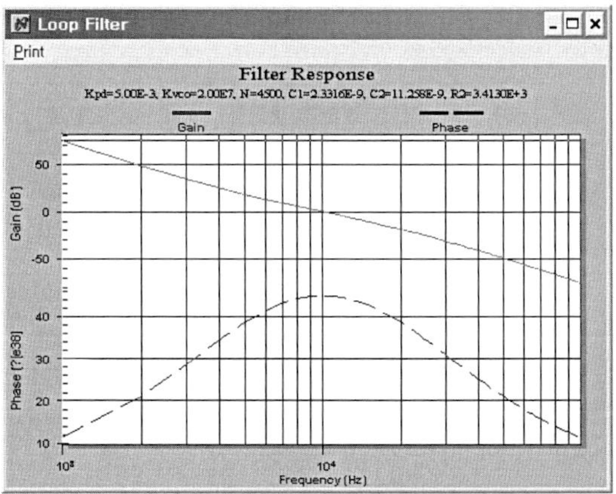

[그림 10E-7] 루프 필터 주파수 응답계산 결과

예제 10-10 내려 받은 프로그램을 이용하여 4차 루프 필터를 설계한 하시오.

$$f_{out} = 900 \text{ MHz}$$
$$K_v = 20 \text{ MHz/V}, \ K_p = 5/(2\pi) \text{ mA/rad}, \ f_{ref} = 200 \text{ kHz},$$
$$w_p = 2\pi \times 10 \text{ kHz}, \phi_p = 45^\circ, \ ATTN = 10 \text{ dB}$$

해 루프 필터의 차수를 3차로 바꾼 후(교재의 루프 필터 차수 정의와 다소 다르다) 위의 값들을 입력하면 $C_1 = 2.85$ nF, $C_2 = 17.4$ nF, $R_2 = 2.69$ kΩ, $C_3 = 217$ pF,

$R_3 = 5.386\ \mathrm{k}\Omega$를 얻게 된다. 그리고 자체 내의 Bode 선도를 그리면 위상 여유는 약 45°가 됨을 알 수 있고, 대역폭의 경우 8.5 kHz가 얻어짐을 알 수 있다. 이것은 루프 필터 계산방법이 앞서 과정의 근사에 의존하기 때문이다.

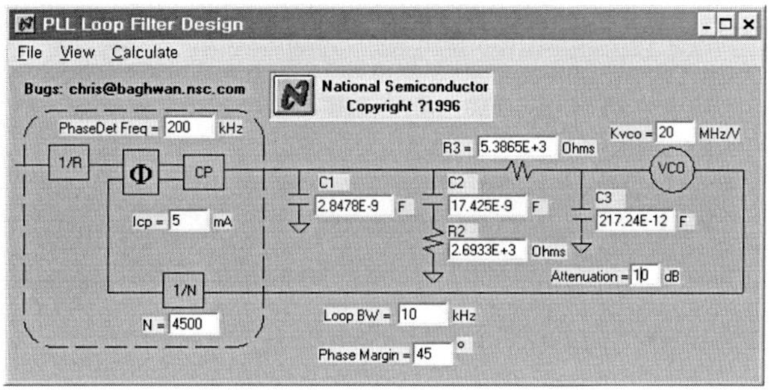

[그림 10E-8] 4차 루프 필터 계산

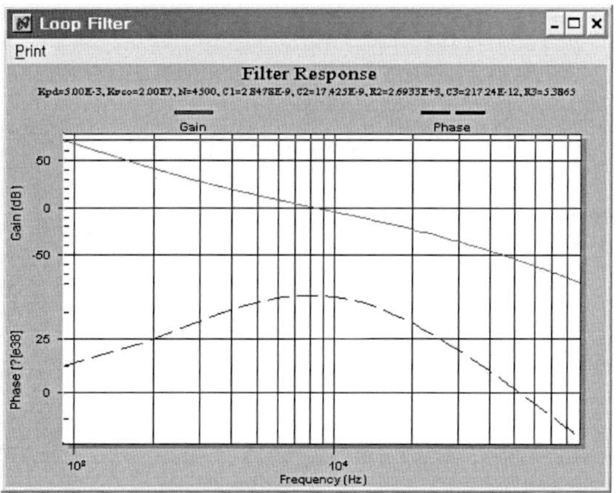

[그림 10E-9] 4차 루프 필터 주파수 응답특성

참고문헌

[1] F. M. Gardner, *Phase-Locked Loop Techniques,* 2nd ed., John Wiley & Sons, 1980.

[2] National Semiconductor Application note 1001, *An analysis and performance evaluation of a passive filter design techniques for charge pump PLL's,* July., 2001.

[3] Fujitsu Microelectronics Inc., *Super PLL application guide,* 1998.

[4] U. L. Rohde, *Digital PLL Frequency Synthesizers Theory and Design,* Prentice-Hall, 1983.

연습문제

10-1 스펙트럼분석기의 매뉴얼(manual)을 참조하여 SPAN을 0으로 둘 경우 시간에 따른 RBW 안의 전력변동을 측정하게 되는 원리를 설명하시오.

10-2 (10-33)식을 벗어나는 VCO의 주파수를 위상잠금을 할 수 없는 이유를 설명하시오.

10-3 (10-50)식을 유도하시오.

10-4 2차 루프 필터로 얻어지는 아래와 같은 루프 이득의 주파수 응답특성의 Bode 선도를 그리시오.

$$L(s)=\frac{KF(s)}{s}=K\frac{1+s\tau_2}{s^2\tau_1}$$

제 11 장

혼합기의 해석

11.1 혼합기(Mixer)의 사양
11.2 Schottky 다이오드
11.3 혼합기 회로의 정성적 해석
11.4 SEM의 정량적인 해석

혼합기는 입력신호의 주파수를 상향변환(Up-converting) 또는 하향변환(Down-converting)하는 소자로서, 통신시스템 구성에서 빈번하게 사용되는 소자이다. 이러한 혼합기의 기본적인 동작원리는 승적기(multiplier)를 통해 이해할 수 있다. 그림 11-1은 이러한 개념을 보여주는데, RF 입력신호(RF)가 인가될 때 이것의 주파수를 올리거나 내리려고 하는 주파수에 해당하는 신호(LO; Local signal)를 RF 신호에 곱하면, 이것의 출력(IF; Intermediate Frequency)은

$$V_{IF} = KV_{RF}\cos\omega_{RF}t\cos\omega_{LO}t = KV_{RF}\{\cos(\omega_{RF}-\omega_{LO})t + \cos(\omega_{RF}+\omega_{LO})t\} \quad (11-1)$$

와 같이 얻어져서 적절한 여파기를 선택할 경우 입력신호의 ω_{LO}만큼 하향변환된 또는 상향변환된 신호를 얻게 된다.

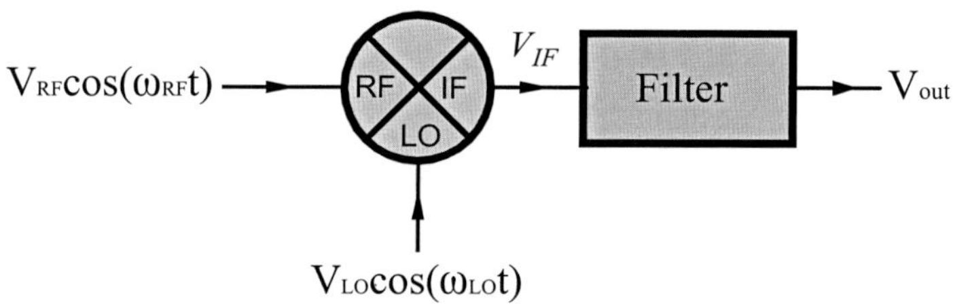

[그림 11-1] 혼합기 블록도

이때 $\cos(\omega_{RF}-\omega_{LO})t$는 하향변환된 항이 되고, $\cos(\omega_{RF}+\omega_{LO})t$는 상향변환된 항이 될 것이다.

본 장에서는 이러한 혼합기의 사양과 이것을 측정하는 방법에 대하여 알아본 뒤, 이러한 회로에 사용되는 소자에 대하여 알아볼 것이다. 이들 소자로서는 트랜지스터나 다이오드 등이 널리 사용되며, 트랜지스터의 경우 이미 앞서서 간략히 알아보았기 때문에, 여기서는 혼합기로 주로 사용되는 Schottky 다이오드의 물성을 간단하게 알아볼 것이다.

또한 다이오드 및 트랜지스터를 이용하여 혼합기를 구성하는 방법은 구조상 여러 가지가 있다. 이러한 구조로는 SEM(Single Ended Mixer), SBM(Single Balanced Mixer), DBM(Double Balanced Mixer)이 있고, 여기서 이들의 구조를 살펴보고, 이것들의 장단점을 알아볼 것이다.

11.1 혼합기(Mixer)의 사양

11.1.1 변환손실 및 1-dB 축퇴점(compression point)

앞에서 설명한 바와 같이 혼합기는 RF 입력신호에 따라 상향 또는 하향변환된 IF출력이 변하게 되며, 일반적으로 IF 출력전력은 입력 RF 신호가 작을 경우 RF 신호에는 비례하여 커지게 된다. 이 때 입력 RF 신호전력 P_{RF} 대 상향 또는 하향변환된 IF 출력전력 P_{IF}의 비를 변환손실(conversion loss)이라고 하며, (11-2)식과 같이 정의된다.

$$CL = \frac{\text{deivered } P_{IF}}{\text{available } P_{RF}} \tag{11-2}$$

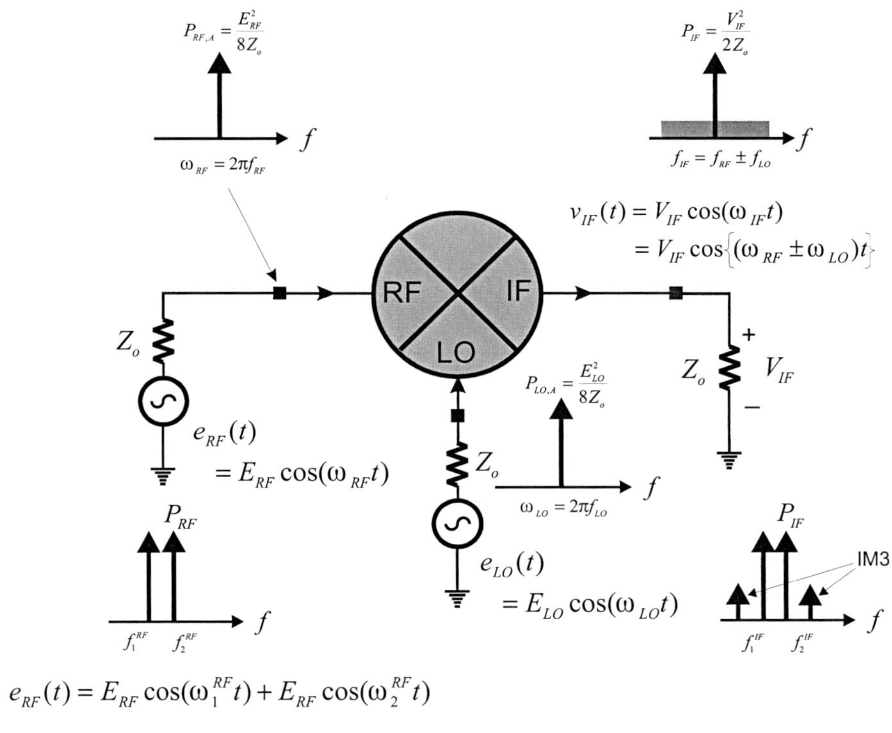

[그림 11-2] 변환손실의 측정방법

측정방법으로는 그림 11-2와 같이 RF 신호원(그림 11-2의 $e_{RF}(t)$와 내부저항

Z_o의 직렬연결)을 스펙트럼분석기에 인가하여, 이것의 가용전력 $P_{RF,A}$을 측정하고(이와 같이 측정하면 그림 11-2의 $P_{RF,A}$를 얻게 된다), 이것을 해체한 후 RF신호원을 혼합기 입력에 연결한 뒤, 이때 변환된 IF 출력을 스펙트럼분석기로 측정하여(이 때 계측되는 전압으로 나타낸 전력은 그림 11-2의 P_{IF}로 나타난다), 이들의 비를 계산하면 될 것이다. P_{IF}는 입력 RF 전력을 증가시킬 경우, 그림 11-3과 같은 특성을 보이게 된다. 즉 그림 11-3에서 보인 바와 같이 변환출력은 입력에 따라 직선적으로 증가하다가, 포화되는데, 출력이 직선에서 1 dB 떨어진 점을 출력의 1 dB 축퇴점(compression point) P_{1dB}라고 한다.

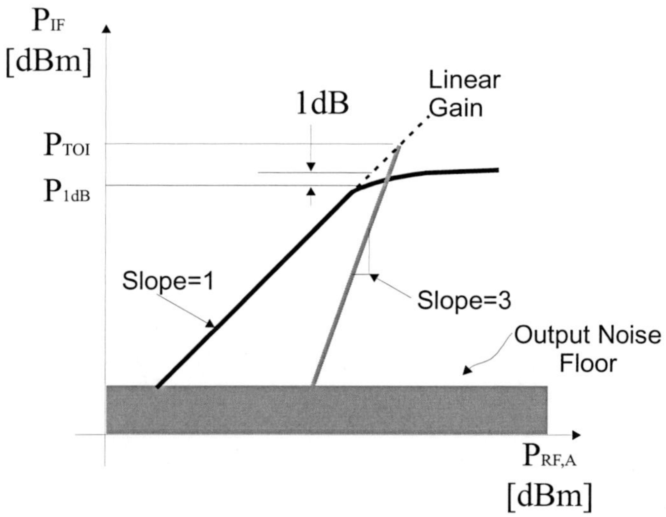

[그림 11-3] 혼합기의 출력특성

또한 입력에 그림 11-2와 같이 인접한 2 tone f_1^{RF}및 f_2^{RF}(2개의 서로 다른 주파수를 갖는 정현파 입력)를 인가하고 출력을 보면, 변환된 출력은 그림 11-2와 같이 이것에 상응하는 하향(또는 상향)변환한 출력이 나타나게 되고, 그림 11-2에 보인 바와 같이 혼변조(inter-modulation)에 의해, 2-tone의 주파수 간격과 같은 두 개의 불요파가 발생하게 된다. 이것도 입력 RF 전력을 증가시킬 경우 일반적으로 증가하게 된다. 이것은 일반적으로 혼합기를 구성하는 비선형소자의 3차 항에 의하여 발생되기 때문에, 그림 11-3과 같이 log-log로 도시할 경우 기울기가 3인 직선에 가까우며, 이것의 기울기는 원하는 IF 출력의 기울기보다 커서, 그림 11-3과 같이 교차점이 발생하게 되는데, 이를 TOI(Third Order Intercept)라고 한다. 또한 이러한 연장선의 교점으로 나타나는 TOI보다는, 일정 혼합기 출력에서의 출력 IF 전력과 혼변조로 나타난 불요파 전력의 비를 나타내기도 하는데 이것을 IM3라고 한다. 따라서 IM3는 식(11-3)으로 정의 된다. 또한 주목할 것은 이 때 혼합기의 출력도 지정해하여야 할 것이다.

$$\text{IM3} = \frac{\text{Spectral Power of 3rd order tone}}{\text{IF output power}} \qquad (11-3)$$

다음으로 변환손실은 일정 이상 LO 전력이 공급되었을 경우는 LO 전력에 관계없이 거의 일정한 변환출력을 주지만, LO 출력이 작을 경우 LO 출력에 따라 변하게 되는데 이것을 변환손실의 LO 특성(LO characteristic)이라고 한다. 그림 11-4에는 이러한 LO 특성의 예를 보였으며, 약 12 dBm 이상의 LO 전력에서는, 변환손실이 LO 전력에 관계없이 일정한 것을 알 수 있다.

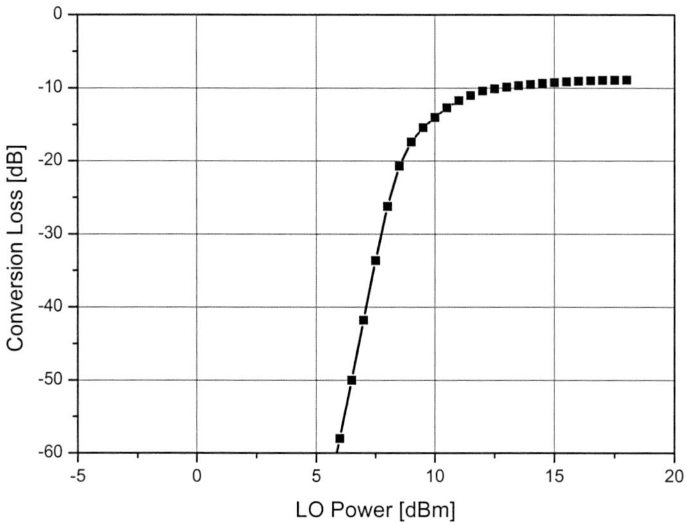

[그림 11-4] 혼합기의 LO 특성 예

11.1.2 혼합기의 격리도(Isolation) 및 VSWR

이상적인 혼합기의 경우 IF 출력에는 입력 RF 신호의 상향 또는 하향변환된 성분 이외에는 나타나지 않는다. 그러나 일반적인 혼합기의 IF 출력에는 LO 신호 및 RF 신호가 누설되어 나타나게 되며, 또한 LO 신호는 RF 입력 측으로도 출력이 누설되어 나타나게 된다. 이것은 혼합기 마다 다소 다르게 되어, 이것을 혼합기 사양으로 규정하게 되는데, 이것을 보통 포트 간 격리도(Isolation)라고 한다.

이것의 측정 방법은 그림 11-5와 같다. LO 포트에 신호를 인가할 경우 이것은 RF 포트 및 IF 포트로 누설되어 나타나게 된다. 이 때 LO 포트에 인가된 가용전력을 $P_{LO,A}$(이것의 측정 방법은 앞서 그림 11-2에서 설명한 바와 같다)라고 하고, RF포트 쪽으로 누설된 LO 전력을 P'_{LO}, IF 포트 쪽으로 누설된 전력을 P''_{LO}이라고 하면, LO 포트 및 RF 포트 간의 $L-R$ 격리도 및 $L-I$ 격리도는 식 (11-4) 및 식(11-5)로 주어지게 된다.

$$L-R=\frac{P'_{LO}(\text{@RF port})}{P_{LO,A}} \tag{11-4}$$

$$L-I=\frac{P''_{LO}(\text{@IF port})}{P_{LO,A}} \tag{11-5}$$

또한 IF 포트에는 RF 포트에 신호 인가시, 이 것 또한 누설되어 나타나게 되는데 이 때 RF 포트에서 이것의 가용전력을 $P_{RF,A}$라고 할 경우 식 (11-6)과 같이 정의 되어 진다.

$$R-I=\frac{P''_{RF}(\text{@IF port})}{P_{RF,A}} \tag{11-6}$$

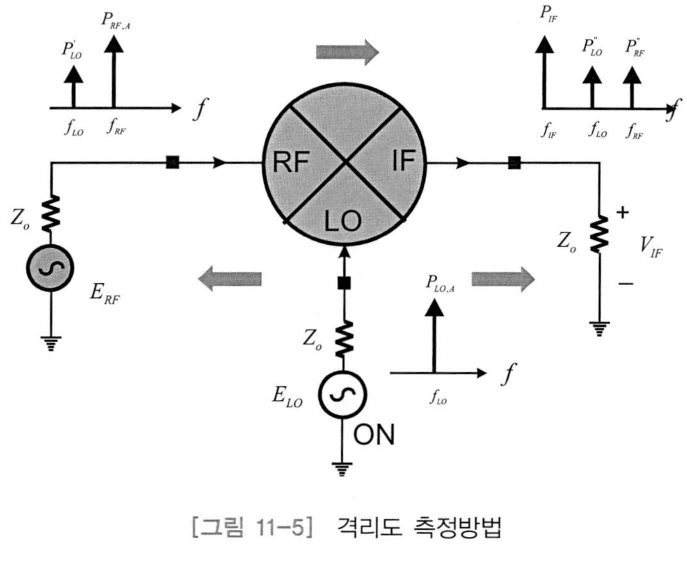

[그림 11-5] 격리도 측정방법

또한 혼합기의 각 포트는 각 신호에 대하여 정합되어 있지 않아서, 혼합기를 시스템에 응용 시 종종 문제를 발생시키게 된다. 그림 11-6에는 이것을 정의하는 그림을 나타내었으며, 이것을 나타내는 데는 보통 증폭기에서 정의하듯이 각 주파수 성분에 대하여 아래 (11-7)식과 같이 정의된다.

$$\text{RF return loss} = \left.\frac{\text{reflected } P_{RF}}{\text{available } P_{RF}}\right|(@\text{RFport}) = \frac{P_{RF}^{refl}}{P_{RF,A}} \tag{11-7a}$$

$$\text{IF return loss} = \left.\frac{\text{reflected } P_{IF}}{\text{available } P_{IF}}\right|(@\text{IFport}) = \frac{P_{IF}^{refl}}{P_{IF,A}} \tag{11-7b}$$

$$\text{LO return loss} = \left.\frac{\text{reflected } P_{LO}}{\text{available } P_{LO}}\right|(@\text{LOport}) = \frac{P_{LO}^{refl}}{P_{LO,A}} \tag{11-7c}$$

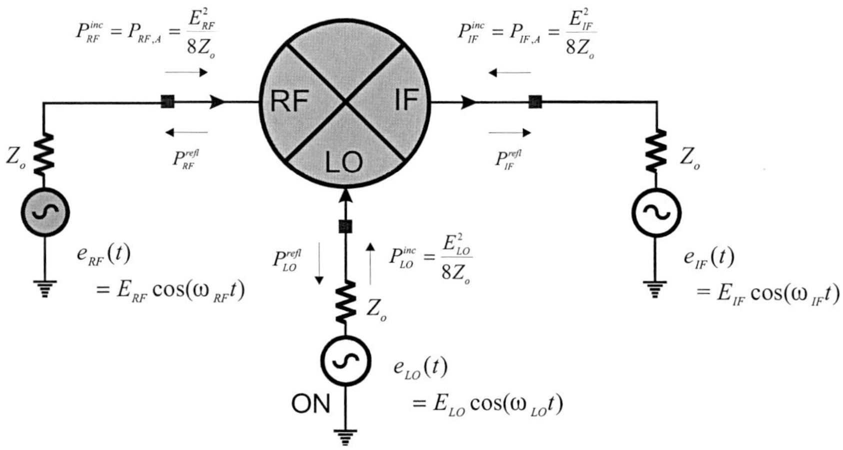

[그림 11-6] 혼합기의 반사손실 측정

예제 11-1 ADS의 *System_Amp & Mixer* 중에서 혼합기를 찾고(이와 같이 설정된 혼합기는 다항식으로 근사된 혼합기를 나타낸다), 이것의 파라미터를 그림 11E-1과 같이 설정한다. 여기서 혼합기의 TOI는 12.5 dBm으로 설정되었으며 1-dB 축퇴점은 0 dBm 그리고 변환손실은 6 dB로 설정되어 있음을 알 수 있다. 주목할 것은 이 때 전력은 혼합기 입력 측에서 정의될 수도 있고 반면, 출력 측에서 정의될 수도 있는데 본 예제에서는 *ReferToInput*=OUTPUT으로 지정하여, 혼합기 출력전력으로 정의되었음을 알 수 있다.

그리고 *LO_Rej1* 은 입력 RF측으로 LO 전력의 누설 정도를 나타내며, 반면 *LO_Rej2*는 IF 측으로 누설전력을 나타낸다. 이것이 각각 –200 dB로 설정되었음을 알 수 있다. 그리고 *RF_Rej*은 입력 RF 의 IF 출력으로 누설정도를 나타낸다. 이것이 모두 –200 dB로 설정되었음을 알 수 있다.
또한 LO 입력의 전력은 15 dBm 주파수는 1.5 GHz로 설정되어있고, RF는 1.15 GHz이고 이것의 입력은 –30 dBm에서 20 dBm까지 변하는 것을 알 수 있다. 이와 같은 시뮬레이션을 통하여 1–dB 축퇴점을 알 수 있는데, 시뮬레이션을 통하여 변환손실이 6 dB, 그리고 1 dB–축퇴점의 출력 전력이 0 dBm임을 구하시오.

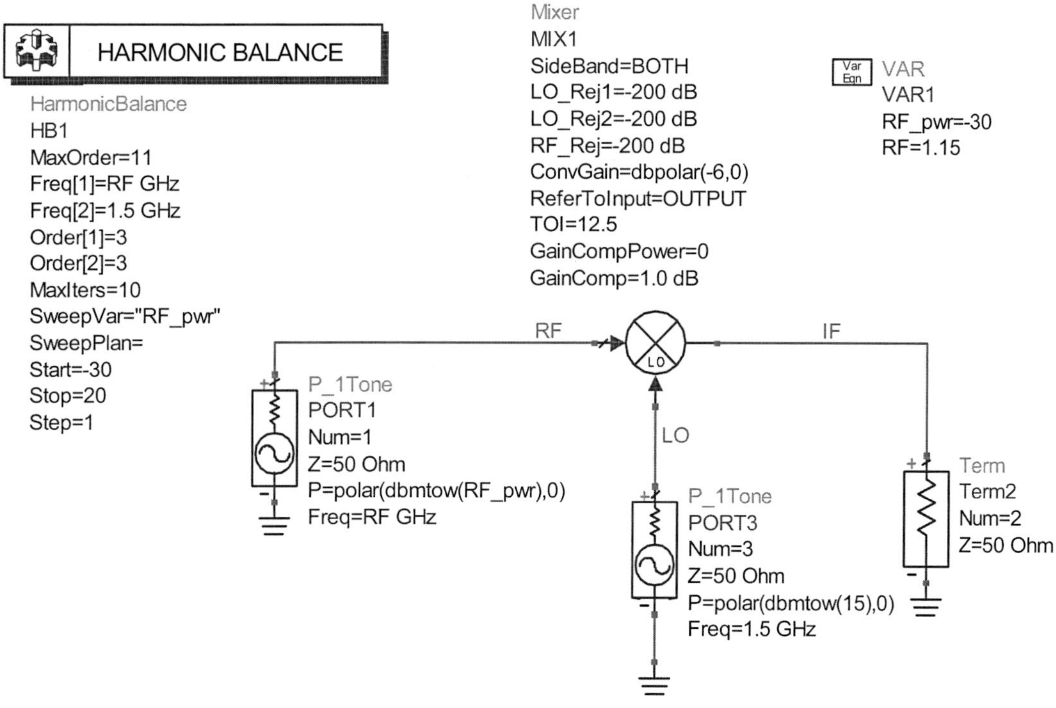

[그림 11E–1] 혼합기의 변환손실 측정

해

위와 같이 설정하고 시뮬레이션을 수행하면 여러 개의 혼합된 주파수 성분이 발생함을 알 수 있다. *Display* 창에 IF 출력을 도시하면 그림 11E–2와 같다. 여기서 RF 입력이 작은 –30 dBm에서 변환손실을 계산하면 –36–(–30)=–6 dB임을 알 수 있고 이것은 설정된 값과 같은 결과를 주는 것을 알 수 있다.

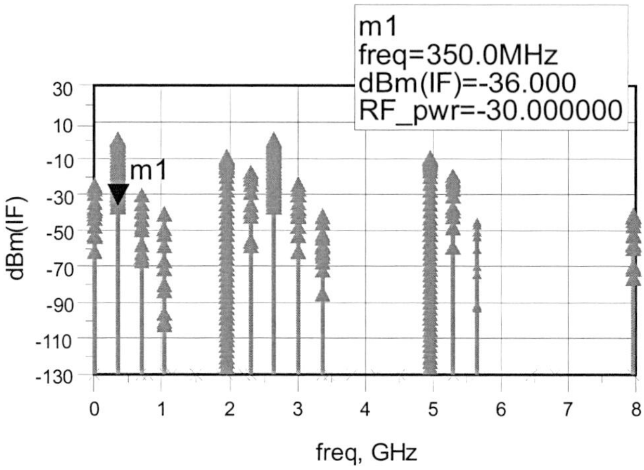

[그림 11E-2] IF 출력결과의 결과

이 때 IF 주파수 성분은 1.5 GHz-1.15 GHz=350 MHz 인데 이것은 array index로는 [::,1]에 해당한다. 여기서 ::은 입력전력의 index를 나타내는 것으로서, 모든 값을 나타내며, 1은 IF 주파수 성분을 나타낸다. 이것을 확인하기 위하여 *listing_box*를 이용하여 주파수 값을 도시하면 그림 11E-3과 같음을 알 수 있고, 여기서 주파수는 IF 성분의 주파수로 고정되고 입력 RF 전력이 지정한바와 같이 변화하는 것을 알 수 있다.

RF_pwr	IF[::,1]	freq[::,1]
-30.000	0.005 / -3.287...	350.0 MHz
-29.000	0.006 / -2.929...	350.0 MHz
-28.000	0.006 / 4.351...	350.0 MHz
-27.000	0.007 / -2.715...	350.0 MHz
-26.000	0.008 / -1.037...	350.0 MHz
-25.000	0.009 / -1.232...	350.0 MHz
-24.000	0.010 / -5.491...	350.0 MHz
-23.000	0.011 / -2.936...	350.0 MHz
-22.000	0.013 / -3.926...	350.0 MHz
-21.000	0.014 / -4.665...	350.0 MHz
-20.000	0.016 / -4.158...	350.0 MHz
-19.000	0.018 / -3.706...	350.0 MHz
-18.000	0.020 / -1.101...	350.0 MHz
-17.000	0.022 / -2.944...	350.0 MHz
-16.000	0.025 / -4.811...	350.0 MHz
-15.000	0.028 / -1.949...	350.0 MHz
-14.000	0.032 / -6.949...	350.0 MHz
-13.000	0.035 / -3.407...	350.0 MHz

[그림 11E-3] freq[::,1]의 결과

따라서 1-dB 축퇴점을 찾기 위하여, 이 주파수 성분의 전력을 도시하면 될 것이다. 이것은 *dBm*(IF[::,1])이 되게 되는데 이것을 도시한 것을 그림 11E-4에 보였다.

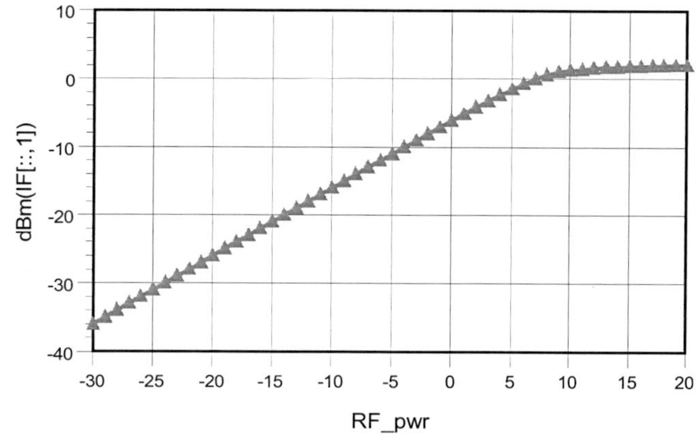

[그림 11E-4] RF 입력에 대한 IF 출력 전력

이와 같이 직접 도시한 그림에서는 1-dB 축퇴점을 용이하게 찾기 힘들게 된다. 따라서 이것 대신에 *dBm*(IF[::,1])−*RF_pwr*를 도시하면 입력 RF 전력이 낮을 경우 이것은 변환손실 −6 dB의 값을 가질 것이다. 따라서 −7dB인 점을 찾으면 1-dB 축퇴점을 알 수 있다. 이것보다 좀 더 나은 방법으로 *dBm*(IF[::,1])−*RF_pwr*+6을 하면 이것은 0 dB에서 감소하는 곡선이 될 것이다. 여기에 변환손실 값 6을 더하면 0이 되고, 이 후 전력이 증가하면 이것은 감소하게 되는데, −1dB점을 지나는 곳이 1-dB 축퇴점이 될 것이다. 그림 11E-5에서 RF 입력 전력이 7 dBm 일 때 1-dB 축퇴점이 나타나며, 이때 출력은 총 변환손실이 −7dB가 되므로 0 dBm의 출력을 갖는 것을 알 수 있다. 이것은 설정한 값과 같음을 알 수 있다.

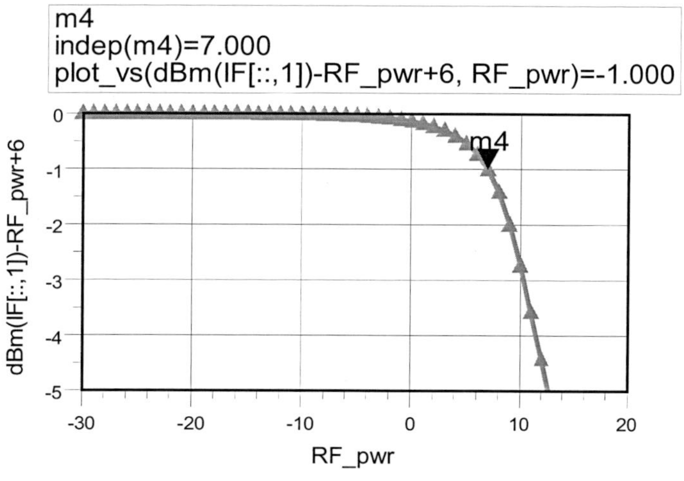

[그림 11E-5] RF 입력에 대한 IF 출력 전력

예제 11-2 위의 설정을 이용하여 주파수 1.15, 1.25 GHz의 2-tone 입력을 인가하고 TOI를 확인하시오.

해 그림 11E-6과 같이 *P_RF*는 −30에서 20 dBm까지 1dB 간격으로 변화시키고, 2-tone 주파수는 1.15 및 1.25 GHz로 하였다. 따라서 100 MHz의 주파수 간격을 갖는 것을 알 수 있다. 시뮬레이션을 수행하면, 입력전력이 −10 dBm에서는 그림 11E-7과 같이 2-tone 입력이외에 불요파(spurious)가 발생하는 것을 알 수 있다.

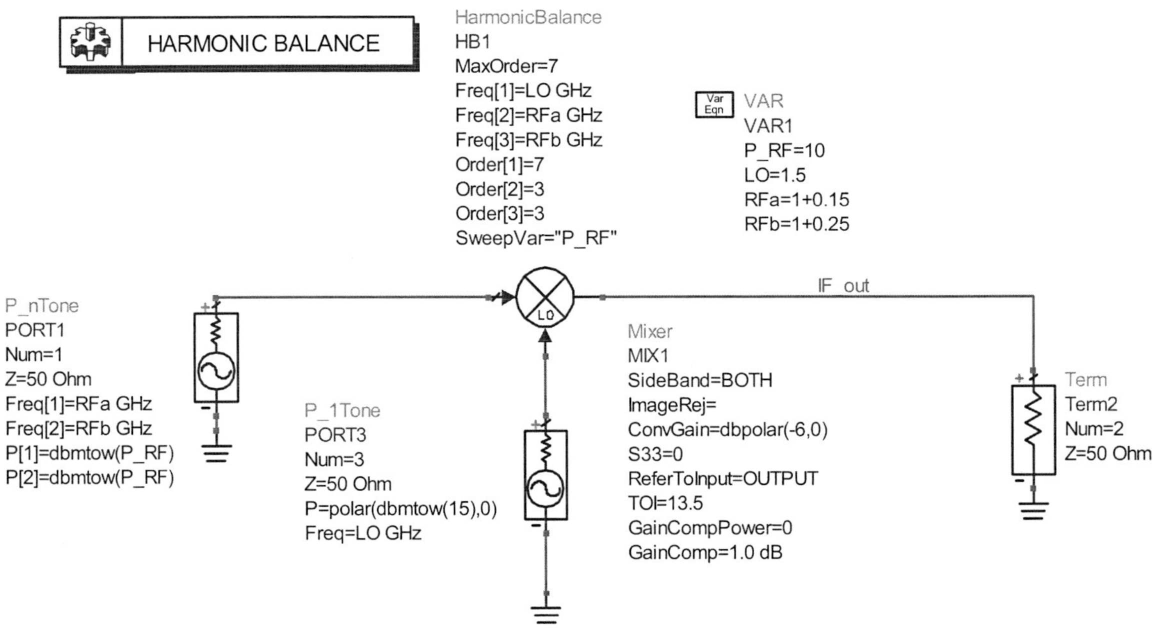

[그림 11E-6] RF 입력에 대한 IF 출력 전력

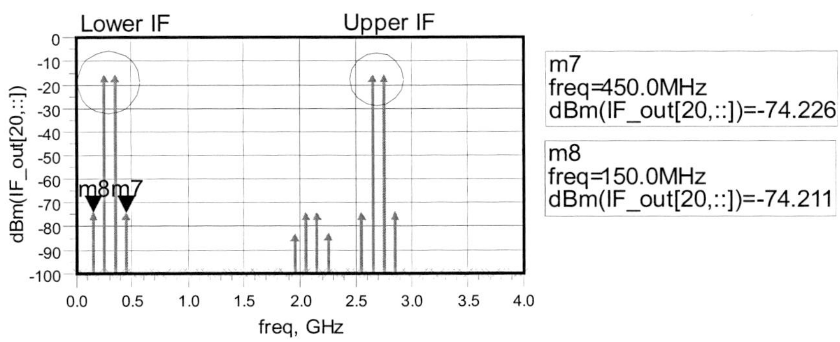

[그림 11E-7] RF 입력 −10dBm에 대한 IF 스펙트럼

그림 11E-7에서 IF 두 성분 이외에도 3차 성분의 혼변조된 주파수 성분 150 MHz 와 450 MHz가 나타나는 것을 알 수 있다. 이것에 그림 11E-7과 같이 연장선을 그리고, 연장선을 이용하여 TOI를 확인할 수 있다. 이 혼 변조된 주파수 성분의 index를 알기 위하여 그림 11E-8과 같이 freq[0,::]을 *listing box*를 이용하여 도시하였다. 그림 11E-8에서 혼 변조된 주파수 성분 중 150 MHz의 값은 3이 되는 것을 알 수 있다.

freq	freq[0,::]
0.0000 Hz	0.0000 Hz
50.00 MHz	50.00 MHz
100.0 MHz	100.0 MHz
150.0 MHz	150.0 MHz
200.0 MHz	200.0 MHz
200.0 MHz	200.0 MHz
250.0 MHz	250.0 MHz
300.0 MHz	300.0 MHz
300.0 MHz	300.0 MHz
350.0 MHz	350.0 MHz
400.0 MHz	400.0 MHz
400.0 MHz	400.0 MHz

[그림 11E-8] Freq listing_box 결과

따라서 IF[::,3]의 출력을 그리면 3차 혼 변조된 주파수성분 150 MHz의 RF 입력에 따른 출력의 변화를 보여주게 될 것이다. 이것을 그림 11E-9에 도시하였다. 여장선 상의 교점을 알기 위하여 별도로 이상적인 IF 출력인 *P_RF* −6을 도시하고 이상적인 3차 혼변조된 출력을 알기 위하여 3(*P_RF* −14.67)을 그림에 도시하였다. 이들의 연장선은 13 dBm에서 교차하는 것을 알 수 있다. 설정된 값에서 다소 벗어나지만 근사하게 접근하는 것을 알 수 있다.

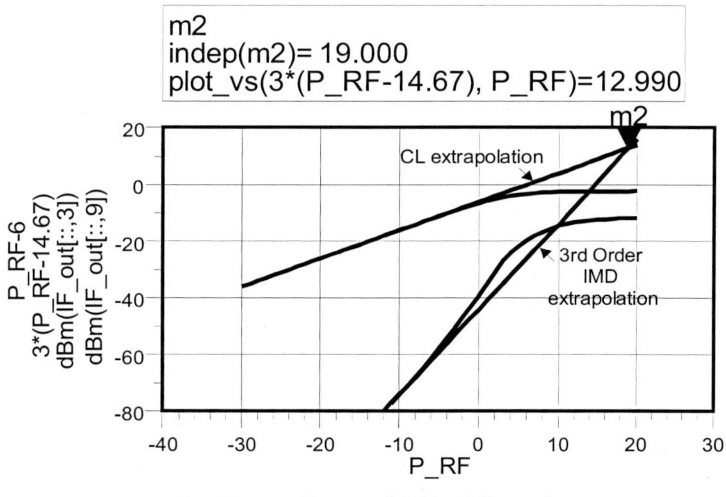

[그림 11E-9] TOI 계산을 위한 그림

다른 방법으로는 이와 같은 계산이 번거롭기 때문에 아래와 같이 *Equation*을 삽입하고 이를 이용하여 계산할 수 있다.

Eqn y=ip3_out(IF_out, {1, -1,0}, {1,-2, 1}, 50)

이 때 {1,−1,0}는 350MHz의 IF 주파수 성분을 나타내는 것이며, {1,−2,1}은

$$1 \times 1.5 + (-2) \times 1.15 + 1 \times 1.25 = 0.45 \ \text{GHz}$$

의 주파수 성분을 나타내게 된다. 따라서 이 두주파수 성분을 이용하여 TOI를 찾을 수 있게 되는데 이것을 listing_box를 사용 도시하면, 그림 11E−10과 같고 RF 입력전력에 따라 변하게 되지만 TOI는 설정한대로 RF −30 dBm의 입력에서는 약 13.5 dBm 인 것을 알 수 있다.

P_RF	y
−30.000	13.496
−29.000	13.494
−28.000	13.493
−27.000	13.491
−26.000	13.489
−25.000	13.486
−24.000	13.482

[그림 11E−10] ADS ip3_out()을 이용하여 계산한 결과

예제 11-3 예제 11−1에서 TOI 등 1−dB 축퇴점을 그대로 두고 그림 11E−11과 같이 LO_rej1 및 LO_rej2 그리고 RF_rej을 설정하고, 또한 RF 및 LO 포트의 반사계수를 그림과 같이 설정한다. 주목할 것은 LO 포트의 번호가 3이기 때문에 S_{33}가 LO 포트의 반사계수가 되게 된다. 시뮬레이션 후 설정된 격리도 및 반사계수가 나오는 것을 확인하시오.

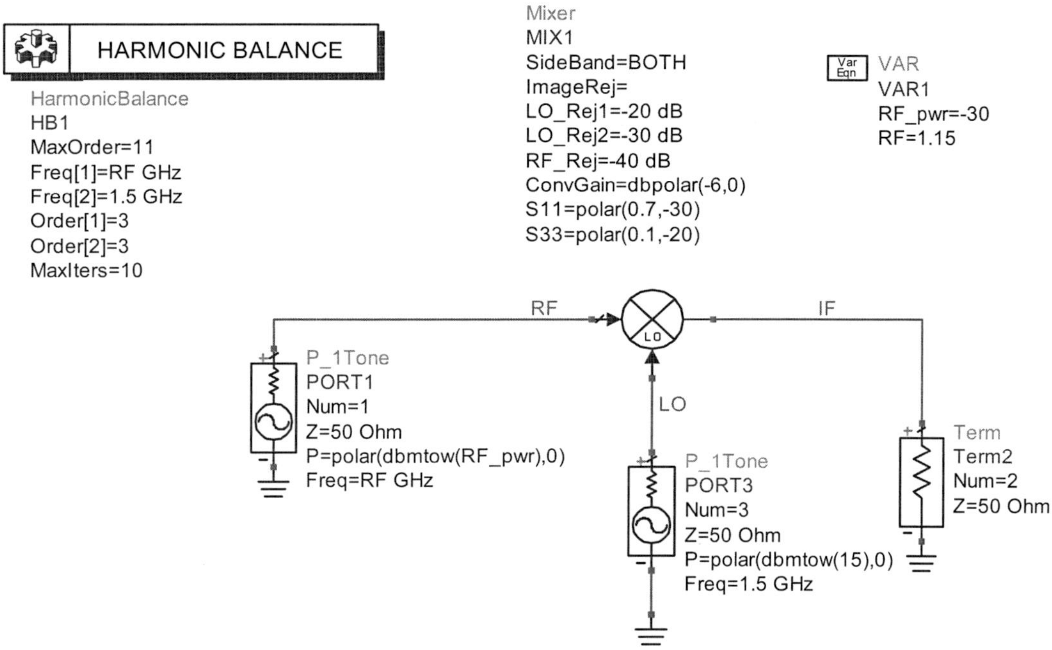

[그림 11E-11] 포트간 격리도 및 반사계수를 확인하기 위한 회로

해 시뮬레이션한 후 IF 출력의 스펙트럼을 보면 그림 11E-12와 같다.

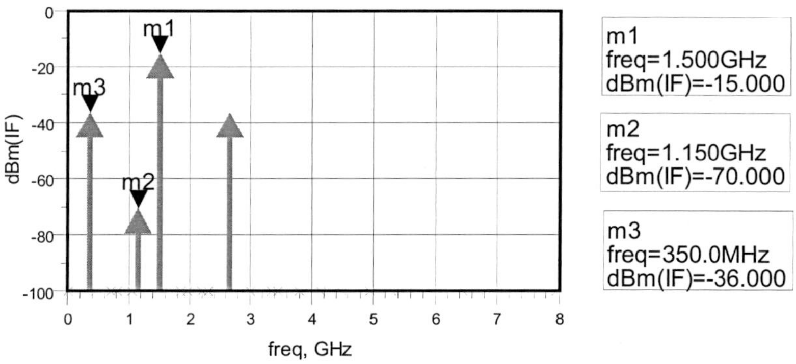

[그림 11E-12] 시뮬레이션된 IF 출력 스펙트럼

이 결과로부터 L-I 격리도$=-15-15=-30$ dB가 되는 것을 알 수 있고, RF 격리도$=-70-(-30)=-40$dB로 설정된 값과 같은 것을 알 수 있다. 또한 변환손실은 설정된바와 같이 $-36-(-30)=-6$ dB가 되는 것을 알 수 있다.

다음으로 RF 포트 쪽으로의 L-R 격리도를 확인하기 위하여 RF 신호출력을 그림 11E-13에 나타내었다.

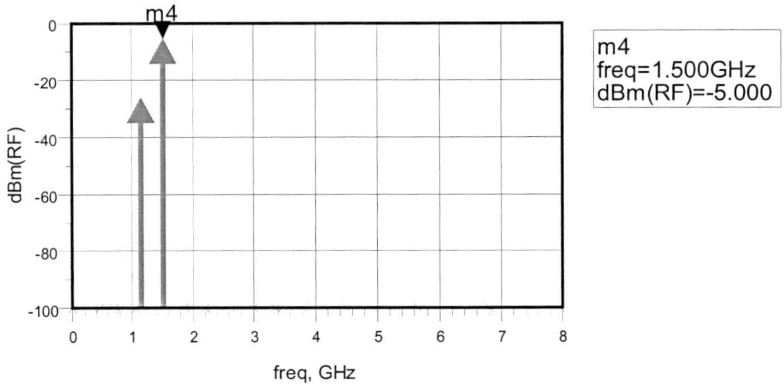

[그림 11E-13] 시뮬레이션된 RF 출력 스펙트럼

그림 11E-13에서 L-R 격리도는 설정된 바와 같이 $-5-15=-20$ dB가 되는 것을 알 수 있다.
다음으로 반사계수의 설정을 조사하기 위해서는 방향성결합기를 사용하여 시뮬레이션 하여도 되지만 그림 11E-11의 결과 출력으로도 알 수 있다. 즉

$$S_{11} = \frac{V_1 - \dfrac{E_{inc}}{2}}{\dfrac{E_{inc}}{2}}$$

을 이용한 경우 V_1은 시뮬레이션 결과로부터 알고 있고, E_{inc}의 경우 입력전원으로부터 결정된다. 따라서 그림 11E-14와 같이 *Equation*을 삽입한다. 여기서 RF 신호의 주파수 index는 6이며, 또한 LO 주파수 index는 7이어서 그림 11E-14에 각각 RF[6] 및 LO[7]이 삽입되었다.

```
Eqn e_rf=sqrt(dbmtow(-30)*2*50)
Eqn ref1=(RF[6]-e_rf)/e_rf

Eqn e_lo=sqrt(dbmtow(15)*2*50)
Eqn ref2=(LO[7]-e_lo)/e_lo
```

[그림 11E-14] 반사계수를 측정하기 위한 Equation

반사계수 ref1 및 ref2의 결과를 보면 그림 11E-15와 같이 설정된 반사계수가 나오는 것을 알 수 있다.

ref2	ref1
0.100 / -20.000	0.700 / -30.000

[그림 11E-15] 계산된 반사계수

11.2 Schottky 다이오드

11.2.1 Schottky 다이오드의 구조

그림 11-7은 일반적인 Schottky 다이오드의 평면도이며, 그림 11-8은 dot 부분에서의 단면도이다.

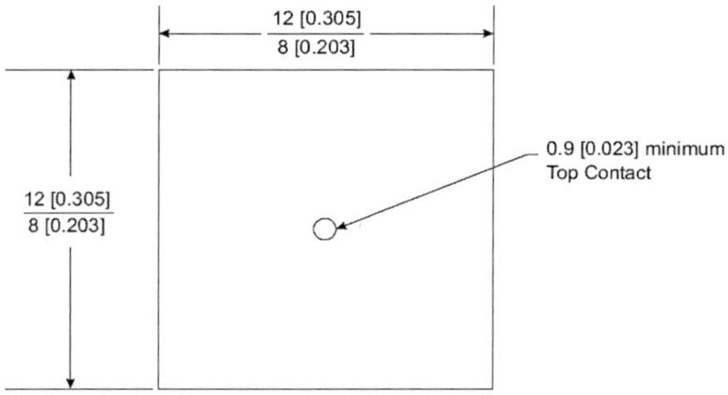

[그림 11-7] Schottky 다이오드의 평면도

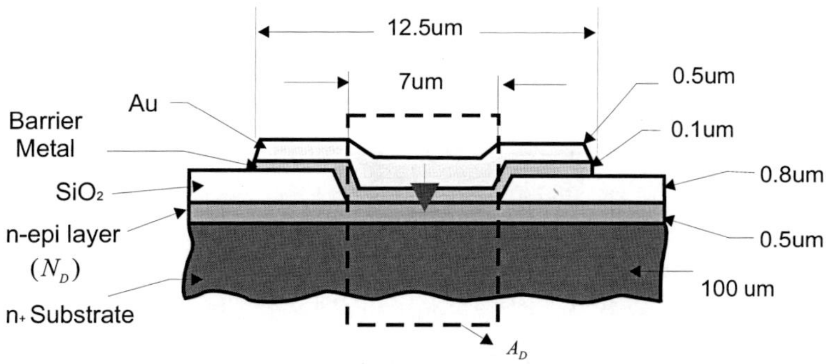

[그림 11-8] Schottky 다이오드의 단면도

Schottky 다이오드는 그림 11-8에 보인 바와 같이, 전자가 풍부한 n^+ Si 기판 위에 형성시키며, 여기 박막의 에피층이 증착된다. 그리고 다이오드가 형성되지 않는 부분은 SiO_2를 통해 격리되며, 다이오드가 형성되는 부분에는 도체를 증착하여 형성된다. 이러한 Schottky 다이오드의 등가회로는 그림 11-9에 보였으며, 그림 11-9에서 R_s는 도체와 접합으로 발생하는 직렬 저항을 나타내며, C_j는 접합에 의해 발생하는 공핍영역 커패시턴스를 나타낸다. 그리고 Schottky 접합으로 발생하는 다이오드의 식은

$$i = I_s(e^{\frac{v}{nV_T}} - 1) \tag{11-6}$$

로 나타난다. 여기서 I_s는 포화전류(saturation current), n은 이상인자(ideality factor), V_T는 상수로서 열전압(thermal voltage)을 나타낸다.

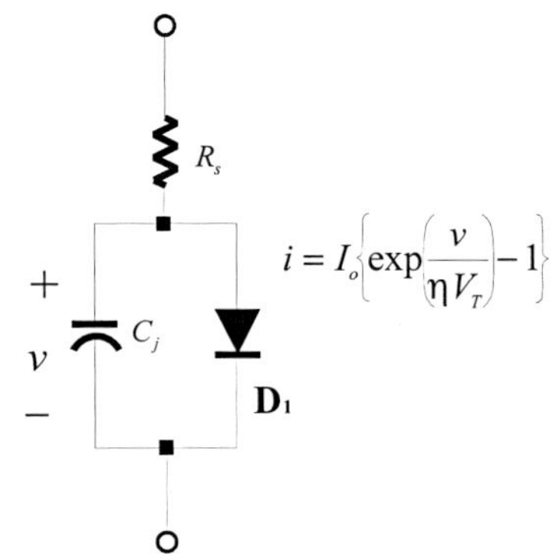

[그림 11-9] Schottky 다이오드 등가회로

이러한 Schottky 다이오드의 파라미터들은 DC 측정을 할 경우 얻어진 DC 측정 결과로부터 용이하게 얻을 수 있다. 즉 다이오드가 순방향이 될 경우 괄호 안의 e^{v/nV_T} 항이 주된 것이 되어, 전류와 전압을 log-lin으로 도시할 경우 그림 11-10을 얻게 된다. 즉, 전류는 log로 전압을 선형적(linear)으로 나타낼 경우, (11-6)식은 순방향 시 직선이 되고 이것의 기울기를 구할 경우 이상인자 n을 얻게 되고, 이 직선부분을 0 V 전압까지 확장하고, 0 V에서 전류 값을 읽으면 이것이 포화전류 I_s가 될 것이다. 또한 전압이 높아질 경우 다이오드 전류는 직선에서 벗어나게 되는데, 그림 11-10같이 다이오드 전류가 직선에서 벗어난 부분에서 임의로 한 전류 값을 택하여 직선부분의 전압 값과 측정된 전압 값의 차이를 구하면 이것은 직렬저항 R_s에

의한 전압강하 때문일 것이다. 따라서 이 전압 값 차이를 이때 측정한 전류로 나누어 줄 경우 직렬기생저항 R_s를 결정할 수 있을 것이다.

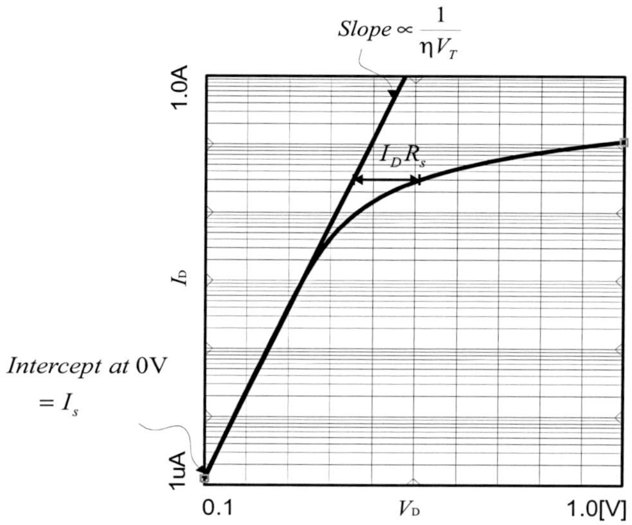

[그림 11-10] Schottky 다이오드의 I-V 특성

예제 11-4 Schottky 다이오드의 I-V 특성이 그림 11E-16과 같을 때 그림 11-9에 보인 R_s, I_s, n을 구하시오.

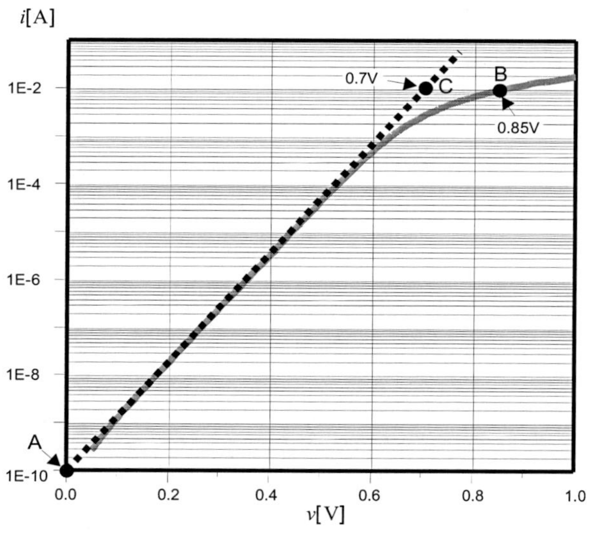

[그림 11E-16] Schottky 다이오드의 I-V 특성

해

그림 11E-16에서 0 V에서 전류 값을 구하면(A점)

$$I_s = 10^{-10}$$

의 값을 얻게 된다. 또한 0.01 mA의 전류에서 전압차를 구하면(B점과 C점)

$$R_s = \frac{0.85 - 0.7}{0.01} = 15 \text{ ohm}$$

을 얻을 수 있다. 그리고 기울기는 아래와 같이 표시된다.

$$\log_{10} i = \log_{10} I_s + \frac{v}{n V_T} log_{10} e$$

따라서 기울기를 A점과 C점을 이용 계산하면

$$\frac{1}{n V_T} log_{10} e = \frac{-2+10}{0.7} \rightarrow n \cong 1.52$$

의 값을 얻게 된다.

그림 11-9의 등가회로에서 보통 Schottky 접합의 그림 11-8의 면적 A_D가 작을수록 커패시턴스가 작아져서 고주파에서 응용이 가능해진다. 이 면적은 공정상 수백 GHz에 이르는 혼합기회로에 응용이 가능하도록 작게 제작하는 것이 가능하나, 이 경우 이의 면적이 너무 작아, 와이어본딩 같은 조립방법으로 조립할 수 없게 되어, 보통 whisker라고 부르는 와이어를 그림 11-11과 같이 접촉하여 회로를 구성하기도 한다.

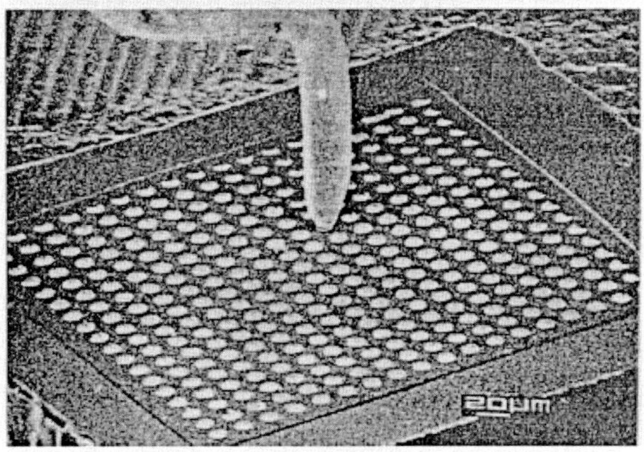

[그림 11-11] Multi-dot 다이오드의 사진

그림 11-11에서의 dot는 1 개의 Schottky다이오드로 그 면적이 매우 작아 그림 처럼 여러 개 multi-dot 다이오드로 구성하고 그 중 1개의 다이오드에 whisker로 접촉접합시켜 사용하게 된다. 일부 다이오드들이 고장일 경우 주위의 다른 정상 적인 dot에 접촉접합시켜 다시 사용할 수 있게 된다.

11.2.2 Schottky 다이오드의 패키지

성능적인 면에서 이러한 칩 Schottky 다이오드는 분명히 고주파에서 최소의 기생소자성분을 가지게 되므로 높은 주파수까지 사용 가능하나, 다루기는 어려운 점이 있다. 따라서 가능한 최소의 기생소자성분을 동반하고 패키지의 장점을 갖는 beam-lead package 형태도 자주 사용되게 된다. 이것은 그림 11-12에 보였으며 그림 11-12에서 단자(lead)에 해당하는 gold-ribbon을 반도체 기판 위에 형성한 뒤, 뒷면을 식각하여 패키지 형태로 사용하는 것이다.

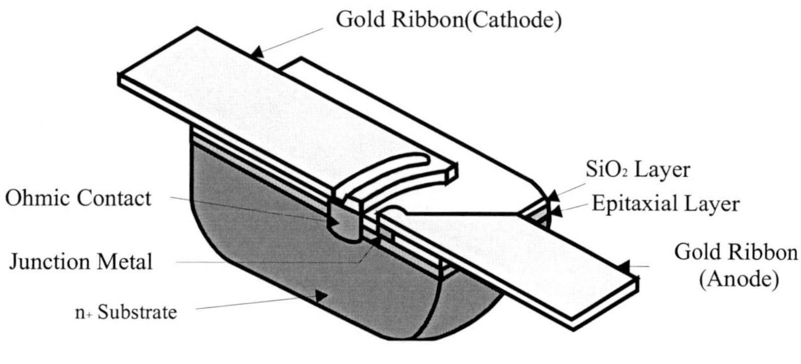

[그림 11-12] Beam-lead package Schottky 다이오드

그림 11-13(a)는 도파관이나 동축선에 사용하기 용이하도록, Schottky 다이오드를 세라믹 패키지에 조립한 것으로, 조립 시 발생하는 본딩와이어의 인덕턴스와 패키지의 커패시턴스로 인해, 패키지 된 Schottky 다이오드의 등가회로는 칩의 등가회로에 그림 11-13(b)와 같이 패키지 인덕턴스와 커패시턴스가 추가되어 나타나게 된다.

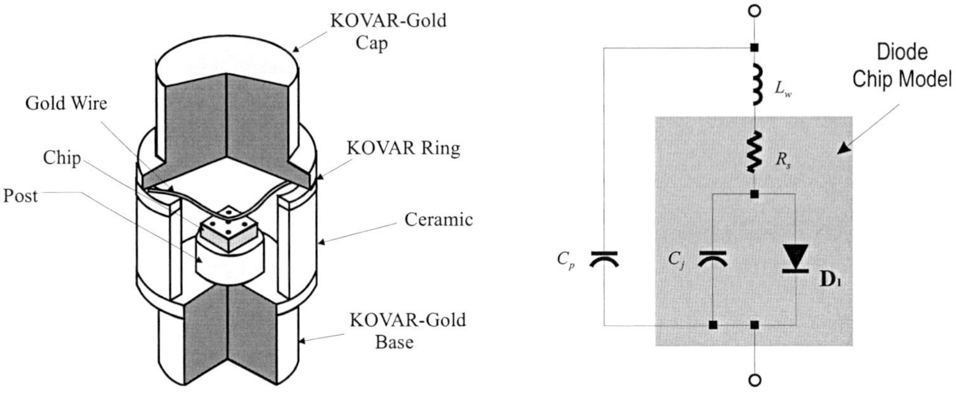

[그림 11-13] Ceramic-pill 패키지로 구성된 Schottky 다이오드: (a) 구조, (b) 등가회로

11.2.3 Schottky 다이오드의 동작원리

11.2.3.1 Schottky 접합

도체(Metal)내의 전자가 갖고 있는 에너지를 x축으로 진행하면서 나타내면 그림 11-14의 왼쪽에 있는 그림과 같을 것이다. 즉 대부분 전자들은 Fermi 에너지 밑의 에너지를 갖게 되며, 이것은 x축으로 진행함에 따라 변화가 없게 된다. 이것을 에너지 다이어그램(energy diagram 또는 energy band diagram)이라고 하는데 여기서 E_o는 자유전자(free electron) 에너지가 될 것이다. Fermi 에너지 값에 있는 전자를 자유전자로 만들기 위해 필요한 에너지를 일함수(work function) $q\Phi_M$이라고 하며, 여기서 Φ_M는 전압의 단위를 갖게 된다. 따라서

$$q\Phi_M = E_o - E_f \tag{11-7}$$

로 나타낼 수 있다. 이러한 일함수는 일반적으로 도체의 종류에 따라 다르게 된다.

반도체의 경우 마찬가지로 에너지 다이어그램을 그릴 경우 그림 11-14의 오른쪽과 같게 된다. 즉 온도가 낮을 경우 대부분 전자들은 가전자대(valence band)라고 불리는 에너지 값 E_V 아래의 에너지 값을 갖게 된다. 그러나 전자들은 온도가 올라감에 따라 에너지가 상승하여, 일부 전자들은 전도대(conduction band)라고 불리는 에너지 값 E_C 이상의 에너지를 갖고 분포하게 된다. 따라서 Fermi 에너지는 가전자대와 전도대 에너지 값의 사이에 위치하게 된다. 반도체에서 일함수 $q\Phi_s$은

도체와 마찬가지로 Fermi 에너지와 자유전자 에너지의 차이가 되게 되며, 전도대 에너지와 자유전자 에너지의 차는 전자친화도(electron affinity)라고 부른다.

$$qX = E_o - E_C \tag{11-8}$$

이러한 일함수나 전자친화도는 반도체의 종류마다 다르게 되는데, 그림 11-14와 같이 에너지 분포를 갖는 도체와 반도체를 접합시킬 경우에 대해서 알아보도록 한다.

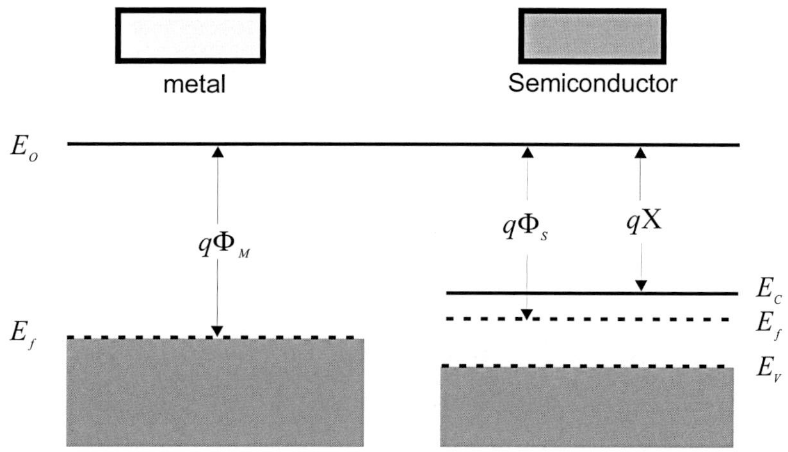

[그림 11-14] 도체 및 반도체의 에너지 밴드 다이어그램

그림 11-14의 에너지 밴드를 갖는 도체와 반도체를 접합시켰을 경우 열적인 평형상태에서는 두 물체 간 Fermi 에너지는 같게 될 것이다. 또한 E_c 및 E_o 간의 차이는 변화가 없게 될 것이다. 이것은 두 물체를 접합시켰을 경우도 전자를 자유전자로 만들기 위한 일함수는 물질의 종류에 따라 달라질 뿐 접합에 의하여 달라지지 않기 때문이다. 마찬가지로 E_v, E_c 간 차이도 변화가 없게 된다.

또한 자유전자 에너지 값은 연속적이라고 볼 수 있다. 만일 접합에 의하여 불연속이 발생할 경우 한쪽의 전자를 자유전자로 만든 후 다시 근접한 접합부근으로 되돌려 줄 경우 에너지 차이를 발생시키게 되고, 이로 인해 에너지를 얻을 수 있기 때문이다. 따라서 이러한 가정을 적용하여 접합부근에서 에너지 다이어그램을 그릴 경우 그림 11-15와 같게 될 것이다. 즉 접합부근에서 반도체 부분은 에너지 다이어그램이 휘어지게 되고 멀어지면 x축에 따라 변화가 없게 될 것이다.

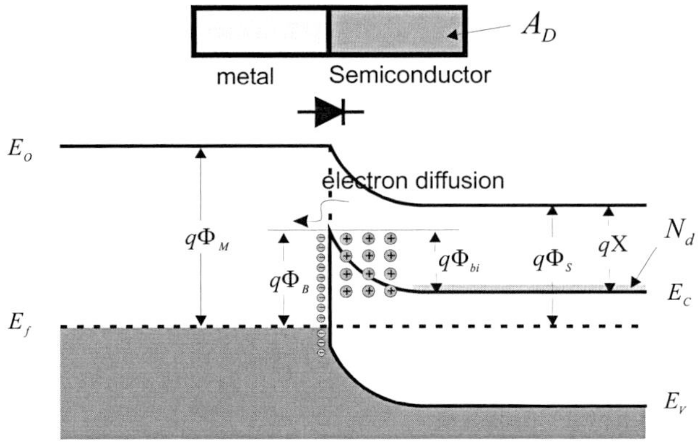

[그림 11-15] 접합되었을 때 에너지 다이어그램

따라서 도체와 반도체 사이에는 (11-9)식과 같은 장벽이 발생하게 되고 이것을 보통 Schottky 장벽 높이(barrier height)라고 부른다.

$$q\Phi_B = q\Phi_M - qX \tag{11-9}$$

반면 접합에 충분히 떨어진 전도대 내 전자의 에너지와 접합부근의 전자의 에너지 차이를 내부전위(built-in potential)이라고 한다.

$$q\phi_i = q\Phi_M - q\Phi_S \tag{11-10}$$

이와 같이 장벽 높이와 내부전위가 발생하는 것에 대한 다른 설명으로는, 도체와 반도체를 접합시켰을 경우 반도체의 전도대에 있는 전자들은 도체로 확산하게 되나, 반면 대부분의 도체 내 대부분 전자들은 반도체로 알맞은 에너지 값이 없어 확산하지 못하게 된다. 이때 반도체에서 도체로 확산되어 전자들이 떠나게 되면 반도체에는 극성을 띤 원자들이 경계면 주위에 나타나게 되고, 이는 도체로 확산된 전자를 다시 반도체 접합면에 모이게 만든다. 이때 반도체 내에 있는 전도대의 전자들은 열에 의하여 형성된 전자들이기 때문에 이것을 보통 열전자 방출(thermo-ionic emission)이라고 부른다. 이와 같이 접합 주위에 형성된 전자와 극성을 띤 원자와 전자들의 층은 반도체에서 확산하려고 하는 전자들을 반발시켜서 반도체 내의 새로운 전자가 도체로 확산되는 것을 막게 되며, 더 이상의 전자의 확산은 없게 된다. 정확히는 도체에서 확산되는 극소수의 전자와 반도체에서 확산되는 전자 간에 평형을 이루어 전자들의 순수한 이동은 0이 되게 된다. 이와 같이 형성된 전자와 반도체 내의 + 극성을 띤 원자들이 형성하는 전위장벽을 내부전위(built-in potential)이라고 부른다. 이것은 앞서서 유도한 내부전위와 같게 된다.

11.2.3.2 공핍영역커패시턴스(Depletion Capacitance)

앞서 설명한 반도체 내부의 +극성을 띤 원자들이 균일하게 분포하고 있다고 가정하면(depletion approximation) 이것의 단위부피당 농도는 불순물 원자농도(impurity density) N_d와 같게 것이다. 즉 불순물 원자 수를 N_d만큼 주입할 경우 이에 해당하는 전자는 상온에서 대부분 전도대 내의 전자가 되게 되고, 또한 전자가 떠난 반도체 영역에는 불순물의 농도가 N_d이므로, 이것이 균일하게 분포되어 있다면 아래 그림 11-16과 같이 전하가 분포하게 될 것이다. 도체의 경계면에서 전하는 전체 다이오드로 볼 때는 중성이므로 그림과 같이 δ 함수의 분포를 이루게 될 것이다.

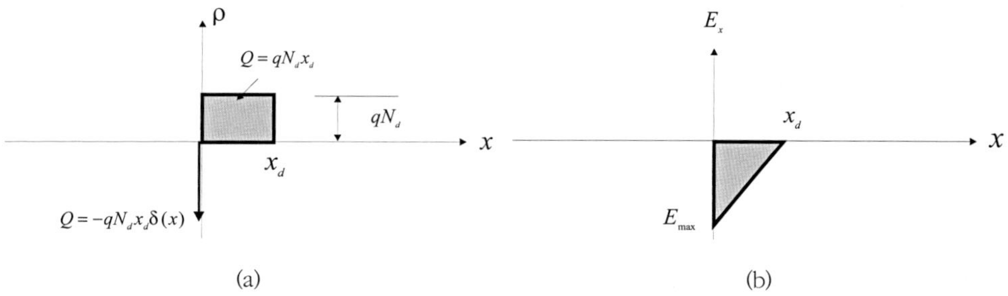

[그림 11-16] 접합부근의 (a) 전하분포, (b) 전계

따라서 Gauss 법칙을 적용하면, 전계는 그림 11-16(b)와 같이 공간적으로 분포하게 될 것이다. 따라서 전계의 최대치는

$$E_{\max} = -\frac{qN_d x_d}{\epsilon_s} \tag{11-11}$$

와 같이 나타나게 되고, 여기서 ϵ_s는 반도체의 유전율(permittivity)을 나타내며, 식 (11-11)의 −는 $-x$ 방향으로 전계가 발생한다는 것을 의미한다. 따라서 내부전위는 이것을 적분하면 얻게 되며, 이것은 (11-12)식과 같이 나타나는 것을 알 수 있다.

$$\phi_{bi} = -\frac{1}{2}E_{\max}x_d = \frac{1}{2}\frac{qN_d x_d^2}{\epsilon_s} \tag{11-12}$$

또한 이때 반도체 내의 총 전하는 (11-12)식에서

$$Q_s = qN_d x_d = \sqrt{2q\epsilon_s N_d \phi_{bi}} \tag{11-13}$$

로 나타낼 수 있게 된다. 이때 도체 측에 +인 외부에 전압 V_a를 인가하면 이것은 내부전위와 반대방향이 되므로 (11-13)식의 ϕ_{bi} 항은 $\phi_{bi} - V_a$가 되게 되고, 불순물 농도 N_d 는 변화가 없으므로 이것은 전자들이 공핍(depletion)되는 x_d의 변화를 가져오게 된다. 따라서 공핍전하 양은

$$Q_s = qN_d x_d = \sqrt{2qN_d\epsilon_s(\phi_{bi} - V_a)} \tag{11-14}$$

가 되며, 이것은 외부전압에 따라 축적된 전하가 변하는 것이므로 커패시턴스로 나타낼 수 있고, 이에 따라 발생하는 커패시턴스는

$$C_j = A_d\left|\frac{\partial Q_s}{\partial V_a}\right| = A_d\sqrt{\frac{qN_{d\epsilon_s}}{2(\phi_{bi} - V_a)}} = \frac{\epsilon_s A_d}{x_d} \tag{11-15}$$

로 나타날 수 있게 된다. 따라서 공핍영역 커패시턴스 C_j를 측정할 경우 공핍영역의 두께 x_d를 결정할 수 있게 되며, 결과적으로 N_d를 알 경우 (11-12)식에 의해 내부전위를 결정할 수 있게 된다[1].

11.2.3.3 순방향 및 역방향에서의 동작

Schottky 다이오드에 DC 전압을 그림 11-17과 같이 인가할 경우, 이 전압은 저항이 극히 작은 도체나 반도체의 내부(bulk) 영역에는 걸리지 않게 되고 공핍영역에 대부분 걸리게 된다. 이때 전압의 방향은 내부전위와 방향이 반대여서 장벽의 높이는 낮아지게 되고, 낮아진 내부전위로 인해 반도체 내에 있는 많은 전자들이 도체 쪽으로 확산하게 된다. 따라서 이 Schottky 다이오드는 도통하게 된다.

이때 전압이 인가되지 않았을 때 경계면에서 반도체내의 전자의 밀도 n_s는 (11-16)식과 같이 주어지게 된다.

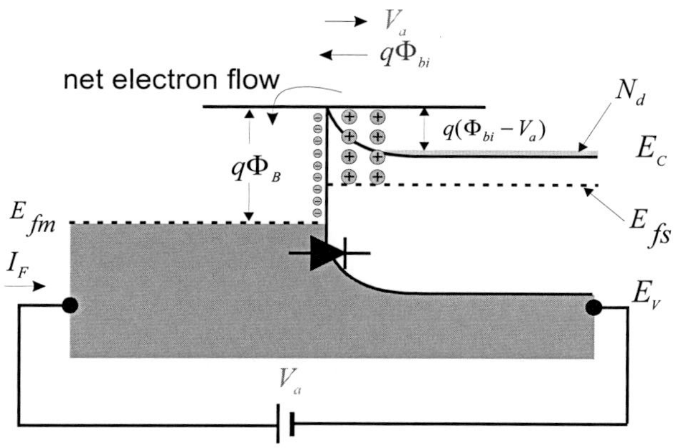

[그림 11-17] 순방향시 전자의 흐름

$$n_s = N_d \exp\left(-\frac{q\phi_{bi}}{kT}\right) \tag{11-16}$$

Schottky 다이오드에 전압을 인가하지 않을 경우 반도체에서 도체로 확산하는 전류 J_{MS}는 전자의 밀도에 비례하므로

$$J_{MS} = KN_d \exp\left(-\frac{q\phi_{bi}}{kT}\right) \tag{11-17}$$

와 같이 나타나게 될 것이다. 또한 개방되었을 때 전류는 0이므로 도체에서 반도체로 확산하는 전류 J_{SM}은 이것과 같게 될 것이다. 따라서 DC 전압을 인가하지 않을 경우 반도체에서 도체로 그리고 도체에서 반도체로 확산하는 전류는 (11-18)식과 같이 얻어진다.

$$J_{MS} = J_{SM} = KN_d \exp\left(-\frac{q\phi_{bi}}{kT}\right) \tag{11-18}$$

여기에 DC 전압이 인가될 경우 총전류는 $J = J_{MS} - J_{SM}$으로 나타나게 되는데, 전압을 인가할 경우 반도체 내의 전자밀도는

$$n_s = N_d \exp\left(-\frac{q(\phi_{bi} - V_a)}{kT}\right) \tag{11-19}$$

가 되므로 총 전류 J는

$$J = KN_d \exp\left(-\frac{q(\phi_{bi} - V_a)}{kT}\right) - KN_d \exp\left(-\frac{q\phi_{bi}}{kT}\right) \tag{11-20}$$
$$= J_o[\exp(qV_a/kT) - 1]$$

과 같이 얻어지게 되고 이때 포화전류 J_o는

$$J_o = KN_d \exp\left(-\frac{q\phi_{bi}}{kT}\right) \tag{11-21}$$

와 같이 얻어지게 된다. 주목할 것은 이러한 전자의 흐름은 다수반송자에 의한 것이며 pn 다이오드와는 달리 소수반송자에 의한 확산이 아니라는 점이다. 따라서 Schottky 다이오드에는 소수반송자에 의한 전하 축적효과로 나타나는 확산영역 커패시턴스는 존재하지 않게 된다. 이 결과로 Schottky 다이오드는 ON-OFF 시 pn 다이오드에 비해 속도가 훨씬 빠르게 된다.

반면에 DC 전압을 그림 11-18과 같이 역 방향(reverse bias)으로 인가할 경우 DC 전압과 내부전위는 방향이 같게 되어 반도체의 전자들은 전원쪽으로 끌려가게 되고 장벽은 더욱 높아지게 되어 반도체 내의 전도대에 있는 전자들은 도체 쪽으로 확산을 하지 못하게 된다. 반면 도체에 있는 전자들은 전압 이 인가되지 않았을 때와 같은 양의 전자들이 반도체 쪽으로 확산하게 되고, 이것은 앞서서 구한 포화전류 J_o와 같게 된다.

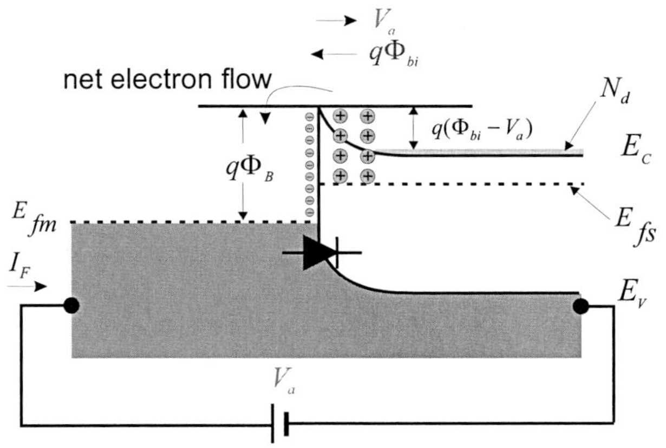

[그림 11-18] 역방향시 전자의 흐름

11.2.3.4 Schottky 장벽 높이

앞에서 유도한 (11-21)식의 포화전류 J_o는 반도체에서의 전자의 밀도가 경계면에서 얻은 값으로 일정하다고 가정하였는데, 이보다 전자의 밀도에 대해서 위치에 따라 변한다고 가정하고 이 분포를 적당히 실제 분포에 가깝게 근사하면, $I-V$ 관계식은 같고, 포화전류의 식은 다소 변하게 되는데 이것은 (11-22)식과 같다.

$$J_o = \frac{q^2 D_n N_c}{kT}\left[\frac{2q(\phi_{bi} - V_a)}{\epsilon_s}\right]^{1/2} \exp\left(-\frac{q\phi_B}{kT}\right) \tag{11-22}$$

여기서 D_n은 확산계수를 나타내며, N_c는 전도대에서 전자의 밀도를 나타낸다. 이 식에 따르면 포화전류의 값은 다이오드에 인가된 전압에 의존하게 되며, 주목할 것은 이들의 의존도는 제곱근에 비례하여 그 의존도는 Schottky 장벽의 의존도보다 작게 된다. 또한 이때 Schottky 장벽은 도체에서의 일함수와 반도체에서의 전자친화도에 따른 것으로 이것은 내부전위와는 다르게 반도체 내의 불순물원자 수에 의존하지 않는 상수가 되게 된다. 이것은 단지 Schottky 접합에 사용되는 반도체와 도체의 물성에만 의존하게 되므로 이들이 정해질 경우 상수라고 볼 수 있다.

이러한 Schottky 장벽에 따른 포화전류의 변동은 이것을 혼합기로 사용할 경우 turn on 되는 전압이 변하게 되어 혼합기 변환손실의 최소점이 LO 전력에 따라 다르게 나타나게 된다. 이것을 그림 11-19에 나타내었다. 그림에서 알 수 있듯이

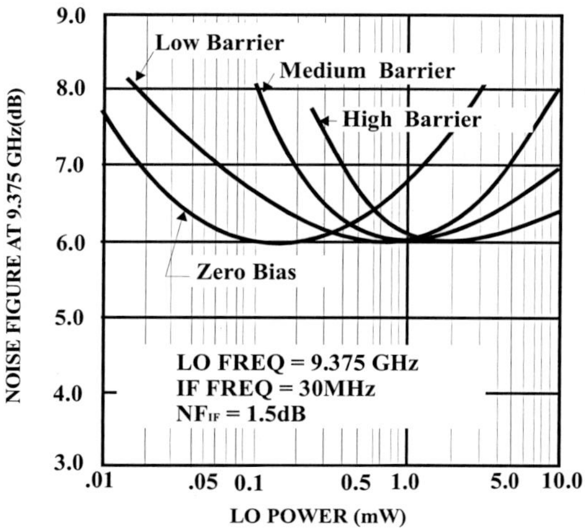

[그림 11-19] Schottky 장벽에 따른 혼합기에서의 잡음지수(여기서 잡음지수는 변환손실과 거의 같게 된다)

low barrier의 경우 약 0 dBm의 LO 전력에서 변환손실이 좋게 되며 high barrier의 경우 최저점의 변환손실은 약 3 dBm의 LO 전력에서 나타나는 것을 알 수 있다.

11.3 혼합기 회로의 정성적 해석

다이오드를 사용한 혼합기 회로에서 다이오드는 LO 신호에 따라 ON/OFF로 절체하는 스위치로서 근사할 수 있게 된다. 혼합기에서는 일반적으로 LO 신호는 RF신호나 IF 신호에 비해 매우 커서 이와 같이 근사할 수 있을 것이다. 따라서 혼합기 해석에 있어서 다이오드는 그림 11-20같이 LO가 +극성을 가질 경우 단락, 그리고 LO가 −극성을 가질 경우 개방된 스위치로 고려하여 근사적으로 해석할 수 있다. 그리고 약신호인 RF 입장에서 볼 때는 다이오드는 LO 신호에 따라 시변하는(time varying) 스위치로 볼 수 있게 된다.

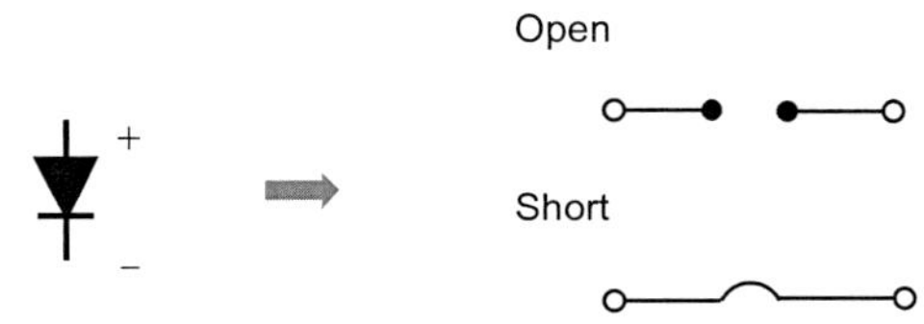

[그림 11-20] 다이오드의 스위치로 근사

이보다 좋은 방법으로는 다이오드 등가회로는 그림 11-21과 같이 R_s, C_j, D로 나타낼 수 있으므로 다이오드가 ON 되었을 때를 R_s로 그리고 개방(open)되었을 때를 $R_s - C_j$직렬회로로 근사할 수 있을 것이다.

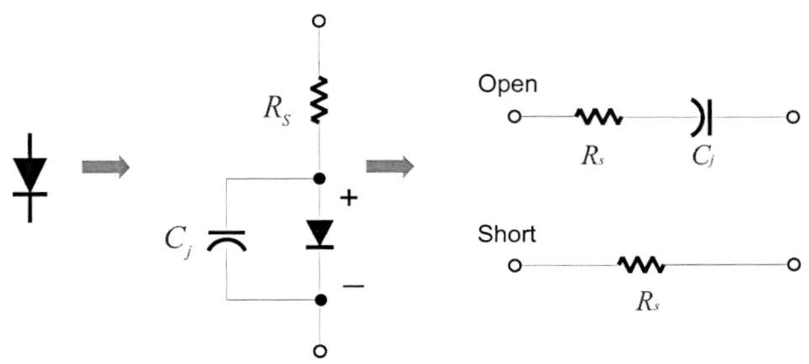

[그림 11-21] 다이오드 ON/OFF에 따른 임피던스 근사

따라서 이것에 의하면 혼합기는 다이오드가 ON/OFF 시 임피던스 차이에 의한 것을 이용하는데, 다이오드 ON/OFF 시 동일한 임피던스 크기를 얻게 된다면, 이것은 혼합기로 사용할 수 없을 것이다. 일반적으로 이러한 기준으로 C_j의 임피던스가 R_s와 같아지는 주파수를 차단주파수(cutoff frequency) f_c라고 하고 이 이상의 주파수에서는 다이오드를 혼합기로 응용하는 것이 곤란한 것으로 고려한다. 따라서 이러한 차단주파수는

$$f_c = \frac{1}{2\pi R_s C_j} \tag{11-23}$$

와 같이 나타낼 수 있으며, 이것은 다이오드를 혼합기로 사용할 때 성능지표가 된다.

트랜지스터를 혼합기 소자로 이용할 때는, 다이오드에 비해 여러 가지 동작으로 사용가능하다. 그림 11-22와 같이 LO 신호와 RF 신호를 트랜지스터의 게이트(또는 베이스)에 동시에 입력하고, 이 때 그림 11-22와같이 게이트전압과 드레인(또는 컬렉터) 전류 사이에는 앞서서 설명한바와 같이, 비선형적 관계를 보이게 되는데, 이것을 다항식(polynomial)으로 전개할 경우, 2차 이상의 항이 발생하며, 2차 항의 계수를 a_2라고 할 경우, 2차 항에 의한 드레인 전류는 $a_2 v_{GS}^2$이 되어, 두 신호의 혼변조된 성분 $2a_2 V_{RF} V_{LO} \cos\omega_{RF}t \cos\omega_{LO}t$ 가 나타나게 된다. 이러한 동작을 트랜스-컨덕턴스(trans-conductance) 형 동작이라고 한다. 이것중 적당한 신호성분을 여파기를 통하여 걸러낼 경우 상향 변환 또는 하향 변환된 주파성분의 신호를 얻게 된다. 여기서는 간단히 2차 항만 예를 들었지만 고차 항에 의해서도 이러한 주파수 성분은 나타나게 된다.

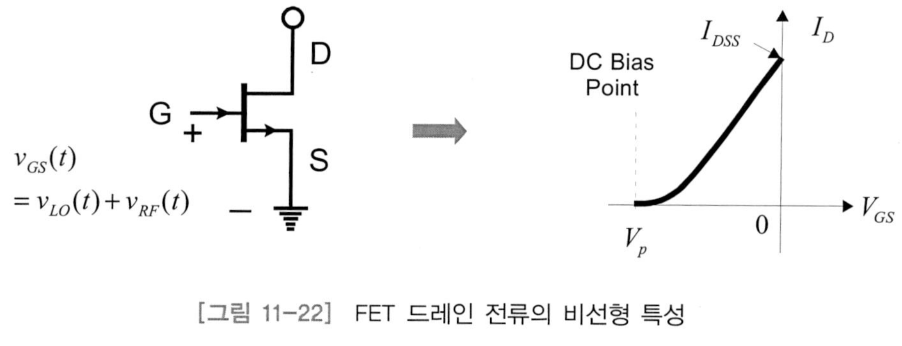

[그림 11-22] FET 드레인 전류의 비선형 특성

여기서 RF 및 LO 신호를 동시에 게이트 단자에 인가하였지만, 다른 방법으로는 드레인 단자에 인가하여도 역시 주파수 변환된 신호를 얻을 수 있게 된다. 이 경우는 게이트에 인가된 LO 전압에 따른 드레인-소스간 비선형 컨덕턴스 $g_{ds}(t)$를 활용하는 것이다. 그러나 일반적으로 이러한 혼합기는 RF 신호를 게이트단자에 인가하거나 또는 드레인 단자에 인가하더라도, 이득 면에 있어서는 다이오드 혼합기에 비해 유리한 점이 있으나, 일반적인 다이오드 혼합기에 비해 다른 특성은 별도의 개선을 보이지 않는 것으로 알려져 있다.

이러한 동작은 트랜지스터를 활성영역(active region)에 두고 주파수 변환을 얻어 내는 것으로, 증폭기와 다른 점은, 증폭기의 경우 비선형성이 최소화 되도록 게이트 DC 전압 및 드레인-소스 간 DC 바이어스 전압을 선택하나, 혼합기로 사용할 경우 가능한 비성형성이 많이 나타나도록 게이트의 DC 바이어스 전압을 pinch-off에 위치시키거나(그림 11-22의 V_p점) 또는 포화 영역 (그림 11-22의 I_{DSS}점)에 위치시켜 한다는 점이다.

다른 동작으로는 드레인-소스 단자 간을 그림 11-23과 같이 게이트단자에 인가된 LO 신호에 따라 개폐되는 switch로 보는 것이다. 이때 앞서 동작에서와 다른 점은 드레인 단자에 DC 바이어스 전압을 인가하지 않는 것이다. 즉 $V_{DS}=0$ 인 상태에서는 드레인 소스 간은 게이트에 인가된 LO 신호에 따른 가변 저항이 되며, 이를 통하여 RF 신호의 경로를 절체하여 혼변조된 성분을 얻는 것이다.

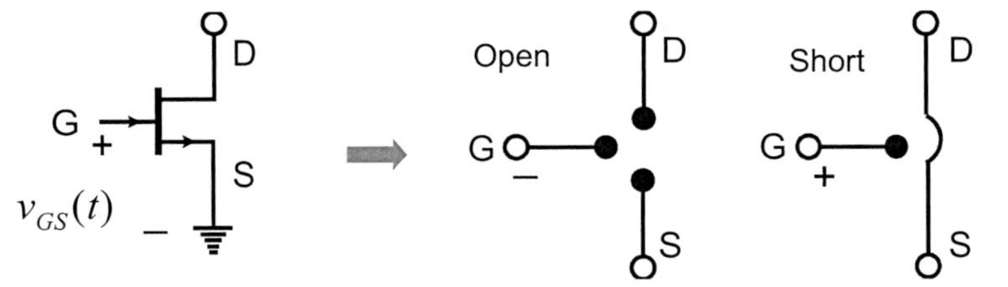

[그림 11-23] FET의 스위치로 근사

이와 같이 동작하는 것을 저항성 동작(resistive operation)이라고 부르며, 이러한 동작을 할 경우, 이것은 LO 및 RF 신호간 거의 완전한 승적기(multiplier)가 되어, 다른 고조파로 발생하는 불요파가 없게 되어, 일반적으로 다이오드 보다 높은 1-dB 축퇴점이 제공하며, 결과적으로 TOI도 높게 된다.

그림 11-24는 신호에 따라 개폐되는 스위치의 혼합기 활용을 보이기 위한 개념적인 회로이다.

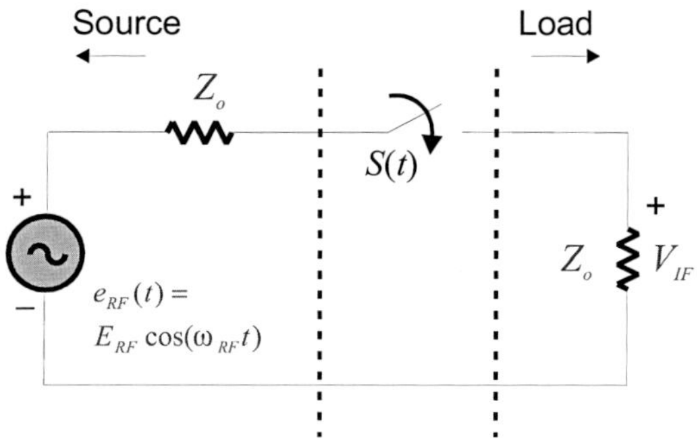

[그림 11-24] 시변(time varying) 스위치를 이용한 혼합기 회로

그림 11-24에서 스위치가 단락된 것을 1 그리고 개방된 것을 0이라고 고려하고, 이것이 그림 11-25와 같이 LO 신호에 따라 개폐가 된다면, 출력신호는

$$v_{IF}(t) = \frac{1}{2}E_{RF}\cos(\omega_{RF}t) \cdot S(t) \tag{11-24}$$

로 쓸 수 있을 것이다. 여기서 $S(t)$를 Fourier 급수로 전개한다면

$$S(t) = S_o + S_1\cos(\omega_{LO}t) + S_2\cos(2\omega_{LO}t) + S_3\cos(3\omega_{LO}t) + \cdots \tag{11-25}$$

와 같이 나타낼 수 있고, 이때 S_n은 (11-26)식과 같이 주어진다.

$$S_n = \frac{2}{T}\int_0^T S(t)\cos(\omega_{LO}t)dt = \frac{2}{\pi}\mathrm{sinc}\left(\frac{\pi\tau}{T}\right) \tag{11-26}$$

따라서 출력에는 $n\omega_{LO} \pm \omega_{RF}$ 주파수 성분이 존재하게 되는데, 이때 $\cos(\omega_{RF}t)$ $\cos(\omega_{LO}t)$ 성분만 선택한다면 원하는 주파수 상향성분과 하향성분을 얻게 된다. 이때 하향성분만 고려하면

$$v_{IF}(t)\Big|_{\omega = \omega_{LO} - \omega_{RF}} = \frac{1}{2\pi}E_{RF}\cos(\omega_{LO} - \omega_{RF})t \tag{11-27}$$

를 얻게 되고 변환손실은

$$CL = \left(\frac{1}{2} \times \frac{\dfrac{E_{RF}^2}{4\pi^2 Z_o}}{\dfrac{E_{RF}^2}{8Z_o}} \right)^{-1} = \pi^2 \approx 10 \text{ dB} \qquad (11-28)$$

인 것을 알 수 있다.

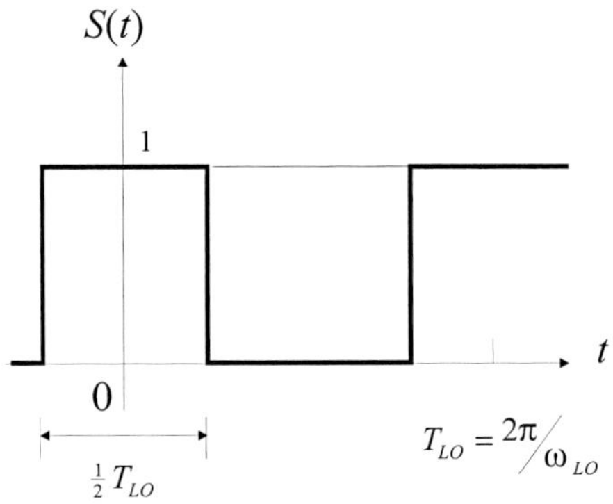

[그림 11-25] 다이오드의 개폐를 나타내는 함수

11.3.1 Single Ended Mixer(SEM)

Single Ended Mixer(SEM)는 다이오드 1개 또는 트랜지스터 1개를 이용하여 구성된 혼합기회로로서, 구성방법은 앞에서 설명한 스위치에 의한 혼합기에서 스위치를 다이오드나 트랜지스터로 대체하는 것이다. 이 때 대체된 다이오드 또는 트랜지스터를 LO로 구동하면, RF 신호 입장에서는 앞의 그림 11-24와 같은 회로가 될 것이다.

트랜지스터의 경우 이러한 동작에 의하지 않고 앞서서 설명한 바와 같이 LO 신호와 RF 신호를 섞어서, 트랜지스터의 비선형성에 의하여 주파수 상향변환된 또는 하향변환된 성분을 얻는 것이 가능하다. 본장에서는 이러한 SEM 회로들을 알아보기로 한다.

11.3.1.1 다이오드를 이용한 Single Ended Mixer(SEM)

다이오드를 이용한 SEM 예를 그림 11-26에 보였다. 이때 LO와 RF 회로를 격리하기 위하여 LO 구동회로에 직렬공진회로를 추가하였고, 직렬공진회로의 역할은 LO 주파수에서는 단락으로 작용하고, 그 이외의 주파수에서는 개방되는 역할을 한다.

또 다른 방법으로는 RF와 LO 신호를 격리할 필요가 없다면 LO 및 RF 신호를 동시에 입력시키는 방법이다. 즉 LO는 이때 다이오드를 구동하는 데 사용되고, RF는 신호의 크기가 작아 LO 신호에 따라 출력에 전달되거나 전달되지 않아 IF 성분을 발생시키게 된다.

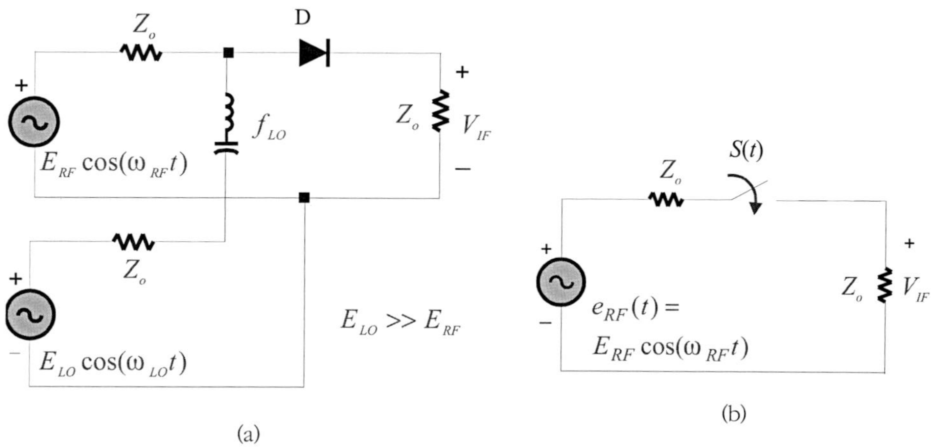

[그림 11-26] (a) 다이오드를 사용한 혼합기 회로, (b) 간략화된 회로

이러한 방법으로 구동할 경우 정확히 다이오드가 LO의 반주기 동안 ON이 되고 반면 LO의 다른 반주기 동안 OFF가 된다면, 그림 11-27과 같이 RF 신호가 IF 출력에 전달될 것이다. 이것의 변환손실은 (11-28)식에서 구한 바와 같이 약 10 dB가 된다.

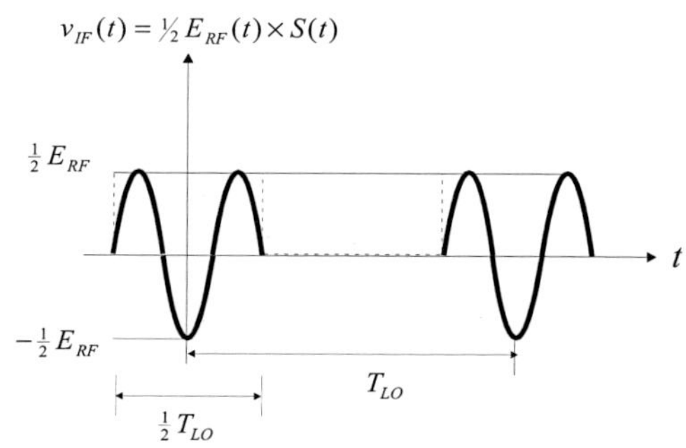

[그림 11-27] IF 출력파형

이때 출력되는 혼합된 주파수 성분은 $n\omega_{LO} \pm \omega_{RF}$가 되는 것을 알 수 있다. 즉 그림 11-25와 같은 구형파에 대한 Fourier 급수는 짝수 차에 대해서는 0이기 때문에 $\omega_{LO} \pm \omega_{RF}$, $3\omega_{LO} \pm \omega_{RF}$, $\cdots$의 주파수 항만 나타나게 될 것이다. 그러나 일반적으로 다이오드의 경우 turn-on 전압이 소요되고, 이에 따라 그림 11-28에 보인 바와 같이 ON 되는 구간이 짧은 스위치가 되어, 이것을 Fourier 급수로 전개할 경우

$$S_n = \frac{2}{T}\int_0^T S(t)\cos(\omega_{LO}t)dt = \frac{2}{\pi}\mathrm{sinc}\left(\frac{\pi\tau}{T}\right) \qquad (11-28)$$

가 되어, 모든 짝수 차가 0이 되지 않으므로, $n\omega_{LO} \pm \omega_{RF}$의 모든 주파수 성분이 나타나게 된다.

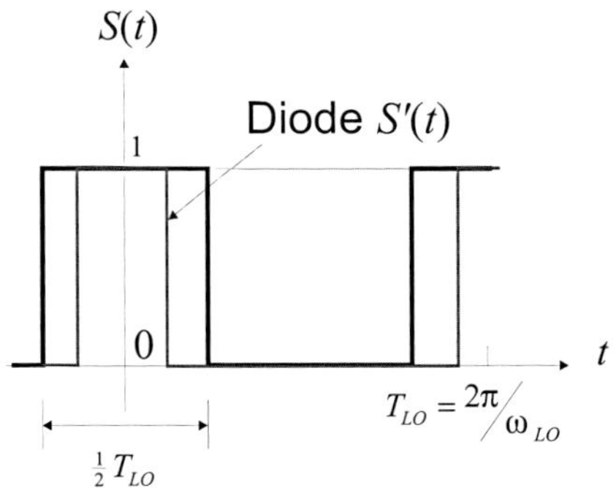

[그림 11-28] Switching function

또 하나의 문제점으로는 변환손실 계산시 혼합된 주파수 성분만 고려하였고, 이러한 SEM은 별도의 여파기가 없다면 RF 신호 및 LO 신호가 직접 출력 IF 포트에 누설되어 나타나게 된다. 따라서 LO 및 RF 신호에 대한 IF 포트의 격리도는 나쁘게 된다. 이것을 개선하기 위해서 LO, RF, IF의 주파수가 상당히 떨어져 있는 응용에서는 주로 여파기를 통하여 이들 신호를 격리하게 된다.

또한 LO에 따른 다이오드의 ON/OFF 변환은, RF 전원저항 Z_o와 IF 부하저항 Z_o로 인해 이의 변환이 효율적이지 못하게 되어, LO 특성은 상당히 높은 전력에서 안정한 변환손실을 얻게 될 것이다. 이를 개선하기 위해서는 IF 포트의 부하저항은 LO 신호 주파수에서 단락이 되는 것이 바람직하며, 또한 RF 포트의 전원저항은 개방되어야 할 것이다. 이와 같은 상황에서 LO 신호가 다이오드의 개폐를 하는데 사용되면 효율적으로 다이오드를 개폐할 수 있을 것이다.

이와 같이 LO의 다이오드 개폐의 효율성 및 격리도를 개선하기 위하여 여파기를 삽입한 회로를 그림 11-29에 보였다. 그림 11-29에서 LO, RF 신호인가는 여파기를 통하여 인가된다. 이때 f_{RF} 여파기는 RF 신호주파수에서는 단락이 되며, 반면 다른 주파수에서는 개방되는 형태의 여파기이며, f_{LO}여파기는 마찬가지로 LO 주파수에서만 단락이 되며 다른 주파수에서는 개방되는 형태의 여파기이다. 주목할 것은 주파수 하향변환된 IF를 출력에서 추출할 경우 그림 11-29와 같이 바이패스 커패시터를 삽입하여 RF 및 LO 신호에 대하여는 단락으로 동작하게 하고, 반면 IF 주파수에서는 이 커패시터의 임피던스 값이 출력저항보다 충분히 커서 IF 신호는 감쇄 없이 통과하도록 하는 것이다. 즉 RF 신호 인가시 다이오드가 ON이 되면 다이오드는 모든 주파수 성분의 전류를 발생시키고, 이 전류 중 IF 성분만 바이패스 커패시터를 통하여 IF 포트로 전달되게 된다. 이 커패시터의 다른 기능으로는 LO 구동 시 LO 신호에 대하여 앞에서 설명한 그림 11-24의 임피던스 Z_o가 단락되어, 약한 LO 신호로도 쉽게 다이오드를 구동할 수 있게 된다.

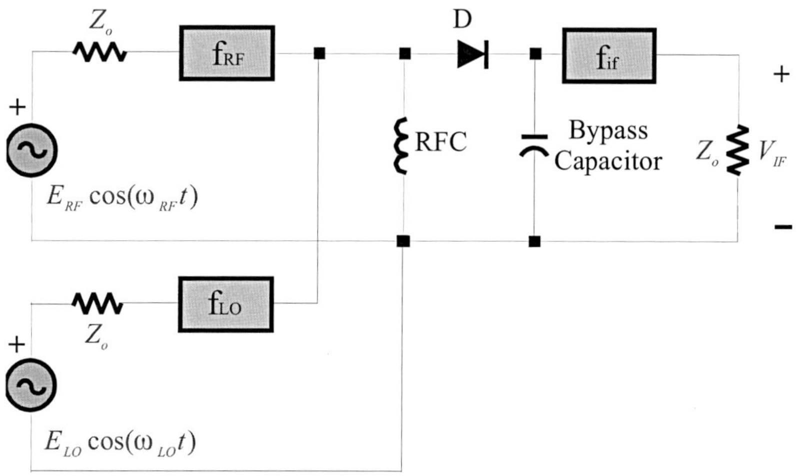

[그림 11-29] 여파기를 사용한 SEM 혼합기 회로도

또한 f_{LO} 및 f_{RF} 여파기는 LO 신호로 다이오드를 구동할 때 다이오드에서 발생하는 DC 전류에 대해서는 통과시키지 않는 경우가 대부분이다. 따라서 이러한 DC 전류의 통과를 위해 RFC 인덕터를 삽입하여 다이오드의 DC 전류 통로를 만들어주게 된다. 이러한 RFC는 LO 및 RF 주파수에서는 임피던스가 매우커서 개방된 것으로 동작하도록 값이 설정되게 된다. 따라서 이 때 다이오드의 DC 전압은

0 V가 됨을 주목해야할 것이다.

이러한 SEM은 변환손실의 경우 RF 입력의 크기에 비례하게 되는데, 최대의 RF 신호를 혼합기에 정합할 경우 IF 출력은 최대로 나오게 된다. 따라서 정합회로의 추가를 통해 변환손실을 개선할 수 있으며, 이러한 정합회로는 보통 RF 신호 여파기 뒤에 놓이게 된다. 이와 같은 정합회로를 구성 혼합기의 변환손실을 개선할 경우, 이론적인 변환손실의 한계인 3 dB에 가깝게 개선할 수 있게 된다. 변환손실의 한계가 3 dB가 되는 것은, RF 신호는 혼합기를 통해 변환되어 상향변환과 하향변화의 두 가지 성분이 나타나게 되는데, 이 두 성분의 전력분배를 고려할 때 3 dB가 최대의 변환손실이 될 것이다.

이와 같이 직렬 스위치를 이용한 혼합기 이외에 병렬로도 동작 가능하게 된다. 즉 스위치가 개방되었을 때 RF 전력은 IF에 전달되며 반면 스위치가 단락되었을 때 RF 전력은 IF에 전달되지 못하게 된다. 이러한 회로를 그림 11-30에 보였다.

이러한 혼합기회로의 일반적인 블록 도를 그림 11-31에 보였으며, 이 경우 결합기(coupler)는 RF 신호나 LO 신호를 혼합하는 기능을 하게 되며, 정합회로는 혼합기의 변환손실을 개선하기 위한 것이다. 그리고 다이오드 전단의 RFC는 LO 구동에 따라 발생하는 DC 전류에 대한 통로를 만들어 주는 것이며, 뒷단의 커패시터는 바이패스 커패시터로서 RF 및 LO 신호의 IF 출력으로 누설되는 것을 막기 위한 것이다. 또 다른 혼합기의 주요한 비교 방법인 불요파 측면을 볼 때 LO나 RF의 고조파에 대한 특별한 제거방법이 없어 IM3가 다른 어느 혼합기보다도 나쁘게 된다.

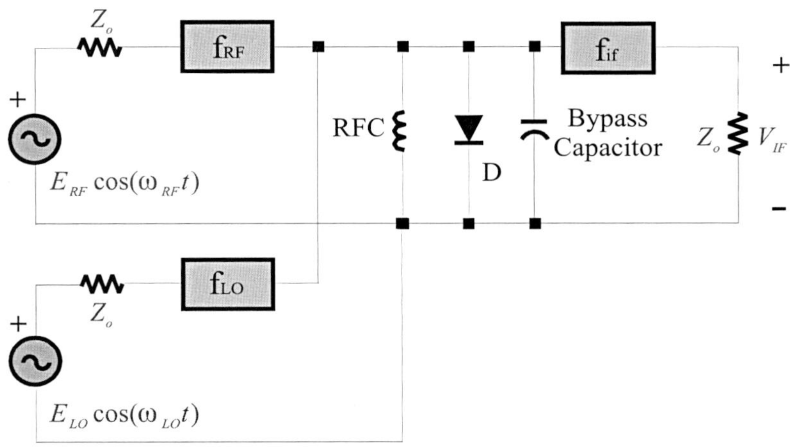

[그림 11-30] 다이오드가 병렬로 삽입된 혼합기회로도

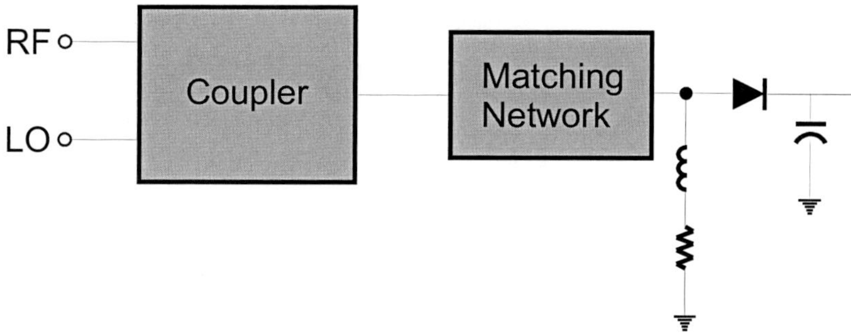

[그림 11-31] SEM 혼합기 블록도

예제 11-5 ADS 상의 기본(default) 다이오드(직렬저항이 없고 커패시터가 없는 다이오드)를 사용하여 SEM(Single Ended Mixer)의 변환손실을 확인하시오.
SEM을 구성하고 시뮬레이션을 수행한다.

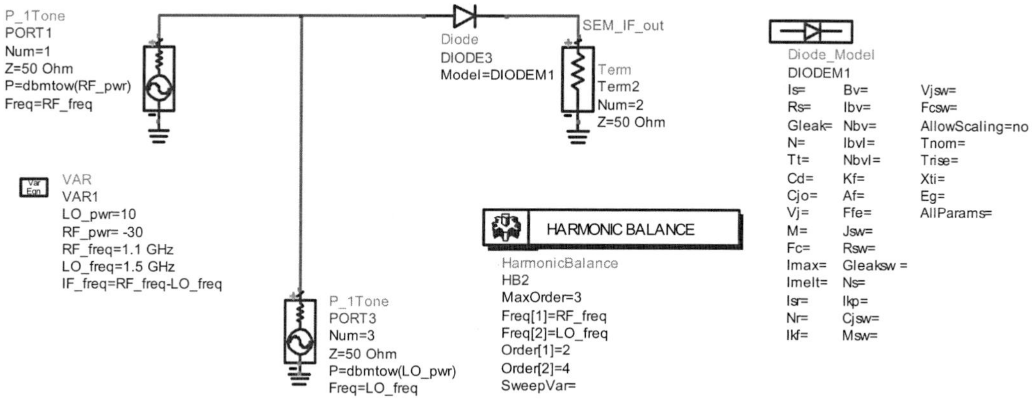

[그림 11E-17] 구성된 SEM 회로

해 시뮬레이션을 수행하고 SEM의 출력을 dBm으로 나타낸다. 시뮬레이션 결과는 그림 11E-18과 같으며 RF 및 LO 신호가 출력측에 나타나는 것을 확인할 수 있다.

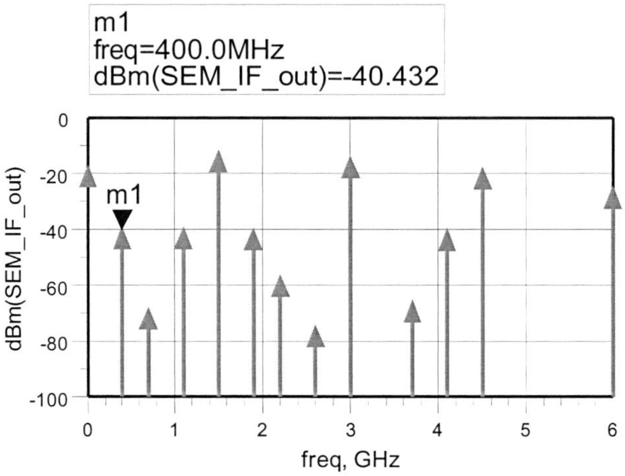

[그림 11E-18] SEM의 출력

IF 출력은 −40.432 dBm이고, RF 입력신호 값은 −30 dBm이므로 변환손실은 −30 −(−40.232) =10.232 [dB]가 된다. 따라서 SEM의 변환손실은 10.232 [dB]이다.

11.3.1.2 다이오드를 이용한 SEM 설계사례

그림 11-32는 도파관으로 구성된 SEM을 보였다. 여기서 RF/LO은 동시에 도파관 입력으로 인가되며, 다이오드와 임피던스 정합은 도파관 계단 임피던스 변환기(step-impedance transformer)를 사용 정합하고 있다. 다이오드는 칩 형태로 동축 저역여파기 위에 있으며, whisker를 통하여 연결되고 있다. IF 출력은 동축선로를 이용한 저역여파기의 출력을 통해 얻으며, RF 및 LO에 대하여 다이오드 직후에서 단락시키기 위하여, 동축 저역여파기의 시작은 임피던스가 낮은 동축선으로 부터 시작하여 RF 및 LO 신호를 바이패스 하고 있다. 또한 다이오드에서 도파관 뒷면에 의한 영향을 받지 않기 위해 1/4파장 back short를 사용, 다이오드 기준선에서 개방되도록 하고 있다.

따라서 설계의 초점은 계단 임피던스 변환기의 최적화를 통하여, whisker와 연결된 다이오드가 RF 신호에서 임피던스가 정합되어 최소의 변환손실을 갖도록 하여야 할 것이다. 이 때 LO 신호는 다이오드를 충분히 구동할 수 있도록 하며, RF와 LO가 동시에 입력되기 때문에, RF 정합에 계단 임피던스 변환기의 최적화가 수행되어, LO 신호의 경우 다소 최적의 정합이 되지 않을 수도 있을 것이다.

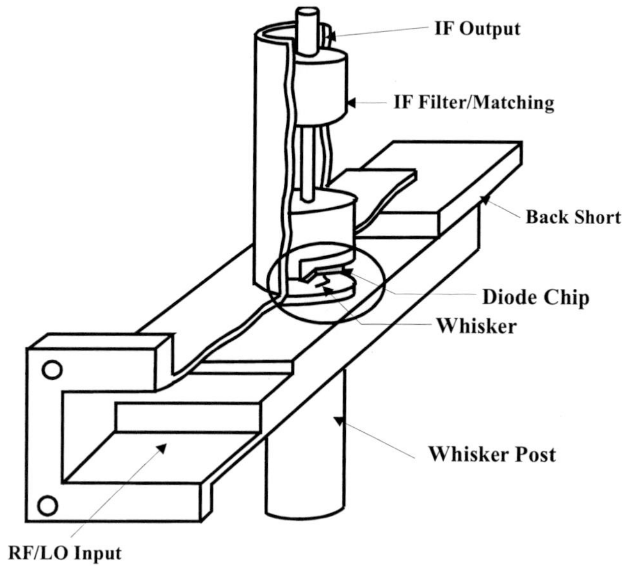

[그림 11-32] 도파관을 이용한 SEM 혼합기 예

다른 설계 예로는 마이크로스트립 선로를 이용한 혼합기를 그림 11-33에 보이고 있다.

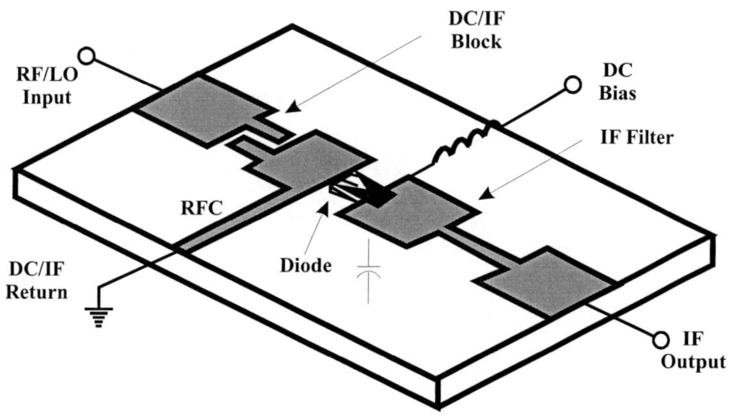

[그림 11-33] 마이크로스트립을 이용한 SEM 혼합기 예

그림 11-33에서 다이오드는 평판형 구조이므로 beam-lead 형태의 다이오드를 사용하고 있으며, 이것 또한 RF 및 LO 포트를 공통으로 사용하고 있다. 이러한 RF 및 LO 신호를 다이오드 직후에서 단락시켜, IF로 이러한 RF 및 LO 신호가 누

설되지 않도록, 바이패스 커패시터를 시작으로 하는 저역여파기를 사용하고 있다. 또한 LO 신호로 다이오드 구동에 따른 발생된 DC 전류에 대하여 경로를 만들기 위하여 마이크로스트립 RFC를 사용하고 있다. 이 RFC는 RF 및 LO 주파수에서 약 1/4파장이 되도록 하여, RF 및 LO 신호에서에서 개방이 되게 되며, RF 및 LO 신호는 이러한 RFC에 영향 받지 않고 다이오드에 전달되게 된다.

또한 다이오드의 변환손실은 DC 전압을 조정할 경우 다소 변하게 되는데, 이를 위하여 DC 전압을 통하여 변환손실을 조정할 수 있도록, 값이 큰 인덕터를 사용 DC 전압을 인가할 수 있도록 하였다.

11.3.1.3 트랜지스터를 이용한 SEM

그림 11-34에는 트랜지스터를 이용한 SEM의 동작원리를 보이기 위한 회로를 보였다. 이 때 트랜지스터는 능동형으로 동작하며, 게이트 전압 V_{GG} 및 드레인 전압 V_{DD}는 이 트랜지스터의 DC 바이어스를 위하여 인가되었으며, 이것의 RF에서의 영향을 막기 위하여 RFC를 통하여 인가되고 있다. 보통의 경우 이러한 게이트전압 V_{GG}는 트랜지스터를 pinch-off 근처에 동작점을 두게 된다.

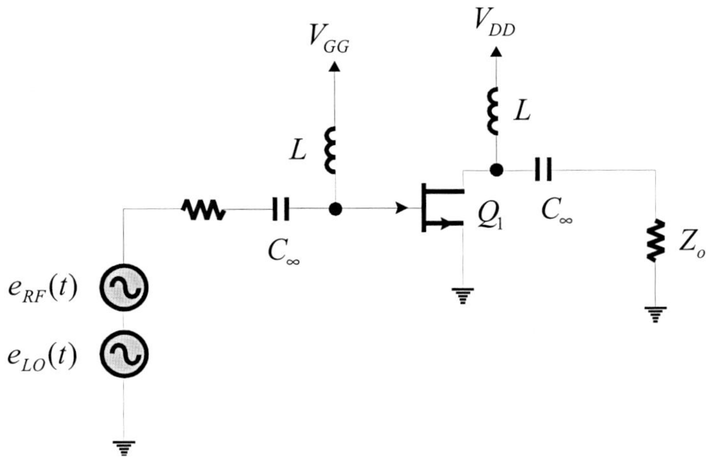

[그림 11-34] 트랜스-컨덕턴스형 SEM 혼합기

이때 FET의 게이트전압 v_{GS}에 따른 드레인 전류 i_D (11-29)식과 같이 표시된다면,

$$i_D = \begin{cases} I_{DSS}\left(1 - \dfrac{v_{GS}}{V_p}\right)^2 & v_{GS} > V_p \\ 0 & v_{GS} < V_p \end{cases} \tag{11-29}$$

RF를 소신호로 가정하고, LO 신호에 따라 변하는 트랜스 컨덕턴스는 (11-30)식과 같이 나타낼 수 있다.

$$g_m(t) = \left.\frac{\partial i_D}{\partial v_{GS}}\right|_{V_{GG} + V_{LO}\cos\omega_{LO}t} = g_{m0} + g_{m1}\cos\omega_{LO}t + g_{m2}\cos 2\omega_{LO}t + \cdots \tag{11-30a}$$

$$g_{mn} = \frac{2}{T}\int_0^T g_m(t)\cos n\omega_{LO}t\,dt \tag{11-30b}$$

$$T = \frac{2\pi}{\omega_{LO}} \tag{11-30c}$$

드레인 전류는 이 상태에서 반파정류기와 같이 정현파 tip이 발생하게 되는데, 여기서 복잡한 계산을 피하기 위하여, $V_{LO} << V_p$라고 가정하면, (11-30a) 식에서 g_{mn}항은 $n \geq 2$에서 사라지게 된다. 이 때 g_{mn}값은

$$g_{m0} = \frac{2\sqrt{I_{DSS}I_D}}{|V_p|} \tag{11-31a}$$

$$g_{m1} = \frac{2I_{DSS}V_{LO}}{|V_p|^2} \tag{11-31b}$$

와 같이 나타나며, 여기서 I_D는 $v_{GS} = V_{GG}$에서의 DC 전류 값이 된다. 따라서 여기에 RF 주파수를 갖는 소신호가 인가 될 경우 주파수 변환된 성분은

$$v_{IF}(t) = g_{m1}Z_o\cos\omega_{LO}t\,V_{RF}\cos\omega_{RF}t \tag{11-32}$$

와 같이 나타나는 것을 알 수 있다. 따라서 변환이득은

$$CG = \frac{\dfrac{(\frac{1}{2}g_{m1}V_{RF}Z_o)^2}{2Z_o}}{\dfrac{V_{RF}^2}{8Z_o}} = (g_{m1}Z_o)^2 = \left(\frac{2I_{DSS}V_{LO}}{|V_p|^2}Z_o\right)^2 \tag{11-33}$$

와 같이 얻어지게 된다. (11-33)식에서 변환이득은 LO 전압과 관계되고, DC 전압과는 무관함을 알 수 있다. 또한 주파수와도 무관함을 알 수 있다. 그러나 일반적으로 $V_{LO} << V_p$의 가정은 성립하지 않으며, LO 전압 파형은 주어진 DC 전압에 따라, 일반적으로 pinch-off 근처에 동작시켜 심하게 잘라진 정현파 tip 파형이 나오게 된다. 이 경우 DC 전압에 의존된 결과가 얻어지게 된다.

또한 게이트-소스 간 커패시터로 인해 주파수 의존도 또한 나타나게 된다. 그림 11-34에서 게이트-소스간은 커패시터가 존재하며 이로 인해 인가된 RF 신호는 주파수가 높아짐에 따라 게이트-소스 간에 감소된 전압이 나타나게 된다. 이에 따라 변환이득이 줄어들게 되는데, 이를 개선하기 위하여 RF 신호와 게이트 간에 정합회로를 두어야할 것이다.

근본적으로 이러한 동작은 LO 전압에 따라 트랜스-컨덕턴스가 LO 파형에 따라 시변하게 되고, 이러한 시변 트랜스-컨덕턴스에 소신호 RF가 인가되어 주파수 변환된 전류가 IF 부하 Z_o에 흘러서 IF 성분의 주파수가 부하에 나타나는 것이다. 만일 LO 신호가 없다면 RF 신호는 (11-31a)에 의하여 주어지는 g_{m0}에 비례하는 RF 전류만 흐르게 되고, 이 전류가 IF 부하 Z_o에 흘러서 출력에는 증폭된 RF 신호만 나타나게 될 것이다.

혼합기로 사용되는 다른 동작으로는 그림 11-35에 보였다. 이때 주목할 것은 트랜지스터의 드레인에는 DC 전압이 인가되지 않으며, 트랜지스터의 드레인-소스간은 LO 신호에 따라 변하는 가변저항이 될 것이다. 게이트 전압 V_{GG}는 보통 트랜지스터가 pinch-off 되도록 DC 전압이 인가된다. 이 때 게이트에 인가된 LO 전압이 - 극성을 가질 경우 트랜지스터의 드레인-소스 간에는 큰 임피던스가 나타나서 OFF 되게 되며, +극성을 가진 전압이 인가될 경우 트랜지스터 드레인-소스 간은 단락될 것이다. 따라서 드레인에 연결된 RF 신호는 트랜지스터가 OFF 된 구간만 IF 포트에 연결되며, 단락되었을 경우는 두 포트 간 연결은 끊어지게 되어, IF 포트에는 신호가 나타나지 않게 된다. 이것을 간략하게 나타내면 그림 11-35(b)와 같은 회로로 나타낼 수 있을 것이다. 이것은 앞서의 다이오드를 이용한 혼합기 회로와 동작이 유사하며 변환손실은 약 10 dB가 될 것이다.

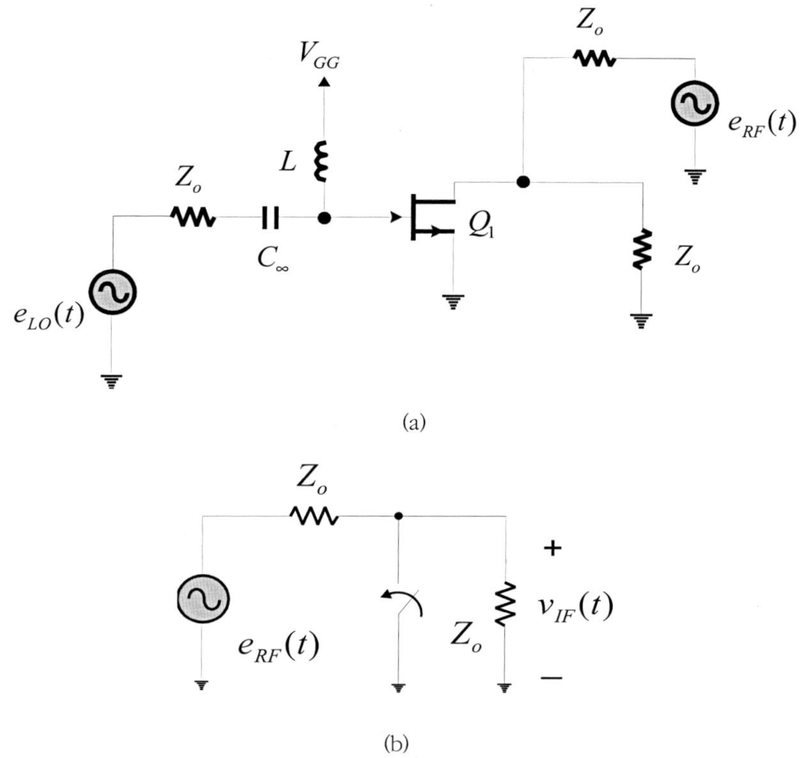

[그림 11-35] 저항성 FET SEM: (a)혼합기 회로 (b)간략등가회로

그림 11-35와 같은 혼합기를 보통 저항성 혼합기(resistive mixer)라고 부르는데, 동작 방법은 다이오드와 유사하나, 다이오드 혼합기에 비해 장점을 가지게 된다. 우선 LO 신호가 별도의 포트에 인가되어 switch를 조정하는 것이 되어, 다이오드 혼합기 회로와 같이 격리회로(직렬공진회로 또는 여파기)를 설정할 필요가 없으며, 또 다른 장점은 트랜지스터의 경우 드레인-소스 간 가변저항은 다이오드에 비하여 비선형성이 적어서, 고조파 발생이 다이오드보다 적게 된다. 따라서 불요파의 발생이 적으며, 이로 인해 1-dB 축퇴점이 높아지게 되고 결과적으로 개선된 TOI를 얻게 된다.

FET의 경우 그림 11-36과 같이 dual-gate를 가지는 FET를 제작하기가 공정상 용이하다. 이것의 개념은 새로운 것은 아니며, 이미 실리콘을 이용한 dual-gate MOSFET는 1960년대에 개발되어, 가변이득 (AGC; Automatic Gain Control)증폭기, 또는 혼합기로 널리 사용되었다. 마이크로파의 응용은 GaAs MESFET에 실리콘 MOSFET와 같이 게이트 단자를 한 개 더 추가하여, 이것을 활용한 혼합기에 대하여 80년대에 발표된바 있다. 이것의 장점은 각각의 게이트 단자에 LO 신호와 RF 신호를 인가하면 되기 때문에, LO 신호와 RF 신호를 섞어주는 수동소자의 필요 없이 직접 각각 인가할 수 있다. 또한 LO-RF 포트간 격리도는 FET1의 게이트-드레인간 커패시터에 의하여 결정되는데 이것은 작은 값이어서 격리도가 좋다는 점이다. 이것은 그림 11-36(b)에 보인 바와 같이 두 개의 단일 게이트를 갖는 FET로 고려할 수 있다.

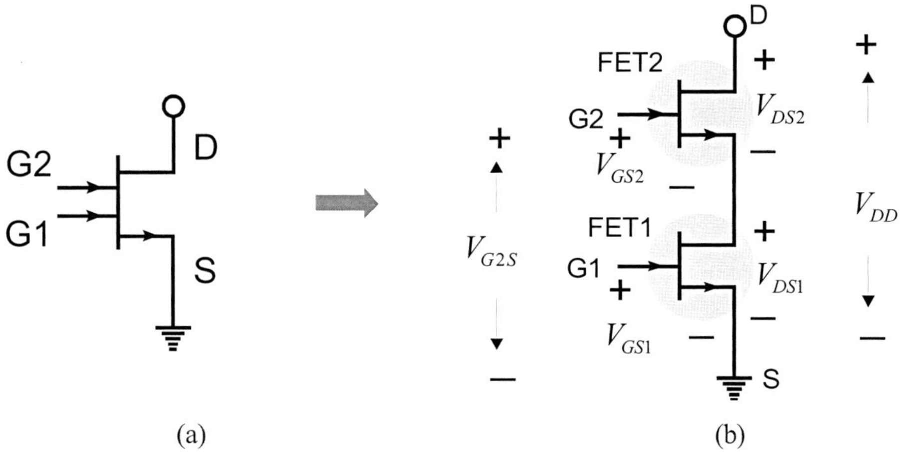

[그림 11-36] (a) Dual-gate FET (b) 등가회로

이것의 혼합기 회로에의 응용에 앞서 이것의 DC 특성을 살펴보면, 혼합기에 응용시 적절한 동작점을 선택할 수 있다. 이것의 DC 특성은 단일 게이트를 갖는 FET의 특성으로부터 유도될 수 있다. 이것의 DC 특성을 살피는데 있어서 직접 연결이 가능한 점은 FET2의 드레인이 되며, 이 전압을 V_{DD}라고 할 경우 그림 11-36에서

$$V_{DD} = V_{DS1} + V_{DS2} \tag{11-34a}$$

$$V_{G2S} = V_{DD} - V_{DS1} \tag{11-34b}$$

임을 알 수 있다. 두 FET는 같은 드레인 전류 I_D를 흘리게 되는데, 두 FET의 DC 특성을 겹쳐서 보면 그림 11-37과 같을 것이다. 그림 11-37(a)는 $V_{DD} = 5\text{V}$ 일 때 두 FET의 DC 특성을 겹쳐서 그렸다. 그림에서 $V_{gs1} = V_{gs2} = -1\text{V}$ 일 때 두 FET의 드레인 소스 간 전압 은 $V_{DS1} = V_{DS2} = 2.5\text{V}$ 이며 약 30 mA의 전류를 흘리는 것을 알 수 있다. 다른 예로 $V_{gs1} = -1$, $V_{gs2} = -2$일 경우 FET1은 약 $V_{DS1} = 0.2\text{V}$ FET2는 약 $V_{DS2} = 5\text{V}$의 전압이 나타나는 것을 알 수 있다. 또 다른 예로

$V_{gs1} = -1$, $V_{gs2} = -2$일 경우 반대로 FET1은 5V FET2의 경우 약 0.2 V임을 알 수 있다. 따라서 이것을 통하여 볼 때 두 FET가 모두 전류가 포화되는 영역에 있는 경우는 $V_{gs1} \approx V_{gs2}$인 경우이며, 대부분의 경우 두 FET중 1개는 전류가 포화 영역에 있고 다른 하나는 선형적으로 전류가 증가하는 triode 영역에 있게 되는 것을 알 수 있다. 또한 (11-34b)식 으로 정의되는 게이트 전압 V_{G2S}에 대하여 DC 특성을 그릴 경우 그림 11-37(b)와 같게 된다.

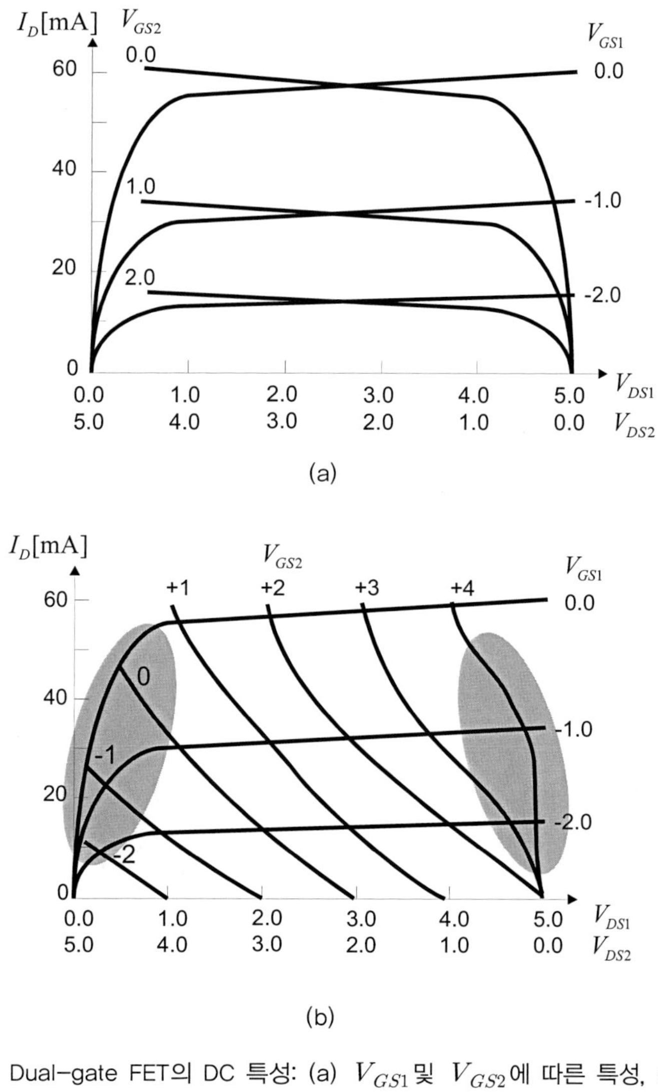

[그림 11-37] Dual-gate FET의 DC 특성: (a) V_{GS1}및 V_{GS2}에 따른 특성, (b) V_{GS1}및 V_{G2S}에 따른 특성

이와 같은 DC 특성을 고려할 때 두 FET가 모두 전류가 포화영역에 있는 영역은 혼합기로 고려하기 곤란할 것이다. 이 경우 LO 신호가 인가 된 FET는 LO 신호에 따라 전류 포화영역을 벗어나, trode 영역에 들어가게 되고, 동시에 다른 FET는 반대로 영역을 교대하게 되어, 혼합기로 동작시 좋은 결과를 예상하기 어렵다. 따라서 FET의 그림 11-37(b)에 어둡게 나타낸 부분 들이 적합할 것이다.

이 경우 FET중 한 개는 triode 영역에 있고, 반면 다른 FET는 전류포화영역에 있게 될 것이다. 바람직한 신호 인가 방법은 그림 11-38과 같이 LO 신호와 RF 신호를 인가하고 FET2의 경우 전류포화 영역에, 그리고 FET1의 경우 triode 영역에 DC 바이어스를 하는 것일 것이다(그림 11-37(b)에서 좌측의 어둡게 나타낸 부분이 된다). 이와 같이 할 경우 FET2는 LO 신호가 상당한 크기로 변하여도 상태를 바꾸지 않게 될 것이다. 또한 RF 신호는 소신호이기 때문에 FET1이 triode 영역에서 벗어나는 상황이 발생하지 않을 것이다. 이와 반대로 DC 바이어스는 동일한 상태에서, triode 영역에 있는 FET1에 LO 신호를 인가하고 전류포화영역에 있는 FET2에 RF 신호를 인가하는 것은, 두 FET의 전류영역을 교대하게 만들어 바람직하지 않게 된다. 따라서 그림 11-38과 같이 혼합기를 구성하는 것이 가장 바람직한 구조가 될 것이다.

다른 방법으로는 FET1을 포화영역에 두고 FET2를 triode 영역에 두며 LO 신호를 FET1의 게이트에 그리고 RF 신호를 FET2의 게이트에 인가하는 것인데 (두 FET는 그림 11-37(a)의 우측의 어둡게 나타낸 영역에 있게 된다), 이 경우는 역시 효율적인 혼합기를 기대하기 힘들게 된다.

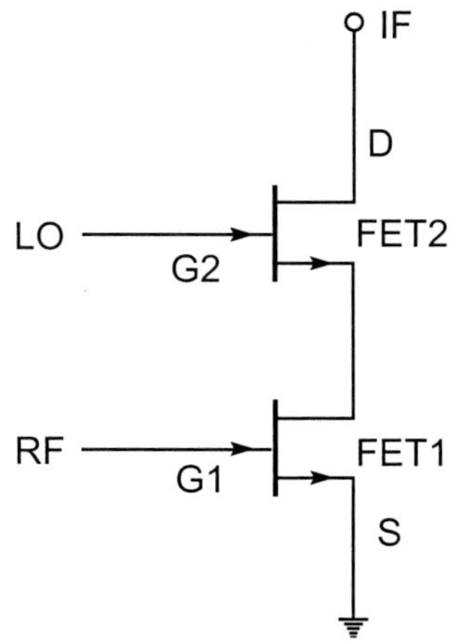

[그림 11-38] Dual-gate FET의 신호 인가방법

그림 11-38과같이 LO 및 RF 신호를 인가하였을 경우 FET1은 RF신호에 따른 가변저항이 되며, 반면 IF 포트에는 이러한 가변저항 변화에 따른 변화된 LO 신호가 전달되게 된다. 따라서 FET2의 트랜스-컨덕턴스를 g_{m2} 그리고 IF 포트의 임피던스를 Z_o로 둘 경우, IF 포트에서의 전압 $v_{IF}(t)$은

$$v_{IF}(t) = v_{LO}(t)\frac{Z_o}{R_{ds}(t) + \frac{1}{g_{m2}}} \cong \frac{Z_o V_{LO}\cos\omega_{LO}t}{g_{m2}R_{ds}(t)} \qquad (11-35)$$

로 나타낼 수 있게 된다. 이 때 $R_{ds}(t) = R_{ds0}(1 + kV_{RF}\cos\omega_{RF}t)$로 둔다면, RF신호는 소신호 이기 때문에 (11-35)식은

$$v_{IF}(t) \cong \frac{Z_o V_{LO}\cos\omega_{LO}t}{g_{m2}R_{ds}(t)} \cong \frac{Z_o V_{LO}\cos\omega_{LO}t}{g_{m2}R_{ds0}}(1 - kV_{RF}\cos\omega_{RF}t) \quad (11-36)$$

로 되어 LO 신호를 적절히 걸러낼 경우 원하는 IF 신호를 얻게 된다. 따라서 그림 11-39와 같이 dual-gate FET를 이용한 혼합기 회로를 구성 IF 출력을 얻어낼 수 있을 것이다. 이 때 주목할 것은 dual-gate FET의 DC 드레인 전압은 상수로서 LO 신호에 따라 변동되지 않게 되어 있다. 드레인 전압이 LO 신호에 따라 DC 바이어스가 변하게 될 경우 FET2의 전류영역 교대로 예상된 혼합기의 성능을 얻지 못할 수 있기 때문이다.

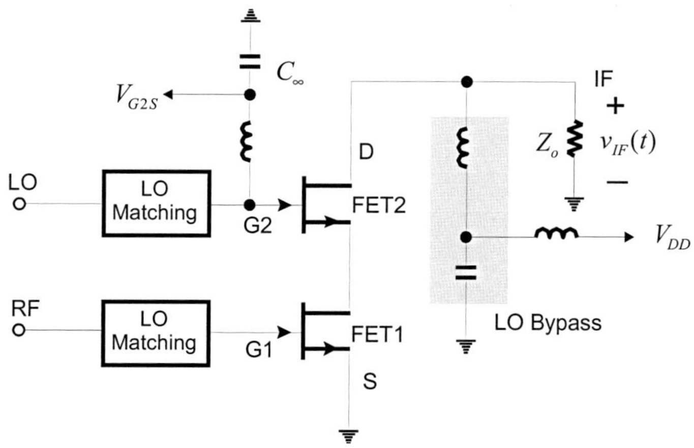

[그림 11-39] Dual-gate FET를 사용한 혼합기 회로

11.3.1.4 트랜지스터를 이용한 SEM 설계사례

그림 11-40에는 트랜지스터를 이용한 트랜스-컨덕턴스형 SEM을 보였다. LO 주파수는 7 GHz이며 RF 주파수는 7.9-8.4 GHz로 설정되었다. 이 때 트랜지스터의 동작은 앞서서 설명한 바와 같이 드레인 전류의 게이트 전압에 따른 비선형 트랜스-컨덕턴스를 이용한 것이다. 그림 11-40에서 RF 및 LO 신호에 대하여 18 pF 커패시터는 DC 블록이며, 1/4파장 고 임피던스 선로는 RFC로 동작한다. DC 게이트전압 V_{GG}에 병렬로 연결된 커패시터는 바이패스 커패시터이며, 이 때 DC 게이트 전압은 트랜지스터를 pinch-off 근처에 바이어스 되도록 한다.

드레인 단의 전송선 25 ohm 및 100 ohm의 2단 cascade 연결은 저역여파기로, IF 주파수만 통과시키기 위한 것이다. 또한 주목할 것은 이 여파기는 드레인을 RF 및 LO 주파수에서 단락시키고 있다. 이와 같이 함으로서 드레인이 IF 부하로 인한 전류 영역의 변화를 막고 있다. 그리고 이때 DC 드레인 전압 V_{DD}은 RFC를 통하여 드레인에 공급됨을 알 수 있다. 이 드레인 전압은 FET가 전류 포화영역에서 동작하도록 DC 바이어스 시킨 것이다. 그리고 IF 포트에 직렬로 연결된, 그리고 전원에 병렬로 연결된 50 pF의 커패시터들은 IF 주파수에서는 단락이 되며(IF의 최대주파수는 1.4 GHz이다), 각각 DC 블록 및 바이패스 커패시터 역할을 한다.

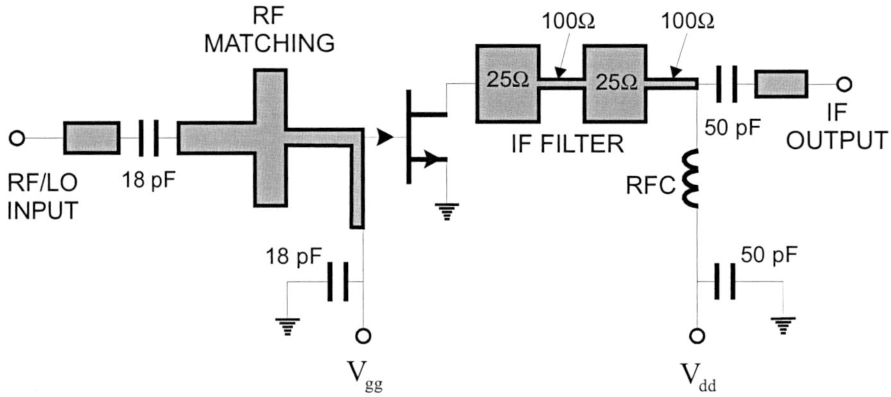

[그림 11-40] 트랜스-컨덕턴스형 SEM 혼합기 예

저항성으로 동작하는 FET를 이용한 SEM을 그림 11-41에 보였다 [5]. DC 게이트 전압 V_{GG}는 이 FET의 게이트 전압을 pinch-off 근처에 바이어스 하기 위한 것

이고, 3장에서 설명한 바와 같이 두 개의 1/4파장 전송선으로 된 RFC를 통하여 인가되고 있다. 이 때 5.1 pF 칩 커패시터는 DC 블록용으로 사용되며 또한 IF 신호가 LO 포트로 흘러나오는 것을 방지한다. LO 주파수는 8.8 GHz이며 LO 여파기는 LO 신호를 FET의 게이트에 정합시키며, 동시에 RF 신호와 격리 시키는 역할을 한다.

출력부의 RF 포트와 IF 포트는 RF 여파기와 IF 여파기로 연결되어 있으며, IF부는 RF에서 개방되어 영향이 없도록 하는 것이다. 이 IF 여파기를 통해 LO 신호 및 RF 신호의 누설을 막게 된다. RF의 주파수 범위는 10–10.5 GHz이며, RF 여파기는 RF 주파수 외에는 개방되어 다른 주파수에 영향을 미치지 않게 된다. 주목할 것은 DC 드레인 전압이 인가되지 않아, 이 FET는 저항성으로 동작하게 된다.

여기서 LO 신호는 게이트에 인가되며 게이트에 큰 + 전압이 걸릴 경우 FET의 드레인 소스 단자 사이 저항은 단락이 되고, RF 포트와 IF 포트는 끊어지게 된다. 반면 게이트에 – 전압이 걸릴 경우 드레인 소스간은 개방되어, 여기에 걸린 RF 전압은 변조되어 IF 신호를 발생시키고, 이것은 IF 여파기를 통하여 IF 포트로 출력되게 된다.

이와 같은 저항성 동작으로 인해 혼합기는 개선된 1-dB 축퇴점 및 TOI를 갖게 된다. 이 설계에서 $P_{LO}=10$ dBm 일 때, $IP_3=21.5$ dBm이 얻어졌고, 1dB 축퇴점은 $P_{1dB}=9.1$ dBm이 보고되었다.

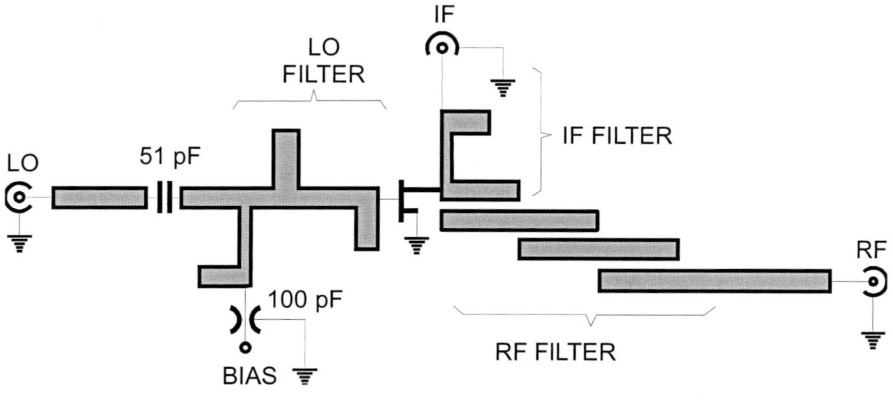

[그림 11-41] 트랜지스터를 이용한 저항성 혼합기 예[5]

11.3.2 단일평형혼합기(Single Balanced Mixer)

앞에서 설명한 SEM은 RF 신호와 LO 신호의 격리를 위하여 별도의 여파기가 필요하며, 또한 LO 및 RF 로 발생하는 고조파 억제능력이 없어서, 이로 인해 발생하는 불요파(spurious)로 인해, 신호처리범위(dynamic range)가 좁은 단점이 있다. 이것은 혼합기에 회로에 하이브리드(hybrid)를 추가하여 개선할 수 있는데, 본 장에서는 이러한 하이브리드에 대하여 알아보고, 이를 이용한 SBM의 동작원리를 살펴본 뒤, 이러한 SBM의 설계사례를 살펴보도록 하겠다.

11.3.2.1 하이브리드의 동작원리 및 종류

주파수가 비교적 높지 않을 때 혼합기에서 가장 많이 사용되는 하이브리드는 3중 권선 변압기이다. 그리고 이것의 구성은 그림 11-42(a)에 보였다. 이러한 3중권선 변압기는 그림 11-42(a)에서 보인바와 같이 투자율이 높은 ferrite core에 도선 3개를 동시에 권선하여 구성한 것이다. 이때 B' 단자 및 C 단자를 공통으로 사용할 경우, A-A', B-B' 및 C-C'의 등가회로는 그림 11-42(b)와 같게 된다.

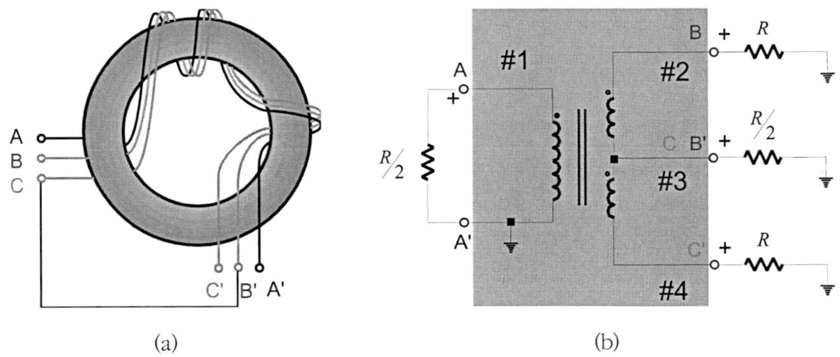

[그림 11-42] (a) Toroidal core 변압기, (b) 등가회로

그림 11-42(b)의 등가회로의 동작을 보기 위하여, 그림 11-43과 같이 포트 1(A-A')에 입력을 인가할 경우, 포트 1 양단의 전압을 V라고 하면, 이 전압은 포트 2 및 포트 3의 권선에 그림 11-43과 같이 동일하게 나타날 것이다. 이때 포트 2에 흐르는 전류를 $I/2$라고 하면, 변압기의 특성에 따라 포트 4에는 그림 11-42에 나타낸 바와 같이 $I/2$ 전류가 흐르게 될 것이다. 따라서 포트 3에 연결되어 있는 저

항에는 전류가 흐르지 않게 되고, 결과적으로 포트 3의 전압은 0이 될 것이다. 또한 이것은 포트 1에서 볼 때 출력이 center-tap이 되어있는 1 : 2 변압기가 되어, 포트 1의 권선에는 이 두 전류의 합인 I가 흐르게 될 것이다.

이의 동작을 보기 위하여 그림 11-43과 같이 포트 1에 입력을 인가할 경우 포트 1에 있는 권선 양단의 전압을 V라고 하면 이 전압은 포트 2 및 포트 3의 권선에 그림 11-43과 같이 동일하게 나타날 것이다. 이때 포트 2에 흐르는 전류를 $I/2$라고 하면 이것은 포트 2 권선에 흐르는 전류가 되어 1 : 1 변압기기 때문에 포트 3~4에 걸쳐진 권선에 흐르는 전류와 같게 될 것이다. 따라서 포트 3에 연결되어 있는 저항에는 전류가 흐르지 않게 되고, 결과적으로 포트 3의 전압은 0이 될 것이다. 이것은 포트 1 입장에서 볼 때 출력이 center-tap이 되어있는 1 : 2 변압기가 되어 포트 1의 권선에는 이 두 전류의 합인 I가 흐르게 될 것이다.

또한 포트 1 입장에서는 출력에 총 $2R$이 연결되어있고, 이것이 1 : 2 변압기를 통하여 입력에 연결되어 있으므로, 입력에서 들여다 본 임피던스는

$$\frac{2R}{n^2} = \frac{R}{2} \qquad (11-37)$$

이 되어, 임피던스 정합되어 있음을 알 수 있다. 따라서 입력의 전력은 포트 2 및 포트 4의 저항으로 균등하게 배분되어 출력될 것이다. 그러나 이때 전압의 극성은 전류의 방향이 반대가 되므로, 위상차가 180°인 전압이 각각 출력되게 된다.

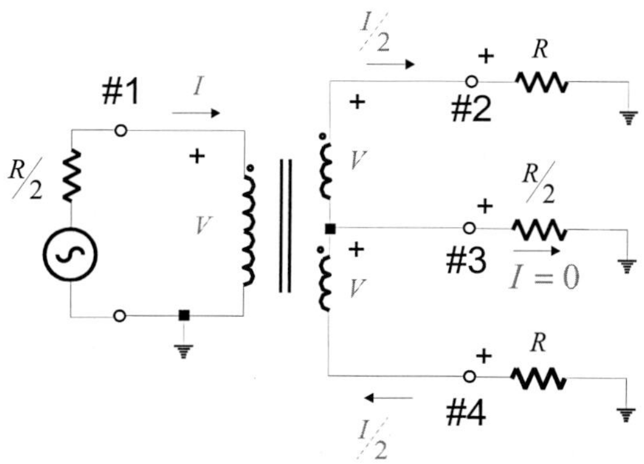

[그림 11-43] 변압기의 포트 1 전압 인가

따라서 그림 11-43과 같은 포트 저항으로 규격화된 S-파라미터는

$$S_{21} = \frac{1}{\sqrt{2}} \qquad (11-38a)$$

$$S_{41} = -\frac{1}{\sqrt{2}} \qquad (11-38b)$$

$$S_{31} = 0 \qquad (11-38c)$$

이 될 것이다.

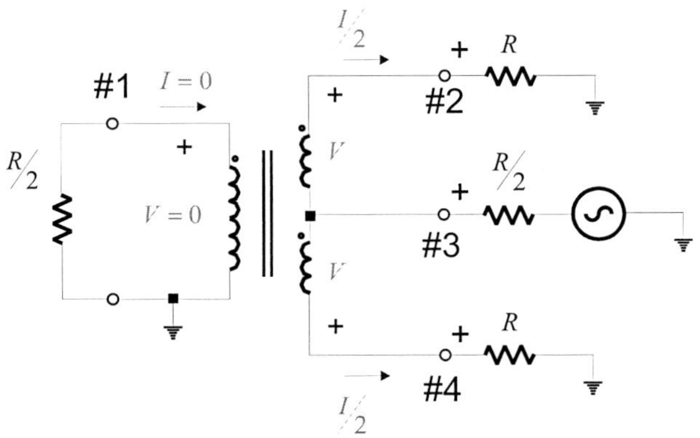

[그림 11-44] 포트 3에서의 전압인가

반면에 그림 11-44과 같이 포트 3에 입력을 인가할 경우, 포트 3을 통하여 입력된 전류는 포트 2 및 4로 균등하게 분배되고, 포트 2 및 4에는 동위상의 전압이 나타나게 될 것이다. 반면 이 전류들은 서로 방향이 반대가 되어 입력 포트의 전류는 0이 되고, 따라서 포트 1의 전압은 0이 되게 된다.

따라서 포트 1에 입력을 인가할 경우 포트 2 및 4에는 크기가 같고 180° 위상차를 갖는 전압이 포트 2 및 4에 출력되고, 반면 포트 3에 입력될 경우에는 포트 2 및 4에 동위상의 크기가 같은 전압이 나타나는 것을 알 수 있다. 또한 포트 1과 3은 격리되어 있음을 알 수 있다.

도파관으로 구성되어 이러한 기능을 하는 것은 magic-T 및 rat-race-ring 하이브리드 또는 간단히 ring-하이브리드가 있고, 이것은 그림 11-45(a)와(b)에 보였다.

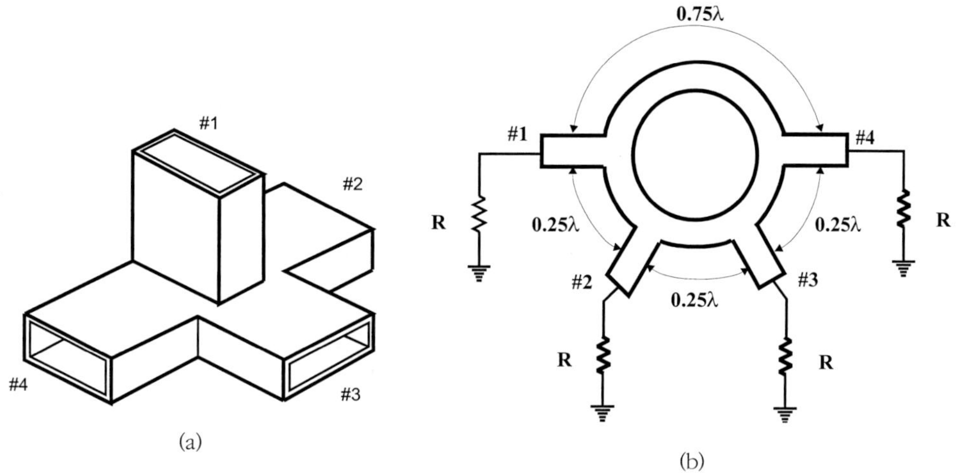

[그림 11-45] (a) Magic T, (b) Rat-race-ring 하이브리드

그림 11-45(a)의 magic-T에서 포트 1에 입력된 전계는 포트 2 및 4에 나누어져 출력되게 되며, 이때 junction에서의 전계의 형상 때문에 포트 2 및 4에는 180° 위상차를 갖는 전압이 출력되게 된다. 반면 포트 3에 입력될 경우 이것은 포트 2 및 4에 나누어져 출력되게 되며, 동위상이 되게 된다.

Magic-T와 같이 junction에 의하지 않고 전송선 길이를 이용하여, 이러한 기능을 하는 것은 ring-하이브리드라고 하며 그림 11-45(b)에 보였다. 이것에서 포트 1에 입력을 인가하였을 때, 이 전계는 포트 3에 반파장 및 한파장의 경로를 통해 전달되게 되어 이것들의 크기가 같게 되고, 위상이 반대여서 포트 3의 출력은 0이 된다. 따라서 포트 1과 포트 3는 격리되게 된다. 반면 포트 2에는 1/4파장과 5/4파장을 통한 경로로 전달되기 때문에 -90° 위상 지연된 출력이 나타나고, 포트 4에는 3/4파장 위상 지연된 출력이 나타나, 포트 2와 포트 4는 출력의 크기는 같고 위상차가 180°인 출력이 나타나게 된다. 같은 추론으로 포트 3에 입력을 인가하였을 때는, 포트 1에는 0 포트 2와 4에는 크기가 같고 동위상인 출력이 나타나게 된다.

그림 11-42의 포트 3의 저항을 0으로 두고 단락시킬 경우 그림 11-46과 같이 3-포트로 된 회로가 형성되는데, 이는 앞서 설명한 바와 같이 포트 1에 입력을 인가할 경우 포트 2와 3에는, 크기는 같고 위상이 반대 신호가 나오게 된다. 포트 2 및 3에 출력되는 신호는 접지면을 기준으로 크기는 같고 +와 −로 위상차가 180°인 신호가 된다. 이러한 신호를 평형신호(Balanced signal)라고 하며, 반면 입력신호의 경우 접지면을 기준으로 나오는 신호가 되기 때문에, 이를 불평형신호

(unbalanced signal)라고 한다. 따라서 이 회로는 불평형신호를 평형신호로 바꿔 주는 역할을 하기 때문에, 이를 발룬(balun)이라고 부른다.

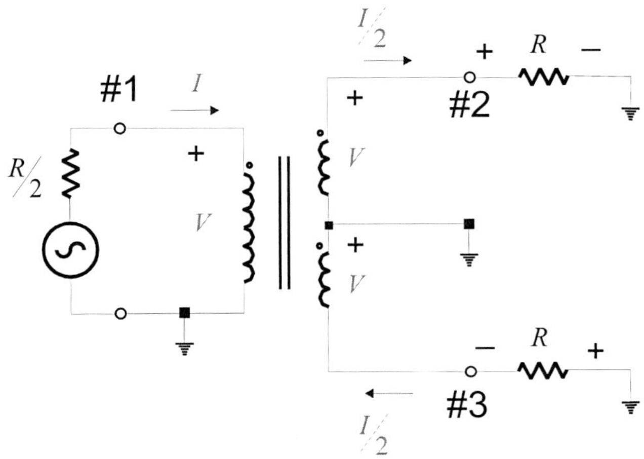

[그림 11-46] 발룬

이러한 발룬은 앞서서 설명한 바와 같이 3중 권선된 변압기로도 구성할 수 있으나, 그림 11-47과 같은 CPS(Coplanar Strip), 또는 결합전송선(coupled line)으로 구성할 수 있다. 그림 11-47(a)의 CPS 선로는 결합전송선의 우수모드(even mode) 임피던스가 ∞인 것으로 볼 수 있으며, 그림 11-47(a)와 같이 1/4파장 CPS를 사용할 경우, CPS 끝단에서 평형신호를 얻을 수 있게 된다. 이러한 CPS 대신에 마이크로스트립 선로의 접지면을 제거하고, 위아래가 대칭인 평형마이크로스트립 선로를 구성하여도 되는데, 이와 같이 구성된 발룬을 parallel-plate 발룬이라고 부른다.

그림 11-47(b)는 Marchand 발룬이라고 부르며 동작원리의 정확한 설명은 다소 까다롭지만, 간단하게는 다음과 같이 설명할 수 있다. 그림 11-47(b)의 상측 선로를 통해 끝이 개방되어 있는 반파장 선로이기 때문에, 그림과 같이 정재파가 서게 될 것이다. 이때 정재파는 끝단의 전압이 최대이고 1/4파장 되는 곳에서 0이 되며, 1/4파장 되는 곳을 기준으로 극성이 바뀐 그림과 같은 정재파가 서게 될 것이다. 이때 하측 결합전송선 쪽에는 전압이 0이고, 중앙으로 진행함에 따라 전압이 커지게 되는데, 상측 전송선로의 정재파 형상에 따라, a' 및 b' 점에서는 극성이 바뀐 전압이 나타나게 되고, 이로 인해 저항 Z_L 양단에는 평형신호가 나타나게 된다. 이러한 발룬의 단점은 변압기로 구성된 발룬은 접지점을 자연스럽게 제공하는 것

에 비해, 그림 11-47(a) 및 (b)의 발룬은 접지점을 제공하지는 않는다. 따라서 접지점을 활용한 응용이 필요할 경우, 곤란한 점이 있다.

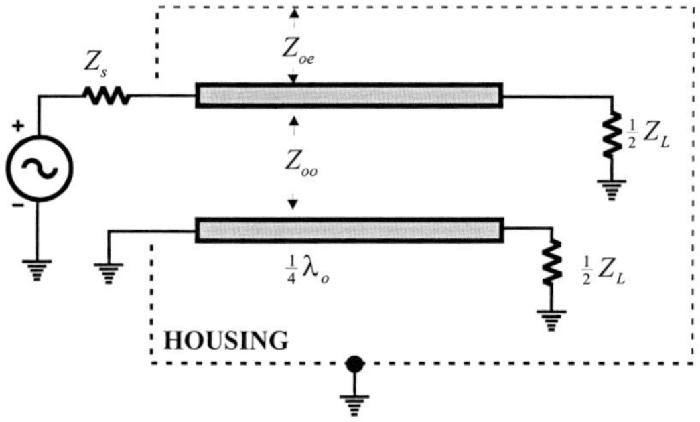

(a)

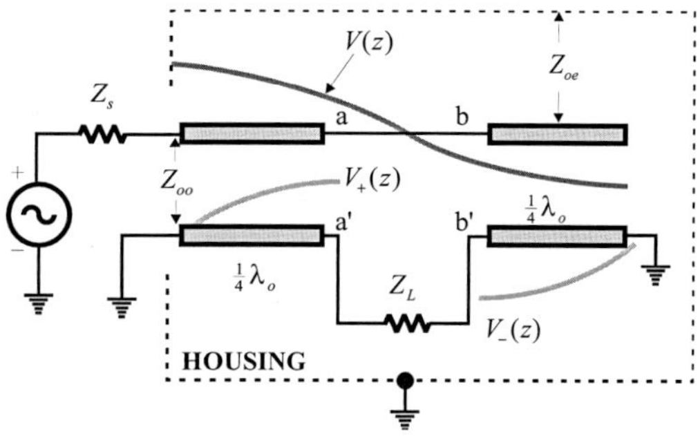

(b)

[그림 11-47] (a) CPS 발룬, (b) Marchand 발룬

11.3.2.2 다이오드를 이용한 단일 평형혼합기(Single Balanced Mixer) 회로

그림 11-48은 단일평형혼합기 회로를 보였다. 그림에서 RF와 LO는 그림 11-42의 변압기의 상호 격리되는 포트 1및 3에 각각 입력되고 있음을 알 수 있다. 따라서 LO와 RF 신호는 자연스럽게 상호 격리되는 것을 알 수 있다. 또한 LO는 변압기의 동위상으로 분배하는 포트(보통 Σ-포트라고 한다)에 입력시키고, 반면 RF의 경우는 위상차가 180°가 나게 분배되는 포트(보통 Δ-포트라고 한다)에 입력되고 있음을 알 수 있다. 주목할 것은 LO 신호가 동위상으로 분배되기 때문에 다이오드의 경우 D1이 ON 될 경우 D2는 자동적으로 OFF가 되는 것을 알 수 있다.

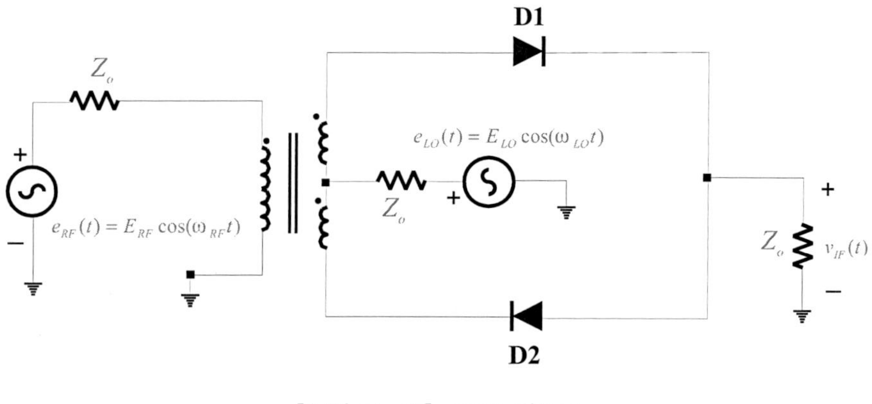

[그림 11-48] SBM 회로도

이것의 동작을 알아보기 위하여 LO이 +인 반주기 동안과 −인 반주기 동안의 등가회로를 그림 11−49의 (a) 및 (b)에 각각 나타내었다. 그림 11−49(a)에서 다이오드가 ON/OFF 된 상태에서, IF 포트에 나타나는 전압은

$$v_{IF}(t) = \frac{1}{3} e_{RF}(t) \tag{11-39}$$

가 될 것이다. 반면 −반주기 동안은

$$v_{IF}(t) = -\frac{1}{3} e_{RF}(t) \tag{11-40}$$

가 되어 IF 포트에서 출력은 그림 11−50과 같이 나타나게 된다.

이것의 동작을 알아보기 위하여 LO이 +인 반주기 동안과 −인 반주기 동안의 등가회로를 그림 11−49의 (a) 및 (b)에 각각 나타내었다.

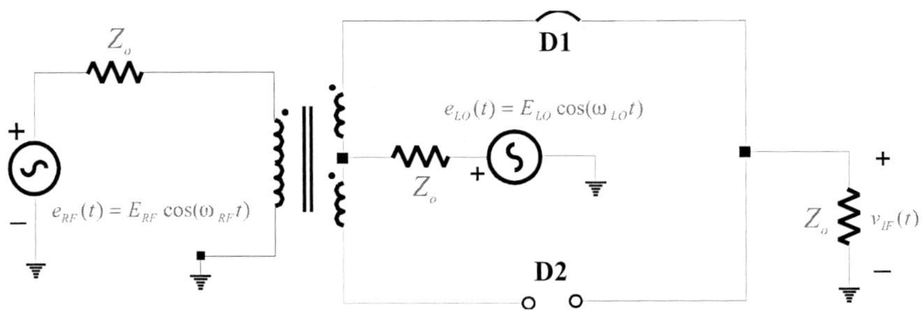

(a)

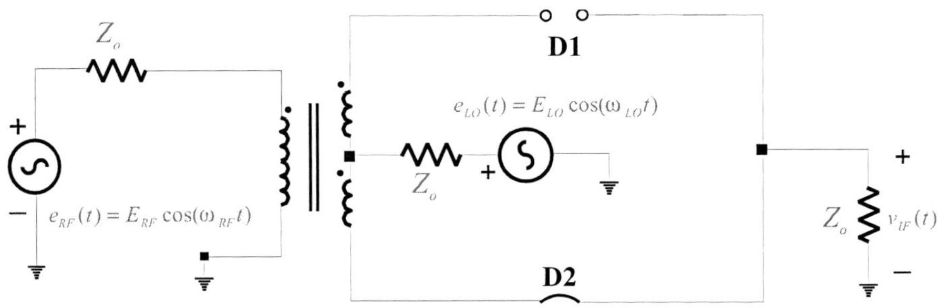

(b)

[그림 11−49] SBM의 등가회로: (a) LO가 + 반주기, (b) LO가 − 반주기

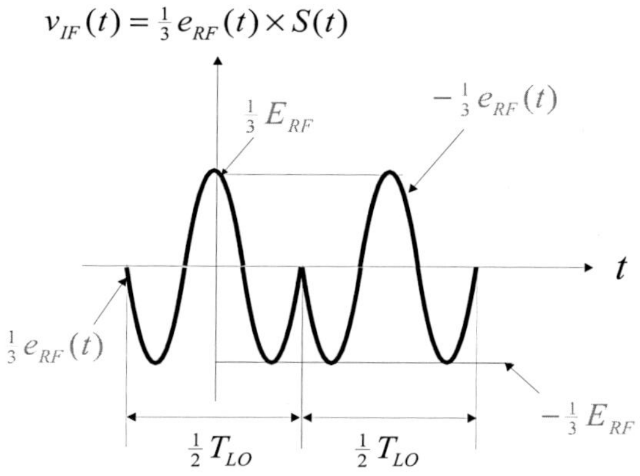

[그림 11-50] IF 출력파형

따라서 이것은

$$v_{IF}(t) = \frac{1}{3} e_{RF}(t) S(t) \tag{11-41}$$

로 나타낼 수 있고 그림 11-51과 같은 스위치 파형 $S(t)$와 RF 신호의 곱으로 나타낼 수 있을 것이다.

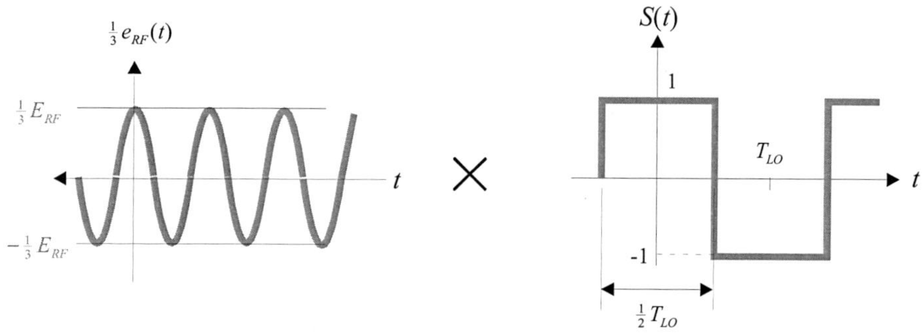

[그림 11-51] IF 출력파형의 다른 표시방법

이때 $S(t)$를 Fourier 급수로 전개할 경우

$$S(t) = \frac{4}{\pi} \left\{ \cos \omega_{LO} t + \frac{1}{3} cos 3 \omega_{LO} t \cdots \right\} \tag{11-42}$$

가 되게 된다. 이때 주목할 것은 $S(t)$에 짝수 차의 고조파는 없게 된다. 이것은 다이오드가 ON 되는 곳이 정확히 반주기가 아니더라도 마찬가지가 되게 된다. 즉 +반주기 동안 다이오드가 ON 되는 구간이 turn ON 전압이 있어 그림 11-28과 같이 좁아지더라도, −반주기 동안의 다이오드 역시 ON 되는 구간이 좁아지게 되므로 $S(t)$의 형태는 기함수(odd function)가 되어, 짝수차 고조파를 갖지 않게 된다. 따라서 $S(t)$의 많은 고조파는 소멸되게 되고, 결과적으로 고조파에 의해 혼합되는 성분이 사라져서, SEM 보다 신호처리폭(dynamic range)가 커지게 된다. 이것의 변환손실은 (11-43)식과 같다.

$$CL = \left(\frac{1}{2} \times \frac{\frac{4E_{RF}^2}{9\pi^2 Z_o}}{\frac{E_{RF}^2}{8Z_o}} \right)^{-1} = \frac{9\pi^2}{16} \approx 7.5dB \tag{11-43}$$

SBM에 대한 구조도는 일반적으로 그림 11-52와 같이 나타내게 되는데, 그림 11-52에서 180° 하이브리드를 통해, LO 및 RF 신호는 각각 정합된 두 개의 다이오드에 각각 인가되게 되는데, 하이브리드 특성상 RF 및 LO는 격리되며, 이때 출력전압은 그림 11-52에 표시한 것과 같이 나타나게 된다. 즉 LO 신호의 경우 두 다이오드에 동위상으로, 그리고 RF 신호의 경우 180° 위상차를 가지고 나타나게 된다. 또한 RFC의 경우는 RF 및 LO의 주파수에서는 영향이 없으며, 단지 LO 구동 시 다이오드에 발생한 DC 전류에 대한 경로를 만들어 주게 된다. IF 신호는 바이패스 커패시터를 통해 출력되게 되는데, 이 바이패스 커패시터의 역할은 SEM에서와 같은 역할이다.

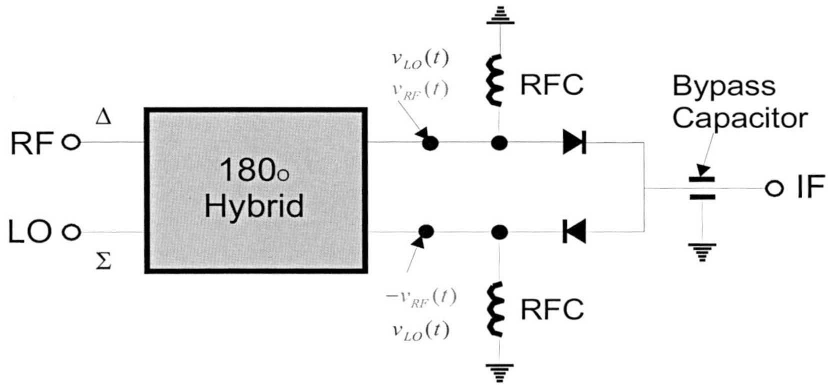

[그림 11-52] SBM의 블록도

SEM에 대한 SBM의 단점으로는 변환손실에 있어서, SEM은 정합을 통해 개선할 수 있으나 SBM의 경우는 다소 어려우며, 정합은 일반적으로 행해지지 않는다. 그러나 혼합기의 주요한 특성인 LO의 짝수 차 불요파가 제거되어 신호처리폭이 개선되게 된다.

예제 11-6 ADS 상의 MBD 101 다이오드를 이용하여 SBM(Single Balanced Mixer)의 변환손실을 계산하시오.

해 그림 11E-19와 같이 SBM 회로를 구성하고 시뮬레이션을 수행한다.

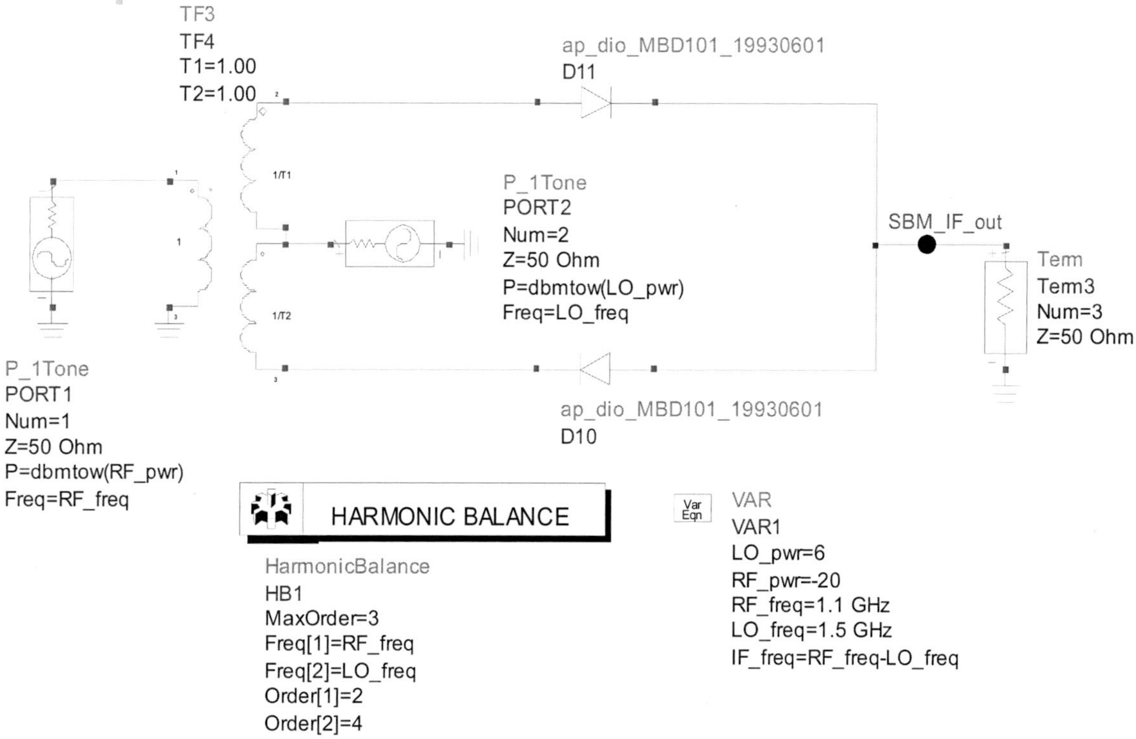

[그림 11E-19] SBM 회로

시뮬레이션을 수행하고 혼합기 출력을 dBm으로 표현한 결과는 그림 11E-20과 같다. 그림 11E-20에서 확인할 수 있듯이 IF 출력은 −28.705 dBm이다.
RF 값이 −20 dBm이므로 변환손실은 −20−(−28.705) = 8.705 [dB]이다. 따라서 SBM은 8.705 dB의 변환손실을 갖는다.

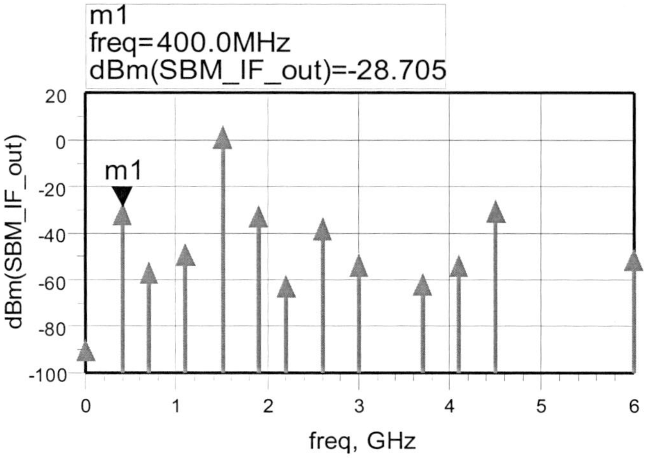

[그림 11E-20] SBM 출력결과

11.3.2.3 다이오드를 이용한 SBM의 설계사례

그림 11-53은 마이크로스트립 으로 구성된 rat-race-ring 하이브리드를 이용한 SBM 회로이다. Rat-race-ring 하이브리드의 각각의 전송선은 1/4파장으로 이루어져 있기 때문에, LO 입력은 두 다이오드로 동위상의 전력이 분배되어 가는 것을 알 수 있고, 이때 다이오드는 방향이 반대여서, 어느 한 다이오드가 LO 입력에 대해 ON이 될 경우 다른 한 다이오드는 OFF가 되는 것을 알 수 있다.

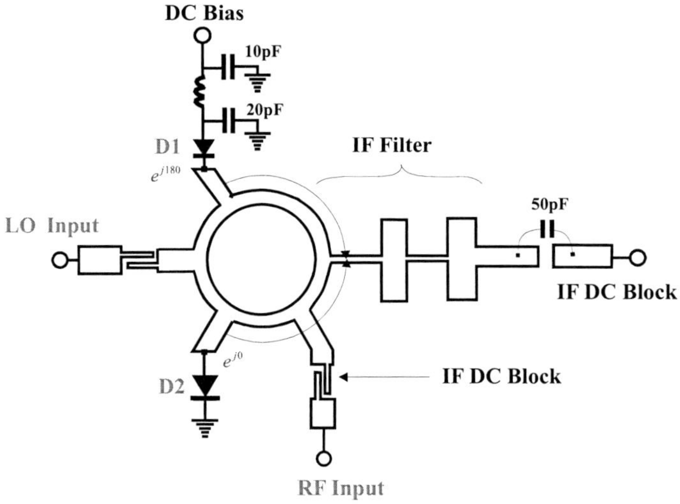

[그림 11-53] Rat-race ring 하이브리드를 사용한 SBM 회로도

RF 입력은 두 다이오드에 위상차 180°인 동일한 크기의 신호로 분배되는 것을 알 수 있다. 즉 다이오드 D2까지의 거리는 1/4파장이고 반면 다이오드 D1까지의 거리는 3/4파장이므로 두 개의 다이오드에는 반대 위상을 갖는 신호가 인가되게 될 것이다. 또한 IF 출력 포트는 두 다이오드에서 등거리에 있어 두 다이오드로부터 반사되어 오는 RF 신호가 반사경로에 대해서는 같은 위상을 갖게 된다. 이때 누설되는 RF 및 LO 주파수 신호를 차단하기 위하여 마이크로스트립 으로 구성된 저역여파기가 IF 출력에 삽입되어 있음을 알 수 있다. 그리고 IF 포트의 커패시터는 DC 블록용이며 다이오드의 DC 전류 경로는 DC 전원과 접지면을 통하여 형성됨을 알 수 있다.

동작원리는 LO에 의하여 다이오드 D1이 ON이 되고 D2가 OFF 되었다고 가정하면 RF 입력은 D2에 0° 그리고 D1에 180°의 위상을 가지고 전달되는데 다이오드 D1이 단락되었으므로 180°의 위상을 가지고 반사되며, 다이오드 D2에 대해서는 0°의 위상을 가지고 반사될 것이다. 따라서 결과적으로는 같은 위상을 갖게 되고, 이것이 IF 포트에 전달될 것이다. 반대의 경우에는 180° 위상을 가진 RF 신호가 IF에 전달되게 되어 IF에는 앞서서 설명한 바와 같이 LO의 짝수차 고조파는 사라지게 될 것이다.

그림 11-54는 Fin line을 이용한 단일평형혼합기로 LO 신호가 인가된 도파관의 전압은 모드변환기를 거쳐 마이크로스트립 모드로 변환되게 된다.

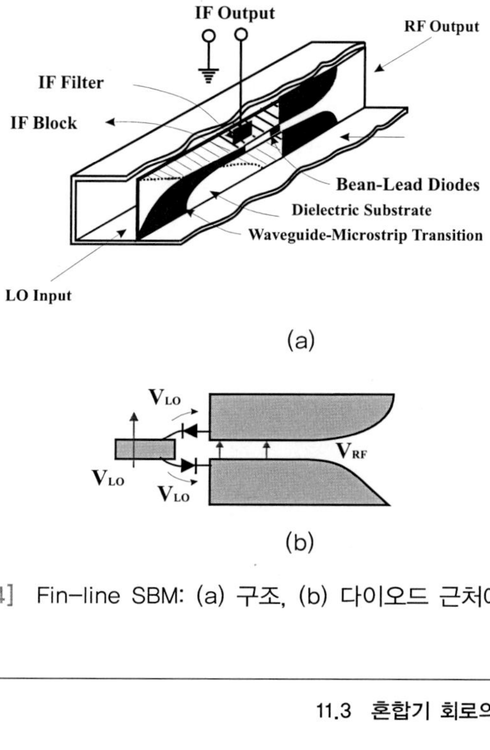

[그림 11-54] Fin-line SBM: (a) 구조, (b) 다이오드 근처에서의 전계

반면 RF 신호는 모드 변환기를 거쳐 슬롯선로 모드로 변환된다. 이때 다이오드가 연결된 곳에서 보면 LO 신호는 마이크로스트립 모드이므로 이것의 전계는 다이오드에 동위상으로 인가되게 되고, 이때 두 다이오드는 방향이 반대여서 LO 신호에 따라 ON/OFF를 교체하게 된다. 반면 슬롯선로를 통해 인가된 RF 신호는 마이크로스트립 선로에서 바이패스 커패시터를 거쳐 IF 신호를 추출하게 되므로 위 쪽 다이오드가 ON 되었을 때 출력된 전압과 아래 쪽 다이오드가 ON 되었을 때 출력된 전압이 위상이 반대가 되어 나타나게 된다. 따라서 이것은 단일평형혼합기가 되게 된다.

그림 11-55는 도파관 magic-T를 이용한 단일평형혼합기로, LO 신호는 두 다이오드에 동위상으로 인가되게 되며 반면 RF 신호는 두 다이오드에 180°의 위상차를 갖고 인가되게 된다. 따라서 동축선로로 구성된 IF 포트에 LO 신호에 의하여 다이오드가 OFF 되었을 때 IF 포트로 전압이 나오게 되며 도파관 뒷면의 영향을 다이오드가 연결된 면에서 개방되도록 back short을 사용하고 있다.

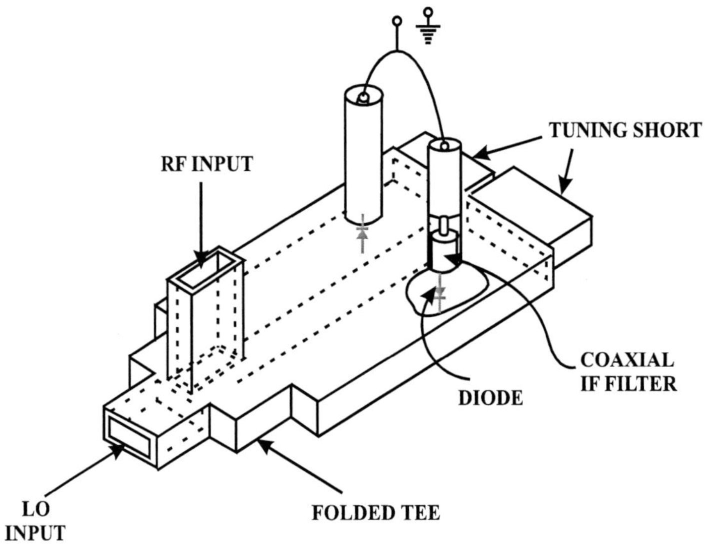

[그림 11-55] 도파관을 이용한 SBM

예제 11-7 그림 11E-21은 도파관을 이용한 단일평형혼합기(Cross-bar mixer)이다. 이것의 원리를 설명하고 단일평형혼합기가 됨을 설명하시오.

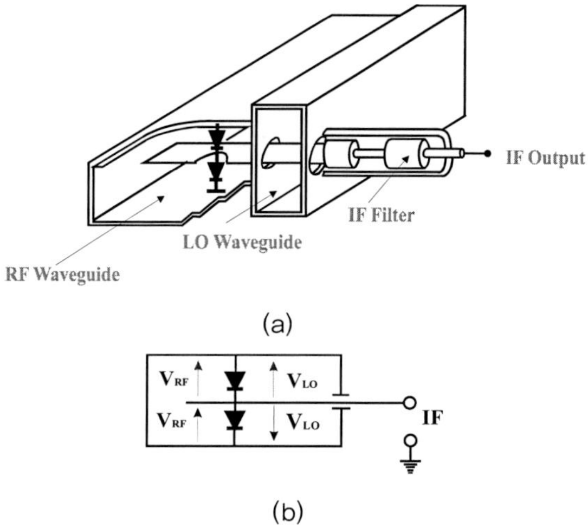

[그림 11E-21] Cross bar SBM: (a) 구조, (b) 다이오드 부근 전계

해 그림 11E-21에서 LO로 인가된 신호는 도파관의 hole을 거쳐 다이오드에 인가되게 되는데 hole에 형성된 전계는 등방성이므로 동위상의 전압이 두 다이오드에 인가되게 된다. 그리고 이때 다이오드는 방향이 반대가 되어 한쪽 다이오드가 ON 될 경우 다른 다이오드는 OFF 됨을 알 수 있다. 반면 RF 신호는 도파관을 통해 다이오드에 인가되는데 그림과 같이 다이오드에 인가되게 될 것이다. 따라서 위의 다이오드가 OFF 되었을 경우 상부에 있는 전계가 도파관을 통해 흘러나가게 되고 반대로 하부 다이오드가 OFF 되었을 경우 하부의 전계가 동축선을 통하여 나타나게 되는데 이 두 전계는 방향이 반대여서 IF에는 단일평형 혼합된 출력이 나타나게 된다.

11.3.2.3 트랜지스터를 이용한 SBM

앞서의 그림 11-52의 SBM 블록도를 이용하면 트랜지스터를 이용한 SEM을 이용 간단하게 SBM을 구성할 수 있다. 즉 LO 신호의 경우 magic-T의 동위상 전력 2분주되는 포트(Σ 포트)에 인가하고, 반면 RF 신호의 경우 180° 위상차를 주는 포트(Δ 포트)에 인가하면 될 것이다. 그러나 트랜지스터의 경우 다이오드와 같이 방향을 바꾸어 도통하게 할 수 없어(만일 p–형 트랜지스터가 가용하다면, n–형과 p–형을 사용 똑같이 구성할 수 있다. 그러나 고주파에서는 일반적으로 정합된 p–형 트랜지스터가 없는 것이 일반적이다), 다이오드와는 달리 IF 발룬을 필요로 하고, 결과적으로 두 개의 발룬을 요구하게 된다.

즉 트랜지스터의 게이트나 베이스단자에 180° 위상차를 갖는 LO 전압을 인가하고, 따라서 두 트랜지스터는 교대로 ON/OFF를 바꾸게 되는데 여기에 동위상의 RF 신호를 인가하여 출력을 얻게 된다. 따라서 교대로 출력된 IF 신호는 모두 동위상 이므로 이것을 IF 발룬을 통하여 다시 위상을 바꾸게 된다.

그림 11-56는 저항성으로 동작하는 FET를 이용한 SEM을 이용한 SBM의 구조를 보인다. 이 때 LO 발룬을 통해 트랜지스터 Q1 및 Q2는 교대로 ON/OFF를 바꾸게 된다. 그러나 RF 신호는 동위상으로 인가되어 Q1이 ON 되었을 경우 A점에는 $v_{RF}(t)$가 출력되고, 반면 Q2가 ON 되었을 때도 B 점에는 $v_{RF}(t)$가 출력되는 것을 알 수 있다. 또한 다이오드와 달리 Q1이 OFF 되면 출력이 A 점에는 나타나지 않게 됨을 주목해야할 것이다. 따라서 IF 발룬을 통해 A점의 위상은 그대로 반면 B점의 위상은 180° 바뀌어 IF 포트로 출력되게 된다. 따라서 IF 포트에는 LO 신호에 따라 Q1이 ON되었을 경우 $v_{RF}(t)$ Q2가 ON 되었을 경우 $-v_{RF}(t)$가 출력되어 평형된 출력이 나타나게 된다. 이와 같은 형태의 구성은 트랜스-컨덕턴스형으로도 구성할 수 있으며 방법적으로는 동일하다.

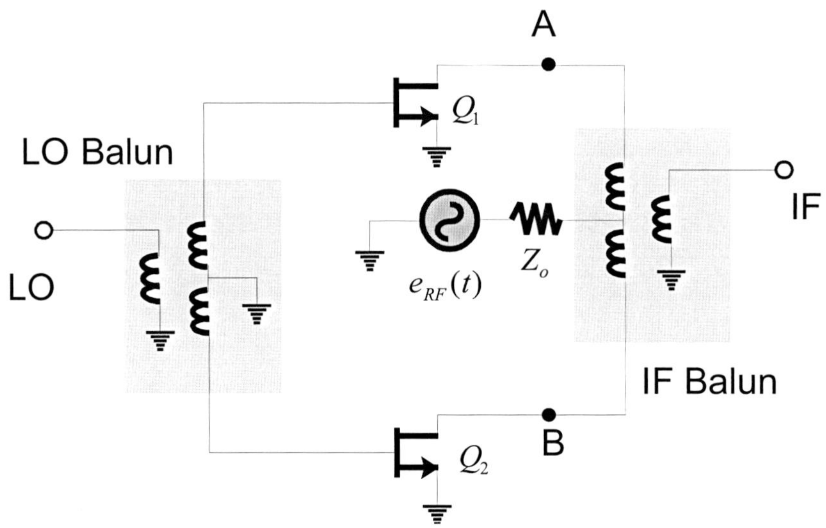

[그림 11-56] 저항성 FET 혼합기를 이용한 SBM

그림 11-57은 차동증폭기를 이용한 SBM의 구성을 보였다. 그림 11-57에서 LO 신호는 LO 발룬을 통해 180° 위상차를 갖고 트랜지스터 Q1 및 Q2에 인가된다. 또한 RF 신호는 트랜지스터 Q3의 베이스에 입력되어 Q3의 컬렉터에는 이에 비례하

는 전류 $i_C(t)$가 흐르게 된다. 따라서 LO 신호가 +일 경우 트랜지스터 Q1이 ON 되며, 이것의 컬렉터-에미터 간은 단락되고 IF 포트에는 변압기에 의해 $-i_C(t)Z_o$의 전압이 나타나게 된다. 다음으로 LO 신호가 -극성을 가질 경우 트랜지스터 Q2가 ON이 되며 Q2의 컬렉터-에미터 간은 단락되고 이 때 변압기의 작용에 의해 IF 포트에는 $i_C(t)Z_o$가 나타나는 것을 알 수 있다. 따라서 LO의 반주기 마다 IF 포트에는 극성이 바뀐 RF 전압이 나타나는 것을 알 수 있고, 이것은 SBM으로 동작함을 알 수 있다.

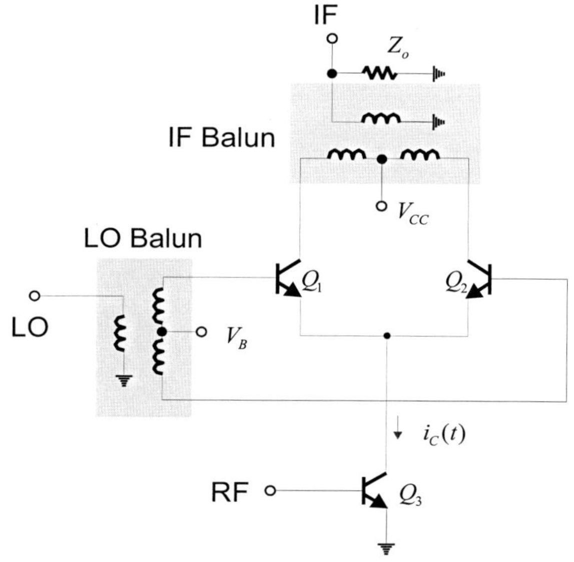

[그림 11-57] 차동증폭기를 이용한 SBM

그림 11-57의 LO 발룬은 주파수가 낮을 경우 그림 11-58과 같이 LO 신호를 인가하여 해결가능하다. 이 때 트랜지스터 Q3의 컬렉터 임피던스가 두 트랜지스터의 입력 임피던스 합보다 충분히 크다면, 이것은 개방으로 볼 수 있고, 인가된 LO 전압은 트랜지스터 Q1 및 Q2로 이분되어 나타나게 될 것이다. 또한 이 때 반분된 전압은 트랜지스터 Q1 및 Q2 입장에서는 180° 위상차를 가지고 인가 된 것과 같기 때문에, LO 발룬 없이도 동일한 효과를 주게 된다.

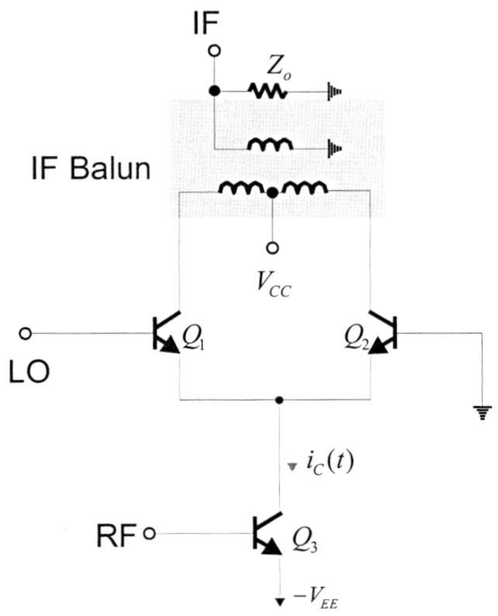

[그림 11-58] LO 발룬을 제거한 SBM

또한 IF 발룬의 경우 DC 전류가 흐르기 때문에, 이것을 회피하기 위하여 저항을 통하여 DC 바이어스를 시키고, 이 저항 양단의 전압을 발룬을 통해 얻어내도 동일한 효과를 주게 된다. 주목할 것은 이 때 저항 한 쪽만 출력을 끌어 쓸 경우에는 이 출력은 평형이 되지 않고 SEM 출력과 같아져서 SBM의 장점은 얻을 수 없게 된다.

11.3.3 이중평형혼합기(DBM ; Double Balanced Mixer)

그림 11-59에 변압기를 사용한 이중평형혼합기의 회로를 보였다. 그림 11-59의 4개의 다이오드가 완전히 정합되어 있다고 가정하면, 2차 권선에 나타나는 LO 신호는 평형된 신호로 나타나게 되는데, 다이오드가 같기 때문에 A 및 A' 점은 접지점이 되게 된다. 따라서 여기에 연결된 RF 2차 권선에는 전압이 나타나지 않게 된다. 또한 RF쪽 2차 권선에 대해서는 B 및 B' 점은 접지점이 된다. 따라서 RF 신호는 LO 포트 쪽으로 나타나지 않게 된다. 결과적으로 이러한 회로구성으로 인해 RF 및 LO 신호는 자연스럽게 격리되게 된다.

또한 IF 출력은 RF의 접지점과 LO의 접지점을 출력으로 사용하기 때문에, RF와 IF 포트 그리고 LO와 IF 포트는 격리되게 된다. 따라서 별도의 IF 저역여파기 없이 RF 및 LO 신호는 IF 포트 쪽으로 출력이 나타나지 않게 된다. 이러한 구성으로 인해 RF, LO, IF 포트는 서로 격리되어 있으며 SEM과는 달리 각 신호를 격리하는 데 별도의 여파기를 필요로 하지 않는다.

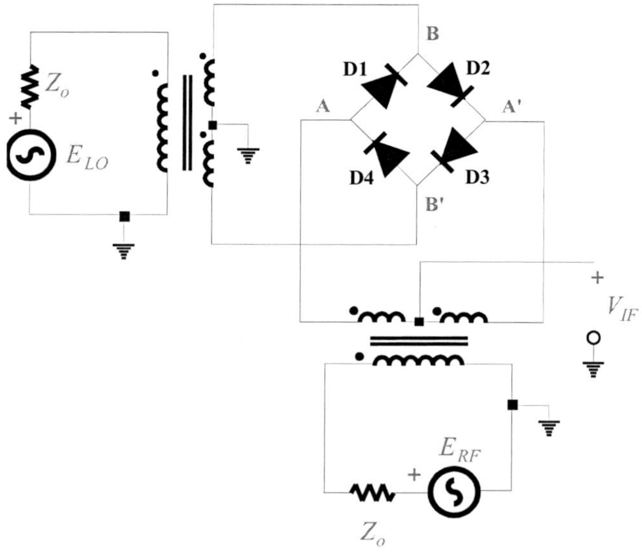

[그림 11-59] 이중평형혼합기 회로도

이러한 이중평형혼합기의 동작을 해석하는 데는 LO 측 2차 권선 쪽으로, LO 신호를 등가적으로 나타내면 그림 11-60과 같게 될 것이다. 즉, LO 1차 권선에 걸린 전압은 같은 전압이 2차 측으로 나타나며, 1차 권선 대 총 2차 권선의 비는 1 : 2가 되므로 2차 권선에서 들여다 본 임피던스는 $4Z_o$가 될 것이다. 따라서 이것이 각 포트 측으로 균등하게 배분되므로 그림 11-61과 같이 등가회로가 되는 것을 알 수 있다.

그림 11-60에서 LO가 +인 반주기 동안은 다이오드 D2 및 D3가 ON이 되며, 반면 LO이 −인 반주기 동안은 다이오드 D1과 D4가 ON이 될 것이다. 따라서 이와 같은 상황에서, IF 포트 측으로 전달된 RF 신호를 파악 하면, 이것의 변환손실 및 평형 성질을 용이하게 짐작할 수 있게 된다.

그림 11-61(a)에는 LO가 +인 반주기 동안 RF에서의 회로를 보였고, 이때 RF 쪽을 2차 권선 측으로 등가회로를 구한다면, 한쪽은 권선이 개방되어 있고, 다른 한쪽은 권선이 연결되게 되므로, 1 : 1 변압기처럼 동작하여 그림 11-61(a)와 같이 될 것이다. 따라서 IF 포트 측의 전압은 (11-44)식과 같게 된다.

$$v_{IF}(t) = \frac{Z_o}{Z_o + 2Z_o \| 2Z_o + Z_o} e_{RF} = \frac{1}{3} e_{RF}(t) \qquad (11-44)$$

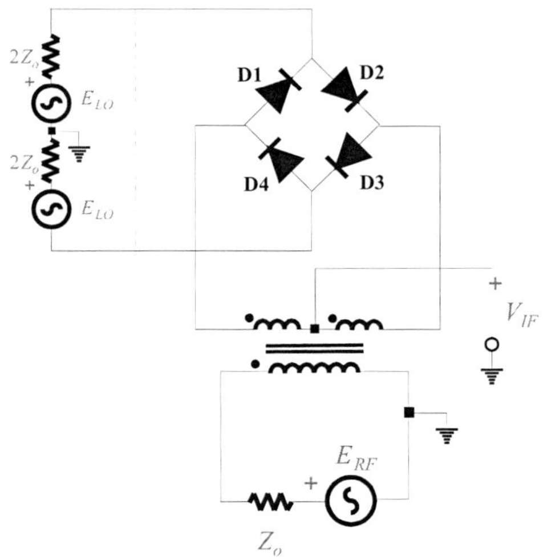

[그림 11-60] LO의 2차 권선에서 들여다 본 등가회로

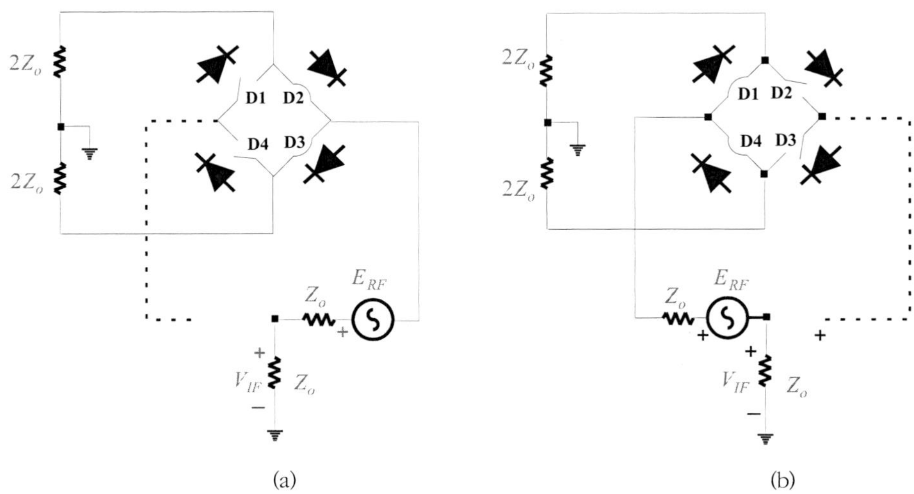

[그림 11-61] (a) LO 신호가 정의 반주기 동안의 등가회로, (b) LO 신호가 부의 반주기 동안의 등가회로

반면 LO가 −인 반주기 동안은 그림 11−61(b)와 같게 되고 따라서

$$v_{IF}(t) = -\frac{Z_o}{Z_o + 2Z_o \| 2Z_o + Z_o} e_{RF} = -\frac{1}{3} e_{RF}(t) \tag{11-45}$$

와 같이 출력이 얻어지게 된다.

이것은 단일평형혼합기와 같은 결과이며, 짝수 차의 LO 신호의 주파수에 대해서는 출력이 없게 된다. 그리고 변환손실은

$$CL = \left(\frac{1}{2} \times \frac{\frac{4E_{RF}^2}{9\pi^2 Z_o}}{\frac{E_{RF}^2}{8Z_o}} \right)^{-1} = \frac{9\pi^2}{16} \approx 7.5 \text{ dB} \qquad (11-46)$$

임을 알 수 있다.

이중평형혼합기가 단일평형혼합기와 다른 점은 단일평형혼합기의 경우 LO 및 RF 신호를 교환할 경우 단일평형혼합기의 경우는 SEM과 같이 되게 되는데, 이중평형혼합기의 경우는 두 신호를 교환하여도 동일한 결과를 얻게 된다. 그림 11-62에는 LO와 RF를 교환했을 때 LO 구동에 따른 RF 신호에서의 등가회로이다.

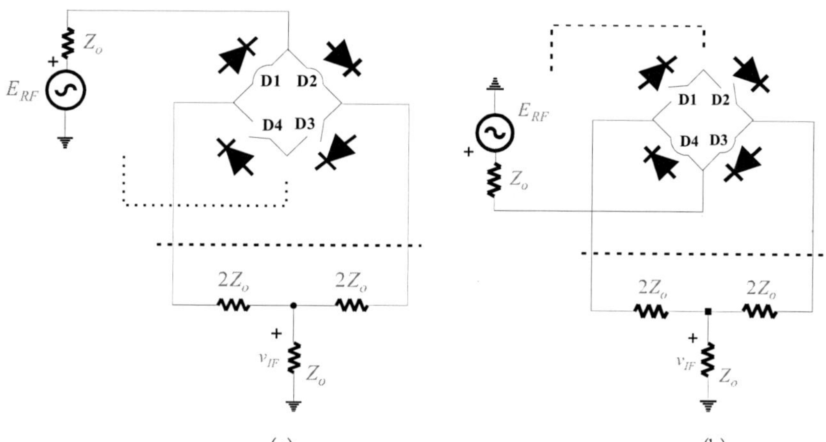

[그림 11-62] LO와 RF를 교환했을 때 (a) LO 신호가 +의 반주기 동안의 등가회로, (b) LO 신호가 −의 반주기 동안의 등가회로

이 회로를 두고 해석할 경우 IF 출력에는 평형된 RF 신호가 나타나게 됨을 알 수 있다. 따라서 이중평형혼합기의 출력주파수성분은 RF 신호가 작지 않을 경우 $m\omega_{LO} \pm n\omega_{RF}$가 나타나게 되는데, 단일평형혼합기의 경우 LO 신호에 대해서만 짝수 차의 고조파가 제거되나, 이중평형혼합기의 경우 RF 및 LO의 모든 짝수 차

의 고조파들이 제거되게 된다. 이것을 그림 11-62에 보였다. 그림 11-63에는 2-tone을 입력하고 출력된 스펙트럼을 본 것으로 11-63(a)는 SBM의 것을 보였고, 11-63(b)에는 DBM의 것을 보였다. 그림에서 보는 바와 같이 DBM의 경우 SBM보다 더 많은 불요파가 제거된 것을 알 수 있다.

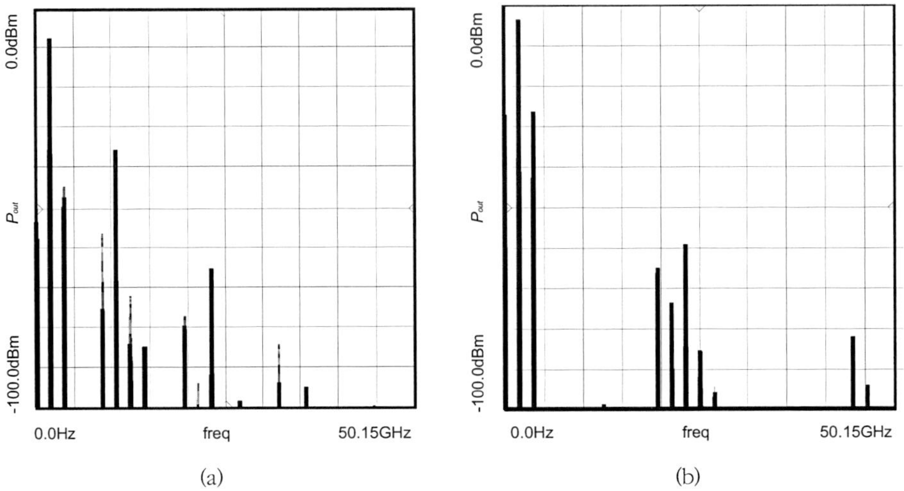

[그림 11-63] 2 tone 입력 시: (a) SBM의 불요파 특성, (b) DBM의 특성

이와 같은 불요파의 제거는 여러 tone이 입력될 경우 불요파 응답의 개선을 가져오게 하며, 결과적으로 그림 11-64에 보인 바와 같이 dynamic range의 개선을 가져오게 된다.

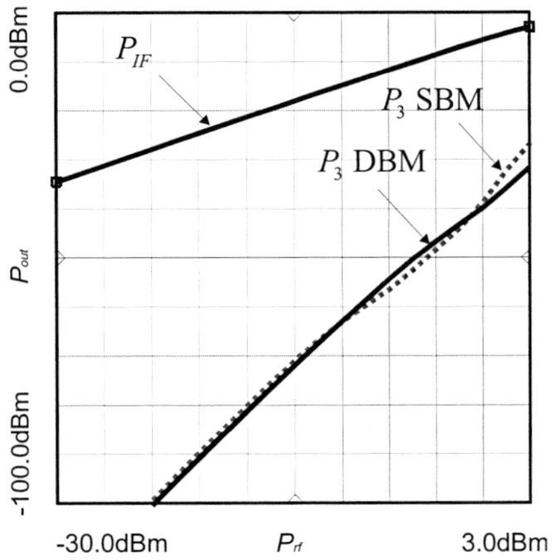

[그림 11-64] DBM과 SBM의 출력 특성

예제 11-8 MBD 101 다이오드를 이용하여 DBM(double Balanced Mixer)의 변환손실을 구하시오.

해 DBM 회로를 구성하고 시뮬레이션을 수행한다.

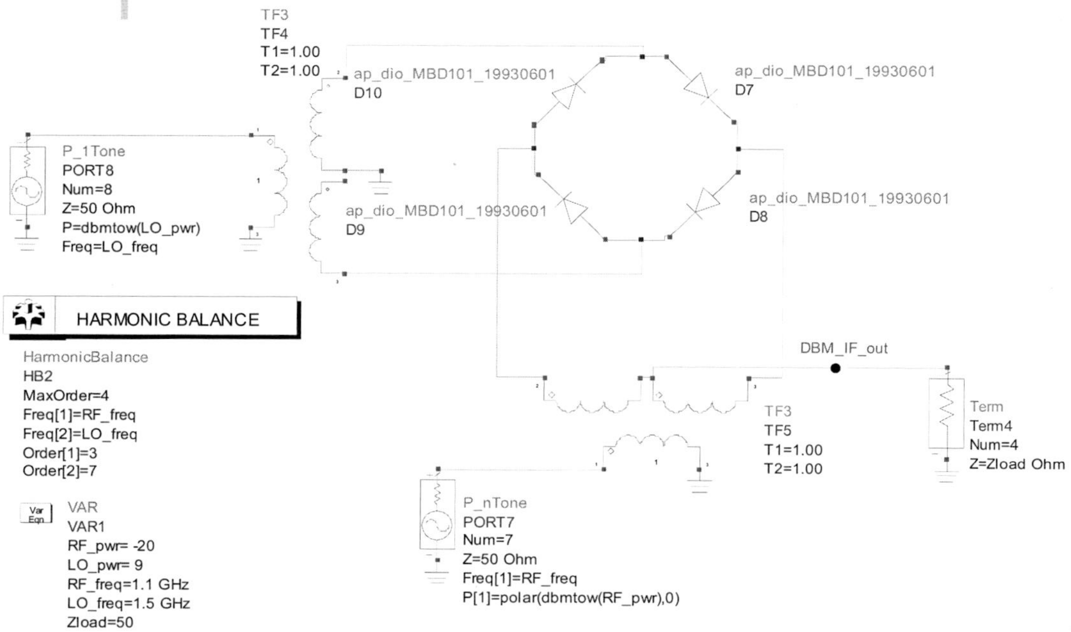

[그림 11E-22] DBM 회로

변환손실을 계산하기 위하여 결과 *DBM_IF_out*를 dBm으로 표현하여 나타낸다.

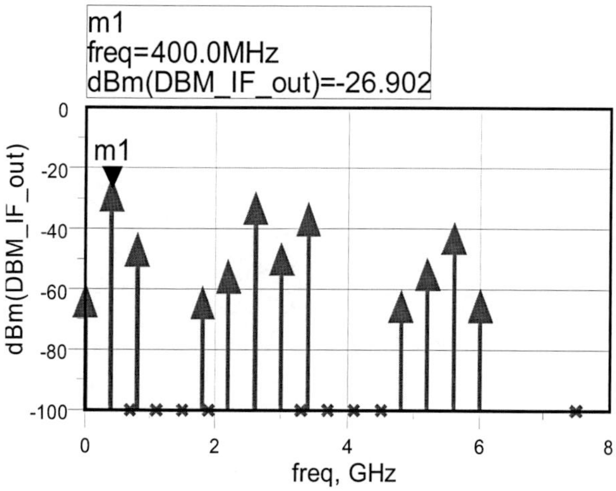

[그림 11E-23] DBM 출력결과

시뮬레이션 결과에서 확인할 수 있듯이 IF 출력 값은 −26.902 dBm이다. 이때 RF에 입력된 전력 값은 −20 dBm이므로 DBM의 변환손실을 계산하면 −20 [dBm]−(−26.902) [dBm] = 6.902 [dB]가 된다. 따라서 DBM의 변환손실은 6.902 dB가 된다.

11.3.3.1 이중평형혼합기 설계사례

그림 11−65에는 toroidal 변압기를 사용한 이중평형혼합기의 구성을 보였다. 그림에서 다이오드는 4개의 다이오드를 동시에 제작한 것(diode quad)을 패키지 한 것을 사용한 구조이며, 이러한 이중평형혼합기의 평형성질은 다이오드의 정합과 toroidal 변압기의 완전성에 크게 의존하게 된다. 주파수 1 GHz 이하에서는 이러한 이중평형혼합기가 널리 사용되며 상품화되어 보급되고 있다.

이중평형혼합기의 4개의 다이오드에 평형신호를 공급하는 toroidal 변압기는 주파수가 높아질 경우 혼합기에 사용하는 것이 어렵다. 따라서 높은 주파수에서의 대체 회로가 필요하게 되는데, 그림 11−66에서처럼 parallel−line 발룬을 사용하고 있다. 즉 평형 마이크로스트립 선로로 구성된 parallel−line 발룬은 주 모드가 위 아래가 대칭인 평형 모드가 되어, 변압기와 같이 평형신호를 4개의 링−형상(ring−type)의 다이오드에 공급하게 된다.

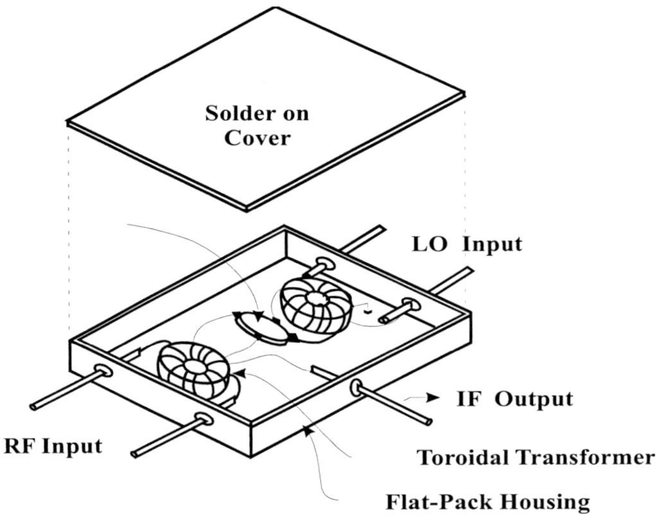

[그림 11−65] Toroidal 변압기를 사용한 DBM

이를 마이크로스트립 선로와 전자계 형상으로부터 천이시키기 위해서 그림 11-66과 같이 접지면을 pattern화하여, 마이크로스트립 모드에서에서 평형선로 모드로 부드럽게 변환하고 있다. 이와 같이 두 개의 발룬을 구성하여 다이오드에 LO 및 RF의 평형신호를 공급할 경우, 이러한 발룬은 toroidal 변압기와는 달리 center-tap에 의한 접지점이 없어서, 다이오드 DC 전류의 경로를 만들어줘야 한다. 이를 위해서 그림과 같이 LO 입력측 발룬에 위, 아래에 RFC를 삽입하고 접지점을 제공하여 다이오드 4쌍의 DC 전류 경로를 만들어 주고 있다. 또한 이 전류가 RF 쪽으로 흘러 나가지 못하게 DC 블록 커패시터를 그림과 같이 삽입하고 있다. 이 때 IF 출력은 이중평형혼합기에는 접지점을 기준으로 추출하게 되는데 이러한 발룬에는 접지점이 없으므로 이것을 삽입하여야 할 것이다. 이것은 그림과 같이 두 평형선로에 연결할 경우 이것의 중심은 접지가 될 것이다. 단 이때의 RF 신호나 LO 신호는 격리되어야 된다. 따라서 이것에 의하여 IF의 대역폭은 제한되게 된다. 그 이외에도 여러 가지 이중평형혼합기가 있게 되는데 이것은 다른 참고문헌을 참조하기 바란다[2].

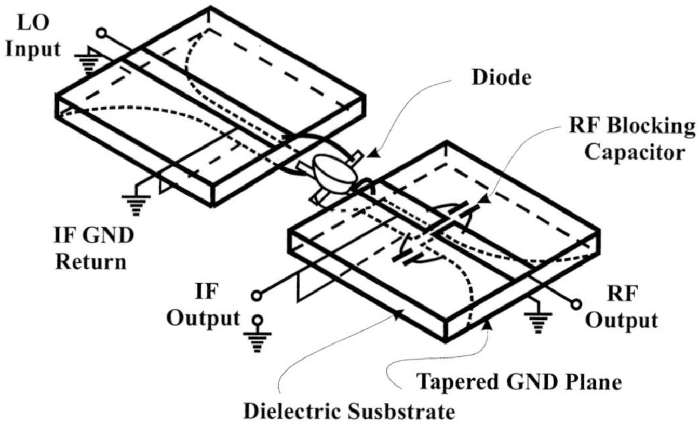

[그림 11-66] Parallel line 발룬을 사용한 DBM

11.3.3.2 트랜지스터를 이용한 이중평형혼합기

트랜지스터를 이용한 이중평형 혼합기는 그림 11-67에 보였다. 이것은 비교적 낮은 주파수에서 집적회로에 많이 사용되는 회로로서 Gilbert cell이라고도 불린다.

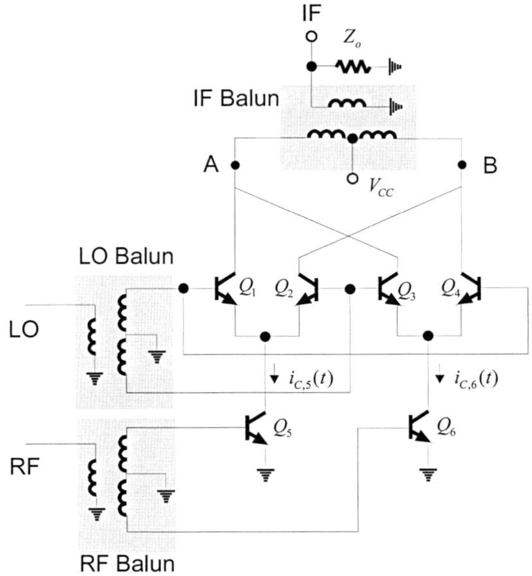

[그림 11-67] Gilbert cell DBM

이것의 동작을 보기 위해서 트랜지스터 Q5 및 Q6의 컬렉터 전류를 각각 $i_{c,5}(t)$ $i_{c,6}(t)$라고하면, RF의 기본파에 대해서는 이것의 파형은 위상이 180° 차이가 나게 될 것이다. 즉 트랜지스터 Q5의 컬렉터 전류 $i_{c,5}(t)$중, RF 기본파 성분을 $i_1(t)$라고 하면, 트랜지스터 Q6의 컬렉터 기본파 전류는 $-i_1(t)$가 될 것이다. 이러한 기본파에 대해서만 우선 고려할 때, LO 신호가 +인 반주기 동안은 트랜지스터 Q1과 Q4는 ON 이 되고, 트랜지스터 Q2 및 Q3는 OFF 상태에 있게 된다. 따라서 A 점에는 $i_1(t)$가 흐르게 되고 반면 B 점에는 $-i_1(t)$가 흐르게 된다. 결과적으로 IF 포트에는 $-i_1(t)Z_o$의 전압이 나타나게 된다.

반면 LO 신호가 −인 반주기 동안은 트랜지스터 Q1과 Q4는 OFF가 되고 트랜지스터 Q2 및 Q3는 ON 상태에 있게 된다. 따라서 A점 및 B 점에는 각각 $-i_1(t)$ 및 $i_1(t)$가 흐르게 되어 IF 포트 양단에는 $i_1(t)Z_o$의 전압이 나타나게 된다. 따라서 LO 신호에 대하여 반주기마다 극성이 바뀐 RF 전압이 나타나게 될 것이다. 이러한 동작으로 인해 우선적으로 LO에 대하여 평형된 신호가 IF 포트에 나타나게 됨을 알 수 있다. 즉 LO의 짝수차 고조파에 대해서는 IF 포트에 출력이 나타나지 않게 된다.

다음으로 RF 신호에 대하여 고려한다면 컬렉터 전류 $i_{c,5}(t)$는

$$i_{c,5}(t) = i_0(t) + i_1(t) + i_2(t) + i_3(t) \cdots \qquad (11-47a)$$

$$i_n(t) = I_n \cos n\omega_{RF} t \qquad (11-47b)$$

로 나타낼 수 있다. 반면 $i_{c,6}(t)$는

$$i_{c,6}(t) = i_0(t) - i_1(t) + i_2(t) - i_3(t) \cdots \qquad (11-48a)$$

$$i_n(t) = I_n \cos n\omega_{RF} t \qquad (11-48b)$$

와 같이 짝수차의 경우 컬렉터 전류 $i_{c,5}(t)$와 동위상이고, 홀수차의 경우 180° 위상차가 나타나는 것을 알 수 있다. 동위상인 짝수차에 대하여 고려한다면 A점과 B점에 각각 LO 신호 극성에 따라 동위상인 전류가 흐르게 되어, IF 발룬의 작용에 따라 IF 포트 출력이 나타나지 않음을 알 수 있다. 따라서 Gilbert cell의 경우 $m\omega_{LO} \pm n\omega_{RF}$의 혼변조된 신호 중 짝수차의 LO과 짝수차의 RF 신호에 대하여 혼변조된 신호성분의 출력이 없으며, 이중평형혼합기로 동작함을 알 수 있다.

이러한 Gilbert cell 혼합기는 집적회로에 널리 사용되며, 주파수가 낮을 경우 차동증폭기를 이용한 SBM에서 보인바와 같이, LO 및 RF 발룬의 경우 정전류원으로 DC 바이어스를 하고 발룬 없이 한쪽 끝을 접지하여 그림 11-68과 같이 근사적으로 구현할 수 있다.

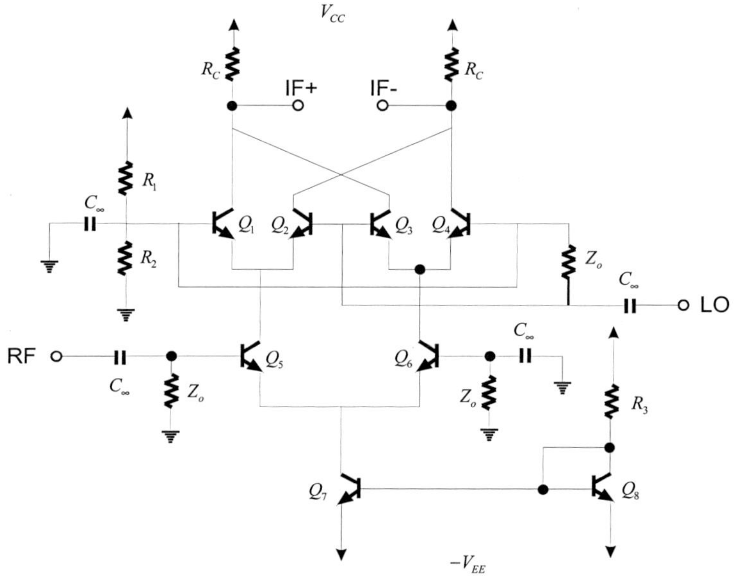

[그림 11-68] LO 발룬을 제거한 Gilbert cell DBM

그림 11-68은 발룬을 제거한 일례를 보인 것이고 다른 여러 가지 형태가 가능하다. 또한 IF 발룬의 경우 뒷단에 차동증폭기를 연결하고 이것을 대체할 수 있게 된다. 따라서 이것의 경우 대부분 트랜지스터만으로 구성 집적회로 구현이 가능하여, 낮은 주파수에서 집적회로로 널리 사용되는 구조가 된다. 또한 주목할 것은 이것은 트랜지스터를 능동형으로 사용한 혼합기라는 점이다.

트랜지스터를 이용한 다른 형태의 이중평형 혼합기로서는 그림 11-69에 보인 링형(ring-type) 저항성 이중평형혼합기가 있다.

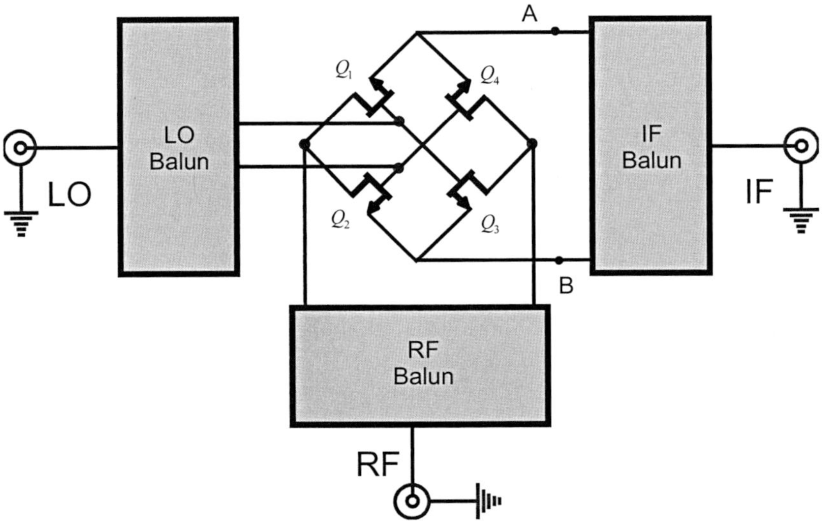

[그림 11-69] 저항성 이중평형혼합기 구조

그림 11-69에 사용된 FET들이 여기서는 보이지 않았지만, 모두 pinch-off 근처에 DC 바이어스 되어 있다고 가정하면, LO의 + 반주기 동안은 트랜지스터 Q1과 Q3는 ON이 되고, 반면 트랜지스터 Q2와 Q4는 OFF가 될 것이다. 따라서 A점 및 B점에는 각각 $v_{RF}(t)$ 및 $-v_{RF}(t)$의 전압이 나타나게 되고, 이로 인해 IF 포트에는 $v_{RF}(t)$의 전압이 나타나게 될 것이다. IF 포트에 $v_{RF}(t)$의 전압이 나타나는 것은 발룬이 2:1 변압기여서 IF 포트에는 A와 B 점 양단간 전압의 반분된 전압이 나타나게 된다.

반대로 LO이 $-$인 반주기 동안은 트랜지스터 Q2와 Q4는 ON이 되고, 반면 트랜지스터 Q1과 Q3는 OFF가 될 것이다. 따라서 A점 및 B 점에는 각각 $-v_{RF}(t)$

및 $v_{RF}(t)$의 전압이 나타나게 된다. 따라서 IF 포트에는 $-v_{RF}(t)$의 전압이 나타나게 될 것이다. 이로 인해 IF 포트에는 LO 신호대해 평형된 출력이 나타나게 될 것이다.

또 다른 주목할 점은 RF 포트와 IF 포트는 발룬에 의해 격리됨을 알 수 있다. 즉 트랜지스터가 모두 동일하다면, A 및 B 점은 RF 신호의 접지점이 되어 IF 포트에는 RF 신호가 누설되지 않음을 알 수 있다. 또한 LO 신호는 회로의 대칭성으로 인해 IF 및 RF포트에 누설되지 않음을 알 수 있다.

11.3.4 혼합기의 비교

지금까지 알아본 혼합기들의 비교를 표 11-1에 나타내었다. SEM의 경우 정합회로를 통해 변환손실을 개선할 수 있어서 일반적으로 가장 좋은 변환손실을 얻을 수 있게 되고, 반면 격리도나 VSWR은 여파기에 의존하게 된다. SBM의 경우 변환손실은 정합에 의해 개선할 수 있으나, SEM 정도의 개선은 기대하기 힘들고 반면 LO의 짝수 차 고조파들은 제거할 수 있어 불요파 특성이 SEM보다 개선되게 된다. DBM의 경우 RF 및 LO의 짝수 차 고조파들을 제거할 수 있으며 불요파 응답에서 다른 어떤 혼합기보다 유리하게 된다. 반면 DBM의 경우 다이오드가 4개를 사용하기 때문에 이것을 구동하기 위해 많은 LO 전력이 소모되게 된다.

[표 11-1] 혼합기들 간 성능비교

type	Conversion loss	Isolation	VSWR	Spurious
Single ended	GOOD (Depend on matching)	Depend upon filter	Depend on matching	BAD
Single balanced (90)	Medium (Depend on matching)	POOR	GOOD	As SEM
Single balanced (180)	Medium (Depend on matching)	GOOD	POOR	GOOD
Double balanced Mixer	Medium	Excellent	Medium	Excellent

11.4 SEM의 정량적인 해석

앞에서 다이오드를 LO 구동에 따른 ON/OFF 되는 스위치로 근사하여 혼합기의 정성적인 특성을 도출하였다. 그러나 혼합기에서 다이오드는 LO 신호에 따라 ON/OFF 되지 않아서, 정확하게 혼합기 특성을 계산하기 위해서는 정량적 해석이 필요하게 된다. 수치 해석적 방법으로는 RF 및 LO 신호를 모두 대신호로 보고 계산하는 *Harmonic Balance* 방법 및 LO 신호를 제외한 신호를 소신호로 두고 계산하는 *Small Signal Harmonic Balance*의 방법이 있게 된다. *Harmonic Balance* 방법을 사용할 경우 이에 대한 정확한 결과를 얻게 되지만, 이는 계산이 복잡하여 혼합기 회로에 대한 동작을 이론적으로 살피는 데는 어려움이 있게 된다. 본 장에서는 SEM에 대한 *Small Signal Harmonic Balance* 해석방법을 도출하고 이를 통해 혼합기회로를 해석하는 방법을 알아보고자 한다.

11.4.1 LO 신호에 따른 혼합기 해석

SEM 회로의 경우 비선형소자는 다이오드는 1개뿐이고 다이오드 외부 연결회로는 선형회로가 되게 된다. 따라서 다이오드 입장에서는 선형회로망이 외부에 연결되어 있고, 또한 이러한 선형회로망은 측정할 수 있는 포트가 LO, RF, IF 포트로 구성된 그림 11-70과 같은 회로로 고려할 수 있을 것이다.

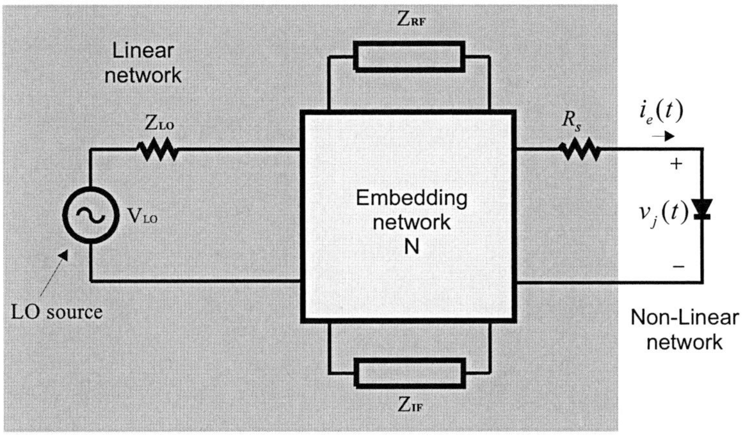

[그림 11-70] SEM의 회로 구성도

여기서 LO 신호가 크고 다른 신호는 소신호로 동작한다고 고려한다. 이러한 회로는 소신호를 모두 OFF 한 상태에서 LO 구동에 대하여 먼저 해석하면, 이때 결과적인 회로망은 LO 신호구동에 따른 시변 회로가 되게 될 것이다. 다음에 이러한 시변 회로망에 대한 시변하는 소신호 등가회로를 구하고 이것에 대하여 소신호 해석을 할 경우 혼합기 해석을 할 수 있게 된다. 이 때 주목할 것은 시변하는 소신호등가회로는 선형회로여서 해석적으로 계산이 가능하다.

이것은 증폭기회로에서 우선 DC에 대하여 동작점을 구하고, 이 동작점에서 소신호에 대한 등가회로를 구한 뒤, 이러한 소신호 회로해석을 할 경우 증폭기의 증폭, 입출력 임피던스를 파악할 수 있는 것과 유사하다. 단지 혼합기에서는 이 소신호 등가회로가 시변선형 회로가 된다는 점이 차이가 되게 된다.

따라서 혼합기에서 시변하는 동작점을 구하기 위해서는, 다른 소신호들을 제거한 뒤(즉 소신호 전압원 및 전류원을 0으로 둔 뒤) LO 신호에 따른 동작점 해석을 먼저 수행해야 한다. 그림 11-70의 회로에서 다이오드는 Schottky 다이오드와 공핍영역 커패시턴스의 병렬연결로 구성되고, 다이오드에 나타나는 직렬저항의 경우 선형회로이므로 이것은 다이오드에서 외부쪽으로 들여다본 선형 외부 회로에 포함시켜서 고려한다면, 다이오드에서 외부로 들여다 본 회로망은 그림 11-71과 같이 나타낼 수 있을 것이다.

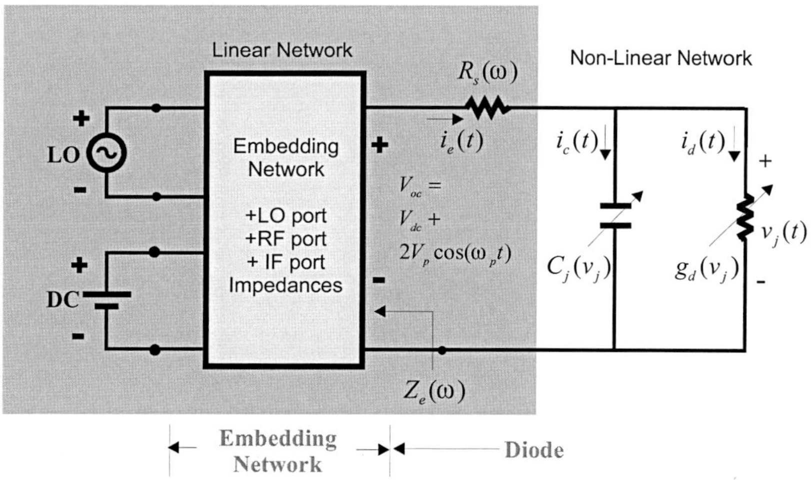

[그림 11-71] LO 신호에 대한 혼합기 등가회로 구성

그림 11-71에서 DC 전압을 나타낸 것은 이 전압은 다이오드의 변환손실 조정

을 위해 외부에서 삽입된 것으로 고려하고 이를 해석에 포함시키기 위해서이다. 이때 다이오드의 $i-v$ 특성 및 공핍영역 커패시턴스의 특성은 (11-49), (11-50)식과 같다고 가정한다.

$$i_d = I_o(\exp(\frac{v_j}{nV_T})-1) \tag{11-49}$$

$$C_j = C_{jo}\left(1-\frac{v_j}{\phi}\right)^{-m} \tag{11-50}$$

여기서 ϕ는 내부전위를 나타내며, v_j는 다이오드에 걸린 전압을 나타낸다.

이때 LO 신호의 각 주파수를 ω_p라고 하고, 이것이 정현파라면, 다이오드에 걸린 전압은 (11-51)식과 같이 Fourier 급수로 나타낼 수 있을 것이다.

$$v_j(t) = \sum_{k=-\infty}^{\infty} V_k e^{jk\omega_p t} \tag{11-51}$$

여기서 V_k는 Fourier 급수의 계수, 즉 각 고조파의 페이저가 되며, 이 신호는 실수 파형이 되기 때문에 $V_k = V_{-k}^*$임을 알 수 있다. 이러한 전압이 걸릴 경우 다이오드에는 여러 고조파를 포함한 전류가 흐르게 되는데, 여기서 총 다이오드 전류를 $i_e(t)$로, 그리고 다이오드와 비선형 커패시터의 전류를 각각 $i_d(t)$및 $i_C(t)$로 정의하면, 이 때 $i_d(t)$및 $i_C(t)$는

$$i_d(t) = I_o(\exp(\frac{v_j(t)}{\eta V_T})-1) \tag{11-52a}$$

$$i_C(t) = \frac{\partial Q}{\partial v_j} = C_j\frac{dv_j(t)}{dt} \tag{11-52b}$$

와 같게 되며, 총 다이오드 전류 역시 아래와 같이 Fourier 급수로서 나타낼 수 있을 것이다. 즉

$$i_e(t) = i_c(t) + i_d(t) = \sum_{k=-N}^{N} I_{e,k}e^{jk\omega_p t} \tag{11-53}$$

여기서 마찬가지로 $I_{e,k}$는 $i_e(t)$의 Fourier 급수계수가 되며, 이것 또한 실수의 파형이기 때문에 $I_{ek} = I_{e,-k}^*$의 조건을 만족하게 된다.

식 (11-51) 및 식 (11-53)으로 나타낸 전류와 전압 $I_{e,k}$ 및 V_k의 관계는, 기본파 진폭 $V_{\pm 1}$에 대해서는 그림 11-71에서

$$V_{\pm 1} = V_p - I_{e\pm 1}[Z_e(\pm\omega_p) + R_s(\pm\omega_p)] \tag{11-54a}$$

를 만족해야 할 것이다. 여기서 $Z_e(\omega)$는 다이오드에서 외부회로망을 들여다 본 Thevenin 임피던스며 주파수의 함수가 된다. 이때 다이오드의 직렬 저항 R_s는 주파수에 따라 변한다고 가정하여 주파수의 함수로 나타냈다. 그리고 V_p는 외부에서 인가된 LO 신호의 다이오드에서 들여다본 Thevenin 전압이며, 정현파인 LO 신호의 경우 다이오드에서 들여다 본 Thevenin 등가전압이 코사인(cosine) 파형으로 고려하여 이것의 진폭이 $2V_p$인 것으로 고려하였는데, 이와 같이 표현한다고 하여도 일반성을 잃지는 않는다.

그리고 DC에서는

$$V_0 = V_{dc} - I_0[Z_e(0) + R_s(0)] \tag{11-54b}$$

이고, 나머지 고조파의 경우에는 (11-54c)식과 같다.

$$V_k = -I_{ek}[Z_e(k\omega_p) + R_s(k\omega_p)], \quad k = \pm 2, \pm 3, \cdots, \pm\infty \tag{11-54c}$$

이와 같이 표현할 경우 다음과 같이 이것의 해를 구할 수 있게 된다. 즉 초기 전압 예상치를 적절히 $v_j(t)$를 설정할 경우, 다이오드의 $i-v$ 관계식 (11-52)를 이용 $i_e(t)$를 직접 계산할 수 있고, 이것을 Fourier 급수로 변환하면 $I_{e,0}$, $I_{e,\pm 1}$, $I_{e,\pm 2}$, $\cdots$를 얻게 되고, 이것을 다시 (11-54)식의 회로 관계식에 대입할 경우 V_0, $V_{\pm 1}$, $V_{\pm 2}$, $\cdots$를 얻게 되는데, 이것을 역 Fourier 변환하면 새로운 $v_j(t)$를 얻게 된다. 이것이 초기 예상치와 다를 경우, 이와 같이 얻어진 새로운 $v_j(t)$를 이용, 다시 앞서의 과정을 반복한다면 $v_j(t)$는 어떠한 값으로 수렴하게 되고, 결과적으로 이 회로를 만족하는 $v_j(t)$를 얻게 될 것이다. 이러한 결과 얻어진 $i_e(t)$ 및 $v_j(t)$를 그림 11-72에 나타내었다. 다이오드 파라미터에 따라 이 파형은 다소 달라지지만 이것은 일반적으로 다이오드에 걸린 전압 및 전류를 나타내게 된다. 즉 다이오드가 순방향일 때 다이오드 양단에는 약 0.7 V로 일정한 전압이 나타나고, 다이오드 전류는 순방향일 때 급격히 증가하는 전류를 보이며, 반면 역방향일 때는 0이 되는 것을 알 수 있다.

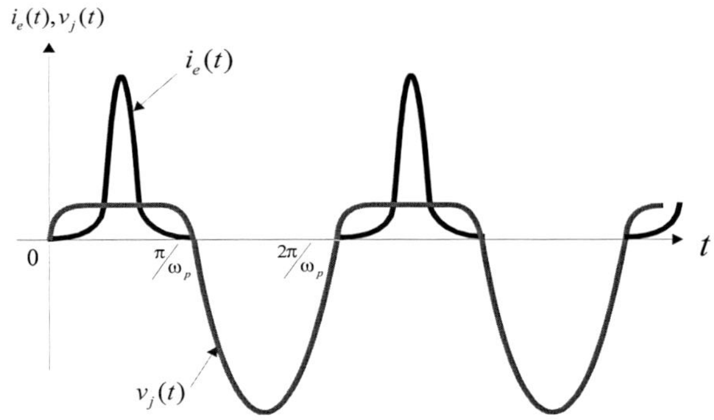

[그림 11-72] 반복을 통하여 얻은 $i_e(t)$, $v_j(t)$

11.4.2 소신호 해석

대신호 LO에 따른 다이오드의 전압 및 전류를 구했을 경우, 여기에 소신호 RF가 인가 된 경우, 이에 따른 소신호 등가회로 값을 계산하여야 하는데, 이를 구하기 위해 일반적인 $i=f(v)$ 특성을 갖는 소자에 대하여 고려해보도록 한다. $i=f(v)$ 특성을 갖는 소자에 시간에 따라 변하는 소신호가 $\delta v(t)$ 인가될 경우

$$i(t)+\delta i(t)=f(v_j(t)+\delta v(t))=f(v_j(t))+\left.\frac{\partial f}{\partial v}\right|_{v=v_j(t)}\delta v(t) \qquad (11-55)$$

로 쓸 수 있고, 전개된 첫째 항은 LO 신호해석 시 결정된 항이며 둘째 항은 소신호 전압에 따른 소신호 전류를 나타낸다. 주목할 것은 소신호 컨덕턴스는 기울기로 나타내지며, 이 기울기는 LO 신호에 따라 시변하는 값이 된다는 점이다.

이러한 문제를 풀기 위해 문자 표시에 대하여 정의로서, 우선 소신호를 나타내기 위해서는 전압이나 전류 앞에 δ를 첨가하여 소신호를 나타내도록 하겠다. 즉 $\delta v(t)$, $\delta i(t)$는 소신호 전압 그리고 소신호 전류를 나타내며, 이것은 시간에 따라 변하는 신호를 나타낸다. 또한 RF의 주파수는 $\omega_o+\omega_p$로 LO 주파수 ω_p에서 ω_o만큼 위에 있는 것으로 나타낸다.

이때 소신호는 정현파를 인가할 경우 임의의 곳에서 혼합기 내의 신호는 LO에 의한 $n\omega_p$ 성분의 주파수와, 인가된 소신호 주파수 $\omega_o+\omega_p$로 인한 $n\omega_p \pm m(\omega_o+\omega_p)$로 일반적으로 나타낼 수 있다. 그런데 소신호이므로 $m=1,\ 0$의 두 가지 값을 갖게 된다. 이 중 $m=0$인 경우 주파수는 $n\omega_p$가 되는데 이 성분들은 LO에 의한 고조파로서 강신호이므로, 이것을 제거하고 나면(이것은 이미 LO 신호 해석시 구해진 값이 되어 새로운 해를 주지 못한다), 소신호는 일반적으로 주파수 성분 $\omega_o + m\omega_p$를 갖는 것으로 나타낼 수 있다. 따라서 소신호 전압은 일반적으로 (11-56)식과 같이 표시할 수 있다.

$$\delta v(t) = \sum_{m=-\infty}^{\infty} \delta V_m e^{j(\omega_o + m\omega_p)t} \tag{11-56}$$

이때 주파수 $m\omega_p + \omega_o$인 주파수 성분의 신호를 나타낼 경우 첨자 m을 사용 $\delta v_m(t)$로 나타내게 된다. 즉

$$\delta v_m(t) = \delta V_m e^{j(\omega_o + m\omega_p)t} \tag{11-57}$$

이다. 그리고 δV_m은 주파수 $\omega_o + m\omega_p$인 주파수를 갖는 신호의 페이저가 되게 된다. 그리고 δv는 column vector 신호로서 아래와 같이 정의되는 신호를 나타낸다.

$$\delta v = {}^t[\cdots, \delta v_1(t), \delta v_o(t), \delta v_{-1}(t), \cdots] \tag{11-58}$$

또한 유사하게 $\delta \boldsymbol{V}$는 페이저 δV_m으로 구성된 column vector로서 아래와 같이 정의된다.

$$\delta \boldsymbol{V} = [\cdots, \delta V_1, \delta V_o, \delta V_{-1}, \cdots] \tag{11-59}$$

이와 같이 정의할 경우 소신호 RF 입력은

$$\delta v_1(t) = \delta V_1 e^{j(\omega_o + \omega_p)t} \tag{11-60}$$

또한 $\delta v(t)$는

$$\delta v(t) = \sum_{m=-\infty}^{\infty} \delta v_m(t) = \sum_{m=-\infty}^{\infty} \delta V_m e^{j(\omega_o + m\omega_p)t} \tag{11-61}$$

과 같이 나타낼 수 있는 것을 알 수 있다.

이 때 다이오드의 저항성전류 $i_d(t)$에 의한 소신호 컨덕턴스는

$$\left.\frac{\partial f}{\partial v}\right|_{v=v_j(t)} = g_d(t) = \sum_{k=-\infty}^{\infty} G_k e^{jk\omega_p t} \qquad (G_k = G^*_{-k}) \qquad (11-62)$$

와 같이 LO 신호에 따른 Fourier 급수로서 나타낼 수 있을 것이다. 이것은 앞서 구한 다이오드 전압 $v_j(t)$를 $g_d(v)$에 대입하고 이때 얻어진 파형을 Fourier 급수로 나타낸 것이다. 그러면 이때 그림 11-73의 다이오드 비선형저항에 의한 소신호 전류 $g_d(t)\delta v(t)$는

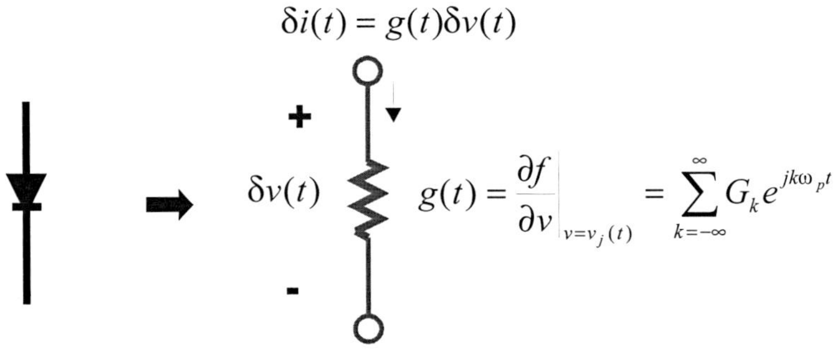

[그림 11-73] 다이오드에서 소신호 전류

그림 11-74와 같은 스펙트럼으로 나타나는 것을 알 수 있다.

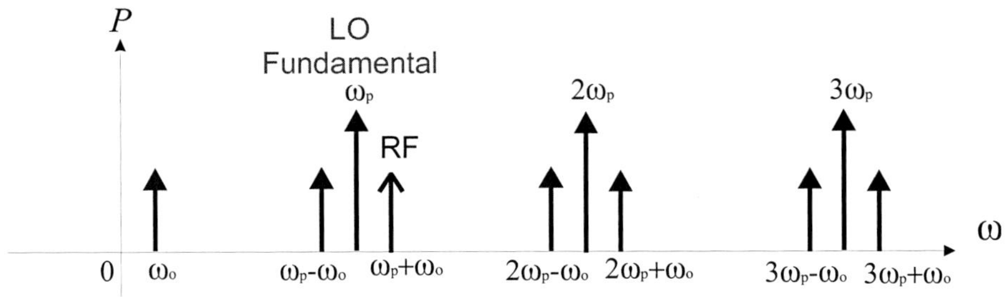

[그림 11-74] 혼합기에서 스펙트럼

그림 11-74에서 $m\omega_p$인 주파수 성분을 갖는 LO 신호는, 이것은 대신호이므로 제외하고, 나머지 소신호에 대해서 보면, $n\omega_p - \omega_o$는 두 주파수의 차로 발생하게 되는데 이것은 $\omega_o - n\omega_p$인 주파수로서, 주파수는 음수가 없기 때문에 이와 같이 나타난 것이다. 따라서 그림 11-74에서 $n\omega_p - \omega_o$의 주파수를 음수의 주파수로 환

원하여 스펙트럼을 다시 그리면 그림 11-75의 스펙트럼이 나오는 것을 알 수 있다. 계산상으로는 위와 같이 음의 주파수(negative frequency)를 사용하는 것이 편리하므로, 본 장에서는 이와 같은 방법을 사용하여 나타내도록 할 것이다. 이것을 보통 Saleh의 표시(notation)[4] 방법이라고 한다.

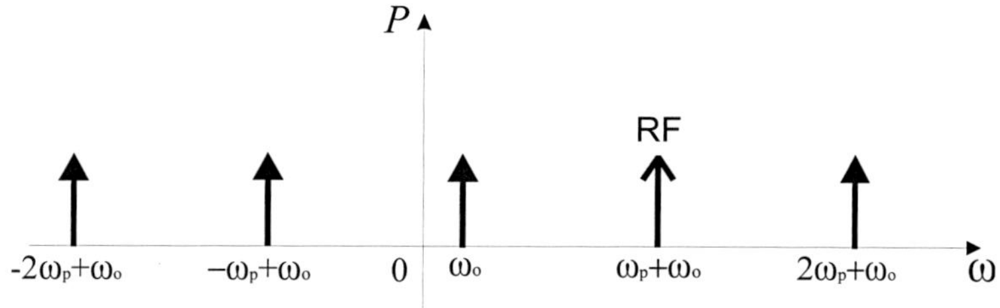

[그림 11-75] 혼합기에서 소신호 스펙트럼

이와 같이 음의 주파수를 사용하여, 다이오드의 비선형 저항 및 공핍영역 커패시턴스에 발생하는 소신호 전류를 보면, 비선형저항의 소신호 전류는 $g_d(t)\delta v(t)$인데 이것의 m번째 고조파 전류 $\delta i_m(t)$는

$$\delta i_m(t) = m(g_d(t)\delta v(t)) = m\left(\sum_{k=-\infty}^{\infty} G_k e^{jkm\omega_p)t} \sum_{m=-\infty}^{\infty} \delta V_m e^{j(\omega_o+m\omega_p)t}\right) \qquad (11-63)$$

이 될 것이다. 여기서 $m(\cdot)$은 m 번째 고조파를 구하는 것을 나타낸다. 따라서 이것은

$$\delta i_m(t) = \left(\sum_{k=-\infty}^{\infty} G_{m-k}\delta V_k\right) e^{j(\omega_o+m\omega_p)t} \qquad (11-64)$$

임을 알 수 있고, 따라서 δI_m은

$$\delta I_m = \left(\sum_{k=-\infty}^{\infty} G_{m-k}\delta V_k\right) \qquad (11-65)$$

로 나타낼 수 있다.

공핍영역 커패시턴스의 경우 그림 11-76과 같은 관계를 가지게 되므로, 여기서 시변하는 아래와 같은 커패시턴스로 고려할 수 있게 된다. 즉 LO 신호에 따른 공핍

영역 커패시턴스를 (11-66)식과 같이 나타낼 경우

$$C_j(t) = \sum_{k=-\infty}^{\infty} C_k e^{jk\omega_p t}, \qquad C_k = C_{-k}^* \tag{11-66}$$

이다.

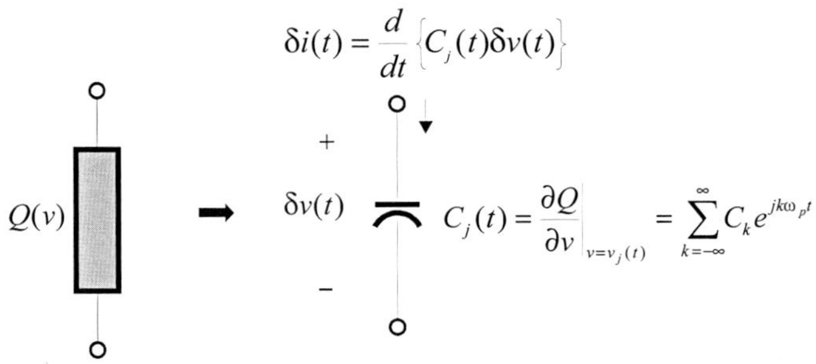

[그림 11-76] 공핍 커패시턴스에서 소신호

이것은 다음과 같이 생각하면 알 수 있다. 주파수가 ω_p인 LO 신호만 대신호로 고려하고 소신호 RF $\omega_o + \omega_p$ 인가되었을 때 나타나는 스펙트럼은 그림 11-75와 같은 스펙트럼이 나타나게 될 것이다.

따라서 m 번째 고조파 전류 $\delta i_m(t)$는

$$\delta i_m(t) = m\left(\frac{d}{dt}[C(t)\delta v(t)]\right)$$

$$= \left(\sum_{n=-\infty}^{\infty} j(\omega_o + m\omega_p) C_{m-n} \delta V_n\right) e^{j(\omega_o + m\omega_p)t}$$

임을 알 수 있게 된다.

이와 같은 결과로 볼 때 다이오드에 인가된 소신호 전압은 $\delta \boldsymbol{V} = [\cdots, \delta V_1, \delta V_o, \delta V_{-1}, \cdots]$라고 볼 수 있고, 이때 이 전압은 모든 소신호 주파수 성분의 전류 $\delta \boldsymbol{I} = [\cdots, \delta I_1, \delta I_o, \delta I_{-1}, \cdots]$를 발생시키게 된다. 따라서 다이오드는 다음과 같은 어드미턴스 행렬로 나타낼 수 있다.

$$\delta \boldsymbol{I} = \boldsymbol{Y} \delta \boldsymbol{V} \tag{11-67}$$

여기서 어드미턴스 행렬은

$$Y=\begin{pmatrix} & \vdots & \vdots & \vdots & \\ \cdots & Y_{11} & Y_{10} & Y_{1-1} & \cdots \\ \cdots & Y_{01} & Y_{00} & Y_{0-1} & \cdots \\ \cdots & Y_{-11} & Y_{-10} & Y_{-1-1} & \cdots \\ & \vdots & \vdots & \vdots & \end{pmatrix} \tag{11-68}$$

와 같이 나타나게 되고, 이때 Y_{ij}의 해석은

$$Y_{ij}=\frac{\text{resulting current of frequency component } \omega_o+i\omega_p}{\text{excitation voltage of frequency component } \omega_o+j\omega_p} \tag{11-69}$$

로 해석되며 앞의 결과를 이용할 경우, 이 값은

$$Y_{mn}=G_{m-n}+j(\omega_o+jm\omega_p)C_{m-n} \tag{11-70}$$

임을 알 수 있다. 이 결과에 대한 해석으로서 다이오드에 그림 11-77과 같이 m 번째 고조파 전압 전류만 통과하는 포트가 연결되었다고 고려할 경우 다이오드는 다중 포트(multi-port)로서 그림 11-77과 같이 나타날 것이다.

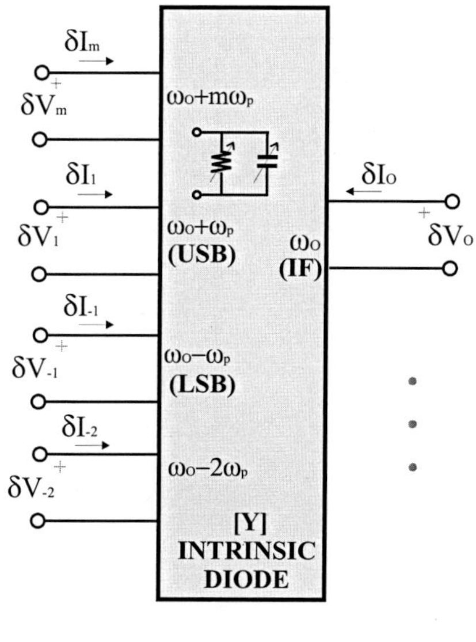

[그림 11-77] 다이오드 다중 포트 표시

이것이 다이오드를 다중 포트로 보았을 때 식 (11-68)로 나타나는 어드미턴스 행렬이 되게 된다.

따라서 다이오드를 이와 같이 다중 포트로 볼 때, 외부의 회로는 선형회로이므로 각 주파수 $m\omega_p + \omega_o$에서 나타나는 Thevenin 등가회로를 달아주며 될 것이다. 이것을 그림 11-78에 나타내었다. 즉 소신호 전압을 분해하여 각 소신호 주파수 $m\omega_p + \omega_o$에 해당하는 전압이 각 포트에 연결된다면, 이때 흐르는 전류는 $m\omega_p + \omega_o$의 모든 주파수 성분의 소신호 전류가 흐르게 되는데(다이오드의 외부는 선형회로망이기 때문에 이와 같이 고려할 수 있다) 이것을 그림 11-78과 같이 각 주파수 성분의 전압이 걸린 곳에 흐르는 것으로 고려하면 될 것이다. 이것이 다이오드를 다중 포트로 보았을 때 어드미턴스 행렬이 되게 된다.

다이오드를 이와 같이 다중 포트로 볼 때 외부의 회로는 선형회로이므로 각 주파수 $m\omega_p + \omega_o$에서 나타나는 Thevenin 등가회로를 달아주며 될 것이다. 이것을 그림 11-78에 나타내었다.

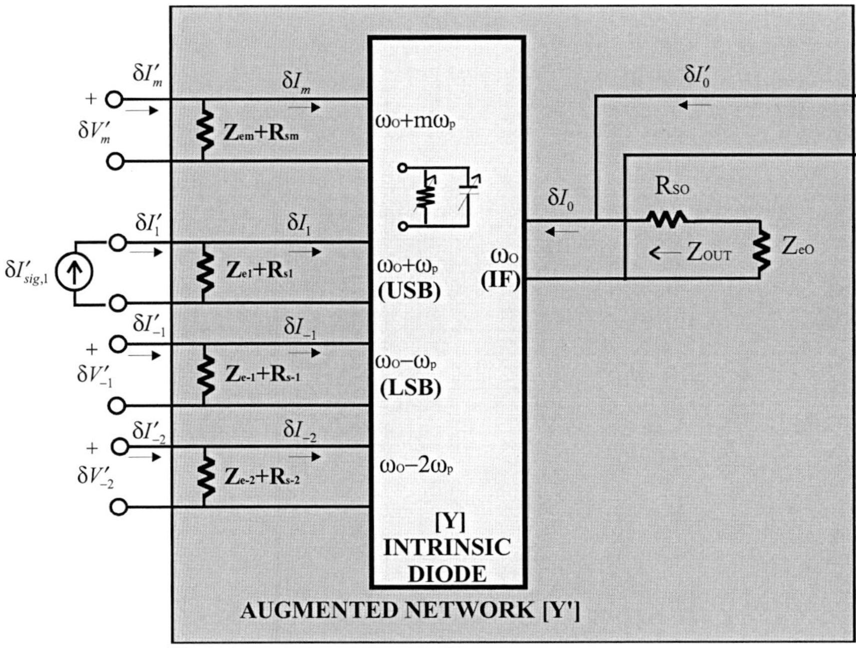

[그림 11-78] 다중포트로 본 혼합기 회로

그림 11-78에서 RF 신호 $\delta v_1(t) = \delta V_1 e^{j(\omega_o + \omega_p)t}$ 이외에는 입력이 없으므로 다

이오드 다중포트에 그림 11-78과 같이 각 주파수에서 보이는 임피던스를 달아주면 될 것이다. RF 신호에 대해서는 RF 신호에서 보이는 Thevenin 등가회로는 그림 11-79와 같은데, 이것을 그림 11-79와 같이 Norton 등가회로로 바꾸어 달아준 것이다.

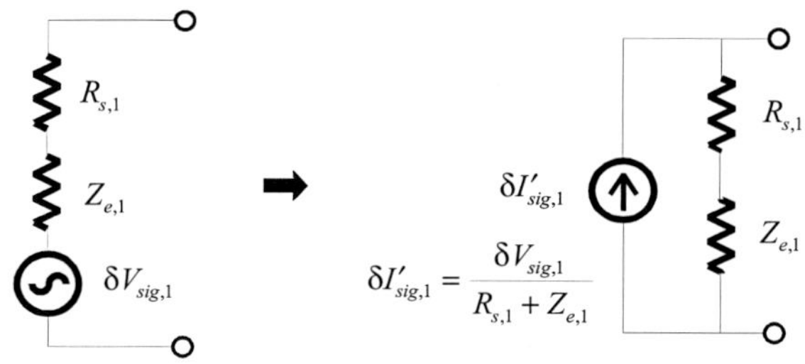

[그림 11-79] Thevenin Norton 변환

이 때 외부 전류 $\delta I_m'$을 그림 11-78과 같이 정의하고, 외부로 본 전압과 다이오드 전압은 동일하므로, 외부 회로의 임피던스를 포함한 새로운 다중 포트의 어드미턴스 행렬은 (11-71)식과 같이 얻어지게 될 것이다.

$$Y' = Y + \mathrm{diag}\left[\frac{1}{Z_{em} + R_{em}}\right] \tag{11-71}$$

결과적으로 얻어지는 소신호전류와 전압의 관계는

$$\delta I' = Y' \delta V \tag{11-72}$$

와 같게 된다. 여기서 RF 성분 이외에는 전류 입력이 없으므로 $\delta I' = {}^t(\cdots,\ 0,\ \delta I'_1, 0, \cdots)$가 될 것이다. 이것을 소신호 전압에 대하여 풀면

$$\delta V = Z' \delta I' \tag{11-73}$$

가 얻어지게 되는데, 이는 RF 성분의 소신호 전류입력으로 나타나는 다이오드의 모든 주파수 성분의 소신호 전압을 얻게 된다. 여기서 Z'를 변환 임피던스 행렬(conversion impedance matrix)이라고 명명된다. 이것의 해석으로는 Z'_{01}은 RF $\omega_p + \omega_o$의 입력전류에 대한 출력 소신호 전압으로 주파수가 ω_o인 성분이 될 것이다. 즉 RF에서 IF로 바뀐 전압을 나타낸다. 또한 Z'_{21}은 RF 입력에서 $\omega_o + 2\omega_p$ 주파수 성분으로 나타난 출력 소신호 전압을 의미하게 된다.

11.4.3 혼합기 특성 계산

이상과 같이 다이오드를 다중포트로 보고 RF 입력을 인가했을 때 다이오드 양단에서 발생하는 모든 주파수 성분의 전압을 구했다. 그러나 이 전압은 보통 출력포트에서 얻어지는 전압이 아니며, 이를 통해 출력에 나타나는 전압을 구해야할 것이다.

여기서 혼합기의 특성을 나타내는 변환손실과 변환 임피던스 행렬의 관계를 구하고자 한다. 변환손실은

$$L = \frac{\text{Power available from source } Z_{e1}}{\text{Power delivered to load } Z_{e0}} \tag{11-74}$$

로 정의된다. 부하 Z_{e0}에 전달된 전력 $P_{e,0}$을 계산하기 위하여 부하 $Z_{e0}+R_{s0}$에 전달된 전력 P_{e0}^{t}과 비교한다면 이것은

$$K_0 = \frac{P_e^t}{P_{e,0}} = \frac{\mathrm{Re}(Z_{e0}+R_{s0})}{\mathrm{Re}(Z_{e0})} \tag{11-75}$$

이다. 이것은 변환된 출력이 일부 다이오드 직렬저항 R_s에 의하여 손실되고 나머지가 출력되는 것을 나타낸다.

그리고 전원 Z_{e1}에서의 가용전력 $P_{e,1}$을 계산하기 위하여 전원 $Z_{e1}+R_{s1}$에서의 가용전력 P_{e1}^{t}과 비교한다면, 그림 11-79의 Thevenin 등가회로로부터, 이것은

$$K_1 = \frac{P_{e1}^t}{P_{e1}} = \frac{\mathrm{Re}(Z_{e1}+R_{s1})}{\mathrm{Re}(Z_{e1})} \tag{11-76}$$

이 될 것이다. 이때 IF 포트 부하 $Z_{e0}+R_{s0}$, RF 포트 전원 Z_{e1} 간의 변환손실 L'을 계산하면

$$L' = \frac{|\delta I_1'|^2}{|\delta V_o|^2}\frac{|Z_{e1}+R_{s1}|^2}{4\mathrm{Re}(Z_{e1})}\frac{|Z_{e1}+R_{s1}|^2}{\mathrm{Re}(Z_{e0}+R_{s0})} \tag{11-77}$$

이 되는데, 변환 임피던스 행렬 관계식으로부터 $\delta V_0 = Z_{01}\delta I_1'$ 임을 이용하고, 실제 IF 포트 부하 Z_{e0}에 전달된 전력은 식 (11-75)의 관계식을 가지므로, 이것을 이용하여 변환손실 L을 계산하면

$$L = \frac{1}{4|Z_{01}|^2}\frac{|Z_{e0}+R_{s0}|^2}{\mathrm{Re}(Z_{e0})}\frac{|Z_{e1}+R_{s1}|^2}{\mathrm{Re}(Z_{e1})} \tag{11-78}$$

과 같이 나타낼 수 있다.

이와 같이 다이오드를 다중포트로 고려할 경우, 변환손실이외에도 혼합기를 규정짓는 모든 특성을 구할 수 있으며, 잡음해석에도 적용할 수 있다. 자세한 것은 참고문헌을 참조하기 바란다[6].

예제 11-9 *Small Signal Harmonic Balance Simulation*을 위해 아래 그림 11E-24와 같이 설정하고 혼합기에 의한 소신호 주파수(SM.freq) 및 대신호 LO 주파수(HB.freq)를 확인하고 변환손실을 계산하시오. 다음 RF 입력을 -30~20 dBm까지 변화시키고 IF 출력을 조사하시오.

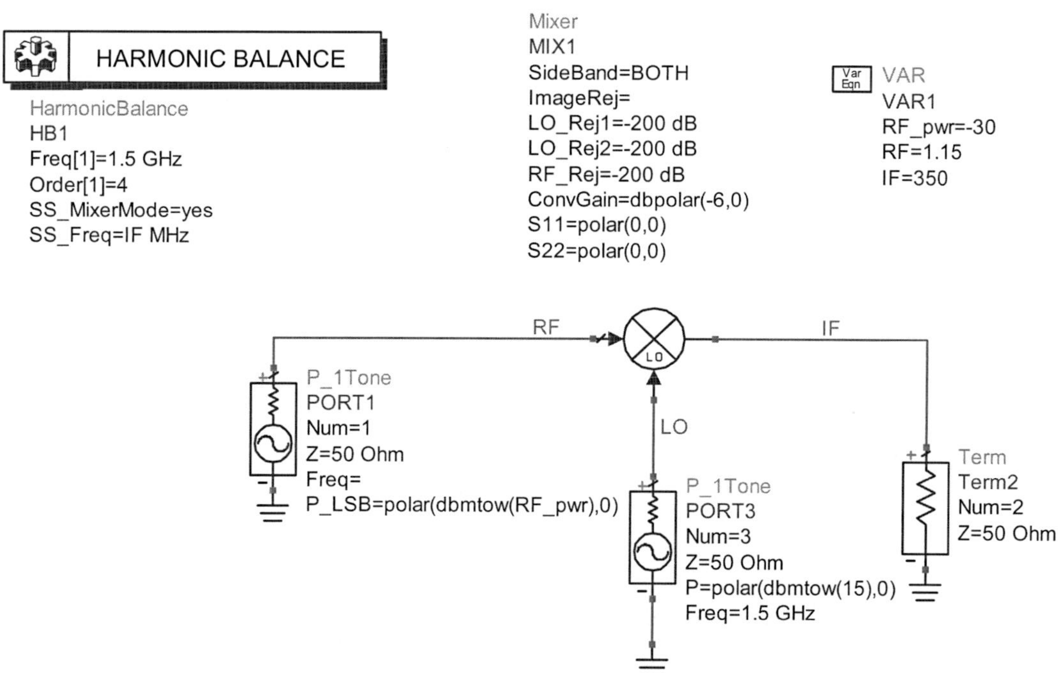

[그림 11E-24] Small signal Harmonic balance 시뮬레이션

해 그림 11E-24에서 소신호 주파수원의 경우 *Freq* 항목을 빈칸으로 두어 지정한다. 그리고 소신호 주파수에 해당하는 전력은 *P_LSB* 및 *P_USB*로 지정하는데, 이것은 소신호 전력임을 나타낸다. 이와 같은 지정으로 소신호 주파수 *SS_FREQ*는 대신호 주파수와 차로서 지정하게 된다. 따라서 그림 11E-24에서 *P_LSB*로 지정되었기 때문에 이것의 주파수는 LO 주파수에서 350 MHz 아래의 주파수가 된다. 즉 $1.5-0.35=1.15$GHz 임을 알 수 있다.

이와 같이 설정하고 시뮬레이션을 수행한 뒤 *SM.freq* 및 *HB.freq*를 보면 그림 11E-25와 같이 나오는 것을 알 수 있다. *HB.freq*는 LO의 고조파가 되며, *SM.freq*는 ω_o를 *SS_Freq* 라고 할 때, RF 입력으로 발생한 소신호 주파수 $m\omega_{LO}\pm\omega_o$만 나열된 것을 알 수 있다.

SM.freq	HB.freq
350.0 MHz	0.0000 MHz
1.150 GHz	1.500 GHz
1.850 GHz	3.000 GHz
2.650 GHz	4.500 GHz
3.350 GHz	6.000 GHz
4.150 GHz	
4.850 GHz	
5.650 GHz	
6.350 GHz	

[그림 11E-25] SM.freq 및 HB.freq

또한 이것의 스펙트럼을 보면 그림 11E-26과 같고, 이때 상향 하향변환된 IF 출력의 변환 손실은 RF 입력전력이 -30 dBm 임을 고려하면, 모두 설정한바와 같이 -6 dB 임을 알 수 있다.

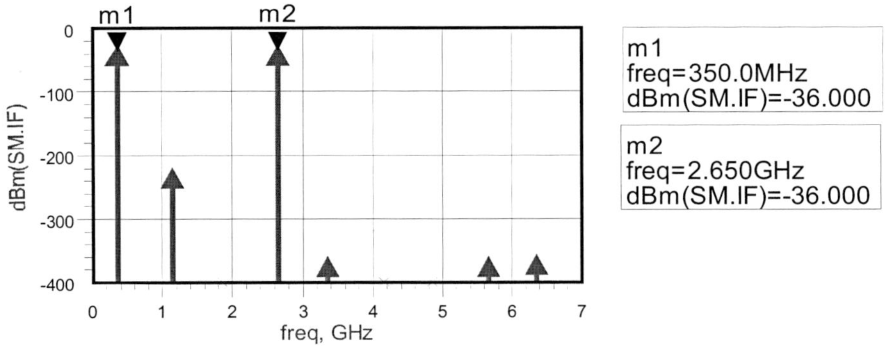

[그림 11E-26] IF 출력 스펙트럼

다음 RF 입력을 −30~20 dBm까지 변화시키고 하향변환된 IF 출력을 조사하면 그림 11E−27과 같다. 그림 11E−27에서 앞서 예제 11−1에서 시뮬레이션한 것과는 다르게 1−dB 축퇴점이 나타나지 않게 된다. 이것은 소신호 관점에서 시뮬레이션 했기 때문이다.

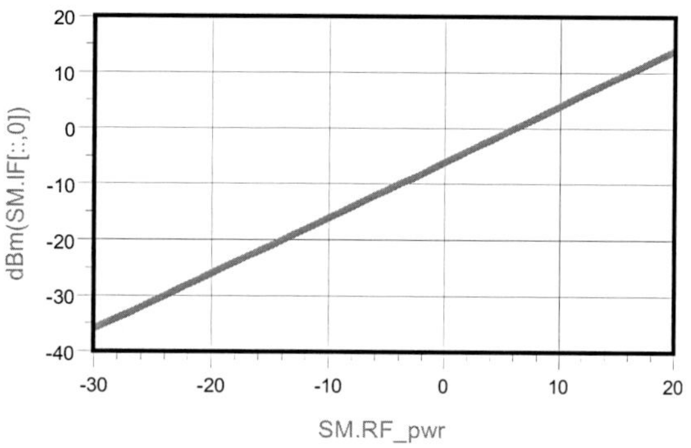

[그림 11E−27] RF 입력에 따른 IF 출력

예제 11-10 *Small signal Harmonic Balance Simulation*을 이용 예제 11−5의 SEM 회로에 대하여 RF 입력(주파수 1.1 GHz)과 IF 입력(주파수 400 MHz) 신호간 2−포트 S−파라미터를 구하시오.

해 그림 11E−28과 같이 RF 포트에 LO 주파수에 대하여 400MHz 떨어진 주파수로 RF 입력을 선택하고, 이 때 이것의 출력을 −30 dBm으로 한다.

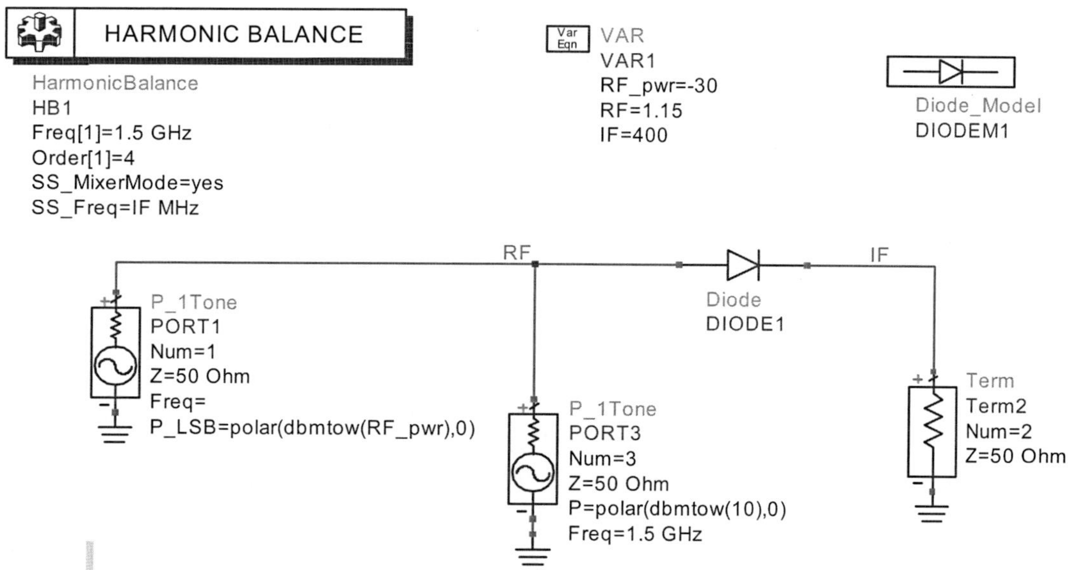

[그림 11E−28] SEM 시뮬레이션 회로도

그러면 이 때 소신호 IF 출력을 도시할 경우 그림 11E-29와 같이 나타나는 것을 알 수 있다. 여기서 변환손실은 약 -15 dB가 되는 것을 알 수 있다.

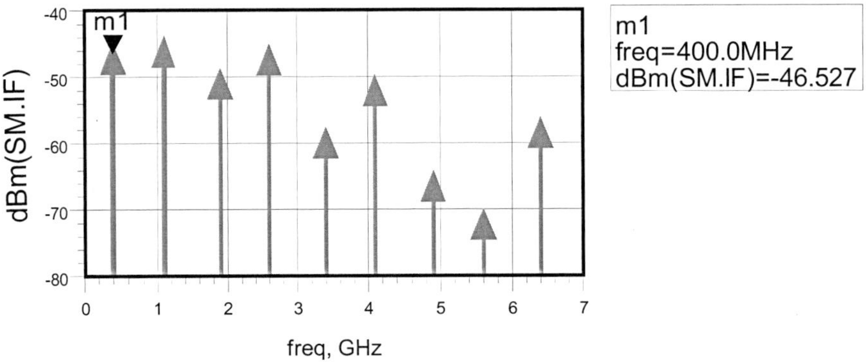

[그림 11E-29] IF 출력 스펙트럼

또한 이 때 S-파라미터를 계산하기 위하여 그림 11E-30과 같은 *Equation*을 삽입하였다. 여기서 *SM.RF*[1]은 RF 포트에서 RF 주파수에 해당하는 전압이며, 반면 *SM.IF*[0]는 IF 포트에서 IF 주파수 성분의 전압을 나타낸다. 따라서 이 *Eqaution*을 통하여 RF 포트에 신호를 인가하였을 때 RF 포트에서의 반사 및 IF 포트로의 전달 특성을 나타낸다.

```
Eqn e_rf=sqrt(dbmtow(-30)*2*50)
Eqn s_11=(SM.RF[1]-e_rf)/e_rf
Eqn s_21=(SM.IF[0])/e_rf
```

[그림 11E-30] S-파라미터를 계산하기 위한 Equation

이것을 *Display* 창에 도시하면 그림 11E-31과 같다. 주목할 것은 이때 $\mathrm{dB}(|S_{21}|^2)$이 변환손실과 같음을 알 수 있다.

s_11	s_21
0.084 / 180.000	0.149 / 4.808E-15

[그림 11E-31] S_{11} 및 S_{22}의 계산 결과

다음으로 S_{12} 및 S_{22}를 결정하기 위하여, IF포트에서 전원을 인가하고 그림 11E-32와 같이 회로를 결선한 후 계산하면 될 것이다. 이때 *SS_Freq*는 1100 MHz로 설정되어 IF 포트의 입력주파수는 400 MHz 임을 주목해야할 것이다.

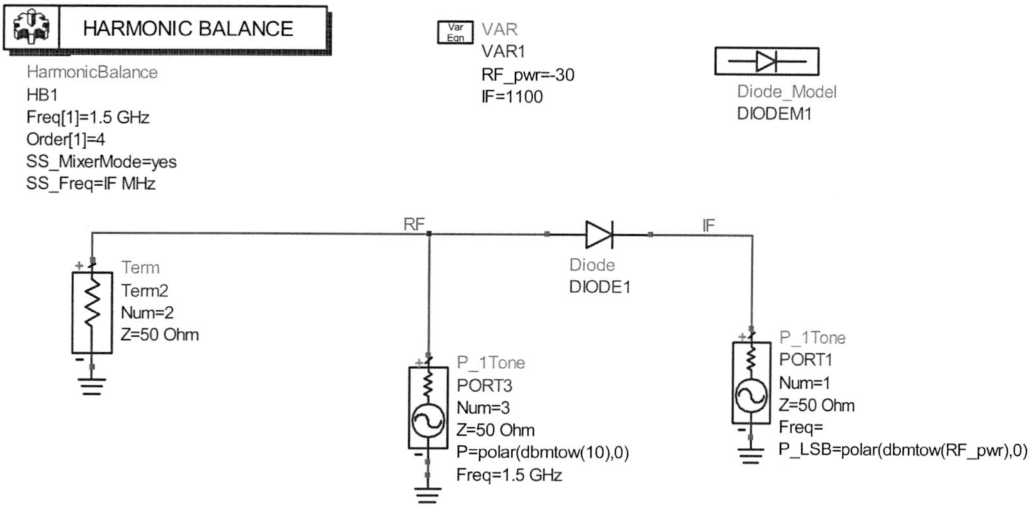

[그림 11E-32] IF 포트에서 전원인가

계산 후 그림 11E-33과 같이 *Equation*을 삽입하였다.

```
Eqn e_if=sqrt(dbmtow(-30)*2*50)
Eqn s_22=(SM.IF[0]-e_if)/e_if
Eqn s_12=(SM.RF[1])/e_if
```

[그림 11E-33] S-파라미터를 계산하기 위한 Equation

이것을 Display 창에 도시하면 그림 11E-34와 같다. 주목할 것은 이때 $\mathrm{dB}(|S_{12}|^2)$이 변환손실과 같음을 알 수 있다. 또한 이 변환손실은 혼합기가 수동회로망인 탓으로 그림 11E-31 계산결과와 같음을 알 수 있다.

s_22	s_12
0.662 / 4.791E-30	0.149 / 4.808E-15

[그림 11E-34] S_{22} 및 S_{12}의 계산 결과

결과적으로 이 혼합기의 S-파라미터는

$$S = \begin{pmatrix} 0.084\angle 180^\circ & 0.149\angle 0^\circ \\ 0.149\angle 0^\circ & 0.662\angle 0^\circ \end{pmatrix}$$

와 같다. 이러한 2-포트 S-파라미터를 이용하여 최소삽입손실을 주도록 복소정합시키는 것을 고려할 수 있으나, 이때 복소정합회로를 삽입하면, 고조파에서의 부하효과로 인해 주어진 S-파라미터도 변하는 것을 주목해야할 것이다.

참고문헌

[1] R. S. Muller and T. I. Kamins, *Device Electronics for Integrated Circuits,* 2nd edition John Wiley& Sons Inc., 1986.

[2] S. A. Maas, *Microwave Mixers,* Artech House, 1993.

[3] H. C. Torrey and C.A. Whitmer, *Crystal Rectifiers,* McGraw Hill, 1948.

[4] C. Tsironis, R. Meierer, and R. Stahlmann, "Dual-gate mixer," *IEEE Trans on Microwave Theory and Tech.*, vol.-MTT-32, no. 3, March, pp. 248-255, 1984.

[5] S. A. Maas, "A GaAs MESFET mixer with very low intermodulation," *IEEE Trans on Microwave Theory and Tech.*, vol.-MTT-35, no. 4, April, pp. 425-429, 1987.

[6] D. N. Held and A.R. Kerr, "Conversion loss and noise of microwave and millimeter wave mixers Part 1-Theory," *IEEE Trans on Microwave Theory and Tech.*, vol.-MTT-26, no. 2, Feb., pp. 49-55, 1978.

[7] D. N. Held and A. R. Kerr, "Conversion loss and noise of microwave and millimeter wave mixers Part 2-Experiment," *IEEE Trans on Microwave Theory and Tech.*, vol.-MTT-26, no. 2, Feb., pp. 55-61, 1978.

연습문제

11-1 Tone 당 전력이 −20 dBm, 간격(spacing)이 200 kHz, 중심(center)이 2.4 GHz인 two tone을 RF에 인가하고 IF에서의 출력을 관찰하였을 때 아래 그림과 같다면 다음 물음에 답하시오.

(1) 변환손실은?

(2) TOI(Third Order Intercept) point는?

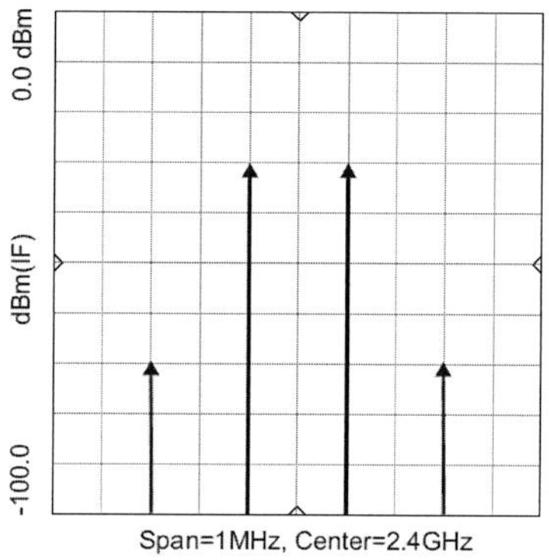

[그림 11P-1] 문제 11-1의 그림

11-2 다음 회로에서 포트 #2에서 전원을 인가하였을 경우 S_{32}, S_{12}, S_{42}를 계산하시오.

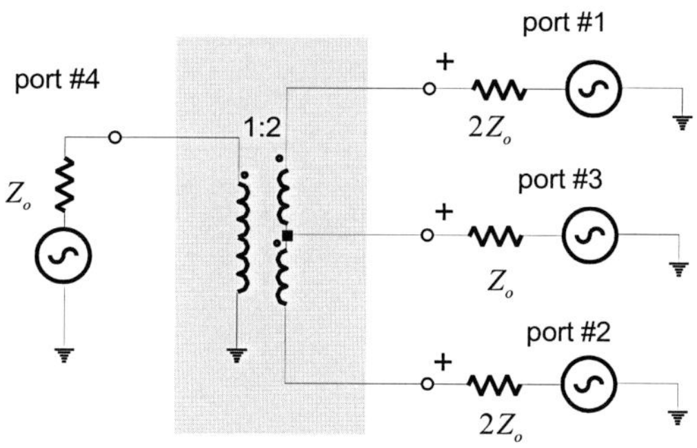

[그림 11P-2] 문제 11-2의 그림

11-3 다음 회로가 SBM이 되도록 LO 포트와 RF 포트를 지정하고 다이오드 두 개의 방향을 고려하여 연결하시오. 또한 다이오드 방향을 다르게 설정할 경우 SEM이 되는 것을 설명하시오.

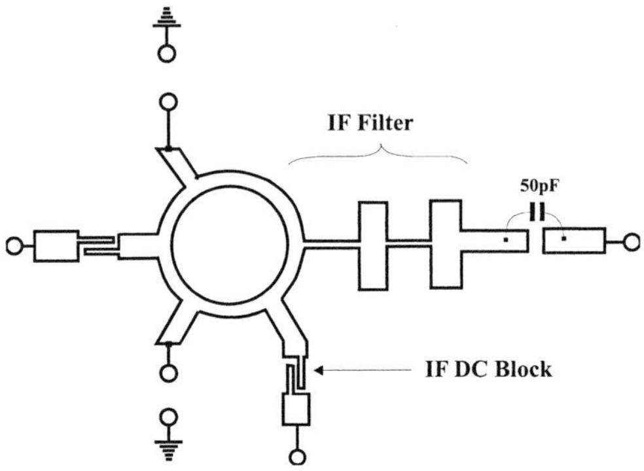

[그림 11P-3] 문제 11-3의 그림

11-4 저주파에서 집적회로 구성 시 혼합기는 아래 그림과 같은 차동증폭기 (differential amplifier)를 이용하는 것이 집적회로 구성 시 훨씬 용이하다. 아래와 같은 차동증폭기에 LO와 RF 신호를 아래 그림과 같이 인가할 때 이것은 SBM이 됨을 설명하시오. 또한 LO와 RF를 바꾸어 입력할 경우 SEM이 됨을 설명하시오.

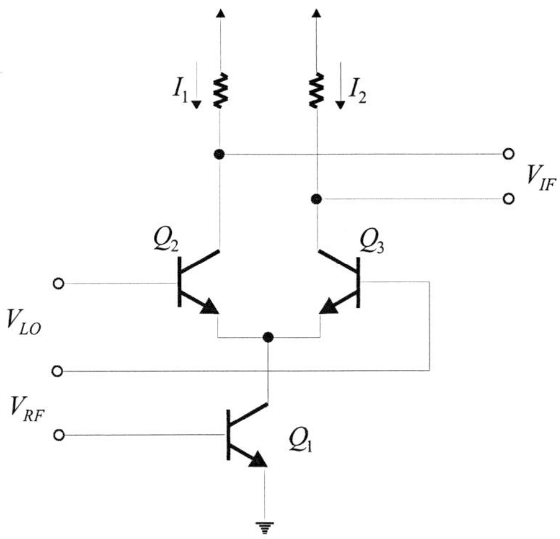

[그림 11P-4] 문제 11-4의 그림

11-5 (Gilbert cell) 다음 그림은 차동증폭기를 이용한 이중평형혼합기로서 Gilbert cell이라고 불린다. 이것이 이중평형혼합기임을 설명하시오.

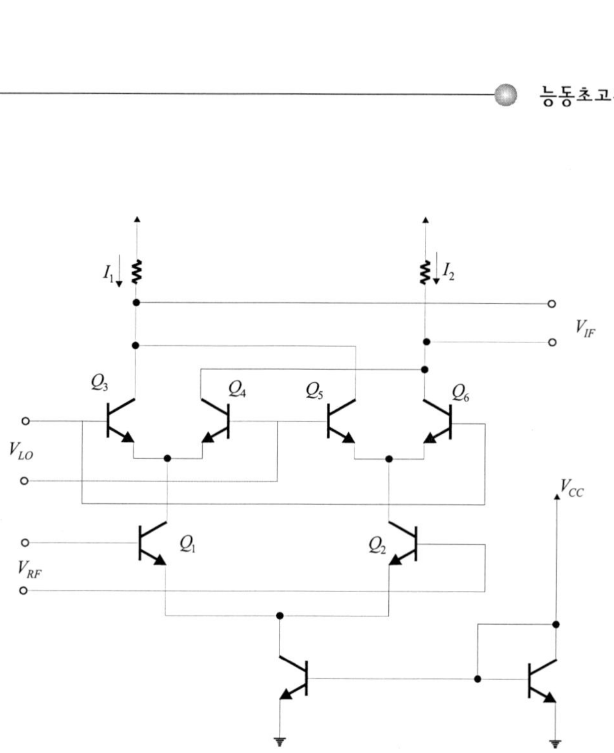

[그림 11P-5] 문제 11-5의 그림

11-6 다음은 dual gate FET를 사용한 혼합기이다. 이의 혼합기 동작을 설명하고 SEM임을 설명하시오.

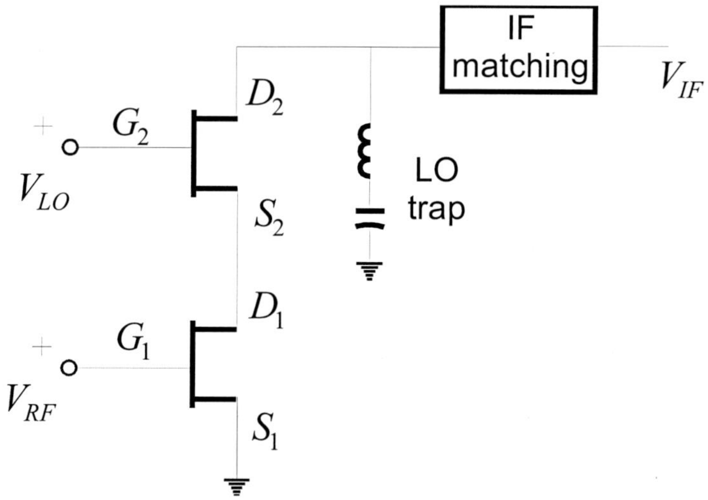

[그림 11P-6] 문제 11-6의 그림

11-7 다음 시뮬레이션에서 mix(vout, {2,3})의 주파수를 구하시오.

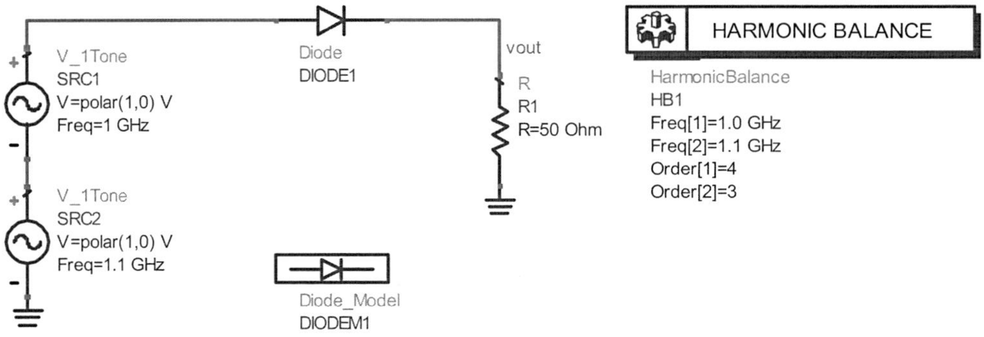

[그림 11P-7] 문제 11-7의 그림

11-8 다음 회로에서 v_{out}을 구하시오.

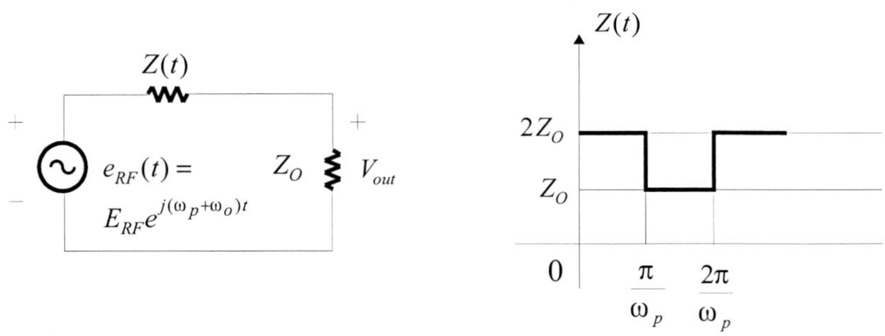

[그림 11P-8] 문제 11-8의 그림

(참고) 계산 시 다음의 Fourier 급수를 활용하시오.

$$x(t) = \frac{4K}{\pi}\left\{\sin\omega_o t + \frac{1}{3}\sin 3\omega_o t + \frac{1}{5}\sin 5\omega_o t + \cdots\right\}$$

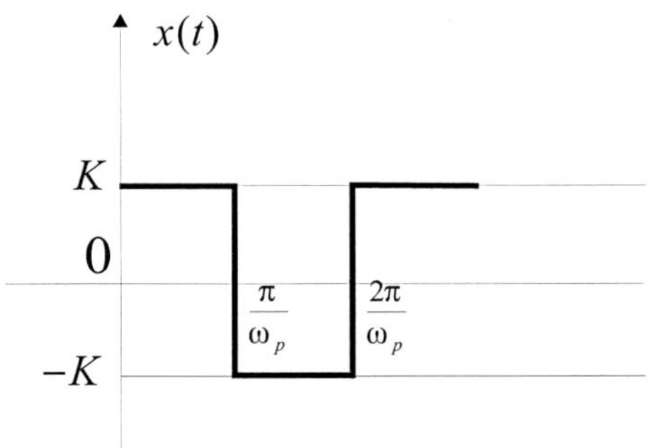

Appendix

부 록

A 단위
B Cascade 구조
C MathcadTM을 이용한 반파정류회로 계산
D 부성저항의 수학적 해석
E 마이크로스트립에 결합된 유전체공진기

A 단위

마이크로파에서 자주 활용되는 단위로는 dB(decibel)와 이것에 관련 부속 단위들이 있다. Decibel과 관련 부속 단위들이 자주 부품의 사양을 지정하는 데 언급되는 것은, 마이크로파에서 다루는 전력의 세기는 $10^{-13} \sim 10^4\,W$로 폭의 변화가 매우 커서 이것에 대한 수치를 편히 다루고자 함이며, 이러한 지수로 표시된 것보다는 산술적으로 표시하는 것이 용이하게 그림으로 나타낼 수 있고, 훨씬 알아보기 쉽기 때문이다. 본 장에서는 이것들의 정의를 알아보고자 한다.

Decibel은 같은 주파수를 갖는 전력을 비교하는 것으로서 아래와 같이 정의된다.

$$10\log\left(\frac{P_2}{P_1}\right)[\text{dB}] \tag{A-1}$$

따라서 입력 가용전력 P_{av}와 출력전력 P_L의 경우의 삽입이득을 decibel로 표시한다면

$$|S_{21}|^2 = \frac{P_L}{P_{av}} \tag{A-2}$$

이므로 $20\log|S_{21}|$이 될 것이다. Decibel은 상대적인 전력을 비교한 것으로 차원이 없게 되지만, 전력이나 전압의 경우도 decibel 척도로 표시하는데, dB-milli-watt (dBm)의 경우

$$\text{dBm} = 10\log\left(\frac{P}{1mW}\right) \tag{A-3}$$

로 정의된다. 따라서 0 dBm의 경우 1 mW를, 30 dBm의 경우 1 W를 나타낸다.

예제 A-1 −10 dBm 및 10 dBm은 각각 전력으로는 몇 W가 되는가?

해 (A-3)식에 대입하면 0.1 mW, 10 mW임을 알 수 있다.

유사한 정의로 dBW도 자주 사용되는데 이것은 임의의 전력을 1 W와 비교한 것이다. 즉,

$$\text{dBW} = 10\log\left(\frac{P}{1\,W}\right)$$

그리고 유사하게 전압의 경우도 이와 비슷하게 정의되는데

$$\text{dBuV} = 20\log\left(\frac{V}{1u\,V}\right)$$

비교하는 양이 전압이기 때문에 20log로 표시되며, 이 전압이 걸린 저항 값을 알 경우 이것은 dBm이나 dBW로 환산될 수 있다. 그리고 여기서 V 및 1 μV는 RMS(Root Mean Square) 값을 나타냄을 주목하여야 할 것이다.

예제 A-2 −10 dBm의 전력이 50 ohm 저항양단에 걸렸을 경우, 이것을 dBuV으로 나타내시오.

해 −10 dBm은 0.1 mW 즉 10^{-4} W에 해당한다. 따라서 RMS 전압으로 계산하면

$$V = \sqrt{RP} = \sqrt{50 \times 10^{-4}} = 0.07$$

이 되고, 이것은 dBuV로 나타낸다면 $20\log(0.07 \times 10^6) = 97\ \text{dB}\mu\text{V}$가 된다.

또한 스펙트럼(spectrum) 상으로는 여러 개의 주파수 성분의 전력이 나타나게 되는데, 이를 비교하는 것도 decibel 척도로 나타내기도 한다. 그러나 decibel의 경우 같은 주파수를 나타내기 때문에 이것은 dBc(dB compared)로 나타낸다.

$$10\log\left(\frac{P_2}{P_1}\right)[\text{dBc}] \tag{A-4}$$

주목할 것은 여기서 P_1, P_2는 주파수가 다르다는 점이다.

이와 같이 decibel 척도로 표시할 경우 곱으로 표시된 것을 가감으로 연산하기 때문에 여러 가지 편리 점을 준다. 다음 예제는 이러한 것을 보여준다.

예제 A-3 다음 스펙트럼분석기(spectrum analyzer) 상에 나타난 스펙트럼을 보고 중심주파수 전력과 이것에 가까운 오른쪽 측대파의 전력의 비를 decibel 척도로 나타내시오.

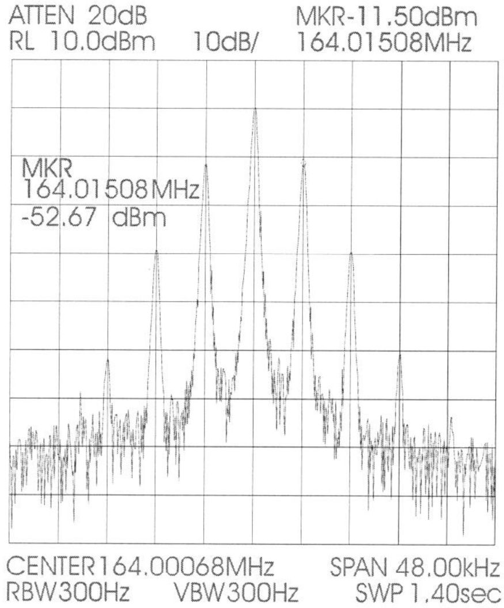

[그림 AE-1] 스펙트럼

해 한 칸당 10 dB이므로 약 10 dBc가 되는 것을 알 수 있다.

B Cascade 구조

시스템 설계시 cascade 구조는 자주 활용되는 구조이다. Cascade구조는 전단의 처리 결과를 후단에 출력으로 넘기게 됨으로서, 후단은 전단의 결과에 새로이 신호를 처리하여 원하는 결과를 얻게 한다. 시스템에서 자주 계산되는 양으로서는 이득, 잡음지수 1-dB 축퇴점, TOI등이 있다. 이것들은 cascade 할 경우 서로 영향을 미치게 되는데 본장에서는 이러한 것들을 살펴보려 한다.

그림 B-1과 같이 cascade로 n단이 연결된 경우 총이득 G_t은

$$G_t = G_1 G_2 \cdots G_n \tag{B-1}$$

이 될 것이다. 이것을 decibel 척도로 표시할 경우 이득은

$$G_t[dB] = G_1[dB] + \cdots + G_n[dB] \tag{B-2}$$

가 되어 단순히 가산만으로 총 이득을 알 수 있게 된다. 또한 이 구조에 입력전력이 P_{in}이 인가되었을 경우 출력 P_o는

$$P_o = G_t P_{in} = G_1 G_2 \cdots G_n P_{in} \tag{B-3}$$

가 되는데 이것을 decibel 척도로 나타내면

$$\begin{aligned} P_o[dBm] &= G_t[dB] + P_{in}[dBm] \\ &= G_1[dB] + \cdots + G_n[dB] + P_{in}[dBm] \end{aligned} \tag{B-4}$$

로 되어 전력을 dBm 척도로 나타내고 이득을 역시 decibel 척도로 나타낼 경우 단순한 덧셈으로서 각단에서 출력 수준을 알 수 있게 될 것이다.

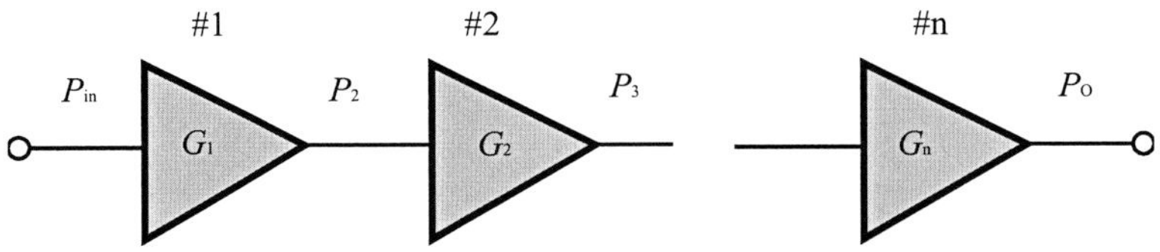

[그림 B-1] Cascade 된 n단의 증폭기

예제 B-1 다음 시스템의 입력에 –100 dBm이 입력되었을 때 출력전력을 계산하시오.

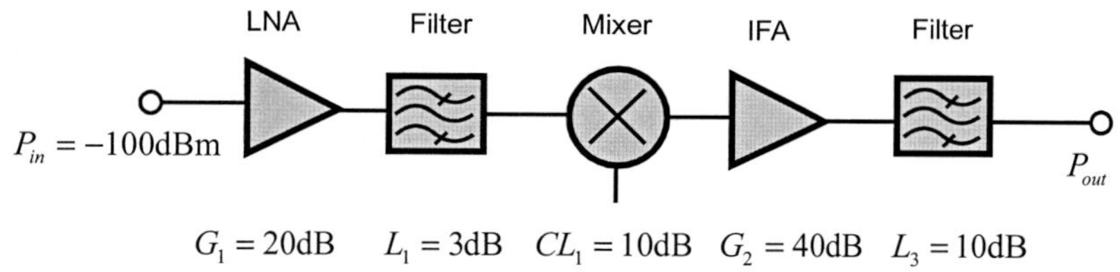

[그림 BE-1] 수신기 블록도

해 총 이득은

$$G_t = G_1 - L_1 - CL_1 + G_2 - L_3 = 20 - 3 - 10 + 40 - 10 = 37 \text{ dB}$$

이다. 따라서

$$P_{out} = P_{in} + 37 = -63 \text{ dBm}$$

이 됨을 알 수 있다.

다음으로 그림 B-2와 같은 cascade 구조에 대하여 잡음지수 및 이득의 관계는 이미 4장에서 살펴보았고, 이것의 총이득은 식 (B-1)으로 결정되며, 총 잡음지수 F_t는

$$F_t = F_1 + \frac{F_2 - 1}{G_1} + \frac{F_3 - 1}{G_1 G_2} \cdots \tag{B-5}$$

와 같이 주어지는 것을 알 수 있다. 이 때 주목할 것은 식(B-5)에서의 이득 및 잡음지수는 decibel 척도로 표현된 것이 아니기 때문에, decibel 척도로 표시된 잡음지수와 이득이 있을 경우, 이것을 우선 원래의 척도로 변환하고 식(B-5)를 이용 계산하여야 한다는 것이다.

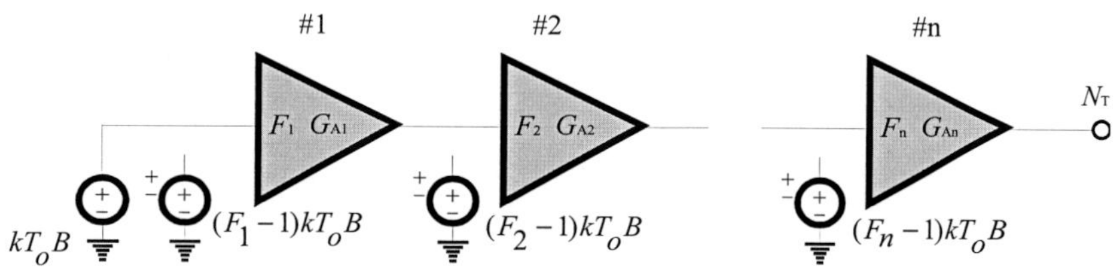

[그림 B-2] Cascade 된 n단의 증폭기

1-dB 축퇴점도 이와 비슷한 관계를 유도할 수 있게 된다. 우선 정규화된 출력을 입력에 대해서 그리면, 그림 B-3과 같이 일반적으로 나타나게 된다.

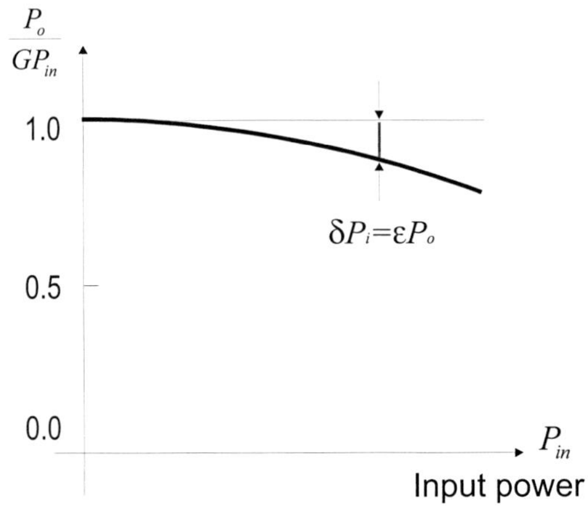

[그림 B-3] 출력 P_{1dB}

즉 입력 전력이 증가함에 따라 출력이 줄어들게 되는데, 이것은

$$\frac{P_o}{GP_i} = 1 - \delta P_i = 1 - \epsilon P_o \tag{B-6}$$

과 같이 나타낼 수 있게 된다. 식 (B-6)의 오른 쪽 항은 정규화된 출력을 출력전력을 기준으로 나타낸 것이다. 식 (B-6)을 decibel 척도로 보기 위해서 양변에 로그를 취하면

$$10\log\frac{P_o}{GP_i} = 10\log(1 - \epsilon P_o) \tag{B-7}$$

의 관계를 얻게 된다. 여기서 $\log(1-x) \cong 1 - (\log_{10}e)x = 1 - kx$를 이용하면, 1-dB 축퇴점에서 식 (B-7)은

$$-1 = -k\epsilon P_o = -k\epsilon P_{1dB} \tag{B-8}$$

와 같게 된다. 따라서 (B-6)식의 ϵ은

$$\epsilon = \frac{1}{kP_{1dB}} \tag{B-9}$$

임을 알 수 있고, 이것을 (B-6)에 대입하면, P_{1dB}로 표시된 정규화된 출력의 변화를 아래와 같이 얻게 된다.

$$\frac{P_o}{GP_i} = 1 - \frac{P_o}{kP_{1dB}} \qquad \text{(B-10)}$$

주목할 것은 식 (B-10)에서 G, P_i, P_o 및 P_{1dB}는 모두 decibel 척도로 나타낸 것이 아님을 주목해야할 것이다.

식 (B-10)을 이용하면 cascade 구조에서의 총괄 1-dB 축퇴점을 알 수 있다. 그림 B-4에는 이득과 1-dB 축퇴점이 정의 된 n개의 증폭기를 cascade 한 것을 보였다.

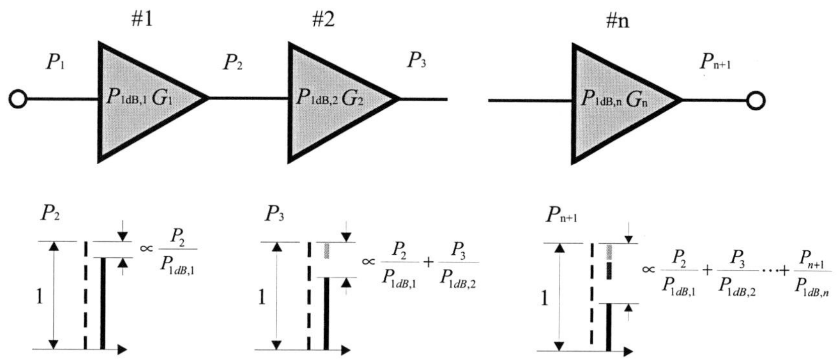

[그림 B-4] Cascade 된 n단의 증폭기

그림 B-4의 상측에서 1에서 $n-$단의 입력전력을 각각 P_n이라고 하고 마지막 단의 출력을 P_{n+1}이라고 하면, 1에서 $n-$단에 대하여 식 (B-10)을 적용하면,

$$\frac{P_2}{G_1 P_1} = 1 - \frac{P_2}{kP_{1dB,1}} \qquad \text{(B-11)}$$

$$\frac{P_3}{G_2 P_2} = 1 - \frac{P_3}{kP_{1dB,2}}$$

$$\vdots$$

$$\frac{P_3}{G_n P_n} = 1 - \frac{P_{n+1}}{kP_{1dB,n}}$$

을 얻게 된다. 이것을 위 아래로 좌측과 우측을 각각 곱하면

$$\frac{P_{n+1}}{G_1G_2\cdots G_nP_1}=\left(1-\frac{P_2}{kP_{1dB,1}}\right)\left(1-\frac{P_3}{kP_{1dB,2}}\right)\cdots\left(1-\frac{P_{n+1}}{kP_{1dB,n}}\right) \quad \text{(B-12)}$$

$$\cong 1-\frac{1}{k}\left\{\frac{P_2}{P_{1dB,1}}+\frac{P_3}{P_{1dB,2}}\cdots+\frac{P_{n+1}}{P_{1dB,n}}\right\}$$

식(B-12)에서 $P_2, P_3, \cdots$을 P_{n+1}로 바꾸면

$$\frac{P_{n+1}}{G_1G_2\cdots G_nP_1} \quad \text{(B-13)}$$

$$\cong 1-\frac{P_{n+1}}{k}\left\{\frac{1}{G_2\cdots G_nP_{1dB,1}}+\frac{1}{G_3\cdots G_nP_{1dB,2}}\cdots+\frac{1}{P_{1dB,n}}\right\}$$

따라서 식 (B-10)과 (B-13)을 비교하면

$$\frac{1}{P_{1dB,t}}=\frac{1}{G_2\cdots G_nP_{1dB,1}}+\frac{1}{G_3\cdots G_nP_{1dB,2}}\cdots+\frac{1}{P_{1dB,n}} \quad \text{(B-14)}$$

의 결과를 얻을 수 있다. 식 (B-14)로부터 최종단의 P_{1dB}가 전체 P_{1dB}에 가깝게 되며, 이는 전단들의 P_{1dB}로 인해 줄어드는 것을 알 수 있다. 따라서 마지막 단의 P_{1dB}를 보존하기 위해서는 직전단의 P_{1dB}는 $G_nP_{1dB,(n-1)} \gg P_{1dB,n}$의 관계를 만족해야하는 것을 알 수 있다.

식 (B-14)의 결과는 다르게 해석한다면 그림 B-4의 하측을 이용하여 해석할 수 있다. 여기서 각단의 감쇠 없이 나타나는 출력을 P_n을 1로 보았을 때 출력에서 감쇠된 정도를 오른 쪽에 나타내었다. 즉 $P_{1dB,1}$을 갖고 있는 첫 단을 통과할 경우 규격화된 출력의 감쇠 정도는 그림에 보인바와 같이 $P_2/P_{1dB,1}$만큼 감쇠된 것이 첫 단의 출력에 나타나게 되고, 둘째 단을 통과할 경우, 이와 같이 감소된 전력에 다시 $P_3/P_{1dB,2}$ 만큼 더 감쇠된 전력이 둘째 단 출력에 나타나게 될 것이다. 따라서 반복하면 최종 단에서는

$$\frac{P_2}{P_{1dB,1}}+\frac{P_3}{P_{1dB,2}}\cdots+\frac{P_{n+1}}{P_{1dB,n}}$$

에 해당하는 전력이 감쇠되어 나타나게 될 것이다. 이때 전체증폭기를 1단의 등가증폭기로 보면, 총 P_{1dB}는 식 (B-14)와 같이 나타나는 것을 알 수 있다. 또한 잡음

지수와 같이 이 (B-14)식은 decibel 척도로 나타내지 않았음을 주목해야할 것이다.

Cascade로 연결된 구조에서 전체 TOI를 계산하기 위한 그림을 그림 B-5에 보였다.

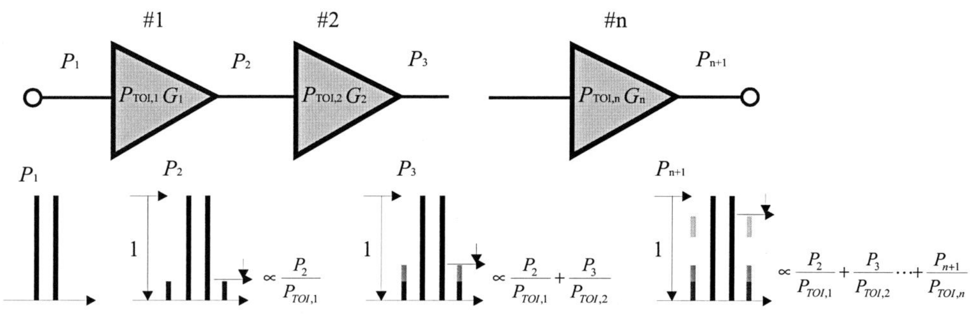

[그림 B-5] Cascade로 연결된 구조에서 TOI

P_{1dB}계산 때와 유사하게, $P_{TOI,1}$을 가지고 있는 증폭기에 입력전력을 인가하면 출력에는 그림 B-5같이 2-tone의 간격과 같은 측대파들이 발생하게 된다. 이때 발생하는 혼변조성분은 그림과 같이 출력을 P_2라고 할 때, 이것을 1로 규격화할 경우, $P_2/P_{TOI,1}$에 해당하는 3차 혼변조된 성분이 나타나게 될 것이다. 이것이 다음단에 인가될 경우, 1단에서 발생된 혼변조 성분은 두 번째 증폭기를 통하여 그대로 증폭되고, 다시 둘째 단에 의해 혼변조된 성분이 추가되는데, 이것은 두 번째 단의 출력을 규격화할 경우, $P_3/P_{TOI,2}$에 비례할 것이다. 따라서 둘째 단에 의해 나타나는 총 혼변조된 성분의 크기는

$$\frac{P_2}{P_{TOI,1}}+\frac{P_3}{P_{TOI,2}}$$

에 비례할 것이다. 결과적으로 n번째 단을 통과한 후 출력에 나타나는 총 혼변조된 출력은

$$\frac{P_2}{P_{TOI,1}}+\frac{P_3}{P_{TOI,2}}\cdots+\frac{P_{n+1}}{P_{TOI,n}}$$

에 비례하는 출력이 나타나게 될 것이다. 이것을 1단의 등가증폭기로 바꾸면 총 TOI($P_{TOI,t}$)는

$$\frac{1}{P_{TOI,t}}=\frac{1}{G_2\cdots G_nP_{TOI,1}}+\frac{1}{G_3\cdots G_nP_{TOI,2}}\cdots+\frac{1}{P_{TOI,n}} \qquad \text{(B-15)}$$

와 같이 얻어지는 것을 알 수 있다. 그리고 이와 같이 얻어진 TOI의 속성은 P_{1dB}와 유사한 것을 알 수 있다.

이와 같이 각단에서의 출력의 크기, 이득, 잡음지수, P_{1dB}, TOI 등은 Microsoft 사의 Exel™을 사용하여 계산할 수도 있으나, 일반적으로 많은 웹 사이트에 이의 계산을 수행하는 프로그램을 얻을 수 있다.

예제 B-2 www.microwaves101.com에서 Cascade101.xls를 내려 받고, 이를 이용하여 다음과 같이 주어지는 시스템에 대하여 총 잡음지수, 이득, P_{1dB}를 계산하시오.

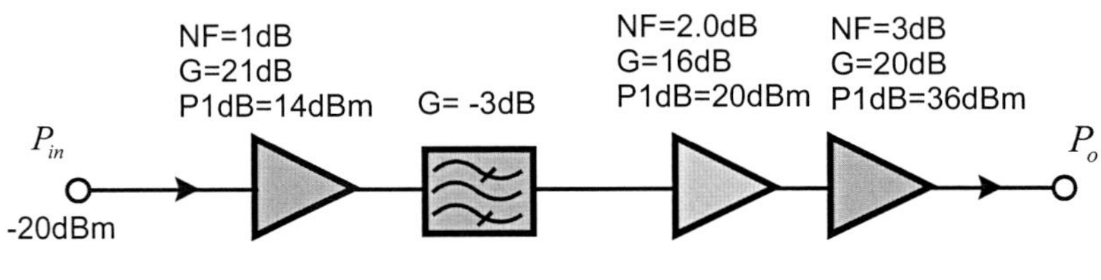

[그림 BE-2] 증폭기 연결 구조

해 내려 받은 파일의 첫 번째 *Control sheet*에서 입력 전력을 그림 BE-3과 같이 입력하고, 두 번째 *Component sheet*에서 부품명과, 문제에서 주어진 값들을 그림 BE-4와 같이 대입하면 된다.

Power into Receiver		
Input Power	-20.00	dBm

[그림 BE-3] 입력전력의 명시

1	Amp	21.00	14.00	1.00
2	Filter	−3.00	100.00	3.00
3	Amp	16.00	20.00	2.00
4	Amp	20.00	36.00	3.00

[그림 BE-4] 부품 사양 명시

그러면 다음 *Cascade sheet*에서 결과들은 자동적으로 계산되며, 이것을 그림 BE-5에 보였다. 여기서 *SSG* 열은 누적 이득을 보이고 있으며, 총 이득은 54 dB 인 것을 알 수 있다. 그리고 Pout 열은 각단에서 나타나는 출력전력이며, 최종출력은 33.26 dBm인 것을 알 수 있다. P_{1dB}는 입력 측에서 또는 출력 측에서의 P_{1dB}를 보여주며, 출력 측에서 각 단이 누적 될 때 결과적으로 나타나는 P_{1dB}를 보여준다. 이 예제의 총 P_{1dB}는 34.30 dBm임을 알 수 있다. 그리고 잡음지수는 각단이 누적될 때 나타나는 총괄 잡음지수로서, 총 잡음지수는 1.06 dB임을 알 수 있다.

Stage	Stage Description	SSG (dB)	Pout (dBm)	P1dBin (dBm)	P1dBou (dBm)t	NF (dB)
1	Amp	21.00	0.96	−6.00	14.00	1.00
2	Filter	18.00	−2.04	−6.00	11.00	1.03
3	Amp	34.00	13.75	−13.79	19.21	1.06
4	Amp	54.00	33.26	−18.70	34.30	1.06

[그림 BE-5] 계산 결과

C Mathcad™ 을 이용한 반파정류회로 계산

Hormonic Balance Calculation

User need elements

$f := 1 \cdot 10^{3}$	전류원의 주파수
$Ip := 5 \cdot 10^{-3}$	공급 전류
$R := 1 \cdot 10^{3}$	병렬 저항값
$h := 3$	Hormonic 수
$error := 0.01$	허용오차
$M := 2^{5}$	Sample 수

Basic Calculations

$\omega_{o} := 2 \cdot \pi \cdot f$ $\qquad$ $T := \frac{1}{f}$

Define a Function

$Is := 10^{-14}$	Saturation Current
$N := 1$	Ideality Factor
$V_T := 0.025$	Thermal Voltage

$$f(x) := \left| \begin{array}{l} a \leftarrow Is \cdot \left(e^{\frac{x}{N \cdot V_T}} - 1 \right) \\ a \leftarrow Is \cdot \left(e^{\frac{1}{N \cdot V_T}} - 1 \right) + \frac{Is}{N \cdot V_T} \cdot e^{\frac{1}{N \cdot V_T}} \cdot (x - 1) \quad \text{if } x \geq 1 \end{array} \right.$$

다이오드 전류식

$$df(x) := \left| \begin{array}{l} a \leftarrow \frac{Is}{N \cdot V_T} \cdot e^{\frac{x}{N \cdot V_T}} \\ a \leftarrow \frac{Is}{N \cdot V_T} \cdot e^{\frac{1}{N \cdot V_T}} \quad \text{if } x \geq 1 \end{array} \right.$$

다이오드 1차 미분 전류식

$$\varepsilon(x) := \left| \begin{array}{ll} 1 & \text{if } x = 0 \\ 2 & \text{otherwise} \end{array} \right.$$

ϵ_k 정의식

```
V := | m ← 0
     | a ← ( m  −1  5  0  0 )
     | while  m < 200
     |    | k ← 0
     |    | while  k ≤ M − 1
     |    |    |            3
     |    |    | v_k ← Σ   Re( a_{m,z+1} · e^( i·z·ω_o·(T·k / M) ) )
     |    |    |          z = 0
     |    |    | V ← v_k
     |    |    | id_k ← f(V)
     |    |    | id_diff_k ← df(V)
     |    |    | k ← k + 1
     |    | Id ← CFFT(id)
     |    | Id_diff ← CFFT(id_diff)
     |    | n ← 0
     |    | while  n ≤ h
     |    |    | i_n ← Id_n·ε(n)
     |    |    | n ← n + 1
     |    | j ← 0
     |    | k ← 0
     |    | while  k ≤ h
     |    |    | while  j ≤ h
     |    |    |    | F_{k,j} ← ( (1/2)·Id_diff_{k+j} + (1/2)·Id_diff_{|k−j|} )·ε(k)
     |    |    |    | F_{k,j} ← ( (1/2)·Id_diff_{k+j} + (1/2)·conj(Id_diff_{|k−j|}) )·ε(k)   if  k − j < 0
     |    |    |    | j ← j + 1
     |    |    | j ← 0
     |    |    | k ← k + 1
     |    | n ← 0
     |    | while  n ≤ h
     |    |    | I_n ← −( i_n − F_{n,0}·a_{m,1} − F_{n,1}·a_{m,2} − F_{n,2}·a_{m,3} − F_{n,3}·a_{m,4} )
     |    |    | G_{n,n} ← 1 / R
     |    |    | n ← n + 1
     |    | I_1 ← I_1 + Ip
     |    | n ← 0
     |    | m ← m + 1
     |    | a_{m,0} ← m
     |    | while  n ≤ h
     |    |    | a_{m,n+1} ← lsolve(F + G, I)_n
     |    |    | n ← n + 1
     |    | break  if  error > [ (|Id_0 + a_{m,1}/R|)^2 + [|Ip · −(Id_1 + a_{m,2}/R)|]^2 + (|Id_2 + a_{m,2}/R|)^2 + (|Id_3 + a_{m,3}/R|)^2 ] / Ip
     | return  a
```

초기값 정의

FFT함수 정의

각 고조파 전류 정의

F 행렬 정의

G, I 행렬 정의

$(F+G)V^{n+1} = I$ 풀기

Break 조건 정의

Results of calculation

$\text{Rows} := \max\left(V^{\langle 0 \rangle}\right)$

$\text{Rows} = 14$ 계산 반복 회수

$k := 0 .. 2^5$ $t_k := \frac{k}{M} \cdot T$

$$v_{D_k} := \sum_{z=0}^{3} \text{Re}\left(V_{\text{Rows}, z+1} \cdot e^{i \cdot z \cdot \omega_o \cdot \frac{T \cdot k}{M}} \right)$$

최종 다이오드 전압 정의

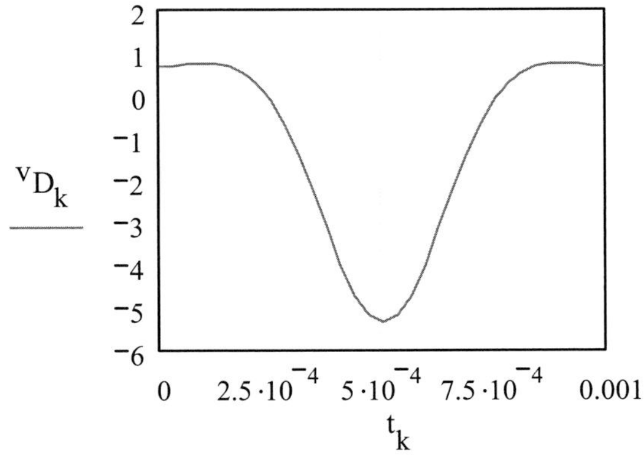

$$i_{D_k} := Ip \cdot \cos\left(\omega_o \cdot \frac{T \cdot k}{M} \right) - \frac{v_{D_k}}{R}$$

최종 다이오드 전류 정의

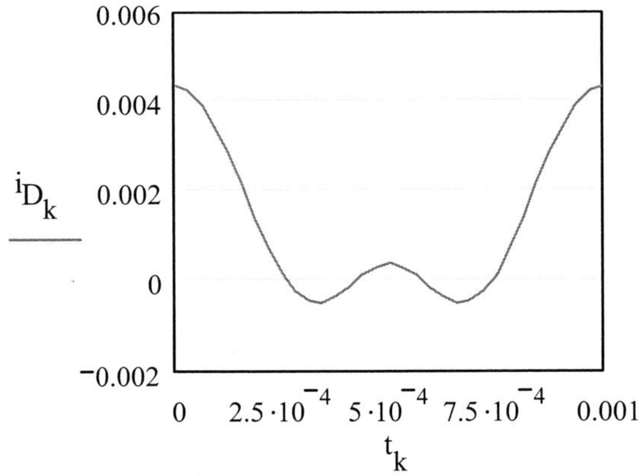

D 부성저항의 수학적 해석

고주파에서 발진기에 사용되는 능동소자들은 일반적으로 앞서서 설명한 Colpitts 발진기에 사용된 능동소자에 비해 상당히 복잡하여, 이것을 간단히 등가회로화 하는 것은 어려운 작업이 된다. 따라서 이보다는 측정된 파라미터를 사용 설계하는 것이 대부분이다.

발진기를 설계하는 데 있어 기본적인 작업으로서는 그림 D-1에 지적된 RF 회로에서 부하 측에서 들여다 본 임피던스의 실수부가 부성저항을 갖게 하는 (x,y) 쌍을 선정하는 것이 기본적인 작업이 된다. 그러나 트랜지스터의 등가회로가 간단하지 않을 경우 이들 값을 Colpitts 등가회로를 이용하여 선정하는 것은 시행착오의 방법을 통해 가능하며, 뿐만 아니라 직렬형의 경우는 어떠한 (x,y)쌍을 선정하는 것이 부성저항을 주는 것인지는 더욱 어려운 문제가 된다. 이것을 해결하기 위해서 그림 D-1과 같은 회로에서 출력측 부하에 부성저항을 주는 (x,y)쌍의 범위를 알 경우 이러한 시행착오를 줄일 수 있을 것이다.

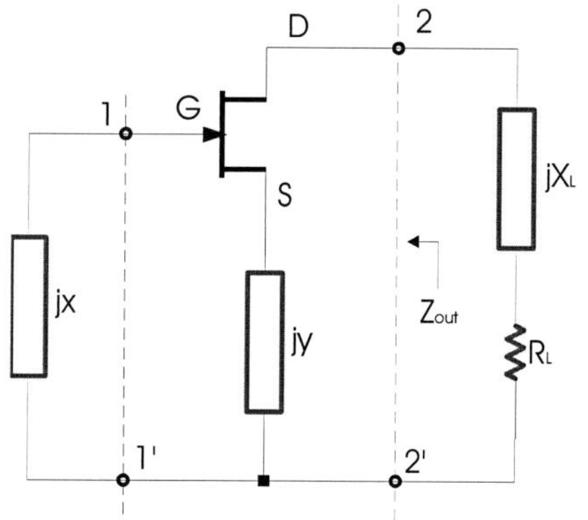

[그림 D-1] 부하측에서 들여다본 임피던스

이렇게 해서 (x,y)쌍을 선정했을 경우 부하측에서는 부성저항이 보이므로 부하의 값을 이것보다 작게 설정하고 허수부는 이것과 복소 공액이 되게 하면 지속적으로 증가하는 조건이 되어 발진을 형성할 수 있게 된다.

부하측에서 들여다 본 임피던스는, 위의 회로에서 트랜지스터의 임피던스 파라미터를

$$Z_t = \begin{pmatrix} z_i & z_r \\ z_f & z_o \end{pmatrix}$$

로 정의하고 jy로 이루어진 2-포트의 Z-파라미터는

$$Z_y = \begin{pmatrix} jy & jy \\ jy & jy \end{pmatrix}$$

와 같게 된다. 또한 이 두 2-포트는 직렬로 연결되어 있으므로, 트랜지스터와 jy로 이루어진 2-포트의 Z-파라미터는

$$Z = Z_t + Z_y$$

가 된다. 따라서 이 새로운 2-포트에 jx가 연결되어 있으므로, 부하측에서 들여다본 임피던스 Z_{out}은 아래와 같이 얻어진다.

$$Z_{out} = z_o + jy - \frac{(z_r + jy)(z_f + jy)}{z_i + jx + jy} \quad \text{(D-1)}$$

여기서 실수부가 같은 값을 주는 등고선 궤적($\mathrm{Re}(Z_{out}) = R$)를 구하면, R을 파라미터로 하는 아래와 같은 x, y의 이차방정식이 되며,

$$\alpha x^2 + 2\beta xy + \gamma y^2 + \delta x + \epsilon y + K = 0 \quad \text{(D-2)}$$

여기서 α, $\cdots$, K는 R의 함수가 된다. 또한 이는 (x,y) 좌표계를 평행이동(translation) 시키고 회전시킨 새로 정의된 (ξ,η) 좌표계에서는 아래 식과 같은 원추곡선(conic section)이

$$\frac{\xi^2}{a^2} + \frac{\eta^2}{b^2} = 1 \quad \text{(D-3)}$$

이 되어, (x,y) 좌표계에서는 회전되고, 이동된 쌍곡선, 타원, 포물선, 또는 직선쌍이 된다. 이것을 판별하는 방법으로 판별식 D를 구하면 되고, 이것을 이용해 다음과 같이 판별할 수 있다.

$$D = r_i(R - R_c) = \begin{cases} > 0 & \text{hyperbola} \\ = 0 & \text{parabola} \\ < 0 & \text{ellipse} \end{cases} \quad \text{(D-4)}$$

이 D를 살펴보면 R에 따른 직선이며, 일반적으로 r_i가 양이므로 증가하는 직선이 된다. 따라서 등고선도는 R이 증가함에 따라, D는 $-$에서 $+$로 변하므로, 타원으로부터 포물선을 거쳐 쌍곡선으로 변화되는 것을 알 수 있다. 그리고 어느 특정 R_m 값보다 작을 때는 이를 만족하는 궤적은 없게 된다. 따라서 이것은 R이 증가함에 따라 점→타원→포물선→쌍곡선으로 변화하게 된다.

반면 r_i가 음인 경우 이 경향은 거꾸로 되어 모든 R의 음의 값에 대해 존재하게 되며(즉 최대 부성저항은 $-\infty$가 된다) R이 증가함에 따라 쌍곡선→포물선→타원→점으로 되며, 이때는 최대의 $+$저항 값을 가지게 된다.

또한 Z-파라미터로 결정되는 아래 파라미터를 정의한다.

$$R_c = R_\tau\left\{1 - \frac{(r_f - r_r)^2}{4(r_i r_o - r_f r_r)}\right\} \quad \text{(D-5a)}$$

$$R_\tau = \frac{r_i r_o - r_f r_r}{r_i} \quad \text{(D-5b)}$$

$$R_q = r_o + \frac{r_i - (r_f + r_r)}{2} \quad \text{(D-5c)}$$

$$Q = -r_i^3(R - R_\tau)(R - R_m) \quad \text{(D-5d)}$$

$R = 0$인 등고선도를 그리기 위해서 필요한 원추곡선의 정준형이 나오는 (ξ, η) 좌표계의 (x, y) 좌표계에서의 중심좌표, 회전각, 그리고 정준형이 된 원추곡선의 장축 및 단축을 구하면 아래와 같다.

$$y_c = \frac{r_i}{4D}\left\{2(x_f + x_r)(r_o - R) - \frac{r_f + r_r}{r_i}(r_f x_r + r_r x_f)\right\} \quad \text{(D-6)}$$

$$x_c = \frac{2r_i - (r_f + r_r)}{(r_f + r_r)} y_c - x_i + \frac{r_i(x_f + x_r)}{r_r + r_f} \quad \text{(D-7)}$$

$$\theta_r = \frac{1}{2}\tan^{-1}\left(\frac{2r_o - 2R - r_f - r_r}{r_f + r_r - r_i}\right) + \frac{\pi}{2}\{H(Q) + H(R_q - r_o)\} \qquad \text{(D-8)}$$

$$a^2 = \frac{Q}{D^2}\left\{R_q - R + \mathrm{sgn}(\mathrm{Q})\sqrt{(R_q - R)^2 + D}\right\} \qquad \text{(D-9)}$$

$$b^2 = \frac{Q}{D^2}\left\{R_q - R - \mathrm{sgn}(\mathrm{Q})\sqrt{(R_q - R)^2 + D}\right\} \qquad \text{(D-10)}$$

이를 이용 $x-y$ 평면상에 원추곡선을 매개변수 방법에 의해 그릴 수 있게 된다. 즉 타원인 경우

$$\xi = a\cos t$$
$$\eta = b\sin t$$

이면 $0 \leqq t \leqq 2\pi$인 t를 삽입하고 그리면 이는 장축 a, 단축 b인 타원이 된다. 또한 쌍곡선의 경우

$$\xi = a\cosh t$$
$$\eta = b\sinh t$$

이면 장축과 단축이 모두 양수일 경우 $\xi \geqq 1$이므로 ξ가 양인 쪽에 존재하는 쌍곡선이 된다. 따라서 나머지 반쪽은 ξ 대신에 $\xi = -a\cosh t$를 대입할 경우 얻어지게 된다. 이러한 곡선의 판정은 판별식에 의해 이루어지므로 중심점에서의 원추곡선의 매개변수 (ξ, η)를 아래와 같이 지정하면 다음과 같다.

$$\xi = \frac{1}{2}(a\cosh t + a\cos t) + \frac{1}{2}\mathrm{sgn}(D)(a\cosh t - a\cos t)$$
$$\eta = \frac{1}{2}(b\sinh t + b\sin t) + \frac{1}{2}\mathrm{sgn}(D)(b\sinh t - b\sin t)$$

D가 양수일 때는 쌍곡선의 반쪽 D가 음수일 때는 타원이 된다. 그러면 $x-y$ 평면상에서의 (x, y) 자취는 앞서서 얻어진 (ξ, η)식을 아래와 같이 회전시키고 평행 이동시켜 얻어지게 된다.

$$\begin{pmatrix} x \\ y \end{pmatrix} = \begin{pmatrix} x_c \\ y_c \end{pmatrix} + \begin{pmatrix} \cos\theta_r & -\sin\theta_r \\ \sin\theta_r & \cos\theta_r \end{pmatrix}\begin{pmatrix} \xi \\ \eta \end{pmatrix}$$

이때 t의 범위는 그리고자 하는 축의 범위를 α라고 하면 $t=1/b\sinh^{-1}\alpha$가 되어 원하는 축의 범위에서 $R=0$의 등고선도를 그릴 수 있게 된다. 이때 쌍곡선의 경우 쌍곡선의 한쪽만 나오게 되는데 이 경우 $-\xi$에 대해서 한 번 더 그리면 전체 쌍곡선 쌍이 모두 그려지게 된다.

둘째로 이 영역에서 최대가 일어나는 점을 도시 하면 앞에서 주어진 영역을 보고 부성저항의 영역을 판별하는 데 용이할 것이다. 수학적으로 최대 부성저항을 주는 최대점 R_m은 아래와 같으며, (x_m, y_m)은 이 값을 주는 x, y 좌표 값이 되는데, 이는 아래 식으로 주어진다.

$$R_m = R_\tau\left\{1 - \frac{|z_f - z_r|^2}{4(r_i r_o - r_f r_r)}\right\} \tag{D-11}$$

$$y_m = -\frac{|z_f|^2 - |z_r|^2}{2(x_f - x_r)} \tag{D-12}$$

$$x_m = -\frac{|z_{fg}|^2 - |z_{rg}|^2}{2(x_{fg} - x_{rg})} \tag{D-13}$$

여기서 첨자 g는 공통게이트임을 나타낸다. 이때 궤적이 점이므로 이것은 앞서 유도한 x_c, y_c 위에 있게 되는데, 이때 한 값만 알면 나머지 값을 알 수 있게 된다. 이때 값이 y_m이므로 이것을 앞에서 유도한 x_c식에 대입하면 될 것이다. 이 경우는 위 식과 같이 공통 게이트 Z-파라미터를 필요로 하지 않는다.

이는 주파수에 따라 변하며 이것은 위와 같이 주어진 (x_m, y_m)의 값을 도시하면 될 것이다.

그림 D-2에는 대표적인 경우에 대해서 R에 따른 궤적과 최대점을 $x-y$ 평면상에 도시 하였다.

그림 D-2에서 볼 수 있듯이 R 값이 최대 부성저항인 $-R_m$에서는 한 점이 되며 이때 +방향으로 R 값을 증가시킬 경우 궤적은 타원($R=-4/5R_m$)에서 쌍곡선($R=-2/5R_m$ 이후)으로 변화하는 것을 알 수 있다.

그리고 나머지 6가지 경우에 대해서는 다음과 같이 하면 동일하게 도시 할 수 있다. 우선 게이트와 드레인이 바뀐 경우에 대해서는 S-파라미터를 구할 때 포트 번호를 바꾸어 주면 될 것이다. 그리고 소스 단자에서 출력을 얻어내는 경우도 공통 게이트 S-파라미터를 S/W 상에서 측정한 후 이를 이용하면 될 것이다. 물

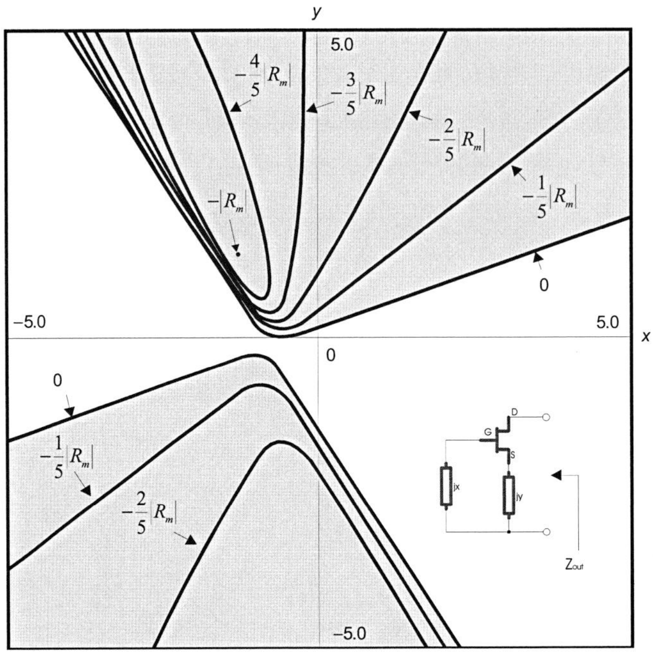

[그림 D-2] 전형적인 부성저항의 등고선도

론 이것은 해석적으로도 계산될 수 있으나 S/W가 상용화되어 있는 현재로서는 이것이 더욱 간단한 방법이 될 것이다.

병렬궤환의 경우는 앞 식의 결과에서 Z-파라미터 대신에 Y-파라미터를 사용할 경우 동일한 결과를 얻을 수 있게 된다. 따라서 저항을 기준으로 도시하였던 것을 컨덕턴스 기준으로 고려하면 마찬가지 결과를 얻게 된다.

직렬궤환의 경우 게이트와 드레인의 출력단자 변환은 동일한 결과를 얻게 되나 반면 소스 단자를 출력으로 하였을 경우는 r_i가 −가 되어 D의 기울기는 음이 되며 얻을 수 있는 부성저항의 크기는 ∞가 된다. 이 경우는 종종 YIG 발진기에 이용이 되며 경우에 따라서는 이와 같은 형태가 자주 사용되므로 주목해 두기를 바란다. 그림 D-3에는 이 같은 경우에 대해 부성저항의 등고선도를 보였다.

이 경우 +값을 갖는 R_m보다 큰 궤적은 존재하지 않으며 +에서 −로 R을 변화시킬 경우 점에서 타원 그리고 쌍곡선으로 변화하며 −를 갖는 모든 R 값에 대하여 궤적은 존재하게 된다.

따라서 원하는 주파수에서 발진기를 설계하기 위해서는 우선 회로형태가 선택되었을 경우 여기에 대해 S-파라미터를 이용하여 $R=0$ 궤적을, 그리고 부성저항

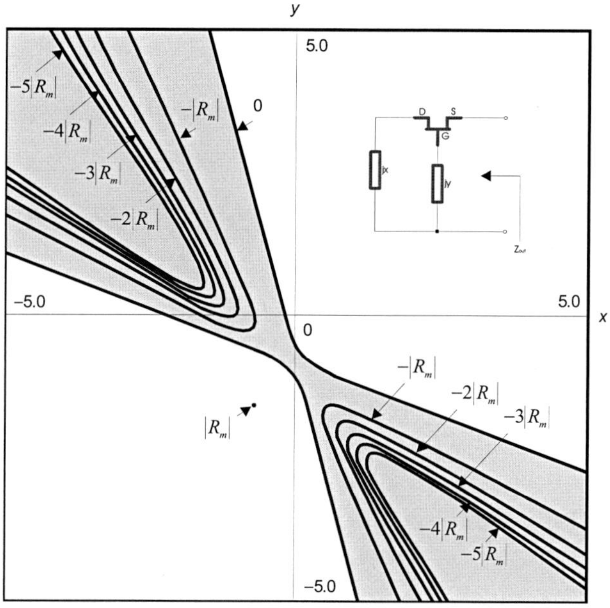

[그림 D-3] 소스 단자에서 들여다 본 부성저항 등고선도

을 주는 영역을 판정할 수 있으며, 적정한 부성저항을 주는 (x, y)점을 선택하고, 앞에서의 부하 변형회로 기술을 이용하여 부하의 실수부에 대해서는 이때 얻어진 부성저항보다 크기가 작은 실수 부하 값(대개 1/2 또는 1/3로 한다)을 갖도록 설정하고, 허수부에 대해서는 부하의 허수부가 이것의 복소공액이 되도록 한다면 RF에서 소신호 발진기의 설계는 끝나게 된다. 그리고 이 RF 회로에 적절한 DC 공급회로를 추가한다면 소신호 영역에서 원하는 발진주파수를 갖는 발진기 설계를 끝낼 수 있다.

예제 A-1 NE32484의 경우에 대하여 MDS를 이용 주파수에 따른 최대점과 $R=0$의 등고선도를 그리시오.

해 우선 NE32484의 S-파라미터로부터 Z-파라미터를 구한 후, 위 식을 이용하여 각 파라미터를 계산하고 매개변수 방법에 의해 그릴 수 있다.

n=17 ;	이것은 주파수를 선정하는 작업이 된다.
R=0 ;	그리고자 하는 저항 값을 갖는 등고선도
z=Stoz(S) ;	S−Z 파라미터 변환

[파라미터 정의]

```
zi=z[1,1,n]
zf=z[2,1,n]
zr=z[1,2,n]
zo=z[2,2, n]
ri=real(zi),
xi=imag(zi)
rf=real(zf)
xf=imag(zf)
ro==real(zo)
ro=imag(zo)
```

[파라미터 계산]

```
Rt=(ri*ro-rf*rr)/ri
Rm=Rt* (1-mag(zf-zr)^2/(4*(ri*ro-rf*rr)))
Rc=Rt*(1-(rf-rr)^2/(4*(ri*ro-rf*rr)))
Rq=ro + (ri-(rf+rr))/2
D=-ri(R-Rc)
Q=-ri^3*(R-Rt)*(R-Rm)
xc=(2*ri-rf-rr)/(rf+rr)*yc-xi+ri*(xf+xr)/(rf+rr)
yc=ri/(4*D)(2*(xf+xr)*(ro-R)-(rf+rr)/ri*(rf*xr+rr*xf))
theta= 1/2*atan((2*ro-2*R-rf-rr)/(rf+rr-ri))+pi/2*(step(Q)+step(Rq-ro))
asq=Q/D^2*(Rq-R+sign(Q)*sqrt((Rq-R)^2+D))
bsq=Q/D^2*(Rq-R-sign(Q)*sqrt((Rq-R)^2+D))
a=sqrt(mag(asq))
b=sqrt(mag(bsq))
```

[running 파라미터 정의]

```
t=generate(-5,5,51)
```

[궤적식]

```
xi= 1/2*(a*cosh(t)+a*cos(t))+1/2*sign(D)*(a*cosh(t)-a*cos(t))
eta= 1/2*(b*sinh(t)+b*sin(t))+1/2*sign(D)*(b*cosh(t)-b*cos(t))
x1=xc+cos(theta)*xi-sin(theta)*eta
y1=xc+sin(theta)*xi+cos(theta)*eta
```

x2 = xc−cos(theta)*xi−sin(theta)*eta

y2 = xc−sin(theta)*xi+cos(theta)*eta

이후 presentation 상에서 y1을 x1에 대해 그리고, 쌍곡선인 경우 y2를 x2에 대해 그리면 된다. 그리고 최대점은 R_m 값을 가질 때 앞서 유도한 중심점이 되므로 다음과 같다.

ym = −(mag(zf)^2−mag(zr)^2)/2/(xf−xr)

xm = (2*ri−rf−rr)/(rf+rr)*ym−xi+ri*(xf+xr)/(rf+rr)

이것도 마찬가지로 ym을 xm에 대해 그리면 된다. 이상과 같이 그려진 그림은 그림 DE-1와 같다.

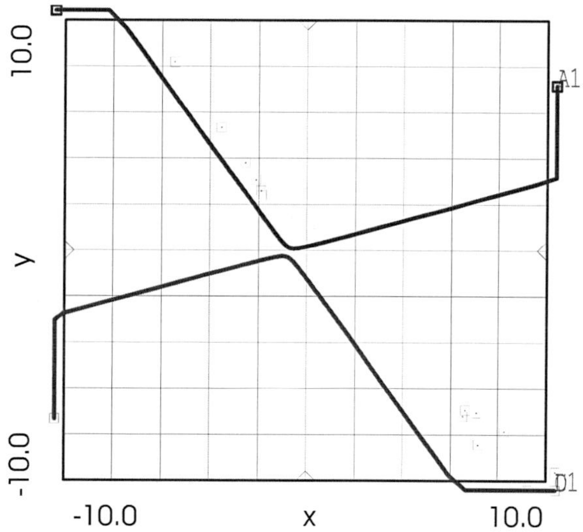

[그림 DE-1] MDS로 그린 NE32484의 $R = 0$의 등고선도

E 마이크로스트립에 결합된 유전체 공진기

9장에서 언급하였던 마이크로스트립에 결합된 유전체 공진기의 등가회로를 구하는 것은, HFSS 같은 3차원 EM 시뮬레이터를 사용, 또는 직접 장치를 구성후 실험을 하여, 등가회로를 추출하게 되는데, 이것보다는 TransTech사의 프로그램을 사용하면, 간단하게 등가회로를 구할 수 있게 된다.

이 프로그램을 사용하여 Murata사의 DRD1070447U□□□00T의 형상치수를 이용 등가회로를 구하는 방법을 살펴보기로 하겠다. 이것의 치수는 직경이 10.75 mm, 높이가 4.77 mm 유전율 37.7인데, 이것을 두께 0.25mm 유전율 2.5인 테플론 기판에 위치한 것을 그림 E-1에 보였다. 여기서 공진주파수가 5.288 GHz가 되는 것을 알 수 있다. 주목할 것은 이때 support 유전체는 없는 상태이며, 이 유전체 공진기를 둘러싼 도체 상자의 크기는 직경이 30.86 mm, 높이가 13.87 mm 인 것으로 설정되어 있다. 또한 공진주파수의 조정을 위한 조정용 나사의 높이는 0인 것으로, 즉 존재하지 않는 것으로 설정되어 있다.

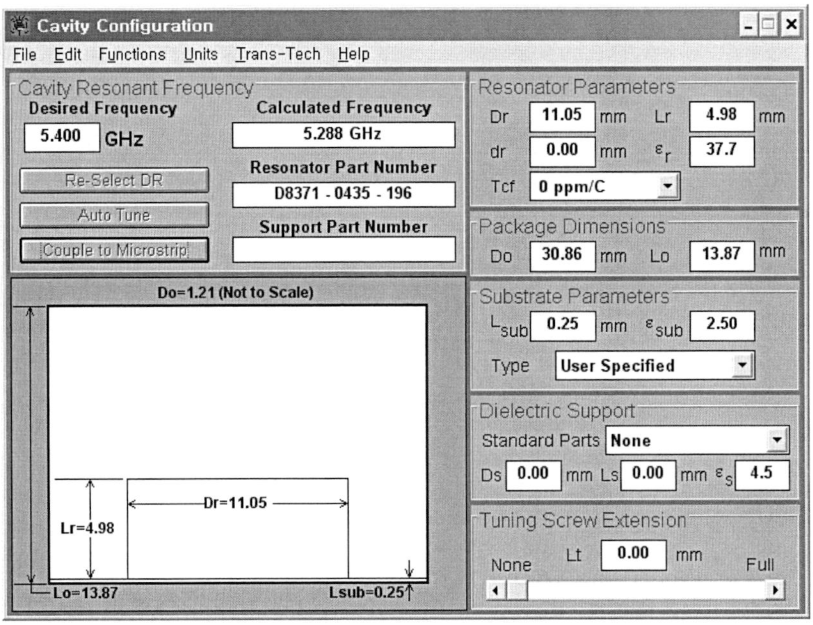

[그림 E-1] 유전체 공진기 설정화면

조정용 나사의 높이를 변경할 경우 나타나는 화면을 그림 E-2에 보였으며, 이것이 유전체 공진기에 가까워질수록 유전체 공진기의 공진주파수는 높아지는 것을 알 수 있다.

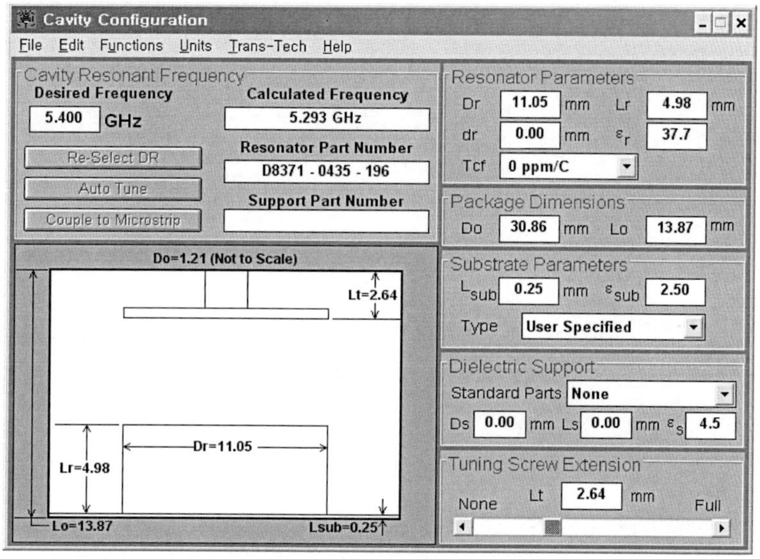

[그림 E-2] 조정용 나사 높이 변화에 따른 공진주파수의 변화

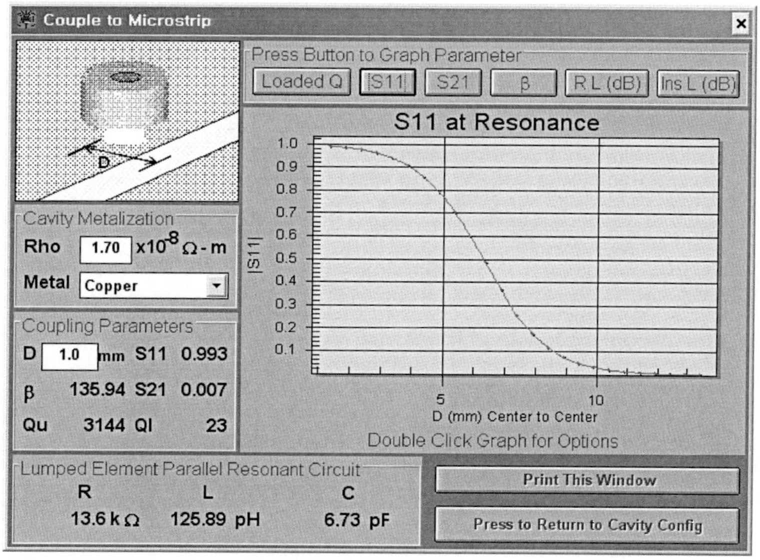

[그림 E-3] 마이크로스트립과 결합 거리에 따른 등가회로 값

다음으로 이것이 마이크로스트립에 결합될 때 등가회로 값은 그림 E-3과 같은 설정화면을 통해 구할 수 있다. 그림 E-1의 *Couple to Microstrip*을 클릭하면 아래와 같은 설정화면이 나타나는 것을 알 수 있다. 설정화면에게 마이크로스-립과의 거리 *D*=1.0mm로 할 경우 유전체 공진기는 강하게 결합되어 공진주파수에서 마이크로스트립을 개방시키는 것을 알 수 있다. 이때 등가회로 값이 그림 E-3에 나타나 있으며 그 값은 13.6 kohm인 것을 알 수 있다. 이 때 거리를 멀게 할 경우 저항 값은 0에 가까워지며 마이크로스트립을 개방시키기 어렵게 된다.

참고문헌

[1] R. Boneti, A. Atia, "Analysis of Microstrip Circuits Coupled to Dielectric Resonators, " *IEEE Trans. Microwave Theory Tech.*, vol. 29, no. 12, Dec. 1981, pp. 1333-1337.

[2] J. Brand and J. Ronnau, "Practical Determination of Dielectric Resonator Coupling Coefficients," *Microwave Journal*, Nov. 1986, pp. 141-144.

[3] P. Champagne, "Better Coupling Model of DR to Microstrip Insures Repeatability," *Microwaves & RF*, Sept., 1987, pp. 113-118.

찾아보기

INDEX

숫자

1dB compression 575
2-포트 파라미터
  ABCD 파라미터 132
  S-파라미터 113
  S-파라미터의 변환 118
  Y-파라미터 105
  Z-파라미터 105
2차 루프 필터 557

A

Adapter 59
ADS에서 파라미터의 파일 형식
  CITI file 163
  IC-CAP 161
  MDIF format 161
  SnP format 161
  Touchstone format 161
ADS에서의 자료처리 방법
  dataset(*.ds) 255
  design file(*.dsn) 255
  display(*.dds) 256
  project(*.prj) 256

B

Barkenhausen 판정방법 418
Barlett 이분(bisection)정리 90
BJT(Bipolar Junction Transistor) 183
  Early 효과 186
  전류이득 186
BJT의 DC 바이어스 회로 194
  DC 바이어스 회로 194
  RF decoupling 196
  능동 DC 바이어스 회로 198
Bode 선도 569

C

Cascade 구조 678
Cascade 연결식
  P1dB 682
  TOI 684
  잡음지수 679
channel 525
Colpitts 발진기 414
CPS(Coplanar Strip) 626

D

dB(decibel) 675
dBc 676
dBm 675
DBM
  Gilbert cell을 이용한 DBM 646
  Parallel line 발룬을 사용한 DBM 645

Toroidal 변압기를 사용한 DBM 644
저항성 DBM 648
DBM(Doble Balanced Mixer) 638
dBuV 676
dBW 675
DC 블럭(block) 29
Diffusion capacitance 169
Diplexer 15
DR(Dielectric Resonator) 479
DRO(Dielectric Resonator Oscillator) 479
Dual modulus counter 544
Dual-gate FET 616
DUT(Device Under Test) 105

E

Electrical delay 33
EM-시뮬레이션(Electro Magnetic simulation) 293
momentum 292
energy band diagram 592
Exclusive OR 536

F

Faraday 법칙 480
Fermi 에너지 592
FET DC 바이어스 회로
능동 DC 바이어스 회로 201
자체 바이어스(self bias) 200
FET(Field Effect Transistor) 169
Depletion operation 170
Enhancement operation 170
에피층(epi-layer) 171
오믹 접합(ohmic contact) 171
채널 저항 172
트랜스컨덕턴스(trans-conductance) 172
패키지(Package) 180
핀치오프(pinch-off) 전압 176
Frii의 공식 154
Fractional counter 546
frequency jitter 525

G/H

GaAs MESFET의 수학적 모델
Curtice 모델 174
Materka 모델 176
Raytheon 모델 176
GaAs/AlGaAs HBT 193
Gauss 법칙 595
Gauss 분포 134
Gummel 도 187
HEMT(High Electron Mobility Transistor) 170

I/K

IF(Intermediate Frequency) 573
IMPATT 다이오드 169
IM3 576
Kirk 효과 186

L

Laplace 변환 526
Layout 277
Gerber 형식 277
grid 277
instance 277
layer 277
snap mode 282
Lesson의 해석 510

LINECALC 96
LO 특성(characteristic) 576
LO(Local oscillator) signal 573
load pull 502
load stability circle 332

M

magic T 625
Marchand balun 626
Mason의 이득 326
max_gain(S) 342
MIM(Metal–Insulator–Metal) 커패시터 24
MMIC 24
Molding 192
Momentum
  green 함수 293
  mesh 295
  mesh setup control 창 302
  port Editor 창 300
  roof-top 함수 295
  simulation control 창 303
  substrate layer 탭 창 297
multiplier 573
MSG(Maximum Stable Gain) 341

N/O

Norton 등가회로 259
Nyquist 정리 138
offset 507
OscPort 436
OscTest 427
overshoot 552

P/Q

parallel plate 발룬 626
Parseval의 정리 138
PFD(Phase Frequency Detector) 538
pHEMT(pseudo-morphic HEMT) 182
Pi형 궤환회로망 499
Polar chart 73
Pseudo–morphic 기법 182
Quasi-TEM 모드 60

R

Rat-race-ring 625
RBW(Resolution Bandwidth) 506
reference oscillator 526
RFC(RF choke) 197
RMS(Root Mean Square) value 113

S

Saleh notation 657
SBM 구조
  Cross bar를 이용한 SBM 635
  Fin-line SBM 633
  Rat-race-ring 하이브리드형 SBM 632
  도파관을 이용한 SBM 634
  저항성 FET를 이용한 SBM 636
  차동증폭기를 이용한 SBM 637
SBM(Single Balanced Mixer) 622
Schottky 다이오드 package
  Beam-lead 591
  Ceramic-pill 592
Schottky 장벽 높이 599
Schottky 접합 592
Scohttky 다이오드 587
SEM 구조
  도파관을 이용한 SEM 611

마이트로 스트립을 이용한 SEM 611
트랜스-컨덕터형 SEM 620
트랜지스터를 이용한 저항성 SEM 621
SEM(Single Ended Mixer) 604
Sheet capacitance 24
Smith chart 73
source stability circle 331

T/U

Taylor 전개 260
TEM mode 59
Thevenin 등가회로 316
Thevenin 전압 317
TOI(Third Order Intercept) 575
tuning sensitivity 526
T형 궤환회로망 499
Unilateral approximation 177
unilateral gain 326

V

VBW(Video Bandwidth) 506
VCO(Voltage Control Oscillator) 526

ㄱ

가용전력 319
가용전력이득 323
가용전력이득 원궤적(available gain circles) 346
가용전력이득(available power gain) 320
가전자대(valence band) 592
감쇠기(attenuator) 141
감쇠비(damping ratio) 552
격리도(Isolation) 576
고유주파수(natural frequency) 552
공진기
공진주파수(resonance frequency) 79
병렬 공진 79
유전체공진기 85
직렬 공진 79
공핍(depletion)영역 171
공핍영역 커패시턴스 596
공핍전하 596
교정(calibration) 방법
OSL(Open, Short, Load) 124
TRL(Thru, Line, Reflect) 124
궤환(feedback) 326
규격화(normalization) 106
기본파(fundamental) 396
기저함수(basis function) 295
기준발진기(reference oscillator) 526
기판(substrate) 12

ㄴ

내부전위(built-in potential) 594

ㄷ

다수반송자 598
다중반사 130
다중 포트(multi-port) 659
단위면적당 저항 24
대신호 impedance 398
대신호 반사계수 400
대신호 이득 402
대신호 임피던스 396
대역폭(RBW) 506
동조회로(tuner) 241
동축 커넥터(connector) 58

1mm connector 59
2.4mm connector 59
2.9mm connector 59
3.5mm connector 59
SMA(Small Miniature Assembly) 59
동축 케이블
flexible cable 58
handy reformable cable 58
semi-rigid cable 58

ㄹ

루프 대역폭(loop bandwidth) 550
루프 필터 548
루프 필터 order 549
루프 필터 type 549
리미터(limiter) 508
리액턴스(reactance) 30

ㅁ

마이크로스트립 발진기 460
무부하(unloaded) Q 485
무조건 안정(unconditional stability) 334

ㅂ

바이패스 커패시터 197
바탕잡음(noise floor) 516
반사계수 측정
scalar 측정, vector 측정 69
반사계수(reflection coefficient) 68
반사손실, 반사이득 126
발룬(balun) 626
발진기 기본회로 440
발진조건 395
발진평형조건 403
방향성결합기(directional coupler) 106
변압기(transformer) 622
변환손실(conversion loss) 574
변환전력이득(transducer power gain) 319
병렬 발진기 회로 443
병렬궤환형 440
복소정합 227
복소정합조건 338
부하 안정도 원궤적 328
분주비 542
분해능(resolution bandwidth) 137
불순물(impurity) 595
불요파(spurious) 557
불평형신호(Unbalanced signal) 625
비선형회로 267

ㅅ

삽입손실, 삽입이득 126
상향변환(up-converting) 535
서큘레이터(circulator) 169
수동소자
1005 형 27
1608 형 27
Pattern에 의해 제작된 소자 24
리드 형태(lead type) 소자 22
칩 형태(chip-type) 소자 23
칩-형 인덕터 29
칩-형 저항 32
칩-형 커패시터 26
소수반송자 598
스펙트럼(spectrum) 676
스펙트럼분석기(spectrum analyzer) 676
신호대잡음비 313
신호처리폭(dynamic range) 630

실효유전율 61

ㅇ

안정도(Stability) 327
안정도지수(Stability factor) 333
안정영역 328
앙상블 평균 134
앙상블(ensemble) 133
연산증폭기(Operational amplifier) 558
열전압(thermal voltage) 588
열전자 방출(themo-ionic emission) 594
와류(eddy current) 480
웨이퍼(wafer) 12
위상 여유(phase margin) 559
위상 흔들림 508
위상검출기(Phase Detector) 535
위상반전(phase inversion) 422
위상잠금회로(PLL) 525
위상잡음(Phase noise) 506
유전체공진기 479
이득 원궤적(Gain circles) 344
이득여유(gain margin) 559
이중평형혼합기 638
일방향이득(unilateral gain) 327
일방화(unilateral) 326
일함수(work function) 592
임피던스(Impedance) 21
임피던스분석기(impedance analyzer) 33

ㅈ

잠금소요시간 553
잡음
  ENR(Excessive Noise Ratio) 158
  Noise Factor, Noise Figure 142
  내부 잡음원 130
  등가 열잡음 저항 138
  백색(white)잡음 140
  열잡음(thermal noise) 139
  잡음 파라미터 130
  잡음저항 160
  최소잡음지수 147
  추가잡음전력 158
  협대역잡음 145
잡음신호 132
  비정상 과정(non-stationary process) 134
  어가딕 과정(ergodic process) 135
  정상 과정(stationary process) 134
잡음전원
  cold 상태 158
  hot 상태 158
잡음지수측정기(noise figure meter) 147
잡음 원궤적(Noise circles) 346
저역여파기 527
저잡음증폭기 313
저항성 혼합기(resistive mixer) 615
전도대(conduction band) 592
전력이득 324
전력이득 원궤적(power gain circle) 345
전력이득(power gain) 320
전력이분기(power divider) 88
  저항성 전력이분기 89
전송선 44
  위상속도 44
  전기각(electrical length) 50
  전파상수(propagation constant) 47
  지연시간(time delay) 49
  집중소자 2-포트 등가회로 89

- 특성 임피던스 52
- 파동방정식 45
- 파장(wavelength) 49

전송선로 종류
- CPW(Coplanar Waveguide) 선로 11
- 도파관(waveguide) 11
- 동축선(Coaxial line) 57
- 마이크로스트립 선로 60
- 슬롯(slot) 선로 11

전송선로의 불연속
- Coner 97
- Cross junction 98
- Open end microstrip 95
- Step 97
- T-junction 98

전압제어발진기 448
전원 안정도 원궤적 328
전자친화도(electron affinity) 593
정상상태(AC steady state) 267
정재파(standing wave) 72
정재파비(VSWR) 70
정합회로
- L-형 정합회로 232
- Pi-형 정합회로 237
- T-형 정합회로 240
- 단일 stub tuner 246
- 이중 L-형 정합회로 243
- 이중 stub tuner 249
- 임피던스 인버터 249

주파수 분주기 544
주파수 합성기(synthesizer) 526
중첩(superposition) 316
지그(jig) 177
직렬-병렬(series-parallel) 변환 229
직렬궤환형 440
집적방식 구분 (평판형 전송선로 기반)
- PCB(Printed Circuit Board) 13
- 모노리식(monolithic) 집적방식 12
- 박막(thin film) 14
- 혼성(hybrid) 집적방식 12
- 후막(thick film) 13

집중소자(lumped element) 78

ㅊ

차단주파수(cutoff frequency) 601
차지펌프(charge pump) 540
최대가용전력 227
최대가용이득(MAG) 341
추가전력(added power) 501

ㅌ

통계적 평균 134

ㅍ

페이저(phasor) 48
평형신호(Balanced signal) 625
폐루프 전달함수 528
포화전류(saturation current) 588
표본함수(sample function) 133

ㅎ

하이브리드(hybrid) 622
하향변환(down-converting) 535
혼변조(inter-modulation) 575
혼합기(Mixer) 574
확률밀도함수 133
회로 시뮬레이션 257

AC simulation 267
DC simulation 258
Envelope simulation 258
Harmonic Balance simulation 268
Large signal S-parameter 257
S-parameter simulation 115
Transient simulation 262
최적화(Optimization) 274
포트 115
회로망분석기(Network analyzer) 106

저자 약력

염경환 (廉京煥)

1976-1980 : 서울대학교 공과대학 전자공학과 (학사)
1980-1982 : 한국과학기술원 전기 및 전자과 (석사)
1982-1988 : 한국과학기술원 전기 및 전자과 (박사)
1995. 10 : 충남 대학교 전파공학과 조교수
2004. 10 : 충남대학교 전기정보통신공학부 교수

관심분야 : 마이크로파 회로 및 시스템

정가 37,000원

능동초고주파 회로설계입문(개정판)

2006년 3월 3일 초 판 발행
2008년 6월 10일 개정판 발행
저 자 : 염경환
발행자 : 우명찬 · 송준
발행처 : **홍릉과학출판사**
주 소 : 서울시 강북구 수유5동 455-60
142-885
등 록 : 1976년 10월 21일 제5-66호
전 화 : 999-2274~5, 996-8341, 903-7037
팩 스 : 905-6729
e-mail : hongpub@hongpub.co.kr
http://www.hongpub.co.kr